中國歷代歷象典

貳

廣陵書社

欽定古今圖書集成曆象彙編乾象典

第七十五卷目錄

乾象典第七十五卷

霧部彙考

爾雅

釋天

天氣下地不應曰雺

注言蒙昧疏郭云言蒙昧洪範云曰雺鄭注云雺聲近蒙詩零雨其蒙則雺是天氣下降地氣不應蒙闇也

地氣發天不應曰霧霧謂之晦

注言晦冥疏郭云言晦冥月令仲冬行夏令氛霧冥冥鄭云霜露之氣散相亂也然則地氣發而上天不應之則爲氛霧霧又名晦春秋僖十五年己卯晦震夷伯之廟公羊穀梁皆云晦冥也是矣

淮南子

天文訓

陰陽相薄亂而爲霧

大戴禮

曾子天圓

陰陽之氣亂則霧

釋名

釋天

霧冒也氣蒙冒覆物也

唐書

五行志

霧者衆邪之氣陰來冒陽

性理會通

霧

天氣降而地氣不接則爲霧地氣升而天氣不接則爲雺

觀象玩占

霧總敘

春秋元命苞曰陰陽氣亂而爲霧霧百邪之本氣下於地而應於天是謂陰來冒陽濛者濛濛日不明也京房曰在天爲濛在地爲霧日月不見爲濛前後人不相見爲霧河圖曰霧者水脉也

霧部總論

朱子語類

霧

氣蒸而爲雨如飯甑蓋之其氣蒸鬱而汗下淋漓氣蒸而爲霧如飯甑不蓋其氣散而不收霧與露亦有異露氣肅而霧氣昏也

霧部藝文一

秋霧賦 以輕散長空寒飛迥野爲韻　唐謝良輔

有物混成陰陽之精騰而爲質晦而爲名遊塵未足方其細縠不能揣其輕度水陵亂從風半散表銀山之美素色增鮮沐元豹之姿奇文獨煥若乃暑退朱方時惟白藏空濛大澤鬱郁崇岡始經夫少昊之野終遍於無何之鄉含草木而功大混山川而氣長浮我極浦藹我層穹如雨如霰自西自東倏而來比君子之道廣忽而逝侔至人之性空奚水土之同致俾陰陽之異觀秋何霧而不起霧何秋而不寒至德發祥雜非烟於北極皇居瑞聖仵佳氣於南端及夫丙火方馳騰蛇欲飛三辰被汩五星霏微道不虛行來集黃公之呪神其有感去解臼登之圍則知因時舒卷與物動靜資於坱圠變態俄頃與非寒望雄鳴之路不迷冒且有聞彥輔之天白迥露遊兮月之下霞斂兮風之假俟一揚於飛塵同秋空於迥野

霧賦　宋吳淑

夫霧者地氣發而天不應者也爾其蒙冒澔溔冥冥曉敷元豹潛藏而炳蔚騰蛇游泳而紆餘馬援既居於浪泊欒巴方還於蜀都劉猗之負國璽軒轅之得大魚若夫祖和半天公超五里占彼羣猾推其隱士觀雖丘之神井識茂陵之芳氣且憂陰盛俄聞雨至淮南被遷而不還雄鳴弗迷而遠逝則有結同行而飲酒逢仙客之乘龜嗟五侯之見封憂漢高之被圍譬諸善人置以文犀宜都則飛煙縹緲曲江則積素霏微或以困蚩尤之術或以傳九女之機識夏桀將亡之兆想伊尹既卒之時文王得姜公而共載衛瓘見樂廣而稱奇亦有竟寧白樹德陽翳日淮南仙客東海奇術猛獸吐噉以往來鄧公呼吸而除疾斯輕霧之浸淫蓋騰水之上溢

霧部藝文二 詩詞

詠霧　梁元帝

三晨生遠霧五里暗城闉從風疑細雨映日似游塵
乍若輕烟散時如佳氣新不妨鳴樹鳥時蔽摘花人

前題　前人

曉霧晦階前垂珠帶葉邊五里浮長隰三晨晦遠天
傍通似佳氣却望若飛煙疎簾還復密新棟更疑連
還思逢樂廣能令雲霧褰

舟行值早霧　伏挺

水霧雜山煙冥冥不見天聽猿方忖岫聞瀨始知川
漁人惑澳浦行舟迷泝沿日中氛靄盡空水共澄鮮

賦得霧　沈趍

窈鬱蔽園林依霏被軒牖睇有始疑空瞻空復如有
遊蛇隱遙漢文豹棲南阜既殊三五輝遠望徒延首

詠霧應詔　北周王褒

七條開廣陌五里闇朝氛帶樓疑海氣含蓋似浮雲
方從河水上預奉綠圖文

遠山澄碧霧　唐太宗

殘雲收翠嶺夕霧結長空帶岫凝全碧障霞隱半紅
髣髴分初月飄颻度曉風還因三里處冠蓋遠相通

賦得花庭霧　前人

蘭氣已熏宮新蕊半糚叢色含輕重霧香引去來風
拂樹濃舒碧縈花薄蔽紅還當雜行雨髣髴隱遙空

詠霧　蘇味道

氤氳起洞壑遙裔匝平疇乍似含龍劍還疑映蜃樓
拂林隨雨密度逕帶烟浮方謝公超步終從彥輔遊

霧　李嶠

曹公迷楚澤漢帝出平城涿野妖氛淨丹山霽色明
類煙飛稍重方雨散還輕倘入非熊兆寧思元豹情

詠霧　董思恭

蒼山寂已暮翠觀闇將沉終南晨豹隱巫峽夜猿吟
天寒氣不歇景晦色方深待訪公超市將予赴華陰

凌霧行　韋應物

秋城海霧重職事凌晨出浩浩合元天溶溶迷朗日
纔看含鬢白稍視沾衣密道騎全不分郊樹都如失
霏微誤噓吸膚腠生寒慄歸當飲一杯庶用蠲斯疾

水亭夜坐賦得曉霧　李益
月落寒霧起沈思浩通川宿禽囀木散山澤一蒼然
漠漠沙上路沄沄洲外田猶當依遠樹斷續欲窮天

早霧　宋趙抃
山光全暝水光浮數里霏霏曉霧收露彩乍凝藏漢
殿日華不透掩秦樓豈饒文豹遲留影應有靈蚍取
次遊聖世妖氛消已盡結成佳氣滿南州

霧淞　曾鞏
園林日出靜無風霧淞花開樹樹同記得集賢深殿
裏舞人齊插玉瓏璁

房陵　陳造
陰晴未敢捲簾看苦霧濛濛尚未乾政使病餘剛止
酒一杯要敵滂朝寒

霧中見靈山依約不真　楊萬里
東來兩眼不曾寒四顧千峯掠曉鬟天欲惱人消幾
許只教和霧看靈山

曉行　葛長庚
雨餘花點滿紅橋柳絮沾泥夜不消曉霧忽無還忽
有春山如近復如遙

水村霧　前人
淡處還濃綠處青江風吹作雨毛腥起從水面縈層
嶂恍似簾中見畫屏

大霧過安慶　元傅若金
水郭浮鮫室雲帆度客星江空連海白山遠入淮青
訪古聊須到乘流未可停遙疑天柱曉風霧颯精靈

花霧　謝宗可
倦紫酣紅總未醒暗薰芳淚滴無聲羅幃隱繡迷春
色綺縠籠香護曉晴薄暝枝頭留睡蝶輕陰樹底咽
啼鶯東風卷到闌干曲半濕游絲舞不成

元日霧　明王守仁
元日昏昏霧塞空出門咫尺誤西東人多失足投坑
塹我亦停車泣路窮欲斬蚩尤開白日還排閶闔拜
重瞳小臣漫有澄清志安得扶搖萬里風

晨霧　楊慎
安寧之境杪秋初冬天將晴霧晨必大霧千里一
白如銀色界須臾日出霞彩輝煥亦奇觀也
元冥當稟節白霧翳晨朝明月朦朧闇清霜曖曃橋
冰澌工織水花淞慣封條嵐市天褰幕烟坰陸溯潮
梟盤迷獨釣麀徑滑歸樵文彩南山豹威稜北塞貂
駟星收閃閃曦景煥昭昭梅信憑知近愁他酒旆招

詠霧淞有序　前人
甲辰歲秋冬久雨連月十一月廿六日甲子曉籠
霧微淞蓋晴兆也俗諺云霜淞打霧淞貧兒備飯
瓮往歲在北方寒夜冰華著樹若絮日出飄滿庭
階尤爲可愛曾南豐詩云園林日出靜無風霧淞
花開樹樹同記得集英深殿裏舞人齊插玉瓏鬆
又曰香銷一榻氍毹暖月映千門霧淞寒韻書謂
之凍洛洛音索冰著樹如索也
怪得天雞誤曉光青腰玉女試銀粧瓊敷綴葉齊如
翦瑞樹開花冷不香月白詎迷三里霧雲黃先兆萬
家箱貧兒飯瓮歌聲好六出何須賀謝莊

忠州霧泊　鍾惺
漁艇官船曉泊同蜀江愁霧不愁風煙生野聚汀寒
外雲滿山城水氣中曲岸川迴翻似盡遙天峰沒却
如空依稀往日丹楓路稍見霜前遠近紅

阮郎歸曉霧　明吳子孝
一江寒霧碧籠沙冥迷十萬家沙頭風急颭蘆花城
頭噪暮鴉　簾乍捲鼓頻撾日光生海涯長空晴豁
水天賒青山五色霞

霧部選句
楚屈原遠遊叛陸離其上下兮遊驚霧之流波
莊忌哀時命霧露濛濛其晨降兮雲依依而承宇又
浮雲霧而入冥兮騎白鹿而容與
漢揚雄甘泉賦翕赫曶霍霧集蒙合兮半散照爛粲
以成章注師古曰翕赫曶霍開合之貌也霧地氣發
也蒙天氣下也
晉潘岳登山賦天霏霏以垂霧水濛濛而興氣
阮籍大人先生傳含奇芝嚼甘華噏浮霧飡霄霞

梁蕭統十二月啓巖風極冷苦霧添寒 又 七契鳴禽聒耳零霧蔽眸
簡文帝答張纘書湖霧連天征旗拂日
梁簡文帝七勵斜光西委薄霧舒紅 又 驚沙絕岸苦霧綿長
沈約郊居賦素煙晚帶白霧晨縈
陶弘景答謝中書書曉霧將歇猿鳥亂啼
唐王勃兜率寺浮圖碑風恬雨霽煙霧藻天地之容
野曠川明風景挾江山之助
無名氏對蜀父老問門有張公之霧突無墨子之煙
晉陶潛詩朝霞開宿霧
宋謝莊詩霧罷江天分
鮑照詩宵月向掩扉夜霧方當白 又 長霧匝高林 又 豐霧粲草華 又 春霧朝晻靄 又 曀曀寒野霧 又 濛昧江上霧 又 曛霧蔽窮天
梁蕭統詩新霧起朝陽
梁簡文帝詩遠霧旦氛氳
梁范雲詩終朝吐祥霧
沈約詩嗷嗷夜猿鳴溶溶晨霧合
庾肩吾詩山沉黃霧裏
吳均詩雲山輕晻曖花霧共依霏
何遜詩臥思清霧浥
虞羲詩香霧鬱蘭律
梁王筠詩罘罳分曉色睥睨生秋霧
陳後主詩山霧日偏沉 又 苦霧雜飛塵
江總詩斷山時結霧
北周王褒詩夕霧擁山根

隋煬帝詩斷霧時通日
薛道衡老氏碑烟霞舒卷風霧淒清
王勃詩野色籠寒霧
李嶠詩別有丹山霧朦朧映水明
杜審言詩積雨生昏霧
駱賓王詩海霧籠邊徼 又 潭深夕霧繁 又 野霧連天暗
儲光羲詩花林開宿霧
王昌齡詩海氣生黃霧
李白詩川長信風來日出宿霧歇
杜甫詩日出寒山外江流宿霧中 又 南國晝多霧 又 日滿樓前江霧黃 又 綃綺輕霧霏 又 孤城隱霧深
元結詩晨光靜水霧
盧綸詩苦霧沉山影 又 黑霧連山虎豹尊
柳宗元詩海霧多蓊鬱
李賀詩江中綠霧起涼波
白居易詩水霧重如雨
項斯詩天晴槐葉霧
李羣玉詩嶺日開寒霧
李昌符詩宿霧蒙青嶂
李咸用詩蔽日羣山霧
方干詩花朝連郭霧
曹松詩半川陰霧藏高木
宋梅堯臣詩危帆將進浦寒霧不分城
蘇軾詩山陽薄霧如細雨
文同詩漠漠嶺頭雲霏霏岩底霧
陸游詩重霧午初開 又 紅日將昇碧霧浮

范成大詩行衝薄薄輕輕霧看盡重重疊疊山
楊萬里詩重霧凝朝雨
元袁桷詩土霧散游絲
馬祖常詩婉孌連浮陽空明映淒霧
明高啓詩日出谿霧黃 又 日落蒼霧起 又 江黃連渚霧
郭鈺詩暖霧撲簾成細雨

霧部紀事

竹書紀年黃帝五十年秋七月庚申鳳鳥至帝祭於洛水庚申天霧三日三夜晝昏帝問天老力牧容成曰於公何如天老曰臣聞之國安其主好文則鳳凰居之國亂其主好武則鳳凰去之今鳳凰翔於東郊而樂之其鳴音中夷則與天相副以是觀之天有嚴敎以賜帝帝勿犯也召史卜之龜焦史曰臣不能占也其問之聖人帝曰已問天老力牧容成矣史北面再拜曰龜不違聖智故焦霧旣降游於洛水之上見大魚殺五牲以醮之天乃甚雨七日七夜魚流於海得圖書焉龍圖出河龜書出洛赤文篆字以授軒轅接萬神於明庭今塞門谷口是也

列子黃帝篇黃帝夢遊華胥氏之國國在弇州之西台州之北雲霧不礙其視

通鑑前編黃帝與蚩尤戰於涿鹿之野蚩尤能作大霧軍士昏迷軒轅爲指南車以示四方遂擒蚩尤

帝王世紀帝沃丁八年伊尹卒年百有餘歲大霧三日沃丁葬以天子之禮祀以太牢親自臨喪三年以

報大德焉

拾遺記燕昭王七年沐胥國來朝有道術人名尸羅噴水爲雰霧暗數里間俄復吹爲疾風雰霧皆止

漢書匈奴傳漢高祖至平城匈奴圍上七日天大霧漢使人還往匈奴不覺後得免平城之難

史記袁盎傳文帝時淮南王長以罪遷蜀盎諫曰王爲人剛如有遇霧露行道死陛下有殺弟之名上弗聽長至雝病死

神仙傳淮南王聞有道術之士必卑辭厚幣以致之於是八公乃往一人能坐致風雨立起雲霧王試之無不効

香案牘威伯善嘯須臾冥霧四合

漢武內傳東方朔一旦乘龍飛去同時衆人見從西北上冉冉仰望良久大霧覆之不知所適

漢武帝故事武帝葬茂陵芳香之氣異常積於墳埏之間如大霧

後漢書齊武王傳伯升自發舂陵子弟合七八千人部署賓客自稱柱天都部使宗室劉嘉往誘新市平林兵王匡陳牧等合軍而進屠長聚及唐子鄉殺湖陽尉進拔棘陽因欲攻宛至小長安與王莽前隊大夫甄阜屬正梁丘賜戰時天密霧漢軍大敗

馬援傳援南征交趾斬徵側乃釃酒勞軍從容謂官屬曰吾從弟少游常哀吾慷慨多大志曰士生一世但取衣食才足乘下澤車御款段馬爲郡掾吏守墳墓鄉里稱善人斯可矣當吾在浪泊西里間虜未滅時下潦上霧毒氣薰蒸仰視飛鳶跕跕墮水中臥念少遊平生時語何可得也

張楷傳楷舉賢良方正不就性好道術能作五里霧時關西人裴優亦能爲三里霧自以不如楷從學之楷避不肯見桓帝即位優遂行霧作賊事覺被考引楷言從學術楷坐繫廷尉詔獄積二年恆諷誦經籍作尚書注後以事無驗見原還家

博物志王爾張衡馬均昔冒重霧行一人無恙一人病一人死問其故無恙人曰我飲酒病者食死者空腹

宋書禮志後漢正月朝天子臨德陽殿受朝賀舍利從南方來戲於殿前激水化成比目魚跳躍漱水作霧翳日

李先生傳先生名廣字祖和本南陽人劉備遣軍欲取先生先生起霧半天備騎自相殺先生因此乃入吳

魏略劉雄鳴每出雲霧中識道不迷惑時人因謂能爲雲霧

王粲英雄記曹公赤壁敗行至雲夢大澤中遇大霧迷失道路

嵩高山記有獼師在山見浮圖奇妙異常有金像比來尋求白霧忽起不知寺處

物類相感志張魯有女曾浣衣於山下白霧蒙其身遂娠恥之自裁臨死謂婢曰死後破吾腹依言破得龍子一雙遂入漢水女殯於山其龍子後遊墓前有溪跡之感應

搜神後記承儉者東莞人病亡葬本縣界後十年忽夜與其縣令夢云沒故民承儉人今見劫明府急見救令便勑內外裝束作百人仗便令馳馬往冢上日已向出天忽大霧對面不相見但聞冢中詾詾破棺聲有二人墳上望霧暝不見人往令既至百人同聲大叫收得冢中三人墳上二人遂得逃走棺未壞令即使人修復之其夜令又夢儉云二人雖得走民悉誌之一人面上有青痣如藿葉一人其前兩齒折明府但案此尋覓自得也令從其言追捕並擒獲

安城記新山周圍十里樵人常聞雷聲在山下俯看初霧大如扇須臾囊霆彌漫數百里

志怪錄晉懷帝永嘉中譙國丁杜渡江至陰陵界時天昏霧在道北見一物如人倒立兩眼垂血從頭下聚地兩處各有升餘杜與從弟齊聲喝之滅而不見立處聚血皆化爲螢火數千枚縱橫飛去

晉書元帝本紀蕩陰之敗也帝愳禍及將出奔其夜月正明而禁衛嚴警帝無由得去甚窘迫有頃雲霧晦冥雷雨暴至徼者皆弛因得潛出

戴洋傳庾亮令毛寶屯邾城九月洋言於亮曰毛豫州今年受死問昨朝大霧晏風當有怨賊報仇攻圍諸侯誡宜遠偵邏寶問當在何時答曰五十日內

燕書烈祖後紀遣侍中繆高太子詹事劉猗齎傳國璽詣晉求救猗負之行數里黃霧四塞迷荒不得進乃還易取行璽始得去

段龜龍凉州記呂光幸天淵池時天清朗忽然起霧有五色雲在光上

宋書劉敬宣傳桓元既得志害元顯廢道子以牢之爲征東將軍會稽太守牢之與敬宣謀共襲元期以明旦値尒日大霧府門晚開日旰敬宣不至牢之謂所謀已泄率部曲向白洲欲奔廣陵而敬宣還京口

迎家牢之葬求不得謂巳爲元所擒乃自縊死

劉鍾傳鍾領廣州太守盧循逼京邑徐赤軍違處分敗於南岸鍾率麾下距柵身被重創賊不得入循南走鍾與輔國將軍王仲德追之循先留別帥范崇民以精兵高艦據南陵夾屯兩岸鍾自行覘賊天霧賊鈎得其船鍾因率左右艦攻戶賊據閉戶距之鍾乃徐還與仲德攻崇民崇民敗走鍾追討百里燒其船乘

元嘉起居注盱眙民王彭先丁母艱居喪至孝元嘉之始父又喪亡彭兄弟二人士工未就鄉人助彭作甎甎事須水濟值天旱穿井盡力不得水彭號窮無計一旦天霧霧消之後於甎竈前自然水生

南史虞愿傳愿爲晉安太守海邊有越王石常隱雲霧相傳云清廉太守乃得見愿往就觀視清徹無所隱蔽

南齊書劉盤龍傳盤龍爲平北將軍兗州刺史甬城戍將張蒲與敵潛相構結因大霧乘船入清中採樵載敵三十餘人藏仗笭下直向城東門防門不禁仍登岸拔白爭門戍主皇甫仲賢率軍主孟靈寶等三十餘人於門拒戰斬三人賊衆被創赴水而敵軍馬步至城外已三千餘人阻塹不得進淮陰軍主王僧虔等領五百人赴救敵衆乃退

陳書高祖本紀永定元年冬十月乙亥高祖即皇帝位於南郊柴燎告天先是氛霧晝晦冥至於是日景氣清晏識者知有天道焉

魏書馮亮傳亮延昌二年卒焚燎之日有素霧蓊蔚迴繞其傍自地屬天彌朝不絕山中道俗營助者百餘人莫不異焉

北周書文帝本紀魏大統四年七月東魏遣將圍獨孤信於洛陽魏帝詔太祖率軍救信是日置陣既大首尾懸遠從旦至未戰數十合氛霧四塞莫能相知戰並不利

杜陽雜編處士元藏幾自言是後魏清河孝王之孫也隋煬帝時官奉信郎大業元年爲過海使判官遇風浪壞船黑霧四合同濟者皆不救而藏幾獨爲破木所載殆經半月忽達於洲島間洲人問其從來藏幾具以告洲人曰此方滄浪洲中去中國已數萬里

唐書竇建德傳建德更號夏王建元丁丑署官屬分治郡縣七月隋右翊衞將軍薛世雄督兵三萬討之屯河間七里井建德以勁兵伏傍澤中悉拔諸城僞遁世雄以爲畏稍弛備建德率敢死士千人襲之會大霧晝冥跬不可視隋軍驚遂潰相騰藉死者如丘世雄引數百騎亡去盡得其衆

蘇烈傳烈字定方以字行冀州武邑人後徙始平貞觀初爲匡道府折衝從李靖襲突厥頡利於磧口率驍騎二百爲前鋒乘霧行去賊一里許霧霽見牙帳馳殺數十百人頡利及隋公主惶窘各遁去

龍城錄上皇初登極夢二龍銜符自紅霧中來上大隸姚崇宋璟四字掛之兩大樹上宛延而去

柳氏舊聞上始入斜谷天尚早烟霧甚晦知頓使給事中韋倜於市中得熱酒一壺跪獻馬前

世說補吳道元嘗畫殿內五龍鱗甲飛動每欲大雨即生烟霧

唐書王義方傳貶吉安丞道南海舟師持酒脯請福義方酌水誓曰有如忠獲戾孝見尤四維廓氛千里安流神之聽之無作神羞是時盛夏濤霧蒸湧既祭天雲開霽人壯其誠

酉陽雜俎韓伙在桂州有妖賊封盈能爲數里霧嘗言某日將攻桂州有紫氣者我必勝至日果紫氣如匹帛自山亙於州城白氣直衝之紫氣遂散天忽大霧至午始開散

五代史梁臣康懷英傳丁會以潞州叛梁降晉太祖命懷英爲招討使懷英不敢出戰太祖自至澤州爲懷英等軍援巳而晉王李克用卒太祖諸將少弛莊宗乃與德威等疾馳至北黃碾會天大昏霧伏兵三垂岡直趨夾城攻破之懷英大敗

唐本紀莊宗存勗天祐五年正月即王位於太原叔父克寧殺都虞候李存質倖臣使敬鎔告克寧謀叛二月執而戕之且以先王之喪叔父之難告周德威德威自亂柳還軍太原梁夾城兵聞晉有大喪德威軍且去因頗懈王謂諸將曰梁人幸我大喪謂我少而新立無能爲也宜乘其怠擊之乃出兵趨上黨行至三垂岡歎曰此先王置酒處也會天大霧晝暝兵行霧中攻其夾城破之梁軍大敗

陸游南唐書元宗紀交泰元年五月下令去帝號稱國主去交泰年號稱顯德五年置進奏邸於汴都凡帝者儀制皆從貶損改名景以避周信祖諱告於太廟告廟之日金陵大霧逼夕不解

南墅閒居錄丁謂有小山高才數寸蒼翠嵌空盛夏當設盆水置小山其中一日張宴有客掬水洒之須臾雲霧自竅中出

蘇子瞻嘗言其先祖光祿云有一書生晝坐簷下見大蜂觸網相螫久之俱墮地起視之已化爲小石矣書生異而收之因置衣帶中一日過市遇蠻賈數輩覩書生愕眙揖曰願見神珠笑而辭之書生戲以帶中石示之羣賈相顧喜曰此破霧珠蠻人至海上採珠寶常以霧暗爲苦有此珠卽霧自開因以寶貨易之值數千緡耳

宋史狄青傳皇祐中廣源州蠻儂智高反陷邕州青上表請行大敗之初青之至邕也會瘴霧昏塞或謂賊毒水上流士飲者多死青殊憂之一夕有泉湧砦下汲之甘衆遂以濟

聞見前錄伊川丈人與李夫人因山行於雲霧間見大黑猿有感夫人遂孕臨蓐時慈烏滿庭人以爲瑞生康節公

宋史种諤傳諤元祐初知岷州鬼章誘殺景思立後益自矜大有窺故土之心使其子詣宗哥請益兵入寇且結屬羌爲內應諤刺得其情上疏請除之詔遣游師雄就商利害遂與姚兕合兵出討羌迎戰擊走之追奔至洮州諤亟進攻晨霧蔽野跬步不可辨諤曰吾軍遠來彼固不知厚薄乘此可一鼓而下也遂親鼓之有頃霧霽先登者已得城鬼章就執

東軒筆錄熙寧十年夏京輔大旱主上以祈禱未應聖慮焦勞一夕夢異僧吐雲霧致雨王丞相珪有賀雨詩略曰良弼爲霖孤宿望神僧作霧應精求

金史世紀世祖以偏師涉舍很水經貼割水覆桓赧散達之家明日大霧晦冥失道至婆多吐水乃覺卽還

僕散忠義傳忠義與窩斡戰追及於裊嶺西陷泉與賊遇時昏霧四塞跬步莫覩物色忠義禱曰狂寇肆暴殺戮無辜天不助惡當爲開霽頃之昏霧廓然及戰忠義左據南岡爲偃月陣右迤而北大敗之

移剌窩斡傳窩斡自花道西走僕散忠義紇石烈志寧以大軍追及於裊嶺西陷泉明日賊軍三萬騎涉水而東大軍先據南岡左翼軍自岡爲陣迤邐而北步軍繼之右翼軍繼步軍北引而東作偃月陣步軍居中騎兵據其兩端使賊不見首尾是日大霧晦冥旣陣霧開少頃晴霽賊見左翼據南岡不敢擊擊右翼軍烏延查剌力戰賊稍却

完顏合達傳禹山之戰兩軍相拒北軍散漫而北金軍懾其乘虛襲京城乃謀入援時北兵遣三千騎趨河上已二十餘日泌陽南陽方城襄陝至京諸縣皆破所有積聚焚燬無餘金軍由鄧而東無所仰給乃並山入陽翟旣行北兵卽襲之且行且戰北兵傷折亦多怭山一軍爲突騎三千所衝軍殊死鬪北騎退走追奔之際忽大霧四塞兩省命收軍少之霧散乃前前一大澗長闊數里非此霧則北兵人馬滿中矣

元史董搏霄傳徽州賊中有道士能作十二里霧搏霄以兵擊之已而妖霧開豁諸伏兵皆起襲賊兵後賊大潰亂斬首數萬級擒千餘人獲道士焚其妖書而斬之遂平徽州

明通紀洪武元年師至通州距城三十里爲營衆欲速攻之指揮郭英曰吾師遠來敵以逸待勞攻城非我利也宜出其不意破之翼日大霧英以千人伏道傍率精騎三千直抵城下元將五十八國公率敢死士萬餘張兩翼而出與戰良久英佯敗敵乘勢來追伏兵中起截其軍爲兩道斬首數千級擒元宗室梁王孛羅遂克通州

明外史沐英傳英拜征南右副將軍同永昌侯藍玉從將軍傅友德取雲南梁王遣平章達里麻以兵十萬距於曲靖英乘霧趨白石江霧霽兩軍相望達里麻大驚

李文忠傳吳軍犯東陽文忠與胡深迎擊於義烏會有白氣自東北來覆我軍占之曰必勝詰朝會戰天大霧晦冥文忠集諸將仰天誓曰國家之事在此一舉文忠不敢愛死以後三軍使元帥徐大興湯克明等將左軍嚴德王德等將右軍而自以中軍當敵衝會處州援兵亦至奮前搏擊霧稍開文忠橫槊引鐵騎數十乘高馳下衝其中堅敵以精騎圍文忠數重矛屢及滕文忠手所格殺甚衆縱橫馳突所向皆靡大軍乘之城中守兵亦鼓譟出敵遂大潰逐北數十里斬首數萬級溪水盡赤獲將校六百甲士三千鎧仗芻粟收數日不盡伯昇再與僅以身免

駒陰冗記都憲韓公雍巡江西日方鞫死獄忽誦句云水上凍冰冰積雪雪上加霜久不能對一囚曰囚冒死敢對公曰汝能對貸汝死囚曰空中騰霧霧成雲雲開見日公撫掌稱善果爲減死或謂不若曰空中攤霧霧成雲雲騰致雨更爲順但見日意於囚爲當耳

徐渭遊五泄記萬曆二年十一月至五泄寺是爲至日遂登已而大霧窮宇內不見寸形渾若未闢忽復霽遂窮五泄

楊嗣昌峩眉山記雷洞道側坎而下中虛如闕苦霧壇之濛濛萬古世言靈靄冢焉

李流芳題西湖臥遊冊雲棲曉霧圖壬子正月晦日與仲錫子與出雲棲慧法師季餘居士送予輩至三聚亭下是日大霧山林模糊已而霧至西溪還小築明日孟陽持冊子索畫遂追圖此意今又二年矣烏鎮舟中子將子與孟陽夜話偶題

癸丑十月孟陽及子將兄弟與余同舟至吳門夜泊烏鎮酒後題字距壬子一年耳茲稱二年此眞大醉耶猶記出雲棲時霧初合四望皆空時見天末一痕兩痕皆山頂也日出氤氳竹樹和影在水中有寒柯離披挺出空濛間猶帶紅葉分明可愛余畫中最得此意題詩草草故所未及當遊時畫時題字時子與皆在今已作故人永隔言矣眞可痛也已未六月重題

霧部雜錄

管子輕重己篇宜藏而不藏霧氣陽陽

列子天瑞篇虹霓也雲霧也風雨也四時也此積氣之成乎天者也

莊子大宗師篇子桑戶孟子反子琴張三人相與友曰孰能相與於無相與相爲於無相爲孰能登天遊霧撓挑無極相忘以生無所終窮三人相視而笑莫逆於心遂相與友

秋水篇不見夫唾者乎噴則大者如珠小者如霧雜然而下者不可勝數也

淮南子說林訓螣蛇游霧而殆於蝍蛆 又 甚霧之朝可以細書而不可以望遠尋常之外

董仲舒雨雹對氣上薄爲雨下薄爲霧 又 太平之世霧不塞望浸淫被洎而已

劉向列女傳陶荅子妻者陶荅子大夫之妻也荅子化陶三年名譽不興家富三倍其妻數諫曰夫子能薄而官大是謂嬰害無功而家昌是謂積殃昔楚令尹子文之化家貧而國富福結於子孫名垂於後代今夫子貪富務大不顧後害妾聞南山有元豹霧雨七日不下食者何也欲以澤其衣毛而成其文章故藏以遠害今君與此皆不免後患乎

徐幹中論審大臣篇文王畋於渭水邊道遇姜太公秉竿而釣文王名而與之言文王之識也灼然若披雲而見日霍然若開霧而觀天

晉書樂廣傳廣爲尚書令衛瓘見而奇之命諸子造焉曰此人之水鏡也每見瑩然若披雲霧而覩青天

帝王世紀凡重霧三日必大雨雨未降其霧不可目行也霧有赤霧青霧白霧黃霧之異

抱朴子與善人遊如行霧中雖不濡濕潛自有潤

通天犀角有白理如線自本徹末者以此角大霧重雲之夜置庭中終不沾濡

拾遺記宛渠國在咸池日沒之所俗多陰霧遇其晴日則天豁然雲裂

岱輿山南有平沙千里色如金若粉屑靡靡常流鳥獸行則没足風吹砂起若霧亦名金霧

南中志郡特多阻險有延江霧赤煎水爲池

安成記縣人有謝廩者行田歸路中忽遇雲霧霧中有人乘龜而行廩知神人也拜請求隨去父曰汝無仙骨不得去也

湘州記曲江縣有銀山山多素霧

陳留風俗記雍丘縣有祠名夏后公祠有神井能致霧

宜都山川記郡西北有丹山天晴山嶺忽有霧起廻轉如煙不過再朝雨必降

銀山縣有溫泉注大溪夏纔煖冬則大熱上常有霧氣百病久疾入此多愈

世說王仲祖劉眞長造殷中軍談談竟俱載去劉謂王曰淵源眞可王曰卿故墮其雲霧中

衛伯玉爲尚書令見樂廣與中朝名士談論奇之命子弟造之曰此人人之水鏡也見之若披雲霧覩青天

金樓子霧生猶縠河垂似帶

眞誥服霧法常於平旦寢靜之中坐臥任己先閉目內視彷彿如見五臟畢因口呼出氣使目見五色之氣相繞纏在面上鬱然因口納此氣五十過畢咽唾五十過久之當乘雲霧而遊

水經注燕王仙臺臺有三峯甚爲崇峻嵷沖深含煙罩霧耆舊言燕昭王求仙處

投荒雜錄雷人陰冥雲霧之夕呼爲雷耕曉視田中必有開墾之迹

酉陽雜俎紫鉚樹出眞臘國三月開花白色不結子天大霧露及雨沾濡其樹枝條即出

三水小牘汝南臨汝縣廣城坡西有小山曰崆峒者

老曰若春秋天景晴麗必有素霧自巖起須臾見粉蝶飛湊樓殿花木數息中勢映漫不復見矣

書斷淺如流霧

北夢鎖言有包賀者多爲鄙之句有云霧是山巾子船爲水靸鞋

清異錄世宗時水部郎韓彥卿使高麗卿有一書曰博學記偷抄之得三百餘事抄天部七事一迷空步障霧也

雲笈七籤凡吐氣令人多出少入恆以鼻入口吐若天大霧惡風猛寒勿行氣但閉之爲要妙也

物類相感志落蟹怕霧

緗素雜記李濟翁資暇集云新官併宿本署曰爆直僉作爆迸之字余嘗憫悶莫究其端近見惠郎中實云舍作武豹字言豹性潔善服氣雖雪雨霜霧伏而不出慮汙其身按列女傳云南山有文豹霧雨七日不下食者欲以澤其毛衣而成其文章南華亦云豹棲於山林伏於岩穴靜也則併宿公署雅是豹伏之義宜作豹直固不疑也

毛詩名物解爾雅曰天氣下地不應曰雺地氣發天不應曰霧註子以爲騰水上溢爲霧蓋火氣之在地成煙水氣之在天成霧霧雲之類也雲事也霧務也蓋天不應矣而地出以有所務故霧謂之晦此聖人所以不縱事於務也今霧四起善是故月可以遠望而不可以細書霧可以細書而不可以遠望日中而雲霧四塞則時多隱士其以此歟志林曰黃帝與蚩尤作大霧一單昏惑黃帝乃法斗機作指南車以別四方蓋雲霧有可以衛致者古之方士或作五里霧或作三里霧而列子以爲冬起雷夏造冰殆謂是也

揚子曰霧縠之組麗女工之蠹矣言縠纖麗如霧而爲女工之蠹也釋名縠粟也其形足足而踧踧視之如粟也又謂之紗縠亦取踧踧如紗也然則取其如粟故謂之縠縠從𣪊省以此故也傳曰善人遊如行霧中雖不濡濕潛自有潤又曰飛塵增山霧露增海是故君子貴還善也

雲麓漫抄南海之濱下潦上霧毒氣薰蒸執事者親所經歷於今回想必當可畏

揮麈前錄北山中出岡砂山中常有煙氣湧起而無雲霧

野客叢談今用披霧睹青天事多指樂廣如梁孝元詩還思逢樂廣能令雲霧褰駱賓王詩情披樂廣天是也往往謂此語剏見於晉不知此語已先見於徐幹中論曰文王畋於渭水遇太公釣名而與之言載之而歸文王之識也灼然若驅雲而見白日霍然如開霧而覩青天晉人蓋引此語以美樂廣耳

鷄林類事方言霧曰蒙

畫鑒關仝霧鎖山關圖差嫩是早年眞蹟

長松茹退憨憨子曰風雨霧一耶三耶謂之一則風本非雨雨本非霧霧非雨者謂之三非霧則風雨無本故曰霧醒成風不醒成雨三即一兮一即三兮三即一三何所有一即三一亦本無知此者可與言一心三觀之理也

戒菴漫筆北地冰凍雖極連底者遇大霧頃刻可解

御龍子集霜露水氣之所爲耶有雲則否氣收於雲也無則氣著於草木

天工開物霧天濕葉甚壞蠶其晨有霧切勿摘葉待霧收時或晴或雨方剪伐也

嚴州府志桐盧縣白霧巖在縣西北十五里欲雨則白霧罩之

字彙雺又作霚霧也霿霚皆霧也

霧部外編

雲笈七籤元女傳黃帝戰蚩尤於涿鹿帝師不勝蚩尤作大霧三日內外皆迷風后法斗機作大車以杓指南以正四方帝用憂憤齋於太山之下王母遣使披元狐之裘以符授帝曰精思告天必有太上之應居數日大霧冥冥晝晦元女降焉

黃帝元女戰法黃帝與蚩尤九戰九不勝黃帝歸於太山三日三夜霧冥有一婦人人首鳥形黃帝稽首再拜伏不敢起婦人曰吾元女也子欲何問黃帝曰小子欲萬戰萬勝遂得戰法焉

路史蜀山氏激障霧於東維註東南障霧冒者多死其病如疫而重劇至七孔迸血故南方有大小法場之號今越嶲有障氣中之有聲著人人死著木木折曰鬼彈本山障之氣毒也

竹書太甲七年王潛出自桐殺伊尹天大霧三日乃立其子伊涉伊奮命復其父之田宅而中分之

雲笈七籤甯先生者古之神仙常游蘭沙沙如細塵風吹成霧泛泛而起又有魚鼈龍蛇飛於塵霧中

香案牘王探師司馬季主與人行身散雲霧或屹立
平地俄起崇山
西京雜記東海人黃公少時爲術佩赤金刀以絳繒
東髮立興雲霧
十洲記漢武天漢中西胡國獻猛獸使者曰猛獸生
崑崙或生元圃立起風雲吐嗽霧露
雲笈七籤張微子者漢昭帝大匠張慶之女不知何
郡人也微子少好道因得尸解去在太元司命華陽
含眞臺師東華玉妃受服霧氣之道云霧是山澤水
火之華金石盈氣久服之能散形入空與雲霧合體
微子修之得其仙道也
神仙傳欒巴爲尚書郎一旦天大霧對坐不相見失
巴所在後問其故乃是巴還成都與親故別也
拾遺記扶婁之國其人善能機巧變化異形改服能
興雲起霧
蓬萊山東有鬱夷國時有金霧諸仙說此上常浮轉
低昂有如山上架樓室常向明以開戶牖及霧滅歇
戶皆向北
列仙傳沈羲者吳郡人也學道蜀中與妻賈氏共載
有三仙人著羽衣持節以白玉板青玉界丹玉字授
羲遂載昇天爾時大霧霧解失其所在
地鏡圖玉之千歲者行遊諸國其所居國必三日變
爲日中之霧
嶺南異物志南方有大魚聲爲雷氣爲風涎沫爲霧
九域志小隴山一名隴抵其阪九迴上者七日乃至
南充碧落觀神龍中見黃雲赤霧蓊然翳前後三日
但聞斤斧之聲暨霧散雲斂有化宮出

龍城錄蜀人思趙昱項之見昱青霧中騎白馬從數
獵者見於波面揚鞭而過
酉陽雜俎大象百頭頭有十牙牙端有百浴池頂有
山名曰界莊嚴鼻有河如閻牟那河水散落世界爲
霧
北夢瑣言楊鐮爲江西推巡屬秋祭請祀大姑神鐮
預於此行鐮悅大姑偶客有言謔浪祭畢迴州而見
空中雲霧有一女子容質甚麗俯就楊公爲楊郎云
家姊多蒙採顧故來奉迎弘農驚怔一月後倉卒而
卒
雲笈七籤第五飛靈八方之術當以立秋之日晡時
入室西面向冥目內思白氣鬱鬱如天之霧從西南
上坤宮中來覆滿一室內外晻冥良久白氣化爲麒
麟對在我前因叩齒三十六通而微祝曰仰注元精
吞嚥黃華身生飛羽輕舉登霞遊宴八宮萬萬不沮
畢便九嚥氣止開目服符修之五年能昇八方有難
之日立於坤宮上仰嚥三十六氣左取今日辰上土
以自障按如立秋之祝思白氣以自覆則身化爲霧
露人不見也
晱車志江南有人長七丈名黃父以鬼爲飯以霧露
爲漿

欽定古今圖書集成曆象彙編乾象典

第七十六卷目錄

乾象典第七十六卷

虹霓部彙考

詩經

鄘風蝃蝀

蝃蝀在東莫之敢指

疏 釋天云螮蝀謂之雩螮蝀虹也郭璞曰俗名爲美人音義云虹雙出色鮮盛者爲雄雄曰虹闇者爲雌雌曰蜺此與爾雅字小異音實同是爲虹也莫之敢指夫婦過禮則虹氣盛也月令孟冬虹藏不見則十月以前當自有虹過禮而氣更甚不謂凡平無虹也以天見戒故君子戒懼諱惡若指而視之則似慢天之戒故莫之敢指也 朱註 蝃蝀虹也日與雨交倏然成質似有血氣之類乃陰陽之氣不當交而交者蓋天地之淫氣也在東者莫虹也虹隨日所映故朝西而莫東也言蝃蝀在東而人莫敢指以比淫奔之惡人不敢道也 大全 安成劉氏曰虹之爲質不映日不成蓋雲薄漏日日映雨氣則生也今以水映日亦成青紅之暈

朝隮于西崇朝其雨

疏 隮亦虹也由升氣所爲故號虹爲隮 朱註 隮升也周禮十煇九曰隮注以爲虹蓋忽然而見如自下而升也崇終也從旦至食時爲終朝蓋方雨而虹見則其雨終朝而止矣蓋淫慝之氣有害於陰陽之和也今俗謂虹能截雨信然 大全 南軒張氏曰蝃蝀見則雨止初無東西之分驗之多矣陰陽和則成雨陰氣方凝聚而日氣自他方來感不以正陰受其感其正反爲之解散故雨不能成也

禮記

月令

季春之月虹始見

正義 釋天云螮蝀謂之虹郭氏云雄者曰虹雌者曰蜺雄謂明盛者雌謂闇微者虹是陰陽交會之氣純陰純陽則虹不見若雲薄漏日日照雨滴則虹生

孟冬之月虹藏不見

注 陰陽氣交而爲虹此時陰陽極乎辨故虹伏虹非有質而曰藏亦言其氣之下伏耳

爾雅

釋天

螮蝀謂之雩螮蝀虹也

注 俗名爲美人虹江東呼雩

蜺爲挈貳

注 蜺雌虹也見離騷挈貳其別名見尸子 疏 說文云霓屈虹青赤或白色陰氣也離騷天問云白蜺嬰茀胡爲此堂及遠遊章云雌蜺嫚嫚以層撓兮

是也

書緯

考靈曜

日旁氣白者爲虹日旁青赤者爲霓

春秋緯

演孔圖

霓者斗之亂精也失度投霓見

元命苞

虹霓者陰陽之精陰陽交爲虹霓

運斗樞

樞星散爲虹霓

河圖緯

稽耀鉤

鎭星散爲虹霓

文子

上德篇

天二氣即成虹

釋名

釋天

虹攻也純陽攻陰氣也又曰蝃蝀其見每于日在西而見于東啜飲東方之水氣也見于西方曰升朝日始升而出見也又曰美人陰陽不和婚姻錯亂淫風流行男美于女女美于男恆相奔隨之時則此氣盛故以盛時名之也

霓齧也其體斷絕見於非時此災氣也傷害於物如有所食齧也

說文

霓

霓屈虹青赤或白色陰氣也

續博物志

虹見日衝

虹依雲陰而晝見於日衝無雲不見大陰亦不見

觀象玩占

總敘虹

虹霓者陰陽交氣氣和則爲雨露怒則爲雷霆淫則爲虹霓虹者攻也陽攻陰也蜺者齧也災氣傷害於物如有所齧也一曰鎭精散爲虹蜺又曰虹霓者斗之亂精斗失其度則生之雄曰虹雌曰蜺多在日月之衝雙出色鮮明者爲虹暗者爲蜺蔡邕曰見於日衝曲而青紅者曰虹見於日旁白而直者爲蜺虹蜺主內淫主惑心

京房易飛候曰凡虹相有五蒼無胡者虹也赤無胡者蚩尤旗也白無胡者胡蜺也衝不屈者天杵直下不屈者天棓也

虹霓部總論

朱子語類

虹

虹非能止雨也而雨氣至是已薄亦是日色射散雨氣了

蝃蝀本只是薄雨爲日所照成影然亦有形能吸水吸酒

虹霓部藝文一

赤虹賦有序　梁江淹

東南嶠外爰有九石之山乃紅壁十里青崿百仞苔滑臨水石險帶溪自非巫咸采藥群帝上下者皆斂意焉於時夏蓮始舒春蓀未歇肅舲波渚緩拽汀潭正逢巖崖相炤雨雲爛色俄而雄虹赫然暈光耀水偃蹇山頂鳥奕江湄迫而察之實雨日陰陽之氣信可觀也又憶昔登香鑪峯上手接白雲今行九石下親弄絳蜺二奇難并感而作賦曰

迤邐碕礒兮太極之連山鯛鱅虎豹兮玉虺騰軒孟夏氤氳兮荷葉承蓮悵何意之容與兮冀暫綴此憂年失代上之異人遲山中之虛迹掇仙草於危峰鐫神丹於崩石視鱣岫之吐翕看黿梁之交積於是紫霧上河絳氛下漢白日照餘碧雲卷半殘雨蕭索光烟豔爛水學金波石似瓊岸錯龜鱗之崚嶒繞蛟色之漫漫俄而赤蜺電出蚴虯神驤曖昧以變依稀不常非虛非實乍陰乍光赩赫山頂炤燎水陽雖圖緯之有載曠代識而未逢既咨嗟而躑躅聊周流而從容想番禺之廣野憶丹山之喬峯稟傳說之一星乘夏后之兩龍彼靈物之詎幾象火滅而山紅餘形可覽殘色未去耀萎蕤而在草映菁葱而結樹昏青若於丹渚曖朱草於石路霞晃朗而下飛日通朧而上度俯形命之窘局哀時俗之不固定赤鳥之易遺乃鼎湖之可慕既以爲騂髻四毳之駕方瞳一角之人帝臺北荒之際弇山西海之濱流沙之野析木之津雲或怪綵烟或異鱗必雜虹蜺之氣陰陽之神焉

晴虹賦　唐閻朝隱

一陰一陽偕藻繢以成文章截清截濁拄天涯而臨地角生於氣立於空宛延轉轉蜿蜿蟉蟉上下明媚表裏冲融洗奇光於暴雨留艷彩於飄風隱顯之情奚爾造化之理何窮若乃碧嶂無雲清江息浪曲折異體低昂殊狀半出高岸疑蟾魄之孤生全入滄淵若蛾眉之相向又乃綺窻遠闢錦帳斜褰嫋娜天上依稀目前暐兮曄兮既類丹山碧樹之重巘斷兮連兮又似美人綵女之嬋娟察之無涯究之無實光天地之大造保雲霄之元吉爰有下才或趨微秩其志謇謇其心懍懍體物無功著書有疾既藴懸於明鏡載有闕於鴻筆

虹藏不見賦　李處仁

虹在東方小雪而藏貫日之形莫覩彌天之象難詳居曖昧之中光而不耀入混茫之裏闇然而彰表天時而無失其候順寒暑而不僭於陽眇望遼敻窮覽州渚邈不察其形容何以知其處所見飛梁之跨水髣髴猶疑望慶雲之在天依稀延佇豈不以晦明有日隱見有期寒節方來雖則潛思伏矣清明如到終當出而見之閟乎渥彩蓄以雄姿類成文隱霧之日同衣錦褧裳之時眇眇天末悠悠雲路御座之祥不逢美人之號難遇冥蒙向晦徒欲想其爛然杳靄藏輝孰能知其去故宛得啓閉之道以明天地之心憐彎環之挂空猶隔層碧思紆餘而飲井當阻重陰不測之狀難狀無形之形罔尋若夫風雲尚慘我則隱蔽而匊藏陽氣未騰我則炫燿而不結亦有霞散成綺雲吐如繒曷若拖軒之名將順時而出沒迴館之勢每應候而升陵至哉終取貴於彩章亦何慚於小斎孕明於煙霧之際誰辨煇光混迹於沆埋之間雖呈紛郁華同嘉遁道叶悠伏虹兮虹兮何當洒其淙淙

湖晴觀水面流虹　明鍾惺

湖山過雨殘日烘雲綺靄浮浮林鋪翠濕浴晴鷗鷺爭飛拂秧荷風蕩爽忽焉長虹亙天五色熾焰影落湖波光彩浮濯乍駭蛟騰在淵洸瀁上下水天交映爍電絕流射日蒸霞似奪頹丸晚色睥睨靜觀景趣高遠不覺身中習氣欲其水天吞吐此豈豐城伏劍時為幽人一剖璞中藴色

虹賦　鄭明選

慕光客卿問於守元先生曰太空之中有異色焉五彩錯出爛於雲間每春見而秋藏必夕東而朝西跨泰清以下垂狀若暈而半圓橫萬里之飛梁度天帝與列仙其始出也依微未鮮忽焉絢麗丹碧亙天既上架乎碧落亦下吸於長川光陸離以的皪勢夭矯而蜿蜒已乃若明若滅若斷若連頃刻不見莫知其端此何物也孰使之然守元先生曰以子所言是名屈虹字以挈貳諡以蝃蝀晦者為雌昭者為雄或言陽以陰務或言陰受陽攻或言樞鎖所散或言雨日所衝其為物也憑元雲以成質藉太陽而生輝蓋淫褻之互交匪陰陽之正妃故演孔徵毀譽之惑月令儆婚姻之廢風人以莫指示戒易傳以色親比義書見則飲井於漢庭夜出則蔽月於晉季投玉堂而宮省亂貫白日而壯士斃金商識女子之祥盧陵表丈夫之異雖感應之殊科咸上天之沴氣若夫飲劉釜而吐金感孔經而化玉斯齊東之野語非經史之實錄爾乃斤維七八枯木閃雨鞭陽石於南郊縱陰門於北渚土龍驟首而欲飛石燕鼓翼而思舞雷殷殷以出地雲祁祁而布野遭彼妒之中藏鬱屯背而不下耕夫悕於南疇饁婦號於中戶遏皇天之至仁民徬徨而失所雖文章之可悅傷陰陽之太和幸光彩之易滅豈久于夫二儀世不察而競觀曾煜燿之幾何吾既鑒天地之消息子毋羨其光華

虹霓部藝文二詩

虹霓　唐董思恭

春暮萍生早日落雨飛餘橫彩分長漢倒色媚清渠
梁前朝影出橋上晚光舒顧逐旌旗轉飄飄侍直廬

詠虹　蘇味道

紆餘帶星渚窈窕架天潯空因壯士見還共美人沈
逸照含良玉神光藻瑞金獨留長劍彩終負昔賢心

賦得浦外虹　陳潤

日影化為虹灣灣出浦東一條微雨後五色片雲中
輪勢隨天轉橋形跨海通還將飲水處持送使車雄

賦得虹藏不見　徐敞

迎冬小雪至應節晚虹藏玉氣徒成象星精不散光
美人初比色飛鳥罷呈祥石澗收晴影天津失彩梁
霏霏空暮雨杳杳映殘陽舒卷隨時令因知聖曆長

虹霓部選句

楚屈原離騷飄風屯其相離兮帥雲霓而來御　又　揚雲霓之晻藹兮

天問白蜺嬰茀胡爲此堂

遠遊建雄虹之采旄兮五色雜而炫燿

九辯驂白蜺之習習兮歷羣靈之豐豐

莊忌哀時命虹霓紛其朝霞兮夕淫淫而淋雨

漢司馬相如上林賦宛虹拖於楯軒

東方朔七諫借浮雲以送予兮載雌霓以爲旌

西都賦軼雲雨於太半虹霓迴帶於棼楣

晉傅元陽春賦文虹竟天

左思吳都賦寒暑隔閡於邃宇虹霓迴帶於雲館

梁昭明太子十二月啓虹入漢而藏形

北周王褒九懷乘虹驂蜺兮載雲變化

宋袁淑秋晴賦霆收耀虹戢文

魏文帝詩綵虹垂天

晉張協詩采虹纓高雲

梁簡文帝詩晴天歇晚虹　又　春雨暮成虹　又　偃蹇蔣山虹

江淹詩雄虹冠尖峰

王筠詩丹霞映白日細雨帶輕虹

虞羲詩雰虹照漣漪

唐李百藥詩輕虹逐望斜

宋之問詩丹壑飲晴霓　又　秋虹映晚日

李嶠詩弋林開曙景釣渚發晴霓

杜審言詩日氣抱殘虹

蘇頲詩片陰時作雨微照已生霓

孟浩然詩海虹晴始見

李白詩安得五彩虹架天作長橋

杜甫詩川蜺飲練光　又　纖纖雲表霓

錢起詩藏虹辭晚雨

孟郊詩有物飲碧水高林掛青霓

李賀詩青霓叩額呼宮神

施肩吾詩落日風迴卷碧霓

杜牧詩斷霓天帔垂

李商隱詩虹收青嶂雨

司空圖詩川明虹照雨

曹松詩一道晴霓雜落暉

祝元膺夢仙謠螮蝀晴爲碧落梯

宋陸游詩斷虹低飲澗

元黃庚詩一曲彩虹橫界斷南山雷雨北山晴

楊師道詩碧嶺橫春虹

虹霓部紀事

拾遺記春皇者庖羲之別號所都之國有華胥之洲神母遊其上有青虹繞神母久而方滅即覺有娠歷十二年而生庖羲

竹書紀年帝舜有虞氏母曰握登見大虹意感而生舜於姚墟

蜀錄李雄字仲儁特第三子母羅氏夢雙虹自門升天一虹中斷既而生蕩後羅氏汲水忽然如寐夢大蛇繞其身遂有孕十四月而生雄常言二子若有先亡在者必大貴

異苑長沙王道憐子義慶在廣陵臥疾食次忽有白虹入室就飲其粥義慶擲器於階遂作風雨聲振於庭戶良久不見

南部新書永貞二年三月有彩虹入潤州大將軍張子良宅初入漿甕飲水盡復入井飲之後子良拜金吾尋歷方鎮

祥驗集韋皐鎮蜀與賓客飲忽虹霓自空而下垂首於筵吸其食飲且盡首似驢霏然若晴霞狀久而方去旬餘就拜中書令

鑑戒錄侯弘實蒲坂人年方十三四嘗寐於簷下天將大雨有虹自河飲水俄貫於弘實之口其母見不敢驚焉良久虹自天沒於弘實之口不復出及覺母問有夢否對曰適夢入河飲水飽足而歸母默喜其必貴後數月有蜀僧詣門相之謂其母曰此霓龍也但離去鄉井近江海宦者方有顯榮弘實後爲將領二府一鎮皆近大江

增韻范忠文公鎮試學士院詩用彩蜺字學士以沈約郊居賦雌霓連蜷讀霓爲入聲謂鎮爲失韻司馬文正公光曰約但取聲律便美非義不可讀爲平聲也當時學者皆爲憤鬱

夢溪筆談世傳虹能入溪澗飲水信然熙寧中予使契丹至其極北黑水境永安山下卓帳是時新雨霽見虹下帳前澗中予與同職扣澗觀之虹兩頭皆垂澗中使人過澗隔虹對立相去數丈中間如隔綃縠自西望東則見立澗之東西望則爲日所鑠都無所覩久之稍稍正東踰山而去次日行一程又復見之

癸辛襍識丁未歲先君爲柯山倅廳後屏星堂前有井夏月雨後虹見於井中五色俱備如一匹綵輕明絢爛經一時乃消後亦無他

碧里襍存彭友信者攸人也歲貢至京一日聖祖微行遇中相值忽見虹霓聖祖口占二句云誰把青紅線兩條和雲和雨繫天腰友信應聲曰玉皇昨夜鑾輿出萬里長空駕彩橋上異之相約明日會於竹橋同早朝明日彭果往候久不至遂失朝已而宣入喜曰有學有行君子也以爲北平布政使

見聞錄劉公諱綱字文紀行野中值横石爲虹馬驚不度公諦視之乃狄梁公碑范文正公所撰者也卽起豎之爲建祠焉

茅亭客話淳化壬辰歲夏六月虹見時偷大雨愚友人李顥元云虹蜺者陰陽之精也虹雄也蜺雌也有青赤之色嘗依陰雲而晝是大陰亦不見日落西虹乃東見見必有雙鮮者雄色淡者雌也入人家飲水或福或凶有陳季和者云昔韋中令鎭蜀之日與賓客宴於西亭或暴風雨作俄有虹蜺自空而下直入於亭垂首於筵中吸其食饌且盡焉其虹蜺首似驢身若晴霞狀公懼且惡之曰虹蜺者陰陽不和之氣妖沴之兆也遂罷宴座中一客曰公何憂乎眞祥兆也夫虹蜺者天使也降於邪則爲戾降於正則爲祥理則昭然公正人也是宜爲祥敢爲先賀旬餘就拜中書令孟氏初徐光溥宅虹蜺入井飲水其母曰王蜀時有虹入吾家井中王先主取某家女爲妃今又入吾家必有女爲妃后男爲將相此先兆矣未浹旬選其女入宮後從蜀主歸闕卽惠妃也休復母氏常說眉州眉山縣桂枝鄉程氏某之祖爲伯父在僞蜀韓保貞幕任本州眉山縣令丁母憂歸村野服將闋時當夏杪天或陰翳見家庭皆如晚霞晃耀紅碧蠲然時偷開甕甕釜之中井泉之內水皆涸盡時偷大雨滂霈而已未幾韓侍中授秦州節制伯父署節度推官將知虹蜺者多爲祥矣

長洲縣志隆慶四年六月虹下於烏鵲橋丁氏門外若映薄綃

霏雪錄越中有道士陸國賓者曉乘舟出見白虹跨水甚近及至其所見蝦蟆如箸笠大白氣從口出卽跳入水虹亦不見

虹霓部雜錄

文子道原篇虹蜺不見含德之所致也

列子天瑞篇虹蜺也積氣之存乎天者也

尸子虹霓爲析翳

淮南子天文訓虹霓者天之忌也

大戴禮哀公問聖人配乎天地參乎日月雜於雲霓

京房易傳蜺旁氣也其占曰妻乘夫則見陰勝陽之表也四時有之唯虹見藏有時

白虎通天弓虹也又謂之帝弓明者爲虹闇者爲霓

拾遺記虹草枝長一丈葉如車輪根大如轂花似朝虹之色

元眞子濤之靈篇雨色映日而爲虹又背日噴乎水成虹蜺之狀而不可直者齊乎影也

唐國史補南海人言海風四面而至名曰颶風颶風將至則多虹蜺名曰颶母然三五十年始一見

酉陽雜俎仙藥月醴虹丹又黑秋咽虹丹而投水

李嗣貞書品伯英章草似春虹飲澗

譚子化書飲水雨日所以化虹霓也

清異錄世宗時水部韓彥卿使高麗卿有一書曰博學記偷抄之得三百餘事今抄天部七事一氣母虹也

筆談虹嘗下澗飲兩頭皆垂澗中

鶏林類事方言虹曰陸橋

毛詩名物解雄曰虹雌曰霓舊說虹常雙見鮮盛者雄其暗者雌也一曰赤白色謂之虹青白色謂之霓故虹字從紅省而說文解霓以爲屈虹青赤色或白色陰氣也今俗謂虹也一名蝃蝀爾雅曰蝃蝀謂之雩蝃蝀虹也蜺爲挈貳貳蓋言二淮南子曰天二氣則成虹是也虹淫氣也故又借爲寶虹小子之虹虹潰也詩言蝃蝀在東莫之敢指說者以爲夫婦過禮則虹氣盛應之莫之敢指文子曰至治之世虹蜺不見則夫婦過禮虹氣爲盛理或然也蓋地氣還矣天氣不復於是成虹虹天之淫氣也夫木氣之在天爲虹又天之淫氣耳尚且惡之如此而況於人乎所以痛此奔也故曰蝃蝀止奔也傳曰里名勝母曾子不入邑號朝歌墨子回車有是哉其上章曰朝隮于西

崇朝其雨言朝氣之外自西則非雨雲矣雖幸而雨亦莫能久也崇朝其雨言其雨崇朝而已爾雅曰暴雨謂之涷蓋言西雲而東雨則莫之能久也造化權輿曰（原缺四字）而東者爲雨蓋風至自東則雲從之矣說曰東雲西雨又云東雲謂之上雲西雲謂之下雲上雲蓋雨之雲也故易曰密雲不雨尚往也又曰密雲不雨已上也以今考之虹在東常隔雨而朝之外於自西則鮮或雨矣雖雨亦莫能久也故詩以此戒人之奔升雲言朝則以況淫奔之始蝃蝀言晚則以況其終終則言不復雨矣雨者和之象也先儒以爲雲漏日日照雨滴則虹生今以水歎日自側視之則暈爲虹蜺然則虹雖天地淫氣不暈於日不成也故今雨氣成虹朝陽射之則在西夕陽射之則在東月令季春日虹始見蔡邕以爲虹常依陰雲而晝見於日衝無雲不見太陰亦不見常以日西見東方故曰蝃蝀在東蝀之文從東以此故也蜺則常依蒙濁見於日旁白而直者曰白虹凡見日旁者四時常有之惟雄虹起於是日至孟冬乃藏

物類相感志蝃蝀虹也雌名霓天氣之盛所結然有雌雄見形入江河間飲頭若驢按詩傳夫婦過禮虹氣盛今虹出必二條出卽雨止

丹鉛總錄余嘗登眺山寺見雨霽虹蜺下飲澗水明若刻畫近如咫尺日射其傍如盼睞得句云渴虹下飲玉池水斜日橫分蒼嶺霞自謂切景張愈光云斜字猶未稱渴字後一年偶閱莊子日方中方睨衍義云日斜如人睨目遂改作睨日對渴虹字始稱愈光曰渴虹睨日古今奇句也

諺云日出雨落公姥相撲謂陰陽不和也蔡邕曰陰陽不和則氣爲虹虹見有青赤之色常依陰雲而晝見於日衝無雲不見大陰亦不見輒與日相互朝陽射之則在西夕陽射之則在東諺云東鱟日頭西鱟雨信然大率與霞相映朝霞不出市暮霞走千里是也莊子曰陽炙陰成虹禮疏云日照雨滴則虹生蓋雲心漏日日脚射雲則虹特明耀異常或能吸水或能吸酒人家有此或爲妖或爲祥朱子云既能吸水亦必有形質詩謂之蝃蝀其字从虫俗謂之鱟其字从魚俗又謂之旱龍依其形質而名之也

御龍子集蝃蝀日氣之射雲雨也雲薄而雨微故日氣射之而形見陽性善躅故所著處噏水而噏酒日射陽燧而火生太陽之精氣至烈也以射雲際而何陰雨之不淍語曰虹能止雨信矣

帝京景物略見霓曰杠戒莫指謂生指頭瘡曰惡指也

俗呼小鱟虹謂之吼

日知錄虹可稱雌雄詩疏虹雙出色鮮盛者爲雄雄曰虹闇者爲雌雌曰蜺是也

朝隮于西崇朝其雨朱子引周禮十煇注以隮爲虹是也謂不終朝而雨止則未然諺曰東虹晴西虹雨蓋虹蜺稯亂之交無論雨晴而皆非天地之正氣楚襄王登雲夢之臺望高唐之觀所謂朝雲者也

虹霓部外編

山海經海外東經虹虹在君子國北各有兩首

搜神記孔子修春秋製孝經既成齋戒向北辰告備於天忽有一虹自天而下化爲黃玉長三尺上有刻文孔子跪而受之

東甌後記故越王無諸舊宮上有大杉樹空中可坐十餘人越人夏世隆高尚不仕常之故宮因雨霽欲暮斷虹飲於宮池漸漸縮小化爲男子著黃赤紫之間衣而入樹良久不出世隆怪異乃名鄰之年少十數人往視之見男子爲大赤蛇盤遶衆懼不敢逼而少年遂擲瓦礫開樹中有聲極異如婦人之哭須臾雲霧不相見又聞隱隱如遠雷之響俄有一彩龍與赤鵠飛去及曉世隆往觀見樹中紫蛇皮及五色蛟皮欲取以歸有火生樹中樹焚蕩盡吳景帝永安三年七月也

搜神記崔文子者泰山人也學仙於王子喬子喬化爲白蜺而持藥與文子文子驚怪引戈擊蜺中之因墮其藥俯而視之王子喬之尸也置之室中覆以敝筐須臾化爲大鳥開而視之翻然飛去

搜神後記廬陵巴丘人陳濟者作州吏其婦秦獨在家常有一丈夫長丈餘儀容端正著絳碧袍采色炫燿來從之後常相期於一山澗間至於寢處不覺有人道相感接如是數年比鄰人觀其所至輒有虹見秦至水側丈夫以金瓶引水共飲後遂有身生而如人多肉濟假還秦懼見之乃納兒著甕中此丈夫以金瓶與之令覆兒云兒小未可得將去不須作衣我自衣之卽與絳囊以裹之令可時出與乳於是風雨

暝晦鄉人見虹下其庭化爲丈夫復少時將兒去亦風雨暝晦人見二虹出其家數年而來省母後秦適田見二虹於澗畏之須臾見丈夫云是我無所畏也從此乃絕

異苑古語有之曰古者有夫妻荒年菜食而死俱化成青絳故俗呼美人虹郭云虹爲雩俗呼爲美人

晉義熙初晉陵薛願有虹飲其釜澳須臾噏響便竭願輦酒灌之隨投隨涸便吐金滿釜於是灾弊日祛而豐富歲臻

太原溫湛婢見一嫗向婢流涕無孔竅婢駭怖告湛湛遂抽刀逐之化成一物如紫虹形宛然長舒上沒霄漢

窮怪錄後魏明帝正光二年夏六月首陽山中有晚虹下飲於溪泉有樵人陽萬於嶺下見之良久化爲女子年十六七異之問不言乃告蒲津戍將宇文顯取之以聞明帝名入宮幸未央宮視之見其容貌姝美問云我天女也暫降人間帝欲逼幸而色甚難復令左右擁抱聲如鐘磬化爲虹而上天

尚書故實絳州謝真人於紫極宮置齋金母下降郡郭處處有虹霓雲氣之狀乃至白晝輕舉萬目覩焉

欽定古今圖書集成曆象彙編乾象典

第七十七卷目錄

乾象典第七十七卷

雷電部彙考

易經

說卦傳

震爲雷

大全張子曰陰氣凝聚陽在內者不得出則奮擊而爲雷

離爲火爲日爲電

大全節齋蔡氏曰陰麗于陽則明故爲電

春秋

隱公九年

三月癸酉大雨震電

左傳九年春王三月癸酉大雨霖以震書始也

疏說文云震劈歷震物者電陰陽激燿也河圖云陰陽相薄爲雷陰激陽爲電然則震是雷之劈歷電是雷光僖十五年震夷伯之廟是劈歷破之雷之甚者爲震故何休云震雷也

公羊傳何以書記異也何異爾不時也

注震雷電者陽氣也有聲名曰雷無聲名曰電

穀梁傳震雷也電霆也

疏說文云震霹靂也陰擊陽爲電電者卽雷之光與此傳異者易卦震爲雷故何休亦以震爲雷霆者霹靂之別名有霆必有電故傳云電霆也或當電霆爲一也

胡傳震電者陽精之發

禮記

月令

仲春之月日夜分雷乃發聲始電蟄蟲咸動啓戶始出

注發猶出也疏雷乃發聲者雷是陽氣之聲將上與陰相衝蔡邕云季冬雷在地下則雉應而雊孟春動於地之上則蟄蟲應而振出至此升而動於天之下其聲發揚也以雷出有漸故言乃云始電者電是陽光陽微則光不見此月陽氣漸盛以擊於陰其光乃見故云始電

仲秋之月日夜分雷始收聲

注雷始收聲在地中動內物也疏知動內物者以雷是陽氣主於動不惟地中潛伏而已至十一月一陽初生震下坤上復卦用事震爲動坤爲地是動於地下是從此月爲始故云動內物也

爾雅

釋天

疾雷爲霆霓

注雷之急激者爲霹靂

國語

周語

陰陽分布震雷出滯

注陰陽分日夜同也滯蟄蟲也

易緯

稽覽圖

陰陽和合爲電輝輝也其光長

春秋緯

合誠圖

軒轅星主雷雨之神

山海經

海內東經

雷澤中有雷神龍身而人頭鼓其腹在吳西

史記

天官書

天雷電蝦虹辟歷夜明者陽氣之動者也春夏則發秋冬則藏

淮南子

天文訓

陰陽相薄感而爲雷激而爲霆

大戴禮

夏小正

雉震呴震也者鳴也呴也者鼓其翼也正月必雷雷不必聞惟雉爲必聞之何以謂之雷則雉震呴相識以雷

曾子天圓

陰陽之氣各盡其所則靜矣偏則風俱則雷交則電

注自仲春至仲秋陰陽交泰故雷電也

春秋繁露

五行五事

霹靂者金氣也其音商電者火氣也其音徵雷者土之氣也其音宮

星經

雷電

雷電六星在室西南主興雷電

霹靂

霹靂五星在雲雨北主天威擊勞萬物

釋名

釋天

雷硍也如轉物有所硍雷之聲也

電殄也乍見則殄滅也

震戰也所擊輒破若攻戰也又曰辟歷辟折也所歷皆破折也

晉書

天文志

柳八星主雷雨

宋史

天文志

雷電六星在室南明動則雷電作

霹靂五星主陽氣大盛擊碎萬物與五星合有霹靂之應

觀象玩占

總敘雷電

雷於天地爲長子主發生二月出地百八十日雷出則萬物出八月入地百八十日雷入則萬物入入則

除害出則與利人君之柄也
春秋繁露曰霹靂者金氣也一云靂靂振物也釋名曰霹靂折也所歷皆破折震戰也所擊輒破若攻也
京房曰霆者金之餘氣也金者內鑑而外冥
電陽精之發見也先電而後雷隨之者陽勝陰也正雷先鳴而後電者陰勝陽也

本草綱目

霹靂碪釋名

李時珍曰一名雷楔舊作針及屑誤矣

集解

陳藏器曰此物伺候震處掘地三尺得之其形非一有似斧刀者剉刀者有穴二孔者一云出雷州幷河東山澤間因雷震後得者多似斧色青黑班文至硬如玉或言是人間石造納與天曹不知事實
李時珍曰按雷書云雷斧如斧銅鐵爲之雷碪似碪乃石也紫黑色雷鎚重數斤雷鑽長尺餘皆如鋼鐵雷神以劈物擊物者雷環如玉環乃雷神所珮遺落者雷珠乃神龍所含遺下者夜光滿室又博物志云人間往往見細石形如小斧名霹靂斧一名霹靂楔元中記云玉門之西有一國山上立廟國人年年出鑽以給雷用此謬言也雷雖陰陽二氣激薄有聲實有神物司之故亦隨萬物啓蟄斧鑽碪鎚皆實物也若曰在天成象在地成形如星隕爲石則雨金石雨粟麥雨毛血及諸異物者亦在地成形者乎必太虛中有神物使然也陳時蘇紹雷鎚重九斤宋時沈括於震木之下得雷楔似斧而無孔鬼神之道幽微誠不可究極

主治

陳藏器曰無毒主大驚失心恍惚不識人幷石淋磨汁服亦煮服作枕除魔夢不祥
李時珍曰刮末服主瘵疾殺勞蟲下蠱毒止洩泄置箱籠間不生蛀蟲諸雷物珮之安神定志治驚邪之疾

雷墨集解

李時珍曰按雷書云凡雷書木石謂木札入二三分青黃色或云雄黃青黛丹砂合成以雷楔書之或云蓬萊山石脂所書雷州每雷雨大作飛下如砂石大者如塊小者如指堅硬如石黑色光艶至重劉恂嶺表錄云雷州驟雨後人于野中得石如黳石謂之雷公墨扣之錚然光瑩可愛又李肇國史補云雷州多雷秋則伏蟄狀如人握取食之觀此則雷果有物矣

主治

李時珍曰小兒驚癇邪魅諸病以桃符湯磨服卽安

震燒木釋名

李時珍曰一名霹靂木此雷所擊之木也方士取刻符印以名鬼神周日用注博物志云用擊鳥影其鳥必自墮也

主治

陳藏器曰火驚失心煮汁服之又掛門戶大厭火災

天步眞原

論天氣日月五星之能

土星木星相會及冲方夏至雷秋分如土星在上天氣風雨大雷
土星火星相會及冲方春分大雨電
土星太陽會冲方爲大門開夏至雹雷
木星火星會冲方濕宮大雨雷電夏至熱大雷
木星太陽會冲方夏至小雷
火星太陽會冲方濕宮大雷電夏至大熱雷電
火星水星會冲方夏至雷電
太陽金星會夏至雷

論天氣開門之理

開門之理如太陽舍在巨蟹土星舍在磨羯不論何時但太陽與土星相會冲方卽爲開門門開卽有入門者其冷熱晴雨皆倏忽有變火星金星是開水門有雷霆壞樹木

掃星

掃星色不定者水星之性雷電

日月食

太陽太陰失光其害所主當論五星此時看與太陽太陰相會相冲方火星主雷電雨

占年主星

火星爲本年主星多熱風雷電

春秋分至論天氣

四正宮內五星在日光下夏至熱雷
二至二分前朔望日月相交處土星若在一百八十九十一百二十六十必有雷電
金水在日光下夏至有雷土星火星木星亦略同

雜會論天氣

月與火星會濕宮內其時金星木星離火星六十九十一百二十一百八十大雷電
月離日或金星一百八十度或白羊天秤天蝎雙魚

內有雷電雨

雷電部總論

易經

說卦傳

動萬物者莫疾乎雷

張子正蒙

參兩篇

陰性凝聚陽性發散陰聚之陽必散之其勢均散陽爲陰累則相持爲雨而降陰爲陽得則飄揚爲雲而升故雲物班布太虛者陰爲風驅斂聚而未散者也凡陰氣凝聚陽在內者不得出則奮擊而爲雷霆陽在外者不得入則周旋不舍而爲風其聚有遠近虛實故雷風有小大暴緩和而散則爲霜雪雨露不和而散則爲戾氣曀霾陰常散緩受交於陽則風雨調寒暑正天象者陽中之陰風霆者陰中之陽雷霆感動雖速然其所由來亦漸爾能窮神化所從來德之盛者與

朱子語類

雷電

或問程子謂雷電只是氣相摩軋是否曰然或以爲有神物曰氣聚則須有然纔過便散如雷斧之類亦是氣聚而成者但已有渣滓便散不得此亦屬成之者性張子曰其來也幾微易簡其究也廣大堅固即此理也

雷如今之爆杖蓋鬱積之極而迸散者也

問十月雷鳴曰恐發動了陽氣所以大雪爲豐年之兆者雪非豐年蓋爲凝結得陽氣在地來年發達生長萬物

雷雖只是氣但有氣便有形如蝃蝀本只是薄雨爲日所照成影然亦有形能吸水吸酒人家有此或爲妖或爲祥

橫渠云陰氣凝聚陽在內者不得出則奮擊而爲雷霆陽氣伏於陰氣之內不得出故爆開而爲雷也

性理會通

論雷電

程子曰電者陰陽相軋雷者陰陽相擊也　問人有死於雷霆者無乃素積不善常歉然於其心忽然聞震則懼而死乎曰非也雷震之也然則雷孰使之曰夫爲不善者惡氣也赫然而震者天地之怒氣也相感而相遇故也曰雷電相因何也曰動極則陽形也是故鑽木戛竹皆可以得火夫二物者未嘗有火也以動而取之故也擊石火出亦然惟金不可以得火至陰之精也然軋磨既極則亦能熱矣陽未嘗無也

或問雷霆何爲而然者有形耶有神耶致堂胡氏曰古人未之言也然先達大儒亦嘗明其理矣蓋天地之間無非陰陽聚散闔闢之所爲也可以神言不可以形論非如異端所謂龍車石斧鬼鼓火鞭怪誕之難信也故其言曰陰氣凝聚陽在內而不得出則奮擊而爲雷霆雖聖人復起不能易矣凡聲陽也光亦陽也光發而聲隨之陽氣奮擊欲出之勢也雷緩小則震亦緩小電迅大則震亦迅大震電交至則必有雨震而不電電而不震則無雨由陰氣凝聚之有疎緩迅密也曰世人所得雷斧者何物也曰此猶星隕而爲石也本乎天者氣而非形偶隕于地則成形矣然而不盡然也曰雷之破山壞廟折樹殺人者何也曰先儒以爲陰陽之怒氣也氣鬱而怒方爾奮擊偶或值之則遭震矣然而不盡然也曰電之閃爍激疾如金蛇飛騰之狀何謂也曰光之發也惟光適映雲際則如是不當乎雲之際而在同雲之中則無是矣凡天地造化之迹苟不以理推之必入于幻怪僞誕之說而終不能明故君子窮理之爲要也

問雷者陰陽擊搏之氣然有時而擊人是豈氣之所爲乎且擊人之時有所謂石與火又有書背字曰某人有此惡者豈其氣又有神物主之耶南軒張氏曰橫渠有言陽在內者爲陰氣所蒙而不得出則震擊而爲雷霆蓋雷霆是天地間義氣人爲不善又適與之感會則雷震之有所謂火者氣之擊搏自有火生也有所謂石斧者氣之墜則爲石星隕亦然若所謂書字則無是理曰神物主之者謬妄之說也

問雷者陰陽二氣相摩而成聲春秋有所謂震夷伯之廟不知陰陽二氣亦能震物也耶潛室陳氏曰雷霆固是陰陽相薄而成聲然亦陰陽之怒氣與沴氣適相值故震要之此等陰陽自虛而有自氣而形自

聲而發皆摩盪之甚也故人或見其形或拾其物此二氣極摩盪處小而言之則人間之灼火大而言之則虹霓之氣化若蛟龍之生物皆無而爲有也

西山眞氏曰雷霆雖威初非爲殺物設也易稱鼓萬物者莫疾乎雷其與日之暄雨之潤風之散同於生物而已世人惡戾之氣適與之會而震死者有之非雷震求以殺之也

雷電部藝文一

雷虛篇　漢王充

盛夏之時雷電迅疾擊折樹木壞敗室屋時犯殺人世俗以爲擊折樹木壞敗室屋者天取龍其犯殺人也謂之陰過飲食人以不潔淨天怒擊而殺之隆隆之聲天怒之音若人之呴吁矣世無愚智莫謂不然推人道以論之虛妄之言也夫雷之發動一氣一聲也折木壞屋亦犯殺人犯殺人時亦折木壞屋獨謂折木壞屋者天取龍犯殺人罰陰過與取龍吉凶不同並時共聲非道也論者以爲隆隆者天怒呴吁之聲也此便於罰過不宜於取龍罰過天怒可也取龍龍何過而怒之如龍神天取之不宜怒如龍有過與人同罪龍殺而已何爲取也殺人怒可也取龍龍何過而怒之殺人不取殺龍取之人龍之罪何別而其殺之何異然則取龍之說既不可聽罰過之言復不可從何以效之案雷之聲迅疾之時人仆死於地隆隆之聲臨人首上故得殺人審隆隆者天怒乎怒用口之怒氣殺人也口之怒氣安能殺人人爲雷所殺詢其身體若燔灼之狀也如天用口怒口怒生火乎且口著乎體口之動與體俱當擊折之時聲著於地其衰也聲著于天夫如是聲著地之時口至地體亦宜然當雷迅疾之時仰視天不見天之下不見天之下則夫隆隆之聲者非天怒也天之怒與人無異人怒身近人則聲疾遠人則聲微今天聲近其體遠非怒之實也且雷聲迅疾之時聲東西或南北如天怒體動口東西南北仰視天亦宜東西南北或曰天已東西南北矣雲雨晦冥人不能見耳夫千里不同風百里不共雷易曰震驚百里雷電之地雷雨晦冥百里之外無雨之處宜見天之東西南北也口著於天天宜隨口口一移普天皆移非獨雷雨之地天隨口動也且所謂怒者誰也天神邪蒼蒼之天也如謂天神神怒無聲如謂蒼蒼之天天者體不怒怒用口且天地相與夫婦也其卽民父母也子有過父怒笞之致死而母不哭乎今天怒殺人地宜哭之獨聞天之怒不聞地之哭如地不能哭則天亦不能怒且有怒則有喜人有陰過亦有陰善有陰過天怒殺之如有陰善天亦宜以善賞之隆隆之聲謂天之怒如天之喜亦哂然而笑人有喜怒故謂天喜怒推人以知天知天本於人如人不怒則亦無緣謂天怒也緣人以知天宜盡人之性人性怒則呴吁喜則歌笑比聞天之怒希聞天之喜比見天之罰希見天之賞豈天怒不喜貪於罰希於賞哉何怒罰有效喜賞無驗也且雷之擊也折木壞屋時犯殺人以爲天怒時或徒雷無所折敗亦不殺人天空怒乎人君不空喜怒喜怒必有賞罰無所罰而空怒是天妄也妄則失威非天行也政事之家以寒溫之氣爲喜怒之候（一有候字）人君喜卽天溫怒則天寒雷電之日天必寒也高祖之先劉媼曾息大澤之陂夢與神遇此時雷電晦冥天方施氣宜喜之時也何怒而雷如用擊折者爲怒不擊折者爲喜則夫隆隆之聲不宜同音人怒喜異聲天怒喜同音與人乖異則人何緣謂之天怒且飲食人以不潔淨小過也以至尊之身親罰小過非尊者之宜也尊不親罰過故王不親誅罪天尊於王親罰小過是天德劣於王也且天之用心猶人之用意人君罪惡初聞之時怒以非之及其誅之哀以憐之故論語曰如得其情則哀矜而勿喜紂至惡也武王將誅哀而憐之故尚書曰予惟率夷憐爾人君誅惡憐而殺之天之罰過怒而擊之是天少恩而人多惠也說雨者以爲天施氣天施氣氣渥爲雨故雨潤萬物名曰澍人不喜不施恩天不說不降雨謂雷天怒雨者天喜也雷起常與雨俱如論之言天怒且喜也人君賞罰不同日天之怒喜不殊時天人相違賞罰乖也且怒喜具形亂也惡人爲亂怒罰其過罰之以亂非天行也冬雷人謂之陽氣泄春雷謂之陽氣發夏雷不謂陽氣盛謂之天怒竟虛言也人在天地之間物也物亦物也物之飲食天不能知人之飲食天獨知之萬物於天皆子也父母於子恩德一也豈爲貴賢加意賤愚不察乎何其察人之明省物之闇也犬豕食人腐臭食之天不殺也如以人貴而獨禁之則鼠洿人飲食人不知誤而食之天不殺也如天能原鼠則亦能原人人誤以不潔淨飲食人人不知而食之耳豈故舉腐臭以予之哉如故予之人亦不肯食呂

后斷戚夫人手去其眼置於廁中以爲人豕呼人示之人皆傷心惠帝見之病臥不起呂后故爲天不罰也人誤不知天輒殺之不能原誤失而責故天治悖也夫人食不淨之物口不知有其洿也如食已知之名曰腸洿戚夫人入廁身體辱之與洿何以別腸之與體何以異爲腸不爲體傷洿不病辱非天意也且人聞人食不淸之物心平如故觀戚夫人者莫不傷心人傷天意悲矣夫悲戚夫人則怨呂后案呂后之崩未必遇雷也道士劉春熒惑楚王英使食不淸春死未必遇雷也建初四年夏六月雷擊殺會稽鄞專日食羊五頭皆死夫羊何陰過而雷殺之舟人洿溪上流人飮下流舟人不雷死天神之處天猶王者之居也王者居重關之內則天之神宜在隱匿之中王者居宮室之內則天亦有太微紫宮軒轅文昌之坐王者與人相遠不知人之陰惡天神在四宮之內何能見人闇過王者聞人過以人知天知人惡亦宜因鬼使天問過於鬼神則其誅之宜使鬼神如使鬼神則天怒鬼神也非天也且王斷刑以秋天之殺用夏此王者用刑違天時奉天而行其誅殺也宜法象上天天殺用夏王誅以秋天人相違非奉天之義也或論曰飮食不潔淨天之大惡也殺大惡不須時王者大惡謀反大逆無道也天之大惡飮食人不潔淸天之所惡小大不均等也如小大同王者宜法天制飮食人不潔淸之法爲死刑也聖王有天下制刑不備此法聖王闕略有遺失也或論曰鬼神治陰王者治陽陰過闇昧人不能覺故使鬼神主之曰陰過非一也何不盡殺案一過非治陰之義也天怒不旋日人怨不旋踵人有陰過或時有用冬未必專用夏也以冬過誤不輒擊殺遠至於夏非不旋日之意也圖畫之工圖雷之狀纍纍如連鼓之形又圖一人若力士之容謂之雷公使之左手引連鼓右手推椎若擊之狀其意以爲雷聲隆隆者連鼓相扣擊之意也其魄然若敝裂者椎所擊之聲也其殺人也引連鼓相推并擊之矣世又信之莫謂不然如復原之虛妄之象也夫雷非聲則氣也聲與氣安可推引而爲連鼓之形乎如審可推引則是物也相扣而音鳴者非鼓卽鍾也夫隆隆之聲鼓與鍾耶如審是也鍾鼓而不空懸須有簨虡然後能安然後能鳴今鍾鼓無所懸著雷公之足無所蹈履安得而爲雷或曰如此固爲神如必有所懸著足有所履然後而爲雷是與人等也何以爲神曰神者恍惚無形出入無門上下無根故謂之神今雷公有形雷聲有器安得爲神如無形不得爲之圖象如有形不得謂之神謂之神龍升天實事者謂之不然以人時或見龍之形也以其形見故圖畫升龍之形也以其可畫故有不神之實難曰人亦見鬼之形鬼復神乎曰人時見鬼有見雷公者乎鬼名曰神其行蹈地與人相似雷公頭不懸於天足不蹈於地安能爲雷公飛者皆有翼物無翼而飛謂仙人畫仙人之形爲之作翼如雷公與仙人同宜復著翼使雷公不飛圖雷家言其飛非也使實飛不爲著翼又非也夫如是圖雷之家畫雷之狀皆虛妄也且說雷之家謂雷天怒呴吁也圖雷之家謂之雷公怒引連鼓也審如說雷之家則圖雷之家非審如圖雷之家則說雷之家誤二家相違也并而是之無是非之分無是非之分故無是非之實無以定疑論故虛妄之論勝也禮曰刻尊爲雷之形一出一入一屈一伸爲相校軫則鳴校軫之狀（校軫或作佼軫）鬱律㟪壘之類也此象類之矣氣相校軫分裂則隆隆之聲校軫之音也魄然若敝裂者氣射之聲也氣射中人人則死矣實說雷者太陽之激氣也何以明之正月陽動故正月始雷五月陽盛故五月雷迅秋冬陽衰故秋冬雷潛盛夏之時太陽用事陰氣乘之陰陽分事則相校軫校軫則激射激射爲毒中人輒死中木木折中屋屋壞人在木下屋間偶中而死矣何以驗之試以一斗水灌冶鑄之火氣激敝裂若雷之音矣或近之必灼人體天地爲鑪大矣陽氣爲火猛矣雲雨爲水多矣分爭激射安得不迅中傷人身安得不死當冶工之消鐵也以土爲形燥則鐵下不則躍溢而射射中人身則皮膚灼剝陽氣之熱非直消鐵之烈也陰氣激之非直土泥之濕也陽氣中人非直灼剝之痛也夫雷火也氣剡人人不得無迹如炙處狀似文字人見之謂天記書其過以示百姓是復虛妄也使人盡有過天用雷殺人殺人當彰其惡以懲其後明著其文字不當闇昧圖出於河書出於洛河圖洛書天地所爲人讀知之今雷死之書亦天所爲也何故難知如以一人皮不可書魯惠公夫人仲子宋武公女也生而有文在掌曰爲魯夫人文明可知故仲子歸魯雷書不著故難以懲後夫如是火剡之跡非天所刻畫也或頗有而增其語或無有而空生其言虛妄之俗好造怪奇何以驗之雷者火也以人中雷而死卽詢其身中頭則鬚髮燒燋中身則皮膚灼燌臨

其尸上聞火氣一驗也道術之家以爲雷燒石色赤投於井中石燋井寒激聲大鳴若雷之狀二驗也人傷於寒寒氣入腹腹中素溫溫寒分爭激氣雷鳴三驗也當雷之時電光時見大若火之耀四驗也當雷之擊時或燔人室屋及地草木五驗也夫論雷之爲火有五驗言雷爲天怒無一效然則雷爲天怒虛妄之言雖曰論語云迅雷風烈必變禮記曰有疾風迅雷甚雨則必變雖夜必興衣服冠而坐懼天怒畏罰及己也如雷不爲天怒其擊不爲罰過則君子何爲爲雷變動朝服而正坐子曰天之與人猶父子有父爲之變子安能忽故天變己亦宜變順天時示己不違也人聞犬聲於外莫不驚駭竦身側耳以審聽之況聞天變異常之聲軒轄迅疾之音乎論語所指禮記所謂皆君子也君子重愼自知無過如日月之蝕無陰闇食人以不潔淨之事內省不懼何畏於雷審如不畏雷則其變動不足以效天怒何則不爲己也如審畏雷亦不足以效罰陰過何則雷之所擊多無過之人君子恐偶遇之故恐懼變動夫如是君子變動不能明雷爲天怒而反著雷之妄擊也妄擊不罰過故人畏之如審罰有過小人乃當懼耳君子之人無爲恐也宋王問唐鞅曰寡人所殺戮者衆矣而羣臣愈不畏其故何也唐鞅曰王之所罪盡不善者也罰不善善者胡爲畏王欲羣臣之畏也不若毋辨其善與不善而時罪之斯羣臣畏矣宋王行其言羣臣畏懼宋王大怒夫宋王妄刑故宋國大恐懼雷電妄擊故君子變動君子變動宋國大恐之類也

雷賦　晉夏侯湛

伊朱明之季節兮暑熏赫以盛興扶桑煒以揚燎兮雷火熛以南升大明黯其潛曜兮天地鬱以同蒸掣丹霆之皓琰兮奮迅雷之崇崇馳壯音於天上兮激駮響於地中徒觀其霰雹之所種繫火石之所燒鑠雲雨之所澆沃流潦之所淹濯當衝則摧破遇披則纖溺山陵爲之崩盪羣生爲之震辟是以大聖變於烈風小雅肅於天高嗟乾坤之神祇兮信靈化之誕昭故先王之制刑擬雷霆於征伐恢文德以經化兮耀武義以崇烈苟不合於大象兮焉濟道以成哲

雷賦　李顒

伊青陽之肇化兮陶萬殊於天壤結鬱蒸以成雷兮鼓訇稜之逸響應萬風以相薄包羣動而爲長乘雲氣之鬱蓊兮舒電光之炯晃驚蟄蟲之始作兮懼遠邇之異象爾其發也則騰躍噴薄砰磕隱天起偉霆於霄際催勁木於巖巔驅宏威之迅烈若崩岳之閧闐斯寔陽臺之變化固大壯之宗源也若乃駭氣奔激震響交搏潰淪隱轔崩騰磊落來無轍跡去無阡陌君子恐懼而修省聖人因象以制作審其體勢觀其曲折輕如伐鼓轟若走轍棊猶地傾纚似天裂比五音而無當較衆響而稱傑於是上穆下明順天承法戒刑獄以致亨孰非善而可懾正震體於東方立不易之恆業豫行師而景奮解宥過而人協

雷電賦　顧凱之

太極紛綸元氣澄練陰陽相薄爲雷爲電是以宣尼敬威忽變夫其聲無定響光不恆照砰訇輪轉倏閃羅曜若乃太陰下淪少陽初升蟄蟲將啓動靈先應殷殷徐振不激不憑豈隱隱之虛應乃違和而傷生昭王度之失節見二儀之幽情至乃辰開日明太清無靄靂眼揚積以瞿煥壯鼓崩天而砰磕陵堆訇隱以待傾方地業蓴其若敗蒼生非悟而喪魂龍鬼失據以顛沛光驚於泉底聲動於天外及其灑北斗以誕聖震昆陽以伐違降投鹿以命桀鳥雙潰而橫尸倒驚槍於霄際推騰龍於雲湄烈天地以繞映帷六合以動威在虛德而卷舒謝神聽之難追

維摩經十譬電贊　宋謝靈運

倏爍驚電過可見不可逐恆物生滅後誰復覈遲速愼勿空留念橫使神理恧發已道易乎忘情長之福

霹靂賦　唐張鼎

殷其靁在南山之隈黑蜺翔雲暗天起黃雀驚風動地來飄忽兮霏烟驛霧拂樓臺慘烈兮飛砂走礫揚塵埃波濤翻而海水激樹拔根而山石摧於是陰陽交戰晦明相賊或擊或馳乍通乍塞望騰蛇之上下見飛龍之南北電光開而山澤紅雨氣合而原野黑威聲奮擊於霄漢逸響振動於都國而乃陰軨徘徊謂高天壓而泰山頹鼓怒發洩謂厚地震而梁木折聲之所射者向無不碎氣之所奔者中無不絕値石則片片冰開當樹則重重瓦裂其爲始也則赫赫奕奕若烈風猛火之燎崑崙其爲終也砰砰轟轟若決水轉石之潰龍門擬戰鼓則三軍亂擊方戎車則百兩齊奔川岳爲之搖蕩天地爲之晝昏豈直聞之者掩耳而奪氣見之者瞑目而埋魂若斯而已哉觀其咈鬱氤氳騰波磊落輝光之所倏閃聲氣之所噴薄豈在微而應必有感而作擊齊堂也識孝婦之懷冤震魯廟也哂佞臣之隱慝故導風伯從雨師以豐隆

爲號令以列缺爲鞭笞洪涯飛霆以灑液奔源走沫以流澌迫鯨鯢使蹭蹬怛蛟螭使蹉跎鼉黿喪明於窟穴鱣鮪失路於庭墀當此時也別有跡履姦慝事兼狂狷想人孽之無逃慮天災之有譴各憂心而股慄咸戢驚而肉戰雖重華順之而不恚宣尼驚之而不變若乃依仁游藝之伍含道養性之流心且靜而神逸名旣揚而行修通人倚杜而坦蕩孝子遠墓而思柔苟有言而寡悔夫何懼而何憂亂曰我何憂兮憂天怒豈不欲往兮爲多露我有懼兮懼天威豈不欲往兮露未晞素履直載時道善肥古而可作吾與同歸

雷賦　張仲甫

粤若稽古太始之初陰陽和而爲炭天地張而爲爐鎔鑄品類陶汰清虛名之四海謂之八區陰陽相盪感成雷乎號曰天地之鼓事載河圖之書藏冰以時則響出而不震仲秋之月必聲隱而無餘或震怒百里雨潤同沾法威形於牧宰察醜惡於毫纖或殷轔而鼓作或滅沒而韜潛吼若天開闢如地裂動靜必以其時喜怒于焉有節是以樊重入室王褒繞墓終不苟於瑕疵冀中平於朋窟蠻夷於是膽懾賢豪於是心懼惡不戒而潛至善乃全而焉措無貴無賤敬天之怒五星不逆六氣合度發陽和啟蟄戶農事與作秋成斯覩以日繫時有倫有序欻焉而來倏焉而去鼓蹋莫測其蹤安息莫知其所搜獲山川洗滌寰宇爾其爲狀也則乃聯鼓畾畾力士雄雄雲飛電耀起自震宮其爲聲也磊磊落落砰砰訇訇龍潛魚躍海湧山傾星宿爲之霾翳日月爲之昏暝夫其虩赫震燿紛紜煽作臨峻崖投深壑終不騁於雄豪將勸善而懲惡布雲雨於滑龍銜丹書於白雀若乃王綱如繩籠羅有情是謂小人無禮君子無刑守容貌而無怭豈耳目之不明終冀貞廉於衆口法令未若於雷霆

上天鼓文　程浩

雷車闐闐六合喧吼驟風雨於南極族星雲於北斗擘東海以波蕩擺太山而瓜剖玉石至堅切如泥滓松柏至勁粉爲枯朽撾皮擊考而魑魅睒睗龍領觝觸而鯨鯢奔走陶鑄造化之鑪而鴻毛萬像斡運乾坤之柄而嬰孩拳有由是言則九鼎瑣細三山培塿燕雛可以指揮蓬萊可以背負殊不測離蒼天之近遠當懼驚魂在元雲之幾重徒勞矯首及夫白日雨歇長虹霽後列缺緩轡元冥假手蓄殘怒之未洩聞餘音之良久而小子之謬學敢獻疑於座右今若爲善惡之宰主操賞罰之休咎胡不扶持顏閔之殖行夭閼跖蹻之首壽罪一亂臣懲天下之凶醜旌一孝行激天下之悌友法高懸於堯典刑不試於周后何必霹靂潛屋之龍養育吠堯之狗

春雷賦　樊珣

惟聖作乂先天授人惟天輔德啟聖無親故我皇齊七政協三辰化乎大麓道暢經綸是以慶集天寶祥開地珍法威刑於震燿效生植於陽春鴻名旣增睿曆伊始當渙汗之初發聽春雷之肇起將克宣陽閟式時紀導達萬萌震驚百里南山望遠乘雨氣而方來長門聽深象車聲而未已若降在下如飛在天欝重電而虺虺殷高棟以闐闐作解羣物揚靈上元啟春和於蟄戶兆農慶於豐年若乃勢猛凌空聲雄出地形未還而必肅政不戒而潛至渾渾其象含四氣於一朝虩虩其威警千官於庶位及夫晉尉云卷煙埃稍廓餘雲旣稀厲響不作攄殘怒於平野轉輕音於峻閣來雖莫制必先戒而後臻去則何言知勸善而懲惡是故知聖人御氣立極居貞體元災攘不令祉降攸繁豈與夫震廟爲凶方知展氏之慝雹災莫禦乃訊申豐之言則有抱影窮居在陰向隅雖倚楹而有得終棄室以思濡進道則望深知己觀光而業謝冥符感雲雷之布澤思自達于通衢

雷在地中賦　滕邁

雷動而息地卑而深當嚴凝之戒節向博厚以潛音順靜於時乃退藏而默處反本乎土乍響絕而聲沉豈獨斂震驚於坤德抑亦彰休復於天心原其辭滿盈止奮肆混然無朕寂兮深閟解威鄰於蟄戶銷聲處夫陰位善列缺之歸功見元冥之內事以是細觀其所廣徵其類初疑龍轉石遠積南山之陽又若駐奔車深掩長門之地象則存矣理難求焉沖融將凝沍暗息隱轔與浮洛潛連道尚處幽奚爽下安於土功存作解終期上奮於天足使至人將齊其默默楚客絕想夫填填苟有託其厚載亦無辭於小畜駭氣結乎土囊迅音止夫坤軸斯可以驗啟閉分寒燠不失動靜乃順之於時將體行藏故受之以復未萌嚮像詎可求思勿以潛雖伏矣是當薄言震之一陽之氣始生孰能輕動百里之音未發吾非後時自然居善閉之中因積風之所扇且冥漠以斯在豈迅烈而遽變覩秋毫之末者無慙聽而不聞寫鐘鼓之音者

空歎視而不見若夫元律云蕤衆彙淒其荷未離乎坎窞且自理於希夷不然先王何以取象大易於焉立辟至矣哉法雷而行敎也弛張之義在兹

初雷啓蟄賦　謝觀

蟄處於冬雷生自震啓一聲於春候知萬類之奮迅虺虺初動祁祁始振首出庶物爲陰陽號令之端有開必先作天地發生之信原夫飛走各志羣分處陰既不戁以不竦尚聲銷而影沉及夫句芒御辰夾鍾應律整雲師布霧之澤迫和氏春分之日溫風載扇重陰四徹動豐隆之大聲發昆蟲之暗室跂行喙息聞塡塡而鼓舞爭馳脰振翼鳴隨虩虩而雷同競出隱蔽雖久騰揚有期變軒轟而作矣俱引領以從之見羣生嚮風之義知六鈞播物之時是則感之於彼而乃乘之在兹且遂隱隱以起兮各侁侁而挺幽穴處者聆之而厲志泥蟠者聞斯而舉趾均發萬品非唯百里各騰聲實驚出谷而載飛競迷明時范彈冠而思起搖車效之而可也聚蚊因之而有以然後舍彼卽此違陰就陽角觡奮迅羽翼弛張殷南山之粗厲啓出地之潛藏似桴鼓之纔終戈鋋熠熠如擊石之止後烏獸蹌蹌有若衆彙居蒙一呼而告羣生未覺一言以導曾無震驚之虞誰有蟄臺之暴於是桃吐其秀鷹化爲鳩助發生之德省囹圄之囚潛匿假之而振拔毛介因斯而處休大哉震元利拯羣生而出幽

雷賦　宋吳淑

夫動萬物者莫疾乎雷者也若夫虩虩方來虺虺未已挺出萬物震驚百里旣明罰而勑法亦驚遠而懼邇若夫名之天鼓主以軒星驗雊雉之先覺知玉虎之晨鳴君子所以作樂崇德折獄致刑敬天之怒雖夜必興者也爾其天地大駭陰陽相薄或入夜推車或先時奮鐸至夫地中爲復澤中則隨納大麓兮弗迷在南山而殷其徒聞蓋醫之爲忌豈容掩耳而先知隱耳發聲轟然急激或以歌梁子之引或以破高祺之石則有蔡順環冢樊重罝室會稽曾擊于羊羣臨賀晉觀于斧迹旣爲長子還喻人君觀絲聲聞于噬嗑考象亦著于經綸撞八荒千里之鼓爲折衝拒難之臣亦有食飛魚而不懼服嘉榮而靡畏去不祥而弗陰指石室而云避至其成于積風起自金門傷王哀之繞墓嘉竺彌之伏墳太初焦衣而自若諸葛倚柱而無聞亦云其聲出地其形連鼓擊東海之夔丘感齊臺之庶女至于碎滕放之石枕震王導之柏樹旣觀作解還聞奮豫泉精已開于黃帝感氣仍傳于子路仰乎一震之威當無忘乎恐懼

雷電部藝文二 詩

霹靂引　楚商梁

琴苑要錄曰霹靂引楚商梁之所作也商梁出遊九皐之澤覽漸水之臺引罘罝周于荊山臨曲池而漁疾風霣雹雷電奄冥大水四起霹靂下臻瞿然而驚其僕曰孤虛設張八宿相望熒惑干角五星失行此國之大變也君其返國矣於是商梁返室援琴歎之韻聲激發象霹靂之聲故曰霹靂引楚商梁老或云楚莊王也聲之誤耳

疾雨盈河霹靂下臻洪水浩浩滔厥天鏗趙隆愧隱隱闐闐國將亡兮喪厥年

驚雷歌　晉傅元

驚雷奮兮震萬里威陵宇宙兮動四海六合不維兮誰能理

霹靂引　梁簡文帝

來從東海上發自南山陽時聞連鼓響乍散投壺光飛車走四瑞繞電發時祥令去於斯表殺來亦傳芳

前題　隋辛德源

出地聲初奮乘乾威更作雲銜天笑明雨帶星精落碎枕神無撓濃楹書自若側聞吟白虎遠見飛元鶴

春雨早雷　唐張說

東北春風至飄飄帶雨來拂黃先變柳點素早驚梅樹藹懸書閣煙含作賦臺河魚未上凍江蟄已聞雷美人宵夢著金屏曙不開無緣一啓齒空酌萬年杯

雷　杜甫

大旱山岳燋密雲復無雨南方瘴癘地罹此農事苦封內必舞雩峽中喧擊鼓眞龍竟寂寞土梗空僂俯吁嗟公私病稅斂缺不補故老仰面啼瘡痍向誰數暴尪或前聞鞭巫非稽古請先偃甲兵處分聽人主萬邦但各業一物休盡取水旱其數然堯湯免親覩上天鑠金石羣盜亂豺虎二者存一端愆陽不猶愈昨宵殷其雷風過齊萬弩復吹霾翳散虛覺神靈聚氣暍腸胃融汗滋衣裳汚吾衰猶拙計失望築場圃

雷　前人

巫峽中宵動滄江十月雷龍蛇不成蟄天地劃爭迴却碾空山過深蟠絕壁來何須妒雲雨霹靂楚王臺

聞春雷　司空曙

水國春雷早闐闐若衆車自憐遷逐者猶滯蟄藏餘

聞雷　白居易

瘴地風霜早溫天氣候催窮冬不見雪正月已聞雷震蟄蟲蛇出驚枯草木開空餘客方寸依舊似寒灰

雷公　韓偓

閒人倚柱笑雷公又向深山霹怪松必若有蘇天下意何如驚起武侯龍

往王順山值暴雨雷霆　宋蘇舜欽

蒼崖六月陰氣舒一霔暴雨如繩粗霹靂飛入大壑底烈火黑霧相奔趨人皆喘汗抱樹立紫藤翠蔓皆焦枯逡巡已在天中吼有如上帝來追呼震搖巨石當道落驚嘷時聞虎與貙俄而青巔吐赤日行到平地晴如初回首絕壁尚可畏吁嗟神怪世所無

唐道人言天目山上俯視雷雨每大雷電但聞雲中如嬰兒聲殊不聞雷震也　蘇軾

已外浮名更外身區區雷電若爲神山頭只作嬰兒看無限人間失箸人

春雷起蟄　金龐鑄

千梢萬葉玉玲瓏枯槁叢邊綠轉濃待得春雷驚蟄起此中應有葛陂龍

雷公巖　元趙孟頫

雷公起臥龍爲國作霖雨飛電掣金蛇其誰敢余侮

滇南月令詞雪夜聞雷　明顧開雍

飄飄白雪散優曇雷鼓聲聲破蔚藍西近瑤池寒暑斷阿香素女共朝參

雷電部選句

楚屈原離騷鸞皇爲余先戒兮雷師告余以未具又吾令豐隆乘雲兮求虙妃之所在

九歌駕龍輈兮乘雷載雲旗以委蛇又雷填填兮雨冥冥

遠遊左雨師使徑待兮右雷公而爲衞

宋玉九辯屬雷師之闐闐兮通飛廉之衙衙

漢司馬相如長門賦雷隱隱而響起兮聲象君之車音

劉向九歎凌驚雷以軼駭電兮綴鬼谷於北辰

張衡思元賦凌驚雷之砊磕兮弄狂電之淫裔

北周庾信謝滕王啓金門細管未動春灰石壁輕雷尚藏冬蟄

古詩過眼金蛇掣鞭空銀索飛

晉傅元詩童女掣電策童男挽雷車

曹毗霖雨詩紫電光牖飛迅雷終天奔

北周庾信詩離光初繞電震氣初乘雷又投壺欲起電倚杜稍驚雷

隋煬帝詩斷霧時通日殘雲尚作雷

唐盧照鄰詩雷車電作鞭

李嶠詩一旬初降雨二月早聞雷

杜審言詩日氣含殘雨雲陰送晚雷

許渾詩夜電引雷窻暫明

高適詩殘雨擁輕雷

杜甫熱詩峽中都似火江上只空雷

盧綸詩陰雷慢轉野雲長

劉禹錫詩輕電閃紅綃

杜牧詩烈風駕震地獰雷驅猛雨

李商隱詩巴雷隱隱千山外更作章臺走馬聲

羅隱詩蟄邊聲暖乍聞雷

宋歐陽修詩凍雷驚筍欲抽芽

蘇軾詩狂雷失昭語過電不容目又遊人脚底一聲雷

曹文晦詩潭底忽雷生雨雹

元釋善住詩蛙傳鼓吹池塘雨茶展旗槍澗壑雷

欽定古今圖書集成曆象彙編乾象典

第七十八卷目錄

雷電部紀事

乾象典第七十八卷

雷電部紀事

竹書紀年黃帝軒轅氏母曰附寶見大電繞北斗樞星光照郊野感而孕二十五月而生帝于壽丘弱而能言

春秋合誠圖堯母慶都蓋大帝之女生於斗維之野常三河東南天大雷電有血流閼天石之中生慶都

書經虞書舜典納于大麓烈風雷雨弗迷

周書金縢武王既喪管叔及其羣弟乃流言於國曰公將不利於孺子周公乃告二公曰我之弗辟我無以告我先王周公居東二年則罪人斯得于後公乃爲詩以貽王名之曰鴟鴞王亦未敢誚公秋大熟未穫天大雷電以風禾盡偃大木斯拔邦人大恐王與大夫盡弁以啓金縢之書乃得周公所自以爲功代武王之說二公及王乃問諸史與百執事對曰信噫公命我勿敢言王執書以泣曰其勿穆卜昔公勤勞王家惟予沖人弗及知今天動威以彰周公之德惟朕小子其新迎我國家禮亦宜之王出郊天乃雨反風禾則盡起二公命邦人凡大木所偃盡起而築之歲則大熟

尚書中候秦穆公出狩至於咸陽日稷庚午天震大雷有火下化爲白雀銜籙丹書集於公車公俯取其書言穆公之霸也訖胡亥秦世家事

二儀實錄禹會塗山之夕大風雷震有甲步卒千餘人其不披甲者以紅綃帕抹其額自此遂爲軍儀之服

淮南子覽冥訓庶女告天雷電下擊景公臺隕支體傷折海水大出 註 齊寡婦無子不嫁事姑敬謹姑有女利母財殺母以誣婦婦不能明冤結叫天雷電下擊景公之臺隕壞毀公支體海水爲之溢出

前漢書高祖本紀高祖母媼嘗息大澤之陂夢與神遇是時雷電晦冥太公往視則見蛟龍於其上已而有身遂產高祖

西京雜記惠帝七年夏雷震南山大木數千株皆火燃至末其下數十畝地草皆燋黃其後百許日家人就其間得龍骨一具蛟骨二具

韓詩外傳海上有勇士曰菑丘訢以勇聞於天下過神淵飲馬馬沈訢去朝服拔劍而入三日三夜殺三蛟一龍而出雷公隨而擊之眇其左目

列女傳漢河南李叔卿爲郡功曹應孝廉同輩疾之宣言曰叔卿妻寡妹以故不得應孝廉之目叔卿遂閉門不出妹悲憤乃詣府門自經叔卿亦自殺以明無私旣而家人葬之後霹靂遂擊殺所疾者以冢叔卿之墓所震之家收葬其尸葬畢又發其冢

荊川記湖陽縣春秋蓼國樊重之邑也重母畏雷爲石室避之悉以文石爲階砌今猶存

後漢書光武本紀王尋王邑圍昆陽光武與敢死者三千人衝其中堅莽兵大潰會大雷風屋瓦皆飛雨下如注滍川盛溢虎豹皆股戰士卒爭赴溺死者以萬數水爲不流

蔡順傳順太守韓崇召爲東閤祭酒母平生畏雷自亡後每有雷震順輒圜冢泣曰順在此崇聞之每雷輒爲差車馬到墓所太守鮑衆舉孝廉順不能遠離墳墓遂不就

華陽國志獻帝舅車騎將軍董承受命衣帶中密詔當殺公承先與先主及長水校尉种輯將軍吳子蘭王子服等同謀以將行未發曹公從容謂先主曰天下英雄惟使君與操本初之徒不足數也先主方食失匕箸會天震雷先主曰聖人言迅雷風烈必變良有以也一震之威乃至於此也

世說新語夏侯太初嘗倚柱作書時大雨霹靂破所倚柱衣服焦然神色無變書亦如故賓客左右皆跌蕩不得住

曹嘉之晉紀諸葛誕以豪邁稱常倚柱書雷震其柱誕書自若

晉書王裒傳裒母性畏雷母沒每雷輒到墓曰裒在此

郭璞傳王導引璞參己軍事嘗令作卦璞言公有震厄可命駕西出數十里得一柏樹截斷如身長置常寢處災當可消矣導從其言數日果震柏樹粉碎

夏統傳統叱咤讙呼雷電晝冥

劉曜載記曜年八歲從元海獵於西山遇雨止樹下

雷震樹旁人莫不顛仆曜神色自若元海異之曰此吾家千里駒也

搜神記晉扶風楊道和夏於田中値雨至桑樹下霹靂下擊之道和以鋤格折其股遂落地不得去唇如丹目如鏡毛角長三寸餘狀似六畜頭似獼猴

孝子傳竺彌字道綸父生時畏雷每至天陰輒至墓伏墳悲哭有白兔在其左右

異苑晉滕放太元初夏枕文石枕臥忽暴雨雷震其枕枕四解旁人莫不怖懼而放獨自若云微覺有聲不足爲驚

佛佛凶虐暴惡常自言國名佛佛則是佛中之佛尋被震死既葬而復就塚中霹靂其柩引身出外題背四字表其凶逆而然也國少時爲涉去所襲元嘉十九年京口霹靂殺人亦自題背

幼童傳潁川庾天祐三歲兒在北窻下戲霹靂擊脅前棗樹此兒晏然

北史竇泰傳泰母夢風雷暴起若有雨狀出庭覩之見電光奪目駛雨霑灑寤而驚汗遂有娠朞而不產大懼有巫曰度河湔裙產子必易便向水所忽見一人曰當生貴子可徙而南泰母從之俄而生泰

北史薛孤延傳延少驍果神武嘗閱馬於北牧道逢暴雨大雷震地燒浮圖神武令延覘之延案矟直前大呼繞浮圖走火遂滅延還鬚及馬騣尾皆焦神武歎其勇決曰延乃能與霹靂鬬

法苑珠林唐封元則渤海長河人顯慶中爲光祿寺太官掌膳時于闐王來朝食料餘羊凡數十百口王並託元則送僧寺長生元則乃竊令屠家烹貨收直龍朔元年夏六月洛陽大雨雷震殺元則於宣仁門外街中折其項血流灑地覩者盈衢莫不驚愕

錄異記唐開元中漳泉二州分疆界不均互訟於臺省制使不能斷迨數年辭理紛亂終莫之決於是州官焚香告於天地山川以祈神應俄而雷雨大至霹靂一聲崖壁中裂所競之地拓爲一逕高千尺深僅五里因爲官道壁中有古篆六行二十四字皆廣數尺雖約此爲界人莫能識貞元初流人李協辯之曰漳泉兩州分地太平永安龍溪山高氣清千年不惑萬古作程所云永安龍溪者兩郡界首鄉名也

廣異記唐開元末雷州有雷公與鯨鬬鯨身出水上雷公數十在空中上下或縱火或詬擊七日方能海邊居人往看不知二者何勝但見海水正赤

酉陽雜俎元宗嘗冬月召山人包超令致雷聲超對曰來日及午有雷遂令高力士監之一夕醮式作法及明天無纖翳力士懼之超曰將軍視南山當有黑氣如盤矣力士望之如其言有頃風起黑氣彌漫疾雷數聲

唐蔡希閔家在東都暑夜兄弟數十人會於廳忽大雨雷電晦暝墮一物於庭作颯颯聲命火視之乃婦人也衣黃紬裙布衫言語不通遂目爲天女使五六年能漢語問其鄉國不之知但云本鄉食粳米無碗器用柳箱貯飯而食之竟不知是何國人初在本國夜出爲雷取上俄墮希閔庭中

唐歐陽忽雷者本名紹桂陽人勁健勇於戰鬬嘗爲郡將有名任雷州長史館於州城西偏前臨大池嘗出雲氣居者多死紹至處之不疑令人以度測水深淺別穿巨壑深廣類是既成引決水於是雲與天地晦冥雷電大至火光屬地紹率其徒二十餘人持弓矢排鏘與雷師戰衣並焦卷形體傷腐亦不之止自辰至酉雷電飛散池亦涸竭中獲一蛇狀如蠶長四五尺無頭目砍刺不傷蠕蠕然具大鑊油煎亦不死烊鐵汁方焦灼仍杵爲粉而服之至盡南人因呼紹爲忽雷

酉陽雜俎貞元年中宣州忽大雷雨一物墮地豬首手足各兩指執一赤蛇嚙之俄頃雲暗而失時皆圖而傳之

貞元初鄭州百姓王幹有膽勇夏中作田忽暴雨雷因入蠶室中避雨有頃雷電入室中黑氣陡暗幹遂掩戶把鋤亂擊聲漸小雲氣亦斂幹大呼擊之不已氣復如半牀已至如盤砉然墜地變成熨斗折刀小折腳鐺焉

原化記唐貞元中華亭縣界村堰典妻與人私又於鄰家盜一手巾鄰知覺至典家尋覓典與妻共諱詬罵此人冤憤乃報曰汝妻與他人私又盜物仍共諱罵神道豈容汝乎典曰我妻的不姦私盜物如汝所說遣我一家爲天霹既各散已至夜大風雨雷震怒擊破典屋典及妻男女五六人並死至明雨猶未歇鄰人但見此家屋倒火燒不已衆共火中搜出覓得典及妻皆燒如燃燭狀爲禮拜求乞不更燒之火方自息典脇上題字云癡人保妻貞將家口質妻脇上書行姦仍盜告縣檢視遠近咸知吳越間震死者非少有牛及鱓魚樹木等爲雷擊死者皆聞於縣辯識或曰人則有過天殺可也牛及樹木魚等豈有罪惡

而殺之耶又有弒君弒父殺害非理者天何不誅請爲略說洞庭子曰昔夏帝武乙射天而震死晉臣王導寢柏而移災斯則列於史籍矣至於牛魚以穿踏田地水傷害禾苗也或曰水所損亦微何罰之大對曰五穀者萬人命也國之寶重天故誅之以誡於人樹木之類龍藏於中神既取龍遂損樹木耳天道懸遠垂教及人委曲有情不可一槪余曾見漳泉故事漳泉接境縣南龍溪界域不分古來爭競不決忽一年大雷雨霹一山石壁裂壁上刻字漳泉兩州分地太平萬里不惑千秋作程南安龍溪山高氣清其文今猶可識天之教令其可惑哉且論語云迅雷風烈必變又禮記曰若有疾風迅雷甚雨則必變雖夜必興衣服冠而坐又曰洊雷震君子以恐懼修省夫聖人奉天教豈妄說哉今所以爲之言者序述耳因爲不爾豈足悲哉夫然弒君弒父殺害無辜人間法自有刑戮豈可以區區之意而責恢恢之網者歟

宣室志唐元和中李師道據青齊蓄兵勇銳地廣千里儲積數百萬不貢不覲憲宗命將討之王師不利而師道益驕乃建新宮擬天子正衙十日而居是夕雲物遽晦風雷如撼遂爲震擊傾圮俄復繼以天火了無遺者青齊人相顧語曰爲人臣而逆其君者禍固宜矣今譴見於天安可逃其戾乎旬餘師道果誅死

韓愈嵩山題名並少室而東抵衆寺上太室中峯宿封禪壇下石室自龍泉寺釣龍潭水遇雷

酉陽雜俎李鄘在北都介休縣百姓送解牒夜止晉祠宇下夜半有人扣門云介休王暫借霹靂車某日至介休收麥良久有人應曰大王傳語霹靂車正忙不及借其人再三借之遂見五六人秉燭自廟後出介休使者亦自門騎而入數人共持一物如幢扛上環綴旗幡授與騎者曰可點領騎者即數其幡凡十八葉每葉有光如電起百姓遍告鄰村令速收麥將有大風雨村人悉不信乃自收刈至其日百姓率親情據高阜候天色及午介山上有黑雲氣如窰烟斯須蔽天注雨如綆風吼雷震凡損麥千餘頃數村以百姓爲妖訟之工部員外郎張周封親覩其推案

傳奇唐元和中有陳鸞鳳者海康人也負義氣不畏鬼神鄉黨咸呼爲後來周處海康昔有雷公廟邑人虔潔祭祀禱祝既淫妖妄亦作邑人每歲聞新雷日記某甲子一旬復值斯日百工不敢動作犯者不信宿必震死其應如響時海康大旱邑人禱而無應鸞鳳大怒曰我之鄉乃雷鄉也爲神不福況受人奠酹如斯稼穡既焦陂池已涸牲牢饗盡焉用廟爲遂秉炬爇之其風俗不得以黃魚彘肉相和食之亦必震死是日鸞鳳持竹炭刀於野田中以所忌物相和啖之將有所伺果怪雲生惡風起迅雷急雨震之鸞鳳乃以刃上揮果中雷左股而斷雷墮地狀類熊猪毛角肉翼青色手持短柄剛石斧流血注然雲雨盡滅鸞鳳知雷無神遂馳赴家告其血屬曰吾斷雷之股矣請觀之親愛愕駭共往視之果見雷折股而已又持刀欲斷其頸齧其肉爲羣衆共執之曰霆是天上靈物爾爲下界庸人輙害雷公必我一鄉受禍衆捉衣袂使鸞鳳奮擊不得逡巡復有雲雷哀其傷者和斷股而去雖然雲雨自午及酉涸苗皆立矣遂被長幼共斥之不許還舍於是持刀行二十里詣舅兄家及夜又遭霆震天火焚其室復持刀立於庭雷終不能害旋有人告其舅兄向來事又爲逐出復往僧室亦爲霆震焚爇如前知無容身處乃夜秉炬入於乳穴嵌孔之處後雷不復能震矣三暝然後返舍自後海康每有旱邑人即醵金與鸞鳳請依前調二物食之持刀如前皆有雲雨滂沱終不能震如此二十餘年俗號鸞鳳爲雨師至大和中刺史林緒知其事召至州詰其端倪鸞鳳云少壯之時心如鐵石鬼神雷電視之若無當者願殺一身請蘇萬姓即上元焉能使雷鬼敢騁其凶臆也遂獻其刀於緒厚酬其直

酉陽雜俎成式至德坊三從伯父少時於陽羨家乃親故也夜遇雷雨每電起光中見有人頭數十大如栲栳

柳公權侍郎嘗見親故說元和末止建州山寺中夜半覺門外喧鬧因潛於牕櫺中觀之見數人運斤造雷車如圖畫者久之一嚏氣忽斗暗其人兩目遂昏焉

宣室志唐長慶中蘭陵蕭氏子以膽勇稱客遊湘楚至長沙郡舍於仰山寺是夕獨處撤燭忽暴雷震蕩簷宇久而不止俄聞西垣下窣窣有聲蕭恃膂力曾不之畏榻前有巨捶持至垣下俯而撲焉一舉而中有聲甚厲若呼吟者因連撲數十聲遂絕風雨亦霽蕭喜曰怪且死矣迨曉西垣下覩一鬼極異身盡青傴而庳有金斧木楔以麻縷結其體焉瞬而喘若甚困狀於是具告寺僧觀之或曰此雷鬼也蓋上帝之使耳子何爲侮於上帝禍且及矣里中人具牲酒祀

之俄而雲氣曛晦自室中發出戶昇天鬼亦從去旣而雷聲又興僅數食頃方息蕭氣益銳里中人皆以壯士名焉

酉陽雜俎處士周洪言寶曆中邑客十餘人逃暑會飲忽暴風雨有物墜如覆兩目睒睒衆人驚伏牀下倏忽上堦歷視衆人俄失所在及雨定稍稍能起相顧耳悉泥矣邑人言向來雷震牛戰鳥墜邑客但覺殷殷而已

聞奇錄唐金州水陸院僧文淨因夏屋漏滴於腦遂作小瘡經年若一大桃來歲五月後因雷雨霆震穴其贅文淨睡中不覺瘡後唯贅痛遣人視之如刀割有物隱處乃蟠龍之狀也

唐國史補或曰雷州春夏多雷無日無之雷公秋冬則伏地中人取而食之其狀類彘又云與黃魚同食者人皆震死亦有收得雷斧雷墨者以爲禁藥

嶺表錄異雷州之西雷公廟百姓每歲納雷鼓雷車有以魚彘肉同食者立爲霆震皆敬而憚之每大雷雨後多於野中得黳石謂之雷公墨叩之鎗然光瑩如漆又如霹靂處或土木中得楔如斧者謂之霹靂楔小兒佩帶皆辟驚邪孕婦磨服爲催生藥必驗

投荒雜錄唐羅州之南二百里至雷州爲海康郡雷之南瀕大海郡蓋因多雷而名焉其聲恆如在簷宇上雷之北高亦多雷聲如在尋常之外或陰冥雲霧之夕郡人呼爲雷耕曉視野中果有墾跡有是乃爲嘉祥又時有雷火發於野中每雨霽得黑石或圓或方號雷公墨凡訟者投牒必以雷墨雜常墨書之爲利人或有疾卽掃虛室設酒食鼓吹旛蓋迎雷於數十里外旣歸屠牛彘以祭因置其門鄰里不敢輒入有誤犯者爲唐突大不敬出豬牛以謝之三日又送如初禮

酉陽雜俎元稹在江夏襄州賈塹有莊新起堂上梁纔畢疾風甚雨時莊客輸油六七甕忽震一聲油甕悉列於梁上一滴不漏其年元卒

集異記唐太和間濮州軍吏裴用者家富於財年六十二病死旣葬旬日霆震其墓棺飛出百許步屍柩零落其家卽選他處重瘞焉仍用大鐵索繫纜其棺未幾震如前復選他處重瘞不旬日震復如前而棺柩灰盡不可得而收矣因設靈儀招魂以葬

宣室志唐東陽郡濱於浙江有山周數百里江水曲而環焉還滯舟楫人頗病之常侍敬昕太和中出守其山一夕雲物曛晦暴風雷電動蕩室廬江水騰溢莫不惶惑迨曉方霽人往視之已劈而中分相遠數百步引江流直而貫焉其環曲處悉塡以石遂無縈繞之患

唐晉陵郡建元寺僧智空本郡人道行聞於里中年七十餘一夕旣闔關忽大風雷若起於禪堂殷然不絕燭滅而塵坌瞑黑且甚簷宇搖震矍然自念曰吾棄家爲僧迨茲四紀暴雷如是豈神龍有怒我者不然有罪當雷震死耳旣而聲益甚復坐而祝曰某少學浮屠氏爲沙門迨五十餘年豈所行乖於釋氏教耶不然且有黷神龍耶設如是安敢逃其死儻不然則愿亟使開霽俾舉寺僧得自解也言竟大聲一舉若發左右茵榻傾糜昏霾顚悖由是驚懾仆地僅食項聲方息雲月晴朗然覺有腥腐氣如在室內因燭視之於垣下得一蛟皮長數丈血滿於地乃是禪堂北有槐高數十尋爲雷震死循理而裂中有蛟蟠之跡焉

唐河東郡東南百餘里有積水謂之百丈泓清澈纖毫必鑒在驛路之左槐柳環擁煙影如束途出於此者乃爲憩駕之所太和五年夏有徐生自洛陽抵河東至此水困殆旣甚因而憩息且吟且望將午忽聞水中有細聲若蠅蚋之噪俄而纖光發其音稍響輷若擊轂其光如索而曳焉生始異之聲久益繁遂有雷自波間起震光爲電接雲氣至旅次遽話其事答曰此百丈泓也歲旱未嘗不指期而雨今旱且甚吾師命屬官禱焉巫者曰某日當有甚雨果是日矣

唐御史楊詢美居廣陵郡從子數人皆幼始從師學嘗一夕風雨雷電震耀諸子俱出戶望且笑且詈曰我聞雷有鬼不知鬼安在願得而殺之可乎旣而雷聲愈甚林木傾靡忽一聲轟然若在於廡諸子驚甚卽馳入戶負壁而立不敢輒動復聞雷聲若天呵地吼廬舍搖動諸子益懼近食頃雷電方息天月清霽庭有大古槐擊拔其根而劈之諸子覺兩髀痛不可忍具告詢美命家僮執燭視之諸髀咸有赤文橫布十數狀類杖痕似雷鬼之所爲也

因話錄唐進士鄭翬家在高郵親表盧氏莊近水鄰人數家共殺一白虵未久忽大震雷雨發數家陷溺無遺盧宅當中唯一家無恙

會昌解頤錄唐史無畏曹州人也與張從眞爲友無畏止耕隴畝衣食窘困從眞家富乃謂曰弟勤苦田園日夕區區奉假千緡貨易他日但歸吾本無畏忻

然齋緡江淮父子射利不數歲已富從眞繼遭焚蘙及羅劫盜生計一空遂詣無畏曰今日之困不思弟千緡之報可相濟三二百乎聞從眞言輒爲拒扞報曰若言有負但執劵來從眞恨怨塡臆乃歸庭中焚香泣淚詛之言辭慷慨聞者戰慄午後東西有片黑雲驟起須臾霪雨雷電兼至霹靂一震無畏遂變爲牛朱書腹下云負心人史無畏經旬而卒刺史圖其事而奉奏焉

唐詩紀事天復元年帝爲鳳翔兵刼幸岐城一日大雷雨牛馬震死街西古槐殿東鴟吻立碎帝爲詩云只解劈牛兼劈樹不能誅惡與誅兇

酉陽雜俎興州有一處名雷穴水常半穴每雷聲水塞穴流魚隨流而出百姓每候雷聲繞樹布網獲魚無限非雷聲漁子聚鼓於穴口魚亦輒出所獲半於雷時韋行規爲興州刺史時與親故書說其事

番禺雜記村民鑿山爲穴多品供雷奠雷享之名雷藏

三水小牘唐張應自滎陽被命至河內郡涉九鼎渡所乘小駟驚逸及北岸視後足有物縈繞狀如大蟥絳色乃抽佩刀斷於地輒復相續堅縮如白角櫛紅影若縷橫絡之遂眞諸囊中事畢而還復渡河至半陰天景歘蒸熅於園井就之盥濯因與園叟話之取角櫛置盆水上忽然黑氣勃興濃雲四合狂電震霆雨雹交下食頃方霽盆涸而櫛已亡

玉堂閒話尉氏尉申文緯嘗話頃以事至洛城南玉泉寺時盛夏寺左有池大旱村人祈禱未嘗不應池之陽有龍廟時文緯俯池而觀有物如敗花葉大如蓋因以瓦礫擲之僧曰切不可恐致風雷之怒申亦不以介意逡巡白霧自水面起才及山趾寺在山上石路七盤大雨霆電震擊比至平地已數尺溪壑暴漲驢乘洎僕夫隨流漂蕩莫能植足晝日如暮霆震不已申之口吻皆黑怖懼非常俄至一村尋亦開霽果中傷寒病將曉有微汗比明無恙豈龍之怒幾爲所斃也

長安西法門寺乃中國伽藍之勝地也如來中指節在焉照臨之內奉佛之人罔不歸敬殿宇之盛寰海無倫僖昭播遷後爲賊盜燬之中原蕩析人力旣殫不能復構最須者材之與石忽一夕風雷驟起暴澍連宵平曉諸僧闚望見寺前良材巨石阜堆山積亙十餘里首尾不斷有如人力置之於是鳩集民匠復構精藍人謂鬼神送來愈更欽其聖力育王化塔之事豈虛也哉

北夢瑣言僞蜀王氏彭王傅陳絢嘗爲邛州臨溪令縣署編竹爲藩而塗之署久泥忽隊落唯露其竹侍婢秉炬而照一物蟠於竹節中文彩爛然小虵也俄而雷聲隱隱絢疑其乖龍懼罹震厄乃易衣炷香抗聲祈於雷曰苟取龍幸無急遽雖狂電若晝自初夜迨四更隱隱不發旣發一聲俄然開霽向物已失人無震驚有若雷神佑乎懇禱

稽神錄戊子歲旱廬陵人龍昌裔有米數千斛糶旣而米價稍賤昌裔乃爲文禱神岡廟祈更一月不雨祠訖還至路憩亭中俄有黑雲一朶自廟後出頃之雷雨大至昌裔震死於亭外官司檢視之脫巾於髻中得書一紙則禱廟之文也昌裔有孫婿應童子舉鄉人以其事訴之不獲送考

廣陵孔目吏歐陽某者居決定寺之前其家妻小遇亂失其父母至是有老父詣門使白其妻我汝父也妻見其貧陋不悅拒絕之父又言其名字及中外親族甚悉妻竟不聽又曰吾自遠來今無所歸矣若爾權寄門下信宿可乎妻又不從其夫勸又不可父乃曰去吾將訟爾矣左右以爲何訟耳亦不介意明日午暴風雨從南方來有震霆入歐陽氏之居牽其妻至中庭擊殺之大水平地數尺鄰里皆漂蕩不自持後數日歐陽之人至后土廟神座前得一書卽老父訟女文也

廬山下賣油者養其母甚孝謹爲暴雷震死其母自以無罪日號泣於九天使者之祠願知其故一夕夢緋衣人告曰汝子恆以魚膏雜油中以圖厚利且廟中齋醮常用其油腥氣薰蒸靈仙不降其震死宜矣母知其事遂止

江南軍使蘇建雄有別墅在毗陵常使傔人李誠來往檢事乙卯歲六月誠自墅中回至句容縣西時盛暑赫日持傘自覆忽起大風飛沙拔木捲其傘蓋而去惟持傘柄行數十步雷雨大至方憂濡濕忽有飄席至其所因取覆之俄而雷震地道傍數家之中卷去一家屋室向東北而去頃之震其居蕩然無復遺者老幼十餘皆聚桑林中一無所傷舍前有足跡長三尺誠又西行數里遇一人求買所持傘柄誠乃與之曰此物無里餘後遇一人求買所覆席卽與之復用爾何爲者乃買之其人但求乞甚切終不言其故隨行數百步與之乃去

庚申歲番禺村女有老姥與之餉田忽雲雨晦冥及霽反失其女姥號哭乃求訪諸鄰里相與尋之不能得後月餘復雲雨晝晦及霽而庭中陳列筵席有鹿脯乾魚果實酒醢甚豐腆其女盛服至而姥驚喜持之女自言爲雷師所娶將至一石室中親族甚衆婚姻之禮一同人間今使歸返而他日不可再歸矣姥問雷郎可見得耶曰不可得留數宿一夕復風雨晦冥遂不可見矣

江西村中雷震一老嫗爲電火所燒一臂盡傷既而空中有呼曰誤矣即墜一瓶瓶有藥如膏曰以此傅之即瘥嫗如其言隨傅而愈家人共議此神丹也將取藏之數人共舉其瓶不能動頃之復有雷雨攝之而去又有一村人亦震死空中人呼曰誤矣可急取蚯蚓擣爛傅臍中當瘥如言傅之乃蘇

道士范可保夏月獨遊浙西甘露寺出殿後門將登北軒忽有人衣故褐衣自其傍入肩帔相拂范素好潔新衣恐汚心不悅俄而牽一黃犬又摩肩而出范怒形於色褐衣回顧張目其光如電范始畏懼頃之山下人至曰向者山上霹靂取龍子聞之乎范固不知也

辛酉五月四日有使過南康縣令胡侃置酒於縣南蓮華館水軒忽有暴雨吹沙從南來因手掩目聞盤中器物蔌蔌有聲若物飛過良久開目見食器微反其銀酒杯與杯之舟皆狹長時東西影壁傍有大桐樹亦拔出投於一里外皆此風雨常遙聞館中迅雷而館中初不聞也胡亦無恙

九國志吳柴再用爲光州一日大震雷家人皆伏匿再用當戶危坐不動俄見有襦袴四人舁再用坐敗牀出庭中復大震屋折有龍出

宋史盧多遜傳多遜累世墓在河南未敗前一夕震電盡焚其林木聞者異之

茅亭客話至道丙申歲夏五月俳優人羅袂長有親戚居南郭井口莊袂長晨往訪之時有莊氏網獲數魚袂長取三頭貫於傘中時歸至中路天色晦冥迅雷急雨林木皆傾火光燭地袂長恐魚是龍也棄之田畝中雷電益甚驚懼投村舍避之振慄不能自止俟其霽方歸來日遲明村人將傘與魚云夜來莊主差某相尋恐爲雷雨所驚見雷霹傘柄取乖龍將去魚與傘遭雷火所燎拾得今將歸焉

宋史查道傳道字湛然以孝聞母卒絕意名宦遊五臺將落髮爲僧一夕震雷破柱道坐其下了無怖色寺僧異之咸勸以仕端拱初舉進士高第

茅亭客話端拱戊子歲夏六月暴風雨雷震聖興寺羅漢院門屋柱折有三僧仆於地身如燔灼之狀

話腴眞廟朝寢殿側有古檜秀茂不群名御愛檜然橫礙殿簷眞皇意欲去之一夕風雷轉摺其枝時以爲瑞

環溪詩話來鵠洪州人咸平中名振都下然喜以詩訕當路爲人所惡卒不第偶題云可惜青天好雷電只能驅趂懶蛟龍亦頗韻

墨客揮犀范仲淹守饒州有書生上謁自言饑寒時盛稱薦福碑値千錢范爲打千本紙墨已具一夕雷轟語曰有客打碑來薦福無人騎鶴上揚州

邵氏聞見錄仁宗時一日天大雷震帝衣冠焚香再拜退坐靜思所以致變者不可得偶後苑匠作進一七寶枕屏遽取碎之上敬天之威如此其當太平盛時享國久長宜矣

羅湖野錄趙清獻公平居以北京天鉢元禪師爲方外友而吝決心法暨牧青州日聞雷有省即說偈曰退食公堂自凭几不動不搖心似水霹靂一聲透頂門驚起從前自家底舉頭蒼蒼喜復喜剎剎塵塵無不是中下之人不得聞妙用神通而已矣

夢溪筆談內侍李舜舉家曾爲暴雷所震其堂之西室雷火自窗間出赫然出簷人以爲堂屋已焚皆出避之及雷止其舍宛然牆壁窗紙皆黔有一木格其中雜貯諸器其漆器銀釦者銀悉鎔流在地漆器曾不焦灼有一寶刀極堅鋼就刀室中鎔爲汁而室亦儼然人必謂火當先焚草木然後流金石今乃金石皆鑠而草木無一燬者非人情所測也佛書言龍火得水而熾人火得水而滅此理信然人但知人境中事耳人境之外事有何限欲以區區世智情識窮測至理不其難哉

世人有得雷斧雷楔者云雷神所墜多於震雷之下得之而未嘗親見元豐中予居隨州夏月大雷震一木折其下乃得一楔信如所傳凡雷斧多以銅鐵爲之楔乃石耳似斧而無孔世傳雷州多雷祠在焉其間多雷斧雷楔按圖經雷州境內有雷擎二水雷水貫城下遂以名州如此則雷自是水名言多雷乃妄也然高州有電白縣乃是鄰境又何謂也

世傳湖湘間因震雷有鬼神書謝仙火三字於木柱上其字入木如刻倒書之此說甚著近歲秀州華亭

縣亦因雷震有字在天王寺屋柱上亦倒書云高洞
楊鴉一十六人火令章凡十一字內令章兩字特奇
勁似唐人書體至今尚在顛與謝仙火事同所謂火
者疑若隊伍若千人爲一火耳寺在漢東時清明日
雷震死二人於州守園中脇上各有兩字如墨筆畫
扶踈類柏葉不知何字
括異志茅山有村兒牧牛洗所著汗衫曝於草上牛
食草之際併食其衫疑鄰兒竊之其父怒曰生兒爲
盜將安用之卽將兒投於水中鄰兒稱寃呼天纔出
水父復投之俄大雷雨震死其牛汗衫自牛口中出
錢處士嘗見一人謂曰爾天罰將及可急告謝其人
曰某平生無過但昨日飲食不如意棄於溝中錢曰
是也可急取食之乃以水沃去其穢俄雷電大震錢
曰急幷穢食之雷電果息
惠州一娼震死於市脅下有朱書云李林甫以毒虐
弄權帝命震死此女蓋偃月公後身也元和六年六
月某日
聞見近錄榮州威遠縣民間忽有雷電入其舍須臾
霆震已而於其柱題曰候侯二字不知其何謂也
岳陽風土記華容令宅東北有老子祠曰大皇觀門
之左右有二神像道家所謂青龍白虎也捏塑精巧
非常人所能形質甚大可動搖遊觀者往往驗之以
爲異其實胎素中虛如夾紵作也祥符八年春二月
既望雷震白虎西北楹上有倒書謝仙火字入木踰
分字畫遒勁人莫之測慶曆六年滕子京令募而刻
之問零陵何氏女俗謂之何仙姑者乃曰謝仙火雷
部火神也兄弟二人各長三尺形質如玉好以鐵筆

書字其字高下當以身等驗之皆然東南楹亦有謝
仙二字遍近柱礎又不知何也其後摹刻岳陽樓上
元豐二年岳陽樓火土木碑碣悉爲煨燼惟此三字
曾無少損至今尚存謝仙火與歐陽永叔所記大同
小異永叔之說恐得之傳聞乎
南爐錄章惇徽宗時貶雷州司戶卒後欽宗北狩至
檀州雷擊民間一男子背上朱書賊臣章惇
湖廣通志宣和間平江羅孝芬居側有大柿樹雷折
之火燎其文成羅狀元字下有三點人莫能測明年
孝芬舉甲科第三人始悟其兆云
宋史趙汝愚傳汝愚父善應字彥遠官終修武郎江
西兵馬都監性純孝親病嘗刺血和藥以進母畏雷
每聞雷則披衣走其所嘗寒夜遠歸從者將扣門遽
止之曰無恐吾母露坐達明門啓而後入家貧諸弟
未製衣不敢製已製未服不敢服一瓜果之微必相
待共嘗之母喪哭泣嘔血毀瘠骨立終日俯首柩傍
聞雷猶起側立垂涕
祛疑說向有行雷法者以夜遊艾納數藥合而爲香
每燒則煙聚爐上人身鳥翼恍如雷神所至敬向不
知其爲藥術也
湖廣通志紹興初漢陽軍陽臺市蔡氏女年七歲遭
雷震死有文在背若符篆然識者讀之曰唐相李林
甫七世娼今生滅形凡十二字襄陽道人黎大方嘗
見之
鷄肋編沈存中筆談載雷火鎔寶劍而鞘不斷與王
冰注素問謂龍火得水而熾投火而滅皆非世情可
料余守南雄州紹興丙辰八月二十四日視事是日

大雷破樹者數處而福惠寺普賢像亦裂其所乘獅
子凡金所飾與像面悉皆銷釋而其餘采色如故與
沈所書蓋相符也
老學庵筆記張眞甫舍人廣漢人爲成都帥蓋本朝
得蜀以來所未有也未至前旬日大風雷龍起劍南
西川門揭牌擲數十步外壞南字爪迹宛然人皆異
之眞甫名震或爲之說曰元豐末貢院火而焦蹈爲
首魁當時語曰火焚貢院狀元焦無能對者今當以
雷起譙門知府震爲對然歲餘眞甫以疾不起方未
病時府治堂柱生白芝三詔者謂之玉芝子按酉陽
雜俎芝白爲喪眞甫當之
西溪叢語毗陵古寺柱間有雷神書字一行云石牀
侯十三火人下有緒月二字緒月見佛書
宋史劉伯正傳伯正爲監察御史有事於明堂雷電
忽至執事者鮮不離次伯正立殿下紳笏儼然聲色
不動帝遂以大任期之
癸辛雜識費潔堂伯恭云重慶受圍之際城外一山
極嶮絕有洞洞口僅容一人而其間可受數百人於
是衆競趨之復以土石窒其穴時方初夏一日忽天
雷雨火光穿透洞中飛走不定其間有老者云此必
洞中之人有雷霆死者遂取諸人之巾以竹各懸之
洞外忽覩雷神於內取一巾而去衆遂擁失巾之人
出之洞外卽有神物挾之而去至百餘步外仆於田
中其人如癡似醉莫知所以然及雷雨息復往洞中
問之但見山崩壞洞中之人皆被壓死無一人得免
禍者惟此失巾人獲存耳
山東通志宋德州平原縣民其父子數人耕田甚力

家頗豐厚其弟甚貧傭以養母兄未嘗有甘旨之助也慶曆中兄新構瓦屋三楹所居前後植柳數百株一夕大雷電繞其居折柳盡髡亂擊屋瓦其夜鄰家聞門外語曰不孝之家宜盡碎之明日視屋無一片得全

紹興府志宋莫起炎山陰人少習舉子業不利乃絕世故著士服更名洞一號月鼎師青城山徐無極及南豐鄒鐵壁傳斬勘雷書能名鬼神驅叱之寶祐六年浙東大旱紹興守迎致之起炎登壇瞑目按劍呼雷神役之卽陰霧四起震雷大雨理宗作詩賜之元初見世祖於內殿世祖曰雷可聞乎起炎卽取袖中核桃擲地雷應聲發又命請雨雨隨至

元史丘處機傳一日雷震太祖以問處機對曰雷天威也人罪莫大於不孝不孝則不順乎天故天威震動以警之聞境內不孝者多陛下宜明天威以導有衆太祖從之

農田餘話至元間得南國有總統者發掘先宋江南陵寢其間金寶不可勝計取梓宮中尸體置於故宮殿基上建石塔壓之以厭勝江南人凡宗廟神主人民版籍皆寘於下高一十三丈後有雷火自天而下破塔烟火焚經三日方止

杭州府志明洪武己酉吳山三茅觀雷擊白蜈蚣長尺許廣可一寸有楷書秦白起三字嘉靖十四年六月雷擊徐氏圃中棗木樹中書右衛王通所五字餘漶漫不可讀

湖廣通志熊天瑞荊州人率兵數萬進攻廣州忽天晝大雨如注雷震其檣舟不能進天瑞驚懼仰天祝曰若廣州非予有則天爲霽明當卽日還師祝已天果霽

雲南通志明永樂間趙州雷擊死一人硃批其背曰木子唐朝一佞臣罰他十刼在牛羣而今逃脫荒裔外霹靂來尋化作塵火烙字曰李林甫

紹興府志明酈元眞諸暨人幼學道術年五十而術通能驅雷電宣德間過大部鄉宿農家其家無烟而火沙石從空中下元眞書一符焚之卽有大雷震死一狐

四川總志王弼華陽人天順進士初知開化豪民余聯勒奪人田土妾女持府縣短長前令不能制弼法之其黨懼誅火牛尾爲厭勝弼捕之急乃夜持匕首匿公廨將以害弼爲雷震死

湖廣通志虞廟前江邊多巨石其下潭水甚深有崖穴或云有水怪人多溺死者柳應辰因謁廟識之作大書押字於石上信宿風雨冥晦雷雹大作霹靂中巨石兩折逾數日有鼉龍浮出永人鐫押字以記今名雷霹石

明成化中寧遠婦將娩妊忽一物投產室中伏牀下高尺有五色藍鳥嘴龍爪而膊後有兩翼如伏翼狀舉家駭異而雨甚急趨狀問巫巫曰雷也適下擊惡物見穢惡不能起速淸穢不能去遠近聚觀者以千數或教以斷新傘盛之仍疊數桌閣其上日數次淸穢越三日乃去家亦無恙云

松江府志弘治己酉顧草堂英營壽域於華嘉浜上一夕雷雨大作磚埴皆移於河南數十丈外其鋪砌巧異非人工可及倒書白字一行於華表柱上云雷部大將軍石守信字畫遒勁有晉人筆意

治世餘聞錄弘治癸丑薊州守臣奏閏五月既望辰巳之際本州忽然晝晦天雷迅烈室廬撼動風勢狂猛瓦石皆飛電光交掣紅紫奪目見空中雷神無數形狀不一顏色難辨皆披甲冑各執兵械或劍斧鎚鑿或槍刀旗戟或縲紲枷鎖攝人起空中移時復擲下其震死者身體手足分裂異處凡九人又震牛十九頭亦皆身足分裂復拔去古又在地震死者人牛復有十數攝上而復擲下者八九十人皆無恙皇天震怒誅譴慘烈州人戰栗駭隕不知何以獲罪於天也

李元陽遊皖山記皖山在潛山縣中峯之頂其平如盤土有異物十數朱髮人面長喙而肉翅如畫雷公之狀晴天臥頂盤如人曬腹樵者遇之雷雹隨至

四川總志敘州府范珠字介庵成化丙辰進士浙江道御史嘉靖初議大禮諸臣廷諫欲刑以錫蛇珠解衣裸體自斜錫蛇伏諫曰陛下若納臣言則天下治不納臣言則天下亂上怒欲加刑忽風雨暴至雷擊錫蛇獲免

番禺續志嘉靖戊午七月雷入鄉宦知縣馮繼科宅壕牆上正書其姓右書其名三字分明字外一無所損

珍珠船契丹臣庶每聞霹靂聲各相鉤中指止作喚雀聲以爲禳厭

廣東通志明簡雲顯不知何許人狀若風狂善號召風雷驅役百鬼與人遊蒲澗病日召太炎謂曰卿無苦吾能令雷師張傘護卿卽瞑目爲呼使狀須臾陰

雲如葆凝坐上四外日光如故人或謂曰簡師汝何以贈我則曰贈以雷公何如因以指畫其掌使緊握曰望某方放之如其言則震雷轟然

太平府志十字圩民魏知名暮渡遇雨舟在對岸正皇遽間忽二人操魚舟至許酬青蚨十五貫不攜一錢將泊岸遂出囊中糶穀金薄賞之操舟疑其橐富也反盪之中流知名雖疾呼然暮雨絕無舟行者遂褫其衣繩其肘布勒其口眼棄水中奪銀去知名於水中脫去繩布泳游至岸時已漏下且無衣又距家二十里不得歸見小室燈光投之室中婦姑二人知名語以故欲納知名知名曰身無衣不敢入乞假裙蔽體姑命婦擲青布衫與之上下俱可掩也知名曰三日當謝兼還衣明日子歸取婦衣出質婦告之故不信母言之亦不信遂捶其婦坐以與人私婦自經死又明日知名擔雞豚挾衣至其夫以梃擊之幾殞知名曰爾婦因我死我豈避禍耶然我即死汝無益我有婦年未三十即以與爾不則我尚有田四十餘畝售價償汝再娶費兩惟所欲鄰人議與銀十二兩知名曰我實蒙汝婦活命恩汝誣致其死欲與汝對天誓訴銀不少吝拜訴未畢空中片雲起即虢虢有聲俄而轟然震從空墜落二人一人手握銀則操舟者一為縊死婦已復甦時崇禎十四年夏四月也

閒中古今錄世儒論陰陽激而為雷何神是豈知一物必有一神乎許敬觀明州衛兵也事母孝一日拉十兵駕船販私鹽至郡江北渡忽霹靂一聲挈人船上江岸十人皆震死獨敬觀昏絕中念我死了我母靠誰即有人援之去死所三丈地而甦惟雷火燎髮牛禿雷之有神如此

雲南通志明徐道廣昆明人幼從蔣日和學五雷法遂精其術每戲書一符於小兒掌中戒固握僻地則開雷隨掌出羣兒日求之亦不以為異

乾象典第七十九卷

雷電部雜錄

易經屯卦屯元亨利貞勿用有攸往利建侯彖曰屯剛柔始交而難生動乎險中大亨貞雷雨之動滿盈天造草昧宜建侯而不寧象曰雲雷屯君子以經綸

豫卦象曰雷出地奮豫先王以作樂崇德殷薦之上帝以配祖考（程傳）雷者陽氣奮發陰陽相薄而成聲也陽始潛閉地中及其動則出地奮震也始閉鬱及奮發則通暢和豫故爲豫也坤順震發和順積中而發於聲樂之象也先王觀雷出地而奮和暢發於聲之象作聲樂以褒崇功德其殷盛至於薦之上帝推配之以祖考也（大全）進齋徐氏曰先王之一動一靜皆體以奉天從事方雷在地中伏而未發則以之閉關商旅不行而后不省方法其靜也及出地奮而成聲則以之作樂崇德薦上帝而配祖考法其動也

隨卦象曰澤中有雷隨君子以嚮晦入宴息（本義）雷藏澤中隨時休息（大全）建安丘氏曰雷陽聲也發聲於春夏其動也收聲於秋冬其靜也澤中有雷其秋冬之時乎君子體天行事故動與雷俱出而靜與雷俱入如雷出地奮豫以之作樂崇德雷在天上大壯以之非禮弗履天下雷行無妄以之對時育物皆法雷之動也如雷在地中復以之閉關息旅后不省方澤中有雷隨以之嚮晦宴息皆法雷之靜也或曰周公坐以待旦孔子終夜不寢果嚮晦入宴息之義哉曰嚮晦入宴息者君子隨時之義待旦不寢者聖人救時拯世之心也

噬嗑卦噬嗑亨利用獄彖曰頤中有物曰噬嗑噬嗑而亨剛柔分動而明雷電合而章柔得中而上行雖不當位利用獄也象曰雷電噬嗑先王以明罰勑法（程傳）下震上離其動而明也雷震而電耀相須並見合而章也照與威並行用獄之道也

復卦象曰雷在地中復先王以至日閉關商旅不行后不省方（程傳）雷者陰陽相薄而成聲當陽之微未能發也雷在地中陽始復之時也陽始生於下而甚微安靜而後能長先王順天道當至日陽之始生安靜以養之故閉關使商旅不得行人君不省視四方觀復之象而順天道也

无妄卦象曰天下雷行物與无妄先王以茂對時育萬物（程傳）雷行於天下陰陽交和相薄而成聲於是驚蟄藏振萌芽發生萬物其所賦與洪纖高下各正其性命无有差妄物與无妄也

頤卦象曰山下有雷頤君子以慎言語節飲食（程傳）以二體言之山下有雷雷震於山下山之生物皆動其根荄發其萌芽爲養之象以上下之義言之艮止而震動上止下動頤頷之象以卦形言之上下二陽中含四陰外實中虛頤口之象

恆卦象曰雷風恆君子以立不易方（大全）雲峰胡氏曰雷風雖變而有不變者存體雷風之變者爲我之不變者善體雷風者也

大壯卦象曰雷在天上大壯君子以非禮弗履（大全）朱子曰雷在天上是甚生威嚴人之克己能如雷在天上則威嚴果決以去其惡而必爲善若半上落下則不濟事

解卦天地解而雷雨作雷雨作而百果草木皆甲拆解之時義大矣哉象曰雷雨作解君子以赦過宥罪（大全）朱子曰陰陽之氣閉結之極忽然迸散出做這雷雨只管閉結了若不解散如何會有雷雨作小畜所以不能成雷雨者畜不極也胡氏曰坎在上爲雲在下爲雨方雲雷爲屯則陰陽之未通今雷雨作解則陰陽之已通矣屯其爲難之始解其解屯之難者歟

震卦震亨震來虩虩笑言啞啞震驚百里不喪匕鬯象曰震亨震來虩虩恐致福也笑言啞啞後有則也震驚百里驚遠而懼邇也出可以守宗廟社稷以爲祭主也象曰洊雷震君子以恐懼修省（程傳）上下皆震故爲洊雷雷重仍則威益盛君子觀洊雷威震之象以恐懼自修飭循省也

歸妹卦象曰澤上有雷歸妹君子以永終知敝（程傳）雷震於上澤隨而動陽動於上陰說而從女從男之象也故爲歸妹（大全）胡氏曰澤中有雷雷隨澤止君子嚮晦宴息取其止也澤上有雷澤隨雷動君子永終知敝戒其動也

豐卦象曰雷電皆至豐君子以折獄致刑（本義）取其威

照並行之象

小過卦象曰山上有雷小過君子以行過乎恭喪過乎哀用過乎儉【大全】丘氏曰雷陽聲也方伏於地中其聲未發於卦爲復及出於地上其聲和暢於卦爲豫在於天上則震薄宇宙於卦爲大壯今在於山上則已離於地未升於天其聲小過而已

繫辭上傳鼓之以雷霆

說卦雷風相薄【大全】臨川吳氏曰震東北巽西南雷從地而起風自天而行互相衝激也

雷以動之【大全】節齋蔡氏曰動則物萌

帝出乎震【大全】朱子曰帝出乎震萬物發生便是他主宰從這裏出

動萬物者莫疾乎雷

詩經召南殷其靁篇殷其靁在南山之陽【朱註】殷靁聲也

邶風終風篇曀曀其陰虺虺其雷【朱註】曀曀陰貌虺虺雷將發而未震之聲以比人之狂惑愈深而未已也【大全】呂氏曰驟雨迅雷其止可待至於曀曀之陰虺虺之雷則殊未有開霽之期也

小雅采芑篇戎車嘽嘽嘽嘽焞焞如霆如雷【大全】爾雅注曰霆雷之急疾者謂霹靂也

小雅十月篇爗爗震電不寧不令【朱註】爗爗電光貌十月而雷電亦災異之甚者

禮記月令先雷三日奮木鐸以令兆民曰雷將發聲有不戒其容止者生子不備必有凶災【陳注】春分前三日

玉藻若有疾風迅雷甚雨則必變雖夜必興衣服冠而坐

孔子閒居地載神氣神氣風霆風霆流形庶物露生無非教也

左傳藏冰以時則雷出不震棄冰不用則雷不發而震

乾鑿度☰古雷字今爲震動雷之聲形能鼓萬物息者起之閉者啓之

詩含神霧雷震百里去相附近

春秋感精符大電繞樞星照郊野感符寶而生黃金

河圖括地象令嘗野中有玉虎晨鳴雷聖人感期而興

山海經西山經羭次之山有鳥焉其狀如梟人面而一足曰橐𩇯冬見夏蟄服之不畏雷【注】著其毛羽令人不畏天雷也

中山經騩山正回之水出焉而北流注於河其中多飛魚其狀如豚而赤文服之不畏雷

半石之山其上有草焉生而秀其高丈餘赤葉赤華華而不實其名曰嘉榮服之者不霆【注】不畏雷霆霹靂也

師曠占春雷初起其音恪恪霹靂者所謂雄雷旱氣也其鳴依依音不大霹靂者謂之雌雷水氣也

關尹子七釜篇人之力有可以奪天地者如冬起雷夏造冰皆純炁所爲故能化萬物

九藥篇審小音者不聞雷霆之聲

文子精誠篇至人潛行譬猶雷霆之藏也隨時而舉事因資而立功進退無難無所不通

九守篇天有風雨寒暑人有取與喜怒膽爲雲肺爲氣脾爲風腎爲雨肝爲雷

守靜篇夫目察秋毫之末者耳不聞雷霆之聲調金玉之音者目不見太山之形故小有所志大有所忘

上德篇蔽於不祥之木爲雷霆所撲

自然篇古之得道者喜怒合四時號令比雷霆

下德篇雷霆之聲可以鐘鼓象也

莊子齊物篇至人神矣大澤焚而不能熱河漢冱而不能寒疾雷破山風振海而不能驚

天運篇蟄蟲始作吾驚之以雷霆

外物篇陰陽錯行則天地大絯於是乎有雷有霆

鶡冠子昔者有道之君取政非於耳目也夫耳之主聽目之主明一葉蔽目不見太山兩豆塞耳不聞雷霆

孫子軍爭篇動如雷霆

漢書五行志於易雷以二月出其卦曰豫言萬物隨雷出地皆逸豫也以八月入其卦曰歸妹言雷復歸入地則孕毓根核保藏蟄蟲避盛陰之害出地則養長華實發揚隱伏宣盛陽之德入能除害出能興利人君之象也

淮南子原道訓電以爲鞭策雷以爲車輪

天文訓冬至四十六日而立春陽氣凍解音比南呂加十五日指寅則雨水音比夷則加十五日指甲則雷驚蟄音比林鍾加十五日指卯中繩故曰春分則雷行音比蕤賓

本經訓雷霆毀折雹霰降虐

兵略訓疾雷不及塞耳疾霆不暇掩目【又】聲如雷霆【又】擊之若雷【又】薄之如雷霆斬之若草木燿之若火

電欲疾以遬

說山訓聽雷者聾

修務訓合如雷電

漢董仲舒雨雹對云太平之世雷不驚人號令啓發而已電不眩目宣示光耀而已

揚子先知篇鼓舞萬物者其雷風乎鼓舞萬民者其號令乎雷不一風不再

後漢書光武帝紀帝封功臣皆爲列侯大國四縣博士丁恭議曰古帝王封諸侯不過百里故利以建侯取法於雷

郎顗傳雷者所以開發萌芽辟陰除害

白虎通諸侯封不過百里象雷震百里所潤雨同也雷者陰中之陽也諸侯象也諸侯比王者爲陰南面賞罰爲陰法雷也

論衡感類篇金縢曰秋大熟未穫天大雷電以風禾盡偃大木斯拔邦人大恐當此之時周公死儒者說之以爲成王狐疑於周公欲以天子禮葬公公人臣也欲以人臣禮葬公公有王功狐疑於葬周公之間天大雷雨動怒示變以彰聖功古文家以武王崩周公居攝管蔡流言王意狐疑周公奔楚故天雷雨以悟成王夫一雷一雨之變或以爲葬疑或以爲信讒二家未可審且訂葬疑之說秋夏之時陽氣尚盛未嘗無雷雨也顧其拔木偃禾頗爲狀耳當雷雨時成王感懼開金縢之書見周公之功執書泣過自責之深自責適已天偶反風書家則謂天爲周公怒也千秋萬夏不絕雷雨苟謂雷雨爲天怒乎是則皇天歲歲怒也正月陽氣發泄雷聲始動秋夏陽至極而雷折苟謂秋夏之雷爲天大怒正月之雷天小怒乎雷爲天怒雨爲恩施使天爲周公怒徒當雷不當雨今雨俱至天怒且喜乎子於是日哭則不歌周禮子卯稷食菜羹哀樂不並行哀樂不並行喜怒反並至乎秦始皇帝東封岱嶽雷雨暴至劉媼息大澤雷雨晦冥始皇無道自同前聖治亂自謂太平天怒可也劉媼息大澤夢與神遇是生高祖何怒於生聖人而爲雷雨乎堯時大風爲害堯繳大風於青丘之野舜入大麓烈風雷雨堯舜世之隆主何過於天天爲風雨也大旱春秋雩祭又董仲舒設土龍以類招氣如天應雩龍必爲雷雨何則秋夏之雨與雷俱也必從春秋仲舒之術則大雩龍求怒天乎師曠奏白雪之曲雷電下擊鼓清角之音風雨暴至苟謂雷雨爲天怒何憎於白雪清角而怒師曠爲之乎此雷雨之難也又問之曰成王不以天子禮葬周公天爲雷風偃禾拔木成王覺悟執書泣過天乃反風偃禾復起何不爲疾反風以立大木必須國人起築之乎應曰天不能曰然則天有所不能乎應曰然難曰孟賁推人人仆接人而起接人立天能拔木不能復起是則天力不如孟賁也秦時三山亡猶謂天所徙也夫木之輕重孰與三山能徙三山不能起大木非天用力宜也如謂三山非天所亡然則雷雨獨天所爲乎問曰天之欲令成王以天子之禮葬周公以公有聖德以公有王功經曰王乃得周公死自以爲功代武王之說今天動感以彰周公之德也難之曰伊尹相湯伐夏爲民興利除害致天下太平湯死復相太甲太甲佚豫放之桐宮攝政三年乃退復位周公曰伊尹格於皇天天所宜彰也伊尹死時天何以不爲雷雨應曰以百雨篇曰伊尹死大霧三日大霧三日亂氣矣非天怒之變也東海張霸造百雨篇其言雖未可信且假以問天爲雷雨以悟成王成王未開金匱雷止乎已開金匱雷雨乃止也應曰未開金匱雷雨止也開匱得書見公之功覺悟泣過決以天子禮葬公出郊觀變天止雨反風禾盡起由此言之成王未覺悟雷雨止矣難曰伊尹霧三日天何不三日雷雨須成王覺悟乃止乎太戊之時桑穀生朝七日大拱太戊思政桑穀消亡宋景公時熒守心出三善言熒惑徙舍使太戊不思政景公無三善言桑穀不消熒惑不徙何則災變所以譴告也所譴告未覺災變不除天之至意也今天怒爲雷雨以責成王成王未覺雨雷之息何其早也又問曰禮諸侯之子稱公子諸侯之孫稱公孫皆食采地殊之衆庶何則公子公孫親而又尊得體公稱又食采地名實相副猶文質相稱也天彰周公之功令成王以天子禮葬何不令成王號周公以周王副天子之禮乎應曰王者名之尊號也人臣不得名也難曰人臣猶得名王禮乎武王伐紂下車追王大王王季文王三人者諸侯亦人臣也以王號加之何爲獨可於三王不可於周公天意欲彰周公豈能明乎豈以王迹起於三人哉然而王功亦成於周公江起岷山流爲濤瀨相濤瀨之流孰與初起之源秬鬯之所爲到白雉之所爲來三王乎周公也周公功德盛於三王不加王號豈天惡人妄稱之哉周衰六國稱王齊秦更爲帝當時天無禁怒之變周公不以天子禮葬天爲雷雨以責成王何天之好惡

不純一乎又問曰魯季孫賜曾子簀曾子病而寢之童子曰華而睆者大夫之簀歟而曾子感慙命元易簀蓋禮大夫之簀士不得寢也今周公人臣也以天子禮葬魂而有靈將安之不也應曰成王所爲天之所予何爲不安難曰季孫所賜大夫之簀豈曾子之所自制乎何獨不安乎子疾病子路使門人爲臣病間曰久矣哉由之行詐也無臣而爲有臣吾誰欺欺天乎孔子罪子路者也己非人君子路使門人爲臣非天之心而妄爲之是欺天也周公亦非天子也以孔子之心况周公周公必不安也季氏旅於泰山孔子曰曾謂泰山不如林放乎以曾子之細猶却非禮周公至聖豈安天子之葬曾謂周公不如曾子乎由此原之周公不安也大人與天地合德周公不安天亦不安何故爲雷雨以責成王乎又問曰功無大小德無多少人須仰恃賴之者則爲美矣使周公不代武王武王病死周公與成王而致太平乎應曰成事周公輔成王而天下不亂使武王不見代遂病至死周公致太平何疑乎難曰若是武王之生無益其死無損須周公功乃成也周衰諸侯背畔管仲九合諸侯一匡天下管仲之功偶於周公管仲死桓公不以諸侯禮葬以周公况之天亦宜怒微雷薄雨不至何哉豈以周公聖而管仲不賢乎夫管仲爲反坫有三歸孔子譏之以爲不賢反坫三歸諸侯之禮天子禮葬王者之制皆以人臣俱不得爲大人與天地合德孔子大人也譏管仲之僭禮皇天欲周公之侵制非合德之驗書家之說未可然也以見鳥跡而知爲書見蜚蓬而知爲車天非以鳥跡命倉頡以蜚蓬使奚仲也奚仲感蜚蓬而倉頡起鳥跡也晉文反國命徹麋墨舅犯心感辭位歸家夫文公之徹麋墨非欲去舅犯舅犯感慙自同於麋墨也宋華臣弱其宗使家賊六人以鈹殺華吳於宋命合左師之後左師懼曰老夫無罪其後左師怨咎華臣華臣備之國人逐瘈狗瘈狗入華臣之門華臣以爲左師來攻己也踰牆而走夫華臣自殺華吳而左師懼國人自逐瘈狗而華臣自走成王之畏懼猶此類也心疑於不以天子禮葬公卒遭雷雨之至則懼而畏過矣夫雷雨之至天未必責成王也雷雨至成王懼以自責也夫感則倉頡奚仲之心懼則左師華臣之意也懷嫌疑之計遭暴至之氣以類之驗見則天怒之效成矣見類驗於寂漠猶感動而畏懼况雷雨揚軒轄之聲成王庶幾能不怵惕乎迅雷風烈孔子必變禮君子聞雷雖夜衣冠而坐所以敬雷懼激氣也聖人君子於道無嫌然猶順天變動况成王有周公之疑聞雷雨之變安能不振懼乎然則雷雨之至也殆且自天氣成王畏懼殆且感物類也夫天道無爲如天以雷雨責怒人則亦能以雷雨殺無道古無道者多可以雷雨誅殺其身必命聖人興師動軍頓兵傷士難以一雷行誅輕以三軍尅敵何天之不憚煩也或曰紂父帝乙射天毆地游涇渭之間雷電擊而殺之斯天以雷電誅無道也帝乙之惡孰與桀紂鄒伯奇論桀紂惡不如亡秦亡秦不如王莽然而桀紂秦莽之地不以雷電孔子作春秋采毫毛之善貶纖介之惡采善不踰其美貶惡不溢其過責小以大夫人無之成王小疑天大雷雨如定以臣葬公其變何以過此洪範稽疑不悟災變者人之才不能盡曉天不以疑責備於人也成王心疑未決天以大雷雨責之殆非皇天之意書家之說恐失其實也

四諱篇世諱作豆醬惡聞雷

祀義篇風伯雨師雷公是羣神也風猶人之有吹煦也雨猶人之有精液也雷猶人之有腹鳴也三者附於天地祭天地三者在矣人君重之故別祭必以爲有神則人吹煦精液腹鳴當復食也

晉書王戎傳戎視日不眩裴楷見而目之曰戎眼爛爛如巖下電

物理論積風成雷

抱樸子外篇震雷不能細其音以協金石之和又震雷輷轞而不能致音乎聾聵之耳

述異記玉門西南有一國國中有山石磻千枚名霹靂磻從春雷而磻減至秋磻盡雷收復生年年如此

嶺南異物志南方有大魚聲爲雷氣爲風涎沫爲霧

嶺表錄異南海秋夏間或雲物慘然則見其暈如長虹長六七尺此後則颶風必發故呼爲颶母見忽有震雷則颶風不作矣舟人常以爲候預爲備之

集靈記有僧在蒙山頂見一老父云仙家有雷鳴茶井候雷發聲井中採擷一兩祛宿疾二兩當眼前無疾三兩換骨四兩爲地仙矣

元眞子濤之靈篇炎光閃雲而爲電又陽氣轉空而爲雷

柳宗元柳州山水近治可遊者記雷山兩崖皆東西雷水出焉蓄崖中曰雷塘能出雲氣作雷雨變見有光

醉鄉日月記暑月大雷時收雨水淘米炊飲釀酒名霹靂酎

雲仙雜記雷曰天鼓神曰雷公

續博物志木與木相摩則然金與火相守則流陰陽錯行則天地大絯於是乎有雷有霆木中有火乃焚大槐人間往往見細石形如小斧謂之霹靂斧或謂云霹靂楔

清異錄驚世先生雷之聲也千里鏡電之形也

歐陽修集古跋尾嵩山頂有石記戒人游龍潭者毋語笑以驟神龍龍怒則有雷恐因念退之記遇雷意其有所戒也

擊壤集觀物吟水雷燹火雷熾土雷連石雷霹

埤雅雷說文曰陰陽薄動靁雨生物者也從雨畾象回轉之形今俗曰回雷回雷也震雷謂之劈歷震言所以振物也其緩者霆說文曰雷之餘聲鈴鈴所以挺出萬物也先儒或以霆爲疾雷蓋爾雅疾雷謂之霆霓先儒豈讀此故誤歟亦或謂之電者霆亦非電也蓋音庭則爲雷音蜓則爲電淮南子曰陰陽相薄感而爲雷激而爲霆又曰疾雷不及塞耳疾霆不暇掩目皆宜音電古文靁字下從四田二回自子至卯積四陽而復雷乃發聲此其所以從四田也陰陽回薄此其所以從二回也月令先雷三日奮木鐸以令兆民戒其容止者蓋迅雷風烈必變所以畏天威也小民不畏天威懈慢褻黷或至夫婦交媾故君子制法先雷使之戒慎元女房中經曰雷電之子必病癲狂故曰有不戒其容止者生子不備也詩曰蘊隆蟲蟲言蘊蘊而暑隆隆而雷蟲蟲而熱也說者以爲隆隆而雷非雨雷也雷聲尚殷殷然易曰雷雨之動滿盈殷殷滿盈之聲也詩曰殷其雷在南山之陽在南山之側在南山之下側言亦在其陰與左右也下又言或在其下雷風號令之況也語曰雷高弗雨雷在南山之下則雨矣故詩以況君明而令善法言鼓舞萬物者雷風乎鼓舞萬民者號令乎雷不一風不再不一者號也不再者令也傳曰雷不蓋蟄令人腹中雷鳴今月上下如弦之時觸犢輒壞里俗忌之物之相感有如此者蓋不可得而推也傳曰雷二月出地百八十三日雷出則萬物出八月入地百八十三日雷入則萬物入入則除害出則興利禮曰毋雷同雷震百里謂之一同先王建國取法于雷雷者陰中之陽也傳曰壘大一石刻爲雲雷之形蓋無雲而雷異也故罍併畫雲雷象施不窮由此觀之畫繢之事土以黃火以圜山以章水以龍略可知矣韓詩以爲罍飾天子以玉諸侯大夫以金士以梓詩曰我姑酌彼金罍此主大夫言之也易曰雷風益又曰雷風恆蓋曰風雷益則言風積而成雷故曰益也物理論曰積風成雷若夫雷以動之風以散之則是恆而已矣鶡冠子曰一葉蔽明不見大山兩豆塞耳不聞雷霆夫雷霆之震亦大矣今徒兩豆足以窒之又況障之有大於此者乎

電陰陽激耀與雷同氣發而爲光者也雷從回電從申陰陽以回薄而成雷以申洩而爲電故也或曰雷出天氣電出地氣故電從坤省管子所謂天冬雷地冬霆是也記曰地載神氣神氣風霆風霆流形言萬物以風霆流形而風霆出於地之神氣也說卦曰離爲電電火屬也蓋陰陽暴格分爭激射有火生焉其光爲電其聲爲雷今鐵石相擊則生火燒石投井則起雷又況天地大爐之所薄動眞火之所激射乎易曰雷電噬嗑又曰雷電皆至豐雷電噬嗑言雷電合而章也按月令雷乃發聲後五日始電今旱暵亦或電而不雷則電雷不必皆合而章也故易雷電合而章然後爲噬嗑然雷電合而章又不必雷電皆至若今震雷與電俱赴者所謂雷電皆至者也故君子以折獄致刑以象天之至威非特明罰敕法而已詩曰爗爗震電不寧不令言雷電變亂於上不安故常且非所以號令萬物也董子曰太平之時雷不驚人號令啓蟄而已矣電不眩目宣示光耀而已矣

茅亭客話世傳乖龍者苦於行雨而多方竄匿藏人身中或在古木楹柱之內及樓閣鴟甍中須爲雷神捕之若在曠野無處逃避卽入牛角或牧童之身往往爲此物所累遭雷震死語曰迅雷風烈必變易曰洊雷震君子以恐懼修省言君子常有戰戰兢兢不敢懈惰見天之怒畏雷之威恐罰及己也詩曰敬天之怒不敢戲豫敬天之渝不敢馳驅其是之謂乎

齊東野語神而不可名變化而不可測者莫如雷霆淮南子曰陰陽相薄感而爲雷激而爲電故先儒爲之說曰陰氣凝聚陽在內而不得出則奮擊而爲雷霆聲陽也光亦陽也光發而聲隨之陽氣奮擊欲出之勢也或問世所得雷斧何物也曰此猶星隕而爲石也本乎天者氣而非形偶隕於地則成形矣或問人有不善爲雷震死者何也曰人作惡有惡氣霹靂乃天地之怒氣是怒氣亦惡氣也怒氣與惡氣相感

故爾或問雷之破山壞屋折樹殺畜者何也曰此氣鬱而怒方爾奮擊偶或值之則遭震矣康節嘗問伊川曰子以爲雷起於何處伊川曰起於起處然則先儒之所言者非不精詳而余猶謂有不可曉者焉大中祥符間岳州玉眞觀爲火所焚惟留一柱有謝仙火三字倒書而刻之慶曆中有以此字問何仙姑者云謝仙者雷部中鬼也掌行火於世間後有於道藏經中得謝仙事驗以爲神又吳中慧聚寺大殿二柱嘗因雷震有天書勯溪火三字餘若符篆不可曉及近歲德淸縣新市鎭覺海寺佛殿柱亦爲雷震有字徑五寸餘若漢隸者云收利火謝均思通又云酉異李汋火此乃得之目擊者又宜興善權廣教寺柱亦有雷書駱審火及謝均火者華亭縣天王寺亦有雷書高洞楊雅一十六人火令章凡十一字皆倒書丙令章二字特奇勁類唐人書法然則雷之神眞有謝姓者耶近丁亥六月五日雷震衆安橋南酒肆桌間有雷書三字此類甚多殊不可測此所以神而不可知者乎孔子不語怪力亂神非不語也蓋有未易語者耳

遯齋閒覽登天目山見雲出山腰間雷音似嬰兒聲

鷄林類事方言雷曰天動電曰閃

物類相感志象牙每雷震倉卒間似花暴出逡巡隱沒

中馗菌聞雷卽生俗呼地菌白如脂可食

龍得水而神立失水而神廢今有大魚每春必躍騰波矯首而登龍門者得化爲龍輒雷震而變若登否者點額暴腮而死

蜈蚣能嗅龍腥深山大柘中多生此蟲天將雨雲穿拂而度其蟲成羣爭就木最高處拏空欲透奮狀蓋是聞龍腥氣耳往往霹靂大柘樹顚倒蓋龍惡蛆耳凡大屋有震或因此今大樹震倒必有蛆爲火燒死也

顧豐堂漫書凡圖畫雷形作人間小鼓環而聯之或畫其神狀如飛鳥而銳喙肉翅赤色而人足按宋大觀間大滌山人胡眞隱居山間一日忽聞有聲若鼉鼓數百黑雲靉靆間火毬相逐已而迅雷烈風移時乃止夫陰陽相搏擊則爲雷非若七政可以形象求也雷若有象則火毬近是霹靂斧先儒所謂星隕而石之類火能生土故也晦菴劉少師健爲庶僚時奉命往祀華山正及夏日顧見山下白霧彌漫若大海然而山頂赤日了無纖翳俯視突烟暴起或丈餘遞至尺許亦無所聞頗異之從者以爲雨作也及下山村麓人云適有驟雨挾震雷數百已過矣向所見烟中突起者悉雷也凡聲自下聞之則震自上聞之則否所謂山頭只作小兒啼者是已

海涵萬象錄雷者氣也入地化爲石吾嘗轉所得雷石左轉則跳躍有聲右轉則滑旋無聲

聽雨紀談道家符呪其末皆云急急如律令說者謂律令乃雷部鬼神之名而善走用之欲其速也此殊不然急急如律令漢之公移常語猶宋人云符到奉行漢米賊張陵私創符呪以惑愚民亦潛用之道家遂祖述之耳

陳眉公筆記玉眞先生云陽氣爲雷陰氣爲霆雷有聲霆無聲雷性善霆性惡雷好生霆主殺

珍珠船雷州每大雷雨於霹靂處得楔如斧謂之霹靂楔小兒佩之辟惡

霏雪錄房室之戒多矣而天變爲尤月令先雷三日奮木鐸以令兆民曰雷將發聲有不戒其容止者生子不備必有凶災謂其瀆天威也今人生子而形殘體缺者又安知其不犯斯禁耶爲人父母者宜識之噫迅雷風烈必變豈有是哉

農政全書芒種後半月謂之禁雷天諺云梅裏一聲雷時中三日雨

五月二十日大分龍無雨而有雷謂之鎖雷門

三餘贅筆俗呼雷電爲雷公電母然亦有所本易曰震爲雷離爲電震長男陽也而雷出天之陽氣故云雷公離爲女陰也而電出地之陰氣故云電母

鴻苞天之有雷所以散重陰發陽氣蘇槁起蟄以生萬物也而有搏擊焉雷霆轟轟下擊萬物一氣奮洩有神實司之擊人物者罰惡也擊山林草木宮室者妖或馮之也非無神靈主宰一氣偶而漫擊也其所擊多治人宿生之業也擊多賤氓庸隸而絕不及貴人者氓隸之宿業必深貴人之宿業必淺也商武乙射天杖地則雷震及之其作過太重天道有時而顯也庸人無大顯過而雷及之者正以治其宿世也若謂人止有現在亦無過去亦無未來則飛廉惡來窮奇檮杌白起王莽曹操盧杞秦檜諸人當受天誅孰先焉而當其身皆不及之其爲漏網甚矣而世人受誅者皆未聞有顯過若此者天道不太疎乎忠臣孝子世爲天神亂臣賊子世受天討明明上天奈何不敬且懼宋儒迂偏持論好平而不達大道乃曰雷者

天之怒氣人之惡氣適與之會嗟嗟雷自開闢常擊惡人不聞擊善人則誅惡之威彰彰矣乃必欲歸之適會是必欲目神靈之天爲冥頑之天也意何爲哉劉青田一代異人乃亦曰雷一氣無神青田猶云爾何況庸俗人哉夫上帝主宰世界者也帝王受天之命者也上帝在上萬靈布列爲臣子誰敢言太淸之上無上帝無萬靈乎有上帝有萬靈獨雷部無神乎我高皇帝受天明命君臨六合青田以英喆元勳佐之削伐誅賞霆擊飈馳而倡言雷一氣無神是人主能秉其事權而天帝獨不能行其威令也青田之識如此雖以語天人之際矣伯溫臨卒謂其子曰吾返吾故所居位居北斗第六夫雷無神而北斗獨有神乎身當北斗伯溫知之不宜矯誣雷獨無神若始時不知臨終而後知之則先之持論無乃太草草矣臆見妄語果何據而云乎

按白玉蟾充上淸太洞寶籙弟子五雷三司判官知北極驅邪院事奏疏太淸元元太上無極大道太上道君虛無丈人太上老君太上丈人天帝君天帝丈人九老仙都君九炁丈人百千萬億重道炁千二百官君太淸玉陛下云臣乃初霄典雷小吏粗諳雷霆所典之事叅佩雷霆所授之書飽識雷霆所行之法臣聞陰陽二氣結而成雷旣有雷霆旣分部隸九天雷祖因之以部析五屬神霄眞王用之以宰御三界如五雷者考玉樞之雷書曰一乃天雷也二乃神霄雷也三乃水官雷也四乃龍雷也五乃社雷也神霄之雷書曰一乃風雷也二乃火雷也三乃山雷也四乃水雷也五乃土雷也以至大洞雷書仙都雷書北極雷書太乙雷書紫府雷書玉晨雷書大霄雷書太極雷書五雷神號種種不同又世傳三十六雷皇天所以建雷城設雷獄立雷官分雷治布雷化示雷刑役雷神統雷兵施雷威運雷器是皆斡賞罰之柄宰生殺之權以之於陰界可以封山破洞斬妖馘毒以之於陽道可以除凶誅逆伐奸戮虐天地之內萬物峙立未有不禀陰陽而生生者也所以有形有相者爲人無形無相者爲鬼人處於陽鬼處於陰以是而出入四生循環六道苟非天有雷霆則何以示刑憲而訂頑愚者哉夫白紫淸上章議勳賞功明明上帝照臨有赫瓊琯眞仙丹書具陳寧有得道至人而矯誣設語者邪劉文成何見不及此也燕人育於越則不知燕之土地吳人長於楚則不知吳之山川文成身爲斗皇而不知雷神又何望於蚩蚩惷惷者乎成湯憂旱六事自責願以身爲犧牲若天界無神爲牲將以何禱夫子疾病子路請禱於上下神祇夫子不言無神而曰禱久也使威靈顯赫如雷霆者尚屬茫茫一氣而無神然則天上何物復有神乎自宋老措大倡爲無神鬼之說于是云仙官亦無佛祖亦無山川社稷風雲雷雨江河岳瀆之靈亦無天堂亦無地獄亦無報應亦無輪迴亦無愚人執以爲實然而順無明恣肆臆宜淫穢逞兇殘放禮法之外快耳目之前生而踉踉蹌蹌死而冥冥漠漠已矣嗟嗟一朝神靈在上業報現前衆惡並論萬苦交煎明鏡莫逃躲閃無所啜其泣矣何嗟及矣先死者知之而無處郵報後死者不知而久滯迷途此所以罪過日積而醒悟亡繇也則無鬼神之說誤之也晉郗超與汰法師約先死者相報及汰法師先行後報超冥司善惡報應悉如人間所傳勸超力修德行以昇濟神明古來幸有此公案而愚夫猶復不省也則無可如何也已

山東通志雷澤在曹州東北六十里山海經云澤中有雷神龍身而人頰鼓其腹則雷故名雷夏史記舜漁於雷澤卽此今涸

四川總志馬湖府雷番山治西三百八十里隋史萬歲征西南彝過此書雷番山三字鐫于山之石壁山中草有毒經過牲畜必籠其口行人亦必緘默若吐聲雖冬月必有雷霆之應

嘉定州峩眉縣雷洞峩山有七十三穴雷神居之時出雷雨

雷電部外編

起世經諸比丘或時外道波利婆羅闍迦來向汝邊作如是問諸長老輩有何因緣虛空雲中有是音聲諸比丘應如是答有三因緣共相觸故空雲隊中有聲鳴出何等爲三諸長老輩或有一時雲中風界共於地界相觸著故自然聲出所以者何譬如樹枝相揩火出如是如是諸長老輩此是第一因緣出聲復次長老或復有時雲中風界共彼水界相揩觸故自然出聲亦如上說此是第二因緣出聲復次長老或

復有時雲中風界共彼火界相揩觸故自然出聲略說乃至譬如兩樹相揩火出此是第三出聲因緣應如是答諸比丘亦應如是廣分別知諸比丘或時外道波利婆羅闍迦來向汝邊作如是問諸長老輩有何因緣虛空雲中忽然光明出生閃電諸比丘汝等應作如是報答諸長老輩有二因緣從虛空中雲裏出生閃電光明何等爲二一者東方閃電名曰無享南方有電名曰順流西方有電名墮光明北方有電名百生樹諸長老輩或復有時若彼東方無享閃電共於西方墮光明電相觸相著相揩相打以如是故從於虛空雲隊之中生出光明名曰閃電此是第一閃電因緣復次諸長老輩若彼南方順流閃電共於北方百生閃電相觸相著自然火出還歸本處此是第二閃電因緣從雲隊中有光明出

華嚴經如來出現品佛子菩薩摩訶薩應云何知如來應正等覺音聲佛子譬如娑竭羅龍王欲現龍王大自在力饒益衆生咸令歡喜從四天下乃至他化自在天處興大雲網周帀彌覆其雲色相無量差別既彌布已出種種色電光所謂閻浮檀金色雲出瑠璃色電光瑠璃色雲出金色電光銀色雲出玻瓈色電光玻瓈色雲出銀色電光牟薩羅色雲出瑪瑙色電光瑪瑙色雲出牟薩羅色電光勝藏寶色雲出赤眞珠色電光赤眞珠色雲出勝藏寶色電光無量香色雲出無垢衣色電光無垢衣色雲出無量香色電光清淨水色雲出種種莊嚴具色電光種種莊嚴具色雲出清淨水色電光乃至種種色雲出一色電光一色雲出種種色電光復於彼雲中出種種雷聲隨衆生心皆令歡喜所謂或如天女歌詠音或如諸天妓樂音或如龍女歌詠音或如乾闥婆女歌詠音或如緊那羅女歌詠音或如大地震動聲或如海水波潮聲或如獸王哮吼聲或如好鳥鳴囀聲及餘無量種種音聲既雷震已復起涼風令諸衆生心生悅樂然後乃降種種諸雨利益安樂無量衆生從他化天至於地上於一切處所雨不同雖彼龍王其心平等無有彼此但以衆生善根異故雨有差別佛子如來應正等覺無上法王亦復如是欲以正法教化衆生先布身雲彌覆法界隨其樂欲爲現不同普覆十分一切世界隨諸衆生所樂各別示現種種光明電光所謂或爲衆生現光明電光名無所不至或爲衆生現光明電光名無邊光明或爲衆生現光明電光名入佛祕密法或爲衆生現光明電光名影現光明或爲衆生現光明電光名光明照耀或爲衆生現光明電光名入無盡陀羅尼門或爲衆生現光明電光名正念不亂或爲衆生現光明電光名究竟不壞或爲衆生現光明電光名順入諸趣或爲衆生現光明電光名滿一切願皆令歡喜佛子如來應正等覺現如是等無量光明電光已復隨衆生心之所樂出生無量三昧雷聲所謂善覺智三昧雷聲熾然離垢海三昧雷聲一切法自在三昧雷聲金剛輪三昧雷聲須彌山幢三昧雷聲海印三昧雷聲日燈三昧雷聲無盡藏三昧雷聲不壞解脫力三昧雷聲佛子如來身雲中出如是等無量差別三昧雷聲已將降法雨先現瑞相然後隨衆生心雨廣大法雨充滿一切無邊世界是爲如來音聲第十相諸菩薩摩訶薩應如是知

神異經東荒山中有大石室東王公居焉長一丈頭髮皓白人形鳥面而虎尾載一黑熊左右顧望恆與一玉女投壺每投千二百矯設有入不出者天爲之噫嘘矯出而脫悞不接者天爲之笑注言笑者天口流火照灼今天不下雨而有電光是天笑也

漢武內傳曰西王母曰東方朔爲太山仙官太山使至方丈助三天司命朔但務山水游戲擅弄雷電激波揚風風雨失時

述異記八方之荒有石鼓其徑千里撞之其音卽成雷也天之申威於此

唐代州西十餘里有大槐震雷所擊中裂數丈雷公夾於樹間吼如霆震時狄仁傑爲都督賓從往觀欲至其所衆皆披靡無敢進者仁傑單騎勁進迫而問之乃云樹有乖龍所由令我逐之落勢不堪爲樹所夾若相救者當厚報德仁傑命鋸匠破樹方得出其後吉凶必先報命

元貞子鷲鷲篇造化之初九大相競雷之聲塡然曰謀轟轟乎轢轢怒犖犖乎虢虢礮輪奔乎轂乎些歟電熛烈缺砉霆驚劈歷乎些若獨不聞乎洪濤震鼓猛獸唬怒彼碌碌者莫吾之與巨其孰能大乎吾之大乎些

廣要記唐上元中滁州全椒人倉督張須彌縣遣送牲詣州山路險阻淮南多有義堂及井用庇行人日暮暴雨須彌與沙門子鄰同入義堂須彌驅馱又王老於雨中收驢頃之間雲中有聲墮地忽見村女九人共扶一車王有女阿推死已半歲亦在車所見王

悲喜問母妹家事靡所不至其徒促之乃去初扶車漸上有雲擁蔽因作雷聲方知是雷車

龍城錄台州道士王遠知善易作易總十五卷一日雷雨忽至瞑霧中一老人叱曰所泄者書何在上帝命吾攝六丁雷電追取旁有六人已捧書立矣

嘉話錄唐劉禹錫云道宣持律第一忽一旦霹靂遶戶外不絕宣曰我持律更無所犯若有宿業則不知之於是褫三衣於戶外謂有蛟螭憑焉衣出而聲不已宣乃視其十指甲有一點如油麻者在右手小指上疑之乃出於隔子孔中一震而失半指黑點是蛟龍之藏處也

神仙感遇傳唐葉遷韶信州人也幼歲樵牧避雨於大樹下樹爲雷霹俄而却合雷公爲樹所夾奮飛不得遷韶取石楔開枝然後得去仍媿謝之約曰來日復至此可也如其言至彼雷公亦來以墨篆一卷與之曰依此行之可以致雷雨祛疾苦立功救人我兄弟五人要聞雷聲但喚雷大雷二即相應然雷五性剛躁無危急之事不可喚之自是行符致雨咸有殊効嘗於吉州市大醉太守擒而責之欲加楚辱遷韶於庭下大呼雷五時郡中方旱日光猛熾霹靂一聲人皆顛沛太守下階禮接之請爲致雨信宿大霔田原遂足因爲遠近所傳

唐年小錄唐泗州門監王忠政云開成中會死十二日却活始見一人碧衣赤幘引臂登雲曰天召汝行汝隸於左落隊其左右落隊各有五萬甲馬簇於雲頭俯向下重樓深室囊櫃之內纖細悉見更異者見米粒長數尺凡兩隊一隊於小項耕子貯人間水一除所貯如馬牙硝謂之乾雨皆在前風車爲殿每雷震多爲捉龍有過者謫作蛇魚數滿千則能淪山行雨時先下一黃旗次下四方旗乃隨龍所在或霆或雷或雨或雹若誤傷一物則刑以鐵杖忠政役十一日始服湯三甌不復饑困以母老哀求得歸

錄異記洛京天津橋有儒生逢二老言話風骨甚異潛聽之云明日午時於寺中鬬疾速一人曰公欲如何一人曰吾一聲令寺內聽講驢馬盡結尾一人曰吾一聲令十丈旛竿盡爲算子仍十枚爲一積儒生乃與一二密友於寺候之至午果雷雨霹靂一聲客走出視驢馬數百匹盡結尾一聲旛竿在廊下爲算子十枚一積

集異記唐徐智通楚州醫士也夏夜乘月於柳堤閒步忽有二客笑語於河橋不虞智通之在陰翳也相謂曰明晨何以爲樂一曰無如南海赤巖山弄珠耳答曰赤巖主人嗜酒留客必醉僕來日未後有事於西海去恐復爲縈滯也不如只於此郡龍興寺前與吾子較技耳曰君將何戲曰寺前古槐僅百株我霆震一聲剖爲纖莖長短粗細悉如食筯君何以敵答曰寺前素爲郡之戲場每日中聚觀之徒通計不下三萬人我霆震一聲盡散其髮每縷仍爲七結二人因大笑約諾而去智通異之告交友六七人遲明先俟之是時晴朗巳午間忽有二雲大如車輪凝於寺上須臾昏黑咫尺莫辨俄而霆震兩聲人畜頓踣及開霽寺前槐林劈拆分散布之於地皆如食筯小大洪纖無不相肖而寺前負販戲弄觀看人數萬衆髮悉解散每縷皆爲七結

徂異記有人途次寄宿道傍草舍惟女子居之夜半門外有小兒呼曰阿香官呼爾推雷車女子乃去迨昕其舍乃一古冢耳

雲笈七籤雷公江赫冲電母秀文英

霏雪錄山東民間婦人一臂有物隱然膚中屈伸如蛟龍狀婦喜以臂浸盆水中一日雷電交作婦自牖出臂見一龍擘雲而去

羣碎錄東方光明電王名阿揭多南方光明電王名阿䟽嚕西方光明電王名主多光北方光明電王名蘇多末尼善男子女聞是名字及知方處者遠離一切怖畏雷電灾横之事

欽定古今圖書集成曆象彙編乾象典

第八十卷目錄

乾象典第八十卷

雨部彙考

書經

周書洪範

星有好風星有好雨日月之行則有冬有夏月之從星則以風雨

傳 箕星好風畢星好雨月經於箕則多風離於畢則多雨 疏 詩云月離于畢俾滂沱矣鄭以爲畢星好雨者畢西方金宿雨東方木氣金克木爲妻從妻所好故好雨也

詩經

鄘風定之方中

靈雨既零

朱註 靈善零落也言方春時雨既降而農桑之務作

小雅信南山

上天同雲雨雪雰雰益之以霢霂既優既渥既霑既足生我百穀

朱註 霢霂小雨貌優渥霑足皆饒洽之意也 大全 陸氏曰雨欲微而潤故言霢霂

漸漸之石

月離于畢俾滂沱矣

朱註 月離畢將雨之驗也 大全 朱子曰畢是漉魚底叉網漉魚則其汁水淋漓而下若雨然畢星名義蓋取此今畢星上有一柄下開兩叉形亦類畢故月宿之則雨 新安胡氏曰畢星好雨月水之精離畢而雨星象相感如此

禮記

月令

仲春之月始雨水

大全 嚴陵方氏曰自上而下者皆曰雨然北風凍之則凝而爲雪東風解之乃散而爲水孟春東風既解凍矣於是始雨水

季春之月命司空曰時雨將降下水上騰循行國邑周視原野修利隄防道達溝瀆開通道路毋有障塞

大全 嚴陵方氏曰時雨應時之雨也方春物生需雨澤之時故其雨謂之時雨時雨然或過淫則趨下之水反上騰而爲災故命以豫備之術也

季夏之月土潤溽暑大雨時行

疏 正義曰六月建未未値井井主水大雨時行土既潤溽又大雨應時行也不云降降止是下耳欲言其流義故云行行猶通彼也

爾雅

釋天

甘雨時降萬物以嘉謂之醴泉

疏 甘雨卽時雨也不爲萬物所苦故曰甘若月令

苦雨數來則非甘也

暴雨謂之涷

注 今江東呼夏月暴雨爲涷雨離騷云令飄風兮先驅使涷雨兮灑塵是也

小雨謂之霢霂

注 詩曰益之以霢霂

久雨謂之淫淫謂之霖

注 左傳曰天作淫雨雨自三日以上爲霖 疏 淫過也久雨過多害於五稼故謂之淫

濟謂之霽

注 今南陽人呼雨止爲霽

左傳

隱公九年

凡雨自三日以往爲霖

素問

陰陽應象大論篇

清陽爲天濁陰爲地地氣上爲雲天氣下爲雨雨出地氣雲出天氣

注 清陽爲天濁陰爲地地雖在下而地氣上升爲雲天雖在上而天氣下降爲雨夫由雲而後有雨是雨雖天降而實本地氣所升之雲故雨出地氣由雨之降而後有雲之升是雲雖地升而實本天氣所降之雨故雲出天氣此陰陽交互之道也

漢書

天文志

月失節度而妄行出陽道則旱風出陰道則陰雨

西方爲雨雨少陰之位也月失中道移而西入畢則多雨故詩云月離于畢俾滂沱矣言多雨也

一曰月爲風雨日爲寒溫

月出房北爲雨

淮南子

天文訓

地之含氣和者爲雨

陽氣勝則散而爲雨露

大戴禮

曾子天圓

陰陽之氣各靜其所則靜矣偏則風俱則雷交則電亂則霧和則雨

易飛候

雨占

凡候雨以晦朔弦望雲漢四塞者皆當雨如斗牛彘當雨暴有異雲如水牛不三日大雨黑雲如羣羊奔如飛鳥五日必雨雲如浮船皆雨北斗獨有雲不五日大雨四望皆見青白雲名曰天寒之雲雨徵蒼黑雲細如杼軸蔽日月五日必雨雲如兩人提鼓持桴皆爲暴雨

星經

太一

太一星在天一南半度天帝神主十六神知風雨水旱兵馬饑饉疾病災害所在之國也

天魚

天魚一星在尾河中主雲雨

雲雨

雲雨四星在雷電東主雨澤萬物成之

釋名

釋天

雨羽也如鳥羽動則散也

霢霂小雨也言裁霢歷霑漬如人沐頭惟及其上枝而根不濡也

崔寔農家諺

晴雨占

日没臙脂紅無雨也有風

乾星照濕土明日依舊雨

雲行東車馬通雲行西馬濺泥雲行南水漲潭雲行北好曬麥

未雨先雷船去步歸

鵶浴風鵲浴雨

春甲子雨乘船入市夏甲子雨赤地千里秋甲子雨禾頭生耳冬甲子雨雪飛千里

上火不落下火滴沰

黃梅寒井底乾

稻秀雨澆麥秀風搖

雨打梅頭無水飲牛

黃梅雨未過冬青花未破冬青花已開黃梅雨不來

舶䑲風雲起旱魃深歡喜

晉書

天文志

王良五星在奎北居河中主禦風雨水道

軒轅十七星在七星北主雷雨之神

畢八星月行入畢多雨

柳八星主雷雨

魚一星在尾後河中主陰事知雲雨之期也

凡遊氣蔽天日月失色皆是風雨之候

雲甚潤而厚大雨必暴雨四始之日有黑雲如陣厚大重者多雨

風土記

濯枝雨

六月有大雨名濯枝雨

師曠占

占雨

候月知雨多少入月一日二日三日月色赤黃者其月少雨月色青者其月多雨常以五卯日候西北有雲如羣羊者即有雨至矣

常以戊己日日入時出時欲雨日上有冠雲大者即雨小者少雨

梁元帝纂要

雨異名

疾雨曰驟雨徐雨曰零雨久雨曰苦雨亦曰愁霖雨晴曰霽雨而晝晴曰啓雨水曰潦梅熟而雨曰梅雨時雨曰澍

荆楚歲時記

雨名

春日楡莢雨夏至前曰梅雨七月六日有雨謂之灑淚雨七日雨則云洗車雨八月曰荳花雨十月內雨謂之液雨百蟲飮此而藏蟄俗呼爲藥水月額雨旦日雨也

相雨書

候雨法

常以戊申日候日欲入時上有冠雲不問大小視四方黑者大雨青者小雨

候日始出日正中有雲覆日而四方有雲黑者大雨靑者小雨

四方有雲如羊豬雨立至

四方北斗中有雲後五日大雨

四方斗中無雲唯河中有雲三枚相連狀如浴豬三日大雨

以丙丁辰之日四方無雲唯漢中有者六十日風雨如常

以六甲之日平旦清明東向望日始出時如日上上有雲大小貫日中青者以甲乙日雨赤者以丙丁日雨白者以庚辛日雨黑者以壬癸日雨黃者以戊己日雨

六甲日四方雲皆合者即雨

以天方雨時視雲有五色黑赤并見者即雹黃白雜者風多雨少青黑雜者雨隨之必滂沛流潦

四方有濯魚雲遊疾者即日雨遊遲者雨少難至

吳下田家志

三旬

上旬交月雨謂朔日之雨也主月內多雨

月交二十五日也有雨則主久雨

二十五二十六無雨初三初四莫行船

春雨甲子乘船入市夏雨甲子赤地千里秋雨甲子禾頭生耳冬雨甲子雪飛千里又云戊午元同甲子期始終七日最稀奇七日多晴兩月燥七日多雨兩月泥

方言甲子日雨乙酉晴乙日雨直到庚申雨乙換又云甲子旬中無燥土久雨久晴且看換甲

本草綱目

雨水釋名

李時珍曰地氣升爲雲天氣降爲雨故人之汗以天地之雨名之

氣味

鹹平無毒

立春雨水主治

陳藏器曰夫妻各飮一杯還房當時有子神效

李時珍曰宜煎發散及補中益氣藥

發明

李時珍曰醫學正傳云立春節雨水其性始是春升生發之氣故可以煮中氣不足淸氣不升之藥古方婦人無子是日夫婦各飮一杯還房有孕亦取其資始發育萬物之義也

梅雨水主治

陳藏器曰洗瘡疥滅瘢痕入醬易熟

發明

陳藏器曰江淮以南地氣卑濕五月上旬連下旬尤甚月令土潤溽暑是五月中氣過此節以後皆須曝書審梅雨沾衣便腐黑澣垢如灰汁有異他水但以梅葉湯洗之乃脫餘並不脫

李時珍曰梅雨或作黴雨言其沾衣及物皆生黑黴也芒種後逢壬爲入梅小暑後逢壬爲出梅又以三月爲迎梅雨五月爲送梅雨此皆濕熱之氣鬱遏薰蒸釀爲霏雨人受其氣則生病物受其氣則生黴故

此水不可造酒醋其土潤溽暑乃六月中氣陳氏之說誤矣

液雨水主治

李時珍曰殺百蟲宜煎殺蟲消積之藥

發明

李時珍曰立冬後十日爲入液至小雪爲出液得雨謂之液雨亦曰藥雨百蟲飲此皆伏蟄至來春雷鳴起蟄乃出也

潦水釋名

李時珍曰降注雨水謂之潦又淫雨爲潦韓退之詩云潢潦無根源朝灌夕已除是矣

氣味

甘平無毒

主治

李時珍曰煎調脾胃去濕熱之藥

發明

成無己曰仲景治傷寒瘀熱在裏身發黃麻黃連軺赤小豆湯煎用潦水者取其味薄而不助濕氣利熱也

管窺輯要

二十八宿占風雨陰晴訣

日逢井鬼多風雨若遇奎星天色晴婁危陰雨天色冷昴畢有風天色晴觜參雨過大風起壁室多風天色晴星張翼軫有大雨角亢夜雨日還晴若遇柳星雲霧起氐房心尾向前行

春季

虛危室壁多風雨若遇奎星天色晴婁胃烏風天冷凍昴畢溫和天又明觜參井鬼天見日柳星張翼陰還晴軫角二星天少雨或起風雲傍嶺行亢宿大風起沙石氐房心尾雨風聲箕斗濛濛天少雨牛女微微作雨聲

夏季

虛危壁室天半陰婁奎胃宿雨冥冥昴畢二宿天有雨觜參二星天又陰井鬼柳星晴或雨張星翼軫又晴明角亢二星太陽見氐房二宿大雨風心尾依然宿作雨箕斗牛女遇天晴

秋季

虛危壁室震雷驚奎婁胃昴雨淋庭星觜參井晴又雨鬼柳雲開客便行斗箕牛女必有雨氐房心尾雨濛濛張星翼軫天無雨亢角二星風雨聲

冬季

虛危壁室多風雨若遇奎星天色晴婁胃雨聲天冷凍昴畢之期天又晴觜參二星坐晬晴井鬼二星天色黃莫道柳星雲霧起天寒風雨有嚴霜張翼風雨又見日軫角夜雨日還晴亢宿大風起沙石氐房心尾雨風聲箕斗二星天有雨牛女陰凝雨又晴若然風雨天寒凍三宵五陰不會停占卜晴陰眞妙訣仙賢祕密不虛名掌上輪星大上應若然垢穢損雙晴

雨晴占備

乾坤祕錄曰子日東風卯日雨丑日東風辰日雨寅日東風巳日雨卯日東風午日雨辰日東風未日雨巳日東風卯日雨未日東風申日雨申日東風子日雨酉日東風丑日雨戌日東風寅日雨亥日東風辰日雨

又曰甲子日雨丙寅止乙丑日雨丁卯止丙寅日雨丁卯止丁卯日雨夕止戊辰日雨夜半止己巳日雨立止庚午日雨辛未止辛未日雨戊寅止壬申日雨即止癸酉日雨甲戌止甲戌日雨即止乙亥日雨即日止丙子日雨即止丁丑日雨夕止戊寅日雨即止己卯日雨立止庚辰日雨即止辛未日雨癸未止壬午日雨即止癸未日雨甲申止甲申日雨即止乙酉日雨丙戌日止丙戌日雨夕止丁亥日雨即止戊子日雨庚寅止己丑日雨壬辰止庚寅日雨即止辛卯日雨癸巳止壬辰日雨辛丑止癸巳日雨夕止甲午日雨即止乙未日雨丁酉止丙申日雨夕止丁酉日雨己亥止戊戌日雨辛丑止己亥日雨即止庚子日雨甲辰止辛丑日雨壬寅止壬寅日雨即止癸卯日雨即止甲辰日雨即止乙巳日雨丙午止丙午日雨即止丁未日雨即止戊申日雨庚戌止己酉日雨辛亥止庚戌日雨即止辛亥日雨癸丑止壬子日雨癸丑止癸丑日雨即止甲寅日雨即止乙卯日雨丙辰止丙辰日雨丁巳止丁巳日雨即止戊午日雨即止己未日雨即止庚申日雨甲子止辛酉日雨即止壬戌日雨即止癸亥日雨即止

又曰子日雨立止不止寅日止丑日雨寅日止不止卯日止寅日雨立止不止卯日止卯日雨立止不止巳日止辰日雨立止不止戌日止巳日雨未日止不止申日止子日雨立止不止至十日陰未日雨申日止不止戌日止申日雨夕止不止見日久陰酉日雨立止不止久陰戌日雨立止不止久陰亥日雨立止不止久陰

凡先雷後雨其雨必小先雨後雷者雨必大也

凡候雨以朔晦弦望雲氣四塞皆雨東風則當雨

黑雲氣如牛彘者有暴雨

黑雲氣如浮船者雨

蒼黑雲細如棉被日月有暴雨

黑氣如羣羊奔走五日內雨

四望見蒼白雲名曰天塞之雲雨徵也

五岳之雲觸石而出皆不崇朝而雨

京房曰六甲日有雲四合皆當日雨多雲多雨少雲少雨萬無一失無雲一旬少雨

月離畢之陰則雨離畢之陽無雨

日旁有赤雲如冠珥不有大風必有大雨

蟻封穴大雨將至

鸛鵲飛鳴上騰雨將至

凡占雨之法每日平旦看候東方青雲甲乙日雨赤雲丙丁日雨黃雲戊己日雨白雲庚辛日雨黑雲壬癸日雨

占雨之法又以甲申日觀其諸方若東方有雲甲乙日雨南方有雲丙丁日雨中方有雲戊己日雨西方有雲庚辛日雨北方有雲壬癸日雨

凡風起多有雨應之如子日東風卯日雨等是也常以平旦候風從東方來正而不轉移一日或半日至其沖日皆有雨若風多疾者雨多風微遲者雨少從平旦至鷄鳴爲一日其暴雨不在東風之應

田家五行

雜占論日

日暈則雨諺云月暈主風日暈主雨

日脚占晴雨諺云朝有天暮有地主晴反此則雨

日生耳主晴雨諺云南耳晴北耳雨日生雙耳斷風截雨若是長而下垂通地則又名曰日幢主久雨

日出早主雨日出晏主晴老農云此言久陰之餘夜雨連旦正當天明之際雲忽一掃而捲即日光出所以言早少刻必雨立驗言晏者日出之後雲晏開也必晴亦甚準蓋日之出入自有定刻實無早晏也愚謂但當云晴得早主雨晏開主晴不當言日出早晏也占者悟此理

日沒返照主晴俗名爲日返塢一云日沒臙脂紅無雨也有風或問二候相似而所主不同何也老農云返照在日沒之前臙脂紅在日沒之後不可不知也

諺云烏雲接日明朝不如今日又云日落雲沒不雨定寒又云日落雲裏走雨在半夜後已上皆主雨此言一朶烏雲漸起而日正落其中者

論月

新月下雨諺云月如挂弓少雨多風月如偃瓦不求自下又云月偃偃水漾漾月子側水無滴

論星

諺云明星照爛地來朝依舊雨言久雨正當黃昏卒然雨住雲開便見滿天星斗則豈但明日有雨當夜亦未必晴

論風

諺云風急雨落人急客作又云東風急備蓑笠風急雲起愈急必雨

諺云東北風雨太公言艮方風雨卒難得晴俗名曰牛筋風雨指丑位故也

諺云行得春風有夏雨言有夏雨應時可種田非謂水必大也經驗

春南夏北有風必雨

論雨

諺云雨打五更日曬水坑言五更忽有雨日中必晴驗甚

雨著水面上有浮泡主卒未晴諺云一點雨似一箇釘落到明朝也不晴一點雨似一個泡落到明朝未得了

諺云天下太平夜雨日晴言不妨農也

諺云病人怕肚脹雨落怕天亮亦言久雨正當昏黑忽自明亮則是雨候也

雨夾雪難得晴諺云夾雨夾雪無休無歇

諺云快雨快晴道德經云飄風不終朝驟雨不終日

凡雨喜少惡多諺云千日晴不厭一日雨落便厭

論雲

雲行占晴雨諺云雲行東雨無蹤車馬通雲行西馬濺泥水沒犂雲行南雨潺潺水漲潭雲行北雨便足好曬穀

上風雖開下風不散主雨諺云上風皇下風隘無蓑衣莫出外

諺云西南陣單過也落三寸言雲陣起自西南來者雨必多尋常陰天西南陣上亦雨

凡雨陣自西北起者必雲黑如潑墨又必起作眉梁陣主先大風而後雨終易晴

天河中有黑雲生謂之河作堰又謂之黑猪渡河黑

霎對起一路相接亘天謂之女作橋雨下闊則又謂之合羅陣皆主大雨立至少頃必作滿天陣名通界雨言廣闊普徧也

凡雨陣雲疾如飛或暴雨乍傾乍止其中必有神龍隱見易曰雲從龍是也

陰天卜晴諺云朝要頂穿暮要四脚懸又云朝看東南暮看西北

諺云魚鱗天不雨也風顛此言細細如魚鱗斑者一云老鯉斑雲障曬殺老和尚此言滿天雲大片如鱗故云老鯉往往試驗各有準

秋天雲陰若無風則無雨

論霞

諺云朝霞不出市暮霞走千里此皆言雨後乍晴之霞暮霞若有火焰形而乾紅者非但主晴必主久旱之兆朝霞雨後乍有定雨無疑或是晴天隔夜雖無今朝忽有則要看顏色斷之乾紅主晴間有褐色主雨滿天謂之霞得過主晴霞不過主雨若西方有浮雲稍厚雨當立至

論虹

俗呼曰鱟諺云東鱟晴西鱟雨又云對日鱟不到晝主雨言西鱟也若鱟下便雨還主晴

論雷

諺云當頭雷無雨卯前雷有雨凡雷聲響烈者雨陣雖大而易過雷聲殷殷然響者卒不晴

雪中有雷主陰雨百日方晴

東州人云一夜起雷三日雨言雷自夜起必陰

論電

夏秋之間夜晴而見遠電俗謂之熱閃在南主久晴在北主便雨諺云南閃千年北閃眼前北閃俗謂之北辰閃主雨立至諺云北辰三夜無雨大怪言必有大風雨也

論氣候

凡春宜和而反寒必多雨諺云春寒多雨水

二月八日張大帝生日前後必有風雨極準俗號為請客風送客雨正日謂之洗街雨初十謂之洗廚雨

二月二上工故諺云河東西好使犂此時之雨正是一犂春雨

立春後五戊為社其日雖晴亦多有微雨數點謂社公不喫乾糧果驗

芒種後雨為黃梅雨夏至後為時雨此時天公陰晴易變諺云黃梅天日多幾番顛諺云黃梅天氣覷向老婆頭邊也要擔了蓑衣箬帽去

九月初有雨多謂之秋水

中氣前後起西北風謂之霜降信有雨謂之濕信未風先雨謂之料信雨

論朔日

雨謂之交月雨主久陰雨若此先連綿有雨反輕

論旬中尅應

新月下有黑雲橫截主來日雨諺云初三月下有橫雲初四日裏雨傾盆

月盡無雨則來月初必有風雨諺云廿五廿六若無雨初三初四莫行船

廿五日謂之月交日有雨主久陰

論甲子

諺云春雨甲子乘船入市夏雨甲子赤地千里秋雨甲子禾頭生耳冬雨甲子飛雪千里

一說甲子春雨主夏旱六十日夏雨主秋旱四十日此說蓋取其久陰之後必有久晴諺云半年雨落半年晴甲子遇雙日是雌甲子雖雨不妨

論壬子

春雨人無食夏雨牛無食秋雨魚無食冬雨鳥無食

又云春雨壬子秧爛蠶死又云雨打六壬頭低田便罷休一云更須看甲寅日若晴拗得過不妨諺云壬子是哥哥爭奈甲寅何若得連晴為上不然二日內亦當以壬子日為主

一說壬子雨丁丑晴則陰晴相半二日俱晴六十日內少雨二日俱雨主六十日內雨多近聞此說累試有驗

論甲申

諺云甲申猶自可乙酉怕殺我言申日雨尚庶幾酉上雨主久雨一云春甲申日則主米暴貴又云閩中見四時甲申日雨則富家閉糴價必踊貴也吳地竝最畏此二日雨故特以怕殺二字表其可畏之甚也每試極准

論甲戌庚必變

諺云久雨久晴多看換甲

又云甲午旬中無燥土

又云甲雨乙拗

又云甲日雨乙日晴乙日雨直到庚

又云久晴逢戌雨久雨望庚晴

又云逢庚須變逢戌須晴

又云久雨不晴且看丙丁
又云上火不落下火滴沰言丙丁日也

論鶴神

己酉日下地東北方乙卯轉正東庚申轉東南丙寅轉正南辛未轉西南丁丑轉正西壬午轉西北戊子轉正北癸巳上天在天上之北戊戌日轉天上之南甲辰轉天上之東己酉復下周而復始括云纔逢癸巳上天堂己酉還居東北方上天下地之日晴主久晴雨主久雨轉方稍輕若大旱年雖轉方天並不作變諺云荒年無六親旱年無鶴神
己亥庚子己巳庚午謂之水主十多是值雨
庚申日晴甲子必晴
丁未日雨殺百蟲

論山

遠山之色清朗明爽主晴嵐氣昏暗主作雨起雲主雨收雲主晴蕁常不曾出雲小山忽然雲起主大雨

論地

地面濕潤甚者水珠出如流汗主暴雨若得西北風解散無雨石磉水流亦然四野鬱蒸亦然

論水

水際生青靛主有風雨諺云水面生青靛天公又作變

論草

草屋久雨菌生其上朝出晴暮出雨諺云朝出曬殺暮出濯殺

論飛禽

諺云鴉浴風鵲浴雨八八兒洗浴斷風雨
鳴鳩有還聲者謂之呼婦主晴無還聲者謂之逐婦主雨
海燕忽成羣而來主風雨諺云烏肚雨白肚風
赤老鴉含水叫雨則未晴晴亦主雨老鴉作此聲者亦然
鵓叫早主雨多
夜間聽九道遙鳥叫卜風雨諺云一聲風二聲雨三聲四聲斷風雨
鸛鳥仰鳴則晴俯鳴則雨
冬寒天雀羣飛翅聲重必有雨雪
鬼車鳥卽是九頭蟲夜聽其聲出入以卜晴雨自北而南謂之出窠主雨自南而北謂之歸窠主晴
鷗叫諺云朝鷗晴暮鷗雨
夏秋間雨陣將至忽有白鷺飛過雨竟不至名曰截雨
家鷄上宿遲主陰雨
母鷄背負鷄雛謂之鷄跎兒主雨

論走獸

狗爬地主陰雨每眠灰堆高處亦主雨
鐵鼠其臭可惡白日銜尾成行而出主雨
猫兒喫青草主雨

論龍

龍下便雨主晴凡見黑龍下主無雨縱有亦不多白龍下雨必到水鄉諺云黑龍護世界白龍壞世界
龍陣雨始自何一路只多行此路無處絕無諺云龍行熟路

天步眞原

論天氣日月五星之能

土星木星相會及冲方秋分如土星在上天氣風雨
土星火星相會及冲方前後數日大雨雹春分大雨電
土星太陽會冲方爲大門開大雨春分冷雨
土星金星會冲方濕宮雨水春秋分冷雨夏至倏忽雨
土星火星水星會冲方春分風雨夏至同
土星太陰會冲方濕宮冷雲小雨月滿天蝎人馬如冷月空乾黑雲小雨
木星火星會冲方濕宮大雨雷電
木星太陽會冲方小風細雨
木星金星會冲方濕宮雨
火星金星會冲方爲大門開夏至雨
太陰火星會冲方濕宮有雨
太陽金星會濕氣有雨四季有雨
太陽木星會濕宮濕氣有雨
太陽太陰會冲方濕宮雨
金星太陰會冲方小雨

論天氣開門之理

開門之理如太陽舍在巨蟹土星舍在磨羯不論何時但太陽與土星相會冲方卽爲開門門開卽有入門者其冷熱晴雨皆倏忽有變土星太陽是開水門濕宮冷宮定大雪大雨夏至冷雨

日月食

太陽太陰失光其害所主當論五星此時看與太陽

太陰相會相冲方火星主雷電雨金星主雨

占日

朔望有金星在四角內其日有雨

朔望主星到濕宮之時有雨

春秋分至論天氣

春分時四正宮內五星在日光下必雲多有雨秋分冷雨

五星遲行者最高冲者在日光內皆有雨惟火星在日光內雨少

二至二分水星金星同月在濕宮大雨

冬夏兩至金星離月六十度九十度一百二十一百六十金星在濕宮雨甚多

冬夏至水星在天蝎離金星六十九十一百二十一百八十大雨

日在白羊或金牛其時金星退行其年春分三月雨多

春分前朔望月離土星六十九十一百二十一百八十土星日皆在濕宮黑雲常有小雨或水星金星離木星六十九十一百二十一百八十雨大又久

金星退行又在東日在磨羯寶瓶雙魚春分雨少夏至雨多

金星冬至順行在東冬至雨少冬至將盡雨大

雜會論天氣

月與金水相合有雨二星皆相會必雨

火星在天蝎月與火星對日在寶瓶或雙魚雨

月與火星會濕宮內其時金星水星離火星六十九十一百二十一百八十大雷電冰雹亦能有雨若火星離日與土星木星六十九十一百二十一百八十卽日雨

月入寶瓶雙魚天多變離水星六十九十一百二十一百八十雨

金星離火星六十九十一百二十一百八十在天蝎雨

日月金水相合必雨

月離日一百八十九十月在寶瓶雨

月離日或金星一百八十度在白羊天秤天蝎雙魚內有雷電雨

月在陰宮離退行星六十一百二十九十一百八十必雨

雨部總論

西京雜記

董仲舒雨雹對

二氣之初蒸也若有若無若實若虛若方若圓攢聚相合其體稍重故雨乘虛而墜風多則合速故雨大而疎風少則合遲故雨細而密其寒月則雨凝於上體尚輕微而因風相襲故成雪焉寒有高下上暖下寒則上合爲大雨下凝爲冰霰雪是也

太平之世雨不破塊潤葉津莖而已

鮑敞曰冬雨必暖夏雨必凉何也曰冬氣多寒陽氣自上躋故人得其暖而下蒸成雪夏氣多暖陰氣自下升故人得其凉而上蒸成雨矣敞曰雨旣陰陽相蒸四月純陽十月純陰斯則無二氣相薄則不雨乎曰然純陽純陰雖在四月十月但月中之一日耳敞曰月中何日曰純陽用事未夏至一日純陰用事未冬至一日朔旦夏至冬至其正氣也敞曰然則未至一日其不雨乎曰然頗有之則妖也和氣之中自生災沴能使陰陽改節暖凉失度敞曰災沴之氣其常存耶曰無也時生耳猶乎人四支五臟中也有時及其病也四支五臟皆病也

張子正蒙

參兩篇

陰氣凝聚陽氣發散陰聚之陽必散之其勢均散陽爲陰累則相持爲雨而降陰爲陽得則飄揚爲雲而升故雲物班布太虛者陰爲風驅斂聚而未散者也凡陰氣凝聚陽在內者不得出則奮擊而爲雷霆陽在外者不得入則周旋不舍而爲風其聚有遠近虛實故雷風有小大暴緩和而散則爲霜雪雨露不和而散則爲戾氣曀霾陰常散緩受交於陽則風雨調寒暑正

朱子語類

雨

問龍行雨之說曰龍水物也其出而與陽氣交蒸故能成雨但尋常雨自是陰陽氣蒸鬱而成非必龍之爲也密雲不雨尚往也蓋止是下氣上升所以未能雨必是上氣蔽蓋無發洩處方能有雨橫渠正蒙論

風雷雲雨之說最分曉

雨與露不同雨氣昏露氣清氣蒸而爲雨如飯甑蓋之其氣蒸鬱而汗下淋漓氣蒸而爲霧如飯甑不蓋其氣散而不收

橫渠云陽爲陰累則相持爲雨而降陽氣正升忽遇陰氣則相持而下爲雨蓋陽氣輕陰氣重故陽氣爲陰氣壓墜而下也

性理會通

理氣

程子曰長安西風而雨終未曉此理須是自東自北而風則雨自南自西則不雨何者自東自北皆屬陽陽唱而陰和故雨自西自南陰也陰唱則陽不和蝃蝀之詩曰朝隮于西崇朝其雨是陽來唱也故雨易言密雲不雨自我西郊言自西則自陰先唱也故雲雖密而不雨今西風而雨恐是山勢使然

勉齋黃氏曰陰陽和則雨澤作詩不云乎習習谷風以陰以雨亦以陰陽和而雨春之所以雨多者以當春之時地氣上騰天氣下降故蒸滃而成雨秋亦然夏則亢陽多則過陰是以多晴

欽定古今圖書集成曆象彙編乾象典

第八十一卷目錄

乾象典第八十一卷

雨部藝文一

愁霖賦　魏應瑒

聽屯雷之恆音兮聞左右之歎聲情慘憒而含欷兮起披衣而游庭三辰幽而重關蒼曜隱而無形雲曖曖而周馳雨濛濛而霧零排房帳而北入振蓋服之沾衣還空牀而寢息夢白日之餘暉惕中寤而不効兮意悽悷而增悲

與韋仲將書　應璩

夫以原憲懸磬之居而值皇天無巳之雨室宇漸而作漏堂館治而爲泥薪芻既盡舊穀亦傾層蘇發撤機檜見謀進無顏子不改之志退無揚雄晏然之情是以懷感良不可堪人非神仙須仰衣食方今體寒心饑憂在旦夕而欲東希許昌治生之物西望陵縣廚食之祿誠恐將爲牛蹄中魚卒鮑氏之肆矣

與董仲連書　前人

穀糴騰踊告求周恰日獲數升猶復無薪可以熟之雖孟軻困於梁宋宣尼餓於陳蔡無以過此夫挾管晏之智者不有斯役之勞懷陶朱之慮者不居貧賤之地出蒙譏於恤護入見讁於嬪息忽便邑憤不知處世之爲樂也

與尚書諸郎書　前人

大秋節涼和霽雨清開正高會之盛時飲宴之良日也而陋巷之居無高密之宇壁立之室無旬朔之資流潦浸於北堂陳漏霑於衣服藜蒸單竭檐石傾罄中饋告乏役者莫興飯玉炊桂猶尚優泰雖欣皇天之降潤亮水車之思雨私懷蹙額良不可言想諸夫子亦斯困也夫否泰潛升蓋由昏明二三執事以龍虎之資遭風雲之會方將飛騰閶闔振翼紫微運籌帷幄顯揚豐積豈久沉滯於下職契闊於貧悴哉

喜霽賦　晉傅元

喜陰霖之既霽嘉良辰之肇晴悅氛電之潛匿兮樂天鑒之孔明行潦歸於百川兮七氣徹於云庭東風穆而扇路重陽昇其舒靈去湮沒之憂患即通塗之敞平釋昏墊之蒙昧覩日月之光榮若幽龍之出泉兮超飛躍乎太清昔唐帝之欽明兮遘洪水之巨害

在殷湯之盛時兮亢炎旱以歷歲伊我后之神聖兮敷皇道以居帝雖風雨之失度兮且嘉穀之無敗咸調暢以茲茂兮天人穆其交泰命怡樂之吐和兮播仁風於無外

患雨賦　傅咸

夫何遠寓之多懷患淫雨之有經自流火以迄今歷九旬而無寧庶太清之垂曜覩日月之光明雲乍披而旋合霤暫輟而復零將收雷之要月棄嘉穀於已成前湯焉而不降後患之而弗晴惟二儀之神化奚水旱之有并湯亢陽於七載兮堯洪泯乎九齡天道且猶若茲況人事之不平

苦雨賦　潘尼

氣觸石而結蒸兮雲膚合而仰浮雨紛射而下注兮潦波湧而橫流豈信宿之云多乃踰月而成霖瞻中塘之浩汗聽長霤之涔涔始濛濛而徐墜終滂沛而難禁悲列宿之匿景悼太陽之幽沉雲暫披而驟合雨乍息而亟零旦縱縱以達暮夜淋淋以極明黿鼉遊於門闥蛙蝦嬉乎中庭懼二源之并合畏黔首之爲魚處者含瘁於窮巷行者歎息於長衢

愁霖賦 有序　陸雲

永寧三年夏六月鄴都大霖旬有奇日稼穡沉湮生民愁瘁時文雅之士煥然並作同僚見命乃作賦曰

在朱明之季月兮反極陽於重陰興介丘之膚寸兮墜崩雲而洪沉谷風扇而攸遂兮苦雨播而成淫天決漭以懷慘兮民嚬蹙而愁霖於是天地發揮陰陽交烈萬物混而同波兮元黃浩其無質雷憑虛以振庭兮電凌牖而輝室霤鼎沸以駭奔兮潦風驅而競疾豈南山之暴濟兮將冥海之暨溢隱隱填填若降自天高岸渙其無涯兮平原蕩而爲淵遵渚回於凌河兮黍稷仆於中田匱多稼於億廩兮虛夙敬於祈年外薄郊甸內荒都城陰無晞景雷無輟聲纖波昏於前途兮微津隔於峻庭紛雲擾而霧塞兮漫天頹而地盈於是愁音比屋歎發屢省陽堂之暉朗室無景望曆雲之萬仞兮想白日之寸暉感慮無而思深兮對寂漠而青靖毒甚雨之未晞兮悲夏日之方永瞻大辰以頌息兮仰天衢而引領愁情沈疾明發哀吟永言有懷感物傷心結南枝之舊思兮詠莊舄之遺音羨弃彼之歸飛兮寄予思乎江陰渺天末以流目兮涕潺湲而沾襟何人生之倏忽痛存亡之無期方千歲於天壤兮吾固已陋夫靈龜矧百年之促節兮又奚登乎期頤哀戚容之易感兮悲憔顏之易摧考傷懷於衆苦兮愁豈霖之足悲雲曇曇而蟄結兮雨淫淫而未散晞朱陽於崇朝兮悲此日之屢晏劾豐隆於岳陽兮執赤松於神館命雲師以藏用兮絀乘龍於河漢照濛汜之清暉兮炳扶桑之始旦考幽明於人神兮妙萬物以達觀

喜霽賦 有序　前人

余既作愁霖賦雨亦霽昔魏之文士又作喜霽賦聊廁作者之末而作是賦焉

毒霖雨之掩時兮情懷憤而無懌肅有禱於人謀兮反極陰於天律靖屛翳之洪隧兮戢太山之觸石凌風絕而謐寧兮歸雲反而揮霍改望舒之離畢兮曜六龍於紫閣揚大步之剡剡兮播靈輝之赫奕於是朱明自皓凱風來南復火正之舊司兮黜后土於重陰夷中原之多潦兮反高岸於崇岑萎禾竦而振穎兮偃木豎而成林嘉大田之未墜兮幸神祇之有歆爾乃俯順習坎仰熾重離兼明暢而天地曜兮羣生悅而萬物齊魚凌淵以增躍兮鳥望林而朝隮戢流波於桂水兮起芳塵於沉泥朱光播於甕牖兮素景衍乎中闈天監作照幽明畢覩普厥有慌覃及四國翁萬情而咸喜兮雖無穫而自得災未及害和斯有祥翼翼黍稷油油稻糧望有年於自古兮晞隆周之萬箱原思悅於蓬戶兮孤竹欣於首陽陰陽交泰萬物方遒炎神送著素靈迎秋四時逝而代謝兮大火忽其西流年冉冉其易頹兮時靡靡而難留嗟沉哀之愁思兮瞻日月而增憂感年華之行暮兮思乘煙而遠遊命海若以量津兮吾欲往乎瀛洲臨儀天之大川兮凌懷山之洪波瞻增城之峻極兮仰蓬萊之嵬峨望王母於弱水兮詠白雲之清歌蹈嘉命之未錫兮將輕舉於流沙振仙車之鳴鸞兮吐玉衡之八和託芝蓋之後乘兮貪瓊林之朝華修無窮以容與兮豈萬載之足多

喜雨賦　宋傅亮

唯二儀之順動數有積而時偏蟄襄陵於唐籍感雲漢於周篇匪叔葉之或遘在盛王其固然伊元嘉之初載肇休明於此年懿玉燭之方熙慍積陽之獨愆涸源泉於井谷委嘉穎於中田嗟我皇之翼翼悵臨朝而輟娛踵沖謙於禹湯協至誠於在予且東作之未晏庶雨露之風濡遵懸子之徙廛尤魯侯之焚巫祇桑林之六禱修季辛之再雩誠在幽其必貫感何遠而不孚聆晨鸛於高垤候宵畢於天隅發膚雲於

觸石晦重陽於八區春霆殷以遠響輿雲霈而載塗灑豐浸於中疇覃餘潤於嘉蔬殷啇人於甾畝衍將繁於中衢嗣良頌於多稔兆嘉夢於樵漁矧具臣之逢運又均休而等虞陶曲成於暮稔念歸駕於董疎

請雨詞　梁陶弘景

乙未夏六月旱不雨積旬隱居與周共作辭朱書青紙於靜中奏之周夜夢一人稱趙丞使下官相聞前辭言語乃好但請雨應墨書請晴應朱書願更墨書周乃作墨辭於庭壇自奏明旦周向家云今日中當雨爾旦天清赤熱了無雨意至禺中周來入嶺至上便見風雲卒起未達隱居間於路便雨得好溜雖在一山周廻左右耳

華陽隱居陶弘景道士周子良詞稱尋下民之命粒食爲本農工所資在於潤澤頃亢旱積旬苗稼焦涸遠近嗷嗷瞻天雀息百姓祈請未蒙感降伏聞雨水之任有所司存願哀憫黔首霈垂霑渥呵風名雲膚寸而合使洪潦溢川水陸咸濟則白鵠之詠復興於今共伸至誠稽顙詞情謹詞

喜雨賦　唐元宗

仰重華之齊政步文命之彝倫何天道之云遠亦明徵之在人迄中夏而自春遘愆陽而爲亢雲重結而復解雨纔滴而還障山祠植珪而不答田畯倚耒而惆悵京兆來奏音官撰曲將土龍而矯首請神巫而頓足彼有憑而可舉予何抑而未許恐歲凶之及人寧天譴於我身乃潔齋壇墠五精是祠暴立炎赫三日爲期上帝臨我衷誠不欺重泉蒸潤觸石吐滋平雲黯而鋪幕密雨森其散絲無雷無電不震不眩匪疾匪徐乍合乍疎泛草泊樹垂珠點露過闕入樓含煙雜霧或噴薄而攢集或淋漓而灌注亂積水之圓文拂微風之斜度寰海浹而康樂畎畝欣而相顧絲管合兮夜將曉芙蓉開兮日未暮原夫雨之爲德也無小大之異情無高卑之不平無華朽之偏潤無臭薰之隔榮喜夫雨之今應也赴一言而不舍經累辰而廣瀉納清陰之浮涼同顥氣之飄灑感作霖於殷命諷其滂於周雅家尚知乎禮節國有望於豐霸小陽臺之神人却大宛之走馬觀雲行而雨施吾何事乎天下

爲百官賀雨請復膳表　崔融

臣某等文武官若干人言臣等聞太平之代天地合而流津至德之時陰陽和而布澤所以三農滋殖百物阜安伏惟天冊金輪聖神皇帝陛下寶命絪緼元期肹蠁包混元而建極宅造化而開階德教布濩仁聲洋溢增高益厚已修中岳之儀順時班令更緝正陽之禮近以少愆甘澍親發至誠懷宋景之一言採殷湯之六事德音纔降靈心允協捧瑤緘而風起迎寶字而星流雲不崇朝復三千之藥草雨必以夜逼百億之江河遍高下而同霑在公私而並及陳雷雨穀譬此非多櫟陽雨金方斯未重邦國延有年之慶黎元罷望歲之憂臣等伏願陛下凝神保和怡情養壽復鑾庖之舊膳進鶴鼎之常羞使芝英有駐液之期蓮蒲知遜涼之地則光天之下率土之濱孰不欣戴孰不幸甚微臣等幸逢休運預沐恩波混虞獸而同歡比齊禽而累抃無任悚荷之至謹詣朝堂奉表稱賀

秋霖賦　盧照鄰

覽萬物兮竊獨悲此秋霖風橫天而瑟瑟雲覆海而沉沉居人對之憂不解行客見之思已深若乃千井埋烟百廛涵潦青苔被壁綠萍生道於時巷無馬跡林無鳥聲野陰霾而自晦山幽曖而不明長塗未半茫茫漫漫莫不埋輪據鞍銜悽茹歎借如尼父去魯圍陳畏匡將餓不爨欲濟無梁問長沮與桀溺逢漢陰與楚狂長檐風而沐雨末悽悽以遑遑及夫屈平既放登高一望湛湛江水悠悠千里泣故國之長秋見元雲之四起嗟夫子卿北海伏波南川金河別雁銅柱辭鳶關山夭骨霜露凋年眺窮陰兮斷地看積水兮連天別有東國儒生西都才客屋漏鉛槧家虛儋石茅棟淋淋蓬門寂寂蕪碧草於園徑聚綠塵於庖甓玉爲粒兮桂爲薪堂有琴兮室無人抗高情以出俗馳精義以入神論甚能鳴之雁書成已泣之麟覩皇天之淫溢孰不隅坐而含嚬已矣哉若夫繡轂銀鞍金盃玉盤坐臥珠璧左右羅紈流酒爲海積肉爲巒視襄陵而昏墊曾不軫乎此懽豈知乎堯舜之臞瘠而孔墨之艱難

奉和聖製喜雨賦　張說

愚臣啓先王之冊府校絕瑞於祥經樂雲雨之平施齊品物之流形帝王爭重而爲寶麟鳳自輕而讓靈況愆時之渴望欻意達而神聽是月也朱明漸半紫油未吐恐降災兮此下人磬虔祈兮我仁主退象龍之禮禱斥持鷺之貌舞屏翳慙其廢職祝融悔其還怒山泱漭而出雲天滂沱而下雨速一言而感應尅三日而周溥氣滃靄以黯黮聲颯灑以蕭條灌如雲

漢之屑落散似珠泉之歕澆街塵漫其潢潦臯壤萋其綠苗舒四溟之清潤卷六合之喧囂咸澡骨於神液共歡心於聖朝借如五月有梅雨之名三春有穀雨之氣越人以泥牛待沃胡土以賣龍求費出員嶠而石香入成都而酒味彼偏方與小節非大人之所貴復有送地祇於鬱島迎海后於葛川疾雷碎其山裂走電喝其海燃天子作愁霖之賦詞人綴苦雨之篇牆屋壞於倒井黍稷沉於下田乃凶祲之不令曷休徵之有焉請言瑞雨之可喜也協氣交泰嘉生是賴湛覃而不溺衍溢而無害東漸出日之表西被無雷之外南窮火鼠之譯北盡燭龍之會天文則雲漢昭回天澤則江河霧滯雖欲談天而窺管孰知堯德之爲大

奉和聖製喜雨賦　韓休

聖人調玉燭握金鏡乘正陽而馭六氣之辨考中星而授四時之命所以平三階而齊七政惟十有六祀日躔於南紀火德方盛炎嘆自始主上問飛候之或失徵驕陽之所起未明求衣當食昃暑恐六事之害政引萬方而罪己乃設檦燎奠椒醑豈史巫之紛若惟誠德之是與稽元穹以誓期樂形影以增佇善言既發靈應無越天垂貫斗之雲神名離星之月有渰淒淒南山朝隮林鳴陰鳥澗隱晴霓九光之霞冠於雲日五色之氣映於巖谿始攢團而未下終颯灑而俱齊合散縈直紛飛驟息肇自千畝周於八極及乎公田我私長我黍稷我箱既萬我庾惟億人咸謂之神功爾孰知夫帝力若乃拂珠箔谷綺疏微霧氣於金掌粿香烟於玉除下碧雲而陰合滴銅池而響餘

君王乃倚雲閣憑雨殿臨清署奏繁薦欣大德之在生知上靈之有賂於斯時也一人有慶萬國歡心羣臣獻華封之壽天子御薰絃之琴昭宸文於合璧式王度其如金乾道兮下濟湛恩兮汪濊四三皇兮六五帝于胥樂兮萬千歲

奉和聖製喜雨賦　徐安貞

惟大君之執象襲先帝之重元體至精而御物用明德而動天自乘春兮當暑泊三時而不雨何陰陽而併隔瞻雲漢以延佇而雍州之積高乃神明之舊府君告有司無作淫祠圖應龍兮何名望愚婦兮何期禦僭伏之六沴唯蕩蕩之上帝信天道之悠哉固人事之所制爾其圜壇方墠環以禁林拂瑤席兮列神座藉白茅兮推聖心却華蓋而特立當赫曦之正臨幽應如響明徵在今油然作雲鬱山川之氣凄兮爲雨變天地之陰乘空離合煙霏霧雜散影微微清神不稀無雷電之相迫但蕭條而自飛迴颯灑於天聽襲清涼於御衣如泰嶽之朝下似陽臺之暮歸林籞增飾城池共色八水青田千門紫極洗原隰於龍鱗拂甍標於鳳翼伊萬物之同潤兄油油之黍稷匝寰海而爲期指咸霖而一息吾君乃升玉堂闢金殿既滌炎暑是開清宴聽金石之克諧知神人之合抃濟濟三事稽首而言效靈夔之鼓舞聯振鷺而飛飜欣復夏王之膳無邀漢后之恩微臣束紳國史秉筆階戺仰宸儀之法度聞天韶之宮徵大舜之慶雲已發武帝之秋風莫比欽豐歲之餘裕賾先天之至理陋星斗之占冠靈臺之紀猶誡奢靡之事信明明之天子

奉和聖製喜雨賦　賈登

聖人在位體天法地示人以五行應天以五事修其貌也時雨若正其言也時暘至彼氣象之或乖將反身而可致皇哉我君元德敷聞御極而三才交正乘時而四序平分十有六年以至今載何有一雨不愆乎晦所謂元化之功行於太平之代粵在春餘而乘夏初或土官以位或火正其居土勝於水午衝於子陽景且曜陰風莫起當天數之適然非歲行之常紀惟帝念茲聞諸有司或獻舞雩之請或陳齋社之期省而不錄云奪農時直以萬乘之貴躬親三日之祠王言既出聖心惟一天昭厥誠神降之吉霈然爲雨不俟終日明明聖后知微知彰迪彼炎暑化爲清涼恐二氣之相迫於兆人而不臧以身作戒因物考祥當是時也收其威而雷不敢作隱其耀而電不能爍昭其令而風不憒憒布其和而氣不交錯徒以元默爲貞清明惟神簡服用與德仁如此者上獨感其雲行下獨成其雨施六合雖廣一朝畢被其始至也歷亂希微霧雜煙霏其少進也湛覃凌厲杲飛颸逝驚碎滴於瑤池噴懸流於鉚砌傳聲竹樹之末濯色菱荷之際乘日用而此多仰年豐而可計帝乃罷薰風之絃奏其雨之篇歸功於大造致美於皇天詞因喜降義以精傳是禮也且高於商武斯文也復掩於周宣非聖德之兼濟何以臻於此焉巍乎聖主謙以自輔慮其率土猶稱疾苦中命文武更求多祐又吹之以軒后大風又沐之以殷宗霖雨潤再洽兮恩重溥自朝廷兮至草莽鑠皋篇兮熙帝譜于胥德兮振萬古

奉和聖製喜雨賦　李宙

既五月兮生一陰猶不雨兮思作霖聖自咎兮天同德誠下荅兮神孔歆臣聞澤不潤下意將乾封豈大明在御而荒歲或逢禮有旱暵之舞詩有胎囘之詠陛下退史巫之紛若追后土之虔敬以乾坤而合德何造化之不測雷赫曦兮是時雨滂沱兮爲期甹三日而將澍未崇朝而已布霏微露立之壇霢霂風旋之步緬察獄以臨幸嘗禱林而戒懼曷若不言而順於陰騭曰肅而變其陽數非破塊與鳴條惟滌埸及灑路靈臺是升斯考休徵渾儀已緯更酌元亨爾乃紫微凉夏形庭景深初泛灧於太液復蕭條於上林傾菌萏而花舞散青葱而葉吟宜刻漏於銀箭雜秋聲於玉琴龍虎飛騰兮多氣色鸛鶴鳴嘆兮有清音況田畯之至喜奉聖人以爲心惟大君之德也如雨施於上元如澤漏於重泉浸四溟而無遠洞萬物而無偏喜羣生之遂也山不翦其毛髮河不汚其宮闕思就紺而生虹願從風而移月絕奔雷以無景靜行雲以不發願依稀兮其奚多雖三五而可越

雨不破塊賦　王起

國有休徵天作零雨不爲霖以破塊自旱祥而潤土既霑既足克成五稼之豐不疾不徐詎作三農之苦惟雨也映於遙天惟塊也列於大田彼以泛灑爲利此以生植爲先元雲不開色霏微而方密黑壤相映形磊落以皆全詎爲暴於終日自成功於有年觀其散漫初來空濛如振不逬一撮之小不爽一旬之信滋螻蟻之穴何患沾濡帶蚯蚓之形亦懷膏潤其色如晦其飄其微纚連異質傻渥同歸如原野之霧合似隴畝之塵飛色潤方圓形沾大小東作之耕斯著西成之功必表青黎不散佇秀麥之芃芃白壤常存宜散絲之皎皎是知妖魃見也則枯旱爲憂商羊舞也則泥塗見修孰若霢霂微潰滂沱不流所以見太平之美所以彰至聖之休故宜美土疆資播種宜老圃之志作曾孫之頌祁祁美瑞九土之澤克施苺苺有形三日之霖勿用是知雨無破塊年必屢豐積而不載感之則通何沃土之不洽何瘠壤之不同夫如是則受塊之人共欣其天賜擊壤之老將明其帝功

賀雨賦　沈瑱

臣聞堯以欽明文思察洪水而其咨湯以布昭聖武綿鑠石而不雨彼穹蒼之災沴豈睿君與聖主我明德之香馨終時康而俗阜大唐以率俾蠻夏莫非王土主上以光宅君臨甹若稽古后以淑德崇化爲乾作輔其廣運也包二儀以覆載其亭育也想羣生之父母聖謨洋洋嘉言孔彰惟精惟一無怠無荒百姓有過引之歸己一物失所納之於隍夫人之所重者食也政之所先者農也近歲以冬雪不盈春雲少澤絲疇合瘁朱夏將華無西畢之滂沱有南威之赫奕我藝翳秀甫田虛闊湘燕垂翼而不飛應龍矯首而何益爾乃邦人大恐皇念勤眷思轉災以爲祥宜樹美而除讒移正寢徹豐膳釋幽冤索遺彥達聰明目廣視聽於四方恤獄緩刑開網羅於三面誡絕崇慝懲離黨援衰路淸太階平君臣咸一邦家輯寧天方悔咎淪孽垂休降靈雲布旋而霢霂電驚空而煌熒殷雷震而闐闐飛雨零而冥冥夫其森沈散漫颯灑凌亂瀝液汪洋周流津漢濯上林之藿靡漲昆明之瀾汗驟縈轡於闕庭浮清風於樓觀元澤優而霽止晴光炳兮澄渙奔餘潦於廻塘挂晴虹於霄漢阡陌條暢而增綺黍稷芬榮而若換野老熙熙農人相持嘉廩儲之望歲喜甘霈之流滋鼓腹擊壤賡歌稱詩詩曰有渰凄凄興雨祁祁雨我公田遂及我私皇上睟容有穆神心載怡羣卿大夫濟濟纓緌拜手稽首足之蹈之賀農祥於介福荅聖造於休期有諫議大夫沈瑱因進而稱曰臣聞昔者飛雉升鼎用鑒殷宗之德熒惑守心旋移宋景之慝禾苗盡起孺子感動於周公桑穀並生太戊獲相於伊陟夫君人者修己以敬乾乾日昃奉堯舜以爲心崇禮讓而爲則放黜回佞敷求讜直使人以時用丘明之昏定異物不貴誠老氏之難得哀賑惸嫠勉敦稼穡自然災伏至誠感於天地及當而行湛恩浹於寰瀛珍絡繹瑞縱橫海氣蒙晏河光吐榮甘露凝而醴泉涌麒麟遊而鳳凰鳴煙雲蕭索而紛郁日月光華而淑淸我后愼終如始用晦爲明爲而不有冲而不盈向之能事動植由庚

密雨如散絲賦　李鐸

散萬物者莫潤乎雨鈞百貨者莫細乎絲雨將應時既盈空而沃若絲將比密爰委質以棼之原夫淸畢啓陰夕陽向暮散輕霞以成綺蟲元雲而似布於是霢霂郊野霏微草樹蔽重霄之靄靄猶委緒風映遠岫之濛濛乍迷縠霧髣髴將久輕盈匪疎濛濊浣紗之際浸淫濯錦之餘織婦停梭似曳乃輕之緒舟人罷釣疑牽或躍之魚由是揚素彩降碧虛忘機別天庭之皖彼拂鬓鷥韶髮之皤如徒觀其散影有經分

行無匹始斜足以色麗俄交反而勢密輕沾素服懷墨子之悲時遙隔布泉誤詩人之怨日皎皎容潔綿綿體微絕而復尋等蛛網而共掛垂之如墜連雪絮以輕飛仰之盈目紛如可矚彼時澤之長懸若天經之恆續泰臺蟻行豈惟珠曲乃穿湘浦燕飛不獨鳥方驚觸有以灑炎炎之苦有以慰蚩蚩之俗且晴晦之異圖諜之祥則有雲如繒以遙列星曳練而可望布霑霈而莫能與比齊綿密而曷足其相彼龍見而方雩與決雲而齊給或流電而未止或破塊而併集會未若汗漫於率土之濱表王言之澤及

商霖賦　　王邵

殷葉到哲后出篤思道秉明恤承帝眷賚良弼入夢惟肖在野叶吉起版築之風雲洪浣浴夫天日副三祀孛求之勤標千古枚卜之鉢爾其時也睿慮淵涵皇仁深厚役陰陽而嬗化兮泯雷霆之聲見何雨暘之弗若兮望雲霓而瞻蚴蟉屯河邑之膏澤靳滲漉於稼穡也邪當其甘盤既遯王言弗雍學海竭天澤壅雲龍睽而否隔元黃戰而乾封忽甘澍之祁祁沛浩蕩於三農相彼元感之氣類如時雨可狀其遭逢若夫霖雨之為瑞也涵坤元表陰德滋稿荄而效靈蘇枯菀以為職曰霢曰霂膏黍膏稷留液石田肥仁土域至傾瀉夫天潢悉淪洽於喬陟見夫山嘼雲而貫斗兮星名畢以離月霅浹宙以涔萋兮雷橫空而飄越勢滂沱以汗漫兮雍靜驕而滃浼舞雩徵於郊壇枯槔休夫林樾草木發其光氣畇畇漾其漣滑立解雲漢之憂如杏桑林之謁若彼滋梅應候隨車及時如酥破塊似露濯枝亦油然而淳然僅涓滴以為施烏能漂附流虒滌奻蕩姬肯播兮助明乇之終畝稽田兮勤哲后之敷菑於是天澤既溥地華斯涖重穋聿興芧穎畢展配鴻濛而育物實恭默之所幽闡已優渥而淵如何喬夏有殊夫沴嬪故乃山川出雲日月順軌氛祲潛消疵疫不起濁流胥澄鬼方亦救泯神功於冲漠昭調燮之凝祉稱交泰之奇祿歷千載而流美是以後之代天理物者名大降於宣麻冀載賚以洗兵染天章而揮灑特寵畀夫保衡因而睠方寓之孑遺切密勿之丞凝發堯之心勞禹之形四門闢百度貞立無方兮恢天綱籲簡在兮維國楨爰列夔龍之姓字稽元愷之氏族對玉食弗遑暇覆金甌以穆卜期一德以享天凭治忽之樞軸萃岳牧於一堂豈喜起之難復方將挹三靈之蹇蔵拯萬姓於泥塗覃恩布濩至德淪濡封山禪嶽瘞玉孜圖蘊聖宣肅抑慘用舒道周神洽體有示無溢四海而訖聲教同造化以鴻敷邁作霖而於有商播歌頌於終古

重曰考德丹扆凝神紫宮兮覃精元默帝載潛通兮延英宅揆靈潤聿彌精禋仰同兮開濟道弘燮理懋功今古是隆兮祈祈憲憲天人合德保昌運於無窮兮

雨賦　　宋吳淑

夫雨者蓋陰陽之和而宣天地之施者也若乃渰然淒淒霈焉祁祁納於大麓而弗迷自我公田而及私五政無差十日為期未能破塊才堪濯枝微若草閒委露密似空中散絲飲酒方觀于御叔假蓋寧聞於仲尼若夫月離畢雲礎觸石紅灌增之神馭儼高唐之麗質雖潤不崇朝而綦難終日爾其驂屏翳駕元冥歎室中之思婦集水上之焦明蜀道淋鈴周郊洗兵罷陛楯於秦殿奏簫鼓於劉城或以占中國之聖或以伐無道之邪及夫舟運庭中衣生堂上喜甘泉之已飛伊百穀而是仰亦有洞中鞭石鞍上飛雲煩河伯之使藉無為之君則有諒輔聚艾戴封積薪漂麥已稱於高鳳流粟仍傳於買臣隨景山之行車折林宗之角巾亦聞文侯期獵而守信劭傳出行而致怒或勸閔而求或霖淫為苦怍羅浮之神龜鳴武昌之石鼓復見商羊舞躍石鷰飛翔玉女披衣雷君出裝認天河之浴豨覘卯日之犖羊利物為神零雲有香需則愉宣尼之相魯霖則為傳說之輔商又云欒巴噀酒樊英嗽水浮朱鼈於波上躍黑蜧於水底陰陽晦合而風多日月薄虧而雲細或因掩骼而降或為省冤而致考於犧易悵西郊之未零覩彼麟經咎北陵而可避

喜雨亭記　　蘇軾

亭以雨名志喜也古者有喜則以名物示不忘也周公得禾以名其書漢武得鼎以名其年叔孫勝狄以名其子其喜之大小不齊其示不忘一也予至扶風之明年始治官舍為亭於堂之北而鑿池其南引流種樹以為休息之所是歲之春雨麥於岐山之陽其占為有年既而彌月不雨民方以為憂越三月乙卯乃雨甲子又雨民以為未足丁卯又大雨三日乃止官吏相與慶於庭商賈相與歌於市農夫相與忭於野憂者以樂病者以愈而吾亭適成於是舉酒於亭上以屬客而告之曰五日不雨可乎曰五日不雨則無麥十日不雨可乎曰十日不雨則無禾無麥無禾

歲且荐饑獄訟繁興而盜賊滋熾則吾與二三子雖欲優游以樂於此亭其可得耶今天不遺斯民始旱而賜之以雨使吾與二三子得相與優游而樂於此亭者皆雨之賜也其又可忘耶既以名亭又從而歌之曰使天而雨珠寒者不得以爲襦使天而雨玉饑者不得以爲粟一雨三日緊誰之力民曰太守太守不有歸之天子天子曰不然歸之造物造物不自以爲功歸之太空太空冥冥不可得而名吾以名吾亭

雨望賦　張耒

淡海天之蒼茫觀驟雨之滂霈飄風擊而雲奔騁萬里而一蔽卒然如百萬之卒赴敵驟戰兮車旗崩騰而矢石亂至也已而餘飄既定盛怒已洩雲逐逐而散歸縱橫委乎天末又如戰勝之兵整旗就隊徐驅而回歸兮杳然惟見夫川平而野闊夫雲霞風月之容雷雨電雹之變非巧力之能爲蓋人間之絕觀必也登雄樓傑閣之崢嶸憑高山巨海之空曠徹除耳目之障蔽而後能窮極變化之奇狀嗟我居之卑湫兮束視聽於尋丈顧所欲之莫得兮徒臨風而惆悵

暑雨賦　前人

提九山於空虛忽並擊而俱裂壅百川於河漢迺防潰而一決哀下土之微生何足供夫摧折方朱鳥之宵中歲仲夏兮大熱雖倏焚之一快俄欝蒸之莫洩叢百指於環堵顧杖屨之安設委重責於九旬淫疾苦於百節付六鑿於渾沌獨天游而神悅忽翛然而輕舉固已窺寒門而蹈冰雪攬北斗而酌天酒覲上帝於元闕聊逍遙兮窮年俯故居兮蟻垤

春霖賦　薛士隆

皇八世之隆興兮元正直於青陽遭霖澍之嫣綿兮竊獨悲此衆芳氛霧欝其繽紛兮蔽皇蒼之澒洞既困人以沉著兮又申之以紆軫幹渾天以爲蓋兮星辰爛其晧灼仰橫空之霙隸兮日飛霰余靡樂坤輿磅礴以蒸潰兮漲塗潦之枉流草莽莽以侵階兮蒼蘚汨其孔蘇藥丹植以黯顏兮荃胡獨罹此患上飄風而下淫注兮賁芬葩於未晏鼃蠡蚓以三蛻兮辨棲畝之云秋胡彼蒼爲此沍寒兮産鬖髮之耳頭情徊徨余靡邇兮幾鳴哀於閶闔羌被離於霧露兮雖衷腸誰與苔劊余懷而若刈兮涕紛零其如雨庶庚申之輔夏兮鎖支祁於淮浦烏乎悲哉兮人生復幾春歲流邁而多陰兮皇漏滑於東君不如歸踯鸜鴂之彤萬卉兮傷罔昧而幽憂叱神龍俾潛淵兮馭羲和而遠遊

喜雨賦有序　王炎

丙申夏四月武昌闔郡不雨越五月三日崇陽宰吳侯以誠禱雨遂優渥按春秋僖公三年春正月不雨夏四月不雨六月雨說者曰書不雨者閔雨也書雨者喜雨也喜雨者有志於民也今吳侯禱雨以誠不崇朝而雨隨之可謂有志於民矣作喜雨賦其詞曰

歲行於涒灘之辰斗建於實沉之次環鄂渚之七縣值亢陽之爲沴風自南而旦霾日將北而如燬雲霓鬱而不興旱魃驕而孰禦策余馬於郊牧喧龍骨之咿嚘涖池潴其既竭陂堰支其斷流視衍沃而龜坼況高田之未耰苗已悴而半槁懼西疇之不收幾張頤而待哺舉蹙頞而增憂粵桃溪之令君念民命之惟穀茲土曠而農惰雖儋石而無蓄緊告糴之多艱米斛躋而如玉儻既月而旱甚民必仆於溝瀆講雩祀之故事虛心齋而竭誠謁梵王之蓮宮羞蘋蘩之潔清款仙伯之靈巖釋輿馬而草行陰曀壇而隨蓋颸悠悠而擁旃柱礎濕其有汗鐘鼓咯其無聲紛舉手以加額曰雨兆其已形龜甘藏儀肅我庭宇駕龍秋秋攸居攸止雲將前驅雨師踵至越三日而爲霖磬一同而均利稼芃芃而驟蘇洽汨汨而如注免爲殍於凶年占築場於樂歲沸輿誦而載塗歌令君之陰賜其歌曰霡霂兮涵濡汙邪兮滿車其釀兮有黍稻穜兮可炊豈弟之澤民肥不臞我字我撫公留勿歸均此大惠公歸勿徐吳侯聞而哂之曰父老之言何美之溢也向也民憂而憂此吏責也今也民喜而喜吏不敢以爲德也然旱而禱禱而雨如重負之獲釋也酌我醑醴旅我殽核合僚友而一笑吾敢忘夫帝力

聽雨賦　陳造

步前楹瞻列星問雨而愍晴雲河斜濬淡明悲喈於邑退坐風欞憂而倦倦而寐寐而驚進新涼響微零下簷隙喧中庭策策而丁丁琅琅而玲玲非琴非筑金撞而玉琤俄焉建之瓴盆之傾懸麻澍繩雜流泉之洶駭亂甲馬之屭贔喜躍蹶起呼兒晤聽時也燥枯惔焚自夏而秋東鶩西馳哀祈乞靈款龍湫叩神扃奠斯幣而刑牲者蓋無虛日今始聆乎此聲苗悴悴而將槁悵此願之莫憑脫如願也槁者已矣悴者庶其復榮今茲之雨雖云後而尚及事坐想夫南梘北酉遠隴近平在谷滿谷在坑滿坑自今以始畎澮

之淺深溪澗之縱橫淙潢兮萬斛之傾輸鏡澈兮千頃之泓渟映凉葉之朝翻涵嫩畦之夜青苞者攢欒秀者森芒兮莫不引稚而抽萌憔慼歎咤者生意之頓回奔鶩踴踍者舞蹈而經營洗褦子之昔憂欻春臺之共登且得以殺吾顏之騂赬息勞慮之忭忭蓋去國積年者繫夢於鄉枌榜腹彌日者動啜於藜藿獲者不啻疇之詎此樂之易名而兂匪輔胡車匪根一旦壓堂皇挹父兄嘗稻粱飫侯鯖冀幸禱祠而不曷楚凡吏之安否覦戚休於下究其理民則重而吏輕今者里詠塗歌含餔擊壤之餘尚不釋然也夫豈其情燭旣跋僕屢更我瓶斯臥爾歌載賡呃鄰雞之旣鳴

鹿田聽雨記　謝翶

鄉余見南岳僧言岳頂望日出海看雲生樹石與岩屋聽風雨復異人世嘗疑其言之過比遊金華之北山宿東西鹿田夜聞風雨聲滃鬱浥隘琤琮澎湃澌澌浮浮泠泠㕘㕘或散或衰或赴或休或激或射或淩或瀝或沉或淫或濡或溢其過虛若乘其擊實若盈其舉朽若勝而振於葉也若憑其赴於壑也若崩其回旋於空而薄乎軒牕也若濤風擊舟而擁於敗胥是不可得而詰其名也蓋其地近洞天山川鬼神虎豹蛟龍蟲蛇罔象烟雲水石之所聚故聲鬱而不散其石虛嶔巖埡坳析闔洼臼峪崢口鼻之所出故其聲泊以深其林木霍霏枯新堅脆榮實瘦液之所生故其聲泛以裔其勢之來也殊方其席而怒也殊力其散而游於物也殊殖故能若無若有萬變而不窮畸人孤子抱膝擁衾感極生悲而繼之以泣故其聽也獨異於是信鄉之所聞於僧者不謬然僧之聽乎此與人世異而吾之聽此復與僧異知吾與人世與僧之所以為異則茲遊也將必有與吾不異而深知此聲者乎是為記

怒雨賦　元郝經

蟾汩畢而膨脝箕哆口而饞吞帝惡貪兮赫怒氣軒軒兮不平乃命箕伯名坎師轉陰軸翻陽機鬱抑乎兩儀蘊隆乎四維包并乎八荒充塞乎九闉括一囊而大舉驅萬里以長吹陣雲移海而起雙霓貫斗而飛肅肅慄慄泬寥慘戚收兩造之和氣寒凜凜兮來遄忽六合之破碎迸金光於虛碧震來兮虩虩迅擊兮霹靂轟萬乘之空車隕千尋之絕壁勁穿心而裂耳訝踵入而頂出間剝啄之聲落似沙石而還濕忽抑絕而閉默等萬籟之喧寂驟江傾而河沛瀽天瓢為一滴滔滔蕩蕩漭漭泱泱千里一注瞿塘峽上急浪驚湍沕潏飛蟠從天而下底柱山間紛秦堅之百萬避晉元之五千怒夫差之水犀旣射潮而矢天少瑟縮而澌瀝復誕漶以漣泣蛟龍奮而不屈走陸梁以高騫蚯蚓喑而不鳴鼉黽噎而不喧疑天地之壽運欲覆世而一湔蝸蛹驚而轉石罔象喜而跳淵溢澗中之汚穢沒庭下之蘭荃疑天地之衰運復太古之茫然稺子踣而不蘇畏崩壞而壞垣老媼伏而不動固局束以攣拳彼曾中兮何主宜外物之變遷羌獨居兮草堂方偃蹇而高眠為攬衣而徐起正冠襟而待旃主之乎以忠信彼胡為乎詖偏倏孤電之長埽買餘勇而忽還星吐燄而耿耿月流波而娟娟於是撫牀而下槃蔡而歌之歌曰尸居兮龍見淵默兮雷殷彼自怒而為幻我惟常而是允存而守之一心而定推而放之四海而準又何怒之遷而喜之引也

喜雨賦有序　李繼本

辛亥夏余寓繁時彌月不雨五月二十有二日大雨作喜雨賦

五臺之北五原之陽太行剸雲間之老翠滹水落天上之銀潰滄畝縱橫池館淸凉雞犬靜其無譁花竹秀兮有香臥雲子游而樂之遂解裝林下而卜鄰於暇泉之傍鄉大夫喜其來而懼其往也相與剷荒榛締草堂開蔬圃拭藥囊有琴在御有書滿牀奚奴舂柳陰之白粲鄉父過牆頭之綠觴步明月而歌窈窕臨逝波而詠滄浪跡繼於城市心息乎紛擾蓋將奉親以自樂而高臥乎白雲之鄉孰期涉茲盛夏天閟膏雨憂心殷殷莫知所處赤日如焚旱氣旁午牛喘欲頹龍臥不起粟苗半焦麥實成秕穹林偃兮槁木破金啼兮渴鼠地靈縮萬井之源海若收百川之水罷千門之管絃歎五方之商旅乃有戴白之翁垂髫之子剸寒潭之淸泠羅華藥之香幣走龍祠以祈靈薦牲俎以陳醴旌幢絢兮九霄笙鼓闐兮百里娛以優伶雜以士女旣醉旣飽載笑載喜眇天澤之少施犇神心之暫啓俄而元鑪塞乎泬寥密霧沉乎階戺恍疑起潛蛟於巖幽而捲怒瀧於汀渚也少焉明霞收流電止日迎霧以霽澄風吹雲而披靡氣將交而復離惠將布而復弛兆姓吞聲而無歡萬口讒天而矢死魆魑皇穹憫民之窮沛然下雨當茲五月之將終方是雨之欲降也炎光噴地屛陰蔽空萬螘封穴百鳥號風日車騰騰以遄邁電熾冏冏以交攻山川

晻藹乾坤晦蒙雷震天門之鼓水涌馮夷之宮及是雨之既作也噴灑空際飛流海東浪奔平皐之雲河走長橋之虹瀉天瓢於八極散銀竹於千峯廻生意於萬象蘇渴望於三農既而陰氣解駮晴景冲融雲浮浮其若練山宛宛其猶龍鳥嚶嚶其相樂木蓊蓊其成叢平疇漲萬頃之綠奇葩吐千林之紅客有登空山以遐睇鏘環佩於雲中藉翳繇之茂草蔭落落之長松暝藹逐遙空之孤鶩天風度荒寺之遠鐘俯仰宇宙披豁心胷但見火輪千丈西渡銀海湧出萬朶金芙蓉爾其霞飛林表烟斂天末柳暗歸鴉簷喧乾鵲送西山之夕陽挂南樓之朱箔槐色浮而庭宇清花陰轉而簾櫳薄緗帙曬兮芸軒酒旆揭兮山郭烏犍耕白水之涯紅袖舞清風之閣凉入兮練衣香潤兮錦衾於是華者實槁者活疾者瘳憂者樂三農得是雨而澄明兩儀得是雨而開廓太和得是雨而流行沴氣得是雨而銷鑠彼棠谿之金美則美矣而利不若是雨之博垂棘之璧貴則貴矣而恩不若是雨之渥飛潛動植皆爲之甦舒耆耄幼穉皆爲之欣躍信天下之至寶非一物獨得而霑濡誠宇內之奇珍非一人獨得以囊括天降斯雨豈人所作人被斯澤非天曷托彼有備百禮以禱於鬼神者孰若精一心以求於冥漠也臥雲子復怡然語諸鄉大夫曰始而不雨吾意天實殄厥下民矣既而大旱吾意天實隕厥兆民矣一雨如沐九土皆春天錫吾氓惠也孔殷吾將結靑山以爲侶招白雲以爲鄰耕田讀書以終老於滸水之濱遒歌曰雷雨滿盈兮蕩乎無垠氣化廻薄兮出乎無門使天雨玉兮曷若野橋流水清無塵使天雨珠兮曷若石田茆屋屯秋雲吾何以酬天地之大德兮惟有丹心一寸橫蒼旻

雨賦　　明田藝蘅

陳王既去燭房卽月殿命仲宣揮素練載歌載觴樂而忘倦少焉玉兔漸沒赤烏將升商羊鼓舞螮蝀封輿白馬奉使黑蜧作朋填填雷奮祁祁雲蒸大雨旋降海沸川騰乃罷鳴琴弛妙舞上客無歸清談競吐臨高臺而散心撫虛檻而披襟茫茫霧繁沉沉煙樹屏翳奔馳元冥震怒作逐電而翻盆忽從風而飄縷遲回凝睇目眩神怡詠如晦於鄭什誦滂沱於周詩幸我大夫載抽妍辭王粲捧簡口占進之臣聞天澤之名取輔之義習坎之象佐養之事本因意而成文水下雲而製字沛陰陽之和溥乾坤之施九疇肅而時來五政得而春至道合天而成甘治入神而咸利弗迷表重華之精誠無淫識中國之聖瑞其稱名也雜其寓意也深暴則爲涷久則爲霪零則徐墜驟則難禁小曰霡霂晦曰霾霶一旬惟穀十日惟霖濯枝而暑郤破塊而年豐辨色戊申之日多怪符陽之岑炎農效靈於正制成湯兆異於祝林武伐商而兵洗衛討邢而師淋虞期昭魏文之信人事感宋景之心若乃赤松翔少女發石燕飛焦明歌朱鼈波浮三豨河沒無爲之君布州雷神之龍捕樾觸石出雲離畢應月綠苔潤滋黃原潦浮玉溜蚍驚銀湍馬突舟連廣庭衣生魏闕淹泰嶽而潛淵浮鄧林而濟筏於是居者悅行者憂幽人喜思婦愁王孫未返浪子長遊遠空漠漠曠野悠悠重陰易夜涼思先秋寒聲伏枕冥色登樓君淒淒而向楚妾黯黯而居周騎泥濘而駕阻羽霑濡而信修離情難齎別淚橫流歎高垤之鳴鸛盼晴檐之喚鳩亦有壯士遐征淋漓絕域漢草正青胡沙猶黑黿濕產龍營卑爲蜮東山之師未班蝸角之爭何息至如良苗就槁大旱雲霓傒彼南畮春木一犁蛟得池中豹養山下密自西郊出漑傳野未若祥飈拂慶澤濡三農足萬國娛開芳宴振俚歈浪浪金石瑟瑟笙竽雅音洊響逸韻同趨和花頌砌共葉辭株入竹注戟灑荷跳珠淪波涌泡暈漪點臚映朝霞之危岫渺暮靄之平蕪潔油壁於峻坂解錦障於潢汙或如晉而將飲兒望湯之來蘇君王聞之樂不可告選姬姜薦醽醁簇瓊筵獻佩玉上壽未修染翰相屬庶卒通宵之歡乃歌聽澍之曲曲曰朝復暮兮陽臺望美人兮不來厭厭飲兮燭滅懷抱冷兮誰開又歌暮霽之曲曰塵心洗兮淒清醉耳寂兮無聲風爲御兮雲爲軿美人來兮難爲情歌既闌沾已反庭燎燀油幕卷佳期可還行樂何晚雲徒夸兮兔園月空夢兮桂苑領大王之雄風願有斐而不諼

遊雨花崖牛嶺記　　顧璘

牛頭山與獻花崖對峙並金陵勝地在郊南二十五里陳氏孔彰居相近故主予輩爲是遊自春凡三易約乃定於四月十有二日曰雖雨必往至日晨風颯然纖雨斷續策馬出郭門徑趨花崖時避雨道傍農舍比至寺雨益急侍御王君士招行後五里假蓋野人乃獲至衣盡霑濕南昌守羅君賓甫先宿方山別墅濘不得至時孔彰食具亦阻於途予三人躡屩登芙蓉閣高倚空際雲霧生自下方疾風橫過開閤明晦倏忽萬狀木葉滴瀝懸澗泉落四壁峭然莫聽人

語相顧歎曰霧遊者安知此奇哉下飯僧寮孔彰始
攜二子負尊罍至歡然共酌夜分乃已遂連牀臥談
古今且寤且寐不知倦憊之去體雨竟夜有聲衾枕
皆潤薄寒襲人殊異城市其實身臥雲霧中也晨起
宿霧抹半峯間遠近崖嶠如人新沐畢露精采與不
可過遂乘馬沿嶺背爲牛峯遊至則殘雨復落不可
登陟小飯天關丈室徘徊睇望神遊萬峯之間乃誦
杜工部詩曰盪胷生層雲決眥入飛鳥殆爲今設乎
雨既止日亦且暮遂別寺僧出山夫知茲遊值雨爲
勞然情景奇勝亦復相稱乃知憂樂之方得失之跡
固不可以意校也

風雨賦　闕名

高明上覆日月星辰沉潛下載風雨龍神占斗光之
明暗辨日色之初新
黃昏時觀北斗上下左右平旦間視出日上下左
右有無雲氣以定陰晴
魁畔黑雲見沾滋於當夜罡前黃氣主潤澤於來晨
北斗前四星爲魁星後三星名杓第七星名罡
遍掩映而三日
北斗遍被黑雲遮掩主三日內雖旱亦雨
獨溟濛而半旬
斗間一二星有雲氣掩閉主五日內雨黑氣低濃
本夜即雨
戊己六龍若魚行而大灑
戊辰己巳名曰六龍其日旦占日下夜占北斗若
有雲氣蒼潤如魚鱗狀或行斗口主當日或本夜
雨

斗間五色如龜動以長津
北斗有五色雲氣如龜龍之形狀又或行動主當
日或當夜雨
類南天而炎火同中岳以飄塵
南天者赤色氣北斗中有赤雲氣主旱主熱又曰
赤雲蔽日或蔽斗主來日大雨中岳者黃色氣若
蔽斗或在日月上下略不廣密主來日大風披拂
塵埃之象
杓前白氣而大遭風雨節內丹霞而甚益農人
每月交節烝日侵晨見丹霞之氣主一月風雨順
行
六甲晴空一旬竭澇
一甲管十日陰晴若六甲日無雲掩日與斗口則
一旬俱晴
雲氣如出五行逐面
凡雲氣看出在何方定雨如東方有雲應甲乙日
雨其餘倣此而驗又曰青雲主甲乙日雨東方紅
雲主丙丁日雨南方白雲主庚辛日雨西方黑雲
主壬癸日雨北方黃雲主戊己日雨中央故看五
色雲氣逐方面而致雨也
卯日同甲四方之氣象爲因
謂五卯與六甲日同占
日夕滋蒼諸干之期程立變
平旦占看黑雲在何方如東方應甲乙日雨之類
紫烏白兔降而未升而雨霑
天氣下降地氣未升晝則日色紫夜則月色白皆
有陰雨

素日丹蟾升而未降而災旱
天氣未降地氣已升日色白月色赤皆主旱災
陽碧陰綠未交而景色將寒
天氣未降地氣未升日色青碧月色白綠是二氣
不交將寒之兆也
奇里耦青未密而虹霓欲見
天氣已降地氣已升二氣相交未密則日黑月青
將雨不雨而虹霓將見也
若乃重占卯日雲聚中央寒風冽土樹折四方雨瀉
傾頻無之則別主災異
遁六甲屈伸之徵凡占六甲五卯日有雲來聚中
央此天地欲寒大風折木主四方昏翳變隨雲氣
必有大雨此天地變動若無雨主別生災沴也
兵賊攢興有之則大起凶殃
甲卯日如前天色若無雨則不止災殃必主盜賊
兵起應在五日之內
斷五音之宮羽
子午時爲宮卯酉爲羽巳亥爲角丑未爲徵辰戌
爲商角屬木徵屬火商屬金羽屬水宮屬土若徵
日徵風時加丑未寅申有火災商日商風時加辰
戌主兵起羽日羽風時加卯酉主大雨宮日宮風
時加子午主國亂角日角風時加巳亥主災病
裁六義之剛柔
六義者六情也如寅午日爲廉貞風從南方來主
喜慶樂事己酉日爲寬大風從西來主酒食樂事
丑戌日爲公正風自西南來主報喜相逼執事和
悅事申子日爲貪狠風自北來主侵奪財貨賊盜

兵起事亥卯日爲陰賊風自東來主七日有陰賊
入界偷營刼寨之事辰未日爲奸邪風自北來主
七日內賊囚虛驚或姦非事如前風性不寒不急
又主喜事若昏濁破屋折木揚灰則主凶事
壬子至丁各轄三朝高燥則雲藏數日
壬子癸丑甲寅乙卯丙辰丁巳共六日每一日管
三日陰晴假壬子日日出時有雲氣濃黑蔽日或
掩北斗則所管戊午己未庚申三日有雨若無雲
氣高燥晴明則此三日晴爽癸丑日管辛酉壬戌
癸亥三日之類並同前斷總計二十四日推詳所
管逐日占之有如鳴谷應之不遠也
丙子終辛每管五日低濃則雨徧諸鄉
丙子丁丑戊寅己卯庚辰辛巳共六日每一日管
五日晴雨丙子日管壬午癸未甲申乙酉丙戌五
日之類並同前斷共三十六日逐日占斗光日色
晴雨無差也
遙窺天漢蛇經而霧集雲騰累顧銀河猪越而風調
雨順
蛇經者謂天河中有雲如蛇經過則主雲霧皆蔽
也猪越者如猪形過河也凡天河有雲氣黑潤形
如猪蛇來往者主當時期日必雨
無雲掩映當旬之草木不滋有氣侵凌逐限之田園
必潤
言天河中及五卯六甲雲氣往來如前斷風雨
黑牛夜半如龍在震以辰期
癸丑日夜半見黑雲氣狀如龍在東方震上者主
辰日有雨

青龍辰前似馬當離而午信
甲辰日早辰有雲氣狀如馬形在南方離上者主
午日有雨
月初兩曜青黑潤明旬當數雨黃赤乾晴
青黑謂日月色或青或黑潤明謂雲氣潤而明每
月初日月青黑則一月內多雨黃赤則一月內多
旱初一管上旬初二管中旬初三管下旬
旦候孤光雲帶中央而不動日高三丈雨施四面以
頻行
旦候日出時也孤光日光也凡日出時有雲氣如
縷帶橫於日中久而不移不散又或蔽日不見者
主日高三丈雨至若日高一二丈時則主中旬雨
至
朝視東方積土之雲形便瀉暮窺西上累蓋之氣象
尋傾
早看東方有黑雲如積土狀晩看西方有黑雲層
層而起皆主雨
晨候北方雲多黃黑晩望南行雨雷立傾
早起北方有黃黑雲色濕長二里許向南者主壬
癸日雨
躍躍猪氣山奔如七子之期
早起見西北方雲起如猪走上山之形或東北方
者主丙子日雨又曰七子者應在七日之內也
鬱鬱離風乾去似八辰之象
凡早晨北方有雲蒼蒼南風轉西北方主乙卯日
雨或八日內雨也
雲帶橫列寅卯爲甲乙之名

若寅卯方有雲帶主甲乙日雨一云寅卯日方見
主甲乙日雨
日輪太當辰巳作丙丁之色
日行辰巳方上有雲帶主丙丁日雨
午未之間見雲戊己日以無差坤申之上行雲庚辛
日而不易
午未方上見雲帶主戊己日有雨坤西南方也若
見雲氣辛庚日雨
若當災旱熒惑少退於河津
火星守天河及河中星子稀少主旱
或遇霖霪辰象耀繁於漢泊
水星守天河及河中星多皆主大雨又主大水
色雲交差赤黑相兼天威雹凍神怒雲霚
旦占五色雲氣交錯赤黑更多往來擾亂此天之
威怒必主大雷雹風又曰黃雲少者主多雨
漫瀰輕吹遠邇而人君惠重迅飄頓瀉高低而逆主
猜嫌君正臣忠先風後雨以祥審上驕下諂始雨終
風而禍占鎮逆入河法令急而淋潦熒惑犯木政理
乖而旱災
鎮土星也逆入天河主法令急大雨爲災熒惑火
星也若凌犯辰星主旱
明陰陽開闔之節達璿璣運行之數
天地閉塞多則否驗之亦遲天氣下降地氣上升
則泰驗之亦速當看何時又在知星象之文
四仲加變朝中夕半以興雲
四仲子午卯酉也凡四仲年月日時若太乙初移
宮有雲掩日青黑明潤必雨朝中午時夕半子時

也
六壬發轉龍水干支而致雨
黃帝六壬占當以月將加月建月朔占神候爲大
雨大冲爲小雨
支干兩位非其所以無爲
若支干者氣主爲雨而無雨者是各分方位也如
甲齊乙東邊丙楚丁南蠻戊韓魏己中州庚秦辛
西戎壬燕癸北方
月宿十精當是方而遍溥
春三月丙丁日夏三月戊己日秋三月壬癸日冬
三月甲乙日乃土王用事時庚辛日各月宿十精
日不問有無雲氣但逢此日必主大風雨或風雨
不應是土王用事時庚辛方應如春三月丙丁方
應
金水出入起風霧以連天
金水二星性情不定主風雨又成昏霧又曰金水
二星初出初入之日定有風雨
畢月相逢佈雲雷於下土
月犯畢星主雨又曰日月離箕星則多風離畢星
則多雨
銅雀屏氣池枯而徵鳥翅張石燕翱翔川溢而商羊
鼓舞
銅雀鳥名長安西城有之一鳴則五穀熟屏氣是
不鳴也主旱蚨蛛蚍有四翼一名徵鳥凡見處主
三年大旱石燕藥名少室山中有之燕飛則主雨
齊有一足鳥名商羊若舒翅跳舞則主大雨水災
相仍

戴君之德五徵不亂以維新任臣之賢十義無虧而
治舊尊天貴地徵祕法以推誠敬鬼重神握元機而
定譜

欽定古今圖書集成曆象彙編乾象典

第八十二卷目錄

雨部藝文二 詩

乾象典第八十二卷

雨部藝文二 詩

喜雨　魏陳思王

天覆何彌廣苞育此羣生棄之必憔悴惠之則滋榮慶雲從北來鬱述西南征時雨中夜降長雷周我庭嘉種盈膏壤登秋畢有成

苦雨　阮瑀

苦雨滋元冬引日彌且長丹墀自殲殪深樹猶沾裳客行易感悴我心摧已傷登臺望江沔陽侯沛洋洋

苦雨　晉傅元

徂暑未一旬重陽翳朝霞厥初月離畢積日遂滂沲屯雲結不解長溜周四阿霖雨如倒井黃潦起洪波湍深激牆隅門庭若決河炊爨不復舉竈中生蛙蝦

贈尚書郎顧彥先　陸機

大火貞朱光積陽熙自南望舒離金虎屏翳吐重陰淒風迕時序苦雨遂成霖朝游忘輕羽夕息憶重衾感物百憂生纏綿自相尋與子隔蕭牆蕭牆阻且深形影曠不接所託聲與音音聲日夜闊何用慰吾心

其二

朝游遊層城夕息旋直廬迅雷中宵激驚電光夜舒元雲拖朱閣振風薄綺疏豐注溢修霤潢潦浸階除停陰結不解通衢化為渠沈稼湮梁潁流民泝荆徐眷言懷桑梓無乃將為魚

霖雨　張載

霏雨餘旬朔濛昧日夜墜何以解愁懷置酒招親類啾啾絲竹作伶人奏奇祕悲歌結流風逸響迴秋氣

雜詩　張協

墨蜧躍重淵商羊舞野庭飛廉應南箕豐隆迎號屏雲根臨八極雨足灑四溟霖瀝過二旬散漫亞九齡階下伏泉涌堂上水衣生洪潦浩方割人懷昏墊情沈液漱陳根綠葉腐秋莖里無曲突烟路無行輪聲環堵自頹毀垣閭不隱形尺燼重尋桂紅粒貴瑤瓊君子守固窮在約不爽貞雖榮田方贈慚為溝壑名

喜雨　宋謝惠連

朱明振炎氣溽暑扇溫飆羨彼明月輝離畢經中宵思此西郊雲既雨盈崇朝上天愍憔悴商羊自吟謠

喜雨　鮑照

譬社達羣陰屯雲掩積陽河井起龍蒸日晚斂游光族雲飛泉室震風沈羽鄉升雰浹地維傾潤瀉天潢平灑周海嶽曲潦溢川莊驚雷鳴桂渚迴涓流玉堂珍木抽翠條炎卉擢朱芳闕市欣九賦京廩開萬箱無謝堯為君何用知柏皇

苦雨

連陰積澆灌滂沱下霖亂沈雲日夕昏驟雨淫朝日蹊濘走獸稀林寒鳥飛晏密霧冥下溪聚雲屯高岸野雀無所依羣雞聚空館川梁日已廣懷人邈渺漫徒酌相思酒空急促明彈

觀朝雨　齊謝朓

朔風吹飛雨蕭條江上來既灑百常觀復集九成臺空濛如薄霧散漫似輕埃平明振衣坐重門猶未開耳目暫無擾懷古信悠哉戢翼希驤首乘流畏暴鰓動息無兼遂岐路多徘徊方同戰勝者去翦北山萊

開霽　梁簡文帝

景落商飈靖烟開四郊謐偃蹇暮山虹遊揚峯下日水紋城上動城樓水中出竟微共治功空臥淮揚秩

賦得入堦雨　同前

細雨堦前入灑砌復沾帷漬花枝覺重濕鳥羽飛遲儻令斜日照併欲似遊絲

雨後　同前

散絲與山氣忽合復俄晴雷音稍入嶺電影尚連城雨餘雲猶薄風收熱復生

行雨　同前

本是巫山來無人覩容色惟有楚王臣曾言夢相識

細雨　元帝

風輕不動葉雨細未霑衣入樓如霧上拂馬似塵飛

庭雨應詔　沈約

出空寧可圖入庭倍難賦非烟復非雲如絲復如霧霢霂裁欲垂霏微不能注雖無千金質聊為一辰趣

張黃門協苦雨　江淹

丹霞蔽陽景綠泉涌陰渚水鶴巢層甍山雲潤柱礎有渰興春節愁霖貫秋序燮燮涼葉奪戾戾颸風舉

高談玩四時索居慕儔侶青苔日夜黃芳蘂成宿葩
歲暮百慮交無以慰延佇

從駕喜雨　庾肩吾

西嶽浮橧桂東皇事浴蘭赦詔還京兆歸神出灌壇
濕風含酒氣陰雲助麥寒典農欣受職治粟喜當官
復此隨車雨民天知可安

春暮喜晴酬袁戶曹苦雨　何遜

振衣喜初霽褰裳對晚晴落花猶未捲時鳥故餘聲
春芳空悅目游客反傷情鄉園不可見江水獨自清
願得同攜手歸望對郤城

秋雨臥疾　劉孝綽

買君徭役少潘生民務稀及此同多暇高臥掩重關
寂寞桑榆晚滂沱噎不晞電隙時光帳風簾乍扣扉

和皇太子春林晚雨　劉孝威

雲樹交爲密雨日共成虹雷舒長男氣枝搖少女風
葉珠隨滴水簷繩下溜空蝶濡飛不颺花沾色更紅
明離信養德能事畢春宮誰堪偶斅吹唯有浮丘公

望雨　前人

清陰蕩暄濁飛雨入階廊瞻空亂無緒望霤耿成行
交枝含曉潤雜葉帶新光浮芥離還聚沿漚滅復張
浴禽飄落羲風荇散餘香瑞綃挂繡幕絮簟列華牀
侍童拂羽扇廚人奉濫漿寄言楚臺客雄風詎獨涼

望夕雨　劉苞

崇朝構行雨薄晚屯密雲緣階起素沫竟水散圓文
河柳低未舉山桃落已芬清樽久不薦淹留遂待君

擬雨詩　虞騫

清風送涼氣薄暮蕩炎氛虹照漣漪水電出嵯峩雲
落暉散長足細雨織斜文

對雨　朱超道

當夏苦炎埃習靜對花臺落照依山盡浮涼帶雨來
重雲吐飛電高棟響行雷灑樹輕花發滴沼細萍開
汎沫縈堦草奔流起砌苔無因假輕蓋徒然想上才

閒居對雨　陳陰鏗

四溟飛且雨三徑絕來遊震位雷聲發離宮電影浮
山雲遙似帶庭葉近成舟茅簷下亂滴石竇引環流
寄言一高士如何麥不收

又

黼藻降靈祇聰明諒在斯觸石朝雲起從星夜月離
入川奔巨壑萬頃溢澄陂綠野含膏潤青山帶濯枝
嘉禾方合穎秀麥已分岐寄語紛綸學持竿詎必知

梅林輕雨應教　張正見

梅樹耿長虹芳林散輕雨蜀郡隨仙去陽臺帶雲聚
飄花更濯枝潤石還侵柱詎得零陵燕隨風時共舞

喜雨　北齊魏收

霞暉染刻棟礎潤上雕楹神山千葉照仙草百花榮
瀉溜高簷響添池曲岸平滴下如珠落波迴類璧成
氣調登萬里年和欣百靈定知丹甑出何須銅雀鳴

對雨　劉逖

重輪宵犯畢行雨旦浮空細落疑含霧斜飛覺帶風
濕槐仍足綠沾桃更上紅無由似元豹縱意坐山中

喜晴應詔勅自疏韻　北周庾信

御辯誠膺錄維皇稱有建雷澤昔經漁負夏時從販
柏梁驂駟馬高陵馳六傳有序屬賓連無私表不縣
河堤崩故柳秋水高新堰心齋愍昏墊樂徹憐胥怨
禪河秉高論法輪開勝辯王城水鬬息洛浦河圖獻
伏泉還習坎歸風已回巽桐枝長舊圍蒲節抽新十
山藪欣藏疾幽棲得無悶有慶兆民同論年天子萬

同顏大夫初晴　前人

夕陽含水氣反景照河堤濕花飛未遠陰雲斂向低
燕燥還爲石龍殘更是泥香泉酌冷澗小艇釣蓮溪
但使心齊物何愁物不齊

奉和趙王喜雨　前人

元霓臨日谷封蟻對雲臺投壺欲起電倚柱稍驚雷
白沙如濕粉蓮花類洗杯驚鳥灑翼度濕鴈斷行來
浮橋七星起高堰六門開猶言祀蜀帝即似望荊臺
厭田終上上原野自莓莓

和李司錄喜雨　前人

純陽實久亢雲漢乃昭回臨河沈璧玉夾道畫龍媒
離光初繞電震氣始乘雷海童還碣石神女向陽臺
雲逐魚鱗起泉隨龍骨開崩沙雜水去臥樹擁槎來
嘉苗雙合穎熟稻再含胎屬此欣膏露逢君摛掞才
愧乏瓊將玖無酬美且偲

又對雨　前人

繁雲猶暗嶺積雨未開庭階含侵甬路鏤滿濡疏萍
濕楊生細椹爛草變初螢徒勞看蟻封無事祀靈星

喜晴　前人

比日思光景今朝始暫逢雨住便生熱雲晴即作峯
水白澄還淺花紅燥更濃已歡無石燕彌欲棄泥龍

賦得微雨從東來應教　隋諸葛穎

微雨闇東峯散漫洒長松澗滿新流濁山霑積翠濃
風起還吹燕雲來本逐龍登年隨玉燭名山定可封

詠雨　唐太宗

和風吹綠野梅雨灑芳田新流添舊澗宿霧足朝㕓
鴈濕行無次花霑色更鮮對此欣登歲披襟弄五絃

同劉晃喜雨　元宗

節變寒初盡時和氣已春繁雲先合寸膏雨自依旬
颯颯飛平野霏霏靜暗塵懸知花葉意朝夕望中新

中書寓直詠雨簡褚起居上官學士　楊師道

雲暗蒼龍闕沈沈殊未開飃颻鳳凰沼颯颯雨聲來
電影入飛閣風威凌吹臺長簷響奔溜清簟肅浮埃
早荷葉稍沒新篁枝半摧茲晨悵多緒懷友自難裁
況復重城內日暮獨徘徊玉階良史筆金馬掞天才
高甍遍散騎複道駕蓬萊思君贈桃李于此貴瓊瑰

奉和詠雨應詔　許敬宗

舜商初赴節湘燕遠迎秋飄絲交殿網亂滴起池漚
激溜分龍闕斜飛灑鳳樓崇朝方浹寓宸盻俯凝旒

發營逢雨應詔　虞世南

豫遊欣勝地皇澤乃先天油雲陰御道膏雨潤公田
隴麥霑逾翠山花濕更然稼穡良所重方復悅豐年

和崔尚書喜雨　張九齡

積陽雖有晦經月未爲災上念人天重先祈雲漢回
仁心及草木號令起風雷照爛陰霞止交紛瑞雨來
三辰被黍稷四遠屏氛埃池溜因添滿林芳爲灑開
聽中聲滴瀝望處彩徘徊惠澤成豐歲昌言發上才
無論驗石鼓不是御雲臺直頌皇恩浹崇朝遍九垓

內題賦得巫山雨　宋之問

神女向高唐巫山下夕陽徘徊作行雨婉戀逐荊王
電影江前落雷聲峽外長霽雲無處所臺館曉蒼蒼

雨　李嶠

西北雲膚起東南雨足來靈童出海見神女向山廻
斜影風前合圓文水上開十旬無破塊九土信康哉

單于川對雨　蘇味道

飛雨欲迎旬浮雲已送春還從濯枝後來應洗兵辰
氣合龍祠外聲過鯨海濱伐邢知有屬已見靜邊塵

聞雨　張說

多雨絕塵事寥寥入太元城陰疎復合簷滴斷還連
念我勞造化從來五十年悞將心徇物近得還自然
閒居草木侍虛寂鬼神憐有時進美酒有時汎清絃
聲真不世識心醉豈言詮

奉和春日途中喜雨應詔　魏知古

皇輿向洛城時雨應天行麗日登岩送陰雲出野迎
濯枝林杏發潤葉渚蒲生絲入綸言喜花依錦字明
微臣忝東觀載筆佇西成

春遊値雨　張旭

欲尋軒檻倒清樽江上烟雲向晚昏須倩東風吹雨
散明朝却待入花園

山行遇雨　孫逖

驟雨晝氤氳空天望不分暗山唯覺電窮海但生雲
涉澗猜行潦緣崖畏宿氛夜來江月霽棹唱此中聞

和陳監四郎秋雨思從弟據　王維

嫋嫋秋風動淒淒煙雨繁聲連鳷鵲觀色暗鳳凰原
細柳疎高閣輕槐落洞門九衢行欲斷萬井寂無喧
忽有愁霖唱更陳多露言平原思令弟康樂謝賢昆
逸興方三接衰顏強七奔相如今老病歸守茂陵園

書事　前人

輕陰閣小雨深院晝慵開坐看蒼苔色欲上人衣來

湖中晚霽　常建

湖廣舟自輕江天欲澄霽是時清楚望氣色猶霾翳
踟躕金霞白波上日初麗煙虹落鏡中樹木生天際
杳杳涯欲辨蒙蒙雲復閉言乘星漢明又覩寰瀛勢
微興遂此悵悠然不知歲試歌滄浪清遂覺乾坤細
豈念客衣薄將期永投袂遲迴漁父間一鴈聲嘹唳

途中晴　孟浩然

已失巴陵雨猶逢蜀坂泥天開斜景遍山出晚雲低
餘濕猶沾草殘流尚入谿今宵有明月鄉思遠悽悽

對雨　李白

卷簾聊舉目露濕草綿芊古岫藏雲毳空庭織碎煙
水紋愁不起風線重難牽盡日扶犂叟往來江樹前

閒齋對雨　韋應物

幽獨自盈抱陰淡亦連朝空齋對高樹疎雨共蕭條
巢燕翻泥濕蕙花依砌消端居念往事倏忽若驚飆

同德寺雨後寄元侍御李博士　前人

川上風雨來須臾滿城闕岧嶢青蓮界蕭條孤興發
前山遂已淨陰靄夜來歇喬木生夏涼流雲吐華月
嚴城自有限一水非難越相望曙河遠高齋坐超忽

賦得暮雨送李胄一作曹　前人

楚江微雨裏建業暮鐘時漠漠帆來重冥冥鳥去遲
海門深不見浦樹遠含滋相送情無限沾襟比散絲

山行積雨歸塗始霽　前人

攬轡窮登降陰雨遘二旬但見白雲合不覩巖中春
急澗豈易揭峻途良難遵深林猿聲冷沮洳虎跡新

始霽升陽景山水閱清晨雜花積如霧百卉凄已陳
鳴騶屢驟首歸路自欣欣

裴端公使院賦得隔簾見春雨　包何

細雨未成霖垂簾但覺陰唯看上砌濕不遣入簷深
度隙沾霜簡因風潤綺琴須移戶外履簷溜夜相侵

苦雨奉寄隴西公兼呈王徵士　杜甫

今秋乃淫雨仲月來寒風羣木水光下萬家雲氣中
所思礙行潦九里信不通悄悄素滻路迢迢天漢東
願騰六尺馬背若孤征鴻劃見公子面超然歡笑同
奮飛既胡越局促傷樊籠一飯四五起憑軒心力窮
嘉蔬沒溷濁時菊碎榛叢鷹隼亦屈猛烏鳶何所蒙
式瞻北鄰居取適南巷翁挂席釣川漲焉知清興終

九日寄岑參　前人

出門復入門雨脚但如舊所向泥活活思君令人瘦
沈吟坐西軒飲食錯昏晝寸步曲江頭難爲一相就
吁嗟乎蒼生稼穡不可救安得誅雲師疇能補天漏
大明韜日月曠野號禽獸君子强逶迤小人困馳驟
維南有崇山恐與川浸溜是節東籬菊紛披爲誰秀
岑生多新詩性亦嗜醇酎采采黃金花何由滿衣袖

晴二首　前人

久雨巫山暗新晴錦繡文碧知湖外草紅見海東雲
竟日鶯相和摩霄鶴數羣野花乾更落風處急紛紛

二

啼鳥爭引子鳴鶴不歸林下食遭泥去高飛恨久陰
雨聲衡塞盡日氣射江深回首周南客驅馳魏闕心

晚晴　前人

晚照斜初徹浮雲薄未歸江虹明遠飲峽雨落餘飛
鳧鴈終高去熊羆覺自肥秋分客尚在竹露夕微微

大雨　前人

西蜀冬不雪春農尚嗷嗷上天回哀眷朱夏雲鬱陶
執熱乃沸鼎纖絺成縕袍風雷颯萬里霈澤施蓬蒿
敢辭茅屋漏已喜黍豆高三日無行人二江聲怒號
流惡邑里清矧茲遠江皋荒庭步鸛鶴隱几望波濤
沈疴聚藥餌頓忘所進勞則知潤物功可以貸不毛
陰色靜隴畝勸耕自官曹四鄰出耒耜何必吾家操

雨晴　前人

天際秋雲薄從西萬里風今朝好晴景久雨不妨農
塞柳行疎翠山梨結小紅胡笳樓上發一鴈入高空

院中晚晴懷西郭茅舍　前人

幕府秋風日夜清澹雲疎雨過高城葉心朱實堪時
落階面青苔先自生復有樓臺銜暮景不勞鐘鼓報
新晴浣花溪裏花饒笑肯信吾兼吏隱名

喜雨　前人

春旱天地昏日色赤如血農事都已休兵戈況騷屑
巴人困軍須慟哭厚土熱滄江夜來雨真宰罪一雪
穀根少蘇息沴氣終不滅何由見寧歲解我憂思結
崢嶸羣山雲交會未斷絕安得鞭雷公滂沱洗吳越

雨　前人

山雨不作泥江雲薄爲霧晴飛半嶺鶴風亂平沙樹
明滅洲景微隱見巖姿露拘悶出門遊曠絕經日趣
消中日伏枕臥久塵及屨豈無平肩輿莫辨望鄉路
兵戈浩未息蛇虺反相顧悠悠邊月破鬱鬱流年度
針灸阻朋曹糠籺對童孺一命須屈色新知漸成故
窮荒益自卑飄泊欲誰訴尪羸愁應接俄頃恐違迕
浮俗何萬端幽人有高步龐公竟獨往尚子終罕遇
宿留洞庭秋天寒瀟湘素杖策可入舟送此齒髮暮

雨　前人

行雲遞崇高飛雨靄而至潺潺石間溜汩汩松上駛
亢陽乘秋熱百穀皆已棄皇天德澤降焦卷有生意
前雨傷卒暴今雨喜容易不可無雷霆間作鼓增氣
佳聲達中宵所望時一致清霜九月天髣髴見滯穗
郊扉及我私我圃日蒼翠恨無抱甕力庶減臨江費

雨二首　前人

青山淡無姿白露誰能數片片水上雲蕭蕭沙中雨
殊俗狀巢居層臺附風渚佳客適萬里沈思情延佇
掛帆遠色外驚浪滿吳楚久陰蛟螭出寇盜復幾許

二

空山中宵陰微冷先枕席迴風起清曙萬象萋已碧
落落出岫雲渾渾倚天石日假何道行雨含長江白
連檣荆州船有士荷矛戟南防草鎮慘霑濕赴遠役
羣盜下辟山總戎備强敵水深雲光廓鳴櫓各有適
漁艇息悠悠夷歌負樵客留滯一老翁書時記朝夕

又秋雨歎三首　前人

雨中百草皆爛死堦下決明顏色鮮著葉滿枝翠羽
蓋開花無數黃金錢涼風蕭蕭吹汝急恐汝後時難
獨立堂上書生空白頭臨風三嗅馨香泣

二

闌風伏雨秋紛紛四海八荒同一雲去馬來牛不復
辨濁涇清渭何當分禾頭生耳黍穗黑農夫田父無
消息城中斗米換衾裯相許寧論兩相直

三

長安布衣誰比數反鎖衡門守環堵老夫不出長蓬蒿稚子無憂走風雨雨聲颼颼催早寒胡鴈翅濕高飛難秋來未曾見白日泥汚后土何時乾

江閣對雨有懷行營裴二端公　前人

南紀風濤壯陰晴屢不分野流行地日江入度山雲層閣憑雷殷長空面水文雨來銅柱北應洗伏波軍

陪諸貴公子丈八溝攜妓納涼晚際遇雨二首　前人

落日放船好輕風生浪遲竹深留客處荷淨納涼時公子調冰水佳人雪藕絲片雲頭上黑應是雨催詩

二

雨來霑席上風急打船頭越女紅裙濕燕姬翠黛愁纜侵堤柳繫幔卷浪花浮歸路翻蕭颯陂塘五月秋

對雨書懷走邀許主簿　前人

東嶽雲峰起溶溶滿太虛震雷翻幕燕驟雨落河魚座對賢人酒門停長者車相邀愧泥濘騎馬到堦除

西閣雨望　前人

樓雨霑雲幔山寒著水城逕添沙面出湍減石稜生菊蘂淒疎放松林駐遠情滂沱朱檻濕萬慮傍簷楹

對雨　前人

莽莽天涯雨江邊獨立時不愁巴道路恐濕漢旌旂雪嶺防秋急繩橋戰勝遲西戎甥舅禮不敢背恩私

朝雨　前人

涼氣曉蕭蕭江雲亂眼飄風鴛藏近渚雨燕集深條黃綺終辭漢巢由不見堯草堂樽酒在幸得過清朝

喜雨　前人

南國旱無雨今朝江出雲入空纔漠漠灑迥已紛紛巢燕高飛盡林花潤色分晚來聲不絕應得夜深聞

村雨　前人

雨聲傳兩夜寒事颯高秋挈帶看朱紱開箱覩黑裘世情只益睡盜賊敢忘憂松菊新霑洗茅齋慰遠遊

梅雨　前人

南京犀浦道四月熟黃梅湛湛長江去冥冥細雨來茅茨疎易濕雲霧密難開竟日蛟龍喜盤渦與岸迴

春夜喜雨　前人

好雨知時節當春乃發生隨風潛入夜潤物細無聲野徑雲俱黑江船火獨明曉看紅濕處花重錦官城

白水明府舅宅喜雨得過字　前人

吾舅政如此古人誰復過碧山晴又濕白水雨偏多精禱既不昧歡娛將謂何湯年旱頗甚今日醉絃歌

夜雨　前人

小雨夜復密回風吹早秋野涼侵閉戶江滿帶維舟通籍恨多病為郎忝薄遊天寒出巫峽醉別仲宣樓

晨雨　前人

小雨晨光內初來葉上聞霧交纔灑地風逆旋隨雲暫起柴荊色輕霑鳥獸羣麝香山一半亭午未全分

雨　前人

萬木雲深隱連山雨未開風扉掩不定水鳥去仍回鮫館仍鳴杼樵舟豈伐枚清涼破炎毒衰意欲登臺

雨　前人

冥冥甲子雨已度立春時輕箑煩相向纖絺恐自疑煙添纔有色風引更如絲直覺巫山暮兼催宋玉悲

雨　前人

始賀天休雨還嗟地出雷驟看浮峽過密作渡江來牛馬行無色蛟龍鬬不開干戈盛陰氣未必自陽臺

雨四首　前人

微雨不滑道斷雲疎復行紫崖奔處黑白鳥去邊明秋日新霑影寒江舊落聲柴扉臨野碓半濕搗香秔

二

江雨舊無時天晴忽散絲暮秋霑物冷今日過雲遲上馬迴休出看鷗坐不辭高軒當灩澦潤色靜書帷

三

物色歲將晏天隅人未歸朔風鳴淅淅寒雨下霏霏多病久加飯衰容新授衣時危覺凋喪故舊短書稀

四

楚雨石苔滋京華消息遲山寒青兕叫江晚白鷗饑神女花鈿落鮫人織杼悲繁憂不自整終日灑如絲

江雨有懷鄭典設　前人

春雨闇闇塞峽中早晚來自楚王宮亂波分披已打岸弱雲狼籍不禁風寵光蕙葉與多碧點注桃花舒小紅谷口子真正憶汝岸高瀼滑任西東

遣悶戲呈路十九曹長　前人

江浦雷聲喧昨夜春城雨色動微寒黃鸝並坐交愁濕白鷺羣飛大劇乾老去漸於詩律細誰家數去酒杯寬知君最愛清狂客百遍相過意未闌

崔評事弟許相迎不到應慮老夫見泥雨怯出必愆佳期走筆戲簡　前人

江閣邀賓許馬迎午時起坐自天明浮雲不負青春色細雨何孤白帝城身過花間霑濕好醉于馬上往來輕虛疑皓首衝泥怯實少銀鞍傍險行

即事　前人

暮春三月巫峽長皛皛行雲浮日光雷聲忽送千峰
雨花氣渾如百和香黃鶯過水翻迴去燕子銜泥濕
不妨飛閣捲簾圖畫裏虛無只少對瀟湘

曲江對雨　前人

城上春雲覆苑牆江亭晚色靜年芳林花著雨臙脂
濕水荇牽風翠帶長龍武新軍深駐輦芙蓉別殿漫
焚香何時詔此金錢會暫醉佳人錦瑟傍

復陰　前人

方冬合沓元陰塞昨日晚晴今日黑萬里飛蓬映天
過孤城樹羽揚風直江濤簸岸黃沙走雲雪埋山蒼
兕吼君不見夔子之國杜陵翁牙齒半落左耳聾

雨晴　前人

雨時山不改晴罷峽如新天路看殊俗秋江思殺人
有猿揮淚盡無犬附書頻故國愁思外長歌欲損神

雨不絕　前人

鳴雨既過漸細微映空搖颺如絲飛階前短草泥不
亂院裏長條風乍稀舞石旋應將乳子行雲莫自濕
仙衣眼邊江舸何匆促未得安流逆浪歸

立秋日雨院中有作　前人

山雲行絕塞大火復西流飛雨動華屋蕭蕭梁棟秋
窮途媿知己暮齒借長籌已費清晨謁那成長者謀
解衣開北戶高枕對南樓樹濕風涼進江喧水氣浮
禮寬心有適節爽病微瘳主將歸調鼎吾還訪舊丘

中丞嚴公雨中垂寄見憶一絕奉答二絕　前人

雨映行宮辱贈詩元戎肯赴野人期江邊老病雖無
力强擬晴天理釣絲

二

何日雨晴雲出溪白沙青石洗無泥只須伐竹開荒
徑拄杖穿花聽馬嘶

晚晴　前人

村晚驚風度庭幽過雨霑夕陽薰細草江色映疎簾
書亂誰能帙杯乾自可添時聞有餘論未怪老夫潛

李士曹廳對雨　錢起

春雨暗重城訟庭深更寂終朝人吏少滿院煙雲積
濕鳥壓花枝新苔宜砌石攙曹富文史清興對詞客
愛爾蕙蘭叢芳香飽時澤

登秦嶺半巖遇雨　前人

屏翳忽騰氣浮陽慘無暉千峰挂飛雨百尺搖翠微
震電閃雲徑奔雷翻石磯倚巖假松蓋臨水羨荷衣
不得采苓去空思乘月歸且憐東皐上黍色倭荊扉

田園雨後贈鄰人　前人

安排常任性偃臥晚開戶樵客荷蓑歸向來春山雨
殘雲虹未落返照霞初吐時鳥鳴村墟新泉遶林圃
堯年尚恬泊鄰里成太古室邇人遂遙相思怨芳杜

中書遇雨　前人

濟旱惟宸慮爲霖即上台雲銜七曜起雨拂九門來
綸閣飛絲度龍渠激霤迴色翻池上藻香裊鼎前杯
湘燕皆舒翼沙鱗豈曝腮尺波應萬假廣海載沿洄

泉上雨後作　元季川

風雨蕩繁暑雷息佳霽初衆峰帶雲色清氣入我廬
颯颯涼飈來臨窺慼所圖綠蘿長新蔓裊裊垂坐隅
流水復簷下丹砂發清渠養葛爲我衣種芋爲我蔬
誰是畹與畦彌漫連野蕪

雨　戴叔倫

歷歷愁心亂迢迢獨夜長春帆江上雨曉鏡鬢邊霜
啼鳥雲山靜落花溪水香家人亦念我與汝黯相忘

客舍苦雨即事寄錢起郎士元二員外　盧綸

積雨暮凄凄羈人狀鳥棲響空宮樹接覆水野雲低
穴蟻多隨草巢蜂半墜泥遶池牆蘚合擁溜瓦松齊
舊圃平如海新溝曲似溪壞蘭留衆蝶倚棟止羣雞
莠盛終無實槎枯遂有荑綠萍藏廢井黃葉隱危堤
閭里歡將絕朝昏望亦迷不知霄漢侶何路可相攜

郊居對雨寄趙涓給事包佶郎中　前人

暑雨青山裏隨風到野居亂漚浮曲砌懸溜響前除
塵鏡愁多掩蓬頭懶更梳夜隱凄枕席陰壁潤圖書
蕭颯宜新竹龍鍾拾野蔬石泉空自咽藥圃不堪鋤
濁水淙深轍荒蘭擁敗渠繁枝留宿鳥碎浪出寒魚
桑扈時登望荷衣自卷舒應憐在泥滓無路託高車

雨中酬友人　前人

看山獨行歸竹院水邊前階草生遍空林細雨暗無
聲唯有愁心兩相見

宿馮翊夜雨贈主人　李益

危心驚夜雨起望漫悠悠氣耿殘燈暗聲繁高樹秋
涼軒辭夏扇風幌攬輕裯思緒蓬初斷歸期燕暫留
關山蔦已失臉淚迸難收賴君時一笑方能解四愁

谿行逢雨與柳仲庸　李端

日落衆山昏蕭蕭暮雨繁那堪兩處宿共聽一聲猿

詠雨　楊凝

塵浥多人路泥歸足燕家可憐繚亂點濕盡滿宮花

雨夜見投之作　司空曙

出戶繁星盡池塘暗不開動衣涼氣度遊樹遠聲來
燈外初行電城隅偶隱雷因知謝文學曉望比塵埃

寓居武丁館　陳存

暑雨颯已過涼颸觸幽襟虛館無喧塵綠槐多晝陰
鮮覯古苔積傾聆早蟬吟放卷一長想閉門千里心

秋雨聯句　韓愈

萬木聲號呼百川氣交會孟郊庭翻樹離合牖變景明
藹愈湲瀉殊未終飛浮亦云泰郊牽懷到空山屬聽
邇驚瀨愈檐垂白練直渠漲清湘大郊甘津澤祥禾
伏潤肥荒艾愈主人吟有歡客子孤無奈郊佞陽日
沈元剝節風搜兌愈坱圠遊峽喧颼颼臥江汰郊微
飄來枕前高灑自天外愈蛬穴何迫迮蟬枝埽鳴噦
郊棲菊茂新芳徑蘭銷晚藹愈地鏡時昏曉池星競
漂沛郊讙呶尋一聲灌注咽羣籟愈儒宮煙火濕市
舍煎熬忲郊臥冷空避門衣寒屢循帶愈水怒已倒
流陰繁恐凝害郊憂魚思舟楫感禹勤畎澮愈懷襄
信可畏疏決須有賴郊筮命或馮著卜晴將問蔡愈
庭商忽驚舞墉禁亦親酹郊氛醺稍疏映雺亂還擁
薈陰旌時摻流帝鼓鎮訇磕愈隤圃落青蕤瓜畦爛文
貝貧薪不燭竈富粟空塡廥愈秦俗動言利魯儒欲
何匄深路倒羸驂弱途擁行軑毛羽皆遭凍離褷不
能翽翻浪洗虛空傾濤敗藏蓋郊吾人猶在陳僮僕
誠自鄶因思征蜀士未免涇戎旆安得發商飇廓然
吹宿靄白日懸大野幽泥化輕壒戰場暫一乾賊肉
行可膾愈搜心思有效抽策期稱最豈惟慮收穫亦
以救顛沛郊禽情初嘯儔礎色微收霈庶幾諸我願
遂止無已太愈

雨後曉行獨至愚溪北池　柳宗元

宿雲散洲渚曉日明村塢高樹臨清池風驚夜來雨
予心適無事偶此成賓主

夏初雨後尋愚溪　前人

悠悠雨初霽獨繞清溪曲引杖試荒泉解帶圍新竹
沈吟亦何事寂寞固所欲幸此息營營嘯歌靜炎燠

梅雨　前人

梅實迎時雨蒼茫値晚春愁深楚猿夜夢斷越鷄晨
海霧連南極江雲暗北津素衣今盡化非爲帝京塵

韋使君黃溪祈雨從行至祠下口號　前人

驕陽愆歲事良牧念菑畬列騎低殘月鳴笳度碧虛
稍窮樵客路遙駐野人居谷口寒流淨叢祠古木疎
焚香秋霧濕奠玉曉光初肹蠁巫言報精誠禮物餘
惠風仍偃草靈雨會隨車俟罪非眞吏翻慙奉簡書

春雨後　孟郊

昨夜一霎雨天意蘇羣物何物最先知虛庭草爭出

夜雨　元稹

水怪潛幽草江雲擁廢居雷驚空屋柱電照滿牀書
竹瓦風頻裂茅檐雨漸疎平生滄海意此去怯爲魚

雨聲　前人

風吹竹葉休還動雨點荷心暗復明曾向西江船上
宿慣聞寒夜滴篷聲

夜雨　白居易

早蛩啼復歇殘燈滅又明隔窗知夜雨芭蕉先有聲

霖雨苦多江湖暴漲塊然獨望因題北亭

自作潯陽客無如苦雨何陰昏晴日少閑悶睡時多
湖闊將天合雲低與水和籬根舟子語巷口釣人歌
霧島沈黃氣風帆蹙白波門前車馬道一宿變江河

陰雨　前人

嵐霧今朝重江山此地深灘聲秋更急峽氣曉多陰
望闕雲遮眼思鄉雨滴心將何慰幽獨賴此北窗琴

和韓侍郎苦雨　前人

潤氣凝柱礎繁聲注瓦溝闇留窗不曉涼引簟先秋
葉濕蠶應病泥稀燕亦愁仍聞放朝夜誤出到街頭

喜雨　前人

圃旱憂葵堇農旱憂禾菽人各有所私我旱憂松竹
松乾竹焦死眷眷在心目灑葉溉其根汲水勞僮僕
油雲忽東起涼雨淒相續似面洗垢塵如頭得膏沐
千柯習習潤萬葉欣欣綠千日澆灌功不如一霡霂
方知宰生靈何異活草木所以聖與賢同心調玉燭

春雨　徐凝

花時悶見聯綿雨雲入人家水毀堤昨日春風源上
路可憐紅錦枉拋泥

酬任疇協律夏中苦雨見寄　姚合

銀漢波瀾溢經旬雨未休細聽宜隔牖遠望憶高樓
風急飄還斷雲低落更稠走童驚掣電飢鳥啄浮漚
絲網張空際蛛繩續瓦溝青蛙多入戶潰潦欲勝舟
雷怒疑山破池渾似土流灰人漫厭水馬忿沈浮
廣陌應翻浪貧居恐作湫陽精藏不燿陰氣盛難收
遠色重林暮繁聲四壁秋望晴思見日防冷欲披裘
枕潤眠還嬾車羸出轉憂散空煙漠漠迸溜竹修修

樹暗蟬吟咽巢傾燕語愁琴書涼簟淨燈燭夜窗幽
天下那能向龍邊豈易求濕煙凝竈額荒草覆牆頭
酒思淒方罷詩情耿始抽下牀先伏履汲井恐飄甌
危坐徒相憶佳期未有由勞君寄新什終日不能酬

雨　歐陽袞

細雨弄春陰餘寒入晝深山姿輕薄霧煙色滑幽林
鹿踐莓苔滑魚牽水荇沈懷情方未已清酒漫須斟

晴　雍陶

晚虹斜日塞天昏一半山川帶雨痕新水亂侵青草
路殘煙猶傍綠楊村胡人羊馬休南牧漢將旌旗在
北門行子喜聞無戰伐閒看游騎獵秋原

江上雨寄崔碣　杜牧

春半平江雨圓文破蜀羅聲眠篷底客寒溼釣來蓑
暗澹遮山遠空濛著柳多此時懷舊恨相望意如何

雨　前人

連雲接塞添迢遞灑幕侵燈送寂寥一夜不眠孤客
耳主人窗外有芭蕉

苦雨　許渾

江昏山半晴南阻絕人行葭菼連雲色松杉共雨聲
早秋仍燕舞深夜更蟲鳴為報迷津客訛言未可輕

滯雨　李商隱

滯雨長安夜殘燈獨客愁故鄉雲水地歸夢不宜秋

雨　前人

摵摵度瓜園依依傍竹軒秋池不自冷風葉共成喧
窗迥有時見簷高相續翻侵宵送書雁應為稻粱恩

細雨　前人

蕭灑傍迴汀依微過短亭氣涼先動竹點細未開萍
稍促高高燕微疏的的螢故園煙草色仍近五門青

微雨　前人

初隨林靄動稍共夜涼分窗迥侵燈冷庭虛近水聞

夜雨寄北　前人

君問歸期未有期巴山夜雨漲秋池何當共剪西窗
燭却話巴山夜雨時

秋雨　薛能

宿雨覺纔初亭林忽復徐簇聲諸樹密懸滴四簷疏
省漏疑方丈愁炊問斗儲步難多入屐窗淺欲飄書
動蠖蒼苔靜藏蠶落葉虛吹交來翕習雷慢歇躊躕
滯已妨行路晴應好荷鋤醉樓思蜀客鮭市想淮魚
逕草因緣合欄花自此除有形皆霢霂無地不汙潴
境晦宜甘寢風清愜退居我魂驚曉簟鄰話喜秋蔬
既用功成歲旋應慘變舒倉箱足可恃歸去傲吾廬

夏雨　前人

何處發天涯風雷一道賒去聲隨地急殘勢傍樓斜
透樹垂紅葉霑塵帶落花瀟湘無限思閒看下蒹葭

雨　韓琮

陰雲拂地散絲輕長得為霖濟物名夜浦漲歸天塹
闊春風灑入御溝平軒車幾處歸頻濕羅綺何人去
欲生不及流他荷葉上似珠無數轉分明

咸陽值雨　溫庭筠

咸陽橋上雨如懸萬點空濛隔釣船還似洞庭春水
色晚雲將入岳陽天

細雨　前人

憑軒望秋雨涼入暑衣清極目鳥頻沒片時雲復輕
洛萍開更斂山葉動還鳴楚客秋江上蕭蕭故國情

秋雨　前人

雲滿鳥行滅池涼龍氣腥斜飄看棊簟疏灑望山亭
細響鳴林葉圓文破沼萍秋陰杳無際平野但冥冥

春初對暮雨　前人

淅瀝生叢篠空濛泫網軒暝姿看遠樹春意入塵根
點細飄風急聲輕入夜繁雀喧爭槿樹人靜出蔬園
瓦濕光先起房深影易昏不應江上草相與滯王孫

江亭春霽　李郢

江籬漠漠荇田田江上春雲霽景鮮蜀客帆檣背歸
燕楚山花木怨啼鵑春風掩映千門柳曉色淒涼萬
井煙金磬泠泠水南寺上方僧室翠微連

開化寺樓看雨聯句　陸龜蒙

海上風雨來掀轟雜飛電登樓一憑檻滿眼蛟龍戰
龜蒙須臾造化慘倏忽堪輿變萬戶響戈鋋千家披組
練皮日休群飛拋輪石雜下攻城箭點急似摧胷行斜
如中面龜蒙細灑魂空冷橫飄目能眩垂簷珂珮喧擗
瓦珠璣濺日休無言九陔遠瞬息馳應徧密處正垂絚
微時又懸綫龜蒙寫作玉界破吹為羽林旋飆傷列缺
勞却怕豐隆倦日休遙瞻山露色漸覺雲成片遠樹欲
鳴蟬深簷尚藏燕龜蒙殘雷隱轔盡反照依微見天光
潔似磨湖彩熟於練日休疎帆逗前渚晚磬分涼殿接
思強揮毫窺詞幾焚研龜蒙佶栗烏皮几輕明白羽扇
畢景好疎吟餘涼可清宴日休君攜下高磴僧引還深
院駮蘚淨鋪筵低松濕垂髯龜蒙齋明乍虛豁林靄逾
蔥蒨早晚重登臨欲去多離戀日休

早春微雨　李山甫

怪來鶯蝶似凝愁不覺看花暫濕頭疎影未藏千里

樹遠陰微翳萬家樓青羅舞袖紛紛轉紅臉啼珠旋
旋收歲旱且須敎濟物爲霖何事愛風流

長安春雨　羅鄴

兼風颯颯灑皇州能滯輕寒阻勝遊半夜五侯池館
裏美人驚起爲花愁

雨　章碣

低著煙花淡漠輕正堪吟坐掩柴扃亂沾細網垂窮
巷斜送陰雲入古廳鎖却暮愁終不散添成春醉轉
難醒齊來還有風流事重染南山一遍青

春雨　唐彥謙

綺陌夜來雨春樓寒望迷遠容迎燕戲亂響隔鶯啼
有悵開蘭室無言對李蹊花敧渾拂檻柳重欲垂堤
燈檠昏魚目薰爐咽麝臍別輕天北鶴夢怯汝南雞
入戶侵羅幌梢簷潤繡題新豐樹已失長信草初齊
亂蝶寒猶舞驚烏暝不棲庾郎盤馬地却怕有春泥

雨　韓偓

坐來簌簌山風急山雨隨風暗原隰樹帶繁聲出竹
聞溪將大點穿籬入餉婦寥翹布領寒牧童擁肿蓑
衣濕此時高味共誰論擁鼻吟詩空佇立

暴雨　韋莊

江村入夜多雷雨曉作狂霖晚又晴波浪不知深幾
許南湖今與北湖平

晴詩　任翻

楚國多春雨柴門喜晚晴幽人臨水坐好鳥隔花鳴
野色連空闊江流接海平門前向溪路今夜月分明

春雨二首　李建勳

春霖未免妨遊賞唯到詩家自有情花徑不通新草
合蘭舟初動曲池平淨緣高樹莓苔色飢集虛廊燕
雀聲閒憶昔年爲客處悶留山館阻行行

二

蕭蕭春雨密還疏景象三時固不如寒入遠林鶯翅
重暖抽新麥土膏虛細濛臺榭微兼日潛漲漣漪欲
動魚唯稱乖慵多睡者掩門中酒覽閒書

和判官喜雨　前人

夫穡山川尚未還雲雷尋作遠聲寒人情便似秋登
悅天色休勞夜起看高檻氣濃藏柳郭小庭流擁沒
花壇須知太守重牆內心極農夫望處歡

細雨遙懷故人　前人

江雲未散東風暖溟濛正在高樓見細柳緣堤少過
人平蕪隔水時飛燕我有近詩誰與和憶君狂醉愁
難破昨夜南窗不得眠閒堦點滴迴燈坐

秋雨　李中

竟日散如絲吟看半掩扉秋聲在梧葉潤氣逼書幃
曲澗泉承去危簷燕帶歸寒蛩悲旅壁亂蘚滑漁磯
爽欲除幽簟涼須換熱衣疎篷誰夢斷荒徑獨遊稀
偏稱江湖景不妨鷗鷺飛最憐爲瑞處南畝稻苗肥

秋雨二首　前人

飄灑當窮巷苔深落葉鋪送寒來客館滴夢在庭梧
逼砌蛩聲斷侵窗竹影孤遙思漁叟興蓑笠在江湖

二

竟日聲蕭颯兼風不暫闌竹窗秋睡美荻浦夜漁寒
地僻苔生易林疎鳥宿難誰知苦吟者坐聽一燈殘

對雨寄胊山林番明府　前人

竟日如絲不暫停莎堦閒聽滴秋聲斜飄虛閣琴書
潤冷逼幽窗夢寐清開戶只添搜句味倚山還阻上
樓情遙知公退琴堂靜坐對蕭騷飲興生

欽定古今圖書集成曆象彙編乾象典

第八十三卷目錄

雨部藝文三 詩詞

乾象典第八十三卷

雨部藝文三 詩詞

初雨　宋韓琦

乍覺塵香動風前細若繅無聲猶似雪得潤已如膏
美利存南畝餘滋付小桃誰知青皞德意不爲嬉遨

次韻和子淵學士春雨　前人

天幕沈沈淑氣溫雨絲輕軟墜雲根洗開春色無多
潤染盡花光不見痕寂寞畫樓和夢鎖依微芳樹過
人昏堂虛坐密珠簾下試問淳于醉幾樽

北塘春雨　前人

葉葉輕雲帳薄羅坐看膏澤灑庭柯風前芳杏紅香
減烟外垂楊綠意多聲落檐牙飛短瀑點勻池面起
圓波晴來西北憑闌望拂黛遙峯濯萬螺

喜雨　歐陽修

大雨雖滂沛隔轍分晴陰小雨散浸淫爲潤廣且深
浸淫苟不止利澤何窮已無言雨大小小雨農尤喜
宿麥已登實新禾未抽秧及時一日雨終歲飽豐穰
夜響流霡霂晨暉霽蒼凉川原淨如洗草木自生光
童稚喜瓜芋耕夫望陂塘誰云田家苦此樂殊未央

夏雨　梅堯臣

林梅初弄熟密雨閉重關潤裛衣巾上凉生竹樹間
水聲通遠澗雲色暝前山野鳥寂無語公庭盡晝閒

細雨　劉敞

小雨滿前軒濃陰不時卷隨風氣潛潤竟日花微泫
池光慘澹昏櫻色依微辨寒添夕景長坐逼秋客晚
楚客歌沉寥吟懷孰云淺

暴雨　徐積

玉女投壺天大笑千尋火炬當空照老龍行遲天怒
怒雷車壯士鞫連鼓黑鱗鐵甲十萬許急把銀河傾
作雨
次韻章傳道喜雨　蘇軾
去年夏旱秋不雨海畔居民飲鹹苦今年春暖欲生
蝝地上戢戢多於土預憂一旦開兩翅口吻如鋒那
肯吐前時渡江入吳越布陣橫空如項羽農夫拱手
但垂泣人力區區固難禦僕緣隳尾困牛馬啗齧衣
服穿房戶坐觀不救亦何心秉畀炎火傳自古荷鋤
散掘誰敢後得米濟饑還小補常山山神信英烈麾
駕雷公呵電母應憐郡守老且愚欲把瘡痍手摩撫
山中歸時風色變中路已覺商羊舞夜窗騷騷鬧松
竹朝畦泫泫流膏乳從來蝗旱必相資此事吾聞老
農語庶將積潤掃餘孽收拾豐歲還明主縣前已窖
八千斛率以一升完一畝更看蠶婦過初眠未用賀
客來傍午先生筆力吾所畏蹙踏鮑謝誇徐庾偶然
談笑得佳篇便恐流傳成樂府陋邦一雨何足道吾
君盛德九州普中和樂職幾時作試向諸生選何武
連雨漲江二首　前人
越井岡頭雲出山牂牁江上水如天牀牀避漏幽人
屋浦浦移家蜑子船龍卷魚蝦并雨落人隨雞犬上
牆眠只應樓下平堦水長記先生過嶺年
又
急雨蕭蕭作晚涼臥聞榕葉響長廊微明燈火耿殘
夢半濕簾帷浥舊香高浪隱牀吹甕盎闇風驚樹擺
琳琅先生不出晴無用留向空堦滴夜長
時雨　孔武仲

空車輾雷幟摧電千里冥冥甘雨遍元豐嘉號十長
年太乙真人宅畿甸齋宮夜禱回天聽美澤朝流慰
人願豆苗蓬蓬粟低垂土脉舒蘇蝗不飛野老謳歌
忘帝力夕陽相與荷鋤歸
雨　郭祥正
林林銀燭注潺湲迸玉跳珠亂砌間不惜倚闌襟袖
濕爲君吟出雨中山
喜雨　張耒
手種五芭蕉意待聽秋雨南風扇旱雲破葉姿不舉
滂沱未終夕綠潤遽如許秀色入書幃已覺青鸞舞
雨後　李昭玘
苦雨幾十日滿庭多土花行螺上牆屋倒竹臥泥沙
澄景生涼吹晴雲變晚霞却愁秋夜夢無計逐池蛙
晚雨　楊時
斷霞明滅天日黝雨意晴暉爭好醜浮雲冉冉無定
姿白衣忽變如蒼狗悲風激烈河漢翻雨脚如麻飛
霰寒山深氣腥豺虎亂乾坤四合誰云寬溪頭野客
懶成癖怯寒手攣面如墨把杯強吞僵立歌閉門獨
愁天已黑
小雨　李綱
小雨晚初急暝雲深不收霏霏暗烟合索索響篷舟
山色增遠翠漁蓑生暮愁淒涼蘇季子寒覽敝貂裘
春雨　李彌遜
濛濛烟雨網春暉南陌清明二月時細草養泥留燕
子好花藏蜜待蜂兒
前題　孫覿
細雨破春抖新風洗瘴氛霏微花上見蕭瑟夜深聞

獨笑關幽事酣歌倚半醺羈懷不堪寫危坐對爐芬
雨　陳與義
沙岸殘春雨茅簷古鎮官一時花帶淚萬里客憑闌
日晚薔薇重樓高燕子寒惜無陶謝手盡力破憂端
前題　前人
雲起谷全暗雨晴山復明青春望中色白潤晚來聲
遠樹烏羣集高原人獨耕老夫逃世久堅坐聽陰晴
細雨　曾幾
霢霂無人見芭蕉報客聞潤能添硯滴細欲亂爐薰
竹樹驚秋半衾裯慊夜分何當一傾倒趣取未歸雲
雨　朱松
摵摵初鳴竹涓涓稍滴簷忽然憂夢斷更覺曉寒添
又
纖纖花入麥漫漫雨黃梅泥徑無人度風簾爲燕開
久雨　鄭綱中
山嵐變濃雲地氣洩冬熱急雨春風顛十日聲不絕
舍中流水入牆外古溝咽塊然蹲下雀狀若木雞拙
我亦類禪定凝坐萬慮歇廚兵忽相報謂已糝藜蕨
隨緣就一飽再看柏香爇
雨　張九成
已止還復作瀉簷聲更長苔錢添晚翠梅子試新黃
屋裏圖書潤庭前蘭芷香倚闌閒覓句水閣夜生凉
小雨　陸游
細細濕春光芊芊破夕陽臥聞驚倦枕起看入虛堂
映葉鶯猶囀爭泥燕正忙閒愁無避處誰與共飛觴
雨　前人
映空初作繭絲微掠地俄成箭鏃飛紙帳光遲饒曉

夢銅爐香潤覆春衣池魚鱍鱍隨溝出梁燕翩翩接
翅歸惟有落花吹不去數枝紅濕自相依
雨聲　前人
暑氣滿天地薄暮加煩促清風吹急雨集我北窻竹
竹聲蕭蕭固自奇況得雨聲相發揮令人忽憶雲門
寺半夜長松墮雪時
聽雨　沈說
耳根聽不歇滴滴冷於秋疑是山翁醉岩前枕瀑流
久雨　宋伯仁
暗數春來雨曾無兩日晴樹連山莫辨橋與水俱平
閉戶惟便懶逢人且問耕海棠花落盡傾領幾流鶯
聽雨　胡仲參
聽盡燈前細雨聲聲聲總是別離情何時斷得閒煩
惱一任芭蕉滴到明
夜雨　徐集孫
夜半倏驚覺狂風攪秋鳴掣電起迅雷驟雨翻盆傾
豈知造物意揫斂萬寶成天威不竟夕須臾山月明
鹿田聽雨　方鳳
禪棲投倦客山雨起更闌窻葉散幽響石林生峭寒
澗深猶暗瀑江遠忽風湍想像雲蘿外應宜晚色看
喜雨　朱淑真
赤日炎天燒八荒田中無雨苗半黃天公不放老龍
懶掣電驅雷雲四方瓊瑰萬斛瀉碧落陂湖池沼皆
泱泱高田低田盡沾澤農喜禾無枯槁傷我皇聖德
布寰宇六月靑天降甘雨四海咸蒙滂沛恩九州盡
解焦熬苦傾盆勢歇塵點無衣袂生涼龍揮羽江上
數峯天外靑眼界增明快心腑炎熱一洗無畱迹頓

覺好風生雨腋紗廚湘簟爽氣新沉李削瓜浮玉液
傍池占得秋意多尚餘珠點綴間荷樓頭月上雲散
盡遠水連天天接波
膏雨　前人
添得垂楊色更濃飛烟卷霧弄輕風展勻芳草茸茸
綠滋透夭桃薄薄紅潤物有情如著意滋花無語自
施工一犁膏脈分春壟只慰農桑望眼中
夜雨南山　金張斛
雨夜宿山齋夜深雨聲息石室含餘清風枝墮殘滴
秋雨得雲字　劉彧
一室蕭然半掩門簷牙懸溜喜初聞棲鴉不動寒偎
樹過雁無聲冷貼雲歷耳半隨風淅瀝舞階仍帶葉
繽紛隔籬爲問東皐叟辦麥前春定十分
喜雨　党懷英
山雲駛如驅山雨沛如傾幽人夢初醒臥聽簷溜聲
雷霆怒相搏似與陰陽爭蛟龍久何蟠始此幽蟄驚
餘花曉猶落竟日方破晴明朝東皐望照眼生意明
焦枯被沾濡相與迴春榮忻然野桃李新綠棲殘英
漸漸麥壟翠潺潺溪流淸蛙鳥亦解喜飛沈互喧鳴
萬物皆得時棲遲感吾生直應挂儒冠便逐春農畊
煙雨　楊雲翼
涼氣先秋至重陰接望迷有無山遠近濃淡樹高低
鳥雀枝間露牛羊舍北泥支頤政愁絕風雨過前溪
春雨　馮延登
小雨濛濛潤土膏谷風習習不驚條晨烟半濕低平
野春水初生沒斷橋已見鵝黃勻柳麥更看檀紫上
榆椒從今樂事知相繼櫛比雲平看隴苗

雨　李俊民
晚有來蘇意憂深望歲人一犁雖美滿猶恨不當春
雨夜　元楊奐
關河隔千里筆硯寄餘生老覺鄉心重閒知世念輕
微風搖竹影細雨簌簷聲落魄緣何事吾今不用名
夜雨　許衡
苦雨變秋霖瀟瀟入夜深亂敲驚葉脫淸響雜蛩吟
往事十年夢故鄉千里心西風助淒切不管客難任
雨　趙孟頫
摵摵衆葉響滋滋生意新知誰實揮灑解使盡圓勻
蛛網懸珠絡荷盤瀉汞銀喜涼生枕簟愁潤逼衣巾
聽雨　虞集
屏風圍坐鬢毿毿絳蠟搖光照暮酣京國多年情盡
改忽聽春雨憶江南
春雨　楊載
濛濛春雨暗重城莽若山林雲氣生駕過東朝需羽
蓋仗移前殿濕霓旌蒼松密掩巖頭鶴翠柳深藏谷
口鶯明日不愁花爛熳新晴陌上有人行
明照坊對雨　前人
章臺車馬去如流白雨霏煙拂畫樓九陌平鋪明似
練兩溝急瀉碧於油美人虹見西山霽小女風來北
里秋京意滿襟簾幕卷宮鴉歸樹夕陽收
雨　黃溍
泥潦今如此出門知路難蓬蒿春自長桃李夢曾看
洗車雨每七日有雨俗謂天帝爲織女洗車　宋褧
未覺龍公倦誰憐燕子寒靑燈耿蕭瑟千載入憂端
一從去歲閒油壁塵暗香駢有誰拭瓊娥玉勝莫進

回爲我飛書呼軫畢雄雷雌電傾河來寶輪濯濯無
纖埃桂香陌上不泥濘虛無指點同蓬萊烏橋銀浦
沾濡徹鳳翺鸞鞭潔如雪猶恐黃姑沒病深更擘濕
雲填古轍

冬雨　前人

十月楚天雨同雲暗八荒前山應是雪此地不成霜
氣混朝嵐重聲兼夜漏長閒庭斷來往幽思渺無方

閩中苦雨　薩都剌

病客如僧懶多寒擁毳裘三山一夜雨四月滿城秋
海瘴連雲起江潮入市流釣竿如在手便可上漁舟

秋雨吟　劉致

濕雲閃光飛不起八尺風漪夜如水僊姝不眠肌骨
清起馭夜涼吹玉笙曲中忽作孤鳳鳴天帝感泣秋
雨零旱龍暍死嗟莫及坐見扶桑落日濕前溪水高
龍夜吟不管西郊老龍泣

秋夜雨　王冕

秋夜雨秋夜雨馬悲草死桑乾路雁啼木落瀟湘浦
聲聲喚起故鄉情歷歷似與幽人語初來未信鬼啾
唧坐久忽覺神淒楚一時感慨壯心輕百斛葡萄爲
誰舉山林豈無豪放士江湖亦有飢寒旅凝愁擁鼻
不成眠燈孤燄短寒花吐秋夜雨秋夜雨今來古往
愁無數謫仙倦作夜郎行杜陵苦爲茅屋賦只今村
落屋已無豈但屋漏無乾處凋餘老稚匍匐走哭聲
不出淚如注誰人知有此情苦秋夜雨秋夜雨赤縣
神州皆斥鹵長虵封豕恣縱橫麟鳳龜龍失其所耕
夫釣叟意何如夢入江南毛髮竪余生聽慣本無事
今乃云何慘情緒排門四望雲壘黑縱有空言亦何
補秋夜雨秋夜雨何時住我願埽開萬里雲日月光
明天尺五

春雨歎　袁藏用

大陰陰晝多雨輕薄陌頭花無數成塵土明朝蕭颯
陰風寒祇恐聽折青琅玕山中嫩人看相倚淚濕翠
袖時難乾

雨　舒頔

黑雲壓天殷其雷白雨如注西南來于時我方高枕
臥池上菡萏花初開從渠雷昏與霧暗推起蓬窗時
一看頃刻陰霾盡埽除幸免衝隄及破岸天風不來
如鏡平一輪明月海底生

苦雨　善住

積潦橫流路不分滿空烟霧暗朝昏烏鳶跕跕墮荒
圃風雨瀟瀟失遠村芻米價騰愁白屋管絃聲沸醉
朱門無言桃李參差放似怯春寒欲斷魂

新雨水　明太祖

片雲風駕雨飛來頃刻凭看遍九垓檻外近聆新水
響遙穹一碧見天開

久雨　唐成王彌鍗

春雨同秋雨輕寒作峭寒鶯聲猶謇澀花片漸摧殘
宿霧難開日層波正湧瀾韶華寧久戀轉眼惜春闌

對雨　奉國將軍多炡

苦雨何曾歇愁陰暗不開春寒緜氏嶺雲暮楚王臺
戲水飢鳶過窺簾濕燕來靜看雙屐齒無事長莓苔

五月十九日大雨　劉基

風驅急雨灑高城雲壓輕雷殷地聲雨過不知龍去
處一池草色萬蛙鳴

雨　張以寧

歷歷愁心亂迢迢客夢長春帆江上雨曉鏡鬢邊霜
啼鳥雲山靜落花溪水香家人亦念我與爾黯相望

夜聞雨　高啓

窻燭冷殘夜開蛩更聞雨秋館總多愁猶勝在羇旅

與會稽張憲報恩寺遇風雨聯句　前人

盲風簸天興（憲）凍雨翻海瀉魚鰕落半空（啓）蛟龍鬭
中野勢吞九河黃（憲）功潤千里赭怒疑決沙囊（啓）振
訝摧屋瓦橫行天兵駛（憲）大笑電女哆乾坤發生多
（啓）道路暍死寡潦漲濤涌川（憲）旱去烟滅野谷號竟
誰噓（啓）木撼不自把神靈正恍惚（憲）造化非苟且初
占月離畢（啓）又駭酒沒社必變其聖乎（憲）弗迷惟舜
也陰岑氣如炊（啓）高葉聲若打陽烏韜不見（憲）乾鵲
噤皆啞重翳晦復明（啓）餘點歇還洒雖悅灌園人（憲）
應愁渡江者侍王笑楚賦（啓）及我慚周雅避恩泰山
顛（憲）戰憶昆陽下雄夫七易失（啓）各士蓋難假旣悟
想大田（憲）廣庇思巨廈桔槹向晚停（啓）紈扇未秋捨
亂號官私蛙（憲）莫辨去來馬臥驚浪喧耳（啓）歸思泥
沒踝勿憂卷茅屋（憲）且喜甜蘭若民期歲有登（啓）國
荷天錫嘏沛澤宜載歌（憲）新篇試姑寫（啓）

江上雨　前人

冥冥衆樹昏浩浩一江渾急有廻風韻輕無入霧痕
烏啼叢竹嶺人臥落花村門巷春泥滑誰來共酒樽

西清對雨　前人

楚臺雲起遠漢苑雨來微曉濕宮城旆寒沾陛楯衣
溝中隨葉墮爐畔帶烟飛坐詠西清暇君王名對稀

聽雨　趙介

池草不成夢春眠聽雨聲吳蠶朝食葉漢馬夕歸營花徑紅應滿溪橋綠漸平南園多酒伴有約候新晴

夜雨 李昌祺

得失無心總不驚秋來偏動故鄉情平常窻外梧桐雨不似今宵不耐聽

瀟湘夜雨 薛瑄

兩岸叢篁濕一夕波浪生孤燈篷底宿江雨篷背鳴南來北往客同聽不同情

暮春遇雨 蔣用文

暖風吹雨挹輕塵滿地飛花斷送春莫上高樓凝望眼天涯芳草正愁人

夜窻聽雨 李東陽

瀟瀟殘雨入深更半灑疎窻半拂楹芳草池塘應有夢落花庭院不勝情聽疑野寺昏鐘遠望憶江船夜火明明日曉晴須出郭葛衣藜杖一時輕

夜雨 劉師邵

春風吹雨夜瀟瀟一滴愁魂一種消自是客邊聽不得不關窻外有芭蕉

雨 黃衷

自從人日雨漠漠浹旬連漸綠磯頭草仍迷夏口船雷聲喧浦近農事憫時先楊柳東門色春寒幾度眠

秋雨 王廷相

山城一夜雨客意已深秋况對臨湖寺千松翠欲流

江雨 前人

獨倚江門雨衝風湧岸波約量秋雨點不及旅愁多

秋雨 韓邦靖

雨到秋深易作霖蕭蕭難會此時心滴堦響共蛩鳴切入幕涼隨夜氣侵江闊雁聲來渺渺燈昏宮漏夜沉沉蕭條最是荊州客獨倚高樓一醉吟

秋雨古詞 舒芬

西風一夜雨新涼入單被不管客中人寒衣未曾寄

雨 黃佐

膚寸雲初起彌天雨正狂魚龍空窟宅草木各輝光爽氣連南紀愁陰接上方故山青未了歸夢此宵長

雨中放朝左掖 文徵明

霏微芳潤浥寬旌歷落彤墀散履聲暝色浮烟迷左掖碧雲將雨近西清柳垂青鎖千絲重水落銀橋萬玉鳴霑灑不辭袍袖濕天街塵淨馬蹄輕

晚雨 謝承舉

枕簟渾無暑園林早占秋荷風晚池靜槐雨夜堂幽藥裹休頻檢書籤散不收虬髯先著雪今已漸侵頭

其二

白苧辭新服黃紬理舊衾月華雲掩鏡簷溜雨鳴琴花片渠流急苔錢石繡深閉門淹病嬾誰肯爲招尋

對雨篇 王維楨

雨山黯黯雲氣黑日落未落帶雨色夜深亂鴉九衢喧轟雷壓城雨翻盆攪衣驚出恭四顧前屋後屋溜如注樓頭鐘鼓不聞傳但聞玉溝濺濺波濤怒此時上御集靈臺燭裏龍顏莞莞開平明筵張雨亦歇左右爭進萬年杯君不見回枯小麥青社鼓賽神民樂生

淮河雨夕 魏文焌

桂棹倚淮流蕭條序已秋悲風吹古樹微雨灑孤舟遠火時明滅流螢自去留客懷愁不寐飛夢阻滄洲

春雨 皇甫汸

余谷寒難破瑤臺雨易滋龍花纖似霧著柳亂成絲香氣微霑徑泉聲暗落池空愁今夜月不遣鑒羅幃

乍雨 王世貞

細雨酉高樹輕寒過小池劇憐初夏節却似晚秋時披衿魚知樂憑軒鳥暗窺蕭疎故園思徐步欲何之

春雨 馮可行

春雲欲作雨浮浮山帶生臥聽芭蕉上蕭蕭一夜聲

雨中舟行 于慎行

天闊雨冥冥孤帆過驛亭雲吞江樹白霧失曉峯青岸鳥迎船濕河魚出網腥生涯多少恨無處異飄萍

瀛洲亭新池得雨 田一儁

亭據蓬瀛勝池開島嶼幽誰將銀漢水來注玉壺秋日映龍文麗風微鷗影留好憑朱鼈使分灑遍皇州

秋日苦雨 陳允升

秋水漸浮隄青禾白鷺棲祝篝空有意抱甕已無畦蛩欲依人訴鳩偏逐婦啼不堪翹首望天際濕雲低

詠雨 劉榮嗣

冉冉山城近蕭蕭碧水隈浮雲直北去寒色滿空來黃葉辭林急秋聲過物哀田家阡陌慣風雨不曾回

舟中夜雨 江禹奠

舟行處淺水一雨漲新流入夜雲初合隨風點漸稠暗添千澗瀑洗出萬山秋夢覺篷窻曉淒然動客愁

急雨 祝守範

野曠雲垂黑山高雨驟昏鳥飛不過樹人急欲投村暑氣清疎簟涼飇度晚軒客心愁穠襛賴此滌塵煩

雨 夏允彝

溟濛原樹合心遠動無涯墮鳥餘烟惑歸雲滯影睽
肥添山意重綠覆水容斜沓雜愁難欠沉沉竚晚霞

喜雨　劉將

柳陰未暗江南綠萬壑千林雨光足堤上桃花點水
平巖頭雪乳飛泉曲渺渺煙蓑何處歸遊鱗漾漪迤
魚磯不然閒殺任公子空溪如船赤鯉肥亦有畝幽
閉戶客搏山舊翠添新碧夜聽空堦環珮聲朝嫌短
綆耕犂窄郊外泥香樓外絲踏青休恨濕臙脂紫驪
芳草吳綾襪三月春風醉未遲

久雨　馮鼎位

滴瀝聞階砌濕雲擁不流蒼茫渾似晚慘淡欲疑秋
浥案香煤潤侵簾碧蘚稠曠懷何以遣移榻上南樓

到家苦雨寄城中諸友　僧宗泐

歲晏兼貧病歸心詎可論寒魚冰下咽飢雀雨中翻
野徑蒼苔合山窗白晝昏還家已十日愁絕舊柴門

雨　妙聲

密雲遂崇朝飛雨灑高閣蕭瑟傍松櫩透迤帶煙郭
坐來池水滿吟罷林花落已知禾黍秋不耐衣裳薄

春雨　朱妙端

濕雲漠漠雨如絲花滿西園蝶未知金屋曉寒鶯語
澀畫樓春晚燕歸遲宮桃有恨啼紅淚煙柳多情斂
翠眉檀板金樽久寥落孤城愁聽角聲悲

山雨　偰遜

一夜山中雨風吹屋上茅不知溪水長祇覺釣船高

浣沙溪　宋秦觀

漠漠輕寒上小樓曉陰無賴似窮秋淡煙流水畫屏
幽　自在飛花輕似夢無邊絲雨細如愁寶簾閒挂
小銀鉤

雨中花　武康池上秋雨　毛滂

池上水寒欲霧竹暗小窗低戶數點秋聲來侵短夢
簷下芭蕉雨　白酒浮蛆雞豚黍陶令幾時歸去只
溪月嶺雲蘋汀蓼岸總是思量處

洞仙歌　春雨　李元膺

廉纖細雨殢東風如困縈斷千絲為誰恨向楚宮一
夢多少悲涼無處問愁到而今未盡　分明都是淚
泣柳沾花常與騷人伴孤悶記當年得意處酒力方
酣怯輕寒玉爐香潤又豈識情懷苦難禁對點滴簷
聲夜寒燈暈

大酺　前題　周邦彥

對宿烟收春禽靜飛雨時鳴高屋牆頭青玉旆洗鉛
華都盡嫩梢相觸潤逼琴絲寒侵枕障蟲網吹粘簾
竹郵亭無人處聽簷聲不斷困眠初熟奈愁極頓驚
夢輕難記自憐幽獨　行人歸意速最先念流潦妨
車轂怎奈向蘭成憔悴衛玠清羸等閒時易傷心目
未怪平陽客雙淚落笛中哀曲況蕭索青蕪國紅糝
鋪地門外荊桃如菽夜遊共誰秉燭

長相思　雨　万俟雅言

一聲聲一更更窗外芭蕉窗裏燈此時無限情　夢
難成恨難平不道愁人不喜聽空階滴到明

南歌子　徐春值雨　趙長卿

黯黯陰雲覆滂沱急雨飛洗殘枝上亂紅稀恰是褪
花天氣困人時　向曉春酲重傍人起較遲薄羅初
見試輕衣笑拭新妝須要翦酴醾

點絳唇　秋社前一日溪光亭雨　張元幹

山暗秋雲暝鴉接翅啼榕樹故人何處一夜溪亭雨
夢入新涼只道消殘暑還知否燕將雛去又是流
年度

滿江紅　詠雨　張孝祥

斗帳高眠寒窗靜瀟瀟雨意南樓近更移三鼓漏傳
一水點點不離楊柳外聲聲只在芭蕉裏也不管滴
破故鄉心愁人耳　無似有遊絲細聚復散珍珠碎
天應分付與別離滋味破我一牀蝴蝶夢輸他雙枕
鴛鴦睡向此際別有好思量人千里

水調歌頭　隆興寺觀雨　前人

青嶂度雲氣幽壑舞回風江神助我雄觀喚起碧霄
龍電掣金蛇千丈雷震靈鼉萬疊洶洶欲崩空盡瀉
銀潢水散入寶蓮宮　坐中客凌積翠看奔洪人間
應失匕箸唯我獨從容淨洗從來塵垢潤及無邊枯
槁造物不言功天宇忽開霽日在五雲東

水龍吟　雨　趙長卿

淡煙輕霧濛濛望中乍歇凝晴晝纔驚一霎催花還
又隨風過了清帶梨梢暈含桃臉添春多少向海棠
點點香紅染徧分明是臙脂透　無奈芳心滴碎阻
遊人踏青攜手檐頭線斷空中絲亂纔晴卻又簾幕
間垂處輕風送一番寒峭正留君不住瀟瀟更下黃
昏後

洞仙歌　春雨　謝懋

愁邊雨細漠漠天如醉濕遍游絲娩風外釀輕寒相

嗔色花柳難勝春自老誰管啼紅斂翠　關情潛入夜斜濕簾櫳幾處挑燈耿無寐念陽臺當日事好作雲來因箇甚不入襄王夢裏便添起寒潮捲長江又恐是離人斷腸清淚

綺羅香　春雨　史達祖

做冷欺花將煙困柳千里偷催春暮盡日冥迷愁裏欲飛還住驚粉重蝶宿西園喜泥潤燕歸南浦最妨他佳約風流鈿車不到杜陵路　沉沉江上望極還被春潮急難尋官渡隱約遙峰和淚謝娘眉嫵臨斷岸新綠生時是落紅帶愁流處記當日門掩梨花剪燈深夜語

蘭陵王　前題　高觀國

灑塵閣霏霏天垂似節春寒峭吹斷萬絲濕鶯和煙暗簾箔清愁曉來覺佳景悄悄過却芳郊外香恨燕愁不管秋千冷紅索　行雲楚臺約念今古疑情朝暮如啼紅泣翠春情薄漫一犂江上半篙堤外勾引輕陰趁畫角正孤緒寂寞　斑駁正還作聽點點簷聲沉沉春酌只愁入夜東風惡怕催教花放趲將花落溟濛煙草夢正遠恨怎託

秋思耗　賦雨　為括蒼名姝賦，黯雨小闋　吳文英

堆枕香鬟側驟夜聲偏稱畫屏秋色風碎串珠潤侵歌板愁壓眉窄動羅箑清商寸心低訴叙怨抑映夢窗零亂碧待漲綠春深落花香汎料有斷紅流處暗題相憶　歡夕簷花細滴送故人粉黛重飾漏侵瓊瑟丁東敲斷弄情月白怕一曲霓裳未終催去驂鳳翼歎謝客猶未識漫瘦却東陽燈前無夢到得路隔重雲鴈北

燭影搖紅　元夕微雨　前人

碧淡山姿暮寒愁沁歌眉淺障泥南陌潤輕酥燈火深深院人夜笙歌漸暖綵旗翻宜男舞徧恣遊不怕素韈塵生行裙紅濺　銀燭籠紗翠屏不照殘梅怨洗妝清靨濕春風宜帶啼痕看楚夢留情未散素蛾愁天長信遠曉窗移枕酒困香殘春陰簾捲

埽花遊　春遊遇雨　前人

冷空澹碧帶翳柳輕雲護花深霧艷晨易午正笙簫競波綺羅爭路驟捲風埃半掩長蛾翠嫵散絲縷漸紅濕杏泥愁燕無語　乘蓋爭避處就珮解旗亭故人相遇恨春太妒濺仙裙更惜鳳鉤塵汚酹入梅根萬點啼痕暗樹情暮更蕭蕭隴頭人去

虞美人　聽雨　蔣捷

少年聽雨歌樓上紅燭昏羅帳壯年聽雨客舟中江闊雲低斷鴈叫西風　而今聽雨僧廬下鬢已星星也悲歡離合總無情一任階前點滴到天明

洞仙歌　對雨思友　前人

世間何處最難忘杯酒暖是雲想親友此時無一盞千種離愁西風外長笛古荷衰柳　去年深夜語傾倒書窗短燭心事小山可記得到門時雨正瀟瀟嗟今雨此情非舊待與子相期采黃花又木上重陽果然晴否

綺羅香　秋雨　陳允平

鴈宇蒼寒蛩疏翠冷又是淒涼時候小揭珠簾衣潤唾花羅綢洗曉鷺獨立衰荷遡歸燕尚棲殘柳想黃花羞澀東籬斷無新句到重九　孤檠清夢易覺腸斷唐宮舊曲聲迷宮漏滴人愁心秋似玉樓人瘦煙檻外催落梧桐帶西風亂梢鴛甃記畫簾燈影沉沉共裁春夜韭

鵲橋仙　喜雨　元劉因

紅干生處幾時飛去欲去被天留住野人得飽更無求滿意看一犂春雨　田家作苦濁醪黍准備歲時歌舞不妨分我一豚蹄更試聽今秋社鼓

水龍吟　淮揚途中值雨　白樸

短亭休唱陽關柳絲惹盡行人怨鴛鴦雙影枯荷帶淡沙寒水淺紅殘雙銜玉簪中斷苦難留戀更花花細雨征鞍催上青衫淚一時濺　回首孤城不見黯秋空去鴻一線情緣未了誰教重賦春風人面鬪草開庭采香幽徑舊曾行徧漫今宵酒醒無言有恨恨天涯遠

南歌子　苦雨　王從叔

碧樹留雲濕青山似笠低鵓鴣啼罷竹雞啼不曉天天何意要梅肥　昨日穿青葛今朝御衲衣思家懷抱政難爲只恐歸來憔悴却羞歸

菩薩蠻　春雨　蕭漢傑

春愁一段來無影著人似醉昏難醒煙雨濕闌干杏花驚蟄寒　唾壺敲欲破絕叫憑誰和今夜欠添衣那人知不知

浪淘沙　春雨　前人

濕透晚香殘春淺春寒灑窗填戶著幽蘭慘慘淒淒仍滴滴做出多般　和淚撒珠盤枕上更闌芭蕉怨曲帶愁彈綠徧階前苔一片曉起誰看

漁家傲　秋雨歎　明劉基

江上秋來惟有雨江城九月猶炎暑泉湧中庭苔上

杜深閉戸莎鷄露泣寒蛩語　征戍諫求空軸杼千
村萬落無砧杵玉帳悠悠閒白羽愁正聚亂鴉啼破
樓頭鼓

摸魚兒雨　前人

灑軒窗數聲疎雨霎時驅退殘暑碧江風過蘢鱗起
天際白雲如絮人老去但說道秋來先自傷心緒故
鄉何處望不見淵明菊荒三逕盡日漫凝佇　新涼
夜兔影沉沉漢渚寥寥鴻雁飛度莎雞絡緯閒相妬
催得鬢絲千縷芳草渡還又是蒼煙綠水連紅樹榮
名幾許隨分莫求多五湖有路波浪本應阻

漁家傲秋雨　楊慎

雲掩遙山山掩翠雨聲慼戚何聲碎綠錦翻披紅錦
墜花葉背波間驚起鴛鴦睡　瀲灔芳樽人共對碧
筒涼沁初消醉滋烟香霧蘢歸袂搖玉轡南湖馬上
聞蛙吹

雨部選句

楚屈原九歌令飄風兮先驅使涷雨兮灑塵又東風
飄兮神靈雨又雷填填兮雨冥冥
九辨皇天淫溢而秋霖兮后土何時而得乾
楚辭大招霧雨淫淫白皓膠只
莊忌哀時命夕淫淫而淋雨
漢張衡思元賦雲師䨴以交集兮涷雨沛其灑塗
魏文帝愁霖賦脂余車而秣馬將言旋乎鄴都元雲
黯其四塞雨濛濛而襲予塗漸洳以沉滯潦淫衍而
橫湍豈在余之憚勞哀行旅之艱難仰皇天而太息
悲白日之不暘思若木以照路假龍燭之末光
喜霽賦乃命駕而言歸啓吉日而北巡厭羣萌之至
願感上下之明神審雲輿之块圠甘雨降以灑塵既
灑塵而爲塗惟平路之未晞激清風以漂潦發皎日
之暘輝振余策而長驅忽臨食而忘機
陳思王植愁霖賦云大季秋之淫雨兮旣彌日而成
霖瞻元雲之晻晻兮聽長空之淋淋中宵臥而嘆息
兮起飾帶而撫琴又迎朔風而爰邁兮雨微微而逮
行悼朝暘之隱曜兮怨北辰之潛精車結轍以盤桓
兮馬躑躅以悲鳴攀扶桑而仰觀兮假九日於天皇
瞻沉雲之泱漭兮哀吾願之不將又喜霽賦禹身逝
於暘肝兮錫土而告成湯感旱於殷時造桑林而敷
誠動玉朝而雲披鳴鸞鈴而日陽指北極以爲期吾
將倍道而兼行
晉成公綏時雨賦兩儀協合二氣絪縕洪川起波名
山興雲又陰霖賦百川汎濫潢潦橫流沈竈生鼃中
庭運舟
夏侯湛雷雨賦若覆河而懸井似翻伊而倒洛
明費元祿轉情集微雨好風自生微雨徐來映空颺
百丈之絲迷樹捲三朝之霧又苦雨載鶴之舟已沉
湖瀠藏龜之室盡上苔痕烏無得而啼霜牛何由而
喘月萋萋芳草思楚國之王孫瀟瀟青楓望漢皇之
神女又足不窺園堆案久無掐飲帖心忘探節閉門
聽斷插不歌寒水濆而祈晴焚芸香而辟濕悲慵多
稱褰幃且展閒書游覽有方安枕聊溫春夢
魏曹植詩時雨靜飛塵
晉陸機詩淒風迕時序苦雨遂成霖
張協詩密雨如散絲又翳翳結繁雲森森散雨足又
飛雨灑朝蘭
嵇含悅晴詩勁風歸巽林元雲起重基朝霞炙瓊樹
夕景映玉枝翔鳳睎輕翮應龍曝纖鬐
陶潛詩微雨從東來好風與之俱
宋謝莊詩燕起知風舞礎潤識雲流
齊謝朓詩朝風吹飛雨蕭條江上來
陳張正見詩細雨濯梅林
江總詩新雨百花朝
庾信詩山根一片雨
隋王胄雨晴詩殘虹低飲澗山溜上侵牆風度蟬聲
遠雲開鴈路長
唐虞世南雨後應令詩雨歇連峯翠煙開竟野通排
虛翔戲鳥跨水落長虹
宋之問詩山雨初含霽又江雨入庭飛
王勃詩珠簾暮捲西山雨
杜審言詩積雨生昏霧又江聲連驟雨日氣抱殘虹
張說早霽詩山水佳新霽南樓玩初旭夜來枝半紅
雨後洲全綠
魏知古詩雀枝林杏發潤葉渚蒲生
王維詩渭城朝雨浥輕塵又山中一夜雨樹杪百重
泉
孟浩然詩微雲淡河漢疎雨滴梧桐
岑參詩殘雲收夏暑新雨帶秋風又回風度雨渭城
西細草新花踏作泥又井上桐葉雨又雲送關西雨
又海暗三山雨又夢暗巴山雨又細雨濕行裝又江

帆暮雨低

高適詩殘雨擁輕雷

杜甫詩好雨知時節當春乃發生又一秋常苦雨今日始無雲又微雨不滑道又移雨細隨風又急雨捎溪足又驟雨落河魚又春帆細雨來又細雨魚兒出又冥冥甲子雨已度立春時又斷續巫山雨又峽雨落餘飛又楚天不斷四時雨又雷聲忽送千峯雨又飄夸神女雨又莽莽天涯雨又小雨晨光內初來葉上聞

郎士元詩簷前片雨滴春苔

耿湋詩開田孤壘外暑雨片雲中

韓愈詩大街小雨潤如酥

孟郊詩檐瀉碎江喧街流淺溪邁

李賀詩鼉鳴浦口飛梅雨

元稹詩暗風吹雨入寒窻

杜牧詩深秋簾幕千家雨又疎雨夕陽中

許渾詩海雨隨風夏亦寒

賈島詩夕陽庭際眺槐雨滴稀疎

韋莊詩一軒春雨對僧棊又落花寂寂黃昏雨深院無人獨倚門又暮雨濕烟凝

朱林逋詩此夜芭蕉雨何人枕上聞

余靖詩殘燈背窻影急雨帶溪聲

欽定古今圖書集成曆象彙編乾象典

第八十四卷目錄

雨部紀事

乾象典第八十四卷

雨部紀事

帝王世紀黃帝遊洛水上見大魚殺五牲以醮之天乃甚雨七日七夜魚流始得圖書

尚書虞書舜典納于大麓烈風雷雨弗迷

呂氏春秋武王伐紂至鮪水使膠鬲候周師問武王曰西伯何時至曰將以甲子日至膠鬲行矣大雨日夜不休武王疾行不輟軍吏諫武王曰吾疾行以救膠鬲之死也

韓詩外傳武王伐紂到於邢丘楯折爲三天雨三日不休武王心懼召太公而問曰意者紂未可伐乎太公對曰不然楯折爲三者軍當分爲三也天雨三日不休欲灑吾兵也乃修武勒兵於甯更名邢丘曰懷甯曰修武

齊桓公之時霖雨十旬桓公欲伐漅陵其城之値雨也未合管仲隰朋以卒徒造於門桓公曰徒衆何以爲管仲對曰臣聞之雨則有事夫漅陵不能雨臣請攻之公曰善遂興師伐之旣至大卒間外士在內矣桓公曰其有聖人乎乃還旗而去之

楚莊王伐陳吳救之雨十日十夜左史倚相曰吳師必夜至甲裂壘壞彼必薄我何不行列鼓出待之吳師至見楚成陳而還左史倚相曰追之吳行六十里而無功王罷卒寢果擊之大敗吳師

左傳襄二十二年春臧武仲如晉雨過御叔御叔在其邑將飲酒曰焉用聖人我將飲酒而已雨行何以聖爲穆叔聞之曰不可使也而傲使人國之蠹也令倍其賦

晏子景公爲長庲將欲美之有風雨作公與晏子入坐飲酒致堂上之樂酒酣晏子作歌云穗乎不得穫秋風至兮殫零落風雨之弗殺也太上之靡弊也歌終顧而流涕張躬而舞公遂廢酒罷役不果成長庲

家語孔子將行雨而無蓋門人曰商也有之孔子曰商之爲人也甚悋於財吾聞與人交推其長者違其短者故能久也

魯人有獨處室者鄰之嫠婦亦獨處一室夜暴風雨至嫠婦室壞趨而託焉魯人閉戶而不納嫠婦自牖與之言子何不仁而不納我乎魯人曰吾聞男女不六十不同居今子幼吾亦幼是以不敢納爾也婦人曰子何不如柳下惠然嫗不建門之女國人不稱其亂魯人曰柳下惠則可吾固不可吾將以吾之不可學柳下惠之可孔子聞之曰善哉欲學柳下惠者未有似於此者期於至善而不襲其爲可謂智乎

齊有一足之鳥飛集於公朝下止於殿前舒翅而跳齊侯大怪之使使聘魯問孔子孔子曰此鳥名商羊水祥也昔童兒有屈一脚振肩而跳且謠曰天將大雨商羊鼓舞今齊有之其應至矣急告民趨治溝渠修隄防將有大水爲災頃之大霖雨水溢泛諸國傷害人民惟齊有備不敗景公曰聖人之言信而有徵矣

孔子將近行命從者皆持蓋已而果雨巫馬期問曰旦無雲旣日出而夫子命持雨具敢問何以知之孔子曰昨暮月宿畢詩不云乎月離於畢俾滂沱矣以此知之

論衡孔子出使子路齎雨具有頃天果大雨子路問其故孔子曰昨暮月離于畢後日月復離于畢孔子出子路請齎雨具孔子不聽果無雨子路問其故孔子曰昔日月離其陰故雨昨暮月離其陽故不雨

列子湯問篇伯牙遊於太山之陰卒逢暴雨止於巖下心悲乃援琴而鼓之初爲霖雨之操

戰國策文侯與虞人期獵是日飲酒樂天雨文侯將出左右曰今日飲酒樂天又雨公將焉之文侯曰吾與虞人期獵雖樂豈可不一會期哉乃往身自罷之魏於是乎始强

齊韓魏共攻燕楚王使景陽將而救之暮舍使左右司馬各營壁地已植表景陽怒曰女所營者水至皆滅表焉可以舍乃令徙明日大雨山水大出所營者水皆滅表軍吏乃服

史記始皇本紀二十八年上泰山立石封祠祀下風雨暴至休於樹下因封其樹爲五大夫

滑稽傳優旃者秦倡朱儒也善爲笑言然合於大道秦始皇時置酒而天雨陛楯者皆沾寒優旃見而哀之謂之曰汝欲休乎陛楯者皆曰幸甚優旃曰我卽

呼汝汝疾應曰諾居有頃殿上上壽呼萬歲優旃臨檻大呼曰陛楯郎郎曰諾優旃曰汝雖長何益幸雨立我雖短也幸休居於是始皇使陛楯者得半相代

漢書陳勝傳秦二世元年秋七月發閭左戍漁陽九百人勝廣皆爲屯長行至蘄大澤鄉會天大雨道不通度已失期名令徒屬曰公等遇雨皆已失期當斬藉第令毋斬而戍死者固什六七且壯士不死則已死則舉大名耳侯王將相寧有種乎徒屬皆曰敬受命乃詐稱公子扶蘇項燕勝自立爲將軍廣爲都尉攻大澤鄉拔之收兵而攻蘄蘄下

漢書高祖本紀秦二世二年七月大霖雨沛公攻亢父

搜神記漢征和三年三月天大雨何比干門有老嫗可八十餘求寄避雨雨甚而衣不沾漬出懷中符策九百九十枚以授比干曰子孫佩印綬者當如此筭

漢書樓護傳護爲天水太守數歲免家長安中時成都侯商爲大司馬衞將軍罷朝欲候護其主簿諫將軍至尊不宜入閭巷商不聽遂往至護家家狹小官屬立車下久住移時天欲雨主簿謂西曹掾曰不肯彊諫反雨立閭巷商還或白主簿語商恨以它職事去主簿終身廢錮

後漢書光武本紀王莽遣王邑圍昆陽巨無霸驅猛獸虎豹犀象之屬以助威武光武與敢死者三千人衝其中堅莽兵大潰走者相騰踐奔殪百餘里間會大雷風屋瓦皆飛雨下如注滍川盛溢虎豹皆股戰士卒爭赴溺死者以萬數水爲不流

馮異傳光武至邯鄲遣異與銚期乘傳撫循屬縣及王郎起光武自薊東南馳至南宮遇大風雨光武引車入道傍空舍異抱薪鄧禹爇火光武對竈燎衣

東觀漢記沛獻王輔善京氏易永平五年京師少雨上御雲臺自爲卦以周易林占之其繇曰蟻封穴戶大雨將至以問輔輔對曰蹇艮下坎上艮爲山坎爲水山出雲爲雨蟻穴居知雨將至故以蟻興

高鳳傳鳳好學不休妻嘗之田曝麥於庭令鳳護雞時天暴雨而鳳持竿誦經不覺潦水流麥妻還怪問鳳方悟之

郭泰傳泰周遊郡國嘗於陳梁間行遇雨巾一角墊時人乃故折巾一角以爲林宗巾其見慕皆如此

茅容傳容字季偉陳留人也年四十餘耕於野時與等輩避雨樹下衆皆夷踞相對容獨危坐愈恭林宗行見之而奇其異遂與共言

長沙耆舊傳文虔字仲孺爲郡功曹時霖雨廢民業太守憂悒召虔補戶曹掾虔奉教齋戒在社三日夜夢見白頭翁謂曰爾來何遲虔具白所夢太守曰昔禹夢青繡衣男子稱滄水使者禹知水脈當通若掾此夢將其比也明日果大霽

珍珠船異聞集漢馬均能制竹爲人致雨

三國吳志劉繇傳繇子基字敬輿姿容美好孫權愛敬之權爲吳王遷基大農權大暑時嘗於船中宴飲於船樓上值雷雨權以蓋自覆又命覆基餘人不得也其見待如此

魏志曹眞傳眞以蜀連出侵邊境宜遂伐之數道並入可大克也帝從其計眞以八月發長安從子午道南入司馬宣王泝漢水當會南鄭諸軍或從斜谷道或從武威入會大霖雨三十餘日棧道斷絕詔眞還軍

魏略韓宣於東掖門內與臨菑侯植相遇時天新雨地有泥潦宣欲避之閡潦不得去乃以扇自障住於道邊

三國魏志明帝本紀景初元年秋七月初權遣使浮海與高句驪通欲襲遼東遣幽州刺史毌丘儉率諸軍及鮮卑烏丸屯遼東南界璽書徵公孫淵淵發兵反儉進兵討之會連雨十日遼水大漲詔儉引軍還

管輅傳輅過清河倪太守時天旱倪問輅雨期輅曰今夕當雨是日暘燥晝無形似府丞及令在坐咸謂不然到鼓一中星月皆沒風雲並起竟成快雨於是倪盛修主人禮共爲歡樂註輅別傳曰輅與倪清河相見既刻雨期倪猶未信輅曰夫造化之所以爲神不疾而速不行而至十六日壬子直滿畢星中已有水氣水氣之發動於卯辰此必至之應也又天昨檄召五星宣布星符刺下東井告命南箕使召雷公電父風伯雨師羣嶽吐陰衆川激精雲漢垂澤蛟龍含靈䨴聘朱電吐咀杳冥殷殷雷聲噓吸雨靈習習谷風六合皆同欬唾之間品物流形天有常期道有自然不足爲難也倪曰譚高信寡相爲憂之於是便留輅往請府丞及清河令若夜雨者當爲啖二百斤犢肉若不雨當住十日輅曰言念費損至日向暮了無雲氣衆人並嗤輅輅言樹上已有少女微風樹間又有陰鳥和鳴又少男風起衆鳥和翔其應至矣須臾果有艮風鳴鳥日未入東南有山雲樓起黃昏之後雷聲動天到鼓一中星月皆沒風雲並與元氣四合

大雨河傾倪調輅言誤中耳不爲神也輅曰誤中與天期不亦工乎

浙江通志嚴州府淳安縣石門在縣西四十里相傳門常爲霧塞吳孫和爲太子時避難至此逢大雨祀以白牛馬三日雨止見石門儼然

晉書宣帝本紀遼東太守公孫文懿反景初二年帥牛金胡遵等步騎四萬發自京都次於遼水傍遼水作長圍棄賊而向襄平賊保襄平進軍圍之會霖潦大水賊恃水樵牧自若諸將欲取之皆不聽陳珪曰昔攻上庸八部並進晝夜不息故能一旬之半拔堅城斬孟達今者遠來而更安緩愚竊惑焉帝曰夫兵者詭道善因事變賊憑衆恃雨故雖饑困未肯束手當示無能以安之取小利以驚之非計也朝廷聞師遇雨咸請召還天子曰司馬公臨危制變計日擒之矣既而雨止文懿攻南圍突出帝縱兵擊敗之斬於梁水之上

夏統傳統字仲御會稽永興人其母病篤乃詣洛市藥會三月上巳洛中王公已下並至浮橋統時在船中曝所市藥諸貴人車乘來者如雲統竝不之顧太尉賈充怪而問之乃更就船與語謂曰卿頗能作卿土地間曲乎統於是以足叩船引聲喉囀清激慷慨大風應至含水嗽天雲雨響集王公已下皆恐止之乃已

世說周浚作安東時行獵值暴雨過汝南李氏李氏富足而男子不在有女名絡秀聞外有貴人與一婢於內宰豬羊作數十人飲食事事精辦不聞有人聲浚因求爲妾

晉書王祥傳祥性至孝早喪親繼母朱氏不慈有丹柰結實母命守之每風雨祥輒抱樹而泣

抱朴子使者甘宗所奏西域事云方士能神呪者臨泉禹步吹氣龍即浮出長十數丈更吹龍輒縮至長數寸乃掇取著壺中壺中或有四五龍以少水養之聞有旱處便齎龍往賣一龍直數十斤金發壺出一龍著潭中復禹步吹之長數十丈須臾而雲雨四集

世說謝太傅無嗔喜嘗送兄征西葬還日暮雨御人皆醉不可處分公乃於車中手取車柱撞御人聲色甚怒

陝西通志法慧關中人晉建元元年至襄陽止羊叔子寺不受別請每乞食輒齎繩牀自隨遇雨以油帔自覆雨止唯見繩牀不知慧所在訊問未息慧已在牀後征西庾稚恭鎭襄陽收而刑之臨死語衆人云吾死後三日天當暴雨至期果洪注城門水深一丈居民淹沒多有死者

晉書王雅傳孝武帝以雅爲太子少傅將拜遇雨請以繖入王珣不許之因冒雨而拜

王徽之傳徽之字子猷爲車騎桓沖參軍嘗從沖行值暴雨徽之因下馬排入車中謂曰公豈得獨擅一車

苻堅載記堅率步騎二萬討姚萇於北地次於趙氏塢使護軍楊璧游騎三千斷其奔路右軍徐成左軍竇衝鎭軍毛盛等屢戰敗之仍斷其運水之路馮翊游欽因淮南之敗聚衆數千保據頻陽遣軍運水及粟以饋姚萇楊璧盡獲之萇軍渴甚遣其弟鎭北尹買率勁卒二萬決堰竇衝率衆敗其軍於鸛雀渠斬尹買及首級萬三千萇衆危懼人有渴死者俄而降雨於萇營中水三尺周營百步之外寸餘而已於是萇軍大振堅方食去案怒曰天其無心何故降澤賊營

僧涉傳僧涉者西域人也不知何姓少爲沙門苻堅時入長安能以祕呪下神龍每旱苻堅使之呪龍請雨俄而龍下鉢中天輒大雨

南史王懿傳懿字仲德年十七及兄叡同起義兵與慕容垂戰敗仲德被重創走與家屬相失路經大澤暴雨莫知津逕有一白狼至前銜仲德衣因度水仲德隨後得濟

南史王惠傳惠常臨曲水風雨暴至坐者皆馳散惠徐起不異常日不以霑濡而改

北史吳遵世傳齊文襄遊東山有雲起恐雨廢射戲使筮遇剝之坤業興云坤上艮下剝艮爲山山出雲故知有雨遵世云坤爲地土制水故知無雨

杭州府志齊曇超姓張氏建元末明鬪樓錢塘靈苑山講經有老人來聽曰我龍也居富春廬山下適者鄉民耕山逼我居室羣龍並怒閉宵雨以害稼吾不忍聞師道行必能化伏乃迎往師至觀山結壇具誦雨大霑足

南齊書王敬則傳敬則晉陵南沙人也明帝即位進大司馬增邑千戶臺使拜授日雨大洪注敬則文武皆失色一客在傍曰公由來如此昔拜丹陽吳興時亦然敬則大悅曰我宿命應得雨乃列羽儀備朝服導引出聽事拱受意猶不自得叫古久之至事竟

梁書徐勉傳勉字修仁東海郯人也祖長宗宋高祖

霸府行參軍父融南昌相勉幼孤貧早勵清節年六
歲時屬霖雨家人祈霽率爾爲文見稱耆宿
南史虞荔傳荔弟寄少聰敏弱冠舉秀才對策高第
起家梁宣城王國左常侍大同中嘗驟雨殿前往往
有雜色寶珠梁武觀之甚有喜色寄因上瑞雨頌帝
謂寄兄荔曰此頌典裁清拔卿之士龍也將如何擢
用寄聞之歎曰美盛德之形容以申擊壤之情耳吾
豈買名求仕者乎乃閉門稱疾唯以書籍自娛
金陵志陳後主泛舟遊於河忽遇雨浮漚生宮人指
浮漚曰滿河珍珠因名其河爲珍珠河
魏書王早傳早善風角輿駕還都時久不雨世祖問
早曰何時當雨早曰今日中時必大雨比至未時猶
無片雲世祖名早詰之早曰願更少時至申時雲氣
四合遂大雨滂沱世祖甚善之
彭城王勰傳高祖破崔慧景蕭衍其夜大雨高祖曰
昔聞國軍獲勝每逢雲雨今破新野南陽及摧此賊
果降時潤誠哉斯言勰對曰水德之應遠稱天心
裴叔業傳叔業兄子粲曾詣清河王懌下車始進便
屬暴雨粲容步舒雅不以沾濡改節懌乃令人持蓋
覆之歎謂左右曰何代無奇人
列女傳苟金龍妻劉氏平原人世宗時金龍爲梓潼
太守郡帶關城戍主蕭衍攻圍值金龍疾病劉遂率
厲城民修理戰具一夜悉成拒戰百有餘日井在外
城尋爲賊陷賊中絕水渴死者多劉乃集諸長幼喻
以忠節遂相率告訴於天俄而澍雨劉命出公私布
絹及至衣服懸之城中絞而取水所有雜器悉儲之
於是人心益固會益州刺史傳豎眼將至賊乃退散
豎眼歎異具狀奏聞世宗嘉之賞平昌縣開國子邑
二百戶
北齊書邢卲傳卲字子才河間鄚人少在洛陽會天
下無事與時名勝專以山水遊宴爲娛不暇勤業嘗
因霖雨乃讀漢書五日略能遍記之
宋遊道傳遊道除司州中從事時將還鄴會霖雨行
旅擁於河橋遊道於幕下朝夕宴歌行者曰何時節
作此聲也固大癡遊道應曰何時節而不作此聲也
亦大癡
唐書谷那律傳那律遷諫議大夫兼弘文館學士從
太宗出獵遇雨沾漬因問曰油衣若爲而無漏耶那
律曰以瓦爲之當不漏帝悅其直賜帛二百段
大唐新語貞觀末房元齡避位居第時天旱太宗將
幸芙蓉園以觀風俗元齡聞之戒其子曰鑾輿必當
見幸亟使灑掃兼備饌具有頃太宗果先幸其第便
載入宮其夕大雨咸以爲優賢之應
唐書裴行儉傳裴行儉高宗時爲定襄道大總管討
突厥大軍次單于北暮已立營塹壕旣周行儉更命
徙營高岡吏白士安堵不可擾不聽促徙之比夜風
雨暴至前占營所水深丈餘衆莫不駭歎問何以知
之行儉曰自今第如我節制毋問我所以知也
舊唐書五行志景龍中東都霖雨百餘日閉坊市北
門時駕車者苦甚汚街中言曰宰相不能調陰陽致
茲恆雨令我汚行會中書令楊再思過謂之曰於理
則然亦卿牛劣耳
唐李德裕明皇十七事元宗嘗幸東都天大旱且暑
時聖善寺有竺乾僧無畏號三藏善名龍致雨之術
上遣力士疾名無畏奏旱數當耳名龍興雲烈風迅
雷適足以暴物不可爲也上强之又曰苦暑人病矣
雖暴風疾雷亦足快意無畏不得已乃奉詔有司爲
陳請雨具而幡幢像設甚備無畏笑曰斯不足致雨
悉令徹之獨盛一鉢水以刀攪旋之胡言數百呪水
須臾有若龍狀其大類指赤色首噉水上俄復沒於
鉢中無畏復以刀攪水呪者三頃之白氣自鉢中興
如爐烟直上數尺稍引出講堂外無畏謂力士曰宜
去雨至矣力士極馳而去還顧見白氣疾旋自講堂
出若一疋素練者旣而昏霾大風震雷以雨力士纔
及天津橋之南風亦隨馬而至矣衢中大樹多拔力
士比復奏衣盡沾濕時孟溫禮爲河南尹目覩其事
溫禮子皡嘗言於臣亡祖先臣與力士言同後吏部
員外郎李華撰無畏碑亦云奉詔致雨滅火返風昭
昭然徧於耳目也今洛京天津橋有荷澤寺者卽高
力士去請呪水祈雨回至此寺前雨大降明皇因於
此地造寺而名荷澤焉寺今見在
舊唐書章懷太子賢傳賢子邠王守禮雖積陰累日
守禮白於諸王曰欲晴果晴愆陽涉旬守禮曰卽雨
果連澍岐王等奏之云邠哥有術守禮曰臣無術也
則天時以章懷遷謫臣幽閉宮中十餘年每歲被勑
杖數頓見瘢痕甚厚欲雨臣脊上卽沉悶欲晴卽輕
健臣以此知之非有術也涕泗霑襟元宗亦憫然
唐書顏眞卿傳眞卿遷監察御史使河隴時五原有
冤獄久不決天且旱眞卿辨獄而雨郡人呼爲御史
雨
酉陽雜俎梵僧不空得總持門能役百神元宗敬之

歲常旱上令祈雨不空言可過某日令祈之必暴雨上乃令金剛三藏設壇請雨連日暴雨不止坊市有漂溺者遽召不空令止之不空遂於寺庭中捏泥龍五六常溜水作胡言罵之良久復置之乃大笑有頃雨霽

元宗又嘗名術士羅公遠與不空同祈雨互校功力上俱名問之不空曰臣昨焚白檀香龍上令左右掬庭水嗅之果有檀香氣又與羅公遠同在便殿羅時反手搔背不空曰借尊師如意殿上花石瑩滑遂激窣至其前羅再三取之不得上欲取之不空曰三郎勿起此影耳因舉手示羅如意

僧不空每祈雨無他軌則但設數繡座手鏇旋數寸木神念呪擲之自立於座上伺木神吻角牙出目瞚則雨至

僧一行窮數有異術開元中嘗旱元宗令祈雨一行言當得一器上有龍狀者方可致雨上令於內庫中遍視之皆言不類數日後指一古鏡鼻盤龍喜曰此有眞龍矣乃持入道場一夕而雨

摭言蕭頴士恃才傲物嘗攜酒郊野風雨暴至有紫袍老父避雨頴士頗肆凌侮逡巡雨霽車馬卒至老人上馬呵殿而去曰吏部王尚書也頴士明日具長牋造門謝尚書責曰恨與子非親屬當庭訓之耳子負文學之名踞慠如此止於一第乎頴士果終於揚州功曹

芝田錄元德秀退居安祿縣南獨處一室去家數十里值天雨水漲七日不通餓死室中中書舍人盧載爲之誄曰誰爲府君犬必啗肉誰爲府僚馬必食粟誰使元公餓死空腹

開元天寶遺事學士蘇頲有一錦紋花石鏤爲筆架嘗置于硯席間每天欲雨卽此石粱津出如汗逡巡而雨頲以此常爲雨候固無差矣

劉仲達鴻書致虛閣雜俎云唐天寶十三年宮中下紅雨色若桃花太眞喜甚命宮人各以椀杓承之用染衣裾

雲南通志唐天寶間崇聖寺僧募造大士像未就夜驟雨且起視之溝澮皆流銅屑卽用鼓鑄立像高二十四尺如吳道子所畫細腰跣足像成白光彌覆三日夜至今春夏之際時時放光

明皇雜錄上初入斜谷屬霖雨彌旬於棧道中聞鈴聲與山相應上悼念貴妃因采其聲爲雨淋鈴曲以寄恨

畿輔通志鄭希誠嫣川人生之夕里人見其舍火光奔救之至則無有年十五決意入道嘗詣岱嶽屬時亢旱吏民以請希誠曰若等改過思善則甘澤可期皆再拜曰諾因取椶扇蔽面雲起所坐之方雨隨澍

憲宗四年賜號太元眞人

兩朝獻替記京師旱李德裕拜相卽日大雨京中喜曰相公乃李德雨也

酉陽雜俎王彥威尚書在汴州二年夏旱時袁王傅季玘寓汴因宴王以旱爲言季醉曰欲雨甚易耳可求蛇醫四頭十石甕二枚每甕實以水浮二蛇醫以木蓋密泥之分置於閒處甕前後設席燒香選小兒十歲已下十餘令執小青竹晝夜更擊其甕不得少輟王如言試之一日兩夜雨大注舊說龍與蛇師爲親家焉

冊府元龜寶曆二年十月京兆尹劉栖楚奏術者數之妙苟利於時必以救患伏以前度抵雨閉門得晴臣請今後每陰雨五日卽令坊市閉北門以禳諸陰晴三日便令盡開門使啓閉有常永爲定式從之

溫造爲興元節度初往漢中遇大雨平地水深尺餘若不可進禱鷄翁山疾風驅雲卽時晴霽後文宗憶聞其事會造爲御史大夫入見得詳言當時靈貺明日下詔封鷄翁山爲侯

開成元年三月庚申帝幸龍首池觀內人賽雨賦暮春喜雨詩云風雲喜際會雷雨遂流滋薦幣虛陳禮動天實精思漸浸九夏節復在三春時霢霂垂朱闕飄颻入綠墀郊坰既霑足黍稷有豐期百殿同憂樂萬方佇雍熙宰臣文武百官咸有屬和

唐書殷文昌傳文昌帥荆南州或旱禬解必雨或久雨遇出遊必霽民爲語曰旱不苦禱而雨雨不愁公出遊

雲仙雜記魏郡開成中大旱徧禱山岳或言西沈陸先生道行精明請之必驗太守以下乃攜杏酒青羊以備牲醪告於山中先生受禮訖對太守呼吸數過五指連拂之爪甲間皆出雲烟之氣惟中指氣象甚盛先生曰郡中雨得足諸縣皆獲八分亦可小稔已而其說不誣

廣東通志歸南者姓黃新會人生唐開成四年性慧幼牧牛遇旱語父老曰能以角黍相惠乎當報以雨如其言果雨

四朝寶訓大中初京師嘗淫雨涉月將害粢盛分命

禱告百無一應宣宗一日在內殿顧左右執鑪降階焚香仰視若自責者久之御服沾濕感動左右旋踵而急雨止翌日而凝陰開比秋而大有年

雲仙雜記饒子卿隱廬山東土谷無瓦屋代以茅茨每年一易茅謂之茅龍更衣或時由濕致漏則以油幄承梁坐於其下初無愁歎

余宗伯屋瓦皆鏤竅穴千百雨則散如真珠

朱宇種蔬三十品時雨之後按行園圃曰天出此徒助予鼎俎家復何患

北夢瑣言孔拯侍郎爲補闕時嘗朝回值雨而無雨備乃於人家簷廡下避之過食時雨益甚其家乃延入廳事有一叟出迎甚恭洒饌亦甚豐潔拯爲謝之且假雨具叟曰某閒居不預人事寒暑風雨未嘗冒也置此欲安施乎令於他處假借以奉之拯退而歎嗟若忘宦情語人曰斯大隱者也

雲南通志唐無言和尚李氏子嘗持一鉢入定鉢內火光出則晴白氣升則雨

五代史高行周傳明宗東襲鄆州遇雨軍中皆欲止不進行周曰此天贊也鄆人恃雨不備吾當出其不意即夜馳入其城

册府元龜長興元年正月癸未上御中興殿謂宰臣曰近雖降春澤如何馮道奏曰今歲春初已見三白相次又降雨澤人情大洽蓋陛下聖德感通之應也臣聞天子事天臣下事君臣下若不供其職則刑法及之天子不守其道則災沴降之今陛下敬天事地憂勞百姓則歲有豐登

長興二年十二月己卯帝御中興殿宰臣馮道奏曰曬日陛下方憂雪是夜使降立春日又降雨澤皆得其節也自陛下臨御於今六載家給人足而又放鷹鶻之類咸令遂性所謂仁及鳥獸也苟非聖德其孰能臻此

長興三年二月癸巳帝御中興殿顧謂馮道曰春雨太多乎道對曰春澤稍多是豐年之兆契丹孔熾自近朝以來中國多事未暇制服向者王都背叛連結邊戎陛下命將得人俾匹馬不回使其畏懼而修朝貢則知皇威所振邁於前古也

陸游南唐書齊王景達傳景達生於吳順義四年是歲大旱烈祖方輔政極於焦勞七月既望雩而得雨景達以是日生烈祖喜故小名雨師

伶官傳南唐時關司斂稅尤繁商人苦之屬近甸亢旱一日宴於北苑烈祖謂侍臣曰畿甸雨都城不雨何也得非獄市之間逆天意歟申漸高乘談諧進曰雨懼抽稅不敢入京烈祖大笑即下令除一切額外稅信宿之間膏澤告足

十國春秋南唐後主時宮中貯雨水染淺碧爲衣號天水碧

杭州府志五代滿璧福清人初㕘淨慧慧指雨曰滴滴落上座眼裏初不喻後聞華嚴感悟

清異錄張崇帥廬在鎮不法酷於聚斂從者數千人出遇雨皆頂蓮花帽琥珀衫所費油絹不知紀極市人稱曰雨仙

談苑太祖大燕雨暴作上不悅趙普奏曰外面百姓正望雨官家大燕何妨只是損得此陳設濕得此樂官衣裳但令雨中作雜劇更可笑此時雨難得百姓快活時正好飲酒喜樂太祖大喜宣令雨中作樂宣勸滿飲盡歡而罷

庚溪詩話舊傳有太守因旱禱雨於龍潭得小雨而未甚應作一絕云祈雨精神尚未通浮雲開闔有無中龍潭恐我歸去略灑些兒表不空因寫詩投潭中纔即大雨隨足

建隆初春安方就次雨大作樂舞失容上色慍范質乃言曰今歲二麥必倍收上喜動色命滿泛入夜方罷莫不沾醉

宋史張士遜傳士遜字順之爲射洪令後知邵武縣以寬厚得民前治射洪以旱禱雨白崖山陸史君祠尋大雨士遜立庭中須雨足乃去至是邵武旱禱歐陽太守廟廟去城過一舍士遜徹蓋雨沾足始歸

雷德驤傳驤子有終字道成淳化二年復爲少府少監徙知江陵李順之亂王師西征命與裴莊爲峽路隨軍轉運使同知兵馬事師行至峽中遇盜格鬬衆渴乏會天雨軍士以兜牟承水飲之且行且戰進至廣安軍與瀕江賊衆奄至有終引奇兵擊之賊衆赴水死者無算

石林詩話元豐間嘗久旱不雨裕陵禁中齋禱甚力一日夢有僧乘馬馳空中口吐雲霧旣覺而雨大作翌日遣中貴人尋夢中所見物色於相國寺三門五百羅漢中第十三尊略彷彿即迎入內視之正所夢也王丞相禹玉作喜雨詩云良弼爲霖辜宿望神僧作霧應精求元㕘政厚之云仙驥箭雲穿仗下佛花吹雨匝天流蓋記此相國寺羅漢本江南李氏時物在廬山東林寺曹翰下江南盡取城中金帛寶貨連

百餘舟私盜以歸無以爲之名乃取羅漢每舟載十許犇獻之詔因賜於相國寺當時謂之押載羅漢云

東坡志林紹聖二年五月望日敬造眞一法酒成請羅浮道士鄧守安拜奠北斗眞君將奠雨作已而清風肅然雲氣解駁月星皆見魁標皆爽徹奠除雨如初謹拜首稽首而記其事

玉照新志東坡南遷北歸次毘陵時久旱得雨有里人袁點思與有一絕云靑蓋美人回鳳帶繡衣男子返雲車上天一笑渾無事從此人間樂有餘書以呈坡大喜爲之重寫且以手柬褒之至今袁氏刻石藏於家點後仕至朝請大夫

老學庵筆記范參言魯直至宜州州無亭驛又無民居可僦乃居一城樓上亦極湫隘秋暑方熾幾不可過一日忽小雨魯直飲薄醉坐胡牀自欄楯間伸足出外以受雨顧謂參曰吾平生無此快也

醉翁談語紹聖間吳尚書喜論杜詩每從官晨集聽者以爲苦時葉致遠爲中書舍人每遷坐於門外簷次一日忽大雨飄灑同列呼之不至問其故曰怕老杜詩蓋葉亦可謂不善取益也

世說補范忠宣謫永州夫人不如意輒罵章惇舟過橘洲大風雨船破僅得及岸正平持蓋公自負夫人以登燎衣民舍公顧曰豈亦章惇所爲耶

潘大臨答謝無逸書秋來景物件件是佳致昨日清臥聞攪林風雨聲遂起題詩曰滿城風雨近重陽忽催租人至敗意止此一句奉寄

彥周詩話讀紫姑神大抵能作詩然不甚過人舊傳一士人家請之既降偶書院中子弟作雨詩因率爾詩賦頃刻書滿紙其警句云簾捲滕王閣盆翻白帝城可喜也

宋史王淮傳淮拜右丞相兼樞密事先是自夏不雨至秋是日甘雨如注士大夫相賀上亦喜命相而雨乃命日笄諸郡絹錢盡蠲一年爲緡八十餘萬

江應辰傳應辰紹興五年進士第一人初任趙鼎爲帥幕府事悉諮焉歲小旱命應辰禱雨名山即應越人語之曰此相公雨鼎曰不然乃狀元雨也

禮志紹興八年宰臣奏積雨傷蠶上曰朕宮中自養蠶一薄欲知農桑之候久雨葉濕豈不有損乃命往天竺祈晴

廣東通志孫道者海陽人宋乾道九年生早喪父鞠於兄年九歲嫂命護雞道者曰雨將至矣嫂曰晴甚安得雨道者以竿揚之雨大至漂穀嘗同兄詣府城見人禱雨不應曰禱雨易事若以我禱則應否願自焚人告之府命之禱即刻雨降城中水深尺餘淳熙十三年於寶峯山巔忽不見敕封靈感風雨聖者歲旱鄉人詣山巔禱之即應

玉堂雜記淳熙丙申七月十九日六曹長貳六人往浙江亭觀潮泰之在焉惟予以內直不赴晡時大雷雨走筆戲蔡子平洸云雷轟萬鼓勒潮回無復亭前雪作堆應爲尚書慳且遣盲風怪雨一時來

乾淳起居注淳熙六年九月十五日明堂大禮十三日値雨未時奏請宿齋北內十四日早車駕詣景靈宮回太廟宿齋雨終日不止午後太上遣提舉至太廟傳語官家所有十六日詣宮飲福以陰雨泥勞頓可免到宮行禮天氣陰寒請官家善進御膳頻加御服聖旨遣閤長回奏上感聖恩至日依舊詣宮行禮若値雨不登門時續當奏聞至晚雨不止宣諭大禮使趙雄來早更不乘輅止用逍遙輦詣文德殿致齋一應儀仗排立並行放免從駕官並常服以從併遣御藥奏聞北內來日爲値雨更不乘輅謹遵聖旨更不過宮行飲福禮大禮使趙雄雖已得旨猶不許放散上聞之曰來早若不晴時有何面目雄聞之日縱使不晴得罪不過罷相耳堅執不肯放至黃昏後雨止月明上大喜遣內侍李思恭宣諭大禮使仍舊乘輅再遣御藥奏聞北內以天晴仍舊乘輅候行禮畢敕詑詣宮行飲福禮

宋史劉穎傳穎爲少宗正丞相趙汝愚適歸相遇於廢寺泥雨不能伸足但倚牀立語曰寄謝余參政某雖去人才猶在朝廷幸善待之余參政端禮也

汪綱傳綱提點浙東刑獄禱雨龍瑞宮有物蜿蜒朱色盤旋壇上者三日綱曰吾欲雨而已毋爲異以惑衆言未竟雷雨大至歲以大熟

金史武禎傳正大初禎徵至汴京時久旱祈禱不應朝廷爲憂禎忽謂其友王鉉曰足下今日早歸恐爲雨阻鉉曰萬里無雲赤日如此安得有雨禎笑曰若是則天不誠也人何嘗不誠既而東南有雲氣須臾蔽天平地雨注二尺衆皆驚歎

元史王庸傳庸字伯常雄州歸信人事母李氏以孝聞母有疾庸夜禱北辰至叩頭出血母疾遂愈及母卒哀毀幾絕廬墓前旦夕悲號一夕雷雨暴至鄰人持寢席往欲蔽之見庸所坐臥之地獨不霑濕咸歎異而去

孫瑾傳瑾事繼母唐氏尤孝背患癰瑾親吮之又喪目瑾舐之復明唐氏卒卜日將葬時春苦雨瑾夜號天乞霽至旦雲日開朗雨掩壙陰氣復合雨注數日不止

吳希曾傳希曾睢寧人父卒葬之日大雨希曾跪櫪前炷艾燃腕火熾雨止既葬廬於墓左縣上狀並旌之

閒中古今錄元薩公天錫常有一詩送濬天淵入朝地遇厭聞天竺兩月明來聽景陽鐘聞者無不膾炙惟山東有一叟鄙之公以素慊意特步訪問叟曰此聯措詞固善但聞與聽字一合耳公曰當以何字易之叟徐曰看天竺雨公詰其看字叟曰唐人有林下老僧來看雨公俯首拜爲一字師

輟耕錄往往見蒙古人之禱雨者非若方士然至於印令旗劍符圖氣訣之類一無所用惟取淨水一盆浸石子數枚而已其大者若雞卵小者不等然後默持密呪將石子淘漉玩弄如此良久輒有雨豈其靜定之功已成特假此以愚人耳抑果異物耶石子名曰鮓答乃走獸腹中所產獨牛馬者最妙恐亦是牛黃狗寶之屬耳

仰山脞錄洪武初詩人丁鶴年西域人也常卜日葬其父霖雨十日不止鶴年仰天悲泣翼日雨止葬畢雨如初

明外史卓敬傳敬字維恭瑞安人年十五讀書寶香山風雨夜歸迷失道得一兕牛憑之歸比及門乃黑虎也

明廷雜記洪武末姚廣孝在燕侍文皇帝及靖難將起令擇日必須某月某日某時方可舉事至期疾風暴雨文皇謂廣孝曰出師大風雨此兵家之忌也廣孝對曰陛下是箇龍正要風雨大方助得勢頭臣豈不先知今日有風雨哉急行毋緩其後果然

四川總志蔡廉嘉定人正統進士以母老乞教職就養授井研諭母終及葬遇雨不止廉大慟籲天至期開霽事畢雨如初

列朝詩集邢參字麗文常遇雪累日囊無粟兀坐如枯株諸人往視見其無慘懍色方苦吟誦所得句自喜又連日雨復往視屋三角墊怡然執書坐一角不慘亦累日矣

沈鯉傳鯉初相卽請除礦稅居位數年數以爲言及是猶未罷會孝陵明樓災鯉偕一貫賡各爲奏俟時上之一日大雨鯉曰可矣兩人問故鯉曰帝惡言礦稅事疏入多不視今吾輩冒雨素服詣文華奏之上訝而取閱亦一機也兩人從其言帝得疏曰必有急事啓視果心動然不爲罷

李元陽登武夷大王峯記嘉靖戊戌夏五月予至武夷往返竟日歷覽旣徧道院夜酌相與評品形勝予曰天下山水至武夷諸峯奇詭極矣然眺覽尚未盡惟大王峯獨高試一登之道士曰捫天之難非雲梯不可升乃命縛梯予遂躡而升頃之山下雷雨大作下視雨脚甚長巖前不見雨絲乃知身出雲上環望八閩諸山不啻培塿下至梯半始覺有雨霑衣比至道士院不辨色矣

楊愼遊點蒼山記嘉靖庚寅約同中谿李公爲點蒼之遊至無爲寺聞北岡有元世祖駐蹕臺後人屋之方至其處大雨忽至遂趨屋下避雨軒窻洞豁最堪游目則見滿川烈日農人刈麥予曰異哉何晴雨相兼也中谿曰此點蒼十景之一所謂晴川秧雨者是也每歲溪上日日有雨田野時時放晴故刈麥插秧兩無所妨世傳觀音大士授記而然

王世貞遊泰山記戊午己未間偕御史段君按部太安段君約以三日登而諸從者度不任輿馬余與叅議徐君文通請以二日先段君許之至夕而大雨其次日雨止卽入山段君至從行者叅政張丈希舉副使李君嵩僉事王君遴張君師价因置酒於其署移酒席玉皇祠南柏樹下段君約以次日緣尋山諸勝乃下五鼓復大雨連日夕不休余始與徐君同舍而張丈王君舍圮漏乃移就余而舍中水亦將二尺因布長几置枕簟其上小吏裸而行酒炙所劇談六合內外張丈又時時以雅謔雜之凡四日雨始小息夜臥倦甚王君苦吟若寒蟬又時時提余耳告以所得句余不勝嬲强起顧視天碧淨如浣而大星百餘巨於杯歷歷營角殆可仰而摘也質明復大雨州供業已盡乃行辭段君借發時寒甚衣綃素至五重不解亦有乞道士木綿襖者下天門雨止日出每十八盤竟輒去一衣至御障巖衣去且盡

黃州府志石璽嘉靖末知蘄州事荊王常洽淫恭惡石戇因祈雨誘令知州接雨跪烈日中須臾雨驟至平沒尺許不令起石憤甚竟密疏陳狀詔奪王爵廢爲庶人

李日華禮白嶽紀十二日雨至結口宿焉是日雨不止衣袍沾濕僕夫顛頓余於輿上領略雲山滃濛之

狀沉綠深黛中時露薄赭倏斂倏開非襄陽米老斷不能與造化傳神乃曰此老高自標置固非浪語向予不知畫法不為此行在萬山中適值澍雨亦何由證入哉憶余初從餘杭渡口晴色可匊止西望有晦昧之意今乃知余來時正山靈醞雨之候也余實步步入雨境耳

四川總志杜傑湖廣黃岡人萬曆中知長寧卓有鴻勛後採木山中水涸木阻露禱於天忽大雨如注木隨出

董傳策羅秀山記邑巨麗蓋稱青羅二山余得數數出青山遊顧獨羅山闕遊焉乃歲辛酉夏五月偕客循山麓而登爰覩一寺輪奐新飭形髹宛然入寺縱觀郊坰大風飄發俄雨滂注田疇霑足郵吡走羅拜曰久苦旱不雨今幸奇人士帶雨來村吡有造矣已而雲收雨歇光霽悠然

帝京景物略凡歲時不雨家貼龍王神馬於門磁瓶插柳枝掛門之傍小兒塑泥龍張紙旗擊鼓金焚香各龍王廟羣歌曰青龍頭白龍尾（以聲作）小孩求雨天歡喜麥子麥子焦黃起動起動龍王大下小下初一下到十八（巳聲作）摩訶薩初雨小兒羣喜而歌曰風來了雨來了禾場背了穀（右聲作）來了雨久以白紙作婦人首剪紅綠紙衣之以苕帚苗縛小帚令攜之竿懸簷際曰掃晴娘

山東通志蓮菴萊州人始業農十八歲披剃於掖之賫聖寺閉關二十年常入靜見水波盆前謂其弟子曰速掃除天將雨矣時烈日當中如曝須臾大雨如注

山西通志還陽子郭靜中修武人方髫時夢驅龍為行雨狀嘗遇異人授以五雷法善祈雨旱則各省院司千里迎之禱雨時登壇以掌中雷印拊手一拍則霹靂隨起大雨如注或求之者衆則第書一符付之方入境而雨已集矣

杭州府志唐䎖少司空胄之子得大梵斗母五雷法姜御史薦於朝授太常博士後歸禱雨佑聖觀遶旂摩空雲轉如輪倏忽雨如注

周禎字世昌號虛白精五雷法歲旱院司禮致祈禱禎高坐臺上執事者聞聲云天道無雨西湖不有水乎日午取大鏡以筆濡墨隨所塗方向黑雲輒生頃之雲合大雨分布魚蝦藻荇散落溝渠視西湖水已失其半矣

福州王生來臨安省其兄止宿六和塔下次早起行大雨如注山水湧出見空穴中推出金牌六面拾而懷之竊空穴中堆積金銀無算急以土石窒穴口誌其處奔告其兄將欲取之日暮往訪竟無蹤跡仍宿塔下夜夢金甲神人怒而呵之曰荷君封我金穴已捐金牌六面酬之矣安得復生覬覦其人驚而去

湖廣通志黃鎮武昌人少為繼母所憎逃出遇異人於武夷山授法及歸值歲旱母命洑園內磨墨染符黑雲大雨不出園外為郡縣祈雨亦不出境外

欽定古今圖書集成曆象彙編乾象典
第八十五卷目錄
雨部雜錄
雨部外編

乾象典第八十五卷

雨部雜錄

易經乾卦雲行雨施品物流形
屯雷雨之動滿盈天造草昧宜建侯而不寧
小畜密雲不雨自我西郊程傳雲陰陽之氣二氣交而和則相畜固而成雨陽倡而陰和順也故和若陰先陽倡不順也故不和不和則不能成雨雲之畜聚雖密而不成雨者自西郊故也東北陽方西南陰方自陰倡故不和而不能成雨以人觀之雲氣之興皆自四遠故云郊大全程子曰西郊陰所凡雨須陽倡乃成陰倡則不成矣今雲過西則雨過東則否是其義也
密雲不雨尚往也自我西郊施未行也大全朱子曰凡雨者皆是陰氣盛凝結得密方濕潤下降爲雨且如飯甑蓋得密了氣鬱不通四旁方有濕汗今乾上進一陰止他不得所以云尚往也是指乾欲上進之象是陰包住他不得陽氣更散做雨不成所以尚往也
上九既雨既處尚德載婦本義畜極而成陰陽和矣故爲既雨既處之象
睽上九睽孤見豕負塗載鬼一車先張之弧後說之弧匪寇婚媾往遇雨則吉象曰遇雨之吉羣疑亡也
解天地解而雷雨作雷雨作而百果草木皆甲拆解之時大矣哉象曰雷雨作解君子以赦過宥罪大全胡氏曰坎在上爲雲在下爲雨方雲雷爲屯則陰陽之未通今雷雨作解則陰陽之已通矣屯其爲難之始解其解屯之難者歟
夬九三壯于頄有凶君子夬夬獨行遇雨若濡有慍无咎本義九三當決之時以剛而過乎中是欲決小人而剛壯見于面目也如是則有凶道矣然在衆陽之中獨與上六爲應若能果決其決不係私愛則雖合于上六如獨行遇雨至于若濡而爲君子所慍然終必能決去小人而无所咎也
鼎九三鼎耳革其行塞雉膏不食方雨虧悔終吉大全胡氏曰陰陽和而爲雨始雖有不遇之悔終當有相遇之吉
小過六五密雲不雨自我西郊公弋取彼在穴象曰密雲不雨已上也大全中溪張氏曰小畜小過皆言密雲不雨自我西郊何也曰陰陽二氣以均調適平而後雨陰多陽少陽多陰少則皆不雨也小畜以一陰畜五陽陰少于陽則不能以固乎陽故曰密雲不雨尚往也言陽尚往則不與陰和而不能雨矣小過以四陰而包二陽陽少于陰則不能制乎陰故曰密雲不雨已上也言陰已上則不與陽和而不能雨矣
說卦雨以潤之大全蔡氏曰潤則物滋言長物之功也
書經商書說命若歲大旱用汝作霖雨
周書君牙夏暑雨小民惟曰怨咨
詩經邶風谷風章習習谷風以陰以雨朱註習習和舒也東風謂之谷風言陰陽和而後雨澤降
鄘風蝃蝀篇朝隮于西崇朝其雨朱註虹隨日所映故朝西而暮東朝見于西則其雨終朝而止矣
衛風伯兮篇其雨其雨杲杲出日註冀其將雨而杲然日出以比望其君子之歸而不歸也
鄭風風雨章風雨淒淒又風雨瀟瀟又風雨如晦註淒淒寒凉之氣瀟瀟風雨之聲晦昏也
曹風下泉篇芃芃黍苗陰雨膏之疏以黍苗之仰膏雨猶衆人之仰恩惠
豳風鴟鴞篇迨天之未陰雨徹彼桑土又風雨所漂搖
東山篇我來自東零雨其濛
鸛鳴于垤朱註將陰雨則穴處者先知故蟻出穴而鸛就食之遂鳴于其上也
小雅斯干篇風雨攸除
正月篇終其永懷又窘陰雨
谷風篇習習谷風維風及雨
甫田篇以御田祖以祈甘雨以介我稷黍以穀我士女
大田篇有渰萋萋興雨祁祁雨我公田遂及我私朱註渰雲興貌萋萋盛貌祁祁徐也雲欲盛盛則多雨雨欲徐徐則入土
禮記玉藻若有疾風迅雷甚雨則必變雖夜必興衣服冠而坐
孔子閒居天有四時春秋冬夏風雨霜露無非教也天降時雨山川出雲

周禮春官大宗伯以槱燎祀司中司命飌師雨師注
詩云月離于畢俾滂沱矣是雨師畢也
大卜以邦事作龜之八命七曰雨訂義鄭鍔曰雨者爲
農祈
左傳季武子如晉拜師范宣子賦黍苗武子曰小國
之仰大國如百穀之仰膏雨焉
僖公三年春不雨夏六月雨自十月不雨至于五月
不曰旱不爲災也
公羊傳觸石而出膚寸而合不崇朝而遍于天下者
惟太山雲雨
穀梁傳春正月不雨者勤雨也夏四月不雨者閔雨
也六月雨者喜雨也
易稽覽圖降陰爲雨降陰之雨潤而不破塊
春秋漢含孳穴藏先知雨陰曀未集魚已噞喁
說題辭一歲三十六雨天地之氣宣十日小雨應天
文也十五日大雨以斗運也
大節二十四小節十二功德分也故一歲三十六雨
陽制陰故水爲雨
陰陽之氣上薄爲雨
樂動聲儀焦明至爲雨備
山海經西山經符惕之山其上多椶柟下多金玉神
江疑居之是山也多怪雨風雲之所出也
中山經光山神計蒙處之恆遊于漳淵出入必有飄
風暴雨
鬲山多犹蜼注蜼似獮猴鼻露上向雨則自懸樹以
尾塞鼻孔或以兩指塞之
六韜太公曰將有三勝武王曰敢問其目太公曰將
冬不服裘夏不操扇雨不張蓋名曰禮將
管子四時篇曰掌賞賞爲暑歲掌和和爲雨
老子道德經驟雨不終日
文子十守篇天有風雨寒暑人有取與喜怒膽爲雲
肺爲氣脾爲風腎爲雨
上德篇濕易雨也又雨之潤也萬物解又山致其高
而雲雨起焉
下德篇風雨之變可以音律知也
微明篇道無正而可以爲正譬若山林而可以爲材
材不及山林山林不及雲雨雲雨不及陰陽
范子計然風爲天氣雨爲地氣風順時而行雨應風
而下命曰天氣下地氣上陰陽交通萬物成矣
列子殷湯篇春夏之月有蠓蚋者因雨而生見陽而
死
莊子逍遙遊時雨降矣而猶浸灌其於澤也不亦勞
乎
在宥篇黃帝聞廣成子在于空同之上故往見之廣
成子曰自而治天下雲氣不待族而雨草木不待黃
而落日月之光益以荒矣
天運篇雲者爲雨乎雨者爲雲乎
外物篇春雨日時草木怒生
尸子神農之理天下欲雨則雨五日爲行雨旬日爲
穀雨旬五日爲時雨正四時之制萬物咸利故曰神
雨
呂子貴信篇秋之德雨雨不信則其穀不堅穀不堅
則五種不成
史記晉世家重耳至秦繆公與重耳飲趙衰歌黍苗
曰孤臣之仰君如百穀之望時雨
淮南子原道訓春風至則甘雨降生育萬物
俶眞訓譬若周雲之蘢蓯遼巢彭濞而爲雨沈溺萬
物而不與爲濕焉
天文訓季春三月豐隆乃出以將其雨
地形訓凡八紘之氣是出寒暑以合八正必以風雨
又凡八極之雲是雨天下八門之風是節寒暑八紘
八殥八澤之雲以雨九州而和中土又土龍致雨
精神訓血氣者風雨也
繆稱訓暉目知晏陰諧知雨注天將陰雨則鳴
齊俗訓若轉化而與世競走譬猶逃雨也無之而不
濡
氾論訓古者民澤處復穴聖人乃作爲之築土構木
以爲宮室上棟下宇以蔽風雨又觸石而出膚寸而
合不崇朝而雨天下者惟太山
說山訓人莫鑑于沫雨而鑑于澄水者以其休止不
蕩也又雨之集無能霑待其止而能有濡
說林訓失火而遇雨失火則不幸遇雨則幸也故禍
中有福也
修務訓禹沐浴霪雨櫛扶風
泰族訓天之且風草木未動而鳥已翔矣其且雨也
陰曀未集而魚已噞矣
京房易飛候太平之時五日一風十日一雨歲凡三
十六雨
鹽鐵論周公太平之時風不鳴條雨不破塊旬而一
雨雨必以夜
孔子大聖也當居上位相魯三月不令而行不禁而

止沛若時雨之灌萬物莫不興起也

說苑管仲曰吾不能春風風人夏雨雨人吾窮必矣

揚子吾子篇震風凌雨然後知夏屋之爲帡幪也

遁甲開山圖霍山南岳有雲師雨虎

白虎通情性鼻出入氣高而有竅山亦有金石累積亦有孔穴出雲布雨以潤天下雨則雲消鼻能出納氣也

論衡變動篇天且雨商羊舞使天雨也商羊者知雨之物也天且雨屈其一足起舞矣故天且雨螻蟻徙丘蚓出琴絃緩固疾發此物爲天所動之驗也

說文零徐雨也𩆷音斯小雨裁落也霖林本反霖林也南陽名霖雨曰𩂣𩅸音酸小雨也𩃀子廉反微雨也𩅟音賚雨聲也溟小雨也澍時雨也湒子入反雨下也

三輔決錄茂陵郭汲爲潁川化如時雨

風俗通春秋左氏傳說共工之子爲元冥師鄭大夫子產禳于元冥雨師也謹按周禮以槱燎祀雨師雨師者畢星也詩云月離于畢俾滂沱矣易師封也土中之衆者莫若水衆者師也雷震百里風亦如之至于泰山不崇朝而徧雨天下異于雷風其德散大故雨獨稱師也丑之神爲雨師故以己丑日祀雨師于東北土勝水爲火相也

魏略董遇性質訥而好學從學者云苦渴無日遇言當以三餘冬者歲之餘夜者日之餘陰雨者時之餘也

禽經雨舞則雨注一足鳥一名商羊字統曰商羊一足天將雨則飛鳴孔子辨之于齊庭也

抱朴子外篇甘雨膏澤嘉生所以繁榮也枯木得之以速朽

華陽國志牂牁郡上當天井故多雨潦

西京雜記昆明池刻玉石爲魚每至雷雨魚常鳴吼鬐尾皆動漢世祭之以祈雨往往有驗

拾遺記甘雨濛濛似露委草木則滴瀝雨也又曰香雲成香雨

廣州記鬱林郡山東南有一池池邊有一石牛人祀之若旱百姓殺牛祈雨以牛血和泥泥石牛背禮畢則天雨大注洗牛背泥盡卽晴

潯陽記廬山西南有康王谷又有北嶺城天欲雨輒聞鼓角簫管之聲

三秦記太白山不知高幾許俗云武功太白去天三百山下軍行不得鳴鼓角鳴鼓角則疾風暴雨兼至也

九江志虛谷東英巨山巖內有石人坐磐石上體塵穢則興風濕潤則致雨晴日便舉體鮮潔朗然玉淨

荊州記狠山縣有一山獨立峻絕西北有石穴獨行百步許二大石其門相去一丈許俗名其一爲陽石一爲陰石水旱爲災鞭陽石則雨鞭陰石則晴湘東有雨母山山有祠壇每祈禱無不降澤以是名之

來陽縣有雨瀨此縣時旱百姓共壅塞之甘雨普降若一鄉獨壅雨亦偏降應隨方所其信若符刻

宋永初山川記鄱陽長壽山山形似白馬雲出於鞍中不崇朝而雨

宜都記郡西有丹山霧起如煙再朝必雨

荊楚歲時記六月必有三時雨田家以爲甘澤邑里相賀

湘東郡新平縣有龍穴天旱入共遏水漬此穴輒雨

朝野僉載夜半天漢中黑氣相逐俗謂黑猪渡河雨候也

唐俚語春雨甲子赤地千里夏雨甲子乘船入市秋雨甲子禾頭生耳冬雨甲子牛羊凍死

杜甫詩小序臥病長安旅次多雨尋常車馬之客舊雨來今雨不來

酉陽雜俎太原郡東有崖山天旱土人常燒此山以求雨俗傳崖山神娶河伯女故河伯見火必降雨救之

蜀石筍街夏中大雨往往得雜色小珠俗謂地當海眼莫知其故蜀僧惠凝曰前史說蜀少城飾以金璧珠翠桓溫惡其大侈焚之合在此今拾得小珠時有孔者得非是乎予開成初讀三國典略梁大同中驟雨殿前有雜色珠梁武有喜色虞寄因上瑞雨頌梁武謂其兄荔曰此頌淸拔卿之士龍也

江淮謂羣鶴旋飛爲鶴井鶴亦好旋飛必有風雨人探巢取鶴子六十里旱能羣飛薄霄激雨雨爲之散

羯鼓錄頭如靑山峯手如白雨點此羯鼓之能事也

雲仙雜記重午日午時有雨則急斫一竹竿竹節中必有神水瀝取和獺肝爲圓治心腹塊聚等病

翰林有龍口渠通內苑大雨之後必飄諸花藥經由而出有百種香色名不可盡春月尤妙

能詩之士雨泡滅則得意香煙斷而成吟

孫登琴遇雨必有響如刃物聲竟因陰雨破作數截有黑蛟躍去

三水小牘安定郡有峴陽峯峴上有池若雨則雲起

池中若張蓋然故里諺曰峴山張蓋雨滂沱

武昌記鳳凰山有石鼓石鼓鳴天必大雨

尚書故實舒州灊山下有九井其實九眼泉也旱即殺一犬投其中大雨必降犬亦流出

又南中久旱即以長繩繫虎頭骨投有龍處入水即數人牽制不定俄頃雲起潭中雨亦隨降龍虎敵也雖枯骨猶激動如此

九域志玉女墩在宜春每天將雨即有五色雲氣湧出石間居人謂之玉女披衣

博物志關東西風則晴東風則雨關西西風則雨東風則晴

俗以五月雨爲分龍雨一曰隔轍雨

安城記雒宵山有石井天旱祠之以木投井中即雨至井溢木出乃雨止

萍鄉羅宵山澤水所出傍出石乳天旱吏人禱之因以大木長三四丈投井中即雨水懸轄井溢輒令木涌出而雨止蓋潛龍之穴也

清異錄李煜在國時自作祈雨文曰尚乖龍潤之祥雨無雲而降非龍而作號爲奇水

談苑江南民言正旦晴萬物皆不成元豐四年正旦九江郡天無片雲風日明快是年果旱又曰芒種雨百姓苦蓋芒種須晴明也春雨甲子赤地千里夏雨甲子乘船入市乘船入市者雨多也又十四月一日至四日卜一歲之豐凶云一日雨百泉枯言旱也二日雨傍山居言避水也三日雨騎木驢言踏車取水亦旱也四日雨餘有餘言大熟也禪師惠南嘗言上元一夕晴麻小熟兩夕晴麻中熟三夕晴麻大熟若陰雨麻不登占亦如此云絕有效驗京東一講僧云雲向南雨潭潭雲向北老鸛尋河哭雲向西雨沒犂雲向東塵埃沒老翁言雲向南與西行則有雨向北與東行則無雨雲亦有效驗大理少卿杜純云京東人言朝霞不出門暮霞行千里言雨後朝晴尚有雨也須晚晴乃眞晴耳九江人畏下旬雨云雨不肯止

梁益志大小漏天在雅州西北山谷高深沈晦多雨

黎陽縣多風俗謂黎風雅雨

鄰幾雜志劉師顏視月占旱問之云諺有之月如懸弓少雨多風月如偃瓦不求自下同州人謂雨沾足爲爛雨

擊壤集觀物吟水雨霖火雨露土雨濛石雨雹

懶眞子佛果禪師川懃極善禪纚纚可聽嘗云閻浮提雨清淨水具諸天相方時大旱雨時忽降莫知其價此兜率天上雨摩尼也方欲收禾霖雨不止實害人命此阿修羅中雨兵仗也甘雨得時人皆飽足此護世城中雨美膳也但名不同其實一也坐客云經中所言皆譬喻也豈有雨寶珠等事乎僕曰不然雨金雨血雨土皆班班載于前史何況六合外事其有無不可懸料也坐客咸以爲然其上因緣出華嚴經第十五卷

埤雅鳩陰則屏逐其婦晴則呼之語曰天將雨鳩逐婦

說文曰水从雲下也天地之氣怒而爲風和而爲雨故凡易稱雨者皆和之象詩曰有渰萋萋興雨祁祁渰陰雲也渰水氣之雲也傳曰雨雲水氣萋萋盛貌祁祁徐貌蓋雲欲盛盛則雨足雨欲徐徐則入土且亦雲氣不待族而雨者非陰陽之和也故詩雲以萋萋雨以祁祁爲善詩曰靈雨既零命彼倌人星言夙駕說于桑田瑞應圖曰靈雨瑞雨也降而應物謂之靈雨星晴也言夜而雨夙而星見于是督勸農桑此傳所謂務材訓農者也鹽鐵論曰周公之時雨不破塊風不鳴條雨則必以夜夜者正雨之時詩曰我來自東零雨其濛濛善沾濡又喜陰結不解羈旅之愁于是爲甚故詩以言其情也雨無正曰雨自上下者也衆多如雨而非所以爲政也政者正也夫文一止爲正衆多如雨則無正矣詩曰月離于畢俾滂沱矣又曰益之以霢霂滂沱大雨也小雨謂之霢霂釋名曰言纔霢濈沾漬如人之沐唯及其上支而已根不濡也蓋霢脈潤入土如人之脈故曰霢也說文曰秋種厚薶故謂之麥然則溟言其上霢言其下矣詩曰芃芃黍苗陰雨膏之方黍之苗也若雨暴息無雲陰以覆之日隨蒸爲則苗槁矣將以潤之乃所以害之也故詩正以陰雨爲善今俗五月謂之分龍雨曰隔轍言夏雨多暴至龍各有分域雨暘往往隔一轍而異也易曰密雲不雨自我西郊言小畜畜也升氣又自乎西故能爲密雲而已傳曰疾雨曰驟雨徐雨曰零雨雨久曰苦雨又曰愁霖雨晴曰霽雨而晝晴曰啓雨水曰潦時雨曰澍

夢溪筆談陵州鹽井深五百餘尺皆石也上下甚寬廣獨中間稍狹謂之杖鼓腰舊自井底用柏木爲榦上出井口自木榦垂綆而下方能至水井側設大車絞之歲久井榦摧敗屢欲新之而井中陰氣襲人入者輒死無緣措手惟候有雨入井則陰氣隨雨而下

稍可施功雨晴復止後有人以木盤貯水盤底爲小竅釃水一如雨點設于井上謂之雨盤令水下終日不絕如此數月井幹爲之一新而陵井之利復舊醫家有五運六氣之術大則候天地之變寒暑風雨水旱螟蝗率皆有法小則人之衆疾亦隨氣運盛衰今人不知所用而膠于定法故其術皆不驗假令厥陰用事其氣多風民病濕泄豈溥天之下皆多風溥天之民皆病濕泄邪至于一邑之間而雨暘有不同者此氣運安在欲無不謬不可得也大凡物理有常有變運氣所主者常也異夫所主者皆變也常則如本氣變則無所不至而各有所占故其候有從逆淫鬱勝復太過不足之變其發皆不同若厥陰用事多風而草木榮茂是之謂從天氣明潔燥而無風此之謂逆太虛埃昏流水不冰此之謂淫大風折木雲物濁擾此之謂鬱山澤焦枯草木零落此之謂勝大暑燔燎螟蝗爲灾此之謂復山崩地震埃昏時作此之謂太過陰森無時重雲晝昏此之謂不足隨其所變疾癘應之皆視當時當處之候雖數里之間但氣候不同而所應全異豈可膠于一證熙寧中京師久旱祈禱備至連日重陰人謂必雨一日驟晴炎日赫然予時因事入對上問雨期予對曰雨候已見期在明日衆以謂頻日晦溽尚且不雨如此暘燥豈復有望次日果大雨是時濕土用事連日陰者從氣已効但爲厥陰所勝未能成雨後日驟晴者燥金入候厥陰當折則太陰得伸明日運氣皆順以是知其必雨此亦當處所占也若他處候別所占亦異其造微之妙間不容髮推此而求自臻至理

倦遊雜錄零陵出石燕舊傳雨過則飛嘗見同年謝郎中鳴云向在郡中山寺爲學高岩石上有如燕狀者因以筆識之石爲烈日所暴忽有驟雨過所識者往往墜地蓋寒熱相激而遁非能飛也

緗素雜記南唐近事云金陵建國之初軍儲未實關市之利斂率尤繁農商苦之而莫達于上時屬近甸亢旱日久祈禱無應上他日舉觴苑中宣示宰臣曰近京三五十里皆報雨足獨京城不雨何耶得非獄市之間冤枉未伸乎諸相未及對申漸高歷陛而進曰雨懼抽稅不敢入京上因是悟之翌日下詔停一切額外稅信宿之間膏澤告足故知優旃漆城那律瓦衣不爲虛矣又江南野錄載李家明從嗣主遊後苑登于臺觀盛望鍾山雨曰其勢即至矣家明對曰雨雖來必不敢入城嗣主怪而問之家明曰懼陛下重稅嗣主曰不因卿言朕不知之遂令權務半而征之余嘗考二說大同小異然近事以爲國初野錄以爲嗣主近事謂申漸高野錄謂李家明其不同如此孰謂書可信耶

後山叢談諺云行得春風有夏雨蓋春之風數爲夏之雨數小大緩急亦如之

浙西地下積水故春夏厭雨浙東地高燥過雨即乾故春得雨即耕

退齋雅聞錄河朔人謂清明雨爲潑天雨立夏雨爲隔轍雨秦晉間農夫語云小麥鑽火秀旱殺豌豆花植穀拖泥秀爛起田中瓜

蠡海集或問曰夏月龍行雨餘月否者何答曰雨陰從地生夏日陽極在上陰豈能生而升乎不升則不降龍潛湫潭幽陰之處一動而出陰氣得附之以升既升必降散而爲雨故夏日之雨則龍行也

曲洧舊聞蓄麥具五方之色然方結實時最畏霜此時得雨則於結實尤宜且不成霜農呼爲解霜雨

對雨編歐陽公好稱頌唐竹徑通幽處禪房花木深之句以爲不可及予絕喜李頎詩云遠客坐長夜雨聲孤寺秋請量東海水看取淺深愁且作客涉遠適當窮秋暮投孤村古寺中夜不能寐起坐淒惻而聞簷外雨聲其爲一時襟抱不言可知而此兩句十字中盡其意態海水喻愁非過語也

歲時雜記七月八日雨曰洗車

雞林類事方言雨曰霏微

捫虱新話江湖二浙四五月間梅欲黃而雨謂之梅雨

庚溪詩話江南五月梅熟時霖雨連旬謂之黃梅雨然少陵曰南京西浦道四月熟黃梅湛湛長江去冥冥細雨來蓋唐人以成都爲南京則蜀中梅雨乃在四月也及讀柳子厚詩曰梅實迎時雨蒼茫值晚春愁深楚猿夜夢斷越雞晨海霧連南極江雲暗北津素衣今盡化非爲帝京塵此子厚在嶺外詩則南粤梅雨又在春末知孰是梅雨時候所至早晚不同

感應類從志積灰知風懸炭識雨

芥隱筆記太白詩雨絕無還雲用三國志吳虞翻傳罪棄雨絕陳孔璋檄又曰雨絕于天陰鏗有夜雨滴空堦柳耆卿用其語人但知爲柳詞耳

紀歷撮要七月十六日雨名洗鉢雨

眞臘風土記其地半年有雨半年絕無自四月至九
月每日下雨午後方下淡水洋中水痕可七八丈巨
樹盡沒謹留一杪耳人家濱水而居者皆移入山後
十月至三月點雨絕無洋中僅可逼小舟深不過三
五尺人家又復移下
四時占候九月九日是雨歸路日
古今諺早霞紅丢丢向午雨瀏瀏晚來紅丢丢早晨
大日頭
提要錄社公社母不食舊水故社日有雨謂之社翁
雨
丹鉛總錄尚書星有好風星有好雨古註云箕星東
方宿也東木克北土以土爲妻雨土也土好雨故箕
星從妻所好而多雨也畢西方宿也西金克東木以
木爲妻木風也木好風故畢星從妻所好而多風也
由此推之則北宮好燠南宮好暘中央四季好寒皆
以所克爲妻而從妻所好也予一日偶述此義座有
善謔者應聲曰天上星宿亦怕老婆乎滿堂眞可笑
也
薛應旂江郎山志江郎山有白水巖歲旱有雲自南
出則雨
王世貞題虎丘圖沈石田先生此圖爲虎丘寫而識
先生手書與匏翁歌似皆以遊靈巖雨與敗而次日
得虎丘足之者蓋以雲巖不可雨故也若虎丘則無
論雨凡風雪花月之境無不與人宜者余昔再遊靈
巖其一亦遇雨委頓返而雨中宿虎丘蘭若汲第三
泉拾松枝煮茗啜之取所攜酒脯從僧鄰作起麵餅
供賦詩小酌至夜分後猶聞四山歌聲隱隱出簷溜

樹滴外若靈巖有此當不得二公敗興語也
御龍子集淫雨其陰陽兩溢乎陰凝而不散陽蒸而
不舍
羅岕茶記烹茶無泉則用天水秋雨爲上梅雨次之
秋雨冽而白梅雨醇而白
茶解烹茶須甘泉次梅水梅雨如膏萬物賴以滋養
其味獨甘梅後便不堪飲
枕譚陳希夷詩倏爾火輪煎地脉愕然神瀵湧山椒
神瀵字甚奇而不知其出于列子卽易所謂山澤氣
相蒸雲興而爲雨也
銷夏匡廬大嶺凡有七重圓基週迴垂五百里風雲
之所摅江山之所帶高巖仄宇峭壁萬尋幽岫穹嵌
人獸兩絕天將雨則有白氣先摶而纓絡于山嶺下
及至觸石吐雲則倏忽而集或大風振巖逸響動谷
羣籟競奏其聲駭人
帝京景物略燕俗謂陰雨爲酒色天
居山雜志居山尤宜觀雨雨將至則冷風颯然爲之
驅倚閣遙望瞑雲四合暘絲滿空或斜飛亂舞谷響
林偃眞有溟濛混沌之態至靜夜憑枕竹樹交戛流
泉時下與簷滴相應和有琴筑聲
俗呼小錄雨一陣爲一破又以一番一起爲一潑
高德基平江紀事三月雨爲迎梅五月雨爲送梅
戲瑕高唐雲雨是先王楚懷事楚襄雖夢神女而賦
中不言雲雨也乃唐人詩如傾國傾城漢武帝爲雲
爲雨楚襄王雲雨無情難管領任他別嫁楚襄王料
得也應憐宋玉只應無奈楚襄王今來雲雨知何處
重上襄王玳瑁筵此類甚多往往誤稱相沿不改遂

爲墳詞家借資然使正其訛而作懷王便不成佳話
矣高唐賦中旦爲行雲至今莫有稱旦雲者看來古
人下語練字皆須韻致不專以理勝也又閱元微之
會眞詩晨會雨濛濛則不獨稱暮雨矣
田家五行重九日晴則冬至元日上元清明四日皆
晴雨則皆雨諺云重陽無雨一冬晴
顧養謙滇雲紀勝書大都南滇中四時皆春冬不綿
而夏可夾六月雨則夜輒擁綿
日知錄洪武中令天下州縣長吏月奏雨澤蓋古者
龍見而雩春秋三書不雨之意也承平日久率視爲
不急之務永樂二十二年十月通政司請以四方雨
澤章奏類送給事中收貯上曰祖宗所以令天下奏
雨澤者欲前知水旱以施恤民之政此良法美意今
州縣雨澤章奏乃積於通政司上之人何由知又欲
送給事中收貯是欲上之人終不知也如此徒勞州
縣何爲自今四方所奏雨澤至卽封進朕親閱焉嗚
呼太祖起自側微升爲天子其視四海之廣猶吾莊
田兆民之衆猶吾佃客也故其留心民事如此當時
長吏得以言民疾苦而里老亦得詣闕自陳後世雨
澤之奏遂以寢廢天災格而不聞民隱壅而莫達然
後知聖主之意有不但于祈年望歲者民親而國治
有以也夫
畿輔通志聚陽山在龍門所西北十五里嵯峩高聳
岩有空透明六月間雲從此出則雨
雲頭山在懷安衛西南三十里雲覆其頂則雨
黃陽山在保安州西北二十里空翠秀傑雲發則雨
居民視此以候陰晴

陝西通志延安府保安縣候雨山在縣西一里傍有石室天將雨則此山烟霧四塞人以爲候

浙江通志金華府武義縣西二十里曰大家山山南有新婦山兩山相向相傳大家山出雲新婦山卽雨

處州府縉雲縣東有括蒼山異錄云括蒼山登之俯視雷雨高一萬六千丈

衢州府常山縣北石門山山巔每旦出雲過東則雨

紹興府志會稽縣風洞在刻石山遇陰雨聞鼓樂聲

江西通志南康府雨巖在廬山之麓其巖窈而深上有流泉雲出卽雨

湖廣通志荊州永豐縣東鄉里有臥石長九尺六寸其形如人體青隱起狀若雕刻歲旱祭之小舉小雨大舉大雨

福建通志福清縣靈石山在石竺山之東磅礴百餘里有三峰九壘其勢插天層級可數曰留雲曰報雨土人以其鳴爲雨候山巔有石久晴鳴必雨久雨鳴必晴

四川總志小梁山在敘州府治東方輿勝覽云四時常雨霖霪不止俗呼爲大漏天小漏天

峩眉縣志雷洞在峨山有七十二穴雷神居之時出雷雨

廣東通志高要縣銅鼓山在肇慶府郡城西南高千仞周十餘里山有赤石形如鼓扣之有聲久晴山色冥黑則雨久雨山色鮮露則晴郡人以爲陰晴之驗

廣西通志南寧府宣化縣石燕山在城東九十里世傳上有石燕天將雨則飛

鐃鈸山在城西二十五里山下有龍潭時有烈風大雨俗傳龍歸祭祖

雨部外編

山海經海外東經雨師妾在黑齒國北其爲人黑兩手各操一蛇左耳有青蛇右耳有赤蛇一曰在十日北爲人黑身人面兩手各操一龜注雨師謂屏翳也

大荒北經應龍已殺蚩尤又殺夸父乃去南方處之故南方多雨

大荒之中有山名曰不句有人衣青衣名曰黃帝女魃蚩尤作兵伐黃帝黃帝乃令應龍攻之冀州之野應龍畜水蚩尤請風伯雨師縱大風雨黃帝乃下天女曰魃雨止遂殺蚩尤

搜神記赤松子者神農時雨師也服冰玉散以教神農能入火不燒至崑崙山常入西王母石室中隨風雨上下炎帝少女追之亦得仙俱去至高辛時復爲雨師遊人間今之雨師是焉

赤將子轝者黃帝時人也不食五穀而啗百艸華至堯時爲木工能隨風雨上下時于市門中賣繳故亦謂之繳父

文王以太公爲灌壇令期年風不鳴條文王夢一婦人當道而哭問其故曰我泰山之女嫁爲西海婦欲歸灌壇令當道有德廢吾行吾行必有大風疾雨文王覺召太公問之果有疾風暴雨從太公邑外過

述異記周穆王時天下連雨三月穆王乃吹笛雨遂止

宋玉高唐賦楚襄王與宋玉遊於雲夢之臺望高唐之觀上獨有雲氣王問此何氣也玉對曰所謂朝雲也昔者先王嘗遊於高唐願薦枕席王因幸之去辭曰妾在巫山之陽高丘之岨朝爲行雲暮爲行雨朝朝暮暮陽臺之下

始興記桂陽貞女峽傳云秦世有數女取螺於此遇風雨一女忽化爲石人今形高七尺狀如女子

神異經西海水上有人乘白馬朱鬣白衣元冠從十二童子馳馬西海水上如飛如風名曰河伯使者或時上岸馬跡所及水至其處所之之國雨水滂沱暮則還河

幽明錄有客詣董仲舒談論微奧仲舒疑之客又云天欲雨仲舒因戲之曰巢居知風穴居知雨卿非狐狸卽是老鼠客化爲老狸而去

後漢書費長房傳東海君來見葛陂君因淫其夫人于是長房劾繫之三年而東海大旱長房至海上見其人請雨乃謂之曰東海君有罪吾前繫于葛陂今方出之使作雨也于是雨立注

楚國先賢傳樊英隱于壺山嘗有暴風從西南起英謂學者曰成都市火甚盛因含水西向噀之乃令記其時日後有從蜀郡來者云是日大火有雲從東起須臾大雨火遂滅

郤氏家傳郤信臣爲少府南陽遭火爇數萬人信臣時在丞相匡衡坐心動含酒東向噀之遭火處見雲西北來冥晦大雨以滅火雨酒香

陸機要覽昔羽山有神人焉逍遥於中岳與左元放共遊劚子訓所坐欲起子訓欲留之二日之中三雨今呼五日三雨爲留客雨

異詰張元賓入華陽洞爲理禁伯其職主水蓋雨官也

晉書佛圖澄傳澄嘗與季龍升中臺澄忽驚曰幽州當火災乃取酒噀之久而笑曰救已得矣季龍遣驗幽州云爾日火從四門起西南有黑雲來驟雨滅之亦頗有酒氣

幽明錄河南人趙良與其鄉人諸生至長安及新安界遇霖雨糧乏相謂曰飢那得美食耶應時羹飯備具有人聲語云進蔬食

窮神祕苑元魏時盧汾嘗叩樹有一女子衣青出引汾入見廳堂題曰審雨堂乃古槐中蟻穴

五色線蕭總嘗遇洛神女相見後至葭萌逢雨認得香氣曰此雲雨從巫山來獨我知之

元怪錄李靖微時嘗射獵靈山中會暮投宿一巨宅有老婦延之中夜叩門甚急婦人曰此非人世乃龍宮也今天符命行雨二子俱出欲奉煩頃刻何如遂命韝青驄取雨器戒曰馬躍嘶鳴取水一滴滴馬鬉上謹勿多也既而見所憩郵連下二十滴既歸老婦泣曰此一滴乃地上一尺雨也此郵夜半平地水深二丈豈復有人妾已受譴矣

法苑珠林依分別功德論云雨有三種一天雨二龍雨三阿脩羅雨天雨細霧龍雨甚麤喜則和潤瞋則雷電阿脩羅爲共帝釋鬬亦能降雨麤細不定

異聞錄儀鳳中柳毅于涇陽見婦人牧羊道畔怪而問之曰洞庭龍君小女也問牧羊何用曰非羊也雨工也雷霆之類也毅後配此女開元中猶在

唐年補錄泗州門監王忠政云開成中死十二日復活始見一人碧衣赤幘引臂登雲曰天名汝行雨隸于左落隊其左右落隊各有五方甲馬簇于雲頭俯向下重樓深室囊櫃之內纖細悉見更異者見米粒長數尺凡兩隊而一隊于小項餅子貯人間木一隊所貯如馬牙硝末謂之乾雨雨皆在前風車爲殿

雲笈七籤雨師陳華夫

續湘山野錄太平興國五年祕書丞安德裕知廣濟軍是歲亢旱因禱于𡼖山神祠方注香神自幃中冉冉而出古服峩冠拱揖而前立安以至誠所感殊不爲懼遂訴愆亢之灾答曰某堆阜之神也竊鄉人之荐愧無酬答恨力小地卑不能興致雲雨雖云龍司厥職動息由天某當爲公至主之所密候雨信必先期奉報言訖而隱安是夕夢神白雨候甚密邇只在來早及期大澍千里告足翌日公具牢醴以謝之

雲南通志昔李某耕田得一銅佛像僅徑寸沉之水中立雨炙之則晴雖值陰雨其家常曬麥世傳銅像爲贊陀所遺

寧伯妃有廟在劍川其神傳爲慈善最靈異舊稱祠前有池妃出浴土人見之妃曰勿洩授幽異術唯所欲曰願得呼風雨妃授以杖遂得祈禱之術能令隔垣不雨

欽定古今圖書集成曆象彙編乾象典

第八十六卷目錄

乾象典第八十六卷

露部彙考

禮記

月令

孟秋之月涼風至白露降

陳注白露降則陰乘陽而其候交矣

孝經緯

白露寒露

處暑後十五日斗指庚爲白露陰氣漸重露凝而白也

秋分後十五日斗指辛爲寒露謂露冷寒而將欲凝結矣

汲冢周書

時訓解

立秋又五日白露降

大戴禮

曾子天圓

陽氣勝則散爲雨露

釋名

釋天

露慮也覆慮物也

本草綱目

露釋名

李時珍曰露者陰氣之液也夜氣著物而潤澤于道傍也

氣味

甘平無毒

主治

秋露繁時以槃收取煎如飴令人延年不饑

稟肅殺之氣宜煎潤肺殺祟之藥及調疥癬蟲癩諸散

百草頭上秋露未晞時收取愈百疾止消渴令人身輕不饑悅澤別有化雲母作粉服法

八月朔日收取摩墨點太陽穴止頭痛點膏肓穴治勞瘵謂之天灸

百花上露令人好顏色

柏葉上露菖蒲上露並能明目旦旦洗之

韭葉上露去白癜風旦旦塗之

淩霄花上露入目損目

發明

陳藏器曰薛用弱續齊諧記云司農鄧紹八月朝入華山見一童子以五采囊盛取柏葉下露珠滿囊紹問之答云赤松先生取以明目也今人八月朝作露華囊象此也又郭憲洞冥記云漢武帝時有吉雲國出吉雲草食之不死日照之露皆五色東方朔得元青黃三露各盛五合以獻於帝賜羣臣服之病皆愈朔曰日初出處露皆如飴今人煎露如飴久服不飢呂氏春秋云水之美者有三危之露爲水卽重於水也李時珍曰秋露造酒最清洌姑射神人吸風飲露漢武帝作金盤承露和玉屑服食楊貴妃每晨吸花上露以止渴解醒番國有薔薇露甚芬香云是花上露水未知是否藏器曰凡秋露春雨著草人素有瘡及破傷者觸犯之瘡頓不痒痛乃中風及毒水身必反張似角弓之狀急以鹽豉和麪作餠子於瘡上灸二百壯出惡水數升乃知痛痒而瘥也

露部總論

朱子語類

露

問伊川云露是金之氣曰露自是有清肅底氣象古語云露結爲霜今觀之誠然伊川云不然不知何故蓋露與霜之氣不同露能滋物霜能殺物也雪霜亦有異霜則殺物雪不能殺物也雨與露亦不同雨氣昏而露氣清也露與霧亦不同露氣肅而霧氣昏也古人說露是星月之氣不然今高山頂上雖晴亦無露露只是自下蒸上

或問高山無霜露其理如何曰上面氣漸清風漸緊雖微有霧氣都吹散了所以不結若雪則只是雨遇寒而凝故高寒處雪先結也

荆川稗編

論露

觀物張氏曰露者土之氣升則爲霧結則爲霜

露部藝文一

露賦　　唐張彥勝

夫露者陰陽之精氣也天地之靈液秋冬濁而春夏清晞於朝而生於夕隨時應變不凝不積遇物受彩因象而光滴滴瀝瀝熒熒煌煌爾其爲大也澄九天而淨六合爾其爲廣也清四極而灑八荒故能消歊氛埃生成草木絫𥌮千品濡濡萬族其澤厚矣其潤深矣願聞其始試言厥初兆自元氣生於太虛巨人飲之而不死上古吮之而穴居天無雲兮珠的皪野有草兮玉扶疎寫蟲鳥兮爲篆懷蛟龍兮著書河洛建都兮氣均風雨甘泉築館兮名亞儲胥或泛灩池臺或葳蕤竹柏鶴鶊鳴兮色紫鴻鴈來兮光白露之爲德也天一所以爲王侯露之爲文也詩人所以歌名伯既因甘而作頌稱未晞而留客是時鷙鳥初擊鳴蟬向晚悲九節之相催恨三危之路遠或乃幽閨織婦初下鳴機徘徊空院悵望秋螿洞房月入羅帳螢飛看鴻鴈之將度怨良人兮不歸瀧交頤之玉箸苦寒露之沾衣至如關山氣寒瀚海風急胡侵隴塞兵屯馬邑征人此時思歸下泣不覺漣如沾我衣濕別有洛陽才子人間秀士遠自巖曲來遊學市有恨驚心無人知己聞墜葉而嘆息對浮雲而愁起悽悽兮悅若有亡（此下疑有闕文）覩蒹葭之蒼蒼惜白露而爲霜宋大夫聞而嘆曰歲乎不我與一寒一暑昔時春晲拂楊柳於南津今日秋深落芙蓉於北渚古人未達平生羈旅君何爲而絕絃敢知音而相許重曰白日黯黯兮秋風多綠川蕭蕭兮空水波開郢中之有曲試調露而爲歌歌曰天降氣兮地凝精皇德茂兮芝

蓋平金盤漬兮玉杯清葉有露兮落有聲遊東之鶴中夜驚日南之鷄凌晨鳴華山柏兮多珠露松子服之得長生

清露點荷珠賦 以題爲韻 闕名

池有秀冠衆卉兮彼荷最英天之氣結淳和兮惟露斯清圓規覆水兮翻然蓋傾素質積葉兮炯爾珠明露非荷無以呈潔己之狀荷非露無以異先彫之榮皓影搖光修莖羃布氣散蘭郁光兮雹聚鄰腐草謂螢火將飛俯澄波若蠙珠已露宜瀼浥於夜景惜芬芳於歲暮縹緑將闌瓊光未斂團素律以泥泥擢餘芳之苒苒映翠帶狀蓮的之剖開對青霄仰星文之亂點色慚兮菱藻氣肅兮金波雖有秋月我則承恩於彼露豈無朝日我則庇身於此荷尚不願灑園葵而澤豐草豈學老林葉而滋枯柯客有感秋而嘆曰滴瀝縈紆布濩芬敷浮池煙兮葳蕤吐絳點天酒兮璀璨垂珠已矣夫露欲變荷欲無君不見嚴霜降萬物皆盡兮復有此芙蕖

湛露晞朝陽賦 以諸侯來朝錫宴其醉爲韻 張勝之

陽暉早曙露泫清宵既寂而露彩結曙將動而陽氣消是以在蘭者照之則煥乎葉在棘者燭之則晞乎條故乃喻天子布澤於宴猶諸侯命朔於朝觀夫潤草瀼瀼晞陽羃羃氣色濃兮猶茂枝榦燥兮如滌初將比玉以滅其琳璃稍欲如珠復消夫玓瓅故可比臣竭忠以祇敬君降恩而蕃錫及夫大明有赫五色初收陵晨光動平野氣浮遂使將飲之蟬驚陽烏而復退罷警之鶴懼白駒而不留出扶桑兮始上被豐草兮徒周何異夫錫宴則臨乎我后來朝則嘉彼爾侯原夫曦朗之光未舒霑濡之色猶遍忽其陽氣匝晴風扇則滴而有響者其響能聽布而成文者其文難見夫如是有類落臣感化而來覲中朝布德而成宴彼以朝爲數此以夜爲初夜則因我而陰勝朝則因我而陽舒其凝也無不備矣其晞也曷可藏諸況有麗天之暉潤月之意崇其燕禮著乎前志朝日出海若一人之當陽夕露低柯若羣臣之既醉天晴夜朗林藹煙開稽其順陽之心既且周而復始懿乎漸晞之理又觀往而知來所以爲成歲之本履霜之具華葉既濡清光若煦吾知湛露晞朝陽也爲君臣宴饗之驗

秋露如珠賦 以涼風變節凝露可觀爲韻 師貞

風入秋而方勁露如珠而正團映蟾輝而迴列疑蚌剖而俱攢綴別葉之中時翻的的轉衰荷之上微振珊珊虛靜內瑩圓明外寒且驗目前之美何殊掌上而觀懿夫寓物成規效微應節含綠葵而結綠方麗耀黃菊而中黃轉澈落蒹葭之浦誠媚川而可移泣庭宇之間雜照廡而何別所以未逢朝溘還著夜光嘗助海而爲深功雖至薄蒙沉泉之是棄德且非凉比蟬飲之爲狀與蛇銜而允臧發澤之道素昭結霜之儀漸露成欣遐被之德寧起瘖投之怒遙瑩空際思縹緲之金莖散照林中謂璀璨之瓊樹宛轉無窮精明有融乍見紅蘭之內如尋赤水之中稍迷迢蔓偏入園叢每祕彩於晝景何流形於夜風時也草始化螢星逾流火叶物候而增美信晶熒而必果想游女於水上訝鮫人之淚墮降自天而任彼無私照於乘而孰云不可湛湛方積纍纍正凝彌增皓鶴之警不憚驪龍之興遠聯乎蕪俛首而鮮茵益潤俯觀朝萑傾心而靈液是承嗟乎彼以少而爲貴此以多而豈賤遇沾衣而未化如被褐而初見其克好以員來孰若順陰而適變

秋露賦 闕名

天何言哉萬化斯該歲云秋矣傷心不已起凉風於四面飛斷雲於千里爾乃高天氣爽寒日光清下翠樓以迴矚見白露之晨生向珠網以添淨依玉階而助明如霜未結似雨還輕點庭蕪而葉重滋園菊而花榮歌湛則周詩入興凝甘則漢載留名故色貴含秋光宜汎曉既騰文於地上復垂容於筆杪煙濯彩而的的月籠華而晶晶豈只華山之際童子受於囊中金莖之端仙掌承於雲表況乎膏臺發色軒丘降祥紅蘭受而彌潔綠葵含而轉芳初益巨海終晞太陽既隨時以隱見還任物以行藏爾其無林不沾無草不羃蘸上流彩林中湛液思蟬飲而曉潤旅鶴警其宵滴詞人賦矣已凝冷以淒清君子履之又傷心而怵惕感斯露而揣稱愧才殫而莫析者也

露賦 宋吳淑

夫露者蓋陰陽之氣神靈之精淪軒轅之積粹含天乳之純英承以漢宮之仙掌擢以魏室之金莖或感至孝於趙郡或表善政於零陵若夫色媲渥丹味侔勻蜜既號天酒亦名陰液取自方諸飲聞姑射承木蘭之曉墜挹吉雲之五色湛湛露斯匪陽不晞詎能綴晃猶堪飲龜履怵惕而見禮行厭浥而聞詩亦有其凝如脂其甘如飴享遐壽於搖山零甘液於三危至若盛在囊中取於雲表既溥博以增海亦霑濡而

潤草若乃被蒹葭之蒼蒼零蔓草兮瀼瀼爲瑞旣聞
於如雪因寒常見於爲霜若夫貯之寶器承之瓊爵
遠遊始訝於騰蛇宵警仍聞於白鶴子晉豫見其霑
衣少孺假言於捕雀亦有耆水凝素下地騰文傳美
味於仙丘識運氣於崑崙爾其畢勒含丹揭雩布紫
終陽氣而斯凝應立秋而下委唱薤歌以申哀宴諸
侯而有禮嘉零露之溥兮含滋廣被

露部藝文二 詩詞

賦得露　梁顧煊

飛空猶蘊狀集物始呈華萎黃病秋菊厭浥長春芽
非唯薄蔓草頗亦變蒹葭仍增江海浪聊點木蘭花

驚早露　劉憺

九畹凝芳葉百草瑩新珠盈荷雖不潤拂竹竟難枯

露　唐李嶠

滴瀝明花苑葳蕤泫竹叢玉垂丹棘上珠湛綠荷中
夜警千年鶴朝零七月風願凝仙掌內長奉未央宮

露　董思恭

夜色凝仙掌晨甘下帝庭不覺九秋至遠向三危零
薰渚花初白葵園葉尚青晞陽一灑惠方願益滄溟

秋露　駱賓王

玉關寒氣早金塘秋色歸泛掌光逾淨添荷滴尚微
變霜凝曉液承月委圓輝別有吳臺上應濕楚臣衣

白露　杜甫

白露團甘子清晨散馬蹄圃開連石樹船渡入江溪
憑几看魚樂迴鞭急鳥棲漸知秋實美幽徑恐多蹊

賦得金莖露　徐敞

漢帝貴長生延年餌玉英銅盤滴珠露仙掌抗金莖
拂曙氛埃斂凌空流瀣清岧嶢捧瑞氣龍嵸出宮城
勢入浮雲聳形標霽色明大君常御宇何必去蓬瀛

露　李正封

霏霏靈液重雲表無聲落沾樹急元蟬灑池淒皓鶴
流塵清遠陌飛月澄高閣宵潤玉堂簾曙貫金井索
佳人比珠淚坐感紅綃薄

詠露珠　元稹

秋荷一滴露清夜墜元天將來玉盤上不定始知圓

白露　鮑溶

清蟬暫休響豐露還移色金颷爽晨華玉壺增夜刻
已低疎螢焰稍減哀蟬力迎社促燕心助風勞雁翼
一悲紈扇情再想清淺憶高高拜月歸軋軋挑燈織
盈盈玉盤淚何處無消息

秋露　雍陶

白露曖秋色月明清漏中痕沾珠箔重點落玉盤空
竹動時驚鳥莎寒暗滴蟲滿園生永夜漸欲與霜同

露　韓琮

長隨聖澤墮堯天濯遍幽蘭葉葉鮮纔喜輕塵銷陌
上已愁新月到堦前文騰要地成非久珠綴秋荷偶
得圓幾處花枝抱離恨曉風殘月正潸然

露　袁郊

湛湛騰空下碧霄地卑濕處更偏饒菅茅豐草皆霑
潤不道良田有旱苗

露　徐夤

鶴鳴先警雁來天洗竹沾花處處鮮散綵幾當蟬飲
際凝光宜對蚌胎前朝垂苑草煙猶重夜滴宮槐月
正圓休惕與霜同降日蘋蘩思薦獨淒然

賦得春草凝露　張友正

蒼蒼芳草色含露對青春已賴陽和長仍慚潤澤頻
日臨殘未滴風度欲成津蕙葉垂偏重蘭叢洗轉新
將行愁裛徑欲采畏濡身獨愛池塘畔清華遠襲人

露　成彥雄

銀河昨夜降醍醐灑遍坤維萬象蘇疑是鮫人曾泣
處滿池荷葉捧眞珠

月夜梧桐葉上見寒露　戴察

蕭疎桐葉上月白露初團滴瀝珠光滿熒煌素彩寒
風搖愁玉墜枝動惜珠乾氣冷初秋晚聲微覺夜闌
凝空流欲遍潤物淨宜看莫厭窺臨倦將晞聚更難

清露被皐蘭　孫頠

九皐蘭葉茂八月露花清稍與秋陰合還將曉色并
向空羅細影臨水泫微明的皪添幽興芊綿動遠情
夕芳人未採初降鶴先驚爲感生成惠心同葵葉傾

宿煙含白露　前人

栫栫有新意微微曙色幽露含疎月靜光與曉煙浮
迥野遙凝素空林望已秋著霜寒未結凝葉滴還流
比玉偏清潔如珠詎可收徘徊阡陌上瞻想但淹畱

觀荷葉露珠　齊己

霏微曉露成珠顆宛轉田田未有風任器方圓性終
在不妨翻覆落池中

秋露　宋王安石

日月淵何急荒庭露送秋初疑宿雨泫稍怪曉霜稠
曠野將馳獵華堂已御裘空令半夜鶴抱此一端愁

賦得荷葉露應教　明馬中錫

花氣侵晨濕畫欄池荷如洗翠團團誰將天上金莖露瀉入波心碧玉盤風動每愁爐水走雨餘應訝浦珠寒十年曾作西垣客此景親從太液看

賦得露凝仙掌　吳中行

絳闕秋容靜金莖露氣長夜深方湛湛日出轉瀼瀼共喜仙人掌能滓玉女漿願持方聖澤沾灑遍遐荒

六么令 詠露　明劉基

淡雲收盡月在蒼龍角霏霏似煙非霧空裏無聲落漢殿仙人掌冷桂影篩高閣元蟬嗃鶴相呼相喚嗽嚥華滋笑丹藥　寒蛩不分命薄末夜驚離索絡緯也共莎雞吹盡傷心曲只恐韶華易晚辜負蓬萊約秋容寂寞憑君著意染取楓林賽紅萼

露部選句

楚屈原離騷朝飲木蘭之墜露兮夕餐秋菊之落英

宋玉九辯白露既下百草兮奄離披此梧楸又霜露慘悽而交下兮心尚幸其弗濟

莊忌哀時命霧露濛濛其晨降兮雲依斐而承宇

漢劉向九歎白露紛以塗塗兮秋風瀏以蕭蕭

揚雄甘泉賦騁清雲之流瑕兮飲若木之露英

後漢班固西都賦抗仙掌以承露擢雙立之金莖

晉潘岳寡婦賦天凝露以降霜兮木葉落而隕枝

宋謝莊月賦白露曖空素月流天

梁江淹別賦露下地而騰文又秋露如珠

陶弘景尋山志竹泫泫以垂露柳依依而迎蟬

唐王勃秋日宴集序金風生而景物清白露下而光陰晚

歐陽詹送陳秀才赴舉序白露肅物青天始高

明費元祿轉情集露華殞碧草而無聲薄黃花而有色燈前尺素墨研相憶之書門外平蕪履點夜行之跡蟲催郊夢砧搗征衣氣生江國之涼滴送松窗之響天街灌月能教玉臂增寒漢苑求仙且向金莖和屑墜木蘭而可飲入長夜而未晞又六橋倚檝覘知楊柳先衰九月題詩無奈芙蓉遍滋又惜花早起必泫少婦之裾傳粉爭憐業上妖姬之曲

漢古樂府清露凝如玉涼風中夜發又垂露成帷幄

古詩白露沾野草時節忽復易

魏阮籍詩清露被皋蘭

晉陸雲詩清露墜素輝明月一何朗

潘岳詩淒淒朝露凝烈烈夕風厲

張載詩白露中夜結木落柯條森

閭丘沖詩微風扇穢朝露翳塵

溫嶠詩凝花珠錯落綴葉碧玲瓏

宋孝武帝詩綠草未傾色白露已盈庭

謝瞻詩開軒滅華燭月露皓已盈

鮑照詩月露依草白

齊王融詩浩露零中宵

梁王僧孺詩簷露滴爲珠

吳均詩青雲葉上團白露花中泫

劉孝先詩葉動花中露

劉邈詩墜露如輕雨

陳陰鏗詩霏霏野露合

北周庾信詩濕庭凝墜露又秋露似珠圓

唐太宗詩飄珠箔穿露

虞世南詩清風滌暑氣文露淨囂塵

張九齡詩皎潔青苔露

陳子昂詩清冷花露滿滴瀝簷宇虛

沈佺期詩秋露凝珠綴

韋安石詩早荷承湛露

李白詩玉階生白露夜久侵羅襪

杜甫詩竹露夕微微又重露成涓滴

耿湋詩颯颯松上吹泥泥花間露

戎昱詩江天夜露新

盧綸詩紫陌夜深槐露滴

王建詩月過金階白露多又冷露無聲濕桂花

王涯詩一夜輕風蘋末起露珠翻盡滿池荷

孟郊詩芙蓉濕曉露

元稹詩竹露滴寒聲又曉露凝芳氣

白居易詩微微涼露欲秋天又秋荷病葉上白露大如珠又日下風高野露涼又竹露冷煩襟又荷側瀉清露又雨露施恩無厚薄蓬蒿隨分有榮枯

李德裕詩月中清露點朝衣

許渾詩蘭葉露光秋月上

李商隱詩漿荷凝翠玉綴柳訝垂旒又仙人掌冷三霄露玉女窗虛五夜風又昨夜西池涼露滿桂花吹斷月中香又弱柳千條露

劉得仁詩綴草凉天露
薛逢詩松杉露滴無情泪
賈島詩壇松涓滴露
溫庭筠詩露點如珠落卷荷
劉滄詩一洞曉煙留水上滿庭春露落花初
鄭谷詩漸曉禾中露
韓偓詩但覺夜深花有露不知人靜月當樓又卷荷
忽被微風觸瀉下清香露一杯
杜荀鶴詩江月漸明汀露濕
江為詩月寒花露重
宋林逋詩粉竹亞梢垂薄露
蘇軾詩竹露浩如瀉又荷花夜開風露香又微月半
隱山圓荷爭瀉露
米黻詩天低月露濕秋衣
陸游詩重滴竹梢露又一堤草露明晨照
薛季宣詩天空月白不見人無聲露滴蘋葉濕
元吳景奎詩半夜起來山月白滿天清露灑衣裳
僧惠崇詩露重忽翻荷
張耒對月詩落葉有光時墜露
薩都剌詩天清曉露凉
楊維楨詩魚動輕荷墜露香
明劉基詩草頭錯認驪珠吐自是西風白露團
王澤詩開將一掬芙蓉露乞與神龍作雨香

露部紀事

吳越春秋吳王欲重刑諫者死舍人曰園有蟬悲鳴飲露不知螳螂在後螳螂捕蟬不知黃雀之在其後臣執彈丸欲取黃雀不覺露沾衣如此皆欲得其前不顧其後

說苑吳王欲伐荊告其左右曰敢有諫者死舍人有少孺子者欲諫不敢則懷丸操彈遊於後園露沾其衣如是者三旦吳王曰子來何苦沾衣如此對曰園中有樹其上有蟬蟬高居悲鳴飲露不知螳螂在其後也螳螂委身曲附欲取蟬而不知黃雀在其傍也黃雀延頸欲啄螳螂而不知彈丸在其下也此三者皆務欲得其前利而不顧其後之有患也吳王曰善哉乃罷其兵

漢武故事承露盤仙人掌擎玉盤為取雲表之露

三輔故事漢武帝以銅作承露盤高二十丈大十圍上有仙人掌承露和玉屑飲以求仙也

述異記吳猛將子弟登廬山過石梁見一老坐桂樹下以玉盃承甘露與猛

博物志渚沃之野民飲甘露

搜神後記會稽盛逸嘗晨興路未有行人見門外柳樹上有一人長二尺衣朱衣冠冕俯以舌舐樹葉上露良久忽見逸神意驚遽即隱不見

拾遺記背夷國西有含明之國綴鳥毛以為衣承露而飲

齊諧記弘農鄧紹嘗八月旦入華山採藥見一童子執五綵囊承柏葉上露皆如珠滿囊紹問曰用此何為對曰赤松先生取以明目言終便失所在今世人八月旦作眼明袋此遺象也

開元天寶遺事貴妃每宿酒初消多苦肺熱嘗凌晨獨遊後苑傍花樹以手攀枝口吸花露藉其露液潤於肺也

雲仙雜記伍貫卿居沅陵家有李花一株月夜奴婢遙見花作數團如飛仙狀上天去花上露水倏然作雨數千點花亡矣

柳宗元得韓愈所寄詩先以薔薇露盥手薰玉蕤香後發讀曰大雅之文正當如是

續博物志勒畢國人長三寸有翼善言語戲笑因名語國飲丹露為漿丹露者日初出有露汁如朱也

楊文公談苑金陵宮中人採薔薇水染生帛一夕忘收為濃露所漬色倍鮮翠

雞肋編米芾作文狂怪嘗作詩云飯白雲留子茶甘露有兄人不省露兄故嘗叩之乃曰只是甘露哥哥耳

元史阿沙不花傳阿沙不花嘗扈從上都方入朝而宮草多露跣足而行帝御大安閣望而見之指以為侍臣戒

秋澗集汲郡人元翰林學士王惲母先亡葬於沁曲後十年其父亦亡將合塋焉元堂既闢有二黃雀飛出已而母柩蓋珠露凝綴晶明煥爛駢羅角結若寶幢瓔珞之狀且清香襲人移刻乃晞觀者莫不異之

明外史宋濂傳帝嘗調甘露於湯手酌以飲濂曰此能愈疾延年願與卿共之

在田錄張王基本舊治也生一草結實如小紅橙夜則開之以承露人取飲之有病自愈人呼為天育

露部雜錄

詩經召南行露篇厭浥行露豈不夙夜謂行多露朱註女子有能以禮自守不爲强暴所汚者自述己志蓋以女子早夜獨行或有强暴侵凌之患故托以行多露而畏其沾濡也

邶風式微篇微君之故胡爲乎中露朱註言有沾濡之辱而無所芘覆也

鄭風野有蔓草篇野有蔓草零露漙兮又野有蔓草零露瀼瀼朱註男女相遇於野田草露之間故賦其所在以起興也

秦風蒹葭篇蒹葭蒼蒼白露爲霜朱註蒹葭未敗而露始爲霜秋水時至百川灌河之時也

蒹葭淒淒白露未晞又蒹葭采采白露未已

小雅蓼蕭篇蓼彼蕭斯零露湑兮又蓼彼蕭斯零露瀼瀼又蓼彼蕭斯零露泥泥又蓼彼蕭斯零露濃濃朱註湑湑然蕭上露貌瀼瀼露蕃貌泥泥露濡貌濃濃厚貌

湛露篇湛湛露斯匪陽不晞又湛湛露斯在彼豐草又湛湛露斯在彼杞棘朱註湛湛露盛貌晞乾也

白華篇英英白雲露彼菅茅朱註白雲水上輕清之氣當夜而上騰者也露即其散而下降者也

禮記祭義是故君子合諸天道春禘秋嘗霜露既降君子履之必有悽愴之心非其寒之謂也春雨露既濡君子履之必有怵惕之心如將見之樂以迎來哀以送往故禘有樂而嘗無樂

孔子閑居天有四時春秋冬夏風雨霜露無非教也

左傳諸侯朝正於王王宴樂之於是乎賦湛露則天子當陽諸侯用命也疏言天子當日諸侯當露也

春秋元命苞霜以殺木露以潤草

陰陽散而露下露下以潤其草木

感精符八月白露降鶴即高鳴相警

佐助期武露布文露沈宋均注甘露見其國布散者人尚武文采者則甘露凝重

五經通義和氣津液凝爲露露從地出

管子度地篇夏有大露原煙噎下百草人采食之傷人人多疾病而不止民乃恐殆

呂子孝行覽宰揭之露其色如玉又水之美者三危之露

史記商君傳趙良曰危若朝露尚欲延年益壽乎

漢書蘇武傳李陵謂武曰人生如朝露何久自苦如此

淮南子地形訓中央四達風氣之所通雨露之所會也

覽冥訓方諸取露於月

春秋繁露天之所以成物者少霜而多露也

說文露潤澤也從雨路聲

蔡邕月令章句露者陰液也釋爲露凝爲霜

後漢書蔡邕傳履霜知冰踐露知暑

魏志衛覬傳漢武立仙掌以承高露陛下通明每所非笑漢武有求於露由尚見非陛下無求於露而空設之不益於好而糜費工夫所宜裁制也

長曆北斗當崑崙山氣運注天下春夏爲露

禽經露鶴則露註露禽鶴也古今注鶴千載變蒼又千載變黑所謂元鶴也子野鼓琴元鶴來舞露下則鶴鳴也鶴之馴養於家庭者飲露則飛去

風土記鶴性警至八月白露降流於草葉上滴滴有聲即鳴

古今注牛享問冕以繁露者何答曰綴玉而下垂如繁露也

薤露喪歌也言人之命如薤上露易晞滅也其一章曰薤上露何易晞明朝更復落人死何時歸

拾遺記崑崙山甘露濛濛似霧著草木則滴瀝如珠亦有朱露望之色如丹著木石赭然如朱雪灑焉以瑤器盛之如飴

含露麥穟中有露味甘如飴

王諳文字志垂露書如懸鍼而不遒勁婀娜若濃露之垂漢中郎曹喜所作

地鏡圖視山川多露無霜其下有美玉

齊民要術氾勝之書曰植禾夏至後八十九十日常夜半候之天有霜若白露下以平明時令兩人持長索相對各持一端以概禾中去霜露日出乃止如此禾稼五穀不傷矣

諺曰觸露不掐葵日中不剪韭

舊唐書禮儀志魏徵明堂議曰臣等親奉德音思竭塵露微增山海

劉子賞罰篇寒露降秋所以殞茂葉也

酉陽雜俎凌霄花中露水損人目

蒟蒻根大如椀至秋葉滴露隨滴生苗

邛山有大蛇樵者常見頭若丘陵夜常承露氣

雲仙雜記以竹梢甘露和天南星漬紙一宿裁之刀去如飛

鸚管山霜可染紫白鹿潭露能染紅爲天下冠恨人
無知者
北戶錄通犀置大霧重露下終不沾濡
清異錄世宗時水部郎韓彥卿使高麗卿有一書曰
博學記偷抄之得三百餘事今抄天部七事一教水
露也
墨客揮犀黃魯直使予對句曰呵鏡雲遮月對曰啼
粧露著花
聞見後錄凌霄花有毒一作出蜀有人凌晨仰視其
花花中露水滴入眼中遂失明或云金錢亦然
夢溪筆談草間黃花蜘蛛人遭其螫仍爲露水所濡
乃成天蛇之疾露涉亦當戒也
緗素雜記歐陽公嘗得一古畫牡丹吳正肅曰其花
披哆而色正燥此日中時花也有帶露花則房斂而
色澤
毛詩名物解造化權輿曰中央之氣露露形如珠故
古者冕旒如之董子曰冕旒下垂如綴繁露或謂之
繁露也東晳集曰零露垂林非綴冕之飾義取諸此
冠天象也故飾弁望之如星而冕旒如綴繁露老子
曰天地相合以降甘露人莫之令而自均蓋露雖雨
類而露無遠近之偏故詩以譬德澤詩曰蓼彼蕭斯
零露濃濃而敘者以爲蓼蕭廢則恩澤乖矣是也詩
曰野有蔓草零露漙兮言天之下露高矣而今延及
蔓草則以下流故也又曰湛湛露斯在彼豐草豐草
者露之所豐又非特延及而已豐草同姓卑之況也
式微之詩一章曰微君之故胡爲乎中露二章曰微
君之躬胡爲乎泥中露言有沾濡之辱泥言有陷溺
之難也一曰泥中中露皆邑以今考之衛在大山之
間雨露所鍾以此名邑理或然也而劉向列女傳又
以爲此詩人所作一作於中露一在於泥中理或然
也然則後世柏梁之體倣於此乎鶡冠子曰昔之得
道以立至今不可遷者四時泰山是也其得道以危
至今不可安者岑巒煙溪葎木降風是也其得道以
生至今不可亡者日月星是也其得道以亡至今不
可存者零葉遇霜朝露遭日是也由是觀之夫何適
而無有道耶故禹不得聖人之道不立跖不得聖人
之道不行
野客叢談懶眞子讀杜牧之詩千秋佳節名空在承
露絲囊世已無謂漢以金盤承露而唐以絲囊絲囊
可以承露乎此不可解按華山記弘農鄧紹八月曉
入華山見童子執五綵囊盛柏葉露食之此事在漢
武帝之前是以武帝於其地造望仙等宮觀又觀梁
文帝眼明囊賦序曰俗之婦人八月旦多以錦翠珠
寶爲眼明囊因凌晨拭目唐人千秋節以絲囊盛露
亦襲其舊正八月初故事
屈原離騷朝飲木蘭之墜露兮夕餐秋菊之落英原
蓋借此以自喻謂木蘭仰上而生本無墜露而有墜
露秋菊就枝而殞本無落英而有落英物理之變則
然
雞林類事方言霜露皆曰率
捫蝨新話王子年拾遺記云孔子生之夜有二神女
擎香露於空中以沐浴徵在據此則釋迦生時九龍
吐水帝釋捧盤何異無乃好事者欲以神孔子而反
流於怪歟
就日錄夏月露臥偶夜露下而失覆則夢雪降
考槃餘事乘露彈琴不可久坐不惟潤絃抑且傷人
且陽材鼓之有聲陰材則無聲矣
暖姝由筆山東聚園至白露日根下遍堆草焚之蓋
以火氣辟露氣也不爾則多乾落
岩棲幽事凡蘭皆有一滴露珠在花藥間此謂蘭膏
甘香不啻流瀣
耄餘襍識日陽在地則蒸濡而爲露人眞陽在下則
融液而爲華池之水
遵生八牋述仙記曰八月一日以絹囊承取柏樹下
露如珠子取拭兩目明爽無疾
乘露剖蓮蓮實之味美在清晨水氣夜浮斯時正足
若日出露晞鮮美已去過半
春分宜採雲母石煉之用樊石或百草上露水或五
月茅屋滴下簷水俱可煉服之延年
田家五行侵晨用磁器收百草頭上露磨濃墨頭痛
者點太陽穴勞瘵者點膏肓之類爲之天灸
山西通志太原府河曲縣甘露池在崞山神廟之左
其池常燥歲旱民置瓶池中禱之瓶上露滴其味甘
廣東通志酴醾露酴醾海國所產爲盛出大西洋國
者花如中州之牡丹蠻中遇天氣凄寒零露凝結著
他草木乃氷澌殊無香韻惟酴醾花上瓊瑤晶瑩芬
芬襲人若甘露焉彝女以澤體髮膩香經月不滅國
人貯以鉛瓶行販他國

露部外編

拾遺記炎帝時陸池丹蕖騈生如蓋香露滴瀝下流成池

列子黃帝篇姑射山在海河洲中有神人焉吸風飲露

拾遺記高辛氏時有丹丘之國獻瑪瑙甕以盛甘露帝德所洽被於殊方以露充於廚也瑪瑙甕至堯時猶存甘露在其中盈而不竭謂之寶露以班賜羣臣至舜時露已漸減隨帝世之汚隆時淳則露滿時澆則露竭及乎三代減於陶唐之庭舜遷寶甕於衡山之上故衡山之岳有寶露壇舜於壇下起月館以望夕月舜南巡至衡山百辟羣后皆得露泉之賜時有雲氣生於露壇又遷寶甕於零陵之上舜崩甕淪於地下至秦始皇通汨羅之流爲小溪從長沙至零陵掘地得赤玉甕可容八斗以應八方之數在舜廟之堂前後人得之不知年月至後漢東方朔識之朔乃作寶甕銘曰寶雲生於露壇祥風起於月館望三壺如盈尺視八鴻如縈帶三壺則海中三山也一曰方壺則方丈也二曰蓬壺則蓬萊也三曰瀛壺則瀛洲也形如壺器此三山上廣中狹下方皆如工制猶華山之似削成八鴻者八方之名鴻大也登月館以望四海三山皆如聚米縈帶者矣

堯登位三十載有巨查浮於海上名曰貫月查亦謂挂星查羽人棲息其上羣仙含露以漱日月之光則如暝矣

路史禹之治水西過三危之阨巫山之下飲露之民

拾遺記孔子生有二神女擎香露於空中而來以沐浴徵在

西王母至與燕昭王遊於燧林之下有飛蛾銜火狀如丹雀蛾憑氣飲露羣仙殺此蛾合丹藥

十洲記武帝問月氏使者猛獸食啗何物使者曰猛獸所出或生崑崙元圃其壽不窮食氣飲露當其神也立與風雲吐嗽雨露

洞冥記東方朔字曼倩父張夷字少平妻田氏女夷年二百歲顏如童子朔生三日而田氏死時景帝三年也鄰母拾而養之三歲天下祕讖一覽闇誦於口居常指撝天下空中獨語鄰母忽失朔累月方歸母笞之後復去經年乃歸母忽見大驚曰汝行經年一歸何以慰我耶朔曰兒至紫泥海有紫水汚衣仍過虞淵湔浣朝發中返何云經年乎母問之汝悉是何處行朔曰兒湔衣竟暫息都崇堂王公飴之以丹霞漿兒食之太飽悶幾死乃飲元天黃露半合卽醒

東方朔遊吉雲之地得神馬一匹高九尺帝問朔是何獸也朔曰昔西王母乘靈光輦以適東王公之舍稅此馬遊於芝田乃食芝田之草東王公怒棄馬於清津天岸臣至王公壇因騎馬返繞日三匝然入漢關關猶未掩臣於馬上睡不覺而至帝曰其名云何對曰因疾爲名步景朔當乘之時如駑蹇之驢耳臣有吉雲草十種種於九景山東二千歲一花明年應生臣走請刈之得以秣馬馬終不饑也臣至東極過吉雲之澤多生此草移於九景之山全不如吉雲之地帝曰何謂吉雲朔曰其國俗之雲氣占吉凶若樂事則滿室雲起五色照人著於草樹皆成五色露味甚甘帝曰吉雲露可得乎朔東走至夕而返得元露青露盛青琉璃各受五合跪以獻帝遍賜羣臣羣臣得嘗者老者皆少疾者皆愈凡五官嘗露董謁李克益孟岐郭瓊黃安也

善語國人常羣飛往日下自曝身熱乃歸飲丹露爲漿丹露者日初出有露汁如珠也

升蕖鴨赤色每止於芙蕖上不食五穀唯啼蕖上垂露因名垂露鴨

元封三年數過國獻能言龜東方朔曰惟承桂露以飲之

酉陽雜俎貝丘有玉女山北海蓬球入山伐木見有四婦人端妙絕世見球俱驚起上樓彈琴球樹下立覺少饑乃以舌舐葉上垂露俄有一女乘鶴而至逆恚曰玉華汝等何故有此俗人球悵而出門忽然不見

雲笈七籤茅山昇眞王先生傳太建末靖室中忽有一神人醉臥嘔先生然香禮候神人曰卿是得道之人張法本亦甚有心吾欲並起游天台山石橋廣闊可過得彼多散仙人又常降甘露以器盛之服一升可壽得五百歲卿能去否先生使隨出上東嶺就法本至山半忽思未別二三弟子付囑經書背行三十步廻望神人化爲鶴飛去

睽車志江南有人長七丈名黃父以鬼爲飯以霧露爲漿

欽定古今圖書集成曆象彙編乾象典

第八十七卷目錄

乾象典第八十七卷

霜部彙考

詩經

豳風七月篇

九月肅霜

注　氣肅而霜降也

禮記

月令

季秋之月霜始降則百工休乃命有司曰寒氣總至民力不堪其皆入室

春秋緯

元命苞

陰氣凝爲霜

考異郵

四時代謝以霜收殺霜之爲言亡也物以終也

感精符

霜殺伐之表季秋霜始降鷹隼擊王者順天行誅以成肅殺之威

劉熙釋名

釋天

霜者喪也其氣慘毒物皆喪也

大戴禮

曾子天圓

陰氣勝則凝爲霜雪

許愼說文

霜

霚早霜也皚霜之白者也霜有元霜紺碧霜甘霜

宋王逵蠡海集

金強木弱

金強而木弱殺氣降而見于形故秋則霜隕

本草綱目

冬霜釋名

李時珍曰陰盛則露凝爲霜霜能殺物而露能滋物性隨時異也乾象占天氣下降而爲露淸風薄之而成霜所以殺萬物消祲沴當降而不降當殺物而不殺物皆政弛而慢也不當降而降不當殺物而殺物皆政急而殘也許愼說文云早霜曰霚白霜曰皚又有元霜承日凡收霜以鷄羽掃之瓶中密封陰處久亦不壞

氣味主治

甘寒無毒食之解酒熱傷寒鼻塞酒後諸熱面赤者陳藏器曰和蚌粉傅暑月痱瘡及腋下赤腫立瘥

霜部總論

春秋繁露

陰陽出入上下

陽日損而隨陰陰日益而鴻故至于季秋而霜始降至于孟冬而始大寒

煖燠孰多

季秋九月陰乃始多於陽天乃於是出凓下霜出凓下霜而天降物固已皆成矣

朱子語類

霜

霜只是露結成雪只是雨結成古人說露是星月之氣不然今高山頂上雖晴亦無露露只是自下蒸上人言極西高山上亦無雨雪

高山上無霜露却有雪某嘗登雲谷晨起穿林薄中並無露水沾衣但見煙霞在下茫然如大洋海衆山僅露峯尖煙雲環繞往來山如移動天下之奇觀也

或問高山無霜露其理如何曰上面氣漸清風漸緊雖微有霧氣都吹散了所以不結若雪則只是雨遇寒而凝故高寒處雪先結也

問伊川曰露是金之氣曰露自是有清肅底氣象古語云露結爲霜今觀之誠然伊川云不然不知何故蓋露與霜之氣不同露能滋物霜能殺物也雪霜亦有異霜則殺物雪不能殺物也

霜部藝文一

霜降賦以霜降之日豺乃祭獸爲韻　唐崔損

天地之氣嚴凝爲霜候高秋於玉琯體正色於金方表肅殺而順時戒節協變化而開陰闔陽激清風而增厲淨皓月而浮光驚鴻鴈之嗷嗷落蒹葭之蒼蒼所以從地而升應律而降詠團扇而見託班姬豈恨於長門履堅冰以是階袁安欲驚於陋巷達重陰而首出啓沍寒以先期陰與律而相感寒與氣而相賁百工由是休矣萬物于焉成之原夫日次于氐月窮于戌當青女以紀候從白露以受質洞庭之葉驚波豐山之鐘應律詩人可比庶欲徹於玉壺大國是賁亦將慙於凌室凝於地也似和光以同塵凋於木也類去華而取實其觀也則有俟於清宵其退也則見晞于旭日若乃林有摯隼野有祭豺翻繽紛之槁葉宿莽蒼之枯荄烈女覩之而壯志羈人對此而感懷皚皚其姿皎皎其彩既無惡於菅蒯亦何情於蘭茝佐昊天之有成參神功而不宰笳聲乍拂怨楊柳之衰劍鍔可封發芙蓉之厲乃國家順乾坤之德法天地之制布澤如春肅物成歲申其令以敦乎風俗宣其威以殄厥災沴服用有度修典禮而罔差稻熟可羞先寢廟而攸祭名籍籍於憲府法稜稜於司寇却炎蒸而克敘四節賡金石而率舞百獸客有惜歲星之屢遷傷志業而未就獨沉吟于軒屏望泬寥于宇宙聞萬戶之輕砧聽九重之末漏近瞻庭樹空聞槭槭而有聲緬想澗松誰惜青青而獨秀夫如是則可知霜降之候

秋霜賦　闕名

目長空以流思偉繁霜之獨異雖變露而成形不憑雲以自致向朝陽而既滅逢夜晴而又墜候暖而止乘寒則飛當鷹隼之始擊值鴻鴈之初歸稜稜作氣凜凜生威比齊紈之顏色奪楚劍之光輝及其降池塘被原陸衰衆草落羣木萎南澗之白蘋碎東籬之紫菊梧桐爲之失影蕖荷爲之消馥豈直若斯而已徒美其威不妄作動隨物情因其死者而死保其生者而生彫芝蘭而無怨色拂松竹而不傷榮譽大聖行刑必順於時序遍賢用法不害于堅貞至若蒲海之居桑河之汭侵戰士之馬蹄封將軍之狐毳沾翠幕而生冷凍朱旗而自晚助陰氛之肅殺壯堅冰之體勢三冬閨閤兮貯相思萬里關山兮苦留滯不私與己觸物而止疑薄霧之初覆似輕塵之未起陵厲自然嚴凝莫擬故能發揮司寇光揚御史明忠臣之無事承君子之所履

霜賦　宋吳淑

蒹葭蒼蒼白露爲霜物當收縮義取喪亡庭樹槭以落桑葉鬱其黃非宜介樹無爲檻羊動感時之悽愴增正月之憂傷爾其皎潔凝條紛披殺木皚然皓白凜乎慘毒伯奇被逐以援琴鄒衍遭讒而慟哭既聞地升還知露凝房星見而衣裘具百工休而膠漆停至于嵊州味甘廣延色碧鴻鴈厲翼而南飛鷹隼順時而始擊于是行冬令成婦功覆貝嶠之寒蠶振豐山之洪鐘亦聞鷓鴣蔽葉崑崙連氣知馬蹄之所踐思葛屨之曾履當陰氣之始凝至堅冰而馴致或應候而挫物或當春而大摯若其神爲青女威立候文故不殺其失政夏隕表其暴君然則道義得則時令

順夫復何云

霜部藝文二 詩詞

詠霜　梁張率

白露視藏度鐘鳴測地機秋冬交代序申霜白綏綏原野凝寒霜增墀散夕霏徘徊總嚴氣悵望淪清輝乎原寒月色池水愴風威凝陰同徂夜遣鴈獨歸飛繁葉亂蕪絕繁林紛已稀貞松非受令芳草徒具腓

前題　唐蘇味道

金祇暮律盡玉女暝氛歸孕冷隨鐘徹飄華逐劍飛帶日浮寒影乘風進晚威自有貞筠質寧將庶草腓

白露爲霜　徐敞

早寒青女至零露結爲霜入夜飛清景凌晨積素光驅星初晢晢葭菼復蒼蒼色冒沙灘白威加木葉黃鮮輝襲紈扇殺氣掩干將葛屨那堪履徒令君子傷

前題　顏粲

悲秋將歲晚繁露已成霜徧渚蘆先白沾籬菊自黃應鐘鳴遠寺擁鴈度三湘氣逼襦衣薄寒侵宵夢長滿庭添月色拂水斂荷香獨念蓬門下窮年在一方

霜　袁郊

古今何事不思量盡信鄒生感彼蒼但想燕山吹暖律炎天豈不解飛霜

前題　徐夤

應節誰窮造化端菊黃豺祭問應難紅窻透出鸞衾冷白草飛時鴈塞寒露結芝蘭瓊屑厚日乾葵藿粉痕殘世間無比催搖落松竹何人肯更看

新霜　宋歐陽修

天雲慘慘秋雲薄臥聽北風鳴屋角平明驚鳥四散飛一夜新霜羣木落南山鬱鬱舊可愛千仞巉巖如刻削林枯山瘦失顏色我意豈能無寂寞泉傍菊花芳爛漫短日寒輝相照灼無情木石尚須老有酒人生何不樂

霜露吟　邵雍

天地有潤澤其降也瀼瀼暖則爲湛露寒則爲繁霜爲露萬物悅爲霜萬物傷二物本一氣恩威何昭彰

霜曉　楊萬里

荒荒瘦日作秋暉稍稍微暄破曉霏只有江楓偏得意夜挼霜水染紅衣

霜晴　元陳子微

旭日照蕭晨淒清不受塵冷光明似雪冬暖勝如春紅葉輝相照黃花色愈新南窻差可愛曝背豁天眞

又

朝暾上高樹霧卷海天遙勁氣乘寒凝嚴威見日銷鐘清出遠寺馬滑恐危橋稍逼南枝暖疎花破寂寥

飛霜歌　馬臻

飛霜悴百草芳蘭亦委柯縱欲努舊力奈此寒風何在借結花初豈不受春多恥隨桃李揚托跡空山阿四時有代謝陽豔忽已過薰猶苦不辨一體同消磨不如牡丹根密幄相遮羅

霜寒　明王穉登

烈烈瓦溝霜他霜草木黃合歡牀上被一半冷鴛鴦

望江南霜天有感　宋趙長卿

山又水雲岫插峰巒斷鴈飛時霜月冷亂鴉啼處日銜山疑在畫圖間　金烏轉遊子損朱顏別淚盈襟雙袖濕春心不放畫眉閒此去幾時還

霜部選句

楚屈原九章悲霜雪之俱下兮

遠遊微霜降而下淪兮悼芳草之先零

宋玉九辯秋既先戒以白露兮冬又申之嚴霜

晉陸機演連珠春風朝煦蕭艾蒙其溫秋霜宵墜芝蕙被其凉

夏侯湛秋夕哀賦木蕭蕭以被風階縞縞以受霜

宋謝莊月賦佳期可以還微霜霑人衣

齊劉祥連珠清風以長物成春素霜以凋嚴戒節

梁江淹麗色賦沍陰凋時冰泉凝節軒疊厚霜庭澄積雪
漢趙飛燕歸風送遠操涼風起兮天隕霜
張衡定情歌大火流兮草蟲鳴繁霜降兮草木零
魏武帝樂府天氣肅清繁霜霏霏
曹植詩凝霜依玉除清風飄飛閣
阮籍詩朔風厲嚴寒陰氣下微霜
晉張華詩繁霜降當夕悲風中夜興
左思詩秋風何烈烈白露爲朝霜
張協詩輕風摧勁草凝霜竦高木
宋謝靈運詩曉霜楓葉丹夕曛嵐氣陰
鮑照樂府窮秋九月荷葉黃北風驅鴈天雨霜
梁簡文帝樂府輕霜中夜下黃葉遠辭枝
唐沈佺期詩薄霜沾上路殘雪繞離宮
李廓詩白鴈暮銜雪青林寒帶霜
孟雲卿詩稍稍晨鳥翔淅淅草上霜
杜甫詩清霜大澤凍禽獸有餘哀又紅棃迥得霜
王維詩共怪滿衣珠翠冷黃花瓦上有新霜
劉禹錫詩山明水淨夜來霜數樹深紅出淺黃
孟郊詩清霜一委地萬草色不綠
白居易詩鴛鴦瓦冷霜華重又庭草畱霜池結冰
許渾詩雲卷四山雪風凝千樹霜
李商隱詩青女殷勤結夜霜
趙嘏詩月滿長空樹滿霜
溫庭筠詩雞聲茅店月人跡板橋霜
陸龜蒙詩庭喜新霜爲橘紅又暗霜松粒赤疎雨草堂寒
宋歐陽修詩晚烟茅店月初日棗林霜
陸游詩照江丹葉一林霜又雲護一天霜又斜分半倉月滿載一篷霜

霜部紀事

列子湯問篇師文鼓琴當夏而叩羽絃以名黃鍾霜雪交下

拾遺記穆王東至大巇之谷西王母來進嵰山甘霜

琴操履霜者伯奇之所作也伯奇者吉甫之子也吉甫聽其後妻之言疑其子伯奇遂逐之伯奇編水荷而衣采楟音亭山棃木也花而食之清朝履霜自傷無罪見放逐乃援琴而鼓之

淮南子鄒衍事燕惠王盡忠左右譖之王王繫之獄仰天而哭夏五月天爲之下霜

拾遺記燕昭王時廣延國來獻其國冰霜之色皆如紺碧

魏明帝二年昆明國貢漱金鳥畏霜雪乃起小屋處之名曰辟寒臺

宋書魏國傳六月末率大衆至陰山謂之却霜陰山去平城六百里深遠饒樹木霜雪未嘗釋蓋欲以暖氣却寒也

佛國記于闐國其地山寒不生餘穀唯熟麥耳衆僧受歲已其晨輒霜故其王每讚衆僧令熟麥然後受歲

唐書西域傳詔李靖侯君集任城王道宗李道彥李大亮率兵擊慕容伏允次且末之西伏允走君集道宗行空荒二千里盛夏降霜乏水草士糜冰馬秣雪

朝野僉載則天時春雷始鳴記其日記其數滿一百八十日霜必降鴈從北來記其日後十八日霜降

五代史契丹傳劉仁恭據有幽州數出兵摘星嶺攻契丹每歲秋霜落則燒其野草契丹馬多饑死卽以良馬賂仁恭求市牧地請聽盟約甚謹

五國故事僞蜀王衍卽位荒淫酒色結爲綵樓山遇風雨霜雪所損乃重易之無所愛惜

退朝錄致政王侍郎子融言天聖中歸其鄉里青州時滕給事涉爲守盛冬濃霜屋瓦皆成百花之狀以紙摹之其家尚餘數幅

夢溪筆談宋次道春明退朝錄言天聖中青州盛冬濃霜屋瓦皆成百花之狀此事五代時已嘗有之予亦自兩見如此慶曆中京師集禧觀渠中冰紋皆成花果林木元豐末予到秀州人家屋瓦上冰亦成花每瓦一枝正如畫家所爲折枝有大花似牡丹芍藥者細花如海棠萱草輩者皆有枝葉無毫髮不具氣象生動雖巧筆不能爲之以紙搨之無異石刻

東坡志林今日舟中霜寒十指如懸槌適有人致佳酒遂獨飲一盃醺然徑醉

潘子眞詩話余以黃山谷霜威朝折綿風力夜冰酒之句問所從出山谷曰勁氣方凝酒清威正折綿庾肩吾詩也後余讀阮籍歌略曰陽和微弱陰氣竭海

凍不流綿絮折乃知折綿事始於阮籍豈山谷偶忘之耶

金史粱襄傳名爲薛王府掾世宗將幸金蓮川有司具辦襄上疏極諫曰金蓮川在重山之北地積陰冷五穀不殖郡縣難建蓋自古極邊荒棄之壤也氣候殊異中夏降霜一日之間寒暑交至特與上京中都不同尤非聖躬將攝之所

元史世祖本紀至元七年夏四月壬午檀州隕黑霜二夕

霜部雜錄

易經坤卦初六履霜堅冰至象曰履霜堅冰陰始凝也馴致其道至堅冰也

詩經魏風糾糾葛屨可以履霜注糾糾繚戾寒京之意

秦風蒹葭蒼蒼白露爲霜

小雅正月繁霜我心憂傷正月夏之四月言霜降失節不以其時也

禮記祭義春禘秋嘗霜露既降君子履之必有悽愴之心非其寒之謂也

孔子閒居天有四時春秋冬夏風雨霜露無非教也

孝經援神契霜以挫物

五經通義寒氣凝以爲霜霜從地升也

詩紀曆樞天霜樹落葉而鴻鴈南飛

山海經中山經豐山有九鍾焉是知霜鳴注霜降則鍾鳴故言知也

家語霜降而婦功成嫁娶者行焉

國語駟見而隕子敏反霜隕霜而冬裘具賈逵曰駟房星也

文子上德篇蘭芷以芳不得見霜

莊子馬蹄篇馬蹄可以踐霜雪

呂氏春秋孝行覽秋霜既下衆林皆羸注羸葉盡也

易林早霜晚雪傷禾害稼

淮南子天文訓秋三月青女乃出以降霜雪注青女天神青皇女主霜雪

說山訓聖人見霜而知冰

說林訓木方茂盛終日采而不知秋風下霜一夕而殫又聖人行于水衆人行于霜注水行之無跡霜雪履之有迹

漢武內傳仙之上藥有元霜絳雪

後漢書盧植傳論風霜以別草木之性危亂以見貞良之節

孔融傳論懍懍焉皜皜焉其與琨玉秋霜比質可也

鹽鐵論霜雪晚至五穀猶成

漢晉春秋袁紹與公孫瓚書曰處三軍之帥當列將之任宜令怒如嚴霜喜如時雨

中論宋井之霜以基昇正之寒

禽經霜蜚則霜注鷫鷞鳥名其羽可爲裘以辟寒鷫鷞飛則隕霜

陸機詩疏荼苦菜生山田及澤中得霜甜脆而美

要覽立夏日服六壬癸符或服元冰飛霜散暑不能侵也

西京雜記淮南王安著鴻烈二十一篇自云字中皆挾風霜

崔豹古今注鵲鳩畏霜露夜栖則以樹葉覆背上

拾遺記員嶠山有冰蠶長七寸黑色有角有鱗以霜雪覆之然後作繭

佛國記摩頭羅以南名爲中國中國寒暑調和無霜雪

世說顧悅與簡文同年而髮蚤白簡文曰卿何以先白對曰蒲柳之姿望秋而落松柏之質經霜彌茂

南史陸慧曉傳何點常稱慧曉心如照鏡遇形觸物無不朗然王思遠恆如懷冰暑月亦有霜氣當時以爲實錄

文心雕龍眚災肆赦則文有春露之滋明罰勅法則辭有秋霜之烈

地鏡圖視屋上瓦獨無霜其下有寶

齊民要術氾勝之書曰植禾夏至後八十九十日常夜半候之天有霜若白露下以平明時令兩人持長索相對各持一端以概禾中去霜露日出乃止如此禾稼五穀不傷矣

凡五菓花盛時遭霜則無子常預于園中貯惡草生糞天雨新晴北風寒切是夜必霜此時放火作煴少得煙氣則免于霜矣

蓁薹足霜乃收不足霜即澀

收越瓜欲飽霜霜不飽則爛

凍樹者凝霜封著木條也假令月三日凍樹還以月三日種黍

北史隋紀大業八年詔曰天地大德降繁霜于秋令聖哲至仁著兵甲于刑典

辨命論嚴霜夜零蕭艾與芝蘭並盡

朝野僉載蘇味道王同爲鳳閣侍郎或問張元一曰

二子孰賢對曰蘇如九月得霜鷹王如十月被凍蠅

劉子遇不遇篇秋霜被地而蔽者不傷

通典御史爲風霜之任彈糾不法百僚震恐

酉陽雜俎仙藥元霜絳雪

雲仙雜記鵝管山霜可染紫白庶潭露能染紅爲天下冠恨人無知者

兼明書謝宣遠九日從宋公戲馬臺送孔令詩云風至授寒服霜降休百工臣延濟曰季秋京風至始授衣也霜降膠漆堅可以爲器故美百工之功也明曰按月令季秋云霜始降則百工休注曰謂膠漆之作停也宣遠亦用此義言歲將晏授寒衣停百工人民安可以謀飮讌餞賓客也而延濟訓休爲美言霜降膠漆堅可爲器物若如此則旣與百工是其勞苦何歡讌之有且時方寒凜非用膠漆之日翻覆尋繹理無斯通

法書要錄伯英章草似渥霧霑濡繁霜搖落

淸異錄世宗時水部郎韓彥卿使高麗卿有一書曰博學記偷抄之得三百餘事今抄天部七事一威屑霜也

嬾眞子金陵詩云歲晚蒼官聊自保日高靑女尙橫陳蒼官謂松也靑女謂霜也言日高而松上霜猶不消也

王安石易泛論霜陰剛之微也

夢溪筆談北方有白鴈似鴈而小色白秋深則來白鴈至則霜降河北人謂之霜信杜甫詩云故國霜前白鴈來卽此也

鷄肋編江南人謂社日有霜必雨丙辰春社繁霜濃瓦次日果大雨

毛詩名物解霜雨露以生而霜以肅殺相之故霜之文從相釋名曰喪也其氣慘毒物皆喪也霜遺之義出於此今霜隕而易脫膠漆不堅草木脫落糞本然則古者霜降而婦功成百工於是休息豈特人事而已哉亦自然之理也詩曰正月繁霜我心憂傷陽正也陰慝也以人正言之則一月謂之正月以天言之則四月謂之正月盛德在火而言繁霜無是也則民之訛言亦大矣故君子爲之憂傷也或曰古者一夫嗟咨匹婦抗憤而六月爲之飛霜則正陽之月霜以乖致蓋有之矣劉向所謂霜降不節不以其時其詩曰正月繁霜我心憂傷此之謂也蓋幽王之時天變見於上地變動於下始於霜降失節山之卑者湧而爲岡陷而爲陵及其甚也日月薄蝕雷電變常水泉沸騰山谷易處故詩曰朔日辛卯日又蝕之亦孔之醜爗爗震電不寧不令百川沸騰山冢崒崩高岸爲谷深谷爲陵董子所謂國家將有失道之咎先出災害以譴告之不知自省又出怪異以警懼之尚不知變傷敗迺至則若此之類是也今露之繁在夏而至秋則成霜霜之繁在冬而至春則成露故傳以爲露陰液也釋而爲露結而爲霜

蠡海集霜殺物露滋物何也蓋霜歷陰位露歷陽位是以春霜亦不殺秋露亦不生

祛疑說農家以霜降前一日見霜則知清明前一日霜止霜降後一日見霜則知清明後一日霜止五日十日而往前後同占欲出秧苗必待霜止每歲推驗若合符節

文昌雜錄國子朱司業言南方柑橘雖多然亦畏霜每霜時亦不甚收惟洞庭霜雖多卽無所損詢彼人云洞庭四面皆水也水氣上騰尤爲辟霜所以洞庭柑橘最佳歲收不耗正爲此爾

爾雅翼鶴鴰也長足羣飛天之將霜先知之而鳴不過旬日而下霜矣然則鶴之警霜猶鶴之警露也

周益公日記淸明斷雪穀雨斷霜

貴耳集菊知隕霜此物之靈也

雞林類事方言霜露皆曰率

御龍子集霜重則天宇必淸氣有所著不浮于上也

古今諺秋霜足芸薹熟

遵生八牋斗指戌爲霜降氣肅露凝結爲霜矣故云駟見而隕霜

銷夏蜀中山水如峩眉山夏含霜雹碑板之所聞崑崙之伯仲也

欽定古今圖書集成曆象彙編乾象典

第八十八卷目錄

乾象典第八十八卷

雪部彙考

詩經

邶北風

北風其凉雨雪其雱 又 北風其喈雨雪其霏

註 雱雪盛貌喈疾聲也霏雨雪分散之狀言北風雨雪以比國家危亂將至而氣象愁慘也

小雅頍弁

如彼雨雪先集維霰

傳 霰暴雪也 箋 將大雨雪始必微溫雪自上下遇溫氣而摶謂之霰久而寒勝則大雪矣 疏 初爲霰者久必暴雪故言暴雪耳非謂霰卽暴雪也先集者謂雪集聚也解雪當能下而言集意天將大雨雪其始必微溫暖雪自上下逢遇溫氣消釋集聚而摶謂之霰積久而雪之寒氣勝此溫氣則大雪散下大戴禮曾子云陽之專氣爲霰陰之專氣爲雹盛陽之氣在雨水則溫暖爲陰氣薄而脅之不相入則摶爲雹也盛陰之氣在雨水則凝滯而爲雪陽氣薄而脅之不相入則消散而下因水而爲霰是霰由陽氣所薄而爲之故言遇溫氣而摶也

爾雅

釋天

雨霓爲霄雪

註 詩如彼雨雪先集維霰霰冰雪雜下者謂之霄雪 疏 霄卽消也

河圖緯

稽耀鉤

十月立冬爲節者冬終也立冬之時萬物終成爲節名小雪爲中者氣序轉寒雨變成雪故以小雪爲中也

劉熙釋名

釋天

雪綏也水下遇寒氣而凝綏綏然也

霰星也水雪相摶如星而散也

大戴禮

曾子天圓

陽氣勝則散爲雨露陰氣勝則凝爲霜雪陽之專氣爲雹陰之專氣爲霰

韻記

霰

一曰霄雪水雜下也雪自上下爲溫氣所摶故曰陽之專氣爲霰

雪

水下遇寒而凝因風相襲而成雪也

本草綱目

臘雪釋名

李時珍曰按劉熙釋名云雪洗也洗除瘴癘蟲蝗也凡花五出雪花六出陰之成數也冬至後第三戊爲臘臘前三雪大宜菜麥又殺蟲蝗臘雪密封陰處數十年亦不壞用水浸五穀種則耐旱不生蟲灑几席間則蠅自去淹藏一切果食不蛀蠹春雪有蟲水亦易敗所以不收

氣味主治

甘冷無毒解一切毒治天行時氣瘟疫小兒熱癇狂啼大人丹石發動酒後暴熱黃疸仍小溫服之藏器洗目退赤煎茶煮粥解熱止渴宜煎傷寒火暍之藥抹痱亦良

發明

宗奭曰臘雪水大寒之水也故治已上諸病

遵生八牋

四時調攝箋

斗指寅爲雨水雨水中烝也言雪散爲水矣

斗指亥爲小雪天地積陰溫則爲雨寒則爲雪時言小者寒未深而雪未大也

小雪後十五日斗指壬爲大雪言積陰爲雪至此栗烈而大矣

天步眞原

論天氣日月五星之能

土星太陽會冲方爲大門開冬至雪

土星金星會冲方冬至雪冷

土星水星火星會冲方冬風雪

土星太陰會冲方冬至雪冷

金星太陰會冲方冬至雪

論天氣開門之理

開門之理如太陽舍在巨蟹土星舍在磨羯不論何時但太陽與土星相會冲卽爲開門門開卽有入門者其冷熱晴雨皆倏忽有變土星太陽是開水門濕宮冷宮定大雪

占年主星

土星爲本年主星天氣寒雲冬至尤甚有非時之雪

雪部總論

董膠西集

雨雹對

其寒月則雨凝於上體尚輕微而因風相襲故成雪焉寒有高下上暖下寒則上合而大雨下凝爲冰霰雪是也

朱子語類

雪

雪花所以必六出者蓋只是霰下被猛風拍開故成六出如人擲一團爛泥於地泥必濺開成稜瓣也又六者陰數太陰元精石亦六稜蓋天地自然之數

高山無霜露却有雪某嘗登雲谷晨起穿林薄中並無露水沾衣但見煙霞在下茫然如大洋海衆山僅露峰尖煙雲環繞往來山如移動天下之奇觀也或問高山無霜露其理如何曰上面氣漸清風漸緊雖微有霧氣都吹散了所以不結若雪則只是雨遇寒而凝故高寒處雪先結也

性理會通

雪

大雪爲豐年之兆者雪非豐年蓋爲凝結得陽氣在地來年發達生長萬物

雪部藝文一

觀雪　漢黃憲

泰王與徵君飲觀雪於庭有姬臥貂帷賦白雪之歌起而覓瑟不得倚帷而詠之聲繞殿閣積雪倒飛泰王甚異之乃鼓缶而和命左右以觴進徵君徵君曰王亦止缶乎泰王曰何謂也曰夫物不可過盛音不可過揚過盛則亢過揚則淫今王之缶淫矣不可鼓也臣是以請止之泰王曰嗟乎先生欲以寡人之姬喻是寡人有淫姬也於缶何有焉遂不悅而罷酒左右附泰王之耳告曰王請烹之泰王曰烹一士而動諸侯不可謂武徵君佯醉而出泰王解白狐裘賜之以禦寒徵君謂李元曰泰未可去也

雪賦　宋謝惠連

歲將暮時既昏寒風積愁雲繁梁王不悅遊於兔園乃置旨酒命賓友名鄒生延枚叟相如末至居客之右俄而微霰零密雪下王乃歌北風於衛詩詠南山於周雅授簡於司馬大夫曰抽子祕思騁子妍辭侔色揣稱爲寡人賦之相如於是避席而起逡巡而揖曰臣聞雪宮建於東國雪山峙於西域岐昌發詠於來思姬滿申歌於黃竹曹風以麻衣比色楚謠以幽蘭儷曲盈尺則呈瑞於豐年袤丈則表沴於陰德雪之時義遠矣哉請言其始若乃元律窮嚴氣升焦溪涸湯谷凝火井滅溫泉冰沸潭無涌炎風不興北戶墐扉裸壤垂繒於是河海生雲朔漠飛沙連氛累靄掩日韜霞霰淅瀝而先集雪紛糅而遂多其爲狀也散漫交錯氛氳蕭索藹藹浮浮瀌瀌弈弈聯翩飛灑徘徊委積始緣甍而冒棟終開簾而入隙初便娟於墀廡末縈盈於帷席既因方而爲珪亦遇圓而成璧眄隰則萬頃同縞瞻山則千巖俱白於是臺如重璧逵似連璐庭列瑤階林挺瓊樹皓鶴奪鮮白鷴失素紈袖慚冶玉顏掩嫮若乃積素未虧白日朝鮮爛兮若燭龍銜燿照崑山爾其流滴垂冰緣霤承隅粲兮若馮夷剖蚌列明珠至夫繽紛繁騖之貌皓汗皦潔之儀迴散縈積之勢飛聚凝曜之奇固展轉而無窮嗟難得而備知若乃申娛翫之無已夜幽靜而多懷風觸楹而轉響月承幌而通暉酌湘吳之醇酎御狐貉之兼衣對庭鵾之雙舞瞻雲鴈之孤飛折園中之萱草擿階上之芳薇踐霜雪之交積憐枝葉之相違馳遙思於千里願接手而同歸鄒陽聞之懣然心服有懷妍唱敬接末曲於是乃作而賦積雪之歌歌曰攜佳人兮披重幄援綺衾兮坐芳縟燎薰爐兮炳明燭酌桂酒兮揚清曲又續而爲白雪之歌歌曰曲既揚兮酒既陳朱顏酡兮思自親願低帷以昵枕念解珮而褫紳怨年歲之易暮傷後會之無因君寧見階上之白雪豈鮮耀於陽春歌卒王乃尋繹吟翫撫覽扼腕顧謂枚叔起而爲亂亂曰白羽雖白質以輕兮白玉雖白空守貞兮未若茲雪因時興滅元陰凝不昧其潔太陽曜不固其節節豈我名潔豈我貞憑雲升降從風飄零值物賦象任地班形素因遇立污隨染成縱心皓然何慮何營

雪贊　前人

氣遍霜繁年豐雪積彼厲我和爾素子白其德懿矣玩之庭隙權陋瑤臺暫踐盈尺

雪贊　梁沈約

火競乃上炎陰矯亦下潤獨有凝雨委貞婉而無殉排雲聳自高睎光本非惔委谷不辭深因巖豈知峻潔貌雖同賞英心共誰振

雪賦　北周劉璠

璠歷黃門侍郎儀同三司嘗臥疾居家對雪興感乃作雪賦以遂志云其辭曰

天地否閉凝而成雪應乎元冬之辰在於沍寒之節蒼雲暮同嚴風曉別散亂徘徊雰霏皎潔違朝陽之暄煦就陵陰之慘烈若乃雪山峙於流沙之右雪宮建於碣石之東混二儀而並色覆萬有而皆空埋沒河山之上籠罩寰宇之中日馭潛於濛汜地險失於華嵩既奪朱而成素實矯異而爲同始飄颻而稍落遂紛糅而無窮縈回兮瑣散皜皓兮溟濛綏綏兮颯颯瀌瀌兮渢渢因高兮累仞藉少兮成豐曉分光而映淨夜合影而通朧似北荒之明月若西崑之閬風爾乃憑集異區遭隨所適遇物淪形觸途湮跡何淨穢之可分豈高卑之能擇體不常消質無定白深谷夏凝小山春積偶仙宮而爲絳值河濱而成赤廣則彌綸而交四海小則淅瀝而緣間隙淺則不過二寸大則平地一尺乃爲五谷之精寔長眾川之魄大壑所以朝宗洪波資其消釋家有趙王之璧人聚漢帝之金既藏牛而沒馬又冰木而凋林已墮白登之指實愴黃竹之心楚客埋魂於樹裏漢使遷飢於海陰豔雲中之狡獸落海上之驚禽庚辰有七尺之厚甲子有一丈之深無復垂霙與雲合唯有變白作泥沉本爲白雪唱翻作白頭吟吟曰昔從天山來忽與狂風閱逈河陰而散漫望衡陽而委絕朝朝自消盡夜

夜空凝結徒云雪之可賦竟何賦之能雪

爲定王賀雪表　唐李嶠

臣某言自涉降冬頗虧甘液皇情聡佇聖德憂勤愍囹圄之羅傒念祁寒之在節爰發恩造親慮囚徒絲綍始行寒光已布德音纔降同雲便飛落絮飄花與新梅而競彩凝光吐艷共宵桂而連輝俄盈九域之中遍灑四瀛之外遂使狴牢式舞布澍澤於三天畎畝長歌佇豐年之一作於萬寶報應之速固影響而無遺慶躍之私在臣忝而何極無任欣抃之至謹奉表陳賀以聞謹言

爲納言姚璹等賀雪表　前人

臣某言自元冥授節素液未流宿麥翹滋陳根俟拔聖情廻聡天造曲成載想狴牢有矜幽滯方臨聽訟之觀且闕明刑之書中旨纔宣上元俄應沛乎降澤油然興雲凝瑞色於千里散禎祥於六出積素彌晝下集於瓊臺飄花滿空旁霑於玉樹海神奔走而來賀田畯謳吟而共舞靈心昭發事速於置郵聖意冥通有同於合契臣等謬當樞近親覩休祥抃躍之情實百恆品無任欣慶之至謹奉表陳賀以聞謹言

爲百寮賀雪表　前人

臣某等言臣聞至道充被而冲和感發元化沉潛而祥物昭應伏惟皇帝陛下合德天地齊光日月陶正氣之氤氳降元符之肹蠁用能經緯六合驅馭百靈垂旒法宮而品物涵宴疑作晏揆景中土而風雨休若三元肇華九陽初動撞黃鍾而布氣順元冥而率職會陰候律豐澤順時沓蔚方興起太山之膚寸參差荐委自平地而盈尺銅街皜其如素金隄紛其遂滿縈樓棲檻凝璧臺之九重落絮飄花似芳林之二月或者洛神呈象來舞帝宮故亦海騎相趨下朝仙闕東皐歡而望歲南史慶而書祥萬寶登秋居然可詠雙銅叶唱即事非遙自非睿感通微乾心輔德何以降神靈之滋液發兆庶之歡慶臣等恭承元造沐浴太和欣聖澤之滂沛對天休而踴躍無任鳧藻之至謹詣朝堂奉表稱賀以聞

中書門下賀雪表　常袞

臣子儀等言臣聞聖人昭事以奉時乾道下濟以成物伏惟寶應元聖文武皇帝陛下勤勞庶政憂濟萬邦念生靈之未康慮兵食之不足恭默寅畏齋於穆清減膳撤樂以祈元造天人合應雨雪呈祥在登臺視朔之辰飄灑盈尺俯獻歲發生之節飛舞驚春太素混成浩然萬里甲子之瑞載表於昌期春秋所書亦先於農事重陰益固應水澤腹堅之時積潤潛通迎土膏脉起之候靈既斯在豐年可知佇登來麰不假祈穀侍臣相慶野老同歡臣忝奉中樞獲覩嘉慶無任忭躍之至謹奉表陳賀以聞臣子儀等誠歡誠喜頓首頓首

聚雪爲小山賦　李子卿

皓色旁射兮清虛上騰聞階之下兮聚雪峻嶒嘆此雪兮具知其有興有滅故爲山也庶期乎不騫不崩始也散而從風類元氣之無象今也結而爲阜若胚渾之初凝五嶺高標三峰遠矚昔則心往斯焉目擊千里之勢存乎袤丈萬仞之容見乎盈尺皜曜起乎岑嶂曈矓生乎樹石峽裏則秋月長懸封中則曉雲猶白夫其以近則遠以遠則親玉林不夜瑤草先春照寒景而逾潔拂朝霞而更新嶺上秝穆作緱氏之仙鶴巖中綽約寫姑射之神人樵傍壑而疎影徑臨崖而絕鄰至若霽日生暖融風變朔危容半頹儻遇嵇康之醉片影初墜謂入郗詵之幄因降高而就卑遂散離而爲朴迺寒始勁猶可持而斲見晛則消不可繫而握因知夫色不久鮮物無常堅始則有於無有今乃然於自然觀陵谷之推易信人世之徂遷亦何必怪桑田之變海都邑之成川

太清宮祈雪青詞　封敖

維年月日嗣皇帝臣稽首大聖祖高上大道金闕元元天皇大帝伏以百穀實生靈之本萬姓爲國家之基言念老農常思薄德今時雪罕降宿麥是憂同雲未施嘉穀何望臣祇應景運亭育兆人德不動天言徒罪己褰盛慮闕於明薦災沴恐及於生靈誠竭齋莊禮虔夙夜伏惟元功不宰至道無言垂福祐於羣生假膏濡之德澤謹遣尚書兵部侍郎高元裕啓告以聞謹詞

殘雪賦　范榮

謝惠連遒文擅名藻思騰聲覩堦墀之積雪因體物以興情曰是雪也感沍寒之德陶元化之精元冬御時固凄其而以降青春換律奚浩然以居貞豈不以其氣勁其質清處慘無昧遇蒙而成若就陽呈妍已遇乎東風所解且居陰寓質望晞夫朝日之明乃春宵尚寒銀漢未沒質瑩庭廡光搖林樾雜凝花於春露亂素影於夜月小山虛映瑤峰盈尺而潛生樛枝乍垂梅花照樹而將發詎比夫瓊蘂難求夜光可照且昧不貪之寶未得卷舒之妙或消或結吾將任其

行藏是覩是瞻彼何爲乎衒耀當其朔風駛同雲劇既散亂以飛空或積紛而下隙於是出野而萬頃連縞睎山而千峯合璧既見晛以俱消將飄零而委積隨時之義強守潔而在今潤物之功固呈豐而自昔既而陽氣長陰氣滅將散有以歸無尚葆光而固節已矣哉人道不能無否泰天道豈可無寒熱固可洞消息以從之何必託興於殘雪

雪影透書帷賦　蔣防

顥爾凝素穠如夕張囦潔朗以旁徹遂虛明而內彰繇是以洞篇翰鑒毫芒委六出之姿喜乘時而瑞聖就三冬之業期利用之觀光况復素軸增輝輕紗悶彩釋居中之花眛致藏用之所在霏微兮太素初分晃朗兮窮陰既改映草元之客類姑射之神仙隱談天之人疑胚渾之異莘溧溧寒色融融冪幃縱細叢耀簡牒連輝朧朧而徹月將入冪疊而輕風乍霏故得百氏旁窺萬流仰鏡稽古昔賓興詠動鉛管而有助含章對鶴書而無非浴沂盍以啓其幽默不獨事其韜映契莊周之理虛白自生徵大禹之文光陰是競俾夫夕可以忘寐晨可以罷窺煥乎而不藏於密昭然而益取諸離清熒兮寒氣方壯髣髴兮晴雲欲披澄筆海之波瀾皆爲練色耀書林之杞梓盡作瓊枝是能燭前轍彰往哲時觀謝賦想埒廡之縈盈載覩曹詩歎蜉蝣之掘閱詳夫理同委照處異在陰比然膏之功益備助縈日之務逾深必將修詞以進德實勤考古以覩今所謂用晦而彰韜光有曙袪綈紗之幽邃發素王之扃戶期潔白以無虧庶研精乎千古

小雪賦　林滋

偉茲雪之霏霏應元冥而不失其期賦象於虹藏之日成形於冰凍之時委地則微庶表三冬之候翻空雖小那無六出之姿當其寒氣初升陰風始發既淅瀝於遙野抑飄飖於廣甸邊城一望龍山之淨色猶晞上苑再瞻鳳闕之清光未遍眇若毫端輕飛可觀細細而乍岩送冷飄飄而萬戶迎寒霏微墀廡之間瑤臺月曉髣髴草茅之上玉樹花攢迴拂陰軒高翻曉律縈枝分盈尺之象帶月誤如圭之質微交月影天邊之孤雁應迷稍助山明松際之浮煙已失細摻長空纖緣綺櫳淨若蘆花之覆水輕同柳絮之因風是則謝氏林亭盡在廻眸之內梁王池館無非跬步之中於以明潔白之姿於以表陰凝之漸雖見晛而無滯詎因污而成染初疑翡閣妝奩之香粉微微又若瓊筵玉箸之凝酥點點既而纖悉積紛呈祥是因掩日而難分薄霧間簾而不辨輕塵影入空帷預想映書之子光侵遠水潛思訪戴之人可謂不遠而來自無而有始縈盈於階砌終散漫於林藪安得不爇爐命芳酒作小雪之賦繼大夫之後

雪賦　宋吳淑

雪之時義遠矣哉蓋陰氣之凝五穀之精始布同雲之影俄飄六出之葩謝女之風中絮起侍臣之衣上花明若夫雪苑創於梁王雪宮見於齊國應時而不必封條爲瑞而每聞盈尺角哀道窮而併衣東郭履穿而留迹武王之五車兩騎楚子之翠被豹舄焦先露寢以自若袁安高臥而不出至於王恭鶴氅曹囦麻衣覽見相如之賦皓如姑射之肌楚客之歌陽春周文之詠來思曾子梁山之操穆滿黃竹之辭訪戴逵而乘興葬滕文而弛期訝雲南於五月恠空桑於四時與其元陰晦朔風厲當空而初認散鹽人夜而猶能映字青雨廣延之國赤布河陰之地周王駭昆明之唱西母貢嵊州之味亦嘗見蘇武之持節明漢女之無罪悅晏子而流恩感負薪而施惠豈獨獵鮮山而爲藥獲玉馬而稱瑞云爾哉

喜雪賦　范純仁

余謫守於山城兮惟土瘠而民窮加農事之鹵莽兮仰雨暘之適中昧豐凶之迭有兮蓋天道猶張弓雖唐商之盛兮亦難恃乎全功賴睿明之在上兮常十雨而五風偶愆陽之微沴兮候甫涉乎季冬既四聰之旁達兮復親覽乎奏封詔禱祠於羣望兮戒守牧以稠重邁成湯之憂民兮軫淵衷而有忡宜小臣之承命兮增惕懼而虔恭豈人子之失職兮煩慈父而尸饔走名山以展祀兮忘崖巘而谷穹致帝命之下寧兮爰飛起乎蟄龍矧聖人之先天兮固天心之所同降嘉雪於八紘兮與和氣而並充雖駿德之昭格兮方有變乎時雍寧止瑞於一朝兮獲麥黍之芃芃民既富而後教兮將神化之日隆當刑清而訟息兮士得委蛇而自公嗟一人之餘慶兮賚億兆以何豐

雪堂記　蘇軾

蘇子得廢園於東坡之脅築而垣之作堂焉號其正曰雪堂堂以大雪中爲因繪雪於四壁之間無容隙也起居偃仰環顧睥睨無非雪者蘇子居之眞得其所居者也蘇子隱几而晝瞑栩栩然若有所適而方興也未覺爲物觸而寤其適未厭也若有失以掌抵

目以足執履曳於堂下客有至而問者曰子世之散人耶拘人耶散人也而未能拘人也而嗜慾深今似繫馬止也有得乎有失乎蘇子心若省而口未嘗言徐思其應揖而進之堂上客曰噫是矣子欲爲散人而未得者也予今告子以散人之道夫禹之行水庖丁之提刀避衆礙而散其智者是故以至柔馳至剛故石有時而泐以至剛遇至柔故未嘗見全牛也予能散也物固不能縛不能散也物固不能釋子有惠矣用之於內可也今也如蝟之在囊而時動其脊脅見於外者不特一毛二毛而已風不可搏影不可捕童子知之名之於人猶風之與影也子獨留之故愚者視而驚智者起而軋吾固怪子爲今日之晚也子之遇我幸矣吾今邀子爲藩外之遊可乎蘇子曰予之於此自以爲藩外久矣子又將安之乎客曰甚矣子之難曉也夫勢利不足以爲藩也名譽不足以爲藩也陰陽不足以爲藩也人道不足以爲藩也所以藩子者特智也爾智存諸內發而爲言則言有謂也形而爲行則行有謂也使子欲嘿不欲嘿欲息不欲息如醉者之恚言如狂者之妄行雖掩其口執其臂猶且喑嗚蹁蹴之而已則藩之於人抑又固矣人之爲患以有身身之爲患以有心是圃之構堂將以佚子之身也是堂之繪雪將以佚子之心也身待堂而安則形固不能釋心以雪而警則神固不能凝子之知既焚而燼矣燼又復然則是堂之作也非徒無益而又重子蔽蒙也子見雪之白乎則恍然而目眩子見雪之寒乎則竦然而毛起五官之爲害惟目爲甚故聖人不爲雪乎雪乎吾見子知爲目也子其殆矣客又舉杖而指諸壁曰此凹也此凸也方雪之雜下也均矣厲風過焉則凹者留而凸者散天豈私於凹凸哉勢使然也勢之所在天且不能違而況於人乎子之居此雖遠人也而圃有是堂堂有是名實礙人耳不猶雪之凹凸者乎蘇子曰予之所爲適然而已豈有心哉殆也奈何客曰子之適然也適有雨則將繪以雨乎適有風則將繪以風乎雨不可繪也觀雲氣之洶湧則使子有怒心風不可繪也見草木之披靡則使子有懼意覩是雪也子之內亦不能無動矣苟有動焉丹青之有靡麗冰雪之有水石一也德有心心有眼物之所襲豈有異哉蘇子曰子之所言是也敢不聞命然未盡也予不能默此正如與人訟者其理雖已屈猶未能絕辭者也子以爲登春臺與入雪堂有以異乎以雪觀春則雪爲靜以臺觀堂則堂爲靜靜則得動則失黃帝古之神也游乎赤水之北登乎崑崙之丘南望而還遺其元珠焉游以適意也望以寓情也意適於游情寓於望則意暢情出而忘其本矣雖有良貴豈得而寶哉是以不免有遺珠之失也雖然意不久留情不再至必復其初而已矣是又驚其遺而索之也余之此堂追其遠者近之收其近者內之求之眉睫之間是有八荒之趣人而有知也升是堂者將見其不遡而僾不寒而栗淒凜其肌膚洗滌其煩鬱既無炙手之譏又免飲水之疾彼其趦趄利害之徒猖狂憂患之域者何異探湯執熱之俟濯乎子之所言者上也余之所言者下也我將能爲子之所爲而子不能爲我之所爲矣譬之厭膏粱者與之糟糠則必有忿詞衣文繡者與之以皮弁則必有愧色子之於道膏粱文繡之謂也得其上者耳我以子爲師子以我爲資猶人之於衣食闕一不可將其與子遊今日之事姑置之以待後論予且爲子作歌以道之歌曰雪堂之前後兮春草齊雪堂之左右兮斜徑微雪堂之上兮有碩人之頎頎考槃於此兮芒鞋而葛衣挹清泉兮抱甕而忘其機負頃筐兮行歌而采薇吾不知五十九年之非而今日之是又不知五十九年之是而今日之非吾不知天地之大也寒暑之變悟昔日之癯而今日之肥感子之言兮始也抑吾之縱而鞭吾之口終也釋吾之縛而脫吾之羈是堂之作也吾非取雪之勢而取雪之意吾非逃世之事而逃世之機吾不知雪之爲可觀賞吾不知世之爲可依違性之便意之適不在於他在於羣息已動大明既升吾方輾轉一觀曉隙之塵飛子不棄兮我其子歸客欣然而笑唯然而出蘇子隨之客顧而頷之曰有若人哉

書雪　前人

黃州今年大雪盈尺吾方種麥東坡得此固吾所喜但舍外無薪米者亦爲之耿耿不寐悲夫

雪賦　明薛瑄

維月之孟陽兮氣栗烈而嚴凝歲忽忽而遒盡兮閟升降之機扃相重陰之蘊沓兮霰雪下而縱橫何元冥之工巧兮鏤六出之奇形初揮霍而散漫兮遂漠漠而無窮乍大荒之微茫兮久川谷而俱盈灑長松之落落兮玉龍夭矯而騫騰逐迴飈而入竹兮礚金石之琤琤被嶔崟之絕巘兮若天吳起立而海波傾訏城闉之方啓兮敞馮夷之幽宮卷前簾而凝眸兮

懸旋玉於斜極九皐之鶴橫空而遠逝兮惟聞夫戛然之長鳴舞瑤臺之佚女兮迷不覩夫綽約之冶容疑地媼之效瑞兮珪璧磊落而晶熒豈淸都紫微之旣眘兮梨花飛絮而交霏載瑤車而駕玉虯兮將遠覩夫九野與八紘遊渤澥而東騖兮渺萬里之滄溟登九疑而瞰南極兮祝融不炳耀其銛鋒循流沙而涉弱水兮歷崢嶸之長冰臨大漠而睨中土兮山川紆曲而齊同天地混融而爲一兮又孰別夫濁與淸乃旋轍而息駕兮獨懽悅於中庭四方上下皆在我闥兮擴靈府之宏澄探元化於終古兮聊向風而抽情亂曰洪鈞斡運一氣孔道兮四時相沓而翕闢何由兮陽以陰肅恩若仇兮閟寂無餘而發爛莫收兮蝨蟊降伏三白聲休兮歲薦若玆我將何求兮

瑞應靈雪賦 有序　　廖道南

嘉靖己丑春正月至二月不雨皇上禱雨郊壇時臣道南校藝春闈弗獲扈從暨冬十一月雪未降上復率百官露禱於天地宗廟社稷祀事甫畢雪大降禮部請稱賀上弗允旣而懇請乃允之雪復大降於是翰苑宮坊侍從儒臣各有撰述臣弗佞乃倣國初諸體謹撰瑞應靈雪賦賦曰

歲次己丑月臨仲冬日躔星紀律應黃鍾元英已扃則萬象含輝素雪未降則三農望豐惟皇淵懷孚乎大造睿思發乎至誠軫田功之至重惻歲事之將與乃命宗伯勅太常蒐典訓布儀章簪人縡兆董氏諏良協龜謀之從吉覩龍翰之飛章乃昭告宗閟祇宿齋宮元袍素履以示謙約凝神定慮以秉寅恭遐極闕而屏樂不作減珍饍而鼎食弗充天之鑒之神之聽之固已潛乎默契於聖心之至正大中矣於時月之旣望夜如何其宵嚴虎旅夙駕鸞車屏攝提之星旂滅招搖之紅旗知事天以簡爲貴而交神以敬爲宜惟一德之馨香詔百辟以追隨乃謁天門詣泰壇降翠葆撤靑鑾庭燎列炬御爐焚蘭龍行蜿蜒而雲氣從鵷班拱衛而星華寒乃躋台階朝帝座祥煙繞淸飈作元酒無文太羹不和祼將孔時而蘊藻宣祝誦惟虔而文詞播乃祈先農祠太歲對諸神走羣祀杲旭方升同雲儵翳必躬必親而罔有怠來格來饗而靡不至是日旣夕皇心未寧乃候玉漏啓金閨宜象土竭精禋當月猶懸璇宿微明朔飆驟起而栗烈靈雪忽降而飄零始而觀之披庭娟映祕閣玲瓏瑤華燭曙珠屑凌空驂雲師而隨太一驅風伯而斧豐隆徐而察之河海增深山嶽培高瑩如鷺羽粉若鵠毛松濤鳴而凍水笙梅萼發而凝江皐旣而五夜疑書三冬似春衙翻綺帶林積玉塵陽阿崇而瓊丘炫陰山幽而琪樹新是故其爲靈也陰陽主宰於混沌鬼神運用於沖漠以五行爲機杼以四象爲橐籥以太虛爲堂室以大地爲城郭黼黻之以雲漢之文章旖旎之以草木之花萼融結之以雨露之精英潤色之以冰玉之潔澤惟皇克享天心允孚帝則山祇爲祥海若貢祉而萬物仰其光華珠星協軌璧日合度而四時均其氣節是以至和氤氳大順顯形嘉生丕降萬寶告成螟螣弗沴蚳蝝罔形而兆玆靈雪之禎也於是在朝之臣從而頌曰桑林之禱傳之成湯雲漢之雅美諸宣王彼惟禱雨自古有光矧今祈雪農夫之望於昭我皇保有萬邦天監明德神錫嘉祥上祝聖人永建綱常前星有耀萬壽無疆在野之民亦從而頌曰康衢之謠帝力罔知擊壤之歌君德無私惟彼同雲周家之詩矧今靈雪適應其期於昭我皇勤勞萬幾天惟降康神之格思上祝聖人永作君師兆民有賴萬壽無期

瑞雪賦 有序　　蔡雲程

雪以瑞云者太守東橋顧公患冬燠無以兆豐虞禱於神遴宿而大雨雪乃進諸生學宮授簡俾賦焉

繄太空之冥冥兮運化機於亭毒惟羣情之洶洶兮匪鴻鈞其奚卜睠赤城之新封實回浦之故服境接炎氛時罹恆燠豈毒害之靡凌亦豐穰之稀得天杳難忱人何容力乃若支臨乎畲若干宅乎德園日窮次月終紀星回天歲將始倏同雲兮四合鶩飛霰兮千里遍瑤域兮呈祥紛路逵兮溢喜允矣東作之有期果哉西成之可企於戲噫嘻豐年之冬必有積雪羌振古以如斯猶不誦南山之什歌北風之辭乎方其緌緌而下片片而飛旣漫天而塞巷亦投隙而穿帷初乘虛而委積竟累日以淋灕細轉弄閒將飄爭急奔袞紛揉霏霏交集空樹散珠霙之磊磊高閣疑玉宵之垂垂訖乾坤之不夜縱品彙以爭奇高雲混皓鶴匹練迷素鷗瑤塵輸橘園瑞葉落人間恍然若島海之陰涯巍乎儼空素之崇山枝嗅不香之花杯邀無影之月濟龍沙而失渡看馬耳之幾沒非神降乎滕六豈術致乎延陀信天地自然之數固陰陽散發之和何家丈之可侈僅盈尺而不多由是淇橋跨蹇剡曲乘樓梁山息耕而感詠華澤甫獵以興歌贊

推敲於柳絮極模寫於漁蓑或寢處之息如或餐服而慷慨或斧冰而破龍團或乘風而披鶴氅雖興致之不齊猶在在其可想亦有墨客騷人懸瓠作賦武夫健將提戈繫鶩開徑以延賓談道而忘暮是皆適一時之情也亦孰知其爲五穀之精嗟乎萬類瑣瑣以賦形百工矻矻以支離徵此稼穡吾不知天地其何裨南金提銀明珠文犀瓊英琅玕玻瓈火齊玩之不可以濟渴把之不可以療飢徒眩眸而矐目孰與慈雪之爲宜穈芑穜稑稻秫菰粱野多滯穗畝有餘糧辟蝻蝠於千尺詔螟蝗以自戕咸有富而無窶孰與茲雪之爲祥予方歌繹南山詩賡北風荷生成之嘉惠戴燮理之全功豈曰抽祕思騁妍詞牟色揣稱以爲工

朔雪北征記　屠隆

丙子計偕以除夕抵廣陵次日大風於是捨舟與蒼頭奴各覓一騎行是時積雪載塗山林阮谷間深數尺騎時時蹶至大麓長阪間一望浩皛如銀海雖意態慘澹時復快人夜四鼓飯罷輒上馬行屠子騎頗駿宵行獨先奴不能從單騎走大野中天色昏黑谺寥空闊馳數十里無人煙而或遙聞騎襍沓來弓刀之聲甚厲比馬首相接了不交一語各東西馳去矣或厲聲問咄何人單騎宵行屠子則馬上拱手徐曰書生爾亦竟舍之馳去若嚴霜被髮殘星在衣綏鞍微吟抱影自照寫其孤寂之悰往往使人悽絕矣元夕抵徐州復雪甚解鞍覽彭城故都登項王戲馬臺作詩弔之其人嘯咤風生氣蓋一世其事雖無成亦雄豪壯士矣哉復思昭烈領徐州牧鼎足之基實開拓於此徘徊久之明日雪益甚馬足陷冰雪中凍且裂鉅野數十里前無村落居民不可以止乃下馬徒步亦復蹈冰雪薄暮抵一孤村落茅茨數椽爲大雪覆壓幾圮矣是夕宿茅屋中上漏下濕牀頭積雪盈尺襆被如冰旦起上馬行

游五臺山記　王思任

形生者久氣化者幻則天之所施遂無壽焉者乎曰有之天無壽風壽雨而有壽雪三千大千之界予不能知而盤古之雪都於蔥嶺分封峩嵋支衍於五臺則今日之所及也演之三果僧月峯爲予言五臺有佛雪紺者是萬年物子不可作舍衞三億人而萬曆庚戌予以遷客過繁峙正月閟寒銳然往觀之邑生鄭振之導焉由滹沱遡峩谿游游聽廬長古也先得圭峯寺山巔肉土其堅踰石躋藤而上前捧一峯如壁右蓄勺泉嘉靖中遼闌入谷民保焉皴飛三日不下老僧以脫粟語古苦境也歷熊頭豹子無廢不剔閒關四十里所過人家俱在木車風柵裏投祕密寺木乂和尚修行處也今曰祕魔岩路僅絲懸尋鐘愈杳凍嵐迫暝人宿馬蹢劉繁峙觴焉而予同鄭生牛飲之爇松投浴夢魂泠然掛峯西也次日禮佛看四山矩函欲知祕魔所以蠶頭陀蹩官哆其口而已三昧經云文殊將百億魔宮一時敝毀波旬自見老羸柱杖恐怖謂之弊魔意或芽於此岩之西有飛女崖相傳代州女不儷父母勒之投崖翼去自此披巒剝峭寒風積愁雲繁馬頭見有滁者纔數丈而到衣已繡成雪朵也山盡豫章之材居僧苦其荒寒斧斤不力在在付之一炬樹故名柴木得雨之後精氣怒生菌如斗壯所云天花者也牧兒得一本輒易一縑是木胎菌兌氣辣飽風霜若勞萬牛回首徵出長江則靈光突兀何必第魯國巍然而且尸之烙之腐之辱之曾不如吾鄉六尺榆引聲價也雪甚遂蔽馬目宿獅子窩昔人見萬千金毛嗥天吼法有窣堵波雄麗鈴語清越而綏綏者入幌次日雪深數尺强以皮冠秦復陟上獅嶺踰金閣天忽大霽日芒道道爭雪光眴不可視是時萬項同縞雄含物魄驚度曾謂是耶溟涬之間窪窿盡閉碧靑線界天正分其半若不得天力薄劘則人在杳白際混沌不可知以故刻刻呼答如印印塗僥倖前僧穩熟不則乃公棓竹與雪葬萬仞中將與銅駝玉馬相終始矣始知乏趣袁安閉戶守平安寧是耳至午下小清涼看般若石修廣五丈任受如許人必不登牛馬靈異蹟也寺後兩楹絕壁錦堆溪鳴琴筑我極戀此處可以飲酒緣渡而捫古清涼山無泉脈所云月峯師一呪出之十八年前曾訂予罕山言俱檀氣今我來思蛛在衲矣低回拜之而夜大衆皈依梵鼓歡厲松積雪明午夜如月不知世界之爲菱荇水也爲兜羅錦也次日復下小清涼上金閣朱甍鴛甃貝葉千巖中有立佛數丈最爲無謂然蟲魚篆籀蘚苔畫座寺不支矣過數里爲普門精舍地新福佛貌精好中官各欲爭勝則內帑之力可須彌腹布樓一瓜餌香客者雲山妙可屏遣即松徑沓幽亦有花木深意乃從九龍岡脊取捷下澗道以螺旋之以孤試之巨石礙天老雪結石螺歸把滑人面血素不定就中惡樹怪藤生欺强阻想有山以來我行第幾人也盼見竹林寺塔人命差有歸

著然盤折良久始得之寺主澄公慧業文人也鞍山萩破蓮社唱和數絕便欲下榻而五臺梁明府訂晤在花園寺夫之取道巡檢司先是山中探丸聚慝故有徼兵之設今作稅粉衕酒僧博少每每混觸名字又五臺僧彼此婚嫁習以爲常而伽藍若罔聞之豈佛不校此輩故作平等觀耶花園寺漢明帝所題大孚靈鷲者也西域滕蘭以天眼觀見文殊住此此刹最古梁明府先期早去猶得藉其飲啖寺既偉盛而中宮以金瓦其殿且修無遮齋鐘鳴鼎食魄氣甚張晉大饑數千人走活夜則裸而竄焉蜀僧主之此功德不作未來者也次日登菩薩頂上羅睺寺與西來僧坐語半晌了不異此中人但俱老童子飲水一盂豆七粒耳臺山共一文殊而祈媚者各侈一事羅睺寺曰唐人張元覺見神燈於此圓照寺以爲舍利寶惠我眞容院則大士現相七日而就塑者下塔寺則云昔有貧女牽犬丐食遺髮此間化爲金絲而去總之眞幻隨境妄言之而姑試聽之何傷又還延而至北山寺觀金剛窟門扃不啓相傳三世諸佛五百應眞俱有事於內又至三塔等寺環谿疊壑雖多圮廢吾獨喜古佛殘鐘短垣貧衲寒溫一茗絕勝得意兒作野狐態也夕陽將下而紛糅者復九結矣五臺不能遍登登其極者無如東北次日走北臺之半寒風矢透人催槁桀毒龍元嶽望之惱酸遂以華嚴嶺歸宿嶺既巍峩下視塔院如一脫穎錐又知臺山如五瓣蓮花假仙山左則青烏氏所謂瓣心卷阿者也有大力者負之而趨矣須臾日放而下方正爾其雰暫作天人一晉寒甚指澁欲墮驅勉而至法雲寺不留還家即稚之快寺乃三昧姑所開國初有華嚴老人誦經木魚迸金陵高皇帝循聲而誅其事有神異詺供之其室盈丈一隐鑿翠萬片芙蓉插入吾又極戀此處可以讀書山畔古雪大擔行入無論僧依爲命即盛夏起居一洗一滌皆雪也惠泉僧狠犒木五臺僧亂用雪恐各禿必有圖報鄭生聞之啞然亟熱酒茹吾言天風半夜海立漢翻屋瓦飛裂攬衣狂起而侍童以爲閒事也次日旭暢從華林望東臺俱晶砂中耕踏雖苦極然何如春明門內邑味塵乎由龍王堂上觀音平萬山滾蹴似紫濤沸戰釜中各不相下者登沒天石則雁塞神京不須決眥西華東岱直跳恆山尖一呼之耳五百里收之瞬睫而臺前萬年冰有培無替遙望碧光縷縷返照雪心者是所稱紺雪者邪西王母曰仙之上藥有元霜絳雪要之物老則化不可誣矣五臺同雲惟四月薄謝餘盡漉漉奕奕之日也山海經以爲小咸山首空桑之頂盛夏有雪奈何近在腰下而遂遜之文殊三身示化應現有方掌握恆沙毛吞無盡而骨俗緣輕如飛蓬之子何能窺其萬一即輪光燈采妙明圓應商英所旦暮過者而不得一快覩不敢誑來茲也惟是寒瘦之性愛雨而貪雪謂雨可以滅事雪可以益心也而茲游也誤入皓冥吸吞元氣恍惚置身於邃古之初即八駿之歌黃竹猶其稚元者矣而吾生平之雪游暢於此乃記之

香山雪遊記　王衡

余以前歲遊眞覺寺訂雪盟比連日雪乃鼓舞閣季良同客尤伯固王元敬張伯新遊焉甫出門目神外淫雪又彌甚遂遣童子歸將襆被來而止飯眞覺寺據浮圖駢望間露石骨者隨捧雪綴之飯已循堤行則黃日已逗雲影中遠近諸山黛白錯而東一山受哺日色獨爛如丹霞鶩睨者良久比到香山且昏夜矣賴夾道積雪奕奕道余行俄而星見天井山僧報曉警急科頭起則千峯一雪凍雲類倚山頭如醉玉人乃將諸子陟環翠亭雪徑深二尺許從者幾以雙趺印之觴數行轉而憩於碧雲之余公慕平臺坐林巒中眺雪頗勝已乃從舊道歸則昨日之緑者繭環者化爲玦矣因相與錯敘其勝今雪毱毬款舞且倦且驕舊雪晶明浩漾積矣而若不有試從卑望高如鉢和國人仰面不見山若登高臨遠則又身在淨界視三千大千沙礫皆淨土也其封谷完其揣樹密其印沙如鳥篆其附城郭若魚麗其幕紅寺襯落葉俄淺絳俄又淡黃種種作態可喜至於寒雁空橫紊飛旅坐暗泉界響老松低枝枯蘆有聲村火斜出於是間更有深致吾曹戴高簷帽披貂襜褕奔車鞭蹇爭相指盼以爲山林入吾畫圖而亦知吾曹乃山林畫圖中人耶季良叫曰此致佳罔安得不消之雪而弄之余曰噫嘻自古汗竹鐫石繪華技劍者等於朝雪而況雪乎子欲得雪而不消者則爲玉爲鹽爲絮爲練種有幾似矣而實非此歐公所備棄也且子寧粉繪乎寧雪滅乎傍一客應曰然雪則何必不消顧吾輩雅善消雪彼熱肺腸子封廉守戶者吾猶得以項刻之觀傚之余曰毋人各有適子以徵之舟東郭履鄭衆騶爲至矣乎則風不出雨不出之叟亦能笑人願謂伯固子第圖之余姑爲之記時萬曆庚寅陽月

六日也

三茅山頂望江天雪霽　鍾惺

三茅乃郡城內山高處襟帶江湖爲勝覽最歡喜地時乎積雪初晴疎林開爽江空漠漠寒烟山迴重重雪色江帆片片風度銀梭村樹幾家影寒玉瓦山徑人跡板橋客路車轍縞帶樵歌凍壑魚釣冰蓑目極去鳥歸雲感我遠懷無際時得僧茶烹雪村酒浮香坐傍幾樹梅花助人清賞更劇

掃雪烹茶玩畫　前人

茶以雪烹味更清洌所爲半天河水是也不受塵垢幽人啜此足以破寒時乎南窗日暖喜無嬴發惱人靜展古人畫軸如風雪歸人江天雪櫂溪山雪竹關山雪運等圖卽假對眞以觀古人摸擬筆趣要知實景畫圖俱屬造化機局卽我把圖是人玩景對景觀我謂非我在景中千古塵緣孰爲眞假當就圖畫中了悟

山窗聽雪敲竹　前人

飛雪有聲惟在竹間最雅山窗寒夜時聽雪洒竹林淅瀝蕭蕭連翩瑟瑟聲韻悠然逸我清聽忽爾迴風交急折竹一聲使我寒氈增冷暗想金屋人歡玉笙聲醉此非爾歡

雪後鎮海樓觀晚炊　前人

滿城雪積萬屋鋪銀鱗次高低盡若堆玉時登高樓凝望目際無垠人地爲之片白日暮晚炊千門青烟四起縷縷若從玉版紙中界以烏絲闌畵幽勝妙觀快我冷眼恐此景亦未有人知得

讌雪記　馬之駿

讌雪者癸丑嘉平十九夜赴友人戚不磷之招也方讌而雪作讌乃不於舟而於橋遂境以遠爲勝也與讌者凡五人一客幅巾長髯立蓋下啞啞笑而沈沈酌者雲間王季高也一客氈巾褐衣以袖障歌兒立擕客右貌微瘁而神揚者吳趨欽子淵也一客長身勁削髯鬖鬖如淵松立橋柱旁反嚮舟有所呼者不磷也一少年晉巾俯躬手叵羅進客者不磷子戚時風也一客氅衣執大斗依蓋立前髯客之左者則關使不佞也歌兒凡三人一白晳單衣寒粟隆起頰輔間身瞻就客卽褐衣者之所障也一色微深黝有聲立次單衣兒其一淸癯衣冶衣舊紵者稜立關使者旁若有所耳語而不聞也侍史凡二人方肥類馹賈立橋下一微澤工顧盼燃火樹竹爆以佐歡小奚二人迭出供酒脚鹿遨如奔馬遙視如鳥近至乃如鬼矣橋勢負出蛇若癯龍山巒原野屋廬帆檣缺岸斷崖田塍村塚與雪生態靡不了了遠旣森藹近逾瑩徹寒波不聲燈出荇藻余顧而樂之舌鐵目酬空色無主意在語則忘歌意在歌則忘語觴至或旁求貸觴處或自求益以故觥籌不可算也客曰南雪不積地者三年於斯矣蓋不磷之折簡也期中更焉更乃得雪不更或不雪也余及二三子入舟則雪大如掌登橋則小間再入舟則大如卵雪之媚吾酣而畢其工也則今日之役雪賓也余及二三子皆主也古之獻酬必頌禱故主萬年客千秋余何以祝吾雪文辭其可已乎

雪賦　錢棻

天殁餘碧峯斂羣青烟深苔暝野入雲平午因飈而迴合忽拂閭以飄零花明四照悉綻千層竹腰頻折松蓋如擎梅腮傅粉石骨凝冰淸光千里鶴唳一聲屋壓瑠璃之瓦簾開雲母之屏九天無月而長白萬樹非紅而皆春綵鱗鱗以吐瑞氣裊裊而爐熏輕瓊爲鈿冷絮成茵鴉寒掠背風靜翻雲惟寥空之一色聽愉瘁之平分當夫紅爐黛暖雕閣香闇君寒妾擁妾脅君持鏡開千靨笑冶一枝聽飛絮之高吟會寒威之足欺亦有天街步軟柳下藏舟忻嚮背之甚穩恣冰壺以遨遊或泛山陰之棹或登華外之樓冷香弱夢細細勻愁於是梁園才子兔穎詩腸江誇叟樹廬妒玉堂六尺爭妍雙尖鬬芳千秋之在茲雖掃徑其何傷及夫佐雲結陣赤暈揮鞭貔貅氣湧鵝鴨聲喧將軍飲葡萄之酒壯士歌黃竹之篇戈衣嗃而生明光照甲而增鮮更有銀花垂榜絳雪成田樵叟輪塵葛郎乘船印惠可之趺而影留蒿嶺披王恭之氅而望類神仙維勝賞之足娛笑謝賦爲未妍若乃隴水寒塞馬嘶樵徑封鄰燭微蘆花汀裏忽聞孤鴈之鳴獨石山頭濕透木棉之衣泣寒砧而如雨釣空江以無魚臥袁安於土室映孫康之敝書士衡嫠而華亭雪暗孝婦死而東海瑤飛襄陽枯骨灑人間之黃玉海上孤臣飽撐腹之玻瓈戍卒征衣皆鐵寒閨淚滴爲緋況乎嚴風曉別蒼雲葬同銀沙萬里古道蒙茸雖天山之玉滿奚所寓而多窮爾乃放舟浦北覓句橋東籬描緻影酒送微紅憨飛舞蝶碎剪吳淞仰看何依之雀遙聞人外之鐘於斯時也高士夢酣美人簪敧獸炭光熒鵲硯冰澌枝低似醉波定如凝溪流暗瘦芳草先肥肌同姑射瑞積瑤池快心瑰之

姊冰嘆造物之雄奇

除夕龍雷鼓雪賦　　華大琰

歲庚戌之除夕兮悲遐荒而假寐忽玉虎之馳驟兮龍爍光而並匯既寒顏之颼颼兮吹六花之濛濛行屐端而屢且兮披鶴氅以相從一之日二之日猶微霰兮珠樹未崇三之日四之日忽大慢兮琪林蔽空鳥雀凍不翻兮誰且遺之寒粒竹梅盡裝素兮我欲爲之遙挹羌袁生之偃臥兮氣自芃芃追子猷之夜櫂兮興復融融吁嗟身萬里兮天宇之浸浸則同夫何繫五斗兮人生之碌碌如萍藻鳧松鶴兮雲翎之短長孰斷而孰續桃姬櫻鬼兮雪容之妍媸誰白而誰黑何如涸大塊於虛空兮遨遊乎象帝之先煉皓魄於朱鼎兮超躍乎塵劫之淵雷聲收兮闃且寂龜光激兮渺且汨發從何起藏何朕兮吾亦烏從而強識惟茲雪氣之嚴慄兮可以堅吾之骨雪光之晶瑩兮可以陶吾之質我思猴城之南有龍竅二松兮凌霜傲雪不知幾春冬上有今古高風之鑴碑兮正學先生之偉烈歷孤兮而特雄我來蜀地兮訪遺蹤成都靜寺猶與景濂太史雪菴和尚俎豆一龕中爲龍爲雷爲雪兮浙之東

考證

雪部藝文一之二十三明蔡雲程瑞雪賦由是淇橋跨寒剡曲乘槎　案淇爲灕之俗字

雪部藝文一之二十四明唐隆朔雪北征記是時積雪載塗山林阬谷間深數尺　案原作山林阬谷間

雪部藝文一之二十七明王思任游五臺山記崖腹布樓一泒餌香客者　案泒說文云雁門葰人水也欽定康熙字典云俗混入派字非此文當作布樓一派

雪部藝文一之三十二明王衡香山雪游記此致佳固安得不消之雪而弄之　案原作顧安得不消之雪而弄之

欽定古今圖書集成曆象彙編乾象典

第八十九卷目錄

雪部藝文二 詩

乾象典第八十九卷

雪部藝文二 詩

咏雪聯句 晉謝道韞

謝太傅安寒雪日內集與兒女講論文義俄而雪驟公欣然曰韻兄子胡兒及兄女道韞賡歌公大笑樂
白雪紛紛何所似謝公撒鹽空中差可擬胡兒未若柳絮因風起

和元日雪花應詔 宋謝莊

從候昭神世息燧應頌道元化盡天祕凝功畢地寶
笙鏞流七始玉息承三造委霰下璇蕤疊雪翻瓊藻
積曙鏡宵明聯萼千里杲掩映順雲懸搖裔從風掃
發貺燭侄前騰瑞光圖表澤厚見身末恩踰悟生眇
竦誠岱駕肅側志梁鑾矯

發長松遇雪 鮑照

土牛既送寒奠陵方浹馳振風搖地局封雪滿空枝
江渠合為陸天野浩無涯飲泉凍馬骨斮冰傷役疲
旦明豈不慘黍谷寧可吹

咏白雪 前人

白珪誠自白不如雪光妍工隨物動氣能逐勢方圓
無妨玉顏媚不奪素繒鮮投心障苦節隱迹避榮年
蘭焚石既斷何用恃芳堅

白雪歌 齊王儉

風閨晚翻靄月殿夜凝明願君早流盼無令春草生

阻雪連句遙贈和 謝朓

積雪皓陰池北風鳴細枝九逵密如繡何異遠別離謝朓
風庭舞流霰冰沼結文澌飲春雖以燠欽賢紛若馳江秀才革
珠霙條間響玉溜檐下垂杯酒不相接寸心良共知王丞融
飛雲亂無緒結冰明曲池雖乖促席讌白首信勿虧王蘭陵僧孺
飄素縈簷溜巖結噎通岐脩塗如木蔽兄乃限音儀謝洗馬㬚
原隰望徙倚松筠竟不移隱憂恧萱樹忘懷待山巵劉中書繪
初昕逸翮舉日晃驚馬疲幽山有桂樹歲暮方參差沈右率約

白雪曲 朱孝廉 失名

凝雲沒霄漢從風飛且散聯翩下幽谷徘徊依井幹
既興楚客謠亦動周王歎所恨輕寒早不迫陽春旦

貌雪 梁昭明太子

既同摽梅萼散復似太谷花飛密如公超所起皓如
淵客所揮無羨崑巖列素豈匹振鷺羣飛

校書祕書省對雪詠懷 劉孝綽

桂華殊皎皎柳絮亦霏霏詎比咸池曲飄颻千里飛
恥均班女扇羞儷曹人衣浮光亂粉璧積照朗彤闈
鵷鴒搖羽至鶢鶋拂翅歸相彼猶自得嗟余獨有違
終朝守玉署方夜勞石扉未能奏湘綺何由辦國闈
坐銷風露質遊聯珠璧暉偶懷笨車是良知高蓋非

寄言謝端木無爲陳巧機

同劉諮議詠春雪　簡文帝

晚霰飛銀礫浮雲暗未開入池消不積因風墮復來
思婦流黃素溫姬玉鏡臺看花言可折定自非春梅

雪朝　同前

同雲凝暮序嚴陰屯廣隰落梅飛四注翻霙舞三襲
實斷望如迷恆分似相及已觀池影亂復視簾珠濕

詠雪 [illegible]倒 侯韻　同前

鹽飛亂蝶舞花落飄粉匳匳粉飄落花舞蝶亂飛鹽

詠雪應令　沈約

思鳥聚寒蘆蒼雲軫暮色夜雪合且離曉風驚復息
婀娜入綺窗徘徊鶩情極弱桂不勝枝輕飛屢低翼
王山聊可望瑤池豈難即

詠餘雪　前人

陰庭霰素莊南階褭綠施玉臺新落構青山已半虧

同謝朏花雪　任昉

土膏候年動積雪表晨暮散葩似浮玉飛英若總素
東序皆白珩西雝盡翔鷺山經陋蜜榮騷人貶瓊樹

詠花雪　庾肩吾

瑞雪墜堯年因風入綺錢飛花灑庭樹凝瑛結井泉
寒光晦八極同雲暗九天已飄黃竹路共慶白渠田

詠雪　吳均

微風搖庭樹細雪下簾隙縈空如霧轉凝階似花積
不見楊柳春徒看桂枝白零淚無人道相思空何益

雪　前人

雪逐春風來過集巫山野瀾漫雖可愛悠揚詎堪把
問君何所思昔日同心者坐須風雪霽相期洛城下

詠春雪寄族人治書思澄　何遜

可憐江上雪廻風起復滅本欲映梅花翻悲似玉屑
朝鶯日弄響暮條行可結咸言不適時安知非矯節

和司馬博士詠雪　前人

凝階夜似月拂樹曉疑春蕭散忽如盡徘徊已復新
暫菽卷紈質復慙施粉人若逐微風起誰言非玉塵

詠雪　裴子野

飄颻千里雪倏忽度龍沙從雲合且散因風卷復斜
拂草如連蝶落樹似飛花若贈離居者折以代瑤華

望雪　虞羲

歲杪雲昏元池冰夜結遠風金河起吹我玉山雪

雨雪曲　陳後主

長城飛雪下邊關地籟吟濛濛九天暗霏霏千里深
樹冷月恆少山霧日偏沉況聽南歸鴈切思胡笳音

詠雪　徐陵

瓊林元圃葉桂樹日南華豈若天庭瑞輕雪帶風斜

雨雪曲　張正見

三農喜盈尺六出舞崇花明朝闕門外應見海神車
胡關辛苦地雪路遠漫漫含冰踏馬足襍雨凍旗竿
沙漠飛恆暗天山積轉寒無因辭日逐團扇掩齊紈

詠雪應衡陽王教　前人

九冬飄遠雪六出表豐年睢陽生玉樹雲夢起瓊田
入總輕落粉拂柳駛飛棉欲動淮南賦亂下桂花前

賦得雪映夜舟　前人

黃雲迷鳥路白雪下鳧舟分沙映水浦照鶴聚寒流
檣風吹影落纜錦雜花浮船梁若是桂翻如月照秋

賦得元圃觀春雪　前人

同雲遙映嶺瑞雪近浮空拂鶴伊川上飄花桂苑中
影麗重輪月飛隨團扇風還取長歌處帶曲舞春風

雨雪曲　江總

雨雪隔榆溪從軍度隴西遶障看狐迹依山見馬蹄
天寒旗彩壞地暗鼓聲低漫漫愁雲起蒼蒼別路迷

前題　陳暄

都尉出祁連雨雪滿雞田雕陵持抵鵲屬國用和氈
冰合軍應渡樓寒烽未然花迷差未著疎勒復經年

前題　謝燮

朔邊昔離別寒風復淒切㦲㦲六尺冰飄飄千里雪
未塞哀安戶行封蘇武節應隨隴水流幾過空鳴咽

前題　江暉

邊城風雪至遊子自心悲風哀笳弄斷雲暗馬行遲
輕生本爲國重氣不關私恐君猶不信撫劍一揚眉

郊行值雪　北周庾信

風雲俱慘慘原野共茫茫雪花開六出冰珠映九光
還如驅玉馬暫似獵銀獐陣雲全不動寒山無物香
薛君一狐白唐侯兩驌驦寒關日欲暮披雪上河梁

詠春近餘雪應詔　前人

送寒開小苑迎春入上林絲條變柳色香氣動蘭心
待花將對酒留雪擬彈琴陪遊愧並作空見奉恩深

望江南　隋煬帝

湖上雪風急墮還多輕片有時敲竹戶素華無韻入
澄波望外玉相磨湖水遠天地色同和仰面莫思梁
苑賦朝來且聽玉人歌不醉擬如何

詠春雪　陳子良

光映粃樓月花承歌扇風欲妒梅將柳故落早春中

玩雪 王衡

寒庭浮暮雪疑從千里來皎潔隨處滿流亂逐風迴
璧臺如始構瓊樹似新栽不待陽春節誰持競落梅

冬日普光寺臥疾值雪簡諸舊遊 釋慧淨

臥病苦西滯闢戶望遙天寒雲舒復卷落雪斷還連
凝華照書閣飛素婉琴絃迴飄洛神賦皎映齊紈篇
縈階如鶴舞拂樹似花鮮徒賞豐年瑞沉憂終自憐

喜雪 唐太宗

碧昏朝合霧丹卷暝韜霞結葉繁雲色凝瑜遍雪華
光樓皎若粉映幕集疑沙泛柳飛飛絮妝梅片片花
照璧臺圓月飄珠箔穿露瑤潔短長階玉粲高下樹
映桐珪累白縈峯蓮抱素斷續氣將沈徘徊歲云暮
懷珍愧隱德表瑞佇豐年蕊間飛禁苑鶴處舞伊川
儻咏幽蘭曲同歡黃竹篇

詠雪 同前

潔野凝晨曜裝墀帶夕暉集條分樹玉拂浪影泉璣
色灑粧臺粉花飄綺席衣入扇縈虛匣點素皎殘機

望雪 同前

凍雲宵徧嶺素雪曉凝華入牖千重碎迎風一半斜
不妝空散粉無樹獨飄花縈空慙夕照破彩謝晨霞

野次喜雪 明皇

拂曙闢行宮寒臯野望通繁雲低遠岫飛雪舞長空
賦象恆依物縈迴屢逐風為知勤恤意先此示年豐

喜雪 同前

日觀卜先征時巡順物情風行未備禮雲密遽飄霙
委樹寒花發縈空落絮輕朝如玉已會庭似月猶明
既覩膚先合還欣尺有盈登封何以報因此謝功成

詠雪應詔 上官儀

禁園凝朔氣瑞雪掩晨曦花明棲鳳閣珠散影娥池
飄素迎歌上翻光舞影移幸因千里映還繞萬年枝

奉和人日清暉閣宴羣臣遇雪應制 宗楚客

窈窕神仙閣參差雲漢間九重中禁啓七日早春還
太液天為水蓬萊雪作山今朝上林樹無處不堪攀

和姚令公從幸溫湯喜雪 張九齡

萬乘飛黃馬千金狐白裘正逢銀霰積如向玉京遊
瑞色鋪馳道花文拂綵旒還聞吉甫頌不共郢歌儔

立春日晨起對積雪 前人

忽對林亭雪瑤華處處開今年迎氣始昨夜伴春迴
玉潤窻前竹花繁院裏梅東郊齋祭所應見五神來

苑中遇雪應制 宋之問

紫禁仙輿詰旦來青旂遙倚望春臺不知庭霰今朝
落疑是林花昨夜開

奉和春日玩雪應制 前人

北闕彤雲掩曙霞東風吹雪舞山家瓊章定少千人
和銀樹長芳六出花

遊禁苑幸臨渭亭遇雪應制 李嶠

同雲接野煙飛雪暗長天拂樹添梅色過樓助粉妍
光含班女扇韻入楚王絃六出迎仙藻千箱答瑞年

雪 前人

瑞雪驚千里從風下九霄地疑明月夜山似白雲朝
逐舞花光動臨歌扇影飄大周天闕路今日海神朝

苑中遇雪應制 前人

散漫祥雲逐聖迴飄颻瑞雪繞天來不能落後爭飛
絮故欲迎前綻早梅

詠雪 董思恭

天山飛雪度言是落花朝惜哉不我與蕭索從風飄
鮮潔凌紈素紛糅下枝條良時竟何在坐見容華銷

陪幸臨渭亭賞雪 李適

長樂喜春歸披香愛雪霏花從銀閣度絮繞玉牎飛
寫曜御天藻呈祥拂御衣上林紛可望無處不光輝

遊禁苑幸臨渭亭遇雪應制 蘇頲

平明敞帝居霰雪下凌虛寫月含珠綴從風薄綺疏
年驚花絮早春夜管絃初已屬雲天外欣承霈澤餘

奉和聖製人日清暉閣宴羣臣遇雪應制 前人

樓觀空煙裏初年瑞雪過苑花齊玉樹池水作銀河
七日祥圖啓千春御賞多輕飛傳綵勝天上奉薰歌

雪 徐彥伯

雪暗窮海雲灑空紛似露朔風吹故里宛轉玉階樹
孤妾調玉瑟早寒生錦衿況君張羅幕愁坐北庭陰

寓居洛濱對雪憶謝二一作洛濱對雪憶謝二兄弟 駱賓王

旅思眇難裁衝飈恨易哀曠望洛川晚飄颻瑞雪來
積彩明書幌流韻繞一作響琴臺色奪迎仙羽花避犯
霜梅謝庭賞方逸袁扉掩未開高人儻有訪興盡詎
須迴

詠雪 前人

龍雲玉葉上鶴雪瑞花新影亂銅烏吹光銷玉馬津
含輝明一作朗素篆隱迹表一作奉祥輪幽蘭不可儷徒

自繞陽春

奉和聖製野次喜雪應制　張說

寒更玉漏吹曉色御一作衢前開泱漭雲陰積氤氳風雪廻山知銀作甕宮見璧成臺欲驗豐年象飄颻仙藻來

奉和聖製喜雪應制　前人

聖德與天同封巒欲報功詔書期日下靈感應時通瑞石雲呈瑞含花雪告豐積如沙照月散似麪從風舞集仙臺上歌流帝樂中遙知百神喜灑路待行宮

奉和聖製溫湯對雪應制　前人

瑞雪帶寒風寒風入陰琯陰琯方凝閉寒風復淒斷宮似瑤林匝庭如月華滿正曆一作歡挾纊詞非近溫湯一作溫泉煖

苑中遇雪應制　趙彥昭

始見青陽干律呂俄逢瑞雪應陽春今日迴看上林樹梅花柳絮一時新

春雪　東方虬

春雪滿空來觸處似花開不知園裏樹若箇是眞梅

陪遊上苑遇雪　蕭至忠

龍驂曉入望春宮正逢春雪舞春風花光併在天文上寒氣行銷御酒中

苑中遇雪應制　趙彥伯

千鍾聖酒御筵披六出祥英亂遶枝即此神仙對瓊圃何須轍跡向瑤池

奉和聖製瑞雪篇　劉庭琦

紫宸飛雪曉徘徊層閣重門雪照開九衢皛耀浮埃盡千品差池贊帛來何處田中非種玉誰家院裏不生梅埋雲翳景無窮已因風落地吹還起先過翡翠寶房中轉入鴛鴦金殿裏美人含笑出聯翩艷逸相輕鬭容止羅衣點著渾是花玉手摶來半成水奕奕紛紛何所如頓憶楊園二月初羞同班女高秋扇欲照明王乙夜書姑射山中符聖壽芙蓉闕下降仙車願隨睿澤流無限長報豐年貴有餘

和陳校書省中翫雪　包融

芸閣朝來雪飄颻正滿空褰開明月下校理落花中色向懷鉛白光因翰簡融能令草元者迴思入流風

奉和喜雪應制　徐安貞

兩宮齋祭近登臨雨雪紛紛天晝陰祇爲經寒無瑞色頓教正月滿春林蓬萊北上旌門暗花萼南歸馬跡深自有三農歌帝力還將萬庾荅堯心

冬日對雪憶胡居士家　王維

寒更傳曉箭清鏡覽衰顏隔牖風驚竹開門雪滿山灑空深巷淨積素廣庭閑借問袁安舍翛然尚閉關

竹下殘雪　丘爲

一點消未盡孤月在竹陰晴光夜轉瑩寒氣曉仍深還對讀書牖且關乘興心已能依此地終不傍瑤琴

終南望餘雪　祖詠

終南陰嶺秀積雪浮雲端林表明霽色城中增暮寒

逢雪宿芙蓉山　劉長卿

日暮蒼山遠天寒白屋貧柴門聞犬吠風雪夜歸人

奉酬辛大夫喜湖南臘月連日降雪見示之作　前人

長沙耆舊拜旌旗喜見江潭積雪時柳絮三冬先北地梅花一夜徧南枝初開窻閣寒光滿欲掩軍城暮色遲閭里何人不相慶萬家同唱郢中詞

南歸阻雪　孟浩然

我行滯宛許日夕望京豫曠野莽茫茫鄉山在何處孤烟村際起歸鴈天邊去積雪覆平皐飢鷹捉寒兔少年弄文墨屬意在章句十上恥還家徘徊守歸路

和張丞相春朝對雪　前人

迎氣當春至承恩喜雪來潤從河漢下花逼豔陽開不覩豐年瑞焉知變理才撒鹽如可擬願糝和羹梅

和張二自穰縣還途中遇雪　前人

風吹沙海雪漸作柳園春宛轉隨香騎輕盈伴玉人歌疑郢中客態比洛川神今日南歸楚雙飛似入秦

赴京途中遇雪　前人

迢遞秦京道蒼茫歲暮天窮陰連晦朔積雪滿山川落鴈迷沙渚飢烏集野田客愁空佇立不見有人煙

淮海對雪贈傅靄　李白

朔雪落吳天從風渡溟渤海樹成陽春江沙皓明月飄飄四荒外想像千花發瑤草生階墀玉塵散庭闕剡谿興空在郢路歌未歇寄君梁父吟曲盡心斷絕

白雪歌送武判官歸京　岑參

北風捲地白草折胡天八月即飛雪忽如一夜春風來千樹萬樹梨花開散入珠簾濕羅幕狐裘不暖錦衾薄將軍角弓不得控都護鐵衣冷難著瀚海闌干百丈冰愁雲慘淡萬里凝中軍置酒飲歸客胡琴琵琶與羌笛紛紛暮雪下轅門風掣紅旗凍不翻輪臺東門送君去去時雪滿天山路山迴路轉不見君雪上空留馬行處

和祠部王員外雪後早朝即事　前人

長安雪後似春歸積素凝華遍曙暉色借玉珂迷曉騎光添銀燭晃朝衣西山落月臨天仗北闕晴雲捧禁闈聞道仙郎歌白雪由來此曲和人稀

天山雪歌送蕭治歸京　前人

天山有雪常不開千峰萬嶺雪崔嵬北風夜卷赤亭口一夜天山雪更厚能兼漢月照銀山復逐胡風過鐵關交河城邊鳥飛絕輪臺路上馬蹄滑晻靄寒氛萬里凝闌干陰崖千丈冰將軍狐裘臥不暖都護寶刀凍欲斷正是天山雪下時送君走馬歸京師雪中何以贈君別惟有青青松樹枝

滁城對雪　韋應物

晨起滿閑雪憶朝閶闔時玉座分曙早金爐上煙遲飄散雲臺下凌亂桂樹姿廁跡鴛鷺末蹈舞豐年期今朝覆山郡寂寞復何爲

雪中　前人

空堂歲已晏密室獨安眠壓條夜偏積覆閣曉逾妍

對春雪　前人

連山暗古郡驚風散一川此時騎馬出忽省京華年蕭屑松杉聲寂寥寒夜慮州貧人吏稀雪滿山城曙春塘看幽谷棲禽愁未去開闔正亂流寧辨花枝處

詠春雪　前人

徘徊輕雪意似惜豔陽時不悟風花冷翻令梅柳遲

苦雪四首　高適

二月猶北風天陰雪冥冥寥落一室中悵然慚百齡苦愁正如此門柳復青青

二

惠連發清興袁安念高臥余故非斯人爲性兼懶惰賴茲尊中酒終日聊自過

三

濛濛灑平陸淅瀝至幽居且喜潤羣物焉能悲斗儲故交久不見鳥雀投吾廬

四

孰云久閑曠本自傷卯寡窮巷獨無成春條祇盈把安能羨鵬舉且欲歌牛下乃知古時人亦有如我者

舟中夜雪有懷盧十四侍御弟　杜甫

朔風吹桂水大雪夜紛紛暗度南樓月寒深北渚雲燭斜初近見舟重竟無聞不識山陰道聽雞更憶君

對雪　前人

戰哭多新鬼愁吟獨老翁亂雲低薄暮急雪舞迴風瓢棄樽無綠爐存火似紅數州消息斷愁坐正書空

對雪　前人

北雪犯長沙胡雲冷萬家隨風且間葉帶雨不成花金錯囊垂罄銀壺酒易賒無人竭浮蟻有待至昏鴉

又雪　前人

南雪不到地青崖霑未消微微向日薄脈脈去人遙冬熱鴛鴦病峽深豺虎驕愁邊有江水焉得北之朝

春雪　劉方平

飛雪帶春風徘徊亂繞空君看似花處偏在洛陽東

省中對雪寄元判官拾遺昆季一作寄謝舍人昆季　錢起

萬點瑤臺雪飛來錦帳前瓊枝應比淨鶴髮敢爭先散影成花月流光透竹煙今朝謝家興幾處郢歌傳

和王員外晴雪早朝　前人

紫微晴雪帶恩光繞仗偏隨鴛鷺行長信月留寧避曉宜春花滿不飛香獨看積素凝清禁已覺輕寒讓太陽題柱盛名兼絕唱風流誰繼漢田郎

會稽郡樓雪霽　張繼

江城昨夜雪如花郢客登樓望霽華夏禹壇前仍聚玉西施浦上更飛沙簾櫳向晚寒風度睥睨初晴落景斜數處微明銷不盡湖山青映越人家

劉方平西齋對雪　皇甫冉

對酒閑齋晚開軒臘雪時花飄疑節候色淨潤簾帷委樹寒枝弱縈空去雁遲自然堪訪戴無復四愁詩

積雪爲小山　劉眘虛

飛雪伴春還春庭曉自開虛心應任道遇賞遂成山峰小形全秀巖虛勢莫攀以幽能皎潔謂近可循環孤影臨冰鏡寒光對玉顏不隨遲日盡留顧歲華間

霽雪　戎昱

風卷寒雲暮雪晴江煙洗盡柳條輕簷前數片無人掃又得書窗一夜明

小雪　戴叔倫

花雪隨風不厭看更多還肯失林巒愁人正在書窗下一片飛來一片寒

旅舍對雪贈考功王員外　李端

楊花驚滿路麪市忽狂風驟下搖蘭葉輕飛集竹叢欲將瓊樹比不共玉人同獨望徵之棹青山在雪中

雨雪曲　前人

天山一丈雪雜雨夜霏霏濕馬胡歌亂經烽漢火微丁零蘇武別疏勒范羌歸若看關頭下長榆葉定稀

松下雪　司空曙

不隨晴夜盡獨向深松積落照入寒光偏能伴幽寂

雪　前人
王屋南崖見洛城石龕松寺上方平半山槲葉當窻
下一夜曾聞雪打聲

前題　王烈
雪飛當夢蝶風度幾驚人半夜一窻曉平明千樹春
花園應失路白屋忽爲鄰散入仙廚裏還如雲母塵

望終南春雪　李子卿
山勢抱西秦初年瑞雪頻色摇鵷野霽影落鳳城春
輝耀銀峯逼晶明玉樹親尚寒因氣勁不夜爲光新
荆岫全疑近崐丘宛合鄰餘輝倘可借迴照讀書人

長安喜雪　朱灣
千門萬戶雪花浮點點無聲落瓦溝全似玉塵消更
積半成冰片結還流光含曉色清天苑輕逐微風遶
御樓平地已霑盈尺潤年豐須荷富民侯

牆陰殘雪　何頻瑜
積雪還因地牆陰久尚殘影添斜月白光借夕陽寒
皎潔開簾近清熒步履看狀花飛著樹如玉不成盤
氷薄方寧及霜濃比亦難誰憐高臥處歲暮歎袁安

禮部試早春殘雪　姚康
微暖春潛至輕明雪尚殘銀鋪光漸濕珪破色仍寒
無柳花常在非秋露正團素光浮轉薄皓質駐應難
幸得依陰處偏宜帶月看玉塵銷欲盡窮巷起袁安

省中直夜對雪寄李師素侍御　令狐楚
密雪紛初降重城杳未開雜花飛爛熳連蝶舞徘徊
灑散千株葉銷凝九陌埃素華凝粉署清氣遶霜臺
明覺侵窻積寒知度塞來謝家爭擬絮越嶺誤驚梅
暗魄微茫照嚴飈次第催稍封黃竹亞先集紫蘭摧
孫室臨書幌梁園泛酒杯靜憐瓊樹倚醉憶玉山頽
翠陌饑烏噪蒼雲遠鴈哀此時方夜直相望意悠哉

辛卯年雪　韓愈
元和六年春寒氣不肯歸河南二月末雪花一尺圍
崩騰相排拶龍鳳交橫飛波濤何飄揚天風吹幡旗
白帝盛羽衛鬖髿振裳衣白霓先啓塗從以萬玉妃
翕翕陵厚載譁譁弄陰機生平未曾見何暇議是非
或云豐年祥飽食可庶幾善禱吾所慕誰言寸誠微

喜雪獻裴尚書　前人
宿雲寒不卷春雪墮如簁騁巧先投隙潛光半入池
喜深將策試驚密仰簷窺自下何曾汙增高未覺危
比心明可燭拂面愛還吹妬舞時飄袖欺梅併壓枝
地空迷界限砌滿接高卑浩蕩乾坤合霏微物象移
爲祥矜大熟布澤荷平施已分年華晚猶憐曙色隨
氣嚴當酒換灑急聽窻知照曜臨初日玲瓏滴晚澌
聚庭看嶽聳掃路見雲披陣勢魚麗遠書文鳥篆奇
縱歡羅豔黠列賀擁熊螭履敝行偏冷門扃臥更羸
悲嘶聞病馬浪走信嬌兒竈靜愁烟絕絲繁念鬢衰
擬鹽吟舊句授簡慕前規捧贈同燕石多慙失所宜

酬王二十舍人雪中見寄　前人
三日柴門擁不開階平庭滿白皚皚今朝蹋作瓊瑤
跡爲有詩從鳳沼來

春雪　前人
片片驅鴻急紛紛逐吹斜到江還作水著樹漸成花
越喜飛排瘴胡愁厚蓋砂兼雲封洞口助月照天涯
暝見迷巢鳥朝逢失轍車呈豐盡相賀寧止力耕家

春雪　前人
新年都未有芳華二月初驚見草芽白雪却嫌春色
晚故穿庭樹作飛花

前題　前人
看雪乘清旦無人坐獨謠拂花輕尚起落地煖初銷
已訝凌歌扇還來伴舞腰灑篁留密節著柳送長條
入鏡鸞窺沼行天馬度橋徧階憐可掬滿樹戲成摇
江浪迎濤日風毛縱獵朝弄閑時細轉爭急忽驚飄
城險疑懸布砧寒未擣綃莫愁陰景促夜色自相饒

江雪　柳宗元
千山鳥飛絕萬徑人蹤滅孤舟蓑笠翁獨釣寒江雪

終南秋雪　劉禹錫
南嶺見秋雪千門生早寒閒時駐馬望高處卷簾看
霧散瓊枝出日斜鉛粉殘偏宜曲江上倒影入清瀾

嘲雪　李賀
昨日發葱嶺今朝下蘭渚喜從千里來亂笑含春語
龍沙濕漢旗鳳扇迎秦素久別遼城鶴毛衣已應故

酬樂天雪中見寄　元稹
知君夜聽風蕭索曉望林亭雪半糊撼落不教封柳
眼掃來偏盡附梅株敲扶密竹枝猶亞煦暖寒禽氣
漸蘇坐覺湖聲迷遠浪回驚雲路在長途錢塘湖上
蘋先合梳洗樓前粉暗鋪石立玉童披鶴氅臺施瑤
席換龍鬚滿空飛舞應爲瑞寡和高歌只自娛莫遣
擁簾傷思婦且將盈尺慰農夫稱觴彼此情何異對
景東西事有殊鏡水遶山山盡白琉璃雲母世間無

早朝賀雪寄陳山人　白居易
長安盈尺雪早朝賀君喜將赴銀臺門始出新昌里
上堤馬蹄滑中路蠟燭死十里向北行寒風吹破耳

待漏午門外候對三殿裏鬚鬢凍生冰衣裳冷如水
忽思仙遊谷闇謝陳居士暖覆褐裘眠日高應未起

夜雪　前人

已訝衾枕冷復見窻戸明夜深知雪重時聞折竹聲

對火翫雪　前人

平生所心愛愛火兼憐雪火是臘天春雪爲陰夜月
鵝毛紛正墮獸炭敲初折盈尺白鹽寒滿爐紅玉熱
稍宜杯酌動漸引笙歌發但識歡來由不知醉時節
銀盤堆柳絮羅袖摶瓊屑共愁明日銷便作經年別

雪中卽事答微之　前人

連夜江雲黃慘澹平明山雪白模糊銀河沙漲三千
里梅嶺花排一萬株北市風生飄散麪東樓日出照
凝酥誰家高士關門戸何處行人失道途舞鶴庭前
毛稍定擣衣碪上練新鋪戲團稚女呵紅手愁坐衰
翁對白鬚壓瘴一州除疾苦呈豐萬井盡歡娛潤含
玉德懷君子寒助霜威憶大夫莫道煙波一水隔何
妨氣候兩鄉殊越中地暖多成雨還有瑤臺瓊樹無

西樓喜雪命宴　前人

宿雲黃慘澹曉雪白飄飖散麪遮槐市堆花壓柳橋
四郊鋪縞素萬室甃瓊瑤銀榼擕桑落金爐上麗譙
光迎舞妓動寒近醉人銷歌樂雖盈耳慙無五袴謠

新雪二首寄楊舍人　前人

不思北省煙霄地不憶南宮風月天唯憶靜恭楊閣
老小園新雪煖爐前

二

不思朱雀街東鼓不憶靑龍寺後鐘唯憶夜深新雪
後新昌臺上七株松

福先寺雪中餞劉蘇州　前人

送君何處展離筵大梵王宮大雪天庾嶺梅花落歌
管謝家柳絮撲金田亂從紈袖交加舞醉入籃轝取
次眠却笑召鄒兼訪戴只持空酒駕空船

和河南鄭尹新歲對雪　前人

白雪吟詩鈴閣開故情新興兩徘徊昔經勤苦照書
卷今助歡娛飄酒杯楚客難酬郢中曲吳公兼占洛
陽才銅街金谷春知否又有詩人作尹來

花樓望雪命宴賦詩　前人

連天際海白皚皚好上高樓望一迴何處更能分道
路此時兼不認池臺萬重雲樹山頭翠百尺花樓江
畔開素壁聯題分韻句紅爐巡飲煖寒杯冰鋪湖水
銀爲面風捲汀沙玉作堆絆惹舞人春豔曳勾留醉
客夜徘徊偷將虛白堂前鶴失却樟亭驛後梅別有
故情偏憶得曾經窮苦照書來

晨起見雪憶山居　李德裕

忽憶岩中雪誰人拂薜蘿竹梢低未舉松蓋偃應多
山溜隨冰落林麏帶霰過不勞聞鶴語方奏苦寒歌

驚雪　陸暢

怪得北風急前庭如月輝天人寧底巧剪水作花飛

早春詠雪　王初

勾芒宮樹已先開珠蘂瓊花鬬剪裁散作上林今夜
雪送教春色一時來

望雪　前人

銀花珠樹曉來看宿醉初醒一倍寒已似王恭披鶴
氅凭闌仍是玉闌干

雪霽　前人

星榆葉葉晝離披雲粉千重凝不飛崑玉樓臺珠樹
密夜來誰向月中歸

早春殘雪　施肩吾

春景照林縈玲瓏雪影殘井泉添碧甃藥圃洗朱欄
雲路迷初醒書堂映漸難花分梅嶺色塵滅玉堦寒
遠稱棲松鶴高宜點露盤佇逢春律後陰谷始堪看

詠雪　姚合

愁雲殘臘下陽臺混却乾坤六出開與月交光呈瑞
色共花爭豔傍寒梅飛隨郢客歌聲遠散逐宮娥舞
袖迴其奈知音不相見剡溪乘興爲君來

郡中對雪　前人

霏微著草樹漸布與堦平遠近如空色飄颻無落聲
飛鴉疑翅重去馬覺蹄輕遙想故山下樵夫應滯行

春雪　焦郁

散漫天涯色乘春四望平不分殘照影何處斷鴻聲
繚繞先經塞霏微近過城因風低未斂帶雨重還輕

對雪　許渾

干呂知時泰如膏候歲成小儒同品物無以答皇明
飛舞北風涼玉人歌玉堂簾帷增曙色珠翠發寒光
柳重絮微濕梅繁花未香茲辰賀豐歲簫鼓宴梁王

前題　前人

雲度龍山暗倚城先飛澌瀝引輕盈素娥冉冉拜瑤
闕皓鶴紛紛朝玉京陰嶺有風梅艷散寒林無月桂
華生剡溪一醉十年事忽憶棹迴天未明

殘雪　前人

憶昨新春霰雪飛堦前簷上鬬寒姿狂風送在竹深
處陽日未消花發時輕壓嫩蔬旁出土冷衝幽鳥別

尋枝晚來又喜登樓見一曲高歌和者誰

和賓客相國詠雪　前人

近臘千岩白迎春四氣催雲陰連海起風急度山來盡日隨堤絮經冬越嶺梅艷疑歌處散輕似舞時迴道蘊詩傳麗相如賦騁才裔添松篠媚寒積蕙蘭猜晴漲宮池水平封帝路埃燭龍初照耀巢鶴乍衰回舊日瓊先挂鮮風粉旋摧五門環玉璧雙闕對瑤臺綺席陵寒坐珠簾遠曙開靈芝霜下秀仙桂月中栽卷幌書千帙援琴酒百杯垂休編太史呈瑞表中台晧夜迷三徑浮光徹九垓茲晨是豐歲歌詠屬昆哉

酬對雪見寄　前人

飛度龍山下遠空拂簷縈竹晝濛濛知君吟罷意無限會聽玉堂歌北風

廬江途中遇雪　朱慶餘

蘆葦聲多鴈滿陂濕雲連野見山稀遙知將吏相逢處半是春城賀雪歸

春雪映早梅　庾敬休

清晨凝雪彩新候變庭梅樹愛春榮偏態驚曙色催寒光添粉壁積潤履青苔分明六出瑞隱映幾枝開

對雪二首原注時欲之東　李商隱

寒氣先侵玉女扉清光旋透省郎闈梅花大庾嶺頭發柳絮章臺街裏飛欲舞定隨曹植馬有情應濕謝莊衣龍山萬里無多遠留待行人二月歸

二

旋撲珠簾過粉牆輕於柳絮重於霜已隨江令誇瓊樹又入盧家妬玉堂侵夜可能爭桂魄忍寒應欲試梅妝關河凍合東西路腸斷斑騅送陸郎

喜雪　前人

朔雪自龍沙呈祥勢可嘉有田皆種玉無樹不開花班扇慵裁素曹衣詎比麻鵝歸逸少宅鶴滿令威家寂寞門扉掩依稀履跡斜人疑遊麪市馬似困鹽車洛水妃虛妬姑山客漫誇聯辭雖許謝和曲本慚巴粉署闈全隔霜臺路正賒此時傾賀酒相望在京華

憶雪　前人

四年冬以退居蒲之永樂渢然有農夫望歲之志遂作憶雪又作殘雪詩各一百言以寄情於游舊

愛景人方樂同雲候稍愆徒聞周雅什願賦朔風篇欲俟千箱慶須資六出妍詠留飛絮後歌唱落梅前庭樹思瓊蕊樓認粉綿瑞邀盈尺日豐待兩岐年預約延枚酒虛乘訪戴船映書孤志業披氅阻神仙幾向霜階步頻將月幌褰玉京應已足白屋但顒然

殘雪　前人

旭日開晴色寒空失素塵遶牆全剝粉傍井漸消銀刻獸摧鹽虎為山倒玉人珠還猶照魏璧碎尚留秦落日驚侵晝餘光悵惜春簷冰滴鵝管屋瓦鏤魚鱗嶺峭嵐光坼松暄翠粒新擁林愁拂盡著砌恐行頻焦穀忻無患梁園去有因莫能知帝力空此荷平均

都堂試貢士日慶春雪　李損之

春雪晝悠颺飄飛試士場綴毫疑起草落字共成章匝地如鋪練凝階似截肪鵝毛縈樹合柳絮帶風狂息疫方殊慶豐年已報祥應知郢上曲高唱出東堂

前題　李景

密雪分天路羣才坐粉廊靄空迷晝景臨宇借寒光似暖花消地無聲玉滿堂灑池偏誤曲留硯忽因方幾處曹風比何人謝賦長春暉早相照莫滯九衢芳

和段學士對雪　喻鳧

盈尺知豐稔開窗對酒壺飄當大野匝灑到急流無密際西風盡凝間朔氣扶乾催鳥棲栟冷射夜殘爐贊月澄斜漢兼沙攪北湖慚於郢客坐一此調巴歈

新雪八韻　薛能

大雪滿初晨開門萬象新龍鍾雖未起蕭索我何貧耀若花前鏡清如物外身細飛斑戶牖乾灑亂松筠正色凝高嶺隨流助要津鼎消微是滓車碾半和塵茶興留詩客瓜情想戍人終篇本無字誰別勝陽春

積雪　賈島

昔屬時霖滯今逢臘雪多南猜飄桂渚北訝雨交河盡滅平蕪色彌重古木柯空中離白氣島外下滄波隱者迷樵道朝人冷玉珂夕縈仍晝密漏間復鐘和想積高嵩頂新秋皎月過

雪二首　溫庭筠

硯水池先凍窗風灑易消碓聲出山郭人跡過村橋稍急方縈轉才深未寂寥細光穿暗隙輕白駐寒條草靜封還折松欹墮復搖謝莊今病眼無意坐通宵

二

羸驂出更慵林寺已疎鐘踏緊寒聲澀飛交細點重圃斜人過跡階靜鳥行蹤寂寞梁鴻病誰人代夜舂

嘲三月十八日雪　前人

三月雪連夜未應傷物華只緣春欲盡留著伴梨花

早春殘雪　裴虔餘

霽日彫瓊彩幽庭減夜寒梅飄餘片積日墮晚光殘

零落偏依桂霏微不掩蘭陰林披霧縠小沼破冰盤
曲檻霜凝砌疎篁玉碎竿已聞三徑好猶可訪袁安

對雪　高駢

六出飛花入戶時坐看青竹變瓊枝如今好上高樓
望蓋盡人間惡路岐

雨雪曲　翁綬

邊聲四合殷河流雨雪飛來遍隴頭鐵嶺探人迷鳥
道陰山飛將濕貂裘斜飄旌旆過戎帳半雜風沙入
戍樓一自塞垣無李蔡何人爲解北門憂

雪詩　張孜

長安大雪天鳥雀難相覓其中豪貴家擣椒泥四壁
到處爇紅爐周迴下羅冪暖手調金絲蘸甲斟瓊液
醉唱玉塵飛困融香汗滴豈知飢寒人手脚生皴劈

敘雪寄喻鳧二首　方干

密片無聲急復遲紛紛猶勝落花時從容不覺藏苔
逕宛轉偏宜傍柳絲透室虛明非月照滿空迴散是
風吹高人坐臥才方逸援筆應成六出詞

二

密片繁聲旋不銷縈風雜霰轉飄飄澄江莫蔽長流
色衰柳難粘自動條濕氣添寒酤酒夜素花迎曙卷
簾朝此時明逕無行跡唯望徵之問寂寥

雪中寄殷道士　前人

大片紛紛小片輕雨和風擊更縱橫園林入夜寒光
動窗戶凌晨濕氣生蔽野吞村飄未歇摧巢壓竹密
無聲山陰道士吟多興六出花邊五字成

雪中寄李知誨判官　前人

聚散聯翩急復遲解將華髮兩相欺雖云竹重先藏
路却訝巢傾不損枝入戶便從風起後照窗翻似月
明時此時門巷無行跡塵滿尊罍誰得知

雪中寄薛郎中　前人

野禽未覺巢枝仄稚子先憂徑竹摧半夜忽明非月
午前庭旋釋被春催碎花若入樽中去清氣應歸筆
底來深擁紅爐聽仙樂忍教愁坐畫寒灰

雪　羅隱

細玉羅紋下碧霄杜門顏巷落偏饒巢居只恐高柯
折旅客愁聞去路遙撅凍野蔬和粉重掃庭松葉帶
酥燒寒窗呵筆尋詩句一片飛來紙上銷

雪　前人

盡道豐年瑞豐年事若何長安有貧者爲瑞不宜多

春雪　秦韜玉

雲重寒空思寂寥玉塵如糝滿春潮片纔著地輕輕
陷力不禁風旋旋銷惹砌任他香粉妒縈叢自學小
梅嬌誰家醉卷珠簾看絃管堂深暖易調

雪中偶題　鄭谷

亂飄僧舍茶烟溼密灑歌樓酒力微江上晚來堪畫
處漁人披得一蓑歸

賦雪十韻　吳融

雨凍輕輕下風乾淅淅吹喜勝花發處驚似客來時
河靜膠行櫂岩空響折枝終無鷗鷺識先有鶺鴒知
馬勢晨爭急鵰聲晚更飢替霜嚴柏署藏月上龍墀
百尺樓堪倚千錢酒要追朝歸紫閣早漏出建章遲
臘候何曾爽春工是所資遙知故溪柳排比萬條絲

賦雪　前人

一夜陰風度平明顥氣交未知融結判唯見混茫包
路莫臧行跡林難出樹梢氣應封獸穴險必墮禽巢
影密燈回照聲繁竹送敲亂宜蘇護點貪稱蜜勻抄
結凍防魚躍黏沙費馬跑爐寒資爇荻屋暖賴編茅
遠不分山疊低宜失地坳闌干高百尺新霽若爲抛

雪　杜荀鶴

風攪長空寒骨生光於曉色報窗明江湖不見飛禽
影岩谷時聞折竹聲巢穴幾多相似處路岐兼得一
般平擁袍公子休言冷中有樵夫跣足行

前題　盧延讓

瑞雪落紛華隨風一向斜地平鋪作月天迥撒成花
客滿燒烟舍牛牽賣炭車吾皇憂挾纊猶自問君家

對雪　裴說

大片向空舞出門肌骨寒路岐平即易溝壑滿應難
兔穴歸時失禽枝宿處乾豪家寧肯厭五月畫圖看

雪　胡宿

屏翳驅雲結夜陰素花飄墜惡氛沈色欺曹國麻衣
淺寒入荆王翠被深天上明河銀作水海中仙樹玉
爲林日高獨擁鸘裘臥誰乞長安取酒金

東樓看雪　李建勳

一上高樓醉復醒日西江雪更冥冥化風吹火全無
氣平望惟松少露青臘內不妨南地少夜長應得小
窗聽因思舊隱匡廬日閒看杉欉掩石扃

春雪　前人

南國春寒朔氣迴霏霏還阻百花開全移暖律何方
去似訝新鶯昨日來平野旋銷難蔽草遠林高綴却
遮梅不知金勒誰家子只待晴明賞帝臺

和殷舍人蕭員外春雪　徐鉉

萬里春陰乍履端廣庭風起玉塵乾梅花嶺上連天白蕙草階前特地寒晴去便爲經歲別興來何惜徹宵看此時鴛侶皆閑暇贈答詩成禁漏殘

春雪應制　前人

繁陰連曙景瑞雪麗芳辰勢密猶疑臘風和始覺春
禁林開玉蕊飄座裛香塵欲識宸心悅雲謠慰兆人

進雪詩　前人

欲使新正識有年故飄輕絮伴春還近看瓊樹籠銀闕遠想瑤池帶玉關潤逐麩䴵鋪綠野暖隨杯酒上朱顏朝來花萼樓中宴數曲賡歌雅頌間

早行遇雪　石名

荒郊昨夜雪羸馬又須行四顧無人跡雞鳴第一聲

雪　無可

松亞竹珊珊心知萬井歡山明迷舊逕溪滿漲新瀾
客醉瑤臺曙兵防玉塞寒紅樓知有酒誰肯學袁安

小雪　前人

片片互玲瓏飛揚玉漏終乍微全滿地漸密更無風
集物圓方別連雲遠近同作膏凝瘠土呈瑞下深宮
氣射重衣透花窺小隙通飄秦增舊嶺發漢攪長空
迥冒巢松鶴孤鳴穴島蟲過三知臘盡盈尺賀年豐
委積休閒竹稀疎漸見鴻蓋沙資潤澤灑海助冲融
草木潛加潤山河更益雄因知天地力覆育有全功

山雪　皎然

夕陽在西峯殘翠紫殘雪在風卷絮迴驚猿攀玉折
何意山中人誤報山花發

對雪　子蘭

霰密無聲墜碧空霏霏有韻舞微風幽人吟望搜辭處飄入窗來落硯中

欽定古今圖書集成曆象彙編乾象典

第九十卷目錄

雪部藝文三 詩

乾象典第九十卷

雪部藝文三詩

大雪　宋魯交

萬象曉一色皓然天地中楚山雲母障漢殿水晶宮
遠近梅花信高低柳絮風吟魂清不徹和月上晴空

雪　韓琦

六花來應臘望雪一開顏歌舞喧侯第風沙雜戍關
餘芳留草樹淸興入江山後夜高樓月蕭然崑閬間

雪時在潁州作玉月梨梅練絮白舞鵝鶴銀等字皆請勿用　歐陽修

新陽力微初破萼客陰用壯猶相薄朝寒稜稜風莫
犯暮雪緌緌止還作驅馳風雲初慘澹炫晃山川漸
開廓光芒可愛初日照潤澤終爲和氣爍美人高堂
晨起驚幽士虛牕靜聞落酒壚成徑集缾罌獵騎尋
蹤得狐貉龍蛇掃處斷復續猊虎團成呀且攫共貪
終歲飽麰麥豈惜空林饑鳥雀沙塲朝賀迷象笏桑
野行歌沒芒屩乃知一雪萬人喜顧我不飲何爲樂
坐看天地絕氛埃使我胸襟如洗瀹脫遺前言笑塵
雜搜索萬象窺冥漠頗疑隨邦文士衆巨筆人人把
矛槊自非我爲發其端凍口何由開一噱

次韻和甫詠雪　王安石

奔走風雲四面來坐看山壟玉崔嵬平治險穢非無
德潤澤焦枯是有才勢合便疑包地盡功成終欲放
春回寒鄉不念豐年瑞只憶靑天萬里開

欲雪　前人

天上雲驕未肯同晚來雪意已填空欲開新酒邀嘉
客更待天花落坐中

讀眉山集次韻雪詩五首　前人

若木昏昏未有鴉凍雷深閉阿香車摶雲忽散簁爲
屑翦水如分綴作花擁帚尚憐南北巷持杯能喜兩
三家戲挼弄擲輸兒女羔袖龍鍾手獨叉

二

神女青腰寶髻鴉獨藏雲氣委飛車夜光往往多聯
璧白小紛紛每散花珠網纚連拘翼座瑤池淼漫阿
環家銀爲宮闕尋常見豈即諸天守夜叉

三

惠施文字黑如鴉於此機緘漫五車皭若易緇終不
染紛然能幻本無花觀空白足寧知處疑有青腰豈
作家慧可忍寒眞覺晚爲誰將手少林叉

四

寄聲三足阿環鴉問訊青腰小駐車一一照肌寧有
種紛紛迷眼爲誰花爭妍恐落江妃手耐冷疑連月
姊家長恨玉顏春不久畫圖時展爲君叉

五

戲搖微綺女鬟鴉試咀流酥已頰車歷亂稍埋冰揉
粟消沉時點水圓花豈能舴艋眞尋我且與蝸牛獨
臥家欲挑青腰還不敢直須詩膽付劉叉

次韻酬府推仲通學士雪中見寄　前人

朝來看雪詠君詩想見朱衣在赤墀爲問火城將策
試何如雲屋聽窻知曲牆稍覺吹來密窮巷終憐掃
去遲欲訪故人非興盡自緣無路得傳卮

雪後書北堂壁二首　蘇軾

黃昏猶作雨纖纖夜靜無風勢轉嚴但覺衾裯如潑
水不知庭院已堆鹽五更曉色來書幌半夜寒聲落
畫簷試掃北臺看馬耳未隨埋沒有雙尖

二

城頭初日始翻鴉陌上晴泥已沒車凍合玉樓寒起
粟光搖銀海眩生花遺蝗入地應千尺宿麥連雲有
幾家老病自嗟詩力退空吟冰柱憶劉叉

謝人見和前篇　前人

已分酒杯欺淺懦敢將詩力鬭深嚴漁蓑句好眞堪
畫柳絮才高不道鹽敗履尚存東郭足飛花又舞謫
仙簷書生事業眞堪笑忍凍孤吟筆退尖

雪夜獨宿柏仙庵　前人

晚雨纖纖變玉霙小庵高臥有餘清夢驚忽有穿窗
片夜靜惟聞瀉竹聲稍壓冬溫聊得健未濡秋旱若
爲耕天公用意眞難會又作春風爛熳晴

十二月十四夜微雪明日早往南溪小酌至晚　前人

南溪得雪眞無價走馬來看及未消獨自披榛尋履
跡最先犯曉過朱橋誰憐屋破眠無處坐覺村饑語
不囂惟有暮鵶知客意驚飛千片落寒條

聚星堂雪井序　前人

元祐六年十一月一日禱雨張龍公得小雪與客
會飲聚星堂忽憶歐陽文忠公作守時雪中約客
賦詩禁體物語於艱難中特出奇麗邇來四十餘
年莫有繼者僕以老門生繼公後雖不足追配先
生而賓客之美殆不減當時公之二子又適在郡
故輒舉前令各賦一篇

窗前暗響鳴枯葉龍公試手初行雪映空先集疑有
無作態斜飛正愁絕衆賓起舞風竹亂老守先醉霜
松折恨無翠袖點橫斜祇有微燈照明滅歸來尚喜
更鼓永晨起不待鈴索掣未嫌長夜作衣稜却怕初
暘生眼纈欲浮大白追餘賞幸有回飈驚落屑模糊
檜頂獨多時歷亂瓦溝裁一瞥汝南先賢有故事醉
翁詩話誰續說當時號令君聽取白戰不許持寸鐵

同王適賦雪　蘇轍

北風吹雨雨不斷遍滿虛空作飛霰紙窗獨臥不成
眠茅屋無聲時一泫鳥鳥錯莫寒未起庭戶空明夜
驚旦重樓複閣爛生光絕澗連山漫不見夾砌雙杉
洗更碧滿田碧草埋應爛城中閒門無履迹市上孤
煙數晨爨細排玉箸短垂簷瑠結輕冰時入硯撥灰
有客顧尊俎迹兒何人試鷹犬未容行役埽車轂應
有老農歌麥飯一來江城若俄頃四見白花飛面旋
坐看酒甕誰敢嘗歸踏冰泥屢成濺年來橋板斷不
屬莫出肩輿足憂患到家昏黑空自笑怨婦勤勞每
長歎牀頭有酒未用沽囊裏無錢不勞算更令雪片
大如手終勝溪瘴長熏眼謁告猶能不出門典衣共
子成高讌

雪效柳子厚　張耒

月落雞聲寒曉色靜茅屋開門驚不知夜雪壓脩竹
槎牙生新冰鱗甲刻溪谷晶洲渚明洌洌川原肅
孤蹲雀不動沉酣客猶宿呼童晨汲歸獨漱寒泉玉

題趙幹江行初雪圖　李彌遜

瓜步西頭水拍天白鷗波上寄長年箇中認得江南
手十里黃蘆雪打船

詠雪　孫覿

喧豗湊六合頃洞咽羣籟俄驚江海懸坐覺虛空隘
包藏失地險瀰漫見天大嬋娟自一種巧麗窮百態
獨餘古柏青正色老不壞

雪作　曾幾

臥聞微霰却無聲起看堦前又不能一夜紙窗明似
月多年布被冷如冰履穿過我柴門客笠重歸來竹
院僧三白自佳清亦好諸山粉黛見層層

雪中登王正中書閣　前人

對雪誰堪語登樓似欲仙入家脩月戶丈室散花天
峰疊鉤簾外江橫隱几前寒深落雁渚清集釣魚船
解病從摩詰消愁得仲宣展書明細字烹茗濕疎煙
月好還同夢詩成已下弦明年倘相憶爲一到關邊

春後微雪一宿而晴　范成大

綵勝金旛換物華垂垂天意晚平沙東君未破含春
蕊青女先飛剪水花夜逐回風鳴瓦壠曉成疎雨滴
簷牙朝暾不與同雲便烘作晴空萬縷霞

正月二日雪　楊萬里

雪與新春作伴回攙霜爲片雹爲埃只愁雪虐梅無
奈不道梅花領雪來

雪夜尋梅　前人

去年看梅南溪北月作主人梅作客今年看梅荊溪
西玉爲風骨雪爲衣臘前欲雪竟未雪梅花不慣人
間熱横枝憔悴涴晴埃端令羞面不肯開縞裙夜訴
玉皇殿乞得天花來作伴三更滕六駕海神先遣東
風吹玉塵梅仙曉沐銀浦水冰膚欲放瑤林春詩人
莫作雪前看雪後精神添一半

喜雪　陳造

陰崒弄精神空中舞玉塵入簷燈影亂折竹曉聲頻
照幌光侵曙欺梅雪壓春老夫貪快賞呵凍拂烏巾

雪　沈說

凍項縮如龜茅簷颯雪詩冷於初下日好是未消時
樹重高枝折窗明曉色遲忽思溪上路擬借蹇驢騎

雪　趙希櫓

不是春風柳因何絮客衫一雲同萬里半夜失千巖
征馬寒蹤印饑鴟凍吻緘江心一片日知有暮歸颿

雪和坡公韻　金蔡珪

門外黃昏噪晚鴉瑤塵細逐九雲車豐年待作三登
兆暮景重開六出花濁酒無人同此興扁舟有客訪

誰家明朝試望東林樹百尺寒梢倚玉叉
和訥上人雪詩　趙渢
貧巷仍飛雪空庭迥絕塵照窗疑不夜著樹忽驚春
枕冷夢魂短山明天宇新賦詩分氣象定有灞陵人
雪　王仲元
稠稀時拂拂稍密自紛紛老樹曉迷月瘦峰寒貼雲
色從空際得聲向靜中聞客枕清無夢哦詩徹夜分
前題　雷淵
風定雲仍暖天圍四顧低紛紛俄攪野浩浩欲平溪
樵擔歸時重漁舟望處迷飢鴉空遶樹若箇可安棲
阻雪華下　麻革
愛山久成癖得山眞雋永太華隔風塵五年夢幽境
傳聞十丈蓮擬扣玉仙井雪花忽迷漫蒼巔墮昏暝
蹇予世緣深方外久自屏意是希夷君俗駕疎造請
行行風撼林稍稍雲度嶺雲間三峰面隱約露芒穎
初如遡頹堆屹起勢奔猛漸如倚天劍萬仞鐵花冷
烟霞半明滅瞬息變光景乃知造物心相哀亦相警
歸鞭晚忽忽回首心耿耿浩歌夜深寒孤月挂峯頂
春雪　元張弘範
餘寒斜峭黃昏暮驚見東風吹柳絮杜陵野老獨歸
來却入灞陵橋上路黃鸝愁立花深處恨濕金衣寒
兩羽園林渾似晚春時一片瓊花飛玉樹
湖樓玩雪　白珽
上湖十里卷簾中幻出瑤華第一宮山勢蹴天銀作
浪柳行撲地玉爲虹漁蓑鶴氅同爲我雀舌羊羔不
負公明日鳳城朝退早一鞭會約試吟驄
雪　黃庚
片片隨風整復斜飄來老鬢覺添華江山不夜月千
里天地無私玉萬家迷岸未春飛柳絮前邨破曉壓
梅花羊羔錦帳應麤俗自掬冰泉煮石茶
大雪戲詠　柳貫
霰集先驚密雲垂陡覺低穿帷纔巧入擁砌已深迷
蟾影宵翻鵲犀光晝駭雞投虛知井窾蒙險失巖梯
九地藏宵澤千門委璧圭黃輿增厚載元武贊幽栖
忽灑聲尤急中休氣轉凄辨方惟有服封谷不須泥
稍喜夷塗闢多憂陷穽擠世將還樸素壤畫徹青黎
固欲殊廉角於何畫町畦溟池涵上下瀼岸渺東西
縞畢仙人袂窗明玉女閨混淪收日脚軒豁露坤倪
剪毳巾成氈吹灰室覆緹妖氛隨蕩析闒茸謝提提
勁竹猶遭挫疎梅恰吐齊若爲散鱗甲無已戮鯨鯢
晛日消遲見豐年十可稽漁歸裝發褲兒戲象役犯
正苦貧衣綻那禁凍面黧曉罌初撥醴午椀更吹虀
幾夢斟羔唱徒聞索飯啼掩關誰掃軌返櫂却尋溪
踐迹嗔鴻爪全生媿馬蹄莫抽梁苑思爭效漢衿題
應教次王御史韻　薩都剌
江村連日雪騎馬欲何之老樹昏鴉集寒塘落鴈遲
松窗燈下酒竹屋夜深棊寄語王公子幽棲或可期
雪花曲　雲從龍
枯篁漠漠吹北風黃河水流凝不通天孫手持白鸞
尾掃盡琪花舞碧空崑山玉碎瓊樓裂老龍起舞驚
明月應是游魂不覺寒醉吟紙帳春雲熱東家嬌娘
厭桃李學繡宮花鎖窗裏冷袖擎來欲細觀隔簾火
氣催成水
雪　葉顒
漠漠年華晚霏霏夜色分江明非借月樹重或兼雲
始訝花驚陳翻愁鶴失羣梁園詞賦客飄泊獨懷君
聽雪齋　前人
萬籟入沈冥坐深窗戶明微于疎竹上時作碎瓊聲
撲紙春蠶亂爬沙蟹夜行袁安正無寐欹枕漏三更
春雪　前人
百花憔悴東風寒六花爛漫開正繁東君似欲誇富
貴瓊臺玉樹眞珠闌綠楊無力晴拋絮青松不老雲
生樹貪觀天女跨鸞歸失却仙人騎鶴處斜斜整整
復霏霏却憶銜枚入蔡圍奇功未立英雄老壯志蹉
存氣力衰酒酣舞劍情難歇指點銀瓶莫教竭醉中
猶自憶當時鵝鴨城邊一池月
雪　馬臻
冷逼街頭酒價高晚來風急更蕭騷青樓醉舞不歸
去江上一蓑憐汝曹
雪詩賡曹文壽韻　明太祖
翩翩飛舞布田垓似絮還疑玉蘂梅一夜撲窗春蝶
戲好風吹去又推來
又賡張翌韻　同前
臘前三日曠無涯應是天公降六花九曲河深凝底
凍張騫無處再乘槎
喜雪歌有序　宣宗
宣德六年十二月辛巳敕曰臘後五日之夜大雪
迨旦而霽蓋豐年之祥也因作喜雪之歌與羣臣
同樂之已命光祿賜宴其悉醉而歸
一冬晴明人不厭臘月雪飛尤所喜從古農占重三
白來年有秋預可擬昨夜長風廣莫來號空捲地初

停雷斯須漫漫撒玉屑千樹萬樹梅花開大地平鋪
皆一色光輝未數瓊瑤白四山蒼翠不可尋但見凌
空聳銀壁憑高四顧眞奇觀日上扶桑朝不寒昔人
勞農享臘惟此時更說來年豐有期村村腰鼓聚宴
飲庶幾時平今見之嗟予菲德臨九五燮理功能寄
丞輔舉觴相樂拜天庥永念皇天與皇祖

御製喜雪歌賜兵部尚書張本 有序

朕承天序位羣臣萬姓之上夙夜勞心以生民爲 同前
慮仰荷天地祖宗之佑下資文武之臣協贊燮理
之功及茲一陽將復六出呈祥蓋來歲豐稔之兆
遂作喜雪之歌與羣臣共樂之勅光祿寺賜酒饌
對此瑞景宜各盡觴歌曰
天氣肅肅當嚴冬大地凜冽號朔風扶桑曜雪韜曈
曨屏翳一色浮鴻濛斯須素景搖太空霏花糝葉何
丰茸六出巧自造化工覆纊敷縞遠近同綴瓊貼珞
綠牆塡輕盈宛轉穿簾櫳千門萬戶光玲瓏積平坎
埳增丘封凍合溝瀆流靡通林巒幻出銀芙蓉遂令
松篁失青蔥翰飛蠕動寂斂蹤萬幾之暇坐九重豈
不自足鮮與醲一念所重存瘝恫荷戈披甲防彝戎
況復懷此爲冲冲維時預兆年歲豐滋潤麰麥消螟
螽騰懽浴喜歌畝農

送雪　周獻王有燉

天山一色凍雲垂罨畫樓臺綴玉時准備暖金香盒
子明朝送雪與相知

雪中　高啓

舟絕寒江凍不潮縈沙拂柳影翛翛纔從漁浦磯邊
積還向樵村竹外飄撲馬憶從年少樂點袍會逐侍
臣朝如今獨坐吟詩句茅屋茶煙冷未消

禁中雪　前人

君王元尚儉臺殿忽瓊瑤環素凝宮沼飛花綴苑條
坊雞驚曙早仗馬喜寒驕金扇開時看丹墀掃後朝
台司呈賀表樂部奏仙韶須信陽光近都先別處消

殘雪　楊基

庭雪半消殘猶存舊臘寒春風如有意留待隔年看

賦得邊城雪送行人胡敬使靈武　王偁

萬里燉煌道三春雪未晴送君走馬去遙似踏花行
度磧迷沙遠臨關訝月明故鄉飛鴈絕相送若爲情

雪　王直

大雪下龍墀蓬萊曙色移光通九華殿花滿萬年枝
賦擬梁園作歌憐郢曲詞西山臨魏闕相對玉參差

雪景爲毘陵陳公懋賦　倪謙

江天雨雪路盡迷層峯壁立瓊瑤梯蒼松凍合玉髯
老翠篠寒壓銀梢低屋底幽人常閉戶最愛銀花絕
纖汙碧窻半啓捲書帷手把靑編映輕素村南有客
隱者倫一肩壺榼來叩門遙知相對飲五斗紅光滿
面春風溫人間此景良不惡林泉似傍蘭陵郭會須
乘興訪元龍共倚江樓招白鶴

雪後飲胡彥超冬官歸疊席上韻　李東陽

馬蹄衝雪叩君門坐愛飛花撲酒尊簾未卷時先作
陣屐曾來處已無痕寒簷葉落蛛絲墮老樹巢傾鶴
夢翻今夕定知何夕是好風明月未堪論

次韻楊考功雪中見寄　陸容

后土承天變司寒應候嚴同雲低布野密雪亂迴簷
蕩漾侵池減蒙茸拂樹黏陽和雖不競膏澤已冥霑
色眩將迷鶴光遙欲妒蟾渭溝秦爽粉猗澤晉堆鹽
頗愜瑤階迥仍愁蔀屋淹獵原紛毦羽織室漾輕縑
持節貪應苦扃門臥實廉紺園驚改觀碧嶺訝頹尖
窘兔留新跡多魚伏有潛入歌難和曲愛舞漫窺簾
屑下杭蘚礎灰飛格就炎軟紅連日淨漲綠與春添
歸騎銀垂鬣行人玉綴髯微聲疑霰雜細轉覺風恬
照晩分燈力傳更錯漏籤六花千里遍三白一冬兼
擬絮憐才逸充茶覺味甜熾爐身喜近凍筆手慵拈
螟螣當深入來年預可占冷魂憑酒喚寧避老饕嫌

聽雪　楊一清

庭樹蕭蕭夢屢驚幾回風景逼人清坐吟食葉春蠶
句起聽空山裂帛聲寒落瓦溝停更響爽疑天籟靜
還生憑誰爲續幽蘭調萬古悠悠此夜情

殘雪　楊循吉

殘雪經時久常聞簷溜聲謂晴堦又濕疑雨日還明
地背融偏後宵寒凍復成不妨留莫泮借爾照書楹

詠雪　陸深

虛館都門裏遙空雨雪時雲同山受鎖霰集地承篩
初對無還有徐看正復差霏霏旋布密陳陳漸成奇
入瓦猶飛溜披牆故累基蒼皇忙宿旅鼓舞走羣兒
氣襲裘功劣光搖眼力衰撲階登陛級打戶闖扊扅
勢倍初昏會威伸入夜期空林愁鳥雀曠野失狐狸
古屋深藏脊危城正沒陴窗腰明做紙字脚飽殘碑
山勢勻肥瘠潮聲帶嘯悲脊疣瘡竹節擁腫病松枝
池沼甘居下郊原苦厭卑當庭昏有影臥地險成夷

田犬思馳逐鞲鷹欲奮追四簷迷一色獨榻下重帷
風過梅苞瘦陽回麥壟宜墨池乾更掬茶鼎渴旋茲
眞足臨書卷應堪弄酒卮樓臺誇富貴歌調競嘔啞
坐擁嬌娥鬢杯分俠士髭生憐江上客閒憶隴頭師
帆濕橈迎凍兜膠馬礙馳豈年昭國瑞聊復一題詩

雪　胡纘宗

疋馬出梅溪雪飛大如掌何處扣舷人杳杳春江上

春雪　楊愼

南雪轉東風千門四望同愛穿珠箔透愁點玉階融
竹覆玲瓏葉梅殘綽約叢夕照還映白蠟炬更添紅

舟中閱唐詩紀事王起李紳張籍令狐楚于樂
天席上賦一字至七字詩以題爲韻遂效其體
爲花風月雪四首末人名一七分　前人

雪凝明澄徹飛玉塵布瓊屑蒼雲暮同嚴風曉別深
山樵徑封遠水漁舟絕南枝忽報梅開北戶俄驚竹
折萬樹有花春不紅九天無月夜長白

立春日禁中對雪　前人

天街晴雪照簾櫳萬戶千門似郢中先向曉營添朔
氣却隨春仗轉條風上林花信梅邊出太液波聲柳
外通郢客高歌誰屬和巴人下曲本難工

春日禁中遇雪　薛蕙

紫禁春朝雪花飛彩仗新霧交隨雉尾風引避龍鱗
掌濕金人立窗寒玉女顰翠華沾灑處遙憶屬車塵

雪五首　前人

流風迴雪滿蓬萊繡幕珠簾萬戶開內殿平明催設
宴玉京深處翠華來

二

綠水初冰百子池飛花正滿萬年枝君王夜醉瑤臺
雪侍女冬歌白紵詞

三

末巷沉沉夜漏稀玉階寂寂雪花飛空持紈扇歌瓊
樹愁對銀缸嬖舞衣

四

玉人燕國舊傾城對雪臨風更有情鏡裏新粧爭皎
潔筵前垂手學輕盈

五

宮裏仙人字麗華弦中纖指學琵琶朝來白雪當窗
立一曲彈成玉樹花

雪夜召詣高元殿　夏言

迎和門外擁雕鞍玉蝀橋頭度石欄琪樹瓊林春色
靜瑤臺銀闕夜光寒爐香縹緲高元殿宮燭熒煌太
乙壇白首豈期天上景朱衣仍得雪中看

闕下詠雪應制　蔡羽

寒光遍四隅瑞氣滿皇都素女開金鏡宮人在玉壺
蓬萊駕白鳳湯殿浴霜鳧別有藏香室紅煙傍碧衢

袁州對雪何筍亭侍御　蘇祐

宜春臺邊同幕雲宜春城下雪紛紛初隨鳴雨喧相
集轉入飄風靜不聞銀燭並迴搖乍暝金尊獨對散
微曛因懷聽馬江城夜客兒曾經可問君

廬山雪　王世懋

朝日照積雪廬山如白雲始知靈境杳不與衆山群
樹色空中斷泉聲天半聞千崖冰玉裏何處覓匡君

雪夜獨坐憶家兄伯玉弟仲嘉侄肇元　汪道貫

飛雪江村暮居人伏枕偏衾裯寒自擁燈火靜爲緣
林暗光猶照窗虛瞑得先鳥衣近仍隔郢曲更誰憐

雪中季豹攜酒過飲　汪道會

北風颼颼雪片起頃刻瀰漫數千里有酒不醉空自
愁君看清夜寒如此

數年來南雪甚於北癸未復留人戲謂南北之
氣互相換似買人帶之往來理或然也邊塞不
易雨而今每滲十九韻　徐渭

陰陽北去隨南客雨雪南來自北天雨爛胡弓知幾
歲雪高越瓦已三年偶然盡海迷鴻不是登橋聽
杜鵑吠犬從今無一處喘牛必問有諸賢明明日向
形霧暗杳杳瓊飛紫霧懸羲氏輪將埋壁屑滕公河
水瀉銀錢鋸鋒插戟包難見深穿穿泉粉愈填萬里
蕭條昏井邑千家凌奪失園田疑花宿誤蜂歸羽折
竹眞摧幾個圓與爵酸寒先慣吸羹鹽調劑未堪煎
傾危作兔當山頂搏控成獅向日邊借皎肥身灰象
飽吹柔害物黍貓拳綿針絮刺俱叢棘玉簇銀筒假
澀蓮陽德盡關閶闔上陰威直到祝融巔華亭羽翼
漫天久上蔡鷹盧獵野偏伍員江長潮正怒三閭沙
白骨新捐稀如尸蟲穿雲去細似繩蠅點壁旋急舞
魚鱗明匿跋蘩遮蝗陣暗宵蕎袁安臥苦僵猶得解
縉尸埋醉可憐萬事豈俱埋得盡有時終露髑髏寃

長安春雪曲　王穉登

春風吹雪下桑乾添得城中一夜寒鳷鵲樓高消不
盡長安街上馬頭看

雪後登樓看山歌　于愼行

昨朝飛雪滿大荒登樓四顧天茫茫今朝登樓禁不

得吾與青山頭並白筠林呼酒晶宇開瑤華積作中天臺對山遙勸一杯酒平生與君爲素友君今頭白青有時奈何吾鬢眞成絲

燕山雪　馮時可

十月幽州道風嚴盛雪花飛灘銀浪細點樹玉條斜海暗迷寒鴈山空噪餓鴉關河冰正鎖何處覓歸槎

舟中眺雪　李應徵

俯仰迷江甸東南凍未蘇扁舟下遠水積雪斷寒蕪朔氣連滄海窮陰混太湖瀟瀟飛霰密脉脉受風扶大地遙浮越低空近壓吳山川紛莽曠雲木半虛無鴈路纔分影鷗沙祇辨呼戢鱗潛素鯉側目逗飢烏邑借齊宮並音操郢曲孤披來朝袂淨映處夜珠枯不用裁梁賦偏宜入剡圖乍驚容鬢似却怪歲華徂臘漸回杓斗春先到酒壚乾坤原浩蕩泥滓塹崎嶇自笑寒暄態誰燃造化鑪聖朝陽德在白日麗高衢

雪　陸彥章

飢烏噪不止浮光射簷隙獨客起開門夜雪深三尺

雨雪曲　王野

大漠雪漫漫風吹入箭瘢平明沒馬足半夜折旌竿聲疊鼓聲暗光添劍戟寒鐵衣三十萬誰不憶長安

雪中出都門　王泰際

殘陽深雪出離亭蹀躞瓊田酒未醒願以此心通潔白能于何處著丹青蕭疎林影藏窮鳥慘淡山容列遠屏漸次孤城漏燈火蘆溝橋畔數寒星

雪聲　馮鼎位

玉塵冉冉灑空庭松竹傳聲靜夜聽洛下高人堅臥穩任敎落索打窗櫺

白雪曲　前人

暗逐梁塵起潛隨燭影流似憐歌舞處故故入高樓

又

梅花開雪中相看鬭奇絕常敎雪似花莫遣花成雪

對雪　前人

對雪饒幽思清吟酒半醺撲簾寒未起灑葉細先聞風急仍含雨天低欲墮雲晚看庭篠色漸喜白紛紛

六月賣雪　顧開雍

蒼岷六月曉寒生雙鳳橋西賣雪聲銀椀盛來調蜜咽冰魂淨洗齒牙清

爲康上人賦雪庭　僧德祥

積雪滿前楹涵虛似太清乾坤歸一色江海入無聲寶樹花稠疊瑤臺路坦平高僧不出戶水觀已初成

對雪　黃雙蕙

拂幌飄窗玉不如一庭寒色曉光餘閨中詩思同清潔分付雙鬟莫掃除

逢雪　魚無迹

馬上逢飛雪孤城欲閉時漸能消酒力渾欲凍吟髭落日無留景棲禽不定枝灞橋驢背興吾與故人期

春雪　無名氏

昨夜東風換北風釀成春雪滿長空梨花樹上白添白杏子枝頭紅不紅鶯問幾時能出谷燕愁何日得泥融寒冰鎖却秋千架路阻行人去不通

欽定古今圖書集成曆象彙編乾象典

第九十一卷目錄

雪部藝文四 詞

雪部選句

乾象典第九十一卷

雪部藝文四 詞

望遠行 詠雪　宋柳永

長空降瑞寒空剪淅淅瑤華初下亂飄僧舍密灑歌樓迤邐漸迷鴛瓦好是漁人披得一蓑歸去江上晚來堪畫滿長安高却旗亭酒價　幽雅乘興最宜訪戴泛小棹越溪瀟灑皓鶴奪鮮白鷴失素千里廣鋪寒野須信幽蘭歌斷同雲收盡別有瑤臺瓊樹放一輪明月交光清夜

白苧 雪　前人

繡簾垂畫堂悄寒風淅瀝遙天萬里黯淡同雲冪冪漸紛紛六花零亂散空碧姑射宴瑤池把碎玉零珠拋擲林巒望中高下瓊瑤一色嚴子陵釣臺歸路迷蹤跡　追惜燕然畫角寶籥珊瑚是時丞相虛作銀城換得當此際偏宜訪袁安宅醺醺醉了任金釵舞困玉壺傾側又是東君暗遣花神先報南國昨夜江梅漏泄春消息

江城子 大雪懷朱康叔　蘇軾

黃昏猶是雨纖纖曉開簾欲平檐江闊天低無處認青帘孤坐凍吟誰伴我揩病目撚衰髯　使君留客醉厭厭水晶鹽爲誰甜手把梅花東望憶陶潛雪似故人人似雪雖可愛有人嫌

滿庭芳 雪中戲呈友人　黃庭堅

風力驅寒雲容呈瑞曉來到處花飛徧裝瓊樹春意到南枝便是漁蓑舊畫綸竿重橫玉低垂今宵裏香閨逢館幽賞事偏宜　風流金馬客歌鬟醉擁烏帽斜攲問人間何處鵬運天池且共周郎按曲音微誤首已先廻同心事丹山路穩長伴綵鸞歸

驀山溪 采石値雪　李之儀

蛾眉亭上今日交冬至已報一陽生更佳雪因時呈瑞勻飛密舞都是散天花山不見水如山渾在冰壺裏　平生選勝到此非容易弄月與燃犀漫勞神徒能驚世爭如此際天意巧相符須痛飲慶難逢莫訴厭厭醉

浣溪沙 新春微雪　毛滂

謝女清吟壓郢樓樓前風轉柳花毬學成舞態却多羞　半落瓊瑤天又惜稍侵桃李蝶應愁酒家先當翠雲裘

滿江紅 催雪　周紫芝

寂寂江天雪又滿晚來風急空懊恨散鹽飛絮未成輕集萬里長空飛不到珠簾捲盡還羞入問向晚誰欲畫漁蓑寒江立　天黯澹催殘日波浩渺添寒力又何如聊遣舞衣紅濕好與月娥臨晚砌莫教先放梅花拆便準擬一醉廣寒宮千山白

女冠子 雪　周邦彥

同雲密布撒梨花柳絮飛舞樓臺悄似玉向紅爐暖閣院宇深沈廣排筵會聽笙歌猶未徹漸覺輕寒透簾穿戶亂飄僧舍密灑歌樓酒帘如故　想樵人山徑迷蹤路料漁父收綸罷釣歸南浦路無伴侶見孤村寂寞招颭酒旗斜處南軒孤雁過嚦嚦聲聲又無書度見臘梅枝上嫩蕊兩兩三三微吐

紅林檎近 雪二首　前人

高柳春纔軟凍梅寒更香暮雪助清峭玉塵散林塘那堪飄風遞冷故遣度幕穿窗似欲料理新妝呵手弄絲簧　冷落詞賦客蕭索水雲鄉援毫授簡風流猶憶東梁望虛檐徐轉廻廊未埽夜長莫惜空酒觴

前調　前人

風雪驚初霽水鄉增暮寒樹杪墜毛羽檐牙挂琅玕才喜門堆巷積可惜迤邐銷殘漸看低竹翩翻清池漲微瀾　步屧晴正好宴席晚方歡梅花耐冷亭亭來入冰盤對前山橫素愁雲變色放杯同覓高處看

昭君怨 雪　韓駒

昨日樵村漁浦今日瓊川銀渚山色捲簾看老峰巒錦帳美人貪睡不覺天孫剪水驚問是楊花是蘆花

青玉案 詠雪　陳瓘

碧空黯淡同雲繞漸枕上風聲峭明透紗窗天欲曉珠簾纔捲美人驚報一夜青山老　使君命客金尊倒千里瓊瑤未經埽攲壓江梅春信早十分農事滿城和氣管取來年好

江城子 大雪與客登極目亭　葉夢得

蹁躚飛舞半空來曉風催巧縈廻野曠天遙回望與悠哉欲問玉京知遠近試攜手上高堂　雲濤無際卷崔嵬斂浮埃照瓊瑰點綴林花真箇是多才說與化工留妙手休盡放一時開

朝中措 雪景　張掄

蕭蕭蘆葉暮寒生雪壓凍雲平密灑一篷煙火驚鴻飛起沙汀　收綸罷釣空江有浪短櫂無聲便是天然圖畫何須妙手丹青

醜奴兒令 詠雪　康與之

馮夷剪破澄溪練飛下同雲著地無痕柳絮梅花處

處春　山陰此夜明如晝月滿前村莫掩溪門恐有扁舟乘興人

水龍吟 雪　楊无咎

小軒瀟灑清宵午風正緊門深閉藜牀危坐竹窻頻聽春蟲撲紙燈爐垂紅篆煙消碧衣輕如水料飛花未止堆檐已滿時摧折琅玕尾　骨冷魂清無寐這身在廣寒宮裏暗懷千古渾疑一夜冰生腸胃歲華崢嶸故園睽阻歸期猶未向寒鄉不念豐年只憶背天萬里

朝中措 建康大雪　侯寘

濕雲初見六花開驚巧妒江梅飄灑元戎小隊玉妝旌旆歸來　思同化手春回隴畝懽倒尊罍記取明朝登覽綠漪惟有秦淮

鷓鴣天 和趙文鼎雪　辛棄疾

莫上扁舟訪剡溪淺斟低唱正相宜從教犬吠千家白且與梅成一段奇　香暖處酒醒時畫簷玉筯已偷垂笑君解釋春風恨倩拂蠻牋只費詩

滿江紅 雪　前人

天上飛瓊畢竟向人間情薄還又跨玉龍歸去萬花搖落雲破林梢添遠岫月明屋角分層閣記少年駿馬走韓盧掀東郭　吟凍鴈嘲飢鵲人已老歡猶昨對瑤華滿地與君酬酢最愛霏霏迷遠近都收擾擾還空廓待羔兒飲罷又烹茶揚州鶴

念奴嬌 韓南澗載酒過雪樓觀雪　前人

兔園舊賞悵遺蹤飛鳥千山都絕縞帶銀杯江上路惟有南枝香別萬事新奇青山一夜對我頭先白倚巖千樹玉龍飛上瓊闕　莫惜霧鬢雲鬟試教騎鶴去約尋前月自與詩翁磨凍硯看掃幽蘭新闋便擬明年人間揮汗留斫層冰潔此君何事晚來曾爲腰折

水調歌頭 和王叔之吳江觀雪　前人

造物故豪縱千里玉鸞飛等閑更把萬斛瓊粉蓋玻璨好卷垂虹千丈只放冰壺一色雲海路應迷老子舊遊處回首夢耶非　謫仙人鷗鳥伴兩忘機掀髯把酒一笑詩在片帆西寄語煙波舊侶聞道蓴鱸正美休裂芰荷衣上界足官府汗漫與君期

減字木蘭花 雪　范成大

玉煙浮動銀闕三山連海凍翠袖闌干不怕樓高酒力寒　雙松凍折忽憶衰翁容易別想見鷗邊壓損年時小釣船

清平樂 詠雪　程垓

疎疎整整風急花無定紅燭照筵寒欲凝時見篩簾玉影　夜深明月籠紗醉歸涼面香斜猶有惜梅心在滿庭誤作吹花

謁金門 春雪　韓元吉

春尚淺誰把玉英裁剪盡道梅梢開未徧捲簾花滿院　樓上酒融歌暖樓下水平煙遠却似湧金門外見絮飛波影亂

水龍吟 雪　管鑑

曉來密雪如篩望中瑩徹還如洗梅花過了東君又放滿城桃李碎翦瓊英高林低樹巧妝勻綴更江山秀發田疇清潤滿眼是豐年意　誰念危樓獨倚共飄零茫茫天際毫端句澀杯中酒減歡情難寄天爲淒涼暫時遮盡黃茅白葦但神州目斷珠宮玉闕隔三千里

喜遷鶯 雪　王千秋

玉龍垂尾望闕角苔甍如侵雲裏明瑩樓題白銀階陛平日世間無事靜久聲鳴檻竹夜半色侵牕紙最奇處盡巧妝枝上低飛檐底　當爲呼遊騎喉犬擎蒼腰箭隨鄰里藉草烹鮮枯枝煎茗點化玉花爲水未挹瑤臺風露且借瓊林棲倚迤銀海待斜披鶴氅騎鯨尋李

風流子 雪　前人

同雲垂六幕啼鳥靜風御玉妃寒漸聲入釣蓑色侵書幌似花如絮結陣成團倦游客一番詩思苦無算酒腸寬黃竹調悲綺衾人病豈堪梅蕊索笑巡檐　一杯知誰勸空搔首還是憶舊青氈問素娥早晚光射江干待醉披鶴氅高吟冰柱剡溪何妨乘興空還只恐櫓聲咿軋棲鳥難安

賀新郎 姑蘇臺觀雪　盧祖皋

十頃涵空碧畫闌中崢嶸幻玉亂零吹壁倚徧危闌吟不盡把酒風前岸幘記當日西湖爲客誰剪吳淞江上水笑乾坤奇事成兒劇還照我夜窻白　崇臺目斷清無極引枝筇瓊瑤步軟印登臨屐娃館娉婷知何在淚粉愁濃恨積故化作飛花狼藉舊事悠悠渾莫問有玉蟾醉裏曾相識聊伴我吹羌笛

水龍吟 雪　史達祖

夢回處白初生便疑冷月通窻戶不知夜久都無人見玉妃起舞銀界四天瓊田易地恍然非故想見兒童健意生愁齊色情頻在窺簾處　一片樵林釣浦是天教王維畫取未知授簡先將高興如歸妙句江

路梅愁灞陵人老又騎驢去過章臺記得春風乍見倚簾吹絮

東風第一枝 春雪 前人

巧沁蘭心偷黏草甲東風欲障新暖謾疑碧瓦難留信知暮寒較淺行天入鏡做弄出輕鬆纖軟料故園不捲重簾悞了乍來雙燕 青未了柳回白眼紅欲斷杏開素面舊遊憶著山陰後盟遂妨上苑熏爐重熨便放慢春衫鍼線怕鳳鞾挑菜歸來萬一灞橋相見

徵招 雪 趙以夫

玉壺凍裂琅玕折駸駸逼人衣袂暖絮漲空飛失前山橫翠欲低還又起似妝點滿園春意記憶當時剡中情味一溪雲水 天際絕人行高吟處依稀灞橋鄰里更翦翦梅花落寀階月砌化工真解事强勾引老來詩思楚天暮驛使不來悵曲闌獨倚

一翦梅 客中新雪 方岳

誰翦輕瓊做物華春遶天涯水遶天涯園林曉樹恁橫斜道是梅花不是梅花 宿鷺聯拳倚斷槎昨夜寒些今夜寒些孤舟箬笠釣煙沙待不思家怎不思家

念奴嬌 夢雪 前人

問天何事雪垂垂欲下又還晴却春到梅梢香逗也儘有心情行樂剡曲舟迴灞橋詩在一笑人如昨此情分付暮天寒月殘角 誰道飛夢江南羣山如畫一一瓊瑤琢中有玉田三萬頃云是幼輿丘壑招我歸來和春醉去休跨揚州鶴萬花會約酒醒當有新作

紅林檎近 雪次周美成韻二首 方千里

花幕高燒燭獸煙深炷香寒色上樓閣春威徧池塘多情天孫織能故與玉女穿窗素臉淺約宮妝風韻勝笙簧 遊冶尋舊侶尊酒老吾鄉清歌度曲何妨塵落雕梁任瑤堦平尺珠簾人報臏擠酩酊飛羽觴

前調 前人

曉起山光慘晚來花意寒映月衣纖縞因風颭琅玕三弄江梅聽徹幾點岸柳飄殘宛然舞曲初翻簾影捲波瀾 把酒同嗅醉促膝小窗歡清狂痛飲能消多少杯盤況人生如寄相逢年老歲華休作容易看

前調 前題二首 楊澤民

輕有鵝毛體白無龍腦香瓊笋綴飛桷冰壺鑑方塘渾如瑤臺閬苑更無茅舍蓬窗畫閣自有梅妝貪耍龍彈簧 鼓舞沽酒市蓑笠釣魚鄉遐觀自樂吾心何必濠梁待喬木都凍千山盡老更煩玉指勸羽觴

前調 前人

梅信初回暖風稜猶壯寒禾稼鬱圭璧簾旌隱琅玕門前羣山尚滿窗外數片餘殘凍底潛有魚翻東風漸生瀾 杖策扶半醉燕寢有餘歡兒童自捧皚皚調密盆盤兆豐穰和氣來呈美瑞莫同輕薄飛絮看

洞仙歌 雪 沈端節

夜來驚怪冷逼流蘇帳夢破初聞竹窗響向曉開簾看凌亂寒光清興發鶴氅誰同縱賞 江南春意動梅竹潛通醉帽衝風自來往慨念故人疎便理扁舟須信道吾曹清曠待石鼎煎茶洗餘醺更依舊歸來淺斟低唱

掃花遊 春雪 吳文英

水雲共色漸斷岸飛花雨聲初峭步帷素裊想玉人誤惜章臺春老岫斂愁蛾半洗鉛華未曉艤輕棹似山陰夜晴乘興初到 心事春縹緲記徧地梨花弄月斜照舊時鬬草恨凌波路狹小庭深窈凍蕊瓊簫漸入東風郢調暖回早醉西園亂紅休埽

無悶 催雪 前人

霓節飛瓊鸞駕弄玉杳隔平雲弱水倩皓鶴傳書衛姨呼起莫待粉河凝曉趁夜月瑤笙飛環珮蹇驢吟影茶煙竈冷酒亭門閉 歌麗泛碧蟻放繡箔半鉤寶臺臨砌要須借東君灞陵春意曉夢先迷楚蝶早風戾重寒侵羅被還怕掩深院梨花又作故人清淚

紅林檎近 雪次周美成韻二首 陳允平

飛絮迷芳意落梅銷暗香皓鶴暝空碧白鷗避寒塘妨他踏青鬬草便放曉日東窗先自嬾弄晨糚誰耐聽笙簧 望帘尋酒市看釣認漁鄉控持紫燕芹泥未上雕梁想梁園謝館尋花較晚但陪玉樹頻舉觴

前調 前人

三萬六千頃玉壺天地寒庾嶺封的皪淇園折琅玕漠漠梨花爛漫紛紛柳絮飛殘直疑橫潦驚翻斜風泝狂瀾 對此頻勝賞一醉飽清歡呼童翦韭和冰先薦春盤怕東風吹散留尊待月倚闌莫惜今夜看

六么令 雪 周密

凝雲翦素檐滴夜深悄銀城飛捷翠隴占瑞豐年報白戰清吟未了寒鵲爭枝曉鶴迷華表山陰醉臥今日何人問安道 交映虛窗淨洺不許遊塵到誰念絮帽茸裘歎幼安今老玉鑑修眉未埽白雪詞新草冰蟾光皎梅心香動閒看春風上瓊島

前調 春雪　前人

殢風帶雨凍蕊漏聲悄小窗照影處白幾憫鄰鷄報千樹夭桃綻了鵲立通明曉眼空八表宮袍帶月醉裏聽迷灞陵道　風靜瓊林翠沼片片隨春到吟鞦十里新堤怪四山青老玉唾珠塵怕埽句冷池塘草白天寒皎飛瓊何在夢覺梨雲度仙島

聲聲漫 雪　王沂孫

風聲從憾雲意商量連朝滕六遲疑茸帽貂裘兔園準擬吟詩紅爐旋添獸炭辦金船羔酒溶脂問剪水憑工夫猶未還待何時　休被梅花爭白好跨奇驢巧早徧瓊枝綵索金鈴佳人等塑獅兒怕寒繡帷慵起夢梨雲說與春知莫誤了約王猷船過剡溪

無悶 雪意　前人

陰積龍荒寒度雁門西北高樓獨倚悵短景無多亂山如此欲喚飛瓊起舞怕攪碎紛紛銀河水凍雲一片藏花護玉未教輕墜　清致悄無似有照水南枝已攙春意誤幾度憑欄莫愁凝眸應是梨花夢好未肯放東風來人世待翠管吹破蒼茫看取玉壺天地

柳梢青 清明夜雪　張炎

一夜凝寒忽成瓊樹換却繁華因甚春深片紅不到綠水人家　眼驚白晝天涯空望斷塵香鈿車獨立東風曲闌惆悵莫是梨花

探春慢 雪霽　前人

銀浦流雲綠房迎曉一抹牆腰月淡暖玉生香懸冰解凍碎滴瑤階如霰纔放些晴意早瘦了梅花一半也知不作花看東風何事吹散　搖落似成秋苑甚醲得春來怕教春見野渡舟迴前村門掩應是不勝清怨次第尋芳去灞橋外蕙香波暖猶聽簷聲看燈人在深院

摸魚兒 春雪客中寄友　前人

又孤吟灞橋深雪千山絕盡飛鳥梅花也著東風笑一夜瘦添多少春悄悄正斷夢愁詩忘却池塘草前郵路杳看野水流冰舟閒渡口何必見安道　慵登眺脉脉霏霏才了寒威猶自清峭終須幾日開晴去無奈此時懷抱空懊惱料酒興歌情未肯隨人老惜花起早挤醉裏忘歸扶攜更好一笑任傾倒

念奴嬌 雪　姚勉

鷄裘夜冷怪地爐煨酒經時難熱曉起盈風天舞絮拍手兒童歡悅客裏新吟天葩難巧思與梅爭發使君屬和雪花同是三絕　未須賦就梁園陽春拍調壓倒唐元白早晚聯鑣花底去共看朝霞銀闕朝退歸來清虛堂裏醉灑淋漓墨而今且對聚星堂上賓客

驀山溪 雪二首　何夢桂

春工未覺何處瓊英早夜半剪銀河到人間樓臺初曉霏霏脈脈不是不多情金帳暖玉堂深却怪音塵杳　天公滴下暫落紅塵道顏色自還憐怕輕狂隨風顛倒冰心誰訴但吹入梅花明月地白雲階相脉天寒好

前調　前人

飛仙欲下水殿嚴妝早嬌凝怕春知跨白虬天門未曉覓裳零亂肥骨自清妍梅鬢月柳橋風世上紅塵杳　重門深閉忘却山陰道呼酒嚼瓊花任醉來玉山傾倒無言相對這歲暮心期茅舍外玉堂前處處風流好

念奴嬌 催雪　朱淑眞

冬晴無雪是天心未肯化工非拙不放玉花飛墮地留在廣寒宮闕雲欲同時霰將集處紅日三竿揭六花翦就不知何處施設　應念隴首寒梅花開無伴對景眞愁絕待出和羹金鼎手爲把玉鹽飄撒溝壑皆平乾坤如畫更吐冰輪潔梁園宴客夜明不怕燈滅

前調 殘雪　前人

鵝毛細翦是瓊珠密灑一時堆積斜倚東風渾漫漫頃刻也須盈尺玉作樓臺鉛鎔天地不見遙岑碧佳人作戲碎揉些子拋擲　爭奈好景難留風僝雨僽打碎光凝色總有十分輕妙態誰似舊時憐惜擔閣梁吟寂寥楚舞笑捏獅兒隻梅花依舊歲寒松竹三益

清平樂 雪　孫道絢

悠悠颺颺做盡輕模樣半夜蕭蕭窗外響多在梅邊竹上　朱樓向曉簾開六花片片飛來無奈熏爐烟霧騰騰扶上金釵

歸朝歡 對雪追和東坡　無名氏

透隙敲窗風撼撼坐見廣庭鋪縞白長安道上正騎驢蔡城裏誰堅壁表表風塵物瑤林瓊樹三豪客對揮毫連珠唱玉競把詩篇擲　草草杯盤邀促席痛飲狂歌話留臉前村昨夜放梅花東鄰休把誇容色清歡那易得明朝鳥轡升南極帶隨車黃塵咫尺莫作山河隔

青玉案 雪　金完顏璹

凍雲封却駞岡路有誰訪溪梅去夢裏疎香風暗度覺來惟見一窻涼月瘦影無尋處　明朝畫筆江天暮定向漁蓑得奇句問簾前深幾許兒童笑道黃昏時候猶是簾纖雨

滿江紅 詠雪　元李俊民

漠漠愁陰銀界曉皓然一色誰翦水就中撩亂燕山如席天若有情天也老高山底事頭先白甚教人錯恨五更風花很籍　寒欲退劉叉筆深欲沒韋郎膝問何如江上孤舟蓑笠不見過門多惡客等閒踏破瓊瑤迹便龕豪下馬坐人牀尋歡伯

選冠子 對雪　張翥

凍雨跳空朔雲屯地陡覺寒無賴誰從蕊闕宴罷羣仙一樣佩零珠解應喚馮夷起舞回風攪碎渺花銀海倚南窻淸思盈襟看盡整容斜態　君試問白羽鳴弰青貂束錦千騎獵歸烟塞何如倦客蠟屐支筇乘興竹邊梅外隨處堪尋賣酒人家春堵水香挑菜趁湖山晴曉吟魂飛上玉峯瑤界

前調 歲晚再雪仍用前韻　前人

歲晚江空雪飛風起老境若為聊賴家人解事準備深尊旋遣夜窻寒解萍梗孤蹤幻影浮生萬里喜還閩海但囊中留得詩篇爛寫山情水態　眞比似一個冥鴻南來北去閱盡幾重關塞名韁利鎖絆煞英雄都付醉鄉之外惟不能忘一舸吳淞鱸鱠鼓羹尊菜且今宵還我冰壺天地眼空塵界

瑤華 雪　張雨

篩冰為霧屑玉成塵借阿姨風力千巖競秀怎一夜換作連城之璧先生閉戶怪日短寒驅催隙想平沙鴻爪成行却似醉時書跡　未隨埋沒雙尖便淡掃蛾眉與鬬春色裁詩白戰驢背上駞取灞橋吟客撚鬚自笑儘未讓諸峯頭白看洗出宮柳梢頭已借淡黃塗額

如夢令 春雪　明楊基

點綴落梅穠李埋沒蒼苔芳芷樓上倚闌人立在玉屏風裏風起風起都做一江春水

摸魚兒 斷橋殘雪　瞿佑

望西湖玉花飄後嫩寒猶自凝沍瑤臺夢斷飛瓊老惆悵令吾非故斜日暮試指點橋南橋北經行路佳期又誤正環玦隨波淚鉛成水流入裏湖去　凭闌處十里銀沙分布水泥深阻行步孤山欲訪梅花信除是扁舟飛渡君莫訴君不見酒尊誰酹逋仙墓詩魂未遇但寂寞黃昏月香水影吟盡斷腸句

蝶戀花 斷橋殘雪　莫璠

快雪時晴寒尚沍玉屑銀沙紛滿湖南路一道垂虹如約素裙腰草色非前度　斷玦遺環愁日暮想像凌波羅襪應難步欲探梅花何處所山童指點逋仙墓

望江南 雪　楊愼

晴雪好萬瓦玉鱗浮照夜不隨青女去羞明應為素娥留只欠剡溪舟

漁家傲 冬雪　吳子孝

日暖雪花飛片片幻成六出如鋪練庭下早梅香自獻寒灩瀲仙姿欲鬬瓊瑤倩　薄酒一卮聊獨勸貂裘坐擁紅爐豔城裏人家都十萬風滿院秪愁破屋饑寒徧

前調　前人

江上雪花如落絮山前釣艇還歸去林鳥不啼村市暮人踽踽板橋路滑驢難度　詩興滿懷誰共賦吟肩瘦聳尋梅塢擁袖撚鬚成妙句寒不語冰澌聲遶沙堤樹

歸朝歡 春雪　前人

新歲郊原纖草碧陡然寒甚同雲密雪花如掌逐狂飇冰澌似玉流香陌凍成天地白江山萬里都煇赫泛蘭舟捲簾四望佳景眞奇特　江南二月非江北茂苑千花當盡拆天公有意厭塵氛人間借作瑤臺色雲巖天咫尺山頭老樹鴉翻日酒酣時登高能賦聊倩春風筆

多麗 晚春雪景　王世貞

醉飛瓊惱亂瑤池淸讌吉玲琤鳳釵敲碎蕩成滿地飄霰送天桃武陵幾樹伴梨花杜曲千片妬我春衫糚他寒食乍驚蜂蝶又猜鶯燕五陵吽雜和烟雨寶馬踏青轉樊樓銀箏細炙紅爐重爇　怯寒色絛桑小婦羃羅輕護嬌面轉纖彎一雙蓮瓣展齒香泥粉痕淺冷落流光萋迷餘景東風無計玉山欹天公老被伊瞞過紅日幾時見空擔閣無主野芳滿目愁怨

永遇樂 書懷　馮琦

不願為雲何須似雨但求如雪雨落難收雲濃易散惟雪稱奇絕亂點梅梢細勻花瓣玉色都無分別倩微風吹入華軒悄把繡幃輕揭　梅解偷香雪如傅粉賈女何郎相悅漏泄春光東皇相妬不得常攀折雪片都消梅香依舊瘦影冷侵孤月問何時重上瑤階明歲寒時節

點絳脣 題雪圖　施紹莘

水墨江天濛濛野色微微樹儘堪題句風雪溪橋路
一點人行正在模糊處衝寒去打頭狂絮人遠天涯
暮

青玉案 山林積雪　李伊玉

黃宮百尺同雲護漸白滿蒼苔路破臘梅花香早露
銀濤無際玉山萬里寒罩江南樹　鴉啼影亂天將
暮海月纖痕映烟霧脩竹低垂孤鶴步楊花風弄鵝
毛天剪總是詩人誤

雪部選句

楚屈原九歌霰雪紛其無垠兮雲霏霏而承宇
九章悲霜雪之俱下兮聽潮水之相擊
宋玉九辯霰雪雰糅其增加兮乃知遭命之將至
招魂增冰峩峩飛雪千里些
魏曹植洛神賦髣髴兮若輕雲之蔽月飄颻兮若流
風之迴雪
陸機感時賦數層雲之葳蕤墜零雪之揮霍
晉孫楚雪賦堯九載以山栖兮湯請禱於桑林罔二
聖以濟世兮孰繁衍以迄今嗟亢陽之踰時兮情反
側以寤興豐隆灑雪交錯翻紛膏澤偃液普潤中田
肅肅三麥實獲豐年
明費元祿轉情集雪景飄殘柳絮總無烏鵲銜飛點
遍棕衣惟有漁翁下釣又四境盡浮泯泯却同無地
千山已老茫茫詎復見天穿簾誤作梅花照室渾疑
日月又馬迷熟道犬吠歸人門外五更朝士應愁踏
凍林中三尺村農衆賀豐年又船窻皎潔分布被之
蘆花堦砌鮮妍結茅簷之冰柱

漢秦嘉詩飛雪覆庭
晉陶潛詩淒淒歲暮風翳翳經日雪
宋謝靈運詩明月照積雪朔風勁且哀又騷屑出穴
風揮霍見日雪
謝惠連詩繁雲起重陰迴飈流輕雪
鮑照詩北風十二月雪下如亂巾又陰崖積夏雪陽
谷散秋榮又胡風吹朔雪千里度龍山
梁范雲詩寒沙四面平飛雪千里驚
裴子野詩集霰渝丹轍流雲飄繡柱滴瀝垂土膏闌
干懸石乳又飄飄千里雪倏忽度龍沙
張正見詩九冬飄遠雪六出表豐年又同雲遙映嶺
瑞雪近浮空
唐太宗詩瀚海百重波陰山千里雪
許敬宗詩騰華承玉宇凝照混金娥
蘇頲詩寫月含珠綴從風薄綺疏
劉長卿詩野雪空齋掩
李弘茂詩甜於泉水茶須信狂似楊花蝶未知
杜甫詩岸風翻夕浪舟雪灑寒燈又樓雪融城濕宮
雲去殿低又微雪不到地寒空時有無又朔風吹桂
水拔雪夜紛紛又窻含西嶺千重雪
盧綸詩竹雪覆柴門
于鵠詩微風吹凍葉餘雪落寒枝
韓愈詩隨車翻縞帶逐馬散銀杯
孟郊詩朔雪寒斷指
元稹詩凍雪墮塼堦
白居易詩庭霜封石稜池雪印鶴跡又黃昏慘慘天
微雪修行坊西鼓聲絕又可憐今夜鵝毛雪引得高
情鶴氅人又寂寞滿爐灰飄零上堦雪
朱慶餘詩斜雪微霑砌
雍陶詩胡盧河畔逢秋雪疑是風飄白鶴毛
許渾詩門掩荒山夜雪深
李商隱詩已隨江令誇瓊樹又入盧家妒玉堂又欄
雪已添牆下水
溫庭筠詩閑門舉動息積雪透疎林
方干詩瞑雪細聲積
鄭谷詩疋馬愁衝晚村雪孤舟悶阻春江風
韓偓詩損花微雪似無情
盧延讓詩渡水蹇驢雙耳直避風羸僕一肩高
李建勳詩聽雪添詩思看山滯酒巡
幸賁遜詩深糝玉花平無壠亂拂蘆花細有聲
無名氏詩鳥向不香花裏宿人從無影月中歸又輕
著凍痕銷水面密隨和氣入花根又萬木盡如花落
候四簷鳴似雨來時
宋蘇軾詩東風吹濕雪又瓦屋寒堆春後雪蛾眉翠
掃雨餘天
黃山谷詩刻獸堆鹽虎爲山倒玉人
惠崇詩鳥歸杉墮雪
陸游詩急雪打窻心共碎又雲停雪意酣
金元德明詩著柳直疑香絮重擁堦還似落花深
吳澂詩窻明憐雪在
元楊維楨詩龍噴雨花天作瑞象占雲葉氣生和

欽定古今圖書集成曆象彙編乾象典

第九十二卷目錄

雪部紀事一

乾象典第九十二卷

雪部紀事一

列子湯問篇師文鼓琴當夏而叩羽絃以名黃鍾霜雪交下

拾遺記周靈王起昆昭臺名諸方士有二人乘飛鳳之輦上席時赤旱一人能以歌名霜雪于是引氣一吸雲起雪飛

周王子晉臨丹井而窺有青雀銜玉杓以授子晉子晉取而食之乃有雲起雪飛子晉以衣袖揮雲則雲雪自止

左傳楚子狩于州來次于潁尾使蕩侯潘子司馬督囂尹午陵尹喜帥師圍徐以懼吳楚子次於乾谿以爲之援雨雪王皮冠秦復陶翠被豹舄執鞭以出

烈士傳羊角哀左伯桃俱適楚求仕道遇雪宿空柳中度不能全乃併衣糧與伯桃角哀死樹中

王孫子昔衛君重裘累茵而坐見路有負薪而哭者問曰何故也對曰雪下衣薄是以哭之於是衛君懼見於顏色曰爲君而不知民孰以我爲君於是開府金出倉粟以賑貧窮

晏子景公之時雨雪三日而不霽公被狐白之裘坐堂側階晏子入見立有間公曰怪哉雨雪三日而天不寒晏子對曰天不寒乎公笑晏子曰嬰聞古之賢君飽而知人之飢溫而知人之寒逸而知人之勞今君不知也公曰善寡人聞命矣乃令出裘發粟與飢寒令所睹於塗者無問其鄉所睹于里者無問其家循國計數無言其名士既事者兼月疾者兼歲孔子聞之曰晏子能明其所欲景公能行其所善也

琴操曾子耕太山下雨雪不得歸思父母作梁山操

戰國策魏惠王死葬有日矣天大雨雪至於牛目壞城郭且爲棧道而葬羣臣多諫太子者曰雪甚如此而喪行民必甚病之官費又恐不給請弛期更日太子曰爲人子而以民勞與官費用之故而不行先王之喪不義也子勿復言羣臣皆不敢言而以告犀首犀首曰吾未有以言之也是其唯惠公乎請告惠公惠公曰諾駕而見太子曰葬有日矣太子曰然惠公曰昔王季歷葬于楚山之尾灤水齧其墓見棺之前和文王曰嘻先君必欲一見羣臣百姓也夫故使灤水見之于是出而爲之張朝百姓皆見之三日而後更葬此文王之義也今葬有日矣而雪甚及牛目難以行太子爲及日之故得毋嫌于欲亟葬乎願太子更日先王必欲少留而扶社稷安黔首也故使雪甚因弛期而更爲日此文王之義也若此而弗爲意者羞法文王乎太子曰甚善敬弛期更擇日惠子非徒行其說也又令太子未葬其先王而又因說文王之義說文王之義以示天下豈小功也哉

史記滑稽傳東郭先生久待詔公車貧困飢寒衣敝履不完行雪中履有上無下足盡踐地道中人笑之東郭先生應之曰誰能履行雪中令人視之其上履也其履下處乃似人足者乎

漢書匈奴傳漢初定中國徙韓王信於代都馬邑匈奴大攻圍馬邑韓王信降匈奴匈奴得信因引兵南踰句注攻太原至晉陽下高帝自將兵往擊之會冬大寒雨雪卒之墮指者十二三

李廣利傳廣利爲貳師將軍伐宛軍還詔曰貳師將軍廣利征討厥罪伐勝大宛賴天之靈從泝河山涉流沙通西海山雪不積士大夫徑度獲王首虜珍怪之物畢陳於闕其封廣利爲海西侯食邑八千戶

蘇武傳單于欲降武乃幽武置大窖中絕不飲食天雨雪武臥齧雪與旃毛并咽之數日不死匈奴以爲神

飛燕外傳飛燕通鄰羽林射鳥者飛燕貧與合德共被夜雪期射鳥者於舍傍飛燕露立閉息順氣體溫舒亡疹粟射鳥者異之以爲神僊

漢書王莽傳天鳳二年大雪關東尤甚深者一丈竹柏皆枯

拾遺記魏明帝二年昆明國貢漱金鳥畏霜雪乃起小屋處之名曰辟寒臺

後漢書袁安傳安字邵公汝南汝陽人初爲縣功曹

後舉孝廉注汝南先賢傳曰時大雪積地丈餘洛陽令自出案行見人家皆除雪出有乞食者至袁安門無有行路謂安已死令人除雪入戶見安僵臥問何以不出安曰大雪人皆餓不宜干人令以爲賢舉爲

孝廉也

段熲傳熲字紀明武威姑臧人延熹二年遷護羌校尉明年春羌與燒何大豪寇張掖攻沒鉅鹿塢又招同種千餘落并兵晨奔熲軍熲下馬大戰至日中刀折矢盡敵亦引退熲追之且鬬且行晝夜相攻割肉食雪四十餘日遂至河首積石山斬燒何大帥首敵五千餘人

黃憲外史李膺訪徵君於衡門雪甚道遇郭泰而問曰子得見叔度耶曰泰也以布衣交安得不見子以軒冕交亦軒冕者謁之耳安得見李膺有慚色乃税駕於野與郭泰乘蹇驢而造焉有樵者臨溪浣足而歌曰衡門之雪霏霏兮有客緼袍寒谿澹而無聲兮木落遠皋二子聞而淒然

汝南先賢傳潁川胡定字元安至行絕人在喪雉兔遊其庭夜雪覆其室縣令遣戶曹排雪問定定已絕穀妻子皆臥在牀令遣掾以乾糒就遺定乃受半

英雄記魏遣諸葛誕攻東興諸葛恪率軍拒之丁奉曰今諸軍行遲若敵據便地則難與爭鋒矣乃徑進據徐塘天寒雪敵諸將置酒高會奉曰取封侯爵賞正在今日乃使兵解鎧著冑持短兵敵人從而笑焉不爲設備奉縱兵砍之大破敵前屯

杭州府志漢慧明姓王氏錢塘人居蔣州山間值雪路塞七日不食至荆州四望山見二虎爭鬬以杖格解焉

魏志焦先傳注先自作一蝸牛廬後爲野火所燒先因露寢冬雪大至袒臥不移人以爲死就視知生

神仙傳焦先作庵天忽大雪人屋多壞先庵倒人往不見所在恐已凍死乃共拆庵求之見先熟臥於雪下顏色赫然氣息休休如盛暑醉臥之狀

晉書武帝本紀太康七年河陰雨赤雪二頃是歲扶南等二十一國馬韓等十一國遣使來獻

賈充傳充都督秦凉二州諸軍事充既外出自以爲失職將之鎮百僚餞於夕陽亭荀勖私焉俄而侍宴因言充女才質令淑宜配儲宮帝納其言會京師大雪平地二尺軍不得發既而皇儲當婚遂不西行詔充居本職

曹攄傳攄爲尚書郎轉洛陽令仁惠明斷百姓懷之時天大雨雪宮門夜失行馬羣官檢察莫知所在攄使收門士衆官咸謂不然攄曰宮掖禁嚴非外人所敢盜必是門士以燎寒耳詰之果服

陸機傳成都王穎起兵討長沙王假機後將軍河北大都督宦人孟玖譖機於穎言其有異志使牽秀收機遂遇害是日昏霧晝合大風折木平地尺雪議者以爲陸氏之寃

新蔡武哀王騰傳騰字元邁永嘉初遷車騎將軍都督鄴城守諸軍事鎮鄴發并州次於眞定值大雪平地數尺營門前方數丈雪融不積騰怪而掘之得玉馬高尺許表獻之

世說陶公少有大志家酷貧同郡范逵投侃宿於時冰雪積日侃室如懸磬而逵馬僕甚多侃母湛氏語侃曰汝但出外留客吾自爲計湛頭髮委地下爲二髲賣得數斛米斫諸屋柱悉剉半爲薪剉諸薦以爲馬草日夕設精食從者皆無所乏

晉書陶侃傳侃遷都督荆雍益梁州諸事時造船木屑竹頭悉令舉掌之咸不解其所以後正會積雪始晴廳事前餘雪猶濕於是以屑布地

世說羊孚作雪贊云資清以化乘氣以霏遇象能鮮即潔成輝桓引遂以書扇

桓大司馬乘雪欲獵先過王劉諸人許眞長見其裝束單急問老賊欲持此何作桓曰我若不爲此卿輩亦那得坐談

渚宮故事晉習鑿齒爲桓溫主簿從溫出獵時大雪於臨江城西見草雪上氣出覺有物射之應弦死往取之乃老雄狐腳上帶絳綃香囊

世說道壹道人好整飾音辭從都下還東山經吳中已而會雪下未甚寒諸道人問在道所經壹公曰風霜固所不論乃先集其慘澹郊邑正自飄瞥林岫便已皓然

謝太傅寒雪日內集與兒女講論文義俄而雪驟公欣然曰白雪紛紛何所似兄子胡兒曰撒鹽空中差可擬兄女曰未若柳絮因風起公大笑樂

王長史爲中書郎往敬和許爾時積雪長史從門外下車步入尚書著公服敬和遙望歎曰此不復似世中人

晉書王徽之傳徽之嘗居山陰夜雪初霽月色清朗四望皓然獨酌酒詠左思招隱詩忽憶戴逵逵時在剡便夜乘小船詣之經宿方至造門不前而反人問其故徽之曰本乘興而來興盡而反何必見安道邪

世說王司州嘗乘雪往王摛許司州言氣少有牾逆於摛便作色不夷司州覺惡便輿牀就之持其臂曰汝詎復足與老兄計摛撥其手曰冷如鬼手馨強來

捉人臂
晉書王恭傳恭美姿儀人多愛悅或目之云濯濯如
春月柳嘗被鶴氅涉雪而行孟昶窺見之嘆曰此眞
神仙中人也
世說桓元初幷西夏領荊江二州二府一國于時始
雪五處俱賀五版並入元在廳事上版至即答版後
皆粲然成章不相揉雜
孫氏世錄孫康家貧嘗映雪讀書
北涼錄酒泉南有銅駝山言虜犯者有大雪沮渠蒙
遜使工取之得綿數萬觔
雲笈七籤李奚子者晉東平太守李忠祖母也不知
姓氏忠祖父貞節丘園性多慈憫以陰德爲事奚子
每與一志務于救人大雪寒凍路積稻及穀於園庭
恐禽鳥餓死其用心如此今得道而居華陽洞宮中
也
宋書殷景仁傳景仁代義康爲揚州刺史僕射領吏
部如故遣使者授印綬主簿代拜拜畢便覺其情理
乖錯性本寬厚而忽更苛暴問左右曰今年男婚多
女嫁多是冬大雪景仁乘輿出聽事觀望忽驚曰當
閤何得有大樹旣而曰我誤邪疾篤太祖謂不利在
州司使還住僕射下省爲州凡月餘卒
文帝本紀元嘉十四年冬十二月辛酉停賀雪
符瑞志孝武大明五年正月戊午元日花雪降殿庭
時右衛將軍謝莊下殿雪集衣還白上以爲瑞於是
公卿並作花雪詩史臣按詩曰先集爲霰韓詩曰霰
英也花葉謂之英離騷云秋菊之落英左思云落英
飄飆是也然則霰爲花雪矣草木花多五出花雪獨
六出
朱百年傳朱百年會稽山陰人也祖愷之晉右衛將
軍父濤揚州主簿百年少有高情親亡服闋攜妻孔
氏入會稽南山以伐樵採箬爲業以樵箬置道頭輒
爲行人所取明旦亦復如此人稍怪之積久方知是
朱隱士所賣須者隨其所堪多少留錢取樵箬而去
或遇寒雪樵箬不售無以自資輒自撈船送妻還孔
氏天晴復迎之
齊春秋江革補國子生王融謝朓嘗行還過候革時
大寒雪見革弊絮單席而耽學不倦嗟嘆久之
梁書昭明太子傳太子每霖雨積雪遣腹心左右周
行閭巷視貧困家有流離道路密加振賜又出主衣
綿帛多作襦袴冬月以施貧凍
南史梁南平王偉傳偉每祁寒積雪則遣人載樵米
隨乏絕者賦給之
梁邵陵王綸傳綸將攻竟陵魏遣楊忠侯幾通攻破
城執綸綸不屈通殺之投于江岸經日色不變鳥獸
莫敢近時飛雪飄零屍橫道路周迴數步獨不霑灑
舊主帥安陸人郝破敵斂之於襄陽葬之日黃雪霧
糅唯冢壙所獨不下雪楊忠知而悔焉使以太牢往
祭殯焉百姓憐之爲立祠廟
銷夏庾肩吾少事陶先生頗多藝術嘗夏會客向室
大噓氣盡成雪
魏書蠕蠕傳大檀率衆南徙犯塞太宗親討之大檀
懼而遁走遣山陽侯奚斤等追之遇寒雪士衆凍死
墮指者十二三
樓伏連傳樓毅除使持節鎭東將軍定州刺史時太
極殿成將行考室之禮引集羣臣而雪不克饗高祖
曰朕經始正殿功構初成將集百寮考行大禮然同
雲仍結霏雪驟零將由寡昧未能仰答天心此之不
德咎竟焉在卿等宜各陳所懷以匡不逮毅稽首對
曰雪霜風雨天地之常夏霖冬霰四時恆節今陸冬
雪降固是其時又禮云雨沾服失容則廢禮自古而
然不足爲異高祖曰昔劉秀將濟滹沱爲之冰合但
朕德謝古人不能仰感天意故也
馮亮傳亮隱居嵩高延昌二年卒初亮以盛冬喪時
連日驟雪窮山荒澗鳥獸飢窘僵尸山野無所防護
時壽春道人惠需每旦往看其屍拂去塵霰禽蟲之
迹交橫左右而初無侵毀
西域傳鉢和國在渴槃陁西其土尤寒人畜同居穴
地而處又有大雪山望若銀峯
波知國有三池傳云大池有龍王次者有龍婦小者
有龍子行人經之設祭乃得過不祭多遇風雪之困
北齊書段韶傳周武帝遣將率羌夷與突厥合衆逼
晉陽世祖自鄴倍道兼行赴救突厥從北結陣而前
東距汾河西被風谷時事旣倉卒兵馬未整世祖見
如此亦欲避之而東尋納河間王孝琬之請令趙郡
王叡護諸將時大雪之後周人以步卒爲前鋒從西
山而下去城二里諸將咸欲逆擊之韶曰步人氣勢
自有限今積雪旣厚逆戰非便不如陣以待之彼勢
我逸破之必矣旣而交戰大破之敵前鋒盡殪無復
孑遺其餘通宵奔遁仍令韶率騎追之出塞不及而
還
粧樓記北齊盧士琛妻崔氏有才學春日以桃花和

雪與兒䩉面云取白雪與兒洗面作光悅取紅花與兒洗面作妍華

北周書明帝本紀二年二月詔自元年以來有被掠入賊者悉可放免自冬不雨至於是月方大雪

長孫儉傳儉鎭江陵進爵昌寧公遷大將軍移鎭荊州總管五十二州舊嘗詣闕奏事時值大雪遂立于雪中待報自旦達暮竟無惰容其奉公勤至皆此類也

龍城錄隋開皇中趙師雄遷羅浮一日天寒日暮于酒肆旁舍見美人淡粧出迎時殘雪未消與之共飮師雄醉寢起視乃在大梅樹下

辟寒隋末長安禁苑內一大樹冬月雪中忽花葉茂盛及雕謝結實其子光明燦爛如火之明數日皆化爲紅蛺蝶飛去

唐書回紇傳薛延陀使大度設擊李思摩摩走朔州太宗詔李勣營朔州部將薛萬徹率勁騎先收執馬者故薛延陀不能去斬首數千級獲馬萬五千大度設亡去萬徹追弗及殘卒奔漠北會雪甚衆皸踣死者十八始薛延陀能以術禬神致雪冀困勣師及是反自斃云

唐書蘇烈傳烈字定方賀魯獨與處木昆屈律啜數百騎西走定方令副將蕭嗣業回紇婆潤率雜虜兵趨邪羅斯川追北定方與雅相領新附兵絕其後會大雪吏請少休定方曰虜恃雪方止舍謂我不能進若縱使遠遁則莫能禽遂勒兵進定方爲遼東道行軍大總管俄徙平壤破高麗之衆於浿江奪馬邑山爲營遂圍平壤會大雪解圍還拜涼州安集大使

冊府元龜麟德二年封禪十一月丁酉至平陰頓是日降雪帝賦詩皇后和

唐會要長壽二年元日大雪質明而晴上謂侍臣俗云元日有雪則百穀豐文昌左丞姚璹對曰氾勝之書云雪爲五穀之精以其汁和種則年穀大穰又宋武太明五年元日降雪以爲嘉瑞上曰朕臨御萬方心存百姓如得年登歲稔即可爲大瑞雖獲麟鳳亦何用焉

唐書郭震傳神龍中遷左驍衛將軍安西大都護西突厥酋烏質勒部落盛彊款塞願和元振即牙帳與計事會大雨雪元振立不動至夕凍冽烏質勒已老數拜伏不勝寒會罷卽死其子娑葛以元振計殺其父謀勒兵襲擊副使解琬知之勸元振夜遁元振堅臥營爲不疑者明日素服往弔道逢娑葛兵不意元振來遂不敢逼揚言迎衛進至其帳脩弔贈禮哭甚哀爲留數十日助喪事娑葛感義更遣使獻馬五千駝二百牛羊十餘萬

全唐詩話清暉閣登高遇雪宗楚客詩云蓬萊雪作山是也因賜金綵人勝李嶠等七言詩千鍾聖酒御筵披是也是日甚歡

畫鑒王右丞維平生喜作雪景劍閣棧道螺岡曉行捕魚雪灘村墟等圖

唐書明崇儼傳崇儼以奇技自名盛夏高宗思雪崇儼坐頃取以進自云往陰山取之

王晙傳開元時晙將幷州兵濟河以討叛賊晙間行卷甲捨輜趨山谷夜遇雪恐失期誓于神曰晙事君不以忠不討有罪天所殛者當自蒙罰士衆無罪心誠忠而天監之則止雪反風以獎成功俄而和霽晙追及之獲級三千

蕭至忠傳蕭至忠沂州丞人祖德言爲祕書少監至忠少與友期諸路會雨雪人引避至忠曰寧有與人期可以失信卒友至乃去衆嘆服

幽怪錄晉州刺史蕭至忠將以臘日出獵前一日有樵者見禽獸百許祈于元冥使者使者令老麋祈于東谷嚴四嚴四曰若令滕六降雪巽二起風不復遊獵矣天未明忽風雪大作刺史不復出也

摭異記狄仁傑之爲相也有盧氏堂姨居于午橋南別墅姨止有一子而未嘗來都城親戚家梁公每遇伏臘晦朔修禮甚謹嘗經甚雪多休暇因候盧姨安否適見表弟顧揖梁公意甚輕簡公因啓姨曰某今爲相表弟有何樂從姨曰有一子不欲令其事女主公大慙而退

開元天寶遺事冬至日大雪至午雪霽有晴色因寒所結簷溜皆爲冰條妃子使侍兒敲下二條看玩帝自晚朝視政回問妃子曰所玩何物耶妃子笑而答曰妾所玩者冰筯也帝謂左右曰妃子聰惠比象可愛也

巨豪王元寶每至冬月大雪之際令僕夫自本家坊巷口掃雪爲徑路躬親立於坊巷前迎揖賓客就本家具酒炙宴樂之爲暖寒之會

前定錄喬琳以天寶元年冬自太原赴舉至大梁舍於逆旅時天寒雪甚琳馬死傭僕皆去聞浚儀尉劉彥莊喜賓客遂往告之

集異記開元中詩人王昌齡高適王渙之齊名時風

塵末偶而遊處略同一日天寒微雪三詩人共詣旗亭貰酒小飲忽有梨園伶官十數人登樓會讌三詩人因避席隈映擁爐火以觀俄有妙妓四輩尋續而至奢華豔曳都冶頗極旋則奏樂皆當時之名部也昌齡等私相約曰我輩各擅詩名每不自定其甲乙今者可密觀諸伶所謳若詩入歌詞之多者則爲優矣俄而一伶拊節而唱乃曰寒雨連江夜入吳平明送客楚山孤洛陽親友如相問一片冰心在玉壺昌齡則引手畫壁曰一絕句尋又一伶謳之曰開篋淚霑臆見君前日書夜臺何寂寞猶是子雲居適則引手畫壁曰一絕句尋又一伶謳曰奉帚平明金殿開彊將團扇共徘徊玉顏不及寒鴉色猶帶昭陽日影來昌齡則又引手畫壁曰二絕句渙之自以詩名已久因謂諸人曰此輩皆潦倒樂官所唱皆巴人下里之詞耳豈陽春白雪之曲俗物敢近哉因指諸妓之中最佳者曰待此子所唱如非我詩吾即不敢與子爭衡矣脫是吾詩子等當須列拜牀下奉吾爲師因歡笑而俟之須臾次至雙鬟發聲則曰黃沙遠上白雲間一片孤城萬仞山羌笛何須怨楊柳春光不度玉門關渙之即揶揄二子曰田舍奴我豈妄哉因大諧笑諸伶不喻其故皆起詣曰不知諸郎君何此歡噱昌齡等因話其事諸伶競拜曰俗眼不識神仙乞降清重俯就筵席三子從之飲醉竟日

開元天寶遺事申王每至冬月有風雪苦寒之際使宮妓密圍於坐側以禦寒氣自呼爲妓圍

瑯嬛記雷威遇大風雪中獨往峨嵋酣飲著蓑笠入深松中聽其聲連延悠颺者伐之斲以爲琴妙過于桐有最愛重者以松雪名之

酉陽雜俎蜀有道士陽狂俗號爲灰袋翟天師晚年弟子也翟每戒其徒勿欺此人吾不及之常大雪中衣布褐入青城山葬投蘭若求僧寄宿僧曰貧僧一衲而已天寒如此恐不能相活但言容一牀足矣至夜半雪深風起僧慮道者已死就視之去牀數尺氣蒸如炊流汗袒寢僧知其異人未明不辭而去

原化記大曆初鍾陵崔希眞工繪事冬日晨出見一老人避雪門下延入具一麥麪食之又獻松花酒老人懷中取一丸藥置酒中酒頓甘美仍以數丸遺崔崔入宅復出見老人已去有圖于所畫素上者皆非常意所及遂踏雪尋至蘆洲中見船中數人而樵客在側顧笑曰葛三乃見逼于伊人李極光天師云此眞人葛洪第三子所畫也其藥乃千歲松膠也

酉陽雜俎韋斌雖生于貴門而性頗厚質然其地望素高冠冕特盛雖門風稍奢而斌立朝侃侃容止尊嚴有大臣之體每會朝未常與同列笑語舊制羣臣立於殿庭既而遇雨雪亦不移步于廊下忽一旦密雪驟降自三事以下莫不振其簪裾或更其立位獨斌意色益恭俄雪甚至膝朝既罷斌于雪中拔身而去見之者咸嘆重焉

貞元二年長安大雪平地深尺餘雪上有薰黑色

龍城錄君誨嘗夜坐與退之余三人談鬼神變化時風雪寒甚窗外點點火明若流螢須臾千萬點不可數度

唐書劉乂傳劉乂者亦一節士少放肆爲俠行因酒殺人亡命會赦出更折節讀書能爲歌詩然恃故時所負不能俛仰貴人常穿屐破衣聞韓愈接天下士步歸之作冰柱雪車二詩出盧仝孟郊右

青瑣高議柳宗元答韋中立師道書僕往聞庸蜀之南恒雨少日日出則犬吠余以爲過言前六七年僕來南二年冬幸大雪踰嶺被南越中數州數州之犬皆蒼黃吠噬狂走者累日至無雪乃已然後始信前所聞者

唐書李愬傳吳元濟悉銳卒屯洄曲以抗李光顏愬知其隙可乘乃遣從事鄭澥見裴度告師期于時元和十一年十月己卯師夜起李祐以突將三千爲前鋒李忠義副之愬率中軍三千田進誠以下軍殿出文城柵令曰引而東六十里止襲張柴殲其戍敕士少休益治鞍鎧發刃彀弓會大雨雪天晦凜風偃旗裂膚馬皆縮慄士抱戈凍死於道十一二張柴之東陂澤阻奧衆未嘗蹈也皆謂投不測始發吏請所向愬曰入蔡州取吳元濟士失色監軍使者泣曰果落祐計然業從愬人人不敢自爲計愬道分輕兵斷橋以絕洄曲道又以兵絕朗山道行七十里夜半至懸瓠城雪甚城旁皆鵝鶩池愬令擊之以亂軍聲賊恃吳房朗山戍晏然無知者祐等坎墉先登衆從之殺門者發關留持柝傳夜自如黎明雪止愬入駐元濟外宅蔡吏驚曰城陷矣元濟尚不信曰是洄曲子弟來索褚衣爾及聞號令曰常侍傳語始驚曰何常侍得至此率左右登牙城田進誠兵薄之愬計元濟且望救于董重質乃訪其家慰安之使無怖以書名重質重質以單騎白衣降愬待以禮進城火南門元濟請罪梯而下檻送京師申光諸屯尚二萬衆皆降

北夢瑣言唐高相國崇文本薊州將校也因討劉闢有功授西川節度使一旦大雪諸從事吟賞有詩渤海鄙言多呼人為髆兒此日筵上謂賓客曰某雖武夫亦有一詩乃口劄云崇文崇武不崇文提戈出塞號將軍那個髆兒射鴈落白毛空裏落紛紛

唐會要元和二年正月辛卯郊饗獻之次景物澄霽及鑾輿就次則微雪大駕將動則又止翌日御樓宣赦畢瑞雪盈尺

唐書陳楚傳元和末義武節度使渾鎬喪師定州亂拜楚為節度使馳傳赴軍及郊無迎者左右勸無入楚曰定軍不來迎以試我今不入正墮計中乃冒雪行四十里夜入其州然軍校部伍皆楚舊也由是衆心乃定

田布傳朱克融據幽州與王廷湊皆齒河朔三鎮舊連衡桀驁自私而憲誠畜異志陰欲乘舋又魏軍驕悍格戰會大雪師寒糧乏軍中謗言他日用兵團粒米盡仰朝廷今六州刮肉與鎮冀角死生雖尚書瘠己肥國魏人何罪憲誠得間因以搖亂

雲溪友議陸郎中暢蚤耀才名輦轂不改於鄉音自賀祕書知章賈相耽顧著作況譏調秦人至于陸君者也貢舉之年和羣公對雪落句云天人寧底巧剪水作飛花

全唐詩話李紳鎮揚州請章孝標賦春雪詩命題於臺盤上孝標唯然索筆一揮云六出飛花處處飄粘窗拂砌上寒條朱門到晚難盈尺盡是三軍喜氣銷

閻濟美自江東繼薦就試東都張謂後主文褫文已過繼欲帖綽濟美辭以不能謂曰禮闈故事亦許作詩續帖遂命天津橋望洛城殘雪題濟美曰新霽洛城端千家積雪寒未收清禁色偏向上陽殘既而日勢已晚詩未就謂曰據見在將來一覽稱賞

玉泉子宣宗在藩邸嘗從駕迴而誤墜馬人不之覺比二更方能興時天大雪四顧悄無人聲上寒甚巡警吏至大驚上曰我光王也不虞至此方困且渴若為我求水警者即于傍近得水以進遂委而去良久起舉甌將飲顧視甌中水盡為芳醪矣上獨喜自負一舉甌已而體微煥有力步歸藩邸後即帝位

因話錄大中七年冬詔來年正月一日御含元殿受朝賀趙璘請御宣政殿疏奏上曰闕輔久無雨雪朕之憂焉權御宣政亦何不可也

劇談錄大中年韋顓舉進士詞學優贍而貧窶滋甚歲暮飢寒無以自給有韋光者待以宗黨輟居所外舍館之放牓之夕風雪凝冱報光成名者絡繹而至顓略無登第之耗光延之於堂際小閣備設肴饌慰安之見光婢妾羅列衣裝僕者排比鞍馬顓夜分歸于所止擁爐而坐愁嘆無已候光成名將修賀禮寢榻迫于壞牖以橫竹掛席蔽之餐際忽有鳴梟頃之集于竹上顓神魄驚駭杖策出戶逐之飛起復還久而方去謂僕者曰我失意亦無所恨妖禽作妖如此兼恐橫罹災患俄而禁鼓忽鳴牓到顓已登第光之服用車馬悉皆遺焉世以鵩至梟鳴不祥之兆近覩數事亦不然乎

雲笈七籤會稽崔希眞嚴冬之日有負薪老叟立門外雪中崔凌晨見之有傷憫之色揖問之叟去笠與語顧其狀貌不常乃問其姓氏云某姓葛第三崔延坐崔曰雪寒既甚作大麥湯餅可乎叟曰大麥四時炁足食之益人勿以豉不利中府崔然之自促令備餅食畢而去

唐書本紀唐懿宗初封鄆王嘗大雪數尺而帝寢室之上獨無人皆異之

太平廣記唐咸通壬辰歲冬十一月王知古嘗晨興僦舍無烟愁雲塞望悄然弗怡乃徒步造張直方第至則直方急趨將出畋也謂知古曰能相從乎而知古以祁寒有難色直方顧丱僮曰取短皁袍來請知古衣之知古乃上加麻衣焉遂聯轡而去出長夏門則微霰初零由闕塞而密雪如注乃渡伊水而東南踐萬安山之陰麓而鞲弋之獲甚夥傾羽觴燒兔肩殊不覺有嚴冬意及霰開雪霽日將夕焉忽有封狐突起於知古馬首乘酒馳之數里不能及又與獵徒相失須臾雀噪煙暝莫知所如隱隱聞洛城暮鐘但彷徨於樵徑古陌之上俄而山川暗然若一鼓將半長望間有炬火甚明乃依積雪光而赴之復若十餘里至則喬林交柯而朱門中開皓壁橫亙眞北闕之甲第也

北夢瑣言唐相國鄭綮有詩名或曰相國近有新詩否對曰詩思在灞橋風雪中驢子上此處何以得之蓋言平生苦心也

雲仙襍記羣公對雪尚隆之曰麵堆金井誰調湯餅吳末素曰玉滿天山難刻珮環坐間服其韻精

雲笈七籤邊洞元者范陽人女也幼而高潔敏慧仁慈好善見微物之命有危急者必俯而救之救未獲之間忘其飢渴每霜雪凝沍鳥雀飢棲必求米穀粒

食以散喂之

于闐傳仲雲者小月支之遺種也其人勇而好戰瓜沙之人莫不憚之胡盧磧漢明帝征匈奴屯田於吾盧盏其地也地無水而常寒多雪每天暖雪銷乃得水

辟寒譚景升冬則綠布衫或臥于風雪霜中經日謂已斃視之氣休休然父常念之每遣家僮訪尋春冬必寄之衣及錢帛景升捧之且喜復書遽遣家僮乃厚遺之纔去便以所寄衣出街路見貧寒者與之及寄于酒家一無所留

唐國史補澠池道中有車載瓦甕塞于隘路屬天寒冰雪峻滑進退不得日向莫官私客旅羣隊鈴鐸數千羅擁在後無可奈何有客劉頗者揚鞭而至問曰車中甕直幾錢答曰七八千頗遂開囊取縑立償之命僮僕登車斷其結絡悉推甕于崖下須臾車輕得進羣噪而前

辟寒藍采和常衣破藍衫六銙黑木腰帶一腳著靴一腳跣冬則臥雪中氣出如蒸

唐闕史都下大雪中書舍人路羣方於南垣茅亭鹿巾鶴氅搆火命觴以賞佳致

退朝錄唐在京文武官每月朔望日朝若雨雪霑服失容及泥潦並停

雲笈七籤杜昇冬臥于雪中三兩日人以爲殭斃矣或撥看之徐起抖擻雪而行猶若醺酣氣出如夏醉睡醒也

五代史梁臣朱珍傳太祖與晉王東逐黃巢還過汴館之上源驛太祖使珍夜以兵攻之晉王亡去珍悉殺其麾下兵義成軍亂逐安師儒師儒奔梁太祖遣珍以兵趨滑州道遇大雪珍趣兵疾馳一夕至城下遂乘其城義成軍以爲方雪不意梁兵來不爲備遂下之

張策傳策名拜廣文館博士邠州王行瑜辟觀察支使晉王李克用攻行瑜策與婢肩輿其母東歸行積雪中行者憐之

唐家人傳同光三年秋大水兩河之民流徙道路莊宗方與后荒于畋遊十二月己卯獵于白沙是時大雪軍士寒凍金槍衞兵萬騎所至責民供給縣吏亾竄

唐明宗本紀歲嘗旱已而雪暴出庭中詔武德司宮中無得掃雪曰此天所以賜我也

冊府元龜裴彥稠長興中與康福率師自井兒族入白魚谷追及皆叛黨項白馬盧家六族客戶三族獲大首領連李八薩王都統悉郁埋摩侍御乞埋嵬悉逋等六十人兼黨類二千餘人獲駝馬牛羊數千計至晚師還野次其地無水軍士方渴俄有風雨自東立起是夜初更降雪二尺軍中以爲神助

五代史康福傳福拜涼州刺史河西軍節度使入見明宗涕泣言爲重誨所擠明宗名重誨爲福更他鎮重誨曰福爲刺史無功效而建節旄其敢有所擇邪明宗怒謂福曰重誨遣汝非吾意也吾當遣兵護汝可無憂乃令將軍牛知柔以兵衞福行至方渠而羌夷果出邀福福以兵擊走之至青岡峽遇雪福登山望見川谷中烟火有吐蕃數千帳不覺福之至福分其兵爲三道出其不意襲之吐蕃大駭棄車帳而走殺之殆盡獲其玉璞綾錦羊馬甚衆由是威聲大振

晉家人高祖皇后李氏傳開運四年正月丁亥朔耶律德光入京師帝與太后肩輿至郊外館于封禪寺遣其將崔廷勳以兵守之其時雨雪寒凍皆苦饑寺僧不敢獻食帝陰祈守者乃稍得食

五代史補李昇既蓄異志欲有江南且欲諷動僚屬雪天大會出一令曰借雪取古人名仍詞理貫通時宋齊丘徐融在座昇舉杯爲令曰雪下紛紛便是白起齊丘曰著屐過街必須雍齒融意欲挫昇等遽曰明朝日出爭奈蕭何昇大怒是夜收融投於江自是與謀者惟齊丘而已

江表志保大五年元日大雪上詔大弟以下登樓展宴咸命賦詩令中使就私第賜李建勳建勳方會中書舍人徐鉉勤政殿學士張義方於溪亭卽時和進元宗乃召建勳鉉義方同入夜艾方散侍臣皆有興詠徐鉉爲前後序大弟合爲一圖集名公圖繪曲盡一時之妙御容高冲古主之大弟以下侍臣法部絲竹周文矩主之樓閣宮殿朱澄主之雪竹寒林董元主之池沼禽魚徐崇嗣主之圖成無非絕筆侍宴詩纔記數篇而御詩云珠簾高捲莫輕遮往往相逢隔歲華春氣昨朝飄律管東風今日散梅花素姿好把芳姿比落勢還同舞勢斜坐有賓朋樽有酒可憐情味屬儂家建勳詩云紛紛忽降當元會著物輕明似月華狂灑玉墀初放杖密粘宮樹未妨花迴封雙闕千尋峭冷壓南山萬仞斜寧意晚來中使出御題宜賜老僧家鉉詩曰一宿東林正氣和便隨仙杖放春華散飄白獸惟分影輕綴青旂始見花落砌更依宮

舞轉入樓偏向御衣斜嚴徐幸待金門詔願布堯言賀萬家羲方詩日恰當歲日紛紛落天賛瑤華助物華自古最先標瑞牒有誰輕擬比楊花密飄粉署光同冷靜壓庭枝勢欲斜豈但小臣添興詠狂歌醉舞一千家

陸游南唐書後主昭惠國后周氏傳后嘗雪夜酣燕舉杯請後主起舞後主曰汝能創爲新聲則可矣后即命牋綴譜喉無滯音筆無停思俄頃譜成所謂醉邀舞破也

辟寒潘扆泊舟秦淮有老父求同載扆許之時大雪老父髻中取小葫蘆飲之極飲不竭

遼史太祖本紀神冊四年九月征烏古部道聞皇太后不豫一日馳六百里還侍太后病間復還軍中冬十月丙午次烏古部天大風雪兵不能進上禱於天俄頃而霽命皇太子將先鋒軍進擊破之

耶律斡特剌傳北阻卜酋長磨古斯叛斡特剌率兵進討會天大雪敗磨古斯四別部斬首千餘級拜西北路招討使封漆水郡王

續夷堅志虞令公仲文質夫四歲賦雪花詩云瓊英與玉蕊片片落堦墀問著花來處東君也不知仕爲遼相歸朝授平章政事濮國公

欽定古今圖書集成曆象彙編乾象典

第九十三卷目錄

雪部紀事二

乾象典第九十三卷

雪部紀事二

宋史范質傳周祖自鄴起兵向闕京城擾亂質匿民間物色得之喜甚時大雪解袍衣之且令草太后誥及議迎湘陰公儀注質蒼黃論撰稱旨遒白太后以質爲兵部侍郎

竇儀傳儀在周爲兵部侍郎充職俄使南唐既至將宣詔會雨雪李景請于廡下拜受儀曰儀獲將國命不敢失舊禮倘以霑服失容請俟他日景卽拜命於庭

清異錄周季年東漢國大雪盛唱曰生怕亦眞人都來一夜春後大宋受命

老伶官黃世明常言逊事莊宗大雪內宴鏡新磨進詞號冷飛白

比丘清傳與一客同入湖南客曰凡雪仙人亦重之號天公玉戲

辟寒陶穀妾本党進家姬一日雪下穀命取雪水煎茶問曰党家有此景否曰彼麄人安識此景但能於銷金帳下淺斟低唱飲羊羔美酒耳

開寶中暮冬大雪率予連下山旬日不知所之有人自西靈觀出見予連臥松徑雪甚下沒手足問之言數日前從山下乘醉臥于此人皆異之

廬山佛手巖在絕頂李氏有國日行因禪師居焉李氏詔居棲賢寺未幾一夕大雪逃居舊隱嘗煮茶延僧起托嵓扉立化作偈曰前朝詔往棲賢寺雪夜逃居岩石間想見煮茶延客處直緣生死不相關

宋史趙普傳太祖數微行過功臣家普每退朝不敢便衣冠一日大雪向夜普意帝不出久之聞叩門聲普亟出帝立風雪中普惶懼迎拜帝曰已約晉王矣已而太宗至設重裀地坐堂中熾炭燒肉普妻行酒帝以嫂呼之因與普計下太原普曰太原當西北二面太原既下則我獨當之不如姑俟削平諸國則彈丸黑子之地將安逃乎帝笑曰吾意正如此特試卿耳

王全斌傳全斌之入蜀也適屬冬暮京城大雪太祖設氈帷于講武殿衣紫貂裘帽以視事忽謂左右曰我被服若此體尚覺寒念西征將徧犯霜雪何以堪處卽解裘帽遣中黃門馳賜全斌仍諭諸將以不徧及也全斌拜賜感泣

續湘山野錄祖宗潛耀日嘗與一道士游於關河無定姓名自御極不再見上巳駕幸西洛道士醉坐於岸太祖引至後掖見之上謂曰我壽還得幾多對曰但今年十月廿日夜晴則可延一紀至所期之夕上御太清閣四望氣是夕果晴星斗明燦上心方喜俄而陰霾四起天氣陡變雪雹驟降移仗下閣急傳官鑰開端門召開封王卽太宗也

談苑太平興國七年季冬大雪上賜學士詩曰輕輕相亞凝如酥宮樹花開萬萬株令賜酒卿時一醆玉堂閒話道情無

玉海雍熙二年正月己未上元御乾元門樓觀燈夜漏初上密雪忽降上謂宰相曰可各賦觀燈瑞雪滿皇州詩以爲娛樂上賦詩示羣臣宰相宋琪等咸奉和

十一月戊子以時雪未降命羣臣分禱京師祠廟是日雨雪上大悅製詩二首賜宰相等令屬和

宋史禮志雍熙三年十二月一日大雨雪帝喜御玉華殿詔宰臣及近臣謂曰春夏以來未嘗飲酒今得此嘉雪思與卿等同醉又出御製雪詩令侍臣屬和

玉海淳化四年正月乙未大雨雪上作立春日瑞雪詩三首賜近臣

景德四年十一月十八日雪宴近臣於中書館閣於崇文院帝作瑞雪五言詩令館閣卽席和進

湘山野錄向大資敏中祥符四年十月爲東嶽奉冊使奏奉冊前十日雨雪甚至十一月五日詣本廟奉冊忽至景氣晴和宛若春意

辟寒歲道者漣水人生有奇相右手中指凡七節冬則臥雪浴冰太宗名見祥符中章聖復召館於開寶寺復有一目生於掌中不以示人二聖親覽焉

宋史劉綜傳綜進銀臺封駁司大中祥符四年館伴契丹使因作大雪歌以獻

眞宗本紀大中祥符七年天書升輅雨雪條霽

天禧元年十一月乙卯幸太一宮大雪帝謂宰相曰

雪固豐稔之兆第民力未充慮失播種卿等其務振勸毋遺地利

漢安懿王傳濮安懿王允讓子仲汾薨追封定王子仲佺父歿不食者數日母葬時天大雪步泥中扶翼道路歎惻

澠水燕談錄眞宗上仙時雖仲春而大雪苦寒莊獻太后詔賜衛士酒獨王德用所轄禁旅不得飲后以問德用德用曰衛士荷先帝恩德厚矣今率土崩心安忍縱飲

世說補錢文僖守西都謝希深歐陽永叔同在幕下一日遊嵩山自潁陽歸暮抵龍門香山俄而雪作登石樓望都城各有所懷忽于煙靄中有車馬渡伊水來旣至則文僖遣廚傳歌妓至傳公語曰山行良佳少畱龍賞雪無遽歸也其高曠愛才如此

玉海天聖四年十二月壬午幸玉淸昭應宮開寶寺景靈宮祈雪故事車駕還必作樂前導上精意以禱命毋作樂旣雪輔臣皆賀上喜曰力田之民自今有望矣

夢溪筆談金陵人胡恢博物强記善篆隸臧否人物坐法失官十餘年潦倒貧困赴選集于京師是時韓魏公當國恢獻小詩自達其一聯曰建業關山千里遠長安風雪一家寒魏公深憐之令篆太學石經因此得復官任華州推官而卒

宋史仁宗本紀寶元元年詔天下諸州月上雨雪狀

避暑錄話文潞公知成都偶大雪意喜之連夕會客達旦帳下卒倦於應待有違言忿起拆其井亭共燒以禦寒衙軍將以聞公曰今夜誠寒更有一亭可拆以付餘卒復飲至常時而罷翌日徐問先拆亭者何人皆杖脊配之

夢溪筆談趙閱道爲成都轉運使出行部內惟攜一琴一鶴坐則看鶴鼓琴嘗過靑城山遇雪舍於逆旅逆旅之人不知其使者也或慢狎之公頹然鼓琴不問

宋史种世衡傳世衡再遷洛苑副使知環州番部有牛家族奴訛者素屈彊未嘗出謁郡守聞世衡至遽郊迎世衡與約明日當至其帳往勞部落是夕大雪深三尺左右曰地險不可往世衡曰吾方結諸羌以信不可失期遂緣險而進奴訛方臥帳中謂世衡必不能至世衡蹴而起奴訛大驚曰前此未嘗有官至吾部者公乃不疑我耶率其族羅拜聽命

東軒筆錄慶曆中西師未解晏元獻公殊爲樞密使會大雪歐陽文忠公與陸學士經同往侯之遂置酒於西園歐陽公卽席賦晏太尉西園賀雪歌其斷章曰主人與國共休戚不惟喜悅將豐登須憐鐵甲冷徹骨四十餘萬屯邊兵晏深不平之嘗語人曰昔日韓愈亦能作言語每赴裴度會但云園林窮勝事鐘鼓樂淸時却不曾如此作鬧

中山詩話海陵人王綸女輒爲神所憑自稱仙人字善數品形製不相犯吟雪詩云何事月娥欺不在亂飄瑞葉落人間

珍珠船劉貢甫有諸家雪詩侯家山家酒家妓家獵家樵家漁家雪

辟寒宋子京修唐書嘗一日大雪添帟幕然椽燭一秉燭二左右熾炭兩巨鑪諸姬環侍方磨墨濡毫以澄心堂紙草一傳未成顧諸姬曰汝輩俱曾在人家頗見主人如此否皆曰無有其間一人來自宗子家子京曰汝太尉遇此天氣亦復如何對曰只是擁鑪命歌舞間以雜劇引滿大醉而已如何比得內翰子京點頭曰也自不惡乃閣筆掩卷起索酒飲之幾達晨明日對賓客自言其事後每讌集必舉以爲笑

明道雜志范丞相司馬太師俱以閑官居洛中余時待次洛下一日春寒中謁之先見溫公時寒甚天欲雪溫公命至一小書室中坐對談久之鑪不設火語移時主人設栗湯一杯而退後至畱侍御史臺見范公纔見主人便言天寒遠來不易趣命溫酒大盃滿酌三杯而去此事可見二公之趣也

聞見前錄樂道未遇時與子發交遊甚善樂道苦貧教小學京師居州西子發居州東相去遠一日大雪子發念樂道與其母寒飢自荷一杴棧雪以行至樂道之居扣門久之方應樂道同母凍坐日已過高未飯子發惻然亟出買酒肉薪炭往復同樂道母子附火飲食樂道覺子發衣單問之以綿衣質錢買飯食也

冷齋夜話盛學士文仲孔舍人平仲同在館中雪夜論詩平仲曰當作不經人道語曰斜拖闕角龍千丈澹抹牆腰月半稜坐客皆稱絕文仲曰句甚佳惜其未大乃曰看來天地不知夜飛入園林總是春平仲乃服其工

宋史傅堯俞傳堯俞遷右司諫同知諫院英宗眷遇堯俞嘗雪中賜對堯俞自東廡升英宗傾身東向以待每奏事退多目送之

神宗本紀熙寧元年二月辛亥令諸路每季上雨雪
四年詔司農寺月進諸路所上雨雪狀
紫微詩話吳正獻夫人最能文嘗雪夜作詩云夜深
人在水晶宮
鄰幾雜志齊廓公開大卿嘗爲三司檢法時李士衡
充使章得象洎黃宗旦爲判官公暇省中恭飲談謔
每值雪天畢命僚屬酒炙相樂李諮爲使置酒設殺
樂梅而已今都無此例
祫享行禮之際雪寒特甚上秉圭露腕助祭諸臣見
上恭虔褎手執笏者惕然皆揎袖
宋史李及傳及字幼幾鄭州人知杭州惡其風俗輕
靡不事宴遊一日冒雪出郊衆謂當置酒召客乃獨
造林逋清談至暮而歸
石林詩話熙寧初荊公當國力致常秩遂起判國子
監太常禮院聲譽稍減于前嘗一日大雪趨朝與百
官待門於仗舍時秩已衰寒甚不可忍喟然若有所
恨者乃舉文忠詩以自戲曰凍殺潁川常處士也來
騎馬聽朝雞
東軒筆錄熙寧中高麗人使至京語知開封府元絳
曰聞內翰與王安國相善本國欲得其歌詩願內翰
訪求之元自往見平甫求其題詠方大雪平甫以詩
戲元略曰豈意詩仙來鳳沼爲傳賈客過雞林即其
事也
宋史楊時傳時見程頤於洛時蓋年四十矣一日見
頤頤偶瞑坐時與游酢侍立不去頤既覺則門外雪
深一尺矣
容齋隨筆蘇子由南窗詩云京城三日雪雪盡泥方
深閉門謝還往不聞車馬音西齋書帙亂南窗朝日
昇展轉守牀榻欲起復不能開戶失瓊玉滿堦松竹
陰故人遠方來疑我何苦心疎拙自當爾有酒聊共
斟此其少年時所作也東坡好書之以爲人間當有
數百本蓋閑淡簡遠得味外之味云
晁氏客話呂原明元祐間侍講大雪不罷講講孟子
有感哲廟一笑喜爲二絕云水晶宮殿玉花零點綴
宮槐臥素屏特勅下簾延墨客不因風雪廢談經
東坡志林眉之彭山進士有宋籌者與故參知政事
孫抃夢得同赴舉至華陰大雪天未明過華山下有
牌堠云毛女峯者見一老姥坐堠下鬢如雪而無寒
色時道上未有行者不知其所從來雪中亦無足跡
孫與宋相去數百步宋先過之亦怪其異而莫之顧
孫獨留連與語有數百錢掛鞍盡以予之既追及宋
道其事宋悔復往求之已無所見是歲孫第三人及
第而宋老死無成此事蜀人多知之者
某官於岐下所居大柳下雪方丈不積雪晴地墳起
數寸某疑是古人藏丹藥處欲發之亡妻崇德君曰
使吾先姑在必不發也某愧而止
侯鯖錄東坡在黃州日作雪詩云凍合玉樓寒起粟
光搖銀海眩生花人不知其使事也後移汝海過金
陵見王荊公論詩及此云道家以兩肩爲玉樓以目
爲銀海是使此事否坡笑之退謂葉致遠曰學荊公
者豈有此博學哉
湖廣通志黃州府雪堂在府治東蘇軾謫居黃以大
雪中築堂落成因繪雪於四壁故名
漫叟詩話歐陽文忠守潁日因小雪會飲聚星堂賦
詩約不得用玉月梨梅練絮白舞鵝鶴等事歐公一
篇云脫遺前言笑塵雜搜索高家窺冥漠自後四十
餘年莫有繼者元祐六年東坡在潁因禱雪於張龍
公獲應遂復舉前篇令末云汝南先賢有故事醉翁
詩話誰能說當時號令君聽取白戰不許持寸鐵
辟寒東坡云西南地溫少雪余及壯年止一二年見
之自退居天國谿堂山深氣嚴陰嶺叢薄無夕而不
雪每見一賞翫必命諸子賦詩爲樂既而褻蹈剽略
不免涉前人餘意因戲取聲色氣味四字離爲四章
止四句以代一日之謔且知余之好不在於世俗所
爭而在於雪也仍效歐陽公體不以鹽玉鶴鷺爲比
不使皓白繁素等字聲石泉凍合竹無風夜色沉沉
萬境空試向靜中閒側耳隔窗撩亂撲春蟲色間來
披氅學王恭姑射羣仙邂逅逢只爲肌膚酷相似邀
庭無處覓行蹤氣半夜欺凌范叔袍更兼風力助威
豪地爐火煖猶無奈怪得山村酒價高味兒童龜手
握輕明漸碾槍旗入鼎烹擬欲爲伊修水記惠山泉
冷釀泉清
中峯禪師遇雪示衆一片兩片飛入人間尋不見三
尺五尺積向茅簷難辨的銀象三千界靈瑞身先有
空皆徧玉龍八百萬敗殘鱗甲無地可埋梅華之恨
獨深漁蓑之歸未晚且道與蒲團禪板邊坐堆堆底
人有何交涉古者道今日雪下叢林有三種僧一種
向被位頭究明自己一種向經案上吟詠雪詩一種
向火爐角說喫堂供此三種僧那個合受人天供養
合受不合受置之勿論諸禪德你還知結雨爲雪疑
水爲冰底道理麼然結雨爲雪固是造物變化宜乎

不知如凝水爲冰遽以流注之質頓成堅凝之形雖金石不可與較其固請以喻明之佛性猶水也以無量刼中迷妄之寒氣念念凝合由是結佛性之水爲冰也且政當冰時未嘗不具佛性之水奈何迷妄之寒交結未化雖全體是水而不得爲流注灌漑之用耳或以不智慧之日融之安有自化之理如是觀察向道之念可得而免諸或謂古人相逢彈指便解知歸豈必待奮神力下苦工而後然哉你殊不知或不會奮神力下苦工于曩昔任你相逢彈破指頭也無信得及去靠得穩時豈非眞智慧耶一旦工夫熟時你知歸之理未有一佛一祖不因智慧之日融化迷妄之寒冰而能復其佛性之水也今日一個所參話節至千丈冰山也是水萬壽雪嶺也是水滔滔然流歸佛性之海任你空中積雪火裏生冰未聞凍合無邊之海諸禪德莫道本上座長於譬喻蓋法理如是也更聽一偈凍雲四合雪漫漫孰解當機作水看只爲眼中花未瞥啓聰猶看玉琅玕

退齋雅聞錄章子厚題李邦直蒙江初雪圖詩云江頭微雪北風急憶泊武昌舟尾時潮來浪打船欲破擁被醉眠人不知

道山清話元祐丁卯十一月雪中予過范堯夫於西府先有五客在座予既見因衆人論說民間利害公甚喜書室中無火坐久寒甚公命溫酒來公與坐客各舉兩大白公曰說得通透後令人心神融暢

避暑錄話仙都觀在縉雲縣東四十里舊傳黃帝煉丹其上今爲道觀唐李陽冰爲令時書黃帝祠宇四大字尚存山水奇秀見之圖畫殆不可名狀已酉冬避地將之處州道縉雲暫舍于縣南之靈峰院東裝欲往浙聞潰兵入境遽止其東十里有崇道院謂之小仙都一日可往返兵既退乃乘間冒微雪過之時臘已窮矣迂折行山峽中兩旁壁立溪水貫其下多灘瀨遵溪而行峻厲悍激與雪相亂山木攙天每聞谷中號聲風輙自上下雪横至擊面僕夫卻立幾不得前既至山愈險雪愈猛溪流益急旁溪有數石拔起數百丈不相依附其最大者二略如人行俯而相先後俗名新婦阿家石望之如玉筍擁鼻仰視神觀聳然欲與之俱升寒甚不可久留乃還至家已入夜四山晃蕩盡白不能辨道索酒飲無有燃松明半車僅得溫今日熱甚聊爲一談望梅尚可止渴聞此當洒然也

墨客揮犀嶺南無雪閩中無雪建劍汀邵四州有之故北人嘲云南人不識雪向道似楊花然南方楊柳實無花是南人非止不識雪兼亦不識楊花也余在長樂時雨雪數寸遍山皆白土人莫不相顧驚嘆蓋未嘗見也余是日名友人吳述正同賞時南軒梅一株盛開述正笑曰如此景致亦恐北人所未識是歲荔枝木皆凍死遍山連野彌望盡成枯至後年春始于舊根株漸抽芽蘖又數年始復繁盛譜云荔枝木堅理難老至今有三百歲者生結不息今去君謨歿又五十年矣是三百五十年間未有此寒也

揮麈後錄建中靖國徽宗初郊亦見付文肅奏事錄言之甚詳在於當日爲一時之慶事十一月戊寅凌晨導駕官立班大慶殿前導步輦至宣德門外升玉輅登馬導至景靈宮行禮畢赴太廟平日雪意甚暴既入太廟卽大雪出巡仗至朱雀門其勢未已衛士皆沾濕上顧語云雪甚好但不及時及赴太廟雪益甚二鼓未已上遣御藥黃經臣至二相所傳宣問雪不止來日若大風雪何以出郊布云今二十一日郊禮尚在後日無不晴之理經臣云只恐風雪難行布云雪雖大有司掃除道路必無妨阻但稍衝冒無如之何兼雪勢暴必不久況乘輿順動理無不晴若更大雪亦須出郊必不可升壇則須於端誠殿望祭此不易之理已降御札頒告天下何可中輟經臣亦稱善乃云左相韓忠彥欲與大慶殿望祭布云必不可但以此回奏經臣退遂約執政會左相齋室仍草一劄子以往左相猶有大慶之議左轄陸佃云右相之言不可易兼恐無不晴之理若還就大慶是日却晴齎奈何布遂手寫劄子與二府簽書訖進入議遂定上聞之甚喜有識者亦云臨大事當如此中夜雪果止

雲麓漫抄故事百官入朝並乘馬政和三年十二月十一日以雪滑特許暫乘車轎不得入宮門候路通依常自渡江後方乘轎迄今不改

齊東野語政和中大臣有不能詩者因建言詩爲元祐學術不可行時李彥章爲中丞望風旨遂上章論淵明李杜而下皆貶之因詆黃張晁秦等請爲科禁何清源至修入令式諸士庶習詩賦者杖一百聞喜例賜詩自何文縝後遂易爲詔書訓戒是歲冬初雪太上皇喜甚吳居厚首作詩三篇以獻謂之口號上和賜之自是聖作時出訖不能禁

辟寒王總管朱之老兵也嘗客石函橋許公道院夜

立以寐時方大雪牛羊多凍死王乃解衣入水抑冰
而浴旣出汗流如雨眞異人也
鐵脚道人嘗愛赤脚走雪中興發則朗誦南華秋水
篇嚼梅花滿口和雪嚥之曰吾欲寒香沁入肺腑
開封孫惟信嘗大雪登廬山至絕頂盡得景物之詳
嘗撰廬阜紀游一卷
宋史洪皓傳粘罕將殺皓旁一酋噤曰此眞忠臣也
目止劍士爲之跪請得流遞冷山流遞猶編竄也惟
璹至汴受豫官雲中至冷山行六十日距金主所都
僅百里地苦寒四月草生八月已雪穴居百家陳王
悟室聚落也悟室敬皓使敎其八子或二年不給食
盛夏衣粗布嘗大雪薪盡以馬矢然火煨麵食之
游宦紀聞衡山令搜訪柳碑本在上封寺僧法圓申
以去冬雪多凍裂之
辟寒曹元寵母王氏能詩有雪中觀妓詩云梁王宴
罷下瑤臺窄窄紅靴步雪來恰似陽春三月暮楊花
飛處牡丹開
宋中多買敝衣擇市嫗之善縫紉者成衲衣數百當
大寒雪盡以給凍者
異聞總錄陳伯修爲宣城守臨政之暇多在頤白堂
講易一日獨坐禪榻忽見朱衣人前揖曰請殿院看
雪時方七月末暑風猶盛伯修異焉疑此際不應有
雪勉起之方離席數步大聲如雷堂楳已折禪榻壓
碎無餘
劇談錄白尚書爲少傳方冬與羣從子侄同遊倚欄
眺翫嵩洛俄而霰雪微下情興益高因話廉察金陵
常記江南煙水每見居人以葉舟浮泛就食菰米鱸
魚近來思之如在心目
隨手雜錄蔡持正居宛丘一日雪作與里人黃好謙
遊一倡家入門見其肴醴特盛它時有一美少年靑
巾白裘據席而坐蔡黃方引去少年亟俾倡邀二公
欣然就席酒酣少年顧持正曰君正如李德裕顧黃
曰君俟此公貴憑藉亦顯語畢少年亦引去二公叩
倡何人也倡曰朝來齎錢具飮亦不知誰氏也後如
其言持正爲御史薦黃爲御史
辟寒王山農以小詞約蘇養直赴溪堂夜雪蘇報云
今某已裝酒上船來日若晴須有月若溪堂閒人橫
笛聲卽我至矣所謂月滿前村莫掩溪門尚恐有扁
舟乘興人也
宋史秦檜傳紹興十三年賀瑞雪賀雪自檜始紹興
十七年賜百官喜雪御筵於檜第
張浚傳紹興三十一年金主亮兵大入中外震動復
浚觀文殿大學士判潭州時金騎充斥王權兵潰劉
錡退歸鎭江遂改命浚判建康府兼行宮留守浚至
岳陽買舟冒風雪而行過東來者云敵兵方焚采石
煙炎漲天愼無輕進浚曰吾赴君父之急知直前求
乘輿所在而已時長江無一舟敢行北岸者浚乘小
舟徑進
淸波雜志趙明誠妻李夫人每値天大雪卽頂笠披
蓑循城遠覽以尋詩得句必邀其夫賡和明誠每苦
之也
雲笈七籤續仙傳宋元白不知何許人也爲道士身
長七尺餘眉目如畫端美肥白言談秀麗人見皆愛
之頗有道術夏則衣綿冬則單衣臥於雪中去身一
尺餘周匝氣出如蒸而雪不凝
宋史王應麟傳應麟遷著作郞守軍器少監經筵値
人日雪帝問有何故事應麟以唐李嶠李乂等應制
詩對因奏春雪過多民生饑寒方寸仁愛宜謹感召
王陶傳陶歷觀文殿學士卒陶微時苦貧寓京師教
小學其友姜愚氣豪樂施一日大雪念陶奉母寒餒
荷一鍤劃雪行二十里訪之陶母子凍坐日高無炊
烟愚亟出解所衣錦裘質錢買酒肉薪炭與附火飮
食又捐數百千爲之娶陶旣貴尹洛愚老而喪明自
衞州新鄕往謁之意陶必念舊哀己陶對之邈然但
出尊酒而已愚大失望歸而病死聞者益薄陶之爲
人
惠洪冷齋夜話陳瑩中謫合浦時予在長沙聞嶺外
大雪作二偈寄之曰傳聞嶺下雪壓倒千年樹老人
拊手笑有眼未嘗覩故應潤物林一洗瘴江霧寄語
牧牛人莫敎頭角露又曰遍界不曾藏處處光皎皎
開眼失却蹤都緣大分曉園林忽生春萬瓦粲一笑
遙知忍凍人未悟安心了
宋史鄭淸之傳淸之再相十疏乞能不許十一月丁
酉退朝感寒疾危甚猶以未得雪爲憂俄大雪起曰
百官賀雪上必甚喜命撤雪牀前觀之
辟寒宋范成大元日登釣臺記云二十九日登舟大
雪不可行三十日發富陽雪滿千山江色沉碧但小
霽風急寒甚披出使時所作綿袍戴氈帽坐船頭縱
觀不勝淸絕剡溪夜汎景物未必過此除夜宿桐廬
癸巳歲正月一日至釣臺率家人子登臺講元正禮
謁二先生祠登絕頂掃雪坐平石上諸山皜然凍雲

不開境過淸矣臧徬亦貪殊景忍寒犯滑來登始于自紹興己卯歲及今奉役蓋三過釣臺薄宦區區如此豈惟愧羊裘公見高師灘子慚顏亦厚乃刻數字于右廡柱間而宿西口

乾淳歲時記禁中賞雪多御明遠樓後苑進大小雪獅兒並以金鈴綵縷爲飾且作雪花雪燈雪山之類及滴酥爲花及諸事件並以金盆盛進以供賞翫并造雜煎品味如春盤飣飣羊羔兒酒以賜併于內藏庫支撥官劵數百萬以犒諸軍及令臨安府分給貧民或皇后殿別自支犒而貴家富室亦各以錢米犒閭里之貧者

黃哲番禺人性好山水當風雪時泊舟秦淮遇朱文昭涂潁輩相與握手吟味沽酒大嚛

乾淳起居注淳熙八年元日官家恭請太上太后來日就南內排當初二日官家親至殿門拱迎親扶太上降輦未初雪大下正是臘前太上官家甚喜云今年正欠些雪可謂及時太上云雪却甚好但恐長安有貧者上奏云已令有司比去年倍數支散矣太上亦命提舉官於本宮支撥官會照朝廷數目發下臨安府支散貧民一次又移至明遠樓張燈進酒節使吳琚進喜雪水龍吟詞云紫皇高宴蕭臺雙成戲擊瓊包碎何人爲把銀河水剪甲兵都洗玉樣乾坤八荒同色了無塵翳喜冰消太液暖融鳷鵲端門曉班初退聖主憂民深意轉鴻鈞滿天和氣太平有象三宮二聖萬年千歲雙玉杯深五雲樓迥不妨頻醉細看來不是飛花片片是豐年瑞上大喜賜鍍金酒器二百兩細色緞疋復古殿香羔兒酒等太后命本宮歌板色歌此曲進酒太上盡醉至更後宣轎兒入便門上親扶上輦還宮

浙江通志陳明越州陵鎭兵人呼爲陳院長年三十有五時犯罪受杖遂蓬頭跣足若喪心者往來行歌無所定止寒暑皆不畏避雪中不施一縷臥野橋上氣騰如蒸

宋史黃榦傳榦往見淸江劉淸之淸之命受業朱熹榦卽日行時大雪旣至而熹他出榦因留客邸二月而熹始歸

辟寒朱張栻遊南嶽唱酬序云乾道丁亥秋新安朱熹元晦來訪予于湘水之上迺始偕爲此遊而三山林用中擇之亦與焉粵十有一月庚午自潭渡湘水甲戌過石灘始望嶽頂忽大雪紛集須臾深尺許予三人者飯道傍草舍人酌一巨盃上馬行三十里餘投宿草衣巖一時山川林壑之觀已覺勝絕乙亥抵後嶽丙子小憩甚雨暮未已從者皆有倦色予獨與元晦決策明當冒風雪亟登而夜半雨止明星爛然比曉日升暘谷矣

宋史陸九淵傳一日九淵語所親日吾將死矣又告僚屬曰某將告終會禱雪明日雪迺沐浴更衣端坐後二日日中而卒

癸辛雜識慶元庚申正月連日大雪予因記劉蒙得詩銀花垂院榜翠羽撼條鈴王禹玉和賈直孺內翰詩銀花無奈冷瑶草又還芳宋之問應制瓊章定少千人和銀樹先舒六出花遂名婢日銀花

戊子五月初二日以來日光中有若柳絮如雪片片者飛舞亂下人皆鬨傳以爲天花者至初四日大雷雨飛雹大者如當三錢始知連日所謂天花者卽雪也及飛下人則以霰耳蓋小片半空已化於烈日中大者乃乘風而墜耳繼聞沈氏失火一簷次日王子才自越來則知越中端午日大雹西廊門雪亦失其半按寧宗嘉定甲戌九月朔日食之既日傍有星見及有飛片如雪毋之狀自天飄下今之天花殊類此也

葛天民字無懷後爲僧名義銛字朴翁其後返初服居西湖上一時所交皆勝士有二侍姬一曰如夢一曰如幻一日天大雪方擁爐煎茶忽有皁衣者闖戶將大璫張知省之命招之至總宜園淸坐高談竟日旣甚寒劇且覺腹餒甚亦不設杯酒直至晚一揖而散天民大恚步歸以爲無故爲閹人所辱至家則見庭戶間羅列奩篚數十紅布囊亦數十凡楮幣薪米酒肴甚至香茶適用之物無所不具蓋此璫故令先怒而後喜戲之耳

齊東野語崔福故羣盜也嘗爲官軍所捕會夜大雪方與嬰兒同榻兒寒夜啼不得睡覺捕者至因以故衣擁兒口兒得衣身暖啼止遂得逸去

錢塘遺事賈相當國陳藏一作雪詞譏之詞曰沒巴鼻霎時間做出漫天漫地不論高底并上下平白都教一例鼓動滕神招邀巽二一任張威勢識他不破只今道是祥瑞却鵝鴨池邊三更半夜悞了吳元濟東郭先生都不管關上前門穩睡一夜東風三竿暖日萬事隨流水東皇笑道山河元是我的詞名念奴嬌

辟寒郎州道士少微頃在茅山紫陽院寄泊有丁秀

才者亦同寓宿舉動風味不異常人然不汲汲於進取盤桓數年遇冬夕霰雪方甚二三道士開爐有脫羝美醞之美丁曰致之何難時以爲戲言俄見戶開奮袂而去少項蒙雪而回提一銀榼酒熟羊一足云浙師廚中物因是吟味忻笑擲劍而舞騰躍遁去唯銀榼存

丘主簿小雪乍晴開明牕深爐之會時膂際串脯正乾濕得宜取以侑觴衆賓用小刃削食獨丘侑之左右咬嚼捷如虎兕一坐譁云丘主簿口中有玉版刀也

有人游武夷六曲訪止止師偶雪天得一兔無庖人可製師云山間只用薄批酒醬椒料次之以風爐安坐上用水少半銚候酒湯響一盃後分各以筯令自夾入湯擺熟啖之乃隨宜各以汁供因用其法不獨易行且有團欒暖熱之樂

丐者王江居宛丘喜飲酒醉臥塗潦中不以爲苦嘗大雪或以雪埋之其氣勃然雪輒融液

李昌夔在荆州雪中打獵大修裝飾其妻獨孤氏亦出女陳二千人皆著紅紫繡襖子及錦鞍韉

王可容說爲僧時游南中山寺遇大雪旬日闕食數十徒一粥而度又無財物得出羅內一行腳僧謂曰貧道有藝可濟諸坐士遂將一銅銚子于爐火上取淨瓶瀉水銀衣帶間解一貼散藥似壁土採於銚中煎之逡巡成一片白金可數兩付主事者將去換胡餅來食衆驚之至明晨失所在

李元忠素性嗜酒一日遊春遇雪擔頭酒盡令人冒雪遍村沽酒俱無元忠嘆曰寧可使我十日無食不可使我一日無酒須臾沽至盡興醉飲而還

金史蕭仲恭傳仲恭母遼道宗季女也遼主傷之命弟仲宣留侍其母仲恭從而西時大雪寒甚遼主乏食仲恭進衣并進乾糒遼主困仲恭伏兵雪中遼主藉之以憩凡六日乃至天德始得食後與遼主俱獲太宗以仲恭忠于其主特加禮待

斡英傳宗弼取和尚原斡英以本部破宋五萬人遂奪新叉口宗弼留兵守之是夜大雪道路皆冰和尚原宋兵勢重不可徑取宗弼用斡英策入自傍近高山叢薄翳薈間出其不意遂取和尚原

朮虎高琪傳興定元年正月癸未宋賀正旦使朝辭宣宗曰聞息州透漏宋人此乃彼界饑民沿淮爲亂宋人何敢犯我高琪請伐之以廣疆土上曰朕但能守祖宗所付足矣安事外討高琪謝曰今雨雪應期皆聖德所致而能包容小國天下幸甚臣言過矣

宣宗本紀興定三年正月壬午大雪上聞東掖有撤瓦聲問左右知爲丁夫葺器物庫廡舍上惻然諭主者曰雪寒役人不休可乎姑止之

朮甲脫魯灰傳脫魯灰哀宗正大七年元兵攻藍關是秋改授小關子元帥屯商州大吉口九年春從行省參政徒單吾典將潼關兵入援至商山遇雪大兵邀擊之士卒饑凍不能戰而潰脫魯灰被執不屈拔佩刀自殺

元史太祖本紀脫脫爲患帝帥兵討走之至是又會乃蠻諸部來侵帝遷輜重於他所大戰于闕奕壇之野乃蠻使神巫祭風雪欲因其勢進攻既而反風逆擊其陣乃蠻軍不能戰欲引還雪滿溝澗帝勒兵乘之乃蠻大敗

木華黎傳太祖軍嘗失利會大雪失牙帳所在夜臥草澤中木華黎與博爾朮張裘氈立雪中障蔽太祖達旦竟不移足

博爾朮傳嘗潰圍於怯列太祖失馬博爾朮擁帝累騎而馳頓止中野會天雨雪失牙帳所在臥草澤中與木華黎張氈裘以蔽帝通夕植立足跡不移及旦雪深數尺遂免於難蔑里期之戰亦以風雪迷陣再入敵中求太祖不見急趨輜重則帝已還臥憩車中聞博爾朮至曰此天贊我也

顯宗傳顯宗嘗出征駐金山會大雪擁火坐帳內歎甚顧謂左右曰今日風雪如是吾與卿處猶有寒色彼從士亦人耳腰弓矢荷刃周廬之外其苦可知遂命饔人大爲肉糜親嘗而徧賜之

癸辛雜識至元乙未歲江西歉甚時天亦雨米貧家得濟富家所雨則雪也

元史許維禎傳維禎爲淮安總管府判官是年冬無雪父老言于維禎曰冬無雪民多疾奈何維禎曰吾當爲爾禱已而雪深三尺

高鳴傳鳴每以敢言被上知嘗入內值大風雪帝謂御史大夫塔察兒曰高學士年老後有大政就問可也

仁宗本紀延祐六年十二月癸酉是夜風雪甚寒帝謂侍臣曰朕與卿等居暖室宗戚昆弟遠戍邊陲曷勝其苦歲賜錢帛可不徧及耶

辟寒倪雲林云十一月十七日過奐之洛澗山居留宿忽大雪作及明起視戶外巖岫如玉琢削竹樹壓

倒逕無行蹤飄瞥竟日至暮未已雪深尺餘因賦詩留別

倪雲林云至正四年十一月袁員外來林下爲留兼旬臘月十七日快雪初霽庭無來迹與僕靜坐因取琴鼓之古音蕭寥如茂松之勁風春壑之流水

皁甫坦字履道臨淄人也後避地入蜀居峨嵋山嘗暮行風雪中聞人有呼之者顧見一道人臥小庵中因留與抵足眠坦自覺熱氣自兩足入蒸蒸浹體甚和適比曉道人去曰他日可訪我於靈泉觀坦後求之朱桃椎也

韓退處士絳州人放誕不拘浪跡泰晉間以詩自名常跨一白驢好著寬袁鶴氅醉舞雪中

輟耕錄吾鄉呂徽之先生家仙居萬山中博學能詩文問無不知者而安貧樂道常逃其名耕漁以自給一日攜楮幣詣富家易穀種值大雪立門下人弗之顧徐至庭前聞東閣中有人分韻作雪詩一人得滕字苦吟弗就先生不覺失笑閣中諸貴游子弟輩聞得遣左右詰之先生初不言衆愈疑親自出見先生露頂短褐布襪草屨輙侮之詢其見笑之由先生不得已乃曰我意舉滕王蛺蝶事耳衆始歎伏邀先生入坐先生曰我如此形狀安可厠諸君子間請之益堅遂入閣衆以滕滕二字請先生足之卽援筆書曰天上九龍施法水人間二鼠嚙枯藤鶖鶬聲亂功收蔡蝴蜨飛來妙過滕復請和曇字韻詩又隨筆寫云萬里關河凍欲含渾如天地尚函三橋邊驢子詩何惡帳底羔兒酒正酣竹委長身寒郭索松埋短髮老瞿曇不如乘此擒元濟一洗江南草木慚寫訖使出門留之不可得問其姓氏亦不答皆驚訝曰嘗聞呂處士名欲一見而不能先生豈其人邪曰我農家安知呂處士爲何如人惠之穀怒曰我豈取不義之財必易之剌船而去遣人遙尾其後路甚僻遠識其所而返雪晴往訪焉惟草屋一間家徒壁立忽米桶中有人乃先生妻也因天寒故坐其中試問徽之先生何在答曰在溪上捕魚始知眞爲先生矣至彼果見之告以特來候謁之意隔溪謂曰諸公先到舍下我得魚當換酒飲諸公也少頃攜魚與酒至盡歡而散

明通紀上初居滁陽幕下志未得伸一日咏雪竹云雪壓竹枝低雖低不著泥一朝紅日出依舊與雲齊宛然帝王氣象見矣

洪武元年八月十五日上夜夢當天兩日月齊出諸雪雜亂紛飛倏爾底定上謂徐達曰此夢何解徐達曰陛下夢兩日月齊出卽大明明字諸雪雜亂紛飛卽諸賊竊據我明命將出師一鼓而擒之卽倏爾底定此吉兆也

塞下大雪乘輿所止穹廬雪不凝鹵疑之往覘天容危坐亦無寒色咸極駭愕効順益篤焉

見聞搜玉張士誠弟士德豪占民田一日雪大作設宴邀門下士請各賦詩有張明善者醉題詞曰漫天墮撲地飛白占許多田地教衆口嗷嗷吃甚的早知如此誰道是國家祥瑞

明會典凡早朝遇雨雪司禮監傳旨有事進無事退有事者卽從東西廊行至皇極門上東西對立糾儀御史序班俱北向立

辟寒王叔明洪武初爲泰安知州泰安廳事後有樓三間正對泰山叔明張絹素于壁每興至卽著筆凡三年而畫成傳色都了時陳惟允爲濟南經歷與叔明皆妙於畫且相契厚一日胥會値大雪山景愈妙叔明謂惟允曰改此畫爲雪景何如惟允曰如傅色何叔明曰我姑試之卽以筆塗粉然色殊不活惟允沉思良久曰我得之矣爲小弓夾粉筆張滿彈之粉落絹上儼如飛舞之勢皆相顧以爲神奇叔明就題其上曰岱宗密雪圖自誇以爲無一俗筆惟允固欲得之叔明因綴以贈陳氏

明外史藍玉傳玉洪武二十年從大將軍馮勝北伐玉乘大雪輕騎襲慶州殺元平章果來擒其子不蘭溪大獲人馬而還

仰山脞錄方正學先生孝孺少侍潛溪宋公濂寓京師會大雪太祖宴羣臣命各爲瑞雪賦宋公旣醉還邸不能執筆以意屬先生賦翌晨上進上讀之謂曰此非卿筆辭甚雄偉有用之才也宋公以先生對上卽召見賜緋袍銀帶但無冠耳命大臣陪宴先生披袍束帶凝然中坐言動莊重在座咸驚上連遣內侍窺之還報上曰朕不能用斯人留輔嗣君耳後果死革除之難焉

杭州府志方希直常從宋景濂宿南屏山晨起對雪浩飲高歌意氣慷慨後數年景濂薨而鄉人有王生者偶寫南屏對雪圖索詩於希直希直閱之感慨陳迹遂題詩云昔年歲暮京國還艤舟夜宿南屏山山風吹雪天欲壓夜半大雪堆江關清晨倚樓望吳越六合玉花飄未絕恍疑江水駕山來萬頃銀濤湧城闕山僧好事喜客留置酒開筵樓上頭玉堂仙子宋

夫子紅顏白髮青貂裘坐讀古今如指掌坐看雲收月華上寒輝素彩相盪摩碧海瑤臺迭蕭爽酒酣擊節心目開慷慨弔古思英才荒祠古柏岳王墓廢湖殘柳蘇公臺一時佳會難再得仙人上天塵世窄王子何年繪此圖正貌南屏舊遊跡吾知王子奇崛人新詩妙筆俱絕倫偶然揮洒豈無意神授髣髴存天眞世間今古同飛電回首人豪都不見空有羅山石寶書夜夜虹光射霄漢

明通紀靖難兵及李景隆戰于北平景隆敗走還德州時景隆日夜戒嚴士卒植戟立雪中苦不得休息凍死及墮指甚衆燕王諜知之謂諸將曰違犯天時自斃其衆吾不勞而勝矣

北征錄永樂八年二月上親征十三日晩次永安十四日早發永安甸大風甚寒且行且獵幼孜觀騎逐兎不覺上馬過前上笑呼幼孜三人曰到此看山又是一種奇特也蓋諸山雪霽千巖萬壑聳列霄漢瓊瑤璀璨光輝奪目眞奇觀也

列朝詩集汴中風俗每歲遇初雪則以合子盛雪送與親知以爲喜慶置酒設席相請歡飲亦昇平之樂事宮中尤尚之

明通紀夏原吉與同列飲于他所夜歸值雪過禁門有欲不下馬者曰雪大寒甚原吉曰君子不以冥冥惰行其敬愼如此

見聞搜玉韓襄毅公雍招友人賞雪以詩促之云南征五載不見雪今見江鄉臘雪飛老我不禁清興發故人何事賞心違包含梅柳春無跡照耀乾坤夜有輝預想來遊須秉燭瓊瑤還襯馬蹄歸

貴州通志曾志堅楚人有道術天順間以詿誤繫京師值大暑上命祈雪以皇城爲限夜半上覺寒開豹房視之飄飄遍地次日命中官出驗城外略無雪跡

異林呂疕瘩者不詳其名里成化間嘗游于襄鄧河洛之間冬則臥雪夏則被褐

明外史許進傳弘治七年吐魯番阿黑麻攻陷哈密尚書馬文升薦進爲右僉都御史巡撫甘肅明年涖鎭十一月諸軍羽集乜川薄暮大風揚沙軍士寒栗僵臥馬下進出帳外勞軍將士皆感奮夜半風止大雨雪及明冒雪倍道而進又六日奄至哈密城下將士呼噪幷進鑿城爲坎蟻附而登賊衆大潰

豫章漫抄予往歲謫延平北歸宿建陽公館時薛宗鎧作令與小酌堂後軒是歲閩中大雪四山皓白而芭蕉一株橫映粉牆盛開紅花名美人蕉世稱王維雪蕉畫爲奇格而不知冒雪看花乃實境也

邢參字麗文常遇雪累日囊無粟兀坐如枯株諸人往視見其無慘懍色方苦吟誦所得句自喜

瓊州府志正德丙寅冬萬州雨雪時舉人王世亨作歌曰撒鹽飛絮隨風度紛紛著樹應無數嚴威寒透黑貂裘霎時白遍東山路老人終日看不足盡道天家雨珠玉世間忽見爲祥瑞斯言非誕還非俗越中自古原無雪萬州更在天崖絕嚴花開發四時春葛衫穿過三冬月昨夜家家人索衣檳榔落盡山頭枝小兒向火圍爐坐百年此事眞希奇

詹曝偶談嘉靖辛丑新正五日大雪越三日又大雪旣而快雪時晴相與二三子負暄于東簷之下擁膝聯趾淸言竟日與夫師友之所聞傳記之所載就日贅筆寖復成編不知奇溫之可獻白醉之可樂也

贛州府志嘉靖三十九年庚申冬十二月郡城大雪樹木結冰彌月不解卽漢書五行志雨木冰亦曰樹界

李流芳題西湖臥遊冊江干積雪圖余春夏秋嘗在西湖但未見寒山而歸甲辰同二王叅雲棲時已二月大雪盈尺出赤山步一路瓊枝玉幹披拂照耀望江南諸山皚皚雲端尤可愛也庚戌秋與白民看月兩堤余旣歸白民獨留遲雪至臘盡是歲竟無雪快快而返世間事各有緣固不可以意求也癸丑陽月題

甲寅臘月自新安還孟陽觴余湖上大雪襆被與李太白孟陽方同宿舟中時已迫歲子將强挽予欲脫不得晨起潛呼一小舠而遁雪已霽白雲出山與雪一色上下光耀應接不暇擬作一詩以歸思卒之不果終是欠事也己未夏日虎丘精舍重題

貴州通志白雲大理人戒行精嚴幾遍天下萬曆庚辰至陽寶山採幽探勝直窮藪澤裹糧坐澤中凡八日時方大雪僧所止有鹿臥其地雪亦弗及

楊文驄書江行十二幅小記舟過石城積雪初霽誦唐人嶺表城中之句爲之興到

遵生八牋西湖十景中有斷橋殘雪一景自斷橋一徑至孤山下殘雪滿堤恍若萬丈玉虹跨截湖面眞奇觀也高雅者策蹇行吟以賞之

岩棲幽事戊戌春正三日夜大雪余偶戲云雪者洗慾戒之齷齪濯火坑之煩惱塡世路之坎坷喚夜氣之淸曉客曰此便可作雪贊

湖廣通志劉邋遢景陵人棄家遊於鄂遇異人授以規中祕旨初寓鳳凰山五顯祠久之食其神前大燭盡守祠僧瞋之乃出臥山上值大雪覆厯二三尺僧恐凍死持鍬掀冰雪而出之則正酣睡曰奈何驚吾覺

欽定古今圖書集成曆象彙編乾象典
第九十四卷目錄

乾象典第九十四卷
雪部雜錄
詩經曹風蜉蝣掘閱麻衣如雪 正義 麻衣白布衣如雪言甚鮮絜也
小雅采薇卒章昔我往矣楊柳依依今我來思雨雪霏霏 大全 春而往冬而還
出車四章昔我往矣黍稷方華今我來思雨雪載塗 注 塗凍釋而泥塗也 箋 云黍稷方華朔方之地六月時也以此時始出壘征伐玁狁因伐西戎至春凍始釋而來反其間未有休息
信南山上天同雲雨雪雰雰 註 同雲雲一色也將雪之候如此雰雰雪貌
角弓雨雪瀌瀌見晛曰消 註 瀌瀌盛貌晛日氣也 又
雨雪浮浮見晛曰流
春秋元命苞曰陰陽凝而爲雪
山海經西山經申首之山冬夏有雪
北山經小咸之山無草木冬夏有雪
狂山無草木是山也冬夏有雪
空桑之山無草木冬夏有雪
家語民之弃惡如湯之灌雪
莊子馬蹄篇馬蹄可以踐霜雪
陶朱公書臘前得兩三番雪謂之臘前三白諺云若要麥見三白
韓詩外傳凡草木花多五出雪花多六出雪花曰霙
淮南子天文訓青女乃出以降霜雪 注 青女天神青皇女主霜雪
欲滅迹而走雪中拯溺者而欲毋濡是非所行而行所非
大戴禮記夏小正農及雪澤言雪澤之無高下也
鹽鐵論以所不覩不信人若蟬之不知雪
霜雪晚至五穀猶成
漢武內傳仙之上藥有元霜絳雪
參同契冰雪得溫陽解釋成太元
博雅釋訓雱雱霏霏雰雰瀌瀌雪也
博物志翟雉長尾遇雨雪惜其尾棲樹杪不敢下食往往餓死
陸機要覽九花樹生南岳雖經雪凝寒花必開便落時人謂之應春花
西京雜記漢董仲舒雨雹對有云太平之世雪不封條凌殄毒害而已
拾遺記廣延之國去燕七萬在扶桑東其地寒盛夏之日冰厚至丈常雨青雪冰霜之色皆如紺碧
東海圓嶠山有冰蠶長七寸有鱗角以雪霜覆之則生繭五色絲織爲文錦入水不濡
廣志代郡陰山四五月猶宿雪八月末復雪
荆州記曰麓山有精舍舍傍有碧石每歲冬其上不停霜雪
宋書符瑞志草木花多五出雪花獨六出
述異記嵊州去玉門三千里地寒多雪著木石之上皆融而甘可以爲菓
新論處繡戶洞房則養不如褻被雪沐雨則褻不如養以此觀之適材所施隨時成務各有宜也
齊民要術三月以原蠶矢雜禾種種之則禾不蟲亦可用雪汁雪汁者五穀之精也使稼耐旱常以冬藏雪汁器盛埋于地中治種如此則收常倍
冬雨雪止輒以藺之掩地雪勿使從風飛去後雪復藺之則立春保澤凍蟲死來年宜稼得時之和適地之宜田雖薄惡收可畝十石
冬月大雪時速併力推雪于坑上爲大堆至春草生瓜亦生莖葉肥茂異于常者
樂府古題苦寒行晉樂奏魏武帝北上太行山備言冰雪溪谷之苦或謂北上行蓋因魏武帝作此詞今人效之
元和郡國志岷山卽汶山也南去青城石山百里天色晴明望見成都山嶺停雪常深百丈夏月融泮江川爲之洪溢卽隴之南首也
酉陽雜俎南史言宋明帝忌言白問金樓子言子婚日疾風雪下幃幕變白以爲不祥知俗忌白久矣
白符芝大雪而華
兩同書冰雪者無逾時之堅也若藏之於陰井庇之於幽峯則苟涉盛夏未聞其消解也夫冰雪之性非不液矣竟以迟延豈天使之然哉果以養之所致也

雲仙襍記長安氷雪至夏月則價等金璧白少傅詩名動于閭閻每需氷雪論筐取之不復償價日日如是

兼明書雪賦云君寧見堦上之白雪豈鮮耀于陽春臣銑曰鮮寡也雪之光輝豈寡于陽春也明曰下文云元陰凝沍不昧其潔太陽輝耀不固其節則鮮謂鮮明也言雪當見日而消不能鮮明光輝于陽春也

沙洲記自龍涸至大浸川一千九百里夜肅肅常有風寒七月雨便是雪遙望四山皓然皆白

煎茶水記雪水第二十用雪不可太冷

朝野僉載正月見三白田公笑嚇嚇又西北人諺曰要宜麥見三白謂三度見雪也

全唐詩話柳宗元雪詩云千山鳥飛絕萬徑人蹤滅孤舟蓑笠翁獨釣寒江雪覩鄭谷亂飄僧舍之句不侔矣

墨客揮犀蝗喜旱而畏雪雪多則入地愈深不復能出

徂異記有積雪久不消掘地得金羊玉馬高三尺許

鄰幾襍志峨嵋雪蛆大治內熱

疑孟孟子云白羽之白猶白雪之白白雪之白猶白玉之白告子當應之云色則同也性則殊矣羽性輕雪性弱玉性堅而告子亦皆然之此所以來犬牛人之難也孟子亦可謂以辯勝人矣

雲笈七籤諸家氣法敢問盛冬風雪寒時鼓聲動須要入朝若何咽即能禦得此極寒風雪氣答曰但用和氣運想使周身而行風雪亦不能爲害若見素雪當願一切常居潔白逍遙自在

埤雅說文曰凝雨說物者从彗蓋雪雨之可掃者也亦能淨坋穢若彗所謂以黍雪桃者以淨爲義詩曰雨雪瀌瀌見晛曰消雨雪浮浮見晛曰流言君子體道在上而小人之類易消如此晛日氣也纂要曰日光曰景日影曰晷日氣曰晛日初出曰明日昕曰晞日溫曰煦在午曰亭午在未曰昳日晚曰旰日將暮曰薄暮詩曰上天同雲雨雪雰雰益之以霢霂既優既渥既霑既足雰雰盛也三農之事雪則欲盛而遍也雨則欲微而潤也蓋豐年之冬必有積雪而其春必有小雨故是詩雨言小雪言盛也雪則欲其盛矣然又欲其澤浸之甚周也故繼之曰既優既渥雨則欲其微矣然又欲其膏潤之僅足也故繼之曰既霑既足蓋驟雨不如久雪之入土深且無泛溺又可以覆陽于根箸汜勝之書曰雪者五穀之精取汁以漬原蠶之沙和穀種之柰旱今雪寒甚則爲粒淺則成華華謂之霙韓詩外傳云雪華曰霙凡草木華多五出雪華獨六出是也詩曰如彼雨雪先集維霰言雪之所加物有死者霰其先至者也霰至則危亡之兆見矣霜霰陰剛之微也霜集而後堅冰至霰集而後雪至故詩易以爲始亂之象爾雅曰雨霓爲霄雪霓从晛省霄从消省詩曰見晛曰消蓋雪以微溫摶之故散而成霓郭璞所謂氷雪雜下謂之消雪是也說文曰霰稷雪也閩俗謂之米雪言其霰粒如米所謂稷雪義蓋如此今名濇雪亦曰濕雪然臘雪握之輒聚立春以後不復可摶略如霄雪亦以微溫摶之故也里語以爲春雪不能礙壓瘴癘其以此乎夏小正曰農及雪澤言雪澤之無高下也

犬喜雪馬喜風豕喜雨

畫墁錄臨江之上一處當大山中西望雪山日晃如銀其高無際出衆山上居人曰此雪山佛居也有獅子人常見之非西域雪山是蜀所記無憂城東北望隴山積雪如玉也

志林臨皋亭下八十餘步便是大江其半是峨嵋雪水吾飲食沐浴皆取焉何必歸鄉哉

物類相感志螺螄畏雪

竹坡詩話鄭谷雪詩如江上晚來堪畫處漁人披得一蓑歸之句人皆以爲奇絕而不知其氣象之淺俗也東坡以謂此小學中教童蒙詩可謂知言矣然谷亦不可謂無好語如春陰妨柳絮月黑見梨花風味固似不淺惜乎其不見賞於蘇公遂不爲人所稱耳

石林詩話詩禁體物語此學詩者類能言之也歐陽文忠公守汝陰嘗與客賦雪於聚星堂舉此令往往皆閣筆不能下然此亦定法若能者則出入縱橫何可拘礙鄭谷亂飄僧舍茶煙濕密洒歌樓酒力微非不去體物語而氣格如此其卑蘇子瞻凍合玉樓寒起粟光搖銀海眩生花超然飛動何害其言玉樓銀海韓退之兩篇力欲去此弊雖冥搜奇譎亦不免有縞帶銀杯之句杜子美暗度南樓月寒生北渚雲初不避雲月字若隨風且開葉帶雨不成花則退之兩篇工殆無以愈也

蠡海集或曰霜能殺物雪能養物何也蓋雪生於雲霜則無雲霜殺物露滋物何也蓋霜歷陰位露歷陽位是以春霜亦不殺秋露亦不生

雪爲陰之極全得水之成數雪花每每見六出霰雪

者雨露之凝結水從金生氣盈而見母是以霜雪色
皆白也
雪者雨之凝也因高而寒極故雨凝而爲雪也其雨
雪相雜者雲有高低之異也低者則爲雨高者則爲
雪
漫叟詩話臨川愛眉山雪詩能用韻如云氷下寒魚
漸可叉
周益公日記清明斷雪穀雨斷霜
桂海𣏌志南州多無雪霜草木皆不改柯易葉獨桂
林歲歲得雪或臘中三白然終不及北州之多靈川
興安之間兩山蹲踞中容一馬謂之嚴關朔雪至關
輒止大盛則度送至桂林城下不復南矣
老學庵筆記嘉祐雜志云峩嵋雪蛆治內熱予至蜀
乃知此物實出茂州雪山雪山四時常有積雪彌遍
嶺谷蛆生其中取雪時幷蛆取之能蠕動久之雪消
亦消盡
兩鈔摘腴雪多作于戊己日嘗攷丁亥冬雪率多近
戊子十二月八日己未雪十八日己巳夜雪二十七
日戊寅夜雪大率丙子戊己皆雪日也
稷雪米雪毛詩傳注先集維霰曰霰稷雪也或謂之
米雪謂其粒若稷米然
容齋三筆張元有雪詩曰五丁仗劍決雲霓直取銀
河下帝畿戰死玉龍三十萬敗鱗風卷滿天飛吳詩
獨不傳觀此數聯可想見其人非池中物也
容齋四筆嚴有翼辨坡謂雪詩云飛花又舞謫仙簷
李太白本言送酒卽無雪事水底笙歌蛙兩部無笙
歌字殊不知坡借花詠雪以鼓吹爲笙歌正是妙處

聞見錄荆公嘗以力去陳言誇末俗可憐無補費精
神薄退之然其詠雪則云借問火城將策試何如雲
屋聽窗知皆用退之句也
緯略單于幽蘇武置大窖中絕不與飲食雨大雪武
臥齧雪與氈毛幷咽之羌寇張掖拔頞下馬大戰羌
亦引退頞追之且鬬且行晝夜食雪四十餘日陳刪
詩食雪天山近思歸海路長王維詩路遶天山雪家
臨海樹秋溫庭筠詩紅淚文姬洛水春白頭蘇武天
山雪三詩皆用蘇武事而庭筠末句甚奇
揮麈前錄金嶺溫嶺多雨雪上有龍王刻石記云小
雪山也嶺上有積雪行人皆服毛罽
高昌其地南距于闐西南距大石波斯西距西天步
露沙雪山葱嶺皆數千里無雨雪而熱極
希通錄雪山祁連山白山其實天山明帝擊破白山
虜於蒲類海上章懷註曰此山冬夏有雪故曰白山
匈奴謂之天山過此皆下馬拜焉杜詩註天山卽祁
連山在伊州一名雪山其名雖四其實則一
方輿勝覽燕山八景其一爲西山晴雪
癸辛雜識西域雪山有萬古不消之雪冬夏皆然中
有蟲如蠶其味甘如蜜其冷如氷名曰氷蛆能治積
熱
杜南谷云梅花却無仰開者蓋亦自能巧避風雪耳
驗之信然
貴耳集南宮舍人果是不好作的官職每歲賀雪表
尤難下筆曾有一聯云普天咸有率土莫非何等語
也
鷄林類事方言雪曰嫩雪下曰嫩恥

捫蝨新話撒鹽空中此米雪也柳絮因風起此鵝毛
雪也然當時但以道韞之語爲工予謂詩云相彼雨
雪先集維霰卽今所謂米雪耳乃知謝氏二句當各
有謂固未可優劣論也東坡遂有柳絮才高不道鹽
之句此豈是圖對偶親切耶
唐錦夢餘錄草木之花皆五出而雪花獨六出先儒
謂地六爲水之成數雪者水結爲花故六出然至春
則雪皆五出豈春雪獨非水所結耶恐未爲定論也
贅寧物類相感志鸜鵒雀之屬飛則鳴行則搖俗呼
爲雪姑其色蒼白似雪鳴則天當大雪極爲徵驗
雲烟過眼錄范寬雪景五幅闊景甚偉
賞心樂事正月安閒堂掃雪十一月羣仙繪幅樓前
觀雪十二月南湖賞雪瀛巒勝處觀雪
浩然齋視聽抄雪多作于戊己日嘗攷丁亥冬雪率
多餘近戊子十二月八日己未雪十八日己巳夜雪
二十七日戊寅夜雪大率丙丁戊子皆雪日也趙雲
洲云凡遇戊午己未日天必變雨或遇亢壁二宿直
日則可免餘宿不可免
輟耕錄白湛淵先生績演雅發揮云兩駝侍雪立終
日饑不起一覺沙日黃肉屏那足擬者沙漠雪盛命
兩駝跌其旁終夜不動用斷梗架片氈其上而寢處
于下煖勝肉屏且不起心兵也
便民圖纂二月宜連霜諺曰一夜春霜三日雨三夜
春霜九日晴
夷俗考大食國多風雪氷厚丈餘
就日錄夏月露臥偶夜露下而失覆則夢雪降
明會典凡祈禱雨雪及晴禮部題請行順天府縣所

屬人員於都城隍等廟行香禁屠宰三日百官就各衙門致齋青衣角帶辦事

御龍子集雪其雨之所凝乎氣潤而不殺

丹鉛總錄霄雪兩字音義皆異霄字从肖音屑說文雨霓爲霄徐鉉注訂說文誤以肖爲肖遂爲臆說云霄雪著物則消此說可笑雪豈有著物不消者乎霰雪與片雪同一性也霓卽霰也爾雅雨霓爲霄注冰雪雜下謂之霄雪說文霰稷雪也陸佃云閩俗謂之冰雪今名濇雪與霄音相近也詩補傳曰粒雪郭璞爾雅注謂雨雜下也雪初作來成花圓如稷粒撒而下杜子美詩所云帶雨不成花俗諺云夾雨夾雪也春秋緯曰盛陽之氣溫暖爲雨陰氣薄而脅之則合而爲雹盛陰之氣凝滯爲雪陽氣薄而脅之則散而爲霰韓詩相彼雨雪先集維霰薛君曰霰霙也夏侯孝若寒雪賦曰集洪霰之淅瀝煥擢磊之霍索謝希逸雪賦曰霰淅瀝而先集雪紛糅而遂多古詩詠霰云雪花遺汝作先鋒是也以此證之霄與霄迥不同矣霄从肖近天氣也揚雄賦騰淸霄而軼浮景陶潛詩川條餘靄宇暧微霄道書所稱九霄青霄赤霄紫霄絳霄元霄之屬與霰霄字音義何啻千里

瓊赤玉也謝希逸雪賦林廷瓊樹世豈有赤雪耶李義山已隨江令誇瓊樹李長吉詩白天碎碎墮瓊芳相承誤用皆不考之過也

雲南山川志雪山在麗江府西北一名玉龍山上插雲漢下臨麗水山巔積雪經春不消

榕城隨筆漳于八閩爲極南得氣最煖其人生不識霜雪之狀

蓬窻續錄嘗謂泉石竹樹地之四美霞月雨雪天之四美非山居人惡能領略其妙

滇行紀略滇南最爲善地嚴多雖雪滿山頭而寒不侵膚不用圍爐服裘

觴政醉雪宜夜消其潔也

眉公筆記古今雪詩甚多獨中峯老衲一偈云凍雲四合雪漫漫誰解當機作水看只爲眼中花未瞥啓窻猶看玉琅玕

銷夏長江萬里人言出于岷山而不知元從雪山萬壑中來山亙三千餘里特起三峯其上高寒多積雪朝日曜之遙望晃若銀海杜子美草堂正當其勝故其詩曰窻含西嶺千秋雪正是謂也

立夏之日服飛雪散則不熱

蜀中氣暖少雪一雪則山上經年不消山高故也大理點蒼山卽出屏風石處其山陰崖積雪中尤多每歲五六月上人夜入山取雪五更下山賣市中人爭致之

脉望白玉蟾云虛室生白謂之白雪心地開花謂之黃芽

岩棲幽事雪景莫若山山雪莫若月下余嘗目擊而賦四言詩云夜啓岩扉淡而無風月直松際鷄鳴雪中蓋寔景也

余喜賞雪每戲云古今二鈍漢袁安閉門子猷返棹底是避寒作許題目

羣碎錄雪多作於戊己日凡遇戊午己未日天必變雨遇亢壁二宿直日則免餘宿不可免

帝城景物略初雪戒不入口曰毒再雪則以炮茶積雪以塑于庭

居山雜記雪晝遐望皆銀峯玉嶂光明照徹迥有佳致及飛鳥時歸林動屑墜紛紛點石斯時擁爐煨榾柮持茗杯閱高士傳則山家之極致也

寒檠膚見蜀之犬吠日越之犬吠雪少史子曰夫犬一也而一則吠日一則吠雪何也以其見與不見耳

霏雪錄老農語曰蝗生子遺而入地經大雪則入地愈深東坡雪後書北臺壁云遺蝗入地應千尺是也

野獲編大內每雪後卽於京營內撥三千名入內庭掃雪輪番出入每歲俱然亦有游閒年少代充其役以觀禁掖宮殿者又南京舊制有揀花舍人額設五百名蓋當年供宗廟薦新及玉食糠糧之用今廢久矣五百揀花三千掃雪亦兩都佳話也

蕪史蒼震門恆閉遇掃雪則開

長松茹退憨憨子曰梅以香欺雪雪以白欺梅兩者各恃其所長而相欺互不能降故酣戰而已噫天風忽起雪捲花飛則向之所恃者安在故曰恃長而欺人者不能終

通紅而告我者熾炭也飄白而告我者飛雪也紅白雖殊告我則一耳

近峰聞略竹未嘗香也而杜子美詩云雨洗娟娟靜風吹細細香雪未嘗香也而李太白詩云瑤臺雪花數千點片片吹落春風香

遵生八牋大雪中跣足做事不可便以熱湯浸洗觸寒而回寒若未解不可便喫熱湯熱食須少頃方可

孟浩然尋梅陶穀烹雪風致自佳

西湖志斷橋殘雪爲十景之一

陝西通志淨雪石橋山之麓有石屹然遇大雪輒有迴風旋繞雪不落石上

嘉定縣志立春後遇火日落雪則一百二十日必有疾風驟雨謂之雪報

廣東通志河畔雪唐許渾詩河畔雪飛楊子宅按議郎楊孚字孝元嘗樹河南五鬣松于廣州北岸語在列傳今下渡頭村前即故宅越本無雪至此乃降可謂異矣

雪部外編

太公伏符陰謀武王伐紂都洛邑天大陰寒雨雪十餘日甲子朝五車騎止王門之外武王使謁者名之五神皆驚而見武王王曰何以敎之神曰天伐殷立周謹來受命

拾遺記穆王東至大𡻕之谷西王母來進嵰州甜雪

靈王時有萇弘能招致神異王乃登臺望雲氣蓊鬱忽見二人乘雲而至鬚髮皆黃非世俗之類也乘遊龍飛鳳之輦駕以青螭其衣皆縫緝毛羽也王即迎之上席時天下大旱地裂木燃一人先唱能爲雪霜引氣一噴則雲起雪飛坐者皆凜然宮中池井堅冰可琢

搜神後記錢塘人姓杜船行時大雪日暮有女子素衣來岸上杜曰何不入船遂相調戲杜閤船載之後成白鷺飛去

佛國記葱嶺冬夏有雪又有毒龍若失其意則吐毒風雨雪飛沙礫石遇此難者萬無一全彼土人人即名爲雪山人也

冬月法顯等三人南度小雪山雪山冬夏積雪山北陰中過寒暴起人皆噤戰慧景一人不堪復進口出白沫語法顯云我亦不復活便可時去勿得俱死於是遂終

稽神錄茅山道士陳某壬子歲遊海陵宿於逆旅雨雪方甚有同宿者身衣單葛欲與同寢而嫌其垢弊乃曰雪寒如此何以過夜答曰但臥無以見憂既皆就寢陳竊視之見懷中出三角碎瓦數片鐵條貫之燒於燈上俄而火熾一室皆煖陳去衣被乃得寢未明而行竟不復見也

詞林海錯庾行吾少事陶先生頗多藝術嘗夏夜會客向室噓氣成雪

韓仙傳叔愈爲考功郎中知制誥元和十二年丁酉憲宗正旦朝賀留宰相裴度妻父林圭及叔宴之問曰今歲豐儉若何叔失對曰儉上曰何以知之叔曰去冬無雪故知儉上曰可禱乎叔曰人主至誠熒惑失度尚從之況雪乎時諷諫耳不意憲宗出旨遂的限於叔三日精禱致雪叔大惶措子喜曰叔可度矣時高第百餘日肆雌黃老氏之敎言必深惡子遂出榜揺頭曰賣風雲雨雪市夫訝子妄報叔叔收子子已異形叔不能識詰之曰上以年歉預禱雪以示豐汝何人耶敢言賣乎子鼓掌胡盧而笑曰人以爲難吾身中先天坎離太極混合乾坤尚可顚倒況後天之雨雪乎叔曰汝可祈則爲我試子曰諾索酒大醉遂登壇半日靉雲漫野寒氣侵骨天光一合六出立降深可尺許裴張諸公大以爲異叔謬曰人君至誠人臣至專所爲耳豈一道士之力耶衆皆不服其論子大笑而退是日拜刑部侍郎宴賀子謁之始也善待既而接待中微語勸以急流之說叔大怒叱子出次日復謁則已重門鎖鑰不可入矣子飛空而入至中霤而下衆皆驚叔曰何來子曰上壽耳叔曰何貺子曰金蓮耳遂索火一缶子投以丹少頃蓮花大發高可三尺碧盤寶華靡一不具中一葉自然成聯云雲横秦嶺家何在雪擁藍關馬不前叔視之曰此何語也子曰公遭誅竄可嘗驗之叔大忌之執子供子立書供狀子遂示以原形百計喻之終不就子留詩于壁曰我欲隨公去千言固不從藍關雪深處來歲更相逢叔覽之揮泣而能十三年戊戌叔進吏部侍郎時鳳翔寺塔有佛指骨放光上遣中使迎之叔面諍之上不聽罷朝次年皆至上留禁中二月送諸寺人皆大惑叔表諫數百言陳梁武帝故事上怒收欲誅之宰相裴度崔羣林圭爲言乃貶潮之刺史叔別家往官經藍關秦嶺正値大雪馬僵于道從者二人皆遁去叔獨無依待死而已子冒雪見之叔號呼百狀悲喜交集始曰子先言誠有驗矣子迷耳遂成完詩曰一封朝奏九重天夕貶潮陽路八千本爲盛朝除弊政敢將衰朽惜殘年雲横秦嶺家何在雪擁藍關馬不前知汝遠來應有意好收吾骨瘴江邊

江淮異人錄書生李勝常遊洪州西山中與處士盧齊及同人五六輩雪夜共飲座中一人偶言雪勢如此固不可出門也勝曰欲何之吾能往人因曰吾有書籍在星子君能爲我取乎勝曰可乃出門去飲未散攜書而至星子至西山凡三百餘里

雲笈七籤神仙感遇傳吉宗老者豫章道士也巡遊

名山訪師游學而未有所得大中二年戊辰于舒州村觀遇一道士弊衣目風雪甚急忽見其來投觀中與之道室而宿既暝無燈燭雪又甚忽見室內有光自隙而窺之見無燈燭而明唯以小葫蘆中出衾被帷幄裀褥器用陳設服翫無所不有宗老知其異扣門謁之道士不應而寢光亦尋滅

傳燈錄神光聞達摩大士住止少林往彼日夕參承師常端坐面牆莫聞誨勵其年十二月九日夜天大雨雪光堅立不動遲明積雪過膝潛取利刀自斷左臂置於師前師知是法器因與易名曰慧可

雲笈七籤金門皓靈皇老君紀老君本乃靈鳳之子也靈鳳降生衛羅國王取而畜之王女配瑛常與共戲靈鳳以兩翼扇女面女忽有胎王因斬鳳頭埋長林丘中女後生女墮地能言曰我是鳳子位應天妃王即名曰皇妃時天作大雪一年不解雪深十丈鳥獸餓死王女思憶靈鳳王所殺鳳欝然而生抱女俱飛從入雲中

南溟夫人傳元徹柳實同時訪道後因大雪見一樵叟負重凌寒二子哀其老以酒飲之忽見其擔上有太極字遂禮而爲師

續博物志南唐女冠耿先生獲寵于元宗嘗於元宗前掬雪爲銀鋌投紅爐淬之成金指痕猶在

欽定古今圖書集成曆象彙編乾象典

第九十五卷目錄

乾象典第九十五卷

火部彙考

易經

說卦傳

離爲火

易傳一陰麗乎二陽也或曰何以陰麗陽乎曰束蘊而吹烟氣鬱然及其外明烟即是火火動而薪止火滅而燼留非陰麗陽乎然坎離不相離也坎中有離故有溫泉有火井離中有坎故有火鼠有火龜

集義康節先生曰火內暗而外明故離陽在外火之用用外也火以性爲主體次之

周禮

天官

宮正春秋以木鐸脩火禁

訂義史氏曰火星三月見於辰九月伏於戌脩火禁於宮中必待春秋順時令也　王氏詳說曰周禮有民火有公火司爟掌火之政令民火也司烜以夫遂取明火於日公火也王氏賈氏徒見司爟有季春出火季秋內火之文遂以爲春秋火禁之證非也蓋宮正修火禁於宮中而出納火者民火耳至于司烜中春修火禁于國中言春而不及秋以出火爲主耳宮正修于宮中也司烜修于國中也宮中非國中之比故併及其春秋　王氏曰春秋修火禁若今皇城四時戒火也

夏官

司爟下士二人徒六人

訂義薛平仲曰司爟之職特掌行火之政令以救時疾序官必次于此何哉觀韓詩外傳有曰陰陽不和四時不節星辰失度災變非常則責之司馬知司馬之政蓋通于天道矣　鄭鍔曰或謂秋官有司烜之職夏官有司爟之職俱掌火也何以分爲二蓋司烜之取火也以夫燧用金錫爲之西方之物也故屬于秋官司爟之行火也觀大火之星出沒以示民使民觀出內之時而用火夏令行于南方盛德在火尤爲可見故屬于夏官此其所以異

掌行火之政令四時變國火以救時疾

訂義鄭康成曰行猶用也　鄭鍔曰政令或因時而用因時而藏　鄭康成曰變猶易也　鄭鍔曰火久而不變則炎赫暴熇陽過乎亢以生癘疾隨四時而更變之變之之法則鑽燧而改之春取榆柳夏取棗杏季夏取桑柘秋取柞楢冬取槐檀四時各鑽一木時運而往火變而新用諸烹飪之間使之養以養生故疾不作　王昭禹曰火之爲物灼之則以燭以燎爨之則以烹以飪逆而用之則强弱相勝而氣無以爲均順而變之則休廢相治而疾以之救陽之盛則養陰之弱以抗其强陰之盛則用陽之强以救其弱使民常得陰陽之正氣而不溺于一偏斯能受正命以生死聖人善救人之道于此乎可見矣

季春出火民咸從之季秋內火民亦如之

訂義鄭鍔曰東方七宿心爲大火出于夏之三月其位在辰伏于夏之九月其位在戌戌爲火伏之位辰爲火出之方古之火正或食于心或食于咮以出內火其或出或內皆視天之大火伏見以爲節

薛氏曰火之象在天旣有伏見之時火之用在人亦有出內之節傳曰火見于辰故自辰至巳其方爲火所王當是時雖烈山焚萊不禁也何則因其王而出之以宣其氣耳傳曰火伏于戌自戌至亥其方爲火所休當是時雖鑠金燒薙不爲也何則因其休而內之以息其氣耳或者徒泥于出內之文謂火者民事之大者也季春則出之始用季秋則內而不用不幾于廢民事乎且出火于季春非謂季春之時始用火也出其新火而導達乎陽之氣也內火于季秋非謂季秋之時而不用火也內其舊火而順適其陰之氣也司爟所謂四時變其出內之火宮正所謂春秋修火禁者修其出內之禁尚何季春始用而季秋不用乎昔子產鑄刑書士文伯曰火未出而作火以鑄刑器藏爭辟焉是不知先王納火之制也單襄假道于陳火朝覿矣道茀而不可行是不知先王出火之制也　陳及之曰季春出火民咸從之季秋納火民亦如之互言之也先內舊火而後出新火春秋皆然也古者五行之官掌金木水火土火盛則制之衰則長之後世世失其官官失其職故水有泛濫之患火有焚燎之害木不盛大土多湮曠金不從革無復先王之盛矣而區區究其末流其能已乎

時則施火令

訂義 易氏曰施火令謂施四時變國火之令　鄭鍔曰宮正司烜皆謂之修火禁此謂之施火令者修則修其舊法使不廢施則施其新令使人從也

凡祭祀則祭爟

訂義 賈氏曰祭爨祭老婦也則此祭爟謂祭先出火之人　王氏曰舉火曰爟祭祀用爟故祭焉　鄭鍔曰先王于有功之人未嘗忘報如先農先蠶先卜皆有祭也而況鑽木出火以教人者乎

凡國失火野焚萊則有刑罰焉

訂義 鄭鍔曰國中失火則有延燒比屋之憂野中焚萊則有焚及山林之害大則有刑小則有罰亦權罪之輕重而加之耳或謂春田則焚萊而司爟有焚萊之禁何也先儒謂春田用火之後擅放火則有禁罰吾以爲焚萊者國蒐田之時野焚萊則民無故而自焚不得不爲之禁

秋官

司烜氏下士六人徒十有二人

訂義 鄭康成曰烜火也讀如衞侯燬之燬　易氏曰掌明水火而其官謂之司烜者取大易日以烜之之義蓋萬物形成于地精成于天月迴日之光其本皆出于日故也　王氏詳說曰司爟司烜皆掌火一事而二官何也曰有國火有民火司爟所掌謂民咸從之其民火歟司烜所掌以共祭祀明燭其國火歟然行于民未嘗不本于國故司爟曰四時變國火以救時疾行之于國未嘗不用之于民故司烜曰中春以木鐸脩火禁于國中

掌以夫遂取明火于日以鑒取明水于月

訂義 鄭司農曰夫發聲　陸氏曰夫道也是以謂之夫大夫能遂事故謂之遂　鄭康成曰夫遂陽遂也鑒鏡屬取水者也世謂之方諸　賈氏曰以取火于日名陽遂猶取火于木爲木燧也　鄭鍔曰取明水于月者謂之鑒亦謂之方諸其實皆鑑也　陸氏曰夫遂以義言鑒以體言互相備也　鄭鍔曰水生於坎之陽而爲陽中之陰火雖生於離之陰而爲陰中之陽王者向明而治皆以陽爲主故尊明火爲先　易氏曰日陽之精月陰之精離爲日爲火爲電者火之氣也坎爲月爲水爲雲者水之氣也水火以氣而升降日月之精薄之則夫遂可以召陽而爲火鑒可以召陰而爲水所以謂之明水火言取於日月而非人力之所能致明之至也　鄭鍔曰或謂鑒遂之齊同用金錫之半可以取水亦可以取火何也蓋金錫半者陰陽之雜用諸晝則陽氣應之而爲火用諸夜則陰氣應之而爲水

以共祭祀之明齍明燭共明水

訂義 鄭鍔曰明水火所以共祭祀之明齍明燭及明水也用是水以滫齍盛則曰明齍用是火以照燭則曰明燭五齊三酒所尚者明水取於月中之水以共之記曰其謂之明水也由主人之潔著此水也謂此耳　王氏詳說曰凶事所用之物謂之明所謂明器明弓矢是也吉事所用之物亦謂之明所謂明水明火是也先鄭失于明水之說後鄭亦失之郊特牲曰明水者神明之也謂主人之潔著此水也著成也主人之潔則此水乃成矣以陰鏡取水于月之中其可多得乎且祭有明水又有元酒元酒取于潢汙行潦之水而爲之則是降于明水矣鬱齊配以明水三酒配以元酒此郊特牲所謂明水涗齊貴新也凡涗新之也是知明水所用

止于斯二者而已先鄭以爲明水滫瀡粢盛黍稷是不讀洞酌之詩也洞酌之詩曰可以濯罍可以餴饎夫豈明水哉後鄭謂明水以爲元酒是不讀禮運也禮運曰元酒在室醴醆在戶粢醍在堂澄酒在下夫豈明水之爲元酒哉共明水火者司烜也執明水火而號祝者大祝也奉明水火者大司寇也共而後祝之祝而後奉之其序如此　王昭禹曰祭祀必取明水火者以物言之則得陰陽之潔氣也以道言之則潔而清明乃可以承祭祀也

凡邦之大事共墳燭庭燎

訂義鄭司農曰蕡燭麻燭也　鄭康成曰墳大也樹于門外曰大燭樹于門內曰庭燎皆所以照衆爲明　賈氏曰樹于門外者非人所執也燕禮云甸人執大燭于庭不言樹者彼諸侯禮不樹于地門內在路寢之庭故曰庭燎之百由齊桓公始注云公五十侯伯子男三十其百者天子禮庭燎所作以葦爲中心以布纏之飴蜜灌之若今蠟燭百者或百根一處或百處設之若人所執者用荆燋爲之執燭抱燋曲禮云燭不見跋是也

中春以木鐸脩火禁于國中

訂義鄭鍔曰中春大火之星見于辰季春出火司烜先脩火禁警以木鐸使無不聞則除去故火以待新火也　王昭禹曰爲季春將出火先事而戒也　鄭康成曰火禁謂用火之處及備風燥　易氏曰司烜氏脩火禁于國中而已宮正脩火禁乃宮中之事詳于國此所以爲內外之辨

軍旅脩火禁

訂義鄭鍔曰衆之所聚器甲貲糧勝敗所係則火禁不可不謹也

邦若屋誅則爲明竁焉

訂義鄭鍔曰司農謂夫三爲屋屋誅夷三族也康成以爲若其刑剭之剭謂所殺于甸師氏者余謂屋誅合一家而盡誅之邾婁定公所斷之獄殺其人壞其室洿其宮者屋誅也人有罪大無俾遺育故舉一屋而誅之罪人夜葬故爲明竁欲人知其罪也如設楬加明刑之類　易氏曰竁謂壙埋之地楬其罪于竁上而屬于司烜氏以明爲義故爾

禮記

郊特牲

季春出火爲焚也

注謂焚萊也凡出火以火出建辰之月火始出疏出火以火出者案春秋火出爲夏三月此火出者謂出陶冶之火故左氏昭六年鄭人鑄刑書火未出而用火故晉士文伯譏之若田獵之火則昆蟲蟄後得火田以至仲春也

山海經

南山經

令丘之山無草木多火

大荒西經

崑崙之丘其下有弱水之淵環之其外有炎火之山投物輒然

註今去扶南東萬五千里許有火山國其山雖霖雨火常然火中有白鼠以毛作布今之火澣布是也

尸子

燧人

燧人上觀星辰下察五木以爲火

韓子

五蠹篇

上古之世民食果蓏蜯蛤腥臊惡臭而傷害腹胃民多疾病有聖人作鑽燧取火以化腥臊而民說之使王天下號之曰燧人氏

淮南子

天文訓

積陽之熱氣生火火氣之精者爲日

時則訓

孟春之月天子食麥與羊服八風水爨萁燧火

孟夏之月天子食菽與雞服八風水爨柘燧火

孟秋之月天子食麻與犬服八風水爨柘燧火

孟冬之月天子食黍與彘服八風水爨松燧火

大戴禮

夏小正

九月主夫出火

傳主夫也者主以時縱火也

後漢書

禮儀志

日冬至鑽燧改火

博物志

燐火

鬭戰死亡之處其人馬血積年化爲燐燐著地及草木如露略不可見行人或有觸者著人體便有光拂

拭便分散無數愈甚有細咤聲如炒豆唯靜住良久乃滅後其人忽忽如失魂經日乃差今人梳頭著脫衣時有隨梳解結有光者亦有咤聲

路史

遂人氏

不周之巔有宜城焉日月之所不居而无四時昏晝之辨

空同之北北極鍾火之山地數百里無日月之光猶蜀之陋天常雨少出日者王子年云去都萬里有申彌國近燧明之國地與西王母接以故燕昭王游於西王母燧林之下說燧皇鑽火之事

有聖人者游於日月之都至于南垂有木焉鳥啄其枝則粦然火出聖人感之

廣土自有不見日月之處予嘗論深山四時早晚與平原之不同非若佛書所謂夜摩天之類拾遺記云燧明之國不識晝夜土有燧木後世聖人游於日月之外以食救物至於南垂觀此燧木有鳥類鶚啄其枝則火出取以鑽火號燧人氏在包羲氏之前蓋火山國也山海經言火山之國雖經霖雨其火常然卽今武周連渾府之遙火山也故代割雄勇爲火山軍亦猶梧州火山之火

於是仰察辰心取以出火作鑽燧別五木以改火上古之人茹毛而啗血食果蓏蜯蠬臚腐餪漫內傷榮衛殞其天年乃教民取火以灼以焫以熟膿胜以燔黍捭豚然後人无腥胭之疾

祭禮作其祝號薦其血毛腥其俎熟其肴所以存法太古腥俎謂豚解俎之禮記正義云先燒其石令赤以黍與豚加於上而灼之或疑神農始藝五穀神農廣其事爾

人民益夥羽皮之茹有不給於寒乃誨之蘇冬而煬之使人得遂其性號遂人氏或曰燧人

以鑽燧故古史攷云鑄金爲刃民大悅號曰燧人禮含文嘉云燧人氏鑽木取火炮生爲熟令人無有腹疾遂天之意故曰遂人典略云燧人鑽木取火免腥臊變熟食人事也白虎通義云取火教民熟食制養禮性避臭去毒謂之燧人

順而不一於是窮火之用而爲之政春季以出樵終以納異其時也以濟時疾鬱攸之司九變七化火爲之紀謂木器液於是范金合土爲釜甑作烓鬲甗瓿成物化物而火之功用洽矣

季春心昏見于辰而出火季秋心昏見于戌而納火故尸子云遂人察辰心而出火亦見中論夫心見於辰則火大壯故季春禁火

大庭氏

大庭氏都于曲阜治九十載以火爲紀號曰炎帝

注 後世以其火德故以之爲神農因復謂神農都魯妄也外紀知不可合乃以神農爲大庭而謂與包羲後大庭氏異而爲二大庭益繆

祝誦氏

祝誦氏一曰祝龢是爲祝融氏

祝斷也化而裁之之謂陸佃解月令說云木發而榮之金辱而收之火祝而融之水元而冥之蓋融而熟之火也白虎通云祝屬也融續也能屬續三王之道行之也

以火施化號赤帝

淮南子云南方之極自北方之界至炎風之野赤帝祝融之所司祝融亦號赤帝也

故後世火官因以爲謂

祝融氏號也祝融職也本非人名黎爲祝融回爲祝融皆職

都于會故鄭爲祝融之墟

會卽鄶也其地後爲鄭詩譜云溱水在鄶祝融之墟至周重黎之後處之爲鄶國春秋有鄶城其池在溱洧間今新鄭東北三十里有古鄶城是也上古帝王之都爲之墟爽鳩氏人臣故齊止言建國

其治百年葬衡山之陽是以謂祝融峯也

衡山記云祝融託其陰非也今祝融峯下有舜觀南有祝融冢楚靈時山崩冢毀得營丘九頭圖焉荆州記云衡山之南有南正重黎墓故思元賦有顓衡阿睹有黎圯墳之語然張盛二子皆以爲黎則不然矣今其祠廟訛咸以謂高辛之臣且高辛時黎爲祝融黎死吳回代之而黃帝時庸光亦爲祝融何得指爲黎哉且少昊四叔咸無葬處何獨於黎有墓此又漢儒之臆說也

後有祝氏融氏祝宗氏祝龢氏

見姓苑等書白虎羣儒通義以祝融爲三皇宋衷論三皇亦數祝融而出黃帝梁武帝祠畫像述先伏羲氏次祝誦氏次神農氏乃及黃帝顓帝蓋有所本豈得云帝嚳之臣哉洪丞相云先儒說三皇不一太史公采大戴禮遷少昊而不錄又經傳顓帝之後黎爲祝融惟莊子以祝融氏與伏羲神農

赫胥同辭白虎通既依史記遂以羲農祝融爲三皇至論五行則又以祝融爲南方之神初非通論此梁碑以祝融爲祝誦而介於羲農之間白虎之說也

炎帝

炎帝神農氏長於姜水成爲姜姓受火之瑞王承熒惑故以火紀時焉於是修火之利

管子云神農作種五穀於淇山之陽九州之人乃知穀食黃帝作鑽燧生火以熟腥臊民食之無腥臊之疾而天下化此正言炎燧改火事字誤爲黃故下乃言黃帝之王童山竭澤云云可見

范金排貨以濟國用因時變爍以抑時疾以炮以燔以爲澧洛

古史攷云始有燔炙裹肉燒之曰炮此燧人之世謂木器液金器腥聖人飲於土而食於土於是大埏埴以爲器而人壽

陶冶之事始於遂人蓋有人事則有之若古聖人每創一事必盡其變而後已是故封立則有貞悔占稽之事室立則有宮隅門牆之制谷藝而烹蒸杵鋌之用興藥嘗而炮炙佐使之法起槌輪爲大輅之始兜冒爲軒冕之源燔豕爲柴望之濫觴土鼓乃雲門之拳石理勢之來事有必至此遂人出火而陶冶燔炮之事有不待於後世也

官長師事悉以火紀故稱炎焉

世紀云以火承木位在南方主夏故謂炎帝關尹告列子神農有炎之德者通典云有火星之瑞也

本草綱目

火總敘

李時珍曰水火所以養民而民賴以生者也本草醫方皆知辨水而不知辨火誠闕文哉火者南方之行其文橫則爲☲卦直則爲火字炎上之象也其氣行于天藏于地而用于人太古燧人氏上觀下察鑽木取火教民熟食使無腹疾周官司烜氏以燧取明火于日鑑取明水于月以供祭祀司爟氏掌火之政令四時變國火以救時疾曲禮云聖王用水火金木飲食必時則古先聖王之于火政天人之間用心亦切矣而後世慢之何哉今撰火之切于日用灸焫者凡一十一種爲火部云

陽火陰火集解

李時珍曰火者五行之一有氣而無質造化兩間生殺萬物顯仁藏用神妙無窮火之用其至矣哉愚嘗繹而思之五行皆一惟火有二二者陰火陽火也其綱凡三其目凡十有二所謂三者天火也地火也人火也所謂十有二者天之火四地之火五人之火三也試申言之天之陽火二太陽眞火也星精飛火也天之陰火二龍火也雷火也地之陽火三鑽木之火也擊石之火也戛金之火也地之陰火二石油之火也水中之火也人之陽火一丙丁君火也人之陰火二命門相火也三昧之火也合而言之陽火六陰火亦六共十二焉諸陽火遇草而焫得木而燔可以濕伏可以水滅諸陰火不焚草木而流金石得濕愈焰遇水益熾以水折之則光焰詣天物窮方止以火逐之以灰扑之則灼性自消光焰自滅故人之善反于身者上體于天而下驗于物則君火相火正治從治之理思過半矣此外又有蕭丘之寒火澤中之陽焰野外之鬼燐金銀之精氣此皆似火而不能焚物者也至于樟腦猾髓皆能水中發火濃酒積油得熱氣則火自生南荒有厭火之民食火之獸西戎有食火之鳥火鴉蝙蝠能食焰烟火龜火鼠生于火地此五行物理之常而乍聞者目爲怪異蓋未深詣乎此理故爾復有至人入水不溺入火不焚入金石無礙步日月無影斯人也與道合眞不知其名謂之至人蔡九峯止言木火石火雷火水火蟲火燐火似未盡該也朱震亨曰太極動而生陽靜而生陰陽動而變陰靜而合而生水火木金土各一其性惟火有二曰君火人火也曰相火天火也火內陰而外陽主乎動者也故凡動皆屬火以名而言形氣相生配于五行故謂之君以位而言生于虛無守位稟命因其動而可見故謂之相天主生物故恆于動人有此生亦恆于動動者皆相火之爲也見于天者出于龍雷則木之氣出于海則水之氣也具于人者寄于肝腎二部肝木而腎水膽者肝之腑膀胱者腎之腑心包絡者腎之配三焦以焦言而下焦司肝腎之分皆陰而下者也天非此火不能生物人非此火不能自生天之火雖出于木而皆本乎地故雷非伏龍非蟄海非附于地則不能鳴不能飛不能波也鳴也飛也波也動而爲火者也肝腎之陰悉具相火人而同乎天也然而東垣以火爲元氣之賊與元氣不兩立一勝則一負者何哉周子曰神發知矣五性感動而萬事出有知之後五者之性爲物所感而動即內經五火也五性厥陽之火與相火相扇則妄動矣火起于妄變化莫測

煎熬眞陰陰虛則病陰絕則死君火之氣經以暑與濕言之相火之氣經以火言之蓋表其暴悍酷烈甚于君火也故曰相火元氣之賊周子又曰聖人定之以中正仁義而主靜朱子曰必使道心常爲一身之主而人心每聽命焉夫人心聽命而又主之以靜則彼五火之動皆中節相火惟有裨補造化以爲生生不息之運用爾何賊之有或曰內經止于六氣言火未言及臟腑也曰岐伯歷舉病機一十九條而屬火者五諸熱瞀瘛皆屬于火諸逆衝上皆屬于火諸躁狂越皆屬于火諸禁鼓慄如喪神守皆屬于火諸病胕腫疼酸驚駭皆屬于火是也劉河間云諸風掉眩屬于肝風火也諸氣膹鬱屬于肺燥火也諸濕腫滿屬于脾濕火也諸痛癢瘡屬于心鬱火也是皆火之爲病出于臟腑者然也以陳無擇之通敏猶以暖溫爲君火日用之火爲相火無怪乎後人之聾瞽也

燧火集解

李時珍曰周官司爟氏四時變國火以救時疾季春出火季秋納火民咸從之蓋人之資于火食者疾病壽夭生焉四時鑽燧取新火以爲飲食之用依歲氣而使無亢不及所以救民之時疾也榆柳先百木而青故春取之其火色青杏棗之木心赤故夏取之其火色赤柞楢之木理白故秋取之其火色白槐檀之木心黑故冬取之其火色黑桑柘之木肌黃故季夏取之其火色黃天文大火之次于星爲心季春龍見于辰而出火于時爲暑季秋龍伏于戌而納火于時爲寒順天道而百工之作息皆因之以免水旱災祥之流行也後世寒食禁火乃季春改火遺意而俗作介推事謬矣道書云竈下灰火謂之伏龍屎不可爇香事神

桑柴火主治

癰疽發背不起瘀肉不腐及陰瘡瘰癧流注臁瘡頑瘡然火吹滅日灸一次未潰拔毒止痛已潰補接陽氣去腐生肌凡一切補藥諸膏宜此火煎之但不可點艾傷肌

發明

朱震亨曰火以暢達拔引鬱毒此從治之法也李時珍曰桑木能利關節養津液得火則拔引毒氣而祛逐風寒所以能去腐生新抱朴子云一切仙藥不得桑煎不服桑乃箕星之精能助藥力除風寒痺諸痛久服終身不患風疾

炭火集解

李時珍曰燒木爲炭木久則腐而炭入土不腐者木有生性炭無生性也葬家用炭能使蟲蟻不入竹木之根自回亦緣其無生性耳古者冬至夏至前二日垂土炭平衡兩端輕重令勻陰氣至則土重陽氣至則炭重也

櫟炭火主治

櫟炭火宜煅煉一切金石藥烰炭火宜烹煎焙炙百藥丸散

白炭火主治

誤吞金銀銅鐵在腹燒紅急爲末煎湯呷之甚者刮末三錢井水調服未效再服又解水銀輕粉毒帶火炭納水底能取水銀出也土立炭帶之辟邪惡鬼氣除夜立之戶內亦辟邪惡

蘆火竹火主治

宜煎一切滋補藥

發明

凡服湯藥雖品物專精修治如法而煎藥者鹵莽造次水火不良火候失度則藥亦無功觀夫茶味之美惡飯味之甘餲皆係于水火烹飪之得失卽可推矣是以煎藥須用小心老成人以深罐密封新水活火先武後文如法服之未有不效者火用陳蘆枯竹取其不強不損藥力也桑柴火取其能助藥力烰炭取其力慢櫟炭取其力緊溫養用糠及馬屎牛屎者取其緩而能使藥力勻徧也

艾火主治

灸百病若灸諸風冷疾入硫黃末少許尤良

發明

凡灸艾火者宜用陽燧火珠承日取太陽眞火其次則鑽槐取火爲良若急卒難備卽用眞麻油燈或蠟燭火以艾莖燒點於炷滋潤灸瘡至愈不痛也其戛金擊石鑽燧入木之火皆不可用邵子云火無體因物以爲體金石之火烈于草木之火是矣八木者松火難瘥柏火傷神多汗桑火傷肌肉柘火傷氣脈棗火傷內吐血橘火傷營衛經絡榆火傷骨失志竹火傷筋損目也南齊書載武帝時有沙門從北齊賫赤火來其火赤于常火而小云以療疾貴賤爭取之灸至七炷多得其驗吳興楊道慶虛疾二十年灸之卽瘥咸稱爲聖火詔禁之不止不知何物之火也

陽燧釋名

火鏡也以銅鑄成其面凹摩熱向日以艾承之則得

火周禮司烜氏以火燧取明火于日是矣

神鍼火主治

心腹冷痛風寒濕痺附骨陰疽凡在筋骨隱痛者鍼之火氣直達病所甚效

發明

神鍼火者五月五日取東引桃枝削爲木針如雞子大長五六寸乾之用時以綿紙三五層襯于患處將鍼蘸麻油點著吹滅乘熱針之又有雷火神針法用熟蘄艾末一兩乳香沒藥穿山甲硫黃雄黃草烏頭川烏頭桃樹皮末各一錢麝香五分爲末拌艾以厚紙裁成條鋪藥艾于內緊卷如指大長三四寸收貯瓶內埋地中七七日取出用時于燈上點著吹滅隔紙十層乘熱鍼于患處熱氣直入病處其效更速忌冷水

火鍼釋名

燔鍼焠鍼燒鍼煨鍼火鍼者素問所謂燔鍼焠鍼也張仲景謂之燒針川蜀人謂之煨針其法麻油滿盞以燈草二七莖點燈將鍼頻塗麻油燈上燒令通赤用之不赤或冷則反損人且不能去病也其鍼須用火筋鐵造之爲佳點穴墨記要明白差則無功

主治

風寒筋急攣引痺痛或癱緩不仁者針下疾出急按孔穴則疼止不按則疼甚癥塊結積冷病者鍼下慢出仍轉動以發出汚濁癰疽發背有膿無頭者鍼令膿潰勿按孔穴凡用火鍼太深則傷經絡太淺則不能去病要在消息得中鍼後發熱惡寒此爲中病凡面上及夏月濕熱在兩脚時皆不可用此

發明

素問云病在筋調之筋燔鍼刦刺其下及筋急者病在骨調之骨焠鍼藥熨之又靈樞經敘十二經筋所發諸痺痛皆云治在燔針刦刺以知爲度以痛爲輸又云經筋之病寒則反折筋急熱則縱弛不收陰痿不用焠刺者焠寒急也縱緩不收者無用燔鍼觀此則燔針乃爲筋寒而急者設以熱治寒正治之法也而後世以針積塊亦假火氣以散寒涸而發出汚濁也或又以治癰疽者則是以從治之法潰泄其毒氣也而昧者以治傷寒熱病則非矣張仲景云太陽傷寒加溫鍼必發驚營氣微者加燒鍼則血流不行更發熱而煩躁太陽病下之心下痞表裏俱虛陰陽俱竭復加燒針胷煩面色青黃膚瞤者難治此皆用針者不知往哲設鍼之理而謬用以致害人也又凡肝虛目昏多淚或風赤及生翳膜頑厚成病後生白膜失明或五臟虛勞風熱上冲于目生翳並宜熨烙之法蓋氣血得溫則宣流得寒則凝濇故也其法用平頭針如翳大小燒赤輕輕當翳中烙之烙後翳破即用除翳藥敷點

燈火主治

小兒驚風昏迷搐搦竄視諸病又治頭風脹痛視頭額太陽絡脈盛處以燈心蘸麻油點燈焠之良外痔腫痛者亦焠之油能去風解毒火能通經也小兒初生因冒寒氣欲絕者勿斷臍急烘絮包之將胎衣烘熱用燈炷于臍下往來燎之煖氣入腹內氣回自甦又燒銅匙柄熨烙眼弦內去風退赤甚妙

發明

凡燈惟胡麻油蘇子油然者能明目治病其諸魚油諸禽獸油諸菜子油棉花子油桐油豆油石腦油諸燈烟皆能損目亦不治病也

燈花主治

傅金瘡止血生肉藏器小兒邪熱在心夜啼不止以二三顆燈心湯調抹乳吮之

發明

昔陸賈言燈花爆而百事喜漢書藝文志有占燈花術則燈花固靈物也錢乙用治夜啼其亦取此義乎我明宗室富順王一孫嗜燈花但聞其氣即哭索不已時珍診之曰此癖也以殺蟲治癖之藥丸服一料而愈

燭燼集解

燭有蜜蠟燭柏油燭牛脂燭惟蜜蠟柏油者燼可入藥

主治

丁腫同胡麻鍼砂等分爲末和醋傅之治九漏同陰乾馬齒莧等分爲末以泔水洗淨和臘猪脂傅之日三上

山西志書

太原府

太原府河曲縣火山在縣西五里山逼黃河巖石俱赤煙氣灼人古稱火山軍山上有孔以草投之煙灼上發可熟食草木不生

四川志書

潼川州

蓬溪縣火井伏龍山下地窪若池以火引之有聲隱

隱出地中少頃炎熾夏月積雨停水則焰生水上水爲之沸而寒如故冬月水涸則土上有焰觀者至焚衣裾

雲南志書

臨安府

臨安府火井在阿迷州北三十里郭洺村水溢出於田膏有烟氣或投竹木即燃夜則有光邊石亦熱出煤可燒名曰火井

建水州火焰山在城西北十里土有硫黃氣俗傳攣疾者臥其上輒愈

阿迷州火山在州北三十里火伏土中有火處土即裂以竹投之輒灼

廣西志書

新寧州

隆安縣火燄山在縣東三十里六七月中山表火發自發故名

欽定古今圖書集成曆象彙編乾象典

第九十六卷目錄

乾象典第九十六卷

火部總論

易經

乾卦九五文言

水流濕火就燥

大全吳氏曰濕者下地故水之流趨之燥者乾物故火之燃就之皆同類相感召也

說卦傳

燥萬物者莫熯乎火

集義廣漢張氏曰萬物不能以自成有火以燥之

水火相逮

集義水之飲酌有待於火火之烹飪有須於水此水火相逮也

書經

洪範

一五行一曰水二曰火

疏天一生水地二生火地六成水天七成火數之所起起於陰陽陰陽往來在於日道十一月冬至日南極陽來而陰往冬水位也以一陽生爲水數五月夏至日北極陰進而陽退夏火位也當以一陰生爲火數但陰不名奇數必以偶故以六月二陰生爲火數也是故易說稱乾貞於十一月子坤貞於六月未而皆左行由此也又萬物之本有生于無著生于微五行之體水最微爲一火漸著爲二

火曰炎上

注炎上者炎而又上也

炎上作苦

大全陳氏大猷曰炎以氣言　夏氏曰火之始炎未嘗苦也炎炎不已焦灼既久而苦之味成則苦者炎上之所作

禮記

禮運

昔者先王未有宮室冬則居營窟夏則居橧巢未有火化食草木之實鳥獸之肉飲其血茹其毛未有麻絲衣其羽皮後聖有作然後修火之利范金合土以爲臺榭宮室牖戶以炮以燔以亨以炙以爲醴酪治其麻絲以爲布帛以養生送死以事鬼神上帝皆從其朔

朱子語類

五行

問黃寺丞云金木水火體質屬土曰正蒙有一說好只說金與木之體質屬土水與火却不屬土問火附木而生莫亦屬土否曰火自是箇虛空中物事問只溫熱之氣便是火否曰然

火部藝文一

禁絕火令　魏武帝

聞太原上黨西河雁門冬至後百五日皆絕火寒食云爲介子推且北方沍寒之地老少羸弱將有不堪之患令到人不得寒食若犯者家長半歲刑主吏百日刑令長奪一月俸

火賦　晉潘尼

覽天人之至周嘉火德之爲貴含太陽之靈暉體淳剛之正氣先聖仰觀通神悟靈窮物盡數研幾至精形生于未兆聲發于無象盡之不得其根聽之不聞其響來則莫見其跡去則不知其往似大道之未離而元氣之灝溔故能博贍羣生養育萬類盛而不暴施而不費其變無方其用不匱鑽燧造火陶冶羣形協和五味革變羶腥酒醴烹飪于斯獲成爾乃狄牙典膳百品既陳和羹齊醇旨酒醲醇烹鮀炙鼉灼龜臛鱗乃若流金化石鑠鐵融銅造制戎器以戒不恭砥鍊兵械整飭軍容四海康乂邊境無寇韜弓戢劍解甲釋冑銷鏑爲耒鑄戈爲耨戰士反于耕農戎馬放乎外廐及至焚野燎原一火赫曦林木摧拉沙礫並糜騰光絕覽雲散霓披遂及衝風激揚炎光奔逸元煙四合雲蒸霧萃山陵爲之崩弛川澤爲之涌沸去若風驅疾如電逝紛綸紆轉倏忽橫厲蕭條長空野無孑遺無隰不灰無坰不爇震響達乎八冥流光燭乎四裔榛蕪既除九野謐清蕩枝瘁於凜秋候來春而改生其揚聲發怒則雷電之威也明照遠鑒則日月之暉也甄陶品物則造化之制也濟育羣生則天地之惠也是以上聖人擬火以制禮鄭僑據猛以立政功用關乎古今勳績著乎百姓

維摩經十譬讚　宋謝靈運

性內相表狀非炎安知火新新相推移熒熒非向我如何滯著人終歲迷因果

野燎賦幷序　唐崔湜

先天二年十月僕客于郢山之胡氏胡氏之子體道知命與僕有忘年之厚焉常以暇日登高縱觀見火燎于野壯而偉之因謂僕曰吾讀文多矣未嘗見有賦于是者試爲吾賦之僕時負譴觸物多興拔亳斐然豈近聲律其詞曰

郢國東走楚藩南極江關莽茫千里一邑在季月之窮會方短晷之驟匿霜皚皚而夜塗霰淅淅而朝遁百草同死萬木皆枯瞻彼灌莽鞠爲榛蕪葉煩拏而積莖枝癰腫而盤株既擭甕以擢阜亦彝隥而冒塗及乎農聚告畢澤虞縱燎遠靡不焚近無不燒灼地而山川巻色炎天而日月頽照固玉石以俱銷何芝蘭之不憔豈害物以利獲將順時而通敎沃我公田之饒遂及我私之效盧城之曲客遊者聞之訊之其足觀也乃命我賓僕東吾征騎登于高岡一瞰平地是時牧童樵豎匍匐交馳提熠秉炬斯焉取斯爾其薙棘祟蘊縮茅始吹殘芳未爇短炬猶羸或蠢蠕翁勃或宛延冶遊品翳翳而莫振力綿綿而可羈不利進而求食每違高而趨卑狀仵子之攝身同哲人之守雌及乎旭日照爛晴風肅索戀爍鼓威倏忽而作光絕艶而傍翕氣曈曈而上薄飄紫焰于半天迸紅星而四落駭爾電烈雄然雷奔泉汨飆飄沙騰霧昏其始也杳然若六氣含象開混元其少進也赫焉若十日揚光登天門迫而察之既似乎鷩鏣失轂駭乎原遠而望也又似乎列羽攢旗馳塞垣于是走燃狂迸衝煙怒擊咆林吼叢欲谷歔壑或霍濩以燐亂作翕赫而搯拍飆如萬壑之岸崩拉若千岩之石坼經雪窟而掩靄突冰凌而沸液梗禽失氣以驚嗥伏獸迷奔而墮蹶應接不暇吁其可畏能使烈士賈勇懦夫增氣開耳目之泂濁蕩胸襟之滯欲登農山之嶺既瑣瑣焉觀廣陵之濤亦復何謂及乎炎盛亢極途窮勢摧赫赫掃地滅成煙煨何倏興而忽歇何有往

而不來無介推之生氣見韓安之死灰僕乃愀然歎息而謂胡公曰夫物忌太甚火亦如之得茲在茲失茲在茲徒觀其進德幷命策名逢時二塔式踐六柄初持方望會于朝論亦謀明乎帝思居則擊鐘陳鼎出則長戟幡旗喘喈而嚴霜夏落顧盼而腐草冬滋道路多望塵而拜朝廷以轉目相期及乎過進受傷滿盈致缺或身辱名枿或氣墮心折或朝失卿相之權或暮爲匹夫之刻客稍引而多去友雖求而已絕高門翳羅雀之叢曲池淪涸魚之轍伊焰焰而不禁悶炎炎而就滅聊假興于斯文庶投鑒于來哲

取榆火賦　王起

國家布和令稽舊章候葭灰之所應取榆火之有常鑽之彌堅初若切磋之響動而愈出俄生煒爗之光火則循利人惟嚮方豈徒宣明于四海冈將貽範于百王時也遲遲日昇習習風至太簇中律勾芒整轡擇木之宜順天之利榛歷初種常散英而如錢煌煌是求必鑽木而成燧曲直有倫尋尺爲珍啓炎上之氣當發生之辰佐聽妍于獻歲助煦嫗于陽春比皇明之燭幽既自邇而及遠叶時令而委照是舍舊而謀新始青林分見採終洪鑪兮有待鬱攸之氣方騰枯槁之容不改其執熱也殊金燧之感其攻堅也非水石之鑽佩之或雜于刀礪用之以代其槐檀運手而綠烟乍起屬目而朱焰可覩餘燼收之而有耀死灰燃之而孰難束緼是燃抱樵衆賤何鎔鑄而不賴何燔炙而不可紅星乍現不異乎在天之星朱火既飛詎同夫敲石之火則知調其玉燭取彼白榆誠國之美利亦君之遠圖始韜光而無朕卒既燥而有孚所以微成于著有生于無豈徒嚴凝之鄉樹于北塞朧曉之景失于東隅宜乎爲明不爽餘光必共莫不愛一人之大化爲百姓之日用

庭燎賦　前人

王者崇北辰之位正南面之威赫朱燎以具舉列彤庭而有輝助彼皇明可燭于夜色叶茲睿哲引曜于宵衣信乎令典有作舊章不違當其冠劍鏗鏘環珮昭晰莪莪爭赴肅肅就列聽玉漏而未央仰紫宸而初爇珠旒將出方熠熠以星懸綵仗徐來以煌煌而電設九儀稍布六樂爰分代晨光之昭曜雜佳氣之絪緼騰輝于鵷鷺之行若離若合委照于熊羆之旅或分或羣昭昭彰彰紫氣紅光聲明煜煒百物熒煌覩炎上之有赫知臨下之無荒遠而瞻之謂焚裘之煙昭儉于晉帝迫而察之似流屋之火呈瑞于周王金缸莫齊銀燭非競長風乍拂高焰彌盛華哀燦爛以相鮮猛燨攫拏而交映其容烈烈其明杲杲附寒者覺其春深假寐者疑其曙早則知統四海朝百辟厲夙興勤夕惕佐盛儀而有待惜流光而無斁昭其明也叶天鑒之清穆望而畏之契天威之咫尺彼爟火奏舉神光漢覿何足示來儀之容呈入覲之績則知我皇立人之程爲國之經旂渾渾而咸造鸞鏘鏘而可聆萬宇乂多士寧豈徒美君子之至在宣王之庭

清明日恩賜百官新火賦　謝觀

國有禁火應當清明萬室而寒灰寂滅三辰而纖霭不生木鐸罷循乃灼燎于榆柳桐花始發賜新火于公卿由是太史奉期司烜不失平明鑽燧獻入侑司而當軒奏畢初焰猶短新煙未密我后乃降睿旨茲錫有秩中人俯僂以聳聽蠟炬分行而對出炎炎就列布皇明于此時赫赫遙臨遇恩光于是日觀夫電落天闕紅排內垣乍歷閶闔初辭渥恩振香爐以朱噴和曉日而焰飜出禁署而螢分九陌入人寰而星落千門于時宰執具瞻高卑畢賜降五侯以恩渥歷庶僚以簡易爰逐來命風隨逸騎入權門見執熱之象閱有司識燭幽之義咸就地以照臨示廣德之遐被于是傳詔多士同歡令晨將以明而代暗乃去故而從新均于庭燎覩彼元臣燿燿當門煙助松篁之茂熒熒滿目欲如桃李之春羣臣乃屈膝辟易鞠躬蹴踖捧煦育之恩惠受覆載之光澤各罄謝懇競輸忠赤拜手稽首感榮耀之無窮舞之蹈之荷鴻私之累百然後各爨鼎鑊傳輝膳官爭焚爐灶競爇膏蘭銷冷酒之餘毒卻雜衣之曉寒方知春秋故事未逾于我周禮救災徒稱變火曷若賜于百官萬方同荷

順時行火詔（大中祥符四年）　宋眞宗

火田之禁著在禮經山林之間合順時令其或昆蟲未蟄草木猶蕃輒縱燎原則傷生類諸州縣人畬田並如鄉土舊例自餘焚燒野草須十月後方得縱火其行路野宿人所在檢察毋使延燔

火賦　吳淑

火之於人也尊而不親出納既覩於天象內外亦見於家人司烜效官則取之陽燧莊周著論或言其指薪爾其觀彼焚臺取之然石既不戢而自焚亦禍發而必克每見焚和嘗聞燥物被管仲於齊境隨王莽於宣室若夫牧童之燒秦冢項羽之屠咸陽炎洲照

灼上郡熒煌當春揭以爲備豈璀犖之能穰胡毋之得子傳孫登之訓嵇康至於崌山白首符愚赤喙伏鄭元之先識嘉韓康之幼惠祖瑩蔽窻而服勤管寧望島而來至鷲此浣布戒茲燎原或蕭艾共敝或玉石俱焚彰孝感於君仲施至化於劉昆或以散陶安之冶或以燒子布之門則有伊尹九變窜生五色越王握之而報吳仙翁吐之而待客嘉叔度之不禁笑阿奴之下策宋姬亳社之妖閼伯商丘之職因彼錯木生於積油日巳出而宜息金相守而斯流觀炎炎於燧木指赫赫於蕭丘至其雨裏常燃口中忽吐類旣就燥味惟作苦智伯曾言於入蔓曾子毎聞於不舉亦有望炎山之草木瞻夢澤於雲霓憶田單之縱牛思汃逌之放雞佛圖會說於救燕郛憲嘗聞于噀齊樊英之神寧測欒巴之術難躋則有驚武庫之焚蕩訝圓淵之照灼或涉之而不知或處之而自若亦云燧人用之而紀物炎帝以之而名官孝緒旣云于徹屋古初亦聞乎伏楛別有生彼老槐出於槁竹雀集公車烏流王屋行司爟之政令絕令丘之草木憫池魚之及禍喜藏臺之爲福又聞燒木不死灼獸不燃舉於雖時照彼甘泉孫子用之而攻敵赤松蹈之而成仙糜竺之貨財殆盡獻之之神色恬然猶有臨邛之井神丘之穴咸通嘗見於烏銜熒燎忽驚于突決爲子推而見禁逼仲都而不熱斯配禮而主夏實離象之餘烈也

火部藝文二 詩

庭燎詩　晉傅元

元正始朝享萬國執圭璋枝燈若火樹庭燎繼天光

詠竹火籠　齊謝朓

庭雪亂如花井冰粲成玉因炎入貂袖懷溫奉芳縟
體密用宜通文邪性非曲本自江南墟嬋娟修且綠
暫承君玉指請謝陽春旭

詠火　王融

冰容慚遠鑑水質謝明輝是照相思夕早望行人歸

同詠竹火籠　無名氏

結根終南下防露復披雲雖爲九華扇聊可滌炎氛
安能偶孤白鶴卵織成文覆持鴛鴦被百和吐氛氳
忽爲纖手用歲暮侍羅裙

詠竹火籠　梁臨賀王正德

南史曰正德奔魏初去之始爲詩一絕內火籠中
楨幹屈曲盡蘭麝氛氳消欲知懷炭日正是履霜朝

詠五彩竹火籠　范靜妻沈氏

可憐潤霜質纖剖復毫分織作迴風苣製爲縈綺文
含芳出珠被耀綵接緗裙徒嗟今麗飾豈念昔凌雲

遠看放火　庾肩吾

風前細塵起月裏黑煙生發焰看喬木侵光識遠城

夜光篇　唐王泠然

遊人夜到汝陽間夜色冥濛不解顏誰家暗起寒山燒因此明中得見山山頭山下須臾滿歷險緣深無暫斷焦聲散著羣樹鳴炎氣傍林一川煖是時西北多海風吹上連天光更雄濁烟熏月黑高焰爇雲紅初謂煉丹仙竈裏還疑鑄劍神谿中劃爲飛電來照物乍作流星併上空西山無草光已滅東頂熒熒猶未絕沸湯空谷數道水融盡陰崖幾年雪兩京貧病若爲居四壁皆成鑿照餘未得貴遊同秉燭惟將半影借披書

火　杜甫

楚山經月火大旱則斯舉舊俗燒蛟龍驚惶致雷雨
爆嵌魑魅泣崩凍嵐陰昈羅落沸百泓根源皆萬古
青林一灰燼雲氣無處所入夜殊赫然新秋照牛女
風吹巨焰作河棹騰烟柱勢欲焚崐崘光彌焮洲渚
腥至焦長蛇聲吼纏猛虎神物已高飛不見石與土
爾寧要謗讟憑此近熒侮薄關長吏憂甚昧至精主
遠遷誰撲滅將恐及環堵流汗臥江亭更深氣如縷

寒食日恩賜火　竇叔向

恩光及小臣華燭忽驚春電影隨中使星輝拂路人
幸因榆柳暖一照草茅貧

清明日賜百僚新火　史延

上苑連侯第清明及暮春九天初改火萬井屬良辰
頒賜恩逾洽承時慶亦均翠烟和柳嫩紅焰出花新
寵命尊三老祥光燭萬人太平當此日空復賀陶鈞

前題　韓濬

朱騎傳紅燭天廚賜近臣火隨黃道見烟遶白榆新
榮耀分他室恩光共此辰更調金鼎味還暖玉堂人
灼灼千門曉輝輝萬井春應憐螢聚者瞻望獨無鄰

前題　鄭轅

改火清明後優恩賜近臣漏殘丹禁晚燧發白榆新
瑞彩來雙闕神光煥四鄰氣迴侯第煖烟散帝城春
利用調羹鼎餘輝燭縉紳皇明如照隱願及聚螢人

前題　王濯
御火傳香殿華光及侍臣星流中使馬燭照九衢人
轉景連金屋分輝麗錦茵焰迎紅蘂發烟染玉條春
助律和風早添爐暖氣新誰憐一寒女猶望照東鄰

道州觀野火　呂溫
南風吹烈火焰焰燒楚澤陽景當晝遲陰天半夜赤
過處若彗埽來時如電激豈復辨蕭蘭焉能分玉石
蟲蛇盡爍爛虎兕出奔迫積穢一蕩除和氣始融液
堯時既敬授禹稼斯肇迹遍生合穎禾大秀兩岐麥
家有京坻詠人無溝壑慼乃悟焚如功來歲終受益

重向火　白居易
火銷灰復死疎棄已經旬豈是人情薄其如天氣春
風寒忽再起手冷重相親却就紅爐坐心如逢故人

燒歌　溫庭筠
起來望南山山火燒山田微紅夕如滅短焰復相連
差差向岩石冉冉凌青壁低隨迴風盡遠照簷茅赤
鄰翁能楚言倚插欲潸然自言楚越俗燒畬爲早田
豆苗蟲促促籬上花當屋廢棧豕歸欄廣場雞啄粟
新年春雨晴處處賽神聲持錢就人卜敲瓦隔林鳴
卜得山上卦歸來桑棗下吹火向白茅腰鐮映頳蔗
風驅槲葉烟槲樹連平山迸星拂霞外飛燼落階前
仰面呻復嚏鴉娘呪豐歲誰知蒼翠容盡作官家稅

樵火　皮日休
山客地爐裏然薪如陽輝松膏作瀝瀝杉子爲珠璣
響誤擊刺鬧焰疑彗孛飛傍邊煖白酒不覺瀑冰垂

前題　陸龜蒙
積雪抱松塢蠹根然草堂深鑪與遠燒此夜仍交光
或似坐奇獸或如焚異香堪嗟宦遊子凍死道路傍

東陽道中作　方干
百花香氣傍行人花底垂鞭日易曛野火不知寒食
節穿林轉壑自燒雲

夜燒松明火　宋蘇軾
歲暮風雨交客舍淒薄寒夜燒松明火照室紅龍鸞
快焰初煌煌碧烟稍團團幽人忽富貴蕙帳芬椒蘭
珠煤綴屋角香蕊流銅盤坐看十八公俯仰灰燼殘
齊奴朝爨蠟萊公夜長歎海康無此物燭盡更未闌

徐使君分新火　前人
臨皐亭中一危坐三月清明改新火溝中枯木應笑
人鑽灼不然誰似我黃州使君憐久病分我五更紅
一朶從來破釜躍江魚只有清詩嘲飯顆起攜蠟炬
繞空屋欲事煎烹無一可爲公分作無盡燈照破十
方昏暗鎖

雲龍山觀燒得雲字　前人
丁女眞水妃寒山便火耘隕霜知已殺坏戶聽初焚
束縕方熠燿敲石俄氤氳落點甘泉烽橫烟楚塞氛
窮虬上喬木潛蛟躍浮雲驚飛墮傷鴈狂走迷癡麏
谷蟄起蜩燕山妖竄夔羵野竹爆哀聲幽桂飄冤芬
悲同秋照蟹快若夏燎蚊火牛入燗壘燧象奔吳軍
崩騰井陘口萬馬皆朱幘搖曳驪山陰諸姨爛紅裙
方隨長風卷忽值絕澗分我本山中人習見匪獨聞
偶從二三子來訪張隱君君家亦何有物象移朝曛
把酒看飛燼空庭落繽紛行觀農事起畦壟如纈紋
細雨發春穎嚴霜倒秋蕡始知一炬力洗盡狐兔羣

燒火盆行　范成大
春前五日初更後排門然火如晴晝大家薪乾勝豆
稭小家帶葉燒生柴青烟滿城天半白棲鳥驚啼飛
格磔兒孫圍坐犬雞忙鄰曲歡笑遙相望黃宮氣應
纔兩月歲陰猶驕風栗烈將迎陽豔作好春政要火
盆生煖熱

漁家火　前人
漁翁繫葉舟遠映楓林宿手攜雙白魚呼兒爨山竹
深夜寂無人明滅寒山曲

夜燒松明火次韻黃養正　元于石
銀爐熾炭麒麟紅銷金帳煖熏籠烘爨下有蠟可代
薪笑我夜寒癡坐然枯松貧富貴賤何不公安能排
雲叫呼天九重空憐兩松生抱有用材不遇匠石梁
棟施栟櫋盤根錯節屹立凍不死凜凜勁氣猶足排
嚴冬顚崖峭壁人跡絕閒雲流水相冥濛胡爲明不
能保身丁丁斧斤山其童鶉衣百結縮如蝟地爐擁
膝便可閒從容當年榷油幸不嚴汝禁餘用尚及斯
民窮陽和無聲入骨髓不知夜寒沒屋霜橫空但見
濛濛香霧靄四壁紅輝紫焰明窗櫳禦寒何必裘蒙
茸盎然一室回春風何當散作一天暖坐令四海盡
在春風中

贈放烟火者　趙孟頫
人間巧藝奪天工鍊藥然燈清晝同柳絮飛殘鋪地
白桃花落盡滿階紅紛紛燦爛如星隕爟爟喧豗似
火攻後夜再翻花上鎔不愁零亂向東風

晚上南山觀燒　范梈
渡口向寥閴夕暉生翠屏隨風初繞電翳霧忽如星
烏獸蒸宜遁柴扉照不扃闔都春始過雨洗合重青

松枝火　謝宗可

蘚骨誰教劫火侵欲將春意破窮陰鱗鬐光動紅雲起膏液香融紫霧深餘燼尚留霜後節死灰難滅歲寒心有時焰起隨風轉猶是蒼龍澗底吟

春燒　張雨

日落山前野燒生白茅黃葦地初晴明朝却賦雉帶箭呼酒岡頭看火城

煙火戲　明瞿佑

天花無數月中開五色祥雲繞絳臺墮地忽驚星彩散飛空頻作雨聲來怒撞玉斗翻晴雪勇踏金輪起迅雷更漏已深人漸散鬧竿挑得綵燈回

陳都閫宅看烟火　張時徹

正月初旬長晝昏北風吹沙江吐雲千門弱柳青梟梟官院紅梅開正芬雨霽張燈春不遲將軍煙火夜偏奇層層島嶼神仙見爍爍雲霄星斗垂寶塔峻嶒跨紫蜂青天削出金芙蓉芳蘭映日瓊瑤碧菡萏凌波瑪瑙紅蠟炬光中戰馬鳴奔如飛電突如鯨戈矛寒帶陰山雪旗甲晴輝瀚海星野鴿雙飛乍欲沒銜枝喜鵲喳喳發芍藥葡萄懸翠屏珊瑚寶貝流明月空中捧出百絲燈神女新粧五彩明眞人斬蛟動長劍狂客吹簫過洞庭翩翩舞蝶戲穿花海上樓臺散赤霞須臾錦繡被滿地明珠斗大紛如麻城中小兒齊拍手聲聲道好如雷吼鼙鼓彈箏時轉喧河漢低回掛朱簾夜深賓客各言歸主人長跪强牽衣朱苞細拆漳南橘白椀新盛北地梨聯牀接席出豐膳美酒平斟玉屈巵清宵良會豈再得今我不醉將何爲

寒火　朱之蕃

騰空烈焰挾灰飛罩裏熒煌煖氣微禪性定餘傳指滅客心燃後御風歸烹來石髓涼侵齒煮盡霓裳冷切闌入火化人元不爇徒勞炙手借炎威

火部選句

楚宋玉大招魂乎無南南有炎火千里

唐李白大獵賦羽毛揚兮九天絳獵火燃兮千山紅

梁江淹詩婦人望烟火稚子候簷隙

何遜詩滄江照遠火

陳江總詩野火初烟細

唐李嶠詩槐烟乘曉散榆火應春開

駱賓王詩竈火通軍壁烽烟上戍樓

崔國輔詩村烟和海霧舟火亂江星

王維詩漁舟膠凍浦獵火燒寒原 又 岸火孤舟宿 又 夜火人歸富春驛

李頎詩漁舟帶遠火山磬發孤烟 又 夜火明山縣

劉長卿詩夜火金陵城春烟石頭瀨

李白詩石火無留光還如世中人 又 紅火似流螢

岑參詩近鐘清野寺遠火點江郡 又 山火夜燒雲

杜甫詩野航明細火宿鷺起圓沙 又 村舂雨外急鄰火夜深明 又 獵火著高林

嚴維詩一點前村火誰家未掩扉

韓愈詩江樓夜無月漁火燦星點

柳宗元詩夜發敲石火山林如晝明

劉禹錫詩京鐘山頂寺暝火渡頭船

呂溫詩把火遙看吏小留

白居易詩日暮半爐麩炭火

許渾詩櫟塢炭烟晴過嶺蓼村漁火夜移灣

項斯詩幾家深樹裏一火夜漁歸

溫庭筠詩杉火一爐紅

鄭綮詩宿火陷爐灰

張喬詩曉渡明村火

方干詩野火不知寒食節穿林轉壑自燒雲 又 鷁舟草際浮霜葉漁火沙邊駐水螢

羅隱詩棲雁遠驚沽酒火

鄭谷詩淺山寒放馬亂火夜防苗

宋蘇軾詩白灰旋撥通紅火臥聽蕭蕭雨打窗

秦觀詩滿苑柳花寒食後旋鑽新火爇爐香

張耒詩竹籠焙藥時添火

范成大詩月夜片雲應夜雨山根炬火忽人家

陸游詩山爐宿火燃 又 宿火灰深撥更紅 又 出山日已暮林火遠明滅 又 活火生新焰殘燈委碎紅 又 細路小欄燃疎籬續火明 又 市亭茆店炊烟滿人語逢窗結火明 又 寺閣疎鐘動漁邨遠火明 又 人家遠火林間見船底微波枕上聞

元趙元詩人語咿呦村店火

張雨詩獨與山僧飯說寒林遠火初燃

欽定古今圖書集成曆象彙編乾象典

第九十七卷目錄

乾象典第九十七卷

火部紀事一

河圖始開圖伏羲禪於伯牛錯木作火

史記楚世家重黎爲帝嚳高辛居火正甚有功能光融天下帝嚳命曰祝融共工氏作亂帝嚳使重黎誅之而不盡帝乃以庚寅日誅重黎而以其弟吳回爲重黎後復居火正爲祝融

五帝紀舜父瞽叟頑母嚚弟象傲皆欲殺舜舜順適不失子道年二十以孝聞三十而帝堯問可用者四嶽咸薦舜堯乃賜舜絺衣與琴爲築倉廩予牛羊瞽叟尚復欲殺之使舜上塗廩瞽叟從下縱火焚廩舜乃以兩笠自扞而下去得不死

大戴禮五帝德篇舜使益行火以辟山萊

列仙傳師門者嘯父弟子也能使火爲夏孔甲龍師孔甲不能順其意殺而埋之外野一旦風雨迎之訖則山木皆焚孔甲祠而禱之還而道死

史記殷本紀甲子日紂兵敗紂走入登鹿臺衣其寶玉衣赴火而死

周本紀武王東觀兵至于盟津既渡有火自上復于下至于王屋流爲烏其色赤其聲魄云

拾遺記周武王七年南陲之南有扶婁之國其人善能機巧變易形改服吐雲噴火

列子湯問篇周穆王大征西戎西戎獻錕鋙之劍火浣之布其劍長尺有咫練鋼赤刃用之切玉如切泥焉火浣之布浣之必投于火布則火色垢則布色出火而振之皓然疑乎雪皇子以爲無此物傳之者妄蕭叔曰皇子果于自信果于誣理哉

史記周本紀褒姒當幽王三年王之後宮見而愛之生子伯服竟廢申后及太子以褒姒爲后伯服爲太子太史伯陽曰禍成矣無可奈何褒姒不好笑幽王欲其笑萬方故不笑幽王爲烽燧大鼓有寇至則舉烽火諸侯悉至至而無寇褒姒乃大笑幽王說之爲數舉烽火其後不信諸侯益亦不至幽王以虢石父爲卿用事國人皆怨石父爲人佞巧善諛好利王用之又廢申后去太子也申侯怒與繒西夷犬戎攻幽王幽王舉烽火徵兵兵莫至遂殺幽王驪山下虜褒姒盡取周賂而去

周禮天官亨人掌供鼎鑊以給水火之齊

春官卜師掌開龜之四兆一曰方兆二曰功兆三曰義兆四曰弓兆凡卜事眡高揚火以作龜致其墨

華氏掌共燋契以待卜事凡卜以明火爇燋遂龡其焌契以授卜師遂役之

秋官穴氏掌攻蟄獸各以其物火之以時獻其珍異皮革

柞氏掌攻草木及林麓夏日至令刊陽木而火之冬日至令剝陰木而水之若欲其化也則春秋變其水火

管子輕重甲篇齊之北澤燒火光照堂下管子入賀桓公曰吾田野辟農夫必有百倍之利矣是歲租稅九月而具粟又美桓公召管子而問曰此何故也管子曰萬乘之國千乘之國不能無薪而炊今北澤燒莫之續則是農夫得居裝而賣其薪蕘一束十倍則春有以倳耜夏有以決芸此租稅所以九月而具也

韓子齊桓公設庭燎爲士之欲造見者期年而士不至東野鄙人有以九九之術見者桓公曰九九足以見乎對曰臣非以九九爲足以見也臣聞主君設庭燎以待士期年而不至夫士所以不至者君天下賢君也四方之士皆自論不及君故不至也夫九九薄能耳而君猶禮之況賢于九九者桓公曰善禮之明日而士至

穀梁傳伯姬之舍失火左右曰夫人少辟火乎伯姬曰婦人之義傅母不在宵不下堂

左傳昭公十八年子產使郊人助祝史除于國北禳火于玄冥回祿

家語孔子爲大司寇國廄焚子退朝而之火所鄉人有自爲火來者則拜之士一大夫再子貢曰敢問何也孔子曰其來者亦相弔之道也吾爲有司故拜之

韓非子魯人燒積澤天北風火南倚恐燒國哀公懼自將衆趨救火者左右無人盡逐獸而火不救乃召問仲尼仲尼曰夫逐獸者樂而無罰救火者苦而無賞此火之所以無救也哀公曰善仲尼曰事急不及以賞救火者盡賞之則國不足以賞于人請徒行賞

哀公曰善于是仲尼乃下令曰不救火者比降北之罪逐獸者比入禁之罪令未下遍而火已救矣

吳越春秋越王欲復吳讎冬則抱冰夏則握火懸胆于戶出入嘗之

韓子越王問于大夫種曰吾欲伐吳對曰可矣何不試焚宮室于是遂焚宮室民莫能救火乃下令曰民之救火而死者比死敵之賞民之塗其體被濡衣走火者左右各三千人

後漢書西羌傳羌無弋爰劍者秦厲公時爲秦所拘執後得亡歸而秦人追之急藏于巖穴中得免羌人云爰劍初藏穴中秦人焚之有景象如虎爲其蔽火得以不死

戰國策楚王遊于雲夢結駟千乘旌旗蔽天野火之起也若雲蜺兕虎之聲若雷霆

史記田單傳燕既盡降齊城唯獨莒卽墨不下引兵東圍卽墨城中相與推田單立以爲將軍田單乃收城中得千餘牛爲絳繒衣畫以五彩龍文束兵刃于其角而灌脂束葦于尾燒其端鑿城數十穴夜縱牛壯士五千人隨其後牛尾熱怒而奔燕軍燕軍夜大驚牛尾炬火光明炫耀燕軍視之皆龍文所觸盡死傷五千人因銜枚擊之而城中鼓譟從之老弱皆擊銅器爲聲聲動天地燕軍大駭敗走

孫臏傳魏與趙攻韓韓告急於齊齊使田忌將而往直走大梁魏將龐涓聞之去韓而歸齊軍入魏地龐涓乃棄其步軍與其輕銳倍日幷行逐之孫子度其行暮當至馬陵馬陵道狹而旁多阻隘可伏兵乃斫大樹白而書之曰龐涓死於此樹之下於是令齊軍善射者萬弩夾道而伏期曰暮見火舉而俱發龐涓果夜至斫木下見白書乃鑽火燭之讀其書未畢齊軍萬弩俱發魏軍大亂相失龐涓自知智窮兵敗乃自剄曰遂成豎子之名齊因乘勝盡破其軍虜魏太子申以歸

列女傳梁姑姊其室失火兄子與己子在內欲取兄子輒得其子火盛不得復入婦人曰梁豈可戶告人曉邪被不義之名何面見兄弟國人哉遂赴火而死

韓非子郢人有遺燕相國書者夜書火不明因謂持燭者曰舉燭云而過書舉燭舉燭非書意也燕相受書而說之曰舉燭者尚明也尚明也者舉賢而任之燕相白王大說國以治

山東通志燒車嶺在登州府文登縣北三十里縣志云秦始皇東遊生公子于此以火自焚其車今考史記諸書不經見

史記封禪書三年一郊秦以冬十月爲歲首故常以十月上宿郊見通權火拜于咸陽之旁注權火烽火也其法類稱故謂之權欲令光明遠照通祀所也

漢書陳勝傳秦二世元年秋七月發閭左戍漁陽九百人勝廣皆爲屯長迺丹書帛曰陳勝王置人所罾魚腹中又閒令廣之次所旁叢祠中夜構火狐鳴呼曰大楚興陳勝王卒皆夜驚恐旦日卒中往往指目勝廣

史記項羽本紀項羽引兵西屠咸陽殺秦降王子嬰燒秦宮室火三月不滅

三輔黃圖秦始皇帝葬驪山六年之間爲項王所發牧兒墮羊冢中燃火求羊燒其槨藏

西京雜記樊將軍噲問陸賈曰自古人君皆云受命于天云有瑞應豈有是乎賈曰有之夫目瞤則得酒食燈火華則得錢財故目瞤則祝之火華則拜之兒天下大寶人君重位非天命何以得之哉

惠帝七年夏雷震南山大木數千株皆火燃至末其下數十畝地草皆燋黃其後百許日家人就其間得龍骨一具鮫骨二具

韓詩外傳里婦夜亡肉姑以爲婦盜逐之鄰母束緼請火于亡肉家曰犬暮得肉相爭請火治之遂呼婦還

漢書李廣傳廣子當戶當戶子陵爲騎都尉天漢二年召陵欲使爲貳師將輜重陵叩頭自請願得自當一隊以少擊衆步兵五千人涉單于庭上壯而許之陵至浚稽山與單于相値騎可三萬圍陵軍陵引士出營外爲陳千弩俱發應弦而倒單于大驚召左右地兵八萬餘騎攻陵陵且戰且引抵大澤葭葦中虜從上風縱火陵亦令軍中縱火以自救注預自燒其旁草木令虜火不得延及也

蘇武傳武以中郎將持節送匈奴使留在漢者與張勝常惠等既至匈奴會緱王與長水虞常等謀反匈奴中單于子弟發兵與戰緱王等皆死虞常生得單于使衛律治其事虞常引張勝單于怒欲殺漢使者左伊秩訾曰宜皆降之單于使衛律召武受辭武謂惠等屈節辱命雖生何面目以歸漢引佩刀自刺衛律驚自抱持武馳召毉鑿地爲坎置熅火覆武其上蹈其背以出血武氣絕半日復息惠等哭輿歸營

循吏傳召信臣奏請大官園種冬生葱韭菜茹覆以

屋廡晝夜爇蘊火待溫氣乃生此皆不時之物有傷于人不宜以奉供養

桓譚新論元帝被病廣求方士漢中送道士王仲都詔問所能對曰能忍寒暑乃以昆明池上環冰而馳御者厚衣狐裘寒戰而仲都獨無變色臥於池臺上曛然自若夏大暑使曝坐環以十爐火不言熱又身不汗

三輔黃圖劉向於成帝之末校書天祿閣專精覃思夜有老人著黃衣植青藜杖叩閣而進見向暗中獨坐誦書老父乃吹杖端烟燃因以見向授五行洪範之文恐詞說繁廣忘之乃裂裳及紳以記其言至曙而去請問姓名云我是太乙之精天帝聞卯金之子有博學者下而觀焉乃出懷中竹牒有天文地圖之書曰余略授子焉

漢書哀帝本紀關東民傳行西王母籌經歷郡國西入關至京師民又會聚祠西王母或夜持火上屋擊鼓號呼相驚恐

王莽傳更始元年鄧曄李松等共攻京師倉長安旁兵四會城下皆爭欲先入城貪立大功十月兵從宣平城門入城中少年朱弟張魚等恐見鹵掠趨讙並和燒作室門斧敬法闥謼曰反鹵王莽何不出降火及掖庭承明黃皇室主所居也莽避火宣室前殿火輒隨之

後漢書馮異傳光武至邯鄲遣異與銚期乘傳撫循屬縣及王郎起光武自薊東南馳至南宮遇大風雨光武引車入道旁空舍異抱薪鄧禹熱火光武對竈燎衣

任光傳光字伯卿與世祖破王尋王邑更始至洛陽以光爲信都太守及王郎起郡國皆降之光獨不肯世祖自薊還傳聞信都獨爲漢拒邯鄲即馳赴之與光投暮入堂陽界使騎各持炬火彌滿澤中光炎燭天舉城莫不震驚惶怖其夜即降旬日之間兵衆大盛因攻城邑遂屠邯鄲

梁鴻傳鴻字伯鸞扶風平陵人受業太學家貧而尚節介博覽不爲章句學畢乃牧豕于上林苑中曾誤遺火延及他舍鴻乃尋訪燒者問所去失悉以豕償之其主猶以爲少鴻曰無他財願以身居作主人許之因爲執勤不懈鄰家耆老見鴻非恆人共責主人而稱鴻長者於是始敬異焉悉還其豕鴻不受而去

汝南先賢傳蔡君仲有至孝之心母終棺在堂西舍失火將至君仲伏屍號哭火越向東家

後漢書劉昆傳昆字桓公建武五年除江陵令時縣連年火災昆輒向火叩頭多能降雨止風二十二年徵代杜林爲光祿勳詔問反風滅火行何德政而致是事昆對曰偶然耳帝歎曰此乃長者之言也

郭憲傳憲字子橫汝南宋人也光武即位求天下有道之人乃徵憲拜博士再遷建武七年代張堪爲光祿勳從駕南郊憲在位忽回向東北含酒三潠執法奏爲不敬詔問其故憲對曰齊國失火故以此厭之

後齊果上火災與郊同日

酉陽雜俎武溪田強遣長子魯居上城次子玉居中城小子倉居下城三壘相次以拒王莽光武二十四年遣武威將軍劉尚征之尚未至倉獲白鼈爲臛舉烽請兩兄兄至無事及尚軍來倉舉火魯等以爲不實倉遂戰而死

後漢書廉范傳范字叔度京兆杜陵人舉茂才數月再遷爲雲中太守會匈奴大入塞烽火日通故事鹵人過五千人移書傍郡吏欲傳檄求救范不聽自率士卒拒之鹵衆盛而范兵不敵會日暮令軍士各交縛兩炬三頭爇火營中星列鹵遙望火多謂漢兵救至大驚待旦將退范乃令軍中蓐食晨往赴之斬首數百級鹵自相轔藉死者千餘人由此不敢復向雲中成都民物豐盛邑宇逼側舊制禁民夜作以防火災而更相隱蔽燒者日屬范乃毀削先令但嚴使儲水而已百姓以爲便乃歌之曰廉叔度來何暮不禁火民安作平生無襦今五袴

周舉傳舉遷并州刺史太原一郡舊俗以介子推焚骸有龍忌之禁至其亡月咸言神靈不樂舉火由是士民每冬中輒一月寒食莫敢煙爨老少不堪歲多死者舉既到州乃作弔書以置子推之廟言盛冬去火殘損民命非賢者之意以宣示愚民使還溫食於是衆惑稍解風俗頗革

陳禪傳永寧元年西南夷撣國王獻樂及幻人能吐火自支解易馬牛頭

欒巴傳註巴爲尚書正朝大會巴獨後到又飲酒西南噀之有司奏巴不敬有詔問巴巴頓首謝曰臣本縣成都市失火臣故因酒爲雨以滅火臣不敢不敬詔即以驛書問成都成都答言正旦大失火食時有雨從東北來火乃息雨皆酒臭

羊續傳續爲廬江太守後揚州黃巾賊攻舒焚燒城郭續發縣中男子二十以上皆持兵勒陣其小弱者

悉使負水灌火會集數萬人幷勢力戰大破之

郅惲傳惲遷長沙太守先是長沙有孝子古初遭父喪未葬鄰人失火初匍匐柩上以身扞火火爲之滅惲甄異之以爲首舉

劉榮傳榮坐事付縣獄爲野火所及榮脫械救火事畢還獄自著械

皇甫嵩傳嵩遷北地太守鉅鹿張角衆徒數十萬連結郡國作亂皆著黃巾爲摽幟帝以嵩爲左中郎將與右中郎將朱儁各統一軍共討潁川黃巾儁與賊波才戰戰敗嵩因進保長社波才引大衆圍城嵩兵少軍中皆恐乃名軍吏謂曰兵有奇變不在衆寡今賊依草結營易爲風火若因夜縱燒必大驚亂吾出兵擊之四面俱合田單之功可成也其夕遂大風嵩乃約勅軍士皆束苣乘城使銳士間出圍外縱火大呼城上舉燎應之嵩因鼓而奔其陳賊驚亂奔走

禮儀志先臘一日大儺謂之逐疫方相與十二獸儛嚾呼周徧前後省三過持炬火送疫出端門門外騶騎傳炬出宮司馬闕門外五營騎士傳火棄雒水中

桂陽列仙傳成武丁後漢時爲臨武小吏邑令遣至州太守元日宴郡官使之司酒忽取酒含而噀之衆怪問答曰適見臨武失火所以噀酒救之

三國吳志孫靜傳靜字幼臺堅季弟也堅始舉事進攻會稽太守王朗拒策於固陵策數度水戰不能克靜說策曰朗負阻城守難可卒拔查瀆南去此數十里而道之要徑也宜從彼據其內所謂攻其無備出其不意者也吾當自帥衆爲軍前隊破之必矣策曰善乃詐令軍中曰頃連雨水濁兵飲之多腹痛令促具甖缶數百口澄水至昏暮四維然火誑朗便分軍夜投查瀆道襲高遷屯

張昭傳權以公孫淵稱藩遣張彌許宴至遼東拜淵爲燕王昭諫曰淵背魏懼討遠來求援非本志也若兩使不反不亦取笑於天下乎權卒遣彌宴往昭忿言之不用稱疾不朝權恨之土塞其門昭又於內以土封之淵果殺彌宴權數慰謝昭固不起權因出過其門呼昭昭辭疾篤權燒其門欲以恐之昭更閉戶權使人滅火住門良久昭諸子共扶昭起權載以還宮深自克責昭不得已然後朝會

三國魏志武帝本紀建安二十三年春正月漢太醫令吉本與少府耿紀司直韋晃等反攻許燒丞相長史王必營注王聞王必死盛怒召漢百官詣鄴令救火者左不救火者右衆人以爲救火者必無罪皆附左王以爲不救火者非助亂救火乃實賊也皆殺之

抱朴子內篇左慈趙明於茅屋上然火煮食食熟而茅屋不燋

吳志周瑜傳劉備爲曹公所破權遣瑜及程普等與備幷力逆曹公于赤壁瑜部將黃蓋取蒙衝鬬艦數十艘實以薪草膏油灌其中裹以帷幕上建牙旗又豫備走舸各繫大船後因引次俱前蓋放諸船同時發火時風盛猛悉延燒岸上營落烟炎漲天人馬燒溺死者甚衆軍遂敗

魏志周宣傳文帝問宣曰吾昨夢見芻狗其占何也宣答曰君家欲失火當善護之俄遂火起

管寧傳文帝即位徵寧遂將家屬浮海還郡注寧在遼東積三十七年乃歸寧之歸也海中遇暴風船皆沒唯寧乘船自若時夜風晦冥船人莫知所泊望見有火光趣之得島島無居人又無火燼行人咸異焉

齊王芳本紀景初三年二月西域重譯獻火浣布詔大將軍太尉臨試以示百寮

搜神記崑崙之墟地首也是惟帝之下都故其外絕以弱水之深又環以炎火之山山上有鳥獸草木皆生育滋長于炎火之中故有火澣布非此山草木之皮枲則其鳥獸之毛也漢世西域舊獻此布中間久絕至魏初時人疑其無有文帝以爲火性酷烈無含生之氣著之典論明其不然之事絕智者之聽及明帝立詔三公曰先帝昔著典論不朽之格言其刊石于廟門之外及太學與石經並以永示來世至是西域使人獻火浣布袈裟于是刊滅此論而天下笑之

異苑蜀郡臨邛縣有火井漢室之隆則炎赫彌熾暨桓靈之際火勢漸微諸葛亮一瞰而更盛至景耀元年人以燭投即滅其後蜀幷于魏

魏志大秦國傳其俗多奇幻口中出火自縛自解跳十二丸巧妙絕倫

述征記北征有張母墓舊說張母是王氏妻王家葬經有年後開墓而香火猶燃其家奉之稱清火道

晉書杜預傳帝密有滅吳之計唯預羊祜張華與帝意合及祜卒拜鎮南大將軍都督荊州諸軍事太康元年正月陳兵于江陵旬日之間累尅城邑又遣牙門管定周旨伍巢等率奇兵八百泛舟夜渡以襲樂鄉多張旗幟起火巴山出於要害之地以奪賊心吳都督孫歆震恐男女降者萬餘口

拾遺記晉太康元年有羽山之民獻火浣布萬匹其

國人稱羽山之山有文石生火煙邑以隨四時而見名爲淨火有不潔之衣投于火石之上雖滯汚漬涅皆如新浣當虞舜時其國獻黃布漢末獻赤布梁冀製爲衣謂之丹衣

晉書陸雲傳雲嘗行逗宿故人家夜暗迷路莫知所從忽望草中有火光于是趣之至一家便寄宿見一年少美風姿共談老子辭致深遠向曉辭去行十許里至故人家云此數十里中無人居雲意始悟却尋昨宿處乃王弼冢雲本無元學自此談老殊進

愍懷太子遹傳宮中嘗夜失火武帝登樓望之太子時年五歲牽帝裾入闇中帝問其故太子曰暮夜倉卒宜備非常不宜令照見人君也

鄧攸傳攸爲河東太守永嘉末沒于石勒勒名至幕下與語悅之以爲參軍給車馬勒每東西置攸車營中勒夜禁火犯之者死攸與胡鄰轂胡夜失火燒車吏按問胡乃誣攸攸度不可與爭遂對以弟婦散發溫酒爲辭勒赦之既而胡人深感自縛詣勒以明攸而陰遺攸馬驢諸胡莫不歎息宗敬之

十六國春秋後秦錄法智白衣時獨行大澤中忽遇猛火四起走路已絕便禮誦觀世音俄而火過一澤之草無有遺莖惟智所容身處不燒

晉書周顗傳顗性寬裕而友愛過人弟嵩嘗因酒瞋目謂顗曰君才不及弟乃橫得重名以所燃蠟燭投之顗神色無忤徐曰阿奴火攻固出下策耳

周訪傳訪爲振武將軍與諸軍共征杜弢弢將張彥陷豫章王敦遣繆蕤李恆受訪節度共擊彥彥軍退走訪追彥破之及暮訪與賊隔水賊衆數倍自知力不能敵乃密遣人如樵採者而出於是結陣鳴鼓而來大呼左軍至士卒皆稱萬歲至夜令軍中多布火而食賊謂官軍益至未曉而退

趙書石勒造庭燎于橦末高十丈上盤置燎下盤安人以待燎絙繳上下

建康實錄元帝渡江有王離妻李氏者洛陽人將洛陽舊火南渡自言受道于祖母王氏傳此火并有遺書二十七卷臨終使行此火勿令斷絕火色甚赤異于餘火有靈驗四方病者將此火煑藥及灸諸病皆愈轉相妖惑官司禁不能止及李氏卒火亦經時而滅人號其所居爲聖火巷

晉起居注成帝咸和八年十二月有司奏庭燎在公車門外今更集議舊在端門內施詔曰尚書奏九年庭燎當在端門內元明帝時在公車門內可依舊安司徒錄公命當率由舊章宜在端門內

杭州府志晉嚴氏餘杭人夫孝明失其姓嚴事舅以孝聞咸康五年火時孝明父喪在家未葬孝明適出嚴仰天號哭火爲之滅

鄴中記石虎正會殿庭中端門外閶闔前設庭燎皆二合六處皆六丈

晉書毛璩傳海陵縣界地名青蒲四面湖澤皆是菰葑逃亡所聚威令不能及璩建議率千人討之時大旱璩因放火菰葑盡然亡戶窘迫悉出詣璩自首近有萬戶皆以補兵朝廷嘉之

苻堅載記車騎將軍桓冲率衆十萬伐堅堅遣其子叡及慕容垂毛當率步騎五萬救襄陽叡遣垂爲前鋒次于沔水垂命三軍人持十炬火繫于樹枝光照十數里

慕容儁載記冉閔僭稱大號遣常煒聘於儁儁使其記室封裕詰之曰石祗去歲使張舉請救云璽在襄國又聞閔鑄金爲己象壞而不成煒曰天之神璽實在寡君鑄形之事所未聞也儁既銳信舉言又欣於閔鑄形之不成也必欲審之乃積薪置火於其側命裕等以意喻之煒神色自若抗言曰結髮以來尚不欺庸人況千乘乎巧詐虛言以救死者臣所不爲也益薪速火君之大惠儁遂赦之

江逌傳逌字道載陳留圉人也中軍將軍殷浩將謀北伐請爲諮議參軍浩甚重之遷長史時羌及丁零叛浩軍震懼姚襄去浩十里結營以逼浩浩令逌擊之逌進兵至襄營謂將校曰今兵非不精而衆少於羌難與校力吾當以計破之乃取數百雞以長繩連之繫火於足羣雞駭散飛集襄營火發因其亂隨而擊之襄遂少敗

王獻之傳獻之嘗與徽之俱坐一室忽然火發徽之遽走取履獻之神色恬然徐喚左右扶出

晉中興書哀帝興寧元年詔庭燎樹端門內

晉書顧愷之傳桓元時與愷之同在仲堪坐共作了語愷之先曰火燒平原無遺燎

索紞傳黃平問紞曰我昨夜夢舍中馬舞數十人向馬拍手此何祥也紞曰馬者火也舞爲火起向馬拍手救火人也平未歸而火作

胡毋輔之傳輔之嘗過河南門下飲河南騶王子博箕坐其傍輔之叱使取火子博曰我卒也惟不乏吾事則已安復爲人使輔之因就與語歎曰吾不及也

薦之河南尹樂廣擢爲功曹

孫登傳登字公和汲郡共人嘗往宜陽山嵇康從之遊三年問其所圖終不答康每歎息將别謂曰先生竟無言乎登乃曰子識火乎火生而有光而不用其光果在於用光人生而有才而不用其才而果在於用才故用光在乎得薪所以保其耀用才在乎識眞所以全其年今子才多識寡難乎免於今之世矣子無求乎

韓伯傳伯字康伯潁川長社人母殷氏高明有行家貧窶伯年數歲至大寒母方爲作襦令伯捉熨斗而謂之曰且著襦尋當作複褌伯曰不復須母問其故對曰火在斗中而柄尚熱今既著襦下亦當煖母甚異之

世說補嵇中散嘗於夜中燈火下彈琴有一人入室初來時面甚小斯須轉大遂長丈餘顏色甚黑單衣草帶嵇熟視既久乃吹火滅曰恥與魑魅爭光

陸游牛渚山記溫嶠平蘇峻進錄尚書事遜不受還藩至牛渚磯水深不可測世云下多怪物嶠遂燃犀照之須臾水族覆火奇形異狀或乘車馬著赤衣衣幘其夜夢人謂曰與君幽明道別何意相照嶠至鎮未旬而卒

晉書何琦傳琦丁母憂停柩在殯爲鄰火所逼烟焰已交家乏僮使乃匍匐撫棺號哭俄而風止火息

南史王懿傳懿字仲德苻氏之敗仲德及兄叡同起義兵與慕容垂戰敗度河至滑臺復爲翟遼所留使爲將帥積年仲德欲南歸乃棄遼奔太山遼追騎急夜行忽見前有猛炬導之乘火行百許里以免

晉書桓元傳元自篡盜之後驕奢荒侈劉裕劉毅何無忌等共謀興復率義軍至竹里元使桓謙何澹之卞範之距義軍裕至蔣山數道並前于時東北風急義軍放火煙塵張天鼓譟之音震駭京邑謙等諸軍一時奔潰元率親信數千人南奔劉裕遣劉毅劉道規躡元元至江陵率舟艦二百發江陵使苻宏羊僧壽爲前鋒毅率道規及下邳太守孟懷玉與元戰于崢嶸洲于時義軍數千元兵甚盛而元懼有敗衂常漾輕舸於舫側故其衆莫有鬬心義軍乘風縱火盡銳爭先元衆大潰燒輜重夜遁

郭璞傳郭璞門人趙載嘗竊青囊書未及讀而爲火所焚

雲仙雜記陶淵明日用銅鉢煮粥爲二食具遇發火則再拜曰非有是火何以充腹

南齊書祥瑞志世祖宋元嘉十七年六月己未夜生無火婢吹灰而火自燃

宋書柳元景傳雍州羣蠻大爲寇暴世祖西鎭襄陽義恭以元景爲將帥即以爲廣威將軍隨郡太守既至而蠻斷驛道欲來攻郡元景設方略得六七百人分五百人屯驛道會蠻垂至乃使驛道爲備潛出其後戒曰火舉馳進前後俱發蠻衆驚擾投鄖水死者千餘人斬獲數百

沈慶之傳雍州蠻爲寇慶之以將軍太守復與隨王誕入沔既至襄陽率二萬餘人伐沔北諸山蠻大敗諸山連營山中開門相通又命諸軍各穿池於營內朝夕不外汲兼以防蠻之火頃之風甚蠻夜下山人提一炬以燒營營內多幔屋及草庵火至輒以池水灌滅諸軍多出弓弩夾射之蠻散走

周朗傳朗爲廬陵內史郡後荒蕪頗有野獸母薛氏欲見獵朗乃合圍縱火令母觀之火逸燒廨朗悉以秩米起屋償所燒之限

世說補孔中丞二弟在官頗營賦賄嘗請假還東中丞出渚迎之輜重十餘船皆是綿絹紙席中丞僞喜曰我比困乏得此甚要因命上置岸側既而正色語曰汝輩忝預士流何至還東作賈客耶命左右取火燒盡乃去

南史齊劉皇后傳太子初在孕后嘗歸寧遇家奉祠爾日陰晦失曉舉家狼狽共營祭食后助炒胡麻始復納薪未及索火火便自然

南齊書傳琰傳琰遷尚書右丞遭母喪居南岸鄰家失火延燒琰屋琰抱柩不動鄰人競來赴救乃得俱全琰股髀之間已被煙焰

褚淵傳淵性和雅有器度不妄舉動宅嘗失火烟焰甚逼左右驚擾淵神色怡然索轝來徐去

南史戴僧靜傳沈攸之事起高帝入朝堂遣僧靜將腹心先至石頭經略袁粲時蘇烈據倉城門僧靜射書與烈夜縋入城粲登城西南門列燭火坐臺軍至射之火乃滅囘登東門僧靜率力攻倉門手斬粲于東門外軍燒門入以功除前將軍寧朔將軍

北史孫搴傳搴字彥舉樂安人神武西征登鳳陵命中外府司馬李義深相府城局李士略共作檄文皆辭請以搴代神武乃引搴入帳自爲吹火催促之搴神色安然援筆立就其文甚美

南史齊武帝本紀永明十一年有沙門從北齋火而

至邑赤于常火而徵云以療疾貴賤爭取之多得其驗二十餘日都下大盛咸云聖火詔禁之不止火灸至七炷而疾愈吳興丘國賓竊以還鄉邑人楊道慶虛疾二十年依法灸卽差

齊明帝本紀永明元年爲侍中領驍騎將軍王子侯舊乘纏帷車帝獨乘下帷儀從如素士公事混撓販食人擔火誤燒牛鼻豫章王以白武帝帝笑焉轉爲散騎常侍左衛將軍淸道而行

崔慧景傳齊東昏卽位爲護軍裴叔業降魏授慧景平西將軍率軍水路征壽陽子覺爲直閤將軍慧景密與之期時江夏王寶元鎭京口聞慧景北行道左右說之慧景常不自安問言響應襲取廣陵子覺至仍使領兵襲京口覺等精兵八千濟江柳燈沈佚等謂寶元曰崔護軍威名旣重乃誠可見旣已脣齒忽中道立異彼以樂歸之衆亂江而濟誰能拒之於是登北固樓並千蠟燭爲烽火舉以應覺

五代新說梁左率侃有客失火燒十餘物並金寶間之初不拄意客懼走追而慰之

南史沈約傳約好學晝夜不輟母恐其以勞生疾常減油滅火

梁書阮孝緒傳孝緒家貧無以爨僮妾竊鄰人樵以繼火孝緒知之更令撤屋而炊

陸雲公傳雲公善奕棋常夜侍御坐武冠觸燭火高祖笑謂曰燭燒卿貂高祖將用雲公爲侍中故以此言戲之也

樂藹傳藹性公彊居憲臺甚稱職時長沙宣武王將葬而車府忽於庫火油絡欲推主者藹曰昔晉武庫火張華以爲積油萬石必然今庫若有灰非吏罪也旣而檢之果有積灰時稱其博物弘恕焉

梁四公記梁天監中有蜀杰公謁武帝與諸儒語及方域言火洲之南炎崐山之上其土人食蝟蟹髯蛇以辟熱毒洲中有火木其皮可以爲布炎丘有火鼠其毛可以爲褐皆焚之不灼汚以火浣

南史羊侃傳侯景圍建業頻攻不捷後大雨城內土山崩賊乘之入侃乃令多擲火爲火城以斷其路徐於城內築城賊不能進

北史宇文福傳文福歷位瀛州刺史子延位員外散騎侍郎以父老詔聽隨侍在瀛州屬大乘祆黨突入州城延率奴客逆戰身被重瘡賊縱火燒齋閣福時在內延突火入抱福出外支體灼爛鬚髮盡焦於是勒衆與賊苦戰賊乃散走

傅永傳永字脩期清河人也王肅之爲豫州以永爲建武將軍平南長史齊將魯康祚趙公政侵豫州之太倉口肅令永擊之永量吳楚兵好以斫營爲事卽夜分兵二部出于營外又以賊若夜來必應於渡淮之所以火記其淺處永旣設伏仍密令人以瓠盛火渡淮南岸當深處置之敎之云若有火起卽亦然之其夜康祚公政等果親率領來斫永營東西二伏夾擊之康祚等奔趨淮水火旣競起不能記其本濟遂望永所置之火而爭渡焉水深溺死斬首者數千級生禽公政康祚人馬墜淮曉而獲其屍斬首井公政送京師

魏書祖瑩傳瑩年八歲能誦詩書十二爲中書學生好學耽書以晝繼夜父母恐其成疾禁之不能止常密於灰中藏火驅逐僮僕父母寢睡後燃燈讀書以衣被蔽塞窗戶恐漏光明爲家人所覺由是聲譽甚盛內外親屬呼爲聖小兒

北史楊播傳播子侃字士業揚州刺史長孫承業奏侃爲統軍雍州刺史蕭寶夤據州反承業討之除侃爲承業行臺左丞軍次恆農侃白承業曰今賊守潼關全據形勝須北取蒲坂飛櫂西岸置兵死地人有鬭心華州之圍可不戰而解潼關之賊必望風潰散諸處旣平長安自克愚計可錄請爲明公前驅承業從之令其子千產等領騎與侃遇于恆農北度便據石錐壁乃班告曰今且停軍於此以待步卒兼觀人情向背若送降名者各自還村候臺軍舉三烽火各亦應之以明降款其無應烽卽是不降之村理須殄戮人遂傳相告報實未降者亦詐舉烽一宿之間火光遍數百里內圍城之寇不測所以各自散歸長安平侃頗有力焉

水經注土垠縣有觀雞寺內有大堂甚高廣可容千僧下悉結石爲之上加塗塈基內疏通枝經脈散基側室外四出爨火炎勢內流一堂盡溫

北史突厥傳突厥之先出於索國在匈奴之北其部落大人曰阿謗步兄弟七十人其一曰伊質泥師都娶二妻一孕而生四男其一居跋斯處折施山卽其大兒也山上仍有阿謗步種類並多寒露大兒爲出火溫養之咸得全濟遂共奉大兒爲主號爲突厥

韋孝寬傳叔裕字孝寬杜陵人也少以字行大統八年轉晉州刺史尋移鎭玉壁十二年齊神武志圖西入以玉壁衝要先命攻之乃於南城起土山欲乘之

以入孝寬禦之齊神武於城南鑿地道又於城北起土山攻具晝夜不息孝寬復掘長塹要其地道仍簡戰士於塹外積柴貯火敵人有在地道內者便下柴火以皮排吹之火氣一衝咸即灼爛城外又造攻車車之所及莫不摧毀孝寬乃縫布為幔隨其所向則張設之布懸于空中其車竟不能壞城外又縛松於竿灌油加火規以燒布并欲焚樓孝寬復長作鐵鉤利其鋒刃火竿一來以鉤遙割之松麻俱落外又於城四面穿地作二十一道分為四路於其中各施梁柱作訖以油灌柱放火燒之柱折城並崩壞孝寬又隨崩處豎木柵以扞之敵不得入城外盡其攻擊之術孝寬咸拒破之神武智力俱困其夜遁去

北齊書神武西征登鳳陵命中外府司馬李義深相府城局李士略共作檄文皆辭請以孫搴代神武乃引搴入帳自為吹火催促之搴神色安然援筆立就

張曜傳文宣嘗近出令曜居守帝夜還曜不時開門勒兵嚴備駐蹕門外久之催迫甚急曜以夜深須火至面識門乃可開于是獨出見帝笑曰卿欲效郅君章也使曜前開門然後入

張亮傳亮守河州周文帝于上流放火船欲燒河橋亮乃備小艇百餘皆載長鎖鎖頭施釘火船將至即馳小艇以釘釘之引鎖向崖火船不得及橋全亮之計也

北史王慧曉傳慧曉五世孫劭字君懋隋文帝受禪授著作郎以母憂去職起為員外散騎侍郎修起居注劭以上古有鑽燧改火之義近代廢絕於是上表請變火曰臣謹案周官四時變火以救時疾明火不數變時疾必興聖人作法豈徒然也在昔時有人以洛陽火度江者世世事之相續不滅火色變青昔師曠食飯云是勞薪所爨晉平公使視之果然車輞今溫酒及炙肉用石炭木炭火竹火草火麻荄火氣味各不同以此推之新火舊火理應有異伏願遠遵先聖於五時取五木以變火用功甚少救益方大縱使百姓習久未能頓同尚食內廚及東宮諸王食廚不可不依古法上從之

蕭吉傳吉字文休博學多通尤精陰陽算術開皇十四年房陵王時為太子言東宮多鬼魅鼠妖數見上令吉詣東宮禳邪氣於宣慈殿設神坐有回風從艮地鬼門來掃太子坐吉以桃湯葦火驅逐之風出宮門而止上大異之賞賜優洽

香譜杜陽編隋煬帝每除夜殿前設火山數十皆沈香木根每一山焚沈香數車暗即以甲煎沃之香聞數十里

北史倭國傳倭國婚嫁不取同姓男女相悅者即為婚婦入夫家必先跨火乃與夫相見有阿蘇山其石無故火起接天者俗以為異因行祭禱

迷樓記帝將再幸江都有迷樓宮人抗聲夜歌云河南楊花謝河北李花榮楊花飛去落何處李花結子自然成帝召問宮女汝自為之邪曰道塗兒童都唱此歌帝默然曰天啓之也因索酒自歌曰宮木陰濃燕子飛興亡自古漫成悲他日迷樓更好景宮中吐豔戀紅輝後唐帝提兵入京見迷樓曰此皆民膏血所為命焚之經月火不滅

欽定古今圖書集成曆象彙編乾象典

第九十八卷目錄

乾象典第九十八卷

火部紀事二

獨異志傅奕常不信佛法高祖時有西國胡僧能口吐火以威脅衆奕對高祖曰此胡法不足信若火能燒臣卽爲聖者高祖試之立胡僧於殿西奕於殿東乃令胡僧作法於是跳躍禁呪火出僧口直觸奕奕端笏曰乾元亨利貞邪不干正由是火返焰燒僧立死

唐書孟詵傳詵汝州梁人擢進士第累遷鳳閣舍人他日至劉禕之家見賜金曰此藥金也燒之火有五色氣試之驗

舊唐書姚崇傳開元四年山東蝗蟲大起崇奏曰蝗既解飛夜必赴火夜中設火火邊掘坑且焚且瘞除之可盡

唐書顏眞卿傳李希烈陷汝州遣眞卿往諭之興元後王師復振賊慮變遣將辛景臻安華至其所積薪於廷曰不能屈節當焚死眞卿起卽赴火景臻等遽止之

二老堂詩話李白微時募縣小吏令一日賦山火詩云野火燒山後人歸火不歸思軋不屬白從旁綴其下句云焰隨紅日去煙逐暮雲飛令慙止

雲仙雜記王維輞川林下坐用當門四老石燈滅則石中鑽火

五色線劍南有果初進名爲日熟子張果葉法善以術取每遇午必至羅公遠一日於火中索樹叢使者欲到焰火亙天無路可過火歇方得度是夜方到

唐書五行志天寶十二載李林甫第東北隅每夜火光起或有如小兒持火出入者近赤祥也

永王璘傳璘領荊州大都督安祿山反帝至扶風詔璘赴鎭又領山南江西嶺南黔中四道節度使璘至江陵有闚江左意明年肅宗遣宦者啖廷瑤招諭之時河南招討判官李銑在廣陵有兵千餘廷瑤邀銑屯揚子是夜銑陣江北夜然束葦人執二炬景亂水中覘者以倍告璘軍亦舉火應之璘疑王師已濟擕兒女及麾下遁去

續文獻通考唐鄭潛曜母代國長公主寢疾潛曜刺血爲書請神丐以身代火其書而神許二字獨不化翌日立愈

湖廣通志嬾殘天寶間爲衡岳寺執役性嬾而食殘故以爲號李泌寓衡岳夜叩之嬾殘正撥牛糞火煨芋出半芋啗之曰勿多言領取十年宰相

杜陽雜編李輔國家藏鳳首木高一尺彫刻鸞鳳之狀形似枯槁毛羽脫落不甚盡雖嚴凝之時置諸高堂大廈之中而和煦之氣如二三月故別名爲常春木縱烈火焚之終不焦黑焉

舊唐書段秀實傳馬璘徙鎭涇州刀斧將王童之因人心動搖將焚草場期救火者同作亂秀實使嚴加警備夜半火發乃使令於軍中曰救火者斬童之居外營請入救火不許明日斬之

劇談錄朱泚之亂德宗皇帝車駕出幸奉天是時沿邊藩鎭皆已舉兵扈蹕泚自率兇渠直至城下有西明寺僧陷在賊中性甚機巧敎泚造攻城雲梯其高九十餘尺上施板屋樓櫓可以下瞰城中渾中令李司徒奏曰賊鋒既盛雲梯又壯若縱之誠恐不能禦及其尚遠請以銳兵挫之遂率王師五千列陣而出於時束蘊居後約戰酣而燎風勢不便火不能舉二公酹酒抗詞拜空而祝俄而風勢遽迴鼓譟而進火烈颷駭煙埃漲天梯爐卒奔賊遂退卹德宗皇帝御樓以觀中外咸稱萬歲

杜陽雜編順宗皇帝卽位歲拘弭國貢却火雀一雄一雌純黑大小似燕其聲淸殆不類尋常禽鳥置於火中火自散去上嘉其异遂盛於水晶籠懸於寢殿夜則宮人持蠟炬以燒之終不能損其毛羽

柳宗元羆說楚之南有獵者能吹竹爲百獸之音昔云持弓矢罌火而卽之山爲鹿鳴以感其類伺其至發火而射之

雲仙雜記陸鴻漸採越江茶使小奴子看焙奴失睡茶燋爍鴻漸怒以鐵繩縛奴投火中

裴度除夜歎老迨曉不寐爐中商陸火凡數添也

杜陽雜編武宗皇帝會昌元年扶餘國貢火玉三斗色赤長半寸上尖下圓光照數十步積之可以燃鼎置之室內則不復挾纊才人常用煎澄明酒

圖畫寶鑑張南本善畫人物尤工畫火中和年寓止成都金華寺畫八明王時遊僧升殿見火勢逼人驚怛幾仆時論孫位之水幾於道南本之火幾於神

湖廣通志唐天復中澧州葉源村民鄧氏子燒天井中所積柴草火勢既盛龍突而出騰在半空縈帶積草爲火所燎風力轉盛狂焰彌熾擺之不落仆地而斃長更數百步村民徙居避之

雲仙雜記寶雲溪有僧舍盛冬若客至則燃薪火暖香一炷滿室如春人歸更取餘燼

九國志吳盧文進遷潤州節度城中火救之不息文進怒自出州門使名馬步使將斬之聲至火即滅

舊唐書職官志太府寺左藏令凡藏院之內禁人然火

輦下歲時記長安每歲諸陵至清明尚食內園官小兒于殿前鑽火先得火者進上賜絹三疋金椀一口

唐會要清明取楡柳之火以賜近臣

唐書高麗傳寠民盛冬作長坑熅火以取煖

十國春秋前蜀王宗儔伐岐時常還至白石鎮副招討王宗信宿普安禪院方擁伎女十餘人各據牀而寢忽見一姬躍入火爐中宛轉熾炭之上宗信遽起救之履服間略不焦灼已又一姬飛入如前復救之諸伎或出或入皆迷懣失音有親吏驚告宗儔宗儔至則提臂而出之衣裾都無所損隨訊其故皆驚癖云被番僧提入火中爲戲宗信大怒悉索諸僧立於前令伎識之有周和尚者身長面髯羣指曰此是也宗信疑有幻術笞之百殊爲不解宗儔廉知其枉命釋去訖不知何怪云

五代史唐莊宗本紀朱全忠饗克用於上源驛夜酒罷克用醉臥伏兵發火起侍者郭景銖滅燭匿克用牀下以水醒面而告以難會天大雨克用隨電光縋尉氏門出還軍中

王建及傳莊宗積金帛於軍門募能破梁戰艦者至於吐火禁呪莫不皆有

南唐書彭利川傳會鄰家火利用往救徐望之曰煌煌然赫赫然不可嚮邇自鑽而降未有若斯之盛其可撲滅乎

五代史補周世宗末年大舉以取幽州車駕至瓦橋關聖體不豫即詔回戈而晏駕初幽州聞車駕將至父老或竊議曰天子姓柴幽州爲燕燕者亦烟火之謂也柴入火不利之兆安得成功卒如其言

稽神錄宣州節度田頵將作亂一日向暮有鳥出色如雉而大尾有火光如散星之狀自外飛入止戟門而不見翌日府中大火曹局皆盡惟甲兵存焉頵資以起事於明年

劉建封寇豫章僧十朋與其徒奔分寧宿澄心僧院初夜見窗外有光視之見團火高廣數尺中有金車子與火俱行嘔軋有聲十朋始懼其主人云見之數年矣每夜必出於西堂西北隅地中遶堂數周復沒於此以其不爲禍福故無掘視之者

呂師造爲池州刺史頗聚斂常嫁女於揚都資送甚厚使家人送之晚泊竹篠江岸上忽有一道士狀若狂人來去奔走忽躍入舟中穿舟中過隨其所經火即大發復登後船火亦隨之凡所載之舟皆爲煨燼一老婢髮尺餘人與船了無所損失道士亦不復見

丁卯歲盧州刺史劉威移鎮江西既去任而郡中大火虞候申巡火甚急而往往有持火夜行捕之不獲或射之殪就視之乃棺材板腐木敗帚之類郡人愈恐數月除張宗爲盧州刺史火災乃止

遼史禮志歲除儀初夕敕使及夷离畢率執事郎君至殿前以鹽及羊膏置爐中燎之巫及大巫以次贊祝火神訖閤門使贊皇帝面火再拜

隨手雜錄錢王有外國所獻頗胝伽寶其方尺餘其狀如水晶云可厭十里火殃乃置於龍興寺佛髻中餘杭數回祿而龍興寺不可近也有盜嘗焚其殿柱木悉灰燼而烟焰竟不熾皇朝改爲太平祥符寺自唐至皇朝凡有十寶此其一也

宋史禮志開寶元年十一月郊以燎臺稍遠不聞告燎之聲始用爟火令光明遠照通於祀所

契丹志吳王遣使遺太祖以猛火油曰攻城以油燃火焚樓櫓敵以水沃之火愈熾太祖大喜即選騎三萬欲攻幽州后哂之乃止

遯齋閒覽太平興國江東有僧詣闕請修天台寺且言寺成願焚身以報太宗命入內高品衞紹欽督其事紹欽日與僧笑語無間及營繕畢乃積薪於庭呼僧從願僧言願見至尊面謝紹欽不許僧大怖泣告紹欽促令登薪火盛僧欲下紹欽遣左右以杖抑按焚之而退

夢溪筆談玉堂東承旨閣子窗格上有火燃處太宗嘗夜幸玉堂蘇易簡爲學士已寢遽起無燭具衣冠宮嬪自窗格引燭入照之至今不欲更易以爲玉堂一盛事

宋史雷德驤傳德驤子有終字道成咸平三年神衞戍卒以正旦竊發擁都虞候王均爲亂卽日拜有終瀘州觀察使知益州兼川峽兩路招安捉賊事命往招討九月城北洞屋成賊對設敵樓以抗官軍有終遣卒焚之賊築月城以自固有終募敢死士間道以入賊爲藥矢中者立死有終令卒蒙氈秉燧以入悉焚其望樓機石遂入城登城樓下瞰賊之餘衆衞砦天長觀前於文翁坊密設駁架給稭秆油粆衆執長戟巨斧秉炬以進悉焚之是夕均與其黨二萬餘突關而遁有終疑其有伏遣人縱火城中詰朝登門樓牙吏有受僞署官職者捕得立樓下旁積薪厝火其上索男子魁壯者令辨之曰某嘗受某職卽命左右捽投火中自晨至晡焚死者數百人

曹光實傳光實從子克明知桂州州人覆茅爲屋歲多火克明選北軍教以陶丸又激江水入城以防火災

李允則傳允則字垂範知雄州遷東上閤門使嘗宴軍中而甲仗庫火允則作樂行酒不輟副使請救不答少頃火熄命悉瘞所焚物密遣吏持檄瀛州以茗籠運器甲不浹旬兵數已完人無知者樞密院請劾不救火狀眞宗曰允則必有謂姑詰之對曰兵械所藏儆火甚嚴方宴而焚必姦人所爲舍宴而救事或不測

傳燈錄百丈謂溈山曰汝撥鑪中有火否師云無火百丈深撥得火以示之曰此不是火師發悟禮謝

丹霞禪師過慧林寺遇天大寒師取木佛燒火院主呵之師以杖子撥灰曰吾燒取舍利主曰木佛何有舍利師曰既無舍利更取兩尊來燒院主自後眉鬚墮落

宋史劉美傳美孫永年知代州契丹取西山木積十餘里輦載相屬於路前守不敢過永年遣人焚之一夕盡上其事帝稱善契丹移檄捕縱火盜永年曰盜固有罪然發在我境何預汝事乃不敢復言

徐的傳的攝江陵府事城中多惡少年欲爲盜輒夜縱大火一夜十數發的籍其惡少年姓名使相保任曰爾輩遞相察不然皆爾罪也火遂息

王守規傳明道時守規爲小黃門禁中夜半火守規先覺自寢殿至後苑皆擊去其鎖乃奉仁宗及皇太后至延福宮回視所經處已成煨燼翌日執政候起居帝曰非王守規導朕至此幾不與卿等相見

夢溪筆談元昊之臣野利常爲謀主守天都山與元昊乳母白姥有隙歲除日野利引兵巡邊深涉漢境數宿白姥乘間乃譖其欲叛元昊疑之世衡嘗得蕃酋之子蘇吃曩厚遇之聞元昊嘗賜野利寶刀而吃曩之父得幸於野利世衡因使吃曩竊野利刀吃曩得刀以還世衡乃唱言野利已爲白姥譖死設祭境上爲祭文叙歲除日相見之歡入夜乃火燒紙錢川中盡明虜見火光引騎近邊窺覘乃佯委祭具而銀器凡千餘兩悉棄之虜人爭取器皿得元昊所賜刀及火爐中見祭文已燒盡但存數十字元昊得之又識其所賜刀遂賜野利死

東軒筆錄京師火禁甚嚴將夜分卽滅燭故士庶家凡有醮祭者必先關廂使以其焚楮幣在中夕之後也至和嘉祐之間狄武襄爲樞密使一夕夜醮而勾當人偶失告報中夕聚有火光探主馳白廂主又報開封知府比廂主判府到宅則火滅久之翌日都下盛傳狄樞相家夜有光怪燭天者時劉敞爲知制誥聞之語權開封府王素曰昔朱全忠居午溝夜多光怪出屋鄰里謂失火而往救之今日之異得無類乎此語諠於縉紳間狄不自安遽乞陳州遂薨於鎭而夜醮之事竟無人辨之者

歸田錄內中舊有玉石三清眞像初在眞遊殿而大內火遂遷至玉淸昭應宮已而玉淸又大火又遷於洞眞洞眞又火又遷於上淸上淸又火皆焚蕩無孑遺遂遷於景靈而宮司道官相與惶恐上言眞像所至輒火景靈必不免願遷他所遂遷於集僖宮迎祥池水心殿而都人謂之行火眞君也

江南通志徽州府雲巖神像在休寧慶曆中雷雨嚴傾廟毀神像巍然獨存後兩經火一髮不損

春明退朝錄唐時惟清明取楡柳火以賜近臣戚里本朝因之惟賜輔臣戚里帥臣節察三司使知開封府樞密直學士中使皆得厚賂非賜例

岳陽風土記祥符八年春二月既望雷震白虎西北楹上有倒書謝仙火字入木踰分字畫遒勁人莫之測慶曆六年滕子京令摹而刻之問零陵何氏女俗謂之何仙姑者乃曰謝仙火雷部火神也兄弟二人各長三尺形質如玉好以鐵筆書字其字高下當以身等驗之皆然東南楹亦有謝仙二字逼近柱礎又不知何也其後摹刻岳陽樓上元豐二年岳陽樓火土木碑碣悉爲煨燼惟此三字曾無少損至今尚存謝仙火與歐陽永叔所記大同小異永叔之說恐得

之傳聞乎

宋史范仲淹傳仲淹子純禮以比部員外郎出知遂州草場火民情疑怖守吏惕息俟誅純禮曰草濕則生火何足怪但使密償之

劉執中傳執中爲太學博士以母憂去寓蘇州比鄰夜半火執中方索居遑遑不能去拊柩號慟誓與俱焚觀者悲其孝而危其難有頃火卻柩得存

艾子雜說艾子一日疾呼一人鑽火久不至艾子呼促之門人曰夜暗索鑽具不得謂先生曰可持燭來共索之矣艾子曰非我之門無是客也

遯齋閒覽德州軍士劉喜有氣岸嘗出經年妻與一富人子私通夫歸給語妻曰汝之前事我盡知之吾不能默默受辱於人又不忍間兩情之好汝能令富人子以百金餉我我則使汝詐爲得病而死者載以凶器而送諸野子夜則潛往奔之如是庶可以滅口妻以爲然因進百金托以疾逝夫乃納妻於棺膠以大釘遂縱火焚之卽以身自訴於郡將張不疑奇其節而釋其罪

宋史楊震傳震字子發代州崞人從折可存討方臘自浙東轉擊至三界鎮追襲至黃巖賊帥呂師囊扼斷頭之險拒守下石肆擊累日不得進可存問計震請以輕兵緣山背上憑高鼓譟發矢石賊驚走已復縱火自衞震身被重鎧與麾下履火突入生得師囊殺首領三十人

李政傳政授河北將官冀州駐劄靖康二年知州權邦彥以兵赴元帥府勤王金兵來攻政守禦有法號令明賞罰信人皆用命俄攻城甚急有登城者政呼曰事急矣有能躍火而過者有重賞於是有數十人皆以濕氈裹身持仗躍火而過大呼力戰金人驚駭有失仗者遂敗走政皆厚賞之

東京夢華錄東京每坊巷三百步許有軍巡鋪屋一所鋪兵五人夜間巡警及領公事又於高處磚砌望火樓樓上有人卓望下有官屋數間屯駐軍兵百餘人及有救火家事謂如大小桶灑子麻搭斧鋸梯子火杈大索鐵貓兒之類每遇有遺火去處則有馬軍奔報軍廂主馬步軍殿前三衙開封府各領軍汲水撲滅不勞百姓

宋史洪皓傳皓流遞冷山地苦寒四月草生八月已雪穴居嘗大雪薪盡以馬矢然火煨麪食之

老學庵筆記吳中卑薄斸地二三尺輒見水予頃在南鄭見一軍校火山軍人也言火山之南地尤枯瘠鉏钁所及烈焰應手涌出故以火山名軍尤爲異也

吳船錄清明日登學射山試新火作牡丹會

朱子按唐仲友第三狀有婺州人周四會放煙火仲友招喚來此以呈藝爲由每次支破公庫酒錢約數百貫却委放煙火人探聽外事亦是此人邀求

白獺髓鄭剛中之鎮蜀也眘奴曰閻王所居曰富春坊忽民間遺火鄭公出鎮於火明中搜一旗上有詩乃借東坡海棠詩爲之云火星飛上富春坊夭恣風流此夜狂只恐夜深花睡去高燒銀燭照紅粧公一見曰必道山公子也

杭州府志宋嘉泰辛酉之火烈焰滿城而吳山一老翁家獨存翁平日誦經樂施火起之夕以老憊不能跬步遣兒與婦令亟走兒婦不忍相舍同處烈焰中後竟不焚人謂爲善之報

遂昌雜錄故老言賈相當國時內後門火飛報已至葛嶺賈曰火近太廟乃來報言竟後至者曰火已近太廟賈乘兩人小肩輿四力士以鎚劍護輪里許卽易轎人倏忽至太廟臨安府已爲具賞犒募勇士樹皁纛刀劊手皆立具於呼吸間賈下令肅然不過曰火到太廟斬殿帥令甫下火沿太廟八風兩殿前卒肩一卒飛上斬八風板落火卽止登驗姓名轉十官就給金銀賞之賈才局若此類亦可喜傳景文云

西溪叢語台州杜瀆監之北安聖院僧師肇端午日晝與僧對坐忽聞屋瓦有聲火光一線下至地少頃遂大如車輪先燎僧之左臂次及右臂忽入於背不見久之復爲一線飛去出屋卽震雷一聲其僧僅有氣且舉衣視之背後袈裟一圓孔如錢中單圓孔如椀脊下燒一圓瘡瘡楚甚皆以爲天火不可治予以湯火藥塗之月餘遂無事怪异如此

宋史張順傳襄陽受圍五年宋募死士得三千求將得順與張貴貴既抵襄欲還郢募二士持蠟書赴郢求援還報許發兵五千駐龍尾洲以助夾擊點視所部軍帳前一人亡去貴驚曰吾事泄矣亟行彼或未知乃順流破圍至小新城大兵邀擊以死拒戰沿岸束荻列炬火光燭天如白晝至勾林灘漸近龍尾洲遙望軍船旗幟紛披貴軍喜舉流星火示之軍船見火卽前迎皆北兵也蓋得逃卒之報據龍尾洲以逸待勞貴戰已困出於不意力不支見執卒不屈死之

括異志張道人福州福清人福人甚欽敬之一夕郡城火自郡將監司而下環視無策或有言何不呼張

道人郡官曰張道人何知鬱攸之事而須呼之也既而火迫郡署至取郡額投火以從厭勝之說其烈愈熾不得已使名之應呼而至卽長揖郡官曰俱面火致敬同音誦心火滅凡火滅六字張乃攜瓶水上履脣簷騰踔如飛亦大稱誦六字水所過處火不復延須臾遂止

嘉禾志顧亭林庵中有忠烈公祠近歲忽地裂數尺中有風濤聲以物探之應手火起至今尚然

五燈會元福州雪峰義存禪師一日在僧堂內燒火閉却前後門乃叫曰救火救火元沙將一片柴從窻欞中拋入師便開門

晰獄龜鑑錢治屯田爲湖州海陽令郡大姓某氏火迹其來自某家吏捕訊之某家號冤不服太守刁諶曰獄非錢令不可治問大姓得火所發狀及驗之疑里讎家物因率吏入讎家取狀合之悉是讎家卽服曰火自我出故遺其跡某家者欲自免也其家乃獲釋

溪蠻叢笑骨浪猺獠睡不以牀冬不覆被用三义木支閣板旁燃火炙背板焦則易

可談朝辨色始入前此集禁門外自宰執以下皆用白紙糊燭籠一枚長柄揭之馬前朝士至者以燭籠相圍繞聚首謂之火城宰執最後至至則火城滅燭

四川總志宋魚周詢通判漢州城中夜有火部衆救之植劍於前曰攘物者斬火止民無所失

湖廣通志黃州府宋土主世傳宋西蜀人張姓行七稱張七相公初遊歷麻城見沿江多淫祠毀之繫獄邑有火災釋而捍之跨烏騅執朱挺指火火滅

續文獻通考金譚處端號長春子寧海人六歲墮井遇火俱無所傷得道後書龜蛇二字帖吳六酒肆得免火患

元史按竺邇傳金將郭斌自鳳翔突圍出保金蘭定會四州按竺邇往取之圍斌於會州食盡將走敗之于城門兵入城巷戰死傷甚衆手劍驅其妻子聚一室焚之已而自投火中有女奴自火中抱兒出泣授人曰將軍盡忠忍使絕嗣此其兒也幸哀而收之言畢復赴火死按竺邇聞之惻然命保其孤

王閏傳閏東平須城人父嘗臥疾夜燃長明燈室中火延籬壁間閏聞火聲驚起馳救火已熾煙燄徹寢戶閏突入火中解衣蒙父抱而出肌體灼爛而父無少傷一女不能救遂焚死

阿朮傳阿朮自宿衞將軍拜征南都元帥至元四年八月觀兵襄陽遂入南郡取仙人鐵城等柵軍還宋兵邀襄樊間阿朮乃自安陽灘濟江留精騎五千陣牛心嶺復立虛寨設疑火夜半敵果至斬首萬餘級

世祖本紀至元九年九月甲子宋襄陽將張貴以輪船出城順流突戰阿朮阿剌海牙等舉烽燃火燭江如晝

至元十年十月禁牧地縱火

董文炳傳文炳拜資德大夫中書左丞時張世傑奉吉王昰據台州而閩中亦爲宋守勅文炳進兵至溫州溫州未下令曰毋取子女毋掠民有衆曰諾其守將火城中逃文炳亟命滅火追擒其將數其殘民之罪斬以徇

湖廣通志元曾世榮大德丙午市廛火延世榮家忽飈塵中聞人喧呼曾世榮家併力進水煙止風收得不焚

元史佘丙傳丙建德遂安人幼喪母泣血成疾父亡不忍葬結廬古山下殯其中日閉戶守視有牧童遺火延殯廬丙與子慈亟撲不止欲投身火中與柩俱焚俄暴雨火滅

劉源傳源歸德中牟人母吳氏年七十餘病甚不能行適兵火起且延至其家鄰里俱逃源力不能救乃呼天號泣趨入抱母爲火所焚而死

祝公榮傳公榮字大昌處州麗水人事母甚孝母歿居喪盡禮竈突失火榮力不能救乃伏棺悲哭其火自滅

馬祖常傳祖常十歲時見燭敧燒屋解衣沃水以滅火咸嗟異之

燕鐵木兒傳禿滿迭兒及諸王也先帖木兒軍陷通州將襲京師燕鐵木兒引軍將昏至通州乘其初至擊之敵軍狼狽走渡潞河夾河而軍敵列植黍稭衣以氈衣然火爲疑兵夜遁

續文獻通考元僧振藏主性慧居鄞城西海會寺一日往定海見主家火起以杖指之乃隨風而滅

古杭雜記項羽廟在臨安近郡三衢十八里頭樟載市市人失火延及斯廟人有詩曰嬴秦久矣酷斯民羽入關中又火秦父老莫嗟遺廟毀咸陽三月是何人

在田錄高皇鳳陽泗州人居鍾離鄉上皇以賣腐爲生皇覺寺一寺僧衆爭來買之遂爲主顧生太祖之夕寺僧高彬於是夜夢上皇屋上火發煙焰冲天空

中見一人擎金椎而下

明外史劉基傳基父爚元遂昌教諭爚大父濠好任俠邑人林融倡義旅與復宋室事敗元遣使簿錄其黨株連編里中將盡誅之使者夜宿濠舍爚時甫十歲覘其籍告濠飲使者酒而陰縱火焚所居籍悉燬使者懼誅更就濠問計濠傾貲與之使納賄事得解

廣東通志湄州林氏女爲巫能知人禍福沒而衆祠之凡航海者遇顚危虔誠拜禱有神火集桅上卽時鎭定明征南將軍廖永忠奏勅加昭孝純正靈應孚濟護國聖妃

東朝記建文未遯時先於大內蘭香殿聚珠衣寶帳及內帑珍異諸物殿上塗猛火油貯瀝青其中語親密宮人期以城破遯去舉火故當時以建文自焚死也

雲南通志幻人明永樂元年撣國王雅由調遣使者獻於朝能變化吐火自支解易牛馬頭又善跳丸至千數

震澤長語故事禁中不得舉火雖閣老亦退食於外一日宣宗過城上令內豎覘閣老何爲曰方退食於外上曰曷不就內食對曰禁中不得舉火上指庭中隙地曰是中獨不可置庖乎今烹膳處是也自是得會食中堂

貢舉考正統三年翰林侍講學士曾鶴齡主考順天鄉試初試之夕場屋火試卷有殘闕者有司懼罪不敢以更試爲言惟欲修葺場屋以終後兩試鶴齡曰必更試有司具二說以進命如鶴齡所言

餘姚縣志顧蓶妻黃氏蓶之喪貧未克葬鄰火將近蓶棺黃氏伏棺號慟願與俱焚天忽大雨反風火滅鄉里俱稱異

廣東通志明吳道人順德人好談名理遊南海山臺寺愛其勝留棲焉居三十餘年正統中忽謂居人關振興曰我將歸矣當從火裏去爲我窖置烈火焉居人異之顧無以難也如其言道人捉箠一拂端坐火中俄有蛺蝶大徑尺從火裏騰空而去

貢舉考天順七年二月舉會試值貢院火監察御史焦顯因鎖其門不容出入舉子焚死者九十餘人上憐之賜死者俱進士

成都府志明鄧翰內江人成化進士任知縣卓有異政陞府同知致仕家居繼母停柩火災延及堂室翰以身蔽捍火至不動尋滅人以爲至孝所感

合肥縣志成化乙巳歲除日郡城火有朱震者家素孝義火忽飛越其居巋然獨存太守朱鏞甚慰藉之鄉士夫賀之者有孝行格天天監德當年飛火過鄰家之句

杭州府志成化間錢塘吳定遠嘗於湖州市孔公銓家買其客柏油五十担計值當百金立券三日發油半月歸值券成次日孔氏火吳率人往救之則油室已皆焰矣其客哭曰油故假本於人今何以償之有死耳踊躍欲赴火吳急抱止之曰油旣有成券卽我貨矣若何與乃自苦如此半月後來取直客猶未信吳因與俱歸數日卽措銀如券歸之客拜祝曰願公生貴子以報德泣謝而去吳後生子瓚果登進士官至通州守

祐山雜說嘉靖癸丑嘉興宣公橋失火延燒甚衆士人黃湛泉偶至郡舟泊橋下望見火中一物如貓火愈熾其物愈大少頃卽成一大紅人湛泉歸數日家亦失火蓋先兆云

瀛涯勝覽爪哇古者闍婆喪事於病革子弟請遺命或火葬有寵妾者誓與主同往盛糚悲號俟焚骸火熾亦投火死之

列朝詩集都穆字元敬吳縣人歸老之日齋居蕭然日事讎討吳門有娶婦者夜大風雨滅燭徧乞火無應者雜然曰南濠都少卿家有讀書燈在扣其門果得火其老而好學如此

武宗實錄正德九年正月乾清宮火上自卽位以來每歲張燈爲樂庫貯黃白蠟不足復令所司買補之及是寧王宸濠別爲奇巧以獻遂令所遣人入宮懸挂皆附著柱壁上復於宮庭中依簷設氈毯而貯火藥於中偶勿戒遂延燒宮殿俱盡上猶往豹房省視回顧光焰燭天戲謂左右曰是好一棚大烟火也

雲南山川志鳳羽山在浪穹縣西南三十里舊名羅浮山相傳蒙氏細奴邏與時有鳳翔於此故名鳳羽後鳳死每歲冬衆鳥哀弔其上故又名鳥弔至今土人於鳥來時舉火取之鳥見火輒赴火自死

餘姚縣志徐文元妻章氏文元舉進士而死其時章年二十八斷髮矢節家貧不能葬夫遭鄰家火作而夫柩在室章望火泣拜願天反風已而果然

李濂濟源游記王屋山在濟源縣西百里歲庚辰三月己卯宿上方院將就枕道士走報請觀天燈亟出視之則見遠火如流星下上明滅杳無定跡時從行者咸相顧駭異

揚州府志嘉靖初徐司訓覲宅近啓聖祠縱奴射鶴合邑之鶴無不帶箭者一日鶴銜火焚祠有鶴數百盤旋烈焰之上若快心者徐坐焚祠去官奴亦瘖

惠州府志嘉靖七年夏長樂塔岡火光見光數十丈人以爲火衰盡一更而止

野獲編萬壽宮者文皇帝舊宮也世宗初名永壽宮自壬寅從大內移蹕此中已二十年至四十年冬十一月之二十五日辛亥夜火大作凡乘輿一切服御及先朝異寶盡付一炬相傳上是夕被酒與新幸宮姬尙美人者於貂帳中試小烟火延灼遂熾

廣東通志徐勤者蘇之常熟人也爲人巧儉善造詞牒僚吏畏之每風雷暴作輒揚言曰我縣丞徐勤也苟貪則應天之怒勤既死葬有年矣其子存仁惑於風水宗改葬之日火焜煜從地中起執事者多燎其鬚髮其名異也信有由哉

餘姚縣志史鸞妻陳氏鸞卒陳年方二十有六一夕鄰火鸞柩猶在室陳伏棺號慟願與俱焚火隨滅

陳克華妻楊氏歸陳三月而克華卒時年十九耳殮甫一宿鄰失火延及楊氏棺大慟姑力挽之不起哭曰願同滅烈焰中以畢吾事誓不令死者獨受慘也哀聲徹天頃之火遂熄閭里咸歎之

湖廣通志明松楊道人不知何許人萬曆初雲遊至桂陽州與樵牧雜處一日遇雨衣服沾濕樵者爇火燎之道人趺坐氣蒸如炊不移刻而衣燥衆異而問之道人曰吾體有眞火非薪火所及也

麈餘吳人張舉爲句章令有妻殺夫因放火燒舍乃詐稱火燒夫死者夫家疑之詣官訴妻拒而不承舉乃取猪二口一殺一活仍積薪燒之察殺者口中無灰活者口中有灰因驗夫口中果無灰以此鞫之妻乃服罪

續文獻通考江西唐治父以九十卒鄰家火起或挽之出曰父在此我死不出火息後所居巋然獨存孝子竟以薰炙伏棺死

海槎餘錄儋耳境山百倍於田土多石少雖絕頂亦可耕植黎俗四五月晴霽時必集衆斫山木大小相錯更需五六日晧烈則縱火自上而下大小燒盡成灰不但根幹無遺土下尺餘亦且熱透矣徐徐鋤轉種綿花

杭州府志康齋不知其名四川人崇禎間嘗至富陽栗塢山枯坐石洞中戒業清苦一日語里人曰貧僧欲去願乞薪若干將自焚屆期厝薪於空地趺坐其上以油布帽覆首吐三昧自焚觀者如堵火已發忽自舉帽向人呼曰大衆信女中有生氣相冲火不得化請各退避衆詢之果有孕婦輒命去復以帽自覆火遂大舉兀坐念佛須臾而盡

欽定古今圖書集成曆象彙編乾象典

第九十九卷目錄

火部雜錄

火部外編

乾象典第九十九卷

火部雜錄

易經同人象曰天與火同人君子以類族辨物程傳不云火在天下天下有火而云天與火者天在上火性炎上火與天同故爲同人之義

大有象曰火在天上大有君子以遏惡揚善順天休命程傳火之處高其明及遠萬物之衆无不照見爲大有之象

賁象曰山下有火賁君子以明庶政无敢折獄程傳山者草木百物之所聚生也火在其下而上照庶類皆被其光明爲賁飾之象也

離象曰明兩作離大人以繼明照于四方大全蘭氏曰離爲火爲日爲電而獨言明者蓋指一偏則不足以盡繼明之義

家人象曰風自火出家人君子以言有物而行有恆大全朱子曰謂如一爐火必有氣衝上去便是

睽象曰睽火動而上澤動而下二女同居其志不同行大全沙隨程氏曰水火相逮山澤通氣而火澤无相用之理又象曰上火下澤睽君子以同而異

革象曰革水火相息二女同居其志不相得曰革大全隆山李氏曰澤火相息必有一勝兌非北方之正水少陰之氣不能以敵南方之正火兌之陰畫下有二陽畫限之而離火從下暵之此火能革澤水也故有溫泉而无寒火胡氏曰卦以相違爲睽相息爲革而既濟水在火上不曰相息者何也坎之水動水也火不能息之澤之水止水也止水在上而火炎上故息滅息之中有生息者存猶人一吸一噓而謂之一息亦有止而復生之義也

鼎象曰木上有火鼎君子以正位凝命本義鼎重器也故有正位凝命之意

旅象曰山上有火旅君子以明慎用刑而不留獄程傳火之在高明無不照君子觀明照之象則以明慎用刑觀火行不處之象則不留獄

既濟象曰水在火上既濟君子以思患而豫防之程傳水火既交各得其用爲既濟大全平庵項氏曰人之用莫大於火而火常生患善濟火者莫如水思火之爲患而儲水以防使水常在火上其力足以勝之則其患亾矣

未濟象曰火在水上未濟君子以慎辨物居方程傳水火不交不相濟爲用故爲未濟火在水上非其處也大全胡氏曰水火異物故以之辨物水火各居其所故以之居方

說卦傳水火不相射大全朱子曰水火下然上沸而不相滅息也射音食犯也是不相害音斁是不相厭二義皆通問射二音孰是曰音食是水火與風雷山澤不相類水火本是相尅底物事今却相應而不相害問若以不相厭射而言則與上文通氣相薄之文相類不知如何曰不相射乃下文不相悖之意不相悖乃不相害也水火本相害之物便如未濟之水火亦是中間有物隔之却相爲用若无物隔之則相害矣此乃以其不相害而明其相應也　吳氏曰水火不相射者坎西離東一左一右不相侵克也

書經引征火燃崐岡玉石俱焚天吏逸德烈于猛火

盤庚若火之燎于原不可嚮邇其猶可撲滅又予若觀火

洛誥毋若火始燄

詩經鄭風叔于田篇叔在藪火烈具舉

小雅正月篇燎之方揚寧或滅之

商頌如火烈烈則莫我敢曷

周禮冬官考工記輪人凡斬轂之道必矩其陰陽陽也者稹理而堅陰也者疏理而柔是故以火養其陰而齊諸其陽則轂雖敝不藃

畫繢之事火以圜訂義趙氏曰地二生火其神無方其體非體而托於物以爲體其用非用而因於物以爲用其形雖銳而性則圜而無不周畫火難定其形只得畫其性之圜爾

弓人撟幹欲孰於火而無贏撟角欲孰於火而無燂引筋欲盡而無傷其力鬻膠欲孰而水火相得然則居旱亦不動居濕亦不動

禮記月令仲夏之月毋燒灰注火之滅者爲灰禁之亦爲傷火氣也又毋用火南方注南方火位又因其位而盛其用則爲微陰之害故戒之

王制昆蟲未蟄不以火田疏謂未十月之時十月則
得火田故羅氏云蜡則羅襦今俗放火張羅從十月
以後至仲春皆得火田故司馬職云春火弊是也若
陶鑄之火則季春出火季秋內火按司馬云季春出
火季秋內火知是陶鑄之火按春秋昭六年左傳云
三月鄭人鑄刑鼎士文伯曰火未出而作火鄭其有
災乎刑鼎則陶鑄也
內則子事父母左佩金燧右佩木燧注金燧用以取
火於日中者木燧鑽火之器晴則用金燧以取火陰
則用木燧以鑽火也
明堂位有虞氏服韍夏后氏山殷火陳註韍者祭服之
蔽膝即韠也虞氏直以韋爲之無文飾夏世則畫之
以山殷人增之以火
表記火尊而不親
爾雅釋言燬火也疏李巡曰燬一名火孫炎曰方言
有輕重故謂火爲燬郭云燬齊人語方言云煤呼隗
切火也楚轉語也猶齊言娓音燬火也
左傳宣公十六年夏成周宣榭火人火之也凡火人
火曰火天火曰災
子產有疾謂子太叔曰吾死子必爲政惟有德者能
以寬服民其次莫如猛夫火烈民望而畏之故鮮死
焉
國語楚王孫圉聘於晉謂趙簡子曰珠足以扞火災
則寶之
乾鑿度三古火字爲離內弱外剛外威內暗性上不
下聖人知炎光不入於地
易川靈圖蠶者陽火火惡木故食不飲桑者土之液
木生火故蠶以三月食葉
詩含神霧古之火正或食于心或食于味以出內火
故味爲鶉火心爲大火
春秋元命苞火之爲言委隨也故其字人散二者爲
火也
三墳書山墳物陽火又象兵火
地墳火氣長
山海經西山經小華之山鳥多赤鷩可以禦火注山
雞之屬音蔽或作鷩
符禺之山其鳥多鴖其狀如翠而赤喙可以禦火注
蓄之辟火災也
章莪之山有鳥焉其狀如鶴一足赤文青質而白喙
名曰畢方其鳴自叫也見則其邑有譌火注畢方知
火
崦嵫之山其上多丹木其葉如穀其實大如瓜赤符
而黑理食之已癉可以禦火
北山經帶山有獸焉其狀如馬一角有錯其名曰臛
疏可以辟火
涿光之山囂水出焉而西流注于河其中多鰼鰼之
魚其狀如鵲而十翼鱗皆在羽端其音如鵲可以禦
火
中山經峗山有鳥焉狀如鴞而赤身白首其名曰竊
脂可以禦火
鮮山有獸焉其狀如膜大赤喙赤目白尾見則其邑
有火名曰移即
丑陽之山有鳥焉其狀如烏而赤足名曰駅可以禦
火
即公之山有獸焉其狀如龜而白身赤首名曰蛫是
可以禦火
海外南經厭火國在讙頭國南獸身黑色生火出其
口中注言能吐火似獼猴而黑色
大荒西經崑崙之丘有木焉其狀如棠黃華赤實其
味如李而無核名曰沙棠可以禦火
六韜勵軍篇軍不舉火將亦不舉名曰止欲將
五音篇見火光徵也
必出篇大水廣塹深坑已出令我踵軍設雲火遠候
必依草木丘墓險阻敵人車騎必不敢遠追長驅因
以火爲記先出者令至火而止爲四武衝陣如此則
吾三軍皆精銳勇鬭莫我能止
火戰篇武王問太公曰引兵深入諸侯之地遇深草
蓊穢周吾軍前後左右敵人因天燥疾風之利燔吾
上風車騎銳士堅伏吾後爲之奈何太公曰若此者
則以雲梯飛樓遠望左右謹察前後見火起即燔吾
前而廣延之又燔吾後敵人苟至即引軍而卻按黑
地而堅處敵人之來猶在吾後見火起必遠走吾按
黑地而處強弩材士衛吾左右又燔吾前後若此則
敵不能害我
敵強篇武王曰敵人遠遮我前急攻我後斷我銳兵
絕我材士吾內外不得相聞三軍擾亂皆敗而走爲
之奈何太公曰當明號審令出我勇銳冒將之士人
操炬火二人同鼓必知敵人所在或擊其表裏微號
相知令之滅火鼓音皆止中外相應期約皆當三軍
疾戰敵必敗亡
關尹子一字篇一灼之火能燒萬物物亡而火何存

二柱篇有方者形彼非形者未嘗有南北何謂非形形之所自生者如鑽木得火彼未鑽時非火之形彼已鑽時卽名爲形又風雨雷電皆緣氣而生而氣緣心生猶如內想大火久之覺熱內想大水久之覺寒

四符篇神主火魂主木木生火故神者魂藏之唯火之爲物能鎔金而銷之能燔木而燒之所以冥魂魄又以我之神合天地萬物之神譬如萬火可合爲一火

五鑑篇火千年俄可滅又物我交心生兩木摩火生

六七篇人無以無知無爲者爲無我雖有知有爲不害其爲無我譬如火也躁動不停未嘗有我

八籌篇火飛故達爲五臭

楞嚴經堅相爲地潤濕爲水煖觸爲火動搖爲風

陶朱公書念四夜黃昏時候鄉人束稻草於竿點火在田間行走名曰照田蠶看火色卜水旱色白主水色赤主旱猛烈年豐葳蕤歲歉取北風爲上

除夜燒盆爆竹與照田蠶看火色同是夜取安靜爲吉

莊子逍遙遊堯讓天下於許由曰日月出矣而爝火不息其於光也不亦難乎

養生主指窮於爲薪火傳也不知其盡也

人間世以火救火以水救水名之曰益多又山木自寇也膏火自煎也

大宗師古之眞人入水不濡入火不熱

秋水篇至德者火弗能熱水弗能溺

外物篇木與木相摩則然金與火相守則流陰陽錯行則天地大絯於是乎有雷有霆水中有火乃焚大槐又利害相摩生火甚多衆人焚和月固不勝火於是乎有僓然而道盡

天下篇火不熱

列子周穆王篇陽氣壯則夢涉大火而燔焫又將陰夢火

湯問篇火浣之布浣必投於火布則火色垢則布色出火而振之皓然疑乎雪

子華子陽城胥渠問篇陽氣爲火火勝故冬至之日燥陰氣爲水水勝故夏至之日濕火則上炎水則下注

戰國策淳于髡曰王求士于髡若挹水于河而取火于燧也

孫子軍爭篇夜戰多火鼓晝戰多旌旗

火攻篇凡火攻有五一曰火人二曰火積三曰火輜四曰火庫五曰火隊行火必有因烟火必素具發火有時起火有日時者天之燥也日者月在箕壁翼軫也凡此四宿者風起之日也凡火攻必因五火之變而應之火發于內則早應之于外火發而其兵靜者待而勿攻極其火力可從而從之不可從則止火可發於外無待於內以時發之火發上風無攻下風凡軍必知五火之變以數守之故以火佐攻者明以水佐攻者强

韓子丈人之愼火也塗其隙白圭之行堤也塞其穴故丈人無火難白圭無水患

呂子期賢篇今夫爚蟬者務在乎明其火振其樹而已火不明雖振其樹何益明火不獨在乎火在於闇當今之時世闇甚矣人主有能明其德者天下之士其歸之也若蟬之走明火也

史記魏世家蘇代謂魏王曰以地事秦譬猶抱薪救火薪不盡火不滅

漢書賈誼傳夫抱火厝之積薪之下而寢其上火未及然因謂之安方今之勢何以異此

百官公卿表大鴻臚屬官有行人譯官別火三令丞

注漢儀注別火獄令官主治改火事

食貨志冬民旣入婦人同巷相從夜績女工一月得四十五日必相從者所以省費燎火同巧拙而合習俗也

高五王傳灌嬰在滎陽聞魏勃本教齊王反旣誅呂氏罷齊兵使使召責問魏勃勃曰失火之家豈暇先言丈人後救火乎

易林從風放火荻芝俱死

淮南子原道訓得道者入火不焦入水不濡又火逾然而消逾亟

俶眞訓巫山之上順風縱火膏夏紫芝與蕭艾俱死

天文訓明者吐氣者也是故火曰外景又火上蕁水下流又陽燧見日則燃而爲火方諸見月則津而爲水又南方火也其帝炎帝其佐朱明執衡而治夏其神爲熒惑其獸朱鳥其音徵其日丙丁又日冬至則水從之日夏至則火從之故五月火正而水漏十一月水正而陰勝陽氣爲火陰氣爲水水勝故夏至濕火勝故冬至燥燥故炭輕濕故炭重

覽冥訓若夫以火能焦木也因使銷金則道行矣又乞火不若取燧

謬稱訓聖人之養民也非求用也性不能已若火之

自熱水之自寒夫有何修焉及恃其力賴其功若失火舟中

主術訓使人主執正持平如從繩準高下則羣臣以邪來者猶以卵投石以火投水又火熱而水滅之金剛而火消之

氾論訓老槐生火久血爲燐又炎帝於火而死爲竈

齊俗訓灼者不能救火身體有所痛也

詮言訓大寒地坼水凝火弗爲衰其暑大熱鑠石流金火弗爲益其烈

兵略訓若以水滅火若以湯沃雪何往而不遂何之而不用又炎之若火又耀之若火電又夫水勢勝火章華之臺燒以升勺沃而救之雖涸井而竭池無柰之何也舉壺榼盆盎而以灌之其滅可立而待也又己未能治也而攻人之亂是猶以火救火以水應水也何所能制

說山訓澤失火而林憂又以其所修而遊不用之鄉譬若樹荷山上而畜火井中又耀蟬者務在明其火釣魚者務在芳其餌明其火者所以耀而致之也芳其餌者所以誘而利之也又或吹火而然或吹火而滅所以吹者異也

說林訓丸以火成不可以得火又槁竹有火弗鑽不燋又握火提人反先之熱又嘗抱壺而度水者抱而蒙火可謂不知類矣又粟得水溼而熱甑得火而液水中有火火中有水又凡用人之道若以燧取火疏之則不得數之則弗中正在疏數之間又以詐應詐以譎應譎若披蓑而救火毀瀆而止水

人間訓夫爝火在縹烟之中也一指之所能息也塘漏若蟻穴一墣之所能塞也及至火之燔孟諸而炎雲臺水決九江而漸荆州雖起三軍之衆弗能救也又禍生而不早滅若火之得燥水之得溼浸而益大又以火熯井以淮灌山此用己而背自然又今夫救火者汲水而趨之或以甕瓴或以盆盂其方圓銳橢不同盛水各異其於滅火均也

神異經鬼門晝日不開至暮卽有人語有火色青

西方深山中有人身長尺餘袒身捕蝦蟹見人止宿暮依其火以炙蝦蟹名曰山臊

荒外有大山其中生不盡之木晝夜火燃得暴風不猛猛雨不滅

不盡木火中有鼠重千斤毛長二尺餘細如絲但居火中洞赤時時出外而毛白以水逐而沃之卽死取紡績其毛織以爲布用之若有垢涴以火燒之則淨也

東海之外荒海中有山焦炎而峙高深莫測蓋稟至陽之爲質也海水激浪投其上噏然而盡計其晝夜噏攝無極若熬鼎受其洒汗耳

十洲記炎洲在南海中有火林山山中有火光獸大如鼠毛長三四寸或赤或白山可三百里許晦夜卽見此山林乃是此獸光照狀如火光相似取其獸毛以緝爲布時人號爲火浣布此是也國人衣服垢汚以灰汁浣之終無潔淨唯火燒此衣服兩盤飯間振擺其垢自落潔白如雪

春秋繁露慈石取鐵頸金取火

大戴禮曾子天圓篇龜非火不兆

武王踐阼篇帶之銘曰火滅修容戒愼必恭恭則壽

勸學篇珠者陰之陽也故勝火

鹽鐵論未嘗灼而不敢握火者見其有灼也

桓譚新論舉火夜作燃炭乾牆

白虎通嫁娶篇嫁女之家不絕火三日思相離也

論衡逢遇篇夏時鑪以炙濕冬時扇以翣火

幸偶篇火燔野草車轢所致火所不燔俗或喜之名曰幸草又俱之火也或爍脂燭或燔枯草

率性篇陽遂取火于天五月丙午日中之時消鍊五石鑄以爲器磨礪生光仰以嚮日則火來至此眞取火之道也今妄以刀劍之鉤月摩拭朗白仰以嚮日亦得火焉夫鉤月非陽遂也所以耐取火者摩拭之所致也

偶會篇世曰男女早死者夫賊妻妻害夫非相賊害命自然也使火燃以水沃之可謂水賊火火適自滅水適自覆兩名各自敗不爲相賊今男女之早夭非水沃火之比適自覆之類也

物勢篇燃炭生火必調和鑪竈

說日篇日中時日小其出入時大者猶晝日察火光小夜察之火光大也又問曰日火也火在地不行日在天何以爲行曰附天之氣行附地之氣不行火附地地不行故火不行又儒者曰日中有三足烏夫日者天之火與地之火無以異也地火之中無生物天火之中何故有烏火中無生物生物入火中燋爛而死焉烏安得立

齊世篇古之水火今之水火也今氣爲水火也使氣有異則古之水清火熱而今水濁火寒乎

論死篇天地之性能更生火不能使滅火復燃能更

生人不能令死人復見能使滅灰更爲燃火吾乃頗疑死人能復爲形案火滅不能復燃以況之死人不能復爲鬼明矣又人之所以聰明知慧者以含五常之氣也人死五臟腐朽則五常無所託矣天下無獨燃之火世間安得有無體獨知之精又人之死猶火之滅也火滅而耀不照人死而知不惠二者宜同一實論者猶謂死有知惑也人病且死與火之且滅何以異火滅光消而燭在人死精亡而形存謂人死有知是謂火滅復有光也

言毒篇天下萬物含太陽氣而生者皆有毒其在人也爲小人故小人之口爲禍天下小人皆懷毒氣陽地小人毒尤酷烈故南越之人祝誓輒效諺曰衆口爍金口者火也五行二曰火五事二曰言言與火直故云爍金道口舌之爍不言拔木焰火必云爍金金制於火火口同類也

祭意篇炎帝作火死而爲竈

說文熯爇火也煨盆中火也熛火飛也熲爚火光也

釋名火化物也亦言燬也物入卽皆毀壞也

風俗通殿堂象東井形刻作荷菱荷菱水物也所以厭火

城門失火禍及池中魚按百家書宋城門失火自汲池中水以沃之魚悉露見但就把之

白澤圖火之精宋無忌

博物志積油萬石則自然生火晉泰始中武庫火積油所致

凡水源有硫黃其泉則溫故云陰火

削木令圓舉以向日以艾於後承其影則得火

抱朴子內篇暢元火體宜熾而有蕭丘之寒焰又燒死者不可怒燧人之鑽火

對俗脂非火種水非魚屬然脂竭則火滅水竭則魚死

金丹第二之丹名曰神丹服之百日行度水火

雜應或問不熱之道抱朴子曰立夏日服六壬六癸之符或行六癸之炁或服元水之丸或服飛霜之散然此用蕭丘上木皮及五月五日日中時北行黑蛇血故少有合之者唯幼伯子王仲都此二人衣以重裘曝之夏日之中周以十二爐之火口不稱熱身不流汗蓋用此方者也

塞難俗有聞猛風烈火之聲而謂天之冬雷

釋滯不熱之火

僊藥雲母有五種服之五年則役使鬼神入火不燒又玉可以烏米酒及地榆酒化之爲水亦可以葱漿消之爲粭亦可餌爲丸亦可燒以爲粉服之一年以上入水不霑入火不灼

外篇尚博典誥百家之言與善一揆譬操水者器雖異而救火同焉

博喩火爍金石而不能耀烈以起濕又明主官人不令出其器忠臣居位不敢過其量非其才而妄授非所堪而虛任猶冰椀之盛沸湯葭莩之包烈火又明火熾乎闇木又規行矩步不可以救火拯溺

知止徙薪曲突於方熾之火

重言冰之冷火之熱豈須自言然後明哉

拾遺記西海之西有浮玉山山下有巨穴穴中有水其色若火晝則通曨不明夜則照耀穴外雖波濤灌蕩其光不滅是謂火陰

鄴中記并州俗冬至後百五日爲介子推斷火冷食三日作乾粥今之糗是也

廣志火洲在南海中火燃洲其木不死更鮮

南史夷貊傳林邑國有金山其中生金火夜則出飛狀如螢火

述異記羊山上有燃石其色黃而文理疎以水沃之便如煎沸其上可炊烹稍冷卽復以水沃之

南方有炎火山四月生火十二月火滅火滅之後草木皆生枝條至火生草木葉落如中國寒時也取此木以爲薪燃之不燼以其皮績之爲火浣布

南蠻多利火珠大者如鷄卵光照數尺以艾藉珠輒有火出

劉勰新論防慾篇愚者之養魚鳥也見天之寒則內魚於溫湯之中而棲鳥於火林之上又情慾之萌如木之將蘖火之始熒手可掣而斷露可滴而滅及其熾也結條淩雲煽熛章華雖窮力運斤竭池灌火而不能禁其勢盛也

從化篇火性宜熱而有蕭丘寒炎猶曰火熱熱者多也

因顯篇夫火以吹熱生焰鏡以瑩拂成鑑火不吹則無外燿之光鏡不瑩必闕內影之照故吹成火之光瑩爲鏡之華人之寓代亦須聲譽以發光華猶火鏡假吹瑩也

大質篇火之性也大寒慘悽凝冰裂地而炎氣不爲之衰大熱煊赫燋金爍石而炎氣不爲之熾者何也有自然之質而寒暑不能移也

辯施篇挈缾丐水執萑求火而人不恡非性好施有餘故也

貴速篇善齊事者若救火拯溺明其謀者猶驥捷矢疾今焚燃熛室則飛馳灌之湍波漂人必奔游拯之若穿井而救火則熛颺焚棟矣方鑿舟而拯溺則葬江魚之腹矣

惜時篇人之短生猶如石火炯然以過唯立德貽愛爲不朽也

益州記火井在臨邛縣卓王孫家又名王孫井漢室之隆則炎赫彌熾桓靈之際火勢漸微諸葛一瞰而更盛至景曜元年人以燭投之卽滅其年蜀幷於魏

地鏡圖黃金之見爲火

水經注庾水南流歷徐無山開山圖曰山出不灰之木生火之石按注云其木色黑似炭而無葉有石赤色如丹以二石相摩則火發以然無灰之木可以終身

東武城東南有盧水水側有勝火木其木經野火燒死炭不滅

齊民要術凡開荒山澤田皆七月芟刈之草乾卽放火至春而開墾

養蠶法屋欲四面開䆫紙糊厚爲籬屋內四角著火初生以毛掃調火令冷熱得所

洛陽伽藍記車斯國出火浣布以樹皮爲之其樹入火不然

荆楚歲時記正月未夜蘆苣火照井廁中則百鬼走去冬節一百五日卽有疾風甚雨謂之寒食禁火三日注據曆合在清明前二日亦有去冬至一百六者琴操周舉移書及魏武明罰令陸翽鄴中記並云寒食斷火起於子推據左傳及史記並無介子推被焚之事按周禮司烜氏仲春以木鐸修火禁于國中注云爲季春將出火也然則禁火蓋周之舊制

酉陽雜俎鵝瞥鬼鵁鶄厭火孔雀辟惡

蜀葵可以績爲布枯時燒作灰藏火火久不滅

黃楊木性難長世重黃楊以其無火或曰試投之水沈則無火伐必以陰晦之夜不見一星爲枕不裂

李氏刊誤論語曰鑽燧改火春榆夏棗秋柞冬槐則是四時皆改其火自秦漢已降漸至簡易唯以春是一歲之首止一鑽燧而適當改火之時是爲寒食節之後旣曰就新卽去其舊今人持新火曰勿與舊火相見卽其事也又禮記郊特牲云季春出火爲禁火此則禁火之義昭然可徵俗傳禁火之因皆以介子推爲據是不知古故以鑽燧證之

譚子化書術化動靜相磨所以化火也又情可以通形可以同於火者化爲火同於水者化爲木

德化混我神氣符我心靈若水投水不分其清若火投火不間其明

仁化禮明白之謂也故均於火義不足則禮濟之火伐金也

食化火將逼而投於水知必不免且責其緩又瘖者人之痛火者人之急而民喩飢謂之瘖比餓謂之火蓋情有所切也

五色線鬼燐詩會昌錄哀草白露裏亂山明月中多是苦吟罷殘焰與君同

龍安有騎火茶最上不在火前不在火後故也清明改火故曰騎火茶

全唐詩話李約性嗜茶能自煎曰茶須緩火炙活火煎

清異錄夜中有急苦於作燈之緩批杉條染硫黃置之待用一與火遇得燄穗然呼引光奴今有貨者易名火寸

凡病膏肓之際藥效難比鍼灸之所以用也鍼長于宣壅滯灸長于通氣血古人謂之延年火又曰火輪三昧

寰宇記火山梧州府城南隔江山下水深無極山上有火每三五夜一見如野燒或言水中有寶珠光燭於上或言南越王尉佗藏神劍於此故騰焰如火

退朝錄周禮四時變國火謂春取榆柳之火夏取棗杏之火季夏取桑柘之火秋取柞楢之火冬取槐檀之火而唐時惟取榆柳火以賜近臣戚里本朝因之惟賜輔臣戚里帥臣節察三司使知開封府樞密直學士中使皆得厚贈非賜例也

歸田錄香餅石炭也用以焚香一餅之火可終日不滅

雲笈七籤清明一日取榆柳作薪煮食名曰換新火以取一年之利

夢溪筆談陽燧面窪向日照之光皆聚向內離鏡一二寸光聚一點大如麻菽著物則火發此則腰鼓最細處也

緗素雜記漢武帝作柏梁殿有上疏者云蚩尾水之精能辟火災可置之堂殿

後山談叢油絹紙石灰麥糠馬矢糞草皆能出火

曇經凡蓋室以靜密溫小爲貴晝夜不去火然火大則病火槩亦病其晝夜候火隨風日晴晦最爲難

范石湖集爆竹之夕人家各於門首燃薪滿盆無貧富皆爾謂之相暖熱

照田蠶與燒火盆同日村落則以禿帚若麻稭竹枝燃火炬縛長竿之杪以照田爛然徧野以祈絲穀

老學菴筆記予年十餘歲時見郊野間鬼火至多麥苗稻穗之杪往往出火色正青俄復不見蓋是時去兵亂未久所謂人血爲燐者信不妄也今則絕不復見見者輒以爲怪矣

天彭牡丹譜在寒食前者謂之火前花其開稍久火後花則易落

搜采異聞錄莊子外物篇利害相摩生火甚多衆人焚和月固不勝火於是乎有僓然而道盡注云大而闇則多累小而明則知分東坡所引乃曰郭象以爲大而闇不若小而明陋哉斯言也爲更之曰月固不勝燭言明於大者必闇於小月不能燭毫釐此其所以不勝火也然卒之火勝月耶月勝火耶予記朱元成萍洲可談所載王荆公在修撰經義局因見舉燭言佛書有日月燈光明佛燈光豈足以配日月呂惠卿曰日煜乎晝月煜乎夜燈煜乎日月所不及其用無差別也公大以爲然蓋發言中理出人意表云予妄意莊子之旨謂人心如月湛然虛靜而爲利害所薄生火熾然以焚其和則月不能勝之矣非論其明闇也

容齋三筆今人所用潛火如潛火軍兵潛火器具其義爲防然以書傳考之乃當爲熸左傳襄二十六年楚師大敗王夷師熸昭二十三年子瑕卒楚師熸杜預皆注曰吳楚之間謂火滅爲熸釋文音子潛反火滅也禮部韻將廉反皆讀如殲音則知當曰熸火

朱子語類問四時取火何爲季夏又取一番曰土旺於未故再取之

隱窟雜志今世燒香埋火蓋有所自楞嚴云焚水沉無令見火是也

癸辛雜識綿上火禁升平時禁七日喪亂以來猶三日相傳火禁不嚴則有風雹之變社長輩至日就人家以雞翎掠竈灰雞羽稍焦卷則罰香紙錢有疾及老者不能冷食就介公廟卜乞小火吉則燃木炭取不烟不吉則死不敢用火或以食暴日中或埋食器于羊馬糞窖中其嚴如此戊戌歲貫莊數少年以禁火日飲酒社樹下用柳木取火溫酒至四月風雹大作數日乃消又云火禁中雖冷食無致病者

齊東野語東方朔神異經所載南荒之外有火山晝夜火然其中有鼠重百斤毛長二尺餘細如絲可作布鼠常居火中時出外以水逐而沃之方死取其毛緝織爲布或垢浣以火燒之則淨十洲記云炎州有火林山山上有火鼠毛可織爲火浣布有垢燒即除其說不一魏文帝嘗著論謂世言異物皆未必眞有至明帝時有以火浣布至者于是遂刊此論是知天壤間何所不有耳目未接固未可斷以爲必無也昔溫陵有海商漏船搜其槖中得火浣布一疋遂拘置郡帑凡太守好事者必割少許歸以爲玩外大父嘗守郡亦得尺許余常親見之色微黃白頗類木綿絲縷蒙茸若蝶蚡蜂黃然每浣以油膩投之熾火中移刻布與火同色然後取出則潔白如雪了無所損後爲人强取以去

邵康節曰世有溫泉而無寒火昭德晁氏解云陰能順陽而陽不能順陰也水爲火爨則沸而熟物火爲水沃則滅矣晉紀瞻舉秀才陸機策之曰陰陽不調則大數不得不否一氣偏廢則萬物不能獨成今有溫泉而無寒火其故何也白虎殿諸儒講論班固纂爲白虎通五行篇亦曰有溫水無寒火然今湯泉往往有之如驪山尉氏駱谷汝水黃山佛迹匡廬閩中等處皆表表在人耳目坡詩云自憐耳目陋未測陰陽故鬱攸火山烈觱沸湯泉注安能長魚鼈僅可燖狐兔朱氏晦菴詩云誰然丹黃燄爨此玉池水蓋或爲溫泉之下必有硫黃礬石故耳獨未見所謂寒火按西京雜記載董仲舒曰水極陰而有溫泉火至陽而有凉燄又抱朴子曰水主純冷而有溫谷之湯泉火體宜熾而有蕭丘之寒燄又劉子從化篇曰木性宜冷而有華陽溫泉猶曰泉冷者多也火性宜熱而有蕭丘寒燄猶曰火熱熱者多也然則寒火亦有之矣特以耳目所未及故以爲無耳

貴耳集四夷附錄內典云人火得水而滅龍火得水而熾信有此理陰陽自然變化論云龍能變水人能變火龍不見石人不見風魚不見水鬼不見地此亦理也

離中有眞水坎中有眞火

禮經會元火禁周官木火皆有禁水親而不實易以溺人川游之人狎於水者秋官萍氏禁之宜也火之有禁既有天官宮正以脩之又有秋官司烜脩之亦

云足矣夏官司爟又特設一官以掌之何耶蓋火之爲物炎上就燥尊而不親又非水之比也不得其齊則疾不得其性則災故火星之伏見有時國火之變易亦有時過焉爲災此司爟所以因時而施令變火以救時疾也先鄭云三月昏心星見辰上使民出火九月昏心星伏戌上使民內火春秋傳曰以出內火夫出以季春內以季秋則是二時出入火矣又曰四時變國火以救時疾何邪蓋季春出火非出火於民也火星昏見司爟乃禮而出之猶羲叔寅賓出日也季秋內火非令民內火也火星昏伏司爟乃以禮而內之猶和叔寅餞納日也二時之出內火星猶祭祀之祭爟不忘本也曰民咸從之民亦如之亦令民知有出內之禮也故宮正春秋以木鐸修火禁以火星出入而修禁也司烜中春以木鐸修火禁于國中爲火星將出而修禁也宮正特嚴宮中之禁司烜泛修國中之禁故或以春秋或以中春有不同歟若夫四時變國火以救時疾則是順四時而改國火也鄭司農引鄒子之說春取榆柳之火夏取棗杏之火季夏取桑柘之火秋取柞楢之火冬取槐檀之火是有五時變火此惑於五行五色之說也周人取火之制司烜惟曰以夫遂取明火於日以共祭祀而司烜實預國中之火禁則司爟四時之變國火安知夫不以遂取火而易之乎取於日則爲明火國火則不取於日爾諺曰鑽燧改火是也然司爟上士二人徒六人司烜下士六人徒十二人安能盡變國中之火盡修國中之禁毋亦司爟施其令司烜施其禁而使民自易之歟司爟司烜二官分屬夏官秋官者司爟行火南方之事故司爟隷於夏司烜取水火司寇奉明水火故司烜隷於秋抑嘗因火禁之修宮正司烜皆以木鐸修之木鐸振文教者也文事奮木鐸武事奮金鐸鼓人以金鐸通鼓司馬振鐸摝鐲奮武事也若非武事皆以木鐸徇之是以文教警衆不特修火禁爲然書曰每歲孟春遒人以木鐸徇于路古人將有新令無有不奮木鐸者是以小宰帥治官之屬而聽治象之法則徇于木鐸小司徒小司寇帥屬觀象亦如之鄉師四時名令以木鐸徇于市朝士師左右刑罰以木鐸徇之于朝一木鐸之徇而人心皆知有文教之警則孰不修職攷法以共王事奉令道禁以從王命哉

雞林類事方言火曰孛

周煇淸波雜志沿江烽火臺每日平安卽于發更時舉火一把每夜平安卽于次日平明舉煙一把緩急盜賊不拘時候日則舉烟夜則舉火各三把紹興初江東安撫大使李光所請煇生長江南足不涉極邊初未識所謂烽火者但讀陸務觀放翁記游梁觀塞上傳烽詩月黑望愈明雨急滅復見初疑雲罅星又似山際電亦可想像得髣髴云

田間書火非風不燃風撲火則息

贅寧物類相感志野火山林藪澤晦暝之夜則生焉散布如人秉燭其色靑異乎人火鄉人慣見多以左足之草履而招之來漸近聞人聲則滅又從本處明矣

席上腐談予幼時見有道人燒片紙納空瓶急覆于銀盆水中水皆湧入瓶而銀盆鏗然有聲蓋火氣使之然也

輟耕錄杭人削松木爲小片其薄如紙鎔硫黃塗木片頂分許名曰發燭又曰焠兒蓋以發火及代燈燭用也史載周建德六年齊后妃貧者以發燭爲業豈卽杭人之所製與宋翰林學士陶公穀淸異錄云夜有急苦于作燈之緩有知者批杉條染硫黃置之待用一與火遇得焰穗然旣神之呼引光奴今遂有貨者易名火寸按此則焠寸聲相近字之譌也然引光奴之名爲新

拘虛晤言火無踰光之燭鑑無過形之照器之所使也故君子盡人之能而已矣

宛署雜記燕城烟火有花草人物等形統名烟火勳戚家集百巧爲一架分四門次第傳爇通宵以爲樂

汲古叢語火因質以用其光其光相續而其體不分者性之各足也

雪濤談叢滇省風俗每年于六月二十八日各家俱束葦爲藁高七八尺凡兩樹置門首遇夜炳燎其光燭天是日各家俱用生肉切爲膾調以醯蒜不加烹飪名曰食生總稱曰火節問其故謂弔忠臣王禕畱此記蓋禕受命入滇說元梁王降王反殺禕醢其肉若爾則炳藁可也奚忍食生爲耶夫楚人競舟弔屈子也晉人禁烟傷介子推也皆有不忍之意焉王公被醢而滇俗斫膾喫生毋乃倒置乎存炳火革食生可也

長松茹退憨憨子曰火性無我寄於諸緣外諸緣而覓火性何異離波覓水者哉

辟寒鎖鎖帽出回紇用鎖鎖木根製之爲帽火燒不

滅亦不作灰可配火鼠布能辟寒

珍珠船蜀葵點作火把雨中不滅

瑣碎錄執明甲戌神呼之入火不燒

長安客話良鄉縣城東里許有石闞石赤色如燎可
以取火因名燎石岡

本草螢火一名慎火人皆盆盛養於屋上云　火
故曰慎火

木几冗談燎原之火星星也

霏雪錄洪武丁卯春湯信公持節發杭紹明台溫五
郡之民城沿海諸鎮時會稽王家堰夜大雨水暴至
死者什四五水上有火萬炬咸以爲鬼予嘗詢於習
海事者曰鹹水夜動則有光蓋海水爲風雨所擊故
其光如火耳因記王子年拾遺記云東海之上有浮
玉山山下有穴穴中有大水蕩潏火不滅爲陰火正
此類也余記此以破好怪者之說

三餘贅筆吳綾爲裳暗室中力持曳以手摩之良久
火星直出蓋吳綾俗呼爲油緞子工家又多以脂發
光潤人服之體氣蒸鬱宜其致火也

蒙泉雜言乾爲天天之用火也故離爲火火之聚也
成雷其散也成風則震與巽又離之用也

綠雪亭雜言愚在京師見馬草中火發作陳留縣見
油簍中火發在泰州見乾蝗堆中火發在劍州見積
聚油紙中火發皆濕熱遏蒸於內不得發越故鬱攸
不戒其來有漸

農桑撮要北方莊家正月元旦夜東高長草把燒之
名照庭火伺燒將過看向何方倒所向之方其年必
熟

日知錄有明火有國火明火以陽燧取之于日近于
天也故卜與祭用之國火取之五行之木近于人也
故烹飪用之

古人用火必取之於木而復有四時五行之變素問
黃帝言壯火散氣少火生氣季春出火貴其新者少
火之義也今人一切取之于石其性猛烈而不宜人
疾疢之多年壽之減有自來矣

邵氏學史曰古有火正之官語曰鑽燧改火此政之
大者也所謂光融天下者于是乎在周禮司爟氏所
掌及春秋宋衞陳鄭所紀者政皆在焉今治水之官
猶夫古也而火獨缺焉飲知擇水而亨不擇火以祭
以養謂之備物可乎或曰庭燎則有司矣雖然此火
之末也

冊府元龜龍星木之精也春見東方心爲火之盛故
爲之禁火俗傳介子推以此日被焚禁火

路史燧人改火論曰順天者存逆天者亡是必然之
理也昔者燧人氏作觀乾象察辰心而出火作鑽燧
別五木以改火豈惟惠民哉以順天也予常攷之心
者天之大火而辰戌者火之二墓是以季春心昏見
于辰而出火季秋心昏見于戌而納之卯爲心之明
堂至是而火大壯是以仲春禁火戒其盛也周官每
歲仲春命司烜氏以木鐸修火禁于國中爲季春將
出火而司爟掌行火之政令四時變國火以救時疾
季春出火季秋內火民咸從之時則施火令凡國失
火野焚萊則隨之以刑罰夫然故天地順而四時成
氣不忒伏國無疵癘而民以寧鄭以三月鑄刑書而
士文伯以爲必災六月而鄭火蓋火未出而作火宜
不免也今之所謂寒食一百五者熟食斷烟謂之龍
忌蓋本乎此而周舉之書魏武之令與夫汝南先賢
傳陸翽鄴中記等皆以爲介子推謂子推以三月
三日燔死而後世爲之禁火吁何妄邪是何異于言
子胥溺死而海神爲之朝夕者乎予觀左氏史遷之
書曷嘗有子推被焚之事況以淸明寒食初靡定日
而琴操所記子推之死乃五月五非三月也夫火神
物也其功用亦大矣昔隋王劭嘗以先王有鑽燧改
火之義于是表請變火曰古者周官四時變火以救
時疾明火不變則時疾必興聖人作法豈徒然哉在
晉時有人以雒陽火渡江世世事之相續不滅火色
變青昔師曠食飯云是勞薪所爨晉平公使視之果
然車輞今溫酒炙肉用石炭火木炭火竹火草火麻
荄火氣味各自不同以此推之新火舊火理應有異
伏願遠遵先聖于五時取五木以變火用功甚少救
益方大大火惡陳薪惡勞晉代荀勖進飯亦知薪勞
而隋文帝所見江寧寺晉長明鐙亦復青而不熱傳
記有以巴豆木入爨者爰得洩利而糞臭之草炊者
率致味惡然則火之不改其不疾者鮮矣泌以是益
知聖人之所以改火修火正四時五變者豈故爲是
煩文害俗得已而不已哉傳不云乎違天必有大咎
先漢武帝猶置別火令丞典司燧事後世乃廢之邪
方石勒之居鄴也于是不禁寒食而建德殿震及端
門襄國西門雹起西河介山大如雞子平地三尺洿
下丈餘人禽死以萬數千里摧折秋稼蕩然夫五行
之變如是而不知者亦以爲爲之推也雖然魏晉之
俗尤所重者辰爲商星實犯大火而汾晉參墟參辰

錯行不毘和所致

畿輔通志順德府響地在府城境內寰宇記云襄國石井岡旁有響地周圍百步人馬行其地砰砰有聲掘之火出卽此

廣東通志猛火油樹津出佛打泥國大類樟腦第能腐人肥肉燃置水中光燄愈熾蠻彝以制火器其鋒甚烈帆檣樓櫓連延不止雖魚鱉遇者無不燋爍

火雞出滿剌加山谷大如鶴多紫赤色能食火吐氣成烟焰

貴州通志火石山在平遠州東七十里山形如獸其石擊則火出

火部外編

元中記申彌國去郡萬里有燧明國不識四時晝夜其人不死厭世則昇天國有火樹名燧木屈盤萬丈雲霧出于中間折枝相鑽則火出矣後世聖人變腥臊之味遊日月之外以食救萬物乃至南垂目此樹表有鳥若鴞以口啄樹粲然火出聖人感焉因取小枝以鑽火號燧人氏在庖犧之前則火食起乎茲矣

列仙傳赤松子服水玉以敎神農能入火不燒

搜神記甯封子黃帝時人也世傳爲黃帝陶正有異人過之爲其掌火能出五色烟久則以敎封子封子積火自燒而隨烟氣上下視其灰燼猶有其骨時人共葬之甯北山中故謂之甯封子

拾遺記西海之西有浮玉山山下有巨穴穴中有水其色若火晝則通曨不明夜則照耀穴外雖波濤灌蕩其光不滅是謂陰火當堯世其光爛起化爲赤雲丹輝炳映百川恬澈遊海者銘曰沉燃以應火德之運也

禹鑿龍門至一空巖深數十里幽闇不可復行禹乃負火而進有獸狀如豕銜夜明之珠其光如燭

紂之昏亂欲討諸侯使飛廉惡來誅戮賢良取其寶器埋于瓊臺之下使飛廉等於所近之國侯服之內使烽燧相續紂登臺以望火之所在乃興師往伐其國殺其君囚其民收其女樂肆其淫虐神人憤怨時有朱鳥銜火如星之照耀以亂烽燧之光紂乃回惑使諸國滅其烽燧于是億兆夷民乃歡

僖公十四年晉文公焚林以求介子推有白鴉遶煙而噪或集之推之側火不能焚晉人嘉之起一高臺名思煙臺戒所焚之山數百里居人不得設網羅呼曰仁烏

燕昭王思諸神異西王母至與昭王遊于燧林之下說炎帝鑽火之術取綠桂之膏燃以照夜忽有飛蛾銜火狀如丹雀來拂于桂膏之上此蛾出于員丘之穴穴洞達九天中有細珠如流沙可穿而結因用爲珮此是神蛾之火也

列子黃帝篇范氏有子曰子華善養私名舉國服之有寵于晉君不仕而居三卿之右目所偏視晉國爵之口所偏肥晉國黜之游其庭者侔于朝子華使其俠客以智鄙相攻强弱相凌雖傷破于前不用介意終日夜以此爲戲樂國殆成俗禾生子伯范氏之上客出行經坰外宿于田更商丘開之舍中夜禾生子伯二人相與言子華之名勢能使存者亡亡者存富者貧貧者富商丘開先窘于飢寒潛于牖北聽之因假糧荷畚之子華之門子華之門徒皆世族也縞衣乘軒緩步闊視顧見商丘開年老力弱而目黧黑衣冠不檢莫不眲之旣而狎侮欺詒攩拯挨扰亡所不爲商丘開常無慍容而諸客之技單憊於戲笑遂與商丘開俱乘高臺于衆中漫言曰有能自投下者賞百金衆皆競應商丘開以爲信然遂先投下形若飛鳥揚于地骪骨無碍范氏之黨以爲偶然未詎怪也因復指河曲之淫隈曰彼中有寶珠泳可得也商丘開復從而泳之旣出果得珠焉衆昉同疑子華昉令豫肉食衣帛之次俄而范氏之藏大火子華曰若能入火取錦者從所得多少賞若商丘開往無難色入火往還埃不漫身不焦范氏之黨以爲有道乃共謝之曰吾不知子之有道而誕子吾不知子之神人而辱子子其愚我也子其聾我也子其盲我也敢問其道商丘開曰吾亡道雖吾之心亦不知所以雖然有一于此試與子言之曩子二客之宿吾舍也聞譽范氏之勢能使存者亡亡者存富者貧貧者富吾誠之無二心故不遠而來及來以子黨之言皆實也唯恐誠之之不至行之之不及不知形體之所措利害之所存也心一而物亡迕者如斯而已今昉知子黨之誕我我內藏猜慮外矜觀聽追幸昔日之不焦溺也

怛然內熱惕然震悸矣水火豈復可近哉自此之後范氏門徒路遇乞兒馬醫弗敢辱也必下車而揖之宰我聞之以告仲尼仲尼曰汝弗知乎夫至信之人可以感物也動天地感鬼神橫六合而無逆者豈但履危險入水火而已哉商丘開信僞物猶不逆況彼我皆誠哉小子識之

趙襄子率徒十萬狩于中山藉芿燔林扇赫百里有一人從石壁中出隨烟燼上下衆謂鬼物火過徐行而出若無所經涉者襄子怪而留之徐而察之形色七竅人也氣息音聲人也問奚道而處石奚道而入火其人曰奚物而謂石奚物而謂火襄子曰而向之所出者石也而向之所涉者火也其人曰不知也魏文侯聞之問子夏曰彼何人哉子夏曰以商所聞夫子之言和者大同於物物無得傷閡者游金石蹈水火皆可也文侯曰吾子奚不爲之子夏曰刳心去智商未之能雖然試語之有暇矣文侯曰夫子奚不爲之子夏曰夫子能之而能不爲者也文侯大說

拾遺記始皇好神仙之事有宛渠之民乘螺舟而至言其國在咸池日沒之所以萬歲爲一日俗多陰霧遇其晴日則天豁然雲裂耿若江漢及夜燃石以繼日光此石出燃山其土石皆自光澈扣之則碎狀如粟一粒輝映一堂昔炎帝始變生食用此火也人今獻此石或有投其石于溪澗中則沸沫流于數十里名其水爲焦淵

列仙傳陶安公者六合鑄冶師也數行火火一旦散上行紫色衝天安公伏冶下求哀須臾朱雀止冶上曰安公安公冶與天通七月七日迎汝以赤龍至期赤龍到安公騎之而上

洞冥記天漢二年帝昇蒼龍閣思仙術名諸方士言遠國遐方之事唯東方朔下席操筆跪而進帝曰大夫爲朕言乎朔曰臣遊北極至種火之山日月所不照有青龍銜燭火以照山之四極

西域獻火能高七尺映日看之光如聚炬火

拾遺記郅奇字君珍喪親盡禮所居去墓百里每夜行常有飛鳥銜火以夾之

麋竺用陶朱計術日益億萬之利貨擬王家有寶庫千間竺性能賑生卹死家內馬廐屋仄有古塚有伏尸夜聞涕泣聲竺乃尋其泣聲之處忽見一婦人袒背而來訴云昔漢末妾爲赤眉所害叩棺見剝今袒在地羞晝見人垂二百年今就將軍乞深埋幷敝衣以掩形體竺許之卽命之爲棺槨以青布爲衣衫置于塚中設祭既畢歷一年行于路西忽見前婦人所著衣皆是青布語竺曰君財寶可支一世合遭火厄今以青蘆杖一枚長九尺報君棺槨衣服之惠竺挾杖而歸所住鄰中常見竺家有青氣如龍蛇之形或有人謂竺曰將非怪也竺乃疑此異問其家僮云時見青蘆杖自出門間疑其神不敢言也竺爲性多忌信厭術之事有言中忤卽加刑戮故家僮不敢言竺貨財如山不可算計內以方諸盆瓶設大珠如卵散滿于庭謂之寶庭而外人不得窺數日忽青衣童子數十人來云麋竺家當有火厄萬不遺一賴君能恤斂枯骨天道不辜君德故來禳卻此火當使財物不盡自今已後亦宜防衛竺乃掘溝渠周繞其庫旬日火從庫內起燒其珠玉十分之一皆是陽燧旱燥自能燒物火盛之時見數十青衣童子來撲火有青氣如雲落于火上卽滅童子又云多聚鸛鳥之類以禳火災鸛能水于巢上也家人乃收鵁鶄數千頭養于池渠中以厭火

搜神記麋竺嘗從洛歸未達家數十里有婦人從竺求寄載行可數里婦謝去謂竺曰我天使也當往燒東海麋竺家感君見載故以相語竺因私請之婦曰不可得不燒如此君可馳去我當緩行日中火當發竺還遽出財物日中而火大發

抱朴子吳世姚光有火術吳主積荻千束火焚荻了盡光恬坐灰中振衣而起

神仙傳焦先遭野火燒其庵人往視之見先危坐庵下不動火過庵燼先方徐徐而起衣物悉不焦灼

孫博者河東人也有清才能屬文著詩百篇誦經數十萬言晚乃學道治墨子之術能令草木金石皆爲火光照耀數十里中亦能令身成火口中吐火指草樹生火則焦枯更指之卽復故亦能使三軍之衆各成一聚火有藏人亡奴在軍中者累日求之不得博語奴主曰吾爲卿燒其營舍奴必走出卿但當諦伺捉取之于是博以一赤丸擲軍中須臾火起張天奴果走出而得之博乃更以一青丸擲火火卽滅所燔屋舍百物向已焦然者皆悉復故博每作火有所燒他人雖以水灌之終不可滅須博自止之乃止行水火中不沾灼亦能使千百人從己蹈之俱不沾灼

成仙公者諱武丁縣使送餉府君府君周昕有知人之鑒見先生異之署爲文學主簿時郡中寮吏豪族皆恠不應引寒小之人以亂職位府君曰此非卿輩

所知也經旬日乃與先生居閤直至年初元會之日三百餘人令先生行酒酒巡徧訖先生忽以杯酒向東南噀之衆客愕然怪之府君曰必有所以因問其故先生曰臨武縣火以此救之衆客皆笑明日司儀上事稱武丁不敬卽遣使往臨武縣驗之縣人張濟上書稱元日慶集飮酒晡時火忽延燒廳事從西北起時天氣淸澄南風極烈見陣雲自西北直聳而上徑止縣大雨火卽滅雨中皆有酒氣衆疑异之乃知先生蓋非凡人也

葛仙公別傳公與客談話時天寒公與客曰居貧不能得爐火請作一大火公口吐氣火赫然從口而出須臾火滿室坐客皆熱而脫衣也

拾遺記晉太康元年白雲起于灞水三日而滅有司奏云天下應太平果有羽山之民獻火浣布萬匹其國人稱羽山之山有文石生火煙色以隨四時而見名爲淨火有不潔之衣投于火石之上雖滯汚漬涅皆如新浣

貝嶠之山名環丘有雲石廣五百里或四五十里却之片片則蓊然雲出俄而徧潤天下有木名曰倚桑亦有冰蠶長七寸黑色有鱗角以霜雪覆之然後作繭長一尺其色五綵織爲文錦入水而不濡其質輕軟柔滑以之投火則經宿不燎

岱輿山有員淵千里常沸騰以金石投之則爛如土矣孟冬水涸中有黃烟從地出起數丈烟色萬變山人掘之入數尺得焦石如炭或有碎火以蒸燭投之則然而靑色深掘則火轉盛有草名莽煌葉圓如荷去之十步炙人衣則焦刈之爲席方冬彌溫以枝相摩則火出矣

元貞子鸑鷟篇火之熛烈然曰烘乎炵乎之煥爛乎焉翕乎煜乎之炫熵乎焉熾焕灼爍炟爀熇獲涸澤燋山熾日熏天其孰能大乎吾之大焉

王銍默記王朴仕周爲樞密使五代自朱梁以用武得天下政事皆歸樞密院至今富二府當時宰相但行文書而已兄朴之所以得君世宗才四年間取淮南下三關所向成功時緣用兵朴多宿禁中一日謁見世宗屛人聲蹙且倉皇歎嗟曰禍起不久矣世宗因問之曰臣觀元象大異所以不敢不言世宗云如何曰事在宗社陛下不能免而臣亦先當之今夕請陛下觀之可以自見是夜與世宗微行自厚載門同出至野次止于五丈河旁中夜後指謂世宗曰陛下見隔河如漁燈者否世宗隨亦見之一燄熒熒然迤邐甚近則漸大至隔岸火如車輪矣其間一小兒如三四歲引手相指旣近岸朴曰陛下速拜之旣拜漸遠而沒朴泣曰陛下旣見無可復言後數日朴于李轂坐上得疾而死世宗旣伐幽燕道被病而崩至明年而天授我宋矣火輪小兒蓋聖朝火德之兆夫豈偶然

續文獻通考宋顧筆仙鸞筆遇仙年九十七一日積葦庭中坐其上自舉火焚之但見烈焰中乘火雲而去

裴慶蘇州人二十七代天師某抵姑蘇知其異人長跪延之慶約三年後俟我於廬峯頂上遂別去越三年果歸擔棄履數石壘一洞自入寨其門火自內發焚訖烈焰中猶見慶乘白鶴昇天天師俟於廬峰頂慶果至並去莫知所之

欽定古今圖書集成曆象彙編乾象典

第一百卷目錄

乾象典第一百卷

煙部彙考

淮南子

天文訓

壬午冬至甲子受制木用事火煙青七十二日丙子受制火用事火煙赤七十二日戊子受制土用事火煙黃七十二日庚子受制金用事火煙白七十二日壬子受制水用事火煙黑七十二日而歲終

烟部藝文詩

詠烟 梁簡文帝

浮空覆雜影含露密花藤乍如洛霞發頗似巫雲登映光飛百仞從風散九層欲持翡翠色時吐鯨魚燈

浦狹村烟度 陳張正見

茅蘭夾兩岸野燎燭中川村長合夜影水狹度浮烟收光暗鳥弋分火照漁船山人不炊桂樵華幸共燃

詠烟 唐李嶠

瑞氣凌青閣空濛上翠微迴浮雙闕路遙拂九仙衣桑柘迎寒色松篁暗晚暉還當紫霄上時接彩鸞飛

烟 徐夤

燎野焚林見所從惹空橫水展形容能滋甘雨隨車潤不並行雲逐夢蹤晴鳥迴籠嘉樹薄春亭嬌幕好花濃有時片片風吹去海碧山清過幾重

遠烟 處默

靄靄前山上凝光滿薜蘿高風吹不起遠樹得偏多翠與晴雲合輕將淑氣和正堪流野目朱閣意如何

茶烟 元謝宗可

玉川爐畔影沉沉淡碧縈空杳隔林蚓竅聲微松火暗鳳團香暖竹窗陰詩成禪榻風初起夢破僧房雪未深老鶴歸遲無俗侶白雲一縷在遙岑

新烟 明袁凱

覆堤初冉冉渡水尚遲遲一樹梨花色猶能似舊時

茶烟 瞿佑

濛濛漠漠更霏霏淡抹吟屏羃講帷石鼎火紅詩詠後竹爐湯沸客來時雪飄僧舍衣初濕花落航船鬢已絲惟有庭前雙白鶴翩然趨避獨先知

烟 孟洋

湘流落日外沙迴暮生烟杳杳千峯失霏霏萬壑連鵲翻知浦樹人語辨江船暗裏猿聲斷愁深攪夜眠

暮烟 胡宗仁

送客歸舟息樹根蕭疎楓葉掩柴門蒼烟未即全遮眼猶露橋西一兩邨

烟部選句

楚屈原九章觀炎氣之相仍兮窺煙液之所積

漢劉向薰爐銘中有蘭綺朱火青烟

宋顏延之連珠火含烟而烟妨火桂懷蠹而蠹殘桂火勝則煙滅蠹壯則桂折

謝靈運撰征賦披宿莽以迷徑覩生烟而知墟

唐陳子昂金門餞序遠樹與孤烟共色

張悅宴薛王山池序城烟壓起而泊山野風時來而過水

晉陶潛詩曖曖遠人邨依依墟里煙
宋顏延之詩山煙冒壠生
謝莊詩烟竟山郊遠
謝靈運詩烈火縱炎煙
謝朓詩遠樹曖芊芊生烟紛漠漠又桑柘起寒煙又渺渺青烟移
梁簡文帝詩古樹無枝葉荒郊多野烟又水煙浮岸起又空闊暮煙起逍遙獨未歸
范雲詩江干遠樹浮天末孤煙起
吳均詩莓莓看細雨漠漠視濃烟又山際見來烟
何遜詩暮烟起遙岸
陳徐陵詩岸烟起暮色
沈炯詩火炬前邨發林烟樹下昏
江總詩野火初煙細又石瀨乍深淺崖烟遞有無
北周庾信詩野戍孤煙起春山百鳥啼
唐太宗詩晚煙含樹色又宿霧足朝煙
虞世南詩錄野明斜日青山澹晚烟又日彩泛槐煙
李百藥詩水光浮落照霞彩淡輕煙
王勃詩魚牀侵岸水鳥路入山烟又重巖起夕煙
陳子昂詩野戍荒烟斷又遠岸孤煙出遙峯曙日微
沈佺期詩桂葉晚留烟又朝日斂紅烟又雲鴈下江煙
王維詩大漠孤烟直又柳綠更帶朝煙
儲光羲詩路斷因春水山深由暝煙又蒼山起暮雨
極浦浮長烟
孟浩然詩榜人投岸火漁子宿潭烟
李白詩水色倒空青林煙橫積素又博山爐中沈香火雙烟一氣凌紫霞又秋山宜落日秀水出寒烟
韋應物詩田家已耕作井屋起晨烟
岑參詩水烟晴吐月
李嘉祐詩日晚長烟高岸近天寒積雪遠峯低
杜甫詩孤城返照紅將斂近市浮煙翠且重又村煙輕冉冉竹日淨暉暉
張繼詩野莊喬木帶新烟又試上吳門窺郡郭清明幾處有新烟
韓翃詩日暮漢宮傳蠟燭輕烟散入五侯家
戎昱詩水痕侵岸柳山翠借廚烟
白居易詩曉色萬家烟
李德裕詩幽翠生松栝輕烟起薜蘿
杜牧詩今日鬢絲禪榻畔茶煙輕颺落花風又初月微明漏白烟
許渾詩山月夜行客水煙朝渡人又晴煙和草色又山檻晴歸漠漠煙
溫庭筠詩烟光似帶侵垂柳
張喬詩竹外村煙細
李山甫詩碧烟水面生
張蠙詩遙憶巴陵渡殘陽一望煙
宋余靖詩疎烟明月樹微雨落花村
孔平仲詩別浦暝烟生歸鳥向村急
秦觀詩廬煙起處認孤邨
陸游詩積水遠生煙又茅簷細雨濕炊烟又隔水橫林一抹煙又斷山欲雨自生烟
惠崇詩殘月楚山曉孤煙江廟春又古戍生煙直
明楊基詩山中人家改新火隔樹吹來楡柳烟

烟部紀事

許邁別傳邁少名映有道術高平閻慶就映受業方去映爲燒香皆五色煙出映亦自去莫知所在
北史徒河慕容廆傳苻堅有臨聽訟觀令民有怨舉煙於城北觀而錄之長安爲之語曰欲得必存舉烟
梁書張弘策傳弘策恆隨高祖遊處每入室常覺雲烟氣體輒肅然由此特敬高祖
梁書高祖丁貴嬪傳貴嬪諱令光生於樊城有神之異紫烟滿室故以光爲名
述異記漢水西山有九井井中出五色烟高數丈云昔人有縋入得數斛空青
陳書高祖本紀永定二年夏四月戊辰重雲殿東尾有紫煙屬天
南史蕭摩訶傳隋賀若弼襲京口進鍾山曾廣達端力戰弼躬當廣達縱煙自隱窘而復振
舊唐書太宗本紀武德四年二月進屯青城宮營未立世充衆二萬臨穀水而陣於北邙山令屈突率步卒五千渡水擊之因誡通曰待兵交卽放煙當率騎軍南下
法苑珠林陳莊入武當山學道所居有白烟香氣徹
香譜三洞珠囊許遠遊燒香皆五色香烟出
珍珠船楊相名崔相飯前香爐中煙成樓閣云是賓國香
雲仙雜記黃巢陷京城南唐王氏有鏡六鼻常生烟

袁豐居宅後有六株梅開時爲鄰屋煙氣所爍屋乃貧人所寄豐卽圖泥塞竈

北戶錄南海人至八九月於池塘間采魚子著草上懸於竈煙上至二月春雷發時浸於池塘旬日內如蝦蟆子狀鬻於市號魚種

玉海宋太平興國四年曹翰遣五駿騎爲斥候授以五色旗人執其一先是敵至必舉狼烟翰分遣人舉烟境上敵疑有伏引去

宋史夏國傳國每出戰率用隻日惡雨雪晝舉烟揚塵夜篝火以爲候

趙自然傳有泰州民家子趙抱一者常牧羊田間一夕有叩門名之者以杖引行杖端有氣如烟其香可悅俄至山崖絕頂見數人會飲音樂交奏與人間無異自是不喜熟食

在田錄高皇既在寺値歲凶僧以歉收不能給衆俾各還皇陵碑記有云朝望突煙而徑進暮投孤廟以趨蹌蓋紀實也

袁宏道越中雜記玉京去五泄二十餘里洞門空闊初時若夏屋少進徑微仄闊復如前凡三四折至一孔極小非匍匐不能入貼地而行炬煙大作眼淚如雨偶思前輩有說入洞爲烟薰殺者心懼乃退出

雲南通志元江府石烟在他郎卜左村石坳中邃一竅最深有煙裊裊四時不絕居民以煙所指卜吉凶

煙部雜錄

周禮秋官蟈氏掌去鼃黽焚牡蘜以灰灑之則死以其煙被之則凡水蟲無聲

三墳書形墳山氣籠烟

魯連子一竈五突分烟者衆

易林十里望煙散煙日分形體滅寂終不見君

淮南子齊俗訓喜怒哀樂有感而自然者也故哭之發于口涕之出于目此皆憤於中而形於外者也譬若水之下流烟之上尋也夫孰有推之者

說山訓以束薪爲鬼以火煙爲氣以束薪爲鬼朅而走以火烟爲氣殺豚烹狗先事如此不如其後

說林訓千里之隄以螻螘之穴漏百尋之屋以突隙之煙焚

說文烟火氣也焆焆然也

抱朴子內篇入水之燼火滅而煙不卽消

拾遺記岱輿山有員淵盂冬水涸有黃煙從地出起數丈烟色萬變

劉勰新論防慾篇情之傷性性之妨情猶煙冰之與木火也煙生於火而烟鬱火冰出於水而冰遏水故烟微而火盛冰泮而水通

殊好篇飛鼯甘烟飛鼯好食火煙

酉陽雜俎狼糞煙直上烽火用之

老學菴筆記西蜀有竹炭燒巨竹爲之易燃無烟耐久亦奇物

袪疑說舊聞呪棗而煙起心雖知其爲術不知其所以爲術也後因叩之道師乃知棗之煙者藏藥於棗託名以呪撚之則藥如煙起

丹鉛總錄宋人小說謂劉禹錫竹枝詞瀼西春水縠紋生乃生熟之生信是文選謝朓遠樹曖芊芊生烟紛漠漠亦然小謝之句實本靈運靈運撰征賦云披宿莽以迷徑覩生煙而知墟

居山雜志晚山多綠烟起于麓輕籠淡抹其橫如練

焚香七要燒香取味不在取煙香煙若烈則香味漫然頃刻而滅

本草龍涎惟入諸香焚之則翠煙浮空

火鴉蝙蝠能食焰煙

煙部外編

列仙傳甯封子爲黃帝陶正有人過之爲掌火能出五色煙以教封子封子積火自燒隨煙上下

抱朴子內篇赤松子以元蟲血漬玉爲水而服之故能乘烟上下也

袖中記晉文公焚林以求介子推有白鴉繞煙而噪或集介子推之側火不能焚晉人嘉之爲立臺號曰思烟

拾遺記海人乘霞舟以雕囊盛數升龍膏獻燕昭王王坐通雲之堂然龍膏爲燈火色曜百里煙色如丹

員嶠山西有星池出爛石常浮於水色紅質虛似肺燒之香聞數百里煙氣升天則成香雲雲徧則成香雨

雲笈七籤青精之宮有上華之室室中有自然青氣號曰返香之烟逆風聞三千里

欽定古今圖書集成曆象彙編歲功典

第一卷目錄

歲功典第一卷

歲功總部彙考一

上古

天皇氏始制干支之名以定歲之所在

按宋劉恕外紀天皇氏繼盤古氏以治是曰天靈澹泊無爲而俗自化始制干支之名以定歲之所在十干曰閼逢旃蒙柔兆彊圉著雍屠維上章重光元默昭陽十二支曰困敦赤奮若攝提格單閼執徐大荒落敦牂協洽涒灘作噩閹茂大淵獻

註干幹也其名有十亦曰十母甲乙丙丁戊己庚辛壬癸是也支枝也其名一十二亦曰十二子子丑寅卯辰巳午未申酉戌亥是也閼逢甲也旃蒙乙也柔兆丙也彊圉丁也著雍戊也屠維己也上章庚也重光辛也元默壬也昭陽癸也困敦混沌也言萬物萌混沌於黃泉之下也子也赤奮若若順也陽氣奮迅萬物而起無不若其性也丑也攝提格萬物承陽而起格者起也歲在寅正月出東方爲衆星之紀以攝提宿故名也寅也單閼言陽氣推萬物而起單閼盡也止也卯也執徐伏蟄之物皆敷舒而出執徐舒也辰也大荒落萬物皆熾盛而大出霍然落也巳也敦牂敦盛牂壯也言萬物盛壯也午也協洽言陰陽化生萬物和合也未也涒灘言萬物吐秀傾垂之貌也申也作噩言萬物皆芒枝起之貌酉也閹茂言萬物皆蔽冒也戌也大淵獻淵深也大獻萬物於天深於蓋藏也亥也註三皇之名相傳不一大抵伏羲神農黃帝爲三皇或以繼盤古而王之天皇地皇人皇別爲三皇年代久遠已無確據按劉恕外紀言伏羲制甲曆則謂伏羲即天皇之號庖犧近之但今綱鑑皆於伏羲之前別紀三皇而謂干支又別有閼逢困敦之名故今從之於伏羲前別編天皇氏云

地皇氏始分晝夜以三十日爲一月

按宋劉恕外紀地皇氏繼天皇以治爰定三辰是分晝夜以三十日爲一月

太昊伏羲氏始作甲曆以定歲時

按史記補三皇本紀不載　按宋劉恕外紀伏羲作甲曆定歲時起於甲寅干支相配爲十二辰六甲而天道周矣歲以是紀而年不亂月以是紀而時不易晝夜以是紀而人知度東西南北以是紀而方不惑

陶唐氏

堯命羲和主曆象以定四時

按書經虞書堯典乃命羲和欽若昊天曆象日月星辰敬授人時

蔡傳乃者繼事之辭羲氏和氏主曆象授時之官若順也昊廣大之意曆所以紀數之書象所以觀天之器如下篇璣衡之屬是也日陽精一日而繞地一周月陰精一月而與日一會星二十八宿衆星爲經金木水火土五星爲緯皆是也辰以日月所會分周天之度爲十二次也人時謂耕穫之候凡民事早晚之所關也

分命羲仲宅嵎夷曰暘谷寅賓出日平秩東作日中星鳥以殷仲春厥民析鳥獸孳尾

蔡傳此下四節言曆既成而分職以頒布且考驗之恐其推步之或差也或曰上文所命蓋羲伯和伯此乃分命其仲叔未詳是否也宅居也嵎夷即禹貢嵎夷既略者也曰暘谷者取日出之義羲仲所居官次之名蓋官在國都而測候之所則在於嵎夷東表之地也寅敬也賓禮接之如賓客也出日方出之日蓋以春分之旦朝方出之日而識其初出之景也平均秩序作起也東作春月歲功方興所當作起之事也蓋以曆之節氣早晚均次其先後之宜以授有司也日中者春分之刻於夏永冬短爲適中也晝夜皆五十刻舉晝以見夜故曰日星鳥南方朱鳥七宿唐一行推以鶉火爲春分昏之中星也殷中也春分陽之中也析分散也先時冬寒民聚於隩至是則以民之散處而驗其氣之溫也乳化曰孳交接曰尾以物之生育而驗其氣之和也

申命羲叔宅南交平秩南訛敬致日永星火以正仲夏厥民因鳥獸希革

蔡傳申重也南交南方交趾之地陳氏曰南交下當有曰明都三字訛化也謂夏月時物長上聲盛所當變化之事也敬致周禮所謂冬夏致日蓋以夏至之日中伺日而識其景如所謂日至之景尺有五

寸謂之地中者也永長也日永晝六十刻也星火東方蒼龍七宿火謂大火夏至昏之中星也正者夏至陽之極午爲正陽位也因析而又析以氣愈熱而民愈散處也希革鳥獸毛希而革易也

分命和仲宅西曰昧谷寅餞納日平秩西成宵中星虛以殷仲秋厥民夷鳥獸毛毨

蔡傳　西謂西極之地也曰昧谷者以日所入而名也餞禮送行者之名納日方納之日也蓋以秋分之莫去聲夕方納之日而識其景也西成秋月物成之時所當成就之事也宵夜也宵中者秋分夜之刻於夏冬爲適中也晝夜亦各五十刻舉夜以見日故曰宵星虛北方元武七宿之虛星秋分昏之中星也亦曰殷者秋分陰之中也夷平也暑退而人氣平也毛毨鳥獸毛落更生潤澤鮮好也

申命和叔宅朔方曰幽都平在朔易日短星昴以正仲冬厥民隩鳥獸氄毛

蔡傳　朔方北荒之地謂之朔者朔之爲言蘇也萬物至此死而復蘇猶月之晦而有朔也日行至是則淪於地中萬象幽暗故曰幽都在察也朔易冬月歲事已畢除舊更新所當改易之事也日短晝四十刻也星昴西方白虎七宿之昴宿冬至昏之中星也亦曰正者冬至陰之極子爲正陰之位也隩室之內也氣寒而民聚於內也氄毛鳥獸生耎毳細毛以自溫也蓋既命羲和造曆制器而又分方與時使各驗其實以恭天推步之者聖人之敬天勤民其謹如是是以術不違天而政不失時也又按此冬至日在虛昏中昴今冬至日在斗昏中壁中星不同者蓋天有三百六十五度四分度之一歲有三百六十五日四分日之一天度四分之一而有餘歲日四分之一而不足故天度常平運而舒日道常內轉而縮天漸差而西歲漸差而東此歲差之由唐一行所謂歲差者是也古曆簡易未立差法但隨時占候修改以與天合至東晉虞喜始以天爲天以歲爲歲乃立差以追其變約以五十年退一度何承天以爲太過乃倍其年而又反不及至隋劉焯取二家中數七十五年爲近之然亦未爲精密也因附著於此

帝曰咨汝羲暨和朞三百有六旬有六日以閏月定四時成歲允釐百工庶績咸熙

蔡傳　咨嗟也嗟嘆而告之也暨及也朞猶周也允信釐治工官庶衆績功咸皆熙廣也歲有十二月月有三十日三百六十者一歲之常數也故日與天會而多五日九百四十分日之二百三十五者爲氣盈月與日會而少五日九百四十分日之五百九十二者爲朔虛合氣盈朔虛而閏生焉故一歲閏率則十日九百四十分日之八百二十七三歲一閏則三十有二日九百四十分日之六百單一五歲再閏則五十四日九百四十分日之三百七十五十有九歲七閏則氣朔分齊是爲一章也故三年而不置閏則春之一月入於夏而時漸不定矣子之一月入於丑而歲漸不成矣積之之久至於三失閏則春皆入夏而時全不定矣十二失閏子皆入丑歲全不成矣其名實乖戾寒暑反易農桑庶務皆失其時故必以此餘日置閏月於其間然後四時不差而歲功得成以此信治百官而衆功皆廣也

夏后氏

夏后氏以建寅爲正朔定歲時節候之宜

按史記夏本紀不載　按大戴禮記夏小正正月啓蟄言始發蟄也鴈北鄉先言鴈而後言鄉者何也見鴈而後數其鄉也鄉者何也鄉其居也鴈以北方爲居何以謂之爲居生且長焉爾九月遰鴻鴈先言遰而後言鴻鴈何也見遰而後數之則鴻鴈也何不謂南鄉也曰非其居也故不謂南鄉記鴻鴈之遰也如不記其鄉何也曰鴻不必當小正之遰者也雉震呴震也者鳴也呴也者鼓其翼也正月必雷雷不必聞惟雉爲必聞之何以謂之雷則雉震呴相識以雷魚陟負冰陟升也負冰云者言解蟄也農緯厥耒緯束也束其耒云爾者用是見君之亦有耒也初歲祭耒始用暢也其用初云爾暢也者終歲之用祭也言是月之始用之也初者始也或曰祭韭也囿有韭囿也囿之燕者也時有俊風俊者大也大風南風也何大於南風也曰合冰必於南風解冰必於南風生必於南風收必於南風故大之也寒日滌凍塗滌也者變也變而煖也凍塗者凍下而澤上多也田鼠出田鼠者嗛鼠也記時也農率均田率者循也均田者始除田也言農夫急除田也獺祭魚其必與之獻何也曰非其類也祭也者得多也善其祭而後食之十月豺祭獸謂之祭獺祭魚謂之獻何也豺祭其類獺祭非其類故謂之獻大之也鷹則爲鳩鷹也者其殺之時也鳩也者非其殺之時也善變而之仁也故其言之

也曰則盡其辭也鳩爲鷹變而之不仁也故不盡其辭也晨及雪澤言雪澤之無高下也初服於公田古有公田焉者古言先服公田而後服其田也采芸爲廟采也鞠則見鞠者何也星名也鞠則見者歲再見爾初昏參中蓋記時也云斗柄縣在下言斗柄者所以著參之中也柳稊稊也者發孚也梅杏杝桃則華杝桃山桃也緹縞縞也者莎隨也緹也者其實也先言緹而後言縞者何也緹先見者也何以謂之小正以著名也雞桴粥粥也者相粥之時也或曰桴嫗伏也粥養也

二月往耰黍禪禪單也初俊羔助厥母粥俊也者大也粥也者養也言大羔能食草木而不食其母也羊羔非其子而後養之善養而記之也或曰憂有賁祭祭也者用羔是時也不足喜樂喜羔之爲生也而記之與羊牛腹時也綏多女士綏安也冠子取婦之時也丁亥萬用入學丁亥者吉日也萬也者干戚舞也入學也者大學也謂今時大舍采也祭鮪祭不必記記鮪何也鮪之至有時美物也鮪者魚之先至者也而其至有時謹記其時榮菫菜色菜蘩田胡蘩田胡者蘩母也蘩萬物也皆豆實也故記之昆小蟲抵蚳昆者衆也由魂魂也者動也小蟲動也其先言動而後言蟲者何也萬物是動而後著抵猶推也蚳螘卵也爲祭醢也取之則必推之推之必不取取必推而不言取來降燕乃睇燕乙也降者下也言來者何也莫能見其始出也故曰來降言乃睇何也睇者眄也眄者視可爲室者也百鳥皆曰巢突穴取與之室何也操泥而就家人人內也剝鱓以爲鼓也有鳴倉庚倉庚者商庚也商庚者長股也榮芸時有見稊始收有見稊而後始收是小正序也小正之序時也皆若是也稊者所爲豆實

三月參則伏伏者非忘之辭也星無時而不見我有不見之時故曰伏云攝桑桑攝而記之急桑也委楊楊則花而後記之羵羊羊有相還之時其類羵羵然記變爾或曰羵羝也縠則鳴縠天螻也頒冰頒冰者分冰以授大夫也采識識草也妾子始蠶先妾而後子何也曰事有漸也言自卑事者始執養宮事執操也養長也祈麥實麥實者五穀之先見者故急祈而記之也越有小旱越于也記是時恆有小旱田鼠化爲鴽鴽鵪也變而之善故盡其辭也鴽爲鼠變而之不善故不盡其辭也拂桐芭拂也者拂也桐芭之時也或曰言桐芭始生貌拂拂然也鳴鳩言始相命也先鳴而後鳩何也鳩者鳴而後知其鳩也

四月昴則見初昏南門正南門者星也歲再見壹正蓋大正所取法也鳴扎扎者寧縣也鳴而後知之故先鳴而後扎囿有見杏囿者山之燕者也鳴蜮蜮也者或曰屈造之屬也王萯莠取荼荼也者以爲君薦蔣也莠幽越有大旱記時爾執陟攻駒執也者始執駒也執駒也者離之去母也執而升之君也攻駒也者教之服車數舍之也

五月參則見參也者牧星也故盡其辭也蜉蝣有殷殷衆也蜉蝣殷之時也蜉蝣者渠略也朝生而暮死稱有何也有見也鴂則鳴鴂者百鷯也鳴者相命也其不辜之時也是善之故盡其辭也時有養白養長也一則在本一則在末故其記曰時養白之也乃瓜乃者急瓜之時也瓜也者始食瓜也良蜩鳴良蜩也者五采具匽之興五日翕望乃伏其不言生而稱興何也不知其生之時故曰興以其興也故言之興五日翕也望也者月之望也而伏云者不知其死也故謂之伏五日也者十五日也翕也者合也伏也者入而不見也啓灌藍蓼啓者別也陶而疏之也灌者聚生者也記時也鳩爲鷹唐蜩鳴唐蜩鳴者匽也初昏大火中大火者心也心中種黍菽糜時也煮梅爲豆實也蓄蘭爲沐浴也菽糜以在經中又言之時何也是食矩關而記之頒馬分夫婦之駒也將閑諸則或取離駒納之則法也（匽字盒字典缺）

六月初昏斗柄正在上五月大火中六月斗柄正在上用此見斗柄之不在當心也蓋當依依尾也煮桃桃也者杝桃也杝桃也者山桃也煮以爲豆實也鷹始摯始摯而言之何也諱殺之辭也故摯云

七月莠雚葦未莠則不爲雚葦莠然後爲雚葦故先言莠狸子肇肆肇始也肆遂也言其始遂也其或曰肆殺也湟潦生苹湟下處也有湟然後有潦有潦而後有苹草也爽死爽也者猶疏也苹莠苹也者有馬帚也漢案戶漢也案戶也者直戶也言正南北也寒蟬鳴蟬也者蝭蟧也初昏織女正東鄉時有霖雨灌荼灌聚也荼雚葦之莠爲蔣褚之也雚未秀爲菼葦未秀爲蘆斗柄縣在下則旦

八月剝瓜畜瓜之時也元校元也者黑也校也者若綠色然婦人未嫁者衣之剝棗剝也者取也栗零零也者降也零而後取之故不言剝也丹鳥羞白鳥丹鳥者謂丹良也白鳥者謂蚊蚋也其謂之鳥也重其

養者也有翼者爲鳥羞也者進也不盡食也辰則伏辰也謂星也伏也者入而不見也鹿人從者從羣也鹿之養也離羣而善而之離而生非所知時也故記從不記離君子之居幽也不言或曰人人從也者大者於外小者於內率之也鴽爲鼠參中則旦

九月內火內火也者大火大火也者心也遰鴻鴈遰往也主夫出火主夫也者主以時縱火也陟元鳥蟄陟升也元鳥者燕也先言陟而後言蟄何也陟而後蟄也能羆貊貉鼶鼬則大若蟄而榮鞠鞠草也鞠榮而樹麥時之急也王始裘者何也衣裘之時也辰繫於日雀入於海爲蛤蓋有矣非常入也

十月豺祭獸善其祭而後食之也初昏南門見南門者星名也及此再見矣黑鳥浴者何也鳥浴也者飛乍高乍下也時有養者長也若曰之長也玄雉入於淮爲蜄蜄者蒲盧也織女正北鄉則旦織女星名也

十有一月王狩狩者言王之時田冬獵爲狩陳肋革陳肋革者省兵甲也嗇人不從不從者弗行於時月也萬物不通隕麋角隕墜也日冬至陽氣至始動諸向生皆蒙蒙符矣故麋角隕記時焉爾

十有二月鳴弋弋也者禽也先言鳴而後言弋者何也鳴而後知其弋也玄駒賁玄駒也者蟻也賁者何也走於地中也納卵蒜卵蒜也者本如卵者也納者何也納之君也虞人入梁虞人官也梁者主設網罟者也隕麋角蓋陽氣且睹也故記之也

周

武王克商改用子正仍以夏時定四時中氣及七十二候以紀政授時

按史記周本紀不載　按汲冢周書周月解惟一月既南至昏昴畢見日短極基踐長微陽動于黃泉陰慘于萬物是月斗柄建子始昏北指陽氣虧草木萌蕩日月俱起于牽牛之初右回而行月周天起一次而與日合宿日行月一次周天歷舍于十有二辰終則復始是謂日月權輿周正歲道數起于時一而成于十次一爲首其義則然凡四時成歲有春夏秋冬各有孟仲季以名十有二月中氣以著時應春三月中氣雨水春分穀雨夏三月中氣小滿夏至大暑秋三月中氣處暑秋分霜降冬三月中氣小雪冬至大寒閏無中氣斗指兩辰之間萬物春生夏長秋收冬藏天地之正四時之極不易之道夏數得天百王所同其在商湯用師於夏除民之災順天革命改正朔變服殊號一文一質示不相沿以建丑之月爲正易民之視若天時大變亦一代之事亦越我周王致伐于商改正異械以垂三統至於敬授民時巡狩祭享猶自夏焉是謂周月以紀於政　時訓解立春之日東風解凍又五日蟄蟲始振又五日魚上冰風不解凍號令不行蟄蟲不振陰奸陽魚不上冰甲冑私藏雨水之日獺祭魚又五日鴻鴈來又五日草木萌動獺不祭魚國多盜賊鴻鴈不來遠人不服草木不萌動果蔬不熟驚蟄之日桃始華又五日倉庚鳴又五日鷹化爲鳩桃始不華是謂陽否倉庚不鳴臣不闕主鷹不化鳩寇戎數起春分之日元鳥至又五日雷乃發聲又五日始電元鳥不至婦人不闕雷不發聲諸侯闕民不始電君無威震清明之日桐始華又五日田鼠化爲鴽又五日虹始見桐不華歲有大寒田鼠不化鴽國多貪殘虹不見婦人苞亂穀雨之日萍始生又五日鳴鳩拂其羽又五日戴勝降於桑萍不生陰氣憤盈鳴鳩不拂其羽國不治兵戴勝不降於桑政教不中立夏之日螻蟈鳴又五日蚯蚓出又五日王瓜生螻蟈不鳴水潦淫漫蚯蚓不出嬖奪后王瓜不生困於百姓小滿之日苦菜秀又五日靡草死又五日小暑至苦菜不秀賢人潛伏靡草不死國縱盜賊小暑不至是謂陰慝芒種之日螳螂生又五日鵙始鳴又五日反舌無聲螳螂不生是謂陰息鵙不始鳴令奸壅偪反舌有聲佞人在側夏至之日鹿角解又五日蜩始鳴又五日半夏生鹿角不解兵戈不息蜩不鳴貴臣放逸半夏不生民多厲疾小暑之日溫風至又五日蟋蟀居壁又五日鷹乃學習溫風不至國無寬教蟋蟀不居壁急迫之暴鷹不學習不備戎盜大暑之日腐草化爲螢又五日土潤溽暑又五日大雨時行腐草不化爲螢穀實鮮落土潤不溽暑物不應罰大雨不時行國無恩澤立秋之日涼風至又五日白露降又五日寒蟬鳴涼風不至無嚴政白露不降民多邪病寒蟬不鳴人皆力爭處暑之日鷹乃祭鳥又五日天地始肅又五日禾乃登鷹不祭鳥師旅無功天地不肅君臣乃闕農不登穀暖氣爲災白露之日鴻鴈來又五日元鳥歸又五日羣鳥養羞鴻鴈不來遠人背畔元鳥不歸室家離散羣鳥不養羞下臣驕慢秋分之日雷始收聲又五日蟄蟲培戶又五日水始涸雷不始收聲諸侯淫佚蟄蟲不培戶闕靡有賴水不始涸甲蟲爲害寒露之日鴻鴈來賓又五日爵入大水化爲蛤又五日菊有黃華鴻鴈不

來小民不服爵不入大水失時之極菊無黃華土不稼穡霜降之日豺乃祭獸又五日草木黃落又五日蟄蟲咸俯豺不祭獸爪牙不良草木不黃落是爲愆陽蟄蟲不咸俯民多流亡立冬之日水始冰又五日地始凍又五日雉入大水爲蜃水不冰是謂陰負地不始凍咎徵之咎雉不入大水國多淫婦小雪之日虹藏不見又五日天氣上騰地氣下降又五日閉塞而成冬虹不藏婦不專一天氣不上騰地氣不下降君臣相嫉不閉塞而成冬毋后淫佚大雪之日鶡鳥不鳴又五日虎始交又五日荔挺生鶡鳥不鳴原闕字虎不始交原闕四字荔挺不生卿士專權冬至之日蚯蚓結又五日麋角解又五日水泉動蚯蚓不結君政不行麋角不解兵甲不藏水泉不動陰不承陽小寒之日鴈北鄉又五日鵲始巢又五日雉始雊鴈不北鄉民不懷主鵲不始巢國不寧雉不始雊國大水大寒之日雞始乳又五日鷙鳥厲疾又五日水澤腹堅雞不始乳淫女亂男鷙鳥不厲國不除兵水澤不腹堅言乃不從

成王定周禮以天地春夏秋冬命官凡王之膳羞服御及朝覲會同祠祀之制各順其時

按周禮天官小宰之職一曰天官其屬六十掌邦治二曰地官其屬六十掌邦教三曰春官其屬六十掌邦禮四曰夏官其屬六十掌邦政五曰秋官其屬六十掌邦刑六曰冬官其屬六十掌邦事

訂義陳君舉曰六官各六十凡三百六十周天之數也治官之屬六十三教官之屬七十九禮官之屬七十一政官之屬六十有六小宰皆曰六十舉全數耳　易氏曰聖人法天建官大度奇而不齊聖人亦不如是之拘也

月終則以官府之敘受羣吏之要贊冢宰受歲會

訂義鄭康成曰主每月之小計也　賈氏曰月計曰要每月之終使官府致其簿書之要受之當先尊後卑故言敘歲計曰會助冢宰受一歲之計也

宰夫之職歲終則令羣吏正歲會月終則令正月要旬終則令正日成而以攷其治治不以時舉者以告而誅之

訂義王昭禹曰宰夫治官之考其職掌贊大宰小宰故歲會月要日成皆使羣吏正之歲會則使入於大宰月要則使入於小宰日成則宰夫受之治則案所入之計書而攷之

宮正月終則會其稍食歲終則會其行事

訂義賈氏曰稍食謂宮中官府等月祿　王氏曰月終會其食爲小宰受其月要故也歲終會其行事爲大宰受其歲會故也

春秋以木鐸修火禁

訂義史氏曰火星三月見於辰九月伏於戌修火禁於宮中必待春秋順時令也

宮伯月終則均秋歲終則均敘

訂義王氏曰秋酒秋膳之類日月有焉故月終則均之勞逸劇易宜以歲時更焉故歲終則均之

以時頒其衣裘

訂義鄭康成曰頒讀曰班班布也衣裘若今賦冬夏衣

庖人凡用禽獻春行羔豚膳膏香夏行腒鱐膳膏臊秋行犢麛膳膏腥冬行鱻羽膳膏羶歲終則會惟王及后之膳禽不會

訂義鄭康成曰用禽獻謂煎和之以獻王　史氏曰羔稚羊豚稚豕也方春草生羔豚美故用之腒乾雉也鱐乾魚也方夏暑盛物易腐故用之用犢麛於秋秋時草物實犢麛食之而肥也用鱻羽於冬冬時陰氣大魚游鴈定而肥也飲食之滋春膳牛脂曰膏香夏膳犬脂曰膏臊秋膳雞脂曰膏腥冬膳羊脂曰膏羶各以其物之所便而調和之也夫膳食惟其所嗜而已必案四時而共之者一則避其物時之孕育一則辨其物性之所宜以是爲膳則養王之形體者至矣　鄭康成曰膳禽四時所膳禽獸如世子可以會之

獸人掌罟田獸辨其名物冬獻狼夏獻麋春秋獻獸物

訂義鄭康成曰罟罔也以罔搏所當田之獸　賈氏曰名物者謂獸皆有名號物色也案夏官四時田獵春用火夏用車秋用羅冬用徒各有一以爲主無妨四時兼有罔也　鄭鍔曰辨其名物則取其所當取而無殺胎殀夭之過隨取隨得而無禮物不備之愆　楊謹仲曰疏謂狼山獸山主聚故狼膏聚而溫麋澤獸澤主銷散故麋膏散而涼案月令仲冬陰極陽生而麋角解仲夏陽極陰生而鹿角解則知狼陽物其性自溫故冬獻之麋陰物其性自涼故夏獻之非必山主聚澤主銷也豈山物皆溫而澤物皆涼耶

時田則守罟及弊田令禽注於虞中

訂義賈氏曰時田謂四時田獵　鄭康成曰守謂備獸觸攫也弊仆也仆而田止　鄭司農曰謂春火弊夏車弊秋羅弊冬徒弊　賈氏曰注謂聚也

𩰫人掌以時𩰫爲梁

訂義賈氏曰取魚之法歲有五月令孟春云獺祭魚此時得取一也季春云薦鮪於寢廟者二也𩰫人云秋獻龜魚三也王制云獺祭魚然後虞人入澤梁與孝經緯云陰用事木葉落獺祭魚是十月得取魚四也獺則春冬二時祭魚也潛詩云季冬薦魚與月令季冬漁人始魚同五也惟夏不取

鼈人以時簎魚鼈龜蜃凡貍物

訂義賈氏曰言以時者卽下經春獻鼈蜃秋獻龜魚　鄭司農曰貍物龜鼈之屬

春獻鼈蜃秋獻龜魚

訂義劉中義曰春獻鼈蜃用之春也陽在內其美可獻而非生育之時也秋獻龜魚用之秋也伏藏之物浮泛在外育生卽畢可食矣

食醫掌和王之六食六飲六膳百羞百醬八珍之齊

訂義史氏曰和之者調其滋味之宜適其寒溫之候辨其物性之相忌相使可以進之也

凡食齊眂春時羹齊眂夏時醬齊眂秋時飲齊眂冬時

訂義方氏曰齊與王制遲速異齊之齊同食齊則黍稷稌粱之類羹齊則雉兔雞犬之類醬齊則醯醢齏菹之類飲齊則水漿醴涼之類食齊視春固以溫爲主然食養物而生之亦春之事羹齊視夏固以熱爲主然羹熟物而化之亦夏之時也醬齊視秋固以涼爲主然醬將物而成之亦秋之事飲齊視冬固以寒爲主然飲潤物而淸之亦冬之事

凡和春多酸夏多苦秋多辛冬多鹹調以滑甘

訂義易氏曰春爲木味多酸以養肝夏爲火味多苦以養心秋爲金味多辛以養肺冬爲水味多鹹以養腎脾土王於四季故皆調以滑甘

疾醫掌養萬民之疾病四時皆有癘疾春時有痟首疾夏時有痒疥疾秋時有瘧寒疾冬時有嗽上氣疾

訂義史氏曰四時皆有癘氣人感之者謂之癘疾夫人之一身沖和之氣彌滿四體一有虧失則內氣必消外邪客氣乘之以入而癘焉如置杯於水外水得入者內水虧也故疾醫之職必先於調養其內氣消爽則傷之者衆冬傷於寒春必爲溫夏傷於暑秋必爲瘧寒氣蘊伏春溫激之故熱生焉此疾必先頭痛也暑氣蘊伏秋涼激之故寒生焉瘧寒者脾寒也言此病必先寒至也熱之餘毒客於肌膚而不散故夏有痒疥之疾寒之餘毒傳於華蓋而上升故冬有嗽上氣之疾

司會以參互攷日成以月要攷月成以歲會攷歲成

訂義薛氏曰天下之事合衆數而爲目合衆目而爲凡合衆凡而爲要合衆要以爲會目則日計謂一日之內錢穀獄訟幾何總而結之曰目凡則旬計謂十日之內錢穀獄訟幾何總而結之曰凡要則月計以三旬而總之會則歲計以十二月而總之司會以天下官府之職一日所治之事有數總其數而計之有目總十日之數而結之有凡以凡考日以目考數以數考凡是之謂參凡與數相考數與目相考是之謂五

掌皮掌秋斂皮冬斂革春獻之

訂義賈氏曰許氏說文獸皮治去其毛曰革秋斂皮者鳥獸毛毨之時其皮善故秋斂之革須治用功深故冬斂之　王昭禹曰春則用皮之事于是乎始故春獻之

染人掌染絲帛凡染春暴練夏纁元秋染夏冬獻功

訂義史氏曰凡染事所以設色於布帛線縷以供帷幕幄帟衽席衣服之用故春云暴練欲其白而受采　賈氏曰春陽時陽氣燥故暴曬之　鄭康成曰纁元者謂始可以染此色元纁者天地之色以爲祭服石染當及盛暑熱潤始湛研之三月而後可用　賈氏曰夏暑熱潤之時以朱湛丹秫易可和釋故夏染纁元　鄭康成曰染夏者染五色謂之夏夏者其色以夏狄爲飾禹貢羽畎夏翟是其總名其類有六曰翬曰搖曰䎂曰甾曰希曰蹲其毛羽五色皆備成章染者擬以爲淺深之度是以做而取名　鄭鍔曰秋則氣收而不散五色此時亦皆受采故染文明之色　賈氏曰纁元與夏總染至冬功成並獻於王

地官大司徒之職以土圭之灋測土深正日景以求地中日南則景短多暑日北則景長多寒日東則景夕多風日西則景朝多陰日至之景尺有五寸謂之地中

訂義鄭康成曰土圭所以致四時日月之景測猶度也不知廣深故曰測　鄭司農曰測土深謂南北東西之深　鄭鍔曰凡地之遠近里數侵入則謂

之深土圭尺有五寸以日景于地千里而差一寸尺有五寸之土圭則可以探一萬五千里而地與星辰四游升降於三萬里之中故以半三萬里之法而測之也愚嘗聞土圭測日之法於師今載於此冬夏二至晝漏正中立一表以爲中東西南北各立一表其取中表皆以千里爲率其表則各以八尺爲度於表之傍立一尺五寸之土圭焉日南者南表也晝漏正而中表之景已與土圭等其南方之表則於表南得一尺四寸之景不及土圭之長是其地於日爲近南故其景短南方偏乎陽則知其地之多暑日北者北表也晝漏正而中表之景已與土圭等其北方之表則於表北得一尺六寸之景有過乎土圭之長是其地於日爲近北故其景長北方偏乎陰則知其地之多寒日東者東表也晝漏正而中表景正矣東表之景已昳是其地於日爲近東故晝而得夕時之景也箕者東方之宿箕星好風則知其地之多風日西者西表也晝漏正而中表景正矣西表之景猶未中是其地於日爲近西故晝而得朝時之景也畢者西方之宿畢星好雨故知其地之多陰陰雖未必雨然陰則雨意也凡此皆偏於一方非建王國之所也

天地之所合也四時之所交也風雨之所會也陰陽之所和也然則百物阜安乃建王國焉

訂義 王昭禹曰夫天不足西北地不足東南有餘不足皆非天地之中惟得天地之中然後天地於此乎合土播於四時所以生長收藏萬物一時之氣不至則偏而爲害惟得天地之中然後四時於此而交通風以散之雨以潤之偏於陽則多風偏於陰則多雨惟得天地之中然後陰陽和而風雨以序而至獨陰不生獨陽不成陰陽之和不成則反傷夫形惟得天地之中則無愆陽伏陰陰陽以調而不乖合以體言交以序言會以時言和以氣言如此則無乖戾之氣無疵癘之災有生者遂有形者有萬物阜安以之建國適其所矣

鄉師之職凡四時之田前期出田法於州里簡其鼓鐸旗物兵器修其卒伍

訂義 鄭鍔曰先王四時之田因農隙講事以教民坐作進退之節然田畝之民三時務農安知講武之備鼓鐸旗物久而或弊伍兩卒伍久而或廢一旦集之於田安能無失事之愆田法雖掌於司馬而預以告民則在鄉師故於未田之前出以示民使之簡其已弊者而去之修其或廢者而新之則鼓鐸旗物無不可用之物伍兩卒伍無有或闕之人

凡四時之徵令有常者以木鐸徇於市朝

訂義 鄭康成曰徵令有常者謂田狩及正月命修封疆二月命雷且發聲　鄭鍔曰周家春夏秋冬有蒐苗獮狩之事皆徵令鄉遂之民而又有公旬用民之日有屬民讀法之日皆四時之常事臣民習知而素曉者也不煩號令之勞但振木鐸以徇之使聞其所警而自知

州長春秋以禮會民而射于州序

訂義 鄭鍔曰先王教民之法未有不因時以諭其意射之爲藝用于朝覲賓燕之時其事爲文用於田獵攻守之時其事爲武故以春秋教之春陽用事所以明其事之爲文秋陰用事所以明其事之爲武因時而教其藝易進因以明義

黨正及四時之孟月吉日則屬民而讀邦法以糾戒之

訂義 鄭康成曰以四孟月朔日讀法者彌親民者教彌數　劉執中曰正月在州三時在黨

春秋祭禜亦如之

訂義 鄭鍔曰一黨之中必有禜祭左氏所謂日月星辰之神則霜雪風雨之不時於是乎禜之山川之神則水旱癘疫之不時於是乎禜之　鄭康成曰亦爲壇位如祭社稷云

族師各掌其族之戒令政事月吉則屬民而讀邦法書其孝弟睦婣有學者

訂義 鄭康成曰政事邦政之事月吉每月朔日也

春秋祭酺亦如之

訂義 鄭康成曰酺者爲人物烖害之神也

閭胥凡春秋之祭祀役政喪紀之數聚衆庶既比則讀法書其敬敏任恤者

訂義 鄭康成曰祭祀謂州社黨禜族酺也役田役也政若州射黨飲酒也喪紀大喪之事也

牧人凡陽祀用騂牲毛之陰祀用黝牲毛之望祀各以其方之色牲毛之

訂義 史氏曰凡祀分陰陽者以天地則天陽而地陰以日月則日陽而月陰以宗廟則昭陽而穆陰　易氏曰騂者赤色之盛黝者黑色之微　鄭康成曰望祀五嶽四鎭四瀆也　鄭鍔曰各倣其方之色豈徒東靑西白南赤北黑哉必欲其毛之純乎

青白赤黑也

凡時祀之牲必用牷物

訂義黃氏曰時祀之牲總結上陽祀陰祀望祀皆四時所常祀山川四方百物包於其中矣

充人掌繫祭祀之牲牷祀五帝則繫於牢芻之三月享先王亦如之

訂義鄭康成曰牢閑也必有閑者防禽獸觸齧養牛羊曰芻三月一時節氣成

質人凡治質劑者國中一旬郊二旬野三旬都三月邦國期期內聽期外不聽

訂義鄭康成曰謂齎契券者來訟也以期內來則治之後期則不治所以絕民之好訟且息文書也郊遠郊也野甸稍也都小都大都

司門凡歲時之門受其餘

訂義賈氏曰四時之祭非一故云凡　易氏曰祭門不敢用散祭祀之牲特受其共牲之餘者而用之

鄙師以時數其衆庶而察其媺惡而誅賞

訂義鄭康成曰時四時也

旅師凡用粟春頒而秋斂之

訂義李景齊曰頒之以春則民有以濟其乏而斂之以秋則粒米狼戾之時不至於穀賤而傷農

山虞春秋之斬木不入禁

訂義賈氏曰萬民取木十月入山林春秋斬木不入禁斬四野之木可也雖斬四野未至於三月亦不得伐桑柘故月令季春云無伐桑柘

掌染草掌以春秋斂染草之物

訂義項氏曰春秋草生成之時故斂染草待時而頒之則夏纁元秋染夏之時

春官大宗伯之職祭五祀

訂義鄭鍔曰中霤土也季夏祀之井水也冬祀之門金也秋祀之戶木也春祀之竈火也夏祀之

以肆獻祼享先王以饋食享先王以祠春享先王以禴夏享先王以嘗秋享先王以烝冬享先王

訂義鄭鍔曰廟祭之序始者王以玉瓚酌鬱鬯獻尸是爲祼獻既祼于是迎牲而殺乃行朝踐之事朝踐禮畢乃行饋獻之事則薦以今世之食以其序推之則肆饋獻也獻朝踐也祼始祼也謂之肆者詩曰或剝或亨或肆或將剝者解牲體肆者解而陳之俎也始而祼以求之中而薦腥則以神事焉終而薦熟則以人養焉此經乃以肆獻祼爲序何耶余攷鄭康成之說云於祫逆言之者與下共文明六享俱然祫言肆獻祼禘言饋食著有黍稷互相備王安石以謂羞其肆而酌獻焉則以祼享先王其祼也猶事生之有享也羞其熟而饋食焉則以食享先王其食也猶事生之有食也然祫以合食爲主未嘗無食禘以審禘昭穆爲主未嘗不祼祼主於敬食主於愛二者亦互見祠春禴夏嘗秋烝冬時祭之名也禮不豐不殺所以稱時有以少爲貴者有以多爲貴者春夏以蒐苗而奉祭祀時物方生可獻者寡故春以祠爲主夏以樂爲主而已尚祠者爲物不足以言祠尊意也尚樂者陽氣浸盛樂由陽來也此所謂以少爲貴也秋冬以獮狩而奉祭祀百物既登可獻者衆故秋以嘗新爲主冬以備物爲主嘗者物初成始可嘗於是而薦新也烝者物畢皆可烝於是而備物也此以多爲貴者也

以賓禮親邦國春見曰朝夏見曰宗秋見曰覲冬見曰遇時見曰會殷見曰同時聘曰問殷頫曰視

訂義鄭康成曰親謂使之相親附賓禮之別有八朝猶朝也欲其來之早宗尊也欲其尊王覲之言勤也欲其勤王之事遇偶也欲其若不期偶至時見者言無常期諸侯有不順服者王將有征討之事則既朝覲王爲壇於國外合諸侯而命事焉春秋傳曰有事而會是也殷猶衆也十二歲如不巡狩則六服盡朝朝禮既畢王亦爲壇合諸侯以命政焉如王巡狩殷見四方四時分來終歲則徧　王昭禹曰時聘殷頫王人所以賓於諸侯時聘施於時見之後以恩問之故時聘曰問殷頫施於殷見之後以事有所察治故殷頫曰視

以玉作六器以禮天地四方以蒼璧禮天以黃琮禮地以青圭禮東方以赤璋禮南方以白琥禮西方以元璜禮北方

訂義鄭鍔曰以玉作六器者所以禮神也或象其體或象其用或象其形或象其義皆以禮之而已禮者薦於告神之始也天圜而運乎上故璧圓以象其體天之蒼蒼其正色也故璧蒼以象其色色用蒼以壯陽發散之色求之地方而奠乎下故琮方以象其體黃者地之中色故琮黃以象其色用黃者以極陰之盛色求之　鄭康成曰禮東方以立春謂蒼精之帝而太昊句芒食焉圭銳象春物初生禮南方以立夏謂赤精之帝炎帝祝融食焉半

主門璋象夏物半死禮西方以立秋謂白精之帝少昊蓐收食焉琥猛象秋嚴禮北方以立冬謂黑精之帝顓頊元冥食焉半璧曰璜象冬閉藏地上無物惟天半見

小宗伯之職掌四時祭祀之序事與其禮

訂義 鄭鍔曰四時各有祭祀於祭祀之時又有先後所當行之事如卜日而後齋戒既祼而後出迎牲之類皆事之序於序事之中又莫不有禮

司尊彝春祠夏禴祼用雞彝鳥彝皆有舟

訂義 鄭鍔曰祼獻必用彝尊非苟以為盛鬯齊之器而已各因其時而用之時不同則器不同各因時以明義也鬯必盛以彝春祠之彝則飾以雞雞東方之畜歲起於東於時為春也夏禴之彝則飾以鳥鳥鳳也昔曰我則鳴鳥不聞指鳥為鳳夏為文明而鳳具五色文明之禽也　鄭康成曰皆有舟皆有罍言春夏秋冬及追享朝享行之同

秋嘗冬烝祼用斝彝黃彝皆有舟

訂義 鄭鍔曰康成讀斝為稼謂秋者萬物揫斂之時禾稼西成故祼用斝彝以明農事之成黃彝者畫為黃目也人目未嘗黃龜目則黃氣之清明未有如龜者故記曰黃者中也目者清明也言酌於中而清明於外也冬者萬物歸根復命之時祼用黃彝言明於外而欲以觀其復

典瑞土圭以致四時日月

訂義 鄭鍔曰土圭尺有五寸欲知天時則植之以觀春夏秋冬之景冬至日在牽牛景長丈有三尺夏至日在東井景長尺有五寸則日之行可知春分日在婁月上弦于東井而員於角下弦於牽牛秋分日在角月上弦於牽牛而員於婁下弦於東井則月之行可知謂之致者植土圭於此使景自至於此則以致乎四時之日月者

大師掌六律六同以合陰陽之聲陽聲黃鍾太蔟姑洗蕤賓夷則無射陰聲大呂應鍾南呂函鍾小呂夾鍾

訂義 胡氏曰律以統氣類物呂以旅陽宣氣黃鍾者中之色為六氣之元始於子在十一月二曰太蔟蔟奏也言陽氣奏地而達物也位於寅在正月三曰姑洗洗潔也言陽氣洗物姑潔之也位於辰在三月四曰蕤賓蕤繼也賓導也言陽始導陰氣使繼養物也位於午在五月五曰夷則則法也言陽氣正法度而使陰氣夷當陽之物也位於申在七月六曰無射射厭也言陽氣究物而使陰氣畢剝落之終而復始亡厭已也位於戌在九月呂者一曰大旅旅旅也言陰大呂黃鍾宣氣而牙物也位於丑在十二月二曰夾鍾言陰夾助太蔟宣四方之氣而出種物也位於卯在二月三曰仲呂言微陰始起未成著於其中旅助姑洗宣氣濟物也位於巳在四月四曰林鍾君也言陰氣受任助蕤賓君主種物使長大茂盛也位於未在六月五曰南呂南任也言陰氣旅助夷則任成萬物也位於酉在八月六曰應鍾言陰氣應無射該藏萬物而雜陽該種也位於亥在十月

籥章掌土鼓豳籥中春晝擊土鼓龡豳詩以逆暑中秋夜迎寒亦如之

訂義 易氏曰民事終始實關天時之消長故必先之以迎寒逆暑逆如逆女之義自外而入於內以我為主謂陽常居大夏而主歲功迎如迎賓之義自內而出於外以彼為客謂陰常居大冬時出而佐陽中春為歲陽之中晝為日陽之中如是而逆暑與堯典所謂日中星鳥寅賓出日同意中秋為歲陰之中夜為宵陰之中如是而迎寒與堯典所謂宵中星虛寅餞納日同意萬物生於土反於土則土者物之終始也逆暑迎寒所以皆擊土鼓焉

龜人凡取龜用秋時攻龜用春時各以其物入於龜室

訂義 鄭康成曰秋取龜及萬物成也攻治也治龜骨以春是時乾解不發傷也　賈氏曰物色也　鄭鍔曰六龜所藏宜各異室攻其甲矣各入於室以俟異用不可雜也

占夢掌其歲時觀天地之會辨陰陽之氣以日月星辰占六夢之吉凶

訂義 易氏曰歲十二歲時每歲之四時天地之會謂建厭之所會陰陽之氣謂五行生死休王之氣李嘉會曰假如春時木王而木以生木而休火以木王而相土以木尅而死金以火勝而囚以日月之歲時星辰之次舍參考互驗則夢之所占協於陰陽歲時者吉背於陰陽歲時者凶蓋可知矣

甸祝掌四時之田表貉之祝號

訂義 杜氏曰貉讀為百爾所思之百書亦或為禡貉兵祭也甸以講武治兵故有兵祭詩曰是類是禡爾雅曰師祭也　鄭康成曰謂田者習兵之禮故

亦禡祭禱氣勢之十百而多獲

大史正歲年以序事頒之於官府及都鄙

訂義 賈氏曰中數曰歲朔數曰年一年之內有二十四氣正月立春節雨水中至十二月小寒節大寒中皆節氣在前中氣在後節氣一名朔氣中數一名中氣節氣有入前月法中氣無入前月法中氣帀則爲歲朔氣帀則爲年假令十二月中氣在晦則閏十二月十六日得後正月立春節此即朔數曰年至後年正月一日得雨水中此中氣帀此是中數曰歲中朔大小不齊不置閏則中氣入後月須置閏以補之正之以閏若今時作曆矣　鄭鍔曰周以建子爲正而四時之事有用夏正建寅者用建寅謂之歲用建子謂之年事有用建寅者如正歲則讀法三歲大計群吏之治之類事有用建子者如司稼以年之上下出斂法豐年則公旬用三日之類大史正歲與年而次序其事頒於官府都鄙使以次舉先後不失其序如月令所建十二月之事是亦併與歲而皆正也

馮相氏掌十有二歲十有二月十有二辰十日二十有八星之位辨其序事以會天位

訂義 王氏詳說曰在天有歲星在地有太歲歲星右行太歲左行在斗曰星紀在女曰元枵在危曰娵訾在奎曰降婁在胃曰大梁在畢曰實沈在井曰鶉首在柳曰鶉火在軫曰鶉尾在氐曰壽星在心曰大火在箕曰析木此所謂歲星右行在寅曰攝提格在卯曰單閼在辰曰執徐在巳曰大荒落在午曰敦牂在未曰協洽在申曰涒灘在酉曰作噩在戌曰掩茂在亥曰大淵獻在子曰困敦在丑曰赤奮若此所謂太歲左行左行者謂自東而南自南而西自西而北右行者謂自北而西自西而南自南而東至於日月之行猶是也天道左旋而經星從之日體右轉而歲星從之故日行北陸爲冬西陸爲春南陸爲夏東陸爲秋然歲星行天一歲移一辰率百四十四歲而跳一辰若再跳則曆又改矣春秋保乾圖曰三百年斗曆改憲者以此　鄭鍔曰正月爲陬二月爲如三月爲寎四月爲余五月爲皐六月爲且七月爲相八月爲壯九月爲元十月爲陽十一月爲辜十二月爲涂是謂十二月之位　賈氏曰十有二月者謂斗柄月建一辰十二月而周也十有二辰者謂子丑寅卯等十日謂甲乙丙丁等二十八星謂東方角亢氐房心尾箕北方斗牛之等位者總五者皆有位處五者皆依四方四面十二辰而見　鄭鍔曰歲月辰日星在天之定位各推其所在欲人之行事不違乃辨其先後之序以會之如春則平秩東作欲合乎日中星鳥之時夏則平秩南訛欲合乎日永星火之時以至民之析因夷隩氄之寅賓寅餞凡事之敘皆求合乎天是之謂會堯典之平秩所以謂之辯秩者正此所謂辨其序事

冬夏致日春秋致月以辨四時之敘

訂義 王昭禹曰日爲陽而實故致於長短極之時月爲陰而闕故致於長短不極之時　鄭康成曰冬至日在牽牛景丈三尺夏至日在東井景尺五寸此長短之極極則氣至冬無愆陽夏無伏陰春分日在婁秋分日在角而月弦於牽牛東井亦以其景知氣至否　陸佃曰黃道北至東井南至牽牛東至角西至婁夏至日在東井而北近極則晷短而表景尺五寸冬至日在牽牛而南遠極則晷長而表景丈三尺春分日在婁秋分日在角而中於極星則晷中而表景七尺三寸夫日陽也陽用事則日進而北晝進而長陽升故爲溫爲暑陰用事則日退而南晝退而短陰勝則爲涼爲寒若日失節於南則晷過而長爲常寒失節於北則晷退而短爲常燠此四時致日之法也月之九行在東西南北有青白赤黑之道各二而出於黃道之旁立春春分月循行青道而春分上弦在東井立冬冬至北旋黑道立夏夏至南從赤道古之致月不在立而常在二分不在二分之望而常在弦者以月入八日與不盡八日得陰陽之正平故也然日之與月陰陽尊卑之辨若君臣然觀君居中而逸臣旁行而勞臣近君則威損遠君則勢盛威損與君異勢盛與君同月遠日則光盛近日則光缺未望則出西既望則出東則日有中道月有九行之說蓋足信也　鄭鍔曰辨字本亦作辯說者謂見景之至否可以辯說其晷刻以正閏餘使四時之敘無有差忒　黃氏曰夏至日景極長冬至日景極短春秋分平日景平則日亦平致言長短與平各至其數四時之氣定矣於是而置閏所謂以閏月定四時成歲也

保章氏以五雲之物辨吉凶水旱降豐荒之祲象

訂義 鄭康成曰物色也視日旁雲氣之色　鄭司農

日以二至二分觀雲色青爲蟲白爲喪赤爲兵荒黑爲水黃爲豐故春秋傳曰凡分至啓閉必書雲物爲備故也

夏官司爟掌行火之政令四時變國火以救時疾

訂義鄭鍔曰火久而不變則炎赫蒸熇陽過乎亢以生癘疾隨四時而更變之變之之法則鑽燧而改之春取榆柳夏取棗杏季夏取桑柘秋取柞楢冬取槐檀四時各鑽一木時運而往火變而新用諸烹飪之間使之資以養生故疾不作

季春出火民咸從之季秋內火民亦如之時則施火令

訂義鄭鍔曰東方七宿心爲大火出於夏之三月其位在辰伏於夏之九月其位在戌戌爲火伏之位辰爲火出之方古之火正或食於心或食於咮以出內火其或出或內皆視天之大火伏見以爲節

易氏曰施火令謂施四時變國火之令

掌畜歲時貢鳥物

訂義王氏曰物與獻同若翠腎羽翮之屬是也　鄭鍔曰因時而獻新

趣馬辨四時之居治以聽馭夫

訂義鄭康成曰居謂牧庌所處　賈氏曰牧庌者放牧之處皆有庌廐以陰馬二月以前八月以後在廐二月以後八月以前在牧故云四時　鄭鍔曰四時所居自日中而入之後所居者閑廐日中而出之後所居者牧庌執駒攻特之事則春夏治之臧僕獻馬之事則秋冬治之皆不可以不辨　王昭禹曰以聽馭夫惟馭夫之所役也

秋官雍氏春令爲阱擭溝瀆之利于民者秋令塞阱杜擭

訂義鄭康成曰阱穿地爲塹以禦禽獸其或超踰則陷焉世謂之陷阱擭柞鄂也堅地阱淺則設柞鄂於其中　鄭鍔曰春農就田禽獸或出而爲害水利或有通塞則爲阱擭爲溝瀆皆以是時也五溝者五野之中一定之制不待至春乃爲之此乃里閭之間春雨水集溝澮皆盈水去不速不可不通之也然阱擭設於春可也秋稼已登苟或常設禽獸亦無以遂其生故至秋塞之此先王愛物之心也然不言秋塞溝瀆者因利民而爲之則無時而可塞故也　鄭康成曰秋而杜塞阱擭收刈之時爲其陷害人也

柞氏掌攻草木及林麓夏日至令刊陽木而火之冬日至令剝陰木而水之若欲其化也則春秋變其水火

訂義鄭鍔曰木之生於山南者爲陽木夏日至則陽氣之極又況火之炎陽乎於是時則刊陽木而火之彼將不勝乎陽而死矣生於山北者爲陰木冬日至則陰之極又況水之凝陰乎於是時則剝陰木而水之彼將不勝乎陰而死矣蓋陰陽相濟則冲氣以爲和此物之所以生陰陽偏勝則乖沴而爲疾此物之所以死刊剝者除草木而空其地或居民或作室未必欲爲耕種之地　鄭康成曰化猶生也　鄭鍔曰若欲用爲耕地而冀其能化生嘉穀則於春秋之時變其冬夏所用之水火夏用火矣春則水之冬用水矣秋則火之前日所用水火一切反易而變更之則水火相濟而其土和美自能化生嘉穀也

薙氏掌殺草春始生而萌之夏日至而夷之秋繩而芟之冬日至而耜之若欲其化也則以水火變之

訂義鄭鍔曰殺草之法其去必有漸春始生之初則薙其萌萌而去之根尚在也未能不生夏日至則陽極而熱於時則薙而夷之夷傷也蓋因盛陽之炎以鉤鎌迫地傷之也然夷則但傷之而已未死也傷而未死者猶或能繩繩與孕同謂含實也於其含實而繩育之時則芟刈而蘊崇之及冬日已至陰極而凍於時則以耜而劃之劃覆其根凍死於冬則來春不能萌然則一年之事也　王昭禹曰欲其化而爲土則以火燒其所芟夷之本末又從而加之以水則其薄於陰陽相沴之氣而草化爲土矣月令所謂燒薙行水也

硩蔟氏掌覆夭鳥之巢以方書十日之號十有二辰之號十有二月之號十有二歲之號二十有八星之號縣其巢上則去之

訂義鄭康成曰方版也　鄭鍔曰硩蔟雖掌覆巢有不待覆巢而去之之法以方板書十日十二辰十二月十二歲二十八星之號縣其巢上彼見其號將自去焉鄭康成以爲夭鳥見此王者而去其詳未聞余嘗考之鵲忌庚燕避戊己蠬逢中日則過街鵲作巢則避太歲類從亦曰燕識戊己不銜泥狐濟上伏不越渡阡陌又曰狐狼知虛實虎豹知衝破然則鳥知避此五者亦或有之蓋夭鳥者物之妖也五者之號天地之正也正之去妖理之必

然也寅月爲陬卯月爲如辰月爲病巳月爲余午月爲皐未月爲且申月爲相酉月爲壯戌月爲元亥月爲陽子月爲辜丑月爲涂此十二月之號也歲在寅曰攝提格卯曰單閼辰曰執徐巳曰大荒落午曰敦牂未曰協洽申曰涒灘酉曰作噩戌曰閹茂亥曰大淵獻子曰困敦丑曰赤奮若此十二歲之號也自甲至癸十日之號也自子至亥十二辰之號也自角亢至翼軫二十八星之號也　王氏曰日辰月歲星之神凡有形氣者制焉故書其號可以勝妖

大行人春朝諸侯而圖天下之事秋覲以比邦國之功夏宗以陳天下之謨冬遇以協諸侯之慮

訂義鄭鍔曰王者之於諸侯當其朝覲宗遇之時凡天下之事無不與之圖非止春朝則圖之邦國之功無不比非止秋覲則比之天下之謨無不使之陳何止於夏宗諸侯之慮無不使之協何止於冬遇此蓋因四時之朝分四等之名因時以明義而已蓋一歲之計在於春春者始事之時也故春言圖事謂春爲造事之始耳秋者物成之時人之立事自春而圖之積功至秋亦可以成矣故秋言比功謂秋爲萬物之成耳夏者文明之時謨欲其明顯然著於耳目故取文明之時以陳之冬者收藏之時慮欲其隱故取收藏之時以協之謨欲衆共知故言陳慮恐人人異志故言協王者因諸侯之來而屆禮以接之欲與之經營圖回者如此二時不言諸侯則省文於事與謨言天下則非一國之事一國之謀可知至於比功特言邦國協慮特言諸侯者校其功之高下非合衆國比之何以見其優劣若夫謀慮則恐諸侯之心不與天子協言諸侯者對天子之言也

王之所以撫邦國諸侯者歲徧存三歲徧頫五歲徧省

訂義鄭康成曰撫猶安也歲者巡守之明歲以爲始也存頫省者王使臣於諸侯之禮所謂閒問也　劉執中曰存問其安否頫視其治效省察其風俗

七歲屬象胥諭言語協辭命九歲屬瞽史諭書名聽聲音

訂義鄭康成曰屬猶聚自五歲之後遂閒歲徧省胥讀爲諝王制曰五方之民言語不通嗜慾不同達其志通其慾東方曰寄南方曰象西方曰狄鞮北方曰譯此官正爲象者周始有越裳重譯而來獻是因通言語之官爲象胥云諝謂象之有才智者辭命六辭之命瞽樂師史大史小史書名書之字也古曰名聘禮曰百名以上　劉執中曰以其象胥屬王之象胥則言語可諭於其俗辭命可協於其民以其瞽史屬王之瞽史則六書可諭而書名爲先六樂可聽而聲音爲本

十有一歲達瑞節同度量成牢禮同數器脩灋則

訂義鄭康成曰達同成脩皆齊其法式行至則齊等之也度丈尺也量豆區釜也成平也　鄭鍔曰瑞者所執之玉有璧有圭節者所用之節有金有竹達之使無不通量有大小度有長短同之使無或異享禮之用牢或九或七或五恐其或異成之使彼此所用各適於平無有僭踰之過數器者禮制之所寓名分之所等合方氏之所同者也恐其多寡小大之不齊於是一之法則八法八則也法則者王朝所施於邦國都鄙而匡人之所達者也恐其久而或廢修者治之也使器數之法復歸乎正無有廢壞之時

十有二歲王巡守殷國

訂義鄭鍔曰至十二歲王乃巡其所守變禮易樂者可以知其畔革制度者可以知其逆或討或流於是行焉若或有故而不巡守則合天下諸侯皆來朝王於京師考其制度焉是謂殷國殷者衆也言命衆國而皆至也

小行人令諸侯春入貢秋獻功王親受之

訂義賈氏曰貢卽大宰九貢　鄭康成曰功考績之功　鄭鍔曰諸侯每歲有常貢必以春入則因四時之始以供王一歲之用也諸侯任事有成功必以秋獻則因萬物之成以明圖事之効也小行人令之使不爽春秋之期而已

冬官考工記天有時以生有時以殺草木有時以生有時以死石有時以泐水有時以凝有時以澤此天時也

訂義鄭鍔曰天之運也一爲春夏而萬物生一爲秋冬而萬物死此生殺之時也草木之生也蘗萌於子紐牙於丑畢入於戌該閡於亥此生死之時也石之解散謂之泐至堅者莫如石疑若不能泐矣然盛暑之氣鑠石流金則堅者或至於解散澤當爲釋至柔者莫如水疑若不能凝矣然隆冬沍寒則堅凝而爲冰旣堅矣疑若不能釋也及暖氣和

融則復消釋而爲水凡此皆天時使之然也

輪人爲輪斬三材必以其時

訂義 鄭康成曰三材所以爲轂輻牙者也　鄭鍔曰轂輻牙各有所宜之木而木有在陰者有在陽者斬之非時則在陰者或失之太柔在陽者或失之太剛以之爲轂輻牙必不勝其任故取材之道要當順時仲冬斬陽木仲夏斬陰木因天時之冬夏變木材之陰陽其材必美

弓人凡爲弓冬析幹而春液角夏治筋秋合三材寒奠體冰析瀎則合寒奠體則張不流冰析瀎則審環春被弦則一年之事

訂義 趙氏曰析謂分析而治之液謂融液而漬如以火養之意治謂理也椎杼嚼齧是也冬爲萬物堅成之時幹欲堅固故冬析之春爲溫和敷榮之時角欲溫而和柔故春液之筋欲散而敝熟故夏治之夏是萬物解緩散蒸之時也　鄭康成曰三材膠絲漆　陳用之曰兩謂之合謂所析之幹所液之角所治之筋合膠絲漆而爲弓焉　趙氏曰奠讀爲定體六弓往來多少之體注謂內之檠中蓋檠正弓之器筋膠至冬寒則堅牢於此時內之檠中以定體則後來體不妄動也瀎漆之瀎也既定其體矣又取出而析其漆文以備方來之用蓋弓有漆所以爲受霜露析是分析其合如贊處合厚處薄處合環瀎處必於冰析之蓋冰爲寒之極漆至寒時則使在弓上亦堅固而不動上注謂析瀎了又內於檠中理或然也不言寒而言冰者奠則天寒之時皆可析瀎非結冰極寒之時不可也

冬析幹則易春液角則合夏治筋則不煩秋合三材則合寒奠體則張不流冰析瀎則審環春被弦則一年之事

訂義 鄭鍔曰凡木之材至冬則堅凝可治治於冬則節目易去其理滑易矣　陳用之曰角得春而和澤於以液之則洽而不脃　鄭鍔曰筋本攣結不紓宜緩而治之夏者解緩之時於斯而治之則筋勢慢易不煩亂矣幹角筋治於三時弓猶未成必用膠絲漆然後可合秋者陰氣揫斂之時於是時而用膠絲漆則合固不可解矣故合三材宜用秋　賈氏曰體既定而後用時雖張不流移謂不失往來之體　陳用之曰於寒冰之時而析其瀎則於以審環焉審謂察之也環即下文所謂引之如環釋之無失體如環是也析瀎則必引之引之以析其漆瀎之文於以察其如環與不如環則弓之美惡即可見矣自冬析幹至析瀎其功畢矣至春弦而用之凡一年之事以言爲之不苟

欽定古今圖書集成曆象彙編歲功典

第二卷目錄

歲功典第二卷

歲功總部彙考二

漢

宣帝地節三年丞相魏相請順月令舉政 按[illegible]

按漢書宣帝本紀不載　按魏相傳相爲丞相數表采易陰陽及明堂月令奏之曰臣相幸得備員奉職不脩不能宣廣教化陰陽未和災害未息咎在臣等臣聞易曰天地以順動故日月不過四時不忒聖王以順動故刑罰清而民服天地變化必繇陰陽陰陽之分以日爲紀日冬夏至則八風之序立萬物之性成各有常職不得相干東方之神太昊乘震執規司春南方之神炎帝乘離執衡司夏西方之神少昊乘兌執矩司秋北方之神顓頊乘坎執權司冬中央之神黃帝乘坤艮執繩司下土茲五帝所司各有時也東方之卦不可以治西方南方之卦不可以治北方春興兌治則饑秋興震治則華冬興離治則泄夏興坎治則雹明王謹於尊天慎於養人故立義和之官以乘四時節授民事君動靜以道奉順陰陽則日月光明風雨時節寒暑調和三者得敘則災害不生五穀熟絲麻遂草木茂鳥獸蕃民不夭疾衣食有餘若是則君尊民說上下亡怨政教不違禮讓可興夫風雨不時則傷農桑農桑傷則民饑寒饑寒在身則亡廉恥寇賊姦宄所繇生也臣愚以爲陰陽者王事之本羣生之命自古賢聖未有不繇者也天子之義必純取法天地而觀於先聖高皇帝所述書天子所服第八曰大謁者臣章受詔長樂宮曰令羣臣議天子所服以安治天下相國臣何御史大夫臣昌謹與將軍臣陵太子太傅臣通等議春夏秋冬天子所服當法天地之數中得人和故自天子王侯有土之君下及兆民能法天地順四時以治國家身亡禍殃年壽永究是奉宗廟安天下之大禮也臣請法之中謁者趙堯舉春李舜舉夏兒湯舉秋貢禹舉冬四人各職一時大謁者襄章奏制曰可孝文皇帝時以二月施恩惠於天下賜孝弟力田及罷軍卒祠死事者頗非時節御史大夫鼂錯時爲太子家令奏言其狀臣相伏念陛下恩澤甚厚然而災氣未息竊恐詔令有未合當時者也願陛下選明經通知陰陽者四人各主一時時至明言所職以和陰陽天下幸甚相數陳便宜上納用焉

元康三年夏詔令三輔毋得以春夏取鳥

按漢書宣帝本紀元康三年夏六月詔曰前年夏神爵集雍今春五色鳥以萬數飛過屬縣翱翔而舞欲集未下其令三輔毋得以春夏擿巢探卵彈射飛鳥具爲令

元帝初元三年詔有司毋犯時禁舉明陰陽災異者各三人

按漢書元帝本紀初元三年六月詔曰安民之道本繇陰陽間者陰陽錯謬風雨不時朕之不德庶幾群公有敢言朕之過者今則不然媮合苟從未肯極言朕甚閔焉永惟烝庶之饑寒遠離父母妻子勞於非業之作衛於不居之宮恐非所以佐陰陽之道也其罷甘泉建章宮衛令就農百官各省費條奏毋有所諱有司勉之毋犯四時之禁丞相御史舉天下明陰陽災異者各三人

成帝陽朔二年春詔公卿務順四時月令

按漢書成帝本紀陽朔二年春寒詔曰昔在帝堯立羲和之官命以四時之事令不失其序故書云黎民於蕃時雍明以陰陽爲本也今公卿大夫或不信陰陽薄而小之所奏請多違時政傳以不知周行天下而欲望陰陽和調豈不謬哉其務順四時月令 [illegible]書作[illegible] [illegible]紀作蕃[illegible]據通[illegible]

後漢

明帝永平二年春詔百僚順時令迎氣五郊

按後漢書明帝本紀永平二年春正月辛未祀明堂登靈臺使尚書令持節詔驃騎將軍三公曰今令月吉日宗祀光武皇帝於明堂以配五帝禮備法物樂和八音詠祉福舞功德其班時令勑羣后事畢升靈臺望元氣吹時律觀物變令百僚師尹其勉修厥職順行時令敬若昊天以綏兆人是歲始迎氣於五郊章帝建初五年冬始行月令迎氣樂每月朔旦有司讀令

按後漢書章帝本紀云云

注　東觀記曰馬防上言聖人作樂所以宣氣致和順陰陽也臣愚以爲可因歲首發太簇奏雅頌以迎和氣時以作樂器費多遂獨行十月迎氣樂也

按禮儀志每月朔旦太史上其月曆有司侍郎尚書見讀其令奉行其政朔前後各二日皆牽羊酒至社下以祭日　按祭祀志迎時氣五郊之兆自永平中以禮讖及月令有五郊迎氣服色因采元始中故事兆五郊於雒陽四方中兆在未壇皆三尺階無等立春之日迎春於東郊祭青帝句芒車旗服飾皆青歌青陽八佾舞雲翹之舞立夏之日迎夏於南郊祭赤帝祝融車旗服飾皆赤歌朱明八佾舞雲翹之舞先立秋十八日迎黃靈於中兆祭黃帝后土車旗服飾皆黃歌朱明八佾舞雲翹育命之舞立秋之日迎秋於西郊祭白帝蓐收車旗服飾皆白歌西皓八佾舞育命之舞立冬之日迎冬於北郊祭黑帝元冥車旗服飾皆黑歌元冥八佾舞育命之舞

注　皇覽曰迎禮春夏秋冬之樂又順天道是故距冬至日四十六日則天子迎春於東堂距邦八里堂高八尺堂階三等青稅八乘旗旄尚青田車載矛號曰助天生唱之以角舞之以羽翟此迎春之樂也自春分數四十六日則天子迎夏於南堂距邦七里堂高七尺堂階二等赤稅七乘旗旄尚赤田車載戟號曰助天養唱之以徵舞之以鼓鞉此迎夏之樂也自夏至數四十六日則天子迎秋於西堂距邦九里堂高九尺堂階九等白稅九乘旗旄尚白田車載兵號曰助天收唱之以商舞之以干戚此迎秋之樂也自秋分數四十六日則天子迎冬於北堂距邦六里堂高六尺堂階六等黑稅六乘旗旄尚黑田中載甲鐵鍪號曰助天誅唱之以羽舞之以干戈此迎冬之樂也

按文獻通考建初五年始行十二月迎氣樂立春之日迎春於東郊歌青陽八佾舞雲翹之舞立夏之日迎夏於南郊歌朱明八佾舞雲翹之舞先立秋十八日迎黃靈於中兆歌朱明八佾舞雲翹育命之舞立秋之日迎秋於西郊歌西皓八佾舞育命之舞立冬之日迎冬於北郊歌元冥八佾舞育命之舞

靈帝熹平六年蔡邕請迎氣五郊帝從之

按後漢書靈帝本紀不載　按蔡邕傳熹平六年七月邕上封事曰臣自在宰府及備朱衣迎氣五郊而車駕稀出四時至敬屢委有司雖有解除猶爲疎廢故皇天不悅顯此諸異謹條七事一曰明堂月令天子以四立及季夏之節迎五帝於郊所以導致神氣祈福豐年書奏帝乃親迎氣北郊

魏

明帝景初元年有司請班宣時令

按三國志明帝本紀景初元年春正月壬辰有司奏以爲魏得地統宜以建丑之月爲正三月定歷改年爲孟夏四月服色尚黃犧牲用白戎事乘黑首白馬建大赤之旗朝會建大白之旗其春夏秋冬孟仲季月雖與正歲不同至於郊祀迎氣礿祠烝嘗巡狩蒐田分至啟閉班宣時令中氣早晚敬授民事皆以正歲斗建爲歷數之序

晉

晉承魏制以四時讀令

按晉書禮志江左以後未遑修建漢儀太史每歲上其年曆先立春立夏大暑立秋立冬常讀五時令皇帝所服各隨五時之色帝升御坐尚書令以下就席位尚書三公郎以令置案上奉以入就席伏讀訖賜酒一巵魏氏常行其禮魏明帝景初元年通事白曰前後但見讀春夏秋冬四時令至於服黃之時獨闕不讀今不解其故散騎常侍領太史令高堂隆以爲黃於五行中央土也王四季各十八日土生於火故用事之末服黃三季則否其令則隨四時不以五行爲令也是以服黃無令斯則魏氏不讀大暑令也及晉受命亦有其制傅咸云立秋一日白路光於紫庭白旂陳於玉階然則其日旂路皆白也

成帝咸和六年有司奏四時讀令

按晉書成帝本紀不載　按玉海云云

宋

文帝元嘉六年命三公郎讀時令

按宋書文帝本紀不載　按玉海元嘉六年讀時令三公郎讀皇帝臨軒百僚備位惟世祖世劉勰太宗

世謝絳爲三公郎善於其事人主公卿屬目稱歎

梁

武帝天監七年五郊迎氣祀不用牲

按梁書武帝本紀不載　按隋書禮儀志梁制迎氣以始祖配牲用特牛一其儀同南郊天監七年尚書左丞司馬筠等議以昆蟲未蟄不以火田鳩化爲鷹罻羅方設仲春之月祀不用牲止圭璧皮幣斯又事神之道可以不殺明矣況今祀天豈容尚此請夏初迎氣祭不用牲帝從之

北魏

道武帝天興元年有司議從土德五郊以時迎氣

按魏書道武帝本紀天興元年詔百司議定行次尚書崔元伯等奏從土德服色尚黃數用五未祖辰臘犧牲用白五郊迎氣宣贊時令敬授民時行夏之正

明元帝泰常三年爲五精帝兆於四郊有司以四時致祭

按魏書明元帝本紀不載　按禮志泰常三年爲五精帝兆於四郊遠近依五行數各爲方壇四陛埒壝三重通四門以太皞等及諸佐隨配侑祭黃帝常以立秋前十八日餘四帝各以四立之日牲各用牛一有司主之

北齊

北齊以五郊迎氣天子皆御殿有司讀令

按隋書禮儀志後齊五郊迎氣爲壇各於四郊又爲黃壇於未地所祀天帝及配帝五官之神同梁其玉帛牲各以其方色其儀與南郊同帝及后各以夕牲日之旦太尉陳幣告請其廟以就配焉其從祀之官位皆南陛之東西向壇上設饌畢太宰丞設饌於其座亞獻畢太常少卿乃於其所獻事畢皆撤　又按志後齊立春日皇帝服通天冠青介幘青紗袍佩蒼玉青帶青袴青襪舄而受朝於太極殿尚書令等坐定三公郎中詣席跪讀時令訖典御酌酒卮置郎中前郎中拜還席伏飲禮成而出立夏季夏立秋讀令則施御座於中楹南向立冬如立春於西廂東向各以其時之色服儀並如春禮

北周

高祖保定三年詔政事皆依月令

按周書高祖本紀保定三年二月辛酉詔曰二儀創闢元象著明三才已備曆數昭列故書稱欽若敬授易序治曆明時此先代一定之典百王不易之務伏惟太祖文皇帝敬順昊天憂勞庶政曆序六家以陰陽爲首洎予小子弗克遵行惟斯不安夕惕若厲自頃朝廷權輿事多倉卒乖和爽序違失先志致風雨愆時疾厲屢起嘉生不遂萬物不長朕甚傷之自今舉大事行大政非軍機急速皆宜依月令以順天心

隋

隋制天子以四立日各於其方近郊迎氣而祭以四仲月釋奠於先聖先師

按隋書禮儀志禮天子每以四立之日及季夏乘玉輅建大旗服大裘各於其方之近郊爲兆迎其帝而祭之所謂燔柴於泰壇掃地而祭者也春迎靈威仰者三春之始萬物稟之而生莫不仰其靈德服而畏之也夏迎赤熛怒者火色熛怒其靈炎至明盛也秋迎白招拒者招集拒大也言秋時集成萬物其功大也冬迎叶光紀者叶拾光華紀法也言冬時收拾光華之色伏而藏之皆有法也中迎含樞紐者含容也樞機有闔闢之義紐者結也言土德之帝能含容萬物開闔有時紐結有法也然此五帝之號皆以其德而名焉梁陳後齊後周及隋制度相循皆以其時之日各於其郊迎而以太皞之屬五人帝配祭並以五官三辰七宿於其方從祀焉　又按志隋五時迎氣青郊爲壇國東春明門外道北去宮八里高八尺赤郊爲壇國南明德門外道西去宮十三里高七尺黃郊爲壇國南安化門外道西去宮十二里高七尺白郊爲壇國西開遠門外道南去宮八里高九尺黑郊爲壇宮北十一里田地高六尺並廣四丈各以四方立日黃郊以季夏土王日祀其方之帝各配以人帝以太祖武元帝配五官及星三辰十宿亦各依其方從祀其牲依方色各用犢二星辰加羊豕各一其儀同南郊其岳瀆鎮海各依五時迎氣日遣使就其所祭之以太牢　又按志隋制國子寺每歲以四仲月上丁釋奠於先聖先師州郡學則以春秋仲月釋奠學生皆乙日試書景日給假

唐

太宗貞觀二年祖孝孫請五郊迎氣各以月候音

按唐書太宗本紀不載　按唐會要武德九年命祖孝孫考正雅樂貞觀二年六月十日樂成孝孫以十二律順其月旋相爲宮五郊迎氣各以月候而奏其音

貞觀　年定每歲停刑日

按唐書太宗本紀不載　按刑法志貞觀中每歲立

春至秋及大祭祀致齋朔望上下弦二十四氣雨及夜未明假日斷屠日皆停死刑

貞觀十四年春命有司讀時令（附定四時之祭）

按唐書太宗本紀云云　按禮樂志皇帝御明堂讀時令孟春禮部尚書先讀令三日奏讀月令承以宣告前三日尚舍設大次於東門外道北南向守宮設文武侍臣次於其後之左右設羣官次於璧水東之門外文官在北武官在南俱西上前一日設御座於青陽左个東向三品以上及諸司長官座於堂上文官座於御座東北南向武官座於御座之東北向俱重行西上設刑部郎中讀令座於御座東南北向有案設文官解劍席於卯陛之左武官於卯陛之右皆內向太樂令展宮縣於青陽左个之庭設舉麾位於堂上寅階之西北向其一位於樂縣東北南向典儀設三品以上及應升坐者位於縣東文左武右俱重行西向非升坐者文官四品五品位於縣北六品以下於其東絕位俱南向武官四品五品於縣南六品以下於其東俱北向皆重行西上設坐儀位於縣之西北贊者二人在東差退俱南向奉禮設門外位各於次前俱每等異位重行相向西上其日陳小駕皇帝服青紗袍佩蒼玉乘金路出宮至於大次文武五品以上從駕之官皆就門外位太樂令工人協律郎典儀帥贊者皆先入羣官非升坐者次入就位刑部郎中以月令置於案覆以帊立於武官五品東南郎中立於案後北面侍中版奏外辦皇帝御輿入自青龍門升自寅階即坐符寶郎置寶於前典儀升立於左个東北南向公王以下入就西面位典儀曰再拜贊者承傳在位者皆再拜侍中前跪奏稱侍中臣某言請延公王等升又侍中稱制曰可侍中詣左个東北南向稱制延公王等升典儀傳贊者承傳在位者皆再拜西面位者各詣其階解劍脫舃升立於座後刑部郎中引案進立於卯階下侍中跪奏請讀月令又侍中稱制曰可刑部郎中再拜解劍俛脫舃取令升自卯階詣席南北向跪置令於案立於席後堂上典儀唱就座公王以下及刑部郎中並就座刑部郎中讀令每句一絕使言聲可了讀訖堂上典儀唱可起王公以下皆起刑部郎中以令置於案與羣官佩劍納舃復於位典儀曰再拜在位者皆再拜西面位者出侍中跪奏稱侍中臣某言禮畢皇帝降座御輿出之便次南北面位者以次出自仲春以後每月各居其位皆冠通天服玉之色如其時若四時之孟月及季夏土王讀五時令於明堂亦如之

冬至正月上辛祈穀孟夏雩祀昊天上帝於圜丘季秋大享於明堂臘蜡百神於南郊春分朝日於東郊秋分夕月於西郊夏至祭地祇於方丘孟冬祭神州地祇於北郊仲春仲秋上戊祭於太社立春立夏季夏之土王立秋立冬祀五帝於四郊孟春孟夏孟秋孟冬臘享於太廟孟春吉亥享先農遂以耕籍

中宗嗣聖十五年議明堂告朔讀令之禮（即武后聖曆元年）

按唐書武后本紀不載　按張齊賢傳聖曆初齊賢爲太常奉禮郎武后詔百官議告朔於明堂讀時令布政事京官九品以上四方朝集使皆列於廷太常博士辟閭仁諝曰經無天子月告朔惟玉藻天子聽朔南門之外周太宰正月之吉布政於邦國都鄙干寶曰建子月告朔日也此玉藻聽朔同誤今元日讀時令合古聽朔事獨鄭元以秦制月令有五帝五官因言聽朔必以特牲告時帝及神以文王武王配其言非是月令曰其帝太昊其神句芒謂宣令告人使奉時務業月皆有令故云非天子月朔以配帝祭也告朔者諸侯禮也春秋既視朔遂登臺元又說人君月告朔於廟其祭爲朝享魯自文公始不視朔明非天子所行元謂告帝即人帝神即重黎五官不言天子拜祭請罷告朔月祭以應古禮齊賢不韙其說質曰穀梁氏稱閏月天子不告朔它月故告朔矣左氏言魯不告閏朔爲棄時政則諸侯雖閏告朔矣周太史頒朔於邦國玉藻閏月王居門是天子雖閏亦告朔二家去聖不遠載天子諸侯告朔事顯顯弗謬今議者乃以太宰正月之吉布治邦國而言天子元日一告朔殊失其旨一歲之元六官自布所職之典干寶謂吉爲朔故世人謬吉爲告據謬失經不得爲法議者又引左氏說專在諸侯不知玉藻與左說正同而獨於天子言歲首一告何去取之悉也又謂時帝五人帝也元於時帝包天人故以文武作配是並告兩五帝爲不疑諸侯受朔天子藏於廟天子受朔於天宜在明堂故告時帝配祖考議者曰天子月告祭頒朔則諸侯安得藏之故太宰歲首布一歲事太史頒之也是不然周太史頒朔邦國是總頒十二朔於諸侯天子猶月告者頒官府都鄙也內外異言之也禮不可罷鳳閣侍郎王方慶又推言明堂布政之宮所以明天氣統萬物也漢儒以明堂太廟爲一宗祀其祖而配上帝取宗祀曰清廟正室爲太室向陽爲

明堂建學爲太學圜水爲辟雍異名同事古之制也天子以正月上辛總受十二月政於南郊還藏於祖廟月取一政班之明堂諸侯則受於天子藏之祖廟月取一政行之於國王者以其禮告廟謂之告朔視月之政謂之視朔玉藻元冕而朝日東門之外聽朔南門之外鄭元說明堂在國陽就其時之堂而聽朔爲卒事宿路寢今元日通天宮受朝有司遂讀時令布政古之禮也舊說天子歲入明堂者十八大享一月告朔十二四時迎氣四巡狩之歲一今議者雖許歲首一入不亦隘乎陛下幸建明堂遵用告朔事若月一聽則近於煩每孟月視朔惟制定其禮臣下不敢專成均博士吳楊吾等共言秦滅學告朔廢今用四孟月季夏至明堂告五時帝堂上請兼如齊賢方慶議不數歲禮亦廢

元宗開元五年命史官月奏所行事及五時讀令之儀

按唐書元宗本紀開元五年十月甲申命史官月奏所行事

按玉海開元定禮有明堂及太極殿五時讀令之儀冠服佩玉悉從方色

開元二十五年命定迎氣讀令之制

按唐書元宗本紀不載　按唐會要開元二十五年十月　日辛丑制自今以後每年立春之日朕當率公卿親迎氣於東郊其後夏及秋常以孟月朔於正殿讀時令仍令禮官修撰儀注

開元二十六年詔韋縚奏讀月令

按唐書元宗本紀不載　按玉海開元二十六年詔韋縚每月奏月令一篇孟月朔日於宣政殿側設榻東向置案令縚讀之諸司官長悉升殿坐聽歲餘罷之

天寶五載詔改時令

按唐書元宗本紀不載　按唐會要天寶五載正月二十二日詔曰堯命四子所授惟時周分六官併不繫月其禮記月令宜改爲時令

德宗貞元六年令所司宣讀時令

按唐書德宗本紀不載　按玉海貞元六年二月制四孟月迎氣之日令所司宣讀時令

文宗太和八年中書門下奏讀時令

按唐書文宗本紀不載　按玉海太和八年六月中書門下奏天寶後盛典久廢請來年正月依舊禮讀時令命太常撰儀注

宋

宋不行讀令之禮但以四立及土王日祀五方帝以四孟及季冬行事於宗廟

按宋史禮志歲之大祀三十正月上辛祈穀孟夏雩祀季秋大享明堂冬至圜丘祭昊天上帝正月上辛又祀感生帝四立及土王日祀五方帝春分朝日秋分夕月東西太一臘日大蜡祭百神夏至祭皇地祇孟冬祭神州地祇四孟季冬薦享太廟后廟春秋二仲及臘日祭太社太稷二仲九宮貴神中祀九仲春祭五龍立春後丑日祀風師亥日享先農季春巳日享先蠶立夏後申日祀雨師春秋二仲上丁釋奠文宣王上戊釋奠武成王小祀九仲春祀馬祖仲夏享先牧仲秋祭馬社仲冬祭馬步季夏土王日祀中霤立秋後辰日祀靈星秋分享壽星立冬後亥日祀司中司命司人司祿孟冬祭司寒其諸州奉祀則五郊迎氣日祭嶽鎮海瀆春秋二仲享先代帝王及周太廟並如中祀州縣祭社稷奠文宣王祀風雨並如小祀凡有大赦則令諸州祭嶽瀆名山大川在境內者及歷代帝王忠臣烈士載祀典者仍禁近祠廟咸加祭有不克定時日者太卜署預擇一季祠祭之日謂之畫日凡壇壝牲器玉帛饌具齋戒之制皆具通禮後復有高禖大小酺神之屬增大祀爲四十二焉其後神宗詔改定大祀太一東以春西以秋中以夏冬增大蜡爲四東西蜡主日配月太廟月祭朔而中祀四望南北蜡小祀以四立祭司命戶竈中霤門厲行以藏冰出冰祭司寒及月薦新太廟歲遍舊祀凡九十一惟五享后廟焉　又按志宗廟之禮每歲以四孟月及季冬凡五享朔望則上食薦新三年一祫以孟冬五年一禘以孟夏其祔祭春祀司命及戶夏祀竈季夏祀中霤秋祀門及厲冬祀行惟臘享禘祫則徧祀焉

仁宗景祐三年定四時薦新之禮

按宋史仁宗本紀不載　按禮志景祐三年宗正丞趙良規言通禮著薦新凡五十餘物今太廟祭享之外惟薦冰其餘薦新之禮皆寢不行宜以品物時新所司送宗正令尚食簡擇滋味與新物相宜者配以薦之於是禮官宗正條定逐室時薦以京都新物略依時訓協用典章請每歲春孟月薦蔬以韭以菘配以卵仲月薦冰季月薦蔬以筍果以含桃夏孟月嘗麥配以彘仲月薦果以瓜以來禽季月薦果以芡以

菱秋孟月嘗粟嘗穄配以雞果以棗以梨仲月嘗酒嘗稻蔬以菱筍季月嘗豆嘗蕎麥冬孟月羞以兔果以栗蔬以藷蕷仲月羞以雁以麏季月羞以魚凡二十八種所司烹治自餘以下令御廟於四時牙盤食烹饌上日薦獻一如開寶通禮

神宗元豐三年更定祀典時薦之制

按宋史神宗本紀不載　按禮志元豐三年十月詳定郊廟奉祀禮文所言祠禴嘗烝之名春夏則物未成而祭薄秋冬則物盛而禮備今太廟四時雖有薦新而孟享禮料無祠禴烝嘗之別伏請春加韭卵夏加麥魚秋加黍豚冬加稻鴈當饋熟之節薦於神主其籩豆於常數之外別加時物之薦豐約各因其時以應古禮從之

元豐五年詔歲以四孟月朝獻景靈宮

按宋史神宗本紀云云　按禮志元豐五年帝詣景靈宮朝獻先謁天興殿以次行禮並如四孟儀詔自今朝獻孟春用十一日孟夏擇日孟秋用中元日孟冬用下元日天子常服行事

金

海陵天德二年命有司行薦新之禮

按金史海陵本紀不載　按禮志天德二年命有司議薦新禮依典禮合用時物令太常卿行禮正月鮪明昌間用牛魚無則鯉代二月鴈三月韭以卵以葑四月薦冰五月筍蒲羞以含桃六月彘肉小麥仁七月嘗雛雞以黍羞以瓜八月羞以芡以菱以栗九月嘗粟與稷羞以棗以梨十月嘗麻與稻羞以兔十一月羞以麕十二月羞以魚從之（牛魚狀似鮪鮪之屬也）

世宗大定三年有司請薦新附時饗之月從之

按金史世宗本紀不載　按禮志大定三年有司言每歲太廟五饗若復薦新似涉繁數擬遇時饗之月以所薦物附於籩豆薦之以合古者祭不欲數之義制可

明

太祖洪武元年建四廟定以四時孟月及歲除祭享

按明會典國初於闕左建四廟德祖廟居中懿祖東第一廟熙祖西第一廟仁祖東第二廟廟與主皆南向洪武元年定以四時孟月及歲除凡五饗

洪武二年重定時饗

按明會典洪武二年重定時饗春以清明夏以端午秋以中元冬以冬至惟歲除如舊

洪武三年又定時饗并奉三祖神主合于祖廟

按明會典三年又定時饗仍用四孟月孟春特饗于各廟各具禮樂餘時俱奉三祖神主合饗于德祖之廟

洪武九年始改建太廟并定時饗合饗之禮

按明會典洪武九年始改建太廟及時饗于正殿孟春擇上旬吉日孟夏孟秋孟冬俱用朔日歲暮用除日俱行合饗之禮奏德廟樂罷特饗禮及各廟樂

成祖永樂　年定節序宴羣臣之禮

按明會典凡立春元宵四月八端陽重陽臘八等節永樂間俱于奉天門通賜百官宴用樂

世宗嘉靖十年定太祖特饗合饗及大祫之期

按明會典嘉靖十年敕諭禮部以太祖高皇帝重闢宇宙肇運開基四時饗祭壓於德祖不得正南面之位命祧德祖而奉太祖神主居寢殿中一室爲不遷之祖太宗而下皆以次奉遷每歲孟春特饗夏秋冬合饗改擇季冬中旬大祫而以歲除爲節祭歸之奉先殿

嘉靖十四年更建世室及四立祭祀之禮

按明會典嘉靖十四年更建世室及昭穆羣廟于太廟之左右以立春日行特饗禮于各廟立夏立秋立冬日行時祫禮于太廟奉太祖南向太宗居東西向稍近上仁宗而下東西序列相向季冬大祫則德祖居中懿祖熙祖仁祖太祖以次居於左右俱南向太宗而下如時祫之序

嘉靖　年定孟春祈穀夏至方澤春分朝日秋分夕月祭畢內外官酒飯

按明會典云云

欽定古今圖書集成曆象彙編歲功典

歲功典第三卷

歲功總部彙考三

易經

十二月卦

䷊泰　本義天地交而二氣通故爲泰正月之卦也

䷡大壯　本義四陽盛長故爲大壯二月之卦也

䷪夬　本義夬決也陽決陰也三月之卦也以五陽去一陰決之而已

䷀乾　本義決盡則爲純乾四月之卦

䷫姤　本義至姤然後一陰可見而爲五月之卦

䷠遯　本義爲卦二陰浸長陽當退避故爲遯六月之卦也

䷋否　本義否閉塞也七月之卦也正與泰反

䷓觀　本義此卦四陰長而二陽消正爲八月之卦

䷖剝　本義五陰在下而方生一陽在上而將盡陰盛長而陽消落九月之卦也

䷁坤　本義剝盡則爲純坤十月之卦

䷗復　本義一陽之體始成而來復故十有一月其卦爲復

䷒臨　本義二陽浸長以逼於陰故爲臨十二月之卦也

禮記

月令

孟春之月日在營室昏參中旦尾中

陳注孟春夏正建寅之月也營室在亥娵訾之次也昏時參星在南方之中旦則尾星在南方之中疏曰月令昏明中星皆大略而言不與曆同但一月之內有中者卽得載之二十八宿星體有廣狹相去有遠近或月節月中之日昏明之時前星已過於午後星未至正南又星有明暗見有早晚所以昏明之星不可正依曆法但舉大略耳大全嚴陵方氏曰中謂中於南方也先昏而後旦者順陰陽之義也書於春言星鳥夏言星火秋言星虛冬言星昴乃與此不同何也蓋書言分至之所中者此言昏旦之所中者彼以時爲主此以月爲主故詳略不同然其見於南方則一也

其日甲乙

注春於四時屬木日之所繫十干循環獨言甲乙者木之屬也四時皆然

其帝大皞其神句芒

注大皞伏羲木德之君句芒少皞氏之子曰重木官之臣聖神繼天立極生有功德於民故後王於春祀之四時之帝與神皆此義

其蟲鱗其音角律中大蔟其數八其味酸其臭羶其祀戶祭先脾

注鱗蟲木之屬五聲角爲木單出曰聲雜比曰音調樂於春以角爲主也律者候氣之管以銅爲之或云竹爲之中猶應也太蔟寅律長八寸陰陽之氣距地面各有淺深故律之長短如其數律管入地以葭灰實其端其月氣至則灰飛而管通是氣之應也天三生木地八成之其數八成數也通於鼻者謂之臭臭卽氣也在口者謂之味酸羶皆木之屬戶者人所出入司之有神此神是陽氣在戶之內春陽氣出故祀之祭先脾者木克土也大全馬氏曰蒼龍木屬也其類爲鱗故春則其蟲鱗朱鳥火屬也其類爲羽故夏則其蟲羽人土屬也其類爲倮故中央則其蟲倮白虎金屬也其類爲毛故秋則其蟲毛元武水屬也其類爲介故冬則其蟲介又曰味生於形臭生於氣故形成而後有味氣化而後有臭春以陽中生木木之成形而曲直曲直作酸故其味酸物以木化則其氣爲羶故其臭羶秋以陰中生金金之成形而從革從革作辛故其味辛物以金化則其氣爲腥故其臭腥夏以陽極生火火之成形而炎上炎上作苦故其味苦物以火化則其氣爲焦故其臭焦冬以陰極生水水之成形而潤下潤下作鹹故其味鹹物以水化則其氣爲朽故其臭朽中央以陰陽之中氣生土土之成形而可以稼穡稼穡作甘故其味甘物以土化則其氣爲香故其臭香土主四時而分王四時故五味也而皆以甘爲主五臭也而皆以香爲主則冲氣之爲用如此而已

東風解凍蟄蟲始振魚上冰獺祭魚鴻鴈來

注　此記寅月之候振動也來自南而北也

天子居青陽左个

注　青陽左个註云太寢東堂北偏疏云是明堂北偏而云太寢者明堂與太廟太寢制同北偏者近北也四面旁室謂之个　朱子曰論明堂之制者非一竊意當有九室如井田之制東之中爲青陽太廟東之南爲青陽右个東之北爲青陽左个南之中爲明堂太廟南之東卽東之南爲明堂左个南之西卽西之南爲明堂右个西之中爲總章太廟西之南卽南之西爲總章左个西之北卽北之西爲總章右个北之中爲元堂太廟北之東卽東之北爲元堂右个北之西卽西之北爲元堂左个中爲太廟太室凡四方之太廟異方所其左右个則青陽左个卽元堂之右个青陽右个卽明堂之左个明堂右个卽總章之左个總章之右个乃元堂之左个也但隨其時之方位開門耳太廟太室則每季十八日天子居此歟古人制事多用井田遺意此恐然也

乘鸞路駕倉龍載青旂衣青衣服倉玉食麥與羊其器疏以達

注　鸞路有虞氏之車有鸞鈴也春言鸞則夏秋冬皆鸞也夏云朱冬云元則春青秋白可知倉與蒼同馬八尺以上爲龍服玉冠冕之飾及佩也麥以金王而生火王而死當屬金而鄭云火畜皆不可曉疏云鄭本五行傳當屬金而鄭云屬木兌爲羊言之然陰陽多塗不可一定故今於四時所食及彘嘗麥雛嘗黍之類皆略之以俟知者疏以達者春物將貫土而出故器之刻鏤者使文理麤疏直而通達也

是月也以立春先立春三日太史謁之天子曰某日立春盛德在木天子乃齊立春之日天子親帥三公九卿諸侯大夫以迎春於東郊還反賞公卿大夫於朝命相布德和令行慶施惠下及兆民慶賜遂行毋有不當

注　謁告也春爲生天地生育之盛德在於木位也迎春東郊祭大皡句芒也後倣此推之　疏曰節氣有早晚是月者謂是月之氣不謂是月之日大全嚴陵方氏曰四立之日則其氣至矣故天子親帥其臣以迎之於郊焉所以導其氣之至也春主寅卯辰其位居東故迎之於東郊夏主巳午未其位居南故迎之於南郊秋主申酉戌其位居西故迎之於西郊冬主亥子丑其位居北故迎之於北郊五行之氣獨不迎土者以其居中非自外至也唯其自外至故迎之者每於郊焉古者於寒曰迎以客陰故也於暑曰逆以主陽故也此則四時皆謂之迎者蓋別而言之雖有陰陽客主之辨合而言之則氣皆自外至土之在我而已故通謂之迎焉所謂還反何也還言還之自郊反言反之於朝主彼言故曰還主此言故曰反也古者賞以春夏刑以秋冬此則四時皆賞何也蓋春夏非不刑也特順陽義故以賞爲主爾秋冬非不賞也特順陰義故以刑爲主爾此則喜其氣之至故皆行賞以飾其喜焉

乃命太史守典奉法司天日月星辰之行宿離不貸毋失經紀以初爲常

注　宿猶止也離猶行也言占候躔次不可差貸與忒同經紀者天文進退遲速之度數也初者曆家推步之舊法以此爲占候之常也

是月也天子乃以元日祈穀於上帝乃擇元辰天子親載耒耜措之于參保介之御間帥三公九卿諸侯大夫躬耕帝籍天子三推三公五推卿諸侯九推反執爵於大寢三公九卿諸侯大夫皆御命曰勞酒

注　元日上辛也郊祭天而配以后稷爲祈穀也元辰郊後吉日也日以干言辰以支言互文也參參乘之人保介衣甲也以勇士爲車右而衣甲御者居中車右在右以三人故曰參也置此耕器於參乘保介及御者之間天子籍田千畝收其穀爲祭祀之粢盛故曰帝籍九推之後庶人終之反而行燕禮羣臣皆侍士賤不與耕故不與勞酒之賜也

是月也天氣下降地氣上騰天地和同草木萌動王命布農事命田舍東郊皆修封疆審端徑術善相丘陵阪險原隰土地所宜五穀所殖以教道民必躬親之田事既飭先定準直農乃不惑

注　田田畯也舍居也天子命田畯居東郊以督耕者皆使修理其封疆謂井田之限域也步道曰徑術與遂同田之溝洫也審而端之使無迂邪封疆有界限徑術有闊狹土地有高下五種有宜否皆須田畯躬親教飭之以定其準直則農民無所疑惑也

是月也命樂正入學習舞

注教學者以習舞之事
乃修祭典命祀山林川澤犧牲毋用牝
注不欲傷其生育
禁止伐木
注以盛德在木也
毋覆巢毋殺孩蟲胎夭飛鳥毋麛毋卵毋聚大衆毋
置城郭掩骼埋胔
注孩蟲之稚者胎未生者夭方生者飛鳥初學
飛之鳥麛獸子之通稱胔骨之尚有肉者
是月也不可以稱兵稱兵必天殃兵戎不起不可從
我始毋變天之道毋絕地之理毋亂人之紀
注天地大德曰生春者生德之盛時也兵凶器戰
危事不得已而禦寇猶可也兵自我起以殺戮之
心逆生育之氣是變易天之生道斷絕地之生理
而紊亂生人之紀敘矣其殃也宜哉
孟春行夏令則雨水不時草木蚤落國時有恐
注此巳火之氣所泄也言人君於孟春之月而行
孟夏之政令則感名咎證如此後皆倣此　疏曰
孟月失令則三時孟月之氣乘之仲月失令則仲
月之氣乘之季月失令則季月之氣乘之所以然
者以同爲孟仲季氣情相通如其不和則迭相乘
之
行秋令
注謂孟秋之令
則其民大疫猋風暴雨總至藜莠蓬蒿並興
注此申金之氣所傷也爾雅扶搖謂之猋風謂風
之回轉也藜莠蓬蒿並興者以生氣逆亂故惡物
乘之而茂也
行冬令
注謂孟冬之令
則水潦爲敗雪霜大摯首種不入
注此亥水之氣所淫也摯傷折也與摯獸鷙蟲之
義同百穀惟稷先種故云首種大全嚴陵方氏曰夫
十有二月之令行乎天地之間人君奉之以成位
乎其中也苟唯當此一月之節而行彼三時之令
則三者之災以類應焉是何也氣之所名者然爾
雨水蓋仲春之節以陽氣早至故不時雨水不時
故草木蚤落國時有恐則由盛陽之氣所迫故也
凡此皆巳之氣乘之　臨川吳氏曰亥水屬亥氣
乘陰故水潦爲敗諸穀稷最先種春寒傷其種故
不收成入謂收成而入於倉廩也
仲春之月日在奎昏弧中旦建星中
注奎宿在戌降婁之次　疏曰餘月昏旦中星皆
舉二十八宿此云弧與建星者以弧星近井建星
近斗井斗度多星體廣不可的指故舉弧建以定
昏旦之中
其日甲乙其帝大皞其神句芒其蟲鱗其音角律中
夾鍾其數八其味酸其臭羶其祀戶祭先脾
注夾鍾卯律長七寸二千一百八十七分寸之千
七十五
始雨水桃始華倉庚鳴鷹化爲鳩
注此記卯月之候倉庚黃鸝也鳩布谷也王制言
鳩化爲鷹秋時也此言鷹化爲鳩以生育氣盛故
鷙鳥感之而變耳孔氏云化者反歸舊形之謂故
鷹化爲鳩鳩復化爲鷹如田鼠化爲鴽則鴽又化
爲田鼠若腐草爲螢雉爲蜃爵爲蛤皆不言化是
不再復本形者也
天子居青陽太廟乘鸞路駕倉龍載青旂衣青衣服
倉玉食麥與羊其器疏以達
注青陽太廟東堂當太室
是月也安萌芽養幼少存諸孤
注生氣之可見者莫先於草木故首言之安謂無
所摧折之也存亦安也
擇元日命民社
注命民祭社也郊特牲言祭社用甲日此言擇元
日是又擇甲日之善者歟名誥社用戊日
命有司省囹圄去桎梏毋肆掠止獄訟
注囹牢也圄止也疏云周曰圜土殷曰羑里夏曰
鈞臺囹圄秦獄名也在手曰梏在足曰桎皆木械
肆陳尸也掠捶治也止謂論使息爭也大全祭法曰
大夫以下成羣立社曰置社則民固有社矣然非
天子命之無敢專祭焉故擇元日而命之也且社
土示也方春土發生之時擇元日而祭之亦祈其
土之利無不善而已郊特牲言社日用甲則此言
元日蓋甲日也社日用甲則得其善矣故謂之元
日焉凡祭社而稷必從之此止言命民社者特舉
重以明輕爾
是月也元鳥至至之日以太牢祠于高禖天子親往
后妃帥九嬪御乃禮天子所御帶以弓韣授以弓矢
于高禖之前
注元鳥燕也燕以施生時巢人堂宇而生乳故以

其至爲祠禖祈嗣之候高禖先禖之神也高者尊之之稱變媒言禖神之也古有禖氏祓除之祀位在南郊禮祀上帝則亦配祭之故又謂之郊禖詩天命元鳥降而生商但謂簡狄以元鳥至之時祈于郊禖而生契故本其爲天所命若自天而降下耳鄭註乃有墮卵吞孕之事與生民詩註所言姜嫄履巨跡而生棄之事皆怪妄不經削之可也后妃帥九嬪御者從往而侍奉禮事也禮天子所御者祭畢而酌酒以飲其先所御幸而有娠者顯之以神賜也韣弓衣也弓矢者男子之事也故以爲祥

是月也日夜分

注 晝夜各五十刻

雷乃發聲始電蟄蟲咸動啓戶始出

注 謂始穿其穴而出也

先雷三日

注 以節氣言在春分前三日

奮木鐸以令兆民曰雷將發聲有不戒其容止者生子不備必有凶災

注 容止猶言動靜不戒容止謂房室之事褻瀆大威也生子不備謂形體有損缺凶災謂父母

日夜分則同度量鈞衡石角斗甬正權概

注 丈尺曰度斗斛曰量稱上曰衡百二十斤爲石甬斛也權稱錘也概執以平量器者同則齊其長短小大之制鈞則平其輕重之差角則較其同異正則矯其欺枉

是月也耕者少舍乃修闔扇寢廟畢備毋作大事以妨農之事

注 少舍暫息也門戶之蔽以木曰闔以竹葦曰扇凡廟前曰廟後曰寢寢是衣冠所藏之處大事謂軍旅之事

是月也毋竭川澤毋漉陂池毋焚山林

注 漉亦竭也三者之禁皆謂傷生意

天子乃鮮羔開冰先薦寢廟

注 古者日在虛則藏冰至此仲春則獻羔以祭司寒之神而開冰先薦寢廟者不敢以人之餘奉神也

上丁

注 此月上旬之丁日必用丁者以先庚三日後甲三日也

命樂正習舞釋菜天子乃帥三公九卿諸侯大夫親往視之仲丁又命樂正入學習樂

注 樂正樂官之長也習舞釋菜謂將教習舞者則先以釋菜之禮告先師也

是月也祀不用犧牲用圭璧更皮幣

注 不用牲謂祈禱小祀耳如太宰祀高禖乃大典禮不在此限稍重者用圭璧稍輕者則以皮幣更易之也

仲春行秋令則其國大水寒氣總至寇戎來征

注 酉金之氣所傷也

行冬令則陽氣不勝麥乃不熟民多相掠

注 子水之氣所淫也

行夏令則國乃大旱煖氣早來蟲螟爲害

注 午火之氣所泄也螟食苗心者大全嚴陵方氏曰多雨故其國大水也水之氣爲寒故寒氣總至寇戎來征則感金氣而然也凡此皆酉之氣乘之麥以秋稼至夏乃穡仲春則向成矣而陽氣不勝故麥乃不熟也民多相掠則以陽不勝陰故也凡此皆子之氣乘之行夏令而陽亢故大旱大旱故煖氣早來蟲螟則煖氣所生也且螟食苗心夏以盛德在火而心屬焉則其爲害亦以類而已故孟夏仲冬之行春令言蝗仲夏之行春令言螣各以類應焉凡此皆午之氣乘之也

季春之月日在胃昏七星中旦牽牛中

注 胃宿在酉大梁之次也七星二十八宿之星宿也

其日甲乙其帝大皞其神句芒其蟲鱗其音角律中姑洗其數八其味酸其臭羶其祀戶祭先脾

注 姑洗辰律長七寸九分寸之一

桐始華田鼠化爲鴽虹始見萍始生

注 此記辰月之候鴽鶉鴿之屬大全馬氏曰田鼠化爲鴽則陰類之慝者遷乎陽而其性和也萍始生則以陰物之浮以承陽者也嚴陵方氏曰虹者天地訌潰之氣也陰干陽所乃見而出故又謂之蝀焉陽方得中則陰莫能干至於辰則已過中矣故爲陰所干而虹見也

天子居青陽右个乘鸞路駕倉龍載青旂衣青衣服倉玉食麥與羊其器疏以達

注 青陽右个東堂南偏

是月也天子乃薦鞠衣于先帝

注 鞠衣衣色如鞠花之黃也注云黃桑之服者色

如鞠塵象桑葉始生之色也鞠字一音去六反先帝先代木德之君薦此衣于神坐以祈蠶事

命舟牧覆舟五覆五反乃告舟備具于天子焉天子始乘舟薦鮪于寢廟乃爲麥祈實

注舟牧主乘舟之官五覆五反所以詳視其罅漏傾側之處也因薦鮪并祈麥實 大全嚴陵方氏曰覆以視表反以視裏待至尊所乘不得不防其傾漏故也覆反必至于五則至于再至于三而愼之至也

是月也生氣方盛陽氣發泄句者畢出萌者盡達不可以內

注句屈生者萌直生者不可以內言當施散恩惠以順生道之宣泄不宜吝嗇閉藏也

天子布德行惠命有司發倉廩賜貧窮振乏絶開府庫出幣帛周天下勉諸侯聘名士禮賢者

注長無謂之貧窮暫無謂之乏絶振猶救也周濟其不足也在內則命有司奉行在外則勉諸侯奉行皆天子之德惠也 大全嚴陵方氏曰發倉廩所以賜貧窮振乏絶而已乏絶未至於貧窮故於貧窮曰賜之則所以予之也於乏絶曰振之則貸之而已

是月也命司空曰時雨將降下水上騰循行國邑周視原野修利隄防道達溝瀆開通道路毋有障塞

注司空掌邦土此皆其職也

田獵罝罘羅網畢翳餧獸之藥毋出九門

注罝罘皆捕獸之罟羅網皆捕鳥之罟小網長柄謂之畢以其似畢星之形故名用以掩兎也翳射者用以自隱也餧餡之也藥毒藥也七物皆不得施用於外以其逆生道也路門應門雉門庫門皐門城門近郊門遠郊門關門凡九門也

是月也命野虞毋伐桑柘鳴鳩拂其羽戴勝降于桑具曲植籧筐

注野虞主田及山林之官拂羽飛而翼拍身也戴勝織紝之鳥一名戴鵀鵀即頭上勝也此時恆在桑言降者重之若自天而下也曲薄也植槌也所以架曲與籧筐者籧圓而筐方

后妃齊戒親東鄉躬桑禁婦女毋觀省婦使以勸蠶事

注東鄉迎時氣也躬桑親自采桑也禁婦女毋觀者禁止婦女使不得爲容觀之飾也省婦使者減省其箴線縫製之事也此　者皆爲勸勉之使盡力於蠶事也

蠶事既登分繭稱絲效功以共郊廟之服毋有敢惰

注蠶成也分繭分布於衆婦之繅者稱絲效功以多寡爲功之上下

是月也命工師令百工審五庫之量金鐵皮革筋角齒羽箭幹脂膠丹漆毋或不良

注工師百工之長也五庫者金鐵爲一庫皮革筋爲一庫角齒爲一庫羽箭幹爲一庫脂膠丹漆爲一庫視諸物之善惡皆有舊法謂之量一說多寡之數也審而察之故云審五庫之量也幹者諸器所用之木材也

百工咸理監工日號毋悖于時毋或作爲淫巧以蕩上心

注此時百工皆各理治其造作之事工師監臨之每日號令必以二事爲戒一是造作器物不得悖逆時序如爲弓必春液角夏治筋秋合三材寒定體之類是也二是不得爲淫過奇巧之器以搖動君心使生奢侈也

是月之末擇吉日大合樂天子乃帥三公九卿諸侯大夫親往視之

注鄭氏曰其禮亡 大全馬氏曰凡樂陽聲也春陽中也大合樂必擇陽中之末則中聲之所止也蓋中聲以降非和平君子弗聽也

是月也乃合累牛騰馬遊牝于牧犧牲駒犢舉書其數

注春陽既盛物皆產育故合其累繫之牛騰躍之馬而遊縱之使牡者就牝者于芻牧之地欲其孳生之蕃也若其中犧牲之用者及馬之駒牛之犢皆書其數者以備稽校多寡也

命國難九門磔攘以畢春氣

注難之事在周官則方相氏掌之裂牲謂之磔除禍謂之攘春者陰氣之終故磔攘以終畢厲氣也舊說大陵八星在胃北主死喪昴中有大陵積尸之氣氣佚則厲鬼隨之而行此月初日在胃從胃歷昴故歐疫之事當於此時行之也九門說見上章 大全嚴陵方氏曰難所以難陰慝而毆之周官方相氏帥百隷而時難以狂夫爲之則狂疾以陽有餘唯陽有餘足以勝陰慝故也裂牲謂之磔除禍謂之攘必於九門則欲陰慝之出故也凡此皆慮春氣之不得其終也故日以畢春氣此之所難則

難陰慝之作於春者也仲秋又難則難陰慝之作於秋者也季冬又難則難陰慝之作於冬者也獨夏不難則以陽盛之時陰慝不能作故也春曰以畢春氣者言畢其功於前也故於季月秋於仲月言達者言達其道於外也冬曰以送寒氣者以一歲之往故以送言之亦行之於季月不曰冬氣而曰寒氣者以特言曰冬以氣言曰寒而寒則積陰之所成也一歲陰慝之盛未有甚於此時者故木其積陰之氣而言之其難特謂之大蓋所難而敺之者邪氣也達之送之者正氣也曰畢曰達曰送言雖不同皆不過遂其正氣而已春曰磔攘冬曰旁磔者以大難故旁又磔焉不特九門故也秋雖不言從可知矣

季春行冬令則寒氣時發草木皆肅國有大恐

注 丑土之氣所應也肅者枝葉減縮而急栗也大恐訛言相驚動也舊說孟春有恐是火訛以其行夏令也此行冬令當致水訛漢王商嘗止之矣

行夏令則民多疾疫時雨不降山陵不收

注 未土之氣所應也

行秋令則天多沉陰淫雨蚤降兵革並起

注 戌土之氣所應也不收謂無所成遂也全氏嚴陵方氏曰冬之氣爲寒故寒氣時發草木皆肅則寒氣之所乘故也國有大恐則寒氣之所制故也亢陽之氣襲於人故民多疾疫陽亢而爲旱故時雨不降山陵之物不收特言山林則以高者尤易被旱故也天多沉陰則感少陰之氣故也陽爲暘陰爲雨故淫雨早降兵革並起則金氣動故也

孟夏之月日在畢昏翼中旦婺女中

注 畢宿在申實沈之次

其日丙丁其帝炎帝

注 炎帝大庭氏即神農也赤精之君

其神祝融

注 顓頊氏之子名黎火官之臣

其蟲羽其音徵律中中呂其數七其味苦其臭焦其祀竈祭先肺

注 羽蟲飛鳥之屬徵音屬火中呂巳律長六寸萬九千六百八十三分寸之萬二千九百七十四地二生火天七成之七者火之成數也苦焦皆火屬夏祭竈火之養人者也祭先肺火克金也 蔡邕獨斷曰竈夏爲太陽其氣長養祀竈之禮在廟門外之東先席于門奧西東設主于竈陘也

螻蟈鳴蚯蚓出王瓜生苦菜秀

注 此記巳月之候王瓜注云萆挈本草作菝葜音同謂之瓜者以根之似也亦可釀酒 朱氏曰王瓜色赤感火之色而生苦菜味苦感火之味而成全氏馬氏曰螻蟈鳴則陰而伏者乘陽而鳴也蚯蚓出則陰而屈者乘陽而伸也王瓜生則陽物之可以勝陰邪者也故其爲色赤苦菜秀則火炎上故其爲味苦

天子居明堂左个

注 太寢南堂東偏

乘朱路駕赤騮載赤旂衣朱衣服赤玉食菽與雞其器高以粗

注 騮馬名色淺者赤色深者朱用器高而粗大象物之盛長也

是月也以立夏先立夏三日太史謁之天子曰某日立夏盛德在火天子乃齊立夏之日天子親帥三公九卿大夫以迎夏於南郊還反行賞封諸侯慶賜遂行無不欣說

注 立春言諸侯大夫而此不言諸侯者或在或否不可必同故略之也迎夏南郊祭炎帝祝融也

乃命樂師習合禮樂

注 以將飲酎故也

命太尉贊桀俊遂賢良舉長大行爵出祿必當其位

注 太尉秦官也桀俊以才言贊則引而升之之謂賢良以德言遂謂使之得行其志也長大以力言王制言執技論力舉謂選而用之也當其位者爵必當有德之位祿必當有功之位也

是月也繼長增高毋有壞墮毋起土功毋發大衆毋伐大樹

注 長者繼之而使益長高者增之而使益高壞墮則傷已成之氣起土功發大衆皆妨蠶農之事故禁止之伐樹則傷條達之氣故亦在所禁一說伐大木謂營宮室

是月也天子始絺

注 絺葛布之細者

命野虞出行田原爲天子勞農勸民毋或失時

注 失時謂失農時

命司徒循行縣鄙命農勉作毋休于都

注 勉其興作於田野之內禁其休息於都邑之間皆恐其失農時也

是月也驅獸毋害五穀毋大田獵

注夏獵曰苗正爲驅獸之害禾苗者耳與三時之大獵自不同

農乃登麥天子乃以彘嘗麥先薦寢廟

注登升之於場也

是月也聚畜百藥靡草死麥秋至

注聚藥爲供醫事也靡草草之枝葉靡細者陰類陽盛則死秋者百穀成熟之期此於時雖夏於麥則秋故云麥秋也大全嚴陵方氏曰藥之可採者不必皆在孟夏則以蕃廡之時所可採者爲多故也凡物感陽而生者則彊而立感陰而生者則柔而靡謂之靡草則至陰之所生也故不勝至陽而死

斷薄刑決小罪出輕繫

注刑者上之所施罪者下之所犯斷者定其輕重而施刑也決如決水之決謂人以小罪相告者卽決遣之不收繫也其有輕罪而在繫者則直縱出之也

蠶事畢后妃獻繭乃收繭稅以桑爲均貴賤長幼如一以給郊廟之服

注后妃獻繭謂后妃受內命婦之獻繭也收繭稅者外命婦養蠶亦用國北近郊之公桑近郊之稅十一故亦稅其繭十之一其餘入己而爲其夫造祭服一說再命受服服者公家所給故稅其十一者爲給其夫祭服也受桑多則稅繭多少則稅亦少皆以桑爲均齊也貴謂卿大夫之妻賤謂士妻長幼婦之老少也如一皆稅十一也郊廟之服天子祭服也

是月也天子飲酎用禮樂

注重醸之酒名之曰酎稠醲之義也春而造至此始成用禮樂而飲之蓋盛會也

孟夏行秋令則苦雨數來五穀不滋四鄙入保

注申金之氣所泄也

行冬令則草木蚤枯後乃大水敗其城郭

注亥水之氣所傷也

行春令則蝗蟲爲災暴風來格秀草不實

注寅木之氣所淫也以孟夏之月而行孟秋孟冬孟春之令故感召災異如此四鄙四面邊鄙之邑也保與堡同小城也人保入而依以爲安也格至也大全嚴陵方氏曰陰氣之所名故苦雨數來謂之苦則以極備而爲人之所苦故也與詩所謂甘雨異矣夫雨固足以滋五穀然至於苦則適所以傷之故言五穀不滋也又以感肅殺之氣故草木蚤枯大水敗城郭則以冬德之所在故也蝗之爲蟲殘物之末不傷其本春則木盛之時也故行春令則蟲之爲災者特殘其末而已春於方爲東東方生風故暴風來格秀草不實則以盛於末故也

仲夏之月日在東井昏亢中旦危中

注東井在未鶉首之次

其日丙丁其帝炎帝其神祝融其蟲羽其音徵律中蕤賓其數七其味苦其臭焦其祀竈祭先肺

注蕤賓午律長六寸八十一分寸之二十六

小暑至螳螂生鵙始鳴反舌無聲

注此記午月之候小暑暑氣未盛也螳螂一名蚚父一名天馬言其飛捷如馬也鵙博勞也反舌百舌鳥凡物皆稟陰陽之氣而成質其陰類者宜陰時陽類者宜陽時得時則興背時則廢疏又以反舌爲蝦蟆未知是否大全嚴陵方氏曰螳螂鵙皆陰類也故或感微陰而生或感微陰而鳴焉反舌蓋百舌也以能反覆其舌而爲百鳥語故謂之反舌然其鳴也感陽中而發故感微陰而無聲焉

天子居明堂太廟乘朱路駕赤騮載赤旂衣朱衣服赤玉食菽與雞其器高以粗

注明堂太廟南堂當太室也

養壯佼

注壯謂容體碩大者佼謂形容佼好者擇此類而養之亦順長養之令

是月也命樂師修鞀鞞鼓均琴瑟管簫執干戚戈羽調竽笙箎簧飭鍾磬柷敔

注凡十九物皆樂器也鞀鞞鼓三者皆革音鞀卽鼗也鞞所以裨助鼓節琴瑟皆絲音管簫皆竹音管如篴而小干戚戈羽皆舞器干盾戚斧也竽笙箎皆竹音竽三十六簧笙十三簧箎卽篪也長尺四寸簧笙之舌蓋管中之金薄鍱也竽笙箎三者皆有簧也鍾金音磬石音柷敔皆木音柷如漆桶敔狀如伏虎柷以合樂之始敔以節樂之終修者理其弊均者平其聲執者操持習學調者調和音曲飭者整齊之也以將用盛樂雩祀故謹備之

命有司爲民祈祀山川百源大雩帝用盛樂

注山者水之源將欲禱雨故先祭其本源三王祭川先河後海示重本也雩者吁嗟其聲以求雨之祭周禮女巫凡邦之大烖歌哭而請亦其義也帝

者天之主宰盛樂卽鞀鞞以下十九物亞奏之也

乃命百縣雩祀百辟卿士有益於民者以祈穀實

注 百縣畿內之邑也百辟卿士謂古者上公句龍后稷之類 大全 嚴陵方氏曰此言大雩帝後又言大雩帝何也蓋雩所以祈也雩所以報也祈必於仲夏者以陰生於午而物成之始也所以祈物之成而已報必於季秋者以陽窮於戌而歲功之終也所以報歲之功而已

是月也農乃登黍天子乃以雛嘗黍羞以含桃先薦寢廟

注 今川登麥穀例移農乃登黍四字在是月也之下舊注以內則之雛爲小鳥此雛爲雞未詳孰是含桃櫻桃也

令民毋艾藍以染

注 藍之色靑靑者赤之母刈之亦是傷時氣

毋燒灰

注 火之滅者爲灰禁之亦爲傷火氣也

毋暴布

注 暴暴之於日也布者陰功所成不可以小功干盛陽也

門閭毋閉

注 一則順時氣之宣通一則使者氣之宣散

關市毋索

注 索者搜索商旅匿稅之物蓋當時氣盛大之際人君亦當體之而行寬大之政也

挺重囚益其食

注 挺者拔出之義重囚禁繫嚴密故特加寬假輕囚則不如是益其食者加其養也

游牝別羣則縶騰駒班馬政

注 季春遊牝于牧至此妊孕已遂故不使同羣拘縶騰躍之駒者止其踶齧也班布也馬政養馬之政令也周禮圉人圉師所掌

是月也日長至陰陽爭死生分

注 至猶極也夏至日長之極陽盡午中而微陰眇重淵矣此陰陽爭辨之際也物之感陽氣而方長者生感陰氣而已成者死此死生分判之際也

君子齊戒處必掩身毋躁止聲色毋或進薄滋味毋致和節耆欲定心氣

注 齊戒以定其心掩蔽以防其身毋或輕躁於舉動毋或御進於聲色薄其調和之滋味節其諸事之愛欲凡以定心氣而備陰疾也

百官靜事無刑以定晏陰之所成

注 刑陰事也舉陰事則是助陰抑陽故百官府刑罰之事皆止靜而不行也凡天地之氣順則和競則逆故能致災咎此陰陽相爭之時故須如此謹備晏安也陰道靜故云晏陰及其定而至於成則循序而往不爲災矣是以未定之前諸事皆不可忽也

鹿角解蟬始鳴半夏生木菫榮

注 此又言午月之候解脫也 大全 嚴陵方氏曰鹿好羣而相比則陽類也故夏至感陰生而角解麋多欲而善迷則陰類也故冬至感陽生而角解此所以不同也半夏生者蓋居夏之半而是藥生於是時故因以爲名木菫有別於菫草故以木言之以感微陰而榮故其華朝榮暮隕然經或曰秀或曰華或曰生或曰榮何也以別於苗則曰秀以別於實則曰華以別於死則曰生以別於枯則曰榮其言各有所當也

是月也毋用火南方

注 南方火位又因其位而盛其用則爲微陰之害故戒之

可以居高明可以遠眺望可以升山陵可以處臺榭

注 凡此皆順陽明之時 大全 嚴陵方氏曰夏爲火旺之時南方火旺之方於旺之時而又用於旺之方則其氣太盛而害微陰之生故戒之居高明故可以遠眺望欲遠眺望故或升山陵或處臺榭也山陵則自然高明之所也臺榭則人爲高明之所也順陽在上故居處如此

仲夏行冬令則雹凍傷穀道路不通暴兵來至

注 子水之氣所傷也

行春令則五穀晚熟百螣時起其國乃饑

注 卯木之氣所淫也

行秋令則草木零落果實早成民殃于疫

注 酉金之氣所泄也螣食苗葉之蟲也百螣者言害稼之蟲非一類 大全 嚴陵方氏曰夏行冬令是以陰包陽也故雹凍傷穀道路不通則冬爲閉塞暴兵來至則陰賊之感也春主生夏行春令則生之日長生之日長故熟之時晚螣食苗葉春之氣盛於木故蟲之爲害者特及葉而已五穀晚熟而又百螣時起故其國乃饑也草木零落與果實早成皆秋之氣候故也當盛暑之月而感秋氣則相薄

而衆戍狹

季夏之月日在柳昏火中旦奎中

注　柳宿在午鶉火之次也

其日丙丁其帝炎帝其神祝融其蟲羽其音徵律中林鍾其數七其味苦其臭焦其祀竈祭先肺

注　林鍾未律長六寸

溫風始至蟋蟀居壁鷹乃學習腐草爲螢

注　此記未月之候至極也蟋蟀生於土中此時羽翼稍成未能遠飛但居其穴之壁至七月則能遠飛而在野矣學習雛學數飛也腐草得暑濕之氣故變而爲螢　朱氏曰溫風溫厚之極凉風嚴凝之始腐草爲螢離明之極故幽類化爲明類也

天子居明堂右个乘朱路駕赤駵載赤旂衣朱衣服赤玉食菽與雞其器高以粗

注　明堂右个南堂西偏也

命漁師伐蛟取鼉登龜取黿

注　蛟言伐以其暴惡不易攻取也龜言登尊異之也鼉黿言取易而賤之也

命澤人納材葦

注　蒲葦之屬生於澤中而可爲用器故曰材澤人納之職也此皆煩細之事非專一月所爲故不以是月起之

是月也命四監大合百縣之秩芻以養犧牲令民無不咸出其力以共皇天上帝名山大川四方之神以祠宗廟社稷之靈以爲民祈福

注　四監即周官山虞澤虞林衡川衡之官也前言百縣彼內外而言此百縣鄉遂之地也秩常也斂此芻爲養犧牲之用各有常數故云秩芻也

是月也命婦官染采黼黻文章必以法故無或差貸黑黃倉赤莫不質良毋敢詐僞以給郊廟祭祀之服以爲旗章以別貴賤等給之度

注　周禮典婦功典枲染人等皆婦官此指染人也白與黑謂之黼黑與青謂之黻青與赤謂之文赤與白謂之章染造必用舊法故事毋得有參差貸變皆欲質正良善也旗旂旐旟也章者畫其象以別名位也詳見春官司常　石梁王氏曰給當爲級

是月也樹木方盛命虞人入山行木毋有斬伐

注　以其方盛故也

不可以興土功不可以合諸侯不可以起兵動衆毋舉大事以搖養氣毋發令而待以妨神農之事也水潦盛昌神農將持功舉大事則有天殃

注　大事即興土功合諸侯起兵動衆之事搖養氣謂動散長養之氣也發令而待謂未及徭役之期而豫發召役之令使民廢已事而待上之會期也神農農之神也季夏屬中央土土神得位用事之時謂之神農者土神主成就農事也東井主水在未故未月爲水潦盛昌之月此時神農將主持稼穡之功舉大事而傷其功則是干造化施生之道矣故有天殃也

是月也土潤溽暑大雨時行燒薙行水利以殺草如以熱湯可以糞田疇可以美土疆

注　溽濕也土之氣潤故蒸鬱而爲濕暑大雨亦以之而時行皆東井之所主也除草之法先芟薙之俟乾則燒之燒薙者燒所薙之草也大雨既行於所燒之地則草不復生矣故云利以殺草暑時暑日烈其水之熱如湯草之燒爛者可以爲田疇之糞可以使土疆之美凡土之磊磈難耕者謂之疆

季夏行春令則穀實鮮落

注　鮮潔而墮落也

國多風欬

注　風欬因而致欬疾也

民乃遷徙

注　辰土之氣所應也

行秋令則丘隰水潦禾稼不熟乃多女災

注　妊孕多敗戌土之氣所應也

行冬令則風寒不時鷹隼蚤鷙四鄙入保

注　丑土之氣所應也大全嚴陵方氏曰鮮落卽莊子所謂草木不待黃而落是也五氣過盛故實有所不勝國多風欬則與孟夏言暴風來格同義以多風故人肺受疾而欬也民乃遷徙者以春主發散故也自下升上曰遷舍此適彼曰徙丘隰水潦以金生水故也曰丘隰以見高下皆被其害故不稼不熟也種曰稼斂曰穡以其不熟故止言稼多女災者以純陰之氣過盛而反傷之也因風而後寒故曰風寒且異乎隆冬之時無風而寒矣以當暑而寒故曰不時鷹隼善擊必待秋焉以感疫癘之氣故蚤鷙於夏也春夏主出秋冬主入故四鄙入保

中央土

注　土寄旺四時各十八日共七十二日除此則木火金水亦各七十二日矣土於四時無乎不在故

無定位無專氣而寄旺於辰戌丑未之末未月在火金之間又居一歲之中故特揭中央土一令於此以成五行之序焉

其日戊己

注 戊己土干之中

其帝黃帝

注 黃精之君軒轅氏也

其神后土

注 土官之臣顓頊氏之子黎也何龍初爲后土後祀以爲社后土官闕黎雖火官實兼后土也衍說如此

其蟲倮

注 人爲倮蟲之長鄭氏以爲虎豹之屬

其音宮律中黃鍾之宮

注 宮音屬土又爲君故配之中央黃鍾本十一月律諸律皆有宮音而黃鍾之宮乃八十四調之首其聲最尊而大餘音皆自此起如土爲木火金水之根本故以配中央之土土寄旺於四時宮音亦冠於十二律非如十二月以候氣言也

其數五

注 天五生土地十成之四時皆舉成數此獨舉生數者四時之物無土不成而土之成數又積水一火二木三金四以成十也四者成則土無不成矣

其味甘其臭香

注 甘香皆屬土

其祀中霤祭先心

注 古者陶復陶穴皆開其上以漏光明故雨霤之後因名室中爲中霤亦土神也祭先心者心居中君之象又火生土也　蔡邕獨斷曰季夏土氣始盛其祀中霤霤神在室祀中霤設主于牖下

天子居太廟太室

注 中央之室也

乘大路駕黃騮載黃旂衣黃衣服黃玉食稷與牛其器圜以閎

注 圜者象土之周匝四時閎者寬廣之義象土之容物也

孟秋之月日在翼昏建星中旦畢中

注 翼宿在巳鶉尾之次建星說見仲春

其日庚辛其帝少皞其神蓐收其蟲毛其音商律中夷則其數九其味辛其臭腥其祀門祭先肝

注 少皞白精之君金天氏也蓐收金官之臣少皞氏之子該也夷則中律長五寸七百二十九分寸之四百五十一九金之成數也辛腥皆屬金秋陰氣出故祀門祭先肝金克木也　蔡邕獨斷曰門秋爲少陰其氣收成祀之於門祀門之禮北面設主于門左樞

涼風至白露降寒蟬鳴鷹乃祭鳥用始行戮

注 此記申月之候鷹欲食鳥之時先殺鳥而不食似人之食而祭先代爲食之人也用始行戮順時令也

天子居總章左个

注 太寢西堂南偏

乘戎路

注 兵車也

駕白駱

注 白馬黑鬣曰駱

載白旂衣白衣服白玉食麻與犬其器廉以深

注 廉稜角也亦作之義深則收藏之意

是月也以立秋先立秋三日太史謁之天子曰某日立秋盛德在金天子乃齊立秋之日天子親帥三公九卿諸侯大夫以迎秋於西郊還反賞軍帥武人於朝天子乃命將帥選士厲兵簡練桀俊專任有功以征不義詰誅暴慢以明好惡順彼遠方

注 簡練簡擇而練習之也專任有功謂大將有已試之功乃使之專主其事也詰者問其罪誅者戮其人殘下謂之暴慢上謂之慢順服也好惡明則遠方順服

是月也命有司修法制繕囹圄具桎梏禁止姦愼罪邪務搏執

注 繕治也姦在人心故當有以禁止之邪見於行故愼以罪之務事也搏戮也執拘也

命理瞻傷察創視折審斷決獄訟必端平戮有罪嚴斷刑

注 理治獄之官也傷者損皮膚創者損血肉折者損筋骨也嚴者謹重之意非峻急之謂也

天地始肅不可以贏

注 朱氏曰陽道常饒陰道常乏故贊化者不可使陰氣之贏也

是月也農乃登穀天子嘗新先薦寢廟命百官始收斂完隄防謹壅塞以備水潦修宮室坏垣牆補城郭

注 所以爲水潦之備者以月建在西酉中有畢星

好雨也按八月月建在酉孟秋當作仲秋之僞故注云

是月也毋以封諸侯立大官

注 記者但知賞以春夏刑以秋冬之義不知古者嘗祭之時則有出田邑之制故注謂禁封諸侯及割地爲失其義也

毋以割地行大使出大幣

注 以其違收斂之令也

孟秋行冬令則陰氣大勝介蟲敗穀戎兵乃來

注 此亥水之氣所泄也

行春令則其國乃旱

注 蟹有食稻者謂之稻蟹亦介蟲敗穀之類寅中箕星好風能散雲雨故致旱

陽氣復還五穀無實

注 寅木之氣所損也

行夏令則國多火災寒熱不節民多瘧疾

注 巳火之氣所傷也大全嚴陵方氏曰方一陰之時而行重陰之令故陰氣太勝戎兵乃來亦以陰太勝而主殺故也凡以亥之氣乘之也陽亢而陰莫能干爲旱方陰中之時而行陽中之令則陽亢矣故旱也自夏徂秋則陽往而陰來以其旱故陽氣復還也萬物敷華於陽而成實於陰以陽氣復還故五穀無實火旺於南方故行夏令則國多火災火之氣爲熱水之氣爲寒而此并寒熱不節者蓋熱極生寒陰陽之理然也民多瘧疾則以感寒熱之氣而被虐故也

仲秋之月日在角昏牽牛中旦觜觿中

注 角在辰壽星之次也

其日庚辛其帝少皡其神蓐收其蟲毛其音商律中南呂其數九其味辛其臭腥其祀門祭先肝

注 南呂酉律長五寸三分寸之一

盲風至鴻鴈來元鳥歸羣鳥養羞

注 此記酉月之候盲風疾風也孟春言鴻鴈來自南而來北也此言來自北而來南也仲春言元鳥至此言歸明春來而秋去也羞者所美之食養羞者藏之以備冬月之養也

天子居總章太廟乘戎路駕白駱載白旂衣白衣服白玉食麻與犬其器廉以深

注 總章太廟西堂當太室也

是月也養衰老授几杖行糜粥飲食

注 月至四陰陰已盛矣時以陽衰陰盛爲秋人以陽衰陰盛爲老養衰老順時令也几杖所以安其身飲食所以養其體行猶賜也糜即粥也

乃命司服具飭衣裳文繡有恆制有小大度有長短衣服有量必循其故冠帶有常

注 司服官名具飭條具而飭正之也上曰衣下曰裳衣繪而裳繡祭服之制也有恆有定制也小大小則元冕之一章大則袞冕之九章也長短謂衣長而裳短也衣服謂朝服燕服及他服之當爲寒備者也各有劑量必率循故法不得更爲新異也冠與帶亦各有常制因造衣并作之

乃命有司申嚴百刑斬殺必當毋或枉撓枉撓不當反受其殃

注 刑罰之分前月已行此月又申戒之也枉撓皆屈曲之義謂不中正理而違法斷之以逆理故必反受殃禍也

是月也乃命宰祝循行犧牲視全具按芻豢瞻肥瘠察物色必比類量大小視長短皆中度五者備當上帝其饗

注 宰主牲者祝告神者全謂色不雜具謂體無損也養牛羊曰芻養犬豕曰豢得其養則肥失其養則瘠物色或騂或黝陽祀用騂牲陰祀用黝牲比類者比附陰陽之類而用之也小大以體言長短以角言皆欲中法度也所視所案所瞻所察所量五者悉備而當於事上帝且歆饗之矣況羣神乎

天子乃難以達秋氣以犬嘗麻先薦寢廟

注 季春命國難以畢春氣此獨言天子難者此爲除過時之陽暑陽者君象故諸侯以下不得難也暑氣退則秋之涼氣通達故云以達秋氣也

是月也可以築城郭建都邑穿竇窖修囷倉

注 四者皆爲斂藏之備穿地圓曰竇方曰窖

乃命有司趣民收斂務畜菜多積聚

注 孟秋已有收斂之命矣此又趣之以時不可緩故也菜所以助穀之不足故蓄之爲備多積聚者凡可爲蔵備者無不貯備也

乃勸種麥毋或失時其有失時行罪無疑

注 麥所以續舊穀之盡而及新穀之登尤利於民故特勸種而罰其惰者

是月也日夜分雷始收聲蟄蟲坏戶殺氣浸盛陽氣日衰水始涸

注 坏益其蟄穴之戶使通明處稍小至寒甚乃墐塞之也水本氣之所爲春夏氣至故長秋冬氣返

故涸也
日夜分則同度量平權衡正鈞石角斗甬
注 此與仲春同
是月也易關市來商旅納貨賄以便民事四方來集遠鄉皆至則財不匱上無乏用百事乃遂
注 朱氏曰關者貨之所入市者貨之所聚易謂無重征以致其難也易關市所以來商旅貨謂化之以爲利賄謂有之以爲利來商旅所以納貨賄也凡此皆以便民用也四方散而不一故皆來集遠鄉邈而在外故言皆至此言貢賦職修也財所以待用財不匱則無乏用也用所以作事無乏用則事皆遂也
凡舉大事毋逆大數必順其時慎因其類
注 大事如土功徭役合諸侯舉兵衆之事皆不可悖陰陽之大數因猶依也如慶賞者乃發生之類刑罰者乃肅殺之類必順時令而謹依其類以行之也
仲秋行春令則秋雨不降草木生榮國乃有恐
注 卯木之氣所應也卯中有房心心爲大火故不雨且有火訛之驚恐也
行夏令則其國乃旱蟄蟲不藏五穀復生
注 午火之氣所傷也
行冬令則風災數起收雷先行草木早死
注 子水之氣所泄也收雷收聲之雷也先行先期而動也大全嚴陵方氏曰春雨所以生物秋雨所以成物曰秋雨不降則雨非不降也特所降者非成物之雨爾以其如此故草木生榮而不枯死也國乃有恐則少陽之所動故也其國乃旱則陽亢故也蟄蟲不藏則陰欲執之而有所不勝故也五穀復生則盛陽作之故也風災數起則非以時動故也雷以陽中發聲陰中收聲收雷先行則悠於陽故也雷風不節故草木早死
季秋之月日在房昏虛中旦柳中
注 房在卯大火之次也
其日庚辛其帝少皞其神蓐收其蟲毛其音商律中無射其數九其味辛其臭腥其祀門祭先肝
注 無射戌律長四寸六千五百六十一分寸之六千五百二十四
鴻鴈來賓爵入大水爲蛤鞠有黃華豺乃祭獸戮禽
注 此記戌月之候鴈以仲秋先至者爲主季秋後至者爲賓如先登者爲主人從之以登者爲客也爵爲蛤飛物化爲潛物也鞠色不一而專言黃者秋令在金金自有五色而黃爲貴故鞠色以黃爲正也祭獸者祭之於天戮禽者殺之以食也禽者鳥獸之總名鳥不可曰獸獸亦可曰禽故鸚鵡不曰獸而猩猩通曰禽也
天子居總章右个乘戎路駕白駱載白旂衣白衣服白玉食麻與犬其器廉以深
注 總章右个西堂北偏也
是月也申嚴號令命百官貴賤無不務內以會天地之藏無有宣出
注 務內爲專務收斂諸物於內會合也合天地閉藏之令也宣出則悖時令
乃命冢宰農事備收舉五穀之要藏帝籍之收於神倉祗敬必飭
注 農事備收百穀皆斂也要者租賦所入之數籍田所收歸之神倉將以供粢盛也祗謂謹其事敬謂一其心飭謂致其力也
是月也霜始降則百工休乃命有司曰寒氣總至民力不堪其皆入室
注 總至凝聚而至也
上丁命樂正入學習吹
注 吹主樂聲而言
是月也大饗帝嘗犧牲告備于天子
注 仲夏大雩祈也此月大饗報也饗嘗皆用犧牲仲秋已視全具至此則告備而後用焉
合諸侯制百縣爲來歲受朔日與諸侯所稅於民輕重之法貢職之數以遠近土地所宜爲度以給郊廟之事無有所私
注 石梁王氏曰合諸侯制百縣注云合諸侯制絕句不可從　劉氏曰合諸侯者總命諸侯之國也制猶敕也百縣諸侯所統之縣也天子總命諸侯各敕百縣爲來歲受朔日與稅法貢數各以道路遠近土地所宜爲度以給上之事而不可有私也言郊廟者舉其重也蓋朔日與稅貢等事皆天子總命之諸侯而諸侯頒之百縣使奉行也舊說秦建亥此月爲歲終故行此數事者得之或疑是時秦未并天下未有諸侯百縣此仍是古制愚按呂不韋相秦十餘年此時已有必得天下之勢故大集羣儒損益先王之禮而作此書名曰春秋將欲爲一代興王之典禮也故其間亦多有未見與禮

經合者又按昭襄王之時封魏冉穰侯公子市宛侯悝鄧侯則分封諸侯行王者事久矣不韋作相時已滅東周君六國削甚秦已得天下大半故其立制欲如此也其後從死始皇并天下李斯作相盡廢先王之制而呂氏春秋亦無用矣然其書也亦當時儒生學士有志者所爲猶能彷彿古制故記禮者有取焉

是月也天子乃教於田獵以習五戎班馬政

注教於田獵謂因獵而教之以戰陳之事習用弓矢殳矛戈戟之五兵班布乘馬之政令其毛色之同異力之强弱各以類相從也

命僕及七騶咸駕載旌旐授車以級整設于屏外司徒搢扑北面誓之

注僕戎僕也天子馬有六種各一騶主之并總主六騶者爲七騶也皆以馬駕車又載析羽之旌龜蛇之旐既畢而授車于乘者以尊卑爲等級各使正其行列向背而設于軍門之屏外於是司徒插扑于帶於陳前北面誓戒之此時六軍皆向南而陳也扑卽夏楚二物也周禮戎僕中大夫二人

天子乃厲飾執弓挾矢以獵命主祠祭禽于四方

注天子戎服而嚴厲其威武之飾親用弓矢以殺禽獸蓋奉祭祀之物當親殺也獵竟則命典祀之官取獵地所獲之獸祭於郊以報四方之神禽者獸之通名也

是月也草木黃落乃伐薪爲炭

注備禦寒也

蟄蟲咸俯在內皆墐其戶

注俯垂頭也內穴之深處也墐塞也

乃趣獄刑毋留有罪

注刑於罪相得卽決之留而不決亦悖時令也

收祿秩之不當供養之不宜者

注收如漢法收印綬之收謂索之使還各依本等祿秩不當謂不應得而恩命濫賜之者也供養膳服之具也貴賤各有宜用不宜謂侈僭踰制者此亦順秋令之嚴肅也

是月也天子乃以犬嘗稻先薦寢廟季秋行夏令則其國大水

注火中東井主之

冬藏殃敗

注竇窖之藏爲水所傷

民多鼽嚏

注未土之氣所應也鼽者氣窒於鼻嚏者聲發於口皆肺疾以夏火克金故病此也

行冬令則國多盜賊邊竟不寧土地分裂

注丑土之氣所應也裂坼也

行春令則煖風來至民氣解惰師興不居

注辰土之氣所應也不居不得止息也大全嚴陵方氏曰水潦盛昌在於季夏故行夏令則其國大水大水故冬藏殃敗也金數窮而氣窒則爲鼽氣行逆而發於聲則爲嚏皆肺疾也肺屬金而金生水反爲水所勝故民受是病焉取非其有謂之盜毀則謂之賊皆至陰之類也以國多盜賊故邊竟不寧也土地分裂則爲嚴凝之氣所坼故也巽爲風而春之氣爲煖故行春令則煖風來至然孟夏行春令則曰暴風來格者彼以正陽之月而煖不足以言之故也此言至而彼言格者以其暴故與物相抵也氣煖則解緩寒則縮栗以煖風來至故民氣解惰也師興不居則以少陽作之而動故也

孟冬之月日在尾昏危中旦七星中

注尾在寅析木之次也七星見季春

其日壬癸其帝顓頊其神元冥其蟲介其音羽律中應鍾其數六其味鹹其臭朽其祀行祭先腎

注顓頊黑精之君元冥水官之臣少皡氏之子曰修曰熙相代爲水官左傳云修及熙爲元冥是也介甲也介蟲龜爲長水物也羽音屬水應鍾亥律長四寸二十七分寸之二十水成數六鹹朽皆水屬水受惡穢故有朽腐之氣也行者道路往來之處冬陰往而陽來故祀行也春夏秋皆祭先所勝冬當先心以中央祭心故但祭所屬又以冬主靜不尙克制故也　蔡邕獨斷曰行冬爲太陰盛寒爲水祀之於行在廟門外之西軷壤厚二尺廣五尺輪四尺北面設主於軷上

水始冰地始凍雉入大水爲蜃虹藏不見

注此記亥月之候蜃蛟屬此亦飛物化潛物也晉武庫中忽有雉雊張華曰此必蛇化爲雉也開視雉側果有蛇蛻類書有言雉與蛇交而生子子必爲蜃不皆然也然則雉之爲蜃理或有之陰陽氣交而爲虹此時陰陽極乎辨故虹伏虹非有質而曰藏亦言其氣之下伏耳

天子居元堂左个

注北堂之西偏也

乘元路駕鐵驪
注 鐵色之馬
載元旂衣黑衣
注 黑深而元淺如朱深而赤淺也
服元玉食黍與彘其器閎以奄
注 閎者中寬奄者上窄
是月也以立冬先立冬三日太史謁之天子曰某日立冬盛德在水天子乃齊立冬之日天子親帥三公九卿大夫以迎冬於北郊還反賞死事恤孤寡
注 死事爲國事而死也孤寡卽死事者之妻子不言諸侯與夏同
是月也命太史釁龜筴占兆審卦吉凶
注 馮氏曰釁龜筴者殺牲取血而塗龜與蓍筴也古者器成而釁以血所以攘卻不祥也占兆者玩龜書之繇文審卦者審易書之休咎皆所以豫明其理而待用也釁龜而占兆釁筴而審卦吉凶太史之職也大全嚴陵方氏曰龜以卜而有兆筴以筮而有卦兆有象故言占卦有數故言審
是察阿黨則罪無有掩蔽
注 獄吏治獄寧無阿私必是正而省察之庶幾犯罪者不至掩蔽其曲直也
是月也天子始裘
注 周禮季秋獻功裘至此月乃衣之也
命有司曰天氣上騰地氣下降天地不通閉塞而成冬
注 不變則不通不通則閉塞
命百官謹蓋藏命有司循行積聚無有不斂
注 中嚴仲秋積聚之令
坏城郭戒門閭修鍵閉愼管籥
注 坏補其缺薄處也城郭欲其厚實故言坏門閭備禦非常故言戒鍵鎖須也閉鎖筒也管籥鎖匙也鍵閉或有破壞故云修管籥不可妄開故云愼
固封疆備邊竟完要塞謹關梁塞徯徑
注 要塞邊城要害處也關境上門梁橋也徯徑野獸往來之路也
飭喪紀辨衣裳審棺椁之厚薄塋丘壟之大小高卑厚薄之度貴賤之等級
注 飭喪紀者飭正喪事之紀律也卽辨衣裳以下諸事是已上衰下裳以布之精麤爲親疎故曰辨亦謂襲斂之衣數多寡也棺椁厚薄有貴賤之等塋有大小丘壟有高卑皆不可踰越厚薄之度主禮而言貴賤之等級主人而言故總曰審　朱氏曰喪者人之終冬者歲之終故於此時而飭喪紀焉
是月也命工師效功陳祭器按度程毋或作爲淫巧以蕩上心必功致爲上物勒工名以考其誠功有不當必行其罪以窮其情
注 工師百工之長效呈也諸器皆成獨主祭器祭器尊也度法也程式也淫巧指諸器而言致讀爲緻謂功力密緻也一讀如字亦通勒刻也刻名於器以考工人之誠僞也行猶治也窮其情者究詰其詐僞之情也
是月也大飲烝
注 因烝祭而與羣臣大爲燕飲也舊說烝升也此乃饗禮升牲體於俎上謂之房烝未知是否
天子乃祈來年於天宗大割祠於公社及門閭臘先祖五祀勞農以休息之
注 天宗日月星辰也割祠割牲以祭也社以上公配祭故云公社又祭及門閭之神也臘之言獵以田獵所獲之物而祭先祖及五祀之神故曰臘也又蔡邕云夏曰清祀殷曰嘉平周曰蜡秦曰臘然左傳言虞不臘是周亦名臘也勞農卽周禮黨正屬民飲酒之禮也
天子乃命將帥講武習射御角力
注 以仲冬大閱也
是月也乃命水虞漁師收水泉池澤之賦毋或敢侵削衆庶兆民以爲天子取怨于下其有若此者行罪無赦
注 水虞澤虞也漁師漁人也見周禮水冬涸故以冬時收賦
孟冬行春令則凍閉不密地氣上泄民多流亡
注 寅木之氣所泄也
行夏令則國多暴風方冬不寒蟄蟲復出
注 巳火之氣所損也
行秋令則雪霜不時小兵時起土地侵削
注 申金之氣所淫也大全嚴陵方氏曰孟春言東風解凍故此行春令則凍閉不密地氣上泄也然泄與騰異以其不密故漏泄而已未至於騰也民多流亡則以春主發散故也風固四時之所常有也而暴則陽之所作焉故行夏令則暴風若孟夏行春令則暴風來格者彼以行少陽之令故來格而

已此以行盛陽之令故又至於多也以盛陽之所作故方冬不寒也孟冬非隆冬故言方而已夫蟲以陰而蟄者也方冬不寒故蟄蟲復出雪霜不時則寒氣遲故也小兵時起則金氣勝故也土地侵削則摯斂之所致故也

仲冬之月日在斗昏東辟中旦軫中辟音壁

注 斗在丑星紀之次也

其日壬癸其帝顓頊其神元冥其蟲介其音羽律中黃鍾其數六其味鹹其臭朽其祀行祭先腎

注 黃鍾子律長九寸

冰益壯地始坼鶡旦不鳴虎始交

注 此記子月之候鶡旦夜鳴求旦之鳥也大全嚴陵方氏曰前言水始冰至此又言冰益壯前言地始凍至此又言地始坼凍甚而土相坼夜鳴而求旦故謂之鶡旦夫夜鳴則陰類也然鳴而求旦則求陽而已故感微陽之生而不鳴則以得所求故也虎陰物而交則亦感陽之生故也

天子居元堂太廟乘元路駕鐵驪載元旂衣黑衣服元玉食黍與彘其器閎以奄

注 元堂太廟北堂當太室也

飭死事

注 誓戒六軍之士以戰陳當厲必死之志也

命有司曰土事毋作慎毋發蓋毋發室屋及起大衆以固而閉

注 順閉藏之令以安伏蟄之性也固堅也而猶其也周禮仲冬教大閱此言毋起大衆是誠呂氏之書矣

地氣沮泄是謂發天地之房諸蟄則死民必疾疫又隨以喪命之曰暢月

注 沮者壞散之義因破壞而宣泄故云沮泄也天地之閉固氣類猶房室之安藏人也若發散天地之所藏則諸蟄皆死是干犯陰陽之令疾疫必爲民災喪禍隨之而見一說喪讀去聲謂民因避疾疫而逃亡也暢月未詳舊說暢充也言所以不可發泄者以此月萬物皆充實於內故也朱氏謂陽久屈而後伸故云暢月也未知孰是

是月也命奄尹申宮令審門閭謹房室必重閉省婦事毋得淫雖有貴戚近習毋有不禁

注 奄尹羣奄之長也以其精氣奄閉故名閹人宮令宮中之政令也重閉內外皆閉也減省婦人之事務順陰靜也淫謂女功之過巧者貴戚天子之族姻近習其嬖幸者

乃命大酋秫稻必齊麴糵必時湛熾必潔水泉必香陶器必良火齊必得兼用六物大酋監之毋有差貸

注 大酋酒官之長也秫稻酒材也必齊多寡中度也必時制造及時也湛漬而滌之也熾蒸炊也必潔無所汚也必香無穢惡之氣也必良無罅漏之失也必得適生熟之宜也物事也六物謂必齊以下六事差貸不中法式也

天子命有司祈祀四海大川名源淵澤井泉

注 冬令方中水德至盛故爲民祈而祀之也

是月也農有不收藏積聚者馬牛畜獸有放佚者取之不詰

注 取之不詰罪在不收斂也

山林藪澤有能取蔬食田獵禽獸者野虞教道之其有相侵奪者罪之不赦

注 罪之不赦惡其不相共利也

是月也日短至陰陽爭諸生蕩

注 短至短之極也陰陽之爭與夏至同諸生者萬物之生機也蕩者動也

君子齊戒處必掩身身欲寧去聲色禁嗜欲安形性事欲靜以待陰陽之所定

注 此皆與夏至同而有謹之至者彼言止聲色而此言去彼言節嗜欲而此言禁蓋仲夏之陰猶微而此時之陰猶盛陰微則盛陽未至於甚傷陰盛則微陽當在於善保故也

芸始生荔挺出蚯蚓結麋角解水泉動

注 此又言子月之候芸與荔挺皆香草結猶屈也解脫也水者天一之陽所生陽生而動言枯涸者漸滋發也十二月惟子午之月皆再記其候者詳於陰陽之萌也大全嚴陵方氏曰凡物之氣感陰者腥感陽者香陽方長矣故芸始生荔挺出蚯蚓結者以感正陽之氣而後出故微陽雖生而猶結焉結言形之未解也

日短至則伐木取竹箭

注 陰盛則材成故伐而取之大曰竹小曰箭

是月也可以罷官之無事去器之無用者

注 官以權宜而設器以權宜而造皆暫爲之事此閉藏休息之時故可罷去

塗闕廷門閭築囹圄此以助天地之閉藏也仲冬行夏令則其國乃旱

注火氣乘之應於來年

氛霧冥冥

注亦火氣所蒸

雷乃發聲

注陰不能固陽也午火之氣所克也

行秋令則天時雨汁瓜瓠不成

注雨雪雜下曰汁

國有大兵

注酉金之氣所淫也

行春令則蝗蟲爲敗水泉咸竭

注卯中大火之所主也

民多疥癘

注卯木之氣所泄也大全嚴陵方氏曰氛霧皆旱氣所使雷乃發聲盛陽薄之故也以雪雜水如物之有汁故謂之雨汁以行秋令嚴凝之氣未固故也瓜瓠不成則以采脃爲金氣所傷故也國有大兵則與小兵時起同義然氣有淺深故於孟冬言小仲冬言大焉蝗蟲爲敗與孟夏言蝗蟲爲災同義災者祥之對而以氣之兆言敗者成之對而以事之迹言夏爲陽故言其氣冬爲陰故言其事亦各以其類也水泉咸竭則以感發散之氣故也疥癘則虛陽作之故也

季冬之月日在婺女昏婁中旦氐中

注女在子元枵之次也

其日壬癸其帝顓頊其神元冥其蟲介其音羽律中大呂其數六其味鹹其臭朽其祀行祭先腎

注大呂丑律長八寸二百四十三分寸之百四

鴈北鄉鵲始巢雉雊雞乳

注此記丑月之候

天子居元堂右个乘元路駕鐵驪載元旂衣黑衣服元玉食黍與彘其器閎以奄

注元堂右个北堂東偏也

命有司大難旁磔出土牛以送寒氣

注季春惟國家之難仲秋惟天子之難此則下及庶人又以陰氣極盛故云大難也旁磔謂四方之門皆披磔其牲以攘除陰氣不但如季春之九門磔攘而已舊說此月日經虛危司命二星在虛北司祿二星在司命北司危二星在司祿北司中二星在司危北此四司者鬼官之長又墳四星在危東南墳墓四司之氣能爲厲鬼將來或爲災厲故難磔以攘除之事或然也出猶作也月建丑丑爲牛土能制水故特作土牛以畢送寒氣也

征鳥厲疾

注征鳥鷹隼之屬以其善擊故曰征厲疾者猛厲而迅疾也

乃畢山川之祀及帝之大臣天之神祇

注帝之大臣謂五帝之佐句芒祝融之屬也孟冬言祈天宗此或司中司命風師雨師之屬歟

是月也命漁師始漁天子親往乃嘗魚先薦寢廟

注獵而親殺爲奉祭也則漁而親往亦爲薦先歟

冰方盛水澤腹堅命取冰冰以入

注冰之初凝惟水面而已至此則徹上下皆凝故云腹堅腹猶內也藏冰正在此時故命取冰冰入則陰事之終也

令告民出五種命農計耦耕事修耒耜具田器

注冰入之後大寒將退令典農之官告民出其所藏五穀之種計度耦耕之事耦謂二人相偶也揉木爲耒斲木爲耜今之耜以鐵爲之田器鎡基之屬凡治田所用者也此皆豫備東作之事陽事之始也

命樂師大合吹而罷

注鄭氏曰歲將終與族人大飲作樂於太寢以綴恩也王居明堂禮季冬命國爲酒以合三族　疏曰此用禮樂於族人最盛後年季冬乃復如此作樂以一年頓停故云罷

乃命四監收秩薪柴以共郊廟及百祀之薪燎

注四監說見季夏秩常也謂有常數也大而可析者謂之薪小而束者謂之柴薪燎炊爨及夜燎之用也

是月也日窮于次月窮于紀星回于天數將幾終歲且更始

注日窮于次者去年季冬次元枵至此窮盡還次元枵也紀會也去年季冬月與日相會於元枵至此窮盡還復會於元枵也二十八宿隨天而行每日雖周天一匝而早晚不同至此月而復其故處與去年季冬早晚相似故云回于天也幾近也以去年季冬至今年季冬三百五十四日未滿三百六十五日不爲正終故云幾於終也歲且更始者所謂終則有始也

專而農民毋有所使

注而汝也在上者當專壹汝農之事毋得徭役使

之也

天子乃與公卿大夫共飭國典論時令以待來歲之宜

注朱氏曰國典有常飭之以應來歲之變時令有序論之以防來歲之差歲既更始故事亦有異宜

乃命太史次諸侯之列賦之犧牲以共皇天上帝社稷之饗

注列謂大小之等差也

乃命同姓之邦共寢廟之芻豢

注人本乎祖故祖廟之牲使同姓諸侯供之

命宰歷卿大夫至于庶民土田之數而賦犧牲以共山林名川之祀

注歷者序次其多寡之數也

凡在天下九州之民者無不咸獻其力以共皇天上帝社稷寢廟山林名川之祀

注禮有五經莫重於祭故也

季冬行秋令則白露蚤降介蟲爲妖四鄙入保

注畏介蟲爲兵之象也戌土之氣所應

行春令則胎夭多傷

注胎未生者夭方生者

國多固疾

注固謂久而不差辰土之氣所應

命之曰逆

注以歲終而行歲始之令也

行夏令則水潦敗國時雪不降冰凍消釋

注火奪水之令也未土之氣所應大全嚴陵方氏曰介蟲之性辨於物以斂藏之氣不厚故反爲妖也四鄙入保蓋畏兵之象以秋爲金故也疾謂之固則其疾久而不瘥故也夫冬者歲之終春者歲之始歲終而行歲始之令故命之曰逆水潦盛昌蓋夏之時然也故行夏令則水潦敗國冬者雪之時故謂之時雪時雪不降冰凍消釋則盛陽乘之故也　新定顧氏曰月令當取其體天行事之大意先王亦有至日閉關之事謂如一歲之內因天時提撕事務一巡又且過得幾時到那時節又整一巡如春行慶賞刑以秋冬此是因天時整頓大綱若他時有緊切合卽施行者亦豈一一待那時方行按月令本呂氏春秋雜採三代先王之政莫定其何代篇中太尉乃秦官而秦又未之能行故不入於編年彙考而漢儒已入之於經故今附於易卦之後呂氏本文不過字句一二稍異故不復重載但節其季夏音律一篇入於第五卷

欽定古今圖書集成曆象彙編歲功典

第四卷目錄

歲功典第四卷

歲功總部彙考四

爾雅

釋天

春爲蒼天夏爲昊天秋爲旻天冬爲上天

疏　此釋四時之天名也

春爲青陽夏爲朱明秋爲白藏冬爲元英四時和謂之玉燭

疏　此釋太平之時四氣和暢以致嘉祥之事也春之氣和則青而溫陽夏之氣和則赤而光明秋之氣和則白而收藏冬之氣和則黑而淸英四時和氣溫潤明照故曰玉燭

春爲發生夏爲長嬴秋爲收成冬爲安寧

疏　此亦四時之別號尸子皆以爲太平祥風

四時和爲通正謂之景風

注　所以致景風

甘雨時降萬物以嘉謂之醴泉

注　所以出醴泉 疏 景風卽祥風也甘雨卽時雨也不爲萬物所苦故曰甘若月令苦雨數來則非甘也甘雨旣以時降則萬物莫不嘉善之也醴泉者言四時平暢亦所以使地出醴泉味甘如醴也按尸子仁意篇述太平之事云燭於玉燭飲於醴泉暢於永風春爲靑陽夏爲朱明秋爲白藏冬爲元英四時和正光照此之謂玉燭甘雨時降萬物以嘉高者不少下者不多此之謂醴泉其風春爲發生夏爲長嬴秋爲方盛冬爲安靜四氣和爲通正此之謂永風按援神契云德及於天斗極明日月光甘露降德至深泉黃龍見醴泉湧是言王者修德以名和平則致景風醴泉也按此經所釋卽謂發生等爲景風時雨爲醴泉而郭云所以致景風醴泉者所以弘通其義也

太歲在甲曰閼逢在乙曰旃蒙在丙曰柔兆在丁曰強圉在戊曰著雍在己曰屠維在庚曰上章在辛曰重光在壬曰元黓在癸曰昭陽太歲在寅曰攝提格在卯曰單閼在辰曰執徐在巳曰大荒落在午曰敦牂在未曰協洽在申曰涒灘在酉曰作噩在戌曰閹茂在亥曰大淵獻在子曰困敦在丑曰赤奮若

疏　此別太歲在日在辰之名也甲至癸爲十日日爲陽寅至丑爲十二辰辰爲陰甲子之歲曰閼逢困敦乙丑之歲曰旃蒙赤奮若以此推之周而復始可知

載歲也夏曰歲商曰祀周曰年唐虞曰載

注　歲取歲星行一次祀取四時一終年取禾一熟載取物終更始

月在甲曰畢在乙曰橘在丙曰修在丁曰圉在戊曰厲在己曰則在庚曰窒在辛曰塞在壬曰終在癸曰極正月爲陬二月爲如三月爲寎四月爲余五月爲皋六月爲且七月爲相八月爲壯九月爲元十月爲陽十一月爲辜十二月爲涂

注　皆月之別名其事義皆所未詳通者故闕而不論 疏 此辨以日配月之名也假若正月得甲則曰畢陬二月得乙則曰橘如周而復始亦可知也其事義皆所未詳通者按李巡孫炎雖各有其說皆搆虛不經疑事無質故闕而不論

易乾鑿度

備歲事

歲三百六十日而天氣周八卦用事各四十五日而備歲事

春秋元命苞

歲數舉

冬至百八十日春夏成夏至百八十日秋冬成合爲三百六十日歲數舉

注　舉猶備也

孝經鉤命決

時政

春政不失五穀蘖初夏政不失甘雨時季夏政不失地無菑秋政不失人民昌冬政不失少疾喪五政不失百穀稚熟日月光明

素問

四氣調神大論篇

春三月此謂發陳

注發啓也陳故也春陽上升發育萬物啓故從新故曰發陳

天地俱生萬物以榮

注天地之氣俱主生發而萬物亦以生榮

夜臥早起廣步于庭

注夜臥早起發生氣也廣寛緩也所以運動生陽之氣

被髮緩形以使志生

注東方風木之氣直上巔頂被髮者疏達肝木之氣也緩和緩也舉動舒徐以應春和之氣志者五藏之志也志意者所以御精神收魂魄適寒溫和喜怒者也是以四時皆當順其志焉

生而勿殺予而勿奪賞而勿罰

注皆所以養生發之德也故君子啓蟄不殺方長不折

此春氣之應養生之道也

注四時之令春生夏長秋收冬藏此春氣所以應養生之道

逆之則傷肝夏爲寒變奉長者少

注逆謂逆其生發之氣也肝屬木王于春春生之氣逆則傷肝肝傷則至夏爲寒變之病因奉長者少故也蓋木傷而不能生火故于夏月火令之時反變而爲寒病

夏三月此爲蕃秀

注蕃茂也陽氣浮長故爲茂盛而華秀也

天地氣交萬物華實

注夏至陰氣微上陽氣微下故爲天地氣交陽氣施化陰氣結成成化相合故萬物華實也

夜臥早起無厭于日

注夜臥早起養長之氣也無厭于長日氣不宜惰也

使志無怒使華英成秀

注長夏火土用事怒則肝氣易逆脾土易傷故使志無怒而使華英成秀華者心之華言神氣也

使氣得泄若所愛在外

注夏氣浮長故欲其疏洩氣泄則膚腠宣通時氣疏暢有若好樂之在外也

此夏氣之應養長之道也

注凡此應夏氣者所以養長氣之道也

逆之則傷心秋爲痎瘧奉收者少冬至重病

注心屬火王於夏逆夏長之氣則傷心矣心傷至秋爲痎瘧因奉收者少故也蓋夏之陽氣浮長于外至秋而收斂于內夏失其長秋何以收至秋時陰氣上升下焦所出之陰與上焦所逆之陽陰陽相搏而爲寒熱之陰瘧也夫陽氣發原于下焦陰藏春生于上夏長于外秋收于內冬藏于下今夏逆于上秋無以收收機有礙則冬無所藏陽不歸原是根氣已損至冬時寒水當令無陽熱溫配故冬時爲病甚危險也

秋三月此爲容平

注容盛也萬物皆盛實而平定也

天氣以急地氣以明

注寒氣上升故天氣以急陽氣下降故地氣以明

早臥早起與雞俱興

注雞鳴早而出塒晏與雞俱興與春夏之早起少遲所以養秋收之氣也

使志安寧以緩秋刑

注陽和日退陰寒日生故使神志安寧以避肅殺之氣

收斂神氣使秋氣平無外其志使肺氣清

注皆所以順秋收之氣而使肺金清淨也

此秋氣之應養收之道也

注凡此應秋氣者所以養收氣之道也

逆之則傷肺冬爲飧泄奉藏者少

注肺屬金王于秋逆秋收之氣則傷肺矣肺傷至冬爲飧泄之病因奉藏者少故也蓋秋收而後冬藏陽藏于陰而爲中焦釜底之燃以腐化水穀秋失其收則奉藏者少至冬寒水用事陽氣下虛則水穀不化而爲飧泄矣

冬三月此爲閉藏

注萬物收藏閉塞而成冬也

水冰地坼無擾乎陽

注坼裂也陽氣收藏故不可煩擾以泄陽氣

早臥晚起必待日光

注 早臥晚起順養閉藏之氣必待日光避寒邪也

使志若伏若匿若有私意若已有得

注 若伏若匿使志無外也若有私意若已有得神氣內藏也夫腎藏志心藏神用若字者言冬令雖主閉藏而心腎之氣時相交合故曰私者心有所私得也

去寒就溫無泄皮膚使氣亟奪

注 去寒就溫養標陽也膚腠者陽氣之所主也夫陽氣根于至陰發于膚表外不固密則裏氣亟起以外應故無泄皮膚之陽而使急奪其根氣也此言冬令雖主深藏而標陽更宜固密

此冬氣之應養藏之道也

注 凡此應冬氣者所以養藏氣之道也

逆之則傷腎春爲痿厥奉生者少

注 腎屬水王于冬逆冬藏之氣則傷腎腎氣傷至春爲痿厥之病因奉生者少故也蓋肝木生于冬水主春生之氣而養筋筋失其養則爲痿生氣下逆則爲厥

夫四時陰陽者萬物之根本也所以聖人春夏養陽秋冬養陰以從其根

注 四時陰陽之氣生長收藏化育萬物故爲萬物之根本春夏之時陽盛于外而虛于內秋冬之時陰盛于外而虛于內故聖人春夏養陽秋冬養陰以從其根而培養也

故與萬物浮沉于生長之門

注 萬物有此根而後能生長聖人知培養其根本故能與萬物同歸于生長之門

逆其根則伐其本壞其眞矣

注 根者如樹之有根本者如樹之有幹眞者如草木之有性命也逆春氣則少陽不生逆夏氣則太陽不長所謂逆其根矣逆春氣則奉長者少逆夏氣則奉收者少所謂逆其根則伐其本矣逆之則災害生逆之則死是謂壞其眞矣

故陰陽四時者萬物之終始也死生之本也逆之則災害生從之則苛疾不起是謂得道道者聖人行之愚者佩之

注 言天地之陰陽四時化生萬物有始有終有生有死如逆之則災害生從之則苛疾不起是謂得陰陽順逆之道矣然不能出於死生之數惟聖人能修行其道積精全神而使壽敝天地無有終時愚者止于佩服而不能修爲是知而不能行者不可謂得道之聖賢也

金匱眞言論篇

所謂得四時之勝者春勝長夏長夏勝冬冬勝夏夏勝秋秋勝春所謂四時之勝也

注 所謂得四時之勝者如春時之西南風長夏之北風冬之南風夏之西風秋之東風此得四時所勝之氣而不爲風所觸蓋五藏因時而旺能勝其所不勝也

陰陽應象大論篇

天有四時五行以生長收藏以生寒暑燥濕風

注 天之十干化生地之五行地之五行上呈天之六氣故在地爲水在天爲寒在地爲火在天爲暑在地爲金在天爲燥在地爲土在天爲濕在地爲木在天爲風天有四時五行之生長收藏而化生陰陽之六氣也此言天之四時五行成象成形者而應乎陰陽也

陰陽離合論篇

生因春長因夏收因秋藏因冬失常則天地四塞

注 生長收藏者地之陰陽也春夏秋冬者天之陰陽也此復言地氣之出入又因天氣之四時而爲之生長收藏此天地陰陽離合之常理失常則天地四時之氣皆閉塞矣

陰陽別論篇

四經應四時十二從應十二月十二月應十二脈

注 四經者春脈弦夏脈鉤秋脈毛冬脈石四時之經脈以應四時之氣也十二從者手足三陰三陽之氣從手太陰順行至足厥陰也應十二月者手太陰應正月寅手陽明應二月卯足陽明應三月辰足太陰應四月巳手少陰應五月午手太陽應六月未足膀胱應七月申足少陰應八月酉手厥陰應九月戌手少陽應十月亥足少陽應十一月子足厥陰應十二月丑十二脈者六府六藏之經脈也三陰三陽之氣以應歲之十二月十二月復應有形之十二脈也

六節藏象論篇

天有十日日六竟而周甲甲六復而終歲三百六十日法也

注 此言天以六六爲節而成一歲也十干主天故曰天有十日

三而成天

注以此三氣三而三之以成天之六氣者以冬至後得甲子少陽王復得甲子陽明王復得甲子太陽王復得甲子厥陰王復得甲子少陰王復得甲子太陰王所謂天以六六之節以成一歲也

五日謂之候三候謂之氣六氣謂之時四時謂之歲而各從其主治焉

注月令曰立春節初五日東風解凍次五日蟄蟲始振後五日魚上冰故五日謂之候候物氣之生長變化也三五十五日而成一氣六氣九十日而為一時四時合二十四氣而成一歲以四時之氣而各從其主治焉

五運相襲而皆治之終朞之日周而復始時立氣布如環無端候亦同法

注此論五運之主歲也甲己之歲土運主之乙庚之歲金運主之丙辛之歲水運主之丁壬之歲木運主之戊癸之歲火運主之以五行之相生沿襲而各主一歲一歲之中所主之氣而皆治之終朞年之三百六十日五歲一周而復始也時立氣布者一歲之中又分立五運所主之時而分布五行之氣五氣相傳而如環無端其候環轉之氣亦如五歲沿襲之法同也

所謂求其至者氣至之時也謹候其時氣可與期失時反候五治不分邪僻內生工不能禁也

注所謂求其至者求其四時之氣應至而至之時也謹候其春夏秋冬之時則春時之氣可期而溫夏時之氣可期而熱秋時之氣可期而涼冬時之氣可期而寒失時反候而五行所主之時氣不分以致邪僻內生而工不能禁也

心者生之本神之變也其華在面其充在血脈為陽中之太陽通于夏氣

注心主血中焦受氣取汁化赤而為血以奉生身莫貴于此故為生身之本心藏神而應變萬事故曰神之變也十二經脈三百六十五絡其氣血皆上于面心主血脈故其華在面也在體為脈故其充在血脈其類火而位居尊高故為陽中之太陽而通于夏氣夏主火也

肺者氣之本魄之處也其華在毛其充在皮為陽中之太陰通于秋氣

注肺主氣而藏魄故為氣之本魄之處也肺主皮毛故華在毛充在皮也藏真居高而屬陰故為陽中之太陰而通于秋氣秋主肺也

腎者主蟄封藏之本精之處也其華在髮其充在骨為陰中之少陰通于冬氣

注冬令之時陽氣封閉蟄蟲深藏腎主冬藏故為蟄封藏之本蓋蟄乃生動之物以比生陽之氣至春一陽初生而蟄蟲復振矣腎為水藏受五藏之精液而藏之故為精之處也髮乃血之餘血乃精之化故其華在髮腎主骨故其充在骨也腎為陰藏而有坎中之陽故為陰中之少陰而通于冬氣冬主水也

肝者罷極之本魂之居也其華在爪其充在筋以生血氣其味酸其色蒼此為陽中之少陽通于春氣

注動作勞甚謂之罷肝主筋人之運動皆由乎筋力故為罷極之本肝藏魂故為魂之居爪者筋之餘故其華在爪其充在筋肝屬木位居東方為發生之始故以生血氣酸者木之味蒼者木之色木旺于春陽氣始生故為陽中之少陽以通于春氣

診要經終論篇

正月二月天氣始方地氣始發人氣在肝

注言春者天氣始開地氣始泄而人氣在肝肝主東方寅卯木也夫奇恆之勢乃六十首蓋以六十日而氣在一藏為首五藏相通而次序旋轉者也

三月四月天氣正方地氣定發人氣在脾

注三月四月天地之氣正盛而人氣在脾辰巳二月足太陰陽明之所主也

五月六月天氣盛地氣高人氣在頭

注生長之氣從地而升故肝而脾脾而直上于巔頂也歲六甲而以五月六月在頭者止論五藏也故曰奇恆五中又曰章五中之情　按奇恆之道論五藏之神氣五藏者三陰之所主也人氣在頭者厥陰與督脈會于巔與五藏合而為三陰也三陰之氣乃少陽相火所主相火者即厥陰包絡之火也

七月八月陰氣始殺人氣在肺

注始殺者氣始肅殺也申酉二月屬金而人氣在肺

九月十月陰氣始冰地氣始閉人氣在心

注收藏之氣從天而降肺屬乾金而主天為心藏之蓋故秋冬之氣從肺而心心而腎也少陰主冬

令故先從手少陰而至于足少陰

十一月十二月冰復地氣合人氣在腎

注 冰復者一陽初復也地氣合者地出之陽復歸于地而與陰合也腎主冬藏之氣故人氣在腎

脈要精微論篇

萬物之外六合之內天地之變陰陽之應彼春之暖爲夏之暑彼秋之忿爲冬之怒四變之動脈與之上下

注 四時之氣總屬寒暑之往來脈應四時之變亦與陰陽之上下耳天氣包乎萬物之外運轉于六合之內其變動之應彼春之暖爲夏之暑言陽氣從生升而至于盛長也彼秋之忿爲冬之怒言陰氣自清肅而至于凜冽也此四時陰陽之變動而脈亦與之上下浮沉

以春應中規夏應中矩秋應中衡冬應中權

注 此論脈應四時之變也規者所以爲圓之器春時天氣始生其脈耎弱輕虛而滑如規之圓轉而動也矩者所以爲方之器夏時天氣正方其脈洪大如矩之方正而盛也秋時天氣始降其脈浮平有如衡之平準也冬時天氣閉藏其脈沈石有如權之下垂也

是故冬至四十五日陽氣微上陰氣微下夏至四十五日陰氣微上陽氣微下陰陽有時與脈爲期

注 此言四變之動總屬陰陽之出入而脈與之上下也四十五日者從冬至而至立春從夏至而至立秋冬至一陽初生陽氣微上陰氣微下至春而陽氣始方至夏盛長而陰氣下藏矣夏至一陰初生陰氣微上陽氣微下至秋而陰氣清涼至冬凜冽而陽氣伏藏矣陰陽升降出入離合有期而脈亦與之相應

微妙在脈不可不察察之有紀從陰陽始始之有經從五行生生之有度四時爲宜

注 承上文而言脈應陰陽四時之微妙不可不細察焉紀綱也察脈之綱領當從陰陽始即冬至陽氣微上夏至陰氣微上陰陽上下自有經常之理然又從五行而生如春木生夏火火生長夏土土生秋金金生冬水水生春木生之有度而四時爲五行相生之宜

春日浮如魚之遊在波

注 魚在波雖出而未浮如春升初出之象

夏日在膚泛泛乎萬物有餘

注 在于皮膚浮在外也泛泛充滿之象萬物有餘盛長之極也

秋日下膚蟄蟲將去

注 秋氣降收如蟄蟲之將去外而內藏之象

冬日在骨蟄蟲周密君子居室

注 冬令閉藏故脈沉在骨如蟄蟲之封閉如君子之居室藏而勿出也

藏氣法時論篇

肝主春足厥陰少陽主治其日甲乙肝苦急急食甘以緩之

注 肝主春木之氣足厥陰主乙木少陽主甲木二經相爲表裏而主治其經氣甲爲陽木乙爲陰木在時爲春在日主甲乙肝主春生怒發之氣故苦于太過之急宜食甘以緩之

心主夏手少陰太陽主治其日丙丁心苦緩急食酸以收之

注 心主夏火之氣手少陰主丁火太陽主丙火二者相爲表裏而主治其經氣丙爲陽火丁爲陰火在時主夏在日爲丙丁吳氏曰心以長養爲令志喜而緩緩則心氣散逸自傷其神矣急宜食酸以收之

脾主長夏足太陰陽明主治其日戊己脾苦濕急食苦以燥之

注 長夏六月也謂火土相生之時足太陰主己土陽明主戊土二經相爲表裏而主治其經氣戊爲陽土己爲陰土位居中央脾屬陰土喜燥惡濕苦乃火味故宜食苦以燥之

肺主秋手太陰陽明主治其日庚辛肺苦氣上逆急食苦以泄之

注 肺主秋金之令手太陰主辛金陽明主庚金二經相爲表裏而主治其經氣庚爲陽金辛爲陰金在時主秋在日主庚辛肺主收降之令故苦氣上逆宜食苦以泄之

腎主冬足少陰太陽主治其日壬癸腎苦燥急食辛以潤之開腠理致津液通氣也

注 腎主冬水之令足少陰主癸水太陽主壬水二經相爲表裏而主治其經氣壬屬陽水癸屬陰水在時主冬在日爲壬癸腎者水藏喜潤而惡燥宜食辛以潤之謂辛能開腠理使津液行而能通氣故潤以上論五藏之本氣而合于四時五行五味

也

寶命全形論篇

人能應四時者天地爲之父母

注王冰曰人能應四時和氣而養生者天地恆畜養之故爲父母

天有陰陽人有十二節

注邪客篇曰歲有十二月人有十二節生氣通天論曰夫自古通天者生之本本于陰陽天地之間六合之內其氣九州九竅五藏十二節皆通乎天氣十二節者手足之十二大節也蓋天有陰陽寒暑以成歲人有十二節以合手足之三陰三陽十二經脈以應天之十二月也

能經天地陰陽之化者不失四時知十二節之理者聖智不能欺也

注言能經理天地陰陽之造化者不失四時之運行知十二經脈之理而合于天之陰陽惟聖智者能之又何欺之有

八正神明論篇

八正者所以候八風之虛邪以時至者也

注八正者八方之正位也八方之氣以時而至謂之八風風從其所居之鄉來爲實風主生長養萬物如月建在子風從北方來冬氣之正也月建在卯風從東方來春氣之正也月建在午風從南方來夏氣之正也月建在酉風從西方來秋氣之正也如春夏之交風從東南來夏秋之交風從西南來秋冬之交風從西北來春冬之交風從東北來此四方四維之正氣主生長萬物者也從其衝後來爲虛風傷人者也主殺主害衝後來者從衝犯之方而來如太一居子風從南方來火反衝水也太一居卯風從西方來金來犯木也故以八方之位以候八風之正氣候八節之虛邪

四時者所以分春秋冬夏之氣所在以時調之也

注四時之氣所在如春氣在經脈夏氣在孫絡長夏氣在肌肉秋氣在皮膚冬氣在骨髓又如正月二月人氣在肝三月四月人氣在脾五月六月人氣在頭七月八月人氣在肺九月十月人氣在心十一月十二月人氣在腎此皆氣之所在以時而調之也

太陰陽明篇

脾者土也治中央常以四時長四藏各十八日寄治不得獨主于時也

注春夏秋冬肝心肺腎之所主也土位中央灌漑于四藏是以四季月中各王十八日是四時之中皆有土氣而不獨主于時也五藏之氣各王七十二日以成一歲

風論篇

以春甲乙傷于風者爲肝風以夏丙丁傷于風者爲心風以季夏戊己傷于邪者爲脾風以秋庚辛中于邪者爲肺風以冬壬癸中于邪者爲腎風

注此論風傷五藏之氣而爲五藏之風也人天之十干化生地之五行地之五行以生人之五藏是以人之藏氣合天地四時五行十干之氣化而各以時受病也風者虛鄉不正之邪風故曰風曰邪曰傷曰中蓋言不正之風或傷之輕或中之重也

四時刺逆從論篇

春者天氣始開地氣始泄凍解冰釋水行經通故人氣在脈夏者經滿氣溢入孫絡受血皮膚充實長夏者經絡皆盛內溢肌中秋者天氣始收腠理閉塞皮膚引急冬者蓋藏血氣在中內著骨髓通于五藏

注大經脈爲裏支而橫者爲絡絡之別者爲孫是血氣之從經脈而外溢于孫絡從孫絡而充于皮膚從皮膚而復內溢于肌中從肌肉而著于骨髓通于五藏是脈氣之散于脈外而復內通于五藏也夫天爲陽地爲陰陰陽合而血氣始生腎主冬令之水而爲生氣之原陽明乃血氣所生之府故曰穀入于胃脈道乃行水入于經而血乃成然藉腎中之生氣戊癸合化而後生此水穀之精微故天氣開地氣泄凍解冰釋水行經通腎藏之冬令已得春生之氣而人氣始在脈是人氣之通于天也故曰春生夏長秋收冬藏是氣之常也人亦應之以一日分爲四時朝則爲春日中爲夏日入爲秋夜半爲冬朝則人氣始生日中人氣長夕則人氣收夜半人氣在藏人與天地參也

天元紀大論篇

天以陽生陰長地以陽殺陰藏

注歲半以上天氣主之是春夏者天之陰陽也故天以陽生陰長歲半以下地氣主之是秋冬者地之陰陽也故地以陽殺陰藏　張玉師曰司天之氣主上半歲在泉之氣主下半歲故曰歲半以上天氣主之歲半以下地氣主之然司天之氣始于地之左在泉之氣本乎天之右天地之氣五相感

名而共主一歲又井獨天主上半歲而地主下半歲也

天以六爲節地以五爲制周天氣者六朞爲一備終地紀者五歲爲一周君火以明相火以位

注　上下周紀者天干地支五六相合凡三十歲爲一紀六十歲爲一周也天以六爲節者以三陰三陽爲節度也地以五爲制者以五行之位爲制度也周天氣者子屬少陰君火司天丑屬太陰濕土司天寅屬少陽相火司天卯屬陽明燥金司天辰屬太陽寒水司天巳屬厥陰風木司天六朞爲三陰三陽之一備終地紀者中主土運乙主金運內主水運丁主木運戊主火運五歲爲五運之一周是以君火以明而在天相火以位而在下蓋言地以一火而成五行天以二火而成六氣也張玉師曰地之十二支上應司天之氣天之十干下合地之五行

五六相合而七百二十氣爲一紀凡三十歲千四百四十氣凡六十歲而爲一周不及太過斯皆見矣

注　十五日爲一氣五運六氣相合而主歲一歲凡二十四氣計七百二十氣爲一紀紀小會也蓋以五六爲三十六五亦爲三十故以三十歲爲一會自甲子而終于癸亥凡六十歲爲一周其太過不及之氣于此皆可見矣

甲己之歲土運統之乙庚之歲金運統之丙辛之歲水運統之丁壬之歲木運統之戊癸之歲火運統之

注　運化運也甲己合化土乙庚合化金丙辛合化水丁壬合化木戊癸合化火統者五運相襲而皆治之也

子午之歲上見少陰丑未之歲上見太陰寅申之歲上見少陽卯酉之歲上見陽明辰戌之歲上見太陽巳亥之歲上見厥陰少陰所謂標也厥陰所謂終也

注　子午爲少陰君火君爲尊故以少陰爲始而標見于上厥陰爲陰之盡故以厥陰爲終陰極而一陽之子又復矣

氣交變論篇

木不及春有鳴條律暢之化則秋有霧露清涼之政春有慘悽殘賊之勝則夏有炎暑燔爍之復其眚東其藏肝其病內舍胠脅外在關節

注　木不及則金當勝之如春有鳴條律暢之化則秋有霧露清涼之政此各守四時之本位無勝無復氣之和者也如春有慘悽殘賊之勝則夏有炎暑燔爍之復其眚災當主于東方其藏在肝其病內舍胠脅肝之分也外在關節肝主筋也餘四時同義

火不及夏有炳明光顯之化則冬有嚴肅霜寒之政夏有慘悽凝冽之勝則不時有埃昏大雨之復其眚南其藏心其病內舍膺脅外在經絡

注　水不勝火則火有明顯之德化矣無勝則無復冬得以章其寒肅之政令矣不時四時也埃昏大雨之復土復水也其災眚當主在南方其藏爲心其病內舍膺脅膺脅之內心之分也外在經絡心主血脈也

土不及四維有埃雲潤澤之化則春有鳴條鼓拆之政四維發振拉飄騰之變則秋有肅殺霖霪之復其眚四維其藏脾其病內舍心腹外在肌肉四肢

注　埃雲潤澤土之德化也鳴條鼓拆木之政令也此氣之和平無勝復也振拉飄騰木淫而勝土也肅殺霖霪秋金之復也土王四時故曰四維曰不時心者胃脘之分腹者脾土之郛郭也

金不及夏有光顯鬱蒸之令則冬有嚴凝整肅之應夏有炎爍燔燎之變則秋有冰雹霜雪之復其眚西其藏肺其病內舍膺脅肩背外在皮毛

注　光顯鬱蒸火之化也六元正紀論曰少陽所至爲火生終爲蒸溽此德化之常也膺脅之內肺之分也脅內乃雲門天府之分肺脈之所出肩背肺俞之分皮毛肺所主也

水不及四維有湍潤埃雲之化則不時有和風生發之應四維發埃昏驟注之變則不時有飄蕩振拉之復其眚北其藏腎其病內舍腰脊骨髓外在谿谷踹膝

注　水不及則土勝之湍潤埃雲土之德化也和風生發木之和氣也埃昏驟注土之淫勝也飄蕩振拉風木之復也腰脊者腎之府骨髓者腎所主谿谷者骨所屬踹膝者腎脈之所循也

六元正紀大論篇

氣用有多少化洽有盛衰衰盛多少同其化也風溫春化同熱曛昏火夏化同勝與復同燥清煙霧秋化同雲雨昏暝埃長夏化同寒氣霜雪冰冬化同此天地五運六氣之化更用盛衰之常也

注　氣用有多少者謂六氣之用有有餘不足也化洽有盛衰者謂五運之化有太過不及也風熱寒

燥者言陰陽之六氣也春夏秋冬者言角徵宮商羽主歲而主時也風溫春化同者厥陰與角運同化也熱曛夏化同者少陰少陽與徵運同化也勝與復同者謂五運之勝與復氣亦與六氣之相同也如清金勝角木其勝氣卽與陽明同炎火復秋金其復氣卽與少陰少陽同也此天地五運六氣之化更用盛衰之常是以有不合也如風溫之多合春化之盛是氣運同其化矣若六氣之少合五運之盛五運之衰合六氣之多此盛衰更用而不合矣此節論六氣主歲主時之多少又當審五運主歲主時之盛衰合而推之斯得氣運之微妙

春氣西行夏氣北行秋氣東行冬氣南行故春氣始于下秋氣始于上夏氣始于中冬氣始于標春氣始于左秋氣始于右冬氣始于後夏氣始于前此四時正化之常故至高之地冬氣常在至下之地春氣常在

注 春氣生于東故從東而西行夏氣發于南故從南而北行秋氣始于西故從西而東行冬氣本于北故從北而南行此四時之應四方也故春氣自下而升秋氣從上而降夏火之氣由中而布于四旁冬藏之氣從表而歸于內府左東右西前離後坎此四時之有高下左右乃正化之常也故至高之地冬氣常在謂收藏之氣從高而下自外而內也至下之地春氣常在謂生長之氣自下而升從內而外也此論四時氣之遲速以應五運六氣之盛衰

至眞要大論篇

歲厥陰在泉風淫所勝則地氣不明平野昧草乃早秀

注 厥陰在泉寅申歲也風淫于下則塵土飛揚故地氣不明平野昏昧草得生氣故早秀

歲少陰在泉熱淫所勝則焰浮川澤陰處反明

注 少陰在泉卯酉歲也少陰君火生於水中是以焰浮川澤少陰標陰而本火故陰處反明

歲太陰在泉草乃早榮濕淫所勝則埃昏巖谷黃反見黑

注 太陰在泉辰戌歲也土爲草木之所資生故草乃早榮黃乃土色黑乃水色土勝濕淫故黃反見黑

歲少陽在泉火淫所勝則焰明郊野

注 少陽在泉巳亥歲也少陽之火地二所生故焰明郊野

歲陽明在泉燥淫所勝則霿霧清瞑

注 陽明在泉子午歲也金氣淫于下則霿霧清瞑于上矣

歲太陽在泉寒淫所勝則凝肅慘慄

注 太陽在泉丑未歲也水寒淫勝故凝肅慘慄

厥陰司天風淫所勝則太虛埃昏雲物以擾寒生春氣流水不冰

注 厥陰司天巳亥歲也風淫于上故太虛埃昏雲物擾亂寒生于春氣是以流水不冰

少陰司天熱淫所勝怫熱至火行其政

注 少陰司天子午歲也怫鬱也蓋少陰之火發于陰中故爲怫熱少陰太陽陰中有陽陽中有陰陰陽相從標本互異是以火熱甚而大雨至水寒極而運火炎

太陰司天濕淫所勝則沉陰且布雨變枯槁

注 太陰司天丑未歲也濕淫于上是以沉陰且布草木枯槁得化氣之雨而變生

少陽司天火淫所勝則溫氣流行金政不平

注 少陽司天寅申歲也火淫所勝故金政不平

陽明司天燥淫所勝則木乃晚榮草乃晚生

注 陽明司天卯酉歲也燥金淫勝于上則木受其制故草木生榮俱晚

太陽司天寒淫所勝則寒氣反至水且冰

注 太陽司天辰戌歲也寒氣反至者謂太陽爲諸陽之首卽君火之陽也

夫氣之生與其化衰盛異也寒暑溫涼盛衰之用其在四維故陽之動始于溫盛于暑陰之動始于清盛于寒春夏秋冬各差其分故大要曰彼春之暖爲夏之暑彼秋之忿爲冬之怒謹按四維斥候皆歸其終可見其始可知此之謂也又凡三十度也

注 夫氣之生生于前之氣交如夏氣之生于季春也氣之化化于後之氣交如春氣之流于孟夏也勝復之氣有盛衰是以有早晏之異也蓋氣之盛者勝于本位以前所生之三十度氣之衰者流于本位以後所化之三十度故不當其位也如金氣衰而勝于春夏之交則復氣亦衰而復于夏秋之交矣是勝虛而虛後時而至也此四時之氣前後互交是以勝復之盛衰隨四時之氣交而或前或後也故曰盛衰之用其在四維又曰謹按四維斥

候皆歸其終可見其始可知謂勝復之早晏皆歸于四維之斥候或早而在于始之前三十度或晏而在于終之後三十度也

差同正法待時而去也脈要曰春不沉夏不弦冬不濇秋不數是謂四塞

〔注〕此復以脈候而證明氣化之交通故曰是謂四塞謂春夏秋冬之氣不相交通則天地四時之氣皆閉塞矣正者四時之正位也言脈同四時之正法而前後相交待時而去者待終三十度而去也如春之沉尚屬冬之氣交終正月之三十日而春氣始獨司其令也春不沉則冬之氣不交于春夏不弦則春氣不交于夏秋不數則夏氣不交于秋冬不濇則秋氣不交于冬是四時之氣不相交通而閉塞矣

氣至之謂至氣分之謂分至則氣同分則氣異所謂天地之正紀也

〔注〕氣至謂冬夏之二至氣分謂春秋之二分此承上文以申明彼春之暖爲夏之暑彼秋之忿爲冬之怒言二至之時總屬寒暑陰陽之二氣氣分之時則有溫涼之不同也

欽定古今圖書集成曆象彙編歲功典

第五卷目錄

歲功典第五卷

歲功總部彙考五

管子

幼官篇

幼始也陳從始輔官齋政之法

若因夜虛守靜人物人物則皇

注言欲候氣聽聲以知吉凶必因夜虛之時守其安靜以聽候人物此時人物則皇暇故吉凶之驗不妄春演夜虛守靜道之樞氣之初孔神中存則導生治形之本政與天一子半復初合一歲大候一日小候人物之氣貞極苞元靜篤作復失守則剝得守則皇大一統五行之元子夜通一歲之候虛靜物皇時變道不變五方異而中夜一也附解幼官圖作若因夜處守靜人物則皇夜者陰虛之候君子宴息之時也人物連用四字上二字衍皇大也言人君能因虛守靜則發之而治人理物其功業必盛大也

五和

土寄于四季以一調四合爲五和

時節

土生數五土氣和則君順時節而布政

君服黃色味甘味聽宮聲

此土王之時故服黃味甘聽宮也然土雖王四季而正位在六月也按別本註用土之物也

治和氣

土主和故治和氣

用五數飲於黃后之井

中央井也

以倮獸之火爨

倮蟲人爲長倮獸謂淺毛之獸虎豹之屬

藏溫濡

藏謂包之在心君之所藏者溫和濡緩所以助土

氣濡古輭字

行敺養

謂禽獸之屬能爲苗害者時敺逐之所以養嘉穀也按行對藏而言謂行之于身也下倣此藏內體行外用皆順時節宜之之道也溫濡應土潤溽暑之候敺養致弊故納新之化內滋土培其元育外滌土助其育養五官各異獨敺養土與春同春天陽之生夏季地陰之生陽倪陰之饒者養舒之者養

坦氣修通

坦平也平土政則其氣修通

凡物開靜形生理常至命

凡土王之時所生之物但開通安靜則其形自生既循理之常則無殘盡於所賦之命也生合陰陽之理開靜動靜也動靜因時而形生自理五官皆然土位下爲萬物之命復命曰常丹功以歸土爲還原附解乾坤以靜翕聚萬物之性命凡物開靜而生形生而理亦生五氣皆然土屬坤易曰坤也者地也萬物皆致養焉故曰致役乎坤坤不靳其力于物故物常至命

尊賢授德則帝

帝者之臣其實師也故尊賢授德則可爲帝也

身仁行義服忠用信則王

服行

審謀章禮選士利械則霸

章明

定生處死謹賢修伍則衆

生者安定之死者處置之斂葬其柩

信賞審罰爵材祿能則強

有材者爵之有能者祿之

計凡付終

歲之成上計日付終凡謂都數也付終謂財日月既終付之後人

務本飭末則富明法審數立常備能則治

常謂五常也備能謂才能之士備有之

同異分官則安

同異之職分官而治

通之以道畜之以惠親之以仁養之以義報之以德結之以信接之以禮和之以樂則之以事攻之以官

攻治當依後作攻之以言

發之以力威之以誠
中央君位帝王霸等系之主術王鈇所謂皇建之
極春秋禮夏定分秋辨數冬總凡四方時政各有
所屬官司共令是幼官也幼初也初官立政
一舉而上下得終
謂初會諸侯上下得終其禮自此至九舉說九合
諸侯之所致
再舉而民無不從三舉而地辟散成
成謂諸侯自盟要不事於齊至三會則諸侯散其
成而朝齊
四舉而農佚粟十
四會之後徭役減省故農人佚樂而粟得十全
五舉而務輕金九
五會之後兵戰既息事務轉輕而金得九分一以
供官也
六舉而絜知事變
絜閑度也
七舉而外內爲用
外謂諸侯
八舉而勝行威立九舉而帝事成形
九會之後威行海內雖居侯伯帝王之事既以成
形
九本搏大人主之守也
自九本已下管子但舉其目或有數在於他篇但
此書多從散逸無得而知然九本所以搏擊强大
故人主守之
八分有職卿相之守也十官飾勝備威將軍之守也
六紀審密賢人之守也五紀不解庶人之守也動而
無不從靜而無不同
强動弱必從强靜弱必同主上下不上强弱
治亂之本三卑尊之交四富貧之終五盛衰之紀六
安危之機七强弱之應八存亡之數九
按九本以下即反上九舉所云舉舉政也上下得
終等政之序也首辨分次率民然後足國則三四
五是也國富而議政政明而合內外兵强與閃而
戰勝于是帝形成矣故九本系君關存亡八分系
卿相勝于朝廷也關强弱七官飾備系將軍治內
兵結外援關安危六紀系賢人非賢才不足審絜
事變帷幄謀臣司之得賢昌失賢亡關盛衰五紀
系庶人以上務輕農佚地辟之守合散成故關治
亂農貧人關尊卑金關貧富
練之以散羣傰署
傰猶曹也凡上之諸數既已精練然後散之於衆
使傰曹署者其名以司之傰音朋
凡數財署
數謂國用之數使財者署凡計之凡也兩署州人
理則一政
殺僇以聚財
或因亡國或因滅家莫不籍沒其財故曰殺僇以
聚財也
勸勉以選衆
殺僇飾其財之流勸勉開其人之塗不殺無以禁
溢益不勸無以將羣上
使二分具本
使上之傰署財署分知其事各具其名籍之本則
財署知聚財傰署知選衆
發善必審於密執威必明於中
發善謂行賞執威謂行刑
此居圖方中
此立時之政管氏別五其圖謂之分圖而上位居
中補圖明堂圖也居圖方中即月令中央土大子
居太廟大室也太廟大室乃明堂之中居于東方
方外即明堂之青陽左个右个之說也餘倣此
春行冬政肅
肅寒也冬氣乘之故也
行秋政雷
春陽秋陰陰乘陽故雷
行夏政閹
春既陽夏又陽陽氣猥并故掩閉也
十二地氣發
氣十二日一代政因之春秋凡八冬夏凡七通一
歲三百六十日春秋候平氣中冬夏候極氣終而
始中氣常贏極氣常短
戒春事
自此以下陰陽之數日辰之名于時國異政家殊
俗此但齊獨行不及天下且經秦焚書或爲煨燼
無得而詳焉闕之以待能者
十二小卯出耕
補幼官圖乃當時因時立政之法也與呂不韋月
令相似其中言服色食味聽聲用數皆與月令脗
合但十二小卯十二小郢諸說不知何謂疑是節

氣名日如穀雨驚蟄之類
十二天氣下賜與十二義氣至修門閭十二清明發
禁十二始卯合男女十二中卯十二下卯三卯同事
謂三卯所用事同他皆倣此
八舉時節
木成數八木氣舉君則順時節布政
君服青色味酸味聽角聲
此木王之時故服青味酸聽角
治燥氣
春多風而旱故治燥氣木潤金燥治燥治濕取順
時火陽中陰水陰中陽治陽治陰取反時春秋刑
德合氣之中也冬夏陰陽爭反而後中也
用八數
八亦木成數也
飲於青后之井
東方井
以羽獸之火爨
羽獸南方朱鳥用南方之火故曰羽獸之火
藏不忍行敺養坦氣修通凡物開靜形生理合內空
周外
春主仁故所藏者不忍之理合聚於內由空於外
藏行合時則氣平而修通故動靜形生得理內空
周外春生氣內疏達外也
強國爲圈弱國爲屬
強國所以禁禦弱國弱國圈然也春以陽剛用事
故強圈而弱屬
動而無不從靜而無不同

強動弱必從強靜弱必同
舉發以禮時禮必得
強國舉發必當以禮時也禮也必得其宜
和好不基貴賤無司事變日至
鄰國和好不基貴賤之位無司存如此事變日至
無寧居基漸
此居於圖東方方外夏行春政風
春箕宿多風
行冬政落
寒氣肅殺故凋落也
重則雨雹
其災重則雨雹水寒所致
行秋政水
秋畢宿多霖雨
十二小郢至德十二絕氣下下爵賞十二中郢賜與
十二中絕收聚十二大暑至盡善十二中暑十二小
暑終
夏至生陰陰爲小冬至生陽陽爲大言暑終小言
寒終大陰陽之分也故與曆異暑先大入小陰不
得離陽也寒則言至不言小一生二二合卽一
三暑同事七舉時節
火成數七火氣舉君則順時節而布政
君服赤色味苦味
此火王之時故服赤味苦也別本誌用火之物也
[illegible]羽
羽北方聲也火王之時不聽徵而聽羽者所以抑
[illegible]春秋之聲與月令合冬夏與月令反月令主

聲幼官主聽聲以調樂順天地之正聽以養生反
天地之極天地所以極而復生水火相救而已
治陽氣用七數
七亦火之成數
飲於赤后之井
南方井也
以毛獸之火爨
毛獸西方白虎用西方之火故曰毛獸之火
藏薄純
盛陽之性失在奢縱故所藏者省薄純素也
行篤厚
陽性寬和故行篤厚
坦氣修通凡物開靜形生理
物形既生自然修理而長育
定府官明名分而審責於羣臣有司則下不乘上賤
不乘貴法立數得而無比周之民則上尊而下卑遠
近不乖此居於圖南方方外
南方歲之中屬離其政主辨北方歲之周屬坎其
政主總主布周則復始也
秋行夏政葉
盛陽氣乘之故卉木生葉
行春政華
少陽氣乘之故卉木更生華
行冬政耗
盛陰肅殺故虛耗
十二期風至戒秋事十二小卯薄百爵十二白露下
收聚十二復理賜與十二始節賦事十二始卯合男

女十二中卯十二下卯三卯同事九和時節
金成數九金氣和君則順時節而布政
君服白色味辛味聽商聲
此金王之時故服白味辛聽商別本註用金之物
也
治濕氣
秋多霖雨水故治濕
用九數
九亦金之成數
飲於白后之井
西方井
以介蟲之火爨
介蟲北方元武用北方之火故曰介蟲之火
藏恭敬
金性廉潔故所藏者恭敬也
行搏銳
兌金性勁銳時方肅殺故曰以勁銳搏擊聽以順
殺氣也
坦氣修通凡物開靜形生理間男女之畜
夕女之畜有內外之異故須間之
修鄉閭之什伍
殺氣方至可以出師征伐故修什伍
量委積之多寡定府官之計數養老弱而勿通
老少異糧故其養勿通
信利周而無私
申布秋利旣令周徧無得有私周當依後作害
此居於圖西方方外冬行秋政霧

秋多陰霧
行夏政雷
盛陽乘盛陰故雷
行春政烝泄
少陽乘陰故烝泄
十二始寒盡刑十二小榆賜予十二中寒收聚十二
中榆大收十二寒至靜十二大寒之陰十二大寒終
三寒同事六行時節
水成數六水氣行君則順時節而布政
君服黑色味鹹味
此水王之時故服黑味鹹別本註用水之物也
聽徵聲
不聽羽而聽徵者亦所以抑盛陽也
治陰氣
不治則盛陰太過太過則治陰氣也
用六數
六亦水之成數
飲於黑后之井
北方井也
以鱗獸之火爨
鱗獸東方青龍用東方之火故曰鱗獸之火爨養
生故火皆用其生
藏慈厚
君人者好生惡殺故於刑殺之時藏於慈厚所以
示其不忍也
行薄純
冬物樸素故行皆薄純儉冬夏藏行兩反陰陽之

交也
坦氣修通凡物開靜形生理器成於僇
冬行刑之時故成僇器也
教行於鈔
鈔末也冬爲四時之末歲之將終
動靜不記行止無量
記動靜則行止可量
戒審四時以別息
息生也四時生物各有不同故須別之
異出入以兩易
出入旣異又並令無差故曰兩易
明養生以解固
固謂護恡也生旣須養則物不可恡故曰解固
審取予以總之
又恐所養過時故審取予之多少以總統之
一會諸侯令曰非元帝之命毋有一日之師役
元帝北方之帝齊桓初會命諸侯不使非時出師
故令曰若非元帝有命之時毋得有一日之師役
一日尚不可況多乎九會相次從敘北方歲終之
政也月令飭國典來歲之宜故舉九令詳申之
再會諸侯令曰養孤老食常疾收孤寡三會諸侯令
曰田租百取五
百分取五分
市賦百取二關賦百取一毋乏耕織之器四會諸侯
令曰修道路偕度量一稱數
偕同也稱斤兩也數多少也
藪澤以時禁發之

草木零落然後入山林獺祭魚然後修澤梁
五會諸侯令曰修春秋冬夏之常祭食
常所祭常所食各有時物也
大壤山川之故祀必以時六會諸侯令曰以爾壞生
物共元官
元官主禮天之官也
請四輔
四輔卽三公四輔也所以助祭行禮
將以禮上帝七會諸侯令曰官處四體而無禮者流
之焉莠命
官處謂處官也處官位而四體無禮者謂之莠命
而流放焉莠命者謂穢亂教命若莠之穢苗也
八會諸侯令曰立四義而無議者尚之于元官聽于
三公
四義者謂無障谷無貯粟無易樹子無以妾爲妻
諸侯能順命而無異議者則尚之于天子元官聽
三公之錫命尚上也冬時之終四義四時令之行
合義也官四體亦是四官四岳
九會諸侯令曰以爾封內之財物國之所有爲幣
爲幣禮
九會大命焉
以上中命以下習命受變等聽
出常至
謂上九會旣出大命故天下諸侯常至非此之外
則朝聘之數遠近各有差也謂大命諸侯出常來
朝會之命卽下文是
千里之外二千里之內諸侯三年而朝習命
因朝而習教命
二年三卿使四輔
諸侯三卿使天子四輔以受節制也
一年正月朔日令大夫來修受命三公
習所受命於三公
二千里之外三千里之內諸侯五年而會至習命
因會而至以習命也
三年名卿請事二年大夫通吉凶十年重適入正禮
義
重適謂承重也適諸侯之世子也
五年大夫請受變
請所變更之教命也
三千里之外諸侯世一至
道路旣遠故世一至
置大夫以爲廷安
其遠國大夫則爲置廷館每來於此以安之廷安
塞上之官如漢都護取安邊廷也
入共受命焉
入共國所有因以受命
此居於圖北方方外
上五圖治內政典也下五圖治外軍略也政以皇
極爲主兵以中權爲鈐四方之政本于帝德四部
之將制于中行故圖中言神不及事圖外言事則
有司存
必得文威武官習勝之
善勝敵者必得文德之威武藝之官與之練習士
卒則可以勝之
務時因勝之
時是也務是因修不逆于理可以得勝也時因因
時列事下時分以時施舍
終無方勝之
從始至終計出無方者勝
幾
幾察也
行義勝之
庶幾行義者可以勝
理名實勝之
整理名實不謬妄可以得勝
急時分勝之
敗敵所得之物應受分者急分與之可以得勝凡
分與急時毋緩不必敵物
事察伐勝之
伐功行賞之事必察有功不令無功者妄受可以
得勝
行備具勝之
行師用兵必備其攻戰之具可以得勝
原無象勝之
奇計若神無象可原者勝
本定獨威勝
用師之本定能獨威者勝
定計財勝
計謀財用先將定者勝
定聞知勝
聞知敵謀能將定者勝

定選士勝
精選士卒能審定者勝
定制祿勝
制祿與有功能審定者勝
定方用勝
異方所用各有不同能審定者勝
定綸理勝
經綸之理能審定者勝
定死生勝定成敗勝定依奇勝
所依奇策能審定者勝
定實虛勝定盛衰勝舉機誠要則敵不量
發舉兵機誠得其要則敵不能量也
用利至誠則敵不校
用兵便利又能至誠則敵不敢校也
明名章實則士死節
明忠義之名章功勞之實士則死節不求苟生
奇舉發不意則士歡用
奇謀之舉發彼不意則士樂爲用
交物
貿易
因方則器械備
交質之物因方之有則器械備具
因能利備則求必得
因彼所能所利而以備之則所求必得
執務明本則士不偷
執所營之務明所爲之本則士不苟且
備具無常無方應也
其所備具無有常者所以應敵無方
聽於鈔故能聞無極
鈔深遠也所聽在於深遠故能聞無極理聽於鈔以下皆言將心兵機微乎神矣此在師律之上以無律用律也雖然可言不可言言非微矣況其神
視於新故能見未形
未形者新事將起所視者在新故見未形也
思於濬故能知未始
未始者事之深浚者所思在深故知未始
發於驚故能至無量
發舉可驚故敵不能量
動於昌故能得其寶
舉動昌盛故敵懼而輸寶也
立於謀故能實不可故也
其所建立皆用深謀故常堅實不復衰故別本註立謀能有實效不使衰故也
器成教守則不遠道里
器用完成教令堅守故欲往則至不憚道里之遠也
號審教施則不險山河
號令審悉教命施行則赴湯火而不顧豈險難於山河也
博一純固則獨行而無敵
德博而一行純而固則仰我如時雨歡我如椒蘭誰能敵之
慎號審章則其攻不待
慎號令審旗章則攻者爭先登豈顧後而相待乎
曠日持久兵老城下待也
權與明必勝則慈者勇
權謀明略必能勝敵則慈仁者猶致勇奮況惡少哉
器無方則愚者智
器用無方應卒必備則愚者習而成智況不愚乎
攻不守則拙者巧
我攻既妙彼不能守則拙者習而成巧況不拙乎
數也
數也當爲句
動愼十號
兵既數動必慎十號九章等此有數在他篇
明審九章飾習十器善習五官謹修三官必設常主計必先定
軍之主將既必有常軍之計謀亦須先定
求天下之精材
精材可以爲軍之器用者
論百工之銳器器成角試否臧收天下之豪傑有天下之稱材
稱材謂材稱其所用也
說行若風雨發如雷電此居於圖方中
此中圖之副也中圖中軍也大將居之
旗物尚青
木用事故尚青
兵尚矛
象春物之芒銳
刑則交寒害釱

其行刑戮則於初旦夜盡之交其時尚寒主春人不得已而行刑故離害而鈇禁鈇或爲鉞鈇鉗械人足也恐當作轄鈇

器成不守

器用既成則敵不能圖守也

經不知

經法也用兵之法敵不能知也

教習不著

我之教習敵不能著著猶明著

發不意

其所舉發出敵不意

經不知故莫之能圍發不意故莫之能應莫之能應故全勝而無害莫之能圍故必勝而無敵四機不明不過九日而游兵驚軍

四機卽上不守不知不著不意也

障塞不審不過八日而外賊得間

障塞者所以防守要路也

由守不愼不過七日而內有讒謀

由守所由而防守者

詭禁不修不過六日而竊盜者起

詭禁所以禁詭常也

死亡不食不過四日而軍財在敵

死亡者不享食鬼神必怨怒故軍財在敵不恤死無以勸生者之死故不修厲祀以恤財而軍亡財乃在敵

此居於圖東方方外

此東圖之副也左肱右掖前矛後勁青龍白虎朱雀元武兵法陣法不外于此左前主進取勝敵右後主厚集持守一陽節一陰節通于陰陽則知其所居矣

旗物尚赤

火用事故尚赤

兵尚戟

象夏物之森聳

刑則燒交疆郊

其用刑則於疆郊焚燒而交也

必明其一

一謂號令不二

必明其將必明其政必明其士四者備則以治擊亂以成擊敗數戰則士疲數勝則君驕驕君使疲民則國危至善不戰

用兵之善者其唯不戰乎

其次一之

其次善者雖戰而號令一

大勝者積衆勝無非義者焉可以爲大勝

積衆然後可以大勝所以勝皆大義故成大勝也

大勝無不勝也

無不勝一戎而有天下也故曰次一之

此居於圖南方方外

此南圖之副也

旗物尚白

金用事故尚白

兵尚劍

象金性之利也

刑則紹昧斷絕

其用刑則繼晝之昧斷絕而戮之也

始乎無端卒乎無窮始乎無端道也卒乎無窮德也道不可量德不可數不可量則衆強不能圖不可數則爲詐不敢鄉

鄉嚮同

兩者備施

兩者謂道德也

動靜有功畜之以道養之以德畜之以道則民和養之以德則民合和合故能習習故能偕

偕謂同爲事兵法作和和合故能諧故能輯諧輯以悉莫之能傷則習乃輯聲之誤後倣此

偕習以悉

悉盡也

莫之能傷也此居於圖西方方外

此西圖之副也

旗物尚黑

水用事故尚黑

兵尚脅盾

象時物之閉盾或署之於脅故曰脅盾

刑則游仰灌流

其用刑則游兵之所使仰藥死而既乃投之於灌流

察數而知治審器而識勝明謀而適勝通德而天下定定宗廟育男女

宗廟存則男女育也

官四分則可以立威行德制法儀出號令

擇才授官四面分設

至善之爲兵也非地是求也罰人是君也

至善之兵不求其地所以君可罰人若桀紂之人比屋可誅也不仁之君毒人爲人而罰其君非富天下也

立義而加之以勝至威而實之以德守之而後修勝心焚海內

既獲敵人之國順而守之然後修其法制如此則強勝之心可以焚灼于海內

民之所利立之所害除之則民人從

立利除害則人從也

立爲六千里之侯則大人從

既九命之後天子加命立爲侯伯面各三千里四方相距六千里大人謂天子三公四輔也

使國君得其治則人君從會

國君謂天下同盟諸侯

請命於天地知氣和則生物從

謂郊祀天地神祇使之合德則四氣和可知故生物從之

計緩急之事則危危而無難

緩急之事皆計定則二者之危無所難緩急之事皆有可危之理故曰危危別本註緩急之事已有定計雖危其可危終無所難也

明於器械之利則涉難而不變察於先後之理則兵出而不困通於出入之度則深入而不危審於動靜之務則功得而無害著於取與之分則得地而不執

謂不悋執

愼於號令之官則舉事而有功此居於圖北方方外

此北圖之副也兵法陰陽之義也陽節制人陰節自制制爲不可勝而待人能勝故東南言決勝西北言守勝合後合于中軍之後也與前不兩翼異故言多善尾之務爲中堅之輔

朱長春評幼官文奇而語叢冗不可解者名數或別有闕文可解者于五方分係政典事權多駁于理未見其于時憲確有合也意撰者萃集附會不如月令遠矣

又評五圖五方五令按德運行理攝本治身之精條爲國之緒夏正之演呂攬之宗其原出于周易猶五帝來先後天奉若之道官正之本也其說要會于法天法道清靜因應故管子列于道家或有本論惜其事政配屬紛雜不大合耳

四時篇

管子曰令有時無時則必視順天之所以來五漫漫六惛惛孰知之哉惟聖人知四時不知四時乃失國之基不知五穀之故國家乃路故天曰信明地曰信聖四時曰正其王信明聖其臣乃正何以知其王之信明信聖也曰愼使能而善聽信之使能之謂明聽信之謂聖信明聖者皆受天賞使不能爲惛惛而忘也者皆受天禍是故上見成事而貴功則民事接勞而不謀上見功而賤則爲人下者直爲人上者驕是故陰陽者天地之大理也四時者陰陽之大經也刑德者四時之合也刑德合於時則生福詭則生禍然則春夏秋冬將何行東方曰星其時曰春其氣曰風風生木與骨其德喜嬴而發出節時其事號令修除神位謹禱弊梗宗正陽治隄防耕耘樹藝正津梁修溝瀆甃屋行水解怨赦罪通四方然則柔風甘雨乃至百姓乃壽百蟲乃蕃此謂星德星者掌發爲風是故春行冬政則雕行秋政則霜行夏政則欲是故春三月以甲乙之日發五政一政曰論幼孤舍有罪二政曰賦爵列授祿位三政曰凍解修溝瀆復亡人四政曰端險阻修封疆正千伯五政曰無殺麑夭毋蹇華絕芋五政苟時春雨乃來南方曰日其時曰夏其氣曰陽陽生火與氣其德施舍修樂其事號令賞賜賦爵授祿順鄉謹修神祀量功賞賢以動陽氣九暑乃至時雨乃降五穀百果乃登此謂日德中央曰土土德實輔四時入出以風雨節土益力土生皮肌膚其德和平用均中正無私實輔四時春嬴育夏養長秋聚收冬閉藏大寒乃極國家乃昌四方乃服此謂歲德歲掌和和爲雨夏行春政則風行秋政則水行冬政則落是故夏三月以丙丁之日發五政一政曰求有功發勞力者而舉之二政曰開久墳發故屋辟故窌以假貸三政曰令禁扇去笠毋扱免除急漏田廬四政曰求有德賜布施於民者而賞之五政曰令禁罝設禽獸毋殺飛鳥五政苟時夏雨乃至也西方曰辰其時曰秋其氣曰陰陰生金與甲其德憂哀靜正嚴順居不敢淫佚其事號令毋使民淫暴順旅聚收量民資以畜聚賞彼羣幹聚彼羣材百物乃收使民毋怠所惡其察所欲必得我信則克此謂辰德辰掌收收爲陰秋行春政則榮行夏政則水行冬政則耗是故秋三月以庚辛之日發五政一政曰禁博塞圉小辯鬬譯跽二政曰毋見五兵之

刃三政曰慎旅農趣聚收四政曰補缺塞坼五政曰修牆垣周門閭五政苟時五穀皆入北方曰月其時曰冬其氣曰寒寒生水與血其德淳越溫怒周密其事號令修禁徙民令靜止地乃不泄斷刑致罰無赦有罪以符陰氣大寒乃至甲兵乃強五穀乃熟國家乃昌四方乃備此謂月德月掌罰罰爲寒冬行春政則泄行夏政則雷行秋政則旱是故冬三月以壬癸之日發五政一政曰論孤獨恤長老二政曰善順陰修神祀賦爵祿授備位三政曰效會計毋發山川之藏四政曰捕姦遁得盜賊者有賞五政曰禁遷徙止流民圉分異五政苟時冬事不過所求必得所惡必伏是故春凋秋榮冬雷夏有霜雪此皆氣之賊也刑德易節失次則賊氣遬至賊氣遬至則國多菑殃是故聖王務時而寄政焉作教而寄武作祀而寄德焉此三者聖王所以合於天地之行也日掌陽月掌陰星掌和陽爲德陰爲刑和爲事是故日食則失德之國惡之月食則失刑之國惡之彗星見則失和之國惡之風與日爭明則失生之國惡之是故聖王日食則修德月食則修刑彗星見則修和風與日爭明則修生此四者聖王所以免於天地之誅也信能行之五穀蕃息六畜殖而甲兵強治積則昌暴虐積則亡道生天地德出賢人道生德德生正正生事是以聖王治天下窮則反終則始德始於春長於夏刑始於秋流於冬刑德不失四時如一刑德離鄉時乃逆行作事不成必有大殃月有三政王事必理以爲必長不中者死失理者亡國有四時固執王事四守有所三政執輔

五行篇

昔者黃帝得蚩尤而明於天道得大常而察於地利得奢龍而辯於東方得祝融而辯於南方得大封而辯於西方得后土而辯於北方黃帝得六相而天地治神明至蚩尤明乎天道故使爲當時大常察乎地利故使爲廩者奢龍辯乎東方故使爲土師祝融辯乎南方故使爲司徒大封辯於西方故使爲司馬后土辯乎北方故使爲李是故春者土師也夏者司徒也秋者司馬也冬者李也昔黃帝以其緩急作五聲以政五鍾令其五鍾一曰青鍾大音二曰赤鍾重心三曰黃鍾灑光四曰景鍾昧其明五曰黑鍾隱其常五聲既調然後作立五行以正天時五官以正人位人與天調然後天地之美生日至睹甲子木行御天子出令命左右士師內御總別列爵論賢不肖士吏賦祕賜賞於四境之內發故粟以田數出國衡順山林禁民斬木所以愛草木也然則冰解而凍釋草木區萌贖蟄蟲卵菱春辟勿時苗足本不癘雛鷇不夭麑麇毋傅速亡傷繈褓時則不凋七十二日而畢睹丙子火行御天子出令命行人內御令掘溝澮津舊塗發藏任君賜賞君子修游馳以發地氣出皮幣命行人修春秋之禮于天下諸侯通天下遇者兼和然則天無疾風草木發奮鬱氣息民不疾而榮華蕃七十二日而畢睹戊子土行御天子出令命左右司徒內御不誅不貞農事爲敬大揚惠言寬刑死緩罪人出國司徒令命順民之功力以養五穀君子之靜居而農夫修其功力極然則天爲粵宛草木養長五穀蕃實秀大六畜犧牲具民足財國富上下親諸侯和七十二日而畢睹庚子金行御天子出令命祝宗選禽獸之禁五穀之先熟者而薦之祖廟與五祀鬼神饗其氣焉君子食其味焉然則涼風至白露下天子出令命左右司馬衍組甲厲兵合什爲伍以修于四境之內諛然告民有事所以待天地之殺斂也然則晝炙陽夕下露地競環五穀鄰熟草木茂實歲農豐年大茂七十二日而畢睹壬子水行御天子出令命左右使人內御御其氣足則發而止其氣不足則發撊瀆盜賊數剽竹箭伐檀柘令民出獵禽獸不釋巨少而殺之所以貴天地之所閉藏也然則羽卵者不毈毛胎者不牘腫婦不銷弃草木根本美七十二日而畢

七臣七主篇

春無殺伐無割大陵倮大衍伐大木斬大山行大火誅大臣收穀賦夏無遏水達名川塞大谷動土功射鳥獸秋無赦過釋罪緩刑冬無賦爵賞祿傷伐五穀故春政不禁則百長不生夏政不禁則五穀不成秋政不禁則奸邪不勝冬政不禁則地氣不藏四者俱犯則陰陽不和風雨不時大水漂州流邑大風漂屋折樹火暴焚地燋草天冬雷地冬霆草木夏落而秋榮蟄蟲不藏宜死者生宜蟄者鳴苴多螣蟆山多蟲螟六畜不蕃民多夭死國貧法亂逆氣下生

禁藏篇

當春三月萩室熯造鑽燧易火杼井易水所以去茲毒也舉春祭塞久禱以魚爲牲以糵爲酒相召所以屬親戚也毋殺畜生毋拊卵毋伐木毋夭英毋拊竽所以息百長也賜鰥寡振孤獨貸無種與無賦所以

勸弱民發五正赦薄罪出拘民解仇讎所以建時功施生穀也夏賞五德滿爵祿遷官位禮孝弟復賢力所以勸功也秋行五刑誅大罪所以禁淫邪止盜賊冬收五藏最萬物所以內作民也四時事備而民功百倍矣故春仁夏忠秋急冬閉順天之時約地之宜忠人之和故風雨時五穀實草木美多六畜蕃息國富兵強民材而令行內無煩擾之政外無強敵之患也

度地篇

桓公曰當何時作之管子曰春三月天地乾燥水糾列之時也山川涸落天氣下地氣上萬物交通故事已新事未起草木荑生可食寒暑調日夜分分之後夜日益短晝日益長利以作土功之事土乃益剛令甲士作隄大水之旁大其下小其上隨水而行地有不生草者必爲之囊大者爲之隄小者爲之防夾水四道禾稼不傷歲埤增之樹以荆棘以固其地雜之以柏楊以備決水民得其饒是謂流膏令下貧守之往往而爲界可以毋敗當夏三月天地氣壯大暑至萬物榮華利以疾藨殺草薉使令不欲擾命曰不長不利作土功之事放農焉利皆耗十分之五土功不成當秋三月山川百泉涌降雨下山水出海路距雨露屬天地湊汐利以疾作收斂毋留一日把百日餔民毋男女皆行于野不利作土功之事濡濕日生土弱難成利耗什分之六土功之事亦不立當冬三月天地閉藏暑雨止大寒起萬物實熟利以填塞空郄繕邊城塗郭術平度量正權衡虛牢獄實廥倉君修樂與神明相望凡一年之事畢矣舉有功賞賢罰有罪遷有司之吏而第之不利作土功之事利耗什分之七土剛不立晝日益短而夜日益長利以作室不利以作堂四時以得四害皆服桓公曰寡人悖不知四害之服奈何管仲對曰冬作土功發地藏則夏多暴雨秋霖不止春不收枯骨朽脊伐枯木而去之則夏旱至矣夏有大露原煙噎下百草人采食之傷人人多疾病而不止民乃恐殆君令五官之吏與三老里有司伍長行里順之令五家起火爲溫其田及宮中皆蓋井毋令毒下及食器將飲傷人有下蟲傷禾稼凡天菑害之下也君子謹避之故不八九死也大寒大暑大風大雨其至不時者此謂四刑或遇以死或遇以生君子避之是亦傷人故吏者所以教順也三老里有司伍長者所以爲率也五者已具民無願者願其畢也故常以冬日順三老里有司伍長以冬賞罰使各應其賞而服其罰五者不可害則君之法犯矣此示民而易見故民不比也桓公曰一年之中十二月作土功有時則爲之非其時而敗將何以待之管仲對曰常令水官之吏冬時行隄防可治者章而上之都都以春少事作之已作之後常案行隄有毀作大雨各葆其所可治者趣治以徒隸給大雨隄防可衣者衣之衝水可據者據之終歲以毋敗爲固此備之常時禍何從來所以然者獨水蒙壞自塞而行者江河之謂也歲高其隄所以不沒也春冬取土于中秋夏取土于外濁水入之不能爲敗桓公曰善

版法解篇

版法者法天地之位象四時之行以治天下四時之行有寒有暑聖人法之故有文有武天地之位有前有後有左有右聖人法之以建經紀春生于左秋殺于右夏長于前冬藏于後生長之事文也收藏之事武也是故文事在左武事在右聖人法之以行法令以治事理

山國軌篇

桓公問於管子曰不籍而贍國爲之有道乎管子對曰軌守其時有官天財何求于民桓公曰何謂官天財管子對曰泰春民之功繇泰夏民之令之所止令之所發泰秋民令之所止令之所發泰冬民令之所止令之所發此皆民所以時守也此物之高下之時也此民之所以相并兼之時也君守諸四務桓公曰何謂四務管子對曰泰春民之且所用者君已廩之矣泰夏民之且所用者君已廩之矣泰秋民之且所用者君已廩之矣泰冬民之且所用者君已廩之矣泰春功布日春縑衣夏單衣捍寵纍箕勝籯屑糉若干日之功用人若干無貲之家皆假之械器勝籯屑糉公衣功已而歸公衣折券故力出于民而用出于上春十日不害耕事夏十日不害芸事秋十日不害斂實冬二十日不害除田此之謂時作桓公曰善

輕重乙篇

桓公問于管子曰衡有數乎管子對曰衡無數也衡者使物一高一下不得常固桓公曰然則衡數不可調耶管子對曰不可調調則澄澄則常常則高下不貳高下不貳則萬物不可得而使固桓公曰然則何以守時管子對曰夫歲有四秋而分有四時故曰農事且作請以什伍農夫賦耜鐵此之謂春之秋大夏且至絲纊之所作此之謂夏之秋而大秋成五穀之

所會此之謂秋之秋大冬營室中女事紡績緝縷之所作也此之謂冬之秋故歲有四秋而分有四時已有四者之序發號出令物之輕重相什而相伯故物不得有常固故曰衡無數

輕重己篇

清神生心心生規規生矩矩生方方生正正生曆曆生四時四時生萬物聖人因而理之道徧矣以冬日至始數四十六日冬盡而春始天子東出其國四十六里而壇服青而絻青搢玉總帶玉監朝諸侯卿大夫列士循于百姓號曰祭日犧牲以魚發出令曰生而勿殺賞而勿罰罪獄勿斷以待期年教民樵室鑽燧墐竈泄井所以壽民也耜耒耨懷鉊銚又橿權渠繉緤所以御春夏之事也必具教民爲酒食所以爲孝敬也民生而無父母謂之孤子無妻無子謂之老鰥無夫無子謂之老寡此三人者皆就官而衆可事者不可事者食如言而勿遺多者爲功寡者爲罪是以路無行乞者也路有行乞者則相之罪也天子之春令也

以冬日至始數九十二日謂之春至天子東出其國九十二里而壇朝諸侯卿大夫列士循于百姓號曰祭星十日之內室無處女路無行人苟不樹藝者謂之賊人下作之地上作之天謂之不服之民處里爲下陳處師爲下通謂之役夫三不樹而主使之天子之春令也

以春日至始數四十六日春盡而夏始天子服黃而靜處朝諸侯卿大夫列士循于百姓發號出令曰毋聚大衆毋行大火毋斷大木誅大臣毋斬大山毋戮大衍滅三大而國有害也天子之夏禁也

以春日至始數九十二日謂之夏至而麥熟天子祀于太宗其盛以麥麥者穀之始也宗者族之始也同族者人殊族者處皆齊大材出祭王母天子之所以主始而忌諱也

以夏日至始數四十六日夏盡而秋始而黍熟天子祀于太祖其盛以黍黍者穀之美者也祖者國之重者也大功者太祖小功者小祖無功者無祖無功者皆稱其位而立沃有功者觀于外祖者所以功祭也非所以戚祭也天子之所以異貴賤而賞有功也

以夏日至始數九十二日謂之秋至秋至而禾熟天子祀于太宗西出其國百三十八里而壇服白而絻白搢玉總帶錫監吹塤箎之風鑿動金石之音朝諸侯卿大夫列士循于百姓號曰祭月犧牲以彘發號出令罰而勿賞奪而勿予罪獄誅而勿生終歲之罪毋有所赦作衍牛馬之實在野者王天子之秋計也

以秋日至始數四十六日秋盡而冬始天子服黑絻黑而靜處朝諸侯卿大夫列士循于百姓發號出令曰毋行大火毋斬大山毋塞大水毋犯天之隆天子之冬禁也

以秋日至始數九十二日天子北出九十二里而壇服黑而絻黑朝諸侯卿大夫列士號曰發繇趣山人斷伐具械器趣菹人薪雚葦足蓄積三月之後皆以其所有易其所無謂之大通三月之蓄凡在趣耕而不耕民以不令不耕之害也宜芸而不芸百草皆存民以僅存不芸之害也宜穫而不穫風雨將作五穀以削士民零落不穫之害也宜藏而不藏霧氣陽陽宜死者生宜蟄者鳴不藏之害也張耜當弩銚耨當劍戟穫渠當脅軻蓑笠當抹櫓故耕械具則戰械備矣

呂氏春秋

季夏紀音律篇

大聖至理之世天地之氣合而生風日至則月鐘其風以生十二律仲冬日短至則生黃鐘季冬生大呂孟春生太簇仲春生夾鐘季春生姑洗孟夏生仲呂仲夏日長至則生蕤賓季夏生林鐘孟秋生夷則仲秋生南呂季秋生無射孟冬生應鐘天地之風氣正則十二律定矣黃鐘之月土事無作慎無發蓋以固天閉地陽氣且泄大呂之月數將幾終歲且更起而農民無有所使太簇之月陽氣始生草木繁動令農發土無或失時夾鐘之月寬裕和平行德去刑無或作事以害羣生姑洗之月達道通路溝瀆修利申之此令嘉氣趣至仲呂之月無聚大衆巡勸農事草木方長無攜民心蕤賓之月陽氣在上安壯養俠本朝不靜草木早槁林鐘之月草木盛滿陰將始刑無發大事以將陽氣夷則之月修法飭刑選士厲兵詰誅不義以懷遠方南呂之月蟄蟲入穴趣農收聚無敢懈怠以多爲務無射之月疾斷有罪當法勿赦無留獄訟以亟以故應鐘之月陰陽不通閉而爲冬修別喪紀審民所終

尸子

八節四時

伏羲始畫八卦列八節而化天下神農氏治天下立四時之序

漢書

律歷志

黃鍾黃者中之色君之服也鍾者種也天之中數五五爲聲聲上宮五聲莫大焉地之中數六六爲律律有形有色色上黃五色莫盛焉故陽氣施種于黃泉孳萌萬物爲六氣元也以黃色名元氣律者著宮聲也宮以九唱六六變動不居周流六虛始于子在十一月大呂呂旅也言陰大旅助黃鍾宣氣而牙物也位于丑在十二月太族族奏也言陽氣大奏地而達物也位于寅在正月夾鍾言陰夾助太族宣四方之氣而出種物也位于卯在二月姑洗洗絜也言陽氣洗物辜絜之也位于辰在三月中呂言微陰始起未成著于其中旅助姑洗宣氣齊物也位于巳在四月蕤賓蕤繼也賓導也言陽始導陰氣使繼養物也位于午在五月林鍾林君也言陰氣受任助蕤賓君主種物使長大楙盛也位于未在六月夷則則法也言陽氣正法度而使陰氣夷當傷之物也位于申在七月南呂南任也言陰氣旅助夷則任成萬物也位于酉在八月亡射射厭也言陽氣究物而使陰氣畢剝落之終而復始亡厭已也位于戌在九月應鍾言陰氣應亡射該藏萬物而雜陽閡種也位于亥在十月

注　閡臧塞也陰雜陽氣臧塞爲萬物作種也

孳萌于子紐芽于丑引達于寅冒茆于卯振美于辰已盛于巳咢布于午昧薆于未申堅于申留孰于酉畢入于戌該閡于亥出甲于甲奮軋于乙明炳于丙大盛于丁豐楙于戊理紀于己斂更于庚悉新于辛懷任于壬陳揆于癸故陰陽之施化萬物之終始經歷于日辰而變化之情可見矣

天文志

歲星曰東方春木于人五常仁也五事貌也熒惑曰南方夏火禮也視也太白曰西方秋金義也言也辰星曰北方冬水知也聽也填星曰中央季夏土信也思心也仁義禮智以信爲主貌言視聽以心爲正故四星皆失填星迺爲之動填星所居國吉

欽定古今圖書集成曆象彙編歲功典

第六卷目錄

歲功典第六卷

歲功總部彙考六

淮南子

天文訓

日行一度以周於天日冬至峻狼之山日移一度月行百八十二度八分度之五而夏至牛首之山反覆三百六十五度四分度之一而成一歲天一元始正月建寅日月俱入營室五度天一以始建七十六歲日月復以正月入營室五度無餘分名曰一紀凡二十紀一千五百二十歲大終日月星辰復始甲寅元日行一度而歲有奇四分度之一故四歲而積千四百六十一日而復合故舍八十歲而復故日子午卯酉爲二繩丑寅辰巳未申戌亥爲四鉤東北爲報德之維西南爲背陽之維東南爲常羊之維西北爲號通之維日冬至則斗北中繩陰氣極陽氣萌故曰冬至爲德日夏至則斗南中繩陽氣極陰氣萌故曰夏至爲刑陰氣極則北至北極下至黃泉故不可以鑿地穿井萬物閉藏蟄蟲首穴故曰德在室陽氣極則南至南極上至朱天故不可以夷丘上屋萬物蕃息五穀兆長故曰德在野日冬至則水從之日夏至則火從之故五月火正而水漏十一月水正而陰勝陽氣爲火陰氣爲水水勝故夏至溼火勝故冬至燥燥故炭輕溼故炭重日冬至井水盛盆水溢羊脫毛麋角解鵲始巢八尺之修日中而景丈三尺日夏至而流黃澤石精出蟬始鳴半夏生蝱不食駒犢鷙鳥不搏黃口八尺之景修徑尺五寸景修則陰氣勝景短則陽氣勝陰氣勝則爲水陽氣勝則爲旱陰陽刑德有七舍何謂七舍室堂庭門巷術野十二月德居室三十日先日至十五日後日至十五日而徙所居各三十日德在室則刑在野德在堂則刑在術德在庭則刑在巷陰陽相得則刑德合門八月二月陰陽氣均日夜分平故曰刑德合門德南則生刑南則殺故曰二月會而萬物生八月會而草木死兩維之間九十一度十六分度之五而升日行一度十五日爲一節以生二十四時之變斗指子則冬至音比黃鐘加十五日指癸則小寒音比應鐘加十五日指丑則大寒音比無射加十五日指報德之維則越陰在地故曰距日冬至四十六日而立春陽氣凍解音比南呂加十五日指寅則雨水音比夷則加十五日指甲則雷驚蟄音比林鐘加十五日指卯中繩故曰春分則雷行音比蕤賓加十五日指乙則清明風至音比仲呂加十五日指辰則穀雨音比姑洗加十五日指常羊之維則春分盡故曰有四十六日而立夏大風濟音比夾鐘加十五日指巳則小滿音比太簇加十五日指丙則芒種音比大呂加十五日指午則陽氣極故曰有四十六日而夏至音比黃鐘加十五日指丁則小暑音比大呂加十五日指未則大暑音比太簇加十五日指背陽之維則夏分盡故曰有四十六日而立秋涼風至音比夾鐘加十五日指申則處暑音比姑洗加十五日指庚則白露降音比仲呂加十五日指酉中繩故曰秋分雷戒蟄蟲北鄉音比蕤賓加十五日指辛則寒露音比林鐘加十五日指戌則霜降音比夷則加十五日指號通之維則秋分盡故曰有四十六日而立冬草木畢死音比南呂加十五日指亥則小雪音比無射加十五日指壬則大雪音比應鐘加十五日指子故曰陽生於子陰生於午陽生於子故十一月日冬至鵲始加巢人氣鍾首陰生於午故五月爲小刑薺麥亭歷枯冬生草木必死斗杓爲小歲正月建寅月從左行十二辰咸池爲太歲二月建卯月從右行四仲終而復始大歲迎者辱背者強左者衰右者昌小歲東南則生西北則殺不可迎也而可背也不可左也而可右也其此之謂也大時者咸池也小時者月建也天維建元常以寅始起右徙一歲而移十二歲而大周天終而復始淮南元年冬太一在丙子冬至甲午立春丙子二陰一陽成氣二二陽一陰成氣三合氣而爲音合陰而爲陽合陽而爲律故曰五音六律音自倍而爲日律自倍而爲辰故日十而辰十二月日行十三度七十六分度之二十六二十九日九百四十分日之四百九十九而爲月而以十二月爲歲歲有餘十日九百四十分日之八百二十七故十九歲而七閏日冬至子午夏至卯酉冬至加三日則夏至之日也歲遷六日終而

復始壬午冬至甲子受制木用事火煙青七十二日丙子受制火用事火煙赤七十二日戊子受制土用事火煙黃七十二日庚子受制金用事火煙白七十二日壬子受制水用事火煙黑七十二日而歲終庚子受制歲遷六日以數推之七十歲而復至甲子甲子受制則行柔惠挺羣禁開闔扇通障塞毋伐木丙子受制則舉賢良賞有功立封侯出貨財戊子受制則養老鰥寡行粰鬻施恩澤庚子受制則繕牆垣修城郭審羣禁飾兵甲儆百官誅不法壬子受制則閉門閭大搜客斷刑罰殺當罪息關梁禁外徙甲子氣燥濁丙子氣燥陽戊子氣溼濁庚子氣燥寒壬子氣清寒丙子干甲子蟄蟲早出故雷早行戊子干甲子胎夭卵毈鳥蟲多傷庚子干甲子有兵壬子干甲子春有霜戊子干丙子霆庚子干丙子夷壬子干丙子雹甲子干丙子地動庚子干戊子五穀有殃壬子干戊子夏寒雨霜甲子干戊子介蟲不爲丙子干戊子大旱苽封熯壬子干庚子大剛魚不爲甲子干庚子草木再死再生丙子干庚子草木復榮戊子干庚子歲或存或亡甲子干壬子冬乃不藏丙子干壬子星墜戊子干壬子蟄蟲冬出其鄉庚子干壬子冬雷其鄉季春三月豐隆乃出以將其雨至秋三月地氣下藏乃收其殺百蟲蟄伏靜居閉戶青女乃出以降霜雪行十二時之氣以至于仲春二月之夕乃收其藏而閉其寒女夷鼓歌以司天和以長百穀禽獸草木孟夏之月以熟穀禾雄鳩長鳴爲帝候歲是故天不發其陰則萬物不生地不發其陽則萬物不成天圓地方道在中央日爲德月爲刑月歸而萬物死日至而萬物生遠山則山氣藏遠水則水蟲蟄遠木則木葉槁日五日不見失其位也聖人不與也日出于暘谷浴于咸池拂于扶桑是謂晨明登于扶桑爰始將行是謂朏明至于曲阿是謂旦明至于曾泉是謂蚤食至于桑野是謂晏食至于衡陽是謂隅中至于昆吾是謂正中至于鳥次是謂小還至于悲谷是謂餔時至于女紀是謂大還至于淵虞是謂高舂至于連石是謂下舂至于悲泉爰止其女爰息其馬是謂縣車至于虞淵是謂黃昏至于蒙谷是謂定昏日入于虞淵之汜曙於蒙谷之浦行九州七舍行五億萬七千三百九里禹以爲朝晝昏夜夏日至則陰乘陽是以萬物就而死冬日至則陽乘陰是以萬物仰而生晝者陽之分夜者陰之分是以陽氣勝則日修而夜短陰氣勝則日短而夜修帝張四維運之以斗月徙一辰復反其所正月指寅十二月指丑一歲而匝終而復始指寅則萬物螾律受太蔟太蔟者蔟而未出也指卯卯則茂茂然律受夾鐘夾鐘者種始莢也指辰辰則振之也律受姑洗姑洗者陳去而新來也指巳巳則生已定也律受仲呂仲呂者中充大也指午午者忤也律受蕤賓蕤賓者安而服也指未未者昧也律受林鐘林鐘者引而止也指申申者呻之也律受夷則夷則者易其則也德已去矣指酉酉者飽也律受南呂南呂者任包大也指戌戌者滅也律受無射無射者入無厭也指亥亥者閡也律受應鐘應鐘者應其鐘也指子子者孳也律受黃鐘黃鐘者鐘已黃也指丑丑者紐也律受大呂大呂者旅旅而去也其加卯酉則陰陽分日夜平矣故曰規生矩殺衡長權藏繩居中央爲四時根道曰規始於一一而不生故分而爲陰陽陰陽合和而萬物生故曰一生二二生三三生萬物

太陰元始建於甲寅一終而建甲戌二終而建甲午三終而復得甲寅之元歲徙一辰立春之後得其辰而遷其所順前三後五百事可舉太陰所建蟄蟲首穴而處鵲巢鄉而爲戶太陰在寅朱鳥在卯勾陳在子元武在戌白虎在酉蒼龍在辰寅爲建卯爲除辰爲滿巳爲平主生午爲定未爲執主陷申爲破主衡酉爲危主杓戌爲成主小德亥爲收主大德子爲開主太歲丑爲閉主太陰太陰在寅歲名曰攝提格其雄爲歲星舍斗牽牛以十一月與之晨出東方東井輿鬼爲對太陰在卯歲名曰單閼歲星舍須女虛危以十二月與之晨出東方柳七星張爲對太陰在辰歲名曰執徐歲星舍營室東壁以正月與之晨出東方翼軫爲對太陰在巳歲名曰大荒落歲星舍奎婁以二月與之晨出東方角亢爲對太陰在午歲名曰敦牂歲星舍胃昴畢以三月與之晨出東方氐房心爲對太陰在未歲名曰協洽歲星舍觜巂參以四月與之晨出東方尾箕爲對太陰在申歲名曰涒灘歲星舍東井輿鬼以五月與之晨出東方斗牽牛爲對太陰在酉歲名曰作鄂歲星舍柳七星張以六月與之晨出東方須女虛危爲對太陰在戌歲名曰閹茂歲星舍翼軫以七月與之晨出東方營室東壁爲對太陰在亥歲名曰大淵獻歲星舍角亢以八月與之晨出東方奎婁爲對太陰在子歲名曰困敦歲星舍氐房心以九月與之晨出東方胃昴畢爲對太陰在

丑歲名曰赤奮若歲星舍尾箕以十月與之晨出東方觜巂參爲對太陰在甲子刑德合東方宮常徙所不勝合四歲而離離十六歲而復合所以離者刑不得入中宮而徙於木太陰所居曰德辰爲刑德剛曰日倍因柔曰徙所不勝刑水辰之木木辰之水金火立其處凡徙諸神朱鳥在太陰前一鉤陳在後三元武在前五白虎在後六虛星乘鉤陳而天地襲矣凡日甲剛乙柔丙剛丁柔以至於癸木生於亥壯於卯死於未三辰皆木也火生於寅壯於午死於戌三辰皆火也土生於午壯於戌死於寅三辰皆土也金生於巳壯於酉死於丑三辰皆金也水生於申壯於子死於辰三辰皆水也故五勝生一壯五終九五九四十五故神四十五日而一徙以三應五八徙而歲終凡用太陰左前刑右背德擊鉤陳之衝辰以戰必勝以攻必克欲知天道以日爲主六月當心左周而行分而爲十二月與日相當天地重襲後必無殃星正月建營室二月建奎婁三月建胃四月建畢五月建東井六月建張七月建翼八月建亢九月建房十月建尾十一月建牽牛十二月建虛

太陰治春則欲行柔惠溫凉太陰治夏則欲布施宣明太陰治秋則欲修備繕兵太陰治冬則欲猛毅剛彊三歲而改節六歲而易常故三歲而一饑六歲而一衰十二歲而一康

時則訓

孟春之月招搖指寅昏參中旦尾中其位東方其日甲乙盛德在木其蟲鱗其音角律中太蔟其數八其味酸其臭羶其祀戶祭先脾東風解凍蟄蟲始振蘇魚上負冰獺祭魚候鴈北天子衣青衣乘蒼龍服蒼玉建青旗食麥與羊服八風水爨萁燧火東宮御女青色衣青采鼓琴瑟其兵矛其畜羊朝於青陽左个以出春令布德施惠行慶賞省徭賦立春之日天子親率三公九卿大夫以迎歲於東郊修除祠位幣禱鬼神犧牲用牡禁伐木毋覆巢殺胎夭毋麛毋卵毋聚衆置城郭掩骼薶骴孟春行夏令則風雨不時草木早落國有恐行秋令則其民大疫飄風暴雨總至藜莠蓬蒿並興行冬令則水潦爲敗雨霜大雹首稼不入正月官司空其樹楊仲春之月招搖指卯昏弧中旦建星中其位東方其日甲乙其蟲鱗其音角律中夾鍾其數八其味酸其臭羶其祀戶祭先脾始雨水桃李始華鶬鶊鳴鷹化爲鳩天子衣青衣乘蒼龍服蒼玉建青旗食麥與羊服八風水爨萁燧火東宮御女青色衣青采鼓琴瑟其兵矛其畜羊朝於青陽太廟命有司省囹圄去桎梏毋笞掠止獄訟養幼小存孤獨以通句萌擇元日令民社是月也日夜分雷始發聲蟄蟲咸動蘇先雷三日振鐸以令於兆民曰雷且發聲有不戒其容止者生子不備必有凶災令官市同度量鈞衡石角斗稱端權概毋竭川澤毋漉陂池毋焚山林毋作大事以妨農功祭不用犧牲用圭璧更皮幣仲春行秋令則其國大水寒氣總至寇戎來征行冬令則陽氣不勝麥乃不熟民多相殘行夏令則其國大旱煖氣早來蟲螟爲害二月官倉其樹杏季春之月招搖指辰昏七星中旦牽牛中其位東方其日甲乙其蟲鱗其音角律中姑洗其數八其味酸其臭羶其祀戶祭先脾桐始華田鼠化爲鴽虹始見萍始生天子衣青衣乘蒼龍服蒼玉建青旗食麥與羊服八風水爨萁燧火東宮御女青色衣青采鼓琴瑟其兵矛其畜羊朝於青陽右个舟牧覆舟五覆五反乃言具於天子天子焉始乘舟薦鮪於寢廟乃爲麥祈實是月也生氣方盛陽氣發泄句者畢出萌者盡達不可以內天子命有司發囷倉助貧窮振乏絕開府庫出幣帛使諸侯聘名士禮賢者命司空時雨將降下水上騰循行國邑周視原野修利隄防導通溝瀆達路除道從國始至境止田獵罼弋罝罘羅罔餧毒之藥毋出九門乃禁野虞毋伐桑柘鳴鳩奮其羽戴鵀降於桑具樸曲筥筐后妃齋戒東鄉親桑省婦使勸蠶事命五庫令百工審金鐵皮革筋角箭幹脂膠丹漆無有不良擇下旬吉日大合樂致歡欣乃合纍牛騰馬游牝於牧令國儺九門磔攘以畢春氣行是月令甘雨至三旬季春行冬令則寒氣時發草木皆肅國有大恐行夏令則民多疾疫時雨不降山陵不登行秋令則天多沉陰淫雨早降兵革並起三月官鄉其樹李孟夏之月招搖指巳昏翼中旦婺女中其位南方其日丙丁盛德在火其蟲羽其音徵律中仲呂其數七其味苦其臭焦其祀竈祭先肺螻蟈鳴丘蚓出王瓜生苦菜秀天子衣赤衣乘赤騮服赤玉建赤旗食菽與雞服八風水爨柘燧火南宮御女赤色衣赤采吹竽笙其兵戟其畜雞朝於明堂左个以出夏令立夏之日天子親率三公九卿大夫以迎歲於南郊還乃賞賜封諸侯修禮樂饗左右命太尉贊傑俊選賢良舉孝弟行爵出祿佐天長養繼修增高無有隳壞毋興土功毋伐大樹令野虞行田

原勸農事驅獸畜勿令害穀天子以彘嘗麥先薦寢廟聚畜百藥靡草死麥秋至決小罪斷薄刑孟夏行秋令則苦雨數來五穀不滋四鄙入保行冬令則草木早枯後乃大水敗壞城郭行春令則蝗蟲爲敗暴風來格秀草不實四月官田其樹桃仲夏之月招搖指午昏亢中旦危中其位南方其日丙丁其蟲羽其音徵律中蕤賓其數七其味苦其臭焦其祀竈祭先肺小暑至螳蜋生鵙始鳴反舌無聲天子衣赤衣乘赤騮服赤玉載赤旗食菽與雞服八風水爨柘燧火南宮御女赤色衣赤采吹竽笙其兵戟其畜雞朝於明堂太廟命樂師修鞀鞞琴瑟管簫調竽笙飾鐘磬執干戚戈羽命有司爲民祈祀山川百原大雩帝用盛樂天子以雛嘗黍羞以含桃先薦寢廟禁民無刈藍以染毋燒灰毋暴布門閭無閉關市無索挺重囚益其食存鰥寡振死事游牝別其羣執騰駒班馬政日長至陰陽爭死生分君子齋戒愼身無躁節聲色薄滋味百官靜事無徑以定晏陰之所成鹿角解蟬始鳴半夏生木菫榮禁民無發火可以居高明遠眺望登丘陵處臺榭仲夏行冬令則雹霰傷穀道路不通暴兵至行春令則五穀不熟百螣時起其國乃饑行秋令則草木零落果實蚤成民殃於疫五月官相其樹榆季夏之月招搖指未昏心中旦奎中其位中央其日戊己盛德在土其蟲蠃其音宮律中黃鐘之宮其數五其味甘其臭香其祀中霤祭先心凉風始至蟋蟀居奧鷹乃學習腐草化爲蚈天子衣苑黃乘黃騮服黃玉建黃旗食稷與牛服八風水爨柘燧火中宮御女黃色衣黃采其兵劍其畜牛朝於中宮乃

命漁人伐蛟取鼉登龜取黿令滂人入材葦命四監大夫令百縣之秩芻以養犧牲以共皇天上帝名山大川四方之神宗廟社稷爲民祈福行惠令弔死問疾存視長老行稃鬻厚席蓐以送萬物歸也命婦官染采黼黻文章青黃白黑莫不質良以給宗廟之服必宣以明是月也樹木方盛勿敢斬伐不可以合諸侯起土功動衆興兵必有大殃土潤溽暑大雨時行利以殺草糞田疇以肥土疆季夏行春令則穀實解落多風欬民乃遷徙行秋令則丘隰水潦稼穡不熟乃多女災行冬令則風寒不時鷹隼蚤摯四鄙入保六月官少內其樹梓孟秋之月招搖指申昏斗中旦畢中其位西方其日庚辛盛德在金其蟲毛其音商律中夷則其數九其味辛其臭腥其祀門祭先肝凉風至白露降寒蟬鳴鷹乃祭鳥用始行戮天子衣白衣乘白駱服白玉建白旗食麻與犬服八風水爨柘燧火西宮御女白色衣白采撞白鐘其兵戈其畜狗朝於總章左个以出秋令求不孝不悌戮暴傲悍而罰之以助損氣立秋之日天子親率三公九卿大夫以迎秋於西郊還乃賞軍率武人於朝命將率選卒厲兵簡練傑俊專任有功以征不義詰誅暴慢順彼四方命有司修法制繕囹圄禁姦塞邪審決獄平詞訟天地始肅不可以贏是月農始升穀天子嘗新先薦寢廟命百官始收斂完隄防謹障塞以備水潦修城郭繕宮室毋以封侯立大官行重幣出大使行是月令凉風至三旬孟秋行冬令則陰氣大勝介蟲敗穀戎兵乃來行春令則其國乃旱陽氣復還五穀無實行夏令則冬多火災寒暑不節民多瘧疾七月官

庫其樹楝仲秋之月招搖指酉昏牽牛中旦觜巂中其位西方其日庚辛其蟲毛其音商律中南呂其數九其味辛其臭腥其祀門祭先肝凉風至候鴈來元鳥歸羣鳥翔天子衣白衣乘白駱服白玉建白旗食麻與犬服八風水爨柘燧火西宮御女白色衣白采撞白鐘其兵戈其畜犬朝於總章太廟命有司申嚴百刑斬殺必當無或枉撓決獄不當反受其殃是月也養長老授几杖行糜鬻飲食乃命宰祝行犧牲案芻豢視肥臞全粹察物色課比類量小大視少長莫不中度天子乃儺以御秋氣以犬嘗麻先薦寢廟是月可以築城郭建都邑穿竇窖修囷倉乃命有司趣民收斂畜采多積聚勸種宿麥若或失時行罪無疑是月也雷始收聲蟄蟲培戶殺氣浸盛陽氣日衰水始涸日夜分一度量平權衡正鈞石角斗稱理關市來商旅入貨財以便民事四方來集遠方皆至財物不匱上無乏用百事乃遂仲秋行春令則秋雨不降草木生榮國有大恐行夏令則其國乃旱蟄蟲不藏五穀皆復生行冬令則風災數起收雷先行草木蚤死八月官尉其樹柘季秋之月招搖指戌昏虛中旦柳中其位西方其日庚辛其蟲毛其音商律中無射其數九其味辛其臭腥其祀門祭先肝候鴈來賓雀入大水爲蛤菊有黃華豺乃祭獸戮禽天子衣白衣乘白駱服白玉建白旗食麻與犬服八風水爨柘燧火西宮御女白色衣白采撞白鐘其兵戈其畜犬朝於總章右个命有司申嚴號令百官貴賤無不務入以會天地之藏無有宣出乃命冢宰農事備收舉五穀之要藏帝籍之收於神倉是月也霜始降百工休

乃命有司曰寒氣總至民力不堪其皆入室上丁入學習吹大饗帝嘗犧牲合諸侯制百縣爲來歲受朔日與諸侯所稅於民輕重之法貢賦之數以遠近地里所宜爲度乃教於田獵以習五戎命太僕及七騶咸駕載旌授車以級皆正設於屏外司徒搢扑北嚮以贊之天子乃厲服廣飾執弓操矢以獵命主祠祭禽四方是月草木黃落乃伐薪爲炭蟄蟲咸俛乃趨獄刑毋留有罪收祿秩之不當供養之不宜者通路除道從境始至國而后已是月天子乃以犬嘗麻先薦寢廟季秋行夏令則其國大水冬藏殃敗民多鼽窒行冬令則國多盜賊邊境不寧土地分裂行春令則煖風來至民氣解惰師旅並興九月官候其樹槐孟冬之月招搖指亥昏危中旦七星中其位北方其日壬癸盛德在水其蟲介其音羽律中應鐘其數六其味鹹其臭腐其祀井祭先腎水始冰地始凍雉入大水爲蜃虹藏不見天子衣黑衣乘元驪服元玉建元旗食黍與彘服八風水爨松燧火北宮御女黑色衣黑采擊石磬其兵鍛其畜彘朝於元堂左个以出冬令命有司修羣禁禁外徙閉門閭大捜客斷罰刑殺當罪阿上亂法者誅立冬之日天子親率三公九卿大夫以迎歲於北郊還乃賞死事存孤寡是月命太祝禱祀神位占龜策審卦兆以察吉凶於是天子始裘命百官謹蓋藏命司徒行積聚修城郭警門閭修楗閉慎管籥固封璽修邊境完要塞絕蹊徑飾喪紀審棺槨衣衾之厚薄營丘壟之小大高庳使貴賤卑尊各有等級是月也工師效功陳祭器案度呈堅致爲上工事苦慢作爲淫巧必行其罪是月也大飲

蒸天子祈來年於天宗大禱祭於公社畢饗先祖勞農夫以休息之命將率講武肄射御角力勁乃命水虞漁師收水泉池澤之賦毋或侵牟孟冬行春令則凍閉不密地氣發泄民多流亡行夏令則多暴風方冬不寒蟄蟲復出行秋令則雪霜不時小兵時起土地侵削十月官司馬其樹檀仲冬之月招搖指子昏壁中旦軫中其位北方其日壬癸其蟲介其音羽律中黃鐘其數六其味鹹其臭腐其祀井祭先腎冰益壯地始坼鶡鴠不鳴虎始交天子衣黑衣乘鐵驪服元玉建元旗食黍與彘服八風水爨松燧火北宮御女黑色衣黑采擊石磬其兵鍛其畜彘朝於元堂太廟命有司曰土事無作無發室居及起大衆是謂發天地之藏諸蟄則死民必疾疫又隨以喪急捕盜賊誅淫泆詐僞之人命曰暢月命奄尹申宮令審門閭謹房室必重閉省婦事乃命大酋秫稻必齊麴蘖必時湛熺必潔水泉必香陶器必良火齊必得無有差忒天子乃命有司祀四海大川名澤是月也農有不收藏積聚牛馬畜獸有放失者取之不詰山林藪澤有能取疏食田獵禽獸者野虞教導之其有相侵奪罪之不赦是月也日短至陰陽爭君子齋戒處必掩身欲靜去聲色禁嗜欲寧身體安形性是月也荔挺出芸始生丘蚓結麋角解水泉動則伐樹木取竹箭能官之無事器之無用者涂闕庭門閭築囹圄所以助天地之閉仲冬行夏令則其國乃旱氛霧冥冥雷乃發聲行秋令則其時雨水瓜瓠不成國有大兵行春令則蝗螟爲敗水泉咸竭民多疥癘十一月官都尉其樹棗季冬之月招搖指丑昏婁中旦氐中其位

北方其日壬癸其蟲介其音羽律中大呂其數六其味鹹其臭腐其祀井祭先腎鴈北鄉鵲加巢雉雊雞呼卵天子衣黑衣乘鐵驪服元玉建元旗食麥與彘服八風水爨松燧火北宮御女黑色衣黑采擊石磬其兵鍛其畜彘朝於元堂右个命有司大儺磔出土牛命漁師始漁天子親往射漁先薦寢廟令民出五種令農計耦耕事修耒耜具田器命樂師大合吹而罷乃命四監收秩薪以供寢廟及百祀之薪燎是月也日窮於次月窮於紀星周於天歲將更始令靜農民無有所使天子乃與公卿大夫飭國典論時令以待嗣歲之宜乃命太史次諸侯之列賦之犧牲以供皇天上帝社稷之芻享乃命同姓之國供寢廟之芻豢卿士大夫至於庶民供山林名川之祀季冬行秋令則白露早降介蟲爲祅四鄙入保行春令則胎夭傷國多痼疾命之曰逆行夏令則水潦敗國時雪不降冰凍消釋十二月官獄其樹櫟五位東方之極自碣石山過朝鮮貫大人之國東至日出之次榑木之地青土樹木之野太皞句芒之所司者萬二千里其令曰挺羣禁開閉闔通窮窒達障塞行優游棄怨惡解役罪免憂患休罰刑開關梁宣出財和外怨撫四方行柔惠止剛強南方之極自北戶孫之外貫顓頊之國南至委火炎風之野赤帝祝融之所司者萬二千里其令曰爵有德賞有功惠賢良救饑渴舉力農賑貧窮惠孤寡憂罷疾出大祿行大賞起毀宗立無後封建侯立賢輔中央之極自崑崙東絕兩恆山日月之所道江漢之所出衆民之野五穀之宜龍門河濟相貫以息壤堙洪水之州東至於碣石黃帝后土

之所司者萬二千里其令曰平而不阿明而不苛包裹覆露無不囊懷溥氾無私正靜以和行稃鬻養老衰弔死問疾以送萬物之歸西方之極自崑崙絕流沙沈羽西至三危之國石城金室飲氣之民不死之野少皞蓐收之所司者萬二千里其令曰審用法誅必辠備盜賊禁姦邪飾羣牧謹貯聚修城郭補決竇塞蹊徑遏溝瀆止流水雝谿谷守門閭陳兵甲選百官誅不法北方之極自九澤窮夏晦之極北至令正之谷有凍寒積冰雪雹霜霰漂潤羣水之野顓頊元冥之所司者萬二千里其令曰申羣禁固閉藏修障塞繕關梁禁外徙斷罰刑殺當罪閉關閭大搜客止交游禁夜樂蚤閉晏開以塞姦人已得執之必固天節已幾刑殺無赦雖有盛尊之親斷以法度毋行水毋發藏毋釋罪六合孟春與孟秋爲合仲春與仲秋爲合季春與季秋爲合孟夏與孟冬爲合仲夏與仲冬爲合季夏與季冬爲合孟春始贏孟秋始縮仲春始出仲秋始內季春大出季秋大內孟夏始緩孟冬始急仲夏至修仲冬至短季夏德畢季冬刑畢故正月失政七月涼風不至二月失政八月雷不藏三月失政九月霜不降四月失政十月不凍五月失政十一月蟄蟲冬出其鄉六月失政十二月草木不脫七月失政正月大寒不解八月失政二月雷不發九月失政三月春風不濟十月失政四月草木不實十一月失政五月下雹霜十二月失政六月五穀疾狂春行夏令泄行秋令水行冬令肅夏行春令風行秋令蕪行冬令格秋行夏令華行春令榮行冬令耗冬行春令泄行夏令旱行秋令霧制度陰陽大制有六度天爲繩地爲準春爲規夏爲衡秋爲矩冬爲權繩者所以繩萬物也準者所以準萬物也規者所以員萬物也衡者所以平萬物也矩者所以方萬物也權者所以權萬物也繩之爲度也直而不爭修而不窮久而不弊遠而不忘與天合德與神合明所欲則得所惡則亡自古及今不可移匡厥德孔密廣大以容是故上帝以爲物宗準之爲度也平而不險均而不阿廣大以容寬裕以和柔而不剛銳而不挫流而不滯易而不穢發通而有紀周密而不泄準平而不失萬物皆平民無險謀怨惡不生是故上帝以爲物平規之爲度也轉而不復員而不垸優而不縱廣大以寬感動有理發通有紀優優簡簡百怨不起規度不失生氣乃理衡之爲度也緩而不後平而不怨施而不德弔而不責常平民祿以繼不足教教陽陽唯德是行養長化育萬物蕃昌以成五穀以實封疆其政不失天地乃明矩之爲度也肅而不悖剛而不憒取而無怨內而無害威厲而不懾令行而不廢殺伐既得仇讎乃克矩正不失百誅乃服權之爲度也急而不贏殺而不割充滿以實周密而不泄敗物而弗取罪殺而不赦誠信以必堅慤以固糞除苛慝不可以曲故冬正將行必弱以強必柔以剛權正而不失萬物乃藏明堂之制靜而法準動而法繩春治以規秋治以矩冬治以權夏治以衡是故燥濕寒暑以節至甘雨膏露以時降

主術訓

人君上因天時下盡地財中用人力是以羣生遂長五穀蕃殖教民養育六畜以時種樹務修田疇滋植桑麻肥磽高下各因其宜丘陵阪險不生五穀者以樹竹木春伐枯槁夏取果蓏秋畜疏食冬伐薪蒸以爲民資是故生無乏用死無轉尸故先王之政四海之雲至而修封疆蟇鳴燕降而達路除道陰降百泉則修橋梁昏張中則務種穀大火中則種黍菽虛中則種宿麥昴中則收斂畜積伐薪木所以應時修備富國利民實曠來遠者其道備矣

春秋繁露

官制象天篇

王者制官三公九卿二十七大夫八十一元士凡百二十人而列臣備矣吾聞聖王所取儀金天之大經三起而成四轉而終官制亦然者此其儀與三人而爲一選儀於三月而爲一時也四選而止儀於四時而終也三公者王之所以自持也天以三成之王以三自持立成數以爲植而四重之其可以無失矣備天數以參事治謹於道之意也此百二十臣者皆先王之所與直道而行也故天子自參以三公三公自參以九卿九卿自參以三大夫三大夫自參以三士三人爲選者四重自三之道以治天下若天之四重自三之時以終始歲也一陽而三春非自三之時與而天四重之其數同矣天有四時時三月王者四選選三臣是故有孟仲季一時之精也有上下中一選之精也三臣而爲一選四選而止人情盡矣人之材固有四選如天之時有四變也聖人爲一選君子爲一選善人爲一選正人爲一選由此而下者不足選也四選之中各有節也是故天選四堤（一作堪）十二而人變盡矣盡人之變合之天唯聖人者能之所以立

王事也何謂天之大經三起而成日三日而成規三旬而成月三月而成時三時而成功寒暑與和三而成物日月與星三而成光天地與人三而成德由此觀之三而一成天之大經也以此爲天制是故禮三讓而成一節官三人而成一選凡四爲一選三卿爲一選三大夫爲一選三士爲一選凡四選三臣應天之制比四時之三月也是故其以三爲選取諸天之經其以時四爲制取諸天之時其以十二臣爲一條取諸歲之度其至十條而止取之天端何謂天之端曰天有十端十端止而已天爲一端地爲一端陰爲一端陽爲一端火爲一端金爲一端木爲一端水爲一端土爲一端人爲一端凡十端而畢天之數也天數畢于十王者受十端于天而一條條之畢每條一端以十二時如天之每終一歲以十二月也十者天之數也十二者歲之度也用歲之度條天之數十二而天數畢是終故十歲百用百二十月條十端亦用百二十臣以率彼之皆合于天其率三臣而成一愼故八十一元士爲二十七愼以持二十七大夫二十七大夫爲九愼而持九卿九卿爲三愼以持三公三公爲一愼以持天子天子積四十以爲四選選十愼三臣皆天數也是故以四選率之則選三十人三四十二人百二十亦天數也以十端四選十端積四十愼愼三臣四十二百二十人亦天數也以三公之勞率之則公四十人三四十二百二十人亦天數也故散而名之爲百二十臣選而賓之爲十二長所以名之雖多莫若謂之四選十二長然而分別率之皆有所合無不中天數者也求天數之微莫若于人人之身有四肢每肢有三節三四十二十二節相持而形體立矣天有四時每一時有三月三四十二十二月相受而歲數終矣官有四選每一選有三人三四十二十二臣相參而事治行矣以此見天之數人之形官之制相參相得也人之與天多此類者皆微忽不可不察也天地之理分一歲之變以爲四時四時亦爲天之四選已是故春者少陽之選也夏者太陽之選也秋者少陰之選也冬者太陰之選也四選之中各有孟仲季是選之中有選故一歲之中有四時一時之中有三長天之節也人生于天而體天之節故亦有大小厚薄之節人之氣也先王因人之氣而分其變以爲四選是故三公之位聖人之選也三卿之位君子之選也三大夫之位善人之選也三士之位正直之選也分人之變以爲四選選立三臣如天之分歲之變以爲四時時有三節也天以四時之選與十二節相和而成就歲王以四時之選與十二相砥礪而致極道必極于其所至然後能得天地之美也

陰陽出入上下篇

天道大數相反之物也不得俱出陰陽是也春出陽而入陰秋出陰而入陽夏右陽而左陰冬右陰而左陽陰出則陽入陽入則陰出陰右則陽左陰左則陽右是故春俱南秋俱北不同道夏交于前冬交于後不同理並行而不相亂澆滑而各持分此之謂天之意而何以從事天之道初薄大冬陰陽各從一方來而移于後陰由東方來西陽由西方來東至于中冬之月相遇北方合而爲一謂之曰至別而相去陰適右陽適左適左者其道順適右者其道逆逆氣左上順氣右下故下煖而上寒以此見天之冬右陰而左陽也上所右而下所左也冬月盡而陰陽俱南還陽南還出于寅陰南還入于戌此陰陽所始出地入地之見處也至于中春之月陽在正東陰在正西謂之春分春分者陰陽相半也故晝夜均而寒暑平陰日損而隨陽陽日益而鴻故爲燒熱初得大夏之月相遇南方合而爲一謂之日至別而相去陽適右陰適左適右由下適左由上上暑而下寒以此見天之夏右陽而左陰也上其所右下其所左夏月盡而陰陽俱北還陽北還而入于申陰北還而入于辰此陰陽之所始出地入地之見處也至于中秋之月陽在正西陰在正東謂之秋分秋分者陰陽相半也故晝夜均而寒暑平陽日損而隨陰陰日益而鴻故至于季秋而始霜至于孟冬而始大寒下雪而物咸成大寒而物畢藏天地之功終矣

治水五行篇

日冬至七十二日木用事其氣燥濁而青七十二日火用事其氣慘陽而赤七十二日土用事其氣溫濁而黃七十二日金用事其氣慘淡而白七十二日水用事其氣清寒而黑七十二日復得木木用事則行柔惠誕羣禁至於立春出輕繫去稽留除桎梏開閉闔通障塞存幼孤矜寡獨無伐木火用事則正封疆循田疇至於立夏舉賢良封有德賞有功出使四方無縱火土用事則養長老存幼孤矜寡獨賜孝悌施恩澤無興土功金用事則修城郭繕牆垣審羣禁飭甲兵警百官誅不法存長老無焚金石水用事則閉門閭大搜索斷刑罰執當罪飭梁關禁外徙毋決池

隄

五行五事篇

王者與臣無禮貌不肅敬則木不曲直而夏多暴風風者木之氣也其音角也故應之以暴風王者言不從則金不從革而秋多霹靂霹靂者金氣也其音商也故應之以霹靂王者視不明則火不炎上而秋多電電者火氣也其音徵也故應之以電王者聽不聰則水不潤下而春夏多暴雨雨者水氣也其音羽也故應之以暴雨王者心不能容則稼穡不成而秋多雷雷者土之氣也其音宮也故應之以雷

王者能欲則春氣得故肅肅者主春春陽氣微萬物柔易移弱可化于時陰氣爲賊故王者欽欽不以議陰事然後萬物遂生而木曲直也春行秋政則草木彫行冬政則雪行夏政則殺春失政則有闕文

王者能治則義立義立則秋氣得故義者主秋秋氣始殺王者行小刑罰民不犯則禮義成於時陽氣爲賊故王者輔以官牧之事然後萬物成熟秋草木不榮華金從革也秋行春政則華行夏政則喬行冬政則落秋失政則春大風不解雷不發

王者能知則知善惡知善惡則夏氣得故哲者主夏夏陽氣始盛萬物兆長王者不揜明則道不退塞而夏至之後大暑隆萬物茂育懷任王者恐明不知賢不肖分明白黑於時寒爲賊故王者輔以賞賜之事然後夏草木不霜火炎上也夏行春政則風行秋政則水行冬政則落夏失政則冬不凍冰五穀不藏大寒不解

王者無失謀然後冬氣得故謀者主冬冬陰氣始盛草木必死王者能聞事審謀慮之則不侵伐不侵伐且殺則死者不恨生者不怨冬日至之後大寒降萬物藏于下於時暑爲賊故王者輔之以急斷之事水潤下也冬行夏政則蒸行春政則雷行秋政則旱冬失政則夏草木不實霜五穀疾枯

白虎通

八風篇

風者何謂也風之爲言萌也養物成功所以象八卦陽生於五極於九五九四十五日變變以爲風陰合陽以生風也距冬至四十五日條風至條者正也四十五日明庶風至明庶者迎衆也四十五日清明風至清明者清芒也四十五日景風至景大也陽氣長養四十五日涼風至涼寒也行陰氣也四十五日昌盍風至戒收藏也四十五日不周風至不周者不交也陰陽未合化也四十五日廣莫風至廣莫者大也同陽氣也故曰條風至地暖明庶風至萬物產清明風至物形乾景風至棘造實涼風至黍禾乾昌盍風至生薺麥不周風至蟄蟲匿廣莫風至則萬物伏是以王者承順之條風至則出輕刑解稽留明庶風至則修封疆理田疇清明風至出幣帛使諸侯景風至則爵有德封有功涼風至報地德化四鄉昌盍風至則申象刑飾囷倉不周風至則築宮室修城郭廣莫風至則斷大辟行獄刑

博雅

月衡

正月不溫七月不涼二月不風八月雷不藏三月風不衰九月無降霜四月雷不見十月蟄蟲行五月陽暑不蒸十一月不合凍六月浮雲不布十二月草不衰七月白露不降正月有微霜八月浮雲不歸二月雷不行九月物不凋三月草木傷十月流火不定四月蛕蟲不育十一月寒不降五月雨雹十二月萌類不見六月五穀不實

明胡氏易經傳注

說卦

玉齋胡氏曰嘗因鄒子冬至子半之說推之以卦分配節候復爲冬至子之半頤屯益爲小寒丑之初震噬嗑隨爲大寒丑之半无妄明夷爲立春寅之初賁既濟家人爲雨水寅之半豐離革爲驚蟄卯之初同人臨爲春分卯之半損節中孚爲清明辰之初歸妹睽兌爲穀雨辰之半履泰爲立夏巳之初大畜需小畜爲小滿巳之半大壯大有夬爲芒種午之初至乾之末交夏至午之半焉此三十二卦皆進而得夬震離兌乾巳生之卦也姤爲夏至午之半大過鼎恆爲小暑未之初巽井蠱爲大暑未之半升訟爲立秋申之初困未濟解爲處暑申之半渙坎蒙爲白露酉之初師遯爲秋分酉之半咸旅小過爲寒露戌之初漸蹇艮爲霜降戌之半謙否爲立冬亥之初萃晉豫爲小雪亥之半觀比剝爲大雪子之初至坤之末交冬至子之半焉此三十二卦皆進而得夬巽坎艮坤未生之卦也二分二至四立總爲八節每節各計兩卦如坤復爲冬至无妄明夷爲立春同人臨爲春分之類是也其十六氣每氣各計三卦如頤屯益爲小寒至觀比剝爲大雪之類是也八節計十六卦十六氣計四十八卦合之爲六十四卦此以卦配氣者然也

欽定古今圖書集成曆象彙編歲功典

第七卷目錄

歲功典第七卷

歲功總部總論

易經

乾卦

文言曰元者善之長也亨者嘉之會也利者義之和也貞者事之幹也

本義 元者生物之始天地之德莫先於此故於時爲春於人則爲仁而衆善之長也亨者生物之通物至於此莫不嘉美故於時爲夏於人則爲禮而衆美之會也利者生物之遂物各得宜不相妨害故於時爲秋於人則爲義而得其分之和貞者生物之成實理具備隨在各足故於時爲冬於人則爲智而爲衆事之幹幹木之身枝葉所依以立者也

豫卦

彖曰天地以順動故日月不過而四時不忒

程傳 天地之運以其順動所以日月之度不過差四時之行不愆忒 大全 厚齋馮氏曰日月之行景長不過南陸短不過北陸故分至啓閉不差其序以順陰陽之氣而動也

恆卦

彖曰四時變化而能久成

程傳 四時陰陽之氣耳往來變化生成萬物亦以得天故常久不已

革卦

彖曰天地革而四時成

程傳 天地陰陽推遷改易而成四時萬物於是生長成終各得其宜革而後四時成也 易解 乾始於坎而終於離坤始於離而終於坎乾終而坤革之地革天也陽極生陰乃爲寒坤終而乾革之天革地也陰極生陽乃爲暑天地相革寒暑相成是亦水火相息也坎冬離夏震春兌秋四時也故曰天地革而四時成

書經

舜典

協時月正日

注 合四時之氣節月之大小日之甲乙使齊一也

疏 周禮太史云正歲年頒告朔于邦國則節氣晦朔皆天子頒之世本云容成作曆大撓作甲子二人皆黃帝之臣蓋自黃帝以來始作甲子紀日每六十日甲子一周

皋陶謨

百工惟時撫于五辰庶績其凝

蔡傳 五辰四時也木火金水旺于四時而土則寄旺于四季也

洪範

四五紀一曰歲二曰月三曰日四曰星辰五曰曆數

疏 五紀者五事爲天時之經紀也一曰歲從冬至以及明年冬至爲一歲所以紀四時也二曰月從朔至晦大月三十日小月二十九日所以紀一月也三曰日從夜半以至明日夜半周十二辰爲一日所以紀一日也四曰星辰星謂二十八宿昏明迭見辰謂日月別行會於宿度從子至於亥爲十二辰星以紀節氣早晚辰以紀日月所會處也五曰曆數算日月行道所歷計氣朔早晚之數所以

爲一歲之曆凡此五者皆所以紀天時故謂之五紀也五紀不言時者以歲月氣節正而四時亦自正時隨月變非曆所推故不言時也

王省惟歲卿士惟月師尹惟日

注 王所省職兼所總羣吏如歲兼四時卿士各有所掌如月之有別衆正官之吏分治其職如日之有歲月

日月之行則有冬有夏

蔡傳 日極南至於牽牛則爲冬至極北至於東井則爲夏至南北中東至角西至婁則爲春秋分月立春春分從青道立秋秋分從白道立冬冬至從黑道立夏夏至從赤道所謂日月之行則有冬有夏也

禮記

王制

天子諸侯宗廟之祭春曰礿夏曰禘秋曰嘗冬曰烝

注 此蓋夏殷之祭名周則改之春曰祠夏曰礿以禘爲殷祭詩小雅曰礿祠烝嘗于公先王此周四時祭宗廟之名 疏 春曰礿者皇氏云礿薄也春物未成其祭品鮮薄也孫炎云礿者新菜可礿夏曰禘者皇氏云禘者次第也夏時物雖未成宜依時次第而祭之秋曰嘗者白虎通云嘗者新穀熟而嘗之冬曰烝者烝者衆也冬之時物成者衆孫炎云烝進也進品物也

庶人春薦韭夏薦麥秋薦黍冬薦稻韭以卵麥以魚黍以豚稻以鴈

注 庶人無常牲取與新物相宜而已 疏 言相宜者謂四時之間有此牲穀兩物俱有故云相宜若牛宜稌羊宜黍之屬是也

司會以歲之成質于天子冢宰齊戒受質大樂正大司寇市三官以其成從質于天子大司徒大司馬大司空齊戒受質百官各以其成質于三官大司徒大司馬大司空以百官之成質于天子百官齊戒受質然後休老勞農成歲事制國用

疏 司會以歲之成質于天子司會總主羣官治要故以一歲治要之成質于天子質平也謂奏上文簿聽天子平量之冢宰齊戒受質者冢宰是貳王治事故亦齊戒贊王受羣官所平之事謂共王論定也大樂正大司寇市三官以其成從質于天子者謂此三官各以其當司成要隨從司會平于天子以周法言之司會總主羣官簿書則司徒司馬司空簿書亦司會掌之質于天子所以下文司徒司馬司空各質于天子不由司會惟大樂正大司寇市三官從司會質于天子者司會總主治要先質于王若今時先申帳目樂正司寇司市當司事少即從司會以質于王其司徒司馬司空總主萬民其事既大雖司會進其治要仍須各受質屬官親自質于天子百官齊戒受質以司徒司馬司空質于天子天子平斷畢當須報于下故在下百官齊戒受天子所平之要然後休老勞農者即十月蜡祭之時飲酒勞農也成歲事者斷定計要一歲事成乃制來歲之國用故云制國用也

禮運

五行之動迭相竭也五行四時十二月還相爲本也

注 竭猶負戴也言五行運轉更相爲始也 疏 物之在人上謂之負戴氣之過去在上者其在下者亦負戴也春爲木王負戴于水夏爲火王負戴于木秋爲金王負戴于火冬爲水王負戴于金更相爲始負戴前氣也五行四時十二月還相爲本也猶若孟春則建寅之月爲諸月之本仲春則以建卯之月爲諸月之本是還迴迭相爲本也

以陰陽爲端

疏 端猶首也用天地爲根本又用陰陽爲端首也猶如劍戟以近柄處爲根本以鋒杪爲端首也聖人制法左右陰陽及賞以春夏刑以秋冬是法陰陽爲端首也

以四時爲柄

疏 春生夏長秋斂冬藏是法四時爲柄也劍戟須柄而用之聖人爲教象須法四時而通也

以日星爲紀

疏 紀綱紀也日行有次度星有四方列宿分部昏明敬授民時是法日星爲綱紀也

月以爲量

疏 量猶分限也天之運行每三十日爲一月而聖人制教亦隨人之才分是法月爲教之限量也

五行以爲質

疏 質體也五行循迴不停周而復始聖人爲教亦循還復始是法五行爲體也

以陰陽爲端故情可睹也

疏 人情與陰陽相通今法陰陽爲教故人情無隱所以可睹見也

以四時爲柄故事可勸也

疏生長收藏隨時無失故民不假督勵而事自勸成也

以日星爲紀故事可列也

疏列猶次第也日中星鳥敬授民時無失早晚故民事有次第也

月以爲量故功有藝也

疏藝猶才也十二月限分猶人才各有所長聖人隨人才而教之則人竭其才之所長而爲功故云功有藝也

五行以爲質故事可復也

疏五行周而復始運迴無窮爲教法則此事必不絕故云可復復反也

郊特牲

故春禘而秋嘗春饗孤子秋食耆老

疏此明饗禘在春爲陽食嘗在秋爲陰也皇氏云春是生養之時故饗孤子取長養之義秋是成熟之時故食耆老取老成之義

明堂位

是故夏礿秋嘗冬烝春社秋省而遂大蜡天子之祭也

注不言春祠魯在東方王東巡守以春或闕之省讀爲獮獮秋田名也春田祭社秋田祀祊大蜡歲十二月索鬼神而祭之

祭義

是故君子合諸天道春禘秋嘗霜露既降君子履之必有悽愴之心非其寒之謂也春雨露既濡君子履之必有怵惕之心如將見之

注合於天道因四時之變化孝子感時念親則以此祭之也非其寒之謂謂悽愴及怵惕皆爲感時念親也

孔子閒居

天有四時春秋冬夏風雨霜露無非教也

疏言天春生夏長秋殺冬藏以風以雨以霜以露化養於物聖人則之事事倣法以爲教故云無非教也

鄉飲酒義

東方者春春之爲言蠢也產萬物者聖也南方者夏夏之爲言假也養之長之假之仁也西方者秋秋之爲言愁也愁之以時察守義者也北方者冬冬之爲言中也中者藏也

疏產萬物者聖也者聖之言升也東方產育萬物故爲春爲聖養之長之假之仁也者假大也謂養育萬物長之使大亦爲仁於五行春爲仁夏爲禮今春爲聖夏爲仁者春夏皆是生育長養俱有仁恩之義故此夏亦爲仁也聖既生物以生物于春如通明之聖故東方爲聖也各以義言之理亦通也中者藏也者此言北方主智亦爲信也若以五行言之則爲信若以其生長收藏言之則爲藏也

釋名

釋天

春蠢也動而生也

夏假也寬假萬物使生長也

秋緧也緧迫品物使時成也

冬終也物終成也

四時四方各一時時期也物之生死各應節期而止也

年進也進而前也

歲越也越故限也唐虞曰載載生物也殷曰祀祀巳也新氣升故氣已也

昏損也陽精損滅也

晨伸也旦而日光復伸見也

春秋繁露

陽尊陰卑篇

天之大數畢于十旬旬天地之間十而畢舉旬生長之功十而畢成十者天之數所止也是故陽氣以正月始出于地生育養長于上至其功必成矣而積十月人亦十月而生合于天數也是故十月而成人亦十月而成合于天道也故陽氣出于東北入于西北發于孟春畢于孟冬而物莫不應是陽始出物亦始出陽方盛物亦方盛陽初衰物亦初衰物隨陽而出入數隨陽而終始三王之正隨陽而更起以此見之貴陽而賤陰也

夫喜怒哀樂之發與淸煖寒暑其實一貫也喜氣爲煖而當春怒氣爲淸而當秋樂氣爲太陽而當夏哀氣爲太陰而當冬四氣者天與人所同有也非人所當畜也故可節而不可止也節之而順止之而亂人生於天而取化于天喜氣取諸春樂氣取諸夏怒氣取諸秋哀氣取諸冬四氣之心也四肢之各有處如四時寒暑不可移若肢體肢體移易其處謂之壬人寒暑移易其處謂之敗歲喜怒移易其處謂之亂世

明王正喜以當春正怒以當秋正樂以當夏正哀以當冬上下法此以取天之道春氣愛秋氣嚴夏氣樂冬氣哀愛氣以生物嚴氣以成功樂氣以養生哀氣以喪終天之志也是故春氣煖者天之所以愛而生之秋氣清者天之所以嚴而成之夏氣溫者天之所以樂而養之冬氣寒者天之所以哀而藏之春主生夏主養冬主藏秋主收生溉其樂以養死溉其哀以藏爲人子者也故四時之比父子之道天地之志君臣之義也陰陽理人之法也陰刑氣也陽德氣也陰始于秋陽始于春春之爲言猶偆偆也秋之爲言猶湫湫也偆偆者喜樂之貌也湫湫者憂悲之狀也是故春喜夏樂秋憂冬悲悲死而樂生以夏養春以冬喪秋大人之志也是故先愛而後嚴樂生而哀終天之常也而人資諸天大德而小刑也

天辯在人篇

陰陽之會一歲再遇于南方者以中夏遇于北方者以中冬冬喪物之氣也則其會于是何如金木水火各奉其所主以從陰陽相與一力而併功其實非獨陰陽也然而陰陽因之以起助其所主故少陽因木而起助春之生也太陽因火而起助夏之養也少陰因金而起助秋之成也太陰因水而起助冬之藏也陰雖與水并氣而合冬其實不同故水獨有喪而陰不與焉是以陰陽會于中冬者非者喪也春愛志也夏樂志也秋嚴志也冬哀志也故愛而有嚴樂而有哀四時之則也喜怒之禍哀樂之義不獨在人亦在于天而春夏之陽秋冬之陰不獨在天亦在于人人無春氣何以博愛而容衆人無秋氣何以立嚴而成功人無夏氣何以盛養而樂生人無冬氣何以哀死而恤喪天無喜氣亦何以暖而春生育天無怒氣亦何以清而秋殺就天無樂氣亦何以疎陽而夏養長天無哀氣亦何以激陰而冬閉藏故曰天乃有喜怒哀樂之行人亦有春夏秋冬之氣者合類之謂也匹夫雖賤而可以見德刑之用矣是故陰陽之行各六月遠近同度而所在異處陰之行春居東方秋居西方夏居空右冬居空左夏居空下冬居空上此陰之常處也陽之行春居上冬居下此陽之常處也陰終歲四移而陽常居實非親陽而疎陰任德而遠刑與

天地之行篇

天地之行美也是故春襲葛夏居密陰秋避殺冬風避重潔就其和也衣欲常漂食欲常饑體欲常勞而無長佚居多也凡天地之物乘以其泰而生厭于其勝而死四時之變是也故冬之水氣東加于春而木生乘其泰也春之生西至金而死厭于勝也生于木者至金而死生于金者至火而死春之所生而不得過秋秋之所生不得過夏天之數也飲食臭味每至一時亦有所勝有所不勝之理不可不察也四時不同氣氣各有所宜宜之所在其物代美視代美而代養之同時美者雜食之是皆其所宜也故薺以冬美而芬以夏成此可以見冬夏之所宜服矣冬水氣也薺甘味也乘于水氣而美者甘勝寒也薺之爲言濟與濟大水也夏火氣也芬苦味也乘于火氣而成者苦勝暑也天無所言而意以物物不與羣物同時而生死者必深察之是天所告人也故薺成告之甘芬成告之苦也君子察物而成告謹是以至薺不可食之時而盡遠甘物至芬成就也天獨所代之成者君子獨代之是冬夏之所宜也春秋雜物其和而冬夏代服其宜則當得天地之美四時和矣

威德所生篇

天有和有德有平有威有相受之意有爲政之理不可不審也春者天之和也夏者天之德也秋者天之平也冬者天之威也天之序必先和然後發德必先平然後發威可以見不和不可以發慶賞之德不平不可以發刑罰之威又可以見德生於和威生於平也不和無德不平無威天之道也起者以此見之矣我雖有所愉而喜必先和心以求其當然後發慶賞以立其德雖有所忿而怒必先平心以求其政然後發刑罰以立其威能常若是者謂之天德行天德者謂之聖人爲人主者居至德之位操殺生之勢以變化民民之從主也如草木之應四時也喜怒當寒暑威德當冬夏冬夏者威德之合也寒暑者喜怒之偶也喜怒之有時而當發寒暑亦有時而當出其理一也當喜而不喜猶當暑而不暑當怒而不怒猶當寒而不寒也當德而不德猶當夏而不夏也當威而不威猶當冬而不冬也喜怒威德之不可以不直處而發也如寒暑冬夏之不可不當其時而出也故謹善惡之端何以效其然也春秋采善不遺小掇惡不遺大諱而不隱罪而不忽以是非正理以褒貶喜怒之發威德之處無不皆中其應可以參寒暑冬夏之不失其時而已故曰聖人配天

如天之爲篇

陰陽之氣在上天亦在人在人者爲好惡喜怒在天

者爲暖清寒暑出入上下左右前後平行而不止未嘗有所稽畱滯鬱也其在人者亦宜行而無畱若四時之條條然也夫喜怒哀樂之止動也此天之所爲人性命者臨其時致上而欲發其應亦天應也與暖清寒暑之至其時而亦發無異若畱德而待春夏畱刑而待秋冬也此有順四時之名實逆于天地之經在人者亦天也奈何其久畱天氣使之鬱滯不得以其正周行也是故脫天行殺朽寅而秋生麥告除穢而繼乏也所以成功繼乏以贍人也天之生有大經也而所周行者又有害功也除而殺殛者行急皆不待時也天之志也而聖人承之以治是故春修仁而求善秋修義而求惡冬修刑而致清夏修德而致寬此所以順天地體陰陽然而方求善之時見惡而不釋方求惡之時見善亦立行方致清之時見大善亦立舉之方致寬之時見大惡亦立去之以效天地之方生之時有殺也方殺之時有生也是故志意隨天地緩急倣陰陽然而人事之宜行者無所鬱滯且恕于人順于天天人之道兼舉此謂執其中天非以春生人以秋殺人也當生者曰生當死者曰死非殺物之任擬神明亂世之所起亦博若是皆因天地之化以成敗物乘陰陽之資以任其所爲故爲惡怨人力而功傷名自過也

董膠西集

雨雹對

元光元年七月京師雨雹鮑敞問董仲舒曰雹何物也何氣而生之仲舒曰陰氣脅陽氣天地之氣陰陽相半和氣周廻朝夕不息陽德用事則和氣皆陽建巳之月是也故謂之正陽之月陰德用事則和氣皆陰建亥之月是也故謂之正陰之月十月陰雖用事而陰不孤立此月純陰疑于無陽故謂之陽月詩人所謂日月陽止者也四月陽雖用事而陽不獨存此月純陽疑于無陰故亦謂之陰月自十月巳後陽氣始生于地下漸冉流散故言息也陰氣轉收故言消也日夜滋生遂至四月純陽用事自四月巳後陰氣始生于天上漸冉流散故云息也陽氣轉收故言消也日夜滋生遂至十月純陰用事二月八月陰陽正等無多少也以此推移無有差慝運動抑揚更相動薄則熏蒿歊蒸而風雨雲霧雷電雪雹生焉氣上薄爲雨下薄爲霧風其噫也雲其氣也雷其相擊之聲也電其相擊之光也二氣之初蒸也若有若無若實若虛若方若圓攢聚相合其體稍重故雨乘虛而墜風多則合速故雨大而疎風少則合遲故雨細而密其寒月則雨凝於上體尚輕微而因風相襲故成雪焉寒有高下上暖下寒則上合爲大雨下凝爲冰霰雪是也雹霰之流也陰氣暴上雨則凝結成雹焉太平之世則風不鳴條開甲散萌而已雨不破塊潤葉津莖而已雷不驚人號令啓發而已電不眩目宣示光耀而已霧不塞望浸淫被泊而已雪不封條凌殄毒害而已雲則五色而爲慶三色而成矞露則結味而成甘結潤而成膏此聖人之在上則陰陽和風雨時也政多紕繆則陰陽不調風發屋雨溢河雪至牛目雹殺驢馬此皆陰陽相蕩而爲祲沴之妖也敞曰四月無陰十月無陽何以明陰不孤立陽不獨存邪仲舒曰陰陽雖異而所資一氣也陽用事此則氣爲陽陰用事此則氣爲陰陰陽之時雖異而二體常存猶如一鼎之水而未加火純陰也加火極熱純陽也純陽則無陰氣息火水寒則更陰矣純陰則無陽氣加火水熱則更陽矣然則建巳之月爲純陽不容都無復陰也但是陽家用事陽氣之極耳薺麥枯由陰殺也建亥之月爲純陰不容都無復陽也但是陰家用事陰氣之極耳薺麥始生由陽升也其尤者葶藶死於盛夏款冬花於嚴寒水極陰而有溫泉火至陽而有涼焰故知陰不得無陽陽不容都無陰也敞曰冬雨必暖夏雨必涼何也曰冬氣多寒陽氣自上躋故人得其暖而上蒸成雪矣夏氣多暖陰氣自下升故人得其涼而上蒸成雨矣敞曰雨既陰陽相蒸四月純陽十月純陰斯則無二氣相薄則不雨乎曰然純陽純陰雖在四月十月但月中之一日耳敞曰月中何日曰純陽用事未夏至一日純陰用事未冬至一日朔旦夏至冬至其正氣也敞曰然則未至一日其不雨乎曰然頗有之則妖也和氣之中自生災沴能使陰陽改節暖涼失度敞曰災沴之氣其常存邪曰無也時生耳猶乎人四支五藏中也有時及其病也四支五藏皆病也敞遷延負牆俛揖而退

白虎通

五行篇

東方者動方也萬物始動生也南方者任養之方萬物懷任也西方者遷方也萬物遷落也北方者伏方也萬物伏藏也少陽見寅寅者演也律中太蔟律之言率所以率氣令生也卯者茂也律中夾鍾衰於辰辰震也律中姑洗其日甲乙者萬物孚甲也乙者物

蕃屈有節欲出時爲春春之爲言偆偆動也位在東方其色青其音角角者氣動耀也其帝太皞皞者大起萬物擾也其神勾芒者物之始生其精青龍芒之爲言萌也陰中陽故太陽見於巳巳者物必起律中仲呂壯盛於午午物滿長律中蕤賓衰於未未味也律中林鍾其日丙丁者其物炳明丁者強也時之爲夏夏言大也位在南方其色赤其音徵徵止也陽度極也其帝炎帝者太陽也其神祝融祝融者屬續其精爲鳥離爲鸞故少陰見於申申者身也律中夷則壯於酉酉者老物收斂律中南呂衰於戌戌者滅也律中無射無射者無聲也其日庚辛庚者物更也辛者陰始成時爲秋秋之爲言愁亡也其位西方其色白其音商商者強也其帝少皞少皞者少斂也其神蓐收蓐收者縮也其精白虎虎之爲言搏討也故太陰見於亥亥者仰也律中應鍾壯於子子者孳也律中黃鍾衰於丑丑者紐也律中大呂其日壬癸壬者陰始任也癸者揆度也時爲冬冬之爲言終也其位在北方其音羽羽之爲言舒言萬物始孳其帝顓頊顓頊者寒縮也其神元冥元冥者入冥也其精元武掩起離體泉龜蛟珠蛤土爲中宮其日戊己戊者茂也己抑屈起其音宮宮者中也其帝黃帝其神后土月令云十一月律謂之黃鍾何中和之色鍾者動也言陽氣動于黃泉之下動養萬物也十二月律謂之大呂何大大也呂者拒也言陽氣欲出陰不許也呂之爲言拒者旅抑拒難之也正月律謂之太簇何太亦大也簇者湊也言萬物始大湊地而出也二月律謂之夾鍾何夾者孚甲也言萬物孚甲種類分也三月謂之姑洗何姑者故也洗者鮮也言萬物皆去故就其新莫不鮮明也四月謂之仲呂何言陽氣極將彼故復中難之也五月謂之蕤賓蕤者下也賓者敬也言陽氣上極陰氣始賓敬之也六月謂之林鍾何林者衆也萬物成熟種類衆多七月謂之夷則何夷傷也則法也言萬物始傷被刑法也八月謂之南呂何南者任也言陽氣尚有任生薺麥也故陰拒之也九月謂之無射何射者終也言萬物隨陽而終也當復隨陰起無有終已十月謂之應鍾何鍾動也言萬物應陽而動下藏也

四時篇

所以名爲歲何歲者遂也三百六十六日一周天萬物畢死故爲一歲也尚書曰非三百有六旬有六日以閏月定四時成歲春夏秋冬時者期也陰陽消息之期也四時天異名何天尊各據其盛者爲名也春秋物變盛冬夏氣變盛春曰蒼天夏曰昊天秋曰旻天冬爲上天爾雅曰一說春爲蒼天等是也四時不隨正朔變何以爲四時據物爲名春當生冬當終皆以正爲時也或言歲或言載或言年何言歲者以紀氣物帝王共之據日爲歲春秋曰元年正月十有二月朔有朔有晦知據月斷爲言年載之言成也載成萬物終始言之也二帝爲載三王言年皆謂闕閼故尚書曰三載四海遏密八音謂二帝也又曰諒陰三年謂三王也春秋傳曰三年之喪其實二十五月知閼閼日言夜月言晦月言朔日言朝何朔之言蘇也明消更生故言朔日晝見夜藏有朝夕故言朝也

蔡邕獨斷

年歲別名

三代年歲之別名唐虞曰載載歲也言一歲莫不覆載故曰載也夏曰歲一曰稔也商曰祀周曰年

蔡中郎集

明堂月令論

月令篇名曰因天時制人事天子發號施令祀神受職每月異禮故謂之月令所以順陰陽奉四時效氣物行王政也成法具備各從時月藏之明堂所以示承祖考神明明不敢泄瀆之義故以明堂冠月令以大地定位有其象聖帝明君世有紹襲蓋以裁成大業非一代之事也易正月之卦曰泰其經曰王用享于帝吉孟春令曰乃擇元日祈穀于上帝顓頊曆術曰天元正月己巳朔日立春日月俱起于秦建宮室制度月令孟春之月日在營室堯典曰乃命羲和欽若昊天曆象日月星辰敬授人時令曰乃命太史守典奉法司天日月星辰之行易曰不利爲寇利用禦寇令曰兵戎不起不可從我始書曰歲二月同律度量衡中春令曰日夜分則同度量鈞衡石凡此合于大曆唐政其類不可盡稱戴禮夏小正傳曰陰陽生物之後王事之次則夏之月令也殷人無文及周而備文義所說傳衍深遠宜周公之所著也官號職司與周官合周書七十二篇而月令第五十三古者諸侯朝正於天子受月令以歸而藏諸廟中天子藏之于明堂每月告朔朝廟出而行之周室既衰諸侯怠于禮魯文公廢告朔而朝仲尼譏之經曰閏月不告朔猶朝於廟刺舍大禮而徇小儀也自是告朔遂闕而徒用其羊子貢非廢其令而請去之仲尼曰賜也

爾愛其羊我愛其禮庶明王復興君人者昭而明之稽而用之耳無逆聽令無逆政所以臻乎大順陰陽和年穀豐太平洽符瑞由此而至矣秦相呂不韋著書取月令爲紀號淮南王安亦以取爲第四篇改名曰時則故偏見之徒或云月令呂不韋作或云淮南皆非也

月令問答

問者曰子何爲著月令說也予幼讀記以爲月令體大經同不宜與記書雜錄並行而記家記之又略及前儒特爲章句者皆用其意傳非其本旨又不知月令徵驗布在諸經周官左傳實與禮記通他議橫生紛紛久矣光和元年余被謗章罹重罪徙朔方內有獫狁敵衝之釁外有寇盜鋒鏑之艱危險凜凜死亡無日過被學者聞家就而考之亦自有所覺悟庶幾頗得事情而訖未有注記著於文字也懼顛蹶隕墜無以示後同於朽腐竊誠思之書有陰陽升降天文曆數事物制度可假以爲本敦辭託說審求曆象其要者莫大於月令故遂於憂怖之中晝夜密勿昧死成之旁貫五注參互羣書至及國家律令制度遂定曆數盡天地三光之情辭繁多而蔓衍非所謂理約而達也道長日短危殆兢惕取其心盡而已故不能復加刪省蓋所以探賾辨物庶幾多識前言往行之流苟便學者以爲可覽則余死而不朽也

問者曰子說月令多類周官左傳假無周官左傳月令爲無說乎曰夫根柢植則枝葉必相從也月令與周官並爲時王政令之記異文而同體官名百職皆周官解月令甲子沈子所謂似春秋也若夫太昊蓐收勾芒祝融之屬左傳造義立說生名者同是以用之

問者曰既用古文於曆數乃不用三統用四分何也曰月令所用參諸曆象非一家之事傳之於世不曉學者宜以當時所施行夫密近者三統已疎闊廢弛故不用也

問者曰既不用三統以驚蟄爲孟春春中雨水爲二月節皆三統法也獨用之何曰孟春月令曰蟄蟲始震在正月也中春始雨水則雨水二月也以其合故用之

問者曰曆云小暑季夏節也而今文見於五月何也曰今不以曆節言據時始暑而記也曆於大雪小雪大寒小寒皆去十五日然則小暑當去大暑十五日不得及四十五日不以節言據時暑也

問者曰中春令不用犧牲以圭璧更皮幣不犧牲何也曰是月獻羔以太牢祀高禖宗廟之祭以中月安得用犧牲祈者求之祭也著令者豫設水旱疫癘當禱祈用犧牲者是用之助生養傳所以幣代牲章因于高禖之事乃造說曰更者刻木代牲如廟有祧更此說自欺極矣經典傳記無刻木代牲之說蓋書有轉誤三豕渡河之類也

問者曰中冬令曰奄尹申宮令謹門閭今曰門閭何也曰閹尹者內官也主宮室出入宮中宮中之門曰闈闈尹之職也闈里門非閹尹所主知當作闈也

問者曰令曰七騶咸駕今曰六騶何也曰本官職者莫正于周官周官天子馬六種種別有騶故知六騶左氏傳晉程鄭爲乘馬御六騶屬焉無言七者知當爲六也

問者曰令以中秋築城郭于經傳爲非其時詩曰定之方中作于楚宮定營室也九月十月之交西南方中故傳曰水昏正而栽築卽營室也昏正者昏中也栽築者栽木而始築也今文在前月不合于經傳也

問者曰子說三難皆以日行爲本古論周官禮記說以爲但逐惡而已獨安所取之曰取之于月令而已四時通等而夏無難文由日行也春行少陰秋行少陽冬行太陰陰陽皆使不干其類故冬春難以助陽秋難以達陰至夏節太陽行太陰自得其類無所扶助獨不難取之于是也

問者曰反令每行一時轉三旬以應行三月政也春行夏令則雨水不時謂孟夏也草木早枯中夏也國乃有恐季夏也今總合爲一事不分別施之于三月何也曰說者見其三旬不得傳注而爲之說有所滯礙不得通矣孟秋反令行冬令則草木枯後乃大水敗其城郭卽分爲三事後乃大水在誰後也城郭爲獨自壞非水所爲也季冬令曰行春令則胎夭多傷民多蠱疾命之曰逆卽分爲三事行季冬令爲不感災異但命之曰逆也知不得斷絕分應一月也其類皆如此令之所述略舉其尤者也

問春食麥羊夏食菽雞秋食麻犬冬食黍豕之屬但以爲時味之宜不合于五行月令服食器械之制皆順五行者也說所食獨不以五行不已略乎曰蓋亦思之矣凡十二辰之禽五時所食者必家人所畜丑牛未羊戌犬酉雞亥豕而已其餘龍虎以下非食也春木王木勝土土王四季四季之禽牛屬季夏犬屬

季秋故木羊可以爲春食也夏火王火勝金故西雞可以爲夏食也季夏土王土勝水故食豕而食牛土五行之尊者牛五畜之大者四行之牲無足以配土德者故以牛爲季夏食也秋金王金勝木寅虎非可食者犬豕而無角虎屬也故以犬爲秋食也冬水王水勝火當食馬而禮不以馬爲牲故以其類而食豕也然則麥爲木菽爲金麻爲火黍爲水各配其牲爲食也雖有此說而米鹽精粹不合于易卦所爲之畜及洪範傳五事之畜近似卜筮之術故予略之不以爲章句聊以應問見有說而已

問記曰三老五叟子獨曰五叟周禮曰八十一御妻今曰御妾何也曰字誤也叟長老之稱其字與更相似書者轉誤遂以爲更嫂字女旁瘦字從叟今皆以爲更矣立字法者不以形聲何得以爲字以嫂瘦推之知是更爲叟也妻者齊也惟一適人稱妻其餘皆妾位最在下是以不得言妻云也

皇極經世

觀物內篇

夫昊天之盡物聖人之盡民皆有四府焉昊天之四府者春夏秋冬之謂也陰陽升降於其間矣聖人之四府者易書詩春秋之謂也禮樂汚隆於其間矣春爲生物之府夏爲長物之府秋爲收物之府冬爲藏物之府號物之庶謂之萬雖曰萬之又萬其庶能出此昊天之四府者乎易爲生民之府書爲長民之府詩爲收民之府春秋爲藏民之府號民之庶謂之萬雖曰萬之又萬其庶能出此聖人之四府者乎昊天之四府者時也聖人之四府者經也昊天以時授人聖人以經法天大人之事當何如哉

考索

卦氣論

七十二候一年二十四氣一氣有三候初中末是也立春正月節也東風解凍蟄蟲始振魚上冰此立春之節氣之三候也雨水正月中也獺祭魚鴻鴈來草木萌動此雨水中氣之三候也周二十四氣則七十二候備矣一行曰七十二候原乎周公時訓月令雖頗有增益然先後之次第則同自魏以來始載於曆皆依易軌所傳不合經義今改從古昔一行議李淳風專用呂氏春秋令也有取乎月令七十二候之說而分配以七十二卦則月令未可全非也卦止於六十四而坎離震兌居四正宮分主四時此四卦每卦六爻四六二十四每爻當一氣故此四卦分主四時而不專主於一候也其餘六十卦則五卦生六候者中氣之末節氣之初共一卦主之其餘四候各一卦也如中氣初候卦爲公中候卦爲辟末候卦爲侯至於節氣初候卦亦爲侯中候卦爲大夫末候卦則爲卿也五卦主六候六十卦主七十二候也夫坎離震兌且不專主於一候而乾坤二卦何以各主一候邪蓋六十卦之中所謂辟者君也君主十二月中炁也子復丑臨寅泰卯大壯辰夬巳乾午姤未遯申否酉觀戌剝亥坤此十二卦主十二月中炁故乾坤居巳亥之位也以十二卦分配十二月孟氏章句也乾六爻俱爲陽一陽生于子而極于巳爲六陽故乾居巳位坤六爻俱爲陰一陰生于午而極于亥爲六陰故坤居亥位也一陽生爲復二陽生爲臨三陽爲泰四陽爲大壯五陽爲夬六陽爲乾乾之所生凡五卦也一陰生爲姤二陰生爲遯三陰爲否四陰爲觀五陰爲剝六陰爲坤坤之所生凡五卦也乾坤雖分主乎一候而十二中炁皆乾坤之所生也不特此也六十卦可以配七十二候一卦六爻當一日六六三十六以之分配三百六十日可也京房推六十四卦直日悉是道也

儲泳祛疑說

辯歲本說

胡汝嘉歲本論謂今夜之子時卽是來日則今年之子月當爲來年立論詳而易明引證的而易信故近世多以十一月爲來年向因先子葬用子月悉干汝嘉之說或謂春夏秋冬一歲之敘也豈有冬而後春之理帝堯之曆象授時亦首春而次夏夫子謂行夏之時以其得天道之正也兩說交戰於中深思其故久之乃得其說然後決以吾夫子之言爲正夫每日夜有十二時者太陽隨天之運而周行於方隅之十二位也故日到子方則爲子時到午方則爲午時每年之有十二月者太陽麗天而歷於天輪之十二星次也是以日次子位當虛宿之躔度而立春虛乃子位之正天中之一陽也天道左旋日次子而爲春之正月次亥爲二月次戌爲三月左旋而歷十二位以定十二月也地道右旋故每日之太陽在子位爲子時順子丑寅卯歷十二位而定十二時也蓋太陽每一日順行十二方隅而爲十二時太陽每一歲逆躔十二星次而爲十二月胡汝嘉不曉曆法故爲此論知天道更新於子而不知太陽次天輪之子爲更新

也是說也惟深於星曆者知之

性理會通

論四時

朱子曰天有春夏秋冬地有金木水火人有仁義禮智皆以四者相爲用也　春爲感夏爲應秋爲感冬爲應若統論春夏爲感秋冬爲應明歲春夏又爲感

只是一箇道理界破看以一歲言之有春夏秋冬以乾言之有元亨利貞以一月言之有晦朔弦望以一日言之有旦晝暮夜　天地只是一箇春氣發生之初爲春氣長得過便爲夏收斂便爲秋消縮盡便爲冬明年復從春處起渾然只是一箇發生之氣

魯齋許氏曰長生長春如何長得春夏秋冬寒暑代謝天之道也如春可長亦不足貴矣　南北東西是定體相對春夏秋冬是流行運用却使相循環一體一用

臨川吳氏曰風木冬春之交北東之維艮震也君火春夏之交東南之維震巽也相火正夏之時正南之方離也濕土夏秋之交南西之維坤兌也燥金秋冬之交西北之維兌乾也寒水正冬之時正北之方坎也此主氣之定布者也地初正氣子中而丑中震也地後間氣丑中而卯中離也天前間氣卯中而巳中兌也天中正氣巳中而未中乾巽也天後間氣未中而酉中坎也地前間氣酉中而亥中艮也地終正氣亥中而子中坤也此客氣之加臨者也主氣土居二火之後客氣土行二火之間終艮始艮後天卦位也始震終坤先天卦序也世以歲氣起大寒者以協後天終艮始艮之文然而非也楊子建以歲氣起冬至者宜契先天始震終坤之義子午歲之冬至起燥金而生丑中之寒水丑未歲之冬至起寒水而生丑中之風木寅申歲起風木卯酉歲起君火辰戌歲起濕土巳亥歲起相火皆肇端於子半六氣相生循環不窮豈歲歲間斷於傳承之際哉然則終始乎艮者可以分主氣所居之位而非可以論客氣所行之序也天地陰陽之運往過來續木火土金水始終終始如環斯循六氣相生之序也歲氣起於子中盡於子中故曰冬至子之半天心無改移子午之歲始冬至燥金三十日然後禪於寒水以至相火日各六十者五而小雪以後其日三十復終於燥金丑未之歲始冬至寒水三十日然後禪於風木以至燥金日各六十者五而小雪以後其日三十復終於寒水寅申以下皆然如是六十年至千萬年氣序相生而無間非小寒之末無所于授大寒之初無所于承隔越一氣不相接續而截自大寒爲次年初氣之首也此造化之妙內經秘而未發啓元子闡而未言近代楊子建昉推而得之

稗編

吳萊夏小正注後序 論聖人不能違時

夏小正本古書殘缺近會稽傅崧卿頗就大戴禮校讎刊注刻在會稽學宮蓋昔孔子嘗曰我欲觀夏道是故之杞杞不足徵也吾得夏時焉說者則謂夏時夏小正也聖人當春秋之世每告顏淵以王者百世通行之道首曰行夏之時殆取其歲時之正政事之善也此豈果謂夏小正之一書哉周公之時訓呂不韋之月令類若一本於夏小正而又加詳漢魏以降嘗建讀時令之官凡以夏禹周公之典世世宜守之而不敢有逸故也後世儒者若柳宗元輩乃欲舉時訓月令而盡黜之且曰天時之運行有常而王政之設施者無常起居號令慶賞刑威惟其所值而卽行之誠不可以非時而暫廢苟不卽行而暫廢則天下多滯事矣予試論之天之與人一理與氣而已蓋惟理常爲主而氣之所運一屈一伸一開一闔暑焉而土山焦爍寒焉而川澤凝沍天下肖翹蠉蠕根荄浮生之物無不薰蒸融液周流交灌而舉不得逃焉理固在是也聖人之所以爲人每全其理之所賦而又順其氣以行之不敢少逆因時制法按月布政春夏陽舒而賞慶行秋冬陰慘而刑威作是皆悉本乎天之一屈一伸一開一闔而固非我有作爲于其間萬一有逆乎此而天道遽爲之變一言之發與某休協一事之動與某咎應春秋洪範家類能言之而後儒或譏其泥者此猶嚮謂時訓月令之可盡黜者也嗚呼夏禹周公之典不幾于遽逸矣乎夫夏后氏之政典嘗曰先時者殺無赦不及時者殺無赦然所謂先時不及時者豈有他哉春養孤子秋食耆老每事不敢有違其時者是謂經制盛夏非行師之期而出師窮冬非肆眚之日而肆赦則是一時之所值有不容不舉其事者是謂權術自天道而觀雷霆霜雪一切各以時至者則理之常不以其時至者則氣或有以激之而理則非常聖人之典亦道其常者而已矣今而曰天時之運行有常而王政之設施者無常起居號令慶賞刑威惟其所值而卽行之誠不可以非時而暫廢是徒苟用乎一時之權術而終不得乎王者之

經制且夏禹周公之世因時制法按月布政天下亦何嘗多滯事哉爲此說者殆不究乎天人之一致而務欲裂而二之者也然而古者聖人之道每與天地之化相爲流通泊然而神明内居窅然而氣化外變是故冬而震雷夏而造冰宜若或逆于天而天固不能違之此不可以一槩論也自惟聖人知其理之若是而必道其常以垂世立教陽氣一通則鑽燧出火陰氣一斂則築室藏冰觀其所以彌綸匡贊節宜調燮于天地陰陽之間者豈爲無所用其心哉達賢君子治其一身且順天地四時之變調其居處節其飲食禁其嗜欲適其志意一國之政辟之治身則又大矣傳不云乎周歲多燠秦年多寒是特昧乎夏禹周公之典或流于舒縱遲緩或陷于嚴酷刻深而不自覺焉者也由此觀之孔子嘗有取于夏時者夫時與王政相參王政得則天道自應後世儒者乃欲與時訓月令而盡黜之則先聖人不謂其歲時之正不謂其政令之善哉嗚呼此亦不得其說矣

二十四氣論

或問曆二十四氣之論予曰是言氣之行有序也而莫不有理存焉俗有相承誤讀者穀雨如雨我公田之雨蓋以此時播種自上而下也今讀爲上聲非矣芒種二字見周禮穜種之隴反芒當音亡謂種之有芒者麥也今讀芒爲忙種去聲非矣處暑如旣處之處處止也謂暑氣將于此時止也今讀作去聲非矣每月有節氣有中氣如丑之終寅之始則爲節寅之半則爲中一年四立卽四時節氣二分二至卽四時中氣九十日之氣往者過而來者續故謂之立九十日之半故謂之分夏冬不曰分而曰至至有二義子至巳六陽午至亥六陰至者介乎巳午亥子之間也冬至亥陰極故曰至子陽于此生亦曰至夏至巳陽極故曰至午陰于此生亦曰至日影短至長至亦然且以上半年論之立春正月節雨水正月中漢律曆志驚蟄在正月中注今作雨水蓋自秋分水始涸立冬始冰冬至水泉動大寒水澤腹堅今曰雨水者先是爲露爲霜雪皆水氣凝結以至于寒之極春則水氣流行而又爲暑之始也況天一生水人物之生皆始於水春屬木木生於水今曆立春後繼以雨水宜也卦氣正月爲泰天氣下降當爲雨水二月大壯雷在天上當爲驚蟄今曆先雨水而後驚蟄亦宜也按國語四時有八風曆獨指清明風爲三月節此風屬巽故曰驚蟄者萬物出乎震震爲雷也清明者萬物齊乎巽巽爲風也巽曰潔齊故曰巽風曰清明清明有潔齊之義律曆亦明潔之義穀雨三月中自雨水後土膏脈動今又雨其穀於水也周禮稻人掌稼下地注謂以水澤之地種穀卽穀雨之謂也漢律曆志穀雨注今作清明以今觀之穀雨似遲半月然風土有不同人力有遲速必至此然後無不種之穀也四月中小滿先儒云小滿後陽一日生一分積三十日陽生三十分而成一畫故爲冬至小滿後陰生亦然夫四月乾之初謂之滿者姤初羸豕蹢躅坤初履霜堅冰蘊喻其小蹢躅喻其滿霜喻其小堅冰喻其滿易言於一陰既生之後曆言於一陰方萌之初慮之深防之豫也小雪後有大雪此但有小滿無大滿意可知矣若三月中穀雨五月中芒種此二氣獨指穀麥言者處暑農乃登穀此曰穀雨農家方種穀冀今年之秋也穀必原其生之始者穀種于春得木之氣成于秋金克木也麥必要其成之終者麥種于秋得金之氣成于夏火克金也木氣柔故穀穎垂金氣剛故麥穎昂此陰陽自然之理也無穀民何以仰食無麥民何以續食春秋大無麥禾則書之此也六月節小暑六月中大暑不知者以爲夏至後暑已盛不當又謂之小殊不知易曰寒往則暑來暑往則寒來寒暑相推而歲成焉通上半年皆可謂暑通下半年皆可謂寒正月暑之始六月暑之終七月寒之始十二月寒之終而曰小暑大暑者不過上半年氣候之辭爾陰陽沖和之氣不頓息大暑非驟至於大也由小而馴至於大也六月中暑之極故爲大然則未至於極則猶爲小也大小二字最可見造化消息進退之理矣復以下半年論之七月中處暑卽如豳風首七月暑之終寒之始大火西流暑氣於此乎處也觀處暑二字便自有豳風七月意思八月中白露九月節寒露秋屬金金色白白者露之色寒者露之氣色先白而氣始寒寒固有漸也九月中霜降露寒始結爲霜也立冬後曰小雪大雪寒氣始於露中於霜終於雪霜之前爲露露由白而後寒霜之後爲雪雪由小而至大皆有漸至小寒大寒亦猶豳風一之日觱發二之日栗烈觱發風寒故十一月之餘爲小寒栗烈氣寒故十二月之終爲大寒豳土寒早故寒氣先要之此不過總結下半年之氣候爾合而言之上半年主生曰雨曰雷曰風皆生之氣下半年主成曰露曰霜曰雪皆成之氣下半年言天時不言農言農莫急春

夏也先儒言變者化之漸化者變之成立春雨水後寒氣漸變至立夏則寒漸化爲暑矣然曰小暑大暑其化也固有漸焉立秋處暑後暑氣漸變至立冬則暑氣盡化爲寒矣然曰小寒大寒其化也亦有漸焉易曰知變化之道者其知神之所爲乎觀二十四氣可見矣大學以格物致知爲第一義此亦格物之一端然不特此也調元氣化玉燭者仰之參贊燮理豈無小補邪

圖書編

論四時氣序

庖犧氏則河圖畫八卦定五行配四時其數曰一三五七九陽也二四六八十陰也所謂天一生水地六成之在北方播於冬天三生木地八成之在東方播於春天之陽數生之故冬春之月卦皆陽爻（自復始陽推出陰故寒）地之陰數成之乃寒陰之氣也故冬寒而後春漸暖陰極生陽也地二生火天七成之在南方播於夏地四生金天九成之在西方播於秋地之陰數生之故夏秋之月卦皆陰爻（自姤始陰推出陽故熱）天之陽數成之乃熱陽之氣也故夏熱而後秋漸凉陽極生陰也天五生土地十成之土爲萬物之母尊居中以配天代天而生萬物故不名時也蓋五行生成之數皆含天五之數故天一得五而六成天三得五而八成地二得五而七成地四得五而九成天五得五而十成故土播於四時之間旺於季月之末可見矣得天生者屬陽地生者屬陰後天卦位是也故冬至子之半而陽生夏至午之半而陰生以四時詳而言之冬水生春木春木生夏火夏火生秋金秋金生冬水是以人之五臟腎水生肝木肝木生心火而心與肺金相聯象四時也脾胃屬土居中納水穀而腎肝心肺皆賚脾胃之氣象土播於四時之間此人事合天時之造化也按月令以季夏屬中央土則四時無不在故無定位寄居火金之間火中生土土中生金是時酷暑火盛生土之氣也曆法以夏至後三庚曰伏亦此也（伏者金伏火之後）立秋金代火金畏火尅故曰伏又以五子納音統十榦五運化氣論之丙辛化水丙子水旺於北丁壬化木壬子木旺於東戊癸化火戊子火旺於南甲己化土甲子金旺於西乙庚化金庚子土居中庚子納土甲乙化土子居母腹甲子納金乙庚化金母無正位合居兒家從子之道也此火中生土土中生金蓋五行質具於地氣行於天以質言則曰水火木金土取天地生成之序也以氣言則曰木火土金水取四時運行之序也其氣即一元之氣行於地中地受天之氣行於四時之間發生萬物今曆家以律呂候氣之法好刻不差便是此氣從地中透出吁大哉聖人之作易也與夫律呂候氣之法以見天地之心造化流行如循環無窮也

氣候總論

夫七十二候見於周公之時訓呂不韋載於呂氏春秋漢儒入於禮記月令其來遠矣若載之於曆則自後魏始耳第其禽獸草木多出北方蓋緣漢前諸儒皆產江北故後之江南雖號宿儒老師亦難盡通其名義然多識參考求覈其實則庶幾得之斯亦吾儒格致之學所不廢乎愚嘗因是而知天地氣序推遷之妙矣蓋一歲之間不一歲之周流耳一氣分而爲二則有陰陽二倍而爲四則有四時三四一十二則又有十二月十二倍而爲二十四則有二十四氣復三其二十四而爲七十二則有七十二候是七十二候者吾得之于乾坤之策焉乾之策三十六而兩之夫固七十二也坤之策二十四而三之亦七十二也計乾六爻之策二百一十有六坤六爻之策一百四十有四通合乾坤之策而三百六十日之數盡矣舉乎七十二候之全而三百六十日之歲周矣然曆書之所記者候也而候之所應者氣也氣至而物感則物感而候變是故天地之氣撓萬物者莫疾乎風也正月而東風解凍者則天地收斂之氣散矣七月而凉風至者則天地發舒之氣散矣動萬物者莫疾乎雷也二月而雷始發聲者陽之中也八月而雷始收聲者陰之中也說萬物者莫說乎澤潤萬物者莫潤乎水也六月而土潤溽暑大雨時行者陰之濕陽之終也十一月而水泉動十二月而水澤腹堅者陽之動陰之終也陰陽之氣交而爲虹季春虹始見者陽勝陰也孟冬虹藏不見陰勝陽也陰陽之氣鳥獸草木得之爲先鷹主殺而秋擊鼠主貪而夜出而卯辰之月能化鴽者以卯辰者陽之壯陰爲陽所化也雀乳子而春集雉求雌而朝响而戌亥之月能爲蛤蜃者以戌亥者陰之極陽爲陰所化也蟄蟲啓戶者雷發聲之時與陽俱出也蟄蟲坏戶者雷收聲之時與陰俱入也孟春而獺祭魚者此時魚逐陽氣而上遊也季秋而豺祭獸者此時獸感陰氣而見殺也春而鴻鴈北元鳥至者鴈自南而來北燕自北而來南各乘其陽氣之所宜也秋而鴻鴈來元鳥歸者鴈自

北而來南燕自南而來北各乘其陰氣之所宜也二月而倉庚鳴四月而螻蟈鳴者鳴以陽也及五月一陰始生鵙一鳴而反舌則無聲矣七月而寒蟬鳴者鳴以陰也及十一月一陽始生鶡鴠能鳴而感陽則不鳴矣四月而蚯蚓出者陰之屈者得陽而伸也十一月而蚯蚓結者陽雖生矣而陰尚屈也夏至得一陰而鹿角解者鹿陽獸也冬至得一陽而麋角解者麋陰獸也草木正月而萌動者陰陽氣交而爲泰也九月而黃落者陰長陽消而爲剝也桃桐華于春者應陽之盛也黃菊華于秋者應陰之盛也四月而靡草死者陰不勝于陽也十一月而荔挺出者陽初復于陰也麥得陰之穉也故金王而生火王而死而麥秋在于四月也禾得陽之穉也故木王而生金王而熟而禾登在于七月也至于腐草之爲螢則植物之變爲動物無情之變爲有情豈非陽明之極而陰幽之物亦隨之以化哉大抵陰陽一氣無形而默運于內風雨露雷昆蟲草木有形而改換于外君子觸其景而測其應則可以寓對時育物之心因其候而思其義則可以悟陰陽貞勝之理由是而知一歲之間七十二候卽二十四氣也二十四氣卽一十二月也一十二月卽四時也四時卽二氣也二氣卽一氣之周流也而乾坤無餘策曆書無餘術矣

欽定古今圖書集成曆象彙編歲功典

第八卷目錄

歲功典第八卷

歲功總部藝文一

十二月啓　梁昭明太子

太簇正月

北斗周天送元英之故節東風拂地啓青陽之芳辰梅花舒兩歲之裝柏葉泛三光之酒飄飄餘雪入簫管以成歌皎潔清冰對蟾光而寫鏡敬想足下神遊書帳性縱琴堂談叢發流水之源筆陣引崩雲之勢昔時文會長思風月之交今日言離永歎參商之隔但某執鞭賤品耕鑿庸流沈形南畝之間滯迹東皐之上長懷盛德聊吐愚衷謹憑黃耳之傳佇望白雲之信

夾鍾二月

節應佳辰時登令月和風拂迥淑氣浮空走野馬於桃源飛少女於李徑花明麗月光浮寶氏之機鳥哢芳園韻響王喬之管敬想足下優游泉石放曠煙霞尋五柳之先生琴樽雅典謁孤松之君子鸞鳳騰翩成萬世之良規實百年之令範但某蓽戶幽人蓬門下客三冬勤學慕方朔之雄才萬卷常披習鄭元之逸氣既而風塵頓隔仁智並乖非無衰侶之憂誠有離群之恨謹伸數字用寫寸誠

姑洗三月

景逼徂春時臨變節啼鶯出谷爭傳求友之音翔蝶飛林競散佳人之燄魚游碧沼疑呈遠道之書燕語雕梁狀對幽閨之語鶴帶雲而成蓋遙籠大夫之松虹跨澗以成橋遠現美人之影對茲節物寧不依然敬想足下聲馳海內名播雲間持郭璞之毫鸞詞場月白吞羅含之彩鳳辯附日新某山北逸人牆東隱士龍門退水望冠冕以何年鷁路頹風想簪纓於幾載既違語默且阻江湖聊寄八行之書代申千里之契

中呂四月

節屆朱明昇鍾丹陸依依聳蓋俱臨帝女之桑鬱鬱丹城並挂陶潛之柳梅風拂戶臓之內麥氣擁宮闕之前敬想足下聲聞九皐詩成七步涵蚌胎於學海卓爾超羣蘊鵲抵於文山儼然孤秀但某窮途異縣岐路他鄉非無阮籍之悲誠有楊朱之泣每遇秋風振響鶉鶯子夏之衣夜月流輝鵲繞將軍之樹既乖連璧之契終隔斷金之情中心藏之卑誠至矣今因去鴈聊寄芻蕘如遇回鱗希垂玉翰

蕤賓五月

麥隴移秋桑律漸暮蓮花泛水艷如越女之顋蘋葉漂風影亂秦臺之鏡炎風以之扇戶暑氣於是盈樓凍雨洗梅樹之中火雲燒桂林之上敬想足下追凉竹徑托蔭松間彈伯牙之素琴酌嵇康之綠酒縱橫流水酩酊頹山實君子之佳遊乃王孫之雅事某沈痾漳浦臥病泉山頓懷劉幹之勞鎮抱相如之酷是知枯榮莫測生死難量驗風燭之不停如水泡之易滅聊中弊札以代勞人佇覩芳詞希垂愈病

林鍾六月

三伏漸終九夏將謝螢飛腐草光浮帳裏之書蟬噪繁柯影入機中之鬢濯枝遷而潦溢芳槿茂而發榮山土焦而流金海水沸而漂爍敬想足下藏形月府遁跡冰牀披莊子之七篇逍遙物外玩老聃之兩卷恍惚懷中但某白社狂人青緗末學不從州縣之職聊立松篁之間時假德以為鄰或借書而取友三千年之獨鶴暫逐雞羣九萬里之孤鵬權潛燕侶既非得意正可忘言諸不具伸應俟面會

夷則七月

素商驚辰白藏屆節金風曉振偏傷征客之心玉露夜凝眞泣仙人之掌桂吐花於小山之上梨翻葉於大谷之中故知節物變衰草木搖落敬想足下時稱獨步世號無雙萬頃澄波黃叔度之器量千尋聳幹嵇中散之楷模但某一介庸才三隅頑學懷經問道不遇披雲負笈尋師罕逢見日俛仰興歎形影自憐不知龍前不知龍後鸞鵬雖異風月是同幸矣擇交希垂影拂

南呂八月

一歎分飛三秋限隔遐思盛德將何以伸白雲斷而音信稀青山暝而江湖遠敬想足下羽儀勝躅領袖嘉賓傾玉醑於風前弄瓊駒於月下但某登山失路涉海迷津聞猿嘯而寸寸斷腸聽鳥聲而雙雙下淚

當以黃花笑冷白羽悲秋既傳蘇子之書更汎陶公之酌聊因三鳥略叙二難面會取書不能盡述式叨風念不黜魚緘

無射九月

宿昔親朋平生益友不謂窮通有分雲雨將乖既深伐木之聲更問採葵之詠屬以重陽變叙節景窮秋霜抱樹而擁柯風拂林而下葉金堤翠柳帶星采而均調紫塞蒼鴻追風光而結陣敬想足下秀標東箭價重南金才過吞鳥之聲德邁懷蛟之智但某衡門賤士甕牖微生既無白馬之談且乏碧鷄之辯歎分飛之有處嗟會面以無期聊申佈服之言用述併糧之志

應鍾十月

節屆元靈鍾應陰律愁雲拂岫帶枯葉以飄空翔氣浮川映危樓而疊迥胡風起截耳之凍趙日輿曝背之思敬想足下山岳鍾神星辰挺秀濬明晦跡隱於朝市之間縱法化人不混鄉閭之下某陋巷孤遊窮檐自活終朝息爨若孔子之爲貧竟日停炊如范生之在職牛衣當被畏見王章犢鼻親操恐逢犬子雖此慙賤而不羞貧綺服有時此言何述

黃鍾十一月

日往月來灰移火變暫乖声默頓隔秦吳既傳蘇李之書更共范張之志冷風盛而結鼻寒氣切而凝唇虹入漢而藏形鶴臨橋而送語形雲垂四面之葉玉雪開六出之花敬想足下世號冰壺時稱武庫命長袂而留客施大被以招賢酌醇酒而據切骨之寒溫獸炭而祛透心之冷某攜戈日久荷戟年深揮白刃而萬定死生引虹旗而千決成敗退龍劍而却步月下開營進鯨鼓而橫行雲前起陣徒勞斬斫豈用功勳諸不具陳謹伸微意

大呂十二月

分手未遙翹心且積引領企踵朝夕不忘眷友思仁行坐未捨既屬嚴風極冷苦霧添寒冰堅漢地之池雪積袁安之宅敬想足下棲神鶴駕眷想龍門披玩之間願無捐德某種瓜賤士賣餅貧生入爨竈以揚聲不逢蔡子駕鹽車而顯跡罕遇孫陽徒懷叩角之心終想暴腮之患既爲久要聊吐短章紙盡墨窮何能懇露

四時賦　　江淹

北客長欷深壁寂思空牀連流圭窬淹滯綱絲蔽戶青苔繞梁春華虛豔秋月徒光臨飛鳥而魂絕視浮雲而意長測代序而饒感知四時之足傷若乃旭日始暖蕙草可織園桃紅點流水碧色思舊都兮心斷憐故人兮無極至若炎雲峰起芳樹未移澤蘭生坂朱荷出池憶上國之綺樹想金陵之蕙枝若夫秋風一至白露團團明月生波螢火迎寒眷庭中之梧桐念機上之羅紈至於冬陰北邊永夜不曉平蕪際海千里飛鳥何嘗不夢帝城之阡陌憶故都之臺沼是以軫琴情動戛瑟涕落逐長夜而心殞隨白日而形削故秦人秦聲楚音楚奏聞歌更泣見悲已疚實由魂氣愴斷外物非救參四時而皆難況僕人之末陋也

天道運行成歲賦以題爲韻　　唐張賁

稽元氣之成歲察時運於上元其始也黃鍾之律中其終也招搖之星旋不見而彰斯強名以稱道無爲而化故易知以成乾陰陽推以在位日月貞其所躔運之而五行不息成之而四序罔愆萬物被仁咸遂性以生植聖人取則將設教以昭宣於以體和而配德於以奉時而後天厥惟至化實資元造太以默運其時后以財成其道形於變化知否極而受通著以始終見物壯而終老故天道之不紊必性命之有分俾陰陽以周環同聖神而廣運原夫爲功不宰爲道永貞成之以肅殺煦之以發生節乃歲經在一寒而一暑氣爲物母自無名而有名且居高而濟下諒無迹而能行天地以和於焉運泰德刑既備然後功成豈止配五緯而定數叶三辰而爲正是知天有常規道有彝制諧一德以佐主通四時而輔歲至仁所感思歌造化之功測管以窺寧究天人之際

天道運行成歲賦以題爲韻　　潘孟陽

本清陽而左旋浩浩其天播二氣而仁均亭育分四序而德溥陶甄不見爲元乃悠也久也不言而化遂行焉生焉萬物得以資始五材稟以功全美利有常則寒暑之候節著明莫大則日月之象懸仰居諸之罔息知變化之不愆昏明不差於晝夜次舍互循於軌躔大無不包可定於握規投矩遠無不至可則於持衡執權於是律中夾鍾辰次太皞羽毛振於萬族勾萌達於百草布交泰於發生降絪氳於元造俾其動植之庶彙罔不和同於至道若乃丙丁統日祝融撫運扇風氣而何物不溫在朽木而何榮不奮盛既極明時即還行當蓐收之整轡乃夷則之司聲治埃鬱於九野降肅殺於八紘候可藏冰隸人歡瞻於北

陸時將納稼農人乃望於西成蓋藏冰之節斯近嚴凝之氣方盈命之暢月是日元英夫寒暑順序則陰陽不爭稽諸天道雖謂之通止感於帝德實彰乎太平至矣哉聖人體元於是乎立制大儀斡運於是乎成歲惟王者之則哲諒公士之贊府在陽和之陶蒸庶不遺於淹滯

時令論上　柳宗元

呂氏春秋十二紀漢儒論以爲月令措諸禮以爲大法焉其言有十二月七十有二候迎日步氣以追寒暑之序類其物宜而逆爲之備聖人之作也然而聖人之道不窮異以爲神不引天以爲高利於人備於事如斯而已矣觀月令之說苟以合五事配五行而施其政令離聖人之道不亦遠乎凡政令之作有俟時而行之者有不俟時而行之者是故孟春修封疆端徑術相土宜無聚大衆季春利堤防達溝瀆止田獵備蠶器合牛馬百工無悖於時孟夏無起土功無發大衆勸農勉人仲夏班馬政聚百藥季夏行水殺草糞田疇美土疆土功兵事不作孟秋納材葦仲秋勸人種麥季秋休百工人皆入室具衣裘舉五穀之要合秩芻養犧牲趣人收斂務蓄菜伐薪爲炭孟冬築城郭穿竇窖修囷倉謹蓋藏勞農以休息之收水澤之賦仲冬伐木取竹箭季冬講武習射御出五穀種計耦耕具田器合諸侯制百縣輕重之法貢職之數斯固俟時而行之所謂敬授人時者也其餘郊廟百祀亦古之遺典不可以廢誠使古之爲政者非春無以布德和令行慶施惠養幼少省囹圄賜貧窮禮賢者非夏無以贊傑俊遂賢良舉長大行爵出祿斷薄刑決小罪節嗜慾靜百官非秋無以選士厲兵任有功誅暴慢明好惡修法制養衰老申嚴百刑斬殺必當非冬無以賞死事恤孤寡察阿黨易關市來商旅審門閭正貴戚近習罷官之無事者去器之無用者則其闕政亦以繁矣斯固不俟時而行之者也變天之道絕地之理亂人之紀舍孟春則可以有事乎作淫巧以蕩上心舍季春則可以爲之者乎夫如是內不可以納於君心外不可以施於人事勿書之可也又曰反時令則有飄風暴雨霜雪水潦大旱沈陰氛霧寒暖之氣大疫風欬鼽嚏瘧寒疥癘之疾螟蝗五穀瓜瓠果實不成蓬蒿藜莠並興之異女災胎夭傷水火之訛寇戎來入相掠兵革並起道路不通邊境不寧土地分裂四鄙入堡流亡遷徙之變若是者特瞽史之語非出聖人者也然則夏后周公之典逸矣

先王正時令賦以四時漸若置閏以正爲韻　陳昌言

天序運氣王統時紀欽若是授人之初履端爲步曆之始欲正時而罔忒非置閏其何以伊昔陶唐五帝之世申明推策之術表錫落蓂之異羲和之職既分曆象之文始備於其寅亮帝圖式昭天事其則伊邇其猷孔嘉日月運行故有遲速之異晦朔循軌因爲大小之差立分至則寒暑不忒積餘日而盈虧匪賒且正者王之不訓時者天之大信正得其序則而離而御乾時失其經則夏雹而冬震人殃於疫年不爲順故時不得不正歲不得不閏也昔周禮在魯曆法可推官或尸位閏則迷時良史爲之追正議士爲之興詞俾夫司曆法者罔或二事建皇極者於焉慎思則序不愆而事不悖沴可伏而祥可期我唐百王居盛九葉伊聖昧爽無忘乎順序動息必繇乎時令茲歲也當仲秋而歸餘居位也闔左扉以舒政化災爲祥紓憂作慶南山之壽聞月而潛弘北戶之毗重譯而歸正於時金風半肅雕雲乍斂野樹丹舒遙峰翠點燕溟海以馳歸鴻朔漠而方漸正時之文存乎往志含之則玉燭不調得之則銅儀安次可以使四夷稟朔之君萬代守文之士知我正往曆奉天時而置也

鑽燧改火賦以順茲四時取彼衆木爲韻　王起

乾坤設兮其儀有二寒暑運兮其序有四聖人則天而順氣故改火而鑽燧大矣其功博哉其利智以濟物時以作事萬人由是養生六府以之咸遂爾其始也命工徒案林麓選槐檀之樹榆柳之木斬而取也期克順於陰陽鑽而改之序不愆於寒燠既類夫求美玉而琢山石又似乎采明珠而剖蚌腹爾其鑽也勢若旋風聲如驟雨星彩晨出螢光夜聚赫戲鬱攸施熾振怒青煙生而陽氣作丹燄發而炎精吐影旁射而曜威氣上騰而作苦冠五行以斯用審四時而是取司方守赤以備乎南北東西利物濟人用配乎金木水土則知火之爲德候而爲期火之爲用無以尚茲輝赫赫而不滅性烈烈而自馳其猛也物則望而畏矣其炎也人則寒而附之豈不以陽氣所稟厚生所資用於燧人之氏職於火正之司及乎日月其逝春秋相推取舍有常必假於人力新舊迭用無乖於天時惟火之用其則有順其初也鑽一木而挺英其大也燒萬物而爲燼豈止夫用單克燕孟明伐晉

或焚舟而濟河或爇牛而破陣而已哉今我國家七德聿修九牧入貢若以之爍金爲鼎可以備物致用以之鑄金爲器可以安人和衆然則鑽燧之始既已如彼利用之美又亦如此濟乎今古逵乎遐邇猗歟火之不可闕也如此

時賦　闕名

從龍者雲召風者虎物之相應時哉則侶傅巖舍築渭浦收綸命或時偶時惟道親時既行焉西漢之臣附鳳時之否也東魯之父傷麟時可以謀身時可以達命季子談說宣尼歷聘平津列侯長卿國命時廢時通知之則慶元穹埏埴時運收成日月貞輝時合晦明大火流兮歲律云暮春花歇兮寒露將生感天時之興替矧人事之窮亨時乏良工龍泉掩彩時逢伯樂驥坂長鳴借如紅樹呈色玉顏含粲貴當時而則榮恥後時而貽歎古之君子謀於終始薦之惟賢士或知己刺途者棘垂陰者李其道可佇將來之士遷喬者鶯待時而鳴芬庭者蘭候時而榮易曰時止則止時行則行自古而觀惟時之大豈獨夫今日之情者也

聖人以四時爲柄賦（以題爲韻）　闕名

粤若受天明命配天啓聖其作則也必敬敷五敎齊七政節春夏秋冬之候順金木水火土之性變通無失表正度以惟平雩祀有常示帝圖之斯盛始或星分於木斗建於寅配其宮於甲乙面其地於庚辛莫不合乎序應乎人念羣生而悉遂彰盛德以惟新則是柄也非父非子而天下親賢夫候應乎離音背於徵列其位於丙午制其方於壬子莫不循厥功究厥旨導貞悔之所由體長羸之所以則是柄也非堯非舜而天下理至乃金精儲其氣白帝莅其事有湛露兮斯降涼風兮斯至是則仰察於天俯觀於地司肅殺而不忒憫凋落而無遺抑是柄也五帝惟六三皇復四又若元律騰輝伊水德兮膺是期有積雪兮自爾有堅冰兮自茲是則上窮於象下順於時念衣褐之未濟表歲寒之不欺抑是柄也兩漢非遠二周可追況復正己無爲虛心罔差隨土圭而晷測同灰管以潛知執陰陽代謝之功咸歸不宰用日月推遷之候盡合無爲由是暉映化權鏘洋德柄契皇明於玉燭流睿覽於金鏡士有隨計上京觀光未路欣有準於時政賀無疆於聖祚故尋繹於禮經因抽毫而是賦

歲功總部藝文二（詩詞）

子夜四時歌　古辭

春歌二十首

春風動春心流目矚山林山林多奇采陽鳥吐清音
綠荑帶長路丹椒重紫荊流吹出郊外共歡弄春英
光風流月初新林錦花舒情人戲春月窈窕曳羅裾
妖冶顏蕩駘景色復多媚溫風入南牖織婦懷春意
碧樓冥初月羅綺垂新風含春未及歌桂酒發清容
杜鵑竹裏鳴梅花落滿道燕女遊春月羅裳曳芳草
朱光照綠苑丹華粲羅星那能閨中繡獨無懷春情
鮮雲媚朱景芳風散林花佳人步春苑繡帶飛紛葩
羅裳迮紅袖玉釵明月璫冶遊步春露豔覓同心郎
春林花多媚春鳥意多哀春風復多情吹我羅裳開
新燕弄初調杜鵑競晨鳴畫眉忘注口遊步散春情
梅花落已盡柳花隨風散歎我當春年無人相要喚
昔別鴈集渚今還燕巢梁敢辭歲月久但使逢春陽
春園花就黃陽池水方淥酌酒初滿杯調絃始成曲
娉婷揚袖舞阿那曲身輕照灼蘭光在容冶春風生
阿那曜姿舞逶迤唱新歌翠衣發華洛回情一見過
明月照桂林初花錦繡色誰能不相思獨在機中織
崎嶇與時競不復自顧慮春風振榮林常恐花落去
思見春花月含笑當道路逢儂多欲擿可憐持自誤
自從別歡後歎惜不絕響黃蘗向春生苦心隨日長

夏歌二十首

高堂不作壁招取四面風吹歡羅裳開動儂含笑容
反覆華簟上屏帳了不施郎君未可前待我整容儀
開春初無歡秋冬更增淒共戲炎暑月還覺兩情諧
春別猶眷戀夏還情更久羅帳爲誰褰雙枕何時有
疊扇放牀上企想遠風來輕袖拂華妝窈窕登高臺
含桃已中食郎贈合歡扇深感同心意蘭室期相見
田蠶事已畢思婦猶苦身當暑理絺服持寄與行人
朝登涼臺上夕宿蘭池裏乘風採芙蓉夜夜得蓮子
暑盛靜無風夏雲薄暮起攜手密葉下浮瓜沉朱李
鬱蒸仲暑月長嘯北湖邊芙蓉始結葉拋豔未成蓮
適見載青幡三春已復傾林鵲改初調林中夏蟬鳴
春桃初發紅惜色恐儂摘朱夏花落去誰復相尋覓

昔別春風起今還夏雲浮路遙日月促非是我淹留
青荷蓋淥水芙蓉葩紅鮮郎見欲採我我心欲懷蓮
四周芙蓉池朱堂敞無壁珍簟鏤玉牀繾綣任懷適
赫赫盛陽月無儂不握扇窈窕瑤臺女冶遊戲涼殿
春傾桑葉盡夏開蠶務畢晝夜理機絲知欲早成匹
情知三夏熱今日偏獨甚香巾拂玉席共郎登樓寢
輕衣不重綵飆風故不涼三伏何時過許儂紅粉妝
盛暑非遊節百慮相纏綿汎舟芙蓉湖散思蓮子間

秋歌十五首

風清覺時涼明月天色高佳人理寒服萬結砧杵勞
清露凝如玉涼風中夜發情人不還臥冶遊步明月
鴻雁搴南去乳燕指北飛征人難為思願逐秋風歸
秋夜涼風起天高星月明蘭房競妝飾綺帳待雙情
涼風開窗寢斜月垂光照中宵無人語羅幌有雙笑
金風扇素節玉露凝成霜登高去來鴈惆悵客心傷
草木不常榮顦顇為秋霜今遇泰始世年逢九春陽
自從別歡來何日不相思常恐秋葉零無復連條時
擣作九州池盡是大宅裏處處種芙蓉婉轉得蓮子
初寒八九月獨纏自絡絲寒衣尚未了郎喚儂底為
秋愛兩兩鴈春感雙雙燕蘭鷹接野雞雉落誰當見
仰頭看桐樹桐花特可憐願天無霜雪梧子解千年
白露朝夕生秋風淒長夜憶郎須寒服乘月擣白素
秋風入窗裏羅帳起飄颺仰頭看明月寄情千里光
別在三陽初望還九秋暮惡見東流水終年不西顧

冬歌十六首

淵冰厚三尺素雪覆千里我心如松柏君情復何似
塗澀無人行冒寒往相覓若不信儂時但看雪上跡
寒鳥依高樹枯林鳴悲風為歡顦顇盡那得好顏容
夜半冒霜來見我輒怨唱懷冰闇中倚已寒不蒙亮
躡履步荒林蕭索悲人情一唱泰始樂枯草銜花生
昔別春草綠今還墀雪盈誰知相思老元鬢白髮生
寒雲浮天凝積雪冰川波連山結玉巖脩庭振瓊柯
炭爐却夜寒重袍坐疊褥與郎對華榻弦歌秉蘭燭
天寒歲欲暮朔風舞飛雪懷人重衾寢故有三夏熱
冬林葉落盡逢春已復曜葵藿生谷底傾心不蒙照
朔風灑霰雨綠池蓮水結願歡攘皓腕共弄初落雪
嚴霜白草木寒風晝夜起感時為歡歎霜鬢不可視
白雪停陰岡丹華耀陽林何必絲與竹山水有清音
未嘗經辛苦無故彊相矜欲知千里寒但看井水冰
果欲結金蘭但看松柏林經霜不墮地歲寒無異心
適見三陽日寒蟬已復鳴感時為歡歎白髮綠鬢生

月節折楊柳歌十三首　古辭

正月歌

春風尚蕭條去故來如新苦心非一朝折楊柳愁思
滿腹中歷亂不可數

二月歌

翩翩烏入鄉道逢雙燕飛勞君看三陽折楊柳寄言
語儂歡尋還不復久

三月歌

汎舟臨曲池仰頭看春花杜鵑緯林啼折楊柳雙下
俱徘徊我與歡共取

四月歌

芙蓉始懷蓮何處覓同心俱生世尊前折楊柳捻香
散名花志得長相取

五月歌

菰生四五尺素身為誰珍盛年將可惜折楊柳作得
九子粽思想勞歡手

六月歌

三伏熱如火籠窗開北牖與郎對榻坐折楊柳銅塸
貯蜜漿不用木洗溴

七月歌

織女遊河邊牽牛顧自歎一會復周年折楊柳攬結
長命草同心不相負

八月歌

迎歡裁衣裳日月如流水白露凝庭霜折楊柳夜聞
擣衣聲窈窕誰家婦

九月歌

甘菊吐黃花非無杯觴用當奈許寒何折楊柳授歡
羅衣裳含笑言不取

十月歌

大樹轉蕭索天陰不作雨嚴霜半夜落折楊柳林中
與松柏歲寒不相負

十一月歌

素雪任風流樹木轉枯悴松柏無所憂折楊柳寒衣
履薄冰歡詎知儂否

十二月歌

天寒歲欲暮春秋及冬夏苦心停欲度折楊柳抗亂
枕席間纏綿不覺久

閏月歌

成閏暑與寒春秋補小月念子時無閒折楊柳陰陽
推我去那得有定主

四時　晉顧愷之

春水滿四澤夏雲多奇峰秋月揚明輝冬嶺秀孤松

四氣　宋王微

蘅若首春華梧楸當夏翳鳴笙起秋風置酒飛冬雪

子夜四時歌　梁武帝

春歌四首

階上香入懷庭中花照眼春心一如此情來不可限

蘭葉始滿地梅花已落枝持此可憐意摘以寄心知

朱日光素冰黃花映白雪折梅寄佳人共迎陽春月

花塢蝶雙飛柳堤鳥百舌不見佳人來徒勞心斷絕

夏歌四首

江南蓮花開紅光照碧水色同心復同藕異心無異

閨中花如繡簾上露如珠欲知有所思停織復踟躕

玉盤著朱李金杯盛白酒雖欲持自親復恐不甘口

含桃落花日黃鳥營飛時君住馬已疲妾去蠶欲饑

秋歌四首

繡帶合歡結錦衣連理文懷情入夜月含笑出朝雲

七采紫金柱九華白玉梁但歌雲不去含吐有餘香

吹漏未可停絃斷更當續俱作雙絲引共奏同心曲

當信抱梁期莫聽迴風音鏡中兩入髻分明無兩心

冬歌二首

寒閨動黻帳密筵重錦席賣眼拂長袖含笑留上客

一年漏將盡萬里人未歸君志固有在妾軀乃誰依

四時白紵歌　沈約

春白紵

蘭葉參差桃半紅飛芳舞縠戲春風如嬌如怨狀不同含笑流眄滿堂中翡翠羣飛飛不息願在雲間長比翼佩服瑤草駐容色舜日堯年歡無極

夏白紵

朱光灼爍照佳人含情送意遙相親嫣然一轉亂心神非子之故欲誰因翡翠羣飛飛不息願在雲間長比翼佩服瑤草駐容色舜日堯年歡無極

秋白紵

白露欲凝草已黃金管玉柱響洞房雙心一意俱徊翔吐情寄君君莫忘翡翠羣飛飛不息願在雲間長比翼佩服瑤草駐容色舜日堯年歡無極

冬白紵

寒閨晝密羅幌垂婉容麗色心相知雙去雙還誓不移長袖拂面為君施翡翠羣飛飛不息願在雲間長比翼佩服瑤草駐容色舜日堯年歡無極

二月奉教作　唐李嶠

柳陌鶯初囀梅梁燕始歸和風泛紫若柔露濯青薇

日艷臨花影霞翻入浪暉乘春重遊豫淹賞玩芳菲

三月奉教作　前人

銀井桐花發金堂草色齊韶光愛日宇淑氣滿風蹊

蝶影將花亂虹文向水低芳春隨意晚佳賞日無暌

四月奉教作　前人

暄籥三春謝炎鐘九夏初潤浮梅雨夕涼散麥風餘

葉暗庭幃滿花殘院錦疏勝情多賞託尊酒狎林蒢

五月奉教作　前人

綠樹炎氛滿朱樓夏景長池含凍雨氣山映火雲光

果院新櫻熟花庭曙槿芳欲逃三伏暑還泛十旬觴

六月奉教作　前人

養日暫裴回畏景尚悠哉避暑移琴席追涼闕二字

竹風依扇動桂酒溢壺開勞餌闕飛雪自可闕三字

八月奉教作　前人

黃葉秋風起蒼葭曉露團鶴鳴初警候鴈上欲凌寒

月鏡如開匣雲纓似綴冠清尊對旻序高宴有餘歡

九月奉教作　前人

曲池朝下鴈幽砌夕吟蛩葉徑蘭芳盡花潭菊氣濃

寒催四序律霜度九秋鐘還當明月夜飛蓋遠相從

十月奉教作　前人

白藏初送節元律始迎冬林枯黃葉盡水耗綠池空

霜待臨庭月寒隨入牖風別有歡娛地歌舞應絲桐

十一月奉教作　前人

凝陰結暮序嚴氣肅長飈霜犯狐裘夕寒侵獸火朝

冰深遙架浦雪凍近封條平原已從獵日暮整還鑣

十二月奉教作　前人

玉燭年行盡銅史漏猶長池冷凝宵凍庭寒積曙霜

蘭心未動色梅館欲含芳裴回臨歲晚顧步佇春光

子夜四時歌六首　郭震

春歌二首

陌頭楊柳枝已被春風吹妾心正斷絕君懷那得知

青樓含日光綠池起風色贈子同心花殷勤此何極

秋歌二首

邀歡空佇立望美頻迴顧何時復採菱江中密相遇

辟惡茱萸囊延年菊花酒與子結綢繆丹心此何有

冬歌二首

北極嚴氣升南至溫風謝調絃競短歌拂枕憐長夜

帷橫雙翡翠被卷兩鴛鴦婉態不自得宛轉君王牀

子夜吳歌　李白

春歌

秦地羅敷女採桑綠水邊素手青條上紅妝白日鮮
蠶饑妾欲去五馬莫留連

夏歌

鏡湖三百里菡萏發荷花五月西施採人看隘若耶
回舟不待月歸去越王家

秋歌

長安一片月萬戶擣衣聲秋風吹不盡總是玉關情
何日平胡虜良人罷遠征

冬歌

明朝驛使發一夜絮征袍素手抽針冷那堪把剪刀
裁縫寄遠道幾日到臨洮

河南府試十二月樂詞（并閏）　李賀

正月

上樓迎春新春歸暗黃著柳宮漏遲薄薄淡靄弄野
姿寒綠幽風生短絲錦牀曉臥玉肌冷露臉未開對
朝暝官街柳帶不堪折早晚菖蒲勝綰結

二月

二月飲酒採桑津宜男草生蘭笑人蒲如交劍風如
薰勞勞胡燕怨酣春薇帳逗煙生綠塵金翹峨髻愁
暮雲沓颯起舞真珠裙津頭送別唱流水酒客背寒
南山死

三月

東方風來滿眼春花城柳暗愁殺人複宮深殿竹風
起新翠舞衿淨如水光風轉蕙百餘里暖霧驅雲撲
天地軍裝宮妓掃蛾淺搖搖錦旗夾城暖曲水漂香
去不歸梨花落盡成秋苑

四月

曉涼暮涼樹如蓋千山濃綠生雲外依微香雨青氛
氳膩葉蟠花照曲門金塘閑水搖碧漪老景沉重無
驚飛墮紅殘萼暗參差

五月

雕玉押簾額（一作上）輕縠籠虛門井汲鉛華水扇織鴛
鴦紋迴雪舞涼殿甘露洗空綠羅袖從徊翔香汗沾
寶粟

六月

裁生羅伐湘竹帔拂疎霜簟秋玉炎炎紅鏡東方開
暈如車輪上裴回啾啾赤帝騎龍來

七月

星依雲渚冷露滴盤中圓好花生木末衰蕙愁空園
夜天如玉砌池葉極青錢僅厭舞衫薄稍知花簟寒
曉風何拂拂北斗光闌干

八月

孀（一作宮）妾怨夜長獨客夢歸家傍簷蟲緝（一作織）絲向
壁燈垂花簾外月光吐簾內樹影斜悠悠飛露姿點
綴池中荷

九月

離宮散螢天似水竹黃池冷芙蓉死月綴金鋪光脈
脈涼苑虛庭空澹白露花飛飛風草草翠錦斕斑滿
層道雞人罷唱曉瓏璁鴉啼金井下疎桐

十月

玉壺銀箭稍難傾缸花夜笑凝幽明碎霜斜舞上羅
幕燭龍兩行照飛閣珠帷怨臥不成眠金鳳刺衣著
體寒長眉對月鬬彎環

十一月

宮城團迴凜嚴光白天碎碎墮瓊芳撾鍾高飲千日
酒却天凝寒作君壽御溝泉合如環素火井溫泉在
何處

十二月

日腳淡光紅灑灑薄霜不銷桂枝下依稀和氣排冬
嚴已就長日辭長夜

閏月

帝重光年重時七十二候迴環推天官玉琯灰剩飛
今歲何長來歲遲王母移桃獻天子羲氏和氏迂龍
轡

四氣　雍裕之

春禽猶競囀夏木忽交陰稍覺秋山遠俄驚冬霰深

子夜夏秋二曲　顧非熊

相持薄羅扇綠樹聽鳴蜩君筵呈妙舞香汗濕鮫綃
銀牀梧葉下便覺漏聲長露砌蛩吟切那憐白苧涼

燕臺四首　李商隱

春

風光冉冉東西陌幾日嬌魂尋不得蜜房羽客類芳
心冶葉倡條徧相識暖藹輝遲桃樹西高鬟立共桃
鬟齊雄龍雌鳳杳何許絮亂絲繁天亦迷醉起微陽
若初曙映簾夢斷聞殘語愁將鐵網罥珊瑚海闊天
翻迷處所衣帶無情有寬窄春煙自碧秋霜白研丹
擘石天不知願得天牢鎖冤魄夾羅委篋單綃起香
肌冷襯琤琤珮今日東風自不勝化作幽光入西海

夏

前閣雨簾愁不卷後堂芳樹陰陰見石城景物類黃

泉夜半行郎空柘彈綾扇喚風閶闔天輕帷翠幕波
淵旋蜀魂寂寞有伴未幾夜瘴花開木棉桂宮嵒影
光難取嫣薰蘭破輕輕語直教銀漢墮懷中未遣星
妃鎮來去濁水清波何異源濟河水清黃河渾安得
薄霧起緗裙手接雲軿呼太君

秋

月浪衡天天宇濕涼蟾落盡疏星入雲屏不動掩孤
嚬西樓一夜風箏急欲織相思花寄遠終日相思却
相怨但聞北斗聲迴環不見長河水清淺金魚鎖斷
紅桂春古時塵滿鴛鴦茵堪悲小苑作長道玉樹未
憐亡國人瑤琴愔愔藏楚弄越羅冷薄金泥重簾鉤
鸊鵜夜驚霜喚起南雲繞雲夢雙璫丁丁聯尺素內
記湘川相識處歌脣一世銜雨看可惜馨香手中故

冬

天東日出天西下雌鳳孤飛女龍寡青溪白石不相
望堂中遠甚蒼梧野凍壁霜華交隱起芳根中斷香
心死浪來壯舸憶蟾蜍月娥未必嬋娟子楚管蠻絃
愁一槩空城舞罷腰支在當時歡向掌中銷桃葉桃
根雙姊妹破鬟矮墮凌朝寒白玉燕釵黃金蟬風車
雨馬不持去蠟燭啼紅怨天曙

子夜四時歌　陸龜蒙

春

山連翠羽屏草接煙華席望盡南飛燕佳人斷消息

夏

蘭眼擡路斜鶯脣映花老金籠傾漏盡玉井敲冰早

秋

涼漢清泬寥衰林怨風雨愁聽絡緯唱似與羇魂語

冬

南雲走冷圭北籟號空木年年任霜霰不減筼簹綠

春　翁洮

漠漠煙花處處通遊人南北思無窮林間鳥奏笙簧
月野外花含錦繡風鶯抱雲霞朝鳳闕魚翻波浪化
龍宮此時誰羨神仙客車馬悠揚九陌中

夏　前人

觸目皆因長養功浮生何處問窮通柳長北闕絲千
縷雲簇南山火萬籠大野煙塵飄赫日高樓簾幕逗
薰風身心已在喧闐處惟羨滄浪把釣翁

秋　前人

宋玉高吟思萬重澄澄寰宇振金風雲開日月浮虛
白木落山川疊碎紅寥泬雁多青漏永河渠煙斂塞
天空侯門處處槐花閙獻賦何時遇至公

冬　前人

寂寂棲心向杳冥苦吟寒律何偏清雲凝止水魚龍
蟄雪點遙峰草木榮迴夜爐翻埃燼色天河冰轢轆
轤聲歸飛未得東風力魂斷三山九萬程

西湖四時　宋范純仁

白鷺文鴛鑑裏飛紅橋朱閣影參差疎林密竹青堤
賞不特尋芳避暑時
萬頃琉璃墅碧鱗日遲風暖物華新千花百草遊人
路應謂壺中別有春
深堂高閣啓清風舟泛荷香柳影中日月待公逃醉
飲官無拘檢是琳宮
夕陽照水晚登樓皎月涵波夜泛舟珍重前賢開展
意中年常願守閑州

四時詞　蘇軾

春雲陰陰雪欲落東風和冷驚羅幕漸看遠水綠生
漪未放小桃紅入萼佳人瘦盡雪膚肌眉斂春愁知
為誰深院無人剪刀響應將白紵作春衣
垂柳陰陰日初永蔗漿酪粉金盤冷簾額低垂紫燕
忙蜜脾已滿黃蜂靜高樓睡起翠眉嚬枕破斜紅未
肯勻玉腕半揎雲碧袖樓前知有斷腸人
新愁舊恨眉生綠粉汗餘香在蘄竹象牀素手熨寒
衣爍爍風燈動華屋夜香燒罷掩重扃香霧空濛月
滿庭抱琴轉軸無人見門外空聞裂帛聲
霜葉蕭蕭鳴屋角黃昏斗覺羅衾薄夜風搖動鎮帷
犀酒醒夢回聞雪落起來呵手畫雙鴉醉臉輕勻襯
眼霞真態生香誰畫得玉奴纖手嗅梅花

四時田家詞　賀鑄

鼓聲迎客醉還家社樹團欒日影斜共喜今年春賽
好纏頭紅有象生花
野蔓牽花過短牆麥秋時節井蠶忙迎門父老延行
客井汲清甘樹蔭涼
雞聲犬吠遠相望社酒登槽喚客嘗曉日晴明陂吏
閒風吹蕎麥蜜花香
晚雪漫漫沒兔罝滿杯豆粥餉鄰家夜長少婦無休
織一點青燈半絹麻

四時田園雜興二十八首　范成大

春日

柳花深巷午雞聲桑葉尖新綠未成坐睡覺來無一
事滿窗晴日看蠶生
土膏欲動雨頻催萬草千花一餉開舍後荒畦猶綠

秀鄰家鞭筍過牆來
高田二麥接山青傍水低田綠未耕桃杏滿村春似
錦踏歌椎鼓過清明
社下燒錢鼓似雷日斜扶得醉翁回青枝滿地花狼
籍知是兒孫鬭草來
寒食花枝插滿頭蒨裙青袂幾扁舟一年一度遊山
寺不上靈巖即虎丘
桑下春蔬綠滿畦菘心青嫩芥薹肥溪頭洗擇店頭
賣日暮裹鹽沽酒歸

晚春

紫青蓴菜卷荷香玉雪芹芽拔薤長自擷溪毛充晚
供短蓬風雨宿橫塘
湔裙水滿綠蘋洲上巳微寒懶出遊薄暮蛙聲連曉
鬧今年田稻十分秋（吳下以上巳蛙鳴則知無水災）
新綠園林曉氣涼晨炊早出看移秧百花飄盡桑麻
小夾路風來阿魏香
茅針香軟漸包茸蓬藥甘酸半染紅采采歸來兒女
笑杖頭高挂小筠籠
雨後山家起較遲天窗曉色半熹微老翁欹枕聽鶯
囀童子開門放燕飛
海雨江風浪作堆時新魚菜逐春回荻芽抽筍河魨
上楝子開花石首來

夏日

二麥俱秋斗百錢田家喚作小豐年餅爐飯甑無饑
色接到西風熟稻天
百沸繰湯雪湧波繰車嘈囋雨鳴蓑桑姑盆手交相
賀綿繭無多絲繭多
蠶出村田夜績麻村莊兒女各當家童孫未解供耕
織也傍桑陰學種瓜
黃塵行客汗如漿少住儂家漱井香借與門前磐石
坐柳陰亭午正風涼
千頃芙蕖放棹嬉花深迷路晚忘歸家人暗識船行
處時有驚忙小鴨飛

秋日

朱門巧夕沸歡聲田舍黃昏靜掩扃男解牽牛女能
織不須徼福渡河星
靜看簷蛛結網低無端妨礙小蟲飛蜻蜓倒挂蜂兒
窘催喚山童為解圍
中秋全景屬潛夫棹入空明看太湖身外水天銀一
色城中有此月明無
租船滿載候開倉粒粒如珠白似霜不惜兩鍾輸一
斛尚贏糠覈飽兒郎
細擣棖虀買鱠魚西風吹上四鰓鱸雪鬆酥膩千絲
縷除卻松江到處無

冬日

斜日低山片月高睡餘行樂繞江郊霜風掃盡千林
葉閒倚筇枝數鶴巢
松節然膏當燭籠凝煙如墨暗房櫳晚來拭淨南窗
紙便覺斜陽一倍紅
放船閒看雪山晴風定奇寒晚更凝坐聽一篙珠玉
碎不知湖面已成冰
榾柮無煙雪夜長地爐煨酒煖如湯莫嗔老婦無盤
飣笑指灰中芋栗香
黃紙蠲租白紙催皂衣傍午下鄉來長官頭腦冬烘
甚乞汝青錢買酒迴
郵巷終年見俗情鄰翁講禮拜柴荊長衫布縷如霜
雪云是家機自織成

四時詞擬徐陵用今體次東坡舊韻　李之儀

紅綠枝頭自開落薄日低雲天一幕可堪困緒尚眠
蠶未擬貲心摧破夢寶環半脫畏侵肌百刻縈香竟
屬誰旋製稱身宮樣窄慵看架上去年衣
蜀葵易過紅榴永鱗鱗瑩角波紋冷水光暗透玉枕
涼扇影風搖深院靜無言一向幾回凝品畫幺絃竟
不勻空被梁間偷眼燕黃蜂元是竊香人
畫圖展盡瀟湘綠窈窕新詞寫啼竹薄衾笑拂又經
年已報莎雞入重屋漸施簾幕作深局時看明河步
廣庭旋索羅衣防露下隔牆聞叫侍兒聲
休顧車輪生四角莫向金尊嫌酒薄門外風號鴈陣
低擁衾同看殘燈落轆轤敲凍驚棲雅睡紅笑引臙
脂霞未擬雕籠問鸚鵡先投宿酒敵霜花

漁父四時歌　周必大

三湘七澤雲連水短棹意行無遠邇江花時傍綠蓑
飛水鳥忽隨清唱起醉從歡呼踏浪兒鮪可鱠分杭
可炊芳草從教天樣遠都無閒恨寄萋迷碧桃幾片
來何處試訪秦人武陵路
朝霞沈綺烏鵲鶩釣車徐理根一鳴夕蟾散金鷗鷺
浴乘流蕩槳清江曲行人亭午汗如流綠陰濃處杙
扁舟絲綸卷盡身無事日長睡足風颼颼覺來一觴
仍起舞未信人間有炎暑
世人只詠江如練此景何曾眼中見露零月白人已

眠萬頃風光儂自占尊罏況復生計優酒醒還醉餘何求有時閒看飛鴻字斜倚高竿不掉頭曉來誰談招招渡一笑貪緣葦間去

白浪粘天雲覆地津人斷渡征人喟欲矜好手傲風波故把扁舟恣遊戲雪蓑不博狐白裘尺寸之膚煖即休賣魚得錢沽美酒翁媼兒孫交勸酬田家禾熟疲輪送樂哉篷底華胥夢

漁父四時曲　趙汝鐩

春江浮春新水肥鄰鄰鴨綠東風微波心上下船艋滑釣車香餌卷落暉纖鱗噞喁錦穿柳半留賣錢半換酒爛醉茅簷紅杏家折花簪鬢把雨手沙岸尋芳青驄斷彈絲吹竹挾蛾眉笑指漁父何寂寞漁父掉頭我自樂

煙溪流碧浸炎空滌濯袢蒸蒹葭風大港小港涼世界隔堤荷蕩香到篷儂家生長舟一葉豈識人間半點熱青笠綠蓑山雨來雨過波平夜撐月水亭避暑冰玉肌枕設珊瑚簟琉璃笑指漁父何辛苦漁父掉頭渾不顧

新鴈銜秋訪水涯分屯洲渚傍蘆花停橈相鈎結溪社來往無嫌同一家酒酣把笛吹鄣曲聲曳闌風入山腹釣竿到手萬事輕孰是孰非孰榮辱江樓邀月粉黛濃簧璈嘈雜徹桂宮笑指漁父何冷落漁父掉頭我豈錯

六花斫凍雲模糊釣鉤空擲寒無魚繫舟枯柳歸茅舍撥火煨薪擁地爐賒鄰一榼醅醱玉老稚分嘗春回谷重來解閣放伎筒橫風打向別港宿溪館對雪歌妓圍釜出駝峯酒羔兒笑指漁父何憔悴漁父掉頭但稱醉

田居四時　釋道潛

原隰春風暖池塘鴈北翔曉耕雲塢潤午飯野芹香燕子依茅棟花枝過土牆東阡與南陌生事日皇皇

五月梅爭熟村村桑柘稀茜裙蠶婦瘦粉翅乳鵞肥菱蔓滋溪田藤花鎖釣磯呼兒行採去亭午候荆扉

刈穫終吾事田園日向閒晚香增橘柚潦水耗汀灣聚噪棲鴉定孤吹牧豎還兒童驚野燒一片起前山

汨汨防農務窮冬亦謾勞茆簷催日午籬落聽雞號臘近還移竹宵閒更索綯春風歸早晚行見事東皐

四序回文十二首　金宇文虛中

春

短草鋪茸綠殘梅照雪稀暖輕還錦褥寒峭怯羅衣

翠漣冰綻日香徑晚多花細衍抽蒲密長條舞柳斜

折花幽檻小傾酒綠杯深蜨舞輕風曉鶯啼老樹陰

夏

翠密園窻竹青圓點水荷眠多嫌晝永醒少待風和

草徑迷深綠蓮池浴膩紅早蟬鳴樹曲鮮鯉躍潭東

暴雨隨雲驟驚雷隱地平好風搖箑透輕汗挹冰清

秋

晚日欣簾捲涼風覺袂搖遠吟高興遣長醉宿愁銷

短葦低殘雨虛舟帶晚潮斷鴻歸暗浦疎葉墮寒梢

慼慼蛩吟苦茫茫水驛孤日銜山色暮霜帶菊叢枯

冬

鵲健呼風急烏啼促景殘窗深宜兔蟄蒲折蔭魚寒

裂瓦寒霜重鋪窻月影清滅燈驚好夢孤枕念深情

秀柏凝陰綠芳梅蘸影斜簷冰結玉裝樹雪飛花

錦堂四景圖　李俊民

春水滿四澤

淼淼舒如羅帶鱗鱗縐似縠紋誰道臥龍不起須臾變化風雲

夏雲多奇峰

幸得從龍變態尚何出岫無心正苦人間畏日不思天上爲霖

秋月揚明輝

清光一片如洗西去姮娥耐秋可惜廣寒人老誰將玉斧再修

冬嶺秀孤松

山前傾蓋獨倚雪裏盤根歲深千年老鶴相伴誰似蒼髯有心

題耕織圖奉懿旨撰　元趙孟頫

正月

田家重元日置酒會鄰里大小易新衣相戒未明起老翁年已邁含笑弄孫子老媼惠且慈白髮被兩耳杯盤且羅列飲食致甘旨相呼團欒坐聊慰衰暮齒田磽藉人力糞壤要鋤理新歲不敢閒農事自茲始

二月

東風吹原野地凍亦已消早覺農事動荷鋤過相招遲遲朝日上炊煙出林梢土膏脈既起良耜利若刀高低徧翻墾宿草不待燒幼婦頗能家井臼常自操散灰緣舊俗門逕環周遭所冀歲有成殷勤在今朝

三月

良農知土性肥瘠有不同時至萬物生芽蘗由地中秉耒向畎畝忽徧西與東舉家往于田勞瘁在爾農

春雨及時降被野何濛濛乘茲各布種庶望西成功
培根利秋實仰天望年豐但使陰陽和自然倉廩充
四月
孟夏土加潤苗生無近遠漫漫冒淺陂芃芃被長阪
嘉穀雖已植惡草亦滋蔓君子與小人並處必爲患
朝朝荷鋤往薅耨忘疲倦日隨鳥雀起歸與牛羊晚
有婦念將饑過午可無飯一飽不易得念此獨長歎
五月
仲夏苦雨乾二麥先後熟南風吹隴畝惡氣散清淑
是爲農夫慶所望實其腹酤酒醉比鄰語笑聲滿屋
紛然收穫罷高廩起相屬有周成王業后稷播百穀
皇天貽來牟長世自茲卜願言仍歲稔四海盡蒙福
六月
當晝耘水田農夫亦良苦赤日背欲裂白汗灑如雨
匍匐行水中泥淖及腰膂新苗抽利劒割膚何痛楚
夫耘婦當饁奔走及亭午無時暫休息不得避炎暑
誰憐萬民食粒粒非易取願陳知稼穡無逸傳自古
七月
大火旣西流涼風日淒厲古人重稼穡力田在匪懈
郊行省農事禾黍何旆旆碾以他山石玉粒使人愛
大祀須粢盛一一稽古制是爲五穀長異彼稊與稗
炊之香且美可用享上帝豈惟足食人一飽有所待
八月
白露下百草莖葉日紛委是時禾黍登充積徧都鄙
在郊旣千庾入邑復萬軌人言田家樂此樂誰可比
租賦已輸官所餘足儲峙不然風雪至凍餒及妻子
優游茅簷下庶可以卒歲太平元有象治世乃如此
九月
大家饒米麪何啻百室盈縱復人力多舂磨常不停
激水轉大輪碾磑亦易成古人有機智用之可厚生
朝出連百車暮入還滿庭勾稽數多寡必假布算精
小人好爭利晝夜心營營君子貴知足知足萬慮輕
十月
孟冬農事畢穀粟旣已藏彌望四野空藁秸亦在場
朝廷政方理庶事和陰陽所以頻歲登不憂旱與蝗
置酒燕鄉里尊老列上行肴羞不厭多魚炰復烹羊
縱飲窮日夕爲樂殊未央禱天祝聖人萬年長壽昌
十一月
農家値豐年樂事日熙熙黑黍可釀酒在牢羊豕肥
東鄰有一女西鄰有一兒兒年十五六女大亦可笄
財禮不求備多少取隨宜冬前與冬後昏嫁利此時
但願子孫多門戶可扶持女當力蠶桑男當力耘耔
十二月
一日不力作一日食不足慘淡歲云暮風雪入破屋
老農氣力衰傴僂腰背曲索綯民事急晝夜互相續
飯牛欲牛肥茭藁亦預蓄蹇驢雖劣弱挽車致百斛
農家極勞苦歲豈恆稔熟能知稼穡艱天下自蒙福
右耕
正月
正月新獻歲最先理農器女工並時興蠶室臨期治
初陽力未勝早春尚寒氣窻戶當奧密勿使風雨至
田疇耕耨動敢不修耒耜經冬牛力弱相戒勤飯飼
萬事非預備倉卒恐不易田家亦良苦舍此復何計
二月
仲春凍初解陽氣方滿盈旭日照原野萬物皆欣榮
是時可種桑插地易抽萌列樹遍阡陌東西各縱橫
豈惟籬落間採葉憚遠行大哉皇元化四海無交兵
種桑日已廣彌望綠雲平匪惟錦綺謀祗以厚民生
三月
三月蠶始生纖細如牛毛婉孌閨中女素手握金刀
切葉以飼之擁紙散周遭庭樹鳴黃鳥發聲和且嬌
蠶饑當採桑何暇事遊遨田時人力少丈夫方種苗
相將挽長條盈筐不終朝數口望無寒敢辭終歲勞
四月
四月夏氣淸蠶大已屬眠高首何昂昂蛾眉復娟娟
不憂桑葉少遍野如綠煙相呼攜筐去迢遞立遠阡
梯空伐條枚葉上露未乾蠶饑當早歸秉心靜以專
飭躬修婦事黽勉當盛年救忙多女伴笑語方喧然
五月
五月夏已半谷鶯先弄晨老蠶成雪繭吐絲亂紛紜
伐葦作曲薄束縛齊榛榛黃者黃如金白者白如銀
爛然滿筐筥愛此顏色新欣欣舉家喜稍慰經時勤
有客過相問笑聲聞四鄰論功何所歸再拜謝蠶神
六月
釜下燒桑柴取繭投釜中纖纖女兒手抽絲疾如風
田家五六月綠樹陰相蒙但聞繰車響遠接村西東
旬日可經絹弗憂杼軸空婦人能蠶桑家道當不窮
更望時雨足二麥亦稍豐酤酒田家飲醉倒嫗與翁
七月
七月暑尚熾長日弄機杼頭蓬不暇梳揮手汗如雨
嚶嚶時鳥鳴灼灼紅榴吐何心娛耳目往來忘傴僂

織爲機中素老幼要紉補青燈照夜梭蟋蟀窻外語
辛勤亦何有身體衣殘縷嫁爲田家婦終歲服勞苦

八月

池水何洋洋漚麻水中央數日庶可取引過兩手長
織絹能幾時織布已復忙依依小兒女歲晩歎無裳
布襦不掩脛念之熱中腸朝緝滿一籃暮緝滿一筐
行看機中布計日漸可量我衣苟已成不憂天早霜

九月

季秋霜露降凜凜寒氣生是月當授衣有布織未成
天寒催刀尺機杼可無營教女學紡纑舉足疾且輕
舍南與舍北嘒嘒聞車聲通都富豪家華屋貯娉婷
被服雜羅綺五色相間明聽說貧家女惻然當動情

十月

豐年禾黍登農心稍逸樂小兒漸長大終歲荷鋤钁
目不識一字每念心作惡東鄰方迎師收拾令上學
後月日南至相賀因舊俗爲女裁新衣修短巧量度
龜手事塞向庶禦北風虐人生眞可歎至老長力作

十一月

冬至陽來復草木漸滋萌君子重其然吾道自此亨
父母坐堂上子孫列前榮再拜稱上壽所願百福幷
人生屬明時四海方太平民無札瘥者厚澤敷羣情
衣食苟給足禮義自此生願言興學校庶幾敎化成

十二月

忽忽歲將盡人事可稍休寒風吹桑林日夕聲颼颼
牆南地不凍墾掘爲坑溝斫桑埋其中明年芽早抽
是月浴蠶種自古相傳流蠶出易脫殼絲纊亦倍收
及時不努力知有來歲不手凍不足惜買兇號寒憂

右織

擬四季歸田樂　張養浩

春

日月底天願陽癉土脈生習習協風來顒顒衆蟄驚
農人服厥畝薄言事春耕缺堤流濊濊灌木鳴嚶嚶
白扉颭靑帘綠野明丹英蠶婦喜形色牧豎歌傳聲
天隨野色遠山與吟懷淸向來慳一際今者幸四幷
徜徉子眞谷萬事秋毫輕

夏

北陸展修晷薰風薦微凉麥波浩無津細路如橋梁
溪光林樾潤雨氣桑麻香舂聲破幽寂人影來微茫
缺垣誰所居紅碧相低昂翁媼老瓦盆兒女前捧觴
我行適見之亦覺心樂康昔聞太古俗今歷華胥鄉
向令早知此詎使田園荒迷途諒非遠淑景良未央
於焉遂平昔孤陋庸何傷

秋

黃雲亙郊野農力今有功茲乃民之天治理根其中
我雖未及粒已覺饑腸充田頭父老過擊壤今歲豐
自愧無寸積坐享雍熙風秋成旣如彼兒對菊與楓
氣澄天宇高心寂塵累空木落山獻體波縮沙露蹤
遐與何悠悠迅景何悤悤俯仰田舍底或能保初終

冬

歲晏日南至場圃靡所勞告成三務功盈耳康衢謠
鴉飛嶺外暇虹斷林邊橋將期養疎拙詎厭居寂寥
負暄坐晴簷煦煦春滿袍對山閱吾書懷古酌彼醪
此樂天所靳何幸及草茅雖非鹿門龐或庶彭澤陶
爲詩寫幽尚聊落華與豪集以貽知音悵望心搖搖

四時宮詞　薩都剌

御溝漲暖綠潺潺風細時聞響珮環芳草宮門金鎖
閉柳花簾幕玉鉤閒夢回繡枕聽黃鳥困倚雕闌看
白鷳落盡海棠天不管修眉蹙恨鎖春山
日長縫就縷金衣高柳風輕拂翠眉閒倚小樓題畫
扇但聞別院笑彈棋主家恩愛有時盡賤妾心情無
限思又向晩凉新浴罷琵琶自撥斷腸詞
宮溝水淺不通潮凉露瑤街惜翠翹天晩不聞靑玉
佩月明偷弄紫雲簫正宮夜半羊車過別院秋深鶴
駕遙却把閒情望牛女銀河烏鵲早成橋
夜翡翠簾垂隔小春天遠難通靑鳥信瓦寒欲動白
悄悄深宮不見人倚門惟有石麒麟芙蓉帳冷愁長
龍鱗夜深怕有羊車到自起籠燈照雪塵

和東坡四時詞　劉詵

燕子輕寒生院落佳人自捲猩紅幕樓頭風細墮楊
花簾下日長添繡萼纈紋酒暈透瓊肌雙陸初贏笑
問誰閒縮同心當戶立不知花影滿春衣
幕波微皺回廊末酒闌手枕珊瑚冷槐影橫階午篆
涼櫳花滿地風簾靜梅酸未試意先顰倦拂琵琶撥
未勻紈扇半開冰盌凍翠奩雨雨下窺人
鉼浸雙頭蓮顆綠畫闌開却靑奴竹微凉半下水晶
簾坐看疎螢度高屋夜靜樓風時動扃隔牆一葉落
虛庭血色鴛羅裁未就月明處處起砧聲
燭暗睡輕聞畫角玉盆脂水紅冰薄深屋無風繡幄
垂小鉼一片梅花落轆轤隔屋轉伊啞雲母香猊暈
宿霞報道捲簾寒霧重午粧纔試翠鈿花

僕射山人山中四時詞　汪珍

春風破寒入幽谷殘雪消時燒痕綠林花鬬日媚於賴野蕨登盤甘勝肉南漪新漲晴滿湖春來行樂何處無一樽我欲就花飲花下啼禽能勸沽

草泥噀噀吹蠛蠓衰花落盡桐陰密舍南舍北掉繰車山後山前聞打麥新簟解籜來薰風脫巾露坐雙鬢逆清泉白石足佳處人世炎炎如甑中

西風蕭蕭羣木槁天外秋雲淨如掃豆莢半枯鴻鵰來秔稻俱登雞鶩飽白雲夜下天雨霜破籬衰草啼寒螿芋魁如盎菱白老牀頭酒熟浮蛆香

千林怒號北風惡階下紛紛堆敗籜野田日出散牛羊茅屋天寒喧鳥雀濕雲從下豆稭灰谷口梅花開未開明朝積玉深一丈高臥閉門誰復來

四時詞　梅頤

蕭疏竹樹與籬齊淺淡桃花隔小溪絲竹已隨春夢斷綠陰深處聽鶯啼

松下桃笙酒半醒石根流水碧泠泠片雲將雨窗前過分得新涼入研屏

黃葉蕭蕭獨掩關屏風小幅畫江山酒醒夢入湘雲去不管秋聲在樹間

一曲尊前喚翠娥笑攀琪樹玉枝柯熏籠熾炭氍毹暖不覺寒威入夜多

擬李長吉十二月樂詞　吳景奎

正月

麴塵絲拂晴波暖霽靄空濛燒痕淺含章宮中萬玉妃粉花點額芳霏霏條風東來初解凍蝴蝶吹醒花底夢翠鬟梳罷玉纖寒綵燕銜春上金鳳

二月

青皇宮中花鳥使杏翠宿紅教鶯語移春檻小度芳華金犢車輕載歌舞曲房夢斷草臺月東風不解丁香結鑰魚夜守蒼琅根海棠飛落臙脂雪

三月

紫簫吹月梨花老碧雲冉冉迷芳草藥欄繭栗怯春寒翠帳流蘇護鶯曉麗人一去音塵杳淚灑紅綃怨青鳥新蒲細柳自年年曲江流恨波聲小

四月

輕紅流煙香雨足新槐影轉枸欄曲水晶簾箔度薰風黃吻烏衣語華屋涼釵墮髮初破睡粉痕淺護修蛾綠並禽不受雕籠宿背人飛向荷陰浴

五月

網軒綠艾懸飛虎舊蒲花青海榴吐江娥倚竹弄湘弦調笑懷沙怨蘭杜南薰生涼紈扇薄雕俎瑤觴勸郎酌綵索光浮繫臂紗守宮紅映黃金約

六月

冰山瓏璁間瑤席水拍銀盤漱寒碧象牀湘簟含風漪膩香粉汗露凝脂赤帝啾啾火龍老琪樹西風轉昏曉

七月

鳳皇枝頭一葉飛碧疏朱綴生涼颸素紈團團恩愛衰含宮嚼羽吹參差瑤階露華沾履綦星橋月帳愁別離粉筵歡笑占蛛絲

八月

蘋風夕起涼思多新愁舊恨生濃蛾雲兜鶗鴂返故國瑤階絡緯鳴寒莎銅仙泓泓泣零露銀灣瀁瀁吹涼波素娥徘徊白鸞舞廣庭老樹今如何

九月

黃金花開香滿把煙草荒臺誰戲馬楚雲櫛櫛鵰西流秋色愴人正瀟灑淚花蔌蔌啼新愁纏絃五色彈箜篌寶香不煖茱萸帳明月空過翡翠樓

十月

小春一花西月黃縞衣美人吹暗香錦衾羅薦曉寒薄夢中持贈雙明璫霜花莫灑相思樹愁殺孤棲金鳳皇

十一月

八姨手持搏桑枝海天凍合青玻璃瓊樓仙人喚滕六夜入銀潢剪瑛毬沈香火煖錦承塵叵羅羞酒生春鄰宮溝不寄題紅怨日映五紋添弱線

十二月

瓊芳銷歇年華改青鳥無音隔瑤海綠綃窗戶弄晴曦柳條迎臘含煙彩上苑花須連夜開枝頭休剪楊家綵

閏月

若華煌煌縈日馭氣朔盈虛積餘數低鬟斂黛拜孀娥孤負團圓十三度生物趨功得歲長山中獨厄黃楊樹

子夜吳聲四時歌　張憲

朱雀街頭雨烏衣巷口風飛來雙燕子不入景陽宮為問秦淮女還知玉樹空

湖上水雲綠荷花十里香咿啞木蘭櫂驚起睡鴛鴦雌雄兩分去不覺斷人腸

白苧鴉頭襪紅綾錦靿靴玉階零露冷差折鳳仙花去去蕩遊子秋深不念家

瓦上松雪落鐙前夜有聲起持白玉尺呵手製吳綾
纔紉征袍縫邊庭草又青

四景宮詞　楊維楨

漏痕新長蓮花斗龍池草色連溝柳憶春還又怯春
來日日春情醲如酒小牀偷製錦迴文落地鍼聲暗
驚手夢繞梁三白蝶飛西園鼓子花開後
金刀落雪瓜如斗小殿風來水楊柳鳳窠長簟不成
眠竊飲君王千日酒傳宣今夜吹玉笙十指紅蠶捻
輕手三十六竿調未齊小倚瑠璃御屏後
露下金盤濕星斗池上烏啼千尺柳秋題未寫桐葉
箋春妝尚帶桃花酒十二簾開乞巧樓小隊金針穿
好手長生殿裏記恩私夜半牽牛挂樓後
黛螺新賜量成斗蕃眉日畫青青柳長得君王一笑
看眠文不敢朝忺酒盤珠夜製袞龍衣紅冰穿軟呵
纖手坐聽銀人報曉籌二十五聲寒點後

四時詞　郭鈺

暖雲飛撲玉驄歸簾捲香風酒力微夜坐久憐明月
好細鋪花影繡羅衣
日射嫣紅安石榴波涵空翠木蘭舟美人調笑渡江
去半楊柳風綦不收
鶴認琪花欲下遲蓬萊仙客遣催詩情深寫到相思
處秋露芙蓉開滿池
疎林晴旭散啼鴉高閣珠簾窣地遮爲問王孫歸也
未玉梅開到北枝花

春詞　鄭奎妻

春風吹花落紅雪楊柳陰濃啼百舌東家蝴蝶西家
飛前歲櫻桃今歲結鞦韆蹴罷鬢鬖髿粉汗凝香沁
綠紗侍女亦知心內事銀瓶汲水煑新茶

夏詞

芭蕉葉展青鸞尾萱草花含金鳳觜一雙乳燕出雕
梁數點新荷浮綠水困人天氣日長時針線慵拈午
漏遲起向石榴陰畔立戲將梅子打鶯兒

秋詞

鐵馬聲喧風力緊雪窻夢破鴛鴦枕玉爐燒麝有餘
香羅扇撲螢無定影洞簫一曲是誰家河漢西流月
半斜要染纖纖紅指甲金盤夜擣鳳仙花

冬詞

山茶花開梅半吐風動簾旌雪花舞金盤冒冷塑狻
猊繡幕圍春護鸚鵡倩人呵筆畫雙眉脂水凝寒上
臉遲妝罷扶頭重照鏡鳳釵斜壓瑞香枝

四景　明宣宗

水影虛涵一鏡中晴光搖蕩暖雲紅小桃花重初經
雨弱柳絲柔屢舞風
暑雨初過爽氣清玉波蕩漾畫橋平穿簾小燕雙雙
好泛水閒鷗箇箇輕
新秋涼露濕荷叢不斷清香逐曉風滿目穠華春意
在晚霞澄錦照芙蓉
池頭六出花飛徧池水無波凍欲平一望玻璨三百
頃好山西北玉爲屏

四景山水　張以寧

春

山雨濛如雪林寒松未花遥看飛閣起知有梵王家

夏

一僧歸得晚雲濕滿袈裟
崖斷石林合風高雲葉飄人歸雨脚外高閣望中遥
應是天台路幽期在石橋

秋

秋巘白雲晚霜林紅樹多野橋山郭外行子暮來過
爲問小搖落江南今若何

冬

寒月白千峰林深路絕蹤遥知僧定起疎響在高松
亦欲剡溪去其如山海重

四時詞　胡儼

春風吹簾斜簾開飛柳花美人高堂上見此惜年華
年華容易隨春草一雙蛾眉鏡中老
碧水泛迴塘新荷豔曉妝看花臨綺檻愛此雙鴛鴦
鴛鴦宛轉迴塘路相對朝朝還暮暮
秋露白如玉梧桐墜寒綠文犀鎮錦帷紅淚銷銀燭
銀燭輕搖翡翠煙孤影熒熒夜不眠
葉落深閨靜露零宵鶴警玉井凍無聲夢迴寒夜未
夜未銅龍漏幽咽小窻斜轉梅花月

四時詞　陸釴

滿地花陰翡翠凉半簾紅霧水晶香黃鸝似惜春無
主啼遍宮門不過牆
柳花臺榭汗銷香荷葉池塘趁晚凉十里翠萍魚點
破蜻蜓沙深處見鴛鴦
架上絺衣捲翠綃手中團扇怯風吹侍兒不識人心
別還把紅鹽灑竹枝
夢斷巫山獨擁衾笙歌聲迴夜沉沉無情不似銅龍
漏滴碎長門一片心

子夜四時歌二首　李夢陽

共歡桃下嬉心同性不合歡愛桃花色妾願桃生核
柳條宛轉結蕉心日夜卷不是無舒時待郎手自展

子夜四時歌　張時徹

朝朝聽鵲報日日掩重關莫踏門前草蹤待郎歸
乍來結女伴江頭去浣紗問訊郎消息夜夜燈燭花
女郎宛轉歌輕舟棹碧波打動明珠碎團團落青荷
日出望車塵徘徊至日曛拾得紅裙草染就石榴裙
淒淒復淒淒月出光尚微郎衣猶未綻何得理儂衣
惻惻復惻惻桑黃秋露白持縻不能殘持麻不能織
夜來風似箭晨起雪盈牀侯門教歌舞剪綵鬬紅妝
河水結層冰疾風吹曠野嗟爾衣裳單獨宿在車下

子夜四時歌　胡汝嘉

黃鳥鳴深林往來疾於織非無機杼聲共奈不成匹
湘筠織成簟瞥眼便相親漫將心附郎別有簾外人
蠨蛸網朱戸露葉藏暗螢與君幾日別忽地秋風生
起來不梳頭冒冷弄冰雪儂手原不寒郎心爲誰熱

子夜四時歌　沈明臣

東風吹月出照見妾家樓蕩子從戎去邊霜尚滿頭
河漢青天轉空房丹鳥飛汗從郎背拭香是隔年衣
桂影團團月芙蓉葉葉霜擣衣過夜半幾日廢流黃
凍折銀瓶水塵枯寶瑟絃非關妾無夢妾夜幾曾眠

子夜四時歌　黃鳳翔

枝喧對語鶯堂巢雙飛燕良人一分袂十載不相見
雪藕絲中斷采蓮蔕復雙豈乏琅玕簟含愁倚碧窗
獨鶴警露鳴寒蟹啼徹曙夜夜砧杵聲征衣寄何處
素霰風逾急青燈火亦寒不知羈旅地形影雙與單

子夜四時歌　于愼行

朱甍帶碧樓新風吹羅幌誰能懷春情不發衣紋響
金屋燕初飛長隄草已綠春蠶不作繭思了何由續
何處復無暑月出湖水送汎舟芙蓉裏分明自取蓮
含桃初作花畏恐傍人見今日食含桃空條誰復盼
涼風夜中來白露凝如玉不敢拭清砧擣衣亂心曲
露井凍銀牀秋風生桐樹任吹桐花飛莫吹梧子去
萬里覆寒雲千林飛素雪此時爲歡愁心如三伏熱
華茵倚熏爐璇房卷羅幕驚見雪花飛謂是楊花落

子夜四時歌　馮大受

看花東城隅聞笑不聞唱相逢遊冶郎逐逐走如浪
低頭羞露嬌惜別轉相向
江畔巧妝鮮短棹發清沚不愁水濕衣素手攀蓮子
香風正淡蕩羅袂輕輕舉
郎住江水頭妾住江水尾別恨正悠悠淚滴梧桐雨
背窗一點燈簾幕秋風起
歲晏悲風號雪花瓊樓滿寒枕夜如年起坐珠簾捲
悵望長安道不知郎近遠

子夜四時歌　陳薦夫

采桑入南園園中草芊芊雙飛蝴蝶子戲儂羅裙前
柳枝生池上柳葉拂池水歡來樹下坐綠葉自旖旎
月出桂樹叢斗帳望如空涼風發窗牖照見歡與儂
北風吹霜雪肌膚凍欲裂羅襦空爾馨獨眠那得熱

子夜四時歌二首　王伯稠

月寒蟋蟀鳴獨向空庭步金井雙梧桐花上有清露
北風昨夜來大雪忽三尺不愁送儂寒但愁斷歡跡

子夜四時歌　馮鼎位

紅閨妖冶顏與春相駘蕩山林多奇采明朝船好放
三伏無盛妝香巾拭玉面乘涼見明月似郎合歡扇
清露凝如玉明月皎如燭何處來妙香吳姬解袢襡
暖屋紅地爐四角辟邪香纖手不知冷翦綵鬬新妝

四時詞　無名氏

門巷清明燕子來綠楊如霧掩樓臺同遊女伴鞦韆下更向花間鬬草迴
五色絲針倦繡窠玉堦新發石榴花銀牀冰簟無餘事盡日南園蛺蝶多
金井梧桐下玉欄琵琶絃緊不堪彈欲將寶鏡勻新黛捲上珠簾怯早寒
錦幕闌香寶獸危曉妝臨鏡澀胭脂繡籠鸚鵡嫌寒重猶向簾間覓侍兒

吳宮四時詞　釋妙聲

柳色暗閶門霓旌拂曉雲湖邊采香罷就閱木犀軍
何處堪銷夏龍舟過洞庭吳歌采蓮曲江上越山青
金井落梧桐茱萸繞殿紅君王愛秋色多在館娃宮
宮闕夜如何風飄宛轉歌更闌銀燭滅落月在江波

趙千里田家四季圖一首　萬金

桃花浪已深楊柳風猶弱鄰曲欣往來逢迎勸耕作
健犢不自暇老農良有託共醉社日尊陶然得眞樂
蠶事方告成鳴蜩有新聲挿秧雨初遍治草日不停
雜坐高樹陰解衣午風清作勞時自逸孰謂非常情

四時歌　媛許景樊

春歌

院落深深杏花雨鶯聲啼遍辛夷塢流蘇羅幕春尚寒博山輕飄香一縷鸞鏡曉梳春雲長玉釵寶髻蟠鴛鴦斜捲重簾帖翡翠金勒雕鞍歎何處誰家池館

咽笙歌月照清尊金叵羅愁人獨夜不成寐鮫綃曉起看紅淚

夏歌

槐陰滿地花陰薄玉簟銀牀敞朱閣白苧新裁染汗香輕風灑灑搖羅幕瑤堦飛盡石榴花日幌晶簾影欲斜雕梁晝永午眠重錦茵扣落釵頭鳳額上鵝黃膩曉妝鶯聲啼起江南夢南塘女兒木蘭舟採蓮何處歸渡頭輕橈漫唱橫塘曲波外夕陽山更綠

秋歌

紗幮爽氣殘宵迴露滴虛庭玉屏冷池蓮粉落夜有聲井梧葉下秋無影金壺漏徹生西風珠簾唧唧鳴寒蟲金刀剪取機上素玉關夢斷羅帷空縫作衣裳寄遠客蘭燈熒熒明暗壁含啼自草別離難驛使明朝發南陌

冬歌

銅壺一夜鬧寒枕紗窗月落鴛鴦錦烏鴉驚飛轆轤長樓前倏忽生曙光侍婢金瓶瀉鳴玉曉簾水澀臙脂香春山欲描描不得欄干佇立寒霜白去年照鏡看花柳琥珀光深傾夜酒羅帳重重鬧鳳笙玉容今爲相思瘦青驄一別春復春金戈鐵馬瀚海濱驚沙吹雪冷黑貂香閨長夜何迢迢

漁家傲 正月　　宋歐陽修

正月斗杓初轉勢金刀翦綵功夫異稱慶高堂歡幼稚看柳意偏從東面春風至　十四新蟾圓尚未樓前乍看紅燈試冰散綠池泉細細魚欲戲園林已是花天氣

前調 二月　　前人

二月春耕昌杏密百花次第爭先出惟有海棠梨第一深淺拂天生紅粉真無匹　畫棟歸來巢未失雙雙款語憐飛乙留客醉花迎曉日金盞溢却憂風雨飄零疾

前調 三月　　前人

三月清明天婉娩晴川祓禊歸來晚況是踏青來處遠猶不倦鞦韆別閉深庭院　更值牡丹開欲徧酴醾壓架清香散花底一尊誰解勸增眷戀東風向晚無情絆

前調 四月　　前人

四月園林春去後深深密幄陰初茂折得花枝猶在手香滿袖葉間梅子青如豆　風雨時時添氣候成行新筍霜筠厚題就送春詩幾首聊對酒櫻桃色照銀盤溜

前調 五月　　前人

五月榴花妖艷烘綠楊帶雨垂垂重五色新絲纏角糉金盤送生綃畫扇蟠雙鳳　正是浴蘭時節動菖蒲酒美清尊共葉裏黃鸝時一哢猶驚破紗窗夢

前調 六月　　前人

六月炎天時霎雨行雲湧出奇峯露沼上嫩蓮腰束素風兼露梁王宮闕無煩暑　畏日亭亭殘蕙炷傍簾乳燕雙飛去碧盌敲冰傾玉處朝與暮故人風快涼輕度

前調 七月　　前人

七月新秋風露早渚蓮尚折庭梧老是處瓜華時節好金尊倒人間綵縷爭祈巧　萬葉敲聲涼乍到百蟲啼晚煙如埽箭漏初長天杳杳人語悄那堪夜雨催清曉

前調 八月　　前人

八月秋高風歷亂衰蘭敗芷紅蓮岸皓月十分光正滿清光畔年年常願瓊筵看　社近愁看歸去燕江天空闊雲容漫宋玉當時情不淺成幽怨鄉關千里危腸斷

前調 九月　　前人

九月霜秋秋已盡烘林敗葉紅相映惟有東籬黃菊盛遺金粉人家簾幕重陽近　曉日陰陰晴未定授衣時節輕寒嫩新雁一聲風又勁雲欲凝雁來應有吾鄉信

前調 十月　　前人

十月小春梅蘂綻紅樓畫閣新粧徧鴛帳美人貪睡暖羞起嬾玉壺一夜冰澌滿　樓上四垂簾不卷天寒山色偏宜遠風急雁行吹字斷紅日晚江天雪意雲撩亂

前調 十一月　　前人

子月新陽排壽宴黃鍾應管添宮線獵獵寒威雲不卷風頭轉時看雪霰吹人面　南至迎長知漏箭書雲紀候冰生研臘近探春春尚遠閒亭院梅花落盡

千千片

前調 十二月　　前人

臘月嚴凝天地閉莫嫌臺榭無花卉惟有酒能欺雪意增豪氣也教耳熱笙歌沸　隴上雕鞍惟數騎獵圍半合新霜裏霜重鼓寒聲不起千人指馬前一鴈寒空墜

秋夜雨 春　　蔣捷

金衣露濕鶯喉咽春情不解分雪寶箏絃斷盡但萬縷閒愁難擲　長紅小白誰亭館過禁煙彈指芳歇今夜休要別且醉宿緗桃花月

前調 夏　　前人

穄車轉急風吹咽冰絲鬆藕新雪有人凉滿袖怕汗濕紅綃猶擲　三更夢斷敲荷雨細聽來疎點還歇茉莉標致別占斷了紗幮香月

前調 秋　　前人

黃雲水驛秋笳咽吹人雙鬢如雪愁多無奈處漫碎把寒花輕擲　紅雲轉入香心裏夜漸深人語初歇此際愁更別鴈落影西窗殘月

前調 冬　　前人

紅鱗不暝瓶笙咽爐灰一片晴雪醉無香嗅醒但手把新橙閒擲　更深凍損梅花也聽畫堂簫鼓方歇想是天氣別豫借與春風三月

漁家傲 正月　　元歐陽元功

正月都城寒料峭除非上苑春光到元日班行相見了朝回早闕前襯帊懽相抱　漢女姝娥金搭腦國人姬侍金貂帽繡轂雕鞍來往鬧閒馳驟拜年直過燒燈後

前調 二月　　前人

二月都城春動野引龍灰向銀牀畔士女城西爭買架看馳馬官家迎佛官蘭若　水暖天鵝紛欲下鷹房奏獵催車駕御道海青逢燕怕纔過社柳林飛放相歸罷

前調 三月　　前人

三月都城游賞競宮牆官柳青相映十一門頭車馬並清明近豪家寒具金盤飣　墦祭喃連芳草徑歸來風送梨花信向晚輕寒添酒病春煙暝深深院落鞦韆迥

前調 四月　　前人

四月都城冰盌凍含桃初薦瑛盤貢南寺新開羅漢洞伊蒲供楊花滿院鶯聲哢　歲幸上京車駕動近臣準備鑾輿從健德門前飛玉鞚爭持送葡萄馬乳歸銀甕

前調 五月　　前人

五月都城猶衣袷端陽蒲酒新開臘月傍西山青一掐荷花夾西湖近歲過茗雲　血色金羅輕汗褟宮中畫扇傳油法雪腕綵絲紅玉甲添香鴨涼餻時候秋生榻

前調 六月　　前人

六月都城偏昔末轆轤聲斷浮瓜井海上紅樓敧扇影河朔飲碧蓮花肺槐芽瀋　綠鬢親王初省乘輿出後巖巡警太液池心波萬頃閒芳景壖宮人戶撈漁艇

前調 七月　　前人

七月都城爭乞巧荷衣旖旎新棚笊龍袖嬌民兒女筊偏相攬穿鍼月下濃妝佼　碧玉蓮房和柄拗晡時飲酒醒時卯淋能麻稭秋雨飽新涼峭夜燈叫買雞頭炒

前調 八月　　前人

八月都城新過鴈西風偏解驚游宦十載辭家衣線綻清宵半家家擣練砧聲亂　等待中秋明月翫客中只作家中看秋草牆頭螢火爛疎鐘斷中心臺畔流河漢

前調 九月　　前人

九月都城秋日亢馬頭白露迎朝爽曾上西山觀蒼莽川原廣千林紅葉同春賞　一本黃花金十鎰富家菊譜籤銀榜龍虎臺前鼉鼓響擎仙掌千官瓜果迎鑾仗

前調 十月　　前人

十月都城家百蓄霜鬆雪非冰蘆菔煖炕煤爐香豆熟燔獐鹿高昌家賽羊頭福　貂袖豹袪銀鼠襥美人來往氈車續花戶油窗通曉旭回寒燠梅花一夜開金屋

前調 十一月　　前人

子月都人居暖閣吳中雪紙明如堊錦帳豪家深夜酌金雞喔東家撤宴西家噱　纖指柔長宮線弱陽回九九官冰鑿盡道今冬冰不薄都人樂官家喜受新年朔

前調 十二月　　前人

臘月都人供暖箑宮中障面霜風獵甲第藏鉤環侍妾紅袖壓笑歌聲送金蕉葉　倦客玉堂寒正怯曉洮金井冰生皾凍合竈觚餳一楪夾霜鑷換年嬾寫

宜春帖

天淨沙樂府月令 集括李賀十二月樂詞 正月　孟昉

上樓迎得春歸暗黃著柳依依弄野輕寒似水錦牀鴛被夢回初日遲遲

前調 二月　前人

勞勞紫燕酣春逗煙薇帳生塵蛾髻佳人瘦損暖雲如困不堪起舞湘裙

前調 三月　前人

夾城曲水飄香埽蛾雲髻新妝落盡梨花欲賞不勝惆悵東風縈損柔腸

前調 四月　前人

依微香雨靑氛金塘閒木生蘋數點殘芳墮粉綠莎輕襯月明空照黃昏

前調 五月　前人

鉛華水汲靑鸖含風細縠虛門舞困腮融汗粉翠羅香潤鴛鴦扇織迴文

前調 六月　前人

疎疎拂柳生栽炎炎紅鏡初開暑困天低寡色火輪飛蓋暉暉日上蓬萊

前調 七月　前人

星依雲渚濺濺露零玉液娟娟寶砌衰蘭翦翦碧天如練光搖北斗闌干

前調 八月　前人

吳姬鬢擁雙鴉玉人夢裏歸家風弄虛簷鐵馬天高露下月明丹桂生華

前調 九月　前人

雞鳴曉色瓏璁鴉啼金井梧桐月墜華寒露溺廣寒霜重方池冷悴芙蓉

前調 十月　前人

玉壺銀箭難傾紅花凝笑幽明霜翠虛庭月冷繡幃人靜夜長鴛夢難成

前調 十一月　前人

高城迴冷嚴光白天碎墮瓊芳高飲搥鐘日賞流蘇錦帳瑣窻睡煞鴛鴦

前調 十二月　前人

日光灑灑生紅瓊葩碎碎迷空寒夜漫漫漏未申銷金鳳獸爐香靄春融

前調 閏月　前人

七十二候環催葭灰玉琯重飛莫道光陰似水羲和迋轡金鞭嬾著龍媒

望江南　明瞿佑

西湖景春日最宜晴花底管絃公子宴水邊羅綺麗人行十里按歌聲

前調　前人

西湖景夏日正堪遊金勒馬嘶垂柳岸紅妝人泛採蓮舟驚起水中鷗

前調　前人

西湖景秋日更宜觀桂子岡巒金粟富芙蓉洲渚彩雲間爽氣滿前山

前調　前人

西湖景冬日轉清奇賞雪樓臺評酒價觀梅園圃定春期共醉太平時

甘草子 春　王世貞

春莽密打窻紗陣陣梨花雨給匝迸臙脂綺袖調鸚鵡　輕煖輭寒相剗剗做不癢不疼情緒倩得張郎畫眉嫵任子規淒楚

前調 夏　前人

長夏嬾約釵鈿腕素偏幽雅越苧水精涼楚簟玻璃研　如醉如醒朦朧者忽小彈花影牆下怕是蕭郎故相惹去問他眞假

前調 秋　前人

秋半密約剛逢天上菱花滿掩面扇紈輕可體衫羅緩　丟抹腰紅勾雙腕笑指那嫦娥無伴竊藥欺郎行偏短守廣寒空館

前調 冬　前人

冬盡玉澀鵁寒落照看看准別館閉猧兒爲待郎來穩　暈月旋收霜仍緊怕去路香蹤還認百計淒皇爲他隱痕樹鋪糨粉

欽定古今圖書集成曆象彙編歲功典

第九卷目錄

歲功總部紀事

歲功典第九卷

歲功總部紀事

河圖始開圖伏羲氏仰觀天文俯察地理始畫八卦定天地之位分陰陽之數推列三光建分八節以文應瑞凡二十四消息禍福以制吉凶

家語辯物篇大昊以龍紀官注伏羲以龍馬負圖之瑞故以龍紀官春官爲青龍夏官爲赤龍秋官爲白龍冬官爲黑龍中官爲黃龍

炎帝以火紀官注炎帝王天下以有火德故以火紀官春官爲東火夏官爲南火秋官爲西火冬官爲北火中官爲中火

黃帝以雲紀官注黃帝王天下以有雲瑞故以雲紀官春官青雲氏夏官縉雲氏秋官白雲氏冬官黑雲氏中官黃雲氏

共工以水紀官注共工以諸侯霸保冀方在神農前太昊後自謂水德故以水紀官春官爲東水夏官爲南水秋官爲西水冬官爲北水中官爲中水

尚書大傳俊乂百工相和而歌卿雲帝唱之八伯咸進稽首而和帝乃載歌曰日月有常星辰有行四時順經萬姓允誠於論予樂配天之靈

家語五帝德篇夏后左準繩右規矩履四時據四海任皋陶伯益以贊其治興六師以征不庭四極之民莫敢不服

莊子讓王篇善卷曰予立身於宇宙之中冬日衣皮毛夏日衣葛絺春耕種形足以勞動秋收斂身足以休食日出而作日入而息逍遙於天地之間而心意自得

拾遺記師涓造新曲有四時之樂春有離鴻去鴈應蘋之歌夏有明晨焦泉之華流金之調秋有商風白雲落葉飛蓬之曲冬有凝河流陰沉雲之操

書經周官六年五服一朝又六年王乃時巡考制度于四岳諸侯各朝于方岳大明黜陟蔡傳五服侯甸男采衛六年一朝會京師十二年王一巡狩時巡者猶舜之四仲巡狩也

禮記王制司空執度度地居民山川沮澤時四時陳注山川沮澤有燥濕寒暖之不同以時候其四時知其氣候早晚使居者不失寒暖之宜也

樂正順先王詩書禮樂以造士春秋教以禮樂冬夏教以詩書

文王世子凡學世子及學士必時春夏學干戈秋冬學羽籥皆於東序陳注干戈爲武舞故於陽氣發動之時教之示有事也羽籥爲文舞故於陰氣凝寂之時教之示安靜也

春誦夏弦大師詔之瞽宗秋學禮執禮者詔之冬讀書典書者詔之禮在瞽宗書在上庠

凡學春官釋奠於其先師秋冬亦如之

列子殷湯篇鄭師文從師襄遊柱指鈞弦三年不成章師襄曰子可以歸矣師文曰且小假之以觀其後無幾何復見師襄師襄曰子之琴何如師文曰得之矣請嘗試之于是當春而叩商弦以名南呂涼風忽至草木成實及秋而叩角弦以激夾鍾溫風徐迴草木發榮當夏而叩羽弦以名黃鍾霜雪交下川池暴冱及冬而叩徵弦以激蕤賓陽光熾烈堅冰立散將終命宮而總四弦則景風翔慶雲浮甘露降醴泉涌

史記孫叔敖傳叔敖爲楚相秋冬勸民山採春夏以水注乘多水時而出材竹

越絕書越王問陰陽之治不同力而功成不同氣而物生願聞其說范子曰陰陽氣不同處萬物生焉冬三月之時草木既死萬物各異藏故陽氣避之下藏伏壯于內使陰陽得成功於外夏三月盛暑之時萬物遂長陰氣避之下藏伏壯于內然而萬物親而信之是所謂也

說苑善說篇齊宣王出獵于社山父老相與勞王王賜田不租無徭役父老皆拜閭丘先生獨不拜王曰寡人得無有過乎閭丘先生對曰大王來遊所以爲勞望得富于大王王曰倉廩雖實以備災患無以富先生對曰願大王春秋冬夏振之以時無煩擾百姓如是臣可少得以富焉今大王幸賜臣田不租然則倉廩將虛也賜臣無徭役然則官府無使焉此固非人臣之所敢望也齊王曰善願請先生爲相

史記封禪書秦幷天下令祠官常奉名山大川鬼神于是自殽以東名山五大川二曰太室太室嵩高也

恆山泰山會稽湘山水曰濟曰淮春以脯酒爲歲祠因泮凍秋涸凍冬賽禱祠其牲用牛犢各一牢具珪幣各異自華以西名山七名川四曰華山薄山岳山岐山吳岳鴻冢瀆山水曰河祠臨晉沔祠漢中湫淵祠朝那江水祠蜀亦春秋泮涸禱賽如東方名山川而牲牛犢牢具珪幣各異

雍四時春以爲歲禱因泮凍秋涸凍冬賽祠五月嘗駒及四仲之月祠若月祠陳寶節來一祠春夏用騂秋冬用騮時駒四匹木禺龍欒車一駟木禺車馬一駟各如其帝色黃犢羔各四珪幣各有數皆生瘞埋無俎豆之具

高祖初起禱豐枌榆社後天下已定詔御史令豐謹治枌榆社常以四時春以羊彘祠之

陳丞相世家孝文皇帝問右丞相勃曰天下一歲決獄幾何勃謝曰不知問天下一歲錢穀出入幾何勃又謝不知於是上亦問左丞相平平曰有主者上曰苟各有主者而君所主者何事也平謝曰宰相者上佐天子理陰陽順四時下育萬物之宜使卿大夫各得任其職焉

樂書武帝祠太一甘泉使僮男僮女七十人俱歌春歌青陽夏歌朱明秋歌西皞冬歌元冥

漢書食貨志春令民畢出在野冬則畢入於邑所以順陰陽備寇賊習禮文也

郊祀志一曰天主祠天齊二曰地主祠泰山梁父三曰兵主祠蚩尤四曰陰主祠三山五曰陽主祠之罘山六曰月主祠之萊山七曰日主祠盛山八曰四時主祠琅邪琅邪在齊東北蓋歲之所始

龔遂傳遂爲渤海太守見齊俗奢侈好末技不田作迺躬率以儉約勸民務農桑春夏不得不趨田畝秋冬課收斂益畜果實菱芡勞來循行郡中皆有畜積吏民皆富實

逢夏記宣帝時西州陀國貢八角玉升夏以水澆之則無暑冬以火迫之則無寒

漢書元帝本紀初元五年詔罷三服官注齊國舊有三服之官春獻冠幘縰爲首服紈素爲冬服輕綃爲夏服凡三

李尋傳哀帝初即位召尋待詔黃門使侍中衛尉傅喜問尋曰間者日月失度星辰亂行災異仍重極言毋有所諱尋對曰變異之來各應象而至謹條陳所聞易曰縣象著明莫大乎日月夫日者衆陽之長煇光所燭萬里同耀人君之表也故日將旦清風發羣陰伏君以臨朝不牽於色日初出炎以陽君登朝佞不行忠直進不蔽障日中煇光君德盛明大臣奉公日將入專以壹君就房有常節聞者日尤不精光明侵奪失色邪氣珥蜺數作本起於晨相連至昏其日出後至日中間差瘉其咎恐有以守正直言而得罪者唯陛下執乾剛之德強志守度毋聽女謁邪臣之態諸保阿乳母甘言悲辭之託勉強大誼絕小不忍良有不得已可賜以財貨不可私以官位誠皇天之禁也日失其光則星辰放流陽不能制陰陰桀得作間者太白正晝經天宜隆德克躬以執不軌臣聞月者衆陰之長銷息見伏百里爲品千里立表萬里連紀妃后大臣諸侯之象也朔晦正終始弦爲繩墨望成君德春夏南秋冬北間者月數以春夏與日同道過軒轅上后受氣入太微帝廷揚光煇犯上將近臣列星皆失色陰陽俱傷兩不相便唯陛下親求賢士無彊所惡以崇社稷尊彊本朝臣聞五星者五行之精五帝司命應王者號令爲之節度歲星主歲事爲統首號令所紀今失度而盛此君指意欲有所爲未得其節也辰星主正四時當效於四仲四時失序則辰星作異今出於歲首之孟天所以譴告陛下也政急則出蚤政緩則出晚政絕不行則伏不見而爲彗茀四孟皆出爲易王命四季皆出星家所諱今幸獨出寅孟之月蓋皇天所以篤右陛下也宜深自改治國故不可以戚戚欲速則不達經曰三載考績三考黜陟加以號令不順四時既往不咎來事之師也間者春三月治大獄時賊陰立逆恐歲小收季夏舉兵法時寒氣應恐後有霜雹之災秋月行封爵其月土溼奧恐後有雷雹之變夫以喜怒賞罰而不顧時禁雖有堯舜之心猶不能致和善言天者必有效於人設上農夫而欲冬田肉袒深耕汗出種之然猶不生者非人心不至天時不得也易曰時止則止時行則行動靜不失其時其道光明書曰敬授民時故古之王者尊天地重陰陽敬四時嚴月令順之以善政則和氣可立致猶枹鼓之相應也今朝廷忽於時月之令諸侍中尚書近臣宜皆令通知月令之意設羣下請事若陛下出令有謬於時者當知爭之以順時氣

上雖不從尋言然采其語每有非常輒問尋尋對屢中遷黃門侍郎

元后傳王莽知太后婦人厭居深宮中莽欲虞樂以市其權迺令太后四時車駕巡狩四郊存見孤寡貞

婦春幸繭館率皇后列侯夫人桑遵蘜水而祓除夏遊御宿鄠杜之間秋歷東館望昆明集黃山宮冬饗飲飛羽校獵上蘭登長平館臨涇水而覽焉太后所至屬縣輒施恩惠賜民錢帛牛酒歲以爲常

三輔故事漢作靈臺于城東常以四孟之月登臺而觀

西京雜記漢制天子夏設羽扇冬則設繒扇

後漢書律歷志天子常以日冬夏至御前殿合八能之士陳八音聽樂均度晷景候鍾律權土炭放陰陽冬至陽氣應則樂均清景長極黃鍾通土炭輕而衡仰夏至陰氣應則樂均濁景短極蕤賓通土炭重而衡低進退於先後五日之中八能各以候狀聞太史封上效則和否則占候氣之法爲室三重戶閉塗釁必周密布緹縵室中以木爲案每律各一內庳外高從其方位加律其上以葭莩灰抑其內端案曆而候之氣至者灰去其爲氣所動者其灰散人及風所動者其灰聚殿中候用玉律十二惟二至乃候靈臺用竹律六十候日如其曆

禮儀志自立春至立夏盡立秋郡國上雨澤若少府郡縣各掃除社稷其旱也公卿官長以次行雩禮求雨閉諸陽衣皂興土龍立土人舞僮二佾七日一變如故事

祭祀志建武二年正月立高廟於洛陽四時祫祀春以正月夏以四月秋以七月冬以十月及臘

章帝本紀永平十八年十二月癸巳有司奏言孝明皇帝宜尊廟曰顯宗其四時禘祫於光武之堂間祀悉還更衣注四時正祭外有五月嘗麥三伏立秋嘗粢盛酎十月嘗稻等謂之間祀即各於更衣之殿

司馬彪續漢書虞延除細陽令每至歲時伏臘休遣徒繫各使還家並感其恩應期歸

古今注建初五年芝出潁川常以六月中生一葉五歲五重春青夏紫秋白冬黑十月後黃氣出土尺五寸

獨斷洛陽諸陵皆以晦望二十四氣伏社臘及四時上飯

魏略董遇言讀書常以三餘或問三餘之義答曰冬者歲之餘夜者日之餘風雨者時之餘

晉公卿禮秩品第一者春賜絹百匹秋賜絹二百匹

拾遺記石虎爲四時浴室用鍮石珷玞爲堤岸或以琥珀爲瓶杓夏則引渠水以爲池池中皆以紗縠爲囊盛百雜香漬於水中嚴冰之時作銅屈龍數千枚各重數十斤燒如火色投於水中則池水恆溫名曰燋龍溫池引鳳文錦步障縈蔽浴所共宮人寵嬖者解媟服宴戲彌於日夜名曰清嬉浴室浴罷洩水於宮外水流之所名溫香渠渠外之人爭來汲取得升合以歸其家人莫不怡悅至石氏破滅燋龍猶在鄴城

鄴中記石虎御牀辟方丈冬月施熟錦流蘇斗帳四角安純金龍頭銜五色流蘇或用青綈光錦或用緋綈登高文錦或用紫綈大小錦絲以房子錦百二十斤白縑裏名爲裏複帳四角安純金銀鑿金香爐以石墨燒集和名香帳頂上安金蓮花中懸金薄織成椀囊春秋但錦帳表以五色總爲夾帳夏用紗羅或綦文丹羅或紫縠文爲單帳

宋書禮志孝武帝大明六年五月詔立凌室藏冰有司奉季冬之月冰壯之時凌室長率山虞及輿隸取冰於深山窮谷涸陰沍寒之處以納于凌陰務令周密無泄其氣先以黑牡秬黍祭司寒于凌室之北仲春之月春分之日以黑羔秬黍祭司寒啓冰室先薦寢廟二廟夏祠用鑑盛冰室一鑑以禦溫氣蠅蚋三御殿及太官膳羞並以鑑供冰自春分立秋有臣妾喪詔贈祕器自立夏至立秋不限稱數以周喪事

王元謨傳孝武常爲元謨作四時詩曰菫荼供春膳粟漿充夏餐爬醬調秋菜白醝解冬寒

隋書百官志諸卿梁初猶依宋齊皆無卿名天監七年以太常爲太常卿加置宗正卿以大司農爲司農卿三卿是爲春卿加置太府卿以少府爲少府卿加置太僕卿三卿是爲夏卿以衛尉爲衛尉卿廷尉爲廷尉卿將作大匠爲大匠卿三卿是爲秋卿以光祿勳爲光祿卿大鴻臚爲鴻臚卿都水使者爲大舟卿三卿是爲冬卿凡十二卿皆置丞及功曹主簿

禮儀志梁武帝天監八年明山賓議曰周官祀昊天以大裘祀五帝亦如之頃代郊祀之服皆用袞冕是以前奏迎氣祀五帝亦服袞冕愚謂迎氣祀五帝亦宜用大裘禮俱一獻帝從之

音樂志梁武帝素善鍾律立爲四器名之爲通每通皆施三絃一曰元英通二曰青陽通三曰朱明通四曰白藏通因以通聲轉推月氣悉無差違又制爲十二笛以寫通聲於是被以八音施以七聲莫不和韻

水經注很山縣風井山迴曲有異勢穴口大如盆夏則風出冬則風入春秋分則靜往人有冬過者置笠

穴中風吸之經月還步陽谿得其笠則知潛通矣

魏書禮志熙平元年崔光表奉詔定五時朝服案北京及遷都以來未有斯制輒勑禮官詳據崔瓚議周禮及禮記三冠六冕承用區分璪玉五綵配飾亦別都無隨氣春夏之異唯月令有青旂赤玉黑衣白輅隨四時而變復不列弁冕改用之元黃以此而推五時之冠禮既無文若求諸正典難以經證案司馬彪續漢書輿服及祭祀志云迎氣五郊自永平中以禮讖并月令迎氣服色因采元始故事兆五郊于洛陽又云五郊衣幘各如方色又續漢禮儀志立春京都百官皆著青衣服青幘秋夏悉如其色自漢逮于魏晉迎氣五郊用幘從服改色隨氣斯制因循相承不革冠冕仍舊未聞有變今皇魏憲章前代損益從宜五時之冠愚謂如漢晉用幘爲允

良吏傳裴陀爲趙郡太守遷中軍將軍清白任眞不事家產署不張蓋寒不衣裘其貞儉若此

隋書律曆志後齊參軍信都芳能以管候氣仰觀雲色嘗與人對語即指天曰孟春之氣至矣人往驗管而飛灰已應每月所候言皆無爽爲輪扇二十四埋地中以測二十四氣每一氣感則一扇自動他扇並住與管灰相應若符契焉

食貨志河清三年定令每歲春月各依鄉土早晩課人農桑自春及秋男二十五已上皆布田畝桑蠶之月婦女十五已上皆營蠶桑孟冬刺史聽審邦教之優劣定殿最之科品人有力無牛或有牛無力者須令相便皆得納種使地無遺利人無游手焉

通典周制四坎壇祭四方以皿祭祭五嶽以埋沉祭山林川澤一歲凡四祭一者謂盌氣時二者郊天時三者大雩時四者大蜡時皆因以祭之

南史扶桑國傳國王衣色隨年改易甲乙年青丙丁年赤戊己年黃庚辛年白壬癸年黑

隋書禮儀志隋制季春晦儺磔牲於宮門及城四門以禳陰氣秋分前一日禳陽氣季冬傍磔大儺亦如之其牲每門各用羝羊及雄雞一選侲子如後齊冬八隊二時儺則四隊問事十二人赤幘褠衣執皮鞭工人二十二人其一人方相氏黃金四目蒙熊皮元衣朱裳其一人爲唱師著皮衣執棒鼓角各十有司預備雄雞羝羊及酒於宮門爲坎未明鼓譟以入方相氏執戈揚楯周呼鼓譟而出合趣顯陽門分詣諸城門將出諸祝師執事預副牲匈磔之於門酌酒禳祝舉牲幷酒埋之

音樂志古者人君食皆用當月之調以取時律之聲使不失五常之性調暢四體令得時氣之和故鮑鄴上言天子食飲必順四時有食舉樂所以順天地養神明可作十二月均感天和氣此則殿庭月調之義也

王劭傳劭以古有鑽燧改火之義表請變火曰周官四時變火以救時疾在晉時有以洛陽火渡江者代事之相續不滅火色變青昔師曠食飯云是勞薪所爨晉平公使視之果然車輞今溫酒及炙肉用石炭柴火竹火草火麻荄火氣味各不同以此推之新火舊火理應有異願於五時取五木以變火用功甚少救益方大上從之

唐書禮樂志立春後丑日祀風師立夏後申日祀雨師立秋後辰日祀靈星立冬後亥日祀司中司命司人司祿季夏土王日祭中霤孟冬祭司寒皆一獻

祖孝孫製十二和一曰豫和以降天神冬至祀圜丘上辛祈穀孟夏雩季秋享明堂朝日夕月巡狩告於圜丘燔柴告至封祀太山類於上帝皆以圜鐘爲宮三奏黃鐘爲角太簇爲徵姑洗爲羽各一奏文舞六成五郊迎氣黃帝以黃鐘爲宮赤帝以函鐘爲徵白帝以太簇爲商黑帝以南呂爲羽青帝以姑洗爲角皆文舞六成

百官志凡工匠以州縣爲團五人爲火五火置長一人四月至七月爲長功二月三月八月九月爲中功十月至正月爲短功

春官夏官秋官冬官中官正副各一人掌司四時各司其方之變異冠加一星珠以應五緯衣從其方色元日冬至朔望朝會大禮各奏方事而服以朝見

中尚署歲二月獻牙尺寒食獻毬五月獻綬帶夏至獻雷車七月獻鈿針臘月獻口脂唯筆琴瑟絃月獻金銀鑑紙非旨不獻

食官署掌飲膳酒醴凡四時供送設食皆顓爲供六品以下元日寒食冬至食於家令廚者

李適傳中宗景龍二年始於修文館置大學士四員學士八員直學士十二員象四時八節十二月

百官志武后光宅元年分左右臺左臺知百司監軍務右臺察州縣省風俗尋命左臺兼察州縣兩臺歲再發使八人春曰風俗秋曰廉察以四十八條察州縣

韋縚傳初帝詔歲率公卿迎氣東郊至三時常以孟

月讀時令於正殿

禮樂志開元二十年詔建初啓運興寧永康陵歲四時八節所司與陵署具進食

天寶二年始以九月朔薦衣於諸陵又常以寒食薦餳粥雞毬雷車五月五日薦衣扇

元宗本紀天寶三載正月丙申改年爲載

通鑑代宗大曆十二年五月詔定諸州兵皆有常數其召募給家糧春冬衣者謂之官健差點土人春夏歸農秋冬追集給身糧醬菜者謂之團結

翰林志興元元年勅翰林學士凡初遷者中書門下名入院試試畢封進可者翌日受宣乃定事下中書門下於麟德殿候對同院賜宴拜恩訖候就宴賜給畢備內諸司供儲佽之物內園官供使令度支月給手力資四人四品以上加一人每歲內賜春服物三十疋暑服物三十疋綿七屯寒食節料三十疋酒餳杏酪粥屑肉餤清明火二社蒸鐶端午衣一副金花銀器一事百索一軸青團鏤竹大扇一柄角糉三服沙蜜重陽酒餻粉糕冬至歲酒兔野雞其餘時果新茗瓜新曆是爲經制

酉陽雜俎焉耆國元日二月八日婆摩遮三月野祀四月十五日遊林五月五日彌勒下生七月七日祀先祖九月九日牀撒十月十日王爲厭法王出首領家首領騎王馬一日一夜處分王事十月十四日作樂至歲窮

清異錄高太素隱商山建六逍遙館晴夏晚雲中秋午月冬日方出春雪未融暑簟清風夜階急雨六館各製一銘

丁晉公談錄晉侍郎儼善術數聽聲音而知興廢之未兆同兄儀在翰林爲學士儀常話其詭怪世宗令御人應二十四氣燒丸二十四片各題識其節氣遂隔簾敲響令辨之一無差謬

宋史苗訓傳訓子守信判司天監淳化二年上言正月一日爲一歲之首每月八日天帝下巡人世察善惡太歲日爲歲星之精人君之象三元日上元天官中元地官下元水官各主錄人之善惡又春戊寅夏甲午秋戊申冬甲子爲天赦日及上慶誕日皆不可以斷極刑事下有司議行

禮志紹興十三年初築三殿聖祖居前宣祖至祖宗諸帝居中殿元天大聖后與祖宗諸后居後上元結燈樓寒食設鞦韆七夕設摩睺羅簾幕歲時一易

元史天文志春秋分晷影堂爲屋二間脊開東西橫罅以斜通日晷中有臺隨晷影南高北下仰置銅半環刻天度一百八十以準地上之半天斜倚銳首銅尺以往來窺運側望漏屋晷影驗度數以定春秋二分

冬夏至晷影堂爲屋五間屋下爲坎脊開南北一罅以直通日晷隨罅立壁附壁懸尺以往來窺運直望漏屋晷影以定冬夏二至

瑯嬛記九爲陽數古人以二十九日爲上九初九日爲中九十九日爲下九每月下九置酒爲婦女之歡名曰陽會蓋女子陰也待陽以成故女子於是夜爲藏鉤諸戲以待月明至有忘寐而達曙者

欽定古今圖書集成曆象彙編歲功典

歲功典第十卷

歲功總部雜錄

易經乾卦夫大人者與四時合其序

繫辭日月運行一寒一暑

變通配四時

揲之以四以象四時

乾之策二百一十有六坤之策百四十有四凡三百有六十當期之日

變通莫大乎四時

寒往則暑來暑往則寒來寒暑相推而歲成焉

詩經王風采葛章一日不見如三秋兮注年有四時時皆三月三秋謂九月也設言三春三夏其義亦同

禮記曲禮凡爲人子之禮冬溫而夏凊昏定而晨省

禮運天秉陽垂日星地秉陰竅于山川播五行于四時和而後月生也是以三五而盈三五而闕

夫禮必本於太一分而爲天地轉而爲陰陽變而爲四時

禮器如竹箭之有筠也如松柏之有心也二者居天下之大端矣故貫四時而不改柯易葉

禮也者合於天時

故作大事必順天時

樂記春作夏長仁也秋斂冬藏義也

動之以四時

終始象四時

古者天地順而四時當

夫歌者直己而陳德也動己而天地應焉四時和焉

鄉飲酒義四面之坐象四時也

三月則成時

喪服四制喪有四制變而從宜取之四時也

公羊隱公元年春王正月傳春者何歲之始也注以上繫元年在王正月之上知歲之始也春者天地開闢之端養生之首法象所出四時本名也昏斗指東方曰春指南方曰夏指西方曰秋指北方曰冬歲者總號其成名之稱尚書以閏月定四時成歲是也

隱公七年秋七月傳春秋雖無事首時過則書春秋編年四時具然後爲年注首始也時四時也過歷也春以正月爲始夏以四月爲始秋以七月爲始冬以十月爲始歷一時無事則書其始月明王者當奉順四時之正也

左傳隱公五年春公將如棠觀魚者臧僖伯諫曰春蒐夏苗秋獮冬狩皆於農隙以講事也注蒐索也蒐索禽獸之不孕者苗主除禽獸爲苗害者獮殺也取殺爲名順陰氣也狩圍守也冬物畢成獲則取之無所擇也

桓公五年秋大雩書不時也凡祀啓蟄而郊龍見而雩始殺而嘗閉蟄而烝過則書注此發雩祭之例欲顯天時以指事言凡祀通下三句天地宗廟之事也啓蟄夏正建寅之月祀天南郊龍見建巳之月蒼龍宿之體昏見東方萬物始盛待雨而大故祭天遠爲百穀祈膏雨建酉之月陰氣始殺嘉穀始熟故薦嘗於宗廟建亥之月昆蟲閉戶萬物皆成可薦者衆故烝祭宗廟卜日有吉凶過次節則書以譏慢也

僖公三年春不雨夏六月雨自十月不雨至於五月不曰旱不爲災也注周六月夏四月於播種五稼無損

僖公五年春王正月辛亥朔日南至公既視朔遂登觀臺以望而書禮也凡分至啓閉必書雲物爲備故也注分春秋分至冬夏至啓立春立夏閉立秋立冬古人於此皆望雲氣而書之欲察妖祥而預爲之備也

文公元年閏三月非禮也先王之正時也履端於始舉正於中歸餘於終履端於始序則不愆舉正於中民則不惑歸餘於終事則不悖注歷法以十一月甲子朔夜半冬至爲歷元其時月日五星皆起於牽牛初度更無餘分以此爲步占之端故云履端於始每歲有二十四氣立春驚蟄清明立夏芒種小暑立秋白露寒露立冬大雪小寒謂之節氣雨水春分穀雨小滿夏至大暑處暑秋分霜降小雪冬至大寒謂之中氣每月皆有中氣惟閏月獨無中氣閏前之月則中氣在晦日閏後之月則中氣在朔日舉中氣而正月則置閏不差矣故云舉正於中置閏之法以氣盈朔虛而歸日月之餘分周天三百六十五度四分度

之一日之行也日一度自今年冬至至明年冬至方一周天實計三百六十五日零三箇時辰而一歲十二箇月止有三百六十日更有五日零三箇時辰無所歸著是爲日行之餘分每歲只均分在二十四氣上所謂氣盈者也月之行也日十一度十九分度之七常以百十九日中强而與日合于朔是每月又有半日弱無所歸著是爲月行之餘分故月不滿三十日而有大小盡焉所謂朔虛者也積日月之餘分每歲常餘十一日弱故十九年而置七箇閏月是爲一章之數故云歸餘于終開端不差故時序無愆過裹署不忒故民心無疑惑置閏得宜則圖爲得所故作事無悖亂

襄公二十六年聲子通使于晉還如楚令尹子木問晉大夫與楚孰賢對曰晉卿不如楚其大夫則賢皆卿材也如杞梓皮革自楚往也雖楚有材晉實用之聞之善爲國者賞不僭而刑不濫賞僭則懼及淫人刑濫則懼及善人若不幸而過寧僭無濫與其失善寧其利淫無善人則國從之古之治民者勸賞而畏刑恤民不倦賞以春夏刑以秋冬今楚多淫刑其大夫逃死于四方而爲之謀主以害楚國不可救療所謂不能也注勸賞樂行賞也畏刑憚用刑也春夏生長故賞秋冬肅殺故刑楚多淫刑妨賢害國以成不可治療之疾此所謂楚人不能用其材也

昭公元年晉侯求醫于秦秦伯使醫和視之曰疾不可爲也天有六氣陰陽風雨晦明也分爲四時序爲五節過則爲菑今君不節不時能無及此乎注六氣之化分爲春溫夏熱秋凉冬寒之時序此四時以爲五行之節計一年三百六十五日春木夏火秋金冬水各主七十二日土無定方分主四季之末各十八日亦七十二日受用六氣有過度者則生六疾

昭公四年大雨雹季武子問于申豐曰雹可禦乎對曰聖人在上無雹雖有不爲菑古者日在北陸而藏冰西陸朝覿而出之夫冰以風壯而以風出其藏之也周其用之也徧則冬無愆陽夏無伏陰春無淒風秋無苦雨雷出不震無菑霜雹癘疾不降民不夭札

昭公七年晉侯謂伯瑕曰吾所問日食從矣可常乎對曰不可六物不同公曰何謂六物對曰歲時日月星辰是謂也公曰多語寡人辰而莫同何謂辰對曰日月之會是謂辰故以配日注多詳也莫同言辰以名多也一歲日月十二會從子至亥所會謂之辰以子丑配甲乙之十干明非一所也

昭公十七年秋郯子來朝公與之宴昭子問焉曰少皞氏鳥名官何故也郯子曰吾祖也我知之昔者黃帝氏以雲紀故爲雲師而雲名炎帝氏以火紀故爲火師而火名共工氏以水紀故爲水師而水名太皞氏以龍紀故爲龍師而龍名我高祖少皞摯之立也鳳鳥適至故紀於鳥爲鳥師而鳥名鳳鳥氏歷正也元鳥氏司分者也伯趙氏司至者也青鳥氏司啓者也丹鳥氏司閉者也注摯少皞名鳳鳥知天時故以名歷正之官元鳥燕也以春分來秋分去故以名主二分之官伯趙伯勞也以夏至鳴冬至止故以名主二至之官青鳥鶬鴳也以立春鳴立夏止故以名司啓之官丹鳥鷩雉也以立秋來立冬去入大水爲蜃故以名司閉之官以上分至啓閉皆歷正之屬官九扈爲九農正扈民無淫者也注春扈鳻鶞五土之宜趣民耕種者夏扈竊元趣民耘苗者秋扈竊藍趣民收斂者冬扈竊黃趣民蓋藏者棘扈竊丹爲果居鳥者行扈唶唶晝爲民驅鳥者宵扈嘖嘖夜爲農驅獸者桑扈竊脂爲蠶驅雀者老扈鷃鷃趣民收麥令不得晏起者以九扈名農正之官皆以教民事扈止也所以止民使不淫放也

周語單襄公曰辰角見而雨畢天根見而水涸本見而草木節解駟見而隕霜火見而清風戒寒先王之教曰雨畢而除道水涸而成梁草木節解而備藏隕霜而冬裘具清風至而修城郭宮室夏令曰九月除道十月成梁其時儆曰收而場功偫而畚揭營室之中土功其始火之初見期于司里此先王所以不用財賄而廣施德于天下也

王將鑄無射問律於伶州鳩對曰六中之色也名之曰黃鍾所以宣養六氣九德也注十一月曰黃鍾六者天地之中天有六氣降生五味天有六母地有五子十一而天地畢矣而六爲中故六律六呂而成天道黃鍾六律之首故以六律正色爲黃鍾之名重元正始之義也六氣陰陽風雨晦明也九德水火金木土穀正德利用厚生也十一月陽伏於下物始萌於五聲爲宮含元處中所以徧養六氣九德之本

二曰太簇所以金奏贊陽出滯也注正月曰太簇言陽氣太簇達於上也正聲爲商故爲金奏所以佐陽發出滯伏也

三曰姑洗所以修潔百物考神納賓也注三月曰姑洗言陽氣養生洗濯枯穢改柯易葉也正聲爲角是

月至物修潔故用之宗廟合致神人用之享宴可以納賓也

四日蕤賓所以安靖神人獻酬交酢也注五月曰蕤賓言陰氣爲主委蕤於下陽氣盛長於上有似於賓主故可用之宗廟賓客以安靜神人行酬酢也

五日夷則所以詠歌九則平民無貳也注七月曰夷則言萬物既成可法則也故可以詠歌九成之則成民之志使無疑貳也

六曰無射所以宣布哲人之令德示民軌儀也注九月曰無射陽氣收藏萬物無射見者故可徧布前哲之令德示民道法也

元間大呂助宣物也注十二月曰大呂元一也陰繫於陽以黃鍾爲主故曰元間以陽爲首不名其初臣歸功於上之義也大呂助陽宣散物也天氣始於黃鍾萌而赤地受之於大呂牙而白成黃鍾之功也

二間夾鍾出四隙之細也注二月曰夾鍾隙間也夾鍾助陽鍾聚也細也四隙四時之閒氣微細者春爲陽中萬物始生四時之微氣皆始於春春發而出之三時奉而成之故夾鍾出四時之微氣也

三間中呂宣中氣也注四月曰中呂陽氣起於中至四月宣散於外純乾用事陰閉藏於內所以助陽成功也

四間林鍾和展百事俾莫不任肅純恪也注六月曰林鍾林衆也言萬物衆盛也展審俾使肅速純大恪敬也言時務和審百事無有僞詐使之莫不任其職事速其功大敬其職也

五間南呂贊陽秀也注八月曰南呂榮而不實曰秀南任也陰任陽事助成萬物也

六間應鍾均利器用俾應復也注十月曰應鍾言陰應陽用事萬物鍾聚百嘉具備時務均利百官器用程度庶品使皆應其禮復其常也

魯語社而賦事烝而獻功男女效績愆則有辟古之制也注社春分祭社也事農桑之屬也冬祭曰烝烝而獻五穀布帛之功也

易川靈圖陽氣出于東北入于西北發于孟春畢于孟冬

易通卦驗人君冬至日使八能之士鼓黃鍾之瑟瑟用槐木長八尺一寸夏至日瑟用桑木長五尺七寸

注槐取氣上桑取氣下也

王者必五時迎氣者以示人奉承天道從時訓人之義故月令于四立日及季夏土德王日各迎其王氣之神于其郊其配祭以五人帝春以太皞夏以炎帝季夏以黃帝秋以少昊冬以顓頊

凡六禮板長尺二寸以應十二月博四寸以象四時厚八分以象八節皆眞書

冬至鼓用馬革圓徑八尺一寸夏至鼓用牛 又圓徑五尺七寸注馬坎類牛離類

尚書帝命期春鳥星昏中以種稷夏火星昏中以種黍菽

尚書考靈曜主春者鳥星昏中可以種稷主夏者心星昏中可以種黍主秋者虛星昏中可以種麥主冬者昴星昏中則入山可以斬伐具器械王者南面而坐視四星之中者而知民之緩急急則不賦力役

地與星辰俱有四遊升降四遊者自立春地與星辰西遊春分西遊之極地雖西極升降正中從此漸漸而東至春末復正自立夏之後北遊夏至北遊之極地則升降極下至夏季復正立秋之後東遊秋分東遊之極地則升降正中至秋季復正立冬之後南遊冬至南遊之極地則升降極上冬季復正此是地及星辰四遊之義也

尚書大傳夏以十三月爲正平旦爲朔殷以十二月爲正雞鳴爲朔周以十一月爲正夜半爲朔

詩紀曆樞陰陽之會一歲再遇于南方者以中夏遇于北方者以中冬

樂動聲儀時元氣者受氣于天布之于地以時出入物者也四時之節動靜各有分職不得相越謂調露之樂也注調露調和致甘露也使物茂長之樂

樂緯坎主冬至樂用管艮主立春樂用塤震主春分樂用鼓巽主立夏樂用笙離主夏至樂用絃坤主立秋樂用磬兌主秋分樂用鐘乾主立冬樂用柷敔此八方之音

本草經上藥一百二十種爲君主養命以應天中藥一百二十種爲臣養性以應人下藥一百二十五種爲佐使主治病以應地三品合三百六十五種法三百六十五度一度應一日以成一歲

古瑞命記神農氏論芝云山川雲雨五行四時陰陽晝夜之精以生五色神芝皆爲聖王休祥焉

黃帝宅經正月土氣衝丁未方二月坤三月壬亥四月辛戌五月乾六月寅甲七月癸丑八月艮九月丙乙十月辰乙十一月巽十二月中庚

黃帝兵法戰鬭當從九天之上擊九地之下春青龍

夏朱雀秋白虎冬玄武四神爲九天其衛則九地也子午經十二時忌立春春分卯立夏夏至晡立秋秋分肝立冬冬至心四季十八日腎

周髀筭經注二至者寒暑之極二分者陰陽之和四立者生長收藏之始是爲八節

四章爲一蔀七十六歲注蔀之言齊同日月之分爲一蔀也一歲之月十二月十九分月之七通分內子得二百三十五一歲之日三百六十五日四分日之一通之得一千四百六十一分母不同則子不齊當互乘之以齊同之者以日分母四乘月分得九百四十卽一蔀之月以月分母十九乘日分得二萬七千七百五十九卽一蔀之日以日月分母相乘得七十六得一蔀之歲以一歲之月除蔀月得七十六歲又以一歲之日除蔀日亦得七十六矣歲月餘既終日分又盡衆殘齊合羣數畢滿故謂之蔀

二十蔀爲一遂遂千五百二十歲注遂竟也言五行之德一終竟極日月辰終也乾鑿度曰至德之數先立金木水火土五凡各三百四歲五德運行日月開闢甲子爲蔀首七十六歲次得癸卯蔀七十六歲次壬午蔀七十六歲次辛酉蔀七十六歲凡三百四歲木德也主春生次庚子蔀七十六歲次己卯蔀七十六歲次戊午蔀七十六歲次丁酉蔀七十六歲凡三百四歲金德也主秋成次丙子蔀七十六歲次乙卯蔀七十六歲次甲午蔀七十六歲次癸酉蔀七十六歲凡三百四歲火德也主夏長次壬子蔀七十六歲次辛卯蔀七十六歲次庚午蔀七十六歲次己酉蔀七十六歲凡三百四歲木德也主冬藏次戊子蔀七十六歲次丁卯蔀七十六歲次丙午蔀七十六歲次乙酉蔀七十六歲凡三百四歲土德也主致養其德四正子午卯酉而朝四時焉凡一千五百二十歲終一紀復甲子故謂之遂

三遂爲一首首四千五百六十歲注首始也言日月五星終而復始也考靈曜曰日月首甲子冬至日月五星俱起牽牛初日月若合璧五星如聯珠青龍甲寅攝提格並四千五百六十歲積及初故謂首也

七首爲一極極三萬一千九百二十歲生數皆終萬物復始注極終也言日月星辰弦望晦朔寒暑推移萬物生育皆復始故謂之極

小歲者十二月爲一歲大歲者十三月爲一歲

日復星爲一歲注冬至日出在牽牛從牽牛周牽牛則爲一歲

春分之日夜分以至秋分之日夜分極下常有日光秋分之日夜分以至春分之日夜分極下常無日光

注春秋分者晝夜等春分至秋分日內近極故日光照及也秋分至春分日外遠極故日光照不及也

六韜將冬不服裘夏不操扇天雨不張幔蓋是謂將禮將不身服禮無以知士卒寒暑也

汲冢周書武稱解春違其農秋伐其穡夏取其麥冬寒其衣服春秋欲舒冬夏欲亟武之時也

大武解伐有四時一春違其農二夏食其穀三秋取其刈四冬凍其葆

小開武解九紀一辰以紀日二宿以紀月三日以紀德四月以紀刑五春以紀生六夏以紀長七秋以紀殺八冬以紀藏九歲以紀終時候天視可監時不失以知吉凶

寶典解三信一春生夏長無私民乃不迷二秋落冬殺有常政乃盛行三人治百物物德其德是謂信極

大聚解陂溝道路藂苴丘墳不可樹穀者樹以材木春發枯槁夏發葉榮秋發實蔬冬發薪蒸以匡窮困揖其民力相更爲師因其土宜以爲民資此謂仁德旦聞禹之禁春三月山林不登斧以成草木之長夏三月川澤不入網罟以成魚鼈之長且以并農力執成男女之功夫然則有生而不失其宜萬物不失其性人不失其事天不失其時以成萬財萬財既成放此爲人此謂正德

王若欲求天下民先設其利而民自至譬之若冬日之陽夏日之陰不召而民自來此謂歸德

管子治國篇秋糴以五春糶以束注謂富者秋時以五糴之至春出糶便收其束矣束十疋也

宙合篇春采生秋采蓏夏處陰冬處陽此言聖人之動靜開闔詘信浧濡取與之必因于時也

歲有春秋冬夏月有上中下旬日有朝暮夜有昏晨半星辰序各有其司故曰天不一時

形勢解春者陽氣始上故萬物生夏者陽氣畢上故萬物長秋者陰氣始下故萬物收冬者陰氣畢下故萬物藏故春夏生長秋冬收藏四時之節也

乘馬篇陰陽春秋冬夏陰陽之推移也時之短長陰陽之利用也日夜之易陰陽之化也

禽經毛協四時春則毛弱夏則稀少而改易秋則刷理冬則更生細毛自溫

色合五方倉鷹之屬以象東方木行朱鳥之屬以象

南方火行黃鳥之屬應土行以象季夏白鷺之屬以象西方金行元鳥之屬以象北方水行

羽物變化轉于時令仲春之節鷹化爲鳩季春之節田鼠化爲鴽仲秋之節鳩復化爲鷹季秋之節雀入大水化爲蛤孟冬之節雉入大水化爲蜃淮南子曰鶬化爲鴞鴞化爲鷂鷂化爲布穀布穀復爲鶬順節令以變形也

家語禮運篇夫禮之不同不豐不殺所以持情而合危也山者不使居川渚者不使居原用水火金木飲食必時冬合男女春頒爵位必當年德皆所順也注合安禮也用水漁入澤梁乃溉灌用火季春出火季秋納火也用金以時釆受以納銅鐵用木斧斤以時入山林飲食各隨四時之道者也

五帝篇孔子曰昔也丘聞諸老耼曰天有五行水火金木土分時化育以成萬物其神謂之五帝注一歲三百六十日五行每行主七十二日化生長育一歲之功萬物莫不受成五帝五行之佐生物者

五帝德篇祭五祀者所以本事也注戶竈中霤門行也春戶以木夏竈以火中霤以土秋門以金冬行以水各本其用事之神而祀之

文子道原篇老子曰大丈夫恬然無思惔然無慮以天爲蓋以地爲車以四時爲馬以陰陽爲御行乎無路遊乎無怠出乎無門

精誠篇老子曰冬日之陽夏日之陰萬物歸之而莫之使極自然至精之感弗召自來不去而往窈窈冥冥不知所爲者而功自成

文子曰春政不失禾黍滋夏政不失雨降時秋政不失民殷昌冬政不失國家寧康

道德篇老子曰因春而生因秋而殺所生不德所殺不怨則幾於道矣

上仁篇老子曰天地之氣莫大於和和者陰陽調日月分故萬物春分而生秋分而成生與成必得和之精故積陰不生積陽不化陰陽交接乃能成和

上禮篇老子曰察四時孟仲季之序以立長幼之節而成官

列子黃帝篇陰陽常調日月常明四時常若風雨常均字育常時年穀常豐

殷湯篇荆之南有冥靈者以五百歲爲春五百歲爲秋上古有大椿者以八千歲爲春八千歲爲秋朽壤之上有菌芝者生於朝死於晦春夏之月有蠓蚋者因雨而生隨陽而死

莊子大宗師篇眞人淒然似秋煖然似春喜怒通四時與物有宜而莫知其極

說劍篇天子之劍裹以四時制以五行論以刑德開以陰陽持以春夏行以秋冬

天道篇春夏先秋冬後四時之序也

天運篇調理四時太和萬物四時迭起萬物循生

知北遊篇天地有大美而不言四時有明法而不議萬物有成理而不說聖人者原天地之美而達萬物之理是故至人無爲大聖不作觀于天地之謂也陰陽四時運行各得其序萬物畜而不知此之謂本根可以觀于天矣

庚桑楚篇夫春氣發而百草生正得秋而萬寶成夫春與秋豈無得而然哉天道已行矣

尸子謂夏必長而蒜麥枯謂冬必彫而竹柏茂日盛陽宜暑夏天未必無凉日極陰宜寒隆冬未必無暫溫也

鶡冠子天用四時地用五行天子執一以居中央調以五音正以六律紀以度數宰以刑德從本至末第以甲乙天始于元地始于朔四時始于歷故家里用提扁長用旬鄉師用節縣嗇夫用月郡大夫用氣分所至柱國用六律里五日報扁扁十日報鄉鄉十五日報縣縣三十日報郡郡四十五日報柱國柱國六十日以聞天子天子七十二日遣使勉有功罰不知此所以與天地總下情六十日一上聞上惠七十二日一下究此天曲日術也

荀子王制篇春耕夏耘秋收冬藏四者不失時故五穀不絕而百姓有餘食也汙池淵沼川澤謹其時禁故魚鼈優多而百姓有餘食也斬伐養長不失其時故山林不童而百姓有餘材也

天論篇列星隨旋日月遞照四時代御陰陽大化風雨博施萬物各得其和以生各得其養以成不見其事而見其功夫是之謂神

賦篇冬日作寒夏日作暑廣大精神請歸之雲

韓非子解老篇道者萬物之所然也天得之以高地得之以藏維斗得之以成其威日月得之以恆其光五常得之以常其位列星得之以端其行四時得之以御其變氣

關尹子九藥篇天不能冬蓮春菊是以聖人不違時

呂氏春秋孟春紀去私篇四時無私行也行其德而萬物得遂長焉

仲春紀情欲篇秋早寒則冬必煗春多雨則夏必旱天地不能兩而況于人類乎

季春紀盡數篇天生陰陽寒暑燥濕四時之化萬物之變莫不爲利莫不爲害 注 順者利時逆者害時

仲夏紀大樂篇四時代興或暑或寒或短或長或柔或剛萬物所出造于太一化于陰陽

孝行覽義賞篇春氣至則草木產秋氣至則草木落產與落或使之非自然也

離俗覽貴信篇春之德風風不信其華不盛華不盛則果實不生夏之德暑暑不信其土不肥土不肥則長遂不精秋之德雨雨不信其穀不堅穀不堅則五種不成冬之德寒寒不信其地不剛地不剛則凍閉不開天地之大四時之化而猶不能以不信成物又況乎人事

似順論有度篇夏不衣裘非愛裘也煗有餘也冬不用箑非愛箑也清有餘也

士容論上農篇后妃率九嬪蠶于郊桑于公田是以春秋冬夏皆有麻枲絲繭之功以力婦教也

四時之禁山不敢伐材下木澤人不敢灰僇繯網罝罦不敢出于門罛罟不敢入于淵澤非舟虞不敢緣名爲害其時也

史記天官書北斗七星所謂旋璣玉衡以齊七政杓攜龍角衡殷南斗魁枕參首斗爲帝車運于中央臨制四鄉分陰陽建四時均五行移節度定諸紀皆繫于斗 注 杓北斗柄也龍角東方宿攜連也衡斗之中央殷中也

北方水太陰之精主冬日壬癸刑失者罰出辰星以其宿命國是正四時仲春春分夕出郊奎婁胃東五舍爲齊仲夏夏至夕出郊東井輿鬼柳東七舍爲楚仲秋秋分夕出郊角亢氐房東四舍爲漢仲冬冬至晨出郊東方與尾箕斗牽牛俱西爲中國其出入常以辰戌丑未

五星同色天下偃兵百姓寧昌春風秋雨冬寒夏暑動搖常以此

太史公自序夫陰陽四時八位十二度二十四節各有教令 注 八位八卦位也十二度十二次也二十四節就中氣各有禁忌謂日月也

史記索隱歲行一次謂之歲星十二歲而星一周天

漢書律曆志二十四銖而成兩者二十四氣之象也十六兩成斤者四時乘四方之象也四百八十兩者六旬行八節之象也三十斤成鈞者一月之象也四鈞爲石者四時之象也重百二十斤者十二月之象也終于十二辰而復于子黃鍾之象也千九百二十兩者陰陽之數也三百八十四爻五行之象也四萬六千八十銖者萬一千五百二十物歷四時之象也而歲功成就五權謹矣

以陰陽言之太陰者北方北伏也陽氣伏于下于時爲冬冬終也物終臧乃可稱水潤下知者謀謀者重故爲權也太陽者南方南任也陽氣任養物于時爲夏夏假也物假大乃宣平火炎上禮者齊齊者平故爲衡也少陰者西方西遷也陰氣遷落物于時爲秋秋䆎也物䆎斂乃成孰金從革改更也義者成成者方故爲矩也少陽者東方東動也陽氣動物于時爲春春蠢也物蠢生迺動運木曲直仁者生生者圜故爲規也中央者陰陽之內四方之中經緯通達迺能端直于時爲四季土稼穡蕃息信者誠誠者直故爲繩也五則揆物有輕重圜方平直陰陽之義四方四時之體五常五行之象厥法有品各順其方而應其行職在大行鴻臚掌之

春爲陽中萬物以生秋爲陰中萬物以成

孟仲季迭用事爲統首

經元一以統始易太極之首也春秋二以目歲易兩儀之中也于春每月書王易三極之統也于四時雖亡事必書時月易四象之節也時月以建分至啓閉之分易八卦之位也

四時寒暑無形而運于下

董仲舒傳天道之大者在陰陽陽爲德陰爲刑刑主殺而德主生是故陽常居大夏而以生育養長爲事陰常居大冬而積于空虛不用之處以此見天之任德不任刑也天使陽出布施于上而主歲功使陰入伏于下而時出佐陽陽不得陰之助亦不能獨成歲終陽以成歲爲名此天意也

越絕書天下之君發號施令必順于四時四時不正則陰陽不調寒暑失常如此則歲惡五穀不登聖王施令必審于四時此至禁也

賈誼新書懸弧之禮義東方之弧以梧梧者東方之草春木也其牲以雞南方之弧以柳柳者南方之草夏木也其牲以狗中央之弧以桑桑者中央之木也其牲以牛西方之弧以棘棘者西方之草秋木也其牲以羊北方之弧以棗棗者北方之草冬木也其牲以彘

淮南子天文訓四時者天之吏也

天有四時以制十二月人亦有四肢以使十二節天有十二月以制三百六十日人亦有十二肢以使三百六十節

天地之襲精爲陰陽陰陽之專精爲四時四時之散精爲萬物積陽之熱氣生火火氣之精者爲日積陰之寒氣爲水水氣之精者爲月日月之淫爲精者爲星辰

辰星正四時常以二月春分效奎婁以五月夏至效東井輿鬼以八月秋分效角亢以十一月冬至效斗牽牛

何謂八風距日冬至四十五日條風至條風至四十五日明庶風至明庶風至四十五日清明風至清明風至四十五日景風至景風至四十五日涼風至涼風至四十五日閶闔風至閶闔風至四十五日不周風至不周風至四十五日廣莫風至

天有四時以成一歲因而四之四四十六故十六兩而爲一斤三月而爲一時三十日爲一月故三十斤爲一鈞四時而爲一歲故四鈞爲一石

墬形訓照之以日月經之以星辰紀之以四時

本經訓春肅秋榮冬雷夏霜皆賊氣之所生

四時者春生夏長秋收冬藏取予有節出入有時開闔張歙不失其敘喜怒剛柔不離其理

秉太一者牢籠天地彈壓山川含吐陰陽伸曳四時紀綱八極經緯六合覆露照導普汜無私蠉飛蝡動莫不仰德而生

繆稱訓天有四時人有四用

齊俗訓夫以一世之變欲以耦化應時譬猶冬被葛而夏被裘

汜論訓天地之氣莫大于和和者陰陽調日夜分而生物春分而生秋分而成生之與成必得和之精

兵略訓將軍之心滔滔如春曠曠如夏湫漻如秋典凝如冬因形而與之化隨時而與之移曠音曠漻音遼

說林訓冬冰可折夏木可結時難得而易失

泰族訓五帝三王立明堂之朝行明堂之令以調陰陽之氣以和四時之節以辟疾病之菑

天設日月列星辰調陰陽張四時日以暴之夜以息之風以乾之雨露以濡之其生物也莫見其所養而物長其殺物也莫見其所喪而物亡此之謂神明

春秋繁露五行對篇木爲冬金爲秋土爲季夏火爲夏木爲春春主生夏主長季夏主養秋主收冬主藏藏冬之所成也

土者火之子也五行莫貴于土土之于四時無所命者不與火分功名木名春火名夏金名秋水名冬忠臣之義孝子之行取之土土者五行最貴者也

爲人者天地篇人之好惡化天之暖清人之喜怒化天之寒暑人之受命化天之四時人生有喜怒哀樂之答春秋冬夏之類也喜春之答也怒秋之答也樂夏之答也哀冬之答也天之副在乎人人之情性有由天者矣

天地之數不能獨以寒暑成歲必有春夏秋冬

五行之義篇木居東方而主春氣火居南方而主夏氣金居西方而主秋氣水居北方而主冬氣是故木主生而金主殺火主暑而水主寒使人必以其序官人必以其能天之數也土居中央爲之天潤土者天之股肱也其德茂美不可名以一時之事故五行而四時者土兼之也

王道通篇天常以愛利爲意以養爲事春秋冬夏皆其用也王者亦常以愛利天下爲意以安樂世爲事好惡喜怒而備用也然而主好惡喜怒乃天之春夏秋冬也

陰陽位篇夏出長于上冬入化于下者陽也夏入守虛地于下冬出守虛位于上者陰也陽出實入實陰出空入空天之任陽不任陰好德不好刑如是也故陰陽終歲各一出

陰陽終始篇春夏陽多而陰少秋冬陽少而陰多多少無常未嘗不分而相散也

至春少陽東出就木與之俱生至夏太陽南出就火與之俱煖此非各就其類而與之相起與少陽就木太陽就火火木不相稱各就其正此非正其倫與至於秋時少陰興而不得以秋從金從金而傷火功雖不得以從金亦以秋出於西方俛其處而適其事以成歲功此非權與陰之行固常居虛而不得居實至於冬而止空虛太陽乃得北就其類而與水起寒是故天之道有倫有經有權

天道無二篇陰與陽相反之物也故或出或入或右或左春俱南秋俱北夏交於前冬交於後並行而不同路交會而各代理此其文與天之道有一出一入一休一伏其度一也

陽出而積於夏任德以歲事也陰出而積於冬錯刑於空處也

人副天數篇天以終歲之數成人之身故小節三百六十六副日數也大節十二分副月數也內有五藏副五行數也外有四肢副四時數也乍視乍瞑副晝夜也乍剛乍柔副冬夏也乍哀乍樂副陰陽也心有計慮副度數也行有倫理副天地也

四祭篇古者歲四祭四祭者因四時之所生孰而祭其先祖父母也故春曰祠夏曰礿秋曰嘗冬曰蒸此言不失其時以奉祀先祖也祠者以正月始食韭也礿者以四月食麥也嘗者以七月嘗黍稷也蒸者以十月進初稻也此天之經也地之義也孝子孝婦緣天之時因地之利已受命而王必先祭天乃行王事

祭義篇五穀食物之性也天之所以爲賜人也宗廟止四時之所成受賜而薦之宗廟敬之性也于祭之而宜矣宗廟之祭物之厚無上也春上豆實夏上尊實秋上杌實冬上敦實豆實韭也春之始所生也尊實麷也夏之所受初也杌實黍也秋之所先成也敦實稻也冬之所畢熟也始生故曰祠善其可也夏約故曰礿貴所初礿也先成故曰嘗嘗言甘也畢熟故曰蒸蒸言衆也奉四時所受于天者而上之爲上祭貴天賜且尊宗廟也

循天之道篇天有兩和以成二中歲立其中用之無窮是北方之中用合陰而物始動于下南方之中用合陽而養始美于上其動于下者不得東方之和不能生中春是也其養于上者不得西方之和不能成中秋是也

法陰與陽陽氣起于北方至南方而盛盛極而合乎陰陰氣起乎中夏至中冬而盛盛極而合乎陽不盛不合是故十月而俱盛終歲而乃再合天地久節以此爲常

陰陽之會冬合北方而物動于下夏合南方而物動于上上下之大動皆在日至之後爲寒則凝水裂地爲熱則焦沙爛石氣之精至于是故天地之化春氣生而百物皆出夏氣養而百物皆長秋氣殺而百物皆死冬氣收而百物皆藏

法天者乃法人之辨天之道嚮秋冬而陰來嚮春夏而陰去是故古之人霜降而迎女冰泮而殺內與陰居近與陽遠也

大戴禮記古之爲路車也蓋圓以象天二十八橑以象列星軫方以象地三十輻以象月故仰觀天文俯察地理前視則睹鸞和之聲側聽則觀四時之運

京氏易略立春正月節在寅坎卦初六立秋同用雨水正月中在丑巽卦初六處暑同用驚蟄二月節在子震卦初九白露同用春分二月中在亥兌卦九四秋分同用清明三月節在戌艮卦六四寒露同用穀雨三月中在酉離卦九四霜降同用立夏四月節在申坎卦六四立冬同用小滿四月中在未巽卦六四小雪同用芒種五月節在午乾宮九四大雪同用夏至五月中在巳兌宮初九冬至同用小暑六月節在辰艮宮初六小寒同用大暑六月中在卯離宮初九大寒同用

鹽鐵論論菑篇江都相董生推言陰陽四時相繼父生之子養之母成之子藏之故春生仁夏長德秋成義冬藏禮此四時之序聖人之所則也

天道好生惡殺好賞惡罰故使陽居於實而宣德施陰藏於虛而爲陽佐輔陽剛陰柔季不能加孟此天賤冬而貴春申陽屈陰故王者南面而聽天下背陰向陽前德而後刑也霜雪晚至五穀猶成雹霧夏隕萬物皆傷由此觀之嚴刑以治國猶任秋冬以成穀也故法令者治惡之具也而非至治之風也

氾勝之書耕之本在於趣時和土務糞澤早鋤穫春凍解地氣始通土一和解夏至天氣始暑陽氣始盛土復解夏至後九十日晝夜分天地氣和以此時耕田一而當五名曰膏澤皆得時功

秋無雨而耕絕土氣土堅垎名曰腊田及盛冬耕泄陰氣土枯燥名曰脯田脯田與腊田皆傷田二歲不起稼則一歲休之

凡愛田常以五月耕六月再耕七月勿耕謹摩平以待種時五月耕一當三六月耕一當再若七月耕五不當一

冬雨雪止輒以蔄之掩地雪勿使從風飛去後雪復蔄之則立春保澤凍蟲死來年宜稼得時之和適地之宜田雖薄惡畝可收十石

小豆忌卯稻麻忌辰禾忌丙黍忌丑秫忌寅未小麥忌戌大麥忌子大豆忌申卯凡九穀有忌日種之不忌則多傷敗

說苑辨物篇五星一曰歲星二曰熒惑三曰鎮星四曰太白五曰辰星欃槍彗孛旬始枉矢蚩尤之旗皆五星盈縮之所生也五星之所犯各以金木水火土爲占春秋冬夏伏見有時失其常離其時則爲變異得其時居其常是謂吉祥

古者有主四時者主春者張昏而中可以種穀上告

于天子下布之民主夏者大火昏而中可以種黍菽上告于天子下布之民主秋者虛昏而中可以種麥上告于天子下布之民主冬者昴昏而中可以斬伐田獵蓋藏上告之天子下布之民故天子南面視四星之中知民之緩急急則不賦籍不舉力役書曰敬授民時詩曰物其有矣維其時矣物之所以有而不絕者以其動之時也

脩文篇大聖在治之世天地之氣合以生風日至則日行其風以生十二律故仲冬短至則生黃鍾季冬生大呂孟春生太簇仲春生夾鍾季春生姑洗孟夏生仲呂仲夏生蕤賓季夏生林鍾孟秋生夷則仲秋生南呂季秋生無射孟冬生應鍾天地之風氣正十二律至也

通占大象曆星經六甲六星在華蓋之下杠星之旁主分陰陽而配於節候出入故在帝座旁所布政教而授農時也

吳越春秋春種八穀夏長而養秋成而聚冬畜而藏

後漢書律曆志日周於天一寒一暑四時備成萬物畢改攝提遷次青龍移辰謂之歲歲首至也月首朔也至朔同日謂之章同在日首謂之蔀蔀終六旬謂之紀歲朔又復謂之元

日行北陸謂之冬東陸謂之春南陸謂之夏西陸謂之秋

白虎通辟雍篇明堂上圓下方八窻四闥布政之宮在國之陽上圓法天下方法地八窻象八風四闥法四時九室法九州十二坐法十二月三十六戶法三十六雨七十二牖法七十二風

五祀篇祭五祀所以歲一徧何順五行也故春祭戶戶者人所出入亦春萬物始觸戶而出也夏祭竈者火之主人所以自養也夏亦火王長養萬物秋祭門門以閉藏自固也秋亦萬物成熟內備自守也冬祭井井者水之生藏任地中冬亦水王萬物伏藏六月祭中霤中霤者象土在中央也六月亦土王也

巡狩篇巡狩所以四時何當承宗廟故不踰時也以夏之仲月者同律度當得其中也二月八月晝夜分五月十一月陰陽終尚書曰二月東巡狩至于岱宗柴五月南巡狩至于南嶽八月西巡狩至于西嶽十有一月朔巡狩至于北嶽所以五歲巡狩何爲太煩也過五年爲太疏也因天道時有所生歲有所成三歲一閏天道小備五歲再閏天道大備故五歲一巡狩三年小備二伯出述職黜陟一年物有終始歲有所成方伯行國時有所生諸侯行邑

論衡雷虛篇正月陽動故正月始雷五月陽盛故五月雷迅秋冬陽衰故秋冬雷潛

祭意篇雩之禮爲民祈穀雨祈穀實也春求實一歲再祀蓋重穀也春以二月秋以八月

商蟲篇夫蟲之生也必依溫濕溫濕之氣常在春夏秋冬之氣寒而乾燥蟲未曾生

是應篇夫蓂草之實也猶豆之有莢也春夏未生其生必于秋末冬月隆寒霜雪貫零萬物皆枯儒者敢謂蓂莢達冬獨不死乎如與萬物俱生俱死莢成而以秋末是則季秋獨察莢春夏冬三時不得案也

說文卯爲春門萬物已出酉爲秋門萬物已入

四民月令自正月以終季夏不可伐木必生蠹蟲或日其月無壬子日以上伐之雖春夏不蠹猶有剖析開解之害又犯時令非急勿伐十一月伐竹木

獨斷天子父事天母事地兄事日姊事月常以春分朝日于東門之外示有所尊訓民人事君之道也秋分夕月于西門之外別陰陽之義也

天子之廟七諸侯之廟五皆月祭之大夫之廟三四時祭之士一廟上士二廟亦四時祭之府史以下及庶人皆無廟四時祭于寢也

五祀之別名門秋爲少陰其氣收成祀之于門戶春爲少陽其氣始出生養祀之于戶行冬爲太陰盛寒爲水祀之于行竈夏爲太陽其氣長養祀之于竈中霤季夏之月土氣始盛其祀中霤

春扈氏農正趣民耕種夏扈氏農正趣民芸除秋扈氏農正趣民收斂冬扈氏農正趣民蓋藏

宗廟所歌詩之別名思文一章祀后稷配天之所歌也噫嘻一章春夏祈穀于上帝之所歌也豐年一章蒸嘗秋冬之所歌也潛一章季冬薦魚春獻鮪之所歌也載芟一章春籍田祈社稷之所歌也良耜一章秋報社稷之所歌也

舊儀三公以下月朝後省常以六月朔十月朔旦朝後又以盛暑省六月朝故今獨以爲正月十月朔朝也

月令章句天之道陰陽各有少太是生四時少陽爲春太陽爲夏少陰爲秋太陰爲冬

徐幹中論名之繫於實也猶物之繫於時也生物春也吐華夏也布葉秋也凋零冬也成實斯無爲而自成者也

五經通義冬至陽動於下推陰而上之故寒於上夏至陰動於下推陽而上之故大熱於上故易云日月運行一寒一暑日在牽牛則寒在東井則暑牽牛外宿遠人故寒東井內宿近人故溫也

杜預春秋序春秋者魯史記之名也記事者必表年以首事年有四時故錯舉以爲所記之名也

晉書天文志北斗七星在太微北七政之樞機陰陽之元本也故運乎天中而臨制四方以建四時而均五行也

抱朴子用刑篇天地之道不徒純仁故靑陽闡陶育之和素秋厲肅殺之威融風扇則枯瘁攄藻白露零則繁英彫零是以品物阜焉歲功成焉

廣譬篇明君賞猶春雨而無霖淫之失罰擬秋霜而無詭時之嚴

郭象翼莊聖人之在天下暖然若陽春之自和故潤澤者不謝凄乎若秋霜之自降故凋落者不怨

宗炳詩序恆山風井如瓮春分後出秋分後入

永嘉記永嘉有八輩蠶一曰蚖珍蠶三月績二曰柘蠶四月初績三曰蚖蠶四月績四曰愛珍蠶五月績五曰愛蠶六月末績六曰寒珍蠶七月績七曰四出蠶九月初績八曰寒蠶十月績凡蠶再熟者前輩皆謂之珍

名醫別錄上品藥性亦能遣疾但勢力和厚不爲速攻歲月常服必獲大益病既愈矣命亦兼中天道仁育故曰應天一百二十種謂寅卯辰巳之月法萬物生榮時也中品藥性袪患爲速延齡爲緩人懷性情故曰應人一百二十種謂午未申酉之月法萬物成熟時也下品藥性專主攻擊不可常服疾愈即止地體收殺故曰應地一百二十五種謂戌亥子丑之月法萬物枯藏時也

三禮義宗歲者依中氣一周以爲一歲年者依日月十二會以爲一年中朔大小不齊故有歲年之異

天子諸侯宮寢之制若春氣三月之中居正寢退息之時常居東北之寢三月之末土王之日則居中寢夏之三月則居東南之寢秋之三月則居西南之寢冬之三月則居西北之寢此三時後土王之日亦各居中寢以從時候

天子九門法陽九之義宮門有五法五行外門有四法四時

大蜡盡天地四時之神而祭之其樂亦盡用四時之調

漏刻經定太陽出沒法正月出乙入庚方二八出兔入鷄塲三七發甲入辛地四六生寅入犬藏五月生艮歸乾上仲冬出巽入坤方惟有十與十二月出辰入申仔細詳

關氏易傳乾坤之策義陰陽三五每一五而變七十二候二五而變三十六旬三五而變二十四氣

齊民要術凡秋耕欲深春夏欲淺犂欲廉勞欲再秋耕稀靑者爲上

魏文侯曰民春以力耕夏以鎡耘秋以收斂

凡春種欲深宜曳重撻夏種欲淺直置自生注春風冷生遲不曳撻則根虛雖生輒死夏氣熱而生速曳撻遇雨必堅垎其澤澤多者或亦不須撻必欲撻者宜須待白背濕撻令地堅硬故也

春伐枯槁夏取果蓏秋蓄蔬食冬伐薪蒸以爲民資故先王之政四海之雲至而修封疆蝦蟆鳴燕降而通路除道矣陰降百泉則修橋梁昏張中則務種穀大火中則種黍菽虛中則種宿麥昴星中則收斂蓄積伐薪木所以應時修備富國利民霜降而樹穀冰泮而求穫欲得食則難矣

崔寔曰三月淸明節後十日封生薑至四月立夏後蠶大食芽生可種之九月藏茈薑蘘荷其歲若溫皆待十月生薑謂之茈薑

大小麥皆須五月六月暵地穛麥非良地則不須種八月中戊社前種者爲上時下戊前爲中時八月末九月初爲下時小麥宜下種八月上戊社前爲上時中戊前爲中時下戊前爲下時正月二月勞而鋤之三月四月鋒而更鋤

旱稻用下田白土勝黑土凡下田停水處燥則堅垎濕則汙泥不問秋夏候水盡地白背時速耕杷勞頻煩令熟二月半種爲上時三月爲中時四月初及半爲下時

二月三月種者爲植禾四月五月種者爲穉禾二月上旬及麻菩楊生種者爲上時三月上旬及淸明節桃始花爲中時四月上旬及棗葉生桑花落爲下時歲道宜晚者五月六月初亦得春種欲深宜曳重撻夏種欲淺直置自生

劉子履信篇春之德風風不信則花萼不茂花萼不茂則發生之德廢夏之德炎炎不信則卉木不長卉木不長則長羸之德廢秋之德雨雨不信則百穀不實百穀不實則收成之德廢冬之德寒寒不信則水

土不堅水土不堅則安靜之德廢以天地之靈氣候不信四時猶廢而況于人乎

賞罰篇天以碁數成歲國以法教爲治碁運于天則時成于地法動于上則治成于人碁之運也先春後秋法之動也先賞後罰是以溫風發春所以動萌華也寒露降秋所以隕茂葉也明賞有德所以勸善人也顯罰有過所以禁下奸也

文武篇盛暑炎蒸必藉涼風寒交冰結必處溫室夏不御氈非憎惡之炎有餘也冬不臥簟非怨讎之凉自足也不以春日遲遲而毀羔裘秋露漉葉而別箏席

誡盈篇四時之序偪滿卽謝五行之性功成必退故陽極而陰降陰極而陽升日中則昃月盈則虧此天之常道也

言苑篇陽氣主生物所樂也陰氣主殺物所慽也故春葩含日以笑秋葉泫露如泣

天無情于生死則不可以情而憾怨故暄然而春榮華者不謝悽然而秋凋零者不憾榮凋有命困遇有期故春藥雖茂假朝露而抽翠秋葉誠危因微風而飄零

隋書音樂志姑洗爲春蕤賓爲夏南呂爲秋應鐘爲冬是爲四時

皇覽迎氣四時之樂唱以角徵商羽春唱角舞羽翟夏唱徵舞鼓鞉秋唱商舞干戚冬唱羽舞干戈

尚書正義一歲三百六十五日有餘分爲十二月有二十四氣一爲節氣謂月初也一爲中氣謂月半也

毛詩正義計春秋漏刻多少正等而秋言淒淒春言遲遲者陰陽之氣感人不同張衡西京賦云人在陽則舒在陰則慘然則人遇春暄則四體舒泰春覺晝景之稍長謂日行遲緩故以遲遲言之及遇秋景四體褊躁不見日行急促唯覺寒氣襲人故以淒淒言之淒淒是涼遲遲是暄也

春秋正義序四時序則玉燭調于上三才協則寶命昌于下

舊唐書百官志門下省起居郎掌起居注錄天子之言動法度以修記事之史凡記事之制以事繫日以日繫月以月繫時以時繫年必書其朔日甲乙以紀曆數

元女房中經王相日春甲乙夏丙丁秋庚辛冬壬癸

朝野僉載春雨甲子赤地千里夏雨甲子乘船入市秋雨甲子禾頭生耳冬雨甲子牛羊凍死

通典周制三載考績三考黜陟其訓曰三歲而小考其功也小考者正職而行事也九歲而大考有功也大考者黜無職而賞有功也

唐國史補德宗建中元年貶御史中丞元令柔二年貶御史中丞袁高三年貶御史中丞嚴郢四年貶御史中丞楊頊皆四月晦談者爲異及元和擒劉闢李錡吳元濟行大刑者皆十一月朔豈偶然哉

江淮船泝流而上常待東北風謂之信風七八月有上信風二月有鳥信風五月有麥信風

元包運蓍篇混茫既判天地闢矣天地既闢三統分矣三統既分四時序矣四時既序閏斯生矣正閏相生數無窮矣

遁甲書陽遁九局陰遁九局自冬至以後用陽遁夏至以後用陰遁

望氣經四時無言以寒暑變節

二分二至必占雲氣黃雲如覆車五穀大熟青雲致蟲白雲致盜烏黑雲多水赤雲有火

續博物志正月勿食生葱二月勿食小蒜四月勿食大蒜五月勿食薤六月七月勿食茱萸成血痢八九月勿食薑并肝心肺十月勿食椒十一月十二月勿食戴甲之物并脾胃

三禮圖龜以上春灼後左夏灼前左秋灼前右冬灼後右

宋史禮志九宮定位設祭以四孟隨歲改位行棋謂之飛位

皇極經世觀物內篇三皇之世如春五帝之世如夏三王之世如秋五霸之世如冬如春溫如也如夏燠如也如秋淒如也如冬冽如也

春夏秋冬者昊天之時也易書詩春秋者聖人之經也天時不差則歲功成矣聖經不忒則君德成矣注天時聖經其道一也歲功君德由此而成矣

元之元以春行春之時也元之會以春行夏之時也元之運以春行秋之時也元之世以春行冬之時也

會之元以夏行春之時也會之會以夏行夏之時也會之運以夏行秋之時也會之世以夏行冬之時也

運之元以秋行春之時也運之會以秋行夏之時也運之運以秋行秋之時也運之世以秋行冬之時也

世之元以冬行春之時也世之會以冬行夏之時也世之運以冬行秋之時也世之世以冬行冬之時也

注春夏秋冬一歲之運其變如此在天運亦然不過

乎陰陽消長而已

觀物外篇陽爻晝數也陰爻夜數也天地相銜陰陽相交故晝夜相離剛柔相錯春夏陽也故晝數多夜數少秋冬陰也故晝數少夜數多

夏則日隨斗而北冬則日隨斗而南故天地交而寒暑和寒暑和而物乃生也

元者春也仁也春者時之始仁者德之長時則未盛而德足以長人故言德而不言時亨者夏也禮也夏者時之盛禮者德之文盛則必衰而文不足救之故言時而不言德利者秋也義也秋者時之成義者德之方萬物方成而獲利義者不通於利故言時而不言德也貞者冬也智也冬者時之末智者德之衰正則吉不正則凶故言德而不言時也

干者幹之義陽也支者枝之義陰也干十而支十二是陽數中有陰陰數中有陽也注乙丁己辛癸陽數中有陰也子寅辰午申戌陰數中有陽也

冬至之後爲呼夏至之後爲吸此天地一歲之呼吸也

漁樵問答漁者謂樵者曰春爲陽始夏爲陽極秋爲陰始冬爲陰極陽始則溫陽極則熱陰始則涼陰極則寒溫則生物熱則長物涼則收物寒則殺物皆一氣其別而爲四焉其生萬物也亦然

邵子曰冬至之子中陰之極春分之卯中陽之中夏至之午中陽之極秋分之酉中陰之中凡三百六十中分之則一百八十此二至二分相去之數也

潛虛行圖餘終也天過其度日之餘也朔不滿氣月之餘也日不復次歲之餘也

日息於夜月息於晦鳥獸息於蟄草木息於根爲此者誰曰天地天地猶有所息而況於人乎

嬾眞子錄世言五角六張此古語也嘗記開元中有人忘其姓名獻俳文於明皇其略云說甚三皇五帝不如來告三郎既是千年一遇且莫五角六張三郎即明皇也明皇兄弟六人一人早亡故明皇爲太子時號五王宅寧王薛王明皇兄也申王岐王明皇弟也故謂之三郎五角六張謂五日遇角宿六日遇張宿此兩日作事多不成然一年之中不過三四日紹興癸丑歲只三日四月五日角七月二十六日張十月二十五日角他皆倣此

今之僧尼戒牒云知月黑白大小及結解夏之制皆五印度之法也中國以月晦爲一月而天竺以月滿爲一月唐西域記云月生至滿謂之白月月虧至晦謂之黑月又其十二月所建各以所直二十八宿名之如中國建寅之類是也故夏三月自四月十六日至五月十五日謂之額沙茶月即鬼宿名也自五月十六日至六月十五日謂之室羅伐拏月即柳星名也自六月十六日至七月十五日謂之婆達羅鉢陀月即翼星名也黑月或十四日或十五日月有大小故也故中國節氣與印度遞爭半月中國以二十九日爲小盡印度以十四日爲小盡中國之十六日乃印度之初一日也然結夏之制宜如西域記用四月十五日乃屬道瑟吒月乃印度四月盡日也僕因讀藏經故漫錄出之

雲笈七籤麒麟生於火遊於土春鳴曰歸禾夏鳴曰扶幼秋鳴曰養信

凡服氣皆取子後午前者春氣行於經絡夏氣行於肌肉秋氣行於皮膚冬氣行於骨髓

夢溪筆談子丑至於戌亥謂之十二辰者一歲日月十二會於東方蒼龍角亢之舍起於辰故於所首者名之

老學菴筆記今人謂後三日爲外後日意其俗語耳偶讀唐逸史裴老傳乃有此語裴大曆中人也則此語亦久矣

演繁露旬之外日爲遠日

搜采異聞錄十五夜爲半月兩半月爲一月三月爲一時兩時爲一行兩行爲一季二年半爲一雙此由閏故以閏月兼本月此謂月雙非閏雙也以五年再閏爲閏雙

曆家以雨水爲正月中氣驚蟄爲二月節清明爲三月節穀雨爲三月中氣而漢世之初仍用秦所用驚蟄在雨水之前穀雨在清明之前至於太初始正之云

路史五月旱暵人知爲暑也而陰實生之十月冰霰人知爲寒也而陽實始之

事物紀原伏羲初置元日神農初置臘節軒轅初置二社巫咸初置除夕節周公初置上巳秦德公初置伏日晉平公初置中秋齊景公初置重陽端午楚懷王初置七夕秦始皇初置寒食漢武帝初置三元東方朔初置人日

農書正月種麻枲二月種粟脂麻有早晚二種三月種早麻四月種豆五月中旬種晚麻七夕以後種萊菔菘芥八月社前即可種麥經兩社即倍收而堅好

如此則種之有次第所謂順天之時也

雲麓漫抄釋氏智論云天帝釋以大寶鏡照四大神洲察人善惡正五九月照南贍部洲二六十月則照東三七十一月則照西四八十二月則照北唐太宗崇其教故正五九月禁食葷百官不支羊錢迄今不改陰陽家襲其說不知其義乃曰臣下屬商本朝以火德故臣下避之其法始於唐唐以土德豈亦有所避耶

西溪叢語謝惠連云漾舟陶嘉月王褒九懷云陶嘉月兮總駕王逸云及吉時也

玉海鄭康成曰自正月盡四月爲歲之朝自五月盡八月爲歲之中自九月至十二月爲歲之夕

臆乘左傳成公九年云浹辰之間楚克其三都辰指十二辰自子至亥也周禮天官云浹日而斂之以甲至甲爲浹日凡十一日也

齊東野語俗以每月初五十四二十三日爲月忌凡事必避之其說不經後見衞道夫云聞前輩云說此三日即河圖數之中宮五數耳五爲君象故民庶不可用

癸辛雜識周歲十二月平分四時或欲以二三月爲春四五六七月爲夏以八九月爲秋十十一十二并來年正月爲冬何以言之春生正月物未生夏暑七月暑未退秋涼九月與八月同冬寒正月與十二月同故也此說但據寒溫而言非謂氣候也亦自有理余則欲以二三四月爲春五六七月爲夏八九十月爲秋十一十二來年正月爲冬如此始得寒溫之正耳

蠡海集天文類春之風自下而升上夏之風橫行于空中即紙鳶以觀之春則能起交夏則不能起矣秋之風自上而下降木葉因之而隕落冬之風著土而行是以吼地而生寒也

人身類人之身隨二氣以相感冬之日坎用事陽在內喜嗜熱物滋其陽也夏之日離用事陰在內喜嗜冷物益其陰也各從其類耳

庶物類春之花至殘而飄零得敷暢之氣焉秋之花至殘而萎損得收斂之氣焉

曆數類百刻之說衆義紛紛莫有定論惟一說頗優以爲每刻得六十分百刻共得六千分散於十二時該五百分如此則一時占八刻零二十分將八刻截作初正各四刻却將二十分零數分作初初正初微刻各一十分也又趙緣督一說將十二時各分八刻計刻九十六刻爲大刻却將餘四刻每刻分作六十分四刻作二百四十分每一時中又得二十分爲小刻如此則一時之中得八大刻復有二十分小刻截作初正初各得一十分爲微刻也其他或以子午二時各得十刻者或以子午卯酉各得九刻者或以夜子時得四刻者皆非也然夜子時之說只是在夜半之前故稱夜子正如冬至爲起曆之端而居中氣其前亦係十一月也是以夜子正在亥時之後故只有初刻而無正刻子時却只有正刻而無初刻其意可見也

星術天盤十二宮共百歲零六月因詳論數用一二三四五以爲水火木金土之生總爲十有五焉九宮之位縱橫皆十五爲生物之大數歟是則十二宮俱函十五之生數也以日配之共成一百八十日是爲半年矣北天盤不分男女同用男數八女數七共成十五男迎女送男子十六精通女子十四經行方始成人

術家又一說既不用四墓則五行之中土氣遂絕土其可絕乎蓋正用四墓爾春三月木墓未夏五月火墓戌秋八月金墓丑冬十一月水墓辰乃四行休墓于四季爲德也是以古今術家兼取用之况亥月用乙未月用申則卯月必用未不用申無疑矣

氣候類春之氣自下而升故春色先於曠野秋之氣自上而降故秋色先於高林

月爲陰主乎水日爲陽主乎氣月行至于子午之位則極盛故潮汐生焉日行至于子午之位則極盛故寒暑甚焉夏爲陽夏之日午爲酷暑冬爲陰冬之夜半爲嚴寒

春夏之氣飛騰物因之而變化者亦然青蟲化爲蝴蝶木蟲化爲蜻蜓之類是也秋冬之氣降潛物因之而變化者亦然雀入大水爲蛤雉入大水爲蜃之類是也

九天九地之說蓋以氣之升降而言自春分氣升於天九十日而極爲夏至矣故曰九天自秋分氣降於地九十日而極爲冬至矣故曰九地是以二至爲升降始終之極位

或問曰三春九夏之說又曰三冬九秋者何答曰易於東北爲陽西南爲陰故有三冬三春九秋九夏三爲陽始九爲陽終始爲陽中之陽終爲陽中之陰故也仍有三秋之說者春爲陽始秋爲陰始所以始皆

稱陽數今於冬則不稱九夏則不稱二也三建雖日天開于子地闢于丑人生于寅然却但以冬至爲一建小寒爲二建大寒爲三建也何以知其然也蓋造曆始于冬至祭天氣也故花信之風始于小寒祭地氣也臘人身之氣始于大寒日歐陰爲首祭人氣也豈非三建之氣只在于立春之前也歟

鬼神類或謂神明果有降誕乎以義起者也蓋推擬則可以通玉帝生于正月初九日者陽數始于一而極于九原始要終也元帝生于三月三日一生二二生三三生萬物水之氣大一至三而始盛也東嶽生于三月二十八日者天三生木地八成之合兩儀之氣于其中也二十八日四七也四七乃少陽位也九天生於六月二十四日六爲陰數四六二十四老陰之策也老陰變少陽故應于雷神焉

老氏之言交梨者蓋梨乃春花秋熟外蒼內白雖雪梨亦微蒼故曰交梨有金木交互之義

鼠璞月令之書自大撓作甲子占斗所建伶倫制十二律以節四時之度堯命羲和敬授人時分四仲以定中星析因夷隩驗之於人孳尾希革毛毨氄毛占之於鳥獸東作南訛西成朔易應之於事終之月令釐百工庶績咸熙此夏時之所由起夏小正之書辭簡理明固已備月令之體周以農開國猶以時令爲先務大概具見七月

今俗人食三長月素按釋氏智論天帝釋以大寶鏡照四大神洲每月一移察人善惡正五九月照南贍部洲唐人於此三月不行死刑曰三長月節鎮因戒屠宰不上官是以天帝釋爲可欺也妄誕可笑然月令於孟春言無傷胎卵毋聚大衆不可稱兵於仲夏言君子齋戒必掩身毋躁薄滋味節嗜慾靜事毋刑於季秋言命衆百官無不務內以會天地之藏無有宣出豈時令當然耶

清波雜志正五九仕官者不交印俗忌牢不可破初不知爲藩鎮開府犒勞將佐宰殺物命設恐傷物命固然何獨此三月豈以浮屠氏謂此九十日爲齋素月耶不經之甚御筆除擢無非日下供職何嘗問日辰利不利或日曆日上所書黃道假也君命到門眞黃道也

元史曆志推五行用事各以四立之節爲春木夏火秋金冬水首用事日以土王策減四季中氣各得其季土始用事日

輟耕錄求節氣歌曰驚蟄五時二十刻求清明十時四刻流立夏一日三時六芒種一日九時周小暑二日二時二立秋二日七時四白露三日零六刻寒露三日六時至立冬三日十二大雪四日四時四小寒四日九時六五日二時交新歲節遇子時加一日此爲捷法君須記

又一年約法云一周年三百六十五日零三時一月節三十日零五時二刻半月一氣十五日零二時五刻

丹鉛總錄鑽燧改火四時而五物焉朱子謂夏火太盛故再取此意料之言耳先王取火法五行也春行爲木榆柳色青以象木也木生火夏行爲火棗杏色赤以象火也火生土季夏行爲土桑柘色黃以象土也土生金秋行爲金槐檀色白以象金也金生水冬行爲水柞楢色元以象水也四時各分而夏乃有二焉何也土位在中宮而寄王于四時季夏者土之中位故月令于仲夏之後列中央土素問謂之長夏是其說也統之則爲四時分之則爲五行五行各七十二日土分王于四時之末各分十八日合之亦七十二日總五行之七十二日合三百六十而成一歲也

楊升菴集春夏秋冬堯典之四時也曲臺禮及唐六典有五時之衣則以木火金水分七十二日土無定位各寄四時之末十八日而中位在夏末秋初素問謂之長夏周禮改火季夏取桑柘之火是五時也

郎仁寶瑛云春之風自下而升上紙鳶因之以起夏之風橫行空中故樹杪多風聲秋之風自上而下木葉因之以隕冬之風著土而行是以吼地而生寒驗之良是按春曰條風言風所拂津葉潤莖噓枯吹生易曰潤之以風雨是風亦有潤楚辭光風轉蕙汎崇蘭謂之光者草木遇之而有光也夏之風惟在半空故樹杪有聲而暑氣不解至秋涼風至則自上而下矣冬之風將發吼地而生寒諺曰三九二十七籬頭吹觱篥最有證

重爲春神曰勾芒黎爲夏神曰祝融勾龍爲中央神曰后土該爲秋神曰蓐收修與熙爲冬神曰元冥春夏中央秋之神皆一人而冬獨有二者蓋冬於方爲朔於卦爲習坎於腎有左右於器有權衡於物有龜蛇於色有元黑則官有修熙宜矣六壬家甲乙青龍丙丁朱雀戊己勾陳庚辛白虎壬癸滕蛇元武亦此理也在易元亨利貞元大也亨通也利宜也貞正而固也貞亦兩德太元準易罔蒙直酋冥以配元亨利

眞而冬亦兼含異

汲古叢語分至啓閉順四時而成八節也以其得陰陽之中謂之分以其當寒暑之極謂之至以其生長謂之啓以其收藏謂之閉然則四孟啓閉者陰陽闔闢之初二至二分者陰陽老少之變也

偃曝餘談吾鄉湖企澤寺傍多尊其名隨時各異四月曰雞尾尊七八月以前曰絲尊秋末冬初曰塊尊冬爲猪尊又爲龜尊

賞心樂事正月歲節家宴立春日春盤人日煎餅會玉照堂賞梅天街觀燈諸館賞燈叢奎閣山茶湖山尋梅攬月橋看新柳安閑堂掃雪

二月現樂堂瑞香社日社飯玉照堂西緗梅南湖挑菜玉照堂東紅梅餐霞軒櫻桃花杏花莊杏花南湖泛舟群仙繪幅樓前後毬（一作樓前打毬）綺互亭千葉茶花馬塍看花

三月生朝家宴曲水流觴花院月丹花院桃柳寒食郊遊蒼寒堂西緋碧桃滿霜亭北棣棠碧宇觀筍芳草亭觀草閣春堂牡丹芍藥宜雨亭千葉海棠艷香館林檎花院紫牡丹宜雨亭北黃薔薇現樂堂大花（一作大茶）花院賞煮酒瀛巒勝處山花經寮鬬茶群仙繪幅樓芍藥

四月初八日亦庵早齋南湖放生食糕糜芳草亭鬬草芙蓉池新荷蕊珠洞荼蘼滿霜亭菊花玉照堂青梅艷香館長春花安閑堂紫笑群仙繪幅樓前玫瑰餐霞軒櫻桃詩禪堂盤子山丹花南湖雜花鷗渚亭五色罌粟花

五月清夏堂觀魚聽鶯亭摘瓜安閑堂解粽重午節泛蒲煙波觀碧蘆夏至日鵝臠南湖萱花綺互亭火（一作大）笑花水北書院采蘋鷗渚亭五色蜀葵清夏堂楊梅叢奎閣前榴花艷香館蜜林檎摘星軒枇杷

六月現樂堂南白酒樓下避暑蒼寒堂後碧蓮碧宇竹林避暑芙蓉池賞荷花約齋夏菊清夏堂新荔枝霞川食桃

七月叢奎閣前乞巧餐霞軒五色鳳仙花立秋日秋葉玉照堂玉簪西湖荷花南湖觀魚應鉉齋東葡萄霞川水葒珍林剝棗

八月湖山尋桂現樂堂秋花社日糕會衆妙峯山木犀霞川野菊綺互亭千葉木犀浙江觀潮群仙繪幅樓觀月桂隱攀桂杏花莊雞冠黃葵

九月重九登城把萸把菊亭采菊蘇堤看芙蓉珍林賞時果景全軒金橘芙蓉池三色拒霜杏花莊篘新酒

十月現樂堂暖爐滿霜亭蜜橘煙波觀買市賞小春花杏花莊挑薺詩禪堂試香

十一月摘星軒枇杷花冬至節餛飩味空亭臘梅蒼寒堂南天竺花院水仙群仙繪幅樓觀雪

十二月綺互亭檀香臘梅天街闕市南湖賞雪安閑堂試燈湖山探梅花院蘭花瀛巒勝處觀雪二十四夜餽果食玉照堂看早梅除夜守歲

緋史月表正月花盟主梅花寶珠茶花客卿山茶鐵幹海棠花使令瑞香報春木瓜

二月花盟主西府海棠玉蘭緋桃花客卿繡毬花杏花花使令寶相花棣田紅木桃李花月季花剪春羅

三月花盟主牡丹滇茶蘭花碧桃花客卿川鵑梨花木香紫荊花使令木筆花薔薇剛豹丁香七姊妹郁李長春

四月花盟主芍藥薝蔔夜合花客卿石巖罌粟玫瑰花使令刺牡丹粉團龍爪垂絲海棠虞美人楝樹花

五月花盟主石榴番萱夾竹桃花客卿蜀葵樂陽花午時紅花使令川荔枝梔子花火石榴孩兒菊一丈紅石竹花

六月花盟主蓮花玉簪茉莉花客卿百合山丹山礬水木犀花使令錦葵錦燈籠長雞冠仙人掌樹鳳仙花

七月花盟主紫薇蕙花客卿秋海棠重臺朱槿花使令波斯菊木木香矮雞冠向日葵

八月花盟主丹桂木犀芙蓉花客卿寶頭雞冠楊妃槿花使令水紅花剪秋羅秋牡丹山礬花

九月花盟主菊花花客卿月桂花使令老來紅葉下紅

十月花盟主白寶珠茶梅花客卿山茶花甘菊花使令野菊寒菊芭蕉花

十一月花盟主紅梅花客卿楊妃茶花使令金盞花

十二月花盟主臘梅獨頭蘭花客卿茗花滇茶花使令枇杷花

春花小友茨菰藍綿

夏花小友菖蒲紫蘭艾木蔥茴香

秋花小友挺翠金線草虎茨觀音草

冬花小友風蘭天茄金豆金柑金橘

花曆（花有開落涼燠不可無曆錄象月令頻與時舛予更續之曰代羣芳之信敢自記紅漆司山中無曆日也）

正月蕙蘭芳瑞香烈櫻桃始葩徑草綠丁香紉長白花萌動

二月桃夭玉蘭解紫荊繁杏花飾其鬢梨花溶李能白

三月薔薇蔓木筆書空棣萼韡韡楊入大水爲萍海棠睡繡毬落

四月牡丹王芍藥相于階罌粟滿木香上升杜鵑歸荼蘼香夢

五月榴花照眼萱北鄉夜合始交薝蔔有香錦葵開山丹赬

六月桐花馥菡萏爲蓮茉莉來賓凌霄結鳳仙降于庭雞冠環戶

七月葵傾赤玉簪搔頭紫薇浸月木槿朝榮蓼花紅菱花乃實

八月槐花黃桂香飄斷腸始嬌白蘋開金錢夜落丁香紫

九月菊有英芙蓉冷漢宮秋老芰荷化爲衣橙橘登山藥乳

十月木葉脫芳草化爲薪苔枯蘆始荻朝菌歇花藏不見

十一月蕉花紅枇杷蘂松柏秀蜂蝶蟄剪綵時行花信風至

十二月臘梅坼茗花發水仙負冰梅香綻山茶灼雪花六出

草花譜剪秋羅花有五種春夏秋冬羅以時名也春夏二羅色黃紅不佳獨秋冬紅深色美亦在春時分種喜肥則茂又有一種色金黃美甚

四季花花小葉細色白午開子落自三月開至九月其枝葉搗汁可治跌扑

清閒供四時歡春時晨起點梅花湯課奚奴灑掃護階苔禺中取薔薇露浣手薰玉蕤香讀赤文綠字書晌午採筍蕨供胡麻汲泉試新茗午後乘款段馬執剪水鞭攜斗酒雙柑往聽黃鸝日晡坐柳風前裂五色箋集錦囊佳句薄暮遶徑灌花種魚

夏時晨起芰荷爲衣傍花枝吸露潤肺禺中披古圖畫展法帖臨池晌午脫巾石壁據匡牀談齊諧山海倦則取左宮枕爛遊華胥國午後刳椰子杯浮瓜沉李搗蓮花飲碧芳酒日晡浴罷硃砂溫泉棹小舟垂釣于古藤曲水邊薄暮擲冠蒲扇立層岡看火雲變現

秋時晨起下帷檢牙籤挹露研硃點校禺中操琴調鶴玩金石鼎彝晌午用蓮房洗硯理茶具拭梧竹午後戴白接䍦著隱士衫望紅樹葉落得句題其上日晡持蟹螯鱸鱠酌海川螺試新釀醉弄洞簫數聲薄暮倚柴扉聽樵歌牧唱焚拜月香𦵖菊

冬時晨起飲醇醪負暄盥櫛禺中置氈褥市烏薪會名士作黑金社晌午挾筴理舊稿看晷影移階濯足午後攜都統籠向古松懸崖間敲冰煮建茗日晡布衣皮帽裝嘶風鐙策蹇驢問寒梅消息薄暮圍爐促膝煨芋魁說無上妙偈談劍術

月令演正月天臘（歲日）油卜（人日）金吾弛夜（十五）耗磨日（十六）買兩夜燈（十七十八）補天穿（十九）送窮（二十九）二月獻生子（朔日）踏青（二日）芳春節（八日）祭馬祖（剛日）治聾酒（社日）撲蝶會（十五）

三月祓禊（上巳）流觴（日）挨石遊　禁煙（寒食）賜新火（清明）送春（下旬）

四月飲酎（上旬）龍華會（八日）菖蒲誕（十四）櫻筍廚（十五）結夏　洗花潭（十九）

五月地臘（五日）皓露曲　竹醉（十三）天地合（十六）祓祭（夏至）分龍（晦日）

六月避伏（三日）天貺節（六日）薦麥瓜（初伏）碧筒勸（中伏）竹篠飲　蓮誕（二十四）

七月驅劉（立秋）曝腹書（七日）鵲橋（七夕）鬬巧宴（八日）盂蘭盆（十五）鬼燈節（十八）

八月五明囊（朔日）圍棋局（四日）廣陵濤（八日）天灸（十日）梯月（十五）牡丹誕（十五）

九月皇極日（九日）息日（七日）題糕（九日）小重陽（十日）菊花節　御溝紅葉

十月恭歲首（朔日）儲穀　煖爐會　小春　下元（十五）祭司寒（亥日）

十一月懸土炭（至前三日）迎長（至前一日）添宮線（至日）妓閨　黑金社　天竺至節（二十六）

十二月細腰鼓（八日）星迴節（十六）祠竈（二十四）送寒（下旬）驅儺（歲除）賣癡獃（除夕）

林下盟徐勉曰冬日之陰夏日之陽良辰美景負杖躡履逍遙自樂臨池觀魚披林聽鳥濁酒一杯彈琴一曲求數刻之樂庶幾居常以待終

農說農家者有云冬耕宜早春耕宜遲云早其在冬至之前云遲其在春分之後冬至前者地中陽氣未生也春分後者陽氣半於土之上下也其意皆在陽榮陰衞欲使微陽之氣不洩求其壯盛而已

諸陽謂自復以至夬也復十一月之卦也夬三月之卦也十二月爲臨正月爲泰二月爲大壯復自坤中來一陽始生成位於冬至至泰而開開而壯壯而夬四月復全乎乾矣諸陰謂自姤以至剝也姤五月之卦也剝九月之卦也六月爲遯七月爲否八月爲觀姤自乾中來一陰始生成位於夏至至否而寒寒而觀觀而剝十月復全乎坤矣

春秋二分晝夜相半氣之平也春分後晝漸永日在地下之刻少秋分後夜漸永日在地下之刻多陰陽消長繫於是矣

陰陽列於四時早晚見於節候歲氣繫於日星期三百有六旬有六日也日窮於次月離於紀星回於天此一歲之終也日行速而月行遲故有餘日而以閏月收之天行健而日月不能及故有歲差而以六十年約之一歲之中春而夏夏而秋秋而冬四時順布也四時有八節立春春分立夏夏至立秋秋分立冬冬至也冬至以後陽漸長立春陽之出也春分陽之中也立夏得陽三之二至夏至而極矣夏至以後陰漸長立秋陰之出也秋分陰之中也立冬得陰三之二至冬至而極矣堯命羲和日中星鳥以殷仲春日永星火以正仲夏宵中星虛以殷仲秋日短星昴以正仲冬不詳其餘者以一中一極前後測之耳冬至一陽生主生主長夏至一陰生主殺主成故曰生者陽也成者陰也今雖未見其生達雖未見其殺而幾已在矣

海槎餘錄海南地多燠少寒木葉冬夏常青然凋謝則寓於四時不似中州之有秋冬也天時亦然四時晴冽則穿單衣陰晦則急添單衣茂曆諺曰四時皆是夏一雨便成秋

王氏彙苑四時和謂之通正

人稟五行動止有則四時轉續變于所極

日知錄三正之名見于甘誓蘇氏以爲自舜以前必有以建子建丑爲正者其來尚矣微子之命曰統承先王脩其禮物則知杞用夏正宋用殷正若朝覲會同則用周之正朔其于本國自用其先王之正朔也獨是晉爲姬姓之國而用夏正則不可解

三正之所以異者疑古之分國各有所受故公劉當夏后之世而一之日二之日已用建子爲紀晉之用寅其亦承唐人之舊與

天之行謂之歲書以閏月定四時成歲歲二月東巡狩是也人之行謂之年書維呂命王享國百年左傳季隗曰我二十五年矣（僖公二十三年）絳縣人有與疑年使之年師曠曰七十三年矣（襄公三十年）于是昭公十九年矣（襄公二十一年）史記蓋太公之卒百有餘年是也今人多謂年爲歲

周禮太史注中數曰歲朔數曰年自今年冬至至明年冬至歲也自今年正月朔至明年正月朔年也古人但曰年幾何不言歲也自太史公始變之秦始皇本紀曰年十三歲今人以歲初之日而增年古人以歲盡之日而後增之史記倉公傳臣意年盡三年年三十九歲也

唐朝新格以正五九月爲忌月今人相沿以爲不宜上任考唐書武德二年正月甲子詔自今正月五月九月不得行刑禁屠殺詔曰釋典微妙淨業始于慈悲道教冲虛至德去其殘殺四時之禁無伐麛卵三驅之化不取前禽蓋欲敦崇仁惠蕃衍庶物立政經邦咸率茲道朕祇膺靈命撫遂羣生言念亭育無忘鑒寐殷帝去網庶踵前修齊王捨牛實符本志自今以後每年正月五月九月及每月十齋日並不得行刑所在公私宜斷屠殺　白居易在杭州詩曰仲夏齋戒月三旬斷腥羶

雲麓漫抄曰釋氏智論云天帝釋以大寶鏡照四大神洲每月一移察人善惡正五九月照南贍部洲唐太宗崇其教故正五九月不食葷百官不支羊錢其後因此遂不上官菽園雜記謂新官上任應祭告神祇必須宰殺故忌之也愚按正五九月不上任自是五行家言不緣屠宰其傳已久亦不始于唐時南齊書張融傳攝祠部倉部二曹倉曹以正月俗人所忌太倉爲可開不融議不宜拘束小忌北齊書宋景業傳顯祖將受魏禪或曰陰陽書五月不可入官犯之終于其位景業曰王爲天子無復下期豈得不終于其位乎顯祖大悅

南史王鎮惡傳鎮惡以五月五日生其祖猛曰昔孟嘗君以惡月生而相齊是以五月爲惡月

又考左傳鄭厲公復公父定叔之位使以十月入曰良月也就盈數焉而顏師古註漢書李廣數奇以爲命隻不耦

段會宗傳亦足以復鴈門之踦應劭曰踦隻也會宗從沛郡下爲鴈門又坐法免爲踦隻不耦也霍去病傳諸宿將常留落不耦

是則以雙月爲良隻月爲忌喜耦惜奇古人已有之

矣

後漢書桓譚傳言卜數隻偶之類蓋古已有此術
遯史正旦日上于窗間擲米團得隻數爲不利

冊府元龜德宗貞元十五年九月乙巳詔自今二月一日九月九日每節前放開屠一日

唐人正五九月齋戒不禁閏月白居易有閏九月九日獨飲詩云自從九月持齋戒不醉重陽十五年是閏九月可以飲酒也

冊府元龜載唐開元二十二年十月敕曰道家三元誠有科誡朕嘗精意禱亦久矣而初未蒙福念不在茲今月十四日十五日是下元齋日都內人應有屠殺令河南尹李適之句當總與贖取其百司諸廚日有肉料亦責數奏來并百姓間是日並停宰殺漁獵等兼肉料食自今以後兩都及天下諸州每年正月七月十月元日起十三至十五兼宜禁斷又舊唐書武宗紀會昌四年春正月乙酉朔敕齋月斷屠出于釋氏國家創業猶近梁隋卿相大臣或沿茲弊鼓刀者既獲厚利糾察者潛受請求正以萬物生植之初宜斷三日列聖忌斷一日仍准開元二十二年敕三元日各斷三日餘月不禁此則道家之說乃正七十月而非正五九月又與武德二年之語不同

後漢書南匈奴傳匈奴俗歲有三龍祠常以正月五月九月戊日祭天神此與三長月同

古無以一日分爲十二時之說洪範言歲月日不言時周禮馮相氏掌十有二歲十有二月十有二辰十日二十有八星之位不言時屈子自序其生年月日不及時呂才祿命書亦止言年月日不及時

李虛中以人生年月日所直支干推人禍福生死百不失一　初不用時也自宋而後乃并其時參合之謂之八字見謝肇淛五雜組　後周蘇綽作大誥曰王省惟歲卿士惟月庶尹惟日御事惟時

古無所謂時凡言時若堯典之四時左氏傳之三時（桓公六年三時不害）皆謂春夏秋冬也故下文伯對晉侯以歲時日月星辰謂之六物荀子曰積微月不勝日時不勝月歲不勝時亦謂春夏秋冬也自漢以下曆法漸密于是以一日分爲十二時蓋不知始于何人而至今遵用不廢

一日之中所以分紀其時者曰日中曰晝曰日昃見于易曰東方未明曰會朝曰日之方中曰昏曰夕曰宵見于詩曰昧爽曰朝曰日中昃見于書曰朝時曰日中曰夕時曰雞初鳴曰日質明曰大昕曰晏朝曰昏曰日出曰日側曰見日曰逮日見于禮（爾雅疏曰入後二刻半爲昏）曰雞鳴曰日中曰晝曰日下昃曰日昳曰日入曰夜曰夜中見于春秋傳曰旭曰薄暮曰黃昏見于楚辭紀昔則用日史記項羽紀項王乃西從蕭晨擊漢軍而東至彭城日中大破漢軍呂后紀八月庚申旦平陽侯窋見相國産計事日餔時遂擊産彭越傳旦日日出十餘人後後者至日中淮南王安傳日受詔日食時上漢書五行志日中時食從東北過半餔時復餔時食從西北日下餔時復武五子昌邑王傳夜漏未盡一刻以火發書其日中賀發餔時至定陶東方朔傳微行以夜漏下十刻乃出旦明入山下是也紀夜則用星詩之言三星在天三星在隅三星在戶春秋傳之言降婁中而旦是也（周禮司寤氏以星分夜）不辨星則分言其夜曰夜中曰夜半曰夜鄉晨是也分言其夜而不詳于是有五分其夜言甲乙丙丁戊者周禮司寤氏掌夜時注夜時謂夜晚早若今甲乙至戊

顏氏家訓或問一夜何故五更答曰漢魏以來謂爲甲夜乙夜丙夜丁夜戊夜亦云一更二更三更四更五更皆以五爲節所以然者假令正月建寅斗柄夕則指寅曉則指午矣自寅至午凡歷五辰冬夏之月雖復長短參差然辰間遼闊盈不至六縮不至四進退常在五者之間更歷也經也故曰五更爾

漢書西域傳杜欽曰斥候士五分夜擊刁斗自守天文志本始元年四月壬戌甲夜地節元年正月戊午乙夜六月戊戌甲夜三國志曹爽傳自甲夜至五鼓爽乃投刀于地晉書趙王倫傳期四月三日丙夜一籌以鼓聲爲應是也五分其夜而不詳于是有言漏上幾刻者五行志哀漏未盡三刻有兩月重見又云漏上四刻半乃頗有光禮儀志夜漏未盡七刻鍾鳴受賀東方朔傳微行以夜漏上十刻迺出王尊傳漏上十四刻行臨到外戚傳書漏上十刻而崩又云夜漏上五刻持兒與舜會東交掖門自南北史以上皆然故素問曰一日一夜五分之隋志曰晝有朝有禺有中有晡有夕夜有甲乙丙丁戊而無十二時之目也唯曆書云雞三號卒明撫十二節卒于丑而下文却云朔旦冬至正北又云正北正西正南正東不直言子酉午卯漢書五行志言日加辰巳又言時加未翼奉傳言日加申又言時加卯王莽傳天文郎按栻

于前日時加某莽旋席隨斗柄而坐而吳越春秋亦云今日甲子時加于巳周髀經亦有加卯加酉之言若紀事之文無用此者

南齊書天文志始有子時丑時亥時北齊書南陽王綽傳有景時午時景時者丙時也

左氏傳卜楚丘曰日之數十故有十時而杜元凱注則以爲十二時雖不立十二支之目然其曰夜半者即今之所謂子也雞鳴者丑也平旦者寅也日出者卯也食時者辰也禺中者巳也日中者午也日昳者未也晡時者申也日入者酉也黃昏者戌也人定者亥也一日分爲十二始見于此考之史記天官書曰旦至食食至日昳日昳至晡晡至下晡下晡至日入素問藏氣法時論有曰夜半曰平旦曰日出曰日中曰日昳曰下晡

玉冰注以日昳爲土王下晡爲金王又有曰四季者注云七王是今人所謂丑辰未戌四時也

吳越春秋有曰時加日出時加雞鳴時加日昳時加禺中則此十二名古有之矣史記孝景紀五月丙戌地動其蚤食時復動漢書武五子廣陵王胥傳奏酒至雞鳴時罷王莽傳以雞鳴爲時後漢書隗囂傳至昏時遂潰圍齊武王傳至食時賜陳潰耿弇傳人定時步果引去來歙傳臣夜人定後爲何人所賊傷竇武傳自旦至食時兵降略盡皇甫嵩傳夜勒兵雞鳴馳赴其陳戰至晡時大破之晉書戴洋傳永昌元年四月庚辰禺中時有大風起自東南折木宋書符瑞志延康元年九月十日黃昏時月蝕熒惑過人定時熒惑出營室宿羽林皆用此十二時

淮南子曰日出于暘谷浴于咸池拂于扶桑是謂晨明登于扶桑之上爰始將行是謂朏明至于曲阿是謂朝明臨于曾泉是謂早食次于桑野是謂晏食臻于衡陽是謂禺中對于昆吾是謂正中靡于鳥次是謂小還至于悲谷是謂晡時迴于女紀是謂大還經于泉隅是謂高舂頓于連石是謂下舂爰止羲和爰息六螭是謂懸車薄于虞泉是謂黃昏淪于蒙谷是謂定昏按此自晨明至定昏爲十五時而卜楚丘以爲十時未知今之所謂十二時者自何人定之也素問中有言歲甲子者有言寅時者皆後人僞撰入之也

今人謂日多曰日子日者初一初二之類是也子者甲子乙丑之類是也周禮職內注曰若言某月某日某甲詔書或言甲或言子一也文選陳琳檄吳將校部曲文年月朔日子李周翰注日子發檄時也漢人未有稱夜半爲子時者誤矣古人文字年月之下必繫以朔必言朔之第幾日而又繫之支干故曰朔日子也如魯相瑛孔子廟碑云元嘉三年三月丙子朔廿七日壬寅又云永興元年六月甲辰朔十八日辛酉史晨孔子廟碑云建寧二年三月癸卯朔七日己酉樊毅復華下民租碑云光和二年十二月庚午朔十三日壬午是也此日子之稱所自起若史家之文則有子而無日春秋是也然在朔言朔在晦言晦而旁死魄哉生明之文見于尚書則有兼日而書者矣後漢書隗囂檄文曰漢復元年七月己酉朔己巳

不言廿　日

宋書禮志年月朔日甲子尚書令某甲下此古文移之式也陳琳檄文但省一甲字耳

南史劉之遴與張纘等參校古本漢書稱永平十六年五月二十一日己酉郎班固而今本無上書年月日子隋書袁充上表稱寶曆之元改元仁壽歲月日子還共誕聖之時

時有十二而但稱子猶之干支有六十而但稱甲子也

漢人之文有即朔之日而必重書一日者廣漢太守沈子琚綿竹江堰碑云熹平五年五月辛酉朔一日辛酉綏民校尉熊君碑云建安二十一年十月丙寅朔一日丙寅此則繁而無用不若後人之簡矣

歲功總部外編

軒轅內傳帝會王母于王屋山鑄鏡十二隨月用之

拾遺記少昊帝子與皇娥汎于海上以桂枝爲表結薰茅爲旌刻玉爲鳩置于表端言鳩知四時之候故春秋傳曰司至是也今之相風此遺像也

列子周穆王篇老成子歸用尹文先生之言深思三月遂能存亡自在幡校四時冬起雷夏造冰飛者走走者飛終身不著其術故世莫傳焉

拾遺記洞庭山浮于水上其下有金堂數百間玉女

居之四時聞金石絲竹之聲徹於山頂楚懷王之時舉群才賦詩於水湄故云瀟湘洞庭之樂聽者令人忘老雖咸池九韶不得比焉每四仲之節王常繞山以遊宴舉四仲之氣以爲樂章仲春律中夾鍾乃作輕風流水之詩醼於山南時中蕤賓乃作皓露秋霜之曲

元中記南方有炎山焉在扶南國之東加營國之北諸薄國之西山從四月而火生十二月火滅正月二月三月火不然山上但出雲氣而草木生葉至四月火然草木葉落如中國寒時也

北方有鍾山焉山有石首如人首左目爲日右目爲月開左目爲晝開右目爲夜開口爲春夏閉口爲秋冬

雲笈七籤明眞科云正月三月五月七月九月十一月一歲六齋月能修齋上三天帝令太一使者除人十苦八道

秘言云正月三月四月六月七月八月九月十月十一月此九眞齋月一日十五日二十九日此月中三齋日

瑯嬛記女星傍一小星名始影婦女於夏至夜候而祭之得好顔色始影南並有一星名瑣側男子於冬至夜候而祭之得好智慧

欽定古今圖書集成曆象彙編歲功典

第十一卷目錄

歲功典第十一卷

春部彙考

易經

說卦傳

萬物出乎震震東方也

〔疏〕震是東方之卦斗柄指東爲春春時萬物出生也

書經

周官

宗伯掌邦禮治神人和上下

〔蔡傳〕春官卿主邦禮春官於四時之序爲長故其官謂之宗伯

詩經

豳風七月章

春日載陽有鳴倉庚女執懿筐遵彼微行爰求柔桑春日遲遲采蘩祁祁

〔朱注〕載始也陽溫和也遲遲日長而暄也

小雅出車章

春日遲遲卉木萋萋倉庚喈喈采蘩祁祁
朱注卉草也萋萋盛貌倉庚黃鸝也喈喈聲之和也

禮記

曲禮

國君春田不圍澤大夫不掩羣士不取麛卵
陳注春田蒐獵也

天子當宁而立諸公東面諸侯西面曰朝
疏諸侯春見曰朝

王制

天子諸侯宗廟之祭春曰礿
陳注鄭氏曰此蓋夏殷之祭名周則春曰祠疏曰礿
薄也春物未成祭品鮮薄也

周禮

春官

宗伯
訂義項氏曰春官以治教之始在於禮象天地之化
始於春　鄭鍔曰自舜命伯夷典三禮其官曰秩
宗周人因名曰宗伯說者謂宗尊也伯長也天下
所宗者惟宗于禮此禮所以爲尊也自四方言之
東者歲之始自四時言之春者時之始宗伯于四
時之官獨爲長故以伯稱之

大宗伯以祠春享先王
訂義鄭鍔曰春以詞爲主詞者爲物不足以言詞道
意也

以賓禮親邦國春見曰朝
訂義鄭康成曰朝猶朝也欲其來之早也

秋官

大行人掌大賓之禮及大客之儀以親諸侯春朝諸
侯而圖天下之事
訂義鄭鍔曰一歲之計在于春春者始事之時也故
春言圖事謂春爲造事之始耳

爾雅

釋天

春爲青陽
疏春之氣和則青而溫陽

春爲發生
注此亦春之別號

易飛候

不周風用事

春乾王不周風用事人君當興邊兵治城郭行刑斷
獄訟繕宮殿

易通統圖

東陸

春日行東方青道曰東陸

尚書緯

春帝好生

春東方青龍房位其帝仁好生不賊

尚書考靈曜

春行仁政

春佩蒼璧乘蒼馬以出遊發令於外春行仁政順天
之常以安國也

孝經緯

春三月節候

周天七衡六間日立春後十五日斗指寅爲雨木後
十五日斗指甲爲驚蟄後十五日斗指卯爲春分後
十五日斗指乙爲清明後十五日斗指辰爲穀雨

孝經鉤命決

時政

春政不失五穀蘖初

素問

四氣調神大論篇

春三月此謂發陳
注發啓也陳故也春陽上升發育萬物啓故從新
故曰發陳

天地俱生萬物以榮
注天地之氣俱主生發而萬物亦以生榮

夜臥早起廣步於庭
注夜臥早起發生氣也廣寬緩也所以運動生陽
之氣

被髮緩形以使志生
注東方風木之氣直上巔頂被髮者疏達肝木之
氣也緩和緩也舉動舒徐以應春和之氣志者五
藏之志也志意者所以御精神收魂魄適寒溫和
喜怒者也是以四時皆當順其志焉

生而勿殺予而勿奪賞而勿罰
注皆所以養生發之德也故君子啓蟄不殺方長
不折

此春氣之應養生之道也
注四時之令春生夏長秋收冬藏此春氣以應養
生之道

逆之則傷肝夏爲寒變奉長者少

注逆謂逆其生發之氣也肝屬木王於春春生之氣逆則傷肝肝傷則至夏爲寒變之病因奉長者少故也蓋木傷而不能生火故於夏月火令之時反變而爲寒病

玉機眞藏論篇

黃帝問曰春脈如弦何如而弦岐伯對曰春脈者肝也東方木也萬物之所以始生也故其氣來耎弱輕虛而滑端直以長故曰弦反此者病

注春弦夏鉤秋毛冬石藏眞之神也此篇言眞藏之脈資生於胃輸稟於脾合於四時行於五藏五藏相通移皆有次如璇璣玉衡轉而不回者也如五藏有病則各傳其所勝至其所不勝則死有爲風寒外乘亦逆傳所勝而死者有爲五志內傷交相乘傳而死者有春得肺脈夏得腎脈眞藏之神爲所不勝之氣乘之者皆奇恆之爲病也故曰奇恆者言奇病也所謂奇者使奇病不得以四時死也恆者得以四時死也是以岐伯對曰春脈者肝也言春時之脈肝藏主氣而合於東方之木如萬物之始生故其氣來耎弱輕虛而滑端直以長蓋以藏眞之氣而合於四時非四時之氣而爲五藏之順逆也

帝曰何如而反岐伯曰其氣來實而強此謂太過病在外其氣來不實而微此謂不及病在中

注實而強者盛實而如循長竿也不實而微無端長之體也言五藏之神氣由中而外環轉不息如氣盛強乃外出之太過如氣不足則衰微而在中太過不及皆藏眞之氣不得其和平而爲病也

帝曰春脈太過與不及其病皆何如岐伯曰太過則令人善忘忽忽眩冒而巔疾其不及則令人胸痛引背下則兩脅胠滿

注夫五藏之脈行氣於其所生受氣於所生之母肝行氣於心受氣於腎春脈太過則氣并於上經曰氣并於上亂而喜忘氣上盛而與督脈會於巔故眩冒而巔疾也金匱要略曰胸痛引背陽虛而陰弦故也蓋春木之陽生於腎水之陰陰氣虛寒以致生陽不足故胸痛引背也脅胠乃肝腎之部分生氣虛而不能外達故逆滿於中也

六節藏象論篇

肝者罷極之本魂之居也其華在爪其充在筋以生血氣其味酸其色蒼此爲陽中之少陽通於春氣

注動作勞甚謂之罷肝主筋人之運動皆由乎筋力故爲罷極之本肝藏魂故爲魂之居爪者筋之餘故其華在爪其充在筋肝屬木位居東方爲發生之始故以生血氣酸者木之味蒼者木之色木旺於春陽氣始生故爲陽中之少陽以通於春氣

診要經終論篇

正月二月天氣始方地氣始發人氣在肝

注言春者天氣始開地氣始泄而人氣在肝肝主

東方寅卯木也

脈要精微論篇

春日浮如魚之遊在波

注魚在波雖出而未浮如春升初出之象

藏氣法時論篇

肝主春足厥陰少陽主治其日甲乙肝苦急急食甘以緩之

注肝主春木之氣足厥陰主乙木少陽主甲木二者相爲表裏而主治其經氣甲爲陽木乙爲陰木在時爲春在日主甲乙肝主春生怒發之氣故苦于太過之急宜食甘以緩之

汲冢周書

大聚解

旦聞禹之禁春三月山林不登斧以成草木之長

管子

幼官篇

春行冬政肅行秋政雷行夏政閹十二地氣發戒春事十二小卯出耕十二天氣下賜與十二義氣至修門閭十二清明發禁十二始卯合男女十二中卯十二下卯三卯同事八舉時節君服青色味酸味聽角聲治燥氣用八數飲於青后之井以羽獸之火爨藏不忍行歐養坦氣修通凡物開靜形生理合內空周外強國爲圈弱國爲屬動而無不從靜而無不同舉發以禮時禮必得和好不基貴賤無司事變日至此居於圖東方方外

四時篇

東方曰星其時曰春其氣曰風風生木與骨其德喜贏而發出節時其事號令修除神位謹禱弊梗宗正陽治隄防耕耘樹藝正津梁修溝瀆甃屋行水解怨赦罪通四方然則柔風甘雨乃至百姓乃壽百蟲乃蕃此謂星德星者掌發爲風是故春行冬政則雕行秋政則霜行夏政則欲是故春三月以甲乙之日發五政一政曰論幼孤舍有罪二政曰賦爵列授祿位

三政曰凍解修溝瀆復亡人四政曰端險阻修封疆正千陌五政曰無殺麑夭毋蹇華絕芋五政苟時春雨乃來

按孟仲季三月分五候出五政每政一十八日參之天時初中末而以政應之所謂順天之所以來合於時則生福也非漫敘不次知者精以治身緒以治國

五行篇

日至睹甲子木行御天子出令命左右士師內御總別列爵論賢不肖士吏賦祕賜賞於四境之內發故粟以田數出國衡順山林禁民斬木所以愛草木也然則冰解而凍釋草木區萌贖蟄蟲卵菱春辟勿時苗足本不𤸎雛𪏆不夭麑麇毋傳速亡傷襁褓時則不凋七十二日而畢

按謂春日既至睹甲子用木行御時也贖猶去也卵鳧菱芡也皆早春而生也春當耕闢無得不及時也足猶擁也春生之苗當以土擁其本𤸎殺也雛隨母食者麑鹿子也言夭傷之若能行上事春則繁茂而不凋枯也春當九十日而今七十二日而畢者則季月十八日屬土位故也

睹甲子木行御天子不賦不賜賞而大斬伐傷君危不殺太子危家人夫人死不然則長子死七十二日而畢

七臣七主篇

春無殺伐無割大陵倮大衍伐大木斬大山行大火誅大臣收穀賦故春政不禁則百長不生

禁藏篇

當春三月萩室熯造鑽燧易火杅井易水所以去茲毒也舉春祭塞久禱以魚爲牲以糵爲酒相召所以屬親戚也毋殺畜生毋拊卵毋伐木毋夭英毋拊竿所以息百長也賜鰥寡振孤獨貸無種與無賦所以勸弱民發五正赦薄罪出拘民解仇讎所以建時功施生穀也

度地篇

春三月天地乾燥水糾列之時也山川涸落天氣下地氣上萬物交通故事已新事未起草木荑生可食寒暑調日夜分分之後夜日益短晝日益長利以作土功之事土乃益剛令甲士作隄大水之旁大其下小其上隨水而行地有不生草者必爲之囊大者爲之隄小者爲之防夾水四道禾稼不傷歲埤增之樹以荊棘以固其地雜之以柏楊以備決水民得其饒是謂流膏令下貧守之往往而爲界可以毋敗

臣乘馬篇

桓公問管子曰請問乘馬管子對曰國無儲在令桓公曰何謂國無儲在令管子對曰一農之量壤百畝也春事二十五日之內桓公曰何謂春事二十五日之內管子對曰日至六十日而陽凍釋七十日而陰凍釋陰凍釋而秇稷百日不秇稷故春事二十五日之內耳也今君立扶臺五衢之衆皆作君過春而不止民失其二十五日則五衢之內阻弃之地也起一人之繇百畝不舉起十人之繇千畝不舉起百人之繇萬畝不舉起千人之繇十萬畝不舉春已失二十五日而尚有起夏作是春失其地夏失其苗秋起繇而無止此之謂穀地數亡穀失于時君之衡藉而無止民食什伍之穀則君已藉九矣有衡求幣焉此盜暴之所以起刑罰之所以衆也隨之以暴謂之內戰

輕重己篇

以冬日至始數四十六日冬盡而春始天子東出其國四十六里而壇服青而絻青搢玉總帶玉監朝諸侯卿大夫列士循于百姓號曰祭日犧牲以魚發出令曰生而勿殺賞而勿罰罪獄勿斷以待期年敎民樵室鑽燧墐竈泄井所以壽民也耜耒耨懷鉊鈶又檀權渠繉緤所以御春夏之事也必具敎民爲酒食所以爲孝敬也民生而無父母謂之孤子無妻無子謂之老鰥無夫無子謂之老寡此三人者皆就官而衆可事者不可事者食如言而勿遺多者爲功寡者爲罪是以路無行乞者也路有行乞者則相之罪也天子之春令也

以冬日至始數九十二日謂之春至天子東出其國九十二里而壇朝諸侯卿大夫列士循于百姓號曰祭星十日之內室無處女路無行人苟不樹藝者謂之賊人下作之地上作之天謂之不服之民處里爲下陳處師爲下通謂之役夫三不樹而主使之天子之春令也

尸子

春爲忠

春爲忠東方爲春春動也是故鳥獸孕寧草木華生萬物咸遂忠之至也

漢書

律歷志

少陽者東方東動也陽氣動物於時爲春春蠢也物

蠢生迺動運

天文志

歲星曰東方春木於人五常仁也五事貌也仁虧貌失逆春令傷木氣罰見歲星

淮南子

原道訓

春風至則甘雨降生育萬物羽者嫗伏毛者孕育草木榮華鳥獸卵胎莫見其爲者而功既成矣

天文訓

東方木也其帝太皞其佐勾芒執規而治春其神爲歲星其獸蒼龍其音角其日甲乙

距冬至四十六日而立春陽氣凍解音比南呂加十五日指寅則雨水音比夷則加十五日指甲則雷驚蟄音比林鍾加十五日指卯中繩故曰春分則雷行音比蕤賓加十五日指乙則清明風至音比仲呂加十五日指辰則穀雨音比姑洗

太陰治春則欲行柔惠溫涼

時則訓

春行夏令泄行秋令水行冬令肅

五位

東方之極自碣石山過朝鮮貫大人之國東至日出之次榑木之地青土樹木之野太皞勾芒之所司者萬二千里其令曰挺羣禁開閉闔通窮窒達障塞行優游棄怨惡解役罪免憂患休罰刑開關梁宣出財和外怨撫四方行柔惠止剛強

主術訓

人君上因天時下盡地財中用人力丘陵阪險不生五穀者以樹竹木春伐枯槁以爲民食

春秋繁露

五行逆順篇

木者春生之性農之本也勸農事無奪民時使民歲不過三日行什一之稅進經術之士挺羣禁出輕繫去稽留除桎梏開閉闔通障塞恩及草木則樹木華美而諸草生恩及鱗蟲則魚大爲鱣鯨不見羣龍下如人君出入不時走狗試馬馳騁不反宮室好婬樂飲酒沈湎縱恣不顧政治事多發役以奪民時作謀增瑞以奪民財民病疥搔溫體足胻痛咎及於木則茂木枯槁工匠之輪多傷敗毒水渰羣瀌陂如魚咎蟲則魚不爲羣龍深藏鯨出見

五行五事篇

王者能欲則春氣得故肅肅者主春春陽氣微萬物柔易移弱可化於時陰氣爲賊故王者欽欽不以議陰事然後萬物遂生而木曲直也春行秋政則草木彫行冬政則雪行夏政則殺春失政則有闕文

大戴禮記

千乘篇

司徒典春以教民之不則時不若不令成長幼老疾孤寡以時通於四疆有閭而不通有煩而不治則民不樂生不利衣食凡民之藏貯以及山川之神明加於民者發國功謀齋戒必敬會時必節日歷巫祝執伎以守官俟命而作祈王年禱民命及畜穀蟚征庶虞草方春三月緩施生育動作百物於時有事享於皇祖皇考朝孤子八人以成春事

風俗通義

殺狗磔邑四門

謹按月令九門磔禳以畢春氣蓋天子之門十有二門東方三門生氣之門也不欲使死物見於生門故獨於九門殺犬磔禳犬者金畜禳者却也抑金使不害春之時所生令萬物遂成其性火當受而長之故曰以畢春氣功成而退木行終也

晉書

律曆志

木音角三分羽益一以生其數六十四屬木者以其清濁中人之象也春氣和則角聲調

梁元帝纂要

春時景略

春曰青陽亦曰發生芳春青春陽春三春九春風曰陽風暄風柔風惠風景曰媚景和景韶景時曰良時嘉時芳時辰曰良辰嘉辰芳辰節曰華節芳節嘉節韶節淑節草曰弱草芳草芳卉木曰華木華樹芳林芳樹林曰茂林鳥曰陽鳥時鳥陽禽候鳥時禽好禽好鳥

玉曆通政經

春令

春當退貪殘進柔良恤幼孤賑不足求隱士則萬物應節而生隨氣而長所謂春令也

蠡海集

二十四番花信風

二十四番花信風者蓋自冬至後三候爲小寒十二月之節氣月建于丑地之氣闢于丑天之氣會于子日月之運同在元枵而臨黃鍾之位黃鍾爲萬物之

祖是故十一月天氣運于丑地氣臨于子陽律而施于上古人所以爲造曆之端十二月天氣運于子地氣臨于丑陰呂而應于下古人所以爲候氣之端是以有二十四番花信風之語也五行始于木四時始于春木之發榮于春必于水土木土之交在于丑隨地闢而肇見焉昭矣析而言之一月二氣六候自小寒至穀雨凡四月八氣二十四候每候五日以一花之風信應之世所異言曰始于梅花終于楝花也詳而言之小寒之一候梅花二候山茶三候水仙大寒之一候瑞香二候蘭花三候山礬立春之一候任春二候櫻桃三候望春雨水一候菜花二候杏花三候李花驚蟄一候桃花二候棣棠三候薔薇春分一候海棠二候梨花三候木蘭清明一候桐花二候麥花三候柳花穀雨一候牡丹二候酴醿三候楝花花竟則立夏矣

農政全書

春氣十八候

孟春立春節氣首五日東風解凍次五日蟄蟲始振後五日魚上冰次雨水中氣初五日獺祭魚次五日鴈候北後五日草木萌動次仲春驚蟄節氣初五日桃始華次五日倉庚鳴後五日鷹化爲鳩次春分中氣初五日元鳥至次五日雷乃發聲後五日始電次季春清明節氣初五日桐始華次五日田鼠化爲鴽後五日虹始見次穀雨中氣初五日萍始生次五日鳴鳩拂其羽後五日戴勝降于桑凡此六氣一十八候皆春氣正發生之令

遵生八牋

春三月調攝總類

尚書大傳曰東方爲春春者出也萬物之所出也淮南子曰春爲規規所以圓萬物也規度不失萬物乃理漢律志曰少陽東也東者動也陽氣動物於時爲春故君子當審時氣節宣調攝以衛其生

正月立春木相春分木旺立夏木休夏至木廢立秋木死立冬木殁冬至木胎言木孕于水之中矣

修養肝臟法

以春三月朔旦東面平坐叩齒三通閉氣九息吸震宮青氣入口九吞之以補肝虛受損以享青龍之榮

正二三月行肝臟導引法

治肝以兩手相重按肩上徐徐緩捩身左右各三遍又可正坐兩手相叉翻覆向胷三五遍此能去肝家積聚風邪毒氣不令病作一春早暮須念念爲之不可懈惰使一曝十寒方有成效

春季攝生消息論

春三月此謂發陳天地俱生萬物以榮夜臥早起廣步於庭披髮緩行以使志生生而勿殺與而勿奪賞而勿罰此養氣之應養生之道也逆則傷肝肝木味酸木能勝土土屬脾主甘當春之時食味宜減酸益甘以養脾氣春陽初升萬物發萌正二月間乍寒乍熱高年之人多有宿疾春氣所攻則精神昏倦宿病發動又兼去冬以來擁爐薰衣啗炙炊煿成積至春因而發泄致體熱頭昏壅隔涎嗽四肢倦怠腰脚無力皆冬所蓄之疾常當體候若稍覺發動不可便行疏利之藥恐傷臟腑別生餘疾惟用消風和氣涼膈化痰之劑或選食治方中性稍凉利飲食調停以治自然通暢若無疾狀不可吃藥春日融和當眺園林亭閣虛敞之處用攄滯懷以暢生氣不可兀坐以生他鬱飲酒不可過多人家自造米麪團餅多傷脾胃最難消化老人切不可以饑腹多食以快一時之口致生不測天氣寒暄不一不可頓去綿衣老人氣弱骨疎體怯風冷易傷腠裏時備夾衣遇煖易之一重漸減一重不可暴去

劉處士云春來之病多自冬至後夜半一陽生陽氣吐陰氣納心膈宿熱與陽氣相衝兩虎相逢狹道必鬭矣至于春夏之交遂使傷寒虛熱時行之患良由冬月焙火食炙心膈宿痰流入四肢之故也當服祛痰之藥以導之使不爲疾不可令背寒寒即傷肺令鼻塞咳嗽身覺熱甚少去上衣稍冷莫強忍即便加服肺俞五臟之表胃俞經絡之長二處不可失寒熱之節諺云避風如避箭避色如避亂加減逐時衣少餐申後飯是也

春三月六氣十八候皆正發生之令毋覆巢殺毋破卵毋伐林木

千金方云春七十二日省酸增甘以養脾氣

金匱要略云春不可食肝爲肝旺時以死氣入肝傷魂也

養生論曰春三月每朝梳頭一二百下至夜臥時用熱湯下鹽一撮洗膝下至足方臥以洩風毒脚氣勿令壅塞

雲笈七籤曰春正二月宜夜臥早起三月宜早臥早起

又曰春三月臥宜頭向東方乘生氣也

春氣溫宜食麥以涼之不可一於溫也禁吃熱物併焙衣服

參贊曰春傷於風夏必飧泄

千金翼方曰春甲乙日忌夫婦容止

又曰春夏之交陰雨卑濕或飲湯水過多令患風濕自汗體重轉側不能小便不利作他治必不救惟服五苓散效甚

春三二月勿食小蒜百草心芽肝病宜食麻子荳李子禁辛辣

元樞經曰春冰未泮衣欲上薄下厚太薄則傷寒

春時幽賞

孤山月下看梅花

孤山舊趾逋老種梅三百六十已廢繼種者今又寥寥盡矣孫中貴公補植原數春初玉樹參差冰花錯落瓊臺倚望恍坐元圃羅浮若非黃昏月下攜尊吟賞則暗香浮動疎影橫斜之趣何能眞見實際

八卦田看菜花

宋之籍田以八卦爻畫溝塍圍布成象迄今猶然春時菜花叢開自天眞高嶺遙望黃金作埒碧玉爲疇江波搖動恍自河洛圖中分布陰陽爻象海天空闊極目杳然更多象外意念

虎跑泉試新茶

西湖之泉以虎跑爲最兩山之茶以龍井爲佳穀雨前採茶旋焙時汲虎跑泉烹享香清味洌涼沁詩脾每春當高臥山中沈酣新茗一月

保叔塔看曉

山翠繞湖容態百逞獨春朝最佳或霧截山腰或霞橫樹杪或淡煙隱隱搖蕩晴暉或鬱氣浮浮掩映曙色峰含旭日明媚高張風散溪雲林皐爽朗更見遙岑迴抹柔藍遠岫忽生濕翠變幻天呈頃刻萬狀奈此景時値酣夢恐市門未易知也

西溪樓啖煨筍

西溪竹林最多筍產極盛但筍味之美少得其眞每於春中筍抽正肥就彼竹下掃葉煨筍至熟刀截剝食竹林淸味鮮美莫比人世俗腸豈容知此眞味

登東城望桑麥

桑麥之盛惟東郊外最闊田疇萬頃一望無際春時桑林麥隴高下競秀風搖碧浪層層雨過綠雲繞繞雉雊春陽鳩呼朝雨竹籬茅舍間以紅桃白李燕紫鶯黃寓目色相自多村家閑逸之想令人便忘豔俗

三塔基看春草

湖中三塔寺基去湖面淺尺春時草長平湖茸茸翠色浮動波心浴鷺狎鷗飛舞惟適望中深愜素心兀對更快青眼因思古詩草長平湖白鷺飛之句其幽賞自得不淺

初陽臺望春樹

西湖三面遶山東爲城市春來樹色新豐登臺四眺淺深青碧色態間呈高下參差面面迴出或苒苒浮煙或依依帶雨或叢簇山村或掩映樓閣或就日向榮或臨水漾碧幽然會心自多會中生意極目撩人更馳江雲春樹之想

山滿樓觀柳

蘇堤跨虹橋下東數步爲余小築數椽當湖南面顏曰山滿樓余每出遊巢居於上倚欄玩堤若與簷接堤上柳色自正月上旬柔弄鵝黃二月嬌拖鴨綠依依一望色最撩人故詩有忽見陌頭楊柳之想又若截霧橫煙隱約萬樹欹風障雨瀟灑長堤愛其分綠影紅終爲牽愁惹恨風流意態盡入樓中春色蕭騷授我衣袂間矣三眠舞足雪滾花飛上下隨風若絮浮萬頃繚繞歌樓飄撲僧舍點點共酒旆悠揚陣陣追燕鶯飛舞沾泥逐水豈特可入詩料要知色身幻影是卽風裏楊花故余墅額題曰浮生燕壘

蘇堤看桃花

六橋桃花人爭豔賞其幽趣數種賞或未盡得也若桃花妙觀其趣有六其一在曉煙初破霞彩影紅微露輕勻風姿瀟灑若美人初起嬌怯新粧其二明月浮花影籠香霧色態嫣然夜容芳潤若美人步月丰致幽閒其三夕陽在山紅影花豔酣春力倦嫵媚不勝若美人微醉風度羞澀其四細雨濕花粉溶紅膩鮮潔華滋色更嫣潤若美人浴罷暖豔融酥其五高燒庭燎把酒看花瓣影紅綃爭妍弄色若美人晚粧容冶波俏其六花事將闌殘紅零落辭條未脫半落半留兼之封家姨無情高下陡作使萬點殘紅紛紛飄泊或撲面撩人或浮樽沾席意況蕭騷若美人病怯鉛華銷減六者惟眞賞者得之又若芳草留春翠裀堆錦我當醉眠席地放歌詠懷使花片歷亂滿衣殘香隱隱撲鼻夢與花神攜手巫陽思逐彩雲飛動幽歡流暢此樂何幽

西泠橋玩落花

三月桃花蘇堤落瓣因風蕩漾逐水周流飄泊孤蹤多在西泠橋畔堆壘粉銷玉碎香冷紅殘片片似對

騷人泣別豪舉離尊當爲高唱渭城朝雨

天然閣上看雨

靈雨霏霏乍起乍歇山頭煙合忽掩青螺樹杪雲蒸頓迷翠黛絲絲飛舞遙空濯濯飄搖無際少焉霞紅照水淡日西斜峯巒吞吐斷煙林樹零瀼宿雨殘雲飛鳥一望迷茫水色山光四照蕭爽長嘯倚樓騰歌浮白信知變幻不常陰晴難料世態雲雨翻覆弄人哉過眼盡是鏡華當著天眼看破

臨水觀魚

古吳茂苑孔里園中有世居隱士號曰瀟灑張郎其園中有竹萬竿喬木蓋屋西有繞翠堂東有廬軒軒前有一大池綠楊垂壓桃李間枝池內有朱魚數萬名爲錦鱗池至春日晴明魚遊戲水五色斑斕名魚萬狀瀟灑張郎題曰錦鱗伴碧草水面做文章

直隸志書各省風俗同者不載

肅寧縣

春寒主雨

江南志書

靖江縣

自元旦至二三月居人爭赴孤山進香

浙江志書

武義縣

龍舟競渡俗傳以爲祭屈原邑以二月二十七至三月初三止不知何所指也鬪椗男女閧視親族相款民費不貲且以鬪勝往致競訟

江西志書

武寧縣

春東風雨

寧州

春寒多水春霧晴春寒極則大雪巖谷間或可計尋丈又有時倏晴倏雨晦明無節

福建志書

惠安縣

春有浮氣自東海冉冉而升則雨從東而西有東風吹送之

春部藝文一

春可樂賦　晉夏侯湛

春可樂兮樂東作之良時嘉新田之啓萊悅中疇之發菑桑冉冉以奮條麥遂遂以揚秀澤苗翳渚原卉耀阜春可樂兮樂崇陸之可娛登夷岡以迴眺超嬌駕乎山隅綴雜華以爲蓋集繁蘂以飾裳散風衣之馥氣納戢懷之潛芳鶯交交以弄音翠翾翾以輕翔招君子以偕樂攜淑人以微行

陽春賦　傅元

虛心定乎昏中龍星正乎春辰嘉勾芒之統時宣太皞之威神素冰解而泰液洽元獺祭而鴈北征乾坤絪縕冲氣穆清幽蟄蠢動萬物樂生依依楊柳翩翩浮萍桃之夭夭灼灼其榮繁華煜而燿野煒芬葩而揚英鵲營巢於高樹燕銜泥於廣庭覩戴勝之止桑兮聆布穀之晨鳴樂仁化之普宴兮異鷹隼之變形習習谷風洋洋綠泉丹霞横景文虹竟天

懷春賦　湛方生

夫榮彫之感人猶色象之在鏡事隨化而遷迴心無主而虛映盼秋林而情悲遊春澤而心恧雖四時之平分何陽節之淸淑日婉變以舒和氣有仁而無肅雷發響於南山雨漸澤於四溟啓潛蟄於九泉收蠹蛭於天庭修虹煥綠於東坰幽澗泮冰而流淸鴻飄翮於歸風燕銜泥而來征鷙鳥感仁而華性鷽鳩乘化而變聲麥芃芃而含秀桑萮藹而敷榮華照灼以爛林葉婀娜以媚莖

春遊賦　謝萬

青陽司候勾芒御辰陳條灌以摧枯初莖蔚其曜新羃豐葉而爲幄靡翠草而成裀於是遠嘯良儔近命嘉賓奉羽觴而交獻羅絲竹以並陳詠新服之璀璨想舞雩之遺塵撫鳴琴而懷古登修臺而樂春爾乃碧巘增遂灌木結陰輕雲晻曖以幕岫和風淸冷而啓衿

春賦　北周庾信

宜春苑中春已歸披香殿裏作春衣新年鳥聲千種囀二月楊花滿路飛河陽一縣併是花金谷從來滿園樹一叢香草足礙人數尺遊絲卽横路開上林而競入擁河橋而爭渡出麗華之金屋下飛燕之蘭宮釵朵多而訝重髻鬟高而畏風眉將柳而爭綠面共桃而競紅影來池裏花落衫中苔始綠而藏魚麥纔靑而覆雉吹簫弄玉之臺鳴佩凌波之水移戚里而家富入新豐而酒美石榴聊泛蒲桃醱醅芙蓉玉盌蓮子金杯新芽竹筍細核楊梅綠珠捧琴至文君送酒來玉管初調鳴絃暫撫陽春淥水之曲對鳳迴鸞之舞更炙笙簧還移箏柱月入歌扇花承節鼓協律都尉射雉中郎停車小苑連騎長楊金鞍始被柘弓

[illegible]塵看馬埒分朋入射堂馬是天池之龍種帶乃荊山之玉梁豔錦安天鹿新綾織鳳凰三日曲水向河津日晚河邊多解神樹下流杯客沙頭渡水人鏤薄窄衫袖穿珠帖領巾百丈山頭日欲斜三晡未醉莫還家池中水影懸勝鏡屋裏衣香不如花

春思賦有序　唐王勃

咸亨二年余旅寓巴蜀浮遊歲序殷憂明時坎壈聖代九隴縣令河東柳太易英達君子也僕從遊焉高談胸懷頗洩憤懣於時春也風光依然古人云風景未殊舉目有山河之異不其悲乎僕不才耿介之士也竊稟宇宙獨用之心受天地不平之氣雖弱植一介窮途千里未嘗下情於公侯屈色於流俗凜然以金石自匹猶不能忘情於春則知春之所及遠矣春之所感深矣此僕所以撫窮賤而惜光陰懷功名而悲歲月也豈徒幽宮狹路陌上桑間而已哉屈平有言目極千里傷春心因作春思賦庶幾乎以極春之所至析心之去就云爾

若夫年臨九域韶光四極解宇宙之嚴氣起亭皐之春色兄風景兮同序復江山之異國感大運之盈虛見長河之紆直蜀川風候隔秦川今年節物異常年霜前柳葉銜霜翠雪裏梅花犯雪妍霜前雪裏知春早看柳看梅覺春好思萬里之佳期憶三秦之遠道澹蕩春色悠揚懷抱野何樹而無花水何隄而無草於是僕本浪人平生自淪懷書去洛抱劍辭秦惜良會之道邁厭他鄉之苦辛忽逢邊候改遙憶帝鄉春帝鄉迢遞關河裏神皐欲暮風煙起黃山半入上林園元灞斜分曲江水玉臺金闕紛相望千門萬戶遙相似昭陽殿裏報春歸未央臺上看春暉水精却掛鸚鵡幔雲母斜開翡翠幃競道西園梅色淺爭知北闕柳陰稀斂態調歌扇迴身正舞衣銀蠶吐絲猶未暖金燕銜泥試學飛妾本幽閨學歌舞寧知漢代多巡撫前年齋祭謁甘泉今歲笙簫祠后土桃花萬騎喧長薄蘭葉千旗照平浦見原野之秀芳憶山河之遂古長安路狹邊長安公子春來不厭看杏葉裝金轡蒲萄鏤玉鞍聳蓋臨平樂迴笳出上蘭上蘭經鄠杜揮鞭日將暮白馬新臨御溝道青牛近出章臺路章臺接建章垂柳復垂楊草開馳馬埒花滿鬬雞場南鄰少婦多妖婉北里王孫駐行幰乍怪前春節候遲預道今年寒食晚傷紫陌之春度惜青樓之望遠紫陌青樓照月華珠帷黼帳七香車蛾眉晝來應幾樣蟬鬢梳時半欲斜恨雕鞍之屆晚痛銀箭之更賒行行避葉步步看花自狂夫之蕩子成賤妾之倡家狂夫去去無窮已賤妾春眠春未起自有蘭閨數十重安知榆塞三千里榆塞連延玉關側雲間沈沈不可識葱山隱隱金河北霧裏蒼蒼幾重色忽有驛騎出幽并傳道春衣萬里程龍沙春草遍瀚海春雲生疎勒井泉寒尚竭燕山烽火夜應明語道河源路遠遠誰知夫壻苦行行君於塞外多霜露爲想春園起煙霧遊絲生罥合歡枝落花自遶相思樹春望年年絕幽閨離緒切春色朝朝異邊庭羽書至都護新封萬里侯將軍稍定三邊地長旆猶銜掃雲色寶刀尚擁千星氣昨夜祁連驛使還征夫猶住鴈門關君度山川成白首應知歲序歇紅顏紅顏一別同胡越夫壻連征恨城闕羌笛橫吹隴路風戎衣直照關山月春色徒盈望春悲殊未歇復聞天子幸關東馳道煙塵萬里紅析羽搖初日繁笳思曉風後騎猶分長樂館前旌已映洛陽宮洛陽宮城紛合沓離房別殿花新匝河陽別舍抵長河丹輪紺幰相經過戚里繁珠翠中闈盛綺羅鳳移金谷舞鶯引石城歌向夕天津洛橋暮爭驅紫燕黃牛度閑居伊水國舊宅邙山路武子新布金錢埒季倫欲償珊瑚樹復有西墉春務募更值南津春望寫入金市而乘羊出銅街而試馬葉抱露而爭密花牽風而亂下錦帳縈山羅幃照野司空令尹之博物二陸三張之文雅新年柏葉之樽上巳蘭英之觶春來併是春何啻兩違秦忽逢江外客復憶江南春羅衣乘北渚錦袖出東鄰江邊少婦無形迹特怨狂夫事行役鳳凰山上花無數鸚鵡洲中草如積春江瀞容與春期無處所春水春魚樂春汀春鴈舉君道玉門關何如金陵渚爲問逐春人年光幾處新何年春不至何地不宜春亦有當春逢遠客亦有當春別故人風物雖同候悲歡各異倫歸去來春山迯閒放蕙畹蘭皐行可望何爲悠悠坐惆悵比來作客住臨邛春風春日自相逢石鏡巖前花屢密玉輪江上葉頻濃高平灞岸三千里少道梁山一萬重自有春花煎別思無勞春鏡照愁容盛年眇眇辭鄉國長路遙遙不可極形隨朗月驟東西思逐浮雲幾南北春蝶參差命儔侶春鶯綿蠻思羽翼余復何爲此方春長歎息會當一舉絕風塵翠蓋朱軒臨上春朝昇玉署調天紀夕憩金閨奉帝綸長卿未達終希達曲逆長貧豈剩貧年年送春應未盡一旦逢春自有人

春賦　李邕

肇木德以周仁啓春生而賦實二儀泰而廣運三正合而元吉和氣藹兮充寓光風瀏兮被物豈因時而則舒亦樂道而奚愉我聖君大擁萬國肆覲羣后受天之禧嘉歲之首文物粲於南宮兵戈森於北斗攬百辟以同心貢千春之遐壽於是明詔有司攄求時令邁惟一之德究吹萬之性勸土木之庶功阜稼穡之勤政敗漁止殺狴牢復命至若囹陰往閉蟄戶未開蛇盤地蒼燕伏巖猜穴蟻斂翼冰魚鼓鰓蠶蠶宛委戢戢低徊遲蹙蹙兮久矣耿獻歲兮悠哉謂將死而没代俄作解而驚雷廓視聽於元壤脫飛驚於焚萊瞰青陽以書物事白日而登臺觀乎旬時甫田宿昔曾薄驚洪鑄之神用偉元化之工作卷山河之變衰置天地之和樂律何谷而不暄光何容而不灼植也知歸動焉咸若爾乃楊廻曲沼李雜芳園條煙濃而曳地花錦舞而當軒玉顏景照羅袂風翻悅良人之嘗信省賤妾而銜恩蝶栩栩兮夢感鳥嚶嚶兮思存戛瑤柱以絙瑟引金罍而浮樽俯侯軒而下泣貽韶物而何言借如老軍追寇遠使窮河宵驅鳥逝野次星羅冰皚皚而雪下風颯颯而霜過遲日一煦挾纊書多遺疇歲之寒栗襲初節之妍和千巖爲之動色萬壑爲之流波將廻轡而泰望請舉手而讌歌則有第高公族鼎貴侯家丹樓纚於御道畫閣聳於朝霞明珠買妾黃金擲鷹列行遊衍直視驕奢跨浮雲之寶騎頓流水之香車漫平郊而藉草總上苑而觀花飛鞚馳蹀旋舞琵琶麾戚里之途遠駐長安之日斜豈知夫東門在野北渭需沙散歸閒之邵父隱養正之姜牙趣下里之潦倒誼樂土之繁華苟炙背而垂釣但開田而種瓜

愁陽春賦　李白

東風歸來見碧草而知春蕩漾惚恍何垂楊旖旎之愁人天光清而妍和海氣綠而芳新綵翠兮阡眠雲飄飄而相鮮演漾兮貪綠窺青苔之生泉縹緲兮翩綿見遊絲之縈煙魂與此兮俱斷醉風光兮悽然若乃隴水秦聲江猿巴吟明妃玉塞楚客楓林試登高而望遠痛切骨而傷心春心蕩兮如波春愁亂兮如雪兼萬情之悲歡茲一感於芳節若有一人兮湘水濱隔雲霓而見無因灑別淚於尺波寄東流於情親若使春光可攬而不滅兮吾欲贈天涯之佳人

登春臺賦 以晴眺春野氣和感深爲韻　陸贄

春發生以煦物臺居高而處明俯而望焉舒郁郁之和氣登可樂也暢怡怡之遠情觸類斯感衆芳俱榮風出谷以天霽雲歸山而景晴俔視平皐傍臨遠嶠窮漢苑以周覽匝秦城而迴眺林樹彩翠浮佳氣於遙天宮觀參差麗飛甍於夕照望莫若兮望遠感何深兮感春登其臺則歷階而至極應乎律故陰慘而陽伸令行斯順澤布惟均覩雖微而必審思何遠而不親懿夫情之誘人人罔或舍時之感物物莫能假臺有春而必望春何情而不寫條風始至散灼灼之紅桃穀雨初收潤萋萋之綠野天何言哉生衆彙人有靈兮感元氣既望春而可樂亦升高而足賞同沂水聊舞雩以詠歌登異觀臺寧覩蜡而增欷周望既極舍情則多媚遲日之未下愛輕風之屢過目眇眇以心遠野悠悠而氣和可以樂芳時之景物壯皇室之山河豈比夫羈士登樓而作賦碩人在軸而爲歌者哉春無物而不滋臺無遠而不覽豈老氏之或論伊潘生之所感稽其趣時之規遠創意之義深春非臺而何樂臺非春而罔尋故望春者惟臺是履登臺者惟春是臨緊在物之可用必從時之所任倘自下而可託庶升高而至今

登春臺賦 以晴眺春野氣和感深爲韻　張濛

達萬類者莫尚於和氣鬱萬類者莫極於幽情故登臺而豁望得寓目於春榮高臨乎雙闕迴出乎重城洞千門而拂曙披九陌於初晴雲當軒而氣潤風溢檻而光清陰始分而土膏起陽已動而泉脈生縹緲九層之端希微四達之眺春馭興而搖裔輿牽春而窈窕鶬鶊來於東野鴻鴈去於南津愛煙霞而改舊嘉草樹而含新思欣欣於麗景情豔豔於韶春雖憯陰陽之義且知天地之仁我國家道洽衆靈化涵諸夏吹律豈勞於鄒衍操音寧藉於子野德被荒遐而有截澤周品物而無假因壽域以同歸奚樂郊而獨爲是知氣之所感者情情之所和者氣氣苟達而內愜情必洽而外慰等彼純綿之溫若享太牢之味固在極於羨溢寧止臻於髣髴不然者太昊之令何榮老氏之言安貴而已也春臺高兮勢巍巍鶯亂囀兮傳伐柯聊登陟兮一過攬春心兮未和春臺曉兮光淡淡花競落兮如焚焚遠憑臨兮一覽媚春心兮多感感因外而重遣和自中而再尋任三陽之榮悴齊萬化以浮沉風何知於虎嘯雲何識於龍吟猶春臺之蹈泰與聖政之同深

登春臺賦 以晴眺春野氣和感深爲韻　苗秀

惟窮愁之伊鬱嗟大塊之勞生登春臺而寫望獨觀化以娛情熙熙然不知吾之喪我悠悠爾方悟象之難名矧夫見千門之景霽逢六合之風淸夫何化者之自化使夫成者之自成樂以忘歸歎盤遊之楚后極而起恨痛傷心於屈平然則春之爲氣可以感人臺之爲高可以觀徼總山川以窮覽極宇宙而遐眺俯瞻魏闕散嘉氣之氤氳延望天門登大明之晶耀於時也三農伊始百卉皆春天地相近雷雲解屯欣太皥之在震嘉勾芒之御辰以斯觀乎天倪乃無所不至以是觀乎王化亦何遠不均稽乎登臺之意也寓興實繁忘情蓋寡獨有役於耳目匪安排於原野爭徇物以矜能建升高而自下庸詎知澹乎無爲道之所貴起乎累土釆老氏之元言歌彼載陽識詩人之所謂方發生之道達屬陽和之布氣登臺謂何雅興逾多玩韶景而則麗聆微風而轉和雖黃鳥之可悅無同人而則那時來何歡物至而感思千里之遐騁登九層以流覽褰裳未濟徒有望於江湖藻鑑高懸且欲呈其肝膽故其取類也遠寓興也深庶鑒登高之賦無遺入纂之音

讀春令賦　韋縯

首四時曰春貞百度曰聖復其度必聖之元定其時惟春之孟太史先謁以明在木之文上公奉儀乃讀行春之令故漢王脩之以展禮晉后奉之以施敬伊歷載之或虧洎我唐之斯盛若夫太昊統節勾芒御辰曆以元而天地更始氣直震而物候維新皇上乃順時令序彝倫載靑旗之容輿服蒼玉之璘玢辨色而金貂列位迎春而玉輅迴輪爰奉令以進讀彖授時而發春俯僂前止精誠上陳曉色分於丹陛韶華發於紫宸遂煥爵以頒秩乃布德而昭仁則知臣職不愆國典靡闕修陽事而考陰令祀朝日而享夕月陳而未讀千門之寒氣猶飛捧而旣宣九有之春輝已發覽讀斯竟慶賜乃行緩政刑於肅殺遂性命於生榮習習和風扇萬物而條暢遲遲麗景昭八極之文明陳盛禮于元辰酌宏謀于往舊祀爲國本燔柴斯用乎上辛食惟政先祈穀必當於太簇莫不汨之則斯禍敘之則斯祐所以勅上公之愜典俾疇人之敬授穆穆祕殿明明我皇體乾道以從事閱春令而頒方可謂君奉時而罔失臣出言而有章時曆克正憲度克揚旣同文於戎貊亦暨教於要荒諒皇家之弘務將末世而觀光

春愁賦　司空圖

芳豔豔兮翠緜緜泥晨霞兮泊晚煙鬱情條以凝睇裊愁緒以傷年羣企胥悅幽棲自憐勝事而何人忘返賞心而與我相捐當其玉律驚春香風拂曙晴陽小苑之道紺靄靑門之樹繡轂相追金羈並騖攜豔冶以爭出指狹邪而共趣貪壯歲之娛遊惜繁華之易度豈知低摧上國寂寞良辰林幽鶯弔院古苔新暗想歌鐘之會出隨車馬之塵落日歸臥懸琴歎頻孤枕役故園之夢一宵驚白首之人江楓暮兮江水淼蕩羈魂兮勞遠目倚蘭棹兮雨霏霏歷蘋洲兮衣馥馥千古兮此時此地悠輪忠而見逐邊鴻下兮邊草生擁玉帳兮滯龍城折柳厭河梁之贈落梅傳戍笛之聲萬里兮此時此日歎積雪之徒征莫不慘澹傷神迴環縈感念郢關以迴首憶帝鄉之歸路雖陽和之暗攻自眇默而誰訴於是情馳天末黛斂閨中徘徊暖榭從靡芳叢燕泥滴滴而簷壞蛛網迷迷而帳空憐笙龍與挑錦停功怨韶光之虛擲與長夜而還同若斯者固紛爾多狀浩然莫窮彼人情之貿遷繫植物之榮悴何深衷之委鬱謝圓煦於天地榮心夜焚凝魄朝醉同垢衣之莫澣豈萱枝之可慰願昭暢於春臺雪胷襟之滯義

江南春賦　王棨

麗日遲遲江南春兮春已歸分中元之節候爲下國之芳菲煙羃歷以堪悲六朝故地景葱蘢而正媚二月晴暉誰謂建業氣偏勾吳地僻年來而和煦先遍寒少而萌芽易拆誠知靑律吹南北以無殊爭奈洪流亙東西而是隔當使蘭澤先暖蘋洲早晴薄霧輕籠於鍾阜和風微扇於臺城有地皆秀無枝不榮遠客堪迷朱雀之航頭柳色離人莫聽烏衣之巷裏鶯聲於時衡岳鴈過吳宮燕至高低兮梅嶺殘白邐迤兮楓林列翠幾多嫩綠猶開玉樹之庭無限飄紅競落金蓮之地別有鷗嶼殘照漁家晚煙潮浪渡口蘆荀沙邊野葳蕤而繡合山明媚以屏連蝶影爭飛昔日吳娃之徑楊花亂撲當年桃葉之船物盛一隅芳連千里闘暄妍於兩岸恨風霜於積水幕幕而雲低茂苑謝客吟多萋萋而草夾秦淮王孫思起或有惜嘉節縱良遊蘭橈錦纜以盈水舞袖歌聲而滿樓誰見其曉色東皐處處農人之苦夕陽南陌家家蠶婦之愁悲夫豔逸無窮歡娛有極齊東昏醉之而失位陳後主迷之而喪國今日并爲天下春無江南兮江北

春賦　闕名

春日遲遲采蘩祁祁藹柔風兮韶景曉芳節兮嘉時勾芒兮太皞乘震兮執規道人道路以徇鐸太師奉職而陳詩候當振蟄時將釁龜或以命樂正而習舞或以勅獄吏而決辭爾其舉正於中履端於始瞻青旂之在御見斗杓之東指農祥晨正土膏脈起望三素之雲飲八風之水既布令於五時復傷心於千里風已解凍魚方上冰戴勝降桑而翔集王雎鼓翼以嚶鳴若夫孔門浴沂之詠老氏登臺之樂知盛德之在木見平秩於東作雨潤榆莢雲飛白鶴既薦鮪以乘舟亦先雷而奮鐸若乃珮蒼璧施土牛其祀戶其兵矛至若綵樹初頒含桃始薦舉此青旛戴之綵燕渟神水以釀酒用桃花而靧面亦復歌幽詩舞雲翹后妃之種稑初獻東宮之琴瑟方調亦云候屬青陽氣漸東陸食以蓬餌飲之糵粥進彼柔荑去其桎梏復聞青鳥司啓元鳥司分萬物孚甲之際精華結紐之辰可以論爵賞之序可以啚寬大之恩東郊方見於朝日靈臺靡忘於書雲既而日已載陽時惟獻歲必埋觜而掩骼亦行慶而施惠祭馬祖而祀高禖薦鞠衣而修蠶器元日祈穀東郊迎氣女夷鼓歌土人秉耒若乃三朔三元時惟正始進椒花以獻壽酌白獸以言事設五木之湯列五辛之味戴憑重席而譚經江夏舉衣而告瑞畫雞韡索以皆陳柏酒桃湯而具備放邯鄲之鳩獻彫胡之米或懸羊而磔雞或獻琮而執贄斯謂上日四時肇啓至其元日命社以祈農祥伊句龍之所主在水土而允臧漢祖治榆而事著陳平分肉而道光實以陰而主殺豈伐樹以斬亡亦以封土達氣報本返始或爲羣姓而立或以百家共置爾其寒食之節禁火藏煙闕雞蹋鞠佐以鞦韆原闕四字榆火將然古有司烜之禁俗有介推之言故周舉之書已布而魏武之令方傳又有暮春之首布和之辰臨流高會禊飲斯陳過平陽之第臨薄洛之津集彼張裴翫茲洧溱復有蕙肴輕泛犢車見尋周公之城洛邑秦昭之受水心或執蘭而咨與或暴藥以沉吟天淵則壇名積石華林則隄號千金叢花繞綵以凝望流鶯滿枝而囀音斯並著於時令故存之於翰林

春色賦以暖日和風春之色也爲韻　宋田錫

芳景晴空春曦暖融霽花天之一雨冷蕙徑之來風宮闕參差晻靄朝煙之上山川明潤森羅遲日之中總而賦之春之色也化工運丹青之筆眞宰以天地爲冶仙家乍至桃花映武陵之溪南國未歸楊柳繞瀟湘之野始言乎太簇之辰書曰王春北闕引青旂之仗東郊馳蒼輅之輪和氣倏來襲冕旒而盡悅朝陽既出麗藻火以交新邇後華陰遙陽更寒易暖暖襲物兮舒釋陽爲光兮布滿明霞澹藹初發色於樓臺清奏雅歌始均和於律管言其狀也則明婉而融怡狀其體也則暄妍而艷曦宮漏晝永天光日遲散梨花兮似雪垂柳綫兮如絲古渡輕波望孤舟之去矣平蕪落日惜晴山之遠而大都芳景之妍物華非一美梁王之苑囿閱漢家之宮室珠閣靡雲金莖爍日奇樹綺錯幽禽錦質盈空兮嘉氣曉浮映水兮晴雲晚密丹帷翠幄因藉草以絣羅寶馬鈿車遇看花以闐隘景麗何多情怡若何藻飾兮神化之巧融明兮時氣之和美其近焉謂彙花而瞻柳賦其遠者憐被山而帶河稱含毫以閒吟生於豔意宜倚樓之遠望流入橫波唯有多士逢時觀光上國金牓中太常之第玉階謝帝皇之德柳陌杏園花驄寶勒雪袍綴行桂枝新得觀者如堵有以見滿身春色

感春賦　朱熹

觸世途之幽險兮攬余轡其安之慨埋輪而繫馬兮指故山以爲期仰皇鑒之昭明兮眷余衷其猶未替抑重巽於既申兮徇耕野之初志自余之既還歸兮畢藏英而發春潛林廬以靜處兮闃蓬戶其無人披塵編以三復兮悟往哲之明訓嗒掩卷以忘言兮納遐情於方寸朝吾屣履而歌商兮夕又賡之以清琴夫何千載之遙遙兮乃獨有會於余心怨嚶鳴其悅豫兮仰庭柯之蔥蒨悼芳月之既徂兮思美人而不見彼美人之修嫮兮超獨處乎明光結丹霞以爲綬兮佩明月而爲璫悵佳辰之不可再兮懷德音之不可忘樂吾之樂兮誠不可以終極憂子之憂兮孰知吾心之末傷

夢遊春賦　明袁尊尼

夫何青春之熙蕩兮欣余情以遨遊指丹穴於城隅巘樓鳳之高樓隱瑣闥以朱箔疏洞戶以碧鏤晴露灼其可攬暖氣晶而若浮爾其征驂乍停闉扉徐啓花豔豔兮一人草青青兮千里字比英兮方新名取艾兮信美吐鸚鵡之慧辭振翡翠之鮮羽瑤席紛其始設金尊絡其遞行蕙肴蒸兮陸海之珍產絲吹作兮蓬閬之清聲流盼睞於目擊捭笑語於心傾金母告余兮好逑毛公謂余兮定情於時月方中夜將半

辭歌侶謝酒伴搴璇室之綃帷拂象牀之羅薦旣抱持而喜盈亦逡巡而辭賤極纏綣於玆宵重綢繆於中旦委微軀兮何言奉君子兮靡厭若夫末晝安坐薄暮經門孟公之醉未解北海之筵已曛日何日兮且快飲夕何夕兮復開尊則有姬姜遞進秦虢偕臨婺嫈映彩蕙蘭援芬坐間閒而成列情耽耽而各伸驟鵾絃兮激檀板理錦箏兮問綺琴舞結風於陽阿謳白雲於西崑夕陽下兮秉燭漏水歇兮逮晨終德將而靜好謝褻態於囂喧爾乃收淫霖濯鮮景望別圃而氣新步曲徑而目騁綺羅灼爍兮分桃李之韶顏金粉續紛兮逐蜂蝶之飛影芍藥采采以贈余謂此妍芳之當領促羽觴以勸酬紛盤餐之杳併隨坐臥而各適咨諧謔之機穎藉綠草以爲茵竟昏酣而度暝又或開齋閣兮寫素臨晴窻兮題扇親拂几席獨侍筆硯點飛墨於絳袪飄逸賞於素面促曉粧而屢淹佇依依而結戀投清言兮能忝延靜賞兮可念至若新火迎候上巳屆期遵踏青之遺俗修祓禊之故儀度嚴城以容與駕香車以透邐雨花之高臺兮紅粧陟而獨眺叢篁之給園兮翠斝傾而共紆曠臨風而舒寫追馳景以旋歸排遂館而再入儼高宴之重披聊假息兮倦思夜未央兮何其惟歡悰之蟬聯猝殫陳而錯莫獲一日兮足以極三春之娛况三月兮曾無間於一夕之樂顧循省於踰忝徒覥愧於濩落遊子經時兮不知其淹久畸人卽犬兮靡覺其飄泊緬余生之何幸睠有美之難忘結長思於知己牽遐想於衆芳鳳臺迥兮霸韻悠秦淮淼兮離歌動恍春光兮何在悵玆遊之如夢

欽定古今圖書集成曆象彙編歲功典

第十二卷目錄

春部藝文二 詩

歲功典第十二卷

春部藝文二詩

青陽　漢鄒子樂

青陽開動根荄以遂膏潤并愛跂行畢逮霆聲發榮壧處傾聽枯槁復產乃成厥命衆庶熙熙施及夭胎羣生啿啿唯春之祺

雜詩　晉張協

太昊啓東節春郊禮青祇鷹化日夜分雷動寒暑離飛澤洗冬條浮飈解春澌采虹纓高雲文虬鳴陰池冲氣扇九垠蒼生衍四垂時至萬寶成化周天地移

失題　郭璞

青陽暢和氣谷風穆以溫英葩曜林蒼昆蟲咸啓門高臺臨迅流四坐列王孫羽蓋停雲陰翠鬱映玉樽

大道曲　謝尚

謝尚在市中佛國門樓上彈琵琶作大道曲

青陽二三月柳青桃復紅車馬不相識音落黃埃中

子夜春歌二十首　無名氏

春風動春心流目矚山林山林多奇采陽鳥吐清音

綠荑帶長路丹椒重紫荊流吹出郊外共歡弄春英

光風流月初新林錦花舒情人戲春月窈窕曳羅裾

妖冶顏點蕩景色復多媚溫風入南牖織婦懷春意

碧樓冥初月羅綺垂新風含春未及歌桂酒發清容

杜鵑竹裏鳴梅花落滿道燕女遊春月羅裳曳芳草

朱光照綠苑丹華粲羅星那能閨中繡獨無懷春情

鮮雲媚朱景芳風散林花佳人步春苑繡帶飛紛葩

羅裳迮紅袖玉釵明月璫冶遊步春露豔覓同心郎

春林花多媚春鳥意多哀春風復多情吹我羅裳開

新燕弄初調杜鵑競晨鳴畫眉忘注口遊步散春情

梅花落已盡柳花隨風散歎我當春年無人相要喚

昔別鴈集渚今還燕巢梁敢辭歲月久但使逢春陽

春園花就黃陽池水方淥酌酒初滿杯調絃始成曲

娉婷揚袖舞阿那曲身輕照灼蘭光在容冶春風生

阿那曜姿舞逶迤唱新歌翠衣發華洛回情一見過

明月照桂林初花錦繡色誰能不相思獨在機中織

崎嶇與時競不復自顧慮春風振榮林常恐華落去

思見春花月含笑當道路逢儂多欲擿可憐持自懊

自從別歡後歎惜不絕響黃蘗向春生苦心隨日長

悲哉行　宋謝靈運

萋萋春草生王孫遊有情差池燕始飛夭裊桃始榮灼灼桃悅色飛飛燕弄聲檐上雲結陰澗下風吹清幽樹雖改觀終始在初生松蔦歡蔓延樛葛欣虆縈眇然遊宦子晤言時未并鼻感改朔氣眼傷變節榮侘傺豈徒然澶漫絕音形風來不可託鳥去豈爲聽

春咏　鮑照

節運同可悲莫若春光甚和風未及燠遺涼清且凜

春詩二首　齊王儉

蘭生已匝苑萍開欲半池輕風搖雜蕊細雨亂叢枝

風光承露照霧色點蘭暉青荑結翠藻黃鳥弄春飛

春夕　前人

露華方照歲雲彩復經春虛閨稍𦬊草幽帳日凝塵

淥水曲　王融

湛露改寒司交鶯變春旭瓊樹落晨紅瑤塘水初淥日霽沙溆明風泉動華燭遵渚泛蘭觴乘漪弄清曲斗酒千金輕寸陰百年促何用盡歡娛王度式如玉

春遊迴文詩　前人

枝分柳塞北葉暗榆關東垂條逐絮轉落蕊散花叢
池蓮照曉月幔錦拂朝風低吹雜綸羽薄粉豔粧紅
離情隔遠道歎結深閨中

春思　謝朓

茹谿發春水阰山起朝日蘭色望已同萍際轉如一
巢燕聲上下黃鳥弄儔匹遨郊阻遊衍故人盈契闊
夢寐借假簀思歸賴倚瑟幽念漸鬱陶山楹未爲室

和徐都曹出新亭渚　前人

宛洛佳遨遊春色滿皇州結軫清郊路迴瞰蒼江流
日華川上動風光草際浮桃李成蹊徑桑榆蔭道周
東都已俶載言歸望綠疇

陽春歌　檀約

青春獻初歲白日映雕梁蘭萌猶自短柳葉本能長
已見花紅發復聞花葉香乘此試遊衍誰知心獨傷

春歌　梁武帝

階上香入懷庭中花照眼春心一如此情來不可限

戲作謝惠連體十三韻　簡文帝

雜蘂映南庭庭中光景媚可憐枝上花早得春風意
春風復有情拂幔且開楹盈盈開碧煙拂幔復垂蓮
偏使紅花散飄揚落眼前眼前多無況參差鬱相望
珠繩翡翠帷綺幕芙蓉帳香煙出牕裏落日斜階上
日影去遲遲節華咸在茲桃花紅若點柳葉亂如絲
絲條轉暮光影落暮陰長春燕雙雙舞春心處處揚
酒滿心聊足萱枝愁不忘

春日　同前

年還樂應滿春歸思復生桃含可憐紫柳發斷腸青
落花隨燕入游絲帶蝶驚邯鄲歌管地見許欲留情

春日　同前

花開幾千葉水覆數重衣蝶颺縈空舞燕作同心飛
歌妖弄曲罷鄭女挾琴歸

春情　同前

蝶黃花紫燕相追楊低柳合露塵飛已見垂鉤掛綠
樹誠知淇水沾羅衣兩童夾車問不已五馬城南猶
未歸鶯啼春欲駛無爲空掩扉

春日想上林　同前

春風本自奇楊柳最相宜柳條恆著地楊花好上吹
處處春心動常惜光陰移西京董賢館南苑習都池
荇間魚共樂桃上鳥相窺香車雲母幰駛馬黃金羈

春日篇　元帝

春還春節美春日春風過春色日日異春情處處多
處處春芳動日日春禽變春意春已繁春人春不見
不見懷春人徒望春光新春愁春自結春結誰能申
欲道春園趣復憶春時人春人意何在空爽上春期
獨念春花落還似惜春時

春日　同前

新鶯隱葉囀新燕向窗飛柳絮時依酒梅花任入衣
玉珂隨風度金鞍照日暉無令春色晚獨望行人歸

望春　同前

葉濃知柳密花盡覺梅疎蘭生未可握蒲小不堪書

春思　沈約

楊柳亂如絲綺羅不自持春草黃復綠客心傷此時
青苔已結洧碧水復盈淇日華照趙瑟風色動燕姬
襟前萬行淚故是一相思

傷春　前人

弱草半抽黃輕條未全綠年芳被禁籞煙花繞層曲
寒苔卷復舒冬泉斷方續早花散凝金初露泫成玉

春日寄鄉友　王僧孺

旅心已多恨春至尚離羣翠枝結斜影綠水散圓文
戲魚兩相顧遊鳥半藏雲何時不憫默是日最思君

春日　庾肩吾

桃紅柳絮白照日復隨風影出朱城外香歸青殿中
水映寄生竹山橫半死桐頒文知渥重搦札愧才空

春詠　吳均

春從何處來拂水復驚梅雲障青瑣闥風吹承露臺
美人隔千里羅幃閉不開無由得共語空對相思杯

春望古意　蕭子範

光景斜漢宮橫梁照采虹春情寄柳色鳥語出梅中
氤氳閨裏思逶迤水上風落花徒入戶何解妾牀空

東郊望春酬王建安雋晚遊　蕭子雲

金塘綠泉滿上園梨蘂落蛺蝶戀殘花黃鶯對妖萼
芳非滿郊甸蕙風生蘭薄子家冠蓋里我館幽棲郭
綠楊垂長溪便橋限清洛相去能幾許一水終疎索

應教使君春遊詩　蕭子暉

上林看草色河橋望日暉洛陽城閉晚金鞍橫路歸

春日貽劉孝綽　蕭瑱

澗水初流碧山櫻早發紅新禽爭弄響落蘂亂從風
拂筵多輭幹映戶悉花叢誰云相去遠垂柳對高桐

春遊　王筠

蘪蘭已飛蝶楊柳半藏鴉物色相煎蕩微步出東家
既同翡翠翼復如桃李花欲以千金笑迴君流水車

春日　前人

金堤草非舊玉池泉已新風生似羊角雲上若魚鱗
幽閨多怨思停織坐嬌春芳華既零落方作向隅人

春郊　虞義

光風轉蕙晦香霧鬱蘭津暄遲蝶弄藹景麗鳥和春
樵歌喧壟暮漁枻亂江晨山中芳杜若依依獨思人

陽春發和氣　費昶

日靜班姬門風輕董賢館卷耳緣階出反舌登牆喚
鬻女桂枝鉤遊童蘇合彈拂袖當留客相逢莫相難

奉和湘東王春日　鮑泉

新鶯始新歸新蝶復新飛新花滿新樹新月麗新輝
新光新氣早新望新盈抱新水新綠浮新禽新聽好
新景自新還新葉復新攀新枝雖可結新愁詎解顏
新思獨氛氳新知不可聞新扇如新月新蓋學新雲
新落連珠淚新點石榴裙

春日二首　聞人蒨

愁人試出牖春色定無窮參差依網日澹蕩入簾風
落花還繞樹輕飛去隱空徒令玉筯泣雙垂明鏡中
高臺動春色清池照日華綠葵向光轉翠柳逐風斜
林有驚心鳥園多奪目花相與咸知節歎子獨離家
人行今不返何勞空折麻

奉和世子春情　甄固

昨晚褰簾望初逢雙燕歸今朝見桃李不啻數花飛
含愁春欲度無復寄芳菲

春情　陳徐陵

風光今旦動雪色故年殘薄夜迎新節當爐却晚寒
奇香分細霧石炭擣輕紈竹葉裁衣帶梅花奠酒盤
年芳袖裏出春色黛中安欲知迷下蔡先將過上蘭

春日　前人

岸烟起暮色岸水帶斜暉逕狹橫枝度簾搖驚燕飛
落花承步履流澗寫行衣何殊九枝蓋薄暮洞庭歸

春日　江總

水苔宜溜色山櫻助落暉浴鳥沈還戲飄花度不歸

陽春歌　顧野王

春草正芳菲重樓啓曙扉銀鞍俠客至柘彈宛童歸
池前竹葉滿井上桃花飛薊門寒未歇爲斷流黃機

春日臨池　北魏溫子昇

光風動春樹丹霞起暮陰嵯峨映連璧飄颻下散金
徒自臨濠渚空復撫鳴琴莫知流水曲誰辯遊魚心

春詞　王德

春花綺繡色春鳥絃歌聲春風復蕩漾春女亦多情
愛將鶯作友憐傍錦爲屏回頭語夫壻莫負豔陽征

春庭晚望　北齊蕭慤

春庭聊縱望樓臺自相隱窗梅落晚花池竹開初筍
泉鳴知水急雲來覺山近不愁花不飛到畏花飛盡

春望　北周宗懍

日暮春臺望徙倚愛餘光都尉新移棗司空始種楊
一枝猶桂馥十步有蘭香望望無萱草忘憂竟不忘

奉和趙王西京路春日　庾信

直城龍首抗橫橋天漢分風烏疑近日露掌定高雲
新渠還入渭舊鼎更開汾漢徽熊攀檻秦田雉失羣
宜年動春律御宿斂寒氛弄玉迎簫史東方覓細君
楊柳成歌曲蒲桃學繡文鳥鳴還獨解花開先自薰
誰知灞陵下猶有故將軍

見遊春人　前人

長安有狹斜金穴盛豪華連杯勸上馬亂果擲行車
深紅蓮子豔細錦鳳凰花那能學噀酒無處似欒巴

春望　前人

春望上春臺春窗四面開落花何假拂風吹會併來

四時白紵歌東宮春　隋煬帝

洛陽城邊朝日暉天淵池前春燕歸含露桃花開未
飛臨風楊柳自依依小苑花紅洛水綠清歌宛轉繁
絃促長袖逶迤動珠玉千年萬歲陽春曲

陽春歌　柳䛒

春鳥一囀有千聲春花一叢千種名旅人無語坐簷
楹思鄉懷土志難平唯當文共酒暫與興相迎

棗下何纂纂二首　王胄

柳黃知節變草綠識春歸複道含雲影重簷照日暉
御柳長條翠宮槐細葉開還得聞春曲便逐鳥聲來

春日登陝州城樓俯眺原野迴丹碧綴煙霞密
翠斑紅芳菲花柳即目川岫聊以命篇　唐太宗

碧原開霧隰綺嶺峻霞城煙峰高下翠日浪淺深明
斑紅糚蘂樹圓青壓溜荆迹巖勞傅想窺野訪莘情
巨川何以濟舟楫佇時英

春日出苑遊矚太子時作　明皇

三陽麗景早芳辰四序佳園物候新梅花百樹障去
路垂柳千條暗回津鳥飛直爲驚風葉魚沒都由怯
岸人惟願聖主南山壽何愁不賞萬年春

奉和聖製春日望海　楊師道

春山臨渤海征旅輟晨裝回瞰盧龍塞斜瞻肅慎鄉

洪波廻地軸孤嶼映雲光落日驚濤上浮天駭浪長
仙臺隱螭駕水府汎黿梁碣石朝煙滅之罘歸鴈翔
北巡非漢后東幸異秦皇搴旗一作旌羽林客跋距少
年場龍一作電擊驅遼水鵬飛出帶方將舉青丘繳安
訪白霓裳

春朝閒步　前人

休沐乘閒豫清晨步北林池塘藉芳草蘭芷襲幽衿
霧中分曉日花裏弄春禽野逕香恆滿山階筍屢侵
何須命輕蓋桃李自成陰

嘗春酒　王績

野觴浮鄭酌山酒漉陶巾但令千日醉何惜兩三春

于時春也慨然有江湖之思寄贈柳九隴　盧照鄰

提琴一萬里負書三十年晨攀偃蹇樹暮宿清泠泉
翔禽鳴我側旅獸過我前無人且無事獨酌還獨眠
遙聞彭澤宰高弄武城弦形骸寄文墨意氣託神仙
我有壺中要題爲物外篇將以貽好道道遠莫致旃
相思勞日夜相望阻風煙坐惜春華晚徒令客思懸
水去東南地氣凝西北天關山悲蜀道花鳥憶秦川
天子何時問公卿本亦一作不憐自哀還自樂歸藪復
歸田海屋銀爲棟雲車電作鞭倘遇鸞將鶴誰論貂
與蟬萊洲頻度淺桃實幾成圓寄言飛鳧舄歲宴同
聯翩

奉和春日池臺　元萬頃

日影飛花殿風文積翠池鳳樓通夜敞虬輦望春移

奉和春日二首　前人

花輕藥亂仙人杏葉密鶯喧帝女桑飛雲閣上春應
至明月樓中夜未央
鳳輦迎風乘紫閣鸞車避日轉彤闈中堂促管淹春
望後殿清歌開夜扉

奉和春日幸望春宮　崔日用

東郊芳物正葳蕤素滻鳧鷖戲綠汀鳳閣斜通平樂
觀龍旂直遍望春亭光風搖動蘭英紫淑氣依遲柳
色青渭浦明晨修禊事羣公傾賀水心銘

春日宴宋主簿山亭得寒字　宋之問

公子正邀歡林亭春未闌攀巖踐苔易迷路出花難
窻覆垂楊煖堦侵瀑水寒帝城歸路直留與接鵷鸞

春日芙蓉園侍宴應制　前人

年光竹裏遍春光杏間遙煙氣籠青閣流文蕩畫橋
飛花隨蝶舞豔曲伴鶯嬌今日陪歡豫還疑陟紫霄

奉和春日幸望春宮　崔湜

澹蕩春光滿曉空逍遙御輦入離宮山河眺望雲天
外臺榭參差煙霧中庭際花飛錦繡合枝間鳥轉一作
語管絃同即此歡娛齊鎬宴唯應率舞一作土樂薰風

登城春望　王勃

物外山川近晴初景靄新芳郊花柳遍何處不宜春

春日遊苑喜雨應詔　李嶠

園樓春正歸入苑弄芳菲密雨迎仙步低雲拂御衣
危花霑易落度鳥濕難飛膏澤登千庾歡情徧九闈

春日洛陽城侍宴　姚崇

南山開寶曆北渚對芳蹊的歷風梅度參差露草低
堯樽臨上席舜樂下前溪任重由來醉乘酣志轉迷

春日京中有懷　杜審言

今年遊寓獨遊秦愁思看春不當春上林苑裏花徒
發細柳營前葉漫新公子南橋應盡興將軍西第幾
留賓寄語長安風日道明年春色倍還人

奉和春日幸望春宮　閻朝隱

句芒人面兩乘龍道是春神衞九重綵勝年年逢七
日酴醾歲歲滿千鍾宮梅間雪祥光遍城柳含煙御
氣濃醉到君前情未盡願因歌舞自爲容

奉和聖製春日幸望春宮應制　韋元旦

九重樓閣半山霞四望韶陽春未賒侍蹕妍歌臨灞
涘留觴豔舞出京華危竿競捧中街日戲馬爭銜上
苑花景色歡娛長若此承恩不醉不還家

奉和春日幸望春宮　李適

玉輦金輿天上來花園四望錦屛開輕絲半拂朱門
柳細纈全披畫閣梅蝶舞飛行飄御席鶯歌度曲繞
仙杯聖詞今日光輝滿漢主秋風莫道才

奉和春日幸望春宮應制　蘇頲

東望望春春可憐更逢晴日柳含煙宮中下見南山
盡城上平臨北斗懸細草偏承回輦處輕花微落奉
觴前宸遊對此歡無極鳥哢聲聲入管絃

奉和春日遊龍門應制　武三思

鳳駕臨香地龍輿上翠微星宮含雨氣月殿抱春輝
碧澗長虹下雕梁早燕歸雲疑浮寶蓋石似拂天衣
露草侵堦長風花遶席飛日斜宸賞洽清吹入重闈

奉和春日出苑矚目應令　張說

禁林艷裔發青陽春望逍遙出畫堂雨洗亭皐千畝
綠風吹梅李一園香鶴飛不出隨青管魚躍翻來入
綵航睿賞歡承天保定遊文更覩日重光

奉和春日幸望春宮應制　岑羲

和風助律應部年清蹕乘高入望仙花笑鶯歌迎帝聲雲披日霽俯皇川南山近壓仙樓上北斗平臨御扆前一奉恩榮同鎬宴空知率舞聽薰絃

春日登樓野望　薛稷

憑軒聊一望春色幾芳菲野外煙初合樓前花正飛嬌鸎弄新響斜日散餘輝誰忍孤遊客言念獨依依

奉和聖製春日幸望春宮應制　馬懷素

綵仗瑤輿俯碧潯行春御氣發皇心搖風細柳縈馳道映日輕花出禁林遍野園亭開帟幕連堤草樹狎衣簪謬㕘西掖沾堯酒願沐南薰解舜琴

奉和春日幸望春宮應制　沈佺期

芳郊綠野散春晴複道離宮煙霧生楊柳千條花欲綻蒲萄百丈蔓初縈林香酒氣元相入鳥囀歌聲各自成定是風光牽宿醉來晨復得幸昆明

奉和春日幸望春宮　鄭愔

晨蹕凌高轉翠旌春樓望遠背朱城忽排花上遊天苑却坐雲邊看帝京百草香心初胃蝶千林嫩葉始藏鶯幸同葵藿傾陽早願比盤根應候榮

奉和聖製從蓬萊向興慶閣道中畱春雨中春望之作　李憕

別館春還淑氣催三宮路轉鳳凰臺雲飛北闕輕陰散雨歇南山積翠來御柳遙隨天仗發林花不待曉風開已知聖澤深無限更喜年芳入睿才

奉和聖製從蓬萊向興慶閣道中留春雨中春望之作　王維

渭水自縈秦塞曲黃山舊遶漢宮斜鑾輿迥出千門柳閣道迴看上苑花雲裏帝城雙鳳闕雨中春樹萬人家爲乘陽氣行時令不是宸遊玩物華

春日與裴迪過新昌里訪呂逸人不遇　前人

桃源一向絕風塵柳市南頭訪隱淪到門不敢題凡鳥看竹何須問主人城上青山如屋裏東家流水入西鄰閉戶著書多歲月種松皆作老龍鱗

春宮曲　王昌齡

昨夜風開露井桃未央前殿月輪高平陽歌舞新承寵簾外春寒賜錦袍

西宮春怨　前人

西宮夜靜百花香欲捲珠簾春恨長斜抱雲和深見月朦朧樹色隱昭陽

春女怨　蔣維翰

白玉堂前一樹梅今朝忽見數枝開兒家門戶尋常閉春色因何入得來

春行寄興　李華

宜陽城下草萋萋澗水東流復向西芳樹無人花自落春山一路鳥空啼

春日歸思　王翰

楊柳青青杏發花年光誤客轉思家不知湖上菱歌女幾個春舟在若耶

春曉　孟浩然

春眠不覺曉處處聞啼鳥夜來風雨聲花落知多少

春思　李白

燕草如碧絲秦桑低綠枝當君懷歸日是妾斷腸時春風不相識何事入羅幃

寓言　前人

長安春色歸先入青門道綠楊不自持從風欲傾倒海燕還秦宮雙飛入簾櫳相思不相見托夢遼城東

落日憶山中　前人

雨後煙景綠晴天散餘霞東風隨春歸發我枝上花花落時欲暮見此令人嗟願遊名山去學道飛丹砂

田家春望　高適

出門無所見春色滿平蕪可歎無知己高陽一酒徒

春宿左省　杜甫

花隱掖垣暮啾啾棲鳥過星臨萬戶動月傍九霄多不寢聽金鑰因風想玉珂明朝有封事數問夜如何

絕句二首　前人

遲日江山麗春風花草香泥融飛燕子沙暖睡鴛鴦

江碧鳥逾白山青花欲然今春看又過何日是歸年

春夜喜雨　前人

好雨知時節當春乃發生隨風潛入夜潤物細無聲野徑雲俱黑江船火獨明曉看紅濕處花重錦官城

春思二首　賈至

草色青青柳色黃桃花歷亂李花香東風不爲吹愁去春日偏能惹恨長

紅粉當壚弱柳垂金花臘酒解酴醾笙歌日暮能畱客醉殺長安輕薄兒

春谷幽居　錢起

黃鳥鳴園柳新陽改舊陰春來此幽興宛是謝公心掃徑蘭芽出添池山影深虛名隨振鷺安得久棲林

南溪新耕　前人

荷蓑趨南徑戴勝鳴條枚溪南有餘潤土膏寧厭開溝塍落花盡耒耜度雲迴誰道耦耕倦仍兼勝賞催

日長農有暇悔不帶經來

春日宴張舍人宅　郎士元

懶尋芳草徑來接侍臣筵山色知殘雨牆陰欲暮天
鶯歸漢宮柳花隱杜陵煙地與東鄰接春光醉目前

春宴王補闕城東別業　前人

柳陌乍隨洲勢轉花源忽傍竹陰開能將瀑水清人
境直取流鶯送酒杯山下古松當綺席簷前片雨滴
春苔地主同聲復同舍留歡不畏夕陽催

春日閒居二首　秦系

一似桃源隱將令過客迷礙冠門柳長驚夢院鶯啼
澆藥泉流細圍碁日影低舉家無外事共愛草萋萋
長謠朝復暝幽獨幾人知老鶴兼雛弄叢篁帶笋移
白雲將袖拂青鏡出簷窺邀取漁家叟花間把酒巵

同李端春望　耿湋

二毛羈旅尚迷津萬井鶯花雨後春宮闕參差當晚
日山河迤邐靜纖塵和風醉裏承恩客芳草歸時失
意人南北東西各自去年年依舊物華新

春日早朝應制　賈叔向

紫殿俯千官春松應合歡御爐香焰煖馳道玉聲寒
乳燕翻珠綴祥烏集露盤宮花一萬樹不敢舉頭看

長安春望　盧綸

東風吹雨過青山却望千門草色閑家在夢中何日
到春來江上幾人還川原繚繞浮雲外宮闕參差落
照間誰念爲儒逢世難獨將衰鬢客秦關

曲江春望　前人

菖蒲翻葉柳交枝暗上蓮舟鳥不知更到蘆花最深
處玉樓金殿影參差

春日有懷　前人

桃李風多日欲陰伯勞飛處落花深貧居靜久難逢
信知隔春山不可尋

詶金部王郎中省中春日見寄　前人

南宮樹木曉森森雖有春光未有陰鶴侶正疑芳景
引玉人那爲簿書沈山含瑞氣偏當日鶯逐輕風不
在林更有阮郎迷路處萬株紅樹一溪深

春日題杜叟山下別業　前人

白鳥羣飛山半晴渚田相接有泉聲園中曉露青叢
合橋上春風綠野明雲影斷來峯影出林花落盡草
花生今朝醉舞同君樂始信幽人不愛榮

春霽花萼樓南聞宮鶯　楊凌

祥煙瑞氣曉來輕柳變花開共作晴黃鳥遠啼鳷鵲
觀春風流出鳳皇城

春日偶作　武元衡

飛花寂寂燕雙雙南客衡門對楚江惆悵管絃何處
發春風吹到讀書窗

春興　前人

楊柳陰陰細雨晴殘花落盡見流鶯春風一夜吹鄉
夢夢逐春風到洛城

長安春遊　楊巨源

鳳城春報曲江頭上客年年是勝遊日暖雲山當廣
陌天清絲管在高樓蘢蔥樹色分仙閣縹緲花香汎
御溝桂壁朱門新邸第漢家恩澤問酇侯

遊春詞　令狐楚

閶闔春風起蓬萊雪水消相將折楊柳爭取最長條

遊春詞二首　王涯

曲江綠柳變煙條寒谷冰隨暖氣銷纔見春光生綺
陌已聞清樂動雲韶
經過柳陌與桃谿尋逐春光著處迷鳥度時時衝柳
絮花繁衮衮壓枝低

春日退朝　劉禹錫

紫陌夜來雨南山朝下看戟枝迎日動閣影助松寒
瑞氣卷綃縠遊光浮波瀾御溝新柳色處處拂歸鞍

春遊曲三首　張仲素

煙柳飛輕絮風榆落小錢濛濛百花裏羅綺競鞦韆
騁望登香閣爭高下砌臺林間踏青去席上寄牋來
行樂三春節林花百和香當年重意氣先占鬬雞場

春臺晴望　李程

曲臺送春目景物麗新晴靄靄煙收翠忻忻木向榮
靜看遲日上閒愛野雲平風慢遊絲轉天開遠水明
登高塵慮息觀徼道心清更有遷喬意翩翩出谷鶯

春臺晴望　高弁

層臺聊一望遍賞帝城春風暖聞啼鳥冰開見躍鱗
晴山煙外翠香藥日邊新已變青門柳初銷紫陌塵
金湯千里國車騎萬方人此處雲霄近憑高願致身

春從何處來　白行簡

欲識春生處先從木德來入門潛報柳度嶺暗驚梅
透雪寒光散消冰水鏡開曉迎郊騎發夜逐斗杓迴
淑氣空中變新聲雨後催偏宜賚律呂應是候陽臺

春色滿皇州　沈亞之

何處春歸好偏宜在雍州花明夾城道柳暗曲江頭
風輭遊絲重光融瑞氣浮鬬雞憐短草乳燕傍高樓
繡轂盈香陌新泉溢御溝行看日欲暮迴騎似川流

南樓春望　許渾

南樓春一望雲水共昏昏野店歸山路危橋帶郭邨晴煙和草色夜雨長谿痕下岸誰家住殘陽半掩門

日日　李商隱

日日春光鬬日光山城斜路杏花香幾時心緒渾無事得及遊絲百尺長

陽春曲　溫庭筠

雲母空窻曉煙薄香昏龍氣凝暉閣霏霏霧雨杏花天簾外春威著羅幕曲欄伏檻金麒麟沙苑芳郊連翠茵廐馬何能齧芳草路人不敢隨流塵

旅遊傷春　李昌符

酒醒鄉關遠迢迢聽漏聲曙分林影外春盡雨聲中鳥倦江邨路花殘野岸風十年成底事羸馬厭西東

春日山莊　韋莊

初歲開韶月田家喜載陽晚晴搖水態遲景蕩山光浦淨漁舟遠花飛樵路香自然成野趣都使俗情忘

武德殿退朝望九衢春色　曹松

玉殿朝初退天街一看春南山初過雨北闕淨無塵夾道天桃滿連溝御柳新蘇舒同舜澤煕煦竝堯仁佳氣浮軒蓋和風襲搢紳自茲憐萬物同入發生辰

春晴　任翻

楚國多春雨柴門喜晚晴幽人臨水坐好鳥隔花鳴野色臨空闊江流接海平門前到溪路今夜月分明

宮詞　花蕊夫人徐氏

春風一面曉粧成偷折花枝傍水行却被內監遙覷見故將紅豆打黃鶯

春居雜興　宋王禹偁

兩株桃杏映籬斜粧點商山副使家何事春風容不得和鶯吹折數枝花

和元輿遊春次用其韻　梅堯臣

乘閒多遠興信馬與君行碧樹斜通市清流曲抱城山花高下色春鳥短長聲日暮吾廬近還歌空復情

春日　蘇軾

鳴鳩乳燕寂無聲日射西窻潑眼明午醉醒來無一事只將春睡賞春晴

春夜　前人

春宵一刻值千金花有清香月有陰歌管樓臺聲細細鞦韆院落夜沉沉

春日　晁冲之

陰陰溪曲綠交加小雨翻萍上淺沙鵝鴨不知春去盡爭隨流水趁桃花

春詞　李綱

朝來急雨作輕寒只恐梨花落點殘喚起小童窻外看玉妃何事淚闌干

春日與卓民表陳國器步出北郊　朱松

灼灼桃吐華濯濯柳垂縷芳菲挽人出春力乃如許嗟予閉門客佳節過不數不因可人呼那得幽步舉客如山陰勝詩作斜川語誰言一尊酒妙處合千古歸來讀殘書耿耿霜月苦空餘流落心三歎作吾土

春日　崔鶠

落日不可盡丹林紫谷開明明遠色裏歷歷暝鴉回

春事　孫覿

茅棟依林出松扉傍水斜浮蒼圍百疊亂綠翳三叉屋破蝸書壁庭蕪鶴印沙小松供一笑已著兩三花

春日　楊時

春深不見栗畱聲百舌時聞自在鳴獨坐移牀臥深屋細看新燕巧經營

一番微雨一番晴淡淡春容照眼明庭外幽花自開落可憐蜂蝶漫多情

雨餘殘日照聰明風弄行雲點點輕獨荷春風人閴寂時聞蛛網掛蟲聲

春晴野步　曹勛

春風搖天宇散策喜徐步樂與二三子綠草池塘路鳩鳴桑柘春川闊牛羊暮眷言益妍煖更約窮逸趣

春江行　前人

浦嶼連芳草夭桃間柳堤征鴻下天際游女過前溪魚沒驚帆影林疎聞鳥啼王孫聯繡騎童子解香觿吳姬笑畱飲同指畫橋西

春閨怨　前人

著意繡鴛鴦雙雙戲小塘繡罷無心看楊花滿繡牀

春日借兄弟侍屏翁遊晉原分得外字因集句而成　戴昺

春雨晴亦佳適與賞心會初日照高林幽泥化輕壒步屧隨春風始覺天宇大牽懷到空山逍遙白雲外青松夾路生童童狀車蓋清川帶華薄陰壑生虛籟性達形跡忘傲然脫官帶薄暮方來歸月老龍青靄

春日雜興　方岳

高下雲蕪野老家縱橫水漱竹籬斜勒將春去許多雨流出山來都是花白首風煙三徑草清時鼓吹一池蛙身閒不耐閒雙手洗甌炊香夜作茶

南岡北嶺對窻扉看盡朝嵐與夕霏社後未曾聞燕

語雨中譁不惜花飛山醅約莫茂時熟沙爭輪囷一尺園莫怨風光損桃李荼蘼芍藥又芳菲

綠陰芳樹鳥啼春與客相攜發興新半落杏花初過雨微酸梅子已生仁每尋詩去必遲坐穩跨牛歸不問津筋力尚堪蓑笠在莫欺老子髮如銀

次韻安止春詞　郭祥正

尋春行過古城東春氣先從海角通池草怯霜拳嫩綠山桃迎日展新紅

一聽春聲只自悲山山相應鷓鴣啼却看花島尋花處水上紅雲數片低

數行徙倚迎風柳茂樹參差照水花最惜去年梁上燕會隨春色到貧家

春行　眞桂芳

短帽輕衫步屧遲微暄天氣乍晴時池融嫩碧消殘凍春剪新紅綴舊枝嵐翠滴衣堪入畫禽聲到耳足供詩東風苦欲招人醉頻掉橋西賣酒旗

春遊和胡叔芳韻　前人

春光潑眼明占勝得新亭棠醉風扶起柳眠鶯喚醒非無杯泛綠安得鬢皆青且事日爲樂歌聲莫暫停

貧女吟春　文天祥

柴門寒自閉不識賞花心春筍翠如玉爲人拈繡針

行春辭　葛長庚

終日尋春入醉鄉不知何處見春光風條舞綠水楊柳雨點飛紅山海棠

綠楊無力暖相依不管黃鶯訴落暉木被魚吹成雨點花爲蝶擾逐風飛

寶馬香車正踏青豈知已自過清明燕雛告訴花都落鳩婦丁寧雨速晴

梁園春　金元好問

睖入金溝細浪添津橋楊柳綠纖纖賣花聲動天街遠幾處春風揭繡簾

上苑春濃晝景閒綠雲紅雪擁三山宮牆不隔東風斷偷送天香到世間

樓觀沈沈細雨中出牆花木亂青紅朱門不解藏春色燕宿鶯啼處處通

春日卽事　元馬祖常

梨花白罷海棠紅誰爲韶光次第工小閣卷簾春事晚苧看蝴蝶過庭東

春日偶成　薩都刺

踏馬歸來過早春空堦已見草如茵東風吹綠青谿柳馬上輕寒不著人

春日　陳樵

細雨花陰重輕煙草色勻鸞禽長避客嬌燕却依人絃管紅樓酒踁蹄紫陌塵東風競遊賞因想杏園春

春遊晚歸　葉顒

小雨雜煙霏晴光弄夕暉蕩紅侵酒斝空翠潤琴徽風襲吟翁帽雲香野客衣殷勤花徑月寒影照人歸

桃園春曉　明仁宗

曙光猶未分芳園露華泫碧桃千萬樹鮮妍如錦絢隔林鶯語滑兩兩間關囀掖垣將啓扉漏箭傳聲遠花底候宮車更覺東風輭

陽春曲　同前

遲遲麗日照春空陣陣芳塵花信風依依弱柳含嬌翠爛爛夭桃埋淺紅黃鶯飛上花間語似勸遊人邀酒侶醉燒銀燭作夜遊瞬息桃花落紅雨

上林春色　宣宗

山際雲開曉色林間鳥弄春音物意皆含春意天心允合吾心

春詞　秦簡王成泳

海棠枝上鵲聲乾羅幕重重護曉寒初日半林珠露重臙紅無數倚闌干

春日白門寫懷用高季迪韻五首　楊基

得歸雖喜未忘悲夢裏愁驚在別離尚短柳如新折後已殘梅似半開時江雷殷夜蟲蛇早山雨祟朝蛺蝶遲製取烏紗籠白髮免教春色笑人衰

柴門斜對曲江頭農具漁罾晚自收細雨短蓑寒似臘淡煙新柳暝如秋鷗能來往緣曾識鶯或丁寧解說愁回首故交零落盡更將詩酒與誰遊

綠髮無多白髮長謫居還復是他鄉風紉晚佩猗蘭弱雨滴春蔬早韭香碧柳五株千本菊黃牛十角一羣羊得閒隨地爲農好不獨長安與洛陽

遠歸偏惜竄餘身多難翻爲異姓親前度劉郎非故物當時燕子總西鄰家貧母老難爲客酒薄愁深不醉人走向津頭看春色綠波芳草却傷神

綠蕪迷渚水漫沙斷岸無舟路轉賖細柳已黃千縷小桃初白兩三花煙中晚棹兼鷗遠雨裏春旗趁屋斜野趣莫嫌渾寂寞近來沙觜有人家

浦口逢春憶禁苑舊遊　前人

春冰消盡草生齊細雨香融紫陌泥花裏小樓雙燕入柳邊深巷一鶯啼坐臨南浦彈流水步逐東風唱大堤還憶當年看花伴錦衣驄馬玉門西

擬唐長安春望　黃閏

南山晴望鬱嵯峨上路春香御輦過天近帝城雙闕迥日臨仙仗五雲多鶯聲盡入新豐樹柳色遥分大液波漢主離宮三十六樓臺處處起笙歌

春興六首　李東陽

柳絲花片滿芳洲長爲溪山感舊遊急雨過窻醒短夢驚風入樹攪離愁歸帆欲掛三江水病脚難登百尺樓老去不知春興減向來一月罷梳頭

高歌會扣隔江船楚泛吳遊興渺然山寺夜鐘眠裏月洞庭春水坐中天翠籠鸚鵡空愁思碧海鯨魚幾歲年一語故人三歎息始知清廟有朱絃

六年書詔掌泥封紫閣春深近九重堦日暖思吟芍藥水風香憶種芙蓉登臺未買千金駿補袞難成五色龍身病益愁愁轉病老來歸思十分濃

帝城芳意入春濃快馬輕車處處逢宮樹巧藏鶯百囀苑雲深護月千重愁來擬斷杯中物病起還支石上筇得似玉堂風月地少時遊賞幾從容

甕山西望接平坡匹馬雙童幾度過十載衣冠朋舊少五更風雨夢魂多湖邊漁榜鷗鳥樹裏僧房隱薜蘿飛盡桃花還燕子一年春事竟如何

小疊峰巒淺作池幽堂長是見春遲風傳翠篠聲先到雨換青松葉未知江上帆檣經幾駐城南第宅已三移君恩若放山林去始是雲霄得意時

和徐德彰春日雜詠八首　陳完

暖色晴光處處迷畫橋楊柳路東西千村紅亂桃花雨一夜香生燕子泥鶯舌語雙諧作瑟草根枯半踏虎蹊最難留得芳時在怪殺枝頭杜宇啼

花搖銀壁影幢幢香靄空濛撲瑣窻留客小鶯偏恰恰可人飛蝶故雙雙好山罨畫連平野新水挼藍正滿江紅粉蹋歌溪上女彩雲隨處度新腔

三竿紅日曉輝輝流水平蕪燕子飛芳徑露香花錦碎深山雲暖蕨芽肥烏紗別製籠頭帽白苧新裁稱體衣社鼓鼕鼕桑柘外野翁扶醉蹋歌歸

蹀躞青驄款款騎淺村深巷柳如絲土牆茅草低低屋竹徑柴門短短籬細雨一簾飛燕子香風十里醉花枝館娃溪上春如海時有人歌白紵詞

鷗波十里帶平沙茆屋人家柳半遮柔櫓嘔啞移畫舫輕雷轣轆走香車泉如燕尾清流拆草似裙腰白路斜何處玉鞭都化蝶夜來飛上一林花

十里香塵暖霧消綠煙芳草去迢迢春風春雨花連巷溪北溪南柳映橋遊女踏青羅襪小粉郎沉醉玉驄驕謝家庭院鞦韆下會有何人拾翠翹

勝賣東風富貴春青衣催坐疊花茵鶯欺皓齒清歌妓柳妒纖腰學舞人猩色屏風圍孔雀麝香衾被壓麒麟任教日日如泥醉不負韶華一度新

繡戶凝香瑞靄浮日催紅影上簾鉤鶯捎飛蝶穿花去水學驚蛇抱石流綠酒金尊邀醉飲朱絃銀甲按歌謳若教買得春常在不用良宵秉燭遊

春　康海

柳浪青如麥浪梨花白似梅花不寒不暖天氣半幽半隱人家

春日齋居漫興二首　文徵明

西齋酒醒篆煙殘手汲新泉破月團芳草池塘春入夢綠陰簾幕晝生寒由來中散裁書嬾老去淵明束帶難却笑閒緣除未得每從人覓異書看

深巷無人晝掩扉新晴庭院綠陰肥柳風吹絮河豚上花雨沾泥海燕飛殘睡未能消卯酒乍晴聊得試羅衣春光綠遍江南草多少王孫怨不歸

陽春詞　王寵

春到江南春可憐東郊西郭得春先初飛蛺蝶猶疑夢怨見梅花各問年鸚鵡洲邊芳草積鳳凰樓下百花然王孫拾翠爭相問美女尋春總獻妍千金買得飛龍馬八寶裝成輭玉鞭啼鳥亂舉還自對游絲爭繞暗相牽勾吳樓閣如天上別有紅妝笑相向雲屏珠箔正昭回錦樹瓊花次第開傾國能誇神女賦凌雲還有茂陵才欲移角枕鮫綃帳先掛冠纓翡翠釵春色年年歸有期勸君須惜少年時春去春來人不見花開花落日相思昨日朱顏渾似玉今朝白髮已如絲年年暗受傷春病不與楊花燕子知

春夜　李開先

寶鴨香初泛銅龍點漸加睡輕聞雨竹情重惜風花無語梁間燕未啼城上鴉春宵太寂寞欹枕待朝霞

春日雪宴　前人

雪宴聚名姬旋教春雪詞歌喉雜鳥弄舞態蕩蛛絲業歌呵纖指軒明映玉肌煙花聊寄興良友莫相疑

吳門春遊曲二首　居節

濠上花深翡翠樓樓前白月湧江流香風兩岸笙歌合夜夜燒燈照客舟

春江花月滿春煙夜夜琵琶宿畫船城上烏啼霜又落紫檀槽暖不成眠

春宮曲　王樂善

楊花鳳散滿池塘倚檻看來暗自傷紅粉爭如風裏絮化萍猶得傍鴛鴦

春怨　謝肇淛

長信多春草愁中次第生君王行不到漸與玉階平

欽定古今圖書集成曆象彙編歲功典

第十三卷目錄

春部藝文三詞

慶清朝慢　明文徵明
滿庭芳 春日遊支硎天池諸山　吳子孝
喜遷鶯　前人
何滿子　楊慎
浣溪沙 春閨　王世貞
春部選句

歲功典第十三卷

春部藝文三 詞

菩薩蠻　唐溫庭筠

寶函鈿雀金鸂鶒沈香閣上吳山碧楊柳又如絲驛橋春雨時　畫樓音信斷芳草江南岸鸞鏡與花枝此情誰得知

定西番　前人

海燕欲飛調羽萱草綠杏花紅隔簾櫳　雙鬢翠霞金縷一枝春豔濃樓上月明三五瑣窗中

謁金門　韋莊

春雨足染就一溪新綠柳外飛來雙羽玉弄晴相對浴　樓外翠簾高軸倚遍闌干幾曲雲淡水平煙樹簇寸心千里目

春光好　和凝

蘋葉軟杏花明畫船輕雙浴鴛鴦出綠汀棹歌聲春水無風無浪春天半雨半晴紅粉相隨南浦晚幾含情

阮郎歸　南唐李後主

東風吹水日銜山春來長是閒落花狼籍酒闌珊笙歌醉夢間　春睡覺晚妝殘憑誰整翠鬟留連光景惜朱顏黃昏獨倚闌

清平樂　馮延巳

雨晴煙晚綠水新池滿雙燕飛來垂柳院小閣畫簾高卷　黃昏獨倚朱闌西南新月眉彎砌下落花風起羅衣特地春寒

蝶戀花　前人

誰道閒情拋棄久每到春來惆悵還依舊日日花前常病酒不辭鏡裏朱顏瘦　河畔青蕪堤上柳為問新愁何事年年有獨立小橋風滿袖平林新月人歸後

前調　前人

六曲闌干偎碧樹楊柳風輕展盡黃金縷誰把鈿箏移玉柱穿簾燕子雙飛去　滿眼遊絲兼落絮紅杏開時一霎清明雨濃睡覺來鶯亂語驚殘好夢無尋處

菩薩蠻　前人

嬌鬟堆枕釵橫鳳溶溶春水楊花夢紅燭淚闌干翠屏煙浪寒　錦壺催畫箭玉佩天涯遠和淚試嚴妝落梅飛夜霜

菩薩蠻　前蜀牛嶠

舞裙香暖金泥鳳畫梁語燕驚殘夢門外柳花飛玉郎猶未歸　愁勻紅粉淚眉剪春山翠何處是遼陽錦屏春晝長

前調　前人

風簾燕舞鶯啼柳妝臺約鬢低纖手釵重髻盤珊一枝紅牡丹　門前行樂客白馬嘶春色故故墜金鞭回頭應眼穿

玉樓春 春睡　後蜀歐陽炯

日照玉樓花似錦樓上醉和春色寢綠楊風送小鶯聲殘夢不成離玉枕　堪愛晚來韶景甚寶柱秦箏方再品青娥紅臉笑來迎又向海棠花下飲

清平樂　前人

春來街砌春雨如絲細春地滿飄紅杏蒂春燕舞隨風勢　春幡細縷春繒春閨一點春燈自是春心撩亂非關春夢無憑

阮郎歸　前人

南園春半踏青時風和聞馬嘶青梅如豆柳如絲日長蝴蝶飛　花露重草煙低人家簾幕垂秋千慵困解羅衣畫堂雙燕歸

玉樓春 春恨　宋錢惟演

城上風光鶯語亂城下煙波春拍岸綠楊芳草幾時休淚眼愁腸先已斷　情懷漸覺成衰晚鸞鏡朱顏驚暗換昔年多病厭芳樽今日芳樽惟恐淺

踏莎行　晏殊

小徑紅稀芳郊綠遍高臺樹色陰陰見春風不解禁楊花濛濛亂撲行人面　翠葉藏鶯朱簾隔燕爐香靜逐遊絲轉一場愁夢酒醒時斜陽却照深深院

破陣子　前人

燕子來時新社梨花落後清明池上碧苔三四點葉底黃鸝一兩聲日長飛絮輕　巧笑東鄰女伴采桑徑裏逢迎疑怪昨宵春夢好元是今朝鬬草贏笑從雙臉生

玉樓春　前人

綠楊芳草長亭路年少抛人容易去樓頭殘夢五更鐘花外離愁三月雨　無情不似多情苦一寸還成千萬縷天涯地角有窮時只有相思無盡處

玉樓春　賈昌朝

都城水綠嬉遊處仙棹往來人笑語紅隨遠浪泛桃花雪散平堤飛柳絮　東君欲共春歸去一陣狂風和驟雨碧油紅旆錦障泥斜日畫橋芳草路

錦纏道 春景　宋祁

燕子呢喃景色乍長春晝覩園林萬花如繡海棠經雨胭脂透柳展宮眉翠拂行人首　向郊原踏青恣歌攜手醉醺醺尚尋芳問酒牧童遙指孤村道杏花深處那裏人家有

玉樓春　前人

東城漸覺風光好縠皺波紋迎客棹綠楊煙外曉寒輕紅杏枝頭春意鬧　浮生常恨歡娛少肯愛千金輕一笑爲君持酒勸斜陽且向花間留晚照

玉漏遲　前人

杏香消散盡須知自昔都門春早燕子來時繡陌亂鋪芳草蕙圃夭桃過雨弄笑臉紅篩碧沼深院悄綠楊巷陌鶯聲爭巧　早是賦得多情更遇酒臨花鎮辜歡笑數曲闌干故國謾勞凝眺漢外微雲盡處亂峯鎖一竿殘照問埧阡東風淚零多少

浣溪沙　歐陽修

湖上朱橋響畫輪溶溶春水浸春雲碧琉璃滑淨無塵　當路遊絲縈醉客隔花啼鳥喚行人日斜歸去奈何春

漁家傲　王安石

平岸小橋千嶂抱柔藍一水縈花草茅屋數間窻窈窕塵不到時時自有春風掃　午枕覺來聞語鳥攲眠似聽朝雞早忽憶故人今總老貪夢好茫茫忘了邯鄲道

浣溪沙　張先

水滿池塘花滿枝亂香深處語黃鸝東風輕軟弄簾幃　日正長時春夢短燕交飛處柳煙低玉窻紅子鬬棋時

謝池春慢 春興　前人

繚牆重院時聞有啼鶯到繡被掩餘寒畫幕明新曉朱檻連空闊飛絮無多少徑沙平池水渺日長風靜花影閒相照　塵香拂馬逢謝女城南道秀豔過施粉多媚生輕笑鬬色鮮衣薄碾玉雙蟬小歡難偶春過了琵琶流怨都入相思調

燕春臺　前人

麗日千門紫煙雙闕瓊林又報春回殿角風微當時去燕還來五侯池館屏開探芳非走馬天街重簾人語轔轔車幰遠近輕雷　雕觴霞灩翠幕雲飛楚腰舞柳宮面妝梅金猊夜煖羅衣暗裛香煤洞府人歸笙歌院落燈火樓臺下蓬萊猶有花上月清影徘徊

西江月　柳永

鳳額繡簾高卷獸鐶朱戶頻搖兩竿紅日上花梢春睡厭厭難覺　好夢狂隨風絮閒愁濃勝香醪不成雨暮與雲朝又是韶光過了

西平樂　前人

盡日憑高寓目脈脈春情緒佳景清明漸近時節輕寒乍暖天氣纔晴又雨烟光澹蕩裝點平蕪遠樹黯凝竚　臺榭好鶯燕語正是和風麗日幾許繁紅嫩綠雅稱嬉遊去奈阻隔尋芳伴侶秦樓鳳吹楚臺雲約空悵望在何處寂寞韶光暗度可堪向晚村落聲杜宇

鬬百花　前人

煦色韶光明媚輕靄低籠芳樹池塘淺蘸煙蕪簾幕閒垂飛絮春困厭厭抛擲鬬草工夫冷落踏青心緒終日扃朱戶　遠恨綿綿淑景遲遲難度年少傅粉依前醉眠何處深院無人黃昏乍拆鞦韆空鎖滿庭花雨

哨遍　蘇軾

睡起畫堂銀蒜押簾珠幕雲垂地初雨歇洗出碧羅天正溶溶養花天氣一霎暖風迴芳草榮光浮動卷皺銀塘水方杏靨勻酥花鬚吐繡園林翠紅排比見乳燕捎蝶過繁枝忽一綫爐香惹遊絲晝永人閒獨立斜陽晚來情味　便乘興攜將佳麗深入芳菲裏撥胡琴語輕攏慢撚總伶俐看緊約羅裙急趣檀板霓裳入破驚鴻起顰月臨眉醉霞橫臉歌聲悠揚雲際任滿頭紅雨落花飛墜漸鳩鵲樓西玉蟾低尚徘徊未盡歡意君看今古悠悠浮幻人間世這些百歲光陰幾日三萬六千而已醉鄉路穩不妨行但人生要適情耳

如夢令　前人

爲向東坡傳語人在畫堂深處別後有誰來雪壓小橋無路歸去歸去江上一犂春雨

驀山溪 春景　黃庭堅

鴛鴦翡翠小小思珍偶眉黛斂秋波儘湖南山明水秀婷婷嫋嫋恰似十三餘春未透花枝瘦正是愁時候　尋芳載酒肯落誰人後只恐晚歸來綠成陰青梅如豆心期得處每自不由人長亭柳君知否千里猶回首

水調歌頭 春行　前人

瑤草一何碧春入武陵溪溪上桃花無數枝上有黃鸝我欲穿花尋路直入白雲深處浩氣展虹霓祇恐花深裏紅露濕人衣　坐白石攲玉枕拂金徽謫仙何處無人伴我白螺杯我為靈芝仙草不為絳脣丹臉長嘯亦何為醉舞山下去明月逐人歸

如夢令　秦觀

門外綠陰千頃兩兩黃鸝相應睡起不勝情行到碧梧金井人靜人靜風弄一枝花影

眼兒媚　前人

樓上黃昏杏花寒斜月小闌干一雙燕子兩行歸鴈畫角聲殘　綺窗人在東風裏無語對春閑也應似舊盈盈秋水淡淡春山

柳梢青　前人

岸草平沙吳王故苑柳裊煙斜雨後寒輕風前香細春在梨花　行人一棹天涯酒醒處殘陽亂鴉門外鞦韆牆頭紅粉深院誰家

千秋歲 春景　前人

柳邊沙外城郭春寒退花影亂鶯聲碎飄零疎酒盞離別寬衣帶人不見碧雲暮合空相對　憶昔西池會鵷鷺同飛蓋攜手處今何在日邊清夢斷鏡裏朱顏改春去也落紅萬點愁如海

滿庭芳 春　前人

晚色雲開春隨人意驟雨纔過還晴高堂芳樹飛燕蹴紅英舞困榆錢自落鞦韆外綠水橋平東風裏朱門映柳低按小秦箏　多情行樂處珠鈿翠蓋玉轡紅纓漸酒空金榼花困蓬瀛豆蔻梢頭舊恨十年夢屈指堪驚凭闌久疎煙淡日寂寞下蕪城

金明池 春遊　前人

瓊苑金池青門紫陌似雪楊花滿路雲日淡天低晝永過三點兩點細雨好花枝半出牆頭似悵望芳草王孫何處更水邊人家橋當門巷燕燕鶯鶯飛舞　怎得東君常為主把綠鬢朱顏一時留住佳人唱金衣莫惜才子倒玉山休訴況春來倍覺傷心念故國情多新年愁苦縱寶馬嘶風紅塵拂面也只尋芳歸去

洛陽春　陳師道

素手拈花纖軟生香相亂却須詩力與丹青恐俗手難成染　一顧教人微倩那堪親見不辭紫袖拂清塵也要識春風面

憶秦娥　毛滂

醉醉醉擊珊瑚碎花花先借春光與酒家　夜寒我醉誰扶我應抱瑤琴臥清清攬月吟風不用人

點絳脣　前人

柏葉春醅為君競酌玻瓈盞玉簫牙管人意如春暖　鬢綠長當不使韶華晚春無限碧桃花畔笑看蓬萊淺

如夢令　晁冲之

門在垂楊影裏樓枕曲江春水一陣牡丹風香壓滿園花氣沈醉沈醉不記綠窗先睡

永遇樂　解昉

風暖鶯嬌露濃花重天氣和煦院落煙收垂楊舞困無奈堆金縷誰家巧縱青樓絃管惹起夢雲情緒憶當時紋衾粲枕未嘗暫孤鴛侶　芳菲易老故人難聚到此翻成輕誤閬苑仙遊蠻牋縱寫何計傳深訴青山綠水古今長在惟有舊歡何處空贏得斜陽暮草淡煙細雨

眼兒媚　王雱

絲絲楊柳弄輕柔煙縷織成愁海棠未雨梨花先雪一半春休　而今往事難重省歸夢遶秦樓相思只在丁香枝上豆蔻梢頭

倦尋芳　前人

露晞向曉簾幕風輕小院閒晝翠逕鶯來驚下亂紅鋪繡倚危欄登高榭海棠著雨胭脂透算韶華又因循過了清明時候　倦遊宴風光滿目好景良辰誰共攜手恨被榆錢買斷兩眉長皺憶得高陽人散後落花流水仍依舊這情懷對東風盡成消瘦

謁金門　秦湛

鴛鴦浦春漲一江花雨隔岸數聲初過櫓晚風生碧樹　舟子相呼相語載取暮愁歸去寒食江村芳草路愁來無著處

謁金門　周紫芝

春雨細開盡一番桃李柳暗曲闌花滿地日高人睡起　綠浸小池春水沙暖鴛鴦雙戲薄倖更無書一紙畫樓愁獨倚

生查子　前人

春寒入翠帷月淡雲來去院落半晴天風撼梨花樹人醉掩金鋪閒倚鞦韆柱滿眼是相思無說相思處

浣溪沙　周邦彥

小院閒牕春色深重簾未捲影沈沈倚樓無語理瑤琴　遠岫出雲催薄暮細風吹雨弄輕陰梨花欲謝恐難禁

前調　前人

水漲魚天拍柳橋雲鳩拖雨過江皋一番春信入東郊　閒碾鳳團消短夢靜看燕子壘新巢又移日影上花梢

瑞鶴仙 春遊　前人

悄郊原帶郭行路遠客去車塵漠漠斜陽映山落斂餘紅猶戀孤城闌角凌波步弱過短亭何用素約有流鶯勸我重解繡鞍緩引春酌　不記歸時早暮上馬誰扶醒眠朱閣驚飈動幕扶殘醉遶紅藥看西園已是花深無地東風何事又惡任流光過却猶喜洞天自樂

渡江雲　前人

晴嵐低楚甸暖回鴈翼陣勢起平沙驟驚春在眼借問何時委曲到山家塗香暈色盛粉飾爭作妍華千萬絲陌頭楊柳漸漸可藏鴉　堪嗟清江東注畫舸西流指長安日下愁宴闌風翻旗尾潮濺烏紗今朝正對初弦月傍水驛深艤蒹葭沈恨處時時自剔燈花

昭君怨 春望　万俟雅言

春到南樓雪盡驚動燈期花信小雨一番寒倚闌干莫把闌干長倚一望幾重煙水何處是京華暮雲遮

惜餘春慢 春情　魯逸仲

弄月餘花團風輕絮露濕池塘春草鶯鶯戀友燕燕將雛惆悵睡殘清曉還似初相見時攜手旗亭酒香梅小向登臨長是傷春滋味淚彈多少　因甚却輕許風流終非長久又說分飛煩惱羅衣瘦損繡被香消那更亂紅如掃門外無窮路岐天若有情和天須老念高唐歸夢淒涼何處水流雲遶

點絳脣　趙師俠

淡漠春陰褪花時候餘寒峭數聲幽鳥喚起簾櫳曉　雲鬢慵梳淡拂春山小情多少亂縈愁抱風裏垂楊裊

驀山溪　張震

青梅如豆斷送春歸去小綠間長紅看幾處雲歌柳舞偎花識面對月共論心攜素手採香遊踏遍西池路　水邊朱戶曾記銷魂處小立背鞦韆空悵望娉婷韻度楊花撲面香糝一簾風情脈脈酒厭厭回首斜陽暮

蘭陵王　張元幹

捲珠箔朝雨輕陰乍閣闌干外煙柳弄晴芳草侵堦映紅藥東風如許惡吹落梢頭嫩萼屏山掩沈水倦熏中酒心情怕杯勺　尋思舊京洛正年少疎狂歌笑迷著障泥油壁輕梳掠曾馳道同載上林攜手燈夜初過早共約又爭信飄泊　寂寞念行樂任粉淡衣襟音斷弦索瓊林碧月春如昨悵別後華表那回雙鶴相思前事除夢魂裏暫忘却

點絳脣　張掄

何處春來惠風初自東郊至柳條花蘂迤邐爭明媚　造化難窮誰曉幽微理都來是自然天地一點沖和氣

憶王孫　陸游

春風樓上柳腰肢初試花前金縷衣嫋嫋娉娉不自持曉粧遲畫得娥眉勝舊時

水龍吟 春恨　陳亮

鬧花深處層樓畫簾半捲東風軟春歸翠陌平莎茸嫩垂楊金淺遲日催花淡雲閣雨輕寒輕煖恨芳菲世界游人未賞都付與鶯和燕　寂寞憑高念遠向南樓一聲孤雁金釵鬭草青絲勒馬風流雲散羅綬分香翠綃封淚幾多幽怨正銷魂又是疎煙淡月子規聲斷

水調歌頭　劉過

春事能幾許密葉著青梅日高花困海棠風暖想都開不惜春衣典盡只怕春光歸去片片點蒼苔能得幾時好追賞莫徘徊　雨飄紅風換翠苦相催人生行樂且須痛飲莫辭杯坐則高談風月醉則恣眠芳草醒後亦佳哉湖上新亭好何事不重來

海棠春　馬莊父

柳腰暗怯花風弱紅映鞦韆院落歸逐鴈兒飛斜撼珍珠箔　滿林翠葉胭脂萼不忍頻頻覷著護取一庭春莫彈花間雀

阮郎歸　嚴仁

拍堤春水蘸垂楊水流花片香弄花噆柳小鴛鴦一雙隨一雙　簾半捲露新妝春衫是柳黃倚闌看處

背斜陽風流暗斷腸

驀山溪 春情　易祓

海棠枝上畱得嬌鶯語雙燕幾時來並飛入東風院宇夢囘芳草綠遍舊池塘梨花雪桃花雨畢竟春誰主　東郊拾翠襟袖沾飛絮寶馬趂雕輪亂紅中香塵滿路十千斗酒相與買春閑吳姬唱秦娥舞拚醉青樓暮

好事近 春行次韻　洪咨夔

二十四番風纔見一番花鳥已自有人春瘦正遠山橫峭　蹋青底用十分晴半陰晴方好深院日長睡起又海棠開了

清平樂　盧祖皐

柳邊深院燕語明如剪消息無憑聽又懶隔斷畫屏雙扇　寶杯金縷紅牙醉魂幾度兒家何處一春遊蕩夢中猶恨楊花

浣溪沙　韓淲

芍藥酴醾滿院春門前楊柳媚晴曛重簾雙燕語沈沈　花映綠嬌初日嫩葉棲紅小晚煙昏輕雷不覺送微陰

好事近　前人

春色入芳梢點綴萬枝紅玉莫道怕愁貪睡倚新妝如束　紛紛桃李太妖嬈相對夜闌燭記取疎花橫處有暗香飄馥

如夢令　吳潛

江上綠楊芳草想見故園春好一洞海棠花昨夜夢魂飛繞鶯曉鶯曉牕外一聲啼鳥

選冠子 春思　方千里

柳嚲鵝黃草揉螺黛院落雨痕才斷蜂鬚霧濕燕觜泥融陌上細風頻扇多少艷景關心長苦春光疾如飛箭對東風忍負西園清賞翠深香遠　空暗憶醉走銅駝閒敲金鐙倦跡素衣塵染因花瘦覺爲酒情鍾綠鬢幾番催變何況逢迎向人眉黛供愁嬌波囘倩料相思此際濃似飛花萬點

如夢令　吳文英

春在綠窗楊柳人與流鶯俱瘦眉底暮寒生簾額時翻波皺風驟風驟花徑啼紅滿袖

長相思　歐艮

雨如絲柳如絲織出春來一段奇鶯梭來往飛　酒如池醉如泥遮莫教人有醒時雨晴都不知

謁金門　李萊老

春意態閒却遠山橫黛香徑莓苔嗟粉壞鳳鞾雙鬭綵　折得花枝嬾戴猶戀鴛鴦飛蓋舊恨新愁都只在東風吹柳帶

念奴嬌 春情　媛李清照

蕭條庭院又斜風細雨重門須閉寵柳嬌花寒食近種種惱人天氣險韻詩成扶頭酒醒別是閒滋味征鴻過盡萬千心事難寄　樓上幾日春寒簾垂四面玉闌干慵倚被冷香銷新夢覺不許愁人不起清露晨流新桐初引多少遊春意日高煙斂更看今日晴未

魚遊春水　無名氏

秦樓東風裏燕子還來尋舊壘餘寒猶峭紅日薄侵羅綺嫩草方抽碧玉茵媚柳輕窣黃金縷鶯轉上林魚遊春水　幾曲闌干遍倚又是一番新桃李佳人應怪歸遲梅粧淚洗鳳簫聲絕沈孤鴈望斷清波無雙鯉雲山萬重寸心千里

浣溪沙　金劉仲尹

繡館人人倦踏靑粉垣深處簸錢聲賣花門巷綠陰輕　簾幕風柔飛燕燕池塘花暖語鶯鶯有誰知道一春情

慶清朝慢　明文徵明

天朗氣清惠風和暢勝遊何似山陰春光自來堪戀一刻千金蘭舟初泛畫橋春水一篙深煙霏處離離淺草冉冉遙岑　且此傍花隨柳柳陰繫馬花外囀幽禽擾擾蜂黏柳絮蝶繞花心爲問朱衣車馬何如我白髮園林新月上竹枝風動環珮清音

滿庭芳 春日遊支硎天池諸山　吳子孝

宿雨平沙輕風野渡堪憐綠滿汀洲支硎山畔碧柳映朱樓水上花枝如錦飛紅碎散逐輕鷗晴雲暖鼓笳絃管來往漾蘭舟　一年春最好家家園圃處處歌謳向曲巖深谷鳥語清柔輿外青山窈窕天池淨林石偏幽旁人笑謫仙老矣猶似舊風流

喜遷鶯　前人

香雨霽夢雲殘攜醉上春山山花應笑客長閒花好恰春闌　山下溪流曲曲隨意草痕新綠清歌相勸酒須乾山色遶朱欄

何滿子　楊愼

攲枕夢囘春曉倚欄人在天涯迢遞關山千萬里佳期水渺雲睽記得羅巾別淚愁看帶雨梨花

浣溪沙 春閨　王世貞

牕外閒絲自在遊隔花山鳥弄軥輈一庭芳草怨清

幽　權把東書鉤午夢起沽村酒潑春愁放教殘日
過簷頭

春部選句

晉陸機董桃行和風習習薄林柔條布葉垂陰鳴鳩
拂羽相尋倉庚喈喈弄音感時悼逝傷心
齊謝朓詩春心澹容與挾戈步中林朝光映紅萼微
風吹好音
梁武帝賦體草迴風以照春木承雲以含化芳競飛
於陽和花爭開於日夜樂萬類之得所豈此心之云
舍
簡文帝梅花賦梅花特早偏能識春
元帝春賦洛陽小苑之西長安大道之東苔染池而
盡綠桃含山而併紅露霑枝而重葉網縈花而曳風
江淹詩雷萌山中草雲煦江上花流煙漾瑤景輕風
泛淩霞
北周庾信吹臺山銘比花依樹登樹要春
唐元宗詩草依陽谷變花待北巖春又九逵長安道
三陽別館春
陳叔達詩雪花聯玉樹冰彩散瑤池
虞世南詩竹開霜後翠梅動雪前香
上官儀詩花輕蝶亂仙人杏葉密鶯啼帝女桑
楊炯詩元律葭灰變青陽斗柄臨年光搖樹色春氣
繞蘭心
宋之問詩風來花自舞春入鳥能言又鳥驚司僕馭
花落侍臣衣芳樹搖春晚晴雲繞座飛
盧照鄰詩人歌小歲酒花舞大唐春又園圃風煙古
池塘松檟春
王勃詩梅郊落晚英柳甸驚初葉又草綠縈新帶榆
青綴古錢魚牀侵岸水鳥路入山煙又鳥飛村覺曙
魚戲水知春又綴葉歸煙晚乘花落照春
王勔詩竹牕低露葉梅徑起風花
杜審言詩煙銷垂柳弱霧捲落花輕
駱賓王詩葉暗龍宮密花明鹿苑春
高正臣詩柳翠含煙葉梅芳帶雪花
李嶠詩階前蓂候月樓上雪驚春又葉暗青房晚花
明玉井春
蘇頲詩管紱高逐吹歌舞妙含春
沈佺期詩相留且待雞黍熟夕臥深山蘿月春
徐彥伯詩星轉銀河夕花移玉樹春
袁恕己詩鳥驚疑欲曙花笑不關春
孫逖詩龍銜火樹千層豔雞踏蓮花萬樹春
崔國輔詩雲鳳樓前晚霜花酒裏春
王光庭詩惠風初應律和氣正調梅
儲光羲詩不惜孤舟去其如兩地春
岑參詩柳色供新用鶯花送酒須
李嘉祐詩湘浦眠銷日桃源醉度春又氣迎天詔喜
恩發土膏春
杜甫詩沙村白雪仍含凍江縣紅梅已放春又一別
星橋夜三移斗柄春又日開紅粟腐寒待翠華春又
楚宮臘近荆門水白帝雲偷碧海春又一片花飛減
却春又秋風楚竹冷夜雪鞏梅春
韓翃詩玉佩迎初夜金壺醉老春
嚴維詩柳塘春水漫花塢夕陽遲又柳塘薰晝日花
水溢春渠
周徵詩靜聞銅史漏暗識桂宮春
李端詩鶯飛綺閣曙花發畫堂春
李子卿詩色搖野鶴影落鳳城春
武元衡詩笙歌幾處朝天月羅綺長留蜀國春
張嗣初詩麗景浮丹闕晴光擁紫宸
楊巨源詩雲山九門曙天地一家春
韓愈詩絳闕銀河曙東風右掖春
劉禹錫詩駱駝橋上蘋風急鸚鵡杯中箬下春
孟郊詩一日踏春一百迴又驅却塵土千重寒燒出
爐中一片春
滕邁詩上林榮舊樹太液泛新流
李賀詩入水文光動抽空綠影春
杜牧詩高枝百舌猶欺鳥帶葉梨花已送春
許渾詩彩檻燭煙光吐日畫屏香霧暖凝春又冠蓋
西園夜笙歌北里春
李商隱詩吟弄東海若笑倚扶桑春又金魚鎖斷紅
桂春又承露盤晞甲帳春
溫庭筠詩野梅江上晚堤柳雨中春
鄭谷詩吟殘荔枝雨詠徹海棠春
韓偓詩歌凝眉際恨酒發臉邊春

吳融詩醉波疑奪影嬌態欲沈春
崔塗詩三聲戍角邊城暮萬里鄉心塞草春
殷文圭詩金壺藉草溪亭晚玉勒看花野寺春
宋范仲淹詩華林新濯雨臺沼正涵春
韓維詩不踏南溪路於今五換春又來對天地禁籞春
余靖詩松溪千蓋雨茶圃一旗春
蘇軾詩君家庭院得春多又綠葉成陰雨洗春又仍將對牀夢伴我五更春
范成大詩洗兵銀漢水收雪紫壇春又西窻廻紋機織遍錦字春
朱熹詩杞菊成畦亦自春
陳造詩椒酒須分歲江梅巧借春
戴復古詩杏花時節偏饒雨楊柳門牆易得春
謝翺詩水生溪榜夕苔臥野衣春
張元幹詩坐來江月白與在雪籬春
金吳激詩瘦梅如玉人一笑江南春
趙渢詩照窻疑不夜著樹忽驚春
周昂詩氣和春浩蕩心靜日舒長
杜仁傑詩一川花氣午萬壑水聲春
劉勳詩芙蓉城暖東風夜楊柳樓前笑語春
元楊奐詩岸柳猶含凍溪花欲破春
袁桷詩象榻重濃翠幌春
楊載詩漏殘珠閣曉香暖玉爐春
吳萊詩法酒葡萄熟天花芍藥春
楊維楨詩別地梅凝曉寒江柳孕春
錢維善詩雨香寶檣瓊田曉露冷琪花碧澗春

戴良詩月浮孤艇夜雨著短蓑春
釋善住詩青山古木丘園晚白鳥蒼煙浦溆春
大訢詩雞豚栗里社賓客午橋春
明于慎行詩邑借宮雲紅近日香浮仙佩暖宜春
黃居中詩酒樓邀月人懷楚茗渚抽煙鳥報春
瞿式耜詩風篙月檝一江春
吳騏詩十重錦帳時時夜五邑鮫綃樹樹春
陳憲章詩相逢山水地一笑武陵春

欽定古今圖書集成曆象彙編歲功典

第十四卷目錄

歲功典第十四卷

春部紀事

禮記郊特牲春饗孤子陳注孤子死事者之子大全陳氏曰春爲陽陽則來而主長故春饗孤子以助其長順陽而已

內則膾春用葱大全方氏曰葱以氣達爲怱春物方生宜食性之怱者故膾用葱以和之

豚春用韭大全方氏曰韭性溫而生能久溫而生春所宜故豚用此以和之

周禮天官小宰之職三曰春官其屬六十掌邦禮大事則從其長小事則專達訂義賈氏曰春官大司樂樂官之長史氏曰大事雖略所繫則重故當從長小事雖煩所繫則輕故當專達

庖人凡用禽獻春行羔豚膳膏香訂義史氏曰羔稚羊豚稚豕也方春草生羔豚美故用之春膳牛脂曰膏香以其物之所便而調和之也

獻人春獻王鮪訂義鄭康成曰王鮪鮪之大者王氏曰王言大也物之大者多謂之王鄭鍔曰王鮪則鮪之尤大者非常時所有唯春乃獻周頌之潛曰季冬薦魚春獻鮪月令於季春言薦鮪於寢廟此獻人亦言春獻王鮪王者皆周人之事宗周在西鮪魚非西周之水所有前輩謂鮪魚岫居出河南鞏縣至春浮陽乃入西河至漆沮上龍門以俟變化故周人取以獻新獻所無也觀其字從有謂不常有

鼈人春獻鼈蜃訂義劉中義曰春獻鼈蜃用之春也陽在內其美可獻而非生育之時也

食醫凡食齊眂春時訂義賈氏曰眂猶比也方氏曰齊與王制遲速異齊之齊同食齊則黍稷稌粱之類食齊眂春固以溫爲主然食養物而生之亦春之事

凡和春多酸訂義易氏曰春爲木味多酸以養肝

疾醫春時有痟首疾訂義史氏曰冬傷於寒春必爲溫寒氣蘊伏春溫激之故熱生焉此疾必先頭痛也

掌皮掌秋斂皮冬斂革春獻之訂義王昭禹曰春則用皮之事於是乎始故春獻之

染人凡染春暴練訂義史氏曰凡染事所以設色於布帛線縷以供帷幕幄帟衽席衣服之用故春云暴練欲其白而受采賈氏曰春陽時陽氣燥故暴曬之

地官州長春秋以禮會民而射於州序訂義鄭鍔曰射之爲藝用於朝覲賓燕之時其事爲文以春教之春陽用事所以明其事之爲文

旅師凡用粟春頒而秋斂之訂義易氏曰春頒者平頒其興積蓋凶荒之歲秋雖不熟尚有餘積或可移用及春作之始苟非上之人爲之補助則將有救死不贍之患此先王所以專立春頒之法漢之春和議賑貸正與同意

春官司尊彝春祠裸用雞彝訂義鄭鍔曰春祠之彝則飾以雞雞東方之畜歲起於東於時爲春也王昭禹曰春者時之始而雞以其司晨而木之屬故用雞彝

大胥掌學士之版以待致諸子春入學舍采合舞訂義鄭康成曰春始以學士入學宮而學之賈氏曰舍卽釋采卽菜也鄭鍔曰禮有釋奠有釋菜莫厚於釋奠莫薄於釋采蓋釋奠則有迎牲有酌獻有授舞者器之禮所以致恭於先聖釋采則不舞不授器不殺牲但以蘋蘩蘊藻之類告虔於先師而已藍氏曰釋采禮之至簡者皆不在多品貴其誠也其用有三每歲春合舞而行之月令云仲春命樂正合舞釋菜也始入學則行之文王世子云既受器用幣然後舍菜是也學記云太學始教皮弁祭菜示敬道也鄭康成曰合舞等其進退使應節奏黃氏曰樂師教舞帗羽干旄皇人未嘗合也大胥春始入學合而教之

龜人攻龜用春時訂義鄭康成曰攻治也治龜骨以春是時乾解不發傷也鄭鍔曰脫其筒則不能無傷生之害春則陽用事而物解於是時而攻之其甲坼矣順時而取之可以爲鑽灼之用順時而攻之又以存不忍之心

司巫春招弭以除疾病訂義鄭康成曰招招福也弭讀爲敉字之訛也敉安凶禍也招敉皆有祀衍之禮劉執中曰春陽既來則亦祭以招吉祥以弭去邪祟則疾病可得而除今之男巫尚有然者豈古之遺法歟鄭鍔曰冬則日星窮而歲終故行堂贈之禮春則歲事之初禍福所由始行招弭之事

夏官槀人春獻素訂義鄭鍔曰春則歲事之始百工造

事亦於是始故始定其素則獻之見其功之所自始

校人春祭馬祖執駒訂義鄭鍔曰馬未嘗有祖此言馬祖者賈氏謂天駟也以天文考之天駟房星也房爲龍馬馬之生者其氣實本諸此則馬祖爲天駟可知於春則祭春者萬物始生之時駒始生之馬血氣未定不可通淫順春祭祖之時則執而維縶之以有其始生之氣

圉師掌教圉人養馬春除蓐釁廏始牧訂義鄭鍔曰春馬出而就牧廏中虛矣蓐者所寢之藉也久則穢惡而不潔故因其出而除之馬處於廏神者主之釁者以血所以除不祥故因其出而釁之

秋官雍氏春令爲阱擭溝瀆之利於民者訂義鄭康成曰阱穿地爲塹以禦禽獸其或超踰則陷焉世謂之陷阱擭柞鄂也堅地阱淺則設柞鄂於其中鄭鍔曰春農就田禽獸或出而爲害水利或有通塞則爲阱擭爲溝瀆皆以是時也然五溝五涂以通灌溉之水至春又爲溝瀆何耶蓋五溝者五野之中一定之制不待至春乃爲之此乃閭里之間春雨水集溝澮皆盈水去不速不可不通之也

薙氏掌殺草春始生而萌之訂義鄭鍔曰殺草之法其去必有漸春始生之初則薙其萌

小行人掌邦國賓客之禮籍以待四方之使者令諸侯春入貢王親受之訂義賈氏曰貢卽大宰九貢鄭鍔曰諸侯每歲有常貢必以春入則因四時之始以供王一歲之用也

冬官考工記弓人春液角則合訂義鄭康成曰合讀爲洽陳用之曰角得春而和澤於以液之則洽而不脃春被弦則一年之事訂義王昭禹曰被弦於春俟一時之久而後可用陳用之曰自冬析幹至析瀶其功畢矣至春被弦而用之凡一年之事以言爲之不苟

詩正義周成王太平之時于春時親耕籍田以勸農桑又祈求社稷使年豐

國語宣公夏濫於泗淵里革斷其罟而棄之曰古者大寒降土蟄發水虞於是乎講罛罶取名魚登川禽而嘗之寢廟行諸國人助宣氣也鳥獸孕水蟲成獸虞於是乎禁罝羅猎魚鼈以爲夏犒助生阜也注寒降謂季冬也土蟄發謂孟春蟄始震也水虞漁師掌川澤之禁令名魚川禽鼈蜃之屬是時陽氣起魚陟負冰故取之以助宣氣獸虞掌鳥獸之禁令猎擉也犒乾也夏不得取故於此時擉刺魚鼈以爲夏儲

列子殷湯篇鄭師文當春而叩商弦以名南呂涼風忽至草木成實

天瑞篇林類年百歲底春披裘拾遺穗於故畦

說苑晉平公春築臺叔向曰不可古者聖王貴德而務施緩刑辟而趨民時今春築臺是奪民時也夫德不施則民不歸刑不緩則百姓愁使不歸之民役愁怨之百姓而又奪其時是重竭也夫牧百姓養育之而重竭之豈所以定命安存而稱爲人君於後世哉平公曰善乃罷臺役

趙簡子春築臺於邯鄲天雨而不息謂左右曰可無趨種乎尹鐸對曰公事急厝種而懸之臺夫雖欲趨種不能得也簡子惕然乃釋臺罷役曰我以臺爲急不如民之急也民以不爲臺故知吾之愛也

戰國策宋玉對楚王問客有歌于郢中者曰下里巴人國中屬而和者數千人其爲陽阿薤露國中屬而和者數百人其爲陽春白雪國中屬而和者數十人

述異記燕昭王種長春樹葉如蓮花樹身如桂樹花隨四時之色春生碧花夏生紅花秋生白花冬生紫花故號長春樹

劉向別錄鄒衍居燕燕有谷地美而春不生黍稷衍吹律煖氣乃至草木乃生至今名黍谷

博物志宋國有田夫常衣縕以過冬暨春東作自暴於日不知天下有廣廈隩室綿纊狐貉顧其妻曰負日之暄人莫知者以獻吾君將有賞

漢書食貨志春出民里胥平旦坐於右塾鄰長坐於左塾畢出然後歸夕亦如之注師古曰門側之堂曰塾坐於門側者督促勸之知其早晏防怠惰也

婁敬傳上曰本言都秦地者婁敬婁者劉也賜姓劉氏拜爲郎中號曰奉春君注張晏曰春歲之始也以其昔勸都關中故號奉春

叔孫通傳惠帝出遊離宮通曰古者有春嘗果今方櫻桃熟可獻願陛下出因取櫻桃獻宗廟上許之諸果獻由此興也

文帝本紀元年詔曰方春和時草木羣生之物皆有以自樂而吾百姓鰥寡孤獨窮困之人或阽於死亡而莫之省憂爲民父母將何如其議所以振貸之

十五年春黃龍見於成紀

三輔黃圖柏梁臺武帝元鼎二年春起此臺在長安城中北門內三輔舊事云以香柏爲梁也帝嘗置酒其上詔羣臣和詩能七言詩者乃得上按漢書武帝本紀作元鼎元年

漢書武帝本紀元封三年春作角抵戲三百里內皆
來觀注文穎曰名此樂爲角抵者兩兩相當角力角
技藝射御故名角抵蓋雜技樂也
史記司馬相如傳相如嘗從上至長楊獵還過宜春
宮奏賦
通典太始中詔守相三載一巡屬縣必以春此古者
所以述職省俗宣風展義也
漢書韓延壽傳延壽入守左馮翊歲餘不肯出行縣
丞掾以爲方春月可一出勸耕桑延壽不得已行縣
至高陵民有昆弟相與訟田自言延壽大傷之曰咎
在馮翊當先退是日移病不聽事因入臥傳舍閉閤
思過於是兩昆弟深自悔皆自髡肉袒謝願以田相
移不敢復爭
宣帝本紀元康三年詔曰前年夏神爵集雍今春五
色鳥以萬數飛過屬縣翺翔而舞欲集未下其令三
輔毋得以春夏擿巢探卵彈射飛鳥具爲令
丙吉傳吉嘗出逢人逐牛牛喘吐舌吉止駐使騎吏
問逐牛行幾里矣掾吏謂丞相失問吉曰方春少陽
用事未可大熱恐牛近行用暑故喘此時氣失節恐
有所傷害也
元帝本紀建昭五年詔曰方春農桑興百姓勠力自
盡之時也故是月勞農勸民無使後時今不良之吏
覆案小罪徵名證案興不急之事以妨百姓使失一
時之作亡終歲之功公卿其明察申敕之
成帝本紀鴻嘉元年詔曰方春生長時臨遣諫大夫
理等舉三輔三河弘農冤獄公卿大夫部刺史明申
敕守相稱朕意焉

元后傳王莽知太后婦人厭居深宮中莽欲虞樂以
市其權迺令太后四時車駕巡狩四郊存見孤寡貞
婦春幸繭館率皇后列侯夫人桑遵霸水而祓除
後漢書崔駰傳高祖父朝生子舒舒少子篆王莽時
篆爲建新大尹到官稱疾不視事門下掾倪敞諫篆
乃强起班春
西京雜記茂陵文固陽本瑯琊人善馴野雉爲媒用
以射雉每以三春之月爲茅障以自翳用觟矢以射
之日連百數茂陵輕薄者化之皆以雜寶錯廁翳障
以青州蘆葦爲弩矢輕騎妖服追隨於道路以爲歡
娛也
漢舊儀春桑生而皇后親桑於苑中蠶室養蠶千箔
之上祠以中牢羊豕今蠶神曰宛窳婦人寓氏公主
凡二神羣臣妾從桑還獻於繭觀皆賜從桑者
吳錄包咸爲吳郡主簿太守黃君行春咸留守其郡
郎君緣樓探雀卵咸責之曰春月不宜破卵升危非
子道杖之二十
後漢書明帝本紀永平三年春正月癸巳詔曰朕奉
郊祀登靈臺見史官正儀度夫春者歲之始也始得
其正則三時有成比者水旱不節邊人食寡政失於
上人受其咎有司其勉順時氣勸督農桑去其螟蜮
以及蝥賊詳刑慎罰明察單辭夙夜匪懈以稱朕意
章帝本紀建初元年春詔三州郡國方春東作恐人
稍受稟往來煩劇或妨耕農其各實覈尤貧者計所
貸并與之流人欲歸本者郡縣其實稟令足還到聽
過止官亭無雇舍宿長吏親躬無使貧弱遺脫小吏
豪右得容姦妄詔書既下勿得稽留刺史明加督察

尤無狀者丙寅詔曰比年牛多疾疫墾田減少穀價
頗貴人以流亡方春東作宜及時務二千石勉勸農
桑弘致勞來羣公庶尹各推精誠專急人事罪非殊
死須立秋案驗有司明慎選舉進柔良退貪猾順時
令理冤獄五教在寬帝典所美愷悌君子大雅所歎
布告天下使明知朕意
元和二年詔三公曰方春生養萬物孚甲宜助萌陽
以育時物其令有司罪非殊死且勿案驗及吏人條
書相告不得聽受冀以息事寧人敬奉天氣
孔僖傳元和二年春帝幸東巡狩還過魯幸闕里以
太牢祀孔子及七十二弟子作六代之樂大會孔氏
男子二十以上者六十三人命儒者講論
元和三年春勑侍御史司空曰方春所過無得有所
伐殺車可以引避引避之騑馬可輟解輟解之詩云
敦彼行葦牛羊勿踐履禮人君伐一草木不時謂之
不孝俗知順人莫知順天其明稱朕意
陳寵傳寵奏曰夫冬至之節陽氣始萌故十一月諸
生蕩天以爲正周以爲春十二月陽氣上通雉雊雞
乳地以爲正殷以爲春十三月陽氣已至天地已交
萬物皆出蟄蟲始振人以爲正夏以爲春
鄭弘傳弘少爲鄉嗇夫會稽太守第五倫行春見而
深奇之名署督郵注太守常以春行所至縣勸人農
桑振救乏絕
謝承書鄭弘遷淮陰太守行春大旱隨車致雨白鹿
方道挾轂而行弘怪問主簿黃國曰鹿爲吉爲凶國
拜賀曰聞三公車轓畫作鹿明府必爲宰相
安帝本紀元初六年詔曰夫政先京師後諸夏仲春

養幼小存諸孤季春賜貧窮賑乏絕省婦使表貞女
所以順陽氣崇生長也其賜民尤貧困孤弱單獨穀
人三斛貞婦有節義十斛甄表門閭旌顯厥行注婦
使謂組紃之事
琴錄蔡邕性沉厚雅好琴道嘉平初入青溪訪鬼谷
先生所居山有五曲一曲製一弄山之東曲常有仙
人遊故作遊春
蔡琰別傳琰在右賢王部伍中春月感笳音作詩言
志曰胡笳動兮邊馬鳴孤鴈歸兮聲嚶嚶
水經注魏武封於鄴爲北宮城東曰建春門
魏略孟康正始中出爲弘農領典農校尉郡領吏二
百餘人涉春遣休常四分遣一
晉書山濤傳文帝與濤書曰足下在事清明雅操邁
時念多所乏魏帝嘗賜景帝春服帝以賜濤
張駿傳駿於姑臧城南築城起謙光殿畫以五色飾
以金玉窮盡珍巧殿之四面各起一殿東曰宜陽青
殿以春三月居之傍有直省內官寺署一同方色
王恭傳恭美姿儀人多愛悅或目之云濯濯如春月
柳
記事珠宗測春遊山谷見奇花異草則繫於帶上歸
而圖其形狀名聚芳圖百花帶人多效之
元中記南方有炎山焉行人以正月二月三月行過
此山取山下木以爲薪然之無焰取其皮績之爲火
浣布
荊州記陸凱與范蔚宗友善自江南寄梅花一枝詣
長安與蔚宗兼贈詩云折花逢驛使寄與隴頭人江
南無所有聊贈一枝春

南史謝惠連傳惠連能屬文族兄靈運嘉賞之云每
有篇章對惠連輒得佳語嘗於永嘉西堂思詩竟日
不就忽夢見惠連卽得池塘生春草大以爲工
宋書禮志元嘉十年太祝令徐閏刺署典宗廟社稷
祠祀薦五牲牛羊豕雞並用雄其一種市買由來送
雌竊聞周景王時賓起見雄雞自斷其尾曰雞憚犧
不祥今何以用雌博士徐道娛等議稱案禮孟春之
月犧牲無用牝如此是春月不用雌耳秋冬無禁雄
雞斷尾自可是春月宜自今改用雄雞
雲仙雜記戴顒春攜雙柑斗酒人問何之曰往聽黃
鸝聲此俗耳鍼砭詩腸鼓吹
世說王東亭作宣武主簿嘗春月與石頭兄弟乘馬
出郊時彥同遊者連鑣俱進惟東亭一人常在前覺
數十步諸人莫之解石頭等既疲倦俄而乘輿回諸
人皆似從官惟東亭奕奕在前其悟捷如此
梁書武帝本紀普通二年春親祠南郊詔曰春司御
氣虔恭報祀思隨乾覆布諸亭育凡民有單老孤稚
不能自存主者郡縣咸加收養贍給衣食每令周足
以終其身
南史王僧孺傳武帝製春景明志詩五百字敕沈約
以下詞人同作帝以僧孺爲工
古琴疏梁武帝賜張率玉琴一張琴首金嵌灌木春
鶯四字
煙花記陳宮人喜於春林放柘彈
洛陽伽藍記法雲寺北有臨淮王彧宅彧性愛山林
又重賓客于春風扇揚花樹如錦晨食南館夜遊後
園僚寀成羣俊民滿席絲桐發響羽觴流行詩賦并

陳清言作起莫不領其元奧忘其偏悋焉是以入彧
室者謂登仙也
粧樓記北齊盧士琛妻崔氏有才學春日以桃花和
雪與兒靧面云取白雪與兒洗面作光悅取紅花與
兒洗面作妍華
唐書唐臨傳臨爲萬泉丞有輕囚久繫方春農事興
臨悉縱歸與之約囚如期還
閻立本傳太宗與侍臣泛舟春苑池見異鳥容與波
上悅之詔坐者賦詩而名立本侔狀
百官志龍朔二年改門下坊曰左春坊以同姓爲之
地理志上元元年劍南道成都府貢生春酒
袁州宜春郡宜春縣宜春泉酒入貢
教坊記高宗曉聲律聞風葉鳥聲皆蹈以應節嘗晨
坐聞鶯聲命樂工白明達寫之爲春鶯囀
唐書李適傳天子饗會游豫惟宰相及學士得從春
幸梨園並渭水祓除則賜細柳圈辟癘
卓異記武后臘月將遊上苑遺詔曰明朝遊上苑火
速報春知花須連夜發莫待曉風吹
清異錄婁師德位貴而性通豁尤善捧腹大笑人謂
師德爲齒牙春色
明皇實錄開元十七年侍臣以下燕於春明門外寧
王憲之園池帝御花萼樓邀其迴騎更令坐飲遞舞
班賜有差
通鑑開元十八年初令百官於春月旬休選勝行樂
自宰相至員外郎凡十二筵各賜錢五千緡上或御
花萼樓邀其歸騎留飲迭使起舞盡歡而去
唐書食貨志開元二十五年詔屯官敘功以豐凶爲

上下鎮戍地可耕者人給十畝以供糧方春屯官循行讁作不時者

全芳備祖唐明皇時有獻牡丹者貴妃勻面口脂手印於花上詔於仙春館栽來歲花開上有脂印紅迹帝名爲一捻紅

瑯嬛記鳳毛金者鳳凰頸下有毛若綬光明與金無二而細軟如絲遇春必落山下人拾取織爲金錦名鳳毛金明皇時宮中多以飾衣夜中有光惟貴妃所賜最多裁衣爲帳燦若白日

開元天寶遺事長安俠少每至春時結朋聯黨各置矮馬飾以錦韉金絡並轡於花樹下往來使僕從執酒皿隨之遇好囿則駐馬而飲

長安春時盛於遊賞園林樹木無閑地故學士蘇頲應制云飛埃結紅霧遊蓋飄青雲帝覽之嘉賞焉遂以御花親插頲之巾上時人榮之

開元末明皇每至春時旦暮宴於宮中使嬪妃輩爭插豔花帝親捉粉蝶放之隨蝶所止幸之後因楊妃專寵遂不復此戲也

內庭嬪妃每至春時各於禁中結伴三人至五人擲金錢爲戲蓋孤悶無所遣也

楊國忠子弟恃后族之貴極於奢侈每遊春之際以大車結綵帛爲樓載女樂數十人自私第聲樂前引出遊園苑中長安豪民貴族皆效之

楊國忠子弟每春至之時求名花異卉植於檻中以板爲底以木爲輪使人牽之自轉所至之處檻在目前而便卽歡賞目之爲移春檻

長安貴家子弟每至春時遊宴供帳於園圃中隨行載以油幕或遇陰雨以幕覆之盡歡而歸

長安士女春時鬬花戴插以奇花多者爲勝皆用千金市名花植於庭苑中以備春時之鬬也

長安進士鄭愚劉參郭保衡王冲張道隱等十數輩不拘禮節旁若無人每春時選妖妓三五人乘小犢車詣名園曲沼藉草躶形去其巾帽叫笑喧呼自謂之顚飲

都人士女每至正月半後各乘車跨馬供帳於園圃或郊野爲探春之宴

人謂宋璟爲有脚陽春言所至之處如陽春煦物也

遵生八牋開元人家春時移名花植檻中下設輪脚挽以綵絙所至牽以自隨

天寶間貴家園林紐紅絲爲繩綴金鈴於上有鳥鵲至則掣鈴以驚之

承平舊纂進士不第者親知供酒肉費號買春錢

揚州事蹟揚州太守圃中有杏花數十畷每至爛開張大宴一株令一娼倚其傍立館曰爭春

醉仙圖記汝陽王璡取雲夢石甃泛春渠以蓄酒作金銀龜魚浮其中爲酌酒具

幽閒鼓吹苗帝師困于名場一年似得復落第春景暄妍策蹇驢出都門貰酒一壺藉草而坐醺酣而寐久之既覺有老父坐其旁因揖叙以餘杯飲老父媿謝曰郎君縈悒恥寧要知前事耶苗曰某應舉已久有一第分乎曰大有事但更問苗曰某困于窮變一郡寧可及乎曰更向上曰廉察乎曰更向上苗公乘酒猛問曰將相乎曰更向上苗公怒全不信因肆言曰將相向上作天子乎老父曰天子眞者卽不得假者卽得苗都以爲怔誕揖之而去後果爲將相及德宗昇遐攝冢宰三日（按苗帝師卽苗晉卿唐書本傳德宗作元宗）

杜陽雜編李輔國家藏鳳首木高一尺雕刻鸞鳳之狀形似枯槁毛羽脫落不甚盡雕嚴凝之時置諸高堂大廈之中而和煦之氣如二三月故別名爲常春木縱烈火焚之終不焦黑焉

唐書德宗本紀大曆十四年罷劍南貢生春酒

公主傳趙國莊懿公主下嫁魏博節度使田緒德宗幸望春亭臨餞

杜亞傳亞拜淮西節度使方春南民爲競渡戲亞欲輕駛乃髹船底使篙人衣油綵衣沒水不濡

玉塵集穆宗每宮中花開則以重頂帳蒙蔽欄檻置惜春御史掌之號曰括春

陸龜蒙詩序闔閭城北有賣花翁討春之士往往造焉

唐書地理志元和十五年鎮州常山郡貢春羅

何易于傳易于爲益昌令縣距州四十里刺史崔朴常乘春與賓屬汎舟出益昌旁索民挽綽易于身引舟朴驚問狀易于曰方春百姓耕且蠶惟令不事可任其勞朴愧與賓客疾驅去

桂苑叢談咸通中丞相姑臧公移鎭淮海於戲馬亭西連玉鈎斜道開闢池沼搆葺亭臺芳春九旬都人士女得以遊觀初公搆池亭畢未有名因名賞心

摭言進士會宴曲江盧家請假不赴乃雕幨載妓女微服遊觀爲團司所發崔沆爲主簿錄事判云深攙席帽密映氈車紫陌尋春便隔同年之面青雲得路可知異日之心

雲仙雜記曲江貴家遊賞則剪百花裝成獅子相送遺獅子有小連環欲送則以蜀錦流蘇牽之唱曰春光且莫去留與醉人看

楊恂遇花時就花下取藥粘綴於婦人衣上微用蜜蠟兼授花浸酒以快一時之意

毛重敬授於導江春日主人宴之賦散語曰蟣肝之奉何堪龍首之攀可望主人曰吾勸以陸源鯖賞以柳綿肝

曲江春遊之家以脂粉作紅餃竿上成雙挑掛夾雜畫帶前引車馬

蓬窗續錄曲江宴唐進士會同年於此豪客園戶爭以名花布道上進士乘馬盛服鮮製推同年俊少者爲探花使白居易詩春風得意馬蹄疾一日看徧長安花

記事珠長安士女游春野步遇名花則藉草而坐解裙四圍遮繞如奕碁謂之裙幄

雲仙雜記郭元中家貧無食春月攜兒挑野蔬一日有餘三日不出

清異錄五位餅自同光至開運盛行以銀銅爲之高三尺圍八九寸上下直如筒樣安鋏蓋其口有微窪處可以傾酒春日郊行家家用之

劉鋹在國春深令宮人鬭花凌晨開後苑各任採擇少頃勅還宮鎖花門膳訖普集角勝負於殿中宦士抱關宮人出入皆搜懷袖置樓羅曆以驗姓名法制甚嚴時號花禁負者獻耍金耍銀買燕

閩昶春餘宴後苑飛紅滿空昶曰彌陀經云雨天曼陀羅華此景近似今日觀化工之雨天三昧宜名六宮設三昧燕

李後主每春盛時梁棟窗壁柱栱階砌並作隔筒密插雜花榜曰錦洞天

江南後主同氣宜春王從謙常春日與妃侍遊宮中後圃妃侍覩桃花爛開意欲折而條高小黃門取綵梯獻時從謙王乘駿馬擊毬乃引鞚至花底痛採芳菲顧謂嬪妾曰吾之綵耳梯何如

圖畫見聞志衛賢事李後主爲內供奉工畫人物臺閣有春江釣叟圖上有李後主漁父詞一棹春風一葉舟一綸繭縷一輕鉤花滿渚酒盈甌萬頃波中得自由

東坡集吳越王妃每歲春必歸臨安王遺書曰陌上花開可緩緩歸矣吳人用其語爲歌

清異錄周季年東漢國雪大盛唱曰生怕赤眞人都來一夜春後大宋受命

顧渚山記顧渚有鳥如鴝鵒而小蒼黃色至正月二月作聲曰春起也三月四月作聲曰春去也採茶人呼爲報春鳥

長編刁約作藏春塢日游其中

遼史聖宗本紀統和五年幸長春宮賞花釣魚以牡丹遍賜近臣歡宴累日

營衛志鴨子河濼皇帝正月上旬起牙帳約六十日方至天鵝未至卓帳冰上鑿冰取魚冰泮乃縱鷹鶻捕鵝鴈晨出暮歸從事弋獵鴨子河濼東西二十里南北三十里在長春州東北三十五里四面皆沙堝多榆柳杏林皇帝每至侍御皆服墨綠色衣各備連鎚一柄鷹食一器刺鵝錐一枚於濼周圍相去各五七步排立皇帝冠巾衣時服繫玉束帶於上風望之有鵝之處舉旗探騎馳報遠泊鳴鼓鵝驚騰起左右圍騎皆舉幟麾之五坊擎進海東靑鶻拜授皇帝放之鶻擒鵝墜勢力不加排立近者舉錐刺鵝取腦以飼鶻救鶻人例賞銀絹皇帝得頭鵝薦廟羣臣各獻酒果舉樂更相酬酢致賀語皆插鵝毛於首以爲樂賜從人酒遍散其毛弋獵網釣春盡乃還

畫墁錄建隆初春宴方就次雨大作樂舞失容上色慍范質乃言曰今歲二麥必倍收上喜動色命滿泛入夜方罷莫不沾醉

宋史符彥卿傳彥卿性不飲酒頗謙恭下士對賓客終日談笑不及世務不伐戰功居洛陽七八年每春月乘小駟從家僮一二遊僧寺名園優游自適

清異錄比丘無染遊廬山春雨路滑忽仆石上由是洞見本原士大夫稱爲泥融覺

玉海寶元元年改萬春閣爲延春閣在禁中北臨後苑游幸之所也

寶元二年詔侍讀學士李淑就資善堂刪整三朝寶訓以備來春進讀

伊洛淵源錄朱光庭見程明道於汝州語人曰在春風中坐了一月

嬾眞子錄邵康節先生以春天溫時乘安車遊於諸公家諸公欲其來各置安樂窩一所先生至其家無老少婦女良賤咸迓於門迎入窩爭前問勞

溫公詩話先朝春月多召兩府兩制三館于後苑賞花釣魚賦詩嘉祐末仁宗復修故事羣臣和御製詩是日微陰寒韓魏公時爲首相詩卒章云輕雲閣雨

迎天仗寒色罨春入壽杯二十年前曾侍宴台司今日喜重陪

名勝志未新縣治內有春風亭宋時元絳爲令所建作詩云三年到此別無功種得桃花滿縣紅此日不能收拾去一時分付與春風

道山淸話哲宗御講筵手折一柏枝玩程頤爲講官奏曰方春萬物發生之時不可非時毀折哲宗亟擲於地

曲洧舊聞范蜀公居許作長嘯堂前有荼蘼架春時宴客花落酒杯中飲以大白舉坐無遺謂之飛英會

冷齋夜話崇寧元年元日司馬溫公粥能昏睡夢中忽作一詩既覺輒能記之曰無賴東風試怒號共乘一葉傲驚濤不知兩岸人皆愕但覺中流笑語高三月七日偶與瑩中濟湘江是日大風當斷渡而瑩中必欲宿道林小舟掀舞向浪中兩岸聚觀膽落而瑩中笑聲愈高予紬繹夢中詩以語瑩中瑩中云此段公案三十年後大行叢林也

漁隱叢話蔡繁卿守揚州春時作萬花會用花十餘萬枝

洛陽名園記門下侍郎安公買于尹氏其大亭有叢春亭高亭有先春亭

聞見前錄洛中風俗尚名教雖公卿家不敢事形勢人隨貧富自樂於貨利不急也歲正月梅已花二月桃李雜花盛三月牡丹開於花盛處作園圃四方伎藝舉集都人士女載酒爭出擇園林勝地上下池臺間引滿歌呼不復問其主人抵暮遊花市以筠籠賣花雖貧者亦戴花飲酒相樂

侯鯖錄東坡在昌化嘗負大瓢行歌田畝間饁婦年七十云內翰昔日富貴一場春夢坡然之里人呼此婦爲春夢婆

玉照新志紹興乙卯張安國爲右史明淸與仲信兄鄭舉善郭世禎李大正李泳多館于安國家春日諸友同遊西湖至普安寺於窗戶間得玉釵半股靑蚨半文想是遊人歡洽所分授偶遺之者各賦詩以紀其事歸錄似安國云我當爲諸公校之明淸云凄涼寶鈿初分際愁絕淸光欲破時安國云仲言宜在第一俯仰今十年矣

乾淳歲時記禁中賞花非一先期後苑及修內司分任排辦凡諸苑亭榭花木妝點一新錦簾綃幕飛梭繡毬以至茵藉設放器玩盆窠珍禽異物各務奇麗起自梅堂賞梅芳春堂賞杏花桃源觀桃粲錦堂金林檎照妝亭海棠蘭亭修禊至于鍾美堂大花爲極盛堂前三面皆以花石爲臺各植名品臺後分植玉蘭繡毬數百株儼如鏤玉屏堂內左右各列三層雕花彩檻護以彩色牡丹畫衣間列碾玉水晶金壺及大食玻璃官窯等瓶各簪奇品如姚魏御衣黃照殿紅之類幾千朵至於梁棟窗戶間亦以湘筒貯花鱗次簇插何翅萬朵自中殿妃嬪以至內官賞賜有差下至伶官樂部應奉人等亦霑恩賜謂之隨花賞至暮春則稽古會瀛堂賞瓊花靜侶亭紫笑淨香亭採蘭挑筍則春事已在綠陰芳草間矣

蔣苑使有小圃不滿二畝而花木匼匝亭榭奇巧春時悉以所有書畫玩器羅列滿前鬭竿花籃之類悉皆縷絲金玉爲之且立標竿射垛及鞦韆梭門鬬雞蹴踘諸戲事以娛遊客衣冠士女至者招邀杯酒往往禁烟乃已謂之放春

白獺髓開禧初權臣將用事之日以所賜南園新城會諸朝士席間分題各賦春景以都城外土物爲題時一朝士姓俞在座分得游春黃胖詩（都城春間湖邊則以泥製黃土偶謂之土宜）俞即賦曰兩脚稍空欲弄春一人頭上又安人不知終入兒童手筋骨翻爲陌上塵薄有所譏繼出知茗霄後嘉定戊辰邊警之變果然（游春黃胖起於金門地有杏花園游人取其黃土戲捏爲人形爾）

岳陽風土記春社後遇好天色往往相攜上山中州人所謂拜掃也至寒食而止

湖湘故事湖南馬氏作會春園開宴有數聯爲當時所稱云珠璣影冷偏粘草蘭麝香濃却損花山色遠堆螺黛雨草梢春戛麝香風

元史丘處機傳處機登州棲霞人自號長春子年十九爲全眞

元氏掖庭記程一寧未得幸時嘗于春夜登翠鸞樓倚闌弄玉龍之笛吹一詞云蘭徑香銷玉輦蹤梨花不忍負春風綠窗深鎖無人見自碾朱砂養守宮帝忽于月下聞之問宮人曰此何人吹也有知者對曰程才人所吹帝雖知之未名也及後夜帝復遊此又聞歌一詞曰牙牀錦被繡芙蓉金鴨香銷寶帳重竹葉羊車來別院何人空聽景陽鐘又繼一詞曰淡月輕寒透碧紗窗屏睡夢聽啼鴉春風不管愁深淺日日開門掃落花又吹惜春詞一曲曰春光欲去疾如梭冷落長門苔蘚多懶上粧臺脂蓋蠹承恩難比雪兒歌歌中音語咽塞情極悲愴帝因謂宮人曰聞之

使人能不悽愴深宮中有人愁恨如此誰得而知蓋不遇者亦衆矣遂乘金根車至其所寧見龍炬簇擁遂趨出叩頭俯伏帝親以手扶之曰卿非玉笛中自道其意朕安得至此愛懷中遺孔無地是以來接其思耳攜手至柏香堂命寶光天祿廚設開顏宴進兎絲之膳翠濤之酒雲仙樂部坊奏鴻韶樂列朱戚之舞鳴雎之曲笑謂寧曰今夕之夕情圓氣聚然玉笛卿之三青也可封爲圓聚侯自是寵愛日隆改樓爲奉御樓堂爲天怡堂

續文獻通考洪武二十四年罷造龍團惟採茶芽以進其品有四曰探春曰先春次春紫笋

已瘧編三山門外樂民樓以春時賜民花酒錢傳杯浪盞得名

春部雜錄

禮記鄉飲酒義東方者春春之爲言蠢也產萬物者聖也

公羊傳春者何歲之始也注 繫元年在王正月之上知歲之始也春者天地開闢之端養生之首法象所出四時本名也

春秋元命苞春者神明推移精華結紐注 神明猶陰陽也相推使物精華結成紐結要也

春秋文耀鉤春致其時華實乃榮

古三墳物象春春主發生物之象也

素問風論篇以春甲乙傷於風者爲肝風

四時刺逆從論篇春者天氣始開地氣始泄凍解冰釋水行經通故人氣在脈

老子異俗篇衆人熙熙若享太牢如登春臺

管子五行篇黃帝得奢龍而辯於東方故使爲土師春者土師也注 土師即司空也

戒篇先王之游也春出原農事之不本者謂之游

師曠占春雷初起其音格格霹靂者所謂雄雷旱氣也其鳴依依音不大霹靂者謂之雌雷水氣也

春辰巳日雨蝗蟲食禾稼

子華子執中篇元武洹陰不能盡其所以爲寒也必隨之以敷榮之氣而爲春

文子精誠篇政失於春歲星盈縮春政不失禾黍滋

莊子逍遙遊篇楚之南有冥靈者以五百歲爲春五百歲爲秋上古有大椿者以八千歲爲春八千歲爲秋而彭祖乃今以久特聞衆人匹之不亦悲乎

庚桑楚篇春氣發而百草生正得秋而萬寶成夫春與秋豈無得而然哉天道已行矣

外物篇春雨日時草木怒生銚鎒于是乎始修草木之到植者過半而不知其然

鶡冠子斗柄指東天下皆春

楚辭目極千里兮傷春心又王孫遊兮不歸春草生兮萋萋又青春受謝白日昭春氣奮發萬物遽

呂氏春秋首時篇后稷之種必待春故人雖智而不遇時無功

義賞篇春風至則草木產

離俗覽春之德風風不信其華不盛華不盛則果實不生

開春篇開春始雷則蟄蟲動矣時雨降則草木育矣

任地篇冬至後五旬七日菖蒲生乃耕菖者百草之先生者也于是始耕

漢書郊祀志古天子嘗以春解祠祠黃帝用一梟破鏡注 黃帝五帝之首也歲之始也梟鳥名食母破鏡獸名食父黃帝欲絕其類使百吏祠皆用之解祠者謂祠祭以解罪求福

董仲舒傳正次王王次春春者天之所爲也

魏相傳東方之神太皞乘震執規以司春

賈誼新書懸弧之禮義東方之弧以梧梧者東方之草春木也

晁錯新書帝王之道包之如海養之如春

淮南子俶眞訓凍者假兼衣于春

時則訓春爲規規者所以員萬物也規之爲度也轉而不復員而不垸優而不縱廣大以寬感動有理發通有紀優優簡簡百怨不起規度不失生氣乃理

本經訓距日冬至四十六日天含和而未降地懷氣而未揚陰陽儲與呼吸浸潭包裹風俗斟酌萬殊旁薄衆宜以相嘔咐醞釀而成育羣生

繆稱訓春女思秋士悲知物化矣

春秋繁露考功名篇聖人之爲天下興利也其猶春氣之生草也

官制象天篇春者少陽之選也

五行之義篇木居東方而主春

天辯在人篇少陽因木而起助春之生也

春愛志也
人無春氣何以博愛而容衆天無喜氣亦何以暖而春生育
陽尊陰卑篇人生而天而取化於天喜氣取諸春
陰陽出入上下篇春出陽而入陰
治水五行篇日冬至七十二日木用事其氣燥濁而青行柔惠誕羣禁
祭義篇春上豆實豆實韭也春之始所生也始生故曰祠善其可也
威德所生篇春者天之和也
如天之爲篇聖人春修仁而求善方求善之時見惡而不釋
神異經東方外裔有建春山其上多柑
風角書春甲寅日風高去地三四丈鳴條以上常從中上來爲大赦期六十日應
漢宮殿疏洛陽有萬春之門
鹽鐵論天道好生惡殺好賞惡罰故使陽居於實而宣德施陰藏於虛而爲陽佐輔陽剛陰柔季不能加孟此天賤冬而貴春申陽而屈陰故王者南面以臨天下背陰而向陽前德而後刑也
說苑管仲曰吾不能以春風風人吾窮必矣
主春者張昏而中可以種穀
氾勝之書栽樹正月爲上時二月爲中時三月爲下時然棗雞口槐兔目桑蝦蟆眼榆負瘤散其餘雜木鼠耳蝱翅各其時凡種栽井插皆用此等形象
後漢書百官志郡國常以春行所主縣勸民農桑振救乏絶
輿服志注車必有鸞而春獨鸞路者鸞類鳳而色青故以名春路也
皁衣羣吏春服青幘立夏乃止助微順氣尊其方也
郎顗傳方春東作布德之元陽氣開發養導萬物王者因天視聽奉順時氣宜務從寬柔遵其行令
白虎通天子所以親射何助陽氣達萬物也春氣微弱恐物有窒塞不能自達者夫射自內發外貫堅入剛象物之生故以射達之也
嫁娶以春何春者天地交通萬物始生陰陽交接之時也
論衡東方木春春主生物故祭歲星求春之福也四時皆有力于物獨求春者重本尊始也
釋名春曰蒼天陽氣始發色蒼蒼也春蠢也動而生也
三輔黃圖駘蕩宮春時景物駘蕩滿宮中也
申鑒物不能爲春故俟天春而生人則不然存吾春而已矣注存吾春謂順養其生氣
金匱春三月斗星爲天關
博物志遠方諸山蜜蠟處以木爲器中間小孔以蜜蠟塗器內外令遍春月蜂將生育時捕取三兩頭著器中蜂飛去尋將伴來經日漸益遂持器歸
陸機要覽九花樹生南岳雖經雪凝寒花心開便落時人謂之應春花
抱朴子仙藥篇雲母有五色並具而多青者名雲英宜以春服之
拾遺記春皇者伏羲之別號以木德稱王故曰春皇
括地志泰宜春宮在雍州萬年縣西南三十里宜春苑在宮之東杜之南
廣志蜀地有春日瓜細小小瓣宜藏正月種三月熟
纂要一日之計在一晨一年之計在一春
述異記會稽山夏禹廟中有梅梁忽一春而生枝葉
劉勰新論履信篇春之德風風不信則花萼不茂花萼不茂則發生之德廢
益州記南陰平鄉東有浮中山每芳春遊人登賞謂之迎春
三禮義宗五行之官也木正曰句芒者物始生皆句屈而芒角因用爲官名也
東岳所以謂之岱者代謝之義陽春用事除故生新萬物更相生代之道故岱爲名也
齊民要術崔寔曰二三月可種苴麻
種桑法每畝以黍椹子各三升合種之黍桑當俱生鋤之桑令稀疏調適黍熟穫之桑生正與黍高平因以利鎌摩地刈之曝令燥後有風調放火燒之桑至春生一畝可食三箔蠶
酢熟美釅
作糟酢法用春糟以水和粥破塊經三日壓取清水汁兩石許著熟粟米飯四斗投之盆覆密泥二七日
顏氏家訓夫學者猶種樹也春翫其華秋取其實講說文章春之華也修身利行秋之實也
唐書地理志同州朝邑縣有長春宮
京兆萬年縣有南望春宮臨滻水西岸有北望春宮
姚南仲傳王者必據高明燭幽隱先皇所以因龍首而建望春也
唐六典兩儀殿之左曰獻春門兩儀殿之東曰萬春

殿乾元殿之左曰春暉門

西都雜記南北望春亭在禁苑東南高原之上

食療本草粳米赤者粒大而香新熟者動氣經年亦發病惟江南人多收火稻貯倉燒去毛至春舂米食之卽不發病宜人溫中益氣補下元也

本草拾遺麻子早春種爲春麻子小而有毒晚春種爲秋麻子入藥最佳壓油可以油物

蜜蠟所著皆絕巖石壁非攀緣所及惟於山頂以籃輿懸下遂得采取蜂去餘蠟在石有鳥如雀羣來啄之殆盡名曰靈雀至春蜂歸如舊人亦占護其處謂之蠟塞

曲江春宴錄虞松方春招客云握月擔風且留後日吞花臥酒不可過時

索隱王者行春令布德澤被天下則上應靈威仰之帝而天門爲之開以發德化天門卽左右角間也

茶經茗春采謂之苦茶

元和郡縣志天姥山石壁上有刊字科斗形高不可識春月樵者聞簫鼓笳吹聲聒耳

種樹書松必用春後社前帶土栽培百株百活

桃樹遇春以刀疎斫之則穰出而不蛀

國史補凡進士籍而入選謂之春闈

酉陽雜俎熊膽春在首

金鑾密記翰林有龍尸渠通內苑大雨之後必飄諸花藥經山而出有百種香色名不可盡春月尤妙

嶺表錄異新龍等州山田揀荒平處以鋤鍫開爲町疃伺春雨丘中貯水卽先買鯇魚子散於田內一二年後魚兒長大食草根並旣盡爲熟田又收魚利乃種稻且無稗草齊民之上術也

媚草鶴子草也蔓生色淺紫葉形如飛鶴春月生雙蟲食其葉越女收養蟲老脫爲蝶帶之號媚蝶

雲仙雜記蠶退之後多爲乾腊貨之開元中春末兩市多白眼蜂如山市人以此卜絲帛之豐歉

嘯旨流雲古之善嘯者聽韓娥之聲而寫之也沉浮起伏若游龍戲春泉直上萬仞聲遏流雲故曰流雲當林塘春煦暖日和風特宜爲之

開寶本草胡桃春月斫皮汁沐頭至黑

寰宇記美農臺在漢中府城東後漢桓宜爲漢中守春月嘗登此臺以勸農故曰美農臺

番禺雜記木棉先花後葉紫赤色大如椀二三月間花旣謝蘂爲棉有殼盛之人績爲衣裳

茅亭客話蜀有蠶市每年正月至三月州城及屬縣循環一十五處耆舊相傳古蠶叢氏爲蜀主民無定居隨蠶叢所在致市居此其遺俗也

湖湘故事羅漢條後洞有草莖結如帶長丈餘附木而生相傳謂之羅漢條畢田詩云五百移栖絕洞深空留轍迹杳難尋綠絲條帶何人施長到春來掛滿林

墨客揮犀退之有詩贈同遊者喚起窻全曙催歸日未西無心花裏鳥更與盡情啼魯直曰余兒時每哦此詩而了不解其意自出陝右吾年五十八矣時春晚偶憶此詩方悟喚起催歸二禽名也名不虛設人故不覺耳古人於小詩用意精深如此况其大者乎蓋其學問淵源有五石六鷁之旨催歸子規也喚起聲如絡緯圓轉清亮偏於春晚鳴江南謂之春喚

益部方物略記護花鳥青城峨嵋間往往有之至春則啼其音若云無偷花果髣髴人言

楠蜀地最宜者生童童若幢蓋然枝葉不相礙樹甚端偉葉經歲不彫至春陳新相換有花實似母丁香云

娑羅花生峨嵋山中類枇杷數葩合房春開葉在表花在中或言根不可移故俗人不得爲玩

石髓魚狀似鱖鰕而小上春時出石間庖人取爲奇味

洛陽牡丹記洛人家家有花而少大樹者蓋其不接則不佳春初時洛人於壽安山中斵小栽子賣城中謂之山篦子

姚黃一接頭直錢五千秋時立券買之至春見花乃歸其直

花之木去地五七寸許截之乃接以泥封裹用軟土擁之以蒻葉作庵子罩之不令見風日唯南向留一小戸以達氣至春乃去其覆此接花之法也

芍藥譜揚之人無貴賤皆喜戴花開明橋之間方春之月拂旦有花市焉

宋會要西京大內後苑有長春殿

桐譜植桐者一無爪爬二無振搖至春則榮茂而木又易於傑幹其新莖可抽五六尺者迨又至春則根行而蔓其發乃尤愈於初春時也

程子語錄春觀萬物皆有春意堯夫有詩云拍拍滿懷都是春

皇極經世觀物內篇春爲生物之府

溫公詩話寇萊公詩才思融遠嘗爲江南春云波渺

渺柳依依孤村芳草遠斜日杏花飛江南春盡離腸斷蘋滿汀洲人未歸爲人膾炙

雲笈七籤治肝當用噓噓爲瀉吸爲補夫肝者震之氣木之精其色青其象如懸匏肝主魂其神如龍化爲二玉女玉童各長七寸出入于肝臟肝者春之用事常以正月二月三月寅時東向平坐叩齒三通閉氣九息吸震宮之青氣三吞之以享青帝之祀以致二童之饌木精乘王則肝歡寡憂

埤雅鮪魚岫居至春始出而浮陽北入河西上龍門入漆沮見日而目眩

熊羆富脂至春臕瘠即登高木自墜謂之撲臕

蘇軾浣溪沙序予家近釀酒名曰萬家春

東坡詩話韓退之詩且可勸買拋青春國史補云酒有郢之富春烏程之箬下春滎陽之土窟春富平之石凍春劍南之燒春杜子美亦云聞道雲安麴米春纔傾一盞便醺人近世裴鉶作傳奇記裴航事亦有酒名松醪春乃知唐人名酒多以春則拋青春亦必酒名也

東坡志林余來黃州聞光黃人二三月皆羣聚謳歌其詞固不可解而其音亦不中律呂但宛轉其聲高下往返如雞唱爾與朝堂中所聞雞人傳漏微有所似但極鄙野爾

遯齋閒覽河朔春時多大風飛塵揻木數日一作二三日方止以訪左右對曰不得是風且無年名曰吹花擘柳風草木百穀皆藉之

蘄州黃梅山有鵊巢於山巖大木中狀類訓狐聲如擊腰鼓每春生子能飛乃送出山唯二雌雄獨留

石林詩話歐陽文忠公記梅聖俞河豚詩春洲生荻芽春岸飛楊花破題兩句已道盡河豚好處謂河豚出於暮春食柳絮而肥殆不然今浙人食河豚始於上元前常州江陰最先得方出時一尾直千錢然不多得二月後日益多一尾纔百錢耳柳絮時人已不食謂之斑子或言其腹中生蟲故惡之

避暑錄話浙東土人率以陂塘養魚乘春魚初生時取種於江外長不過半寸以木桶置水中細切草爲食如食蠶謂之魚苗一夫可致數千枚投於陂塘不三年長可盈尺

橘錄洞庭柑皮細而味美熟最早藏之至來歲之春其色如丹鄉人謂其種自洞庭山來故以得名

涷橘其顆如常橘之半著子甚繁春二三月始採之亦可愛

塌橘壯大而褊其南枝之向陽者外綠而心甚紅經春味極甘美瓣大而多液其種不常有特橘之次也

天彭牡丹記牡丹花品著者有洛陽春紹興春政和春探春毬

紹興春者祥雲子花也色淡佇而花尤富大者徑尺紹興中始傳

花之舊栽者曰祖花其新接頭有一春兩春者花少而富至三春則花稍多及成樹花雖益繁而花葉減矣

樂府詩集春江花月夜陳後主所作張子容春江花月夜曲林花發岸口氣色動江新此夜江中月流光花上春分明石潭裏宜照浣紗人唐郭元振曰春江巴女曲也

臥遊錄秦觀簡邵彥瞻曰春色遂爾藹然草木魚鳥各有佳意廣陵多登臨之美臨風把盞所得故應不貲

錦繡萬花谷韓子蒼守黃州取春江綠漲葡萄醅以名新釀酒有詩云葡萄酒用春江水壓倒雲安麴米春

揮麈前錄高昌佛寺五十餘區皆唐朝賜額居民春月多遊遨樂于其間遊者馬上持弓矢射諸物謂之禳灾

會稽志春蠶多四眠餘蠶皆三眠越人謂蠶眠爲幼謂之幼一幼二幼三幼大

春波橋在會稽縣東南五里賀知章詩云離別家鄉歲月多近來人事半消磨惟有門前鑑湖水春風不改舊時波故取此名橋

玉海宜春觀在鄠縣武帝造

隋有和春殿

唐有望春門

癸辛雜識春花已半開者用刀剪下即插之蘿蔔上却以花盆用土種之時時灌溉異時花過則根已生矣既不傷生意又可得種亦奇法

趙春谷梅亭曰東風第一賈秋壑梅亭曰第一春

蠡海集氣候類春之氣自下而升故春色先于曠野庶物類春之花至殘而飄零得敷暢之氣焉

山家清供楊誠齋詩云甕澄雪水釀春寒蜜點梅花帶露飧句裏略無煙火氣更教獨上少陵壇剝白梅少許浸雪水梅花溫釀之露一宿取去蜜漬之可薦酒較之敲雪煎茶風味不殊也

春采筍蕨之嫩者以湯瀹之取魚鰕同切作塊子用湯泡滾蒸入熟油醬研胡椒拌和以粉皮乘覆各合於二盞內蒸熟名山海兜或名筍蕨羹許梅屋棐云趁得山家筍蕨春借廚烹煮自炊薪倩誰分我杯羹去寄輿中朝食肉人

北苑茶錄凡茶芽數品最上曰小芽如雀舌鷹爪以其勁直纖挺故號芽茶早春極少

筍譜凡植竹正月二月引根鞭必西南而行負陰就陽也

篌筍出溫處如苦竹長節而薄可作屋椽筍則春生可食

旋味筍一名苦蒲筍福州南一日程多生苦竹春則生筍鄉人煮食甚苦而且澀及停久則味還可食故曰旋味筍

玉蘂辨證江南野中有小白花高數尺春開極香土人呼名瑒花瑒玉名取其白也

採蘭雜志蛺蝶一名春駒

武林舊事諸色酒名思堂春皇都春畱都春十洲春海岳春蓬萊春錦波春浮玉春秦淮春豐和春縠溪春萬象皆春

金史輿服志金人從春水之服則有鶻捕鵝雜花卉之飾

元史祭祀志薦新餡野彘孟春用之鴈天鵝仲春用之葑韭鴨雞卵季春用之

澄懷錄東皐雜錄江南自春至初夏有二十四番風信呂氏春秋春之德風風不信則花不成

談撰卉木皆感於春氣而後發生者以木旺寅卯然也

便民圖纂春間取梅核埋糞地待長二三尺許移栽其樹接桃則實脆

種桃於暖處爲坑春間以核埋之蒂子向上尖頭向下長二三寸許和土移種

種杏春初種於肥地候長成小樹來春和土移栽以生子樹枝接之則實茂

農桑通訣凡墾闢荒地春曰燎荒注如平原草萊深者至春燒荒趁地氣通潤草芽欲發根荄柔脆易爲開墾

學圃雜疏茭白以秋生吳中一種春生曰呂公茭以非時爲美初出時煮食甜稉

熙朝樂事春日婦女喜爲鬬草之戲黃子常綺羅香詞云綃帕藏春羅裙點露相約鶯花叢裏翠袖拈芳香沁筍芽纖指偷摘遍綠逕煙霏悄攀下畫闌紅紫掃花堦褥展芙蓉瑤臺十二峯仙子芳園淸晝乍永亭上吟吟笑語妒穠誇麗奪取籌多贏得玉璫瑜珥凝素靨香粉添嬌映黛眉淡黃生喜縮畱帶空繫宜男情郎歸也未

淸閒供春時晨起點梅花湯課奚奴洒掃護階苔取茶蘼露浣手薰玉蕤香讀赤文綠字書晌午採筍蕨供胡麻汲泉試新茗午後乘款段馬執剪水鞭攜斗酒雙柑往聽黃鸝日晡坐柳風前裂五色牋集錦囊佳句薄暮繞徑灌花種魚

緗史月表春花小友芺菰藍綿

海槎餘錄佛桑花枝葉類江南槿樹花類中州芍藥而輕柔過之開時當二三月之間色婀娜可愛

海味索隱石蜐土名龜腳又名佛手蚶皆以象形立名其肉端有兩黑爪至春月散開如葩故郭璞江賦云石蜐應節而揚葩是也

書肆說鈴花信風與寒食雨前後稍異寒食雨自冬至起至淸明前一日合七氣得三個月零十五日花信風自小寒起至穀雨合八氣得四個月每氣管十五日每五日一候計八氣分得二十四候每候以一花之風信應之

田家五行諺云春風踏腳報言易轉方如人傳報不停腳也一云既吹一日南風必還一日北風報答也二說俱應

凡春宜和而反寒必多雨諺云春寒多雨水

田家雜占春甲子雨主夏旱六十日

春甲申雨主米暴貴

茆蕩內春初雨菌生俗呼爲雷蕈多則主旱無則主水

農家餘話凡產茶之地山南和暖得春氣而先發故芽嫩味全厚生山北陰寒至春深始萌葉厚而拳踢氣味不全如海南產香之地相似也

農政全書種竹正月一日二月二日三月三日皆可種無不活者如要不問年出筍用正月一日二月二日

遵生八牋花落爲褥翠草成裀醉眠春日其樂不淺

本草凡採根物多以春月採者謂春初津潤始萌未衡枝葉勢力淳濃也

春月移栽各樹宜上半月前則茂而結實移栽松柏

槐柳桑柘橙橘各色樹皆可
本草綱目青蒿得春最早人摘以爲蔬根赤葉香
龍涎出西南海中是春間羣龍所吐涎沫浮出番人採得貨之每兩千錢
茶有野生種生種者用子其子大如指頂正圓黑色二月下種一坎須百顆乃生一株蓋空殼者多故也畏水與日最宜坡地蔭處清明前採者上穀雨前者次之
石蜐一名紫囌生東南海中江淹石蜐賦云亦有足翼得春雨則生花
楊柳春初生柔荑卽開黃蘂至春晚葉長成後蘂中細黑子蘂落而絮出如白絨因風而飛入池沼化爲浮萍黃藥卽花其子乃絮也
二三月蝦蟆曳腸於水際草上纏繳如索日見黑點漸至春水時鳴以聒之則蝌蚪皆出謂之聒子所謂蝦蟆聲抱是矣
羣芳譜檉柳一名雨師一名長壽仙人柳卽俗所稱三春柳也春前以枝插之易生
紫荆一名滿條紅叢生春開紫花甚細碎數朵一簇花罷葉出光緊微圓花謝卽結莢子
繡毬木本皺體葉青色微帶黑而澀春月開花五瓣百花成朵團圞如毬花有紅白二種
迎春一名金腰帶叢生高數尺方莖厚葉春前有花如瑞香花黃色不結實
君山記酒香山在君山上相傳每春時往往聞酒香尋之莫見其處
外國圖風山之首高三百里有風穴方三十里春風自此出
耕桑偶記青齊間遇春耕則飼牛以天麻飯仍用錦縷繫於角上
餘冬序錄按古三墳曰惟天至仁于草生月天雨降河龍馬負圖又木王月命臣潛龍氏作甲曆所謂草木月與木王月記其歲之春也太古未造曆前以草木爲記
名勝志春水出鶴慶府東七里石朶和石坂中至春月水益盛和鹽梅椒末飲之可以辟疾
香泉在武定府城南三里泉至春則生香土人每以二三月間具酒肴祭泉然後汲之和酒而飲謂能愈衆疾
新安縣西北八十里大步海中有媚珠池又八十里有合蘭洲與龍穴洲相比穴凡雨有龍出沒其間春晴蜃氣結爲樓臺城堞人物車馬往來之狀
金谿縣治後有錦繡谷以春月花開如繡故名
定州衆春園在華塔寺宋韓魏公爲守時嘗築臺池園囿仍自爲記略曰郡北隅瀦水爲塘廣百畝餘植柳萬株亭榭花草之盛冠於北陲總而名之曰衆春良辰佳節太守與吏民同一日之適游覽其間以通聖時無事之樂
黃龍洲在延平府城東南張司空祠前每春水後土人視洲沙多寡占歲豐歉
餘杭縣西有泠溪取清泠之意乘舟至此渺若凌空每春日風生水涌漲數寸俗傳有尹公者善異術叱木成潮因名尹公潮
一統志迴鴈峯在衡州鴈至此不過遇春而迴
西湖志杭州壽安坊俗稱官巷宋時謂之花市亦曰花團蓋汴京壽安山下多花園春時賞宴爭華競侈錦簇繡圍移都後以花市比之故稱壽安坊今兩岸多賣花之家亦其遺俗也

春部外編

拾遺記周穆王三十六年東巡大騎之谷詣春宵宮集諸方士仙術之要而螭鵠龍蛇之類奇種憑空而出
劇談錄上都安業坊唐昌觀舊有玉蘂花甚繁每發若瑤林瓊樹元和中春物方盛車馬尋玩者相繼忽一日有女子年可十七八乘馬容色婉約迥出于衆下馬以白角扇障面直造花所異香芬馥聞于數十步之外佇立良久令小僕取花數枝而出須臾望之已在半天餘香不散者經月餘日
幽怪錄鸜鵒見柳歸舜忽呼曰阿春看客忽一青衣乘雲而下相見
葆光錄殷七七嘗春遊酒盡將木呪之成濃醪

欽定古今圖書集成曆象彙編歲功典

第十五卷目錄

歲功典第十五卷

孟春部彙考

易經

地天泰卦

䷊

本義泰通也天地交而二氣通故爲泰正月之卦也

書經

舜典

輯五瑞旣月乃日覲四岳羣牧班瑞於羣后

蔡傳此正月事

禮記

月令

孟春之月日在營室昏參中旦尾中其日甲乙其帝太皡其神句芒

陳注營室在亥娵訾之次也星有明暗見有早晩昏明之星不可正依曆法但舉大略耳甲乙木之屬伏羲木德之君句芒少皡之子曰重木官之臣聖神繼天立極有功德於民故後王於春祀之四時皆此義

其蟲鱗其音角律中太蔟其數八其味酸其臭羶其祀戸祭先脾

陳注角爲木罩出曰聲雜比曰音調樂於春以角爲主也太蔟寅律長八寸天三生木地八成之其數八成數也酸羶皆木之屬戸者人所出入司之有神此神是陽氣在戸之內春陽氣出故祀之祭先脾者木克土也獨斷曰戸春爲少陽其氣始出生養祀之於戸祀戸之禮南面設主于門內之西大全

馬氏曰蒼龍木屬也其類爲鱗曲直作酸故味酸物以木化則其氣爲羶

東風解凍蟄蟲始振魚上冰獺祭魚鴻鴈來

陳注此記寅月之候

天子居青陽左个乘鸞路駕倉龍載青旂衣青衣服倉玉食麥與羊其器疏以達

陳注青陽左个註云太寢東堂北偏也疏云是明堂北偏而云太寢者明堂與太廟太寢制同北偏者近北也四面旁室謂之个鸞路有虞氏之車有鸞鈴也春言鸞則夏秋冬皆鸞也夏云朱冬云元則春青秋白可知倉與蒼同馬八尺以上爲龍服玉冠冕之飾及佩也麥以金王而生火王而死當屬金而鄭云屬木兌爲羊當屬金而鄭云火畜疏云本五行傳言之疏以達者春物將貫土而出故器之刻鏤者使文理麤疏直而通達也

是月也以立春先立春三日太史謁之天子曰某日立春盛德在木天子乃齊立春之日天子親帥三公九卿諸侯大夫以迎春於東郊還反賞公卿大夫於朝命相布德和令行慶施惠下及兆民慶賜遂行毋有不當

陳注疏曰節氣有早晚是月者謂是月之氣不謂是月之日也

乃命太史守典奉法司天日月星辰之行宿離不貸毋失經紀以初爲常

陳注初者曆家推步之舊法以此爲占候之常也

是月也天子乃以元日祈穀于上帝乃擇元辰天子親載耒耜措之于參保介之御間帥三公九卿諸侯大夫躬耕帝藉天子三推三公五推卿諸侯九推反執爵于太寢三公九卿諸侯大夫皆御命曰勞酒

陳注元日上辛也郊祭天而配以后稷爲祈穀也元辰郊後吉日也參參乘之人也燕禮羣臣皆侍士賤不與耕故亦不與勞酒之賜大全方氏曰帝藉藉田也以其共上帝之粢盛故曰帝以其借民力而終之故曰藉

是月也天氣下降地氣上騰天地和同草木萌動王命布農事命田舍東郊皆修封疆審端徑術善相丘陵阪險原隰土地所宜五穀所殖以教道民必躬親之田事既飭先定準直農乃不惑

陳注田田畯也舍居也天子命田畯居東郊以督耕者步道曰徑術與遂同田之溝洫也

是月也命樂正入學習舞乃修祭典命祀山林川澤犧牲毋用牝禁止伐木毋覆巢毋殺孩蟲胎夭飛鳥毋麛毋卵毋聚大衆毋置城郭掩骼埋胔

陳注孩蟲蟲之稚者胎未生夭方生飛鳥初學飛之鳥麛獸子之通稱胔骨尚有肉者

是月也不可以稱兵稱兵必天殃兵戎不起不可從我始毋變天之道毋絕地之理毋亂人之紀

陳注春者生德之盛時兵自我起以殺戮之心逆生育之氣殃也宜哉

孟春行夏令則雨水不時草木蚤落國時有恐

陳注此巳火之氣所泄也言人君於孟春之月行孟夏之政令則感召咎證如此

行秋令則其民大疫猋風暴雨總至藜莠蓬蒿並興

陳注謂孟秋之令此申金之氣所傷也

行冬令則水潦爲敗雪霜大摯首種不入

陳注謂孟冬之令此亥水之氣所淫也摯傷折也百穀惟稷先種故云首種

爾雅

月陽

正月爲陬

注離騷云攝提貞于孟陬疏正月得甲則曰畢陬得丙則曰修陬得戊則曰厲陬得庚則曰窒陬得壬則曰終陬此可類推

易乾鑿度

三著體成

三微而成著三著而體成當此之時天地交萬物通

素問

診要經終論篇

正月二月天氣始方地氣始發人氣在肝

注春者天氣始開地氣始泄而人氣在肝肝主東方寅卯木也夫奇恆之勢乃六十首蓋以六十日而氣在一藏爲首五藏相通而次序旋轉者也

黃帝占

秋收占

正月二十日爲秋收日晴主秋成百果蕃茂

汲冢周書

時訓解

立春之日東風解凍又五日蟄蟲始振又五日魚上冰風不解凍號令不行蟄蟲不振陰奸陽魚不上冰甲冑私藏雨水之日獺祭魚又五日鴻鴈來又五日草木萌動獺不祭魚國多盜賊鴻鴈不來遠人不服

草木不萌動果蔬不熟

呂氏春秋

季夏紀音律篇

太簇之月陽氣始生草木繁動令農發土無或失時

注 太簇正月冬至後四十六日立春故曰陽氣始生

史記

律書

條風居東北主出萬物條之言條治萬物而出之故曰條風南至於箕箕者言萬物根棋故曰箕正月也律中泰簇泰簇者言萬物簇生也故曰泰簇其於十二子爲寅寅言萬物始生螾然也故曰寅南至於尾言萬物始生如尾也南至於心言萬物始生有華心也南至於房房者言萬物門戶也至於門則出矣

歷書

昔自在古歷建正作於孟春

注 索隱曰案古歷者謂黃帝調歷以前有上元太初歷等皆以建寅爲正謂之孟春也及顓頊夏禹亦以建寅爲正

天官書

從正月旦比數雨

注 索隱曰比音鼻謂以比數日以候一歲之雨以知豐穰也

率日食一升至七升而極

注 孟康曰月一日雨民有一升之食二日雨民有二升之食如此至七日

過之不占數至十二日日直其月占水旱爲其環城千里內占則其爲天下候竟正月

注 孟康曰月一日雨正月水月三十日周天歷二十八宿然後可占天下

月所離列宿日風雲占其國然必察太歲所在在金穰水毀木饑火旱此其大經也正月上甲風從東方宜蠶風從西方若旦黃雲惡

注 索隱曰韋昭云離歷也

漢書

律歷志

太族族奏也言陽氣大奏地而達物也位於寅在正月

淮南子

天文訓

立春加十五日斗指寅則雨水音比夷則

太簇之數七十二主正月下生南呂

太陰在辰歲名曰執徐歲星舍營室東壁以正月與之晨出東方翼軫爲對

時則訓

孟春之月招搖指寅昏參中旦尾中其位東方其日甲乙盛德在木其蟲鱗其音角律中太簇其數八其味酸其臭羶其祀戶祭先脾東風解凍蟄蟲始振蘇魚上負冰獺祭魚候鴈北天子衣青衣乘蒼龍服蒼玉建青旂食麥與羊服八風水爨萁燧火東宮御女青色衣青采鼓琴瑟其兵矛其畜羊朝於青陽左个以出春令布德施惠行慶賞省徭賦立春之日天子親率三公九卿大夫以迎歲於東郊修除祠位幣禱鬼神犧牲用牡禁伐木毋覆巢殺胎夭毋麛毋卵毋聚衆置城郭掩骼薶骴孟春行夏令則風雨不時草木早落國乃有恐行秋令則其民大疫飄風暴雨總至藜莠蓬蒿並興行冬令則水潦爲敗雨霜大雹首稼不入正月官司空其樹楊

六合

孟春與孟秋爲合孟春始贏孟秋始縮故正月失政七月涼風不至

大戴禮記

夏小正

正月啓蟄言始發蟄也鴈北鄉先言鴈而後言鄉者何也見鴈而後數其鄉也鄉者何也鄉其居也鴈以北方爲居何以謂之爲居生且長焉爾九月遰鴻鴈先言遰而後言鴻鴈何也見遰而後數之則鴻鴈也何不謂南鄉也曰非其居也故不謂南鄉記鴻鴈之遰也如不記其鄉何也曰鴻不必當小正之遰者也雉震呴震也者鳴也呴也者鼓其翼也正月必雷雷不必聞惟雉爲必聞之何以謂之雷則雉震呴相識以雷魚陟負冰陟升也負冰云者言解蟄也農緯厥耒緯束也束其耒云爾者用是見君之亦有耒也初歲祭耒始用暢也其用初云爾暢也者終歲之用祭也言是月之始用之也初者始也或曰祭韭也囿有韭囿也者園之燕者也時有俊風俊者大也大風南風也何大於南風也曰合冰必於南風解冰必於南風生必於南風收必於南風故大之也寒曰滌凍塗滌也者變也變而煖也凍塗者凍下而澤上多也田鼠出田鼠者嗛鼠也記時也農率均田率者循也均田者始除田也言農夫急除田也獺祭魚其必與之獻

何也曰非其類也祭也者得多也善其祭而後食之十月豺祭獸謂之祭獺祭魚謂之獻何也豺祭其類獺祭非其類故謂之獻大之也鷹則爲鳩鷹也者其殺之時也鳩也者非其殺之時也善變而之仁也故其言之也曰則盡其辭也鳩爲鷹變而之不仁也故不盡其辭也農及雪澤言雪澤之無高下也初服於公田古有公田焉者古言先服公田而後服其田也采芸爲廟采也鞠則見鞠者何也星名也鞠則見者歲再見爾初昏參中蓋記時也云斗柄縣在下言斗柄者所以著參之中也柳稊稊也者發孚也梅杏杝桃則華杝桃山桃也緹縞也者莎隨也緹也者其實也先言緹而後言縞者何也緹先見者也何以謂之小正以著名也雞桴粥粥也者相粥之時也或曰桴嫗伏也粥養也

後漢書

禮儀志

正月上丁祠南郊禮畢次北郊明堂高廟世祖廟謂之五供五供畢以次上陵西都舊有上陵東都之儀百官四姓親家婦女公主諸王大夫外國朝者侍子郡國計吏會陵晝漏上水大鴻臚設九賓隨立寢殿前鍾鳴謁者治禮引客羣臣就位如儀乘輿自東廂下太常導出西向拜止旋升阼階拜神坐退坐東廂西向侍中尚書陛者皆神坐後公卿羣臣謁神坐太官上食太常樂奏食舉文始五行之舞禮樂闋君臣受賜食畢郡國上計吏以次前當神軒占其郡穀價民所疾苦欲神知其動靜孝子事親盡禮敬愛之心也周徧如禮最後親陵遣計吏賜之帶佩

正月甲子若丙子爲吉日可加元服儀從冠禮乘輿初緇布進賢次爵弁次武弁次通天以據皆於高祖廟如禮謁王公以下初加進賢而已

正月天郊夕牲晝漏未盡十八刻初納夜漏未盡八刻初納進熟獻太祝送旋皆就燎位宰祝舉火燔柴火然天子再拜興有司告事畢也明堂五郊宗廟太社稷六宗夕牲皆以晝漏十四刻初納夜漏未盡七刻初納進熟獻送神還有司告事畢六宗燔燎火大然有司告事畢

正月始耕晝漏上水初納執事告祠先農已享耕時有司請行事就耕位天子三公九卿諸侯百官以次耕力田種各耰訖有司告事畢是月令曰郡國守相皆勸民始耕如儀諸行出入皆鳴鍾皆作樂其有災眚有他故若請雨止雨皆不鳴鍾不作樂

說文

寅月

寅髕也正月陽氣動去黃泉欲上出陰尚彊

晉書

樂志

正月之辰謂之寅寅者津也謂生物之津塗也

正月之管謂爲太簇簇者簇也謂萬物隨於陽氣太簇而生也

宋書

禮志

孟春之月擇上辛後吉亥日御乘耕根三蓋車駕蒼駟青旂著通天冠青幘朝服青袞帶佩蒼玉藩王以下至六百石皆衣青唯三臺武衛不耕不改服章車駕出衆事如郊廟之儀車駕至藉田侍中跪奏尊降車臨壇大司農跪奏先農已享請皇帝親耕太史令讚曰皇帝親耕三推三反於是羣臣以次耕王公五等開國諸侯五推五反孤卿大夫七推七反士九推九反藉田令率其屬耕竟畝灑種即耰禮畢

齊民要術

正月事宜

崔寔四民月令曰農事未起命成童以上入太學五經硯冰釋命幼童入小學篇章命女工趣織布典饋釀春酒

梁元帝纂要

孟春

正月孟春亦曰孟陽孟陬上春初春開春發春獻春首春首歲初歲開歲發歲獻歲肇歲芳歲

玉曆通政經

春氣溫柔

正月建寅律中太簇雞雉孳尾招搖生聚少陽解凍其氣溫柔逆之則寒

農政全書

孟春事宜

孟春之月命女工趨織布典饋釀春酒　是月教牛修農具築牆園開溝渠修蠶室整屋漏織蠶箔　此月栽樹爲上時上半月栽者多結子南風不可栽

下子　茄　瓜　薏苡　諸般花子　葫蘆　匏

扦插　楊柳　石榴　梔子

栽種　松　桑　楡　柳　棗　葱　葵　韭　胡

桃　榛子　松子　杏子　椒　菠菜　麻　牛

莠子　竹宜初二日　雜樹木宜上日　木棉花　苦薯　山藥　冬瓜宜初十日　黃瓜　萵苣生菜　蕈　芋　四月芥

接換　梨子　林檎　棗　柿　栗　桃　梅李

李以上並雨後

澆培　石榴　梨子　海棠　栗　棗　柿　梅

桃　杏　林檎　胡桃以上並下旬

收藏　無灰臘糟　蒸臘酒　合小豆醬

雜事　接諸般花木果樹　移諸般花木果樹　壟瓜地　修諸色果木　修接桑樹　騸諸色樹木

騸與嫁同

農事占候

正月凡春雷和而反寒必多雨諺云春寒多雨水元宵前後必有料峭之風謂之元宵風　上八日宜晴此夜若雨元宵如之諺云上八夜弗見參星月半夜弗見紅燈　雨水後陰多主少水高下大熟諺云正月罯坑好種田

遵生八牋

正月事宜

周天玉衡六問曰大寒後十五日斗指艮爲立春立始建也春氣始至故爲之立也後又十五日斗指寅爲雨水雨水中炁也言雪散爲水矣律太簇簇者湊也言萬物湊地而出隨陽而生也玉燭寶典以正月爲端月曰孟陽曰獻歲

靈寶曰是月天道南行作事出行俱向南吉

是月一日修續命齋勿殺生初七日是三會日宜修延神齋吉

四時纂要曰是月四日寅日宜拔白甲子日拔白三十日服井花水令鬢髮不白

肘後方曰正月上寅日取女青草末三合絳囊盛掛帳中能辟瘟疫女青即雀瓢也

瑣碎錄曰打春牛時拾牛身土泥撒簷下不生蚰蜒

居家必用曰是月將三年桃樹身上尖刀畫破樹皮直長五七條比他樹結子更多恐皮緊不長

是月上辰日塞鼠穴可絕鼠

珠囊隱訣曰正月宜加綿襪以煖足則無病戊辰日宜煉丹藥

千金月令曰是月宜食粥有三方一曰地黃粥以補虛取地黃搗汁候粥半熟以下汁復用綿包花椒五十粒生薑一片同煮粥熟去綿包再下熟羊腎一具碎切成條如韭葉大少加鹽食之二曰防風粥以去四肢風取防風一大分煎湯煮粥三曰紫蘇粥取紫蘇炒微黃香煎取汁作粥

雲笈七籤曰正月十日沐浴令人齒堅寅日燒白髮吉

述見曰是月每早梳頭一二百梳甚益

元樞經曰春冰未泮衣欲上薄下厚養陽收陰長生之術也太薄則傷寒

道藏經曰欲滅尸蟲春正上甲乙日視歲星所在焚香朝禮拜誠心祝曰臣願東方明星君扶我魂接我魄使我壽命綿長如松柏願臣身中三尸九蟲盡消滅頻頻行之吉

正月事忌

正月日時不宜用寅犯月建百事不利

是月初七日二十一日不可交易裁衣

是月初婚忌空牀招不祥不得已者以薰籠置牀以厭之

千金方曰是月食虎豹貍肉令人傷神損壽

又曰不得食生蔥蓼子令人面上起遊風勿食蟄藏不時之物

本草是月勿食鼠殘傷物令人生瘻

心鏡曰是月節五辛以避厲氣五辛蒜葱韭薤薑是也勿食貍豹等肉

攝生論曰八日宜沐浴其日不宜遠行

楊公忌曰十三日不宜問疾

正月元日天臘日十五日爲上元二一日戒夫婦入房

正月修養法

孟春之月天地俱生謂之發陽天地資始萬物化生生而勿殺與而勿奪君子固密毋泄真氣卦值泰生氣在子坐臥當向北方

孫真人攝生論曰正月腎氣受病肺臟氣微宜減鹹酸增辛辣味助腎補肺安養胃氣勿冒冰凍勿太溫煖早起夜臥以緩形神

占雨霧

正月朔雨春旱人食一升二日雨人食二升以漸而升五日雨大熟五日有霧傷穀傷民元日霧歲必饑

占草驗歲

師曠曰薺先生歲甘葶藶先生歲苦藕先生歲雨蒺藜先生歲旱蓬草先生歲欲流水藻先生歲欲惡艾葉先生歲欲病皆以正月占之

賞心樂事

正月

歲節家宴　立春日春盤　人日煎餅會　玉照堂賞梅　天街觀燈　諸館賞燈　叢奎閣山茶　湖山尋梅　攬月橋看新柳　安閑堂掃雪

事物原始

賀正

漢書云漢高帝十月定秦遂爲歲首漢以十一月爲正月羣臣朝賀元日慶賀之義始此按歷代正月所尚不同鄭康成尚書三帛注云高陽氏軒轅氏有虞氏俱以十一月爲正月高辛氏少昊金天氏女媧氏堯帝俱以十二月爲正月易曰帝出乎震謂伏羲也建寅之月則正月當從太昊伏羲氏始其夏正建寅爲人統商正建丑爲地統周正建子爲天統孔子曰行夏之時至今因之正本去聲秦始皇諱政避其諱故音從征至今從之

小年朝

國朝會要曰宋眞宗大中祥符元年詔以正月初三日天書降爲天慶節休假五日今稱小年朝始此

直隸志書 各省風俗同者不載

宛平縣

正月十九集白雲觀彈射走馬曰耍燕九二十五日大啖餅餌曰塡倉

昌平州

正月八日俗謂羣星下界之辰間有設香紙以祭者

豐潤縣

正月十日炊麪爲繭以祈蠶功是月童子入塾女輟鍼工男出郊外以試農事

永平府

猪日祭梟遍禮羣神交宴親友少年自雞至馬隨意閒遊或演習絃歌或番弄博戲或聽說偈唱詞或看蹋毬舞棒穀日稍止旬浹炊麪爲繭以祈蠶功越二日而浹辰矣並晴明無風則以日卜月而歲大吉又二日女輟鍼名忌諱是日或先試燈設席廿四日以鼠會親是宵燃燈一歲作耗故禁火五日曰塡倉農家蒸飯炊糕五更用竈灰於前院畫地成窖爲梯圍形或撒五穀以磚石壓之爲歲豐盈兆而農出郊矣雨水節後占天陰宜農

灤州

孟春之月女輟鍼工爲昇戲

安肅縣

正月十四日用灰數地置穀於中往來布種以爲多穫名曰種田

肅寧縣

正月二十五日塡倉羅灰於院中名打圖置諸穀少許於中爲豐兆風占甲子豐年丙子旱戊子蝗蟲庚子亂若逢壬子水滔滔只在正月上旬看

吳橋縣

正月二十五塡倉日農家吃順風糕

元氏縣

正月十日俗謂十子日不動碓磑恐傷歲稼十二日婦女出聚門首謂之躲鼠不然恐嚙衣物十六日夜半用杵遍杵宅院謂之搗虛耗二十日用灰畫窖置五穀於中明晨收入倉內謂之小添倉二十五日同上謂之老添倉是月親友置酒酬酢彌月不絕謂之年酒

冀州

正月十六日夜祭竈帮卜名曰問竈神

棗強縣

塡倉日驗風自何來以兆豐歉

饒陽縣

正月一日雞二日犬三日猪四日羊五日牛六日馬七日人八日穀其日晴所主之物育陰則災朔日疾風盛雨發屋揚沙主絲貴蠶敗五穀不成五日內東北風皆大熟月內虹十月穀貴雷弗安日蝕穀賤盜沴多八日覩參星過月西旱否則水雨水日東風五穀豐南風主春旱西風主有水北風主麥不成

邢臺縣

正月二十五日祭天倉用雜糧爲團供

廣平府

鄉人先於除日上墳挈焚楮錢請其先靈於家供祭至正月上旬之內則撤供桌復焚楮錢送歸墳恐門神阻之預以香炷塗其目

延慶州

正月十六日具酒饌名少壯者飮食之謂之扛窖

山東志書

武城縣

正月十六日質明以艾炷灸衣帶謂之灸病十七日不燃燈燃則鼠嚙衣

曹縣

正月初八日接星十三日賽城隍神新弁服有儺事

平陰縣

正月十七日女紅俱停鍼指俗謂鍼刺日

黃縣

正月朔三迎女兒節婿及甥登堂禮拜設席十日姻親相餽送酒肴等物名曰送拾掇

招遠縣

正月十七日俗謂之大人七日夜亦不篝燈

山西志書

陽曲縣

正月五日婦女以色紙裝男女形六日爆黑豆投水甕內辟毒曰爆六甲八日晚設香燈作麪果餅祭拜北斗

盂縣

正月女輟鍼工或請仙童跳七娘爲戲

臨汾縣

正月二十九日祭火星

洪洞縣

正月二十日請婿女吃煎餅

太平縣

正月五日俗謂月忌家物不出二十二日女不用鍼晦夜不張燈爲鼠忌

夏縣

正月二十日大風則黍大收小風則黍小收無風則黍無收試之屢驗

隰州

正月二十三日財神會延僧於三皇廟誦經衍巷張燈如元宵間亦放花火

永和縣

新歲各村鳴鑼擊鼓爲樂此村至彼村以油糕酒果款之明日彼村至此村亦然賀嫁娶之家亦用油糕

正月五日家藏不出六日女不用針七日炙糖坵穰瘟十日夜不點燈

黎城縣

正月二十日俗曰天倉庖廚廩庾悉燃燈照之有以酒脯祀者又謂二十五日爲大天倉忌出喜入燃燈如前是月也薅韭曬蠶連修耒耜燒苜蓿種菠陵栽樹於雨水前後

平遙縣

正月初十日以麪餅置牆根名曰賀老鼠嫁女十三日以米麪茶酒屋上食寒鴉祈其不害豆田也十七日婦作針指名曰刺蚍蜒一月內忌糊紙背

朔州

正月五日俗稱破五以彩紙剪作裙衫裝女子形於五更送之街頭曰送窮媳婦出門

馬邑縣

俗以正月二十日爲小天倉以炭灰羅布地上作大小圈曰囤窖食煑餑以蕎麪爲丸而空其中肖窖形也至二十五日爲老天倉食煎餅亦蕎麪爲之曰蓋窖

河南志書

儀封縣

正月十六日早士女登高阜灸石人

陳州

正月十六日闔郡士民辦香詣太昊陵奠獻觀者因而爲市抵晚登城士女往來周圍肩相摩也

臨穎縣

正月十六夜竈卜

林縣

正月十六日士民協親友攜榼提壺登龍頭山飲酒盡日而歸

孟津縣

正月十六日逆女吃茶點燈於河順流而下以祈福男女登原陵遊觀擡輦數十座朝漢陵

陝西志書

富平縣

正月二十日置麪餅屋宇上下曰補天地二十三日少年作百戲狀沿衕而行若狂者然曰擺社福又曰過不當晦日各以斧斤斫梨棗冀其實繁曰揵棗以火照桑樹謂其無蟲曰燎桑

商州

正月十五日有司行鄉飲酒禮儒學擇吉日開學士民亦送子讀書州擇日開操

同州

正月初九日灸穀皮於園以祛災十二夜不然燈然則鼠嚙衣

郃陽縣

正月二十三日多祀佛剪紙人貼門上禁不得食米或禁三數日懼病疳

白水縣

正月二十三日傾城中士女雜踏遊二百子廟祈嗣是夜放燈如元宵節

蒲城縣

正月晦日擲黑豆驅蟲或用竈灰撒牆下

岐山縣

正月二十日穿孩女耳晦夜斷燈禁語謂之避鼠嫁

西鄉縣

正月十六日北郊彌陀寺大會男婦遊春竟日方旋

平涼府

正月二十三日不食粟唯飯麪是月也羣物始交鳥乃鳴魚負冰柳乃發茸款冬蘂乃花牡丹迎春始萼藏冰減裘農乃糞利器犁耰梳耞羊毛俱可褐伐柳肄啓冬窨惰農閒臥乃鮮食稞

江南志書

吳縣

正月三日競遊開元寺十三日詣吉祥菴謁揚威侯俗呼劉猛將燃巨燭如栝棬至半月始滅

長洲縣

正月禮年懺五日祀五路神以祈利達

崑山縣

正月初八夕各家爭看參星以卜旱潦十四日以秫穀爆於釜中名孛婁又名卜流人自爆之以卜一歲之休咎兒女輩用綵線貫之簇成花狀插於髻上

常熟縣

正月九日爲天日興福寺僧齋天邑人多早起往觀之

嘉定縣

正月四日設粉餌祀竈曰接竈

松江府

正月八日夜觀參星過月西則多旱否則多水又以上元夕之晴陰月內虹十月穀貴雷弗安日蝕穀賤盜沴多

興化縣

正月十六夜婦女走三橋祈嗣印灰於門以兆秋成

泰州

正月十六夜婦人有乞子者取磚密藏以歸

如皋縣

正月新婚者不空牀恐招不祥

通州

穀日晴占有歲士大夫出郭嬉遊

懷寧縣

正月三日各焚其門懸紙錢誡家人各執業諺云燒了掛門紙各自務生理

灊山縣

正月七日用刃斫果樹令多生

太湖縣

正月五日俗呼爲牛日戒家僮毋得鞭詈牛且以飯飼之

徽州府

正月修田畛端徑路

休寧縣

正月上旬宜甲子主豐丙子旱戊子蟲庚子凶壬子水

蒙城縣

正月上旬之日各家女子鳴鑼擊鼓邀天仙問時歲吉凶

浙江志書

杭州府

正月初三日謂之小年朝仍燒松棚於閤爐中自元旦至三日皆用赤豆飯井以供神謂之隔年飯初六日南山法相寺古定光佛誕日士民爭往禱之有摩佛頂至踵謂可以得子者

海寧縣

佞佛者有頭八佛二八佛之會以正月八日次以十八日俱會於附近寺院而岳廟尤盛

嘉興府

正月五日內田間束芻於木末颺以緋帛夜擊金鼓而焚之侑以祝詞曰燒田蠶蓋祈年也

山陰縣

正月十四日用巫人以牲醴祀白虎之神祭畢以紅綠線釘虎於門上謂之遣白虎

嵊縣

穀日天氣晴明之夜仍裝童騎佐以燈爆金鼓迎於城隍廟縣堂及各街道以祈穀謂之打燦

蘭谿縣

正月二十日邑之下市有仁惠廟俗傳是日爲廟神生日衆作鼇山設齋斛命僧道誦經廟中焚香羅拜爲祝及倩優作諸戲食湯餅而歸

末康縣

孟春之月鄉市各分村落設醮糊紙爲船僧道師巫以鐃鈸鼓樂導之沿門撒沙驅鬼逐祟送至水次謂之做消災

武義縣

正月十四日有城隍花園等八保會市人結綵亭香

亭旗鼓於街市僧道誦經虔供瓜果

西安縣

孟春祈年於里社是月也陽氣始發農家以秫米擣爲粢釀酒市肉祭田祖先裔其餕餘八口共享祀是年有秋

龍泉縣

孟春行夏令雨水不時草木早落國有恐行秋令則人民疫行冬令水潦爲害霜雪大至

江西志書

浮梁縣

正月八日送蠶花帖歌占歲休咎二十日補天穿以祈晴霽

瀘溪縣

正月寒猶烈上元後民卽東作三六日立晴諺云若問六種熟不熟只看正月三個六

萬安縣

遊神在下鄉自正月初三起將本坊福主康王神幷有兒郎著五色花衣頭戴披巾執旌旗擡神每日遊於境內各祠上劃船三次唱凱歌夜輪值各堂元宵竟至十五日將神轎倒擡歸廟名爲收設日衆兒郎在廟門筋斗易服而歸十六日各祠堂作送神會飲酒至晚閉門名爲鑼鼓靜以兆吉云　七神鬬法在十五都上宏原劉家祖在外作商傳此法幷有頭面各色器械歸家每年正月裝演用七人俱赤身著五色袴或用鋸在頭或鎗插在腹人各用利器刺肉無血外裝太平故事一歲不舉神卽頭面獻身兵器自鳴致爲民患至今不失初一二三日裝演故事幷作一毛狗迎遊各山如一年失例則地方雞鳧失養

瑞州府

正月三日夜深束芻像人剪綵紙爲衣巫祝呪禳送河邊焚化投水中其小家執杖鳴鑼鼓譁譟擊逐鬼出門疑卽古儺遺意也

新昌縣

正月前後多有爲傀儡戲以祀神者曰酬愿

萬載縣

正月三日晚結草爲船乘載飯團肉片蔬果物類盛備鼓吹導引江流謂之送窮

湖廣志書

崇陽縣

正月三日俗謂送祖日各焚其門錢開市交易士大夫家或有至上元者

德安府

正月多有爲唪玉經會者

石首縣

正月十六日縣令率所屬出米市街至鄉約所命十二里鄉耆講訓讀律以化愚頑幷書善惡姓名於約所以示勸戒每月俱於是日約講

監利縣

正月晦日爲酺聚飲食每月皆弦望晦朔以正月初年時俗重以爲節

寶慶府

正月十七十八有張燈者謂之買兩夜燈末日夜蘆荳火照井厠中則百鬼走

零陵縣

正月夜多鬼鳥度家家搥牀打戶捩狗耳滅燈燭以禳之

寧遠縣

正月立春前陽氣早蒸薰風時動桃李遍開每霜晨風信寒不可禁俗有春寒透骨之說移花接果立上旬多子

福建志書

福州府

歲節之二三日華門大姓率攜家拜掃雖貧賤市販亦盛服靚粧競出城闉東西北郊之外冠蓋塡塞故自節內酒亭食肆凡諸闤闠之家垂帷下箔優游歌笑至開假乃止晦日稱爲後九取五穀和蔬菜爲糜相餽食之田家味也

浦城縣

獻歲十日後子弟入鄉塾

將樂縣

自元日至七日於含雲寺中開會少長雲集笙歌盈耳儺日在城以十七日水南以十五日俱於先一日晚鳴鑼遍市巷徹夜以逐癘疫至日刻木爲船以送之

上杭縣

正月初六日晚俗謂竈神朝天回家各陳酒果以祭

莆田縣

正月二日自城中及鄉村有踏青之遊長少皆衣冠出遊園林山寺詞人墨客多挈榼展席擇勝處吟賞抵暮乃歸兒童競採桃李菜花持歸爲新年之瑞名曰踏青草十六夜俗人瞎摸城門釘謂之吉兆

詔安縣

海上颶信正月初四日爲接神颶初九日爲玉皇颶十三日爲關帝颶二十九日爲烏狗颶

海澄縣

正月二日燒香東嶽廟走新亭之古岸港口之教場頭看擲石先是一日丱者角者當壘敵小石爲戲且進且卻互有趨避越二日至五日觀者集人力齊矣其擲也都分而蟻陣陣各有師師謂石爲虎師之御不爹虎胥稜稜堅若若二三匿懷中視石如星飛不動動則批其吭而決迎其腦而裂彼僵勢負乃拳石雨下而蹂躪之再日復聚或歌或哭醉往而死歸不問有司償理有司亦切禁之不止也　元日至元宵遊人日戴面具耍鍾馗大和尚或龜鶴仙犀夜則然魚龍竹馬燈爲明妃出塞東坡泛江故事金鼓朝喧絲肉夕奏並集富門式歌且舞以博賞賚復有閭少年面粉墨僧豀乞相憨無賴狀喧笑嬉遊相因陣陣方言曰山客爛是夜婦女必結伴行過河橋曰多壽考依榕樹曰走腰疾帶麥穗曰歲青春拔青菜曰嫁官人　是月城市郊村延僧道建齋先社首以紅箋帖上元祈安天官賜福於各家門面因以斂錢名爲香會醮畢迎神神歸置飲名爲食供坐次以齒無貴賤鄉人飲酒餘意哉

福寧州

春初時間或有雪發雷常早遂成陰霾者月餘雨而潦矣

四川志書

茂州

正月二日民家設香燭牲醴祀和合利市神及土地謂之亞祭五日俗謂五鬼日凡飲食動用之物俱於先日晚取出以足一日之用其存貯食物皆以烏炭壓之以爲避邪九日子時分設香燭拜天地謂之上九

邛州

元日至燈夕各持紙錢標掛先隴上焚拜畢隨又各攜錢楮焚掛於無主諸墓此亦推仁鰥寡之意以及其鬼也號爲祭野鬼墳

廣東志書

廣州府

正月十九日插桃枝大蒜於戶以辟惡俗曰天機籟敗晦日掃除謂送窮

新安縣

正月初六日晴人民安十六日晴有營生二十六日晴有蔬果

乳源縣

正月初三日婦女以糕餠橘子相饋初五日各祀門神焚除夕張掛門錢諺云火燒門神紙孩童習細業大人做生理

長樂縣

孟春之月桃李華春生菜秀廣南筍生柳靑而寒衣漸減

揭陽縣

正月四日之夜各設果酒諸神之前俗謂迎神下天五日以後鄉人儺謂之禳災縣市亦然天啓間士民賽扮故事備極華麗以迎關帝城隍遍歷街巷以後每歲皆然

化州

正月朔後城郭鄉村各爲社會擇善歌者爲童子鬼衣鬼巾寅夜持鈴合歌奏鼓樂上下壇場翩翔緩步謂之跳元宵仍用道士化紙馬祈豐樂也

瓊州府

正月初三早書帖釘赤口謂之關口

臨高縣

人日後競設醮壇神謂之做齋或壇神至親戚家主人亦壇神以迎道士請兩人相舞久乃登堂賓主交唱黎歌會飲仍各壇神作辭送狀男婦競賽鞦韆以能翻轉若風車者爲勝

崖州

正月三日出獵先用小雞祭土地視其骨以占歲之豐歉柳子厚詩云雞骨占年拜水神

廣西志書

隆安縣

正月元鳥至種粟米草木萌芽人民採竹木取葺茅以備水堰

雲南志書

河陽縣

正月十六夕老幼攜遊插香道左相傳可以祛疾

新興州

正月十三日州城及普舍城建醮祝國祈年禳災張社會十五日畢儺

欽定古今圖書集成曆象彙編歲功典

第十六卷目錄

歲功典第十六卷

孟春部藝文一

上東門銘　後漢李尤

上東少陽厥位在寅條風動物月値孟春

太簇正月啓　梁昭明太子

北斗周天送元冥之故節東風拂地啓青陽之芳辰梅花舒兩歲之裝柏葉泛三光之酒飄颻餘雪入簫管以成歌皎潔清冰對蟾光而寫鏡敬想足下神遊書帳性縱琴堂談叢發流水之源筆陣引崩雲之勢昔時文會長思風月之交今日言離永歎參商之隔但某執鞭賤品耕鑿庸流沈形南畝之間滯迹東臯之上長懷盛德聊吐愚衷謹憑黃耳之傳佇望白雲之信

初春賦　明陳經邦

夫何四序之平運兮吾獨感此初春伊幽朔之元冬兮寒凜凜其切人羌寂寥而憀慄兮嗟旅恨之難陳幸陰陽之改序兮日月忽其移辰燦招搖之宵光兮杓已轉而指寅勾芒一以攬轡兮柄遂謝夫元冥欣陽春之歸來兮嘉萬象之重新條風吹柯以發萌兮蔚震氣之東升鏗淙淙以戛玉兮河乍泮而流聲蟄應候以啓坏兮潛鱗止而負冰鴻飄飄於紫塞兮紛呼侶而歸征眺平原之宿莽兮驚野雉之羣鳴況乃朙鮮之淑景兮尤先麗乎神京試瞻上林與禁籞兮已葱蒨其含榮雲霏霏而去殿兮雪渙渙而融城水鏡開兮泰液盈波涀瀁兮春光生橫蒼龍兮冗翠屏寒煙盡兮青山明隄欲舒兮楊柳洲欲變兮芷蘋惟物華之如此兮爰一豫夫皇情當茲春之始至兮帥百辟以郊迎驂青虬之蜿蜒兮駢翠鳳之軒頓前蜚廉以啓塗兮後豐隆使奔尾穆東皇之下臨兮儼女夷之並御芳菲菲其襲人兮氣煦煦其四布袨服集而塡闉兮歡聲喧以載路方鑾和之旋軫兮太史又告之以協風訝土脈之憤發兮占農祥之正中名陽官以戒事兮享鬯醴於齋宮迺祈上帝兮迺祀先農黛耜躬推兮軒冕胥從又且開明堂之青陽兮政有仁而無肅始乘令以布和兮亦采風而考俗溫詔務以寬大兮求幽枉之畢矚有此渥澤與湛恩兮覺春暉之倍淑余既眷良辰以娛志兮聊逍遙而容與馳余駕於蘭臯兮弭余節於杜渚覽草木羣生有以自樂兮忘浮蹤之在旅搴薜荔兮山之阿采芷蘅兮江之湄紉衆芳兮自佩及此日兮遲遲折瑤華兮盈握將誰遺兮所思蹳浮雲兮千里姑獨酌兮金巵驚遺涼之猶起兮遲陰谷之廻姿欲歌陽春以名暖兮恐調迥而和希悵林紅之未燦兮余將訊東皇與女夷願氤氳之益洽兮普韶景於無私盈宇內皆春臺兮試樂觀萬物之熙熙

早春賦 有序　倪謙

孟春者四時開闢之端生育之首天地交泰萬物亨通古先哲后政令之所行罔不因時之宜故於是月下寬大之書行慶賜之典所以體好生之盛德也肆惟皇上臨御之四年爲景泰癸酉時維初陽盛德在木皇上旣於元旦受萬方之朝賀華夷畢集拜舞稱慶固已合人心之驩戴矣復於辛日祀上帝於南郊風塵屛息瑞日晴麗又有以致天心之昭格焉迺者滌垢掩瑕行慶施惠裁成輔相參贊兩間四海臣民咸遂生育其法天體德之心與古先哲后實同一揆是以和氣薰蒸充塞宇宙條風應候惠日暄妍庶草蕃廡物無疵癘鳥獸魚鼈罔不咸若則自天降康豐年穰穰從可卜矣臣謙以菲材職司文翰伏覩盛美不勝欣忭謹拜手稽首而獻賦曰

緊日臨於營室兮開六合之朗晴呈山川之秀麗兮發草木之光榮散瑞靄之氤氳兮布和氣之潛蕩表盛世之休徵兮信豐年之氣象惟斯時爲何時兮屬勾芒之御辰斡一元之氣機兮回八荒之早春聽龍精之戒旦兮正青陽之司候攝提指乎孟陬兮玉律中乎太簇旣配仁於四德兮復屬木於五行乾坤坱圠以無垠兮動植樂育於生成漏暖信於梅枝兮見天心之來復窺韶光於柳眼兮驗百卉之回綠劃殘凘之已泮兮增太液之淸波倏積雪之盡融兮鬱瓊島之嵯峨鴈噭噭以思歸兮羌呼羣於水曲鳥嚶嚶以將鳴兮欲遷喬於幽谷蟄蟲闢其啓戶兮紛蠕動而翾飛潛鱗躍以上冰兮競鼓鬣而揚鬐採上林之桃杏兮含無窮之芳意況御苑之蜂蝶兮亦聯翩其遊戲感萬物之暢達兮乘淑氣以陶鎔想春光之九十兮塞宇宙之冲融仰聖皇之御極兮邁唐虞之盛德亶體元而居正兮茂對時而育物開明堂以布政兮居青陽之左个乘鸞輅而駕蒼龍兮慶賜行而弘播躬郊壇之祀事兮格精誠於昊蒼修祖廟之肆享兮通肹蠁於先皇爲萬民而祈穀兮曰農事之當布懸象魏於觀闕兮謹昭宣乎憲度施政教以順序兮渙號令以維新運堪輿之妙用兮法造化之深仁恩

波溢於海寓兮祥光被乎四表惠溥及於鰥惸兮澤旁覃於胎夭在日月之所照兮及舟車之所通具顱圓而趾方兮孰不涵煦於覆幬之中顧微臣之膚陋兮徒竊祿而無補聖德奚以名言兮惟頌歌而蹈舞歌曰震宮初動時孟陽兮木德惟仁萬彙昌兮惟聖天子開明堂兮流慶施惠法天常兮玉燭和調日舒長兮世躋春臺俗醇龐兮河海清晏邁唐虞兮四夷賓服來享王兮小臣作頌肆揄揚兮伏願聖壽億載無疆兮

孟春部藝文二 詩詞

遊斜川 有序　晉陶潛

辛丑歲正月五日天氣澄和風物閑美與二三鄰曲同遊斜川臨長流望層城魴鯉躍鱗于將夕水鷗乘和以翻飛彼南阜者名實舊矣不復乃為嗟嘆若夫層城傍無依接獨秀中皐遙想靈山有愛嘉名欣對不足率爾賦詩以記時日

開歲倏五日吾生行歸休念之動中懷及辰為茲遊氣和天惟澄班坐依遠流弱湍馳文魴閑谷矯鳴鷗迥澤散游目緬然睇層丘雖微九重秀顧瞻無匹儔提壺接賓侶引滿更獻酬未知從今去當復如此不中觴縱遙情忘彼千載憂且極今朝樂明日非所求

代春日行　宋鮑照

獻歲發吾將行春山茂春日明園中鳥多嘉聲梅始發柳始青汎舟艫齊櫂驚奏採菱歌鹿鳴風微起波微生絃亦發酒亦傾入蓮池折桂枝芳袖動芳葉披兩相思兩不知

初春　梁沈約

夾道覓陽春相將共攜手草色猶自腓林中都未有無事逐梅花空教信楊柳且復共歸來含情寄杯酒

春初賦得池應教　陳張正見

遙天收密雨高閣映奔曦雪盡青山路冰消綠水池春光落雲葉花影發晴枝琴樽奉終宴風月豈云疲

歲首寒望　北周宗懍

旅騎出平原鉦鐃遍野喧接里開都邑連車駐小門稻車廻故塢獵馬轉新村古碑空戴石山龜未上幡所言春不至未有桃花源

早春　前人

昨暝春風起今朝春氣來鶯鳴一兩囀花樹數重開散粉成初蝶剪綵作新梅遊客傷千里無暇上高臺

首春　唐太宗

寒隨窮律變春逐鳥聲開初風飄帶柳晚雪間花梅碧林青舊竹綠沼翠新苔芝田初鴈去綺樹未鶯來

月晦　同前

晦魄移中律凝暄起麗城罩雲朝蓋上穿露曉珠呈笑樹花分色啼枝鳥合聲披襟歡眺望極目暢春情

早春桂林殿應詔　上官儀

步輦出披香清歌臨太液曉樹流鶯滿春堤芳草積風色翻露文雪華上空碧花蝶來未已山光暖將夕

奉和初春出遊應令　李百藥

鳴笳出望苑飛蓋下芝田水光浮落照霞彩淡輕煙柳色迎三月梅花隔二年日斜歸騎動餘興滿山川

奉和春初幸太平公主南莊應制　宋之問

青門路接鳳凰臺素滻宸遊龍騎來澗草自迎香輦合巖花應待御筵開文移北斗成天象酒遞（一作近）南山作壽杯此日侍臣將石去共歡明主賜金回

奉和晦日幸昆明池應制　前人

春豫靈池會滄波帳殿開舟凌石鯨度槎拂斗牛回節晦蓂全落春遲柳暗催象溟看浴景燒劫辨沈灰鎬飲周文樂汾歌漢武才不愁明月盡自有夜珠來

早春野望　王勃

江曠春潮白山長曉岫青他鄉臨眺極花鳥映愁亭

和晉陵陸丞早春遊望　杜審言

獨有宦遊人偏驚物候新雲霞出海曙梅柳渡江春淑氣催黃鳥晴光轉綠蘋忽聞歌古調歸思欲沾巾

晦日宴遊　前人

日晦隨蓂莢春情著杏花解紳宜就水張幕會連沙歌管風輕度池臺日半斜更看金谷騎爭向石崇家

晦日置酒林亭　高正臣

正月符嘉節三春玩物華忘懷寄樽酒陶性狎山家柳翠含煙葉梅芳帶雪花光陰不相借遲遲落景斜

晦日宴高氏林亭　崔知賢

上月河陽地芳辰景物華緜蠻變時鳥照曜起春霞柳搖風處色梅散日前花淹畱洛城晚歌吹石崇家

晦日宴高氏林亭　徐皓

綺筵乘暇景瓊醑對年華門多金埒騎路引璧人車蘋早猶藏葉梅殘正落花藹藹林亭晚餘興促（一作泛）流霞

晦日　張說

晦日嫌春淺江浦看湔衣道傍花欲合枝上鳥猶稀共憶浮橋晚無人不醉歸寄書題此日鴈過洛陽飛

同趙侍御巴陵早春作　前人

江上春來早可觀巧將春物妒餘寒水苔共繞留烏石花鳥爭開鬬鴨欄佩勝芳辰日漸暖然燈美夜月初圓意隨北鴈雲間去直待南州蕙草殘

幽州新歲作　前人

去歲荆南梅似雪今春薊北雪如梅共知人事何常定且喜年華去復來邊鎮戍歌連夜動京城燎火徹明開遙遙西向長安日願上南山壽一杯

早春魚亭山　薛稷

春氣動百草紛榮時斷續白雲自高妙徘徊空山曲陽林花巳紅寒澗苔未綠伊余息人事蕭寂無營欲客行雖云遠玩之聊自足

正朝上左丞相張燕公　楊重元

歲去愁終在春還命不來長吁問丞相東閣幾時開

奉和初春幸太平公主南莊應制　趙彥昭

主第巖扃駕鵲橋天門閶闔降鸞鑣歷亂旌旗轉雲樹參差臺榭入煙霄林間花雜平陽舞谷裏鶯和弄玉簫巳陪沁水追歡日行奉茅山訪道朝

正月閨情　袁暉

正月金閨裏微風繡戶間曉魂（一作妝）憐別夢春思逼啼顏邊砌梅堪折當軒樹未攀歲華庭北上（一作方若此）何日度陽關

長安早春　張子容

開國維東井城池起北辰咸歌太平日共樂建寅春雪盡黃山樹冰開黑水津草迎金埒馬花伴玉樓人鴻漸看無數鶯歌聽欲頻何當桂枝擢還及柳條新

晦日湖塘　孫逖

吉日初成晦方塘遍是春落花迎二月芳樹歷三旬公子能留客巫陽好解神夜還何慮暗秉燭向城闉

晦日宴高氏林亭同用華字　王勔

上序披林館中京視物華竹窗低露葉梅徑起風花景落春臺霧池浸舊渚沙騎遊歌吹晚暮雨泛香車

新年作　劉長卿

鄉心新歲切天畔獨潸然老至居人下春歸在客先嶺猿同旦暮江柳共風煙巳似長沙傅從今又幾年

晦日陪辛大夫宴南亭　前人

月晦逢休澣年光逐宴移早鶯留客醉春日爲人遲蓂草全無葉梅花遍壓枝政閒風景好莫比峴山時

海鹽官舍早春　前人

小邑滄洲吏新年白首翁一官如遠客萬事極飄蓬柳色孤城裏鶯聲細雨中羈心早巳亂何事更春風

早春寄王漢陽　李白

聞道春還未相識走傍寒梅訪消息昨夜東風入武陽陌頭楊柳黃金色碧水浩浩雲茫茫美人不來空斷腸預拂青山一片石與君連日醉壺觴

首春渭西郊行呈藍田張二主簿　岑參

迴風度雨渭城西細草新花踏作泥秦女峰頭雪未盡胡公陂上日初低愁窺白髮羞微祿悔別青山憶舊谿聞道輞川多勝事玉壺春酒正堪攜

晦日陪侍御泛北池　前人

春池滿復寬晦節耐邀歡月帶蝦蟆冷霜隨獬豸寒水雲低錦席岸柳拂金盤日暮舟中散都人夾道看

和程員外春日東郊即事　包何

郎官休浣憐遲日野老歡娛爲有年幾處折花驚蝶夢數家留葉待蠶眠藤垂宛地縈朱履泉迸侵階浸綠錢直待閉關朝謁去鶯聲不散柳含煙

正月三日歸溪上有作簡院內諸公　杜甫

野外堂依竹籬邊水向城蟻浮仍臘味鷗泛巳春聲藥許鄰人斸書從稚子擎白頭趨幕府深覺負平生

晦日呈諸判官　韓滉

晦日新晴春自嬌萬家攀折渡長橋年年老向江城守不覺東風換柳條

晦日宴遊　嚴維

晦日湔裙俗春樓致酒時出山還巳醉謝客舊能詩溪柳薰晴淺巖花待閏遲爲邦久無事比屋自熙熙

早春　暢諸

獻歲春猶淺園林未盡開雪和新雨落風帶舊寒來聽鳥聞歸鴈看花識早梅生涯知幾日更被一年催

宮詞　王建

殿前來日中和節連夜瓊林散舞衣傳報所司分蠟燭監開金鎖放人歸

孟春　鮑防

江南孟春天荇葉大如錢白雪裝梅樹青袍似葑田

賦得元日和布澤　潘孟陽

至德生成泰咸歡煦育恩流輝霑萬物布澤在三元北闕祥雲迴東方嘉氣繁青陽初應律蒼玉正臨軒恩洽因時令風和比化原自慚同草木無以答乾坤

城東早春　楊巨源

詩家清景在新春綠柳纔黃半未勻若待上林花似

錦出門俱是看花人

春早呈水部張員外　韓愈

天街小雨潤如酥草色遙看近却無最是一年春好處絕勝煙柳滿皇都

賦得春風扇微和　張棨

木德生和氣微微入曙風暗催南向葉漸翥北歸鴻瀁蕩侵冰谷悠揚轉蕙叢拂塵迴廣路汎瀨過遙空暖上煙光際雲移律候中扶搖如可借從此戾蒼穹

長安早春　孟郊

旭日朱樓光東風不起塵公子醉未起美人爭探春探春不爲桑探春不爲麥日日出西園祇望花柳色乃知田家春不入五侯宅

和樂天早春見寄　元稹

雨香雲淡覺微和誰送春聲入櫂歌萱近北堂穿土早柳偏東面受風多潮添水色消殘雪江送潮頭湧漫波同受新年不同賞無由縮地欲如何

第三歲日詠春風憑楊員外寄長安柳　前人

三日春風已有情拂人頭面稍憐輕殷勤爲報長安柳莫惜枝條動軟聲

谿中早春　白居易

南山雪未盡陰嶺留殘白西澗冰已消春瀾含新碧東風來幾日勢動草萌拆潛知陽和功一日不虛擲當此天氣暖來拂谿邊石一坐欲忘歸暮禽聲嘖嘖蓬蒿隔桑棗隱映煙火夕歸來問夜餐家人烹薺麥

正月三日閒行　前人

黃鸝巷口鶯欲語烏鵲河頭冰欲銷綠浪東西南北水紅欄三百九十橋鴛鴦蕩漾雙雙翅楊柳交加萬萬條借問東風來早晚只從前日到今朝

新居早春　前人

靜巷無來客深居不出門鋪沙蓋苔面掃雪擁松根漸暇宜閒步初晴愛小園見花都未有唯覺樹枝繁

曲江早春　前人

曲江柳條漸無力杏園伯勞初有聲可憐春淺遊人少好傍池邊下馬行

長安早春懷江南　許渾

雲月有歸處故山清洛南如何一花發春夢徧江潭

春日　李商隱

欲入盧家白玉堂新春吹破舞衣裳蝶銜紅蕊蜂銜粉共助青樓一日忙

奉和翰林丁侍郎禁署早春晴望　劉得仁

御林聞有早鶯聲玉檻春香九陌晴寒著霽雲歸紫閣暖浮佳氣動皇城宮池日到冰初解輦道風吹草欲生鴛侶此時皆賦咏商山雪在思尤清

早春　劉威

曉來庭戶外草色似依依一夜東風起萬山春色歸冰消泉脈動日暖露珠晞已醞看花酒嬌鶯莫預飛

早春　儲嗣宗

野樹花初發空山獨見時踟躕歷陽道鄉思滿南枝

賦得春風扇微和　公乘億

麗日催遲景和風扇早春暖浮丹鳳闕韶媚黑龍津瀁蕩迎仙仗霏微送畫輪緣搖宮柳散紅待禁花新舞席皆迴雪歌筵暗送塵幸當陽律候惟願及佳辰

早春　來鵠

新曆才將半紙開小庭猶聚爆竿灰偏憎楊柳難鈐轄又惹東風意緒來

三堂早春　韋莊

獨倚危樓四望遙杏花春陌馬蹄驕池邊冰刃暖初落山上雪稜寒未消谿送綠波穿郡宅日移花影度郵橋主人年少多情味笑換金龜解珥貂

春日山莊　韋述

初歲開韶月田家喜載陽晚晴搖水態遲景蕩山光浦淨漁舟遠花飛樵路香自然成野趣都使俗情忘

早春　李中

一種和風至千花未散妍草心並柳眼長是被恩先

賦早春書事　徐鉉

苑裏芳華早皇家勝事多弓聲達春氣奕思養天和煖酒紅爐火浮舟綠水波雪晴農事起擊壤聽賡歌

賦得新陽改故陰　紇干諷

律管纔催候寒郊忽變陰微和方應節積慘已辭林暗覺餘澌斷潛驚麗景侵禁城佳氣換北陸翠煙深有截知遐布無私荷照臨韶光如可及鶯谷免幽沈

宮詞二首　花蕊夫人徐氏

早春楊柳引長條倚岸沿堤一面高稱與畫船牽錦纜暖風搓出綵絲條

宮花不共外花同正月長生一半紅供御櫻桃看守別直無鴉鵲到園中

湖上初春偶作　宋林逋

梅花開盡臘亦盡晴暖便如寒食天春色半歸湖岸柳人家多上郭門船文禽相並映短草翠瀲欲生浮

嫩煙淺處酒旗山影下細風時已弄縈絃

探春　黃庶

雪裏猶能醉落梅好營杯具待春來東風便試新刀尺萬葉千花一手裁

正月六日雪霽　曾鞏

雪消山水見精神滿眼東風送早春明日杏園應爛漫便須期約看花人

正月十一日迎駕　前人

錦袍周衛一番新警蹕朝嚴下紫宸俗眼望來猶眩日天顏回處自生春行齊鵷鷺常隨仗步穩驊騮不起塵歸路青雲喧鼓吹樂遊從此屬都人

山中早春　司馬光

山木欣欣意春光次第催敧巾望歸鴈伏檻聽新雷巖靜聞冰拆巢空喜燕來澗花從寂寞亦向草堂開

新年　蘇軾

曉雨暗人日春愁連上元水生挑菜渚煙濕落梅村小市人歸盡孤舟鶴踏翻猶堪慰寂寞漁火亂黃昏

正月二十日往岐亭郡人潘古郭三人送予于女王城東禪莊院　前人

十日春寒不出門不知江柳已搖村稍聞決決流冰谷盡放青青沒燒痕數畝荒園留我住半瓶濁酒待君溫去年今日關山路細雨梅花正斷魂

正月二十一日病後述古邀往城外尋春　前人

屋上山禽苦喚人檻前冰沼忽生鱗老來厭伴紅裙醉病起空驚白髮新臥聽使君鳴鼓角試呼稚子整冠巾曲欄幽榭終寒窘一看郊原浩蕩春

次韻楊褒早春　前人

窮巷淒涼苦未和君家庭院得春多不辭瘦馬騎衝雪來聽佳人唱踏莎破恨徑須煩麴蘖增年誰復怨羲娥良辰樂事古難並白髮青衫我亦歌細雨郊原聊種菜冷官門戶可張羅放朝三日君恩重睡美不知身在何

正月十八日蔡州道上遇雪　前人

蘭菊有生意微陽回寸根方憂集暮雪復喜迎朝暾憶我故居室浮光動南軒松竹半傾瀉未數葵與萱三徑瑤草合一缾井花溫至今行吟處尚餘屐齒痕

早春　秦觀

黃金籤籤滿垂楊尚有春寒到畫堂酒力漸消歌扇怯入簾飛雪帶梅香

新春　張耒

水鄉清冷落梅風正月雪消春信通昨夜園林新得雨杏梢爭放曉來紅

次韻劉英臣早春見過　王庭珪

池草青青細吐芽夢回疑到惠連家東風未暇吹桃李先發寒梅第一花

春到村居好　鄭剛中

春到村居好茅簷日漸長杯深新酒滑焙煖早茶香

正月二十日出城　張九成

春風驅我出騎馬到江頭出門日已暮獨行無獻酬江山多景物春色滿汀洲隔岸花遶屋斜陽明戍樓人家漸成聚炊煙天際浮日落霧亦起羣山定在不江柳故撩人縈帽不肯休風流乃如此一笑忘百憂隨行亦有酒無地可遲留聊寫我心耳長歌思悠悠

入春半月未有梅花德翁有詩再用前韻　尤袤

立馬黃昏繞曲池幾回踏雪問南枝不應春到花猶未定恐寒侵力不支隴上已驚傳信晚樽前只想弄妝遲臨風不語空歸去獨立無憀自詠詩

正月九日雪霰後大雨　范成大

夜霰三更碎瓦耆一陣翻盆賴是梅花已過不然皴玉誰溫

正月十日夜大雷　前人

人言有物司鼓春到揚桴發聲但要蟄蟲啓戶何須一許震驚

早春　陸游

西村一抹煙柳弱小桃妍要識春風處先生拄杖前

丁亥正月新晴曉步　楊萬里

嫩水春來別樣光草芽綠甚卻成黃東風似與行人便吹盡寒雲放夕陽

正月二日雪　前人

雪與新春作伴回擣霜爲片雹爲埃只愁雪虐梅無奈不道梅花領雪來

正月五日侍宴集英口號　前人

太極香開萬物新絡熙天子燕羣臣梨園好語君須聽玉曆初頒第一春

早春　眞桂芳

小桃枝上認年華隨分紅開一兩花將謂春風只城市也吹春色到山家

探春　金趙承元

冰底流泉匹練飛麴塵著柳不禁吹杖藜恰到春生

處已有人家插酒旂

新春雪與韓府推　毛麾

春到千門氣自嘉更教飛雪助年華六街官柳枝枝絮一夜江梅樹樹花兄是縱吟多伴侶直須爛醉作生涯掃庭迎客東風裏幕府風流有故家

春早二首　段繼昌

魚兒水汎鴨頭綠野馬塵飛羊角風西崦山家籬落背杏梢初見一枝紅

斷冰消盡荻芽尖凍蟄蘇來白薺添幾片野雲飛不去晚風吹作雨纖纖

探春　元劉因

道邊殘雪護頹牆牆外柔絲露淺黃春色雖微已堪惜輕寒休近柳梢傍

早春　趙孟頫

谿上春無賴清晨坐小亭草芽隨意綠柳眼向人青初日收濃霧微波亂小星誰歌採蘋曲愁絕不堪聽

漢宮早春曲　薩都剌

女夷鼓吹招搖東羲和馭日騎蒼龍金環寶勝曉翠濃梅花飛入壽陽宮壽陽宮中鎖香霧滿面春風吹不去鞭却靈龜駕五山芙蓉夜煖光闌干雞人一唱曉星起四野天開春萬里

早春　趙雍

高捲珠簾日漸長梅花庭院雪飄香閒倚闌干看新柳不知誰爲染鵝黃

和季文山齋早春二首　錢惟善

方壺元不離人間倚徧東風十二闌煙雨樓臺春似畫水雲窗戶晝生寒遙知洗鼎煎茶待定許敲門借竹看醉後石橋花爛熳翠禽啁哳在簷端

落梅風細小窗寒石上餘香點點斑不惜壺觴千日醉只愁庭館一春閒凋雲生白元非雨江樹排青更有山攜取畫圖溪上去鶴聲應到夢魂間

次韻春思　趙又隆

凍樹回春陽鸝禽競新哢喧喧人語浮梢梢春事動澄心絕芳華小睡足幽夢夢覺天宇新朝光集飛棟

初春卽事　張嗣德

東風又到武林城靜裏看春各有情怕說利名多晝睡愛尋山水每閑行傍人冷笑營巢燕求友翻憐出谷鶯世事不窮時易失翠微深處夕陽明

豫章早春　明楊基

茸茸草色變枯荄簌簌寒梅落徑苔山頂雪惟朝北在木邊風已自東來不須銀管催鶯出便好珠簾爲燕開見說嶺南春更早桃花流水勝天台

早春呈奭待制　鎦炳

上林春早陌塵香紫禁觚稜射日光新綠御河搖柳黛小紅宮樹試桃椎山連曉氣蟠龍虎臺枕東流憶鳳皇心折故園幽興獨尋倚看竹過鄰牆

戊申正月試筆　徐賁

佳氣麗層城龍河溢曉清市橋緹騎集巷陌寶車行柳上春多思蘭心雪有情風光看更好底事客愁生

早春寄鄉中友人　錢宰

故園花發春又來碧桃半拆棠梨開流鶯踏花酒落杯花飛落酒相縈迴酒酣起舞落日晚應念長安人未回江上舟幾時發拍手醉唱歸去來笑摘花枝簪白髮

早春寄京師白虛室先生　鎦績

帝城佳氣接烟霞草色芊芊紫陌斜霽雪未消雙鳳闕春風先入五侯家歌鐘暗度新豐樹游騎晴驕上苑花獨有揚雄才思逸應傳麗句滿京華

早春曲　蘇平

青樓昨夜東風轉錦帳凝寒覺春淺垂楊搖綠鶯亂啼裊裊煙花不堪剪博山吹雲龍腦香銅壺滴漏愁更長玉頰啼紅夢初醒羞見青鸞鏡中影儂家少年愛遊逸萬里輪蹄總無跡朱顏未衰消息稀腸斷天涯草空碧

正月十八日甘棠院　李東陽

上元纔過又尋春紅白山花粲粲新似喜使君初病起隔欄相向笑迎人

晦日夜集　薛蕙

晦日歸休晚良遊惜後時卻嫌長夜飲更賦早春詩雲霧窗中入星河閣上垂何須花與月行樂始相宜

春園　謝榛

水村人寂寂遲日敞柴關菜甲春初細園丁雨後閒沙邊來白鳥柳外出青山此地多幽意行歌薄暮還

正月十六夜畢孟侯至　李應徵

春草忽已綠春潮寒到門喜從新雨後得共故人言小婦調中饋殘燈續上元庭梅未搖落還擬數開尊

早春長安道上　區大相

雙闕麗朝霞千門競歲華苑雲微帶雪宮柳半藏鴉結駟過平樂揚鞭赴狹斜春風纔幾日先發上林花

早春　陳繼儒

春風無力柳條斜新草微分一抹沙欲向主人借鋤

插掃開殘雪種梅花

正月十七夜宴李太保西第　柳應芳

正元望後宴平津羅綺初筵入早春盤馬闘車纔罷夜殘燈剩月尚宜人梅花落到歌前綴柳葉開經勝裏新不信金吾仍放禁歸時看取六街塵

甲寅新春對客作　吳夢暘

瀉盡流澌春氣溫一溪新漲舊柴門野僧同住權爲寺水鳥孤飛不出村瓦鼎祇應烹臘雪藜牀最好傍朝暾過從總在滄江上安有生平未吐言

正月十九日漫述　莫止

節名燕九尚留燈故事元從闕下增時態盡隨前夜月餘光猶照幾家棚臘醅熟久樽初剖園韭香新饌可登細雨落梅清詠徹高情應念昔人曾

早春紅于折梅花至偶成 紅于侍兒名　媛葉小鸞

遲遲簾影映清宵日照池塘凍欲消公主梅花先傅額美人楊柳未垂腰紗窗繡冷留餘線綺閣香濃繞畫綃試問侍兒芳草色階前曾長翠雲條

清平樂　南唐馮延己

西園春早夾徑抽新草冰散漪瀾生碧沼寒在梅花先老　與君同飲金杯飲餘相取徘徊次第小桃將發軒車莫厭頻來

甘草子　宋寇準

春早柳絲無力低拂青門道暖日籠啼鳥初拆桃花小　遙望碧天淨如埽曳一縷輕寒縹緲堪惜流年對芳草任玉壺傾倒

更漏子　晏殊

春色初來徧被紅芳千萬樹流鶯粉蝶闘翻飛戀香枝　勸君莫惜縷金衣把酒看花須強飲明朝後日漸離披惜芳時

更漏子　前人

雪藏梅煙著柳依約上春時候初送鴈欲聞鶯綠池波浪生　探花開留客醉憶得去年情味金盞酒玉爐香任他紅日長

相思兒令　前人

昨日探春消息湖上綠波平無奈繞堤芳草還向舊痕生　有酒且醉瑤觥更何妨檀板新聲誰教楊柳千絲就中牽繫人情

好事近　鄭獬

江上探春回正值早梅時節兩行小槽雙鳳按涼州初徹　謝孃扶下繡簾來紅韡蹋殘雪歸去不須銀燭有山頭明月

歸去來　柳永

初過元宵三五慵困春情緒燈月闌珊嬉遊處遊人盡厭歡聚　憑仗如花女持杯謝酒朋詩侶餘酲更不禁香醑歌筵舞且歸去

好事近　李之儀

春到雨初晴正在小樓時節柳眼向人微笑傍闌干堪折　暮山濃淡鎖煙霏梅杏半明滅玉斝莫辭沉醉判歸時斜月

踏莎行　毛滂

階影紅遲柳苞黃徧纖雲弄日陰晴半重簾不捲篆香橫小花初破春叢淺　鳳繡猶重鴨爐尚煖屏山翠入江南遠醉輕夢短枕間敧綠窗窈窕風光轉

洞仙歌 早春　李元膺

雪雲散盡放曉晴庭院楊柳於人便青眼更風流多致一點梅心相映遠約略顰輕笑淺　一年春好處不在濃芳小豔疏香最嬌軟到清明時候百紫千紅花正亂已失春風一半早占取韶光共追遊但莫管春寒醉紅自暖

慶清朝慢 春遊　王觀

調雨爲酥催冰做水東風分付春還何人便將輕暖點破殘寒結伴踏青去好平頭鞋子小雙鸞煙郊外望中秀色如有無間　晴則個陰則個餖飣得天氣有許多般須教撩花撥柳爭要先看不道吳綾繡襪香泥斜沁幾行斑東風巧盡收翠綠吹上眉山

南歌子 早春　趙長卿

春色烘衣暖宮梅破鼻香畫堂和氣入蘭堂又見輕雲微雨下巫陽　酒帶歡情重醺醺氣味長晚來拂拭略梳妝笑指一鉤新月上迴廊

好事近　朱敦儒

春雨細如塵樓外柳絲黃濕風約繡簾斜去透窗紗寒碧　美人慵翦上元燈彈淚倚瑤瑟卻卜紫姑香火問遼東消息

春光好　程垓

春猶淺柳初芽杏初花楊柳杏花交映處有人家　玉窗明暖烘霞小屏上水遠山斜昨夜酒多春睡重莫驚他

憶秦娥　楊萬里

新春早春前十日春歸了春歸了落梅如雪野桃紅小　老夫不管春催老只圖爛醉花前倒花前倒兒

扶歸去醒來颸曉

眼兒媚　陳亮

試燈天氣又春來難說是情懷寂寥聊似揚州何遜不爲江梅　扶頭酒醒爐香灺心緒未全灰愁人最是黃昏前後煙雨池臺

謁金門　張輯

花半濕睡起一簾晴色千里江南眞咫尺醉中歸夢直　前度蘭舟送客雙鯉沉沉消息樓外垂楊如此碧問春來幾日

宴清都 初春　盧祖皐

春訊飛瓊管風日薄度牆啼鳥聲亂江城次第笙歌翠合綺羅香暖溶溶潤綠水泮醉夢裏年華暗換料黛眉重鎖隋堤芳心還動梁苑　新來鴈闊雲音鸞分鑑影無計重見啼春細雨籠愁淡月恁時庭院離腸未語先斷算猶有憑高望眼更那堪芳草連天飛梅弄晚

謁金門　韓淲

春尚早春入湖山漸好人去人來雖未老酒徒猶恨少　梅落桃開煙島日日更吹香草一片芳心撩醉倒冷雲藏落照

好事近 孟春　汪莘

風日未全春又是春來風日不出方壺門戶見東皇消息　此時春事苦無多春意最端的却被草芽引去向柳梢收得

謁金門 初春　黃昇

花事淺方費化工勻染牆角紅梅開未遍小桃纔數點　人在暮寒庭院閉續茶經香傳酒思如冰詩思懶雨聲簾不捲

柳梢青　元張雨

盼得春來春寒春困陡頓無聊半刻殘釭片時春夢過了元宵　空山暮暮朝朝到此際無魂可消却倚東風水如衣帶草似裙腰

清平樂 早春　明劉基

春風欲到小草先知道黃入新黃顏色好圖遣王孫歸早　輿來策杖微行杖頭布穀初鳴喜見兒童相報牆根薺菜先生

海棠春　張綖

探春東郭春猶早道此際春光更好殘雪隴頭梅微雨溪邊草　東風十里樓臺曉又領取一番花鳥欲抱錦琴彈誰信知音少

清平樂　吳子孝

春光初到簾外寒仍峭一樹梅花冰尚繞開處不禁風裊　擁爐呵凍揮毫滿斟玉斝香醪勝似明光侍直曉霜鵠立螭坳

桃源憶故人　前人

碧堂窈窕春初到風起晚來寒峭金字屏圍香燎酒美歌聲妙　賞心佳景人年少塵世難逢歡笑攬袖勸停歸棹月向梅花照

摘紅英 早春　李鄂

潮頭白峯頭碧落梅香暗漁翁笠西風透東風驟待得晴明鶯花時候　鶯聲澀花枝寂春來已嬾看山屐山如舊春如繡層樓望處春寒紅瘦

孟春部選句

晉曹毗詩靈春散初澤

齊王儉詩露華方照歲雲彩復經春

梁江淹賦羅與綺兮嬌上春

北周王褒詩細柳發新春

唐太宗詩韶光開令序淑氣動芳年

陳叔達詩金鋪照春色玉律動年華

駱賓王詩年華開早律霽色蕩芳晨城闕千門曉山河四望春

李白詩寒雪梅中盡春風柳上歸又繡戶香風暖紗窗曙色新宮花爭笑日池草暗生春

張謂詩北斗回新歲東園値早春

杜甫詩正月喧鶯未茲辰放鷁初又春城迴北斗郢樹發南枝

趙璜詩正月今朝半陽臺信未回

賈島詩草色幾芽春

溫庭筠詩柳縷吐芽香玉春

司空圖詩裁紅剪翠爲新春

鄭谷詩一枝兩枝梅探春

宋元絳詩探春先得洛城花

范成大詩冷蘂疎枝已作春

陸游詩宣和人醉慶元春

元朱希晦詩煙色春歸楊柳底雨香紅入杏花初

明喬世寧詩春風纔幾日江雁已春聲

欽定古今圖書集成曆象彙編歲功典

第十七卷目錄

孟春部紀事

歲功典第十七卷

孟春部紀事

宋書禮志高辛氏以十三月爲正薦玉以白繒

書經引征每歲孟春遒人以木鐸徇于路蔡傳遒人宣令之官木鐸金口木舌施政教時振以警衆

詩經豳風七月章三之日于耜朱注三之日夏正月也豳土晚寒于耜始修耒耜也

三之日納于凌陰朱注納藏也藏冰所以備暑也凌陰冰室也豳土寒多正月風未解凍故冰猶可藏也

周禮天官大宰之職縣治象之灋于象魏使萬民觀治象挾日而斂之訂義鄭康成曰大宰以正月朔日布王治之事于天下至正歲又書而縣于象魏振木鐸以徇之使萬民觀焉鄭司農曰象魏闕也從甲至甲謂之挾日凡十日王昭禹曰必至于挾日者蓋近或知之矣遠者庸有未知焉觀之挾日則使遠近皆徧知故也

小宰之職正歲帥治官之屬而觀治象之灋徇以木鐸曰不用灋者國有常刑乃退以宮刑憲禁于王宮令于百官府曰各修乃職攷乃灋待乃事以聽王命其有不共則國有大刑訂義鄭康成曰正歲謂夏之正月得四時之正以出教令者審也賈氏曰大宰以周之正月始和布之天下至此建寅正歲之正月縣于象魏其小宰亦助大宰帥治官之屬及萬民以觀之與德方曰鄭康成每以正歲爲夏正建寅之月正月之吉爲周正建子之月竊以爲不然周以建子爲正凡事皆用本朝正朔若知有不可行處依前參用前代正朔則不必建子可也經中言歲終即繼之以正歲爲建寅則歲終非建亥周家自廢其正朔矣若以歲終爲建亥即始終有接續無緣住兩月也正月之吉爲周正一歲之始無疑事有非朔日可行故云正歲不拘朔日亦可愚案此說謂歲終與正歲正月相連不應隔絕固然參以凌人十二月斬冰內宰上春獻種中春始蠶與詩四月維夏六月徂暑見於周幽王仍襲之後月令文序十二月行事見於秦人未改正朔之初曷嘗不以建寅紀月其餘又見大史正歲年說不可不攷王昭禹曰垂以治象使有目者皆覩徇以木鐸使有耳者皆聞猶有犯焉宜刑之所取也常刑官刑也小宰掌建邦之宮刑憲禁於王宮憲謂表而示之使之知禁之所在賈氏曰凡刑禁皆出秋官今云憲禁者與布憲義同故小宰得秋官刑禁文書表而懸之於宮內王昭禹曰此王宮中之百官府也蓋百官有治事於王宮者既憲禁於王宮又明爲告令使皆知之

宰夫之職正歲則以灋警戒羣吏令修宮中之職事書其能者與其良者而以告于上訂義鄭司農曰正歲之正月以法戒敕羣吏

凌人春始治鑑凡外內饔之膳羞鑑焉凡酒漿之酒醴亦如之訂義賈氏曰春謂正月也鄭康成曰鑑如甀大口以盛冰置食物於中以禦溫氣春而始治之爲二月將獻羔而啓冰鄭鍔曰春分奎星朝見東方蟄蟲始出時將用冰始修飾盛冰之器以鑑名之者左傳曰美澤可以鑑謂其光澤也

內宰歲終則會內人之稍食稽其功事佐后而受獻功者比其小大與其麤良而賞罰之會內宮之財用正歲均其稍食施其功事憲禁令于王之北宮而糾其守訂義賈氏曰正歲建寅之月王氏曰稍食歲終既會之矣正歲又均焉功事歲終既稽之矣正歲又施焉

上春詔王后帥六宮之人而生穜稑之種而獻之于王訂義賈氏曰上春亦謂正歲以其春事將興故云上春鄭康成曰六宮之人夫人以下分居后之六宮者古者使后宮藏種以其有傳類蕃孳之祥必生而獻之示能育之使不傷敗且以佐王耕事共禘郊也

地官大司徒之職歲終則令教官正治而致事正歲令于教官曰各共爾職修乃事以聽王命其有不正則國有常刑訂義鄭鍔曰歲終周之季冬今之十月正歲夏之正月今之建寅也歲終令致事所以終時王之事正歲聽命則施教自建寅始也

小司徒之職正歲則帥其屬而觀教灋之象徇以木鐸曰不用灋者國有常刑令羣吏憲禁令修灋糾職以待邦治訂義王昭禹曰禁令將使民避行之宜表揭之使知憲之修法則使各修其所守之法防虧廢也

糾職則使各糾其所治之人防緩散也

鄉師之職正歲稽其鄉器比共吉凶二服閭共祭器族共喪器黨共射器州共賓器鄉共吉凶禮樂之器訂義鄭鍔曰比五家耳財適足以制吉凶弔祭之二服故比集財爲之而一比共用焉器則未能備也閭二十五家財適足以制簠簋鼎俎之器故閭集財以爲之而一閭共用焉族之百家財適足以制夷槃輁軸之器故族集財以爲之而一族共用焉至於射器則定其位有物課其功有筭詔之有旌節之有鼓有弓有矢有侯有布用財多故合五百家之財而爲之賓器則六十者三豆七十者四豆八十者五豆九十者六豆有爵有罍有笙有瑟其用尤多故合二千五百家之財而爲之然後共用也吉凶禮樂之器即閭族黨州所共者是已然必於正歲者豈非以春秋之祭酺祭禜會民而射于序索鬼神而飲酒之類皆用夏人之正故歟

鄉大夫之職正歲令羣吏攷灋於司徒以退各憲之於其所治之國

州長正歲則讀教法如初訂義鄭康成曰雖以正月讀之至正歲復讀之

黨正正歲屬民讀法而書其德行道藝

遂大夫正歲簡稼器修稼政訂義鄭康成曰簡猶閱也稼器耒耜鎡基之屬稼政孟春之月令所云皆修封疆審端徑術善相丘陵阪險原隰土地所宜五穀所殖以教道民必躬親之

春官天府上春釁寶鎭及寶器訂義鄭康成曰上春孟春釁謂殺牲以血血之鄭鍔曰凡寶之所在必有神者主之故殺牲以釁之所以禳却不祥也然必用上春者以明守之不失至歲首而更新新之又新至於無窮歟

龜人上春釁龜訂義鄭康成曰上春者夏正建寅之月月令孟冬大史釁龜筴相互矣秦以十月建亥爲歲首則月令秦世之書亦或欲以歲首釁龜耳鄭鍔曰至寶之物神或憑依及上春則殺牲以血塗之旣以祓其不祥且以神之也天府上春釁寶器及寶鎭釁龜必用上春者亦視爲國寶也

簭人上春相簭訂義鄭康成曰相謂更選擇其著蓍龜歲易者與鄭鍔曰上春釁龜龜可以血塗筮則但相視其可用者擇去其不可用者蓋天子之蓍九尺大夫七尺士五尺相而更易其舊

夏官牧師孟春焚牧訂義鄭鍔曰孟春草將生焚去地之陳根使發生新芽則馬食而充肥

訓方氏正歲則布而訓四方而觀新物訂義鄭鍔曰道其政事與其上下之志則達其說於王使王知之誦其傳道非特誦之而已取其可以爲訓者作爲戒書於建寅之月布之以誦四方使知其善者可行惡者可改也布於正歲則順時之始與之更新矣又觀四方之新物則因夫一歲之始察民之所好時新者如何道之訓之以俟他時之布黃氏曰布而訓四方使述其舊美也觀新物察風俗之變也

秋官小司寇之職正歲帥其屬而觀刑象令以木鐸曰不用灋者國有常刑令羣士訂義李嘉會曰刑象旣布木鐸旣徇羣士猶然不見不聞而不用法者此常刑之不恕王昭禹曰令羣士則令於士師鄉士以下使之稟法故也與小宰帥其屬觀治象同意鄭鍔曰六十屬爲衆矣所視以效法者在吾之羣士使近而羣士能率法不越則彼遠而外者詎有不恤於刑乎故先言帥屬乃言令羣士也

士師之職正歲帥其屬而憲禁令于國及郊野訂義鄭康成曰去國百里曰郊郊外謂之野鄭鍔曰小司寇所宣布者及四方之遠士師憲其近也

管子首憲篇孟春之朝君自聽朝論爵賞校官終五日

士農工商篇正月令農始作服於公田農耕及雪釋耕始焉芸卒焉

小匡篇正月之朝五屬大夫復事于公注五鄙五屬大夫每歲報政于君

風俗通義太史公記秦德公始殺狗磔邑四門以禦蠱災今人殺白犬以血題門戶正月白犬血辟除不祥取法於此也

史記秦始皇本紀始皇以秦昭王四十八年正月生於邯鄲及生名爲政姓趙氏注徐廣曰一作正宋忠曰以正月旦生故名正

容齋三筆秦始皇其名曰政自避其嫌以正月爲一月

史記樂書漢家常以正月上辛祠太乙甘泉以昏時夜祠到明而終常有流星經於祠壇上使僮男僮女七十人俱歌青陽

匈奴傳歲正月諸長小會單于庭祠

漢書食貨志孟春之月羣居者將散行人振木鐸徇於路以采詩獻之太師比其音律以聞於天子

郊祀志孟春正月上辛若丁天子親合祀天地於南郊以高帝高后配

西京雜記戚夫人侍兒賈佩蘭後出爲扶風人段儒妻說在宮內時正月上辰出池邊盥濯食蓬餌以祓妖祥

漢書惠帝本紀四年春正月舉民孝弟力田者復其身

史記文帝本紀二年正月上曰農天下之本其開藉田朕親率耕以給宗廟粢盛

漢書武帝本紀元封元年春正月行幸緱氏詔曰親登嵩高御史乘屬在廟旁吏卒咸聞呼萬歲者三登禮罔不答其令祠官加增太室祠

史記武帝本紀漢改曆以正月爲歲首而色尚黃官名更印章以五字因爲太初元年

漢書武帝本紀天漢元年春正月行幸甘泉郊泰畤

金谷園記漢武帝嘗以正月殺梟爲羹以賜羣臣食之云使天下之人知殺絕其惡類也

宋書符瑞志漢宣帝五鳳三年正月神雀集京師

漢書宣帝本紀五鳳四年春正月大司農中丞耿壽昌奏設常平倉以給北邊省轉漕賜爵關內侯

郊祀志上自幸河東之明年正月鳳皇集祋祤於所集處得玉寶起步壽宮

匡衡傳成帝卽位衡上疏曰諸侯正月朝覲天子觀以禮樂饗醴乃歸今正月初幸路寢臨朝置酒以饗萬方願陛下留神動靜之節使羣下得望盛德休光以立基楨天下幸甚

成帝本紀陽朔四年春正月詔曰洪範八政以食爲首方東作時其令二千石勉勸農桑出入阡陌致勞來之

永始四年正月行幸甘泉郊泰畤神光降集紫殿

平帝本紀元始元年春正月越裳氏重譯獻白雉一黑雉二詔使三公以薦宗廟

元始五年春正月祫祭明堂諸侯王二十八人列侯百二十人宗室九百餘人徵助祭禮畢皆益戶賜爵及金帛增秩補吏各有差

漢官儀建武三十二年東巡狩正月二十八日發洛陽宮

後漢書明帝本紀永平元年正月帝率公卿以下朝於原陵如元會儀

永平二年正月辛未宗祀光武皇帝於明堂帝及公卿列侯始服冠冕衣裳玉佩絇屨以行事禮畢登靈臺望元氣吹時律觀物變羣僚藩輔宗室子孫衆郡奉計百蠻貢職亦皆陪位

永平三年正月癸巳詔曰夫春者歲之始也始得其正則三時有成有司其勉順時氣勸督農桑詳刑慎罰明察單辭夙夜匪懈以稱朕意

章帝本紀建初元年春正月丙寅詔曰方春東作宜及時務二千石勉勸農桑弘致勞來羣公庶尹各推精誠專急人事

元和二年春正月詔三公曰方春生養萬物孚甲宜助萌陽以育時物其令有司罪非殊死且勿案驗及吏人條書相告不得聽受冀以息事寧人敬奉天氣立秋如故

宋書符瑞志漢章帝元和三年正月車駕北巡以太牢具祠北嶽有神魚躍出十數

後漢書陳寵傳蕭何草律季秋論囚俱避立春之月

和帝本紀永元三年春正月甲子皇帝加元服賜諸侯王公將軍特進中二千石列侯宗室子孫在京師奉朝請者黃金將大夫郎吏從官帛賜民爵及粟帛各有差大酺五日

安帝本紀元初三年正月東平陸上言木連理

質帝本紀本初元年春正月詔曰昔堯命四子以欽天道鴻範九疇休咎有象夫瑞以和降異因逆感禁微應大前聖所重頃者州郡輕慢憲防競逞殘暴造設科條陷入無罪或以喜怒驅逐長吏恩阿所私罰枉仇隙至今守闕訴訟前後不絕送故迎新人離其害怨氣傷和以致災眚書曰明德慎罰方春東作育微敬始其赦有司罪非殊死且勿案驗以崇在寬

晉書禮志魏文帝黃初二年正月乙亥祀朝日於東郊之外

黃初七年正月命中宮蠶於北郊依周典也

魏志明帝本紀青龍元年正月甲申青龍見郟之摩陂井中

晉書武帝本紀泰始二年春正月遣兼侍中侯史光等持節四方循省風俗除禳祝之不在祀典者

泰始五年春正月癸巳申戒郡國計吏守相令長務盡地利禁游食商販

外紀晉惠帝正月百花未開令宮人剪五色通草花

王隱晉書慕容皝上言曰正月十二日臣躬征平郭遠假陛下之威將士竭命精誠感靈海爲結冰凌行海中三百餘里臣問諸故老言自立國以來初無海

水氷凍之歲
晉書禮志康帝建元元年正月將北郊太常顧和表
漢咸和中議別立北郊同用正月魏承後漢正月祭
天以地配時高堂隆等以爲禮祭天不以地配而稱
周禮三王之郊一用夏正於是從和議是月辛未南
郊辛巳北郊帝皆親奉
南燕錄慕容德正月渡黎津流澌氷合鄴令韓軌言
於德曰昔光武渡滹沱氷澌自合今大王濟河天橋
自成德乃大悅
宋書符瑞志太元十九年正月丁亥華林園延賢堂
西北李樹連理
拾遺記江東俗稱正月二十日爲天穿日以紅絲縷
繫煎餅置屋上謂之補天漏相傳女媧氏以是日補
天故也
宋書文帝本紀元嘉二十九年正月甲子詔曰今農
事行興務盡地利若須田種隨宜給之
通典宋孝武大明二年正月有司奏今月六日南郊
輿駕親奉至時或雨遂遷日有司行事
宋書孝武帝本紀大明七年正月癸未詔曰春蒐之
禮著自周令講事之語書於魯史今歲稔氣榮中外
寧晏當因農隙葺是舊章可克日於元武湖大閱水
師並巡江右講武校獵
梁書武帝本紀天監十六年正月辛未輿駕親祀南
郊詔曰朕當宸思治政道未明昧旦劬勞亟移星紀
今太皥御氣勾芒首節升中就陽禋敬克展務承天
休布茲和澤尤貧之家勿收今年三調其無田業者
所在量宜賦給若民有產子卽依格優蠲孤老鰥寡
不能自存咸加賑卹班下四方諸州郡縣時理獄訟
勿使寃滯並若親覽
隋書天文志普通元年春正月丙子日有食之占曰
日食陰侵陽不克陰也爲大水其年七月江淮海
溢
梁書武帝本紀普通二年正月辛巳輿駕親祀南郊
詔曰春司御氣虔恭報祀陶匏克誠蒼璧禮備思隨
乾覆布茲亭育凡民有單老孤稚不能自存主者郡
縣咸加收養贍給衣食
中大通五年春正月辛卯輿駕親祠南郊先是一日
東南郊令解滌之等至郊所履行忽聞空中有異香
三隨風至及將行事奏樂迎神畢有神光滿壇上朱
紫黃白雜色食頃方滅兼太宰武陵王紀等以聞
北史李業興傳梁武問尚書正月上日此時何正業
興對曰此夏正月梁武言何以得知業興曰案尚書
中候運衡篇云日月營始故知夏正
魏書禮志立祖神常以正月上未設藉於端門內祭
牲用羊豕犬各一
文成皇帝卽位三年正月遣有司詣華岳修廟立碑
數十人在山上聞虛中若音聲聲中稱萬歲云
靈徵志太和八年正月上谷郡惠化寺醴泉涌醴泉
水之精也味甘美王者修治則出
隋書禮儀志北齊每歲正月上辛後吉亥祠先農祭
訖司農進穜稑之種六宮主之
後齊正晦汎舟皇帝乘輿鼓吹至行殿升御坐乘舨
與以與王公登舟置酒非預泛者坐於便幕
律曆志後齊參軍信都芳深有巧思能以管候氣仰
觀雲色嘗與人對語卽指天曰孟春之氣至矣人往
驗管而飛灰已應每月所候言皆無爽
荆楚歲時記正月夜多鬼鳥度家家捶牀打戶捩狗
耳滅燈燭以禳之注按元中記云此鳥名姑獲一名
天地女一名隱飛鳥一名夜行遊女好取人女子養
之有小兒之家卽以血點其衣以爲誌故世人名爲
鬼鳥荆州彌多斯言信矣
正月末日夜蘆苣火照井廁中則百鬼走
元日至於月晦並爲酺聚飲食士女泛舟或臨水宴
樂注按每月皆有弦望晦朔以正月初年時俗重以
爲節也玉燭寶典曰元日至月晦今並酺食度水士
女悉湔裳酹酒於水湄以爲度厄今世人唯晦日臨
河解除婦人或湔裙
正月五日爲牛今五日不殺牛
隋書文帝本紀開皇十九年正月戊寅大射武德殿
宴賜百官
禮儀志隋制於國城東北七里通化門外爲風師壇
祀以立春後丑
食貨志高頻以人間課輸雖有定分年常徵納除注
恆多長吏肆情文帳出沒復無定簿難以推校乃爲
輸籍定樣請遍下諸州每年正月五日縣令巡人各
隨便近五黨三黨共爲一團依樣定戶上下帝從之
老學庵筆記唐高祖實錄武德二年正月甲子下詔
曰釋典微妙淨業始於慈悲道教冲虛至德去其殘
暴況乎四時之禁毋伐麛卵三驅之禮不取順從蓋
欲敦崇仁惠蕃衍庶物立政經邦咸率斯道朕祗膺
靈命撫遂羣生言念亭育無忘鑒昧殷帝去網庶匯

前修齊玉捨牛實符本志自今每年正月五月九月十直日並不得行刑所在公私宜斷屠殺此三長月斷屠殺之始也

唐會要武德九年正月親祠太社丙子詔曰吉日惟戊親祠太社率從百僚以祈五穀

舊唐書百官志凡衛士各立名簿其三年以來征防差遣仍定優劣爲三第每年正月十日送本府印記仍錄一道送本衛府若有差行上番折衝府據簿而析之

玉海唐太宗貞觀二年正月二十一日親祭先農藉於千畝之甸祕書郎岑文本獻藉田賦

舊唐書禮儀志貞觀十四年春正月庚子命有司讀春令詔百官之長升太極殿列坐而聽之

唐書禮樂志太宗將親耕給事中孔頴達議曰禮天子藉田南郊諸侯東郊今帝社乃東壇未合於古太宗曰書稱平秩東作而青輅黛耜順春氣也五方位少陽田宜於東郊乃耕於東郊

唐會要永徽三年正月二十九日丁亥親享先農躬秉耒耜率公卿耕於千畝之田

唐書禮樂志高宗乾封元年封泰山是歲正月天子祀昊天上帝於山下之封祀壇親封玉冊置石䃭聚五色土封之

舊唐書音樂志調露二年正月二十一日則天御洛城南樓賜宴太常奏六合還淳舞

玉海永隆二年正月十日唐高宗會羣臣命婦合宴宣政殿太常博士袁利正上疏曰前殿正寢非命婦宴會之所帝從之改向麟德殿

唐詩紀事中宗正月晦日幸昆明池賦詩羣臣應制百餘篇帳殿前結綵樓命上官昭容選一首爲新翻御製曲從臣悉集其下須臾紙落如飛各認其名而懷之惟沈宋二詩不下又移時一紙飛墮乃沈詩也及聞其評云沈詩落句微臣彫朽質羞覩豫章材詞氣已竭宋詩云不愁明月盡自有夜珠來猶涉健舉沈乃伏不敢爭

景龍四年正月五日蓬萊宮宴吐蕃使因爲柏梁體時上疑賓從一宗晉卿素不屬文未即令續二人固請許之吐蕃舍人明悉獵請令授筆與之悉獵云玉醴由來獻壽觴上大悅賜與衣服

唐書武后本紀天授元年以正月爲一月久視元年十月甲寅復唐正月大赦

唐會要天授二年正月二十二日內出繡袍賜新除都督刺史其袍繡山形繞山勒回文銘曰德政惟明職令思平淸慎忠勤榮進躬親

舊唐書音樂志延載元年正月二十三日製越古長年樂一曲

玉海長安二年正月十七日始置武舉每年準明經進士例送其制有長垜馬射步射平射筒射又有馬槍翹關負重身材之選

開元十九年正月二十四日吐蕃請五經明皇賜以毛詩禮記左傳文選于休烈上言不可裴光庭曰西域請詩書庶使漸陶聲教上曰善乃與之

唐會要開元十九年正月三十日詔州縣社惟用酒脯

玉海開元二十三年正月十八日親祀先農降至耕位侍中執耒太僕秉轡上謂左右曰帝藉之禮古則三推朕今九推庶九穀之報也

唐會要開元二十六年正月六日修望春宮

正月八日親迎氣於東郊之青帝壇

唐人輦下歲時記正月戶部奏大閱天下貢物於都堂其日放朝宰相與百官皆赴戶部宴會一時特盛開元中會以大閱一日貢物賜李林甫九州任土盡歸人臣之家國史書其事也

仙傳拾遺吐蕃以寶函進唐明皇曰請陛下自開勿令他人知此機密上問葉法善法善請令蕃使自開上從之蕃使果中函弩死因授法善銀青光祿大夫法善請松陽宅爲觀賜號淳和御製碑額以榮鄉里

正月二十七日有雲鶴百行翔集瑞雲五色覆其居

舊唐書禮儀志天寶元年正月癸丑陳王府參軍田同秀稱于京永昌街空中見元元皇帝傳言天下太平聖壽無疆仍云桃林縣故關令尹喜宅有靈寶符發使求之十七日獻于含元殿

唐會要天寶二年正月二十八日築神都羅城號曰金城

唐明皇送賀知章歸四明詩序天寶三年太子賓客賀知章正月五日將歸會稽遂餞東路乃命六卿庶尹大夫供帳青門寵行邁也詩遺榮期入道辭老竟抽簪豈不惜賢達其如高尚心寰中得祕要方外散幽襟獨有青門餞羣僚悵別深

唐書元宗本紀天寶三載正月丙申改年爲載

唐會要天寶五載正月二十三日詔曰堯命四子所受惟時周分六官會不繫月其禮記月令宜改爲時

令

天寶六載正月十二日封四瀆號河爲靈源公濟爲清源公江爲廣源公淮爲長源公

翰墨大全天寶六載正月十八日詔重門夜開以達陽氣

唐會要天寶六載正月二十九日詔今陽和布氣蠢物懷生在於含養必期遂性其滎陽僕射陂陳留蓬池宜斷採捕仍改僕射陂爲廣仁陂蓬池爲福源池

天寶十載正月二十三日明皇封東鎮沂山爲東安公南鎮會稽山爲永興公西鎮吳山爲成德公中鎮霍山爲應聖公北鎮醫巫閭山爲廣寧公封東海爲廣德公南海爲廣利公西海爲廣潤公北海爲廣澤公

開天遺事都人士女每至正月半後各乘車跨馬供帳於園圃或郊野中爲探春之宴

雲仙雜記長安風俗元日以後遞飲食相邀號傳座

避暑漫抄安氏將亂于中原梁朝誌公大師有語曰兩角女子綠衣裳却背太行邀君王一止之月必消亡兩角女子安字綠者祿字也一止正月也果正月敗亡

舊唐書肅宗本紀乾元二年正月戊寅有事於藉田上行九推禮官奏太過曰朕勸農率下恨不終千畝耳禮畢雪盈尺

玉海唐順宗正月十二日誕爲聖壽節

元稹詩序永貞二年正月二日上御丹鳳樓赦天下予與李公垂庾順之閒行曲江不及盛觀詩春來饒夢慵朝起不看千官擁御樓却著閒行是忙事數人同傍曲江頭

唐會要元和二年正月辛卯郊享獻之次景物澄霽及鑾輿就次則微雪大駕將動則又止翌日御樓宣赦畢瑞雪盈尺

遵生八牋韓文公云正月乙丑晦主人使奴星結柳作車縛草爲船載糗輿糧三揖窮鬼而送之注相傳高陽氏子好衣敝食糜正月晦日巷死世人於是日作粥糜破衣棄於巷祝曰送窮鬼

唐書五行志寶曆元年正月乙卯流星出北斗樞星光燭天入濁占曰有赦

舊唐書文宗本紀故事吳蜀貢新茶皆於冬中作法爲之上務恭儉不欲逆其物性詔所供新茶宜于立春後造

禮儀志會昌二年正月十三日祀九宮貴神敕宰相崔珙攝太尉行事

歲華紀麗譜咸通十年正月二日街坊點燈張樂晝夜喧闐蓋大中承平之餘風由此言之唐時放燈不獨上元也

酉陽雜俎北朝婦人常以正月進箕帚長生花

續博物志清泰小字二十三蓋正月二十三日生也以是日爲千春節人臣奏對但云兩旬三日或數物則云二十二更過二十四不敢斥尊也

五代史司天考晉司天監馬重績起唐天寶十四載乙未爲上元用正月雨水爲氣首

清異錄閩甘露堂前兩株茶鬱茂婆娑宮人呼爲清人樹每春初嬪嬙戲摘新芽堂中設傾筐會

續博物志山東風俗遇正月取五姓女年十餘歲共臥一榻覆之以衾以箕扇之良久如夢寐或欲刺文繡事筆硯理管絃俄頃乃寤謂之扇天卜以乞巧

雲谷雜記太祖潛耀日與一道士遊於關河每劇飲爛醉道士善歌能引其喉於杳冥之間作清徵之聲時或聞一二句曰金猴虎頭四眞龍得其位詰之則曰醉夢豈足憑耶至膺圖受命之日乃是庚申正月初四日也

玉海乾德二年正月詔土膏將起宜課東作之勤使地無遺利歲有餘糧

宋史西蜀世家孟昶命學士爲詞題桃符以其非工自命筆題云新年納餘慶嘉節號長春以其年正月十一日降太祖命呂餘慶知成都而長春乃聖節名也

玉海太平興國三年正月二十八日癸丑幸迎春苑習射帝中的者九

宋史五行志太平興國六年正月瑞安縣民張度解木五片皆有天下太平字

禮志太平興國九年正月六日幸景龍門外水磑帝臨水而坐名從臣觀之因曰此水出於山源清澄甘潔近河之地水味皆甘豈河潤所及乎宋琪等曰亦猶人性善惡染習致然帝曰卿言是也

玉海雍熙二年正月壬戌有星出東井其大倍於金星至輿鬼沒占云四表來貢是歲占城邛部川蠻西南蕃來貢

雍熙五年正月十七日御觀耕臺觀王公耕

端拱二年正月詔興置方田命八作使寶神興等往北面興功東壁則知定州張永德西壁則知邢州米

信各兼方田都總管

淳化三年正月丙辰舒州言甘露降靈仙觀三清閣前柏木畫圖來獻上以示近臣宰相李昉等表賀詔楊億試舒州進甘露頌

宋史禮志淳化四年正月以南郊禮成大宴含光殿

玉海至道元年正月丙辰新作上清宮成御書額以金塡其字賜之車駕臨幸謂近臣曰造此祠宇爲民祈福

至道二年正月庚戌上出次南郊齋宮詔有司畫南郊圖三幅外幅列儀衛中幅車輅及導駕官人物皆長寸餘又圖畫圜壇祭器樂架警場青城別爲圖以紀一時之盛

宋史眞宗本紀景德二年正月戊寅取淮楚間踏犂式頒之河朔

禮志景德三年十二月陳彭年言來年正月三日上辛祈穀至十日始立春按月令春秋傳當在建寅之月迎春之後後齊永明元年立春前郊議者欲遷日王儉啓云宋景平元年元嘉六年並立春前郊遂不遷日然則左氏所記啓蟄而郊乃三代彝章王儉所啓郊在春前乃後世變禮望常以正月立春之後行上辛祈穀之禮從之

大中祥符元年正月詔應致仕官並令赴都亭驛酺宴御樓日合預坐者亦聽又詔朝臣已辭未見並聽赴會凡賜酺命內諸司使三人主其事於乾元樓前露臺上設教坊樂又駢繫方車四十乘上起綵樓者二分載鈞容直開封復爲棚車二十四每十二乘爲之皆駕以牛被之錦繡縈以綵糾分載諸軍京畿伎樂又於中衢編木爲欄處之徙坊市邸肆對列御道百貨駢布競以綵幄鏤版爲飾上御乾元門召京邑父老分番列坐樓下傳旨問安否賜以衣服茶帛若五日則第一日近臣侍坐特名丞郎給諫上舉觴教坊樂作二大車自昇平橋而北又有旱船四挾之以進棚車由東西街交鶩並往復日再焉東距望春門西連閶闔門百戲競作歌吹騰沸宗室親王近列牧伯洎舊臣宗室官爲設綵棚於左右廊廡士庶縱觀車騎塡溢歡呼震動第二日宴羣臣百官於都亭驛宗室於親王宮第三日宴宗室內職於都亭驛近臣於宰相第第四日宴百官於都亭驛宗室於外苑第五日復宴宗室內職於都亭驛近臣於外苑上多作詩賜令屬和及別爲勸酒詩禁軍將校日會於殿前馬步軍之廨

諸慶節古無是也眞宗以後始有之大中祥符元年詔以正月三日天書降日爲天慶節休假五日兩京諸路州府軍監前七日建道場設醮斷屠宰節日士庶特令宴樂京師然燈

玉海大中祥符四年正月己丑司天言農丈人星見主歲豐

大中祥符五年正月癸酉命學士晁迥等知貢舉六日甲戌上作詩賜晁迥等曰盛時選士貢闈開馨宇聞風獻藝來心以權衡求實效勿令蓬蓽有遺才

大中祥符六年正月癸巳朔五星同色占曰天下兵偃

宋史禮志眞宗大中祥符六年正月二十一日帝服通天冠絳紗袍奉上太上老君加號冊寶夜漏上五刻侍史奉天書赴太清宮升殿改服袞冕行朝謁禮畢奉冊寶於玉匱纏以金繩封以金泥

玉海大中祥符七年正月九日學士院上應天府瑞雲樂章

正月二十三日御奉元均慶樓觀酺從官與坐宴父老於樓下設山車百戲聽民縱觀

大中祥符九年正月癸亥蜀州獻合歡竹圖

天禧元年正月丙寅韶州獻瑞木文曰天下太平

正月二十日己未作喜春雨詩賜學士以下屬和

宋史禮志仁宗以正月八日爲皇太后長寧節詔定長寧節上壽儀太后垂簾崇政殿百官及契丹使班庭下宰臣以下進奉上壽閤門使於殿上簾外立侍百官再拜宰臣升殿跪進酒簾外內臣跪承以入宰臣奏曰長寧節臣等不勝歡忭謹上千萬歲壽復降再拜三稱萬歲內臣承旨宣曰得公等壽酒與公等同喜咸再拜宰臣升殿內侍出簾外跪授虛醆宰臣跪受降再拜舞蹈三稱萬歲內侍承旨宣羣臣升殿再拜升陳進奉物當殿廷通事舍人稱宰臣以下進奉客省使殿上喝進奉出內謁者監進第二醆賜酒三行侍中奏禮畢皆再拜舞蹈太后還內百官詣內東門拜表稱賀其外命婦舊入內者卽入內上壽不入內者進表內侍引內命婦上壽次引外命婦如百官儀次日大宴

玉海明道二年正月二十五日大禮使以製成御未邦靑箱等奏御

景祐二年正月二十八日置邇英延義二閣寫尚書無逸篇於屛是日仁宗御延義閣名輔臣觀之

宋史禮志英宗以正月三日爲壽聖節禮官奏故事聖節上壽親王樞密於長春殿宰臣百官於崇德殿天聖諒闇皆於崇政殿於是紫宸上壽羣臣升殿間飲獻一觴而退又一日賜宴於錫慶院

聞見後錄夔峽之人歲正月十百爲曹設牲酒於田間已而衆操兵大噪謂之養（去聲）烏鬼長老言地近烏蠻戰場多與人爲厲用以禳之

蘇軾詩序正月二十六日偶與客野步嘉祐僧舍東南野人家雜花盛開叩門求觀主人林氏媼出應白髮青裙少寡獨居三十年矣感歎之餘作詩紀之

楚通志正月二十二日東坡將往岐亭宿於團風夢一僧破面流血若有所訴至岐亭過一廟中有阿羅漢像左龍右虎儀制甚古而面爲人所壞顧之宛如夢中所見遂載以歸完新而龕之設於安國寺

事文類聚元祐二年正月東坡在汝陰堂前梅花大開月色鮮霽王夫人曰春月色勝於秋月色秋月色令人慘悽春月色令人和悅先生大喜曰吾不知子能詩耶此眞詩家語矣

聞見近錄夔峽將至灧澦堆峽左岩上有題聖泉二字泉上有大石謂之洞石而初無泉也至者擊石大呼則水自石下出予嘗往焚香俾舟人擊之舟人呼曰山神土地人渴矣久之不報一卒無室家復大呼曰龍王龍王萬姓渴矣隨聲水大注時正月雪寒其水如湯或曰夏則如冰凡呼者必以萬歲必以龍王呼之水於是出矣

岳陽風土記岳州自元正獻歲鄰里以宴飲相慶至十二日罷謂其日爲雲開節

宋史禮志政和三年以正月四日有太祖神御之州府宮殿行香爲開基節

政和六年正月七日御筆今歲閏餘候晚猶未春和晷短氣寒於宴集無舒緩之樂景靈宮朝獻移十四日東宮十五日西宮畢詣上清儲祥宮燒香十六日詣醴泉觀等處燒香上元節移於閏正月十四日爲始

東京夢華錄正月一日年節開封府放關撲三日士庶自早互相慶賀坊巷以食物動使果實柴炭之類歌叫關撲如馬行潘樓街州東宋門外州西梁門外踊路州北封丘門外及州南一帶皆結綵棚鋪陳冠梳珠翠頭面衣著花朵領抹靴鞋玩好之類間列舞場歌館車馬交馳向晚貴家婦女縱賞關賭入場觀看入市店飲宴慣習成風不相笑訝至寒食冬至三日亦如此小民雖貧者亦須新潔衣服把酒相酬爾收燈畢都人爭先出城探春州南則玉津園外學方池亭榭玉仙觀轉龍灣西去一丈佛園子王太尉園奉聖寺前孟景初園四里橋望牛岡劍客廟自轉龍灣東去陳州門外園館尤多州東宋門外快活林勃臍陂獨樂岡硯臺蜘蛛樓麥家園虹橋王家園曹宋門之間東御苑乾明崇夏尼寺州北李駙馬園州西新鄭門大路直過金明池西道者院院前皆妓館以西宴賓樓有亭榭曲折池塘鞦韆畫舫酒客稅小舟帳設遊賞相對祥祺觀直至板橋有集賢樓蓮花樓乃之官河東陝西五路之別館尋常餞送置酒於此過板橋有下松園王太宰園杏花岡金明池角南去水虎翼巷水磨下蔡太師園南洗馬橋西巷內華嚴尼寺王小姑酒店北金水河兩浙尼寺巴婁寺養種園四時花木繁盛可觀南去藥梁園童太師園南去鐵佛寺鴻福寺東西柏榆村州北模天坡角橋至倉王廟十八壽聖尼寺孟四翁酒店州西北元有庶人園有創臺流盃亭榭數處放人春賞大抵都城左近皆是園圃百里之內並無閒地次第春容滿野暖律暄晴萬花爭出粉牆細柳斜籠綺陌香輪暖輾芳草如茵駿騎驕嘶杏花如繡鶯啼芳樹燕舞晴空紅妝按樂於寶榭層樓白面行歌近畫橋流水舉目則鞦韆巧笑觸處則蹴踘疎狂尋芳選勝花絮時墜金樽折翠簪紅蜂蝶暗隨歸騎於是相繼清明節矣

玉海紹興十四年正月二十六日內出鎭圭以奉文宣王初有司欲用珉上曰崇奉先聖豈可用假玉詔以眞玉圭降出

宋會要宋高宗紹興十五年正月二日瀘南獻嘉禾九穗

乾淳起居注淳熙八年正月初二日未初雪大下正是臘前官家甚喜令有司比去年倍數支散貧民節使呉珺進喜雪水龍吟詞

宋史禮志理宗以正月五日爲天基節

揮麈後錄楚俗遇元夕第三夜多以更闌時微行聽人言語以卜一歲之通塞

道山清話何斯舉作黃綿襖子歌序正月大雨雪十日不已既晴鄰里相呼負日曰黃綿襖子出矣

演繁露達魯河東與海接歲正月方凍其鉤魚也王與其母皆設次冰上先使人於河上下十里間以毛網截魚令不得散逸又從而驅之其牀前預開冰竅

四各有冰眼中眼透木旁三眼環之不透第斵減令薄而已薄者所以候魚而透者將以施鉤也魚之將至伺者以告遂於斵透眼中用繩鉤擲之無不中者謂之得頭魚頭魚既得遂相與出冰帳於別帳作樂上壽

溪蠻叢笑土俗歲節數日野外男女分兩朋各以五色綵囊豆粟往來拋接名飛紽

金史太祖本紀天輔七年正月甲申詔令農事將興典兵官毋縱軍士動擾人民以廢農業

熙宗本紀天會十四年正月十七日萬壽節齊高麗夏遣使來賀

世宗本紀大定四年正月二十五日辛亥獲頭鵝遣使薦山陵自是歲以爲常

大定二十年正月命歲以錢五千貫造隨朝百官節酒及冰燭藥炭視品秩給之

禮志明昌五年爲壇於景風門外東南歲以立春後丑日祀風師

天文志興定五年正月出東行省蒙古綱奏慶雲見命圖以進

五行志元光二年正月十八日辛酉日午有鶴千餘翔殿庭移刻乃去

元史祭祀志歲正月十五日宣政院同中書省奏請先期中書奉旨移文樞密院八衛撥傘鼓手一百二十人殿後軍甲馬五百人擡舁監壇漢關羽神轎軍及雜用五百人宣政院所轄宮寺三百六十所掌供應佛像壇面幢幡寶蓋車鼓頭旗三百六十壇每壇擎執擡舁二十六人鈸鼓僧一十二人大都路掌供各色金門大社一百二十隊教坊司雲和署掌大樂鼓板杖鼓篳篥龍笛琵琶箏纂七色凡四百人興和署掌妓女雜扮隊戲一百五十人祥和署掌雜把戲男女一百五十人儀鳳司掌漢人回回河西三色細樂每色各三隊凡三百二十四人凡執役者皆官給鎧甲袍服器仗俱以鮮麗整齊爲尚珠玉金繡裝束奇巧首尾排列三十餘里都城士女閭閻聚觀禮部官點視諸色隊仗刑部官巡綽喧鬨樞密院官分守城門而中書省官一員總督視之先二日於西鎮國寺迎太子遊四門舁高塑像具儀仗入城十四日帝師率梵僧五百人於大明殿內建佛事至十五日恭請傘蓋於御座奉置寶輿諸儀衛隊仗列於殿前諸色社直暨諸壇面列於崇天門外迎引出宮至慶壽寺具素食食罷起行從西宮門外垣海子南岸入厚載紅門由東華門過延春門而西帝及后妃公主於五德殿門外搭金脊五殿綵樓而觀覽焉及諸隊仗社直送金傘還宮復恭置御榻上帝師僧衆作佛事至十六日罷散歲以爲常謂之遊皇城或有因事而輟尋復舉行

正月祀東嶽鎮海瀆祀官以所在守土官爲之

歲華紀麗譜正月二日太守出東郊早宴移忠寺舊名碑樓院晚宴大慈寺清獻公記云宴罷妓以新詞送茶自宋公祁始蓋臨邛周之純善爲歌詞嘗作茶詞授妓首度之以奉公後因之

五日五門蠶市蓋蠶叢氏始爲之俗往往呼爲蠶叢太守即門外張宴

二十三日聖壽寺前蠶市張公詠始即寺爲會使民鬻農器太守先詣寺之都安王祠奠獻然後就宴舊出萬里橋登樂俗園亭今則早宴祥符寺晚宴信相院

二十八日俗傳爲保壽侯誕日出笮橋門即侯祠奠拜次詣淨衆寺邠國杜丞相祠奠拜畢事會食晚宴大智院

輟耕錄至元四年正月城京師以爲天下本右擁太行左注滄海撫中原正南面枕居庸奠朔方峙萬歲山浚太液派玉泉通金水縈畿帶甸負山引河壯哉帝居擇此天府

明會典凡每歲正旦節自初一日爲始文武百官放假五日

帝京景物略正月十三日家以小盞一百八枚夜燈之徧散井竈門戶砧石曰散燈也其聚如螢散如星

正月十六日婦女著白綾衫隊而宵行謂無腰腿諸疾曰走橋至城各門手暗觸釘謂男子祥曰摸釘

丘眞人名處機字通密號長春子金皇統戊辰正月十九日生都人以正月十九日致漿祠下遊冶紛沓走馬蒱博謂之燕九節

北京歲華記正月初八九日至十八日人家用粉糁寒具相饋遺徧市鬻之以五花帶爲號

欽定古今圖書集成曆象彙編歲功典

歲功典第十八卷

孟春部雜錄

公羊傳王正月疏凡草物皆十三月萌芽始出而首黑

王者應以十三月爲正則命以黑瑞

易飛候正月有偃月必有嘉王

易通卦驗正月中猛風至注猛風動搖樹木有聲者

春秋感精符月建寅物生之端謂之人統夏以爲正

管子菁茅謀孟春且至溝瀆阬而不遂谿谷報上之水不安於藏內毀室屋壞牆垣外傷田野殘禾稼故君謹守泉金之謝物且爲之舉

正月之朝穀始也

輕重甲篇孟春既至農事且起大夫無得繕冢墓理宮室立臺樹築牆垣北海之衆無得聚庸而煮鹽

師曠占五穀正月甲戌日大風東來折樹者穀熟甲寅日大風西北來者貴庚寅日風從西來者皆貴

陶朱公書雨水後陰多主少水高下大熟雷多主人民不安月蝕粟賤虹見主七月穀貴

十六日謂之落燈夜晴主高低皆熟東南風水鄉好西北風主旱

正月上旬稱水十二月之水旱初一日起用一瓦瓶每朝取水稱之重則雨多輕則雨少初一占正月初二占二月餘倣此

占桑葉貴賤只看正月上旬木在一日則爲蠶食一葉爲甚貴木在九日則爲蠶食九葉爲甚賤

尚書大傳以正月朝迎日於東郊所以爲萬物先而尊事天也

史記天官書攝提格歲歲陰左行在寅歲星右轉居丑正月與斗牽牛晨出東方名曰監德色蒼蒼有光其失次有應見柳歲早水晚旱

白帝行德以正月二十日二十一日月暈圍常大赦載謂有太陽也

漢書律歷志正月乾之九三萬物棣通族出於寅八奉而成之仁以養之義以行之令事物各得其理寅木也爲仁其聲商也爲義故太簇爲人統注孟康曰棣謂逮意也

淮南子天文訓天一元始正月建寅日月俱入營室五度天一以始建七十六歲日月復以正月入營室五度無餘分名曰一紀

斗杓爲小歲正月建寅月從左行注第五至第七爲杓

春秋繁露陽尊陰卑篇陽氣以正月始出於地生育長養於上

四祭篇春曰祠祠者以正月始食韭也

大戴禮記盛德篇古者天子孟春論吏德行能理功能德法者爲有德能行德法者爲有行能理德法者爲有能能成德法者爲有功故論吏而法行事治而功成

誥志篇虞夏之歷正建於孟春於時冰泮發蟄百草權輿瑞雉無釋物乃歲俱生於東以順四時

博雅正月有微霜八月浮雲不歸

後漢書郎顗傳正月三日至乎九日三公卦注凡卦法一爲元士二爲大夫三爲三公四爲諸侯五爲王位六爲宗廟音義云分卦直日之法爻主一日卽三日九日並爲三公之日也

正月者歲之始也王者則天之象因時之序宜開發德號爵賢命士流寬大之澤垂仁厚之德順助元氣含養庶類

東方朔占書上旬三日得甲爲上歲四日中歲五日下歲月內有甲寅米賤

上旬一日得辛旱二日小收三四日主水麥半收五六日小旱七分收八日歲稔一云春旱不收又上旬一日辛麥收十分二日禾蠶收三日四日田蠶全收

五日六日麻粟麥蠶半收七日八日旱禾麻麥粟少收絲貴

上旬一日得卯主禾十分收二日低田半收三四日大水五日六日半收七日八日春澇全收

上旬一日得辰雨多二日風多先旱半熟低田全收七月雨多麻豆全收三日雨晴勻四日收七分五日歲稔六日大稔七日水損田蕎麥收八日先旱後澇九日大麥收仲夏水災十日旱禾半收十一日五穀不收冬大雪十二日冬大雪五穀收

上旬一日二日得酉大豐三日四日民安五日至十日中歲民不安十一日十二日歲大熟

月內有三子葉少蠶多無三子則葉多蠶少

月內有三卯宜豆無則早種禾

白虎通五行篇正月律謂之太簇何太亦大也簇者湊也言萬物始大湊地而出也

三正篇禮三正記曰正朔三而改文質再而復也三微者何謂也陽氣始施黃泉萬物動微而未著也十一月之時陽氣始養根株黃泉之下萬物皆赤赤者盛陽之氣也故周爲天正色尚赤也十二月之時萬物始牙而白白者陰氣故殷爲地正色尚白也十三月之時萬物始達孚甲而出皆黑人得加功故夏爲人正色尚黑尚書大傳曰夏以孟春月爲正殷以季冬月爲正周以仲冬月爲正夏以十三月爲正色尚黑以平旦爲朔殷以十二月爲正色尚白以雞鳴爲朔周以十一月爲正色尚赤以夜半爲朔不以二月後爲正者萬物不齊莫適所統故必以三微之月也

紼冕篇謂之收者十三月之時氣收本舉生萬物而達出之故謂之收

士冠經曰毋追夏后氏之道夏統十三月爲正其飾最大故曰毋追毋追者言其追大也

論衡雷虛篇正月陽動故正月始雷

說文笙正月之音物生故謂之笙十三簧象鳳之身

四民月令正月地氣上騰土長冒橛陳根可拔急菑强土黑壚之田

正月糞疇疇麻田也

正月可種瓜瓠葵芥䪥大小葱蒜苜蓿及雜蒜亦種

正月可作諸醬肉醬清醬

正月自朔暨晦可移諸樹竹漆桐梓松柏雜木唯有果實者及望而止過十五日則果少實

正月上辛日掃去韭畦中枯葉

獨斷夏以十三月爲正律中太簇言萬物始蘇而生故以爲正也

帝王世紀連山易其卦以純艮爲首艮爲山山上山下是名連山雲氣出內於山夏以十三月爲正人統艮漸正月故以艮爲首

三禮義宗五行之官木正曰勾芒者物始生皆勾屈而芒角因用爲官名也

魏書律曆志次卦正月小過蒙益漸泰

齊民要術桑柘熟時收黑魯椹即日以水淘取子曬燥仍畦種常薅令淨明年正月移栽之率五尺一根其下常劚掘種菉豆小豆栽後二年慎勿採沐大如臂許正月中移之率十步一樹行欲小掎角不用正相當須取栽者正月二月中以鉤弋壓下枝令著地條葉生高數寸仍以燥土壅之明年正月中截取而種之

欲知歲所宜以布囊盛粟等諸物種平量之埋陰地冬至後五十日發取量之息最多者歲所宜也

嫁李法正月一日或十五日以磚著李樹岐中令實繁

種瓜法冬天以瓜子數枚內熱牛糞中凍即拾聚置之陰地正月地釋即耕逐場布之率方一步下一斗糞耕土覆之肥茂早熟

粟米酒惟正月得作餘月悉不成用笨麴不用神麴粟米皆得作酒然青穀米最佳治麴淘米必須細淨以正月一日日未出前取水日出即曬麴至正月十五日擣麴作末即浸之大率麴末一斗堆量之水八斗殺米一石米平量之隨甕大小率以此加以向滿爲度隨米多少皆平分爲四分從初至熟四炊而已預前經宿浸米令液以正月晦日向暮炊釀正作饙耳不爲再餾飯欲熟時預前作泥置甕邊饙熟即舉甑就甕下之速以酒杷就甕中攪作兩三遍即以盆合甕口泥密封勿令漏氣看有裂處更泥封七日一酘皆如初法四酘畢四七二十八日酒熟此酒須用夜不得白日四度酘者及初押酒時皆迴身映火勿使燭明及度酒熟便堪飲

春候地氣始通椓橛木長尺二寸埋尺見其二寸立春後土塊散上沒橛陳根可拔此時二十日以後和氣即土剛以此時耕一而當四和氣去耕四不當一

種苜蓿法正月燒去枯葉

作春酒法治麴欲淨剉麴欲細曝麴欲乾其法以正月晦日多收河水大率一斗麴殺米七斗用水四斗

種冬瓜傍牆陰地作區圓二尺深五寸以熟糞及土相和正月晦日種既生以柴木倚牆令其緣上旱則澆之

陸璣詩疏蔞蒿好生水邊及澤中正月根芽生旁莖正白生食之香而脆美其葉可蒸爲茹

千金月令正月宜服桑枝湯取桑枝如箭幹大者細挫三升熬令微黃以水六升煎三升去滓重湯煎二升下白蜜三合黃明膠一兩炙作末煎成以不津器貯之

六典膳部節日食料有晦日膏糜

宋史樂志太簇之律生氣湊達萬物於三統爲人正於四時爲孟春故元會用之

宋景文公筆記宦者宮人言正月與上諱同音故共易爲初月王珪爲修起居注頗熟其文因上言秦始皇帝名政改正(音政)月爲端月以正(音政)爲正(音征)令乞廢正征音一字不用遂下兩制議兩制共是其請表去其字會公亮疑而問予予曰不宜廢且月外尚有射正詩曰不出正兮不止正月矣會悟密語相府罷之

嬾眞子錄僕仕於關中於士人王毖君求家見一古物似玉長短廣狹正如中指上有四字非篆非隸上二字乃正月也下二字不可認問之君求云前漢剛卯字也漢人以正月卯日作佩之名其一而曰正月剛卯乃知今人立春或戴春勝春幡亦古制也蓋剛者强也卯者劉也正月佩之尊國姓也與陳湯所謂强漢者同義

雲笈七籤正月二日取商陸根三十斤淨洗粗切長二寸許勿令中風絹囊盛盡懸屋北六十日陰燥爲末以方寸匕水服旦先食服八十日見千里百日登風履雲久服成仙

夢溪筆談正月陽氣始建兆乎萬物故曰發明

稿簡贅筆正月十六日古謂之耗磨日張說耗日飲詩云耗磨傳茲日縱橫道未宜但令不忌醉翻是樂無爲又云上月今朝減流傳耗磨辰還將不事事同醉俗中人飲酒如今之社日此日但謂之耗日官司不開倉庫而已

二老堂詩話杜詩云元日到人日未有不陰時蓋此七日之間須有三兩日陰不必皆晴疑子美紀實耳洪興祖引東方朔占書謂歲後八日一雞二犬三豕四羊五牛六馬七人八穀其日晴則所主物育陰則災天寶之亂人物俱災故子美云爾信如此說穀乃一歲之本何略之也

周益公日記正月逢三亥桑田變成海是歲壬辰正月初六丁亥十八己亥三十辛亥歲有年癸巳正月亦三亥則立春在逢亥之後是歲大水

齊東野語秦始皇諱政乃呼正月爲征月史記年表作端月

王羲之父諱正故每書正月爲初月或作一月

癸辛雜識種葡萄法於正月之末取葡萄嫩枝長四五尺者捲爲小圈令緊先治地土鬆而沃之以肥種之止留二節在外異時春氣發動衆萌競吐而土中之節不能條達則盡萃花於出土之二節不二年成大棚其實大如棗而且多液此亦奇法也

折梅花插鹽中花開酷有肥態試之良然已與家仲乙未正月十四日舟過鍾賈山大雪採梅僧院僧出酒相餉因論前事僧言以醃豕滾汁熱貯瓶梅卻能放葉結子余始知古人鹽梅和羹故自同調

山家清供梅落英淨洗用雪水煮候白粥熟同煮楊誠齋詩云纔看臘後得春饒愁見風前作雪飄脫蘂收將熬粥吃落英仍好當香燒

王氏談錄茶品高而多年者必稍陳遇有茶處春初取新芽輕炙雜而烹之氣味復在

逌考正月遨客飲春酒爲履端之會

正月己丑日白雞祀竈宜蠶

種靛正月中以布袋盛子浸之芽出撒地上用灰糞覆蓋待放葉澆水糞長二寸許分栽俟葉厚方割將葉浸水缸內一晝夜濾淨每缸內用礦灰八兩以木扒打轉澄清去水是謂頭靛二靛三靛法亦如之

種黃麻古云十耕蘿蔔九耕麻地宜肥熟須殘年墾俟凍過則土酥至春鋤成行壟正月半前下種種子取斑黑者爲上

正月夜欲臥盪熱鹽湯一盆從膝下洗至足方臥以通泄風毒腳氣勿令壅滯

治果木蠹蟲正月削杉木作釘塞其穴則蟲立死

便民圖纂種茄匏冬瓜葫蘆黃瓜菜瓜正月預先以糞和灰土或盆或桶盛貯候發熱過以子插灰中常以水灑之日間朝日影夜間收於竈側暖處候生甲時分種於肥地

正月諸色果木樹芽未生之時於根旁掘土寬深將根截去留四邊亂根勿動用土覆蓋築令堅實則結果肥大勝插接者謂之騸樹

正月取弱柳枝大如臂長一尺半燒下頭二三寸埋

之用杵打實常以水澆之必數枝俱生留三四條茂
者削去枝梢其枝必茂或栽插者長五六尺亦得
正月修桑削去枯枝及低小亂枝條根旁開掘用糞
土培壅此月不修理則葉生遲而薄
視聽抄吳諺曰正月逢三亥湖田變成海謂水大也
壬辰年正月初六日己亥十八日辛亥三十日癸亥
是歲大潦湖田顆粒不收癸巳正月亦有三亥然一
亥在立春前是歲無水災
研北雜志世謂正月三日爲田本命浙西人謂之夏
正三言夏正之三日俗以是日稱水以重爲上有年
極驗
丹鉛續錄吳下田家以正月八日夜立一竿於平地
月初出有影卽量之據其長短移於水面就橋柱畫
痕記之梅雨水漲必到所記之處
耕史月表正月花盟主梅花寶珠茶花客卿山茶鐵
幹海棠花使令瑞香報香木瓜
花曆正月蕙蘭芳瑞香烈櫻桃始葩徑草絲望春初
放百花萌動
月令演正月天臘歲旦油卜人日金吾弛禁十五秏磨日十六
買兩夜燈十七十八補天穿十九送窮二十九
田家五行正月十六日喜西南風爲入門風主低田
大熟
農政全書金櫻子取其刺可御姦取其花香味可玩
取其子可作藥正月插
五加皮取其幹可作骨取其刺可御姦取其芽可食
取其根皮作藥作酒正月插
山東種薯法沙地深耕起土坑深二尺用糞和土各
半填入坑中足踐實正月中畦種薯苗長又加土壅
之
居家必用正月丁卯甲辰丙辰丁未己未乙酉丁酉
造麪醬酒醋吉
上春嫩茶芽每五百錢重以綠豆一升去殼蒸焙山
藥十兩一處細磨別以腦麝各半錢重入盤同研約
二千杵罐內密封窨三日後可以烹點愈久香味愈
佳
遵生八牋立春後庚子日宜溫蔓菁汁合家並服不
拘多少可除瘟疫
本草綱目神桃是桃實著樹經冬不落者正月采之
中實者良
苦菜卽苦蕒也春初生苗有赤莖白莖二種
盧都子樹高六七尺其葉微似棠梨春前生花朶如
丁香蔕極細倒垂正月乃敷白花
靈雀者小鳥也一名蜜母黑色正月至巖石間尋求
安處羣蜂隨之也南方有之
白英俗名排風子正月生苗白色可食
韭正月分蒔宜肥壤數枝一本則茂而根大
岩棲幽事戊戌春正三日夜大雪余偶戲云雪者洗
慾戒之齷齪洒火坑之煩惱塡世路之坎坷喚夜氣
之清曉客曰此便可作雪贊
續文獻通考黃河自立春後東風解凍河邊人候水
凡一寸則夏秋當至一尺頗爲信驗謂之信水
山居要錄正月種芋秧先鋤地一遍以新黃土覆在
鋤過地上將芋芽向上密排種之用草覆蓋候發三
四葉約四五寸高于三月間移栽之
種大葫蘆正月中掘地作坑方四五尺深如之實塡
油麻菉豆藍及爛草等一重糞土一重草如此四五
重向上一尺餘著糞土種十餘顆子待生後揀取四
莖肥好者每兩莖相著一處以竹刀子刮去半皮以
物纏之以牛糞黃泥封之一如接樹法裹之待相著
活後各除一頭又取此兩莖相著如前法治待得活
後惟留一莖四莖合爲一本待著子揀取兩個周正
好大者餘旋除之如是舊是一斗可容一石也若須
爲器以模盛之隨人所好
燕都游覽記燈市在東華門王府街東崇文街西互
二里許自正月初八日起至十八日而罷

孟春部外編

蠡海集玉帝生於正月初九日者陽數始於一而極
於九原始要終也
白衣經正月八日南無華嚴衆意甘露苦王觀世音
菩薩示現
佛書正月初六日江州武平南安白花巖定光佛生
道書正月初四日太上大道玉晨君登玉霄琳房四
盼天下有志節遠遊之心者
正月三日北斗翼聖眞君降

三元延壽書正月初三日萬神都會

雲笈七籤正月九日朝太素三元君

集仙錄嗣天師張衡字子平與妻盧氏漢靈帝光和二年正月二十三日於陽平山白日飛昇

高僧傳釋道安常山人形甚陋寓襄陽宣法寺注經乃誓曰若所注不遠願見瑞相夜夢賓頭盧曰君所注殊合理至秦建元正月二十七日有異僧形亦甚陋來寺寄宿講堂直殿者夜見異僧從牎出入安起禮之問可度脫否云至某月日方可度耳卒如其言

史纂左編馬鈺號丹陽子全眞祖師命鈺鎖庵時隆冬風雪四入庵之所有惟筆硯枕席布衾草履而已然形神冲暢如在春風和氣中正月十一日鎖啓師謂鈺曰從我歸去居崑崙烟霞洞

避生八牋唐有虛耗小鬼空中竊取人物終南山進士鍾馗能捉之以刳其目劈而啗之故當正月圖之以厭鬼

楚通志何許陳三女相約入山修眞大中元年正月初五日雷雨作仙樂隱隱雲霧中遙見三女忽不知所在馬蹄鞋蹟俱留山上

廣異志南方赤帝女學道得仙居高陽崿山桑樹上正月一日銜柴作巢至十五日成或作白鵲或作女人赤帝焚之女即升天因名帝女桑今人至十五日焚鵲巢作灰汁浴蠶子招絲象此也

西溪叢語靈奇祕要辟兵法正月上寅日禹步取寄生木三咒曰咾皐敢告日月震雷令人無敢見我我爲大帝使者乃斷取五寸陰乾百日爲簪二七循頭上居衆人中人不見

立春部彙考一

周

周天子以立春日帥公卿諸侯大夫迎春於東郊行布德施惠之令

按禮記月令孟春之月　是月也以立春先立春三日大史謁之天子曰某日立春盛德在木天子乃齊立春之日天子親帥三公九卿諸侯大夫以迎春於東郊還反賞公卿大夫於朝命相布德和令行慶施惠下及兆民慶賜遂行毋有不當

陳注迎春東郊祭太皥勾芒也

後漢

後漢以立春日京師百官及郡國皆以青衣迎春於東郊始施土牛耕人於門外下寬大之詔

按後漢書禮儀志立春之日夜漏未盡五刻京師百官皆衣青衣郡國縣道官下至斗食令史皆服青幘立青幡施土牛耕人於門外以示兆民至立夏唯武官不立春之日下寬大書曰制詔三公方春東作敬始愼微動作從之罪非殊死且勿案驗皆須麥秋退貪殘進柔良下當用者如故事

注獻帝起居注曰建安二十二年二月壬申詔書絕立春寬緩詔書不復行

按祭祀志立春之日迎春於東郊祭青帝勾芒車旗服飾皆青歌青陽八佾舞雲翹之舞及因賜文官太傅司徒以下縑各有差

注月令章句曰東郊去邑八里因木數也　皇覽曰距冬至日四十六日則天子迎春於東堂距邦八里堂高八尺堂階三等青稅八乘旗旄尚青田車載矛號曰助天生唱之以角舞之以羽翟此迎春之樂也

又按志縣邑立春之日皆青幡幘迎春於東郭外令一童男冒青巾衣青衣先在東郭外野中迎春至者自野中出則迎者拜之而還弗祭三時不迎

北魏

魏以立春日遣有司迎春於東郊

按魏書禮志立春之日遣有司迎春於東郊祭用酒脯棗栗無牲幣

北齊

北齊以立春日受朝三公讀令賜酒有司迎春於東郊

按隋書禮儀志後齊立春日皇帝服通天冠青介幘青紗袍佩蒼玉青帶青袴青襪舄而受朝於太極殿尚書令等坐定三公郎中詣席跪讀時令訖典御酌酒卮置郎中前郎中拜還席伏飲禮成而出　又按志立春前五日於州大門外之東造青牛兩頭耕夫犂具立春有司迎春於東郊登青幡於青牛之傍焉

唐

唐以立春日祀青帝

按唐書禮樂志立春祀青帝以太皥氏配歲星三辰在壇下之東北七宿在西北勾芒在東南

元宗開元二十五年制以立春日迎春東郊

按唐書元宗本紀開元二十五年制自今後立春之日朕當率公卿親迎春東郊

肅宗乾元元年立春日御宣政殿讀時令

按唐書肅宗本紀乾元元年十二月二十八日丙寅

立春御宣政殿令太常卿于休烈讀時令

遼

遼以立春日皇帝御殿進酒戴勝始親執杖鞭土牛賜百官茶酒

按遼史禮志立春儀皇帝出就內殿拜先帝御容北南臣僚丹墀內合班再拜可矮襒以上入殿賜坐帝進御容酒陪位并侍立皆再拜一進酒臣僚下殿左右相向立皇帝戴幡勝等第賜幡勝臣僚簪畢皇帝於土牛前上香三奠酒不拜教坊動樂侍儀使跪進綵杖皇帝鞭土牛可矮襒以上北南臣僚丹墀內合班跪左膝受綵杖直起再拜贊各祗候司辰報春至鞭土牛三匝矮襒鞭止引節度使以上上殿撒穀豆擊土牛撒穀豆許衆奪之臣僚依位坐酒兩行春盤入酒三行畢行茶皆起禮畢

宋

宋以立春日祀青帝及嶽瀆之神

按宋史禮志立春祀青帝以帝太昊配勾芒歲星三辰七宿從祀　又按志立春祀東嶽岱山於兗州東鎮沂山於沂州東海於萊州淮瀆於唐州

仁宗景祐元年始頒土牛經於天下

按宋史仁宗本紀不載　按玉海景祐元年司天監校土牛經去其復重釋牛色等四篇爲農事之占十月己巳命知制誥丁度序之頒天下其牛色及執策者衣並以歲月支干納音相配

按宋向孟土牛經釋春牛顏色第一常以歲干爲頭色從甲乙丙丁戊己庚辛壬癸爲十干甲乙木其色青丙丁火其色赤戊己土其色黃庚辛金其色白壬癸水其色黑餘倣此支爲身色從子丑寅卯辰巳午未申酉戌亥爲十二支寅卯木其色青巳午火其色赤申酉金其色白子亥水其色黑辰戌丑未土其色黃餘皆倣此納音爲腹從金木水火土爲納音金白木青水黑火赤土黃以此五色言之立春日干色爲角耳尾支色爲脛脡納音色爲蹄假令甲子歲立春甲爲干其色青用青爲牛頭子爲支其色黑黑爲身納音金其色白白爲腹丙寅日立春丙爲干其色赤用赤爲角耳尾寅爲支其色青用青爲脛脡納音是火其色赤用赤爲蹄　釋策牛人衣服第二以立春日干爲衣色支爲勒帛色納音爲襯服色假令戊子日立春戊爲干當用黃衣子爲支當用黑爲勒帛納音是火當用赤爲襯服其策牛人頭𩑔鞭策各隨時候之宜是也用紅紫頭鬚之類　釋策牛人前後第三凡春在歲前則人在牛後若春在歲後則人在牛前春與歲齊則人牛並立假令立春在十二月內則是春在歲前卽人在牛後立春在正月內則是春在歲後卽人在牛前若立春在歲日同卽是春與歲齊人牛並立陽歲人居左陰歲人居右寅辰午申戌子爲陽歲卯巳未酉亥丑爲陰歲　釋籠頭韁索第四孟年以麻爲之寅申巳亥爲孟年仲年以草爲之子午卯酉爲仲年季年以絲爲之辰戌丑未爲季年凡韁索長七尺二寸像七十二候凡桊者乃牛鼻中環木也亦名曰拘拘桊者牛鼻中木也以桑柘木爲之卽以每年正月中宮色爲之假令寅申巳亥年正月中宮二黑用黑色拘桊子午卯酉年正月中宮八白用白色拘桊辰戌丑未年正月中宮五黃用黃色拘桊

孝宗淳熙二年冬十二月以立春日爲太上皇帝行慶壽禮

按宋史孝宗本紀不載　按禮志淳熙二年十一月詔太上皇帝聖壽無疆新歲七十以十二月十七日立春行慶壽禮是日早文武百僚並簪花赴文德殿立班聽宣慶壽赦宣赦訖從駕至德壽宮行慶壽禮致詞曰皇帝臣某言天祐君親錫茲難老惟春之吉年德加新臣某與羣臣等不勝大慶謹上千萬歲壽餘與前上壽儀注同禮畢從駕官應奉官禁衛等並簪花從駕還內文武百僚文德殿拜表稱賀

淳熙十年十二月以太上皇后新年七十詔以立春日行慶賀之禮

按宋史孝宗本紀不載　按禮志云云

明

太祖洪武二十六年定有司進春之儀

按明會典凡進春先期數日奏聞欽天監遣官至順天府候氣屆期奏進舊儀與見行微有不同備列於左洪武二十六年定是日早文武百官各具朝服於丹墀北向立應天府官置春案於丹墀中道之東引禮引府縣官就拜位贊鞠躬樂作四拜平身樂止典儀唱進春引府縣官舁春案樂作由東階陞跪置於丹墀中道俯伏興平身樂作又四拜禮畢鳴贊唱排班引禮引文武官北向立贊班齊致詞官詣中道之東跪奏云新春吉辰禮當慶賀贊鞠躬樂作贊五拜三叩頭訖樂止儀禮司奏禮畢

成祖永樂　年改定鞭春之儀

按明會典有司鞭春永樂中定每歲有司預期塑造春牛并芒神立春前一日各官常服輿迎至府州縣門外土牛南向芒神在東西向至日清晨陳設香燭酒果各官俱朝服贊排班班齊贊鞠躬四拜興平身班首詣前跪衆官皆跪贊奠酒三奠酒訖贊俯伏興復位又四拜畢各官執綵杖排立於土牛兩傍贊長官擊鼓三聲擂鼓贊鞭春各官環擊土牛者三贊禮畢　又按會典凡每歲立春前期五日欽天監官面奏差官二員往順天府候氣至之日回監具呈依書占奏　又按會典凡立春前期候氣官同順天府官赴東直門外導迎芒神春牛至府

神宗萬曆八年又定進春之儀

按明會典萬曆八年定先一日鴻臚寺執事官設春案一張於皇極殿外東王門簷下是日文武百官各具朝服侍班執事官先詣中極殿行禮如常儀鴻臚寺堂上官跪奏請陞殿導駕官前導教坊司樂作上御皇極殿陞座樂止錦衣衛傳鳴鞭引入序班引順天府等官先就拜位鳴贊贊鞠躬樂作四拜興平身樂止內贊立於東王門外贊進春引入序班引順天府府尹至東王門外鴻臚寺堂上官招呼起案樂作擡案序班舉春案至正門外簷下置定樂止引入序班引府尹至案前立內贊隨至簷下立贊跪鴻臚寺堂上官傳跪外贊亦贊跪內贊贊進春府尹奏臣某等謹進某年春又奏皇太后陛下春中宮殿下春某王殿下春俱在午門外伺候請命司禮監官捧進請旨承旨畢內贊贊俯伏鴻臚寺堂上官傳俯伏外贊亦贊俯伏樂作興平身樂止引入序班將府尹引下鴻臚寺堂上官招呼起案擡案序班舉春案至原處置定府尹仍入原班立外贊贊鞠躬樂作四拜興平身樂止順天府等官退下侍立對贊贊排班班齊文武百官入班立定鳴贊贊跪鴻臚寺堂上官一員於丹陛中道跪致詞云新春吉辰禮當慶賀致畢起身一躬由東邊門入殿內侍立鳴贊贊俯伏樂作興五拜叩頭興平身樂止鴻臚寺堂上官殿內跪奏禮畢傳贊禮畢鳴鞭駕興百官退進春樂與朝賀同

欽定古今圖書集成曆象彙編歲功典

第十九卷目錄

歲功典第十九卷

立春部彙考二

左傳

青鳥鳴

郯子對孔子曰少皞摯爲鳥師而鳥名青鳥氏司啓者也

註 青鳥鶬鴳也 疏 立春謂之啓此鳥以立春鳴故以名官使之主立春

易通卦驗

青氣直震

震東方也立春日青氣出直震此正氣也氣出右物半死氣出左蛟龍出震氣不出則歲中少雷萬物不實人民疾熱

條風至

立春條風至冰解楊柳津

註 條風者條達萬方之風

孝經緯

斗指東北

大寒後十五日斗指東北維爲立春

孝經鉤命決

立春事宜

先立春七日勅獄吏決詞訟有罪當入無罪當出立春勅門欄無關鑰以迎春之精下弓載楯鼓亦時聲動昆蟲也

樂緯

立春樂

民主立春樂用塤

汲冢周書

時訓解

立春之日東風解凍東風不解凍號令不行

史記

天官書

立春日四時之卒始也

註 是去年四時之終今年之始也

漢書

天文志

月有九行立春東從青道

淮南子

天文訓

大寒加十五日斗指報德之維則越陰在地故曰距日冬至四十六日而立春陽氣凍解音比南呂

時則訓

立春之日天子親率三公九卿大夫以迎歲於東郊修除祠位幣禱鬼神犧牲用牡

主術訓

先王之政四海之雲至而修封疆

注立春後四海出雲

春秋繁露

治水五行篇

立春出輕繫去稽留除桎梏開閉闔通障塞存幼孤矜寡獨無伐木

探春歷記

立春占候

甲子日立春高鄉豐稔水過岸一尺

春雨如錢　夏雨調勻　秋雨連綿　冬雨高懸

丙子日立春高鄉豐稔水過岸一尺

春雨多風　夏雨平田　秋雨如玉　冬雨連綿

戊子日立春高鄉豐稔水過岸一尺

春雨連綿　夏雨寸岸　秋風不厚　冬雪難期

庚子日立春低處熟高鄉不熟水懸岸七寸

春雨來遲　夏雨過時　秋雨平岸　冬雨成池

壬子日立春高低熟木平岸

春雨出鼠　夏雨漸來　秋雨無定　冬雨雪災

乙丑日立春低處稔熟水懸岸一尺一寸

春雨難勻　夏雨無晴　秋雨如金　冬雨沉沉

丁丑日立春低鄉熟高鄉豆好水懸岸四尺

春雨不息　夏雨均勻　秋雨懸望　冬有乾風

己丑日立夏低鄉熟水懸岸四尺五寸

春雨風雹　春雨遲遲　秋雨隔日　冬雨無期

辛丑日立春高低豐稔水主平岸

春雨生蟲　夏雨少稀　秋雨霖滴　冬雨風濃

癸丑日立春高低皆熟水主平岸

春雨連夏　夏雨多風　秋雨天晴　冬雨三春

丙寅日立春高低豐稔水懸岸五寸

春雨晴陰　夏雨平傾　秋雨微晴　冬雨連春

戊寅日立春低田豐稔水懸岸四尺

春雨雪風　夏雨田乾　秋雨夏疾　冬雨懸懸

庚寅日立春高低熟水懸岸一尺二寸

春雨風惡　夏雨雪雹　秋雨如春　冬又雨惡

壬寅日立春高低豐稔水平岸

春雨到岸　夏雨相倍　秋水浩瀚　冬雪不時

甲寅日立春低處豐稔木懸岸六尺

春雨多顛　夏雨乾田　秋雨滴瀝　冬雨高天

丁卯日立春高低熟木懸岸五寸

春雨多風　夏雨無跡　秋雨晴復　冬雨高空

己卯日立春低鄉大熟高處不熟水懸岸八尺

春雨如金　夏雨高天　秋雨苗損　冬雪滔滔

辛卯日立春高鄉熟木過岸二尺

春雨連連　夏雨平田　秋雨傷時　冬旱可憐

癸卯日立春高處豐稔水過岸一尺

春雨無限　夏雨低飛　秋雨無限　冬雨難期

乙卯日立春低處豐稔水平岸

春風多雪　夏雨連連　秋稔霖霖　冬雨雪傾

戊辰日立春高低豐稔水平岸

春雨隔日　夏雨連綿　秋雨風雹　冬雨連連

庚辰日立春高低大熟水懸岸九寸

春雨滴瀝　夏雨平岸　秋田又雨　冬水極濃

壬辰日立春高處好施工水過岸一尺二寸

春雨有風　夏雨流傾　秋雨黃梅　冬雨風惡

甲辰日立春高低豐稔水平平

春雨霖漓　夏雨相隨　秋雨不返　冬雨低微

丙辰日立春高低鄉熟水懸岸六尺

春雨如金　夏雨大作　秋雨風高　冬雨到年

己巳日立春低豐稔高處旱水懸岸四寸

春雨過岸　夏雨不多　秋雨多沒　冬雪雨多

辛巳日立春高處豐稔木過岸六寸

春雨調勻　夏雨平傾　秋雨風作　冬雪沉沉

癸巳日立春高鄉好水懸岸一尺

春雨均勻　夏雨低岸　秋雨高天　冬雨徹暖

乙巳日立春高鄉大熟水平岸

春雨不時　夏雨平池　秋雨湛溥　冬雪前知

丁巳日立春低鄉豐稔水懸岸五尺

春雨不落　夏雨無多　秋雨無滴　冬雨生波

庚午日立春高處豐稔水懸岸二寸

春雨平岸　夏雨傷苗　秋雨少吉　冬雪濃霜

壬午日立春高低盡熟水懸岸五寸

春雨無數　夏雨傷田　秋風少吉　冬雪無形

甲午日立春高低豐稔水平岸
春雨雪落　夏雨連梅　秋風小雨　冬〻雨雪疫
丙午日立春低田大熟水懸岸三尺五寸
春雨人疫　夏雨微微　秋雨淋淋　冬〻雪難積
戊午日立春低處得熟水懸岸五尺
春雨不多　夏雨平池　秋雨相連　冬〻雪寒多
辛未日立春高鄉少熟水懸岸一尺三寸
春雨不至　夏雨顛風　秋雨過岸　冬〻雪懸懸
癸未日立春高低豐稔水懸岸三寸
春雨累日　夏雨平塍　秋雨多疾　冬〻雪連春
乙未日立春低鄉豐稔水懸岸一尺五寸
春雨調勻　夏雨損霖　秋雨雪雹　冬〻雨如秋
丁未日立春高下大熟水平岸
春雨多病　夏雨淚滴　秋雨如梅　冬〻雨雪疫
己未日立春高低得熟水懸岸五寸
春雨迢遙　夏雨連秋　秋雨微少　冬〻雨雪少
壬申日立春高鄉大熟水懸岸五寸
春雨均勻　夏雨過田　秋雨暗傷　冬〻雨高天
甲申日立春高鄉豐稔水平岸
春雨多疫　夏雨平田　秋雨平岸　冬〻雨乾寒
丙申日立春低處得熟水懸岸四尺
春雨微微　夏雨風西　秋雨難保　冬〻雹雪霜
戊申日立春高低豐稔水平岸
春雨調霖　夏雨過梅　秋雨風水　冬〻雪成堆
庚申日立春低處熟水懸岸四尺
春雨中少　夏雨平流　秋雨微微　冬〻雨風急
癸酉日立春高低豐稔水平岸
春雨多雷　夏雨平岸　秋雨透岸　冬〻雨高天
乙酉日立春低處熟水懸岸四尺
春雨無風　夏雨天陰　秋雨平田　冬〻雨不息
丁酉日立春高低盡熟水平岸病多死人
春雨全無　夏雨過連　秋雨風惡　冬〻雨少微
己酉日立春高低大熟水平岸
春雨無風　夏雨到梅　秋雨淋漓　冬〻雨依依
辛酉日立春低處得熟水懸岸二尺
春晴少雨　夏雨調澤　秋雨平傾　冬〻雨雪多
丙戌日立春低處豐熟水懸岸五尺
春雨高天　夏雨懸懸　秋雨蟲損　冬〻積雪團
戊戌日立春高低大熟水懸岸一尺
春雨應時　夏雨高危　秋雨風惡　冬〻雨雪稀
庚戌日立春高低盡熟水過岸一尺
春雨不風　夏雨濛濛　秋雨霑潤　冬〻雨無蹤
壬戌日立春高鄉豐稔水過岸
春雨不時　夏雨平田　秋雨不降　冬〻雨多連
甲戌日立春闕以下
春雨闕以下
乙亥日立春高鄉熟水過岸一尺
春雨連夏　夏雨連秋　秋雨播岸　冬〻雨災憂
丁亥日立春高鄉熟水過岸一尺
春雨時作　夏雨風雹　秋雨連綿　冬〻雪泡凍
己亥日立春高處豐稔水平岸
春雨人疾　夏雨淋淋　秋雨依依　冬〻雨雪雹
辛亥日立春高鄉豐稔低處渰沒水平岸
春雨低微　夏雨過池　秋雨雪雹　冬〻雪些〻兒
癸亥日立春高低豐熟水懸岸一尺
春雨均勻　夏雨低田　秋雨漸漸　冬〻暖高天

邵眞人經驗方

治喉風閉塞

臘月一日取猪膽五枚用黃連青黛薄荷僵蠶白礬朴硝各五錢裝膽內青紙包掘地尺以竹橫懸蓋定候立春取出將藥研末蜜收喉風閉塞吹少許神驗

四時纂要

神水

立春日貯水謂之神水釀酒不壞

遼史

禮志

歲時雜儀立春婦人進春書刻青繒爲幟像龍銜之或爲蟾蜍書幟曰宜春

遁考

立春

立春日清晨煑白芷桃皮青木香東向浴吉

輟耕錄

推立春歌

括云今歲先知來歲春但隔五日三時辰謂如今年甲子日子時立春則明年合是己巳日卯時立春

立春考證

立春

萬曆三十六年戊申歲立春正月節曆以洪武初欽天監監正元統大統曆法推

推天正冬至

置所求萬曆三十六年戊申歲距元至元辛巳歲積

三百二十八年減一以大統歲實三百六十五日二十四刻二十五分乘之得一十一萬九千四百三十四日二十九刻七十五分爲中積分加氣應五十五日〇六刻得一十一萬九千四百八十九日三十五刻七十五分爲通積分滿旬周去之餘二十九日三十五刻七十五分爲天正冬至分以法推之得歲前十一月初四日癸巳辰正二刻冬至

求立春

置氣策一十五日二十一刻八十四分三十七秒五十微三因之得四十五日六十五刻五十三分一十二秒五十微加天正冬至分得七十五日〇一刻二十八分一十二秒五十微其日滿旬周去之餘一十五日〇一刻二十八分一十二秒五十微爲立春分以法推之得歲前十二月二十一日己卯子正一刻立春

以元至元辛巳太史令郭守敬授時曆法推

推大正冬至

置所求萬曆三十六年戊申歲距元至元辛巳歲積三百二十八年減一以授時消一歲實三百六十五日二十四刻二十二分乘之得一十一萬九千四百三十四日一十九刻九十四分爲中積分加氣應五十五日〇六刻得一十一萬九千四百八十九日二十五刻九十四分爲通積分滿旬周去之餘二十九日二十五刻九十四分爲天正冬至分以法推之得歲前十一月初四日癸巳卯正初刻冬至

求立春

置授時消一氣策一十五日二十一刻八十四分二十五秒三因之得四十五日六十五刻五十二分七十五秒加天正冬至日分得七十四日九十二刻四十六分七十五秒其日滿旬周去之餘一十四日九十一刻四十六分七十五秒爲立春分以法推之得歲前十二月二十日戊寅亥初三刻立春

以余蘭州立六丈表取冬至前後各四十五日實測晷景推

推今時所測天正冬至

余于蘭州立六丈表下識圭刻約戊申歲前丁未歲冬至前後相距各四十五日測得午景前四十五日九月十八日戊申景長七丈二尺〇九分至後四十四日十二月十九日丁丑景長七丈二尺五寸四分五釐後四十五日十二月二十日戊寅景長七丈一尺六寸六分以前後相對所距之四十五日戊申戊寅二景相校餘四寸三分爲晷差爲實仍以十二月十九日二十日丁丑戊寅相連二日之景相校餘八寸八分五釐爲法以法除實得四十八刻五十八分七十五秒前多後少爲減差于前後相距各四十五日計九十日凡九千刻內減前減差餘八千九百五十一刻四十一分二十五秒折取其中爲四千四百七十五刻七十〇分六十秒加半日五十刻共爲四千五百二十五刻七十〇分六十秒百約爲日命起戊申日算外得四十五日爲癸巳餘以發斂收之爲時刻及分除甲子以前至戊申之十六日自甲子至癸巳得二十九日二十五刻七十〇分六十秒爲冬至分以法推之得歲前十一月初四日癸巳卯正初刻冬至

推今時所測歲實

置余所測萬曆三十六年戊申歲前冬至日景推得癸巳日夜半後二十五刻七十〇分六十秒上取元至元十八年辛巳歲前郭守敬所測日景推得己未日夜半後六刻即五十五萬六百分之氣應爲準以辛巳距今戊申三百二十七年共積一十一萬九千四百三十四日加新測到癸巳日夜半後二十五刻七十〇分六十秒內減去元辛巳歲測到己未日夜半後六刻得一十一萬九千四百三十四日一十九刻七十〇分六十秒爲實以距積三百二十七年而一得三百六十五日二十四刻二十一分九十秒爲今時所測歲實

求今時所測氣策

置今時歲實三百六十五日二十四刻二十一分九十秒以二十四氣而一得一十五日二十一刻八十四分二十四秒六十微爲今時所測氣策

求今時所測立春

置今時氣策一十五日二十一刻八十四分二十四秒六十微三因之得四十五日六十五刻五十二分七十三秒八十微加天正冬至日分得七十四日九十一刻二十三分三十三秒爲立春分去其旬周餘一十四日九十一刻二十三分三十三秒爲立春分以法推之得歲前十二月二十日戊寅亥初三刻立春

右大統立春分校授時多九刻八十一分三十七秒五十微立春後天十刻有奇相隔一日與天不合授時校余實測之數止多二十三分四十二秒其立春

時刻與余合余與天合乃稍差二十餘分者則消一未盡畸零之小數耳不害其爲同也

論曰孟子云天之高也星辰之遠也苟求其故千歲之日至可坐而致也旨哉言乎夫故之言利也其天行順利之故道也故不難致而難於求然求亦多術矣從古羲和道廢日官失職帝王六曆訛於四分漢人踵之久假不變而不知爲好事之僞作也四分之曆天與日齊以步氣朔一跬步不可行迨漢末劉洪始覺其誤乃減歲餘立歲差考冬至日躔在斗二十二度千古不明之數自洪始發之後之曆家代各改革然不數十年而輒先後天不可行者何則以歲差之中仍有消長一機未備也至元太史郭守敬乃悉其竅焉觀守敬之言曰上考往古下驗將來皆距立元爲算歲實上推每百年長一下筭每百年消一其諸應等數隨時推測不用爲元其說至明也至洪武初欽天監博士元統則不知測驗爲何事而徑削去消長另立準分以爲修改合天擢爲監正監副李德芳持消長正論力爭之不得遂從統議然而統所修改四准則皆授時舊數接年續之一無所改者也訛傳至今失之益遠疇人沿襲恬不爲怪今余于蘭州立六丈之表視郭太史四丈之高又申丈之半復從宋周琮取立冬立春去至日遠之景日差長幾九寸尤易分別以法布之立春時刻與郭太史消一之曆符合而大統則後天九刻八十餘分適值子半之交差天一日矣夫曆從何來從日躔之在天來也今仰觀天象立春日躔在戊寅亥初而欽天監在己卯子正此可以口舌爭乎且七政壹稟於日躔日度變而朔轉交及五曜之率皆變氣應一差卽諸事皆差而以之步曆無一可者故守敬曰天有不齊之運而曆爲一定之法所以既久而不能不差既差則不可不改隆慶間監官周相亦曰今年遠數盈歲差天度失今不考所差必甚皆探本之論也乃監正張應候等不知强以爲知方訑訑然曰大統曆乃元統依守敬法爲之准驗無差必不可改且詆余爲妄議夫使元統果依守敬安得有差統背守敬者也背守敬而差却以爲無差何不觀今日之天其躔形圭景立春在亥分寸易辨一指點間可與海內億萬人有目所共見者正孟子所謂天日之故可求而可坐致者也若信如彼言堅持大統爲無差則余與守敬差耶若余與守敬差則天亦差耶嗟嗟張壽王不能爭鄧平祖冲之不能勝戴法興李德芳之是不能排元統之非張應候之非力能奪余之是振古如茲匪今斯今則吾末如之何也已

阮聲和題戊申立春考證後

觀察邢公按金城和以治粟皋蘭爲屬下吏公著曆書成復出戊申立春考證一帙示和和盥誦竊有請曰曆稱千古絕學自公發之其精微蘊奧和固難測然立春爲朞實之首與窮月相禪受者大統且差隔日則監官擇日之吉凶不甲乙顚覆令人靡所適從乎公曰善哉問可易言之余訂古今曆數言天運不言事應大統擇日其事應之驗與否我不敢知第今時所用上自軍國重務下逮氓間日用吉凶趨避一切稟命於曆書而立春一差其弊有不可勝言者如從大統十二月二十一日己卯立春則己卯爲萬曆三十六年正月節爲除日立前二十日戊寅爲三十五年大寒十二月中之終亦除日爲四絕如從郭太史授時曆與余測晷所步十二月二十日戊寅立春則戊寅爲三十六年正月節爲建日立前十九日丁丑爲三十五年大寒十二月中之終亦建日爲四絕查欽天監大成曆載十二月戊寅除宜施恩封拜宴會整手足甲上官立券交易掃舍宇不宜出行正月戊寅建不宜出行動土四絕日打上官上梁出行此大統不易之定法也而今監曆謬以戊寅之立春正月節爲四絕以戊寅之建日爲除日丑月戊寅宜施恩封拜等吉應止忌出行乃今建也而非除也一期之首日也而非絕也正月建寅百事皆忌而以之施恩封拜宴會整手足甲立券交易掃舍宇可乎監曆四絕打上官上梁出行監官遂皆打去而不知建日自不宜上官上梁出行日原不忌出行而正月之戊寅則不宜出行也十二月十九日爲四絕打上官上梁出行監曆宜祭祀不宜出行適偶合者則以丑月建日止宜祭祀餘事皆忌故偶合而非以四絕之正論打去也不寧惟是立春一差則年神方位俱差監曆戊寅日之年神方位太歲黃幡在未一黑以至九白子死符小耗以至壬空授時與余戊寅日之年神方位太歲尸鬼金神在申一白以至九紫子大殺官符金神畜官以至壬空監曆非矣夫余不言事應者也監曆之非卽姑置勿論乃其大者今去郭太史才三百二十餘年差十餘刻猶可言也若三千年仍舊則計差千餘刻中節俱差十餘日三萬年仍舊則計差十萬餘刻中節俱差千餘日不可言也和聞公是

語如夢斯覺如夜斯晝乃仰天太息曰有是哉從古帝王以欽天授時爲首務今若此謂寃天負時何使斯世斯民不用趨避也則可如用趨避胡可使昭昭之民蹈昏昏之忌也況係軍國重務乎和而後乃今始知臺司之舛誤非小而我公之有功于天下萬世至弘遠矣和不文敬述公明訓題其後

本草

春日水

立春雨水夫妻各飲一杯還房當獲時有子神效

立春日貯井水謂之神水宜浸造諸風脾胃虛損諸丹丸散及藥酒久留不壞

立春後遇庚子日溫蔓菁汁合家大小並服之不限多少一年可免時疾

事物原始

立春

禮記月令云出土牛以示農耕之早晚其事始于周時

夢華錄曰立春日造土牛耕夫犂具于大門外黎明有司以祭先農官吏鞭牛者三以示勸耕春神名曰勾芒立春如在十二月望前策牛人近前示農早也在月晦及正月旦則在中示農中也在正月望前牛人近後示農晚也

綵花

實錄曰晉惠帝令宮人插五色通草花漢王符潛夫論已譏花采之費晉新野君傳家以剪花爲業染絹爲芙蓉撚蠟爲菱藕剪梅若生之事按此則是花朵起于漢剪綵起于晉矣歲時記則亡今新花謝靈運所制疑綵花也唐中宗景龍中立春日出剪綵花又四年正月八日立春令侍臣迎春內出剪綵花人賜一枝董勛問禮曰人日造花勝相遺不言立春則立春賜花自唐中宗始也今迎春賜春花始于唐也

直隸志書各省風俗同者不載

宛平縣

立春前一日迎春於東郊春場鼓吹旗幟前導次田家樂次勾芒神亭次春牛臺引以耆老師儒縣正佐官而兩京兆列儀從其後次晨鞭土牛遵古送寒氣之意也是日五鼓具數小芒神土牛官生舁獻大內諸宮曰進春

良鄉縣

立春前一日迎於東郊觀土牛飲春宴結綵演劇與民同樂

霸州

立春前一日州守率僚屬於東郊外迎土牛勾芒神回州設春宴民則觀迎春簇春盤食春餅

遵化州

立春日啖餅食生菜迎新

平谷縣

迎春日帖宜春字茹春餅取迎新也

永平府

立春之儀先日盧龍縣戒東門外官亭以各色器物選集優人媚子小伎裝劇戲教習謂之演春屆期闔城各官往迎前列戲隊殿以春牛商工百藝持器奔趨老穉背觀士女塡市謂之走春鼓樂交作優長假冠帶過官府豪門各有讚稱韻語博笑取利謂之鬧春牛至府堂次日至時鞭而碎之隨以鼓樂將別塑小芒神土牛分獻上官鄉官謂之送春其占土牛與他方同所鞭土市民爭取塗竈塗壁云去臭蟲或以書門曰百事大吉而薦柏酒白蔔茹餅以樂之如在正朔前後旬則惟豪門者舉焉謂之慶春州及支縣外衛亦如之

肅寧縣

立春日啖春餅春菜取紅蘿蔔食之名曰咬春立春先二日喚集農夫巫婆僧道優娼等行選童男飾春女各鋪結綵樓導芒神至公堂點驗名曰點春次日各行持具擺列在前官長師生衣吉服鼓樂導引詣東郊名曰迎春老穉競至富貴少年鮮衣結伴偕往觀春東郊回將土牛送大門內屆期官吏綵仗環擊名曰鞭春另製芒神土牛鼓樂送鄉紳家名曰送春

立春日占先天與後天何須問神仙但看立春日甲乙是豐年丙丁多主旱戊己損田園庚辛人馬動壬癸水連天

吳橋縣

立春前一日迎春東門外教場走馬作戲男女咸集滿路花紅飲春酒食春餅薦韭黻鮮紅萊菔謂之嚼春可以順氣醒睡

南皮縣

立春日以五辛爲春盤麪爲春餅謂之嚐春

冀州

立春日爭裂土牛泥以塗竈曰除蟻奪春仗以育蠶曰蠶盛

饒陽縣

每歲先期造春牛芒神于東關東嶽廟立春前一日

各官常服輿迎至縣儀門外土牛南向芒神在東西向至日清晨設香燭酒果各官具朝服四拜班首官奠酒者三復位又四拜各官執綵仗排立兩旁長官三擊鼓畢偕各官環擊土牛三匝而退　立春東風草木角口囘南風主有蟲災勝西風主大收田禾北風主刀兵春冷　元旦立春人民安豔麥十倍

永年縣

立春前一日迎春東郊士女傾城往觀有司設宴于公堂呈雜伎小兒鑽土牛曰能稀痘

山東志書

博平縣

迎春日攜兒女子未癍者取大豆數粒向春牛拋之謂之撒豆

高苑縣

立春五鼓鞭春市民羣集爭取土牛名曰搶春

山西志書

臨晉縣

立春故事臘月十五日以後樂戶中擇黠辨者假官東帶從以吏役名曰春官春吏遇官府豪門鋪面酒肆輒有贊揚致語衝口使道索酒食討喜賞謂之報春

解州

立春日女新適人者母家歸禮焉曰迎春至日州人用朱墨筆畫牛角及兒童項名曰打春

鄉寧縣

立春先一月東西分社鬧春至期而罷

襄垣縣

立春日迎春時民攜小兒轉春牛身上下以禳兒疹鞭牛時拾剝土以禳牛瘟

陵川縣

立春日各家作春餅生菜飲春酒巫覡遶巷謂之嗚春

河南志書

泌陽縣

立春前一日伶人爲甲仗鬼神之狀震金鼓跳叫縣堂徧及士夫家逐疫頌喜其七十二行各備綃帛綵樓隨官師士大夫出東郊迎春

陝西志書

商州

立春前一日民間鼓吹賀新春

江南志書

長洲縣

立春元旦最佳諺云百年難遇歲朝春立春日宜晴暖諺云春寒多雨水春暖百花香

常熟縣

立春日宜晴暖寒則主水

嘉定縣

立春日雷則陽氣早泄復閉乃霽諺云春雷日日陰要晴須見氷立春後遇火日落雪則後一百二十日必有疾風驟雨謂之雪報

崇明縣

迎春日啖春餅春糖男婦競看土牛爭以手摸之謂占新春造化

松江府

立春日樹八尺之表以候日影短則旱長則水十二月立春主冬煖諺云兩春夾一冬無被煖烘烘

淮安府

立春取春牛泥書門萬事吉

揚州府

立春官僚迎春東郊鋪戶結辦綵亭優伶前導又用綵製爲船名曰採蓮以教坊女奏樂其中近廬擾民禁華毛女芒神土牛簪花鼓吹而已

高郵州

立春先一日郡官僚迎春東郊閭里無貴賤少長集通衢遊觀宰宴娛樂盡日而罷謂之迎春宴

通州

正月立春太守迎春於東郊老幼聚觀土牛過則爭撒麻麥米豆以中牛爲得歲相傳小兒食之稀痘云

懷寧縣

立春俗以牛色占歲豐歉水旱大約取立春日支干納音剋之又視芒神占春事早晚春氣寒燠如神赤脚作忙狀則春事遲著鞋作閒狀則春事早戴帽作寒狀則春煖脫帽作煖狀則春寒謂之拗神前數日微賤者裝獅子獅奴引跳之狀鬧于人宅舊俗以數人衣朱飾面執戈蒙皮入室旋繞大約皆逐疫之意古大儺之遺也

徽州府

立春前後五日蒔松栽雜木

太平府

立春先日爲迎春宅逼衢者下薄門肆迓所親以觀雖嚴寒年少者必春衣把扇折梅花插帽爲笑樂

巢縣

迎春日搭綵亭取之三十六行戸行各一亭樂婦數人靚妝麗飾間作採蓮船群袨服往觀縣官尉迎春牛芒神各役隨之東門教場散春花飲酒百姓於其旁或蹴踘或戲馬無禁觀者如堵所謂與民同樂也

和州

立春日田家擊長秧鼓

來安縣

迎春日市民爲傀儡諸戲遠近競觀爭取春牛土草育雞雛

浙江志書

杭州府

立春前一日官府迎春於郭外之東方其所歷人家各設香燭楮幣幷用五穀拋擲之是日焚松柴幷爇炭竟日

石門縣

立春前一夜邑門外左右闔土作塍分東西塘縱橫皆丈餘插秧其中以占水旱豐啬名種春田甚驗至日鞭春畢民間爭拾牛土得肉者宜蠶人家延客則用春餅蓋亦古辛盤遺意

紹興府

立春日用巫祝禱祠謂之作春亦曰燒春

餘姚縣

立春前一日迎春于東郊裝春官充以丐者沿街貯水候其過以潑之淋漓委頓以爲夏雨之徵布種於縣門側豐歉水旱鄉人取驗于是旁邑亦有觀者

武義縣

立春日家設酒殽以祭土神

浦江縣

立春前期一日縣官迎春牛于東山城中各家妝綵輿臺閣故事以迎春爭巧競麗謂之賽會四境聚觀者以萬數

龍游縣

立春人競看土牛集于東華逦迤爲之塞道其盛時社人具綵亭以黃金結爲臺閣珠玉妝爲人物人則以五六歲小兒爲之笙歌貫耳

溫州府

立春燒樟葉燃爆竹咲樂實煮茗以宣達陽氣名曰煖春

龍泉縣

立春日天陰無風人安蠶與豆麥十倍收東風人民安果菜熟南風六畜安西風大耗北風木淤禾

江西志書

浮梁縣

立春民間祀祖先以春盤辛菜爲會

德興縣

立春取春牛土置牢內以兆牲長

永豐縣

立春前一日邑大夫而下俱簪花盛服迎于東郊祖印院之前亭上設酒餔爲禮諸行會結綵亭飾小兒扮故實于中金緋璀燦態貌各異集優伶土妓騎而隨之閧入城市遠近觀者如堵以土牛之色卜災沴以勾芒之裝束驗寒燠其聲沸騰翌日邑大夫率僚屬祀勾芒鞭土牛將散則諸人蠭擁爭拾其碎土執事者解牛筆及其腸尾以鼓吹導送縣衙殊不可解卽日分送小牛于諸士紳家其夜途中燃燈舉爆名曰接春

建昌府

新春人家以生菜作春盤茹春餅集親友謂之會春客席謂之春臺座

萬安縣

新春先一日廂里現年裝扮太平故事數十臺閣迎至東華壇候縣長率各屬至陳設五穀致享于勾芒神土牛前以迎春氣兆豐年

湖廣志書

荊州府

立春日爲拖鉤之戲以鞭作篾纜相胥綿亘數里鳴鼓牽之按公輸遊楚爲載舟之戲退則鉤之進則强之名曰鉤强遂以鉤爲戲起此

衡州府

立春先一日太守率僚屬迎春于城東太平寺各行戶裝演故事曰山子

耒陽縣

迎春看土牛灑菽稻名曰消疹

新田縣

立春日結綵架棚迎春于東郊峒猺十數輩擊長腰鼓吹笙鳴團圞亦隨舞跳次日鞭春如制　立春後遇初破日禁刀杵聲雷初鳴亦然

福建志書

福州府

立春以蔬餅爲節物

建寧府

立春日禁忌最重不輕易到人家

順昌縣

立春先一日縣令祀勾芒于東郊迎土牛鞭之人競取其土爲宜年各家請春酒爲節敘

四川志書

涪州

立春日州守祀于勾芒之神禮畢以一人善口辯者奔走陳說吉慶語曰說春以綵鞭鞭牛碎將牛首留之庫內以貯豐餘

廣東志書

新安縣

立春晴一日農夫不用力耕田立春先一日有雨則一春皆雨云雨打春牛皮有一百日澂

曲江縣

立春日老少盈途觀春撒米麻豆于土牛謂之驅厲迎祥

南雄府

迎春先一日五里山迎土牛至郡門次日鞭牛取土置猪食槽下俗云易長而肥

臨高縣

立春日多畢婚嫁謂之春亂

立春部總論

彙明書

土牛義

禮記月令曰出土牛以示農耕之早晚不云其牛別加彩色今州縣所造春牛或赤或青或黃或黑又以杖抑之而便棄者明日古人尚質任土所宜後代重文更加彩色而州縣不知本意率意而爲今按開元禮新制篇云其土牛各隨其方則是王城四門各出土牛悉用五行之色天下州縣即如分土之義分土者天子太社之壇用五色之土封東方諸侯則割壇東之青土以白茅包而賜之令至其國先立社壇全用青土封南方諸侯則割赤土西方則割白土北方則割黑土今土牛之色亦宜效彼社壇或問曰今地主率官吏以杖打之曰打春牛何也答曰按月令只言示農耕之早晚不言以杖打之此謂人之妄作耳又曰何謂示農耕之早晚答曰以立春爲候也立春在十二月望即策牛人近前示其農早也立春在十二月晦及正月朔即策牛人當中示其農中也立春正月望即策牛人近後示其農晚也又問曰按月令出土牛在十二月今立春方出何也答曰季冬之月二陽已動土脉已興故用土作牛以彰農事今立春方出農已自知何用策牛之人在前在後也斯自漢朝之失積習爲常按漢書立春之日京都百官青衣立青旛施土牛耕人于門外又按營繕令立春前二日京城及諸州縣門外各立土牛耕人斯皆失其先書示農之義又問曰幾日而除之答曰七日而除蓋欲農人之徧見也今人打後便除又乖其理焉

欽定古今圖書集成曆象彙編歲功典

第二十卷目錄

歲功典第二十卷

立春部藝文一

立春出土牛賦以平秩東作敬授人時爲韻　唐常惟堅

月周於紀水次於行其候凜冽其氣淸英倏歲陰之將盡復陽春之載萌知北陸之寒光向歛喜東郊之暖氣先迎是以候鴈思朔潛鱗或驚裂金火以取諸助氣策土牛以示乃發生在弦望而宜早當晦朔而得平我皇於焉以設教賢相由是以持衡請循其本也太史告時有司選吉冬官蒇事牛人乃出將協地紀克符天秩約歲時之儉泰示農耕之遲疾惟穀是登惟人是恤察前後之準祈倉廩之實故知丑以牛爲用牛以土爲質合陰陽之妙旨齊冬夏之祕術豈比夫作享昊天爲牲繭栗而已哉於是時旣斯得令無不逼候農祥而取正引丁壯而就功我疆我理自西自東以茲政行而化洽宜其人和而年豐徒觀乎彼蟄將啓斯牛是作正我耒耜務我耕鑿首巍巍以山聳角戢戢而林錯制以紅縻飾以丹雘出北陸以送寒佇西成而取穫野人知五畝可樹遊子懷二頃負郭國之有令罔敢不敬一人布和萬邦咸慶恩深草木澤浸翔泳考方今之規矩立振古之龜鏡自得上行下效紛紛輝映然後鼎取新革去舊惟利是持惟時是授自可日給而人足無乃兵强而國富曾孫之稼克稔唐叔之禾乃秀不忤於物育利于人稽乎天文上列於乾象究諸地志下協於坤珍不獨山川其捨曷云九十其犉夫如是物各遂其性農不奪其時仰崇丘之翼翼登春臺而熙熙相陳力而久矣願負重而來斯未懷種德冀念茲而在茲

土牛賦以示農耕之早晚爲韻　陳仲師

服牛是比合土成美將千鈞之重斯得而一撮之多有以雖欲勿用泥蟠之質初分誰謂爾無塊立之形酷似是月也採呂氏時令徵坊人巧指始辨塗附寧分脉起誠安娩乎角立復何勞於肉祀然後遵土訓啓人時戒曉而出迎春是資於以審先後之節有以占疾徐之期仰白榆之文暫其睆彼叶葱犗之色則而象之能首出于泥滓豈群分于毫氂彼芻狗之列飾文繡以求媚泥龍之典因舞雩而取類曷若標國典配田器比物以作則順時以相示同乎非馬契莊叟之至言偶彼眞龍殊葉公之綺事質美埏埴巧逾覆簣那虞食角之患寧假堂蹄之異俾遊刃者訝全之於目運斤者喜墁之在鼻且耒耜斯呈我則正春扈於農耕干戈旣偃我則歸郊馬於歲晚將物候自然諒人情何遠必也擊紅縻親紺幰覩似是之足尚謂來思使畜疑之人猶將壓飯由是出五種命三農乃修故事於彼窮冬闢我疆則厥壤爰度考爾牧則其犉有宗今也物被殊私形分大造載之以厚地之德奉之以先天之道時將敬授在三推播植之前物或肇牽祭庶物生成之早其用則大其儀可考故曰如土委地者豈必以載牛爲寶

土牛賦　闕名

維土作稼維牛配坤將底法於田賦故伻形于國門其聽也非喘其視也非奔協東風之表慶俾南畝之司存戒期于彼發令于此知出者之在衢見觀者之如市三之日可以于耜四之日可以舉趾稽小大之聿修標遠近而稱美爲德不殊建功能大思負軛之無虧豈蹊田之有害曾是獨立農人咸集非芻茭之是仰豈鞭策之云及騂而且角異魯國之山川花以爲蹄同漢朝之井邑若乃擇元辰司上春塗泥萃丹雘陳牛從繩兮則正人從物兮惟新旣牽之而不復亦縶之而克馴其儀可采其跡難改奚中立而不倚若將行而有待假使越俗多方武侯專思或封泥作雨或刻木成器五穀以之惟豐三軍以之不匱徒見機而有作匪應節而攸利豈如我以牛爲名以土爲質示菑畬之早晚驗播植之舒疾在天成象望北陸

而分區在地成形近東郊而候律百王傳而靡替九扈司而勿失等農祥於程度祈帝籍之充實

土牛賦　闕名

土牛所置惟民是利將立表以勸農勝陶冶而爲器相牽之狀或垂象而在天觀出之期諒成形而在地所以無芻豢之損殊死生之類實大塊之所資豈一撮之所致故乃用爲恆典藏其成事執農政之後先固策人以相示觀夫出康莊之際當立春之期旣合土而成象矣還服箱而似之誠鞭策而無用信耒耜之是持異彼土龍每因旱而方致同夫芻狗表至仁而無私若非農爲國本曷能敬授人時原其事始誠則有以圖白巫以侔形每蔥糌而在視寧同日夕與群羊而下來諒在月窮惟御人之所指是以先春斯舉農正是供察之者覺順時而行令觀之者知有事於上農旣惟人而是瞻豈與驥而同皁足以符務農之政足以叶勸人之道立之於後訝春事之尚遲御之于前悟農功之在早令出惟行百姓昭明旣有象而埀則表得時而親耕立以示農豈憂燧尾之禍莫由而飯奚聞扣角之聲事有開而必先義任重而致遠旣遵之而爲早方驗之而知晩非同金鎖入寒渚而無蹤有異紺幰行藉田而方墾夫然則土牛之出也可以爲農政之本

東郊迎春賦以立春之日備禮東郊爲韻　王起

我皇則銅渾而有倫應木德之惟新展東郊之盛禮出左个而迎春所以先庚有秩舊典攸遵將欽承上帝而敬授于下人者也於是法駕鏗鏘嚴城翕習見太史之先謁知勾芒之已及都人士女候彩仗以駿奔文物聲名擁翠華而鱗集莫不聽王漏而雷動起靈壇而嶽立於是闢重門遵九逵服蒼玉載青旗草木之萌必因茲而動矣原野之贄亦自此而啓之展聖容之穆穆引天步之遲遲有翼有嚴不徐不疾百辟陪乘千官扈蹕遵皇衢而却轉度青門而迴出八鑾振響隨解凍之和風五輅騰輝映麗天之遲日東郊之中肅穆會同俎豆莘莘而駭目衣冠楚楚而鞠躬祥雲爲之郁靄佳氣爲之葱龍青帝克禋必來顧而來饗元穹廣覆何自西而自東當是時也四遐縱觀五服來備瞻聖皇之迴輪知太昊之整轡登臺者漸樂擊壤者咸遂莫不荷煦嫗於陰陽感溫仁於天地夫然則跂行可以不夭根著可以漸苞貫逆暑之吹幽空闡乎德肅于火殊迎寒於旁磔何足以禮行於郊則知和氣熙熙盛容濟濟必蒼龍之整駕當青鳥之司啓握金鏡而明王道調玉燭而昭國體莫不在迎春之盛禮

東郊迎春賦以天子率公侯共行事爲韻　謝觀

元冥之政已息青帝之令將行太史先三日以奏天子率千官以迎是知齋沐夙興虔恭慎慄命奉常按東郊以嚴備詔金吾肅中禁以警蹕內外相比上下是率俄而斗轉招搖日當甲乙裗元冕於殘漏掛青衣於曉律翠華忽舉見閶闔之初開蒼龍啓行與朝陽而對出觀夫飛輦軫儼珠旒萬騎而前分儀仗千乘而後列公侯出青門之郊至祈神之地鏁簴羅植珍羞有次陳靈威于中宮之座設太昊於配享之位東嚮西嚮勾芒歲星而對列左之右之三辰七宿以相厠旣竭百辟之心用展一人之事帝乃玉色以進磬折而前求發生之候不忒祈溫和之氣罔愆盡敬於地冀祐于天一拜而北陸之寒去矣再拜而東方之風煦然獻酬旣已尊卑備矣拂祥光于龍顏之上納和氣于御衣之裏鳳詔還闕金輿反軌遂舉措而凝命載行隨指顧而發生四起我風有截郊祀無假於文王我化無爲律呂不勞於鄒子故乃布德施政遠達幽通高卑咸沐貴賤攸同始振蟄蟲在好生惡殺遂行慶賜可滅私徇公乃得化洽方隅恩光岐雍遵古典以立則授人時而敬用願迎乎千春萬春與中外之所共

春盤賦　歐陽詹

多事佳人假盤盂而作地疏綺繡以爲珍叢林具秀百卉爭新一本一枝叶陶甄之妙致片花片葉得造化之窮神日惟上春時物將華柳依門以半綠草連河而欲碧室有慈孝堂居斑白命閨可續年知暗惜研祕思于金閨同獻壽乎瑤席昭焉新義郁矣而明春是敷榮之節盤當饋薦之名始曰春兮受春有未衰之意終爲盤也進盤有奉養之誠倘觀表以視中庶無言而見情懿夫縈而不撓類天地之無巧雜且莫同何才智之多工庭前梅白溪畔桃紅指掌而幽深幾處分寸則芳菲幾叢呼噏旁臨作一園之朝露依稀拂拭成萬樹之春風原其心匠始窺神謀創運從衆象以遐覽惣群形而內蘊彼有材實我則以短長小大而模彼有文華我則以元黃赤白而暈故得事隨意製物逐情裁當筵而珍奇競集下手乃芬馨亂開不然者欲翫扶疎期買青山以樹要窺菡萏待疏綠沼而栽將以緩悲予之思將以逞吾人之才此

一作也祭其所由稽其所據匪徒爲以徒設諒有禆
而有助者也

東郊迎氣賦 以青陸朝覲陽和昭蘇爲韻 賈餗

聖人克崇祀典大啓皇綱布發生之新令遵迎氣之
舊章于以式綏景福于以弘開化光南至生春送固
沍之元律東郊展禮迎煦嫗于青陽于時太史陳詞
歲發其木天子乃警仙蹕轟黃屋蒼龍矯首以虛徐
玉輅啓行而肅穆千官萬騎拱神位於中霄太皞勾
芒扇和風於東陸明德惟馨蒼精降靈褁色尚雷於
壝壇淑氣已生乎杳冥少陽始來隨初日而其輝未
赤新春乍應拂大旂而其色猶青天統則彰禮容斯
覲樂聲動蕩於木氣黃道麗彩於蒼璧氣先四序克
配于木德震宮光被八紘不逃于金壺玉曆迎之伊
何神人以和明命既頒于執事遐邇必聞于賡歌時
也韶景熙熙仁風習習日月克符於躔次草木遂生
於原隰施惠而敎雨垂恩發號而春雷起蟄其道孔
昭其律已調禮展於斯且殊夫禮月之夕拜之於曉
有類乎拜日之朝我后崇五帝之經敎酌三代之典
禮振六樂之鏘鏘列千官之濟濟八音已陳夫濩武
萬代既歆於壝陛夫如是者惟聖所符惟天所啓故
迎氣之祀事正皇王之大體者矣

回江丞相送春啓 宋文天祥

春回太簇開雲氣于南山曉醉長沙酌天漿于北斗
挹注偏提之潤薰蒸統部之和綠淨生香洪鈞轉燠
八仙地隔莫陪左相之杯太乙風生除贊東皇之席
卷卷跂謝草草箋忱

立春部藝文二 詩詞

獻春 晉劉臻妻陳氏

元陸降坎青逵升震隂祇送寒陽靈迎春

春日看梅花 梁簡文帝

昨日看梅樹新花已自生今旦聞春鳥何啻兩三聲
凍解池開綠雲開天半晴遊心不應動爲此欲逢迎

立春日汎舟元圃 陳後主

春光反禁苑暖日暖源桃霄烟近漠漠暗浪遠滔滔
石苔侵綠蘚岸草發青袍迴歌逐轉檝浮水隨度刀
遙看柳色嫩迥望鳥飛高自得欣爲樂忘意若臨濠

獻歲立春風光具美汎舟元圃各賦六韻 同前

寒輕條已翠春初未囀禽野雪明巖曲山花照迥林
苔色隨水溜樹影帶風沈沙長見水落歌遙覺浦深
餘輝斜四戸流風颺八音既此流連席道欣放曠心

立春 徐陵

風光今旦動雪色故年殘薄夜迎新節當爐却晚寒
奇香分細霧石炭擣輕丸竹葉裁衣帶梅花奠酒盤
年芳袖裏出春色黛中安欲知迷下蔡先將過上蘭

詠春 北周庾信

昨夜鳥聲春驚鳴動四鄰今朝梅樹下定有詠花人
流星浮酒泛粟瑱繞杯脣何勞一片雨喚作陽臺神

青帝歌 隋書

震方初動木德惟仁龍精戒旦鳥曆司春

立春日遊苑迎春 唐中宗

神皐福地三秦邑玉臺金闕九仙家寒光猶戀甘泉
樹淑景偏臨建始花綵蝶黃鶯未欲舞梅香柳色已
堪誇迎春正啓流霞席暫囑曦輪勿遽斜

奉和立春遊苑迎春應制 崔日用

乘時迎氣正璿衡灞滻烟氛向曉清剪綺裁紅妙春
色宮梅殿柳識天情瑤筐綵燕先呈瑞金縷長雞未
欲鳴聖澤陽和宜宴樂年年捧日向東城

奉和立春日侍宴內出剪綵花應制 宋之問

金閣妝仙杏瓊筵弄綺梅人間都未識天上忽先開
蝶繞香絲住蜂憐豔粉迴今年春色早應爲剪刀催

奉和立春日侍宴內殿出剪綵花應制 李嶠

早聞年欲至剪綵學芳辰綴綠奇能似裁紅巧逼眞
花從篋裏發葉向手中春不與時光競何名天上人

奉和立春遊苑迎春應制 韋元旦

灞涘長安恆近日殷正臘月早迎新池魚戲葉仍含
凍宮女裁花已作春向苑雲疑承翠幄入林風若起
青蘋年年斗柄東無限願把瓊觴壽北辰

奉和立春遊苑迎春應制 李適

金輿玉輦迎嘉節御苑仙宮待獻春淑氣初銜梅色
淺條風半拂柳枝新天杯慶壽齊南岳聖藻光輝動
北辰稍覺披香歌吹近龍驂薄暮下城闉

和立春日內出綵花樹 劉憲

禁苑韶年此日歸東郊道上轉靑旂柳色梅芳何處
所風前雪裏覓芳菲開冰池內魚新躍剪綵花間燕
始飛欲識王遊布陽氣爲觀天藻競春輝

立春日侍宴內出剪綵花應制 蘇頲

曉入宜春苑穠芳吐禁中剪刀因裂素妝粉爲開紅

彩異驚流雪香饒點便風裁成識天意萬物與花同
和立春日遊苑迎春　盧藏用
天遊龍輦駐城闉上苑遲光晚更新瑤臺半入黃山
路玉檻旁臨元灞津梅香欲待歌前落蘭氣先過酒
上春幸預柏梁稱獻壽願陪千畝及農辰
奉和春日幸望春宮應制　岑羲
和風助律應韶年淸蹕乘高入望仙花笑鶯歌迎帝
輦雲披日霽俯皇川南山近壓仙樓上北斗平臨魏
闕前一奉恩榮同鎬燕空如率舞聽薰絃
奉和立春遊苑迎春應制　馬懷素
元籥飛灰出洞房靑郊迎氣肇初陽倦輿暫早一作下
宜春苑御體行開薦壽觴映水輕苔猶隱綠緣堤弱
柳未舒黃唯有裁花飾簪鬢恆一作相隨聖藻押年光
奉和立春遊苑迎春　沈佺期
東郊暫轉迎春仗上苑初飛行慶杯風射蛟冰千片
斷氣衝魚鑰九關開林中覓草纔生蕙殿裏爭花併
是梅歌吹銜恩歸路晚棲烏半下鳳城來
立春日內出剪綵花應制　前人
合殿春應早開箱綵預知花迎宸翰發葉待御筵披
梅訝香全少桃驚色頓移輕生承剪拂長伴萬年枝
奉和立春日內出綵花樹　武平一
鑾輅靑旂下帝臺東郊上苑望春來黃鶯未解林間
囀紅蕊先從殿裏開畫閣條風初變柳銀塘曲水半
含苔欣逢睿藻光韶律更促霞觴畏景催
奉和聖製立春日侍宴內殿出剪綵花應制　趙彥昭
剪綵迎初候攀條故寫眞花隨紅意發葉就綠情新
嫩色驚銜燕輕香誤採人應爲薰風拂能令芳樹春
和左司張員外自洛使入京逢立春日贈韋侍
御及諸公　孫逖
忽覩雲間數鴈迴更逢山上一花開河邊淑氣迎芳
草林下輕風待落梅秋憲府中高唱入春卿署裏和
歌來共言東閣招賢地自有西征作賦才
迎春東郊　張濯
顓頊時初謝句芒令復陳飛灰將應節賓日已知春
考曆明三統迎祥受萬人衣冠宵執玉壇墠早淸塵
肅穆來東道迴環拱北辰仗前花待發旂處柳凝新
雲斂黃山際冰開素滻濱聖朝多慶賞希爲薦沈淪
迎春東郊　王紞
玉管潛移律東郊始報春鑾輿應寶運天仗出佳辰
睿澤光時輩恩輝及物新虬螭動旌旆煙景入城闉
御柳初含色龍池漸啓津誰憐在陰者得與蟄蟲伸
立春　令朝陽
玉律傳佳節春陽應此辰土牛呈歲稔綵燕表年春
臘盡星迴次寒餘月建寅風光行處好雲物望中新
流水初消凍潛魚欲振鱗梅花將柳色偏照越鄉人
立春　韋莊
靑帝東來日馭遲暖煙輕逐曉風吹罽袍公子樽前
覺錦帳佳人夢裏知雪圃乍開紅菜甲綵旛新剪綠
楊絲殷勤爲作宜春曲題向花牋貼繡楣
立春　曹松
春日一杯酒便吟春日詩木梢寒未覺地脈煖先知
鳥囀星沈後山分雪薄時寧無剪花手贈與最芳枝
宮詞　花蕊夫人徐氏
立春日進內園花紅蘂輕輕嫩淺霞跪到玉階猶帶
露一時宣賜與宮娃
立春帖子　宋王曾
北陸凝陰盡千門淑氣新年年金殿裏寶字帖宜春
江南立春日　呂夷簡
灰律何時應江春昨夜來細風先動柳殘雪不藏梅
餘冷迷淸管微和發凍醅閉門無客到樽俎爲誰開
閏十二月望日立春禁中作　宋郊
閏曆先春破臘寒綵花金勝寵千官冰從太液池邊
動柳向蓬萊殿裏看瑞氣因風生禁仗喚鞭依日上
仙盤須知聖運隨生殖萬國年年共此懽
皇帝閤春帖子詞　司馬光
肇履璇璣曆重飛緹室灰寒隨土牛盡暖應斗車回
又
鸞路迎長日農祥正曉天九垓同燠沐萬物向蕃鮮
又
盛德方迎木柔風漸布和省耕將效駕擊壤已聞歌
又
候鴈來歸北寒魚涉負冰相烏風色改暘谷日華升
次韻文潛立春日絕句　黃庭堅
渺然今日望歐梅已發皇州首更回試問淮南風月
主新年桃李爲誰開
立春　晁冲之
巧勝金花眞樂事堆盤細菜亦宜人自慚白髮嘲吾
老不上譙門看打春
丙申春帖子　廖剛
土牛分盡彩泥香動地歡聲入壽觴倍覺今年春意

好上元燈火鬧風光
又
碧波樓下銀塘暖麗日亭前瑤草新和氣滿城催燕
樂風流太守最宜春
又
暖風漸綠池塘面和氣先薰草木心欲識春來何處
好曲屏新稱書堂深
又
金裁寶勝翻珠髻雲染華箋貼繡楣庭戶春歸何所
覺暖風吹雪下瓊枝
次韻曾守立春席上七絕句 錄五首　沈與求
澤國春歸早連門競築臺夜來風力峭疎片半飄梅
又
曉凍穿流急晨光煦火新四郊和氣合歌吹待班春
又
日應東風轉春隨北斗回不須鄒子律餘暖到寒荄
又
曉卜農祥正遙知歲事豐小桃如有意欲吐故時紅
又
曲席紛羅綺中腔度管絲歡聲連萬井一一擁春旗
立春日雷　朱松
陌上冬乾泣老農天留甘雨付春工阿香急試雷霆
手莫放人間有臥龍
皇帝閤春帖子　周必大
日向皇都末冰從太液融八荒開壽域萬國轉春風
又
綵勝年年巧椒盤歲歲新君王千萬壽長與物華春
又
暖律催花蘤晴暉活柳枝發生雖有信造化本無私
又
紫禁風光早深仁奪化工試看澄碧殿池凍已全融
又
選德庭前柳朝來漏泄春等閒施御箭穿葉捷于神
鞭春微雨　范成大
旛勝絲絲雨笙歌步步塵一年新樂事萬里未歸人
雲薄竟慳雪酒醲先受春送寒東作近慙愧耦耕身
立春日郊行　前人
竹擁谿橋麥蓋坡土牛行處亦笙歌麴塵欲染垂垂
柳醅面初明淺淺波日滿縣前春市合潮平浦口暮
帆多春來不飲兼無句奈此金旛綵勝何
庚申立春前一日　朱熹
雪花寒送臘梅萼暖生春歲晚江村路雲迷景更新
鉛山立春　前人
雪擁山腰洞口春迴楚尾吳頭欲問閩天何處明朝
嶺水南流
和劉建昌都下立春　姜特立
岧嶢天闕五雲飛日上觚稜曉影移合殿侍臣頒綵
樹誰家纖手送青絲寒禁粉蘂香猶淺暖入疎根綠
尚遲從此江山春意動使君拚費幾多時
立春　方岳
綵燕雙簪翡翠翹巧裁銀勝試春韶春風已到闌干
北看見嬌黃上柳條
又　前人
池痕吹皺綠粼粼才見池痕認得春香沁綵鞭旗脚
轉自題蘭帖記春新
立春日裝成宜春花　前人
青旛碧勝縷金文柳色梅花逐指新却笑尚爲兒女
態寶刀剪綵强爲春
再和通判直閣立春聞鶯韻　姚勉
晝角聲中曉喚春依城柳眼又精神試呼蠟蟻梅邊
酌恰喜朝鶯雪底新幽谷暖融春翠徑上林香動輭
紅塵燕樓暗想翻新曲惱破朱櫻一點脣
春朝偶題　張蘊
忙裏偷閒答物華一官隨分是生涯春風酒棹湖堤
柳曉月吟韉輦路花報喜忽聞枝上鵲忘機時下屋
頭鴉殘年鈍悶今朝盡重對菱花拂帽紗
立春　媛朱淑真
自折梅花插鬢端韭黃蘭茁簇春盤潑醅酒輭渾無
力作惡東風特地寒
又　前人
停杯不飲待春來和氣先春動六街生菜乍挑宜捲
餅羅旛旋剪稱聯釵休論殘臘千重恨管入新年百
事諧從此對花并對景盡拘風月入詩懷
立春日柬王翰林　元范梈
北斗紅雲上西城皓雪邊歲華今若此宦味故依然
節轄荒冬後寒驅夾日先樓臺通帝極井落散人煙
登眺臨無際歡娛信有年客情關外地農事庾陰田
只有傷絃促那能效屐穿幾時歸櫟社盡日接芳筵
寶鼎昇平瑞金旛淡蕩妍逶迤朱鳳集瀟灑白鷗眠
遠業嗟何就高明賴必傳道雖沾世用意漫逐時遷

顧遇煩頻數欣榮頗倍千江湖萬里輿爛漫百花前

立春夜　虞集

輕雪作春花飛來入鬢斜紫貂迎曉霧絳蠟暈晴霞書詔頻趨閤思歸卽借車幾時將穉子隨意踏江沙

立春日車駕詣南郊　明李東陽

暖香和露繞蓬萊彩仗迎春曉殿開北斗舊杓依歲轉南郊佳氣隔城來雲行複道龍隨輦霧散仙壇日滿臺不似漢家還五畤甘泉誰羨校書才

立春日　儲巏

未試春盤且洗觴吹葭五夜待春光催花漫剪隋宮綵賜酒曾霑漢署香白髮銀旛聊作戲青衫竹馬自成行凌晨便有名園興獨喜喬松不受霜

立春日賜百官春餅　申時行

紫宸朝罷聽傳餐玉餌瓊肴出大官齋日未成三爵禮早春先試五辛盤迴風入仗旌旗煖融雪當筵匕箸寒調鼎十年空伴食君恩一飯報猶難

丙子立春和爾宗春讌郎事　程嘉燧

歸船夜發促春盤少長隨肩各盡歡花鳥裝春迎宿雨天雲釀雪作朝寒何嫌趨走同兒戲便許風流比書看暈碧裁紅古來事醉痕狼籍任闌干

立春日遲道復不至　文徵明

東風吹綵燕曉色動簾旌遲子不時至南樓春自生裁詩供帖子閣酒聽啼鶯白日流雲暖梅花初雪晴問窗落香爐殘火宿茶鐺敗葉鳴階戺分明識屐聲

迎春日集華光祿齋中　王穉登

椒盤出五辛下馬拂黃塵千里周南客明朝漢苑春草生將去路花待欲歸人君有陶潛祿猶勝季子貧

減字木蘭花　宋蘇軾

春牛春仗無限春風來海上便與春工染得桃花似肉紅　春旛春勝一陣春風吹酒醒不似天涯捲起楊花似雪花

八聲甘州歷下立春　晁補之

謂東風定是海東來海上最春先乍微陽破臘梅心已省柳意都還雪後南山聳翠平野欲生煙記得相逢日如上林邊　莫歎春光易老筭今年春老還有明年歎人生難得常好是朱顏有隨軒金釵十二爲醉嬌一曲踏珠筵功名事算何如此花下尊前

臨江仙　賀鑄

巧剪合歡羅勝子釵頭春意翩翩豔歌淺笑拜嫣然願郎宜此酒行樂駐華年　未至文園多病客幽襟悽斷堪憐舊遊夢掛碧雲邊人歸落鴈後思發在花前

玉樓春　毛滂

小園半夜東風轉吹皺冰池雲母面曉披閶闔見朝陽知向碧墀添幾線　嫩烟弄柳晴光暖殘雪禁梅香尚淺殷勤洗拂舊東君多少韶華聊借看

柳梢青立春　趙師俠

節物推移青陽景變玉琯灰飛綵仗泥牛星毬雪柳爭報春回　綵金縷玉旛兒更斜裊東風應時宜入新春人隨春好春與人宜

小重山　李邴一作毛滂

誰勸東風臘裏來不知天待雪惱江梅東郊寒色尚徘徊雙綵燕飛傍鬢雲堆　玉冷曉妝臺宜春金縷字拂香腮紅羅先繡踏青鞋春猶淺花信更須催

漢宮春立春　辛棄疾

春已歸來看美人頭上裊裊春旛無端風雨未肯收盡餘寒年時燕子料今宵夢到西園渾未辦黃柑薦酒更傳青韭堆盤　却笑東風從此便薰梅染柳更沒些閒閒時又來鏡裏轉變朱顏清愁不斷問何人會解連環生怕見花開花落朝來塞鴈先還

漢宮春上元前一日立春　京鏜

暖律初回又燒燈市井賣酒樓臺誰將星移萬點月滿千街輕車細馬隘通衢蹴起塵埃今歲好土牛作伴挽留春色同來　不是天公省事要一時壯觀特地安排何妨綵樓鼓吹綺席尊罍良宵勝景語邦人莫惜徘徊休教我癡頑不去年年爛醉金釵

東風第一枝立春日訪梅溪雨中同賦　高觀國

燒色回青冰痕綻白嬌雲先釀酥雨縱寒不壓葭塵應時已鞭黛土東君入夜怕預惱詩邊心緒意轉新無奈吟魂醉裏已題春句　香夢醒幾花暗吐綠睡醒幾枝偷舞酒醅清惜同斟菜甲嫩憐細縷玉纖綵勝願歲歲春風相遇要等得明日新晴第一待尋芳去

燭影搖紅立春日東高內翰　方岳

輦路融晴宮雲逗曉青旂報梅邊香沁綵仗寒初信花風到笑語誰家簾幕鏤冰絲紅紛綠鬧鬢橫玉燕釵顫瓊旛不知能掉　看見春來麴塵微漲催蘭櫂嬌黃拂掠上柔條等得鶯眠覺引出千花萬草喜攙先椒盤竹爆問誰天上瑤帖初供玉堂歸傑

喜遷鶯立春　胡浩然

譙樓殘月聽畫角曉寒梅花吹徹瑞日祥雲和風解

東青帝乍臨東闕暖向土牛簫鼓天路珠簾高揭最好是戴綵旛春勝釵頭雙結　奇絕開宴處珠履玳簪俎豆爭羅列舞袖翩翩歌喉縹緲壓倒柳腰鶯舌勸我應時納祜還把金爐香爇願歲歲把一巵春酒長陪佳節

江月晃重山立春　明張大烈

新剪釵頭綵勝開先爆竹轟雷土牛鞭動報春回椒花宴祝頌紫霞杯　百舌調歌上柳群蜂吸氣尋梅韶華淑景序中催知春早芽苗覩鮮苔

立春部紀事

周禮春官大宗伯以青圭禮東方訂義鄭康成曰禮東方以立春謂蒼精之帝太昊勾芒食焉圭銳象春物初生賈氏曰雜記贊大行云圭剡上左右各一寸半是圭銳也易氏曰圭銳而首出其色以青象帝出乎震而物生東方之義也

事物紀原周公始制立春土牛

漢書谷永傳立春遣使者循行風俗宣布聖德矜恤孤寡問民所苦勞二千石勅勸農桑毋奪農時

炙轂子錄漢之迎春髻立春日戴

古今注建武八年立春賜束帛公十五匹卿十四

肘後方冬至日取赤雄雞作腊至立春日煮食至盡勿分他人辟禳瘟疫

玉泉記立春日取弘農宜陽金門山竹爲管河內葭草爲灰以候陽氣

四時寶鏡東晉李鄂立春日命以蘆菔芹爲菜盤相餽貺立春日春餅生菜號春盤

荊楚歲時記立春之日悉剪綵爲燕戴之貼宜春二字註按宜春二字傳咸燕賦有其言矣賦曰四時代謝敬逆其始彼應運於東方乃設燕以迎至翚輕翼之岐岐若將飛而未起何夫人之功巧式儀形之有似御青書以贊時著宜春之嘉祉

隋書禮儀志隋迎氣青郊爲壇國東春明門外道北去宮八里以立春日祀其方之帝

孫思邈千金月令唐制立春賜三宮綵勝各有差立春日貼宜春字於門

景龍文館記正月八日立春內出綵花賜近臣武平一應制云鑾輅青旗下帝臺東郊上苑望春來黃鶯未解林間囀紅蘂先從殿裏開畫閣條風初變柳銀塘曲水半含苔欣逢睿藻先韶律更促霞觴畏景催是日中宗手勅批云平一年雖最少文甚警新悅紅蘂之先開訝黃鶯之未囀循環吟咀賞歎兼懷今更賜花一枝以彰其美所賜學士花並令插在頭上後所賜者平一左右交插因舞蹈拜謝時崔日用乘酣飲欲奪平一所賜花上於簾下見之謂平一曰日用何爲奪卿花平一跪奏曰讀書萬卷從日用滿口虛張賜花一枝學平一終身不獲上及侍臣大笑因更賜酒一杯當時歎美

杜佑通典立春前兩京及諸州縣門外並造土牛耕人各隨方色

酉陽雜俎立春日士大夫之家剪紙爲小旛或懸於佳人之首或綴於花下又剪爲春蝶春錢春勝以戲之

北朝婦人立春進春書以青繒爲幟刻龍像銜之或爲蝦蟆

摭言安定郡王立春日作五辛盤

宋史裴濟傳濟知鎮州立春日出土牛以祭酌奠始畢有卒挾牛去濟察其舉止知欲爲變亟命擒之果有竊發者數十人已刼鄽間矣悉蒐捕腰斬之軍民肅然

儒林公議太平興國戊寅歲程羽守益都是時立春在近縣吏納土牛偶人於府門外觀者頗衆主者恐爲人所損遂移至廳事之左少選程出視事怪問之主者以對程笑曰農夫牧豎非升廳之物兆見於此不祥莫大焉當時聞之以爲過論至甲午歲果有村氓叛竊入據城邑焉人亦服其理識

玉海淳化四年正月乙未大雨雪上作立春日瑞雪詩二首賜近臣

冷齋夜話歐公王禹玉俱在翰苑立春日當進詩帖子會溫成皇后薨閣虛不進有旨亦令進歐公經營中禹玉口占便寫曰昔聞海上有三山烟鎖樓臺日月閑花似玉容長不老只應春色勝人間歐公喜其敏速禹玉歐公門生也而同局近世盛事其詩略曰當年叨入武成宮曾看揮毫氣吐虹夢寐閑思十年事笑談今此一樽同喜君新賜黃金帶顧我今爲白髮翁云云

清波雜志翰林書待詔請春詞以立春日剪貼于禁中門帳皇帝閤六篇其一曰漠然大造與時新根著浮流一氣均萬物不須雕琢巧正如恭己布深仁皇后閤五篇其一曰春衣不用蕙蘭薰領緣無煩刺繡文曾在蠶宮親織就方知縷縷盡辛勤夫人閤四篇其一曰聖主終朝勤萬幾燕居專事養希夷千門末

晝春岑寂不用車前插柳枝春端帖子不特詠景物爲觀美歐陽文忠公嘗寓規風其間蘇東坡亦然司馬溫公自著日錄特書此四詩蓋爲玉堂之楷式自政宣以後第形容太平盛事語言工麗以相夸殆若唐人宮詞耳近時楊誠齋廷秀詩有玉堂著句轉春風諸老從前亦寓忠誰爲君王供帖子丁寧綺語不須工之句是亦此意頃得玉堂集分爲八帙或云李漢老所編者亦有皇太子府春端帖子

東坡志林元豐六年十二月二十七日天欲明夢數吏人持紙一幅其上題云請祭春牛文予取筆疾書其上云三陽既至庶草將興爰出土牛以戒農事衣被丹青之好本出泥塗成毀須臾之間誰爲喜慍吏微笑曰此兩句復當有怒者旁一吏云不妨此是喚醒也

夢華錄立春日自郎官御史寺監長貳以上皆賜春旛勝以羅爲之宰執親王近臣皆賜金銀旛勝入賀訖戴歸私第

東坡立春日亦簪旛勝過子由諸子姪笑指云伯伯老人亦簪旛勝耶

東京夢華錄立春前一日開封府進春牛入禁中鞭春開封祥符縣置春牛於府前至日絕早府寮打春如方州儀府前左右百姓賣小春牛往往花裝欄坐上列百戲人物春旛雪柳各相獻遺

乾淳歲時記前一日臨安府進大春牛設之福寧殿庭及駕臨幸內官皆用五色絲綵杖鞭牛御藥院例取牛睛以充眼藥餘屬直閣婆（號管人都行首）掌管預造小春牛數十飾綵旛雪柳分送殿閣巨璫各隨以金銀錢綵段爲酬是日賜百官春旛勝宰執親王以金餘以金裹銀及羅帛爲之係文思院造進各垂於幞頭之左入謝後苑辦造春盤供進及分賜貴邸宰臣巨璫翠縷紅絲金雞玉燕備極精巧每盤直萬錢學士院撰進春帖子帝后貴妃夫人諸閤各有定式絳羅金縷華粲可觀臨安府亦鞭春開宴而邸第饋遺則多效內庭焉

陸游歲首書事詩賣困兒童起五更（自注立春未明相呼賣春困亦舊俗也）

武林舊事立春日作土牛迎市以芒神置前至暮以細花杖打牛謂之打春

游宦紀聞三山之俗立春前一日出土牛於鼓門之前若晴明自晡後達旦傾城出觀巨室或乘轎旋繞相傳云看牛則一歲利市三日游賢沙四日游天寧六日烏石山之神光寺西湖之水晶宮逮暮始散此皆圖志所不載也

元史祭祀志立春日祀東海於萊州界大淮於唐州界祀官以所在守土官爲之

熙朝樂事立春之儀附郭兩縣輪年遞辦仁和縣於仙林寺錢塘縣於靈芝寺前期十日縣官督委坊甲整備什物選集優人戲子小妓裝扮社夥如昭君出塞學士登瀛張仙打彈西施採蓮之類種種變態競巧爭華教習數日謂之演春至日郡守率僚屬往迎前列社夥殿以春牛士女縱觀闐塞市街競以麻麥米荳拋打春牛其優人之長假以冠帶騎驢叫躍以吏卒圍從謂之街道士過官府豪門各有贊揚致語以獻利市遇襤褸猥漢衝其節級則褫而杖之亦有謔浪判語不敢與較至府中舉燕鞭牛而碎之隨以綵鞭土牛分送上官鄉達而民間婦女各以春旛春勝鏤金簇綵爲燕蝶之屬問遺親戚綴之釵頭舉酒則縷切粉皮雜以七種生菜供奉筵間蓋古人辛盤之遺意焉耳

近峰記略正德戊寅冬駕幸揚州河冰方合上問何時當解江彬對曰立春然尚有旬餘日也上曰春迎之即至耳焉能候之命迎春於揚州之東郊明日百花盛開河冰流澌臣民駭觀

帝京景物略東直門外五里爲春場場內春亭萬曆癸巳府尹謝杰建也故事先春一日大京兆迎春旗幟前導次田家樂次勾芒神亭次春牛臺次縣正佐耆老學師儒府上下衙皆騎丞尹輿官皆衣朱簪花迎春自場入於府是日塑小春牛芒神以京兆生舁入朝進皇上春進中宮春進皇子春畢百官朝服賀立春候府縣官吏具公服禮勾芒各以綵杖鞭牛者三勸耕也退各以綵杖贈貽所知按造牛芒法曰短至辰日取土水木於歲德之方木以桑柘身尾高下之度以歲八節四季日十有二時踏用府門之扇左右以歲陰陽牛口張合尾左右繳芒立左右亦以歲陰陽以歲干支納音之五行三者色爲頭身腹色日三者色爲角耳尾爲膝脛爲蹄色以日支孟仲季爲籠之索柳鞭之結子之麻苧絲牛鼻中木曰拘脊子桑柘爲之以正月中宮色爲其色也芒神服色以日支受尅者爲之尅所尅者其繫色也歲孟仲季其老壯少也立春旦前後五日中者是農忙也過前農早忙過後農晚閒也而神並乎牛前後乎牛分之以時

之卯後八曰煥亥後四曰寒爲罨耳之提且戴以日納音爲髻平梳之頂耳前後爲鞋袴行纏之懸著有無也田家樂者二荆籠上著紙泥鬼判頭也又五六長竿竿頭縛脬如瓜狀見僧則捶使避匿不令見牛芒也又牛臺上花繡衣帽扮四直功曹立而兒童瓦石擊之者樂工四人也攷漢郊祀志迎春祭青帝勾芒青車旂服歌青陽舞雲翹立青旛百官衣皆青郡國縣官下至令史服青幘今者朱衣唐制立春日郎官御史長貳以上賜春羅旛勝宰臣親王近臣賜金銀旛勝入賀帶歸私第民間剪綵爲春旛簪首今惟元旦日小民以繫穿烏金紙畫綵爲鬧蛾簪之

燕都遊覽志凡立春日於午門賜百官春餅

法天生意立春日取牛角上土置戶上宜田

餘姚縣志天啓壬戌春官失期不至另裝一人已而原裝者又至其秋季寓庸調繁來祁逢吉部選來一邑遂有二令崇禎戊寅春官仆地其夏劉令惟芳不祿人益以此奇之

藜牀瀋餘崇禎元年元旦立春諺云百年難遇歲朝春適際改元尤千古奇遇

閩部疏閩俗迎春日多陳百戲盛亭臺之飾坐嬰兒高槊上兒皆慣習飲啗自若了無怖懼千夫百騎繞堂皇而出唱呼跳舞勞以曆書

立春部雜錄

左傳凡分至啓閉必書雲物爲備故也立春爲啓立冬爲閉

國語農祥晨正日月底於天廟土乃脈發注農祥房星也晨正謂立春之日晨中於午也農事之候故曰農祥

易通卦驗立春少陽雲出房如積水

師曠占立春日雨傷五禾

陶朱公養魚經取鯉魚以立春後上庚日放之則生子不相食

後漢書郎顗傳立春之後火卦用事

論衡亂龍篇立春東耕爲土象人男女各二秉耒把鋤或立土牛順時應氣示率下也

四民月令凡立春日食生菜不過多取迎新之意而已及進漿粥以導和氣

月令章句自危十度至壁八度謂之豕韋之次立春居之衛之分野

陸機要覽列子御風常以立春歸乎八荒是風至則草木發生去則搖落謂之離合風

隋書禮儀志春迎靈威仰者三春之始萬物稟之而生莫不仰其靈德服而畏之也

周易集解成言乎艮崔憬曰立春則艮王萬物之所成終成始也

種樹書立春若是子日卽于茄根上接牡丹花不出一月卽爛漫

洛陽花木記立春前後接諸般針刺花

桂海花志白鶴花如白鶴立春開

祛疑說日次子位當虛宿之躔度而立春虛乃子位之正天中之一陽也天道左旋日次子而爲春之正月

易說立春氣當至不至則多疾瘧

李氏刊誤月令出土牛以示農耕之早晚謂于國城之南立土牛其言立春在十二月望策牛人近前示其農早也立春在十二月晦及正月朔則策牛人當中示其農中也立春在正月望策牛人在後示其農晚也爲國之大計不失農時故聖人急於養民務成東作今天下州郡立春日制一土牛飾以文彩卽以綵杖鞭之旣而碎之各持其土以祈豐稔不亦乖乎

便民書立春日東北風主晴雨時若東南風主旱西北風主水

臞仙神隱立春天陰無風民安蠶麥十倍東風吉人民安果穀盛

田家五行春牛占歲事頭黃主熟又專主菜麥大熟青主春多瘟赤主春旱黑主春水白主春多風身色主上鄉蹄色主下鄉

遵生八牋晉於立春日以蘿菔芹芽爲菜盤相餽唐立春日春餅生菜號春盤故蘇詩青蒿黃韭試春盤

荆楚立春日剪綵爲燕以戴之故歐陽詩共喜釵頭燕已來又王沂公帖云綵燕迎春入鬢飛

立春日門庭楣上寫宜春二字貼之王詩云寶字貼宜春

立春日作五辛盤以黃柑釀酒謂之洞庭春色故蘇詩云辛盤得青韭臘酒是黃柑

續文獻通考匏艮音也其風融其聲崇聚立春之氣

也

黃河自立春後東風解凍河邊人候水凡一寸則夏秋當至一尺頗爲信驗謂之信水

立春部外編

登眞隱訣太極眞人常以立春日日中會眞人于太極宮刻玉簡記仙名

雲笈七籤上學之士服日月皇華金精飛根黃氣之道當以立春之清朝煑白芷桃皮青木香三種東向沐浴

藏形匿影之術當以立春之日平旦入室向東北角上坐思紫雲鬱鬱從東北角上艮宮中下覆滿一室晻冥內外良久紫雲化爲九色之獸如麟之狀在我眼前因叩齒三十六通而微祝畢便九嚥止閉目雲氣豁除便服靈飛玉符修之一年形常隱空

三洞奉道科立春爲建善齋

立春之節日更鍊魄于金門之內耀其光於金門之外四十五日乃止

立春之日三素元君上詣天皇大帝遊宴之時當以其日沐浴齋戒清朝入室燒香行禮東北向叩齒十二通仰思紫綠白三色之雲東北而迴心念微言祝畢仰嚥八炁行之八年三素之雲八輿飛輪迎之上昇帝宸

修眞入道祕言立春日清朝北望有紫綠白雲者爲三元君三素飛雲也乘八輿之輪上詣天帝天子候見再拜之唐試進士以立春日望三素雲詩爲題蓋出于此

欽定古今圖書集成曆象彙編歲功典

第二十一卷目錄

歲功典第二十一卷

元旦部彙考一

後漢

後漢天子元旦幸德陽殿受朝賀大宴羣臣賜觀諸伎樂

按後漢書禮儀志每月朔歲首爲大朝受賀其儀夜漏未盡七刻鐘鳴受賀及贄公侯璧中二千石二千石羔千石六百石雁四百石以下雉百官賀正月二千石以上上殿稱萬歲舉觴御坐前司空奉羹大司農奉飯奏食舉之樂百官受賜宴饗大作樂其每朔唯十月旦從故事者高祖定秦之月元年歲首也

按禮儀志注蔡質漢儀正月旦天子幸德陽殿臨軒公卿將大夫百官各陪朝賀蠻貊胡羌朝貢畢見屬郡計吏皆陛覲庭燎宗室諸劉雜會萬人以上立西面位定公納薦太官賜食酒西入東出既定上壽計吏中庭北面立太官上食賜羣臣酒食貢事御史四人執法殿下虎賁羽林弧弓撮矢陛戟左右戎頭偪脛陪前向後左右中郎將住東西羽林虎賁將住東北五官將住中央悉坐就賜作九賓徹樂舍利從西方來戲于庭極乃畢入殿前激水化爲比目魚跳躍嗽水作霧障日畢化成黃龍長八丈出水遊戲于庭炫耀日光以兩大絲繩繫兩柱中頭間相去數丈兩倡女對舞行於繩上對面道逢切肩不傾又蹋蹻出身藏形於斗中鐘磬並作樂畢作魚龍曼延小黃門吹三通謁者引公卿羣臣以次拜微行出罷卑官在前尊官在後德陽殿周旋容萬人陛高二丈皆文石作壇激沼水於殿下畫屋朱梁玉階金柱刻鏤作宮掖之好厠以青翡翠一柱三帶韜以赤緹天子正旦節會朝百官於此

安帝永初四年春正月元會徹樂

按後漢書安帝本紀永初四年春正月元日會徹樂不陳充庭車

注 每大朝會必陳乘輿法物車輦於庭故曰充庭車也以年饑故不陳

順帝永建四年春正月元旦詔赦天下下寬和之令

按後漢書順帝本紀永建四年春正月丙寅詔曰朕託王公之上涉道日寡政失厥中陰陽氣隔寇盜肆暴庶獄彌繁憂悴永歎疢如疾首詩云君子如祉亂庶遄已三朝之會朔旦立春嘉與海內洗心自新其赦天下從甲寅赦令以來復秩屬籍三年正月已來還贖其閻顯江京等知識婚姻禁錮一原除之務崇寬和敬順時令遵典去苛以稱朕意

晉

武帝咸寧 年定元會之儀

按晉書武帝本紀不載 按禮志漢儀有正會禮正旦夜漏未盡七刻鐘鳴受賀公侯以下二千石以上升殿稱萬歲然後作樂宴饗魏武帝都鄴正會文昌殿設百華燈晉受命武帝定元會儀咸寧注是也

咸寧注先正一日有司各宿設夜漏未盡十刻羣臣集到庭燎起火上賀起謁報又賀皇后還從雲龍東中華門入詣東閤下便坐漏未盡七刻百官及受贄郎官以下至計吏皆入立其次其陛衞者如臨軒儀漏未盡五刻謁者僕射大鴻臚各各奏羣臣就位定漏盡侍中奏外辦皇帝出鐘鼓作百官皆拜伏太常導皇帝升御坐鐘鼓止百官起大鴻臚跪奏請朝賀掌禮郎讚皇帝延王登大鴻臚跪讚藩王臣某等奉白璧各一再拜賀太常報王悉登謁者引上殿當御坐皇帝興王再拜皇帝坐復再拜跪置璧御坐前復再拜成禮訖謁者引下殿還故位掌禮郎讚皇帝延太尉等于是公特進匈奴南單于金紫將軍當大鴻臚西中二千石二千石千石六百石當大行令西皆北面伏鴻臚跪讚太尉中二千石等奉璧皮帛羔鴈雉再拜賀太常讚皇帝延公等登掌禮引公至金紫

將軍上殿皇帝興皆再拜皇帝坐又再拜跪置璧皮帛御坐前復再拜成禮訖謁者引下殿還故位公置璧成禮時大行令並讚殿下中二千石以下同成禮訖以贄授贄郎郎以璧帛付諸謁者羔鴈雉付太官太樂令跪奏雅樂樂以次作乘黃令乃出車皇帝罷入百官皆坐晝漏上水六刻諸蠻夷胡客以次入皆再拜訖坐御入後三刻又出鐘鼓作謁者僕射跪奏請羣臣上謁者引王公二千石上殿千石六百石停本位謁者引王詣樽酌壽酒跪授侍中侍中跪置御坐前王還自酌置位前謁者跪奏藩王臣某等奉觴再拜上千萬歲四廂樂作百官再拜已飲又再拜謁者引王等還本位陛下者傳就席羣臣皆跪諸侍中中書令尚書令各於殿上上壽酒登歌樂升太官又行御酒御酒升階太官令跪授侍郎侍郎跪進御坐前乃行百官酒太樂令跪奏奏登歌三終乃降太官令跪請具御飯到階羣臣皆起太官令持羹跪授司徒持飯跪授大司農尚食持案並授持節持節跪進御坐前羣臣就席太樂令跪奏奏食舉樂太官行百官飯案遍食畢太樂令跪奏請進樂樂以次作鼓吹令又前跪奏請以次進衆妓乃召諸郡計吏前受敕戒于階下宴樂畢謁者一人跪奏請罷退鐘鼓作羣臣北面再拜出然則夜漏未盡七刻謂之晨賀晝漏上三刻更出百官奉壽酒謂之晝會別置女樂三十人於黃帳外奏房中之歌江左多虞不復晨賀夜漏未盡十刻開宣陽門至平旦始開殿門晝漏上五刻皇帝乃出受賀皇太子出會者則在三恪下王公上正旦元會設白獸樽於殿庭樽蓋上施白獸若有能獻直言者則發此樽飲酒案禮白獸樽乃杜舉之遺式也爲白獸蓋是後代所爲示忌憚也

南齊

齊循宋舊元旦朝會多仍東晉江左之禮

按南齊書禮志漢末蔡邕立漢朝會志竟不就秦人以十月旦爲歲首漢初習以大饗會後用夏正饗會猶未廢十月旦會也東京以後正旦夜漏未盡七刻鳴鐘受賀公侯以下執贄來庭二千石以上升殿稱萬歲然後作樂宴饗張衡賦云皇輿夙駕登天光於扶桑然則雖云夙駕必辨色而行事矣魏武都鄴正會文昌殿用漢儀又設百華燈後魏文修洛陽宮室權都許昌宮殿狹小元日於城南立氈殿青帷以爲門設樂饗會後還洛陽依漢舊事晉武帝初更定朝會儀夜漏未盡十刻庭燎起火羣臣集傅元朝會賦云華燈若乎火樹熾百枝之煌煌此則因魏儀與庭燎並設也漏未盡七刻羣臣入白賀未盡五刻就本位至漏盡皇帝出前殿百官上賀如漢儀禮畢罷入羣臣坐謂之晨賀晝漏上三刻更出百官奉壽酒大饗作樂謂之晝會別置女樂三十人於黃帳外奏房中之歌江左多虞不復晨賀夜漏未盡十刻開宣陽門至平旦始開殿門晝漏上五刻皇帝乃出受賀宋世至十刻乃受賀其餘升降拜伏之儀及置立后妃王公已下祠祀夕牲拜授弔祭皆有儀注文多不載

梁

梁元會損益魏晉之禮

按隋書禮儀志梁元會之禮未明庭燎設文物充庭臺門闕禁衛皆嚴有司各從其事太階東置白獸樽羣臣及諸蕃客並集各從其班而拜侍中奏中嚴王公卿尹各執珪璧入拜侍中乃奏外辦皇帝服袞冕乘輿以出侍中扶左常侍扶右黃門侍郎一人執曲直華蓋從至階降輿納舄升坐有司御前施奉珪藉王公以下至阼階脫舄劍升殿席南奉贄珪璧畢下殿納舄佩劍詣本位主客郎徙珪璧於東廂帝興入徙御坐於西壁下東向設皇太子王公已下位又奏中嚴皇帝服通天冠升御坐王公上壽禮畢食食畢樂伎奏太官進御酒主書賦黃甘逮二品已上尚書騶騎引計吏郡國各一人皆跪受詔侍中讀五條詔計吏每應諾訖令陳便宜者聽詣白獸樽以次還坐宴樂罷皇帝乘輿以入皇太子朝則遠遊冠服乘金輅鹵簿以行預會則劍履升坐會訖先興　又按志東宮元會儀注太子升崇正殿不欲東西階責東宮典儀列云太子元會升自西階此則相承爲謬請自今東宮大公事太子升崇正殿並由阼階

武帝天監六年始改元日宴會東向之禮爲南向更定受玉及乘輿升殿之制

按梁書武帝本紀不載　按隋書禮儀志天監六年詔曰頃代以來元日朝畢次會羣臣則移就西壁下東向坐求之古義王者讌萬國唯應南面何更居東面於是御座南向以西方爲上皇太子以下在北壁坐者悉西邊東向尚書令以下在南方坐者悉東邊西向舊元日御座東向酒壺在東壁下御座既南向乃詔壺於南蘭下又詔元日受五等贄珪璧並量付所司周捨案周禮冢宰大朝覲贊玉幣尚書古之冢宰項王者不親撫玉則不復須冢宰贊助尋尚書主

客曹郎既冢宰隸職今元日五等奠玉既竟請以主客郎受鄭元注觀禮云既受之後出付玉人於外漢時少府職主珪璧請主客受玉付少府掌帝從之又尚書僕射沈約議正會儀注御出乘輿至太極殿前納舄升階尋路寢之設本是人君居處不容自敬宮室案漢氏則乘小車升殿請自今元正及大公事御宜乘小輿至太極階仍乘板輿升殿制可

陳

陳朝會多依梁制令宮人得隔綺疏而觀

按隋書禮儀志陳制先元會十日百官並習儀注令僕已下悉公服監之設庭燎街闕城上殿前皆嚴兵百官各設部位而朝宮人皆於東堂隔綺疏而觀宮門既無籍外人但絳衣者亦得入觀是日上事人發白獸樽自餘亦多依梁禮云

北魏

高祖太和元年春正月元旦下詔改元

按魏書高祖本紀太和元年春正月乙酉朔詔曰朕夙承寶業懼不堪荷而天貺具臻地瑞並應風和氣晼天人交協豈朕冲昧所能致哉實賴神祇七廟降福之助今三正告初祇感交切宜因陽始協典革元其改今號為太和元年

北齊

北齊以元會日慰勞郡國計吏試其優劣大饗羣臣

中宮朝會賜食如外朝禮

按隋書禮儀志後齊正日侍中宣詔慰勞州郡國使詔牘長一尺三寸廣一尺雌黃塗飾上寫詔書三計會日侍中依儀勞郡國計吏問刺史太守安不及穀價麥苗善惡人間疾苦又班五條詔書於諸州郡國使人寫以詔牘一枚長二尺五寸廣一尺三寸亦以雌黃塗飾上寫詔書正會日依儀宣示使人歸以告刺史二千石一曰政在正身在愛人去殘賊擇良吏二曰人生在勤勤則不匱其勸率田桑無或煩擾三曰六極之人務加寬養必使生有以自救沒有以自給四曰長吏華浮奉客以求小譽逐末捨本政之所疾宜謹察之五曰人事意氣干亂奉公外內溷淆綱維不設所宜糾劾正會日侍中黃門宣詔勞諸郡上計勞訖付紙遣陳土宜字有脫誤者呼起席後立書迹濫劣者飲墨水一升文理孟浪無可取者奪容刀及席既而本曹郎中考其文迹才辭可取者錄牒吏部簡同流外三品敘元正大饗百官一品已下流外九品已上預會一品已下正三品已上開國公侯伯散品公侯及特命之官下逮刺史並升殿從三品已下從九品已上及奉正使人比流官者在階下勳品已下端門外　又按志後齊元日中宮朝會陳樂皇后褘衣乘輿以出於昭陽殿坐定內外命婦拜皇后與妃主皆跪皇后坐妃主皆起長公主一人前跪拜賀禮畢皇后入室乃移幄坐於西廂皇后改服褕狄以出坐定公主一人上壽訖就坐御酒食賜賚並如外朝會

隋

隋元會悉如後齊制又定皇后受賀之禮

按隋書禮儀志隋制正旦及冬至文物充庭皇帝出西房即御座皇太子鹵簿至顯陽門外入賀復詣皇后御殿拜賀訖還宮皇太子朝訖羣官客使入就位再拜上公一人詣西階解劍升賀降階帶劍復位而拜有司奏諸州表群官在位者又拜而出皇帝入東房有司奏行事訖乃出西房坐定群官入就位上壽訖上下俱拜皇帝舉酒上下舞蹈三稱萬歲皇太子預會則設坐於御東南西向羣臣上壽畢入解劍以升會訖先典　又按志隋儀如後齊制又有皇后受羣臣賀禮則皇后御坐而內侍受羣臣拜以入承令而出羣臣拜而罷

唐

元宗開元　年定元旦朝賀之禮

按唐書元宗本紀不載　按禮樂志皇帝元正受羣臣朝賀而會前一日尚舍設御幄於太極殿有司設羣官客使等次於東西朝堂展縣置案陳車輿又設解劍席於縣西北橫街之南文官三品以上位橫街之南道東襄寧侯位三品之下介公酅公位於道西武官三品以上位介公之西少南文官四品五品位於縣東六品以下位橫街之南又設諸州朝集使位都督刺史三品以上位文武官三品之東西四品以下分方位文武官當品之下諸州使人又於朝集使之下諸親於四品五品之南設諸蕃方客位三等以上東方南方在東方朝集使之東西方北方在西方朝集使之西每國異位重行北面四等以下分方位於朝集使六品之下又設門外位文官於東朝堂介公酅公在西朝堂之前武官在介公之南少退每等異位重行諸親位於文武官四品五品之南諸州朝集使東方南方位宗親之南使人分方於朝集使之下諸方客東方南方在東方朝集使之南西方北方

在西方朝集使之南每國異位重行其日將士塡諸街勒所部列黃麾大仗屯門及陳於殿庭羣官就次侍中版奏請中嚴諸侍衛之官詣閤奉迎吏部兵部主客戶部贊羣官客使俱出次通事舍人各引就朝堂前位引四品以下及諸親客等應先置者入就位侍中版奏外辦皇帝服袞冕冬至則服通天冠絳紗袍御輿出自西房卽御座南向坐符寶郎奉寶置於前公王以下及諸客使等以次入就位典儀曰再拜贊者承傳在位者皆再拜上公一人詣西階席脫舄跪解劍置於席升當御座前北面跪賀稱某官臣某言元正首祚景福惟新伏惟開元神武皇帝陛下與天同休乃降階詣席跪佩劍俛伏興納舄復位在位者皆再拜侍中前承詔降詣羣官東北西面稱有制在位者皆再拜宣制曰履新之慶與公等同之在位者皆再拜舞蹈三稱萬歲又再拜初羣官將朝中書侍郎以諸州鎭表別爲一案俟於右延明門外給事中以祥瑞案俟於左延明門外侍郎給事中俱就侍臣班初入戶部以諸州貢物陳于太極門東東西廊禮部以諸蕃貢物可執者蕃客執入就位其餘陳於朝堂前上公將入門中書侍郎給事中皆降各引其案入詣東西階下立上公將升賀中書令黃門侍郎俱降各立取所奏之文以次升上公已賀中書令前跪奏諸方表黃門侍郎又進跪奏祥瑞俱降置所奏之文於案侍郎與給事中引案退至東西階前案出初侍中已宣制朝集使及蕃客皆再拜戶部尚書進詣階間跪奏稱戶部尚書臣某言諸州貢物請付所司侍中前承制退稱制曰可禮部尚書以次進詣階間跪奏稱禮部尚書臣某言諸蕃貢物請付所司侍中前承制退稱制曰可太府帥其屬受諸州及諸蕃貢物出歸仁納義門執物者隨之典儀曰再拜通事舍人以次引北面位者出侍中前跪奏稱侍中臣某言禮畢皇帝降坐御輿入自東房侍臣從至閤引東西面位者以次出蕃客先出冬至不奏祥瑞無諸方表其會則太樂令設登歌於殿上二舞入立於縣南尚舍設羣官升殿者坐文官三品以上於御座東南西向介公酅公在御座西南東向武官三品以上又於其後朝集使都督刺史蕃客三等以上座如立位設不升殿者座各於其位又設羣官解劍席於縣之西北橫街之南尚食設壽尊於殿上東序之端西向設坫於尊南加爵一太官令設升殿者酒尊於東西廂近北設在庭羣官酒尊各於其座之南皆有坫羃俱障以帷吏部兵部戶部主客贊羣官客使俱出次通事舍人引就朝堂前位又引非升殿者次入就位侍中版奏外辦皇帝改服通天冠絳紗袍御輿出自西房卽御座典儀一人升就東階上通事舍人引公王以下及諸客使以次入就位侍中進當御座前北面跪奏稱侍中臣某言請延諸公王等升又侍中稱制曰可侍中詣東階上西面稱制延公王等升殿上典儀承傳階下贊者又承傳在位者皆再拜應升殿者詣東西階至解劍席脫舄解劍升上公一人升階少東西面立於座後光祿卿進詣階間跪奏稱臣某言請賜羣臣上壽侍中稱制曰可光祿卿退升詣酒尊所西向立上公詣酒尊所北面尚食酌酒一爵授上公上公受爵進前北面授殿中監殿中監受爵進置御前上公退北面跪稱某官臣某等稽首言元正首祚臣某等不勝大慶謹上千秋萬歲壽再拜在位者皆再拜立於席後侍中前承制退稱敬舉公等之觴在位者又再拜殿中監取爵奉進皇帝舉酒在位者皆舞蹈三稱萬歲皇帝舉酒訖殿中監進受虛爵以授尚食尚食受爵於坫初殿中監受虛爵殿中典儀唱再拜階下贊者承傳在位者皆再拜上公就座後立殿中典儀唱就座階下贊者承傳俱就座歌者琴瑟升坐笙管立階間尚食進酒至階殿上典儀唱酒至興階下贊者承傳坐者皆俛伏起立於席後殿中監到階省酒尚食奉酒進皇帝舉酒太官令又行羣官酒酒至殿上典儀唱再拜階下贊者承傳在位者皆再拜搢笏受觶殿上典儀唱就座階下贊者承傳皆就座皇帝舉酒尚食進受虛爵復於坫觴行三周尚食進御食食至階殿上典儀唱食至興階下贊者承傳坐者皆起立座後殿中監到階省案尚食品嘗食訖以次進置御前太官令又行羣官案設食訖殿上典儀唱就坐階下贊者承傳皆就坐皇帝乃飯上下俱飯御食畢仍行酒遂設庶羞二舞作若賜酒侍中承詔詣東階上西面稱賜酒殿上典儀承傳階下贊者又承傳坐者皆起再拜立受觶就席坐飲立授虛爵又再拜就座酒行十二遍會畢殿上典儀唱可起階下贊者承傳上下皆起降階佩劍納舄復位位於殿庭者仍立於席後典儀曰再拜贊者承傳在位者皆再拜若有賜物侍中前承制降詣羣官東北西面稱有制在位者皆再拜侍中宣制又再拜以次出侍中前跪奏稱侍中臣某言禮畢皇帝興御輿入

自東房東西面位者以次出

遼

遼以元旦受群臣朝賀仍率群臣詣皇太后行禮

按遼史禮志正旦朝賀儀臣僚並諸國使昧爽入朝奏班齊皇帝升殿坐契丹舍人殿上通訖引契丹臣僚東洞門入引漢人臣僚並諸國使西洞門入合班舞蹈五拜鞠躬平身引親王東階上殿欄內褥位俛伏跪自通全銜臣某等祝壽訖伏興退引東階下殿復位舞蹈五拜畢鞠躬宣徽使殿上鞠躬奏臣宣答稱有敕班首以下聽制訖再拜鞠躬宣徽傳宣云履新之慶與公等同之舍人贊謝宣諭拜舞蹈五拜贊各祗候分班引出引班首西階上殿奏表目訖教坊起居賀十二拜畢贊各祗候引契丹漢人臣僚並諸國使東西洞門入合班再拜贊進酒引親王東階上殿就欄內褥位搢笏執臺琖進酒訖退復褥位置臺出笏少前俯跪自通全銜臣某等謹進千萬歲壽酒俯伏興退復褥位與殿下臣僚皆再拜鞠躬候宣徽使殿上鞠躬奏臣宣答稱有制親王以下再拜如初宣諭如初贊各祗候親王搢笏執臺殿下臣僚分班儀傳宣云飲公等壽酒與公等內外同慶舍人贊謝皇帝飲酒教坊奏樂殿上下臣僚皆拜稱萬歲贊各祗候樂止教坊再拜皇帝卒飲親王進受琖復褥位置臺琖出笏揖臣僚合班引親王東階下殿復位鞠躬再拜贊各祗候分班引出皇帝起詣皇太后殿臣僚並諸國使皆從皇太后升殿皇帝東方側坐引契丹漢人臣僚並諸國使兩洞門入班稱賀進酒皆如皇帝之儀畢引出教坊入起居進酒亦如之皇太后宣答稱聖旨契丹班謝宣宴上殿就位立漢人臣僚並諸國使東洞門入丹墀東方面西鞠躬舍人鞠躬通文武百僚宰臣某以下謝宣宴再拜出班致詞訖退復位舞蹈五拜贊各上殿祗候引宰臣以下並諸國使副方裀朵殿臣僚西階上殿就位立不應坐臣僚並於西洞門出二人監琖教坊再拜贊各上階下殿謝宴如皇太后生辰儀　又按樂志正月朔日朝賀用宮懸雅樂元會用大樂曲破後用散樂角觝終之是夜皇帝宴飲用國樂

宋

太祖建隆二年正月朔上詣太后宮門稱慶始受朝賀於崇元殿

按宋史太祖本紀建隆二年春正月丙申朔上詣太后宮門稱慶　按禮志太祖建隆二年正月朔始受朝賀於崇元殿服袞冕設宮懸仗衛如儀仗退羣臣詣皇太后宮門奉賀帝常服御廣德殿群臣上壽用教坊樂

乾德四年春受朝賀羣臣上壽始用樂歌二舞

按宋史太祖本紀不載　按禮志乾德四年於朝元殿賀畢常服御大明殿群臣上壽始用雅樂登歌二舞羣臣酒五行罷

太宗淳化三年春正月朔命有司定上壽儀

按宋史太宗本紀不載　按禮志太宗淳化三年正月朔命有司約開元禮定上壽儀皆以法服行禮設宮縣萬舞酒三行罷

仁宗天聖五年春正月朔率百官上皇太后壽酒畢乃受朝天安殿

按宋史仁宗本紀天聖五年春正月壬寅朔初率百官上皇太后壽於會慶殿遂御天安殿受朝　按禮志仁宗天聖四年十二月詔明年正月朔先率百官赴會慶殿上皇太后壽酒畢乃受朝天安殿仍令太常禮院修定儀制五年正月朔曉漏未盡三刻宰臣百官與遼使諸軍將校並常服班會慶殿內侍請皇太后出殿後幄鳴鞭升坐又詣殿後皇帝幄引皇帝出帝服鞾袍於簾內北向褥位再拜跪稱臣某言元正啓祚萬物惟新伏惟尊號皇太后陛下膺時納祜與天同休內常侍承旨答曰履新之祐與皇帝同之帝再拜詣皇太后御坐稍東內給侍酌酒授內謁者監進帝跪進訖以盤興內謁者監承接之帝却就褥位跪奏曰臣某稽首言元正令節不勝大慶謹上千萬歲壽再拜內常侍宣答曰恭舉皇帝壽酒帝再拜執盤侍立教坊樂止皇帝受虛醆還幄通事舍人引百官橫行典儀贊再拜舞蹈起居太尉升自西階稱賀簾外降還位皆再拜舞蹈侍中承旨曰有制皆再拜宣曰履新之吉與公等同之皆再拜舞蹈閤門使簾外奏宰臣某以下進壽酒皆再拜太尉升自東階翰林使酌御酒盞授太尉執盞盤跪進簾外內謁者監跪接以進太尉跪奏曰元正令節臣等不勝慶忭謹上千萬歲壽降還位皆再拜宣徽使承旨曰舉公等觴皆再拜太尉升立簾外樂止內謁者監出簾授虛盞太尉降階橫行皆再拜舞蹈宣徽使承旨宣羣臣升殿再拜升及東西廂坐酒三行侍中奏禮畢退樞密使以下迎乘輿於長春殿起居稱賀百官就朝堂易朝服班天安殿朝賀帝服袞冕受朝禮官通事

舍人引中書令門下侍郎各於案取所奏文詣褥位脫劍舄以次升分東西立諸方鎮表祥瑞案先置門外左右令使絳衣對舉給事中押祥瑞中書侍郎押表案入分詣東西階下對立既賀更服通天冠絳紗袍稱觴上壽止舉四爵乘輿還內恭謝太后如常禮

神宗元豐元年命定元會儀注

按宋史神宗本紀元豐元年十一月己丑命龍圖閣直學士宋敏求等詳定正旦御殿儀注　按禮志神宗元豐元年詔龍圖閣直學士史館修撰宋敏求等詳定正殿御殿儀注敏求遂上朝會儀二篇令式四十篇詔頒行之其制元正大朝會有司設御坐大慶殿東西房于御坐之左右少北東西閣于殿後百官宗室客使次于朝堂之內外五輅先陳于庭兵部設黃麾仗于殿之內外大樂令展宮架之樂于橫街南鼓吹令分置十二案于宮架外協律郎二人一位殿上西階之前楹一位宮架西北俱東向陳輿輦御馬于龍墀繖扇于沙墀貢物于宮架南餘則列大慶門外陳布將士于街左右金吾六軍諸衛勒所部列黃麾大仗于門及殿庭百僚客使等俱入朝文武常參官朝服陪位官公服近仗就陳于閤外大樂令樂工協律郎入就位中書侍郎以諸方鎮表案給事中以祥瑞案俟于大慶門外之左右諸侍衛官各服其器服輦出至西閣降輦符寶郎奉寶詣閤門奉迎百官客使陪位官俱入就位侍中版奏中嚴又奏外辦殿上鳴鞭宮縣撞黃鐘之鐘右五鐘皆應內侍承旨索扇扇合帝服通天冠絳紗袍御輿出協律郎舉麾奏乾安樂鼓吹振作帝出自西房降輿卽坐扇開殿下鳴鞭協律郎偃麾樂止爐烟升符寶郎奉寶置御坐前中書侍郎給事中押表案祥瑞案入詣東西階下對立百官宗室及遼使班分東西以次入正安樂作就位樂止押樂官歸本班起居畢復案位三師親王以下及御史臺外正任遼使俱就北向位典儀贊在位者皆再拜起居訖太尉將升中書令門下侍郎俱降西階下立太尉詣西階下解劍脫舄升殿中書令門下侍郎各於案取所奏之文詣褥位解劍脫舄以次升分東西立太尉詣御前北面跪奏文武百寮太尉具官臣某等言元正啓祚萬物咸新伏惟皇帝陛下應乾納祜與天同休俛伏興降階佩劍納舄還位在位官俱再拜舞蹈三稱萬歲再拜侍中進當御前承旨退臨階西向稱制宣答曰履新之慶與公等同之贊者曰拜舞蹈三稱萬歲橫行官分班立中書令門下侍郎升詣御坐前各奏諸方鎮表及祥瑞訖戶部尚書就承制位俛伏跪奏諸州貢物請付所司禮部尚書奏諸蕃貢物如之司天監奏雲物祥瑞請付史館皆如上儀侍中進當御坐前奏禮畢殿上承旨索扇殿下鳴鞭宮縣撞蕤賓之鐘左五鐘皆應協律郎舉麾宮縣奏乾安樂鼓吹振作帝降坐御輿入自東房扇開偃麾樂止侍郎奏解嚴百官退還次客使陪位官並退有司設食案太樂令設登歌殿上二舞入立于架南預坐當升殿者位御坐之前文武相向異位重行以北爲上非升殿者位于東西廊下尚食奉御設壽尊于殿東楹少南設坫于尊南加爵一有司設上下羣臣酒尊殿下東西廂侍衛官及執事者各立其位仗衛仍立俟上壽百官立班如朝賀儀侍中版奏中嚴外辦聞鳴鞭索扇帝服通天冠絳紗袍御輿出東房樂作帝卽坐扇開樂止贊拜畢光祿卿詣橫街南跪奏具官臣某言請允羣臣上壽興侍中承旨稱制可少退舍人曰拜光祿卿再拜訖復位三師以下就位贊者曰拜在位者皆拜舞三稱萬歲太尉升殿詣壽尊所北向尚食奉御酌御酒一爵授太尉搢笏執爵詣前跪進帝執爵太尉出笏俛伏興少退跪奏文武百寮太尉具官臣某等稽首言元正首祚臣等不勝大慶謹上千萬壽俛伏興降復位贊者曰拜在位者皆再拜三稱萬歲侍中承旨退西向宣曰舉公等觴贊者曰拜在位者皆再拜三稱萬歲北向班分東西序立太尉自東階侍立舉第一爵和安樂作飲畢樂止太尉受虛爵復於坫降階三師以下贊拜舞蹈稱萬歲如上儀侍中進奏侍中具官臣某言請延公王等升殿俯伏興降復位侍中承旨退稱有制贊者曰拜在位者皆再拜宣曰延公王等升殿贊者曰拜在位者皆再拜公王等詣東階升立席後尚食奉御進酒殿中監省酒以進帝舉第二爵登歌作甘露之曲飲訖殿中監受爵樂止羣臣升殿就橫行位舍人曰各賜酒贊者曰拜羣官皆再拜三稱萬歲舍人曰就坐太官令行酒搢笏受酒宮縣作正安之樂文舞入立宮架北觴行一周凡行酒訖並太官令奏巡周樂止尚食進食升階以次置御坐前又設羣官食訖太官令奏食徧太樂丞引盛德升聞之舞入作三變止出殿中監進第三爵羣官立席後登歌作瑞木成文之曲飲訖樂止殿中丞受虛爵舍人曰就坐羣官皆坐又行酒作樂進食如上儀太樂丞引

天下大定之舞作三變止出殿中監進第四爵登歌奏嘉禾之曲如第三爵太官令行酒又一周樂止舍人曰可起百寮皆立席後侍中進御坐前跪奏禮畢俛伏興與羣官俱降階復位贊者曰拜皆再拜舞蹈三稱萬歲起分班立殿上索扇扇合殿下鳴鞭太樂令撞㽂賓之鐘左右鐘皆應協律郎俯伏舉麾太樂令令奏乾安之樂鼓吹振作帝降坐御輿入自東房扇開樂止侍中奏解嚴所司承旨放仗百寮再拜相次退

按東京夢華錄正旦大朝會車駕坐大慶殿有介冑長大人四人立於殿角謂之鎮殿將軍諸國使人入賀殿庭列法駕儀仗百官皆冠冕朝服諸路舉人解首亦士服立班其服二梁冠白袍青緣諸州進奏吏各執方物入獻諸國使人大遼大使頂金冠後簷尖長如大蓮葉服紫窄袍金蹀躞副使展裹金帶如漢服大使拜則立左足跪右足以兩手著右肩爲一拜副使拜如漢儀夏國使副皆金冠短小樣製服緋窄袍金蹀躞弔敦皆叉手展拜高麗與南番交州使人並如漢儀回紇皆長髯高鼻以疋帛纏頭散披其服于闐皆小金花氈笠金絲戰袍束帶並妻男同來乘駱駝氈兜銅鐸入貢三佛齊皆瘦脊纏頭緋衣上織成佛面又有南蠻五姓番皆椎髻烏氈並如僧人禮拜入見旋賜漢裝錦襖之類更有眞臘大理大石等國有時來朝貢其大遼使人在都亭驛夏國在都亭西驛高麗在梁門外安州巷同文館回紇于闐在禮賓院諸番國在瞻雲館或懷遠驛唯大遼高麗就館賜宴大遼使人朝見訖翼日詣大相國寺燒香次日詣南御苑射弓朝廷旋選能射武臣伴射就彼賜宴三節人皆與焉先列招箭班十餘於垜子前使人多用弩子射一裹無脚小幞頭子錦襖子遼人踏開弩子舞旋搭箭過與使人彼窺得端正止令使人發牙例本朝伴射用弓箭中的則賜閙裝銀鞍馬衣著金銀器物有差伴射得捷京師市井兒遮路爭獻口號觀者如堵翼日使人朝辭朝退內前燈山已上綵其速如神

哲宗元祐八年春正月元會改立御馬於庭

按宋史哲宗本紀不載　按禮志元祐八年太常博士陳祥道言貢人賤馬古今所同故覲禮馬在庭而侯氏升堂致命聘禮馬在庭而賓升堂私覿今元會儀御馬立于龍墀之上而特進以下立于庭是不稱尊賢才體群臣之意請改儀注以御馬在庭于義爲允

徽宗政和　年定皇太子元正受賀之禮

按宋史徽宗本紀不載　按禮志皇太子元正冬至受群臣賀儀政和新儀前一日有司於東門外量地之宜設三公以下文武群官等次如常儀典儀設皇太子答拜褥位於階下南向又設文武群官版位於門之外其日禮直官舍人先引三公以下文武群臣以次入就位立定禮直官舍人引左庶子詣皇太子前跪請內嚴少頃又言外備內侍褰簾皇太子常服出次左右侍衛如常儀皇太子降階詣南向褥位典儀曰再拜贊者承傳曰再拜三公以下皆再拜皇太子答拜班首少前稱賀云元正首祚景福維新伏惟皇太子殿下與時同休賀訖少退復位左庶子前承命詣羣臣前答云元正首祚與公等均慶典儀曰再拜班首以下皆再拜皇太子答拜訖禮直官通事舍人引三公以下文武百官以次出內侍引皇太子升階還次降簾侍衛如常儀少頃禮直官舍人引知樞密院官以下入就位立定內侍引皇太子降階詣南向褥位樞密以下參賀如上儀訖退次引師傅保賓客以下入就位參賀如上儀師傅保以下以次出內侍引皇太子升坐禮直官引文武宮官入就位重行北向立典儀曰再拜在位官皆再拜左庶子少前跪言具官某言元正首祚伏惟皇太子殿下與時同休俛伏興復位典儀曰再拜在位者皆再拜分東西序立左庶子少前跪言禮畢左右近侍降簾皇太子降坐宮官退左右侍衛以次出

高宗紹興十五年春正月始復御大慶殿受朝賀如儀

按宋史高宗本紀紹興十五年春正月丁未朔御大慶殿初行大朝會禮　按禮志紹興十二年十月臣僚言竊以元正一歲之首冬至一陽之復聖人重之制爲朝賀之禮蓋自上世以來未之有改也漢高祖以五年即位而七年受朝于長樂宮我太祖皇帝以建隆元年即位受朝于崇元殿主上臨御十有六年正至朝賀初未嘗講艱難之際宜不遑暇茲者太母還宮國家大慶四方來賀亶惟其時欲望自今元正冬至舉行朝賀之禮以明天子之尊庶幾舊典不至廢墜禮部太常寺考定朝會之禮依國故事設黃麾大仗車輅法物樂舞等百寮服朝服再拜上壽宣王公升殿間飲三周詔自來年舉行十一月權禮部侍

郎王賞等言朝會之制正旦冬至及大慶受朝受賀係御大慶殿其文德紫宸垂拱殿禮制各有不同月朔視朝則御文德殿謂之前殿正衙仍設黃麾半仗紫宸垂拱皆係側殿不設儀仗元正在近大慶殿之禮事務至多乞候來年冬至別行取旨詔從之明年閤門言依汴京故事遇行大禮則冬至及次年正旦朝會皆罷十四年九月有司言明年正旦朝會請權以文德殿爲大慶殿合設黃麾大仗五千二十七人欲權減三分之一合設八寶于御座之東西及登歌宮架樂舞諸州諸蕃貢物行在致仕官諸路貢士舉首並令立班詔從之十五年正旦御大慶殿受朝文武百官朝賀如儀

孝宗淳熙八年春正月御殿引見金使始率皇后皇太子至德壽宮行朝賀禮

按宋史孝宗本紀不載　按辟寒淳熙七年十二月廿八日南內遣御藥井後苑官管押進奉兩宮守歲合食劇金銀錢消夜歲軸果兒錦曆鍾馗爆仗羔兒法酒春牛花朶等就奏知太上元日欲先詣宮朝賀然後還內引見大金使人太上不許傳壽官家至日可先引見使人訖却行到宮禮正月元日上坐紫宸殿引見使人訖即率皇后皇太子太子妃至德壽宮行朝賀禮進呈壽木使人面貌姓名及館伴問答是歲太上聖壽七十有五舊歲欲行慶壽禮太上不許至是乃密進黃金酒器二千兩上侍太上於欏木堂香閣內說話宣喚棋待詔並小說人孫奇等十四人下棋兩局各賜銀絹供泛索訖官家恭請太上太后來就南內排當初二日早進膳訖遣太子到宮恭迎兩殿并只用轎兒禁衛簇擁入內官家親王殿門恭迎親扶太上降輦至損齋進茶訖至清燕殿看書畫翫器約午初刻後苑供進酥酒十色熬煮午正三刻就凌虛閣排當三盞後至萼綠華堂看梅上進銀三萬兩會子十萬貫太上云宮中無用錢處不須得再三奏請止受三分之一未初刻雪大下正是臘前太上甚喜謂官家云今年正欠此雪可謂及時却甚好但恐長安有凍者上奏云已令有司比去歲倍數支散太上方命提舉官于本宮支犒官會照朝廷之數命近侍進酒宮裏上壽近臣獻詞云紫皇高宴仙臺雙成戲擊瓊苞碎何人爲把銀河水將甲兵都洗玉乾坤八荒同色了無塵翳喜冰消太液煖融鳷鵲端門曉班初退聖主憂民深意轉鴻鈞滿天和氣太平有象三宮二聖萬年千歲雙玉杯深五雲樓迥不妨頻醉看來不似飛花片片是豐年瑞太上大喜賜鍍金酒器二百兩細色段疋復古殿香羔法酒太后命本宮歌板色歌此曲進酒太上盡醉至更深宣輪兒入便門上親扶升輦還宮

淳熙十三年春正月帝率羣臣詣德壽宮行禮

按宋史孝宗本紀淳熙十三年春正月庚辰朔率羣臣詣德壽宮行慶壽禮大赦文武臣僚並理三年磨勘免貧民丁身錢之半爲一百一十餘萬緡內外諸軍犒賜共一百六十萬緡　按禮志淳熙十三年春正月朔以太上皇帝聖壽八十帝率羣臣詣德壽宮行禮其儀注恩赦並如淳熙二年典故

按乾淳歲時記朝廷元日冬至行大朝會儀則百官冠冕朝服備法駕設黃麾仗三千三百五十人（視東京已減三之一）用太常雅樂宮架登歌太子上公親王宰執並赴紫宸殿立班進酒上千萬歲壽上公致辭樞密宣答及諸國使人及諸州入獻朝賀然後奏樂進酒賜宴此禮不能常行每歲禁中止是以三茅鐘鳴駕興上服幞頭玉帶靴袍先詣福寧殿龍墀及聖堂炷香（用臘沈腦子）次至天章閣祖宗神御殿行酌獻禮次詣東朝奏賀復回福寧殿受皇后太子皇子公主貴妃至郡夫人內官大內已下賀賀畢駕始過大慶殿御史臺閤門分引文武百僚追班稱賀大起居十六拜致辭上壽樞密宣答禮畢放仗是日後苑排辦御筵于清燕殿用插食盤架午後修內司排辦晚筵于慶瑞殿用煙火進市食賞燈並如元夕

金

金以元旦受皇太子及臣僚客使朝賀上壽賜宴

按金史禮志元日聖誕上壽儀皇帝陞御座鳴鞭報時畢殿前班小起居各復侍立位舍人引皇太子并臣僚使客合班入至丹墀舞蹈五拜平立閤使奏諸道表自皇太子以下皆再拜引皇太子升殿褥位搢笏捧盞盤進酒皇帝受置於案皇太子退復褥位轉盤與執事者出笏二閤使齊揖入欄子內拜跪致詞云元正啓祚品物咸新恭惟皇帝陛下與天同休若聖節則云萬春令節謹上壽卮伏願皇帝陛下萬歲萬歲萬萬歲祝畢拜興復褥位同殿下羣僚皆再拜宣徽使稱有制在位者皆再拜宣答曰履新上壽與卿等內外同慶聖節則曰得卿壽酒與卿等內外同慶詞畢舞蹈五拜齊立皇太子搢笏執盤臣僚分班教坊奏樂皇帝舉酒殿上下侍立臣僚皆再拜皇太

子受虛盞退立褥位轉盤盞與執事者出笏左下殿樂止合班在位臣僚皆再拜分引與宴官上殿次引宋國人從至丹墀再拜不出班奏聖躬萬福再拜唱有敕賜酒食又再拜各祇候平立引左廊立次引高麗夏人從如上儀畢分引左右廊立御果牀入進酒皇帝飲則坐宴侍立臣皆再拜進酒官接盞還位坐宴官再拜復坐行酒傳宣立飲訖再拜坐次從人再拜坐三盞致語揖臣使并從人立誦口號畢坐宴侍立官皆再拜坐次從人再拜坐食入七盞曲將終揖從人立再拜畢引出聞曲時揖臣使起再拜下殿果牀出至丹墀合班謝宴舞蹈五拜各祇候分引出

世宗大定二年定皇太子正旦生日受賀之儀

按金史世宗本紀不載　按禮志大定二年命有司議親王百官妃主命婦見皇太子禮有司按唐宋舊儀擬親王宗室賀皇太子依冊畢受賀禮然唐禮元正復有降階見伯叔答羣官再拜之文又無妃主命婦見太子之禮稽古今文應致恭之官相見或貴賤殊隔或長幼親戚任從私禮自今若在東宮候皇太子便服則當從私禮接見若三師以下遇皇太子誕日在御前則候皇太子先進酒畢百官望皇太子再拜班首跪進酒又再拜若賜酒即當殿跪飲畢又再拜以爲定制命頒行之十二月晦皇太子奏狀曰按禮文親王并一品宗室皆北面拜伏臣但答揖而已雖曰尊宗子而在長幼悖叙之間誠所未安當時遽蒙頒降未獲謙讓明日元正有司將舉此禮伏望聖慈許臣答拜庶敦親親友愛之義上從其請命尚書省頒下所司若皇太子生日則公服左上露臺欄子外先再拜二閤使齊揖入欄子內拜跪祝畢就拜興復位再拜又再拜樓臺進酒退跪候飲畢接盞復位轉臺與執事者再拜宣徽使以酒進皇帝親賜酒接盞稍退跪飲畢宣徽使接盞復位再拜復揖入欄子內跪搢笏受賜物畢出笏興復位再拜退更衣入殿稍東西向立皇妃等進勸生日酒皇太子跪皇妃等亦跪飲畢各再拜羣官致賀則其日質明皆公服集於門外少詹事奏請內嚴又奏外備典儀引升座文武宮臣入就庭下重行北向立典儀曰再拜在位官皆再拜班首稍前跪奏元正首祚生日則云慶誕令辰伏惟皇太子殿下福壽千秋賀畢復位典儀曰再拜宮臣皆再拜坐受分東西序立次引東宮三師于殿上三少于殿柱外北向東上立皇太子詣南向褥位典儀曰再拜師少皆再拜班首同前稱賀復位執事者酌酒一巵班首奉進樂作飲訖樂止回勸師少畢各復位典儀贊師少再拜皇太子答拜師少出皇太子就坐次引親王入欄子內一品宗室于欄子外餘宗室序班庭下拜致賀進酒如上儀皇太子答拜畢就坐復引隨朝三師三公宰執于殿上三品以上職事官于露階上四品以下于庭下北向每等重行以東爲上立皇太子詣褥位典儀曰再拜上下皆再拜畢班首少前致賀復位執事者酌酒一巵班首奉進樂作飲畢樂止如有進獻如常儀回勸三師三公餘殿上羣官則令執事者以盤行酒飲畢典儀曰再拜上下皆再拜乃答拜引羣官以次出少詹事跪奏禮畢自是歲賀爲定制

元

元以元日受群臣朝賀上壽賜宴四品以上于殿五品以下于門

按元史禮樂志元正受朝儀前期三日習儀于聖壽萬安寺前二日陳設于殿庭至期大昕侍儀使引導從護尉各服其服入至寢殿前捧牙牌跪報外辦內侍入奏出傳制曰可侍儀俯伏興皇帝出閤陞輦鳴鞭三侍儀使並通事舍人分左右引擎執護尉劈正斧中行導至大明殿外劈正斧直正門北向立導從倒卷序立惟扇置于錡侍儀使導駕時引進使同內侍官引宮人擎執導從入至皇后宮庭捧牙牌跪報外辦內侍入啓出傳旨曰可引進使俯伏興皇后出閤陞輦引進使引導從導至殿東門外引進使分退押直至堊塗之次引導從倒卷出俟兩宮升御榻鳴鞭三劈正斧退立於露階東司晨報時鷄唱畢尚引引殿前班皆公服分左右入日精月華門就起居位相向立通班舍人唱曰左右衞上將軍兼殿前都點檢臣某以下起居尚引唱曰鞠躬曰平身引至丹墀拜位知班報班齊宣贊唱曰拜通贊贊曰鞠躬曰拜曰興曰拜曰興曰都點檢稍前宣贊報曰聖躬萬福通贊贊曰復位曰拜曰興曰拜曰興曰平身曰搢笏曰鞠躬曰三舞蹈曰跪左膝三叩頭曰山呼曰山呼曰再山呼曰出笏曰就拜曰興曰拜曰興曰拜曰興曰平立宣贊唱曰各恭事兩班點檢宣徽將軍分左右陞殿宿直以下分立殿前尚廐分立仗南管旗分立大明門南楹俟后妃諸王駙馬以次賀獻禮畢典引引丞相以下皆公服入日精月華門就起居位通班唱曰文武百僚開府儀同三司錄軍國重事監修

國史右丞相臣某以下起居典引贊曰鞠躬曰平身引至丹墀拜位知班報班齊宣贊唱曰拜通贊贊曰鞠躬曰拜曰興曰拜曰興曰平身曰搢笏曰鞠躬曰三舞蹈曰跪左膝三叩頭曰山呼曰山呼曰再山呼曰出笏曰就拜曰興曰拜曰興曰拜曰興曰平身侍儀使詣丞相前請進酒雙引升殿前行樂工分左右引登歌者及舞童舞女以次升殿門外露階上登歌之曲各有名音中本月之律先期儀鳳司運譜翰林院撰詞肄之丞相至宇下褥位立侍儀使分左右北向立俟前行色曲將半舞旋列定通贊唱曰分班樂作侍儀使引丞相由南東門入宣徽使奉隨至御榻前丞相跪宣徽使立於東南曲終丞相祝贊曰溥天率土祈天地之洪福同上皇帝皇后億萬歲壽宣徽使答曰如所祝丞相俛伏興退詣進酒位尚醞官以觴授丞相丞相搢笏捧觴北面立宣徽使復位前行色降舞旋至露階上教坊奏樂舞至第四拍丞相進酒皇帝舉觴宣贊唱曰殿上下侍立臣僚皆再拜通贊贊曰鞠躬曰拜曰興曰拜曰興曰平身丞相三進酒畢以觴授尚醞官出笏侍儀使雙引自南東門出復位樂止通贊贊曰合班禮部官押進奏表章禮物二案至橫階下宣禮物舍人進讀禮物目至第二重階俟進讀表章官等翰林國史院屬官一人至宇下齊跪宣表目舍人先讀中外百司表目翰林院官讀中書省表畢皆俛伏興退降第一重階下立俟進讀禮物舍人陞階至宇下跪讀禮物目畢俛伏興退同降至橫階隨表章西行至右樓下侍儀仍領之禮物東行至左樓下太府受之宣贊唱曰拜通贊贊曰鞠躬曰拜曰興曰平身曰搢笏曰鞠躬曰三舞蹈曰跪左膝三叩頭曰山呼曰山呼曰再山呼曰出笏曰就拜曰興曰拜曰興曰拜曰興曰平立僧道耆老外國藩客以次而賀禮畢大會諸王宗親駙馬大臣宴饗殿上侍儀使引丞相等陞殿侍宴凡大宴馬不過一羊雖多必以獸人所獻之鮮及脯鱐折其數之半預宴之服衣服同制謂之質孫四品以上賜酒殿上典引引五品以下賜酒于日精月華二門之下宴畢鳴鞭三侍儀使導駕引進使導后還寢殿如來儀

明

太祖洪武二十六年定元正朝賀之禮

按明會典洪武二十六年定凡正旦前一日尚寶司陳御座於奉天殿及寶案于御座之東又設香案于丹陛之南教坊司設中和韶樂于殿內之東西北向其日清晨錦衣衛陳鹵簿儀仗于丹陛及丹墀之東西設朋扇於殿內東西列車輅步輦於丹墀東西相向鳴鞭四人左右北向教坊司陳大樂于丹陛之東西北向儀禮司設同文玉帛案于丹陛之東金吾衛設護衛官于殿內及丹陛之東西陳甲士于午門外奉天門外及丹墀東西錦衣衛設將軍于奉天門外丹陛丹墀及奉天門列旗幟于奉天門外東西典牧官陳仗馬犀象于文武樓南東西相向欽天監設司晨郎報時位于內道東近北立糾儀御史二人于丹墀北東西相向內贊二人于殿內外贊二人于丹墀北東西相向設傳制宣表等官位于殿內東西相向鼓初嚴文武官具朝服齊班于午門外鼓次嚴引禮引百官由左右掖門入詣丹墀東西北向立鼓三嚴執事官詣華蓋殿伺候內官跪奏皇帝具袞冕陞座鐘聲止儀禮司官跪奏各執事官行禮贊五拜禮畢贊供事執事官各就位儀禮司官跪奏請陞殿駕興中和韶樂奏聖安之曲尚寶官捧寶前行導駕官前導扇開簾捲尚寶官置寶于案樂止鳴鞭報時雞唱曉對贊唱排班班齊贊禮唱鞠躬大樂作贊四拜平身樂止典儀唱進表大樂作給事中二人詣同文案前導引序班舉案由東門入置殿中樂止內贊唱宣表目宣表目官跪宣訖俯伏興唱宣表展表官取表宣表官至簾前外贊唱衆官皆跪宣表訖內外皆唱俯伏興平身序班即舉表案于殿東外贊唱衆官皆跪代致詞官跪于丹陛中致詞云具官臣某等茲遇三陽開泰萬物咸新恭惟皇帝陛下膺乾納祜奉天永昌賀訖外贊唱衆官皆俯伏興樂作四拜興平身樂止傳制官詣御前跪奏傳制俯伏興由東門靠東出至丹陛之東西向立稱有制贊禮唱跪百官皆跪宣制云履端之慶與卿等同之贊禮唱俯伏興平身樂止贊搢笏鞠躬三舞蹈贊跪唱山呼百官拱手加額曰萬歲唱山呼曰萬歲唱再山呼曰萬萬歲凡呼萬歲樂工軍校齊聲應之贊出笏俯伏興大樂作贊四拜平身樂止儀禮司官跪奏禮畢中和樂作奏定安之曲駕興尚寶官捧寶導駕官前導至華蓋殿樂止引禮官引百官以次出　又按明會典凡正旦日典璽官設東宮座于文華殿中錦衣衛設儀仗于殿外東西教坊司陳大樂于文華殿內東西北向府軍衛列甲士旗幟于門外錦衣衛設將軍十二人于殿中門外及文華門外東西相向立儀禮司官設箋案

于殿東門外設文武官拜位于文華殿門外設傳令宣箋等官位于殿內東西執事官先行四拜禮訖各就位引禮引各官詣文華門外北向立儀禮司官啓請陞座導引官亦迎東宮具冕服出樂作陞座樂止贊禮唱班齊鞠躬樂作四拜興平身樂止唱進箋給事中前導箋案由殿東門入置殿中內贊唱宣箋目宣訖俯伏興平身唱宣箋外贊唱跪展箋官詣案前取箋宣箋官宣訖內外皆贊俯伏興平身即舁案于殿東外贊唱衆官皆跪代致詞官中道跪致詞云具官臣某等茲遇三陽開泰萬物咸新敬惟皇太子殿下茂膺景福賀畢唱衆官皆俛伏興平身傳令官跪啓傳令由東門左出至丹陛東西向立稱有令贊衆官皆跪宣令云履端之節同臻嘉慶贊俛伏興樂作四拜平身樂止儀禮司官跪啓禮畢

世宗嘉靖十六年更定元旦朝會之儀

按明會典嘉靖十六年更定元旦前一日尚寶司設寶案于奉天殿寶座之東鴻臚寺設表案二于殿之東中門外禮部主客司設番國貢方物案八于丹陛之中道左右欽天監設定時鼓于文樓之上敎坊司設中和韶樂于奉天殿內東西設大樂于奉天門內東西俱北向至期錦衣衛陳鹵簿儀仗于丹陛及丹墀東西設朋扇于殿內東西陳車輅步輦于奉天門丹墀中道北向金吾等衛列甲士軍仗于午門外奉天門外丹墀東西旗手衛設金鼓于午門外列旗幟于奉天門外御馬監設仗馬錦衣衛設馴象于文武樓南東西相向欽天監設報時位于丹陛之東鼓初嚴百官具朝服齊班于午門外鼓次嚴引班官引百官并進表人員及四夷人等次第由左右掖門入詣丹墀序立欽天監鷄唱官司晨一員于文樓下西向錦衣衛將軍六員于殿內之南北向將軍四員于丹陛四隅東西相向鳴鞭四人于丹墀中道左右北向金吾等衛護衛官二十四員于丹陛之南六員于丹墀之北俱東西相向陳設方物鴻臚寺司賓署丞一員徹方物案鴻臚寺序班十六員于丹陛中道左右外贊鴻臚寺鳴贊等官十二員于丹陛及丹墀東西糾儀御史十二員于丹墀之東西殿前侍班錦衣衛千戸六員光祿寺署官四員序班二員傳呼鳴鞭錦衣衛百戸四員俱于殿中門外東西相向導表六科都給事中二員序班二員于表案左右掌領侍衛官三員于殿內東西相向錦衣衛正直指揮一員于簾右東向百戸二員于簾下左右相向各豫立以俟鼓三嚴執事禮部堂上官并內贊鳴贊一員陳設表案并舁案序班五員典儀鴻臚寺司儀署丞一員捧表禮部儀制司官四員展表六部都察院通政司大理寺堂上官二員宣表致詞并傳制等項鴻臚寺堂上官五員捧寶尚寶司官二員導駕六科給事中十員殿內侍班翰林院官四員中書官四員糾儀御史四員序班二員及各遣祭官俱詣華蓋殿外候上具袞冕陞座鐘聲止入序立遣祭官以次復命訖各趨入丹墀班禮部堂上官跪奏方物并請上位看馬候得旨復位鴻臚寺卿跪奏執事官行禮贊五拜叩頭畢贊各供事鴻臚寺卿跪請陞殿駕興導駕官前導尚寶官捧寶前行中和樂作奏聖安之曲上御奉天殿陞座導駕官立于殿內柱下東西相向侍班翰林院官立于東導駕官之後中書官立于西導駕官之後糾儀御史序班分立于侍班官之下尚寶官置寶于案分立于導駕官之上樂止鳴鞭報時鷄唱訖外贊唱排班班齊鞠躬大樂作四拜興平身樂止內贊贊進表大樂作導表官導表案至殿東中門止序班舁案入置殿中退立于東西柱下樂止贊宣表目禮部堂上官并宣表目官詣殿中跪宣畢各叩頭退贊宣表展表官取表同宣表官詣殿中跪外贊贊跪衆官皆跪宣畢展表官分東西先退內外皆贊俯伏大樂作興平身樂止宣表官退序班舁案置殿東外贊贊跪衆官皆跪代致詞官跪于丹陛中道致詞云公侯駙馬伯文武百官某官臣某等賀訖外贊贊俯伏衆官皆俯伏大樂作四拜興平身樂止傳制官詣御前跪奏傳制俯伏興由東門靠東出至丹陛之東西向立稱有制外贊贊跪衆官皆跪宣制宣訖外贊贊俯伏大樂作興平身樂止贊搢笏鞠躬三舞蹈贊跪唱山呼百官拱手加額曰萬歲唱山呼曰萬歲唱再山呼曰萬萬歲贊出笏俯伏大樂作四拜興平身樂止鴻臚卿詣御前跪奏禮畢鳴鞭中和樂作奏定安之曲駕興尚寶官捧寶導駕官前導至華蓋殿樂止引班官引百官人等以次出序班徹方物案所司設黃幄于丹陛上陳王府及勳臣總兵官外夷所進馬匹于丹墀內禮部并鴻臚寺官立于丹墀東候上易便服御黃幄甲士行禮畢禮部官詣御道中跪奏御馬過奏畢復位候馬過詣御道中跪奏馬過畢駕還宮

欽定古今圖書集成曆象彙編歲功典

第二十二卷目錄

元旦部彙考二

歲功典第二十二卷

元旦部彙考二

尚書大傳

三朝

正月一日爲歲之朝月之朝日之朝故曰三朝亦曰三始始猶朝也亦曰三朔夏以平明爲朔殷以雞鳴爲朔周以半夜爲朔

史記

天官書正旦占

凡候歲美惡謹候歲始歲始或冬至日產氣始萌臘明日人衆卒歲一會飲食發陽氣故曰初歲正月旦王者歲首立春日四時之卒始也四始者候之日而漢魏鮮集臘明正月旦決八風風從南方來大旱西南小旱西方有兵西北戎菽爲小雨趣兵北方爲中歲東北爲上歲東方大水東南民有疾疫歲惡故八風各與其衝對課多者爲勝多勝少久勝亟疾勝徐旦至食爲麥食至日昳爲稷昳至餔爲黍餔至下餔爲菽下餔至日入爲麻欲終日有雨有雲有風有日日當其時者深而多實無雲有風日當其時淺而多實有雲風無日當其時深而少實有日無雲不風當其時者稼有敗如食頃小敗熟五斗米頃大敗則風復起有雲其稼復起各以其時用雲色占種其所宜其雨雪若寒歲惡是日光明聽都邑人民之聲聲宮則歲善吉商則有兵徵旱羽水角歲惡

注 四時卒始索隱曰謂立春日是去年四時之終卒今年之始也四始候之日正義曰謂正月旦歲之始時之始日之始月之始故云四始言以四時之日候歲吉凶也魏鮮孟康曰人姓名作占候者戎菽爲孟康曰戎菽胡豆爲成也

淮南子

天文訓

以日冬至數來歲正月朔日五十日者民食足不滿五十日日減一斗有餘日日益一升

齊民要術

正旦雲氣

正月朔旦四面有黃氣其歲大豐此黃帝用事土氣

黃均四方並熟有青氣雜黃有螟蟲赤氣大旱黑氣大水正朔占歲星上有青氣宜桑赤氣宜豆黃氣宜稻

四民月令

椒觴

正月之旦潔祀祖禰進酒降神畢子孫各上椒酒於家長稱觴舉壽欣欣如也

遼史

禮志

歲時雜儀正旦國俗以糯飯和白羊髓爲餅丸之若拳每帳賜四十九枚戊夜各于帳內窻中擲丸于外數偶動樂飲宴數奇令巫十有二人鳴鈴執箭繞帳歌呼帳內爆鹽爐中燒地拍鼠謂之驚鬼居七日乃出國語謂正旦爲迺捏咿唲迺正也捏咿唲旦也

輟耕錄

推正月朔歌

九年二月半便是正月一只九年中取大小無差失

注 前九年二月十五日辰即今年正月初一日辰該九十七箇半月三千八百六十日六甲轉四十八周

農政全書

嫁樹

元日五更雞鳴時點火把熓桑棗果木等樹則無蟲以刀斧斑駁敲打樹身則結實此謂之嫁樹是日用尖刀刮破桃樹皮

遵生八牋

元日事宜

靈寶曰元日五更以紅棗祭五瘟畢合家食之吉

山海經曰畫桃符以厭鬼

荆楚歲時記曰元日服桃仁湯爲五行之精可以伏百邪

月令圖經曰元日日未出時朱書赤靈符懸戶上

靈心祕要曰元日取鵲巢燒灰著于厠以避兵撒門裏以避盜

玉燭寶典曰元日作膏粥以祀門戶

正月元旦迎祀竈神釘桃符上書一聻字掛鍾馗以辟一年之祟家長率長幼拜天地萬神詣本境土地五穀之神以祈一年之福或誦經呪完畢方禮拜新年寅時飲屠蘇酒馬齒莧以祛一年不正之氣

屠蘇酒方

大黃一錢　桔梗　川椒各一錢五分

桂心一錢八分　烏頭六分炮　白朮一錢八分

茱萸一錢二分　防風一兩

以絳囊盛之縣井中至元日寅時取起以酒煎四五沸飲二三杯自幼小飲起

五行書曰元日用麻子七粒赤豆七粒撒井中辟瘟疫又云吞赤小豆七粒服椒酒一杯吉

歲時雜記曰元日燒蒼朮服蒼朮湯吉

家塾事親曰元日取小便洗腋氣大效

珠囊隱訣曰元日煎五香湯沐浴令人至老鬚黑注曰乃青木香也因其一株五根一莖五花一枝五葉一莖五節故云又以五香煎之

又一方云五香湯法用蘭香荆芥頭零陵香白檀木香等分㕮咀煮湯沐浴辟除不祥可降神靈并治頭風如無蘭香以甘松代之此又一說也

元日四更時取葫蘆藤煎湯浴小兒終身不出痘瘡其藤須在八九月收藏又云在除夕葫蘆煎湯浴之亦可

元日天倉開日宜學道坐圜

元日事忌

梅師方曰元日勿食梨以避離字之義勿食鯽魚頭中有蟲

本草

元日事宜

元旦以大麻子三七粒投井水禳瘟疫

凡口氣臭惡者正旦含井華水吐棄厠下數度即瘥也肘後方

正旦取古塚甎呪懸大門上一年無疫疾

正月朔旦以赤小豆二七枚麻子七枚投井中辟瘟疫甚效

元旦面東以虀水吞赤小豆三七枚一年無諸疾

事物原始

元旦

許愼說文云元者始也春秋謂一爲元董子曰人君體元居正故曰元年元日

元日畫雞

東方朔占書以正月一日爲雞二犬三猪四羊五牛六馬七人八穀是日晴明主是物勝意王嘉拾遺記曰堯在位七十年祇支國獻重明鳥狀如雞或一歲數來或數歲一來國人莫不洒掃門戶以望其來或刻金寶爲其狀置戶牖間則鬼類自服今人于元旦

刻畫雞形于戶上蓋其遺像也今人于正旦畫雞于門貼人于帳正謂此也

酌中志略

宮中正旦

正月初一日正旦節自年前臘月二十四日祭竈之後宮眷內臣俱穿葫蘆景補子及蟒衣

直隸志書各省風俗同者不載

宛平縣

正月元旦五鼓時百官入朝行慶賀禮民間亦盛服焚香禮天地祀祖考拜尊長及婣友投刺互荅曰拜年比戶放爆竹徹晝夜竿標燈樓揭以松柏枝夜燃之曰點天燈市井男女以紙穿烏紙畫綵爲鬧蛾兒簪之

良鄉縣

正月元旦祀神祀先換新衣謁官師拜尊長親識往來交拜候陰晴觀日色以占年歲豐歉預治餚蔬三日內不煑生不煎炒迎喜神貴神

東安縣

正月歲首祀神祀先親詣墓所畢賀新年敬尊長吏相賀歲歡飲隆師迎女追節媚婦貼宜春字

昌平州

孟春月元旦昧爽設香燭牲醴祀神祇祖先家人稱壽日罷市戚里相賀三日後週吉開市

房山縣

正月元旦預期爭誇錯叢酒果可以供數日之川客至即畨極其款洽

平谷縣

元旦五更初起竈前先具香燭謂之接竈

永平府

元日官府望闕遙賀禮畢盛服詣公署往來交慶士民家昧爽設庭燎爇香燭奠祀眞宰祖禰仍設於堂供獻家人卑幼拜家長舉觴稱壽貴家爇丹藥戶內謂之辟瘟喧鼓吹于庭院謂之鬧廳熾栗炭于堂中以迎旺氣旦日出占色紅晴及西南風收蔭秋霞紅主絲貴霜重冇雪主夏秋大旱雲霧兵動人災取除夕所貯百種而量較之出息者豐穫辟視稽豆而次數之以粒十月潤者其月雨乾者其月旱人飲水主五穀丹黃忌之戶前置水則主消災所插芝麻稭主門戶淸吉諸福咸臻所夙具餚饌可供三日用戚里閉門罷市盛服交賀甥壻來謁留飲

安肅縣

元旦卜杓以占一歲之豐凶觀東方氣色以驗一歲之休咎

新城縣

元旦以日出紅色占收高糧霜多占收棉花

深澤縣

元旦門前多立高竿懸輕羽于上謂之占風

肅寧縣

元旦子時設盛饌同享各食扁食名角子取更歲交子之義昧爽詣各廟謁神風從東來夏糴賤風從南來夏糴賤主旱風從西來春夏米貴豆熟風從北來水災風從西南來收蕎秫

吳橋縣

元旦拜節貴賤通行今本縣拜節惟壻爲甚有信宿而歸者有數日而歸者有至元宵前後而歸者諺云有心拜節寒食不遲兒童有打核桃者有擊壞者有雕扮帶鬼臉者戲亦多端賭賽之風熾不能禁也歌日輪贏帶歲幾文錢

天津衛

元旦親戚鄉里交拜履新互相設席名曰喫年茶

冀州

正旦五更具牲醴香燭迎祭神祇祭祖先兒童放紙炮謂之響歲親朋留飲曰賀春

內丘縣

元旦門設神荼鬱壘象剪綵羅曰迎新歲

末年縣

元日婦女埋柰蘺于廁十六日取出糊紙爲面著女衣問休咎以叩頭爲驗曰戚姑娘或曰卽戚姬也

曲周縣

元旦賀歲室中禁掃除五日罷市士民初見相揖各道吉祥小兒女綵服競擊鼓嬉戲

邯鄲縣

元旦拜其祖先父母訖卽拜閭族親友凡相識俱到門致聲五服之內面見拜禮皆在本日遠者不拘至初三日往奠先塋亦拜賀之意也

山東志書

寧陽縣

元旦共食餛飩號曰填倉

黃縣

元旦五夜早起明燎俗名焰庭草室中火燒辟瘟丹

山西志書

孟縣

元旦夜半焚草以驗四方豐歉跌蠶椽二聲以示震動絲蠶之意

萬泉縣

正旦前夕士民皆祭其先先期懸黃紙錢于闕旁夜半祭畢焚紙酹酒闕旁者亦焚之酹湯酒或卽古祭祊之意也比鷄唱各懸黃紙于長竿以祀天曰接天神又爇竿木炭懸之曰去瘟疫

壺關縣

正旦閭巷雖有親厚者例不拜

河南志書

陳留縣

正月元旦天井中橫木壓以青石名爲壓千觔

延津縣

元日邑中士民必令尹先于臘月製桃符及刷門神無限比閭皆請官賜以爲一年吉兆有不獲者大爲失色謂一年無以厭不祥

陳州

元旦設庭燎燒楡柳木根謂之熰歲

滎陽縣

元日昧爽設祭品作蘆軒插竹于庭拜天禮神燔柏柴儺以逐疫

孟津縣

元日炊麪象繭以祈蠶功

郟縣

元旦五鼓時門前各插路燈一枝如元宵

陝西志書

富平縣

每族遡宗祖數世者共爲畫像名曰神軸元日子孫會拜禮訖醵金會側歡飲之曰節坐二日各親黨以麪食豚肉相贈曰拜節

江南志書

江寧縣

元旦秣陵貴家房門貼畫雄鷄

句容縣

春正月歲首長少夙興祀神祇禮先人遺像以拜宗族鄰里傳果酒是午卽拜墓插松枝於各門戶取長久青翠意牧人試其犢

吳縣

元日通元寺多士庶禮拜觀音大士

長洲縣

元旦占候風雲風自東南來歲大稔東風次之東北又次之西則歉西北有紅雲氣則稔白則歉諺云歲朝烏漉秃高低田稻一齊熟

崑山縣

歲朝農家取瓦瓶汲淨水秤之以日當月一日一易水秤至十二日以評一歲若此日水重則是月有水極有效驗

嘉定縣

正月元旦以炒盧豆與人謂之有投湊爇栗炭于堂中謂之旺相插冬青柏枝芝麻萁于簷頭謂之節節高

松江府

元旦侵晨占風雲雲青爲蟲白爲兵赤爲旱黑爲水黃爲豐年東北風大熟又視天氣明晴有雲而晴主豐年連三日天陰人民安蠶麥十倍連五日雨亦主大熟

武進縣

元旦拜祠堂黎明率子弟輩拜于祠先大宗次小宗焚香上茶設粉餌無祭　拜神影子先像奉供堂中事如生禮設祭奠酒凡葷蔬粉米之屬罔不具每日三飯凡三日復卷藏之　看新曆新年愼出行無遠近必諏吉日故首視之　燒城隍廟香八廟香俗好祀城隍神元旦尤甚早暮人爭趨如堵牆香烟蔽翳如霧次及八廟神八廟者元帝后稷吳季子漢壽亭侯張睢陽陳司徒晏公及五顯之神也五顯五行眞氣無姓名宋大觀中賜廟額曰靈順　喫長壽麪長壽麪無少長皆食食必自祝　拜年拜年投帖道路紛紛親串遇于塗者揖會于家者拜至人穀日方止　放開門爆仗宋東京錄駕前呈百戲每一齣畢作霹靂一聲謂之爆仗凡御前供奉皆曰仗故爆亦曰仗也武邑元旦啓戶放爆仗三聲尚金錢爲兆葢置五色紙錢于爆中發之謂滿地踏金錢滿城遞響如崩瓦裂石　迎喜神早起向喜神方立片晌出行首必迎之鶴神則謹避陰陽家除夕預榜于塗　不掃地元旦戒不掃地卽掃必向內勿除垢穢于外嘗見唐書載此事云恐掃去如願如願吉鬼　吃糖圓湊粉洒水轉旋之簸匾之中丸如彈子而差小和糖煑之舉家咸食取團圓也　點家堂香燭家堂置大門內若懸之空中祀無定神大約多不在祀典者　著新衣裳無論貴賤俱易新衣冠兒童袞袞適以驕人

爲笑樂其不能易者浣濯之　買泥人人鬼臉子摶土作人物形工且肖惟梁溪虞山人多造之鬼臉子卽昔人云面具也二者兒童爭購笑舞　敲鑼鼓兒童自元日至元宵手不停鑼鼓擊一鼓而羣鑼周遭之謂鬧元宵其聲以有節者爲上然不必有師受　關店門元旦至初五店家俱閉戶如罷市然或垂簾箔以判內外衣香鬢影咄咄逼人　載松柏枝剪松柏小枝如花朶漬以青綠繞以紅絲微下垂之如落索婦人戴髻上取益壽　請年酒元日至元宵親朋酬酢無虛日街頭醉舞如狂者比比　跳獅子一人作獅子狀昂首掉尾跳舞門庭一人作獅蠻鳴鉦唱歌祝嘏詞刺刺不休　不穿針線女子相戒竟日不穿針線于義莫知何指　把筆晨起檢紅箋書歲朝把筆如意大吉等字粘之座右能詩者作詩以紀歲華

無錫縣

歲元日市皆閉戶盛服賀年他邑祝壽者例以其人之生日錫故事獨計一歲之中合若干家則列其日而于歲初畢賀云

靖江縣

元旦親戚黨里肅衣冠交拜履新並爲脯聚

金壇縣

元旦天臘節夙興男婦各盛服拜天神祖先畢親戚賀歲飲屠蘇酒

高郵州

正旦男女夙興繞屋爐皆爆仗震蕩黎明始啓戶男女序拜其尊長命酒且致祝語

泰州

元旦寅夜卽起詣各廟拜送香紙道路絡繹不絕姻族椒酒相邀

如皋縣

元旦五鼓起拜天地焚天官賜福牌拜家堂祖先畢徧謁親鄰賀新禧晚聚男女老幼共坐飲椒柏酒是日不討火不汲水不掃地元旦後遞相邀飲曰孔六帖所謂傳生酒也

通州

元旦早起燔桃柴設香案禮天地家神

懷寧縣

元旦交拜于親屬僚友謂之慶節彼此要飲謂之年飯小兒至人家遺以蒸餅飴果不令空返又是日不以生米爲炊蒸年前熟飯食之不傾水于地不洒掃不與人錢物不形怒色于卑幼下人又淸晨聽鳥聲辨養雞鶩謂鵲噪則雞孳鴉鳴則鶩蕃也

巢縣

春元旦罷市燕飲剪色紙爲花謂之綵勝懸於戶外獻歲三日祭司門之神焚綵勝然後開市

太和縣

元旦男女聚食謂之塡倉

廣德州

元日視歲吉所向拈香神廟曰踏喜

浙江志書

杭州府

元旦以米團餉衆謂之歡喜團影堂日夕兼供茶飯至燈後始罷籤柏枝于柿餅大橘承之謂之百事大吉

烏程縣

元旦晚鄉村以長竿束草于上燒之鑼鼓相喧名慶田蠶有許天燈者懸之于竿久者至三月三日止

長興縣

元旦家設楮馬香燭及糕果于中堂名曰接天

天台縣

元日夙興焚香拜天地五祀祖先然長壽燈啜五味粥以祈五福

永康縣

元旦尊卑長幼以序而拜曰團拜拜畢出大門避三殺及退方向吉而行百餘步乃返曰轉脚

江山縣

正月元日賀歲三日乃已遇晴齋攜榼登山覽勝

桐廬縣

桐俗旦日或置香案或用桌預設花燭茶果等物舉家長幼男女皆夙興盛服擇吉時開門化紙叩拜天地以祈一歲之祥名曰燒淸錢

溫州府

歲朝初旦戶不分貧富皆潔衣服爇香燭于庭祀先畢序拜尊長然後出謁親族鄰里或留飲自一日至五日謂之節假交相展慶市不貿易

龍泉縣

正月初一日天色晴明穀熟人無病寇賊息陰雨人災水澇花果不實大雪穀麥熟牛馬犬羊災菜少人安露重男子瘟小兒災寇妖賊興其日值立春大忌甲子雨赤地千里

江西志書

鉛山縣

歲首三日不掃除以爲聚財

永豐縣

元旦出寢門發爆竹三謂之接歲挂楮錢于門左右

德化縣

元日昧旦擇方隅取吉鄉鄰投刺交謁稺子往相賀以果蔬鄉村戚有新喪則持楮錢往謂之燒新香

瑞州府

元旦初出門曰出方

萬載縣

元旦賀歲通三日禁不食腥廚備必先歲時料理

湖廣志書

崇陽縣

元旦鄉人聽先鳴鵲聲占養雞鴨

德安府

元旦比戶以爆竹聲角勝村中人必致糕相餉俗曰年糕

江陵縣

元日食膠牙餳

監利縣

元旦服桃湯懸葦索

巴陵縣

元旦獻歲鄰里飲相慶十二日能謂雲開節

新田縣

元旦天氣晴歲主豐是早東北風上歲北風中歲西北風戎菽成西風主兵西南風小旱南風大旱東風主水東南風主疾疫歲惡其晨聽鳥鳴雞先鳴宜鴨鵲先鳴宜雞

福建志書

福州府

元日祈年五鼓後戶無貴賤貧富皆嚴潔屋宇設上中下三位陳列酒食茶湯焚金銀楮錢冀承靈貺以保遐齡蓋用道家之說謹歲始　飲屠蘇除日以藥劑入絳囊置井中元旦出之漬酒東向而飲自幼至長以爲序可辟瘟疫蓋用華陀與魏武帝方也是日率食素絡與辛亥程待制邁以寇盜未平牓諭郡民先一日禁屠

建寧府

正旦賀節有持扇者

海澄縣

正月元旦無貴賤婣友投箋互拜曰拜年童稺御鮮衣帶結金錢箇箇曰帶歲錢詣所親必出辛盤互歡治曰春頭彩士子無遠近入文廟謁先師視泮水晶光朝山爽色爲一年文昌嘉會

建寧縣

新春家設春酒會族戚時市井子弟搬弄遊春戲或朱裳鬼面以爲儺

四川志書

長壽縣

元旦燃蠟燭九枝于門外謂之九品燭敬天地也

涪州

元日親朋拜賀主人款賓先設果酒繼用雞豚雜品會于盤內每賓一器著酒于中而食之謂之酴酥後置酒食迭相邀飲曰春酒

廣東志書

新安縣

正月元日晴有雨諺云乾冬濕年禾穀滿田

普寧縣

元旦敬禮祖先具檳榔蔞葉斷甘蔗尺許供奉牌位前如此三日相拜亦各備檳榔蔞葉以供茶具

石城縣

元旦風微早晚稻上半日無風早熟下半日無風晚熟

臨高縣

元旦婦女爭先汲水以爲周年精爽之兆

雲南志書

嶍峨縣

元旦以松毛鋪地待客喜慶亦然

順寧府

元旦郡人多持齋高年革誦二氏遺典詠讚之聲沸騰

元旦部藝文一

朝會賦　　　　晉傅元

仰二皇之文象詠帝德乎上系考夏后之遺訓綜殷周之典制采秦漢之舊儀肇元正之嘉會於是先期戒事衆官允勅萬國咸享各以其職翼翼京邑巍巍紫極前三朝之夜中庭燎晃以舒光華燈若乎火樹熾百枝之煌煌俯而察之如亢燭龍而照元方仰而觀焉若披丹霞而鑒九陽閶闔闢天門開坐太極之正殿嚴嵯峨以崔嵬嘉廣庭之敞麗美升雲之玉階

相者從容俟矣而入濟濟洋洋肅肅習習就位重列而席而立臚人齊列賓禮九重蕃后德讓海外來同束帛戔戔羔鴈邕邕獻贄奉璋人肅其容是時天子盛服晨興坐武帳憑玉几正南面而聽朝憑權衡乎祇矢羣司百辟進胙納觴皇恩下降休氣上翔禮畢饗讌進止有章六樂遞奏磬管鏗鏘淵淵鼓鐘嘒嘒笙簧搏拊琴瑟以詠先皇雅歌內協頌聲外揚

正旦賦　王沈

伊川正之元吉兮應三統之中靈順天地以交泰協太族之元精荷介祉於上帝兮祚聖皇以永貞華幄映於飛雲兮朱幕張於前庭曜五旗於東序兮表雄虹而爲旌備六代之象舞兮釐簫韶於九成睎元夜以司晨兮望庭燎之高爓壯甲士之星羅兮偉干戚之飄揚臚人肅其齊列九賓穆以成行齊八荒於蕃服兮咸稽首以來王

元日獻椒花頌　劉臻妻陳氏

旋穹周迴三朔肇建青陽散輝澄景載煥美哉靈花爰采爰獻聖容映之永壽於萬

元日觀上公獻壽賦以題爲韻　唐王起

歲移木德春變銅渾觀上公之獻壽表南面之居尊贊以致誠俾天長而地久陳乎盛禮亦星列而雷奔所以上增景物所以下答湛恩豈徒閱夫濟濟而炫彼元元時也百辟無譁九賓有秩玉帛林會簪裾櫛比聲明叶于載陽天文宜于初吉於是紫殿晝皇輿出仰之如天就之如日獻大君之壽善頌善禱覲元老之儀匪徐匪疾皤皤元老首出朝端仰紫宸而展敬回黃閣而卽安振冠劍之翼翼曳環珮之珊珊既進退而有度亦容止而可觀將奉一人之慶而爲萬國之歡遠映珠旒旁臨霜仗赫赫在下明明在上奉觴而進持盈有俯僂之容祝壽而旋慶賜被鴻恩之暢應千年而莫厚宅百揆而誰讓祥光郁靄佳氣葱蘢時刻刻以趨蹌每兢兢而鞠躬拱北辰之尊不異乎台居列宿獻南山之壽更聞其嶽視三公既而天顏迴眷堯酒畢獻乾坤永固上下無怨禮循牆而已退福如茨而咸勸則山呼萬歲徒稱漢日之祥天錫九齡詎比周年之願諒羲軒之道洽實伊容之德建宜乎景祿克受曆歌不朽如岡如陵可大可久亦何待華封之祝然后增堯之壽

元日觀上公獻壽賦同前韻　闕名

惟皇御曆播一德之景光統三正之令日端大裘於正位酌中靈於休吉元老伏稱于丹墀大夫建祚於聖術致君壽日比華封而祝堯獻酒福廷與鈞天而合律于時銅龍啓曙文物斯崇六英鏗鏗而迭奏萬國鏘鏘而會同上方端玉珽儼宸衷布發生之明命暢大化于元功欲以宣景福于遐邇同介祉于君公壽獻南山率土願歌于周雅位登北極惟仁亦播乎薰風既而舞蹈于丹禁之前再拜奉陶唐之酒趨雲陛以陳詞向爐煙而稽首升降濟濟將宣納祜之忱俯仰愔愔大啓如天之壽進退有則威儀可觀頌百靈于更始贊萬祀於履端傳喜氣而六平以正布春令而五教在寬知我后道化無疆德風吹萬皇猷大啓青陽始建千秋御曆既同傳氏之詞五采綴觴有異邯鄲之獻慶流華夏德配乾坤傳呼而珍符畢集應時而嘉瑞實繁所以麟鳳來祥于聖澤日月揭光于化元上有觀國之光賡歌大呪當元正之令節仰禮容於仙仗佩聲的皪大矣三公之儀瑞氣絪縕邈乎九天之上

送黃提舉樁歲節酒啓　宋文天祥

條風開獻節當玉吏端春酒躋公堂壺永萬祉皇華六轡和氣九州輒調杜若之清持向屠蘇之末軫巾星轉險瞻棣鶚之輝綿上雲歸爲喚休烏之夢薄將增愿賜頓知榮

回諸郡賀年啓　前人

條風開獻節雄律鳴春戟衛森清香凝堂麗曉茨梁介祉草木生輝恭惟某官氣度陽明精神雷動玉珂舊影光搖白獸之尊皂蓋清塵彩照蒼龍之角小聽歌襦之暖卽來名紵之溫某坐閱一期險瞻五馬回車雲近方懷卬坂之思化犢日長尚味海瀕之譜

回諸郡倅賀正啓　前人

攝提貞孟陬青規絢綵風流半刺史朱紱生輝陽德斯升元氣之會恭惟某官聲名雷動氣度春溫縱軾清塵邑照蒼龍之角玉珂舊影光搖白獸之尊小分千里之辰旌卽下十行之卯詔某坐鶩歲始險贊州端波暖江湖未趣東西之駕風和山水相望南北之樓

回諸縣宰賀正啓　前人

攝提貞孟陬八荒開壽連城得茂宰萬象皆春花柳無私茨梁有慶某官聲名雷動韻度大和文豔錦機光照龍杓之彩風生玉軫音諧鳳律之陽舒舒蒲穀之香進進蓬萊之武某坐鶩甲換稍喜寅同爲秋浦官執禦春風之鳥送長沙客相望明月之舟

欽定古今圖書集成曆象彙編歲功典

第二十三卷目錄

元旦部選句

歲功典第二十三卷

元旦部藝文二詩詞

元會　魏陳思王

漢正會禮正旦公侯以下升殿稱萬歲作樂燕饗

初歲元祚吉日惟良乃爲嘉會宴此高堂衣裳鮮潔黼黻元黃珍膳雜遝充溢圓方俯視文軒仰瞻華梁願保玆善千載爲常歡笑盡娛樂哉未央皇室榮貴壽考無疆

答程曉　晉傅元

奕奕兩儀昭昭太陽四氣代升三朝受祥濟濟羣后峩峩聖皇元服肇御配天垂光伊周作弼王室惟康顒顒兆民蠢蠢戎蠻率土充庭萬國奉蕃皇澤雲行神化風宣六合咸熙遐邇同歡赫赫明明天人合和下罔遺滯焦朽斯華矧我良朋如玉之嘉穆穆雝雝興頌作歌

又

羲和運玉衡招搖賦朔旬嘉慶形三朝美德揚初春聖主加元服萬國望威神伊周敷元化並世霑天人

洪崖歌山岫許由嗟水濱

失題　前人

元正始朝享萬國執珪璋枝燈若火樹庭燎繼天光

正旦大會行禮歌四首　前人

天鑒有晉世祚聖皇時齊七政朝此萬方

鐘鼓斯震九賓備禮正會在朝穆穆濟濟

煌煌三辰實麗於天君后是象威儀孔虔

率禮無愆莫非邁德儀刑聖皇萬邦惟則

上壽酒歌　前人

於赫明明聖德龍興三朝獻酒萬壽是膺敷佑四方

如日之升自天降祚元吉有徵

正旦大會行禮歌　荀勖

於皇元首羣生資始履端大享敬御繁祉肆覲羣后

爰及卿士欽順則元允也天子

王公上壽酒歌　前人

踐元辰延顯融獻羽觴祈令終我皇壽而隆我皇茂

而萬本支奮百世休祚鍾聖躬

王公上壽酒　張華

稱元慶奉聖觴后皇延遐祚安樂撫萬方

食舉東西廂樂詩六首　前人

明明在上丕顯厥緒翼翼三壽蕃后惟休羣生漸德

六合承流三正元辰朝慶鱗萃華夏奉職貢八荒觀

殊類徽冕充廣庭鳴玉盈朝位

濟濟朝位言觀其光儀序既以時禮文煥以彰思皇

享多祜嘉樂永無央

九賓在庭臚讚既通升瑞奠贄乃侯乃公穆穆天尊

隆禮動容履端承元吉介福御萬邦

泰始開元龍升在位四隩同風燮寧殊類五韙來備

嘉生以遂凝庶績孫大康中繁祉裔無疆本支百世

繼緒不忘繼緒不忘休有烈光永言配命惟晉之祥

朝元日賓王庭承宸極當盛明衍和樂揚祇誠仰嘉

惠懷德馨游淳風沐淑清協億兆同歡榮建皇極統

天位運陰陽御六氣殷羣生成性類王道浹治功成

人倫序俗化清虔明祀祇三靈崇禮樂式儀刑

慶元吉宴三朝播金石詠泠簫奏九夏舞雲韶邁德

音流英聲八紘一六合寧六合寧承聖明王澤洽道

登隆綏函夏總華戎齊德教混殊風混殊風康萬國

崇夷簡尚敦德弘王度遠遐則

正旦大會行禮歌　成公綏

穆穆天子光臨萬國多士盈朝莫非俊德流化罔極

王猷允塞嘉會置酒嘉賓充庭羽旄曜宸極鐘鼓振

泰清百辟朝三朝彧彧明儀刑濟濟鏘鏘玉振金聲

正朝　曹毗

靈春散初澤棼煴青陽舒佳祀忽已故今載奄復初

輭節暢宇宙和風被八區

正朝　劉和妻王氏

稔冉冥機運迅矣四節經太簇應元律青陽兆初正

元正　傅充妻辛氏

元正啓令節嘉慶肇自茲咸奏萬年觴小大同悅熙

同平南弟元日思歸　陳後主

至德掩羲黃成功邁禹湯儀刑先四海來庭盛萬方

鳴玉觀升降擊石乃鏗鏘三春氣色早九疑烟霧長

浮雲斷更續輕花落復香北宮聽遠岫南服阻遙江

爾言想伊洛我思屬瀟湘

奉和元日　北齊蕭愨

帝宮通夕燎天門拂曙開瑞雲生寶鼎榮光上露臺

華山不凋葉宜城萬壽杯遙見飛鳧下懸知葉縣來

正旦蒙趙王賚酒　北周庾信

正旦辟惡酒新年長命杯柏葉隨銘至椒花逐頌來

流星向椀落浮蟻對春開成都已暵火蜀使何時迴

奉和從叔光祿愔元日早朝　隋李孝貞

銅渾變春節玉律動年灰曖曖城霞旦隱隱禁門開

衆靈輳仙府百神朝帝臺葉令雙鳧至梁王駟馬來

戈鋋映林闕歌管沸塵埃保章望瑞氣尚書滅火災

冠冕多秀士簪裾饒上才誰憐張仲蔚日暮返蒿萊

元旦　唐太宗

高軒曖春色邃閣媚朝光彤廷飛綵斾翠幌曜明璫

恭己臨四極垂衣馭八荒霜戟列丹陛絲竹韻長廊

穆矣薰風茂康哉帝道昌繼文遵後軌循古鑒前王

草秀故春色梅豔昔年妝巨川思欲濟終以寄舟航

正旦臨朝　同前

條風開獻節灰律動初陽百蠻奉遐賮萬國朝未央

雖無舜禹迹幸欣天地康車軌同八表書文混四方

赫奕儼冠蓋紛綸盛服章羽旄飛馳道鐘鼓震嚴廊

組練輝霞色霜戟耀朝光晨宵懷至理終愧撫遐荒

元日退朝觀軍仗歸營　德宗

獻歲視元朔萬方咸在庭端旒掛羣后迴輦閱師貞

綵仗宿華殿退朝歸禁營分行左右出轉斾風雲生

歷歷趨複道容容映層城勇餘矜捷技令肅無喧聲

眷此戎旅節載嘉良士誠順時傾宴賞亦以助文經

奉和正日臨朝　顏師古

七政璿衡始三元寶曆新負扆延百辟垂旒御九賓
肅肅皆鵷鷺濟濟盛簪紳天涯致重譯西域獻奇珍

奉和正日臨朝應詔　魏徵

百靈侍軒后萬國會塗山豈如今睿哲萬古獨光前
聲教溢四海朝宗引百川鏘洋鳴玉珮灼爍耀金蟬
淑景輝雕輦高旌揚翠烟庭實超王會廣樂盛鈞天
既欣東日戶復詠南風篇願奉光華慶從斯億萬年

奉和正日臨朝　岑文本

時雍表昌運日正叶靈符德兼三代禮功包四海圖
踰沙紛在列執玉儼相趨清蹕喧輦道張樂駭天衢
拂蜺九旗映儀鳳八音殊佳氣浮仙掌薰風繞帝梧
天文光七政皇恩被九區方陪瘞玉禮珥筆岱山隅

奉和正日臨朝應詔　楊師道

皇猷被寰宇端扆屬元辰九重麗天邑千門臨上春

奉和元日應制　許敬宗

天正開初節日觀上重輪百靈滋景祚萬玉慶維新
待旦敷元造韜旒御紫宸武帳臨光宅文衛象鉤陳
廣庭揚九奏大帛麗三辰發生同化育播物體陶鈞
霜空騰曉氣霞景瑩芳春德暉覃率土相賀奉還淳

奉和獻歲讌宮臣　虞世南

履端初起節長苑命高筵肆夏喧金奏重潤響朱弦
春光催柳色日彩泛槐煙微臣同濫吹謬得仰鈞天

元日述懷　盧照鄰

筮仕無中秩歸耕有外臣人歌小歲酒花舞大唐春
草色迷三徑風光動四鄰願得長如此年年物候新

奉和正日臨朝應詔　李百藥

化曆昭唐典承天順夏正百靈警軒禁三辰揚旆旌
充庭富禮樂高讌齒簪纓獻壽符萬歲移風韻九成

同韋舍人元旦早朝　徐彥伯

夕轉清壺漏晨驚長樂鐘逶迤綸禁客假寐守銅龍
予亦趨三殿君隨謁九重繁珂接曙響華劍比春容
相問韶光歇彌憐芳意濃願言乘日旰攜手卽雲峯

正朝摘梅　張說

蜀地寒猶暖正朝發早梅偏驚萬里客已復一年來

元朝　前人

元日今歲樂不謝往年春知向來心道誰爲昨夜人

元日恩賜柏葉應制　李乂

勁節凌冬勁芳心待歲芳能令人益壽非止麝含香

奉和正旦賜宰臣柏葉應制　武平一

綠葉迎春綠寒枝歷歲寒願持柏葉壽長奉萬年歡

奉和元日賜羣臣柏葉應制　趙彥昭

器乏雕梁器材非構廈材但將千歲葉常奉萬年杯

樂城歲旦贈孟浩然（一作王維詩）　張子容

土地窮甌越風光肇建寅插桃銷瘴癘移竹近堦墀
半是吳風俗仍爲楚歲時更逢習鑿齒言在漢川湄

歲日作　劉長卿

建寅迴北斗看曆占春風律變滄江外年加白髮中
春衣試稚子壽酒勸衰翁今日陽和發榮枯豈不同

田家元日　孟浩然

昨夜斗迴北今朝歲起東我年已強仕無祿尚憂農
桑野就耕父荷鋤隨牧童田家占氣候共說此年豐

元日寄諸弟兼呈崔都水　韋應物

一從守茲郡兩鬢生素髮新正加我年故歲去超忽
淮濱益時候了似中秋月川谷風景溫城池草木發
高齋屬多暇惆悵臨芳物日月昧還期念君何時歇

元日觀百僚朝會　包佶

萬國賀唐堯清晨會百寮花冠蕭相府繡服霍嫖姚
壽色凝丹檻歡聲徹九霄御鑪分獸炭仙管弄雲韶
日照金觴動風吹玉佩搖都城獻賦者不得共趨朝

元日無衣冠入朝寄皇甫拾遺冉從弟補闕紓　李嘉祐

伏奏隨廉使周行外冗員白髭空受歲丹陛不朝天
秉燭千官去垂簾一室眠羨君青瑣裏並冕入爐煙

元日早朝　耿湋

九陌朝臣滿三朝候鼓賒遠珂時接韻攢炬偶成花
紫貝爲高闕黃龍建大牙參差萬戟合左右八貂斜
羽扇分朱檻金爐隔翠華微風傳曙漏曉日上春霞
環珮聲重疊簪纓服等差樂和天易感山固壽無涯
渥澤千年聖車書四海家盛明多在位誰得守蓬麻

元日早朝呈故省諸公　盧綸

萬戟凌霜布森森瑞氣間垂衣當曉日上壽對南山
濟濟延多士躚躚舞百蠻小臣無事諫空愧伴鳴環

元日朝迴中夜書情寄南宮二故人　前人

鳴珮隨鵷鷺登堦見冕旒無能裨聖代何事別滄洲
閑夜貧還醉浮名老漸羞鳳城春欲曉郎吏憶同遊

元日望含元殿御扇開合　張莒

萬國來朝歲千年覲聖君輦迎仙仗出扇匝御香焚
俯對朝容近先知曙色分冕旒開處見鐘鼓合時聞
影動承朝日花攢似慶雲蒲葵那可比徒用隔炎氛

元日早朝　王建

大國禮樂備萬邦朝元正東方色未動冠劍門已盈
帝居在蓬萊肅肅鐘漏清將軍領羽林持戟巡宮城
翠華皆宿陳雪仗羅天兵庭燎遠煌煌旗上日月明
聖人龍火衣寢殿開璇扃龍樓橫紫煙宮女天中行
六蕃陪位次衣服各異形舉頭看玉牌不識宮殿名
左右雉扇開蹈舞分滿庭朝服帶金玉珊珊相觸聲
泰階備雅樂九奏鸞鳳鳴裴回慶雲中竽磬寒錚錚
三公再獻壽上帝錫永貞天明告四方羣后保太平

元日早朝行　鮑防

乾元發生春爲宗盛德在木斗建東東方歲星大明
宮南山喜氣搖晴空望雲五等舞萬玉獻壽一聲出
千峯文昌隨彩禮樂正太平下直旌旗紅師曠應律
調黃鐘王良運策調時龍元冥無事歸朔土青帝放
身入朱宮九韶九變五聲裏四方四友一身中天何
言哉樂無窮廣成彭祖爲三公野臣潛隨擊壤老日
下鼓腹歌可封

歲日感懷　李約

曙氣變東風蟾壺夜漏窮新春幾人老舊曆四時空
身賤悲添歲家貧喜過冬稱觴惟有感歡慶在兒童

和張祕監閣老獻歲過蔣大拾遺因呈兩省諸
公并見示　權德輿

二賢同載筆久次入新年焚草淹輕秩藏書厭舊編
竹風晴翠動松雪瑞光鮮慶賜行春令從茲佇九遷

元日和布澤　潘孟陽

至德生成泰咸歡照育恩流輝霑萬物布澤在三元
北闕祥雲迴東方嘉氣繁青陽初應律蒼玉正臨軒
恩洽因時令風和比化原自慙同草木無以答乾坤

元日含元殿下立仗丹鳳樓門下宣赦相公稱
賀二首　楊巨源

天垂台耀掃欃槍壽獻香山祝聖明丹鳳樓前歌九
奏金鷄竿下鼓千聲衣冠南面薰風動文字東方喜
氣生從此登封資廟略兩河連海一時清
臨軒啓扇似雲收率土朝天劇水流瑞色含春當正
殿香煙捧日在高樓三朝氣早迎恩澤萬歲聲長繞
冕旒請問漢家功第一麒麟閣上識酇侯

元日觀朝　前人

北極長尊報聖期周家何用問元龜天顏入曙千官
拜元日迎春萬物知閶闔迴臨黃道正衣裳高對碧
山垂微臣願獻堯人祝壽酒年年太液池

元日呈李逢吉舍人　前人

中華文物賀新年霜仗遙排鳳闕前一片彩霞迎曙
日萬條紅燭動春天稱觴山色和元氣端冕爐香疊
瑞煙共說正初當聖澤試過西掖問羣賢

奉和庫部盧四兄曹長元日朝迴　韓愈

天仗宵嚴建羽旄春雲送色曉鷄號金爐香動螭頭
暗玉珮聲來雉尾高戎服上趨承北極儒冠列侍映
東曹太平時節難身遇郎署何須嘆二毛

元日陪早朝　歐陽詹

斗柄東迴歲又新邃旒南面挹來賓和光彷彿樓臺
曉休氣氛氳天地春儀籥不唯丹穴鳥稱觴半是越
裳人江皐腐草今何幸亦與星垣拱北辰

元日樂天見過因舉酒爲賀　劉禹錫

漸入有年數喜逢新歲來震方天籟動寅位帝車回
門巷掃殘雪林園驚早梅與君同甲子壽酒讓先杯

元日感懷　前人

振蟄春潛至湘南人未歸身加一日長心覺去年非
燎火委虛燼兒童銜綵衣異鄉無舊識車馬到門稀

庾樓歲旦　白居易

歲時銷旅貌風景觸鄉愁牢落江湖意新年上庾樓

蘇州元日郡齋感懷寄越州元相公杭州白舍
人　李諒

稱慶還鄉郡吏歸端憂明發儼朝衣首開三百六旬
日新知四十九年非當官補拙猶勤慮游宦量才已
息機舉族共資隨月俸一身惟憶故山薇舊交邂逅
封疆近老牧蕭條宴賞稀書札每來同笑語篇章時
到借光輝絲綸暫厭分符竹舟檝初登擁羽旗未知
今日情何似應與幽人事有違

元日仗　張祜

文武千官歲仗兵萬方同軌奏昇平上皇一御含元
殿丹鳳門開白日明

獻歲書情　裴夷直

白髮添雙鬢空宮（一作過）又一年音書鴻不到夢寐兎
空懸地遠星辰側天高雨露偏聖期（一作朝）知有感雲
海漫相連

元日觀朝　厲元

玉座臨新歲朝盈萬國人火連雙闕曉仗列五門春
瑞雪銷鴛瓦祥光在日輪天顏不敢視稱慶拜空頻

歲日朝迴口號　杜牧

星河猶在整朝衣遠望天門再拜歸笑向春風初五
十敢言知命且知非

元日卽事　喻鳧

斂板賀交親稱觴詎有巡年光悲擲舊景色喜呈新
水柳煙中重山梅雪後眞不知將白髮何以度青春

元日樓前觀仗二首　薛逢

千門曙色鏁寒梅五夜疎鐘曉箭催寶馬占隄朝闕
去香車爭路進名來天臨玉几班初合日照金雞仗
欲迴更傍紫微瞻北斗上林佳氣滿樓臺
曈曈初日照樓臺漠漠祥雲雉扇開星駐冕旒三殿
曉雲翻珠翠六宮來山呼聖壽煙霞動風轉金章鳥
獸迴欲識普恩無遠近萬方歡忭一聲雷

元日田家　前人

南村晴望北村梅樹裏茅簷曉盡開蠻榼出門兒婦
去烏龍迎路女郎來相逢但祝新正壽對舉那愁暮
景催長笑士林因宦別一官輕是十年迴

元日女道士受籙　賈島

元日更新夜齋身稱淨衣數星連斗出萬里斷雲飛
霜下磬聲在月高壇影微立聽師語了左肘繫符歸

元日　溫庭筠

神耀破氛昏新陽入晏溫緒風調玉吹端日應銅渾
威鳳蹌瑤簴升龍護璧門雨暘春令煦裘冕晬容尊

元日作　李郢

鏘鏘華駟客門館賀新正野雪江山霽微風竹樹清
蕪庭春意曉殘枿爐烟生忽憶王孫草前年在帝京

元日　司空圖

甲子今重數生涯只自憐殷勤元日日敧午又明年

元日　方干

晨雞兩遍報更闌刁斗無聲曉漏乾暖日映山調正
氣東風入樹舞殘寒軒車欲識人間感獻歲須來帝
里看纔酌屠蘇定年齒坐中唯笑鬢毛斑

歲仗　羅鄴

玉帛朝元萬國來雞人曉唱五門開春排北極迎仙
仗日捧南山入壽杯歌舜薰風鏗劍珮祝堯嘉氣靄
樓臺可憐四海車書共重見蕭曹佐漢材

元日有題　崔道融

十載元正酒相歡意轉深自量麋鹿分只合在山林

保大五年元日大雪同太弟景遂江王景逷齊
王景達進士李建勳中書徐鉉勤政殿學士張
義方登樓賦　李昪

珠簾高卷莫輕遮往往相逢隔歲華春氣昨宵飄律
管東風今日放梅花素姿好把芳姿掩落勢還同舞
勢斜坐有賓朋尊有酒可憐清味屬儂家

觀新歲朝賀　盧延讓

龍墀初立仗鴛鷺列班行元日燕脂色朝天樺燭香
表章堆玉案繒帛滿牙牀三百年如此無因及我唐

和元宗元日大雪登樓　李建勳

紛紛忽降當元會著物輕明似月華狂灑玉墀初散
絮密黏宮樹未妨花迴封雙闕千尋峭冷壓南山萬
仞斜寧意傳來中使出御題先賜老僧家

朝元引四首　陳陶

帝燭熒煌下九天蓬萊宮曉玉爐煙無央鸞鳳隨金
母來賀薰風一萬年
正殿雲開露冕旒下方珠翠壓鼇頭天雞唱罷南山
曉春色光輝十二樓
萬寓靈祥擁帝居東華元老薦屠蘇龍池遙望非煙
拜五色曈曨在玉壺
寶祚河宮一向清龜魚天篆益分明近臣誰獻登封
草五岳齊呼萬歲聲

元日　成彥雄

戴星先捧祝堯觴鏡裏堪驚兩鬢霜好是燈前偷失
笑屠蘇應不得先嘗

元日觀郭將軍早朝　釋靈澈

欲曙九衢人更多千條香燭照銀河今朝始見金吾
貴車馬縱橫避玉珂

元日　宋晏殊

三百六旬初一日四時嘉序太平年霓裳絳節修眞
籙步武祥雲奉九天

元日　前人

屠蘇醴酒盈金斝鬱壘神荼衛紫關三界上眞垂介
福緜緜洪算等南山

夫人閤春帖子詞　歐陽脩

元會千官集新春萬物同測圭知日永占歲喜時豐

次韻秦少游王仲至元日立春　蘇軾

省事天公厭兩回新年春日併相催殷勤更下山陰
雪要與梅花作伴來

又

己卯嘉辰壽阿同願渠無過亦無功明年春日江湖
上回首觚稜一夢中

又

詞鋒雖作楚騷寒德意還同漢詔寬好遣秦郎供帖
子盡驅春色入毫端

元日過丹陽明日立春寄魯元翰　前人

堆盤紅縷細茵蔯巧與椒花兩鬬新竹馬異時寧信

老土牛明日莫辭春西湖弄水猶應早北寺觀燈欲
及辰白髮蒼顏誰肯記曉來頻嚏爲何人

次韻曾仲錫元日見寄　前人

蕭索東風兩鬢華年年幡勝翦宮花愁聞塞曲吹蘆
管喜見春盤得蓼芽吾國舊供雲澤米君家新致雪
坑茶燕南異事眞堪記三寸黃柑擘永嘉

己酉元日　陸游

夜雨解殘雪朝陽開積陰桃符呵筆寫椒酒過花斟
巷柳飄風早街泥濺馬深行宮放朝賀共識慕堯心

淳熙丙午元日聖上詣東朝慶壽口號　楊萬里

春色何須羯鼓催君王元日領春回牡丹芍藥薔薇
朶都向千官帽上開

元日　王十朋

元日年年見天涯意故長詩篇示宗武春色酌瞿唐
白髮又新歲黃柑非故鄉弟兄團拜處歸去願成行

壬寅歲旦景明子淵君玉攜酒與詩爲壽次韻　戴復古

酒名瞿唐春

捨我白磁椀把君金屈巵判爲元日醉共賦早春詩
冰泮魚龍起花開蜂蝶知爲余扶病脚賴有古藤枝

歲旦族黨會拜　前人

衣冠拜元日樽俎對芳辰上下二百位尊卑五世人
排門喬木古照水早梅春寒事將銷歇風光又一新

元日　前人

獻壽椒花泛綠醪迎祥朱戶貼仙桃彤庭玉殿爐煙
起鸞鶴卿雲瑞日高

次韻屏翁新元聚拜　戴昺

履端來聚拜和氣洽昌辰繁衍如今日栽培豈一人
詩書延澤潤忠厚續長春相祝無多語年新德又新

歲旦　宋伯仁

居間無賀客早起只如常桃板隨人換梅花隔歲香
春風同笑語雲氣卜豐穰柏酒何勞勸心平壽自長

甲申元日　王夢應

上日仍漂寄尊前客又非鄉心眠聽雨病骨晚添衣
街鼓春將動簾燈寒未歸梅花經一雪幾片不曾飛

庚戌元日　金高士談

舊日屠蘇飲最先而今追想尚依然故人對酒且千
里春色驚心又一年習俗天涯同爆竹風光塞外只
寒煙殘年無復功名望志在蘇君二頃田

元日　秦略

新曆從頭數殘冬與我違不知垂老至但覺拜人稀
汲水泥融井看書暖入幃淺情牆外柳新綠已依依

次韻正旦會朝　元袁桷

閶闔春迴旭日鮮花光搖曳珮僊僊金蓮漏下催初
刻玉笏班齊祝萬年香擁袞龍開黼座風迴笙鶴舞
鈞天朝元法曲誰傳得歸醉蓬萊話日邊

元日賀裴都事朝回　李材

海上瓊樓接五城人間歌吹近蓬瀛雲移豹尾旌旗
暖日射螭頭劍珮明拜舞盡隨仙仗入退歸遙聽玉
珂鳴欣欣百草含春意得傍東君暖處生

開歲　范梈

自違北極向南辰重見東皇似故人合席管絃方殿
歲殊鄉花柳覺先春水歸楚澤魚俱化天覆周郊獸

亦仁薄宦于時無補報且須康濟百年身

都門元日　薩都剌

元日都門瑞氣新層層冠蓋羽林陳雲邊鵠立千官
曉天上龍飛萬國春宮殿日高騰紫靄簫韶風細入
青旻太平天子恩如海亦遣椒觴到小臣

次韻元日朝賀　傅若金

宮漏催朝燭影斜千官鳴玉動晨鴉交龍擁日明丹
扆飛鳳隨雲繞畫車宴罷戴花經苑路詩成傳草到
山家小儒未得隨冠冕遙聽鈞天隔彩霞

丁亥元日　張翥

梅花院落雨聲中窗外春寒浛浛風臘酒撥醅浮玉
蟻夜燈挑燼落金蟲星環甲紀驚身老雪解寅朝驗
歲豐還喜驛書催上路寸心長在日華東

庚辰元旦　王冕

試題春帖紀新年靄靄青雲起硯田展卷不知山是
畫舉頭恰喜屋如船梅花雪後開無數楊柳風前困
欲眠悵望關河無限恨呼兒沽酒且陶然

甲午元日感懷　吳文讓

春色年年出帝京河氷未解柳還青東華正擁如雲
騎南國空瞻戴斗星日月由來雙過鳥乾坤及此一
浮萍愁緣底事濃於酒起傍梅花步短櫺

旦日試筆并自和二首　劉詵

爐煙燭影共徘徊手試春風第一杯萬里星辰環極
共五更鼓角挾春來凌寒柳意如先動閱歲梅花不
受催坐久不知天向曙出門爆竹發驚雷
老來節意重徘徊小案猶橫隔歲杯得句定知春未
覺開門喜報客頻來江山萬古晴陰老花柳千林雨

露催郡國昇平入自樂城頭畫鼓聲輕雷

元日試筆二首　周砥

金鴨香篝吐風簾影自飄輕冰生墨沼餘雪綴寒條
茅屋行堪賦山雲坐可招且無軒冕意隨分樂漁樵
蒔綠花開未香醪已滿缸不須嗟往事且復醉幽窗
采筆雲千朶青霄鶴一雙平生江海興漸覺片心降

己酉新正　葉顒

天地風霜盡乾坤氣象和曆添新歲月春滿舊山河
梅柳芳容穉松篁老態多屠蘇成醉飲歡笑白雲窩

乙亥元旦試筆　張雨

自古三朝節于今一笑看問年書亥字獻歲出辛盤
黔突多蒸朮紅冰饜浴丹行行追勝事步步掃春寒

癸丑元旦　明楊基

霏霏元日雪脉脉人日雨春來無日不輕陰薄霧寒
雲滿南浦常年有雨復新晴淑氣韶光淡遶城草色
未逢金勒馬柳條先映玉樓鶯今年風雨兼冰雪忘
却春旛慶春節野杏緘愁待酒催江梅索笑邀人折
誰與觀雲上大通且須祈穀問年豐相期十二樓前
月饜看花燈萬點紅

元日試墨二首　馬治

竹雪寒聲瀉山禽好語來空餘臘月酒擬訪石亭梅
野水宜舟檝春雲費剪裁從前江海上今日竟悠哉
白髮形歸夢青燈照隔年遠惟諸弟憶貧幸老人憐
四海孤飛鶴東湖一項田誰能論心迹出處事皆天

庚辰元日　陶宗儀

授曆紀庚辰開元值丙寅五更微見雪兩日便迎春
頭戴銀旛巧門題彩帖新屠蘇循故事殿飲老年人

元日昇平詞　王英

華蓋中天近祥雲五夜多衆星環絳闕一水接銀河
花滿瀛洲樹香涵太液波長年逢此日恩意共春和

元旦試筆二首　陳獻章

六載虛勞供奉恩白頭吾亦兩朝臣閭閻擊壤今弘
治簡冊編年又戊申日色小薰穠李畫風光欲醉乳
鶯春廬岡此景誰分付也到江門不屬人
天上風雲慶會時廟謨爭遣草茅知鄰牆旋打娛賓
酒稚子齊歌樂歲詩老去又逢新歲月春來更有好
花枝晚風何處江樓笛吹到東溟月上時

元旦早朝　李東陽

九門深掩禁城春香霧籠街不動塵玉帳寒更傳虎
衛彤樓曉色聽鷄人簾前樂應紅燈起堦下班隨綵
仗陳朝散東華看霽日午煙晴市一時新

元日早朝　程敏政

宮鴉集曙彩鞭揮劍珮森森拱太微日晃御牀明繡
衮雲回鸞輅見青旂鴻臚立仗傳三唱馬監隨班控
六飛喜值芳年叨侍從起居長許近皇闈

壬寅正旦侍班　吳寬

爐煙如霧靄彤墀半啓金門複道危咫尺星辰華蓋
轉中間日月衮衣垂普天鳳曆開寅歲平旦鷄人報
卯時御座不勝袍笏近侍臣偏識漢朝儀

乙亥元日　孫一元

元日狂歌倒竹樽東風昨夜到柴門生逢盛世憂何
事家在青山道自尊殘雪疎林開舊色白沙細浪長
新痕春來漫有滄洲興文鷁銀鷺滿釣綸

元日同谷子延賦　高叔嗣

雄都盛賓客車馬爭馳鶩芳辰啓初年宴飲多所務
不知灌園身何爲迷方誤郊館抗空壑山扉啓峻路
良朋平生歡就我今朝步城闉並舍登徑爲穿林度
微陰原上明片日雲中露青霞照深池白雲停幽樹
共貪歲欲新不厭日旋暮農田方在茲君豈歎能顧

元旦賜門神掛屏葫蘆等物歲以爲常　于慎行

節啓青陽歲籥新金人十二畫爲神韶華自合留天
府御氣誰期洽近臣綵勝仍分仙禁縷雲屏況借漢
宮春却憐寂寞揚雄宅門巷恩光接紫宸

己卯正旦和牧翁韻　程嘉燧

不嫌朱戸有蒿蓬且喜陽和轉谷中人語半空山殿
曉佛香匝地洞門風酒隨天意留青縹詩與春光闘
碧紅況值朋來好乘興肯因濩滑限西東

元旦書事　吳兆

閭中風景麗元旦百花開有岸皆縈草無波不染苔
樹光搖粉堞雲彩照金罍濃黛新年點春衣隔歲裁
夜爐藏宿火曉燭剪殘灰袖裏分餘蕙釵邊罥落梅
松枝當戸插椒氣拂窻來正好隨歡笑那知客思催

玉樓春 元日　宋毛滂
一年滴盡蓮花漏碧井屠蘇沈凍酒曉寒料峭尚欺
人春態苗條先到柳　佳人重勸千長壽柏葉椒花
芬翠袖醉鄉深處少相知祇與東君偏故舊

玉樓春　杜安世
玉燭光明正旦好斗柄東回春太早嶺寒猶鎖去年
梅江暖新催今歲草　蜀國熙熙冬令杪更喜壽陽
新夢覺玉杯齊舉樂音諧遙想金階天仗曉

水調歌頭 元日客寧都　趙長卿
離愁晚如織托酒與消磨奈何酒薄愁重越醉越愁
多忍對碧天好夜皓月流光無際光影轉庭柯有恨
空垂淚無語但悲歌　因凝想從別後促雙蛾春來
底事辜負紫袖與紅韡速整雕鞍歸去著意淺斟低
唱細看小婆娑萬蘂千花裏一任玉顏酡

蝶戀花 元日　辛棄疾
誰向椒盤簪綵勝整整韶華爭上春風鬢往日不堪
重記省爲花常把新春恨　春未來時先借問晚恨
開遲早又飄零近今歲花期消息定只愁風雨無憑
準

木蘭花 元日　陸游
三年流落巴山道破盡青袍塵滿帽身如西瀼渡頭
雲愁抵瞿塘湖上草　春花秋月年年好試戴銀旛
拚醉倒今朝一歲大家添不是人間偏我老

阮郎歸 元日　吳文英
五更櫪馬靜無聲鄰鷄猶怕驚日華平曉弄春明暮
寒愁翳生　新歲夢去年情殘宵半酒醒春風無定
落梅輕斷鴻長短亭

探芳新 吳中元日承天寺遊人　前人
九街頭正軟塵潤酥雪消殘溜禊賞祇園花艷雲陰
籠晝屠梯空麝散擁凌波縈翠袖歎年端連環轉爛
漫遊人如繡　腸斷廻廊苔久便寫意濺波傳愁蹙
岫漸沒飄鴻空惹閒情春瘦椒杯香乾醉醒怕西窗
人散後暮寒深遲廻處自扳庭柳

塞垣春 歲旦　前人
漏瑟侵瓊管潤鼓借烘爐煖藏鉤怯冷畫難臨曉鄰
語鶯囀殢綠窗細呪浮梅琖換蜜炬花心短夢驚回
林鴉起曲屏春事天遠　迎路柳絲裙看爭拜東風
盈灞橋岸髻落寶釵寒恨花勝遲燕漸街簾影轉還
似新年過郵亭一相見南陌又燈火繡囊塵香淺

臨江仙 元日醉題　明王世貞
撥亂屠蘇新綠汎金花巧勝初裁東風殢雨印泥苔
臘隨殘漏盡春逐曉痕來　昨歲貪杯今歲病病時
依舊貪杯欲填新令雪兒排小園梅未吐先報一枝
開

元旦部選句

漢馮衍顯志賦開歲發春兮百卉含英又銘元正上
日百福孔靈
班固東都賦春王三朝會同漢京是日也天子受四
海之圖籍膺萬國之貢珍內撫諸夏外綏百蠻
張衡東京賦孟春元日羣后旁戾百僚師師于斯胥
洎蕃國奉聘要荒來贄
魏程曉贈傅休奕詩三光飛景玉衡代邁龍集甲子
四時成歲權輿授代除陳蕩穢元服初嘉萬福來會
赫赫應門嚴嚴朱闕羣后揚揚庭燎晢晢
晉正會大享歌慶隨百禮合壽與三朝并
荀勗食舉樂東西廂歌封建厥福駿發其祥三朝習
吉終然允臧
庾闡揚都賦歲惟元辰陰陽代紀履端歸餘三朝告
始萬國鳴鑾有客戾止
宋謝靈運詩開春獻初歲白日出悠悠
鮑照春日行獻歲發吾將行春山茂春日明
梁三朝雅樂歌四氣新元旦萬壽初今朝
北齊元會大享歌夏正肇旦周物充庭
隋煬帝獻歲讌宮臣詩三元建上京六佾宴麗城朱
庭容衛肅青天春氣明
唐太宗詩送寒餘雪盡迎歲早梅新
丁仙芝詩開正獻歲酒千里間庭闈
韋述詩初歲開韶月田家喜載陽
李華含元殿賦獻歲元辰東風發春懸法象魏與人
維新
李嘉祐詩入京當獻歲封事更聞天
張籍詩長思歲旦沙堤上得從鳴珂傍火城
白居易元日對酒詩三杯藍尾酒一楪膠牙餳又春
旦日初出曈曈耀晨輝又獻歲晴和風景新銅駝街
郭暖無塵
宋梅堯臣詩舟中逢獻歲風雨送餘寒又屠蘇先尚
幼綵勝又宜春
陳師道詩度臘不成雪迎年遽得春
楊萬里詩夜半梅花添一歲夢中爆竹報殘更
朱熹詩時當冬候窮開歲五日強

欽定古今圖書集成曆象彙編歲功典

歲功典第二十四卷

元旦部紀事

拾遺記堯在位七十年有鸞雛歲歲來集麒麟遊于藪澤鴟梟逃於絕漠有秖支之國獻重明之鳥一名重睛雙睛在目狀如鷄鳴似鳳時解羽毛肉翮而飛能逐搏猛獸虎狼使妖災羣惡不能爲害飴以瓊膏或一歲數來或數歲不至國人莫不灑掃門戶以望重明之集其未至之時國人或刻木或鑄金爲此鳥之狀置於門戶之間則魑魅醜類自然退伏今人每歲元日或刻木鑄金或圖畫爲鷄于牖上蓋重睛之遺像也

路史帝舜命禹正月朔旦受命于神宗于時八風循道卿雲叢叢俊乂百工胥和而歌

周禮天官太宰正月之吉始和布治于邦國都鄙訂義鄭康成曰正月周之正月吉謂朔日劉執中曰正月之吉陽生陰伏其氣始和歲事將興而春令行矣故因其始和而布治焉按周之正月乃夏之十一月因布治係布令姑附載之

說苑昔齊桓公得管仲隰朋辯其言說其義正月之朝令具太牢進之先祖桓公西面而立管仲隰朋東面而立桓公贊曰自吾得聽二子之言吾目皆明耳皆聰不敢獨擅願薦之先祖

管子首憲篇正月之朔百吏在朝君乃出令布憲於國五鄉之師五屬大夫皆受憲于太史

左傳晉悼夫人食輿人之城杞者絳縣人或年長矣無子而往與于食有與疑年使之年曰臣小人也不知紀年臣生之歲正月甲子朔四百有四十五甲子矣註其年正月一日甲子蓋夏正建寅之月周之三月也

列子說符篇邯鄲之民以正月之旦獻鳩於簡子簡子大悅厚賞之客問其故簡子曰正旦放生示有恩也客曰民知君之欲放之競而捕之死者衆矣君如欲生之不若禁民勿捕捕而放之恩過不相補矣簡子曰然

墨子祕要元日取鵲巢燒灰著於廁以避兵撒門裏以避盜賊

鬼谷子元旦之夕汛掃置香燈于竈門注水滿鐺置杓于水虔禮拜祝撥杓使旋隨柄所指之方抱鏡出門密聽人言第一句即是卜者之兆

孔叢子邯鄲民以正月旦獻爵于趙王而綴以五采王大悅申叔以告子順子順曰正朝放之示有生也

史記秦始皇本紀始皇以秦昭王四十八年正月生於邯鄲及生名爲政姓趙氏註徐廣曰一作正宋忠云以正月旦生故名正索隱曰系本作政又生於趙故曰趙政一曰秦與趙同祖以趙城爲榮故姓趙氏正義曰正音政周正建子之正也始皇以正月旦生於趙因爲政後以始皇諱故音正

三齊略記榮陽有智井沛公避項羽逃於井中時雙鳩集井上人謂在井羽曰井有人鳩不集沛公遂免難故漢世正旦放鳩

通典漢至武帝用夏正百官賀正月二千石以上上殿稱萬歲舉觴御座前司空奉羹大司農奉飯奏食舉之樂百官受賜宴享大作樂

漢宣帝修武帝故事閒歲正月一日至河東祠后土

萬歲曆漢成帝詔除正旦殺鷄與雀

漢官儀正旦朝賀三公奉璧上殿嚮御座北面太常贊曰皇帝爲三公興三公伏皇帝坐乃前進璧

後漢書吳良傳良初爲郡吏歲旦與掾史入賀門下掾王望舉觴上壽諂稱太守功德良於下坐勃然進曰望佞邪之人欺諂無狀願勿受其觴太守斂容而止讌罷轉良爲功曹

陳禪傳永寧元年西南夷撣國王獻樂及幻人能吐火自支解易牛馬頭明年元會作之于庭安帝與羣臣共觀大奇之陳禪獨離席舉手大言曰昔齊魯爲夾谷之會齊作侏儒之樂仲尼誅之帝王之庭不宜設外國之技

陳翔傳翔爲侍御史正旦朝賀大將軍梁冀威儀不整翔奏冀恃貴不敬請收案罪時人奇之

戴憑傳憑爲侍中尋拜虎賁中郎將以侍中兼領之正旦朝賀百僚畢會帝令羣臣能說經者更相難詰義有不通輒奪其席以益通者憑遂重坐五十餘席故京師爲之語曰解經不窮戴侍中

典略魏明帝使博士馬均作司南車水轉百戲正月

朝造巨獸魚龍漫衍弄馬倒騎備如漢西京故事

晉書禮志歲旦常設葦茭桃梗磔雞於宮及百寺之門以禳惡氣按漢儀則仲夏設之有桃印無磔雞及魏明帝大修禳禮故何晏禳祭議雞特牲供禳釁之事磔雞宜起於魏印本漢制所以輔卯金又宜魏所除也且未詳改仲夏在歲旦之所起耳

輿服志象車漢鹵簿最在前武帝太康中平吳後南越獻馴象詔作大車駕之以載黃門鼓吹數十人使越人騎之元正大會駕象入庭

三十國春秋晉元康九年正月大會有鳩入御座武帳中拂司空張華之冠

晉書王渾傳帝嘗訪渾元會問郡國計吏方俗之宜渾曰陛下欽明聖哲光於遠近明詔沖虛詢及芻蕘斯乃周文疇咨之求仲尼不恥下問也舊三朝元會計吏詣軒下侍中讀詔計吏跪受臣以詔文相承已久無他新聲非陛下留心方國之意也可令中書指宣明詔問方土異同賢才秀異風俗好尚農桑本務刑獄得無冤濫守長得無侵虐其勤心政化興利除害者授以紙筆盡意陳聞以明聖指垂心四遠不復因循常辭且察其答對文義以觀計吏人才之實又先帝時正會後東堂見征鎮長史司馬諸王國卿諸州別駕今若不能別見可前詣軒下使侍中宣問以審察方國於事為便帝然之

陶侃傳侃都督荊州時造船木屑及竹頭悉令舉掌之咸不解所以後正會積雪始晴聽事前餘雪猶濕於是以屑布地其綜理微密皆此類也

孟嘉傳褚裒正旦朝庾亮亮大會州府人士裒問亮聞江州有孟嘉其人何在亮曰在坐卿但自覓裒歷觀指嘉謂亮曰此君小異將無是乎亮欣然而笑

晉咸康起居注十二月庚子詔曰正會日百官增祿賜醽酒人二升

晉書列女傳劉臻妻陳氏者亦聰辯能屬文嘗正旦獻椒花頌又撰元日及冬至進見之儀行於世

風土記岳州自元正獻歲鄰里以飲宴相慶至十二日罷謂其日為雲開節

鄴中記元日石虎于殿前設金枝銅燈百二十枝名金枝華秀

裴氏新語正旦縣官殺羊懸其頭於門又磔雞以副之俗說以厭厲氣元以問河南伏君伏君曰是月也土氣上升草木萌動羊齧百草雞啄五穀故磔之以助生氣

會稽先賢傳魏朗字少英為郡功曹佐正旦掾吏顧龕披裘以加朝服朗以裘非臣服龕不敬敕卒撤去龕恚而不聽朗右手鳴鼓左手撤裘以聞府君喜朗遂退龕以朗代之朗辭病不就

世說元帝正會引丞相王導登御牀王公固辭中宗引之彌苦王公曰使太陽與萬物同暉臣下何以瞻仰帝乃止

西征記太極殿中有銅龍長三丈銅樽容三十斛正旦大會龍從腹內受酒口吐之于樽中

宋書禮志正旦元會設白虎樽於殿庭樽蓋上施白虎若有能獻直言者則發此樽飲酒案禮記知悼子卒未葬平公飲酒師曠李調侍鼓鐘杜蕢自外來聞鐘聲曰安在曰在寢杜蕢入寢歷階而升酌曰曠飲斯又酌曰調飲斯又酌堂上北面坐飲之降趨而出平公呼而進之曰蕢曩者爾心或開予是以不與爾言爾飲曠何也曰子卯不樂知悼子在堂斯其為子卯也大矣曠也太師也不以詔是以飲之也爾飲調何也曰調也君之褻臣也為一飲一食忘君之疾是以飲之也爾飲何也曰蕢也宰夫也唯刀匕是供又敢與知防是以飲也平公曰寡人亦有過焉酌而飲寡人杜蕢洗而揚觶公謂侍者曰如我死則必無廢斯爵至于今既畢獻斯揚觶謂之杜舉白虎樽蓋杜舉之遺式也畫為虎疑是後代所加欲令言者猛如虎無所忌憚也

符瑞志大明五年正月元日花雪降殿庭時右衛將軍謝莊下殿雪集衣還白上以為瑞于是公卿作花雪詩

壽陽記趙伯符為豫州刺史立義樓每至元日乃於樓上作樂樓下男女盛飾遊觀行樂

南齊書世祖本紀建元四年十二月己丑詔曰緣淮戍將久處邊勞三元行始宜沾恩慶可遣中書舍人宣旨臨會後每歲皆如之

東昏侯本紀末元三年春正月丙申朔合朔時加寅漏上八刻事畢宮人於閱武堂元會皇后正位閣人行儀帝戎服臨視

蕭穎胄傳上慕儉約欲鑄壞大官元日上壽銀酒鎗尚書令王晏等咸稱盛德蕭穎胄曰朝廷盛禮莫過三元此一器既是舊物不足為侈帝不悅後預曲宴銀器滿席穎胄曰陛下前欲壞酒鎗恐宜移在此器也帝甚有慚色

酉陽雜俎梁主常遣傳詔童賜羣臣歲旦酒辟惡散却鬼丸三種

梁書元帝本紀大寶元年正月朔左衛將軍王僧辯獲橘三十子共蔕以獻

南史謝舉傳舉爲太常博士與兄覽俱預元會江淹一見竝相欽挹曰所謂御二龍于長途者也

魏書太宗本紀神瑞五年春正月丙戌朔自薛林東還至于屋竇城享勞將士大酺二日頒禽獸以賜之

高祖本紀太和十一年春正月丁亥朔詔定樂章非雅者除之

隋書音樂志明帝武成二年正月朔旦會羣臣于紫極殿始用百戲宣帝即位廣召雜伎增修百戲魚龍漫衍之伎常陳殿前

荆楚歲時記正月一日是三元之日也春秋謂之端月鷄鳴而起先於庭前爆竹以辟山臊惡鬼注按神異經云西方山中有人焉其長尺餘一足性不畏人犯之則令人寒熱名曰山臊以竹著火中烞熚有聲而山臊驚憚元黃經所謂山𤡔鬼也俗人以爲爆竹起於庭燎家國不應濫於王者

長幼悉正衣冠以次拜賀進椒柏酒飲桃湯進屠蘇酒膠牙餳下五辛盤進敷於散服却鬼丸各進一鷄子造桃板著戸謂之仙木凡飲酒次第從小起注按四民月令云過臘一日謂之小歲拜賀君親進椒酒從小起椒是玉衡星精服之令人身輕却老柏是仙藥成公子安椒花銘則曰肈惟歲首月正元日厥味惟珍蠲除百疾是知小歲則用之漢朝元正則行之桃者五行之精厭伏邪氣制百鬼也董勛云俗有歲首用椒酒椒花芬香故采花以貢樽正月飲酒先小者以小者得歲先酒賀之老者失歲故後與酒周處風土記曰元日造五辛盤正元日五薰煉形五辛所以發五藏之氣莊子所謂春月飲酒茹葱以通五藏也敷於散出葛洪煉化篇方用柏子仁麻仁細辛乾薑附子等分爲散井華水服之又方江夏劉次卿以正旦至市見一書生入市衆鬼悉避劉問書生曰子有何術以至于此書生言我本無術出之日家師以一丸藥絳囊裹之令以繫臂防惡氣耳於是劉就書生借此藥至所見鬼處諸鬼悉走所以世俗行之其方用武都雄黃丹散二兩蠟和令調如彈丸正月旦令男左女右帶之周處風土記曰正旦當生吞鷄子一枚謂之錬形膠牙者蓋以使其牢固不動今北人亦如之熬麻子大豆兼糖散之案煉化篇云正月旦吞鷄子赤豆七枚辟瘟氣又肘後方云旦及七日吞麻子小豆各二七枚消疾疫張仲景方云歲有惡氣中人不幸便死取大豆二七枚鷄子白麻子酒吞之然麻豆之設當起於此梁有天下不食葷荆自此不復食鷄子以從常則

貼畫鷄戸上縣葦索於其上插桃符其旁百鬼畏之注按魏議郎董勛云今正臘旦門前作烟火桃神絞索松柏殺鷄著門戸逐疫禮也括地圖曰桃都山有大桃樹盤曲三千里上有金鷄日照則鳴下有二神一名茶一名壘并執葦索以伺不祥之鬼得則殺之應劭風俗通曰黃帝書稱上古之時兄弟二人曰茶與壘住度朔山上桃樹下簡百鬼妄搰人援以葦索執以食虎於是縣官以臘除夕飾桃人垂葦索虎畫於門效前事也

又以錢貫繫杖脚廻以投糞掃上云令如願注按錄異記云有商人區明者過彭澤湖有車馬出自稱青洪君要明過厚禮之問何所須有人教明但乞如願及問以此言答青洪君甚惜如願不得已許之乃其婢也旣而送出自爾商人或有所求如願並爲即得後至正旦如願起晚乃打如願如願走入糞中商人以杖打糞掃喚如願竟不還也此如願故事今北人正月十五日夜立于糞掃邊令人執杖打糞堆云云以答假痛意者亦爲如願故事耳

玉燭寶典正月之朔是謂正日躬率妻孥潔祀祖禰

古鏡記隋汾陰侯生天下奇士也王度常以師禮事之臨終贈度以古鏡曰持此則百邪遠人度受而寶之大業九年正月朔有一胡僧行乞而至度家弟勣出見之覺其神彩不俗便邀入室而爲具食坐語良久僧謂勣曰檀越家似有絕世寶鏡也可得見耶勣曰法師何以得知之僧曰貧道受明錄祕術頗識寶氣檀越宅上每日常有碧光連日絳氣屬月此寶鏡氣也貧道見之兩年矣今擇良日故欲一觀勣出之僧跪捧欣躍

隋書新羅國傳每正月旦相賀王設宴會班賚羣官其日拜日月神

通典永徽二年詔元日令中書令讀諸方表

舊唐書岑文本傳太宗貞觀元年元日臨軒宴百寮文本上三元頌其詞甚美

音樂志貞觀十四年景雲見河水清張文收製景雲河清歌名曰讌樂爲諸樂之首元會第一奏者是也

冊府元龜長壽二年元日大雪上謂羣臣元日雪百穀豐此語有何故實姚璹曰汜勝之書雪是五穀精

通典長壽二年制始令舉人獻歲元會列於方物前以備充庭

唐詩紀事景龍四年正月朔賜羣臣柏樹

通典天寶六載敕諸道差使賀正表並取元日隨京官例序立便見通事舍人奏知其表直送四方館元日仗下後一時同進

舊唐書德宗本紀貞元九年春正月庚辰朔朝賀畢上賦退朝觀仗歸營詩

唐書李晟傳晟治家以嚴正歲崔氏女歸寧讓曰爾有家而姑在堂婦當治酒食以待賓客却之不得進

舊唐書憲宗本紀元和元年正月丁卯朔御含元殿受賀丹鳳樓大赦改元

元和二年八月中書奏先停諸道奏祥瑞伏以所奏祥瑞皆緣臘享告廟元會奏用今後諸大瑞隨表同奏中瑞下瑞申有司其元日奏祥瑞請依令式從之

因話錄大中七年冬詔來年正月一日御含元殿受朝賀趙璘時爲左補闕請權御宣政殿疏曰伏見去歲之初權御宣政從宜之制出自宸衷事簡禮全人心爲便伏乞且推此例停御含元奏之明日上謂宰臣曰有諫官疏來年御含元殿事如何莫須罷否宰臣魏公謩奏曰元年大慶正殿稱賀亦是常儀况當無事之時陛下肆覲百辟朝廷盛禮不可廢闕上曰近華州奏光化賊封下邽縣又闕輔久無雨雪皆朕之憂豈謂之無事須與他罷假如權御宣政亦何不可也宰臣奉詔方欲宣下而日官奏太陽當虧遂罷之其後宰相因奏對以遺補多闕請更除八人上曰諫官但要職業修舉亦豈在多只如張道符牛叢趙璘輩三數人足矣使朕聞所未聞

東觀奏記大中十一年正月一日上御含元殿受朝太子太師盧鈞年八十矣自樂懸之南步而及殿墀稱賀上前辭容朗緩舉朝服之至十二年元日含元受賀太子少師柳公權年亦八十矣復爲百官首含元殿廷旦遠自樂懸南步至殿下力已緜憊稱賀之後上尊號聖敬文思和武光孝皇帝公權誤曰光武和孝御史彈出之罰一季俸料七十致仕舊典也公權不能克遵典禮老而受辱人多惜之

清異錄咸通後士風尚於正旦未明佩紫赤囊中盛人參木香如豆樣時時傾出嚼吞之至日出乃止號迎年佩

國史補宰相禮絕班行元日百官已集而宰相方至珂傘列燭多至數百炬謂之火城宰相火城至則衆皆滅燭以避之

金門歲節記洛陽人家正旦造絲鵝蠟燕粉荔枝

西陽雜俎龜兹國元日鬭牛馬駝爲戲七日觀勝負以占一年羊馬減耗繁息也

辟寒李主中保大五年元日大雪命太弟以下登樓展宴咸命賦詩令中人就私第賜李建勳繼和時建勳方會中書舍人徐鉉勤政學士張義方于溪亭即時和進乃詔建勳鉉義方同宴夜艾方散侍臣皆有詩詠徐鉉爲前後序仍集名手圖畫書圖盡一時之技眞容高冲古主之侍臣法部絲竹周文矩主之樓閣宮殿朱澄主之雪竹寒林董源主之池沼禽魚徐崇嗣主之圖成皆絕筆也

玉海太祖克澤潞下維揚復湖湘得荊渚收劍南取嶺表平江左武功震曜開寶九年正月戊寅朔受朝乾元殿降王在列知制誥扈蒙上聖功頌述其事詔襃之

宋史五行志每歲除夕命翰林爲詞題桃符正旦置寢門左右

苗訓傳訓子守信判司天監淳化二年上言正月一日爲一歲之首不可以斷極刑事下有司議行

玉海景德四年正月己亥朔御朝元殿受朝賀羣臣上壽諸道進表下詔肆告司天言日抱戴佳氣覆宮闕上作元日朝會七言詩賜近臣屬和

大中祥符六年正月癸巳朔五星同色占曰天下兵偃

青箱雜記張齊賢相太宗眞宗皆以亮直重厚稱及晚娶薛氏婦眞宗不悅一旦元會上壽齊賢已微醺進止失容坐是謫安州其麻曰仍復酣醟杯觴歆傾冠弁蓋爲是也

玉海天聖二年正月壬寅朔率百官上皇太后壽于會慶殿是日景雲見

宋史仁宗本紀慶曆五年曩霄初遣人來賀正旦

禮志宣和元年蔡京言周官治象於正月之始和以十二月頒告朔於邦國皆不在十月後世以十月者祖秦朔故也秦以十月爲歲首故月令以孟冬頒來歲之朔今不當用請以季冬頒歲運于天下詔自今以正月旦進呈宣讀

續文獻通考宋寧宗嘉定十五年元日御大慶殿受

山東所獻玉寶陳宮架大樂奏詩三章一曰恭膺天
命二曰舊疆來歸三曰來清四海
瑣碎錄元日日未出時小兒不長者以手攀東牆勿
令人知
東京夢華錄正月一日年節開封府放關撲三日士
庶自早互相慶賀坊巷以食物動使菓實柴炭之類
歌叫關撲如馬行潘樓街州東宋門外州西梁門外
踴路州北封丘門外及州南一帶結綵棚鋪陳冠梳
珠翠頭面衣著花朵領抹靴鞋玩好之類間列舞場
歌館車馬交馳向晚貴家婦女縱賞關賭入場觀看
入市店飲宴慣習成風不相笑訝至寒食冬至三日
亦如此小民雖貧者亦須新潔衣服把酒相酬爾
貴耳集李大異爲廣西憲庚申年謝曆日表云歲次
庚申乃藝祖開基之日朔臨戊子是吾皇誕聖之辰
當年正月一日戊子卽茂陵元命用得親切旋名入
舍人院
宋史占城國傳正月一日牽象周行所居之地然後
驅逐出郭謂之逐邪
范成大吳郡志俗競節物好遨遊歲首卽會於佛寺
爲歲懺
潛居錄巴陵鴉不畏人除夕婦女各取一隻以米果
食之元旦各以五色縷繫於鴉頸放之視其方向卜
一歲吉凶占云鴉子東興女紅鴉子西喜事臨鴉子
南利桑蠶鴉子北織有息
巴陵俗元旦梳頭先以櫛理鴉之羽毛祝曰願我婦
女鬒髮髟髟惟百斯年似其羽毛故楚人謂女髻爲
鴉髻

金史世宗本紀正月朔徐州進芝草十有八莖眞定
進嘉禾二本六莖異畝同穎
元氏掖庭記元妃靜懿皇后旦日受賀六宮嬪妃以
次獻慶禮時南朝宮人亦有選入後庭者亦以所珍
進獻一人獻寒光水玉魚一人獻青芝雙虬如意一
人獻柳金簡翠腕闌魚是太眞潤肺物如意是六朝
宮人所遺闌又建業景陽宮臙脂井物后不悅
成都歲華紀麗譜正月元日郡人曉持小綵旛遊安
福寺塔粘之盈柱若鱗次然以爲厭禳懲咸平之亂
也塔上燃燈梵唄交作僧徒駢集太守詣塔前張宴
晚登塔眺望焉
明會典洪武十六年令在京文武官吏人等正旦節
錢支與胡椒斛兩不等
熙朝樂事正月朔日官府望闕遙賀禮畢卽盛服詣
衙門往來交慶民間則設奠於祠堂次拜家長爲椒
柏之酒以待親戚鄰里以春餅爲上供爇粟炭於堂
中謂之旺相貼青龍於左壁謂之行春插芝麻梗於
簷頭謂之節節高簽柏枝於柿餅以大橘承之謂之
百事大吉自此少年遊冶翩翩徵逐隨意所之演習
歌吹或投瓊買快鬭九翻牌舞棍踢毬唱說平話無
論晝夜謂之放魂至十八日收燈然後學子攻書工
人返肆農商各執其業謂之收魂
帝京景物略正月元旦五鼓時不臥而嚏嚏則急起
或不及衣曰臥嚏者病也不臥而語言或戶外呼則
不應曰呼者鬼也夙興盥漱啖黍糕曰年年糕家長
少卑拜嫺友投箋互拜曰拜年也燒香東岳廟賽放
炮仗紙且寸東之琉璃廠店西之白塔寺賣琉璃瓶
盛朱魚轉側其影小大俄忽別有衘而噓吸者大聲
唪唪小聲嗙嗙曰倒掖氣旦至三日男女於白塔寺
繞塔日至晡日家家竿標樓閣松柏枝蔭之夜燈之
曰天燈是月也女婦閒手五丸且擲且拾且承曰抓
子兒丸用象木銀礫爲之競以輕捷
高坡異纂毛孔城福清人嘉靖乙酉正月朔旦出賀
節於親友中途顧見其家樓中有一婦人越窗登樓
脊身坐紅被上心異之急馳歸名其二子驗視無所
見樓亦扃鑰如故其年子秉鐸領鄉薦名第十八明
年登進士第
帝京景物略隆安寺萬曆己酉僧翠林自蜀來募金
修佛殿殿後堂三楹曰淨土社堂列龕五十三結僧
徒念佛歲元旦設果餌享佛盤千數名曰千盤會
藜牀瀋餘崇禎元年元旦立春諺云百年難遇歲朝
春適際改元尤千古罕遇
續文獻通考苗人以元日爲把忌閉門不出二七而
解

元旦部雜錄

書經舜典月正元日注月正正月也元日朔日也
大禹謨正月朔旦
左傳履端于始序則不愆疏履步也謂推步歷之初
始以爲術曆之端首
易通卦驗正旦五更鏤五色土于戶上厭不祥
師曠占五穀貴賤法常以正月朔占夏糶風從南來
東來者皆賤逆此者貴
陶朱公書元日有雷禾麥皆吉有雪夏秋大旱日出

時有紅霞主絲貴天晴爲上西北風主米貴每月如之諺云歲朝東北五禾大熟壬癸亥子之方謂之水門其方風來主水諺云歲朝西北風大雨定妨農西南風主米貴東南風及南風皆主旱

楚辭獻歲發春兮汨吾南征些菉蘋齊葉兮白芷生

漢書禮樂志七始華始肅唱和聲注七始天地人四時之始華始萬物英華之始也

孔光傳歲之朝曰三朝注歲之朝月之朝日之朝

鮑宣傳三始注正月一日爲歲之朝月之朝日之朝始猶朝也

易林更旦初歲振除禍敗新衣無服拜受利福

東方朔占書一日得甲子蟲災桑穀貴丙子旱戊子收庚子虎狠多壬子絲貴一日得甲寅穀畜貴丙寅油鹽貴戊寅壬寅穀先貴後賤庚寅穀畜貴如上旬先得丙寅雨少夏至雨多戊寅秋雨多壬寅冬雨多一日得乙卯荆楚米貴丁卯周秦米貴己卯燕趙米貴辛卯韓魏米貴癸卯宋魯米貴歲首得甲申五穀收丙申穀損蟲食菜戊申六畜災壬申澇

論衡變動篇天官之書以正月朝占四方之風風從南方來者旱從北方來者湛東方來者爲疫西方來者爲兵

四民月令正月一日七十二候之初三百六旬之始是謂正日

梅花酒元日服之却老

臧榮緒晉書履端元日正始之初

風土記月正元日五薰鍊形注嗽五辛盤所以助發五藏之氣也

王羲之月儀書日往月來元正首祚太簇告辰微陽始布罄無不宜和神養素

元中記今人正朝作兩桃人立門旁以雄雞毛置索中蓋遺像也

齊民要術正月旦取楊柳枝著戶上百鬼不入家

荆楚歲時記正月一日爲雞今一日不殺雞

輦下歲時記元日御樓御殿發號施令慶賜遂行

酉陽雜俎元日俗好於門上畫虎頭書聻字謂鬼名可息瘧癘

食譜閶闔門外有食肆人呼爲張手美家水產陸販隨需而供每節則專賣一物元日元陽臠

種樹書元日天未明將火把鬭中百樹上從頭用火燎過可免百蟲食葉之患

司馬光居家雜儀卑幼於尊長正旦六拜尊長減止則從命拜畢男女長幼各爲一列以次共受卑幼拜

雲笈七籤靈寶曰正月一日修續命齋勿殺生

夢溪筆談歲首畫鍾馗于門不知起自何時皇祐中金陵發一冢有石誌乃宋宗慤母鄭夫人宗慤有妹名鍾馗則知鍾馗之說亦遠矣

遯齋閒覽今人歲首畫鍾馗辟邪俗傳起於唐明皇按唐逸史開元中明皇晝夢一小鬼繞殿奔戲上前上叱問之曰臣乃虛耗也上怒欲呼武士俄見一大鬼頂破帽衣藍袍繫角帶鞁朝靴徑捉小鬼先刳其目然後擘而啖之上問曰爾何人也云臣終南山進士鍾馗也武德中應舉不捷羞歸故里觸殿階死奉旨賜綠袍葬之感恩發誓與我王除天下虛耗妖孽之事言訖夢覺乃名畫工吳道子圖之

石湖詩註成都元日滴酥爲花熬芋爲柳葉三夕張燈如上元

容齋續筆今人元日飲屠蘇自小者起相傳已久唐劉夢得白樂天元日舉酒賦詩劉云與君同甲子壽酒讓先杯白云與君同甲子歲酒合誰先

雲麓漫抄正月旦日世俗皆飲屠蘇酒自幼及長或寫作屠蘇千金方云屠蘇之名不知何義按梁宗懍荆楚歲時記云是日進椒柏酒飲桃湯服却鬼丸敷於散次第從小起注云以過臘日故崔寔月令過臘一日謂之小歲又曰小歲則用之漢朝元正則行之晉世蓋漢嘗以十月爲歲首也又云敷於散卽胡洽方云許山赤散並有斤兩則知敷於音訛轉而爲屠蘇小歲訛而爲自小起云

見聞錄元旦拜年衣冠逐逐大是可憎不知起於何時艾衡山先生一絕眞可撫掌也云不求見面惟通謁名刺朝來滿敝廬我亦隨人投數紙世情嫌簡不嫌虛

通考歲旦天色晴明氣候溫和主民安國泰五穀豐登人少病犧牲旺寇盜息

凡元日立春主民人大安諺云百年難遇歲朝春

正月朔旦三陽交泰萬物發生乃人道報本反始之時爲一歲初祭是日出神主於祭所拜獻

研北雜志揚子江中沙田田戶每歲旦取一瓻以稱水水重則是年江水大水輕則水小歲歲不差

便民書元日東方有靑雲人病春多雨白雲八月旱赤雲春旱黑雲春多雨南方有赤雲夏旱米貴

元日晴和無日色主有年日有暈主小熟有雷主一

方不寧有電人殃霞氣主蟲蝗蠶少婦人災果蔬盛有霜主七月旱禾苗吉有霧主桑貴而民疾有雪主夏旱秋水如未過立春而元日雪主大有年

農桑撮要北方莊家正月元旦夜東高長草把燒之名照庭火伺燒將過看向何方倒所向之方其年必熟

續文獻通考元燕樂分爲三隊樂音王隊正旦用之壽星隊聖節用之禮樂隊朝賀用之

羣芳譜元日值甲穀賤乙穀貴丙四月旱丁絲綿貴戊米麥魚鹽貴己米貴蠶傷多風雨庚田熟辛米平麥麻貴壬絹布豆貴米麥平癸主禾傷多雨一說元日值戊主春旱四十五日

遵生八牋正月朔忌北風主人民多病忌大霧主多瘟災忌雨雹主多瘡疥之疾忌月內發雷主人民多殃七日忌風雨主民災忌行秋令主多疫

道書正月一日天中節會之辰獻壽之日

稗史道州有舜祠凡遇正月初吉山狙羣聚於祠旁以千百數五日而後去次猿亦如之三日乃去土人謂之狙猿朝廟

體仁彙編五六月取絲瓜蔓上卷鬚陰乾至正月初一日子時用二兩半煎湯父母只令一人知溫浴小兒身面上下以去胎毒末不出痘

類占正朔之日天氣和潤風不鳴條兼有雲迎送出入者歲美無疾朔日晚至連三日內無風雨而陰和不見日色者主一歲大美

元旦部外編

神仙傳欒巴蜀人爲尚書正旦大會得酒不飲向西南噀之有司奏巴不恭謝曰臣里失火以此酒爲雨救之後蜀郡奏元日成都大火其中東北有大雨至救火雨中酒氣

桂陽列仙傳成武丁後漢時爲臨武小吏邑令遣至州太守元日宴郡官使之司酒忽取酒含而噀之衆怪問答曰適見臨武失火所以噀酒救之

南康記昔有盧耽仕州爲治中少學仙術每夕輒夌空歸家曉則還州嘗赴元會至曉不及預朝列化爲白鵠至闕前徊翔欲下威儀以帚擲之得一隻履耽驚還就列內外左右莫不駭異

杜陽雜編上好神仙不死之術時有處士伊祁元解縝髮童顏帝禮重之元解將還東海亟請於上上未之許過宮中刻木作海上三山綵繪華麗間以珠玉上因元日與元解觀之指蓬萊曰若非上仙無由得及此境元解笑曰三島咫尺誰曰難及臣雖無能試爲陛下一遊以探物象妍醜卽踴體於空中漸覺微小俄而入於金銀闕內左右連聲呼之竟不復有所見

法苑珠林佛言正月少陽用事萬神代位陰陽交精萬物萌生故正月一日持齋以助和氣

道經正月一日爲天臘五帝校定生人神氣時限長短益添年命其日宜求禱子孕

異聞總錄呂文靖公宅在京師楡林巷羣從數十遇時節朔望則昧旦共集於一處以須尊者之出文穆公之孫公雅年十八歲時當元日謹禮以卑幼故起太早命小妾持籠燈行前髣髴見數人立暗中奇形異服頗類世間瘟神相與語云待制來稍稍斂身向壁妾驚仆而燈不滅呂徐掖起之自攜籠行諸鬼慌窘悉趨壁而沒是歲一家皆染時疾惟呂獨無他後終徽猷閣待制鬼蓋先知之矣

雲笈七籤上靈元年正月一日六元合慶甲子直辰元始天王與太帝君共乘碧霞流飆輦上登九元之崖徘徊洞天逍遙極元有青鳥來翔口銜紫書集於玉軒奉受記文

談薈正月一日天地神祇朝三清

白獺髓有一朝士嘗爲相守有醫者以醫藥出入門下頗相善偶元日夜漏未盡在客次伺賀初至已有一客但見此客時時遣人入廳事詢問報云猶未醫亦不敢詢之如是凡三數次皆云猶未繼而迨曉辨色矣客怒罵連聲稱不孝上馬而去醫亦不詢他日從容與守言之問其狀貌乃其先也云適除夜飲酒過多逮曉方享祀耳蓋夫鬼本陰唯夜可以來耳

欽定古今圖書集成曆象彙編歲功典

第一百二十五卷目錄

歲功典第二十五卷

人日部彙考

東方朔占書

人日

歲後七日是日晴所生之物育陰則災

荆楚歲時記

人日

正月七日爲人日以七種菜爲羹翦綵爲人或鏤金箔爲人以貼屏風亦戴之頭鬢又造華勝以相遺登高賦詩

按董勛問禮俗曰正月一日爲雞二日爲狗三日爲猪四日爲羊五日爲牛六日爲馬七日爲人正旦畫雞於門七日貼人於帳今一日不殺雞二日不殺狗三日不殺猪四日不殺羊五日不殺牛六日不殺馬七日不刑亦此義也古乃磔雞今則不殺荆人於此日向晨門前呼牛馬雞畜令來乃置粟豆於灰散之宅內云以招牛馬未知所出翦綵人者人入新年形容改從新也華勝起於晉代見賈充李夫人典戒云像瑞圖金勝之形又取像西王母戴勝也舊以正旦至七日諱食鷄故歲首唯食辛菜又餘日不刻牛馬羊狗豬之像而二日福施人鷄此則未喻郭緣生述征記云壽張縣安仁山宋東平王鑿山頂爲人日會望處刻銘於壁文字猶在老子云衆人熙熙如登春臺楚詞云目極千里傷春心則春日登臨自古爲適但不知七日竟起何代晉代桓溫參軍張望亦有正月七日登高詩近代以來南北同耳北人此日食煎餅於庭中作之云薰天未知所出按宋東平王述征記緗素雜記俱作熏

遼史

禮志

歲時雜儀人日凡正月之日一鷄二狗三豕四羊五牛六馬七日爲人其占晴爲祥陰爲災俗煎餅食於庭中謂之薰天

事物紀原

人日原始

東方朔初置人日

遵生八牋

人日

七日爲人是日日色晴明溫煖則安泰若值風雨陰寒氣象慘烈思預防以攝生

本草綱目

吞豆祛病

正月七日新布囊盛赤小豆置井中三日取出男吞七枚女吞二七枚竟年無病也

直隸志書各省風俗同者不載

良鄉縣

正月初七人日攜酒登高

吳橋縣

正月初七日俗謂人七日民間忌點燈爲鼠娶婦

廣平府

人日點麪燈祭本命星辰

山東志書

臨邑縣

人日之夕不張燈爲鼠忌

壽光縣

人日樹消息削三寸木片以軸貫之聯以絲車剪綵爲絡絲娘懸之高竿所以驗風占歲也

山西志書

潞安府

人日送綵勝遊宴

澤州

人日夜初分各然燈熟稷米祀斗祈福

河南志書

商丘縣

正月七日俗傳閼伯火正生日男女車馬香火集於閼伯臺併郡之火星廟

江南志書

常熟縣

正月七日爲人日晴則少疾疫

如皋縣

人日婦女剪綵爲人或爲燕雀相餽遺以爲鬢髻之飾王沂公詩綵燕迎春入鬢飛

通州

人日薦辛盤飲酒賦詩

懷寧縣

七日謂之人日及暮群小兒鳴金器放火爆自室以內達外咸云逐毛狗又婦女於是夜迎紫姑以占衆事又炒豆粟粳米擲之室隅以飼鼠謂之炒雜蟲又於此日禁言鼠事

太湖縣

七日謂之人日以一人執斧伐果木以一人作求免

狀曰今歲必多實夜取蠟葉炮火中爗烈相聞謂驅蜈蚣蚰蟻之類

宿松縣

人日置酒肴薤楮幣以送祖先士民各就本業

含山縣

人日以陰晴占疾病

浙江志書

杭州府

人日貼人於帳重人也

歸安縣

人日郊外踏青

淳安縣

人日坊東西兩廂迎賀神設祭豐腆各坊扮露臺極工巧以送神歸廟

江西志書

新建縣

人日俗稱上七早食羹湯畢農事農功商理商業諺曰喫了上七羹大人小子務營生

萬載縣

人日各家具香燭紙馬祀奉神祇謂之祀七

湖廣志書

雲夢縣

人日採七種菜和米粉食之曰七寶羹

江陵縣

人日剪綵爲人貼屏風上董勛曰像人入新年形容改從新也

四川志書

順慶府

蜀有樂山在渠縣北每歲人日邑人將鼓笛酒食登此娛樂以祈蠶事

人日部總論

緗素雜記

人日

西清詩話云都人劉克者窮該典籍之事多從之質嘗注杜子美詩元日到人日未有不陰時人知其一不知其二唯杜子美與克會耳起就架上取書示諸客曰東方朔占書也歲後八日一日雞二日犬三日豕四日羊五日牛六日馬七日人八日穀其日晴所主之物育陰則災少陵意謂天寶離亂四方雲擾幅裂人物歲歲俱災此豈春秋書王正月意邪深得古人用心如此又按宗懍荆楚歲時記云正月七日謂之人日採七種菜以爲羹剪綵爲人或鏤金箔爲人以貼屏風亦戴之頭鬢求之經典罕有此事唯魏東平王翕爲安仁峰銘云正月元七厥日爲人策我良駟陟彼安仁載在名集此爲證矣又北史魏收傳云魏帝宴百寮問何故名人日皆莫能知收曰晉議郎董勛答問禮俗云正月一日爲雞二日爲狗三日爲猪四日爲羊五日爲牛六日爲馬七日爲人然東方朔占書有八日爲穀而魏收所引董勛之語止及於七日何邪然安仁峰銘所用亦云七日爲人而宗懍指此爲證蓋宗懍又未嘗見東方朔占書而妄爲之說也惟劉克爲博學余嘗觀沈存中筆談亦以謂士人劉克按夔州圖經辨烏鬼事甚詳而西清詩話又美其窮該典籍眞奇士也唐李義山人日詩云文王喻復今朝是子晉吹笙此日同舜格有苗旬太遠周稱流火月難窮鏤金作勝傳荆俗剪綵爲人起晉風獨有道衡詩思苦離家恨得二年中

人日部藝文一

人日飲酒賦　宋張耒

歲後七日其名曰人愛此嘉名酌酒歡欣豈木竹之始和生庶彙而施仁又曰人者三才之中將和中之肇布易嚴殺之殘冬也乃命婦子班坐行觴酌兕相祝壽考無疆有否必泰無窮不通請觀庭下之枯折霜霰消而敷榮羽蟲感陽而羣嬉況乎雲間之飛鴻於是三酌既醉喜有所得安偈促而不欲悟倚伏之無極

人日部藝文二 詩詞

正月七日登高侍宴　北齊陽休之

廣殿麗年暉上林起春色風生拂雕輦雲迴浮綺翼

和人日晚景宴昆明池　北周庾信

春餘足光景趙李舊經過上林柳腰細新豐酒徑多小船行釣鯉新盤待摘荷蘭皐徒稅駕何處有凌波

人日思歸　隋薛道衡

入春纔七日離家已二年人歸落鴈後思發在花前

人日重宴大明宮恩賜綵縷人勝應制

唐崔日用

新年宴樂正東朝鐘鼓鏗鍠大樂調金屋瑤筐開寶勝花牋綵筆頌春椒曲池苔色氷前液上苑梅香雪裏飄宸極此時飛聖藻微臣竊忭預聞韶

奉和人日清暉閣宴羣臣遇雪應制　宗楚客

窈窕神仙閣參差雲漢間九重中禁啓七日早春還太液天爲水蓬萊雪作山今朝上林樹無處不堪攀

人日剪綵　張九齡

姹女矜容色爲花不讓春既爭芳意早誰待物華眞葉作參差發枝從點綴新自然無限態長在豔陽辰

軍中人日登高贈房明府　朱之問

幽郊昨夜陰風斷頓覺朝來陽吹暖涇水橋南柳欲黃杜陵城北花應滿長安昨晚寄寒衣短翮登茲一望歸關道凱旋乘騎入看君走馬見芳菲

人日侍宴大明宮恩賜綵縷人勝應制　李嶠

鳳城景色已含韶人日風光倍覺饒桂吐半輪迎此夜蓂開七葉應今朝魚猜氷凍行猶澁鶯喜春熙弄欲嬌愧奉登高搖彩翰欣逢御氣上丹霄

奉和人日清暉閣宴羣臣遇雪應制　前人

三陽偏勝節七日最靈辰行慶傳芳蟻升高綴綵人階前蓂候月樓上雪驚春今日銜天造還疑上漢津

人日宴大明宮恩賜綵縷人勝應制　李適

朱城待鳳韶年至碧殿疏龍淑氣來寶帳金屏人已貼圖花學鳥勝初裁林香近接宜春苑山翠遙添獻壽杯向夕憑高風景麗天文垂曜象昭回

奉和人日清暉閣宴羣臣遇雪應制　蘇頲

樓觀空煙裏初年瑞雪過苑花齊玉樹池面作銀河七日祥圖啓千春御賞多輕飛傳綵勝天上奏薰歌

人日重宴大明宮恩賜綵縷人勝應制　前人

疏龍磴道切昭回建鳳旗門繞帝臺七葉仙蓂依月吐千條御柳拂煙開初年競貼宜春勝長命先浮獻壽杯是日皇靈知竊幸羣心就捧大明來

奉和人日清暉閣宴羣臣遇雪應制　李乂

上日登臺賞中天御輦飛後庭聯舞唱前席仰恩輝睿作風雲起農祥雨雪霏幸陪人勝節長願奉垂衣

人日重宴大明宮恩賜綵縷人勝應制　前人

詰旦行春上苑中憑高却下大明宮千年執象寰瀛泰七日爲人慶賞隆綵鳳曾騫搖瑞雪銅烏細轉入祥風此時朝野歡無算此歲雲天樂未窮

人日燕大明宮恩賜綵縷人勝　馬懷素

萬宇千門平旦開天容辰象列昭回三陽候節金爲勝百福迎祥玉作杯就暖風光偏著柳辭寒雪影半藏梅何幸得參詞賦職自憐終乏馬卿才

人日重宴大明宮賜綵縷人勝應制　沈佺期

拂旦雞鳴仙衛陳憑高龍首帝城春千官黼帳杯前壽百福香奩勝裏人山鳥初來猶怯囀林花未發已偷新天文正應韶光轉設報懸知用此辰

人日應清暉閣宴羣臣遇雪應制　趙彥昭

出震乘東陸憑高御北辰祥雲應早歲瑞雪候初旬宮樹千花發階蓂七葉新幸承今日宴長奉萬年春

人日重宴大明宮恩賜綵縷人勝應制　鄭愔

瓊殿含光映早輪玉鑾嚴蹕望初晨池開凍水仙宮麗樹發寒枝禁苑新佳氣徘徊龍細綱殘霙淅瀝染輕塵良時荷澤皆迎勝窮谷晞陽猶未春

人日剪綵　徐延壽

閨婦持刀坐自憐裁剪新葉催情綴色花寄手成春貼燕留妝戶粘雞待餉人擎來問夫壻何處不如眞

人日寄杜二拾遺　高適

人日題詩寄草堂遙憐故人思故鄉柳條弄色不忍見梅花滿枝空斷腸身在遠藩無所預心懷百憂復千慮今年人日空相憶明年人日知何處一臥東山三十春豈知書劍老風塵龍鍾還忝二千石愧爾東西南北人

人日　杜甫

元日到人日未有不陰時氷雪鶯難至春寒花較遲雲隨白水落風振紫山悲蓬鬢稀疎久無勞比素絲

又

此日此時人共得一談一笑俗相看樽前柏葉休隨酒勝裏金花巧耐寒佩劍冲星聊暫拔匣琴流水自須彈早春重引江湖興直道無憂行路難

人日代客子是日立春　張繼
人日兼春日長懷復短懷遙知雙綵勝併在一金釵
和汴州李相公勉人日喜春　戴叔倫
年來日日春光好今日春光好更新獨獻菜羹憐應
節遍傳金勝喜逢人煙添柳色看猶淺鳥踏梅花落
已頻東閣此時聞一曲翻令和者不勝春
人日城南登高　韓愈
初正候纔兆涉七氣已弄靄靄野浮陽暉暉水披凍
聖朝身不廢佳節古所用親交既許來子姪亦可從
盤蔬冬春雜樽酒清濁共令徵前事爲觴詠新詩送
扶杖凌圮阯刺船犯枯葑戀池羣鴨迴釋嶠孤雲縱
人生本坦蕩誰使妄倥傯直指桃李闌幽尋寧止重
人日立春　盧仝
春度春歸無限春今朝方始覺成人從今克己應猶
及願與梅花俱自新
人日即事　李商隱
文王喻復今朝是子晉吹笙此日同舜格有苗旬太
遠周稱流火月難窮鏤金作勝傳荆俗剪綵爲人起
晉風獨想道衡詩思苦離家恨得二年中
人日　林滋
春輝新入碧煙開芳院初將穆景來共向花前圖瑞
勝試看池上動輕苔林香半落沾羅幌蕙色微含近
酒杯聞道宸游方命賞應隨恩賚喜昭回
人日遊蟆頤山　宋陸游
玻瓈江上柳如絲行樂家家要及時只怪今朝空巷
出使君人日宴蟆頤
人日出遊湖上　楊萬里
放閒冷泉亭抽動一天碧平地踏雪山晴空下霹靂
去時數點雨歸時數片雪雨雪兩不多山路雙清絕
舊臘綠多雪新年未有梅慇懃下天竺隔水兩株開
人日有懷愚齋張兄緯文　金元好問
書來聊得慰懷思清鏡平明見白髭明月高樓燕市
酒梅花人日草堂詩風光流轉何多態兒女青紅又
一時澗底孤松二千尺殷勤留看歲寒枝
人日書懷　元元淮
麗日池塘凍水消嫩紅嬌白見芳苗郊原雪霽東風
輭籬落梅殘碧玉彫便好踏青穿細草不妨攜酒騾
鳴鑣遙憐九曲沙堤畔多少鵝黃上柳條
人日立春　趙孟頫
今年人日與春并人得春來喜氣迎宮柳風微金鏤
重御溝冰泮玉鱗生陰消已覺餘寒散陽長爭看曉
日明霜鬢綵旛渾不稱強題新句慰羈情
人日從駕幸南郊粢贊善以詩柬寄因和之　明胡儼
紫陌雞鳴遠報晨百官朝罷出楓宸龍旗夾道先傳
警鳳輦春行不動塵禮樂幸逢全盛日耕桑俱是太
平人千門萬戶東風暖勝裏金花剪綵新
丁未年人日　徐賁
人日轉寒深春城澹澹陰殘梅仍故色啼鳥換新音
曆喜逢時看詩多感物吟愁來渾是醉誰道酒能禁
人日　薛蕙
暉暉晴日透簾帷冉冉和風颺鬢絲對老自傾田舍
酒故人誰寄草堂詩即看梅柳春含早預想鶯花景
不遲旋斸園蔬辦家釀剩判酩酊艷陽時
人日　沈德孚
挑菜傳人日山村樸未知雪深添酒券風橫緩燈期
歲事因貧略春光遇閏遲梅園縱深閉宜賞寂寥時
人日對雪　柳應芳
人日逢晴勝不晴雪亦嘉當由催剪綵碎却幾梅花
人日立春林民部宅觀妓　吳兆
雙節值新年東風裊妓筵土牛官鼓迓彩燕內人傳
杏子裁衫薄梅花點額圓歌深眉黛蹙酒重臉紅妍
香霧迷窻鳳金屏影柱蓮尚書舊東第賓客喜重延
臨江仙人日　宋賀鑄
巧剪合歡羅勝子釵頭春意翩翩豔歌淺笑拜嫣然
願郎宜此酒行樂駐華年　未至文園多病客幽襟
淒斷堪憐舊遊夢掛碧雲邊人歸落鴈後思發在花
前
一萼紅人日　姜夔
古城陰有官梅幾許紅萼未宜簪池面冰膠牆腰雪
老雲意還又沈沈翠藤共閒穿徑竹漸笑語驚起臥
沙禽野老林泉故王臺榭呼喚登臨　南去北來何
事蕩湘雲楚水目極傷心朱戶黏雞金盤簇燕空歎
時序侵尋記曾共西樓雅集想垂柳還裊萬絲金待
得歸鞍到時只怕春深
齊天樂三樂人日　陸游
客中隨處閒消悶來尋嘯臺龍岫路斂春泥山開翠
霧行樂年年依舊天工妙手放輕綠萱芽淡黃楊柳
笑問東君爲人能染鬢絲否　西州催去近也帽檐
風輭且看市樓沽酒宛轉巴歌淒涼塞管攜客何妨
頻奏征塵暗袖漫禁得梅花伴人疏瘦幾日東歸畫

船平放溜

人日部紀事

遵生八牋劉臻妻陳氏於人日作人勝剪綵或鏤金爲之

金陵志宋武帝女壽陽公主人日臥含章殿簷下梅花落額上成五出花拂之不去後人效之號梅花妝

壽陽記正月七日宋王登望仙樓會羣臣父老集於城下令皆飲一爵文武千人拜賀上壽

趙伯符爲豫州刺史立義樓每至人日乃於樓上作樂樓下男女盛飾遊觀行樂

魏書魏收自序武定二年除正常侍領兼中書侍郎仍修史帝宴百寮問何故名人日皆莫能知收對曰晉議郎董勛答問禮俗云正月一日爲雞二日爲狗三日爲猪四日爲羊五日爲牛六日爲馬七日爲人時邢邵亦在側甚恧焉

北齊書崔㥄傳㥄子瞻爲相府中兵參軍轉主簿世宗崩祕未發喪顯祖命瞻兼相府司馬使鄴魏孝靜帝以人日登雲龍門其父㥄侍宴又敕瞻令近御坐亦有應詔詩問邢邵等曰此詩何如其父咸云㥄博雅弘麗瞻氣調清新並詩人之冠讌罷共嗟賞之咸云今日之讌併爲崔瞻父子

述征記魏東平王翕七日登壽張縣安仁山鑿山頂爲會望處刻銘于壁文字猶在銘云正月七日厥日爲人策我良駟陟彼安仁

隋唐嘉話薛道衡聘陳爲人日詩云入春纔七日離家已二年南人嗤之曰是底言誰謂此人解作詩及云人歸落鴈後思發在花前乃喜曰名下固無虛士

玉燭寶典蜀中鄉市士女以人日擊小鼓唱竹枝歌作雞子卜

唐六典膳部節日食料有正月七日煎餅

唐會要貞觀三年正月七日製破陣樂舞圖呂才教舞百二十八數日而就

嘉話錄鄭公嘗出行以正月七日謁見太宗太宗勞之曰卿今日至可謂人日矣

唐會要儀鳳三年正月七日于藍田作凉宮名萬全宮

景龍文館記中宗景龍三年正月七日上御清暉閣登高遇雪因賜金綵人勝令學士賦詩是日甚歡宗楚客詩云窈窕神仙閣參差雲漢間九重中禁啓七日早春還太液天爲水蓬萊雪作山今朝上林樹無處不堪攀正謂此也

唐詩紀事景龍四年正月七日宴大明殿觀打毬

清異錄南唐王建封不識文藝族子有動植疏俾吏錄之其載鴿事以傳寫訛謬分一字爲三變而爲人日鳥矣建封信之每人日開筵必首進此味

事物紀原太平興國二年正月初七日太宗親試呂蒙正以下並賜及第

蘇軾詩題人日獵城南會者十人以身輕一鳥過槍急萬人呼爲韻

蘇轍踏青詩序眉之東門十數里有山曰蟇頤山上有亭榭松竹下臨大江每正月人日士女相與遊嬉飲酒于共上謂之踏青

東京夢華錄元宵大內前自歲前冬至後開封府絞縛山棚立木正對宣德樓遊人已集御街兩廊下至正月七日燈山上綵金碧相射錦繡交輝面北悉結綵山皆畫神仙故事橫列山門各有綵結金書大牌曰宣和與民同樂綵山左右以綵結佛像跨獅子用轆轤絞水上燈山尖高處用木櫃貯之逐時放下如瀑布狀又於左右門上各以草把縛成戲龍之狀用青幕遮籠草上密置燈燭數萬盞望之蜿蜒如雙龍飛走

立春剪綵蜨春燕爲瑞人日亦然

范成大吳郡志淳祐九年正月人日郡守鄭霖會三學同舍顏巖等四十二人序拜於天慶觀禮成宴于郡之春雨堂

宋史王應麟傳應麟遷著作郎守軍器少監經筵値人日雪帝問有何故事應麟以唐李嶠李乂等應制詩對因奏春雪過多民生饑寒方寸仁愛宜謹感召

圖經夔州人重諸葛武侯以人日傾城出八陣磧上謂之蹋磧婦人拾小石之可穿者以綵索繫於釵頭以爲一歲之祥府帥宴于磧上

四川嘉定州志州有金燈山山趾有淵每歲人日太守於此修油卜故事謂以油灑水面觀其紋驗一歲

豐歉

正月七日無爲大道元眞立下八品治氣要訣在掌中

正月七日是三會日宜修延神齋吉

談薈正月七日北極元天眞武上帝午時下降

人日部雜錄

食譜張手美家人日六一菜

紀曆撮要七日人晴明民安君臣和會

遵生八牋正月人日當登山眺遠李充詩曰命駕升西山寓目眺原疇

四時纂要曰初七日爲上會日可設齋醮大吉

人日部外編

桂陽列仙傳桓帝永壽元年人日老君駕龍輿命張道陵乘白鶴同往成都玉局說南北斗經玉牀自地而出

雲笈七籤正一眞人告趙昇曰人身有三魂一名胎光太淸陽和之氣也生於始青元君聖母之宮降於正月七日以本降之日上詣本宮受事送人善惡

三元品戒經云正月七日天地水三官檢校之日可修齋

歲功典第二十六卷

上元部彙考

齊民要術

占陰陽

物理論曰正月望夜占陰陽陰長即旱陽長即水立表以測其長短審其水旱表長二尺月影長二尺大旱二尺五寸至三尺小旱三尺五寸至四尺調適高下皆熟四尺五寸至五尺小水五尺五寸至六尺大水月影所極則正面也立表中正乃得其定

荊楚歲時記

上元事攷

正月十五日作豆糜加油膏其上以祠門戶先以楊枝插門隨楊枝所指仍以酒脯飲食及豆粥插箸而祭之

按續齊諧記曰吳縣張成夜起忽見一婦人立于宅東南角謂成曰此地是君家蠶室我即此地之神明年正月半宜作白粥泛膏其上以祭我當令君蠶桑百倍言絕而失所在成如言作膏粥自此後大得蠶世人正月半作粥禱之加肉覆其上登屋食之呪曰登高糜挾鼠腦欲來不來待我三蠶老則是為蠶逐鼠矣石虎鄴中記正月十五日有登高之會則登高又非今世而然者也

其夕迎紫姑以卜將來蠶桑并占衆事

按劉敬叔異苑云紫姑本人家妾為大婦所妬正月十五日感激而死故世人作其形迎之呪云子胥不在云是其壻曹夫人已行云是其姑小姑可出於廁邊或豬欄邊迎之捉之覺重是神來也平原孟氏嘗以此日迎之遂穿屋而去自爾著以敗衣蓋為此也洞覽云帝嚳女將死云生平好樂至正月可以見迎又其事也俗云溷廁之間必須靜然後致紫姑雜五行書廁神名後帝異苑云陶侃如廁見人自云後帝著單衣平上幘謂侃曰三年莫說貴不可言將後帝之靈憑此姑而言乎

談苑

占麻

禪師惠南嘗言上元一夕晴麻小熟兩夕晴麻中熟

三夕晴麻大熟若陰雨麻不登占亦如此云絕有驗

退朝錄

然燈

上元然鐙或云沿漢祠太一自昏至晝故事梁簡文帝有列鐙賦陳後主有光壁殿遙詠山鐙詩唐明皇先天中東都設鐙文宗開成中建鐙迎三宮太后是則唐以前歲不常設本朝太宗時三元不禁夜上元御乾元門中元下元御東華門後罷中元下元二節而初元遊觀之盛冠于前代

農政全書

占候

上元日晴春雨少諺云上元無雨多春旱

事物原始

元宵觀燈

周禮有司寤氏掌夜時以星分夜以詔夜士夜禁禦晨行者禁宵行者夜遊者按漢制執金吾杖掌宮外戒常水火之事曉暝傳呼以禁夜行惟元夕金吾放夜前後各一夕今元宵不禁夜自漢始朝野僉載唐睿宗先天二年正月望日夜于安福門外作燈輪高二十丈衣以錦繡然燈五萬盞監之如花樹宮女千數衣羅綺曳錦繡耀珠翠長安少婦千餘人于燈下踏歌此天子御樓觀燈之始詩云火樹銀花合星橋鐵鎖開是也明皇雜錄曰上在東都移仗上陽宮設蠟炬連屬不絕結繒綵爲燈樓三十間高百五十尺垂以珠玉微風一動鏗然成聲其燈爲龍鳳虎豹之狀自古至今於此爲盛

酌中志略

宮中上元

正月十五日上元亦曰元宵內臣宮眷皆穿燈景補子蟒衣乾清宮丹墀內自二十四日起至次年正月十七日止每日晝間放炮遇風大暫止一日半日其安放鼇山燈扎煙火凡遇聖駕陞座伺候花炮聖駕回宮亦放大花前導皆內官監職掌其前導擺對之滾燈則御用監燈作所備者也

直隸志書各省風俗同者不載

宛平縣

正月八日至十六日商賈於市集燈花百貨珠石羅綺古今異物貴賤雜遝貿易曰燈市舊在東華門外燈市街今散置正陽門外花兒市菜市琉璃廠店諸處惟豬市口南爲盛元宵前後金吾弛禁賞燈夜飲火樹銀花星橋鐵鎖殆古之遺風云民間擊太平鼓跳百索耍月明和尚男婦率於是夕結伴遊行親鄰相過從至城門下摸釘兒過津梁曰走橋兒數日中有以詩詞隱語粘於屋壁令人破其謎曰商燈至夜各家以小盞點燈徧散井竈門戶砧石曰散燈

良鄉縣

正月元宵張燈遊文廟走泮橋食瓜種元宵放花炮弛夜禁十六日攜酒餚往燎石岡繞塔諺云走百病

通州

正月十五日製元宵果相餽

昌平州

元宵通衢及寺廟張燈爲樂自十四日始爲試燈十五日爲正燈十六日爲殘燈每夜舉放花炬男女羣遊謂之走百病且以繩跳躍爲戲謂之跳百索其郊埛村落率編竹爲河流九曲之形謂之黃河燈老稚嬉遊其間必隨灣旋轉否則迷不得出

永平府

望日上元官舉鄉飲通衢張燈謂之正燈官舉火樹民放煙火觀或達曙男女羣遊謂走百病是節本漢家祀太乙昏時祀到明又西域摩瑞隱國僧徒俗衆集觀佛舍利放光雨花也故或賽寺觀及諸神廟焉亦有俗子謂上元天官賜福之辰持齋誦經閉戶不出者至次日爲殘燈傾城士女出病婦亦羣聚窯下曰陶灸兒女交錯度橋謂度百厄或蒸紙裁剪爲九條信手結曰結羊腸占休咎又有邀廁姑問吉凶焉又有笤帚姑箕姑針姑葦姑者皆女巫因走病而誑誕其俗也或用脊油貯之麪盞十二蒸於釜依月而驗有積水者主多雨微濕及乾者雨多少如之

新城縣

正月十五日取蜀秸一節劈開內安十二豆仍兩合夾豆以線束縛置水內十六晨取開視豆漬淺深卜十二月水旱以秸之上端爲正月依次下數之

靜海縣

上元以大饅頭爲節食

吳橋縣

元宵張燈祭月煙火雜劇婦女往南堤聖母廟進香求嗣夜出觀燈士子拜文廟花爆燈火徹夜不休

慶雲縣

元宵男請五祖教奉棒女請紫姑卜休咎

定州

上元日以竹絲製人物故事花果禽魚及以楮剪人

馬火以運之名走馬燈繫煙火藥炮於高棚自下燃之次達於頂設燈於塔望如列星以油餽粉圓爲節食十六日前夕置紙釜中且設香案縷而結之名九女封以占吉凶

曲陽縣

正月十五日登高昔隋文帝是日與近臣登高獨元冑不在帝馳召之謂曰公與外人登高不若就朕今猶其遺俗也

新河縣

元宵日結綵張燈簫鼓喧闐巷置火樹遊人往來觀賞又家蒸黍麪爲小燈數百盞燃之中庭凡竈陘井臼戶霤堦欄各置一盞謂之除虛耗

曲周縣

上元前後爲元宵人家再祀天地祖先村落結山棚提傀儡會酒食城市街心懸燈或綵籤作聯句巷縛火樹銀花排燈作天下太平等字謂之燈山香車寶馬徹夜笙歌席間張燈餌粉作丸置湯中謂之元宵

保安州

上元前後五日街市張燈獅火社夥甚多謂之鬬勝

宣府鎭

上元節前後張燈三夜其像生人物種種不同委巷通衢珠懸星布若白晝然或祭賽神廟則架爲鼇山臺閣戲劇滾燈煙火奇巧相誇

山東志書

淄川縣

元宵張燈前後凡三夜俗曰十四主麥十五主穀十六主豆月明風恬者收登也臨水者多放河燈

齊東縣

元宵沿戶張燈飲酒爲樂十四日至十六日初昏時有風則歉無風則豐謂之占歲燈

霑化縣

元宵節家懸燈於門燃燈於天地家廟及各處所好事者或扎呼臺高丈餘上分內外懸花紅於簷前以樹綵標比晚燈燭輝煌花炮震爛臺下傾耳者不可勝計鼓罷發呼如射覆狀一呼百應得之者金鼓迎上給花紅樂人高歌侑酒三觥而下喧譁幾通宵

寧陽縣

元宵送燈於祖塋

城武縣

正月十五日蒸麪繭前後三夕設麪燈置戶牖几榻罌釜間

曹縣

上元張燈火樹銀花三日不絕俗尚雪花燈淨白連四紙剪成一歲之力止成一燈外標雪花內行連環細錯有三層四層極其工緻嘗年惟楊氏燈至七層焉每逢佳節戶懸此燈一望皓素繽紛如同雪幕遊人遍歷因占女工焉又元宵士女過石橋遊烈女寺城內艮方李光祿賜葬處翁仲拱列有疾者是日往灸石人而遊觀士女絡繹成隊與省會都下略相似焉

平陰縣

元夜婦人作油盞視其花占五穀綿蠶

登州府

上元好事者作燈謎於通衢羣聚觀之謂之打獨腳虎

福山縣

上元日明倫堂舉鄉飲酒禮會本地致仕官齒德爵高者爲賓文行兼優年高退隱者爲介鄉人有齒德者舉爲耆縣正爲主率教官典史爲僎迎賓等於庠門之外三揖至階三讓升堂命生徒讀律誥揚觶鳴鐘鼓乃坐賓於西北以應秋冬尊嚴之氣坐主於東南以應春夏溫厚之德又坐介者以輔賓坐僎以輔主人陳豆酌酒皆用贊禮者贊之遂歌鹿鳴三章以侑飲凡陳豆酌酒贊禮歌詩皆教官預定生徒以供厥職而邑俗生徒又致私敬遍酌酒於賓主以下禮終賓主朝闕謝恩畢縣正拜送賓等於庠門外十六日鄉村裝雜劇祈年此後農家擇母倉日照方向祭牛馬王神飼耕牛名曰試犂

招遠縣

上元余按劉同人景物略張燈之始也漢祀太乙自昏至明僧史謂西域臘月晦日名大神變燒燈表佛漢明因之然臘月也梁簡文有列燈賦陳後主有山燈詩亦復未知歲燈何時月燈何夕也張燈之始上元初唐也睿宗景雲二年正月望日胡人婆陀請燃千燈帝御安福門縱觀上元三夜燈之始盛唐也元宗正月十五前後二夜金吾弛禁開市燃燈永爲式上元五夜燈之始北宋也乾德五年太祖詔曰朝廷無事年穀屢登上元可增十七十八兩夜上元六夜燈之始南宋也理宗淳祐三年請預放元宵自十三日起巷陌橋道皆編竹張燈而上元十夜燈則始明太祖初建南郡盛爲綵樓招徠天下富商放燈十日

是上元燈節歷代有加競以繁華爲觀美而耗蠹物力寖成汰俗不無太甚余邑僻處負海放燈三日街市相對掛綵繩綴繫燈其下謂之過街燈庭中設宴放筒花餅花大小不一雜以火炮起火謂之放散花市肆巷口則居民斂錢架煙火放之謂之放大架花又有好事者陳百戲鳴鑼鼓爲節嬉遊竟夜

山西志書

洪洞縣

元宵作麪窩雞子大者十二以象十二月每窩標記某月用甑蒸之視水多寡有無以稽是月水旱和元宵薦先

潞安府

上元蒸麪繭以祀蠶姑作粘穗以祀穀神

壺關縣

元宵不重燈

澤州

上元設脯精果醴懸燈於門旁列爐焮名云人火火光騰灼簫鼓喧闐往來裙屐丙夜嬉遊十六日鄉城男女擁趨厲壇以艾灸柏樹謂之走百病

馬邑縣

上元張燈於大門外壘土爲臺架炭其上而燃之間有作煙花火樹以供神廟者武職衙門於是夜舉放火炮祭火神

河南志書

陳州

元宵閨閣女子有請七姑娘之戲先取柳木於元旦五更密埋糞中上元取出縛木杓爲首以門神紙蒙之著衣服依人而動以叩頭之數占歲豐凶

襄城縣

元宵吃餛飩湯謂之團圓茶相見爲禮如元旦之儀是日母氏迎女歸寧

內鄉縣

元宵大家婦女無出遊者

郟縣

元宵慶燈節老幼有病者各詣石龜灸之若本地有河橋則相與過橋無則共攢木板搭數丈高名曰天橋男女咸集過之謂之走百病

陝西志書

咸寧縣

元宵爲粘糕麪繭俗爲乞蠶及元宵圓以獻祖先餽親友惟新親爲盛佐以衣物酒果花火燈燭之屬謂之寵燈貧富有差

興平縣

元宵居民各立社會宰豬羊設香燭張鼓樂或廟或家以娛神燈火甚盛遊樂達旦

鳳翔縣

元宵日家家請壻並女謂之吃十五且送燈送油謂之添油

西鄉縣

元宵三日閭巷張燈結綵各陳果榼俟官府遊玩稱觴上下同樂

江南志書

句容縣

元夕有社會張華燈宴聚達旦

蘇州府

元宵月明時建木表於地長一尺五寸據表之長而中分之爲七寸半者二月影適及爲豐不及則旱過則水

常熟縣

上元日家和米粉爲丸曰接竈

嘉定縣

正月十五日爲上元節先數日賣燈謂之燈市燈有楮練羅帛之屬繪縷人物故事或爲花果蟲魚動植之像好事者或爲藏頭詩句懸雜物於几任人商揣曰燈謎亦曰彈壁燈揣著者其物聽其取去豪家富室則有線絲琉璃魚魫綵珠明角羊皮夾紗麥絲竹縷流蘇寶帶鼇山諸品至期則結綵棚於衢巷懸燈爭勝白日遊觀名曰看彩色夜擊鑼鼓曰鬧元宵鄉村土人以迎土地神聯百千燈籠爲身輥毬燈爲珠亙街穿巷導以旌旄夾以鼓吹以迎神而祈水澤農家於望夕以高炬照田四隅曰照田蠶又造麪繭今俗所製正如蠶繭狀蒸之餡內占水旱卜流年休咎歲時記謂即厚皮饅頭大謬　俗謂正月百草俱靈故於燈時備諸祠卜之戲然多婢子爲之故於箕帚竹葦之類皆能響卜　箕姑以箕插筯蒙以巾帕請之至則兩手托其腋能寫字能擊人或但舂舉以應卜者所叩　帚姑以敝帚繫裙以卜至則能起臥以占事　竹姑以小竹剖爲兩二人各一筯對撞兩端相向如舁輿狀爇楮禱之神至則雙筯中合相戛爲兆惟人所占以數多寡爲驗或能鼓其中謂之開花也葦姑亦同　鍼姑以鍼對穿一線請之神至則

鍼尾相合爲兆以卜巧拙占吉凶舊說魏文帝美人薛妃鍼㡌入神能暗室剪裁故後世女子祀之以卜巧　七姑羣女以箕帚偷門神糊於上畫成人面以柳枝爲身以衣覆之相和以請之神來即能拜而扶之則重或云唐俗元宵請戚姑之神蓋漢之戚夫人死於厠故凡請者詣厠請之今俗稱七姑音近是也

紫姑顯異錄云紫姑萊陽人姓何名媚字麗卿壽陽李景納爲妾其妻妬之正月十五陰殺之於厠中天帝憫之命爲厠神故世人作其形夜於厠間迎祀以占衆事俗呼爲三姑又云坑三姑娘

松江府

元夕采竹柏結棚於通衢作燈市觀者嬉遊或至達曙燈有滿園春衆星捧月鑑裝龍山走馬諸名色皆刻飾楮帛或琉璃魚魫竹絲麥秸建珠山東珠爲之四周懸帶剪簇綵繪尤極精麗一枚有直數十緡者煙火尤盛其制以火藥實紙卷中大小數百爲一架植巨木懸之凡十餘層層施機火至藥發光怪百出若龍蛇飛走簾幕燈火星斗人物花果之類粲然若神

武進縣

迎春鄉寨前新城張青各灣於上元之夕縛蘆爲炬長丈許於田間照之謂之照田財以卜旱潦火色白者爲水紅者爲旱燃炬以千萬計遠近疾徐疎繁明滅可四五里實爲奇觀

無錫縣

上元夜斷木爲薪如其日之數架而然之於門佐以爆竹名曰火爐其歲官無張燈之令則民間自爲魚龍寶蓋之屬鳴鉦疊鼓衆舁之以行於是少長夜遊崇安寺尤爲羣聚之地其婦女亦結隊而出名曰走三橋梅始花則載酒遊惠山自是迄於初夏畫船紅粉風塵雜沓無虛日焉

宜興縣

上元兒童戴鬼面屈脚振肩而跳謂之跳鬼

淮安府

元宵嫁娶無避忌

高郵州

元宵結燈社出各體燈謎人聚而測之諺曰打虎簫鼓歌謠之聲喧闐徹旦竟四夕乃焚燈

如皋縣

元宵家製米圓將以黃柑相餉亦猶昔人傳柑遺意女伴相攜出行爭拾雲路橋磚歸爲得子兆今更訛至集賢橋名曰走三橋

通州

正月十三夜設燈至十七始罷謂之落燈

蕭縣

上元夜燃燈於天地祖先遍散門堂戶牖視燈結花何似便兆此年豐收何物鄉飲酒禮亦行於此日敬老乞言尚有古風

貴池縣

上元觀燈門各跨街張燈羣童迎巧燈扮雜戲爆竹簫鼓之聲煙火燈謎之戲徹於閭巷又有高橋竹馬諸戲元夕諸婦女擲瓦缶以祓不祥各鄉亦有以是夕迎竈者　逐疫凡鄉落自十三至十六夜同社者輪迎社神於家或踹竹馬或肖獅象或滾毬燈妝神像扮雜戲震以鑼鼓和以喧號羣飲畢返社神於廟惟興孝鄉逐疫以黟祁兩縣人隨其所至爲期三月而止

無爲州

正月十五日作豆糜加油膏其上以祠門戶

廣德州

上元城南竹馬高四丈許

浙江志書

杭州府

正月十五日傳爲上元誕日天官賜福之辰民間多齋素誦經匍匐至吳山禮拜者幾擁塞不得行

海寧縣

上元菊花燈最工獨盛於雙廟與元宵鼓繁音急拍爲寧邑三絕之一人家粉圓相餉名燈圓

紹興府

上元街市張燈謂之歡門

上虞縣

元宵慈寺月臺上里中少年月下較武藝聚觀如市

蘭谿縣

元宵郡社民家歲輪爲會首備豬羊品物迎本境廟神於其家而祭賽焉祭畢邀同社宴飲爲樂曰元宵會鄉民亦作龍船燈長數十丈列燃絳燭以迎行於街市

永康縣

元夕張燈街市起十三夜至十六夜止城中各以會爲大燭導以鼓樂舁置神廟最大者或用蠟四五百觔此一郡所無也

浦江縣

元宵先三四日市民各懸燈於門首競技巧以爭勝村鄉作橋燈雕龍頭尾中以小燈燃絳蠟連屬長者至數百丈鼓吹而迎三五夕而止

常山縣

正月之望村村各出燈綴十百爲修行循阡陌以逐癘疫社爲主

建德縣

元宵日新婦之家設醴祭牀

江西志書

新建縣

上元張燈家設酒茗鄉俗是日掃墓插竹爲燈省俗則於元夕前後修壟致祭焉

靖安縣

元宵張燈作樂拜禱於各廟其各廟會首募緣以助燈油先縣官以及儒學各衙隨意施捨以記於簿以及士夫鄉民謂之寫燈

永豐縣

元宵懸燈中堂以米粉爲丸相餉謂之上元圓搢紳家陳簫鼓舉觴高會市兒好事者攜花火敵放通衢踵接肩摩喧闐達曙至廿日始徹燈及楮錢而火之謂之饑燈諺云燒却門頭紙各人尋生理

廣昌縣

元宵日占早穀諺云雨打殘燈梡早禾一把稈

萬安縣

元宵城中各鄉俱祀上元神舟日間設牲儀致祭及夜合老幼裝演兒郎執旗鳴鑼鼓旋繞於庭花爆喧闐劃船三次每次齊唱上元歌其詞蓋弔屈大夫也歌呼歡飲至夜分乃能

瑞州府

元夕家戶張燈街市巧匠用火藥綵紙製造煙火機竅藏故事每月一層閏月加之從下上焚旋轉光明可愛

湖廣志書

德安府

元夜家製元宵團相餉又大者如鵝卵婦人視火候以占生產置燈釜上以膏餘否占本年休咎

雲夢縣

上元日道家作天官會是夕燈火接天笙歌盈市老農執炬遍燭田圃曰照絕地蠶小子羣以田鼓迎神卜歲事焉

彝陵州

元宵張燈自正月十二至十八日此數夕間有少年數十輩女裝攜籃負簍作採茶狀且唱且採歷大家之門各以意作態若演劇然又一夥青衣女裝作田婦羣然插秧之狀亦遍歷大家二者近戲而有迎春之意間乞賞賜人不厭之

攸縣

元夕先數日張燈上元之張燈也唐三夜北宋五夜南宋六夜明太祖招天下富商許放十夜攸只四夜而止元夕祀竈神謂司命白先年小除夕上詣天闕奏人間善惡元夕始歸也又用紙畫彩船輪年分值甚靡酒食用歌郎鼓吹歌至達旦十六早焚於江滸民有寃即迎船投狀謂檢察甚驗蓋楚俗尚鬼也鄉落尤鄭重貧者至於鬻男女不故廢此會也

常德府

上元各家以椒爲湯人虀菜饊果諸物人至而飲之謂之時湯

龍陽縣

燈夕各舉火園內大呼逐蟲南山一帶多野火謂之燒畬

寧遠縣

元宵候晴俗云朝晴果墜木午晴晚稻熟將夜雨打燈早禾稈一束

江華縣

上元白晝各行戶裝演故事奏鼓樂馳馬於街市

新田縣

元宵剪紙爲燈營中或有爲龍燈者鄉村慶遊事畢即付之火名曰送災

福建志書

福州府

上元燈毬燃燈弛門禁自唐先天始本州准假令三日舊例官府及在城乾元萬歲大中慶城神光仁王諸大刹皆掛燈毬蓮花燈百花燈琉璃屏及列置盆燎惟左右二院燈各三或五並徑丈餘簇百花其上燃蠟燭十餘炬對結綵樓爭靡鬭焰又爲紙偶人作緣竿履索飛龍舞獅之像縱士民觀賞朱門華族設看位東西衙廊外通衢大路比屋臨觀仍弛門禁遠鄉下邑來者通夕不絕　綵山州向譙門設立巍峩突兀中架棚臺集俳優娼妓大合樂其上渡江後停寢紹興元年張丞相浚爲帥復作自是不廢　觀燈

舊例太守以三日會監司命僚屬招郡寄居者置酒臨賞既夕太守以燈炬千百牽妓雜戲迎往一大刹中以覽勝州人士庶却立跂望排衆爭觀以爲樂

羅源縣

正月十二至十八夜爲元宵各家及門首設燈艷麗相競各境神祠盛陳珍玩笙樂通宵士民遊玩仍擇吉各迎境神裝扮故事夜則各家裝燈遍遶各境謂驅邪祈福

惠安縣

元宵日朝占百果午占晚禾晚占早禾皆欲晴故曰雨打元宵燈早禾一束稿

將樂縣

元宵俗稱初九日爲天旦於是日五鼓試燈自是連夜張花燈競花炮笙歌徹夜至二十二日乃止

邵武府

上元觀燈初十起至十五日止日則舞鬼夜則懸燈謂之慶元宵里社祈年各坊會首於月半前後集衆設醮於里祠是夜繞境迎香謂之淨街各家設香焚楮送之

漳州府

元夕自初十日放燈至十六夜乃已神祠家廟或用鼇山運傀儡張燈燭剪綵爲花備極工巧別有往來行樂善歌曲者自爲儕伍張燈如雨蓋名曰鬧傘又有神祠設醮祈安迎神醮飲廟中名集福史巫紛若名打上元

漳平縣

上元日里長迎城隍各行鋪裝束戲隊爲之前導遊行城內外謂之繞境或入於街宇及紳耆之家謂之噴香迎畢則設醮於廟以祈福

海澄縣

元宵自一夜至五夜港口城之河子新舊橋之兩虹看鬭煙火其鬭也不事高陞鞭花水晃火馬之具斷竹而實火曰響爽噴可數丈裹紙杖而實火曰飛鼠鼠飛無聲色觸人衣始熾愈撲愈焰愈避愈逐鬭者相其勢靡影亂則縱煙奔突害比焚牛又揭竿而脩之所著頭目衣冠明日皆爲焦爛上客竟夜達旦鬨聲烟色霧胷塵籠人不得邁路不得辨

廣東志書

新安縣

元宵張燈作樂凡先年生男者以是晚慶燈

南雄府

元夕鬧花燈少年子弟鮮衣炫服擎龍舞獅所到人家俱送酒餚銀錢取龍鬚線繫小兒帶上云無疾病又取龍燈內殘炬照牀下云產貴子燈事畢焚龍收其首懸之梁上里中有未舉子者親友備酒榼送花燈懸賀得子後主人設宴酬謝未舉送至三稔止卽外舅亦有贈壻者

潮州府

上元婦女度橋投塊謂之度厄或相攜以歸謂之宜畜兒童以鞦韆爲戲鬭輦歌焉善者爲勝輦粵人音斜字典無

高要縣

元夜城市作燈籥鼓喧闐遊人歌唱以花筒相勝童子則手擊小鼓聲相應響謂之拍鼓鄉落亦然

新興縣

元宵縣官命里長迎六祖及東山東水龍門中黃雲斛諸神於龍興寺慶賀祈年歲豐登縣官行香里長供隨行人役米飯連夕龍燈銀燭沿街燦爛獅象跳舞裝扮喧闐

陽春縣

元宵結鼇山於神祠之前謂之還愿各曠地架鞦韆爲樂男女皆與更唱歌和不少忌諱惟大家知禮義者不然

陽江縣

元宵城市張燈年前生子必送花燈於廟觀初十十一晚開燈十六晚散燈各用牲酒楮財告神畢邀親朋聚飲謂之飲燈酒

封川縣

元宵里閭祠廟剪楮爲燈極其纖巧每盞可值銀三四兩觀畢卽以焚之來年再醵金以置謂之燈愿

遂溪縣

元宵各街市社廟作紙船遣災鄉落亦然更有與扯藤一事爲他處所無而遂獨有者先爲嘉靖年修學宮舁棟柱民間分東西部以大藤繫木呵許而致之先到者賞後沿之以藤對扯以角勝負官府或爲銀花以賞之遂以成俗每至元宵扯藤遠近士女走集來觀闐溢城市比來官府誤聽人言文東武西遂成爭端

文昌縣

元夕偷青偷者以受詈爲祥失者以不詈爲吉

廣西志書

全州

元宵懸燈於庭男女輩間往其鄰近親戚之家俗謂遲燈

雲南志書

雲南府

元宵賞燈張樂列星橋火樹於道次夕長幼攜遊爆竹插香於其處相傳以爲祛疾

雲龍州

元宵前迎三崇神沿街立松棚設供獻張燈爆竹歌舞旬日送回

彌勒州

元宵後一夕爇香於橋以石投水取水浴目傳能却病

上元部藝文一

燈賦　梁簡文帝

何解凍之嘉月値蓂莢之盛開草含春而色動雲飛綵以偕來南油俱滿西漆爭然蘇徵安息蠟出龍川斜暉交映倒影澄鮮

衡州上元記　宋文天祥

歲正月十五衡州張燈火合樂宴憲若倉於庭州之士女傾城來觀或累數舍竭蹷而至凡公府供帳所在聽其往來一無所禁蓋習俗然也咸淳十年吏部宋侯主是州予適忝陳臬事常平以王事詣長沙會改除於是侯與予爲客主禮是晚予從城南竟城東夾道觀者如堵入州從者殆不得行既就席左右楹及階階及門駢肩累足轍轍如魚頭其聲如風雨潮汐咫尺音吐不相辨侑者集三面之人趨而前執事幾不可曲折酒五行升車詣東廳廳後稍偏爲燕座俎豆設爲主人旣肅賓車不得御乃步入燕座之次至兒童婦女雜襲而爭先男子冠以上往往引去及獻酬州民爲百戲之舞擊鼓吹笛斕斑而前或蒙倛爲極其俚野以爲樂遊者益自外至不可復次序婦女有老而禿者有羸無齒者有傴僂而相攜者冠者髽者有盛塗澤者有無飾者有攜兒者有負在手者有任在肩者或哺乳者有睡者有睡且蘇者有啼者有啼不止者有爲兒弁髦者有爲總角者有解后敘契闊者有自相笑語者有甲笑乙者有傾堂笑者有無所覩隨人笑者跛者倚者走者趨者相牽者相扶挈者以力相拒觸者有醉者有勸者咳者唾者噫者欠伸者汗且扇者有正簪珥者有整冠者有理裳結襪者有履闕者有倚屏者有攀檻者有執燭跋惟恐墮者有酒半去者有方來者有至席徹者兒童有各隨其親且長者有無所隨而自至者立者半坐於地者有半坐杌下者有環客主者有坐復立者有立復坐者視婦女之數多寡相當蓋自數月之孩以至七八十之老靡不有焉其望於燕座之門外趑趄而不及近者又不知其幾千計也當是時舞者如儺之奔狂之呼不知其褻也觀者如立通都大衢與俳優上下不知其肆也予與侯頹然其間如爲家人之長坐於堂而驕兒騃女充斥其間不知其偪也予起而舉酒祝侯曰以平易近民而民近之豈弟父母侯之謂矣侯醻且執爵前曰惟使者使民不寃無湮鬱其和我是以大有民予避且謝則復諸侯曰使時和歲豐日星明穊舉海內得以安其生而樂其時衡與賜焉維天子之功臣等何力之有侯拱而立侯蜀人也因與予言益州承平時元夕宴遊其風流所親見蓋出於祖宗德澤天地涵育之久而今不可復得矣予愍然私念之開慶景定間衡以中州不得免於難今城郭室廬公私文物猶草創緜蕝云爾然以幾世幾年所爲郡而十數年間卒然脩復得其大體非國家忠厚積累於民力愛養有素豈望如今所成立哉蜀自秦以來更千餘年無大兵革至於本朝侈緊鉅麗遂甲於天下不幸蕩析若鬼神之忌盈者今衡之民務本而勤力歲時一觀遊之外衣食其耕桑儉而不泰風氣淳厚猶南方建德之國其將進而未已者乎予爲親懷歸得郡且行侯選表於朝有日矣惟一時民物之槩得於目擊相與嗟嘆闊絕而欣喜不厭於心者不當無所紀且懼夫可愛可愕之狀俯仰蹉跌忽不可以復追也燕之明日亟奮筆記之以庶幾觀風之意且使後來者於侯政有可考焉侯名遇今居延平

回衡州宋吏部上請元宵宴啓　前人

麗譙龍炬春輝左角之星碧落燕香夜對西眉之月特枉金玉章之貺許從雲霞佩之遊遼建章立通明預祝六鼇之宴醉長沙行湘水且聽五馬之謠

請前人元宵宴啓　前人

轉西樓之梅月喜對銀花持北斗之柱橤擬陪晝戟偕十仍圓之夕共流引滿之霞敲鐵馬之春冰肯來楚觀賦石犀之夜燭細說巴山

上元賦有序　明高道素

明興再闢乾坤聿淸宇宙二百餘祺實號治平豐功湛德襄代罕比至今萬曆尤稱極治威靈申疊文敎弘敷猗歟休哉邇來天示仁愛內外稍脊脊多事復邀祖宗之靈相次屏跡竄影上更勤思國本軫念民瘼上歲秋首建皇儲大赦天下以慰天地神民之望今春又納侍臣之言舉廢官罷一切非額之征海內莫不北面稽首稱萬歲太和之景象復見矣道素生長聖朝目擊盛典何能無言於時上元遂因以賦焉非敢導於侈麗實以奏夫昇平云爾其辭曰

昔惟皇風載夷海宇恬寞日月麗新河山繡錯寢妖氛於海堧靜烽塵於朔漠更十一帝之洪休開億萬年之長樂繼離照以當陽啓震宮而典學人文蔥鬱乎輩起俊釆後先而繹絡閭閻絕雞犬之驚藪澤鮮萑苻之擾成亭毒於四序紹封禪於五岳產屈軼於庭階植華平於圃薄際熙代而謡傳感豐年而頌作爾其陽律乍轉斗柄初東翛條風以宣鬯勃佳氣以鬱蔥解嚴凝而寒送沛膏沐而春逢駘春光於萬里頒悅豫於九重値椒盤之旣徹繼綵勝之新縫官吏讌休士民閑放啓化國之華思發盛時之逸想分藻火於天庭徹恩光於窮壤迺有隴西舊家上林遺子巧自天成技或師與伺節呈能因時射利剪綺攢花裁羅撥蕊偷桃李之先春閩羣芳之鮮麗化工出其指下瑰怪憑於胷臆鬬雞走馬之奇攀猴躍鯉之異疊素帶以風廻展花箋而霞起爍景色以炫時更藏幽而寓謎覽難周心賞不旣故雖鄉村郊野鄙邑井廛樂不擇地費何惜錢黎老夜歌於宇下稚子索笑於燈前賣薪杏市沽酒茅菴幽林發焰疎井起煙洵山陬之寂寞亦炎熱之喧塡若夫通衢廣肆大邑都城層樓疊觀複柱連楹簷牙相向飛翬相嬰東西角豔南北鬬英標旌旆兮容與結綵綠兮繽紛轡轆轤而貫井牽落索而空鳴十步一迷紅之閣四隅盡生白之扃絆千輪之冰月散萬點之石星焜煌燿熠不可殫名於焉狡童蠱子逸女豔姬致飾嫵媚便給纖肥風凌高髻月範修眉珥瑤碧之華寶曳霧綃之輕裾招朋命侶約伴偕遊每出門而盼睞旣望路而躊躇引醉眸於霧閣搖輕膝於烟衢振袖蔽月躡舃揚埃待夜分以爲度指瓊邸以爲期絳霞漸昏白日已匿隔簾烟濛連廂露濕蘭釭吐曜蓮炬映絕金碧陸離火齊並出若夜光之初剖珠胎如卞璞之乍鋸荆璧皎然一新光奪晝色映肌膚兮冰瑩鑑眉髮兮如漆一聲揚釆百指俱集旣而更深午夜月到中天方軌結軫綺組相連躡靑絲之軟履戴駿鸃之巍冠當街遺策跨路揚鞭尋章臺之柳葉覓平樂之雲鬟慕拾翠於洛浦希接枕於襄澶情戀眷而未已首回顧而復還及夫簪纓世胄冠蓋望族開孔翠之屏幃展落花之裀褥迎珠履之三千列金釵之二六排綺席於華堂擁笙歌於金屋出蓮葉之寶檠然蘭燼之華燭雲母繚繞以前輝水晶掩映而後續歌嘯則桃葉之流舞蹈則柳枝之屬香吹兮朱脣燦爛影亂兮錦袞翻覆誠一刻兮千金況明珠兮萬斛又或鎮遠重臣安邊大帥樂王家之無事喜淸宵之可愛盛集伶優廣延寮寀值殘雪之初銷會春冰之乍解遂陳雜劇於廣原乃植華燈于城外辟道路擁羆熊朱輪水逝翠蓋雲從見星房之紛亂覩月帳之玲瓏登高臺而眺覽臨綺宴而從容然後定指揮弛節令羽旄就戢衣冠自整昭至樂之大同顯康衢之無警撾鼓先揚吹笳始振星流雲破雷轟電震兆摧陷乎襄城開虎牢以光盛類朱雀夾炬以紛來狀祝融搴旗以交陣忽亂錦蜂以攢藥倏放鎬鴿而騰霄變火雞之吐綬化雪鶴之棲巢燦朱實之可摘紛黛葉之鮮嬌規赤龍之曝日象金鯉之乘潮窮山海之詭異悉神人之祕奇睇朱樓之璀璨颺綺陌之霏微惟恐燕遊之或怠何知霜露之侵衣當是時也霞觴羽飛雕盤綺錯孟公不惜尚書之期仲孺何嫌居喪之約悉潦倒而淋漓或豪吟而大嚼分輝爚以交歡逐塵光而脫略自繇陽和之鼓鬯匪獨權勢之薰灼然此皆螢爝之末曜而未覩巨麗之大觀也至若皇都勝景帝里雄妍羅八方之環富窮萬禩之遐歡歌吹沸地絲管揭天內有離宮之六六外有魏闕之三三繼以侯家鎖第戚里芳園彤雲斐亹以翼牖瑞氣蓊勃以承乾巃嵸山對峙乎鳳閣虹橋直貫乎虬簷支光風乎天上借皓魄於雲間于街靜掃乎塵霧萬簾高卷乎晴煙麗譙吹徹景陽鐘傳冰鉤同挂月鏡齊懸邐連漢陌耀接星躔於是錦轡宵臨雕鞍晚度開朱門而晝戟井擁挽香車而寶轂俱往賣跨駿之風流牽倚樓之情緒乘暗塵以追賞覓紅燈以窺覦蓮步幾迷蘭

禱又遇曳珮振衢異香飄路細語含媚怯覘遺幕墮鞭索晒觸鐙假怒遷延引避不可親附回盼復顧神爲形誤載遊載嬉以熒以煌樓臺不夜歡樂未央竝舸遞錦立馬傳觴火蛾簇隊竹騎成行烘寒雲而變和靄炙冷月而就溫光混昏曙而一色欲向寢而何遑惟時天子際八極之豐亨值萬幾之弘暢名太常以作樂敕巡街以夜放啓佳麗於天府出珍奇於甲帳九枝延古昔之嘉名百枼翻今昔之巧樣朗珠映月以滴溜鳴玉無風而自響搴地軸於繡閫織天文於翠網帶翻垂露之書蓋結流霞之狀海南貢魚準之新奇胡北獻鴈足之遺巧史傚七宿之瑩精復覘三陽之爍耀勢躡九斿光開八照於是自內達外並設兼陳於前則長朝太極奉天武英大社思善進春乾明於後則迎暉望月乾清坤寧便閣相對寢殿頫仍於左則文華一本長壽願門於右則保和安慶千秋萬春皆窮奢極麗混色同塵流虹百道火樹千尋絆珠琲於甍棟鳴金珂於彩楹射光明於北省照瀟灑於西清瓊臺寶樹兮遙相通迴廊複道兮煙朦朧危梁百尺兮開菡萏峻壁數仞兮披芙蓉西東對列各按其節彼此混一不移而給上至后妃之宮下及嬪娥之室莫不焚石葉之香設麟文之席然鸞鶩於榻前篝鸞鶩於座側龍燭吐涎鳳膏流液悉黿服而輕衣咸靚妝而妍飾鋪設既備裝束已同君王於是躡繡鳳衣文龍隨內侍擁扈從下輦徒步適先稱賀慈宮感佳節而進壽觴兼昏定而陪金鐘駐衮衣於禮畢然後退輦而從容適命仙娥以同輿召虙妃以侍宴迎鼓瑟於璇宮接吹簫於別院獨然長生之燈復翻冰荷之瓣酌元龍之漿出白兔之饌奏鈞天之音陳旋風之瓶玻瓈閃爍於前除璣珇騰輝於右檻絳樹參差瓊英對豔蒙積雪之溶溶繞流雲之片片分氤氳於霞城侵蟾光於月殿當三爵之方陳值九奏之既獻乃使旋娟營塵而左升提謨集羽而右轉發振木於丹脣撥焦桐於皓腕宣玉音而分杯咸銜恩而顧眷回晨光於夜色坐人氣於春風慶同輩之愉適忘深院之悲忡歡聲四達瑞靄六通照春燈於百里開仙樂於九空泛醽醁而飛白鋪氍毹而眠紅並吹笙於火底相解珮於香叢照君心兮耿耿醉妾思兮恩恩其或御筵中徹翠華夜幸雀舁戒道虎賁傳命鸞扇香隨赭袍月映列金貂於兩行載瑤轡於後乘繞霧廊而流覽望螭街而馳騁柳梢露浥花杪星稀金波蕩漾玉繩低垂龍銜寶炬以相向鳳吐彩焰以交迷遙瞻燭影而喻屆遠聞香氣而知歸劍珮蹌錯雲翹葳蕤笙簇夾路帝樂逶遲乃復開瑤宴於別殿續佳賞於中宵宣學士名臣僚發桂漿與蘭汁雜海錯與山肴陳千年之嘉橘出萬歲之冰桃擊沈明之磬響雲林之璈命傳柑於內使錫庭燎於官曹略君臣之常禮同賓主之歡交與較始而彌逸情迨後而愈豪又或挾龍儲以陪宴攜鶴駕以同遊序天倫而雍穆洽同氣而綢繆相推梨而讓棗式宴好而無尤邁英華於對日顯敏慧於如流樂由中而不替愉中節而未休既夜久而更深暫燈昏而影杳則有當筵御姬輕移窈窕抽瓊釵以挑爐彈玉指以撥燎駐液揚輝添膏益曜雲蓋如飛星毬轉皎煙吐溜於風迴光散縷而霞繞火榴金粟之攢攢蜻眼蟲眉之嬌嬌高槃呈五色之祥短檠報雙葩之兆應太乙之來臨知祈仙之非謬良夜透迤歡樂且多交酬密勿屢舞傞娜燕姬擊柱趙女叩壺迭奏霓裳之曲齊翻子夜之歌天子乃反顧于徐恬神定息厭繁聲之聒耳思要言之有益紫霞收白乳出屏臘妃留嘉客宣豐綏以賦詩詔金章以聯什感鴻運而揚休紹虞廷而賡迹王言發兮流道腴羣工贊兮奏廟謨占農事兮祝青女卜蠶功兮祈紫姑披銀光兮璨瑾瑜落文犀兮傾珍珠少焉月還西漢霧生東洛彤庭動影天衢漸皦乃敕金蓮以歸舊第鑾輿以肅御道衣不解帶坐不更席卽鳴魚鑰以登九位控虹壁以朝百辟金鎖偕開玉關齊闢咸進賀言兼稱謝表勞御手以親披閱重瞳以啓矔喜魚水之相投更匡弼之悉效惟懼照臨之或遺於覆盆聰明之或蔽於近小於是下德音降溫旨勗妨農之宿蠹通壅商之積滯煥然一明與天下更始太史以書王官以誌邇誦遐傳垂之世世豈徒侈宴賞之美談飾嬉娛之盛事而已哉

元夕賦

顧起元

維孟之春元冥返青帝來蛟冰風斷魚鑰煙開霧歛風堤乍旖旎以醒柳霜墟冰嶠尚參差而落梅於是三五之辰其日惟夕玉飄瑩精銀蟾凝色席委穆穆之布閣拂忽盈之幌臺上金莖藹素舒而擢蕊庭中珠樹燦白榆而掩潔瓊鋪藻局銀蒜珉柙之宮青瑣碧璵翠幕曲瓊之邸撫箏擫瑟之家鼎食鐘鳴之里靡不盱素娥睞清輝灼千影熀九微銀燕集金凫飛祠太乙於五時揚秀華之七支翠蚪之膏青鳳之腦

靈麻遞芬芳菼競皎氷荷藿靡兮莪影娥青櫨的歷兮飛仙鳥龍射方壺之晶飀龍燭崑山之夭嶠金吾宵弛銅徒夜延綺紈歃日歌吹潾天火城霧簇星閣煙懸緊絲欲肉悽節悲絃天胡不夜宵可祈年羊車玉人虎韔劒客寶玦陸離凋鶇蹀躞迤邐九逵招搖三陌羌日挑以心愉庶傾城而傾國彼美人兮朱顏酡飛譽戍削袿䄂羅瞥見金星妍寶婺遙窺廦月競姮娥李文碧繶桃纈緗絇裾名照夜屧號遠遊工跕躧以巧步披羃䍥而含羞紛火樹而婀娜蹇金支而夷猶煙沸香浮街塡巷咽垂珥履遺華纓淺絕蘭筱亦以京桂輪亦以藏歎行遊之未極怨修夜之詎央兔何逝而西匿烏何乘而東翔致泰平之宴娛職麗景于青陽年年共此華燈色歲歲含茲明月光千秋兮萬歲此樂兮難忘

欽定古今圖書集成曆象彙編歲功典

第一百二十七卷目錄

上元部藝文二 詩詞

元夕邀客賞燈兼聽笙笛二樂　李開先
上元夜帝御龍舟觀鼇山　王世貞
元夕同李伯承高伯宗賦得火樹銀花合　張九一
元夕宿泉州洛陽橋　陳第
金陵元夕篇　鄭之文
正月十三夜同王若觀妓共用來字　吳兆
金陵元夕曲有序　程漢
都城元夕以上詩　劉侃
滿庭芳　宋徽宗
蝶戀花密州上元　蘇軾
浣溪沙上元遊靜林寺　毛滂
踏莎行元夕　前人
臨江仙都城元夕　前人
驀山溪上元　前人
傳言玉女上元　晁沖之
上林春慢上元　前人
臨江仙元宵　廖行之
解語花上元　周邦彥
醉蓬萊　万俟雅言
武陵春　趙長卿
寶鼎現上元　前人
鷓鴣天　向子諲
江城子上元　葉夢得
點絳脣上元鼓子詞　王庭珪
滿庭芳上元黃子餘席上　前人

燭影搖紅　張掄
寶鼎現　康與之
瑞鶴仙上元應制　前人
漢宮春慈寧殿元夕　前人
燭影搖紅　吳億
西江月元夕醉中走筆　曾覿
傳言玉女　前人
傾杯樂上元上梁帥　楊无咎
朝中措元夕上劉共甫　侯寘
踏莎行元宵　前人
憶秦娥元夕　張孝祥
鷓鴣天上元啓醮　前人
漢宮春上元前一日立春　京鏜
臨江仙己酉和黃之燈夕　劉克莊
浣溪沙丁亥餞元宵　劉鎮
慶春澤　前人
喜遷鶯閏元宵　吳禮之
鷓鴣天上元　前人
傳言玉女　趙善扛
江城子燈夕　毛开
東風第一枝燈夕　史達祖
浣溪沙　韓淲
柳梢青元宵　前人
瑞鶴仙甲辰元夕　李昴英
沁園春監司元宵招飲不赴　前人
阮郎歸御試燈夕　洪瑹
解語花上元次周美成韻　方千里

一翦梅元宵　盧炳
倦尋芳上元　吳文英
應天長吳門元夕　前人
燭影搖紅元夕微雨　前人
南鄉子元夕　蔣捷
女冠子元夕　前人
解語花上元次周美成韻　陳允平
八聲甘州燈夕寄二隱　周密
寶鼎現丁酉元夕　劉辰翁
漢宮春元夕　元彭元遜
摸魚兒元夕贈楚芳吳蘭　張翥
念奴嬌郡城元夕　劉雲甕
念奴嬌上元　明周用
鷓鴣天元宵後獨酌　楊慎
慶春澤上元　前人
瑞鷓鴣湖上上元以上詞　卓人月

上元部選句

歲功典第二十七卷

上元部藝文二詩詞

元夕于通衢建燈夜升南樓　隋煬帝
法輪天上轉梵聲天上來燈樹千光照花焰七枝開
月影疑流水春風含夜梅燔動黃金地鐘發琉璃臺
軒遊宮十五夜　唐元宗
行邁離秦國巡方赴洛師路逢三五夜春色暗中期
關外長河轉宮中淑氣遲歌鐘對明月不減舊遊時
十五夜觀燈　盧照鄰

錦里開芳宴蘭缸豔早年縟綵遙分地繁光遠綴天
接漢疑星落依樓似月懸別有千金笑來映九枝前

上元夜六首　崔液

玉漏銅壺且莫催鐵關金鎖徹明開誰家見月能閒
坐何處聞燈不看來

神燈佛火百輪張刻像圖形七寶裝影裏如聞金口
說空中似放玉毫光

今年春色勝常年此夜風光最可憐鳷鵲樓前新月
滿鳳凰臺上寶燈然

金勒銀鞍控紫騮玉輪珠幰架青牛驂驔始散東城
曲儵忽還來南陌頭

公子王孫意氣驕不論相識也相邀最憐長袖風前
弱更賞新絃暗裏調

星移漢轉月將微露灑煙飄燈漸稀猶惜路傍歌舞
處躊躕相顧不能歸

正月十五夜　蘇味道

唐新語云神龍之際京城正月望日盛飾燈火之
會金吾弛禁貴遊戚屬及下里工賈無不夜遊車
馬駢闐人不得顧王主之家馬上作樂以相誇競
文士皆賦詩以紀其事作者數百人惟味道與郭
利貞崔液三人爲絶唱

火樹銀花合星橋鐵鎖開暗塵隨馬去明月逐人來
遊妓皆穠李行歌盡落梅金吾不禁夜玉漏莫相催

上元夜效小庾體同用春字　長孫正隱

薄晚嘯遊人車馬亂驅塵月光三五夜燈焰一重春
煙雲迷北闕簫管識南鄰洛城終不閉更出小平津

上元夜效小庾體同用春字　上元之遊凡六人皆以春字爲韻長孫正隱爲之序　崔知賢

今夜啓城闉結伴戲芳春鼓聲撩亂動風光觸處新
月下多遊騎燈前饒看人歡樂無窮已歌舞達明晨

上元夜效小庾體同用春字　韓仲宣

他鄉月夜人相伴看燈輪光隨九華出影共百枝新
歌鐘盛北里車馬沸南鄰今宵何處好惟有洛陽春

上元夜效小庾體同用春字　陳嘉言

今夜可憐春河橋多麗人寶馬金爲絡香車玉作輪
連手窺潘掾分頭看洛神重城自不掩出向小平津

十五日夜御前口號踏歌詞二首　張說

花萼樓前雨露新長安城裏太平人龍銜火樹千重
豔鳳踏蓮花萬歲春

帝宮三五戲春臺行雨流風莫妬來西域燈輪千影
合東華金闕萬重開

夜遊　沈佺期

今夕重門啓遊春得夜芳月華連晝色燈影雜星光
南陌青絲騎東鄰紅粉妝管絃遙辨曲羅綺暗聞香
人擁行歌路車攢鬭舞場經過猶未已鐘鼓出長楊

上元　郭利貞

九陌連燈影千門偏月華傾城出寶騎匝路轉香車
爛漫惟愁曉周遊不問家更逢清管發處處落梅花

正月十五日夜應制　孫逖

洛城三五夜天子萬年春綵仗移雙闕瓊筵會九賓
舞成蒼頡字燈作法王輪不覺東方日遙垂御藻新

奉和聖製十五夜然燈繼以酺宴應制　王維

上路笙歌滿春城刻漏長遊人多晝日明月讓燈光
魚鑰通翔鳳龍輿出建章九衢陳廣樂百福透名香
仙妓來金殿都人遶玉堂定應偷妙舞從此學新妝
奉引迎三事司儀列萬方願將天地壽同以獻君王

十五夜觀燈　王諲

暫得金吾夜通看火樹春停車傍明月走馬入紅塵
妓雜歌偏勝場移舞更新應須盡記取說向未來人

上元日紫極宮門觀州民然燈張樂　羊士諤

山郭通衢隘瑤壇紫府深燈花助春意舞綬織歡心
閒似淮陽臥恭聞樂職吟唯將聖明化聊以達飛沈

正月十五夜月　白居易

歲熟人心樂朝遊復夜遊春風來海上明月在江頭
燈火家家市笙歌處處樓無妨思帝里不合厭杭州

正月十五日　熊孺登

漢家遺事今宵見楚郭明燈幾處張深夜行歌聲絶
後紫姑神下月蒼蒼

上元唱和　溫庭皓

九枝應並耀五夜思悠然景集青山外螢分碧草前
輝華侵月影歷亂寫星躔望極高樓上搖光滿綺筵

奉和御製上元觀燈　宋夏竦

魚龍漫衍六街呈金鎖通宵啓玉京冉冉遊塵生輦
道遲遲春箭入歌聲寶坊月皎龍燈澹紫館風微鶴
燄平宴罷南端天欲曉迴瞻河漢尚盈盈

癸丑燈夕　韓琦

爭放紅蕖燦紫沈勝遊誰肯惜千金人和更有笙歌
助酒美應無巷陌深化國光陰方共永洞天風物不
難尋如何可致吾民樂長似熙熙此夜心

和春卿學士上元罷燈　前人

絲竹沈聲月泛波警宵方喜罷誰何樓深醉密客酉易路遠香殘人去多寒燭倚蓮猶結淚淡雲歸隴不停歌那知夢穩瀛洲上正是鈞天九奏和是日館宿閣中人樂

次韻何若谷都官燈夕　趙抃

千門燈燭事遨遊車馬通宵不暫休幸免煙氛遮皓月任隨笳鼓雜鳴騶金壺漏下丁丁永玉斝霞生灩灩流帝澤遠臨人鼓腹穎川宜有太平謳

上元進詩并序　蔡襄

伏覩元夕法駕特御端門宣諭臣僚曰上元觀燈不爲遊賞蓋與民共樂也臣職在文字恭惟德音宜布睿旨感詩人揄揚盛美之私輒成短章上干宸覽

疊聳青峰寶炬森端門初晚翠華臨宸遊不爲三元夜樂事還同萬衆心天上清光留此夕人間和氣閣春陰要知盡作華封祝四十年來惠愛深

和御製上元觀燈　曾鞏

翠幰霓旌夾露臺夜涼宮扇月中開龍銜燭抱金門出鼇負山趨玉座來碭極戲添夷客喜柏梁篇較從臣材共知天意同民樂願奏君王萬壽杯

和史館相公上元觀燈　前人

九衢仙仗豫遊歸寶燭星繁換夕暉傳醆未斜清禁月散花還拂侍臣衣天香暗度金蚪咽宮扇雙開彩鳳飛法曲世人聽未足却迎朱輦下端闈

依韻恭和聖製上元觀燈　王珪

雪消華月滿仙臺萬燭當樓寶扇開雙鳳雲中扶輦下六鼇海上駕山來鎬京春酒霑周宴汾水秋風陋漢材一曲昇平人盡樂君王又進紫霞杯

恭和御製上元觀燈　王安禮

鑾輿清曉出瑤臺羽衞瞻迎扇影開鳳闕張燈天上坐鷄林獻曲海邊來脩文可笑秦無策能賦休誇楚有材星漢未斜鈞樂闋君王宣示萬年杯

依韻和張推官元夕　文同

山郡上元槃樂事大開金地作遊場煙雲向曉誰教霽燈燭乘春自有香紫陌熒煌隨步遠綵棚佳麗鬪倡長遊人莫惜酬高直買取銀蟾一寸光

上元侍飲樓上三首呈同列　蘇軾

澹月疎星遶建章仙風吹下御爐香侍臣鵠立通明殿一朶紅雲捧玉皇

薄雪初消野未耕賣薪買酒看昇平吾君勤儉倡優拙自是豐年有笑聲

老病行穿萬馬羣九衢人散月紛紛歸來一點殘燈在猶有傳柑遺細君

追和戊寅歲上元　前人

春鴻社燕巧相違白鶴峰頭白板扉石建方欣洗腧廁姜龐不解歎蟏蛸一龕京口嗟春夢萬炬錢塘憶夜歸合浦賣珠無復有當年笑我泣牛衣

上元夜　前人

前年侍玉輦端門萬枝燈璧月挂罘罳珠星綴觚稜去年中山府老病亦宵興牙旗穿夜市鐵馬響春冰今年江海上雲房寄山僧亦復舉膏火松間見層散策桄榔林林疎月鬅鬙使君置酒罷簫鼓轉松陵任生來索酒一舉輒數升浩歌出門去我亦歸瞢騰

次韻劉景文路分上元　前人

華鐙閱艱歲冷月挂空府三吳重時節九陌自歌舞云從月幾望遂至一百五嘉辰可屈指樂事相繼武今宵掃雪陣極目靜天宇嬉遊各忘歸闐咽塡未覩飛毬互明滅激水相吞吐老去反兒童歸來尚鐃鼓新年暗消雪舊歲添絲縷何時九江城相對兩漁父

上元作　孔平仲

春來霧雨久不收上元三日月如秋傾城娛樂競沽酒舊歲豐登仍足油樓前燈山燒荻火光影動搖桑落州太守憑高列歌吹遊人哄笑觀俳優銅盤貯燦插烏帽從兵小吏斥下樓侍觴行食皆官妓目眙不言語或偷矯長赤白皆莫校但取一笑餘何求譬如飲酒且爲樂不問甘苦醉即休歸來紞如打五鼓春寒慘慘吹駝裘翠兒嬉戲尚未寢更看紫姑花滿頭

次韻東坡上元扈從三絕　秦觀

赭黃織底望龍章不斷唯聞蠟炬香一片韶音歸複道重瞳左右列英皇

端門魏闕鬱崢嶸燈火成山輦路平不待上林鶯百囀教坊先已進新聲

仗下番夷各一羣機泉如雨自繽紛細看香案旁邊吏却是茅家大小君

上元都下二首　張耒

澹薄晴雲放月華曉妝新暈臉邊霞管絃樓上爭酤酒巧笑車頭旋買花

驕馬金鞭白面郎雙鬟小女坐車箱輪聲轆轆歸何處留得紅籠絳蠟香

次韻館中上元遊葆眞宮觀燈二首

韓駒

鴨綠未全生曲沼，鵝黃先已上柔柯。故應春物撩詩思，白髮明朝一倍多。

瀟灑新妝帶淺啼，催車只待日平西。驊騮也自知人意，散入千花了不嘶。

燈夕時在泗水上二首　朱松

燈花作意照歸人，短棹扁舟寂寞濱。帝力如春蘇萬物，遙知太乙不威神。

雲窻月檻仰乘輿，俯看香車出繡衢。九陌人人歌帝力，不須微服過康衢。

元宵煮浮圓子前輩似未曾賦此坐間成四韻　周必大

今夕是何夕，團圓事事同。湯官尋舊味，竈婢詫新功。星燦烏雲裏，珠浮濁水中。歲時編雜詠，附此說家風。

上元紀吳中節物俳諧體三十二韻　范成大

斗野豐年屢，吳臺樂事并。酒壚先疊鼓（歲後即旗亭先擊鼓不已以迎節意），燈市蚤投瓊（臘月即有燈市珍奇者數人醵買之相與呼盧彩勝者得燈）。價喜膏油賤，祥占雨雪晴。篔簹仙子洞（坊巷燈以蓮枝竹縛成洞門多處數十重），菡萏化人城（蓮花燈最多）。檣炬疑龍見（舟人接竹桅檣之表置一燈望之如星），橋星訝鵲成（橋燈）。小家尨獨踞（犬燈），高閈鹿雙撐（鹿燈）。屏展輝雲母（琉璃屏風），簾垂晃水精（琉璃簾）。萬窗花眼密（萬眼燈以碎羅紅白相間砌成工夫妙天下多至萬眼），千隙玉虹明（琉璃毬燈每一隙映成花）。薝蔔丹房挂（梔子燈），葡萄綠蔓縈（葡萄燈）。方縑翻史冊（生絹糊大方燈圖畫史冊故事），圓魄綴門衡（月燈）。擲燭騰空穩（小毬燈時擲空中），推毬滾地輕（大滾毬燈）。映光魚隱見（琉璃壺瓶貯水養魚以燈映之），轉影騎縱橫（馬騎燈）。輕薄行歌過，顛狂社舞呈（民間鼓樂謂之社火大抵以滑稽取笑）。村田蓑笠野（村田樂），街市管絃清（街市細樂）。里巷分題句（每里門作長燈題好句其上），官曹別榜名（官府名額多以絹或琉璃照映）。旱船遙似泛（夾道陸行為競渡之樂謂之划旱船），水儡近如生（水戲照以燈）。鉗赭裝牢戶（獄戶燈），嘲嗤繪樂棚（山棚多畫一時可嘲誚之人）。堵觀瑤席隘，喝道綺叢爭。禁鑰通三鼓，歸鞭任五更。桑蠶春繭勸（春蠶自臘月即入食次所以為蠶事之兆），花蝶夜蛾迎（大白蛾花無貴賤悉戴之亦以迎春物也）。鬧子描丹筆（紅畫鴨子相餽遺），鵝毛剪雪英（剪鵝毛為雪花與夜蛾並戴）。寶糖珍粔籹（餳拍吳中謂之寶糖餹特為脆美），烏膩美飴餳（烏膩糖即白餳俗言能去烏膩）。撚粉團欒意（糰子），熬稃腷膊聲（炒糯穀以卜俗名孛婁北人名糯米花）。筳篿巫志怪，香火婢輸誠（俗謂正月百草靈故帚葦針箕之屬皆卜焉多婢子之輩為之）。箒卜拖裙驗（微帚繫裙以卜名掃帚姑），箕詩落筆驚（即古紫姑今謂之大仙俗名箕姑）。微如針屬尾（以針姑卜何其尾相屬為兆名針姑），賤及葦分莖（葦莖分合為卜名葦姑）。末俗難訶止，佳辰且放行。此時紛僕馬，有客靜柴荊。幸甚歸長鋏，居然照短檠。生涯惟病骨，節物尚鄉情。掎摭成俳體，咨詢逮里甿。誰修吳地志，聊以助譏評。

燈夕　劉克莊

士女如雲服珥鮮，暫陪獵較亦欣然。清于坡老游杭市，儉似乖崖在劍川。使指何功煩十夜，遨頭此念可通天。粵人擁道千層看，不見秪鞍三十年。

燈夕樂舞　何夢桂

天碧星河欲下來，東風吹月上樓臺。玉梅雪柳千家鬧，火樹銀花十里開。紫鳳笙簫聲漫衍，黃龍舞縵影徘徊。香車匝地紅塵軟，莫遣銅壺漏箭催。

元夜　媛朱淑真

月滿今宵霽色澄，深沈簾幕管絃清。誇豪鬭彩連仙館，墜翠遺珠滿帝城。一派笑聲和鼓吹，六街燈火樂昇平。歸來禁漏餘三四，窗上梅花瘦影橫。

元夕　元吳師道

柳臺梅巷鎖春晴，酒思燈光負賞心。聽徹宵和太平曲，獨看明月到更深。

上元宿通州楊原誠寓宅　張翥

禁城東下一川平，杳杳煙蕪淡淡晴。風滚暗塵羊角轉，水披殘凍鴨頭生。離居有酒春堪醉，小市無燈月當明。還憶故園今夕賞，玉人花底共吹笙。

次韻李清叔元夕　貢師泰

絳燭燒煙散滿城，九衢車馬似潮聲。山河影轉琉璃薄，陸海光浮菡萏平。蝶睡誤翻歌扇暖，鸚驚疑報畫簷晴。夜闌人靜天如水，依舊殘星數點明。

元宵　鄭玉

對簇鼇山十萬人，皇都今夕幾分春。六街三市渾如晝，寄語金吾莫夜巡。

元宵偶作　錢惟善

彈壓城池夜屬櫜，放燈那復事奢豪。水晶宮裏香風細，曾見神山駕六鼇。

元宵雪感懷　葉顒

金帳羊羔酒裏仙，醉觀皓鶴下瑤天。寒英忽舞顛狂絮，香餤俄開爛熳蓮。閬苑有花春未老，芳城不夜月空圓。茅齋僵臥袁夫子，也訝鼇山嬾去眠。

元夕　丁鶴年

燈火樓臺錦繡筵，誰家簫鼓夜喧闐。光移星斗天逾近，影到山河月正圓。金鎖開關明似晝，銅壺傳漏迥如年。五雲不奏霓裳曲，空使揚州望眼穿。

次韻和石末公元夜之作　明劉基

八表流雲澄夜色九霄華月動春城倏風細細吹旂
影香霧微微引漏聲河漢虹橋應斷絕滄溟鼇足漫
崢嶸愁來更聽漁陽操獨倚闌干坐到明

正月十六日夜至京師觀燈　高啓

天街爭唱落梅歌絳闕珠燈萬樹羅莫笑遊人來看
晚春風還似昨宵多

元夕觀燈應制　趙迪

龍樓錫宴月初斜寶炬星分照翠華五夜歌鐘連甲
第千門燈火映皇家錦筵人醉飄金縷羅綺春晴散
彩霞自是宸遊多樂事叨陪幾度賜宮花

元夕賦得五言小律詩　沈應

燈月滿春城金吾縱夜行誰家無畫鼓何處不銀箏
願以昇平樂懽歌答聖明

元夕賜觀燈詩三首　楊榮

海宇昇平日元宵令節時綵雲飄鳳闕瑞靄繞龍旗
歌管春聲動星河夜色遲萬方同燕喜千載際昌期
禁苑東風暖青霄月正中魚龍千隊戲羅綺萬花叢
雲嶠祥光麗星橋寶炬紅太平多樂事此夕萬方同
象緯臨天闕瑤空集萬靈雲霞紛掩映星斗疊晶熒
寶地春應滿金門夜不扃千官陪宴樂拜舞在明庭

元夕午門賜觀燈二首　金幼孜

五夜開閶闔千官列珮珂御煙浮寶篆華月送清歌
歲久君恩重時平樂事多金吾知不禁試問夜如何
鼇山新結綵列炬照晴天簫鼓瑤臺上星河絳闕前
綵粧千隊好繡簇萬花妍歡賞陪鑾馭還歌既醉篇

元夕賜午門觀燈四首　前人

鼇山高聳架層空萬燭燒春瑞氣融星動銀河浮菡
萏天垂瓊島綻芙蓉行行綵隊穿華月曲曲鸞笙度
好風自是太平多樂事君王要與萬方同
鳳輦初臨鼓吹喧千官環侍紫宸邊九門燈火雲霄
上午夜山河錦繡前春散爐煙浮樹暖月移寶仗映
花妍從臣忝預傳柑宴既醉猶歌湛露篇
天上紅雲濕翠旗樓前燈影動罘罳御筵花煖歌聲
近紫禁風清玉漏遲中使傳宣還賜果詞臣獻賦更
陳詩華夷盡道承恩澤千載昌期際此時
天仗森森列寶臺教坊初進鼓如雷金蓮夜放輕寒
散絳蠟春融瑞氣回仙樂漫調雙玉管紫宸頻上萬
年杯傳柑歲歲承恩渥感遇深慚負不才

元夕午門觀燈應制　前人

閶闔重重夜不扃瓊樓十二敞銀屏東風一曲昇平
樂此夜都人盡許聽

元夜隨駕燕午門　梁潛

銀漢橫空寶月團六鼇飛出五雲端蓬萊紫氣天中
起玉井紅蓮地上看滿殿嬌歌留夜景千門鞠鼓散
春寒教坊歲樂年年異願奉龍顏萬歲歡

賜午門觀燈應制二首　陳亢宗

鼇峰千仞鬱嵯峨萬蠟融春洽太和明月只隨仙仗
轉紅雲偏近御筵多旌旄影颺黃金闕絲竹聲翻白
雪歌萬歲三呼頻祝頌醉歸數問夜如何
白玉仙京上帝家六龍遙駕五雲車巨鼇此夕移三
島火樹迎春吐萬花水咽宮壺留夜色懽騰黎庶樂
年華承恩盡醉歸來晚一派鈞天隔彩霞

賜觀燈詩　周述

今夕逢元夕歡聲遍九垓星臨銀漢動月傍碧空來
紫禁千花繞金門五夜開聖情同宴賞玉漏不須催

元夕賜觀燈應制五首　陳敬宗

皓月金門夜和風玉殿春雲移三島近燈簇萬花新
天仗臨丹扆星橋接紫宸中官宣德意宴賞及羣臣
紫禁疎鐘靜高城刻漏傳五雲迎寶蓋萬戶綴金蓮
瓊醴行仙席龍盤進御筵教坊呈百戲齊過玉階前
劍佩青霄近峰巒翠閣重花明金幄月香度玉樓風
拜舞諸番集歡娛萬國同遙聞歌吹發五色集雲中
紫陌連清禁彤樓接絳河九門星彩動萬井月華多
寶炬通宵晃鸞笙協氣和臣民涵聖澤齊唱太平歌
山擁金鼇壯雲盤綵鳳來星河臨斗轉珠闕倚天開
歡洽春聲徧恩從淑氣回願歌魚藻詠長奉萬年杯

元夕賜觀燈詩三首　前人

河漢沈沈霽景澄蓬萊燃滿九華燈青猊白象三千
界綺閣雕欄十二層花繡芙蓉濃豔吐簾垂翡翠異
香凝世人惟向雲中見遙望天門不可登
樂奏韶咸寶扇開遙瞻龍馭自天來九門香逐霱颷
度萬國春隨御氣回彩鳳高臨青玉案彤雲輕護紫
霞杯臣民共願宸遊樂海內歡聲溢九垓
中使傳宣宴百官珮聲遙集五雲端酒傾綠蟻開金
斝饌膾蒼麟奉玉盤寶帳春回頻送暖瑤臺雪霽不
生寒侍臣霑醉蒙恩德更勅都人近御看

上元十三夜　龍瑄

近喜元宵雪更晴千門翠竹結高棚珠簾半捲將圓
月玉指初調未合笙新放華燈連九陌舊傳金鑰啓
重城少年結伴嬉遊去遮莫鷄聲下五更

十四夜　前人

燈光漸比夜來饒人海魚龍混暮潮月照梅花青瑣閨煙籠楊柳赤闌橋鈿車過去拋珠果寶騎重來聽玉簫共約更深歸及早大家明日看通宵

十五夜　前人

一派春深送管絃九衢燈燭上薰天風回能背星毬亂雲散能鱗璧月間迭陣馬翻塵似海踏歌人盼夜如年歸遲不屬金吾禁爭覓遺簪與墜鈿

元夜　梁儲

尊前休問夜如何且聽佳人達曙歌圓月向人偏皎潔緒風吹面正清和星從左个將春至鳳向南樓帶字過翹首五雲最深處千觴應助聖顏酡

元夕飲客二首　儲巏

愛客會留臘底觴晚筵絲竹寫寒光淡籠明月饒春麗小浥輕塵覺雨香何處風來花作陣誰家燈好妓成行開年共說逢佳境碧瓮嘗新有蔗霜

佳辰留客競浮觴一飲先拚盡曙光雲葉弄晴翻桂魄燈花烘夜吐蘭香盆瓔錯落筵前令箏鴈參差曲裏行莫訝東君扶病坐故人投分比明霜

汴中元夕二首　李夢陽

中山孺子倚新粧鄭女燕姬獨擅場齊唱憲王新樂府金梁橋外月如霜

細雨燒燈夜色新酒樓花市不勝春和風欲動千門月醉殺東西南北人

甲辰元夕　李濂

寶玦金貂簇繡鞍傾城士女競追歡宣和舊俗燈偏盛汴水新春夜不寒人海湧來喧笑語車雷轟處恣遊盤太平景象君須記天漢橋邊立馬看

元夕篇　薛蕙

皇都佳麗地春日艷陽年共愛元宵好爭歌明月篇元宵明月滿蓬萊春色先從上苑來千門宛轉銀屏隔萬戶參差金鎖開千門萬戶連雙闕綵女新妝踏明月映牖窺窗態轉多含嬌凝盼情無歇正逢春日愛芳菲復值春宵縱舞衣燈光斜照珊瑚枕香氣空薰雲母屏此時天子盛遨遊離宮別館足風流纔開鳳島張燈架更起鼇山結綵樓綵樓岑嶒鼇山側復道交衢對南北萬燭翻疑白日光千燈却亂春星色春星暗靄迷煙霧仙籞分明見天路空裏翩翩翠蓋飛雲中冉冉鸞輿度翠蓋鸞輿千萬騎伐鼓摐金動天地御仗屏屏錦繡闐廣場隊隊魚龍戲就中別有王侯客三三五五長安陌夜夜經過許史家朝朝遊戲金張宅金張許史鬬驕奢金燈玉帶翦春紗鴛鴦比翼玫瑰樹翡翠雙栖菡萏花龍宵鳳炬列千行蕙火蘭煙百和香月華照耀琉璃障霧影氤氳玳瑁梁可憐豪侈誰能似可憐行樂心無已曲罷頻移歌舞筵醉後重遊燈火市月市星衢遊未徧東城南陌時相見妖童繡勒五花馬娼女銀車九華扇妖童娼女繁華子雙去雙來帝城裏粉色偏從月下明衣香故向風前起調笑行歌懽未闌浮影流光夜遽殘朝來試過狹邪路墮翠飄花那忍看

燈夕湯子重席上　蔡羽

美景忘遊宴珠燈多夜光春城繡戶月羅襪晝橋霜鳴馬客先發誰家懽未央宮星未落醉裏笛聲長

元夕對雪　蘇祐

元夕陰陰雪忽飄春寒酒興夜偏饒穿簾繞砌渾無賴臨水迴燈迴自消暗度月明花滿樹巧隨風勢玉裁綃長安此夜猶車馬劇賞清歌未寂寥

元夕詠冰燈　唐順之

正憐火樹鬬春妍忽見清輝映夜闌出海鮫珠猶帶水滿堂羅袖欲生寒燭花不礙空中影暈氣疑從月裏看為語東風暫相借來宵還得盡餘歡

元夕邀客賞燈兼聽笙笛二樂　李開先

上元又是新年節在客高歌醉不休橘酒生春連百爵蓮燈照夜足千籌風前鐵笛驚三弄月底銀箏試一搊聽徹落梅兼出塞居人自是不關愁

上元夜帝御龍舟觀鼇山　王世貞

紫禁鼇山結翠旓昇平故事雅宜修春回九陌風仍暖月出千門霧乍收煙火樓臺疑化國高明世界正宸遊何人不傍宮牆聽天樂泠泠在御舟

元夕同李伯承高伯宗賦得火樹銀花合　張九一

火樹排虛上銀花入暗開一宵春色到萬戶夜光來對月驚飄桂臨風擬落梅莫辭歸去晚攜得艷陽回

元夕宿泉州洛陽橋　陳第

春風又渡洛陽橋柳色青青伴寂寥回首故園今夜月滿江燈火上寒潮

金陵元夕篇　鄭之文

朱樓隱軫薄層霄淥水縈堤蕩畫橋十里香風吹紫陌一年明月始今宵今宵無處無簫鼓佳麗名都較得數美酒留連拚十千少年歡笑唯三五三五年時二八遊箇儂無賴逐風流香輪寶勒紛填巷翠燭紅燈擁上樓樓前九陌連三市中有侯家通戚里千蝶

春星舞袖翻九枝夜閣歌鐘起歌舞唯應此夕陳魚龍百戲競爭新銀花絳樹開千丈佛火神燈照百輪花燈在處如人好半醉筵前看鮑老何客燈前到肯遲何人花下歸能早花下燈前出畫裙衣香一路暗氤氳不知南陌人如月且道東門女似雲雲移月墮歡難歇虬水丁東宿漸咽郎心尚逐紫騮嘶妾意先憎烏桕舌歸夫燒燈總不眠含情脉脉定相牽餘宵冷焰留紅燭明日芳塵拾翠鈿

正月十三夜同王若覲妓共用來字　晁兆

倡樓羅爲開急管促行杯花氣衣香奪蠟光燭焰回舞飛雕砌雪歌落綺窗梅不盡橫陳態猶期三五來

金陵元夕曲四首　程渼

三市非烟五劇塵九微焰接百枝新楚萍散作星重暈趙璧飛爲滿月輪

十二龍城徹曉開金吾銀箭不相催行隨燈市家家月看到花林樹樹梅

邸第高依尺五天衆中誰過李延年移閫夜色嬌羅綺徙隊春聲散管絃

武騎喧闐衞富平紅燈千隊導蜺旌三山火照瓊花發人在南天赤玉京

都城元夕　劉侃

一夕春從天上回六街火樹徹明開叮嚀莫似吹蘆管纔報梅開又落梅

滿庭芳　宋徽宗

寰宇清平元宵遊豫爲開臨御端門暖風搖曳香氣靄輕氛十萬勾陳燦爛鈞臺外羅綺繽紛歡聲裏燭龍銜耀黼藻太平春　靈鼇擎綵岫冰輪遠駕初上祥雲照萬宇嬉遊一視同仁更起維垣大第通宵燕調燮良臣從茲慶都俞賡載千載樂昌辰

蝶戀花上元 密州　蘇軾

燈火錢塘三五夜明月如霜照見人如畫帳底吹笙香吐麝此般風味應無價　寂寞山城人老也擊鼓吹簫乍入農桑社火冷燈稀霜露下昏昏雪意雲垂野

浣溪沙上元遊靜林寺　毛滂

花市東風卷笑聲柳溪人影亂于雲梅花何處暗香聞　露濕翠雲裘上月燭搖紅錦帳前春瑤臺有路漸無塵

踏莎行元夕　前人

撥雪尋春燒燈續晝暗香院落梅開後無端夜色欲遮春天教月上官橋柳　花市無塵朱門如繡嬌雲瑞霧籠星斗沈香火冷小妝殘半衾輕夢濃于酒

臨江仙都城元夕　前人

聞道長安燈夜好雕輪寶馬如雲蓬萊清淺對觚稜玉皇開碧落銀界失黃昏　誰見江南顦顇客端憂嬾步芳塵小屏風畔冷香凝酒濃春入夢窗破月尋人

驀山溪上元　前人

嬋娟不老依舊東風面華燭下珠耕盛寒裏春光一片不教暮景也似每常來水精宮銀色界今夜分明見碧街如水人影花凌亂誰在柳陰中小妝寒落梅數點詩翁獨倚十二玉闌干霧濛濛雲冉冉千嶂琉璃淺

傳言玉女上元　晁沖之

一夜東風吹散柳梢殘雪御樓煙暖對鼇山綵結簫鼓向晚鳳輦初回宮闕千門燈火九衢風月　繡閣人人乍嬉遊困又歇豔妝初試把珠簾半揭嬌波溜人手撚玉梅低說相逢長是上元時節

上林春慢上元　前人

帽落宮花衣惹御香鳳輦晚來初過鶴降詔飛龍銜燭戲端門萬枝燈火滿城車馬對明月有誰閒坐任狂遊更許傍禁街不扃金鎖　玉樓人暗中擲果珠簾下笑看春衫裊娜素蛾繞釵輕蟬撲鬢垂垂柳絲梅朵夜闌飲散但贏得翠翹雙嚲醉歸來又重向曉窗梳裹

臨江仙元宵　廖行之

春意忙忙春色裏又還幾度花期潛晴時候儘融怡梅顋翻白後柳眼弄青時　正是江城天氣好樓臺燈火星移相逢無處不相宜輕狂行樂去明月夜深歸

解語花上元　周邦彥

風銷絳蠟露浥紅蓮燈市光相射桂華流瓦纖雲散耿耿素娥欲下衣裳淡雅看楚女纖腰一把簫鼓喧人影參差滿路飄香麝　因念都城放夜望千門如晝嬉笑遊冶鈿車羅帕相逢處自有暗香隨馬年光是也惟只見舊情衰謝清漏移飛蓋歸來從舞休歌罷

醉蓬萊　万俟雅言

正波翻銀漢漏滴銅壺上元佳致絳燭銀燈若繁星連綴明月逐人暗塵隨馬盡五陵豪貴鬟惹烏雲帶拖湘水誰家姝麗　金闕南邊綵山北面接地綺羅沸天歌吹六曲屏開擁三千珠翠帝樂庭深鳳爐煙噴望舜顏瞻禮太平無事君臣宴樂黎民歡醉

武陵春　趙長卿

又是新逢三五夜瑞氣靄氤氳萬點燈和月色新桃李倍添春　花縣主人情思好行樂逐良辰滿引千鍾酒又醇歌韻動梁塵

寶鼎現上元　前人

鬧塵盡埽碧落輝騰元宵三五更漏永遲遲停鼓天上人間當此遇正年少盡香車寶馬次第追隨士女看往來巷陌連甍簇起星毬無數　政簡物阜清閒處聽笙歌鼎沸頻舉燈簇暖庭帷高下紅影相交知幾戶恣歡笑道今宵景色勝却前時幾度細箏來皇都此夕消得喧傳今古　綺席成行爐噴裊沈檀輕縷襯遨遊綵仗疑是神仙伴侶欲飛去恨難留住漸到蓬瀛步願永逢恁時恁節且與風光爲主

鷓鴣天　向子諲

紫禁煙花一萬重鼇山宮闕隱晴空玉皇端拱彤雲上人物嬉遊陸海中　星轉斗駕回龍五侯池館醉春風而今白髮三千丈愁對寒燈數點紅

江城子上元　葉夢得

甘泉祠殿漢離宮五雲中渺難窮未漏通宵壺矢轉金銅曾從鈞天知帝所孤鶴老寄遼東　强扶衰病步龍鍾雪花濛打窗風一點青燈惆悵伴南宮唯有使君同此恨丹鳳口水雲重

點絳脣上元鼓子詞　王庭珪

玉漏春遲鐵關金鎖星橋夜暗塵隨馬明月應無價　天半朱樓銀漢星光射更深也翠蛾如畫猶在涼蟾下

滿庭芳上元黃子餘席上　前人

宿雨初收晚風微度萬家簾捲青煙暗塵隨馬人物似神仙試問天公借月天須放明月教圓應移下廣寒宮殿燈火接星躔　盧川元古郡當時太守賓從俱賢到如今萬井歌吹喧闐花下紅妝賣酒時相遇曲水橋邊誰知道山城父老重見中興年

燭影搖紅　張掄

雙闕中天鳳樓十二春寒淺去年元夜奉宸遊曾侍瑤池宴玉殿珠簾盡捲擁羣仙蓬壺閬苑五雲深處萬燭光中揭天絲管　馳隙流年恍如一瞬星霜換今宵誰伴泣青衫回首長安遠可是塵緣未斷漫惆悵華胥夢短滿懷幽恨數點寒燈幾聲歸雁

寶鼎現　康與之

夕陽西下暮靄紅隘香風羅綺乘麗景華燈爭放濃燄燒空連錦砌觀皓月浸嚴城如畫花影寒籠絳蕊漸掩映芙蕖萬頃迤邐齊開秋水　太守無限行歌意擁麾幢光動珠翠傾萬井歌臺舞榭瞻望朱輪駢鼓吹控寶馬耀貔貅千騎銀燭交光數里似亂簇寒星萬點擁入蓬壺影裏　宴閣多才環艷粉瑤簪珠履恐看看丹詔催奉宸遊燕侍便趁早占通宵醉緩引笙歌妓任畫角吹老寒梅月滿西樓十二

瑞鶴仙上元應制　前人

瑞煙浮禁苑正絳闕春回新正方半冰輪桂華滿溢花衢歌市芙蓉開遍龍樓兩觀見銀燭星毬有爛捲珠簾盡日笙歌盛集寶釵金釧　堪羨綺羅叢裏蘭麝香中正宜遊玩風柔夜暖笑聲喧花影亂鬧蛾兒滿路成團打塊簇著冠兒鬬轉喜皇都舊日風光太平再見

漢宮春慈寧殿元夕　前人

雲海沈沈峭寒收建章雪殘鳷鵲華燈照夜萬井禁城行樂春隨鬢影映參差柳絲梅萼丹禁杳鼇峰對聳三山上通寥廓　春衫繡羅香薄步金蓮影下三千綽約冰輪桂滿皓色冷侵樓閣霓裳帝樂奏昇平天風吹落留鳳輦通宵宴賞莫放漏聲閒却

燭影搖紅　吳億

樓雪初消麗譙吹罷蘆笳晚使君千炬起斑春歌吹香風暖十里珠簾盡捲人正在蓬壺閬苑賣薪買酒立馬傳觴昇平重見　誰識鼇頭去年曾侍傳柑宴至今衣袖帶天香行處氤氳滿已是春宵苦短更莫遣歡遊意懶細聽歸路璧月光中玉簫聲遠

西江月元夕醉中走筆　曾覿

煥爛蓮燈高下參差梅影橫斜凭闌一日盡天涯雪月交輝清夜　莫惜柔黃勸酒從教醉臉生霞爛銀宮闕對仙家一段風光如畫

傳言玉女　前人

鳳闕龍樓清夜月華初照萬點星毬護花梢寒峭華胥夢裏老去歡情終少花愁醉悶總消除了　紫陌嬉遊不似少年懷抱珠簾十里聽笙簫聲杳幽期密約暗想淺顰輕笑良時莫負玉山頻倒

傾杯樂 上元上梁帥　楊无咎

瑞日凝暉東風解凍峭寒猶淺正池館梅英粉淡柳枝金輭蘭芽香暖滕城誰種芙蕖滿浸銀蟾影一夜萬花開徧翠樓朱戸是處重簾競捲　羅綺簇歡聲一片看五馬行春旌旆遠擁襦袴千里歌謠都入太平絃管且莫厭瑤觴屢勸聞鳳詔催歸非晚願歲歲今夜裏端門侍宴

朝中措 元夕上劉共甫　侯寘

年來玉帳罷兵籌燈市小遲留花外香隨金勒酒邊人倚紅樓　沙堤此去傳柑侍宴天上風流還記川華小隊春風十里潭州

踏莎行 元宵　前人

元夕風光中興時候東風著意催梅柳誰家銀字小笙簧倚闌度曲黃昏後　撥雪張燈解衣貰酒觚稜金碧聞依舊明年何處看昇平景龍門下燈如晝

憶秦娥 元夕　張孝祥

元宵節鳳樓相對鼇山結鼇山結香塵隨步柳梢微月　多情又見珠簾揭遊人不放笙歌歇笙歌歇曉烟輕散帝城宮闕

鷓鴣天 上元除醮　前人

詠徹瓊章向夜闌天移星斗下人間九光倒影騰香簡一氣回春達絳檀　瞻北闕祝南山遙知仙仗簇清班何人得侍傳柑讌翡翠簾開識聖顏

漢宮春 上元前一日立春　京鏜

暖律初回又燒燈市井賣酒樓臺誰將星移萬點月滿千街輕車細馬隘通衢蹴起香埃今歲好土牛作伴挽留春色同來　不是天工省事要一時壯觀特地安排何妨綵樓鼓吹綺席樽罍良宵勝景語邦人莫惜徘徊休教我癡頑不去年年爛醉金釵

臨江仙 乙酉和賈之燈夕　劉克莊

玉蓮鈿車當日事東塗西抹都曾等閒曲子壓和凝縱遊非草草巳醉强惺惺　今向三家邨送老身如罷講吳僧高樓百尺不須登半爐燒葉火一盞勘書燈

浣溪沙 丁亥元宵　劉鎭

簾幕收燈斷續紅歌臺人散綵雲空夜寒歸路噤魚龍　宿醉未消花市月芳心已逐柳塘風丁寧鶯燕莫怱怱

慶春澤　前人

燈火烘春樓臺浸月良宵一刻千金錦步承蓮綵雲簇仗難尋蓬壺影動星毬轉映兩行寶珥瑤簪恣嬉遊玉漏聲催未歇芳心　笙歌十里誇張地記年時行樂憔悴而今客裏情懷伴人閒笑閑吟小桃未盡劉郎老把相思細寫瑤琴怕歸來紅紫欺風三徑成陰

喜遷鶯 閏元宵　吳禮之

銀蟾光彩喜稔歲閏正元宵還再樂事難并佳時罕遇依舊試燈何礙花市又移星漢蓮炬重芳人海盡勾引徧嬉遊寶馬香車喧隘　情快天意教人月更圓償足風流債媚柳煙濃夭桃紅小景物迥然堪愛巷陌笑聲不斷襟袖餘香仍在待歸也便相期明日踏青挑菜

鷓鴣天 上元　前人

宣德樓前雪未融賀正人見彩山紅九衢照影紛紛月萬井吹香細細風　複道遠暗相通平陽主第五王宮鳳簫聲裏春寒淺不到珠簾第二重

傳言玉女　趙善扛

璧月珠星輝映小桃穠李化工容易與人間富貴東風巷陌春在暖紅溫翠人來人去笑歌聲裏　油壁青驄第一番共燕喜雕頭天上有月如人意歌傳樂府猶是昇平風味明朝須判醉眠花底

江城子 燈夕　毛幵

神仙樓觀梵王宮月當中望難窮坐聽三通譙鼓報銅龍還憶當年京輦舊車馬會五門東　華堂歌舞間星鐘夕香濛度花風翠袖傳杯爭勸紫髯翁歸去不堪春夢斷煙雨曉亂山重

東風第一枝 燈夕　史達祖

酒館歌雲燈街舞繡笑聲喧似簫鼓太平京國多歡大酺綺羅幾處東風不動照花影一天春聚看翠光金縷相交萬萬細吹香霧　羞醉玉少年丰度懷艷雪舊家伴侶閉門明月關心倚窗小梅索句吟情欲斷念嬌俊知人無據想袖寒珠絡藏香夜久帶愁歸去

浣溪沙　韓淲

分付心情作上元不知投老在林泉誰將邨酒勸觥船　月影靜搖風柳外霜華寒浸雪梅邊醉敧烏帽忽醒然

柳梢青 元宵　前人

雨洗元宵樓臺煙鎖隱隱笙簫且插梅花自燒銀燭沈水香飄　輭紅塵裏星橋想春色皇都絳霄屏掩瀟湘醉和衣倒春夢迢迢

瑞鶴仙 甲辰元夕　李昴英

玉城春不夜映月璧寒流燭藥光射鼇山海雲駕擁遨頭簫鼓錦旗紅亞東風近也趁樂歲良辰多暇想陽和早徧南州暖得柳嬌桃冶　堪畫紗籠夾道露重花珠塵吹蘭麝歌朋舞社上梅轉鬧蛾耍且繭占先探芋郎戲巧又上紫姑燈下聽歌聲猶自未歸鈿車寶馬

沁園春 監司元宵招飲不赴　前人

纔到中年節物渾閒賞心頓輕據隨分東風瓶簪柳雪應時燈夜棚綴蓮星自一家春也三杯酒巧繭堆香笑語聲又何須聽西樓絃管南陌簫笙　平生黃卷青燈肯珠翠脊華八尺鞶欲趁隊閒嬉雕鞍寶馬回頭猛憶破案囊螢鄰曲漁歌庭除鶴舞塵外冰輪徹骨清人間處這炯然方寸一點長明

阮郎歸 鄧武試燈夕　洪瑹

東風吹破藻池冰清光開五雲綠情紅意兩逢迎扶春來遠林　花豔豔玉英英羅衣金縷明鬧蛾兒簇小蜻蜓相呼看試燈

解語花 上元次周美成韻　方千里

長空淡碧素魄凝輝星斗寒相射鳳樓鴛瓦天風動冉冉珮環高下歌清韻雅對好景芳樽滿把花霧濃燈火熒煌笑語烘蘭麝　千斛明珠照夜況人如圖畫明豔容冶繡巾香帕歸來路緩逐杏韉驕馬笙歌散也愁萬炬絳蓮分謝吏漏殘驚聽西樓吹小梅初罷

一翦梅 元宵　盧炳

燈火樓臺萬斛蓮千門喜笑素月嬋娟幾多急管與繁絃巷陌駢闐畢獻芳筵　樂與民偕五馬賢綺羅叢裏一簇神仙傳柑雅宴約明年畫夕樓連滿泛金船

倦尋芳 上元　吳文英

海霞倒影空霧飛香天市催晚暮靄宮梅相對畫樓簾捲羅襪輕塵花笑語寶釵爭豔春心眼亂簫聲正風柔柳弱舞有交燕　念窈窕東鄰深巷燈外歌沈月上花淺夢雨離雲點點漏壺清怨珠絡香銷空念往紗窗人老羞相見漸銅壺閉春陰曉寒人倦

應天長 吳門元夕　前人

麗花鬬靨清麝濺塵春聲徧漏芳陌竟路障空雲幕冰壺浸霞色芙蓉詞賦仙客競繡筆醉嫌天窄素娥下小駐輕鑣眼亂紅碧　前事頓非昔故苑年光渾與世相隔向暮巷空人絕殘燈耿塵壁凌波恨簾戶寂聽怨寫墮梅哀笛佇立久雨暗河橋譙漏疎滴

燭影搖紅 元夕微雨　前人

碧澹山姿暮寒愁沁歌眉淺障泥南陌潤輕酥燈火深深院入夜笙歌漸暖綵旗翻宜男舞徧恣遊不怕素韈塵生行裙紅濺　銀燭籠紗翠屏不照殘梅怨洗妝清靨濕春風宜帶啼痕看楚夢雨情未散素娥愁天長信遠曉窗移枕酒困香殘春陰簾捲

南鄉子 元夕　蔣捷

翠幰夜遊車不到山邊與水涯隨分紙燈三四盞鄰家便做元宵好景誇　誰解倚梅花思想燈毬墜絳紗舊說夢華猶未了堪嗟幾百餘年又夢華

女冠子 元夕　前人

蕙花香也雪晴池館如畫春風飛到寶釵樓上一片笙簫琉璃光射而今燈漫挂不是暗塵明月那時元夜況年來心懶意怯羞與蛾兒爭耍　江城人悄初更打問繁華誰解再向天公借剔殘紅燼但夢裏隱隱鈿車羅帕吳箋銀粉研待把舊家風景寫成閒話笑綠鬟鄰女倚窗猶唱夕陽西下

解語花 上元次周美成韻　陳允平

蓬壺迥碧貝闕綠雲桂魄寒光射鳳檐鴛瓦星河際縹緲繡簾高下笙簫奏雅愛雪柳蛾兒笑把瓊珮搖珠翠盈盈迤邐飄蘭麝　陸地金蓮照夜富綺羅妝豔春態容冶籠紗鞍帕香塵過禁陌寶車驕馬遊人靜也東風裏萬紅初謝沈醉歸殘角霜天漸落梅聲罷

八聲甘州 燈夕寄二隱　周密

漸萋萋芳草綠江南輕聊弄春容記少年遊處簫聲巷陌燈影簾櫳月暖烘爐戲鼓十里步香紅敧枕聽新雨往事朦朧　還是春江夢曉怕等閒愁見雁影西東喜故人好在水驛寄詩筒數芳程漸催花信送歸帆知第幾番風空吟想梅花千樹人在其中

寶鼎現 丁酉元夕　劉辰翁

紅妝春騎踏月花影千旗穿市望不盡璃樓歌舞習習香塵蓮步底簫聲斷約綵鸞歸去未怕金吾呵醉甚輦路喧闐且止聽得念奴歌起　父老猶記宣和事抱銅仙清淚如水還轉盼沙河多麗滉漾明光連邸第簾影凍散紅光成綺月浸葡桃十里看往來神仙才子肯把菱花撲碎　腸斷竹馬兒童空見說三千樂指等多時春不歸來到春時欲睡又說向燈前擁髻暗滴鮫珠墜便當日親見霓裳天上人間夢裏

漢宮春 元夕　元彭元遜

十日春風又一番調弄怕暖愁陰夜來風雨搖得楊柳黃深熏篝未斷夢舊寒淺醉同衾便是鬬燈見月看花對酒鶯心　攜手滿身花影香霏冉冉露濕羅襟笙歌行人歸去回首沈沈人間此夜誤春光一刻千金明日問紅巾青鳥蒼苔自拾遺簪

摸魚兒 元夕賦楚芳吳蘭　張翥

記蘇臺舊時風景西樓燈火如畫嚴城月色依然好無復綺羅遊冶歡意謝向客裏相逢還有詩冊寫金尊翠斝把錦字新聲紅牙小拍分付倦司馬　繁華夢喚起燕嬌鶯姹肯教辜負元夜楚芳玉潤吳蘭媚一曲夕陽西下沈醉罷君試看人生誰是無情者先生歸也但留意江南杏花春雨和淚在羅帕

念奴嬌 郡城元夕　劉雲寰

景龍天氣正餘寒料峭輕風簾幕萬斛金蓮光不夜香滿雲間樓閣金鐙頻敲繡簾高揭應爲黃昏約霜娥無恙喚人依舊飄泊　却恨烏兎無情把人青鬢白憑星星却千古繁華行樂地誰笑誰歌誰酌北海尊罍東山絲竹夢裏揚州鶴客總無味故人誰念蕭索

念奴嬌 上元　明周用

皇都元夕正瑤空華月九衢如晝爲倩農師占五穀道是豐年物候百尺星橋千尋火樹遙聽鈞天奏重門永夜漫催銀箭更漏　又道畫閣東頭何郎詩興不管梅花瘦松雪王孫傳好句信是詞垣耆舊鬬草香茵衝花繡羽都在燒燈後品題樂事莫放綠醑紅皺

鷓鴣天 元宵後獨酌　楊慎

千點寒梅曉角中一番春信畫樓東收燈庭院遲遲月落索秋千翦翦風　魚鴈杳水雲重異鄉節序恨怱怱當歌幸有金陵子翠斝清尊莫放空

慶春澤 上元　前人

魚市笙歌螳川燈火又看滇海元宵翦翦輕風綺羅十里香飄彩雲影罩冰壺地人家在月戶星橋恣經過一刻千金玉漏迢迢　柳金梨雪催春早歎他鄉異節回首魂消今夜相思玉人何處吹簫錦江煙水迷空望綠琴心愁恨慵調夢回時酒醒燈昏月轉梅梢

瑞鷓鴣 湖上上元　卓人月

城中火樹落金錢城外湖波起碧煙夜夜深歌子夜年年年節度丁年　琉璃一投湖稱聖琥珀千鍾酒號賢自分嬾追兒女隊玉梅花下拾花鈿

上元部選句

唐陳子昂詩三五月華新遨遊逐上春

張蕭遠詩寶釵驟馬多遺落依舊明朝在路傍

李商隱詩月色燈光滿帝都香車寶輦隘通衢

段成式詩火樹枝柯密燭龍鱗角張

韓偓詩上元清景亞元正絲雨霏霏向晚傾

宋錢惟演詩九枝火樹連金狄萬里霜輪上壁璫

李宗諤詩歷歷星榆光奪晝煌煌火樹豔爭春

梅堯臣詩春風來解吹殘雪燈燭迎陽萬戶燃競看繁星在平地不妨明月滿中天

王安石詩不知太乙遊何處定把青藜獨照公又車馬紛紛白晝同萬家燈火暖春風

蘇軾詩典衣剩買河源米屈指新篘作上元又冷煙濕雪梅花在留得新春作上元

蘇轍詩忽記上元鑾輅出起聽前殿曉鐘聲

張耒詩九衢風靜燭無煙寶馬香車往復還

范成大詩滿縣月明春意好旗亭吹笛近元宵又粉痕紅點萬花攢玉氣珠光寶月圓

陸游詩餅餌連春日歌呼近上元

金王庭筠詞夜夜華燈萬樹年年海碧三山

欽定古今圖書集成曆象彙編歲功典

第二十八卷目錄

歲功典第二十八卷

上元部紀事

西都雜記西都京城街衢有金吾曉瞑傳呼以禁夜行惟正月十五日夜敕許金吾弛禁前後各一日

世說禰衡被魏武謫爲鼓吏正月半試鼓衡揚枹爲漁陽摻撾淵淵有金石聲四坐爲之改容

珍珠船君思晉人正月十五夜坐室中遣兒視月中有異物否兒曰今年當水月中有人被蓑帶劍思出視之曰非水也將有兵月中人乃帶甲仗矛耳果如其言

鄴中記石虎正月十五日有登高之會

本事詩陳太子舍人徐德言之妻後主叔寶之妹封樂昌公主才貌冠絕時陳政方亂德言知不可保謂其妻曰以君之才貌國亡必入權豪之家斯永絕矣儻情緣未斷猶冀相見宜有以信之乃破一鏡人執其半約曰他日必以正月望日賣於都市我當在即以是日訪之及陳亡其妻果入越公楊素之家寵嬖殊厚德言流離辛苦僅能至京遂以正月望日訪於都市有蒼頭賣半鏡者大高其價人皆笑之德言直引至其居設食具言其故出半鏡以合之仍題詩曰鏡與人俱去鏡歸人未歸無復嫦娥影空留明月輝陳氏得詩涕泣不食素知之愴然改容即召德言還其妻仍厚遺之

北齊書尒朱文暢傳魏氏舊俗以正月十五夜爲打竹簇之戲有能中者即時賞帛

隋書元冑傳冑爲右衛大將軍親顧益密正月十五日上與近臣登高時冑下直上令馳召之及冑見上謂曰公與外人登高未若就朕勝也賜宴極歡

柳彧傳彧遷治書侍御史彧見近代以來都邑百姓每至正月十五日作角觝之戲遞相誇競至於糜費財力上奏請禁絕之曰臣聞昔者明主訓民治國率履法度動由禮典非法不服非道不行道路不同男女有別防其邪僻納諸軌度竊見京邑爰及外州每以正月望夜充街塞陌聚戲朋遊鳴鼓聒天燎炬照地人戴獸面男爲女服倡優雜技詭狀異形以穢嫚爲歡娛用鄙褻爲笑樂內外共觀曾不相避高棚跨路廣幕凌雲袨服靚妝車馬塡噎肴醑肆陳絲竹繁會竭貲破產競此一時盡室并孥無問貴賤男女混雜緇素不分穢行因此而生盜賊由斯而起浸以成俗實有由來因循敝風曾無先覺非益於化實損於民請頒行天下並即禁斷康哉雅頌足美盛德之形容鼓腹行歌自表無爲之至樂有故犯者請以故違敕論詔可其奏

長孫平傳平轉相州刺史甚有能名在州數年會正月十五日百姓大戲畫衣裳爲鍪甲之象上怒而免之

唐書中宗本紀景龍四年正月丙寅及皇后微行以觀燈遂幸蕭至忠第丁卯微行以觀燈幸韋安石長寧公主第

唐人輦下歲時記先天初上御安福門觀燈太常作樂歌出宮女歌舞朝士能文者爲踏歌聲調入雲

唐書嚴挺之傳挺之爲右拾遺睿宗好音律每聽忘勸先天二年正月望夜婆陁請然百千燈因弛門禁又追賜元年酺帝御延喜安福門縱觀晝夜不息閱月未止挺之疏諫以爲酺者因人所利合劇爲歡也不使靡敝今暴衣冠羅伎樂雜鄭衛之音縱倡優之玩不深戒愼使有司跛倚下人罷劇府縣里閭課賦苛嚴呼嗟道路貿壞家產營百戲擾方春之業欲同其樂而反遺之患乃陳五不可誠意忠到帝納焉

朝野僉載睿宗先天二年正月十五十六十七於安福門外作燈輪高二十丈衣以錦繡飾以金銀然五萬盞燈望之如花樹宮女千數人衣羅綺曳錦繡耀珠翠施香粉妙簡長安萬年少女婦千餘人衣服花釵媚子亦稱是於燈輪下踏歌三日

雲仙雜記正月十五夜元宗于常春殿張臨光宴白鷺轉花黃龍吐水金鳧銀燕浮光洞攢星閣皆燈也奏月分光曲又撒閩江錦荔支千萬顆令宮人爭拾多者賞以紅圈帔綠暈衫

連昌宮辭注明皇幸上陽宮夜新翻一曲明夕正月十五日潛遊忽聞酒樓上有笛奏前夕所翻曲大駭之密捕笛者詰之自云其夕於天津橋上翫月聞宮中奏曲愛其聲遂以爪畫譜記之即長安少年李暮

也
影燈記上在東都遇正月望夜移仗上陽宮大陳燈
影設庭燎自禁中至於殿廷皆設蠟炬連屬不絕時
有方都匠毛順巧思結創繒綵爲燈樓二十間高一
百五十尺懸珠玉金銀微風一至鏘然成韻
太眞外傳上在華清宮逼上元欲夜遊陳元禮奏曰
宮外即是曠野須有豫備若欲夜遊願歸城闕上不
能違諫
舊唐書音樂志明皇每初年望夜御勤政樓觀燈作
樂太常樂府懸散樂畢即遣宮女于樓前縛架出眺
歌舞以娛之若繩戲竿木詭異巧妙固無其比
開元天寶遺事都中每至正月十五日造麪繭以官
位帖子卜官位高下或賭筵宴以爲戲笑
楊國忠子弟每至上元夜各有千炬紅燭圍于左右
韓國夫人置百枝燈樹高八十尺豎之高山上元夜
點之百里皆見光明奪月色
帝京景物略上元三夜燈之始盛唐也明皇正月十
五前後二夜金吾弛禁然燈木爲式
唐書穆宗貞獻皇后傳開成中正月望夜帝御咸泰
殿大然燈作樂迎三宮太后奉觴進壽禮如家人諸
王公主皆得侍
雍洛靈異小錄唐朝正月十五夜許三夜夜行其寺
觀街巷燈明若晝山棚高百餘尺神龍以後復加嚴
飾士女無不夜遊車馬塞路有足不躡地浮行數十
步者
雲仙雜記洛陽人家上元以影燈多者爲上其相勝
之辭曰千影萬影又各家造芋郎君食之宜男女仍

云送雞肉酒用五木耕貯之於親知門前置地而去
洛陽人家正月十五日造火蛾兒食玉粱餻
梁鄴上元後忽髮變如血十日元夜食牛肺犯大槐
巡使夜行禱謝可免
蕭餘上元夜於宣陽里酒盤下得一物如人眼睛其
體類美石光彩射人餘夜遊市肆閒置掌中每行黑
闇衢巷隨身光明三尺毫末可鑒後忽而飛去
于金月令上元夜登樓貴戚例有黃柑相遺謂之傳
柑
封氏聞見記拔河古謂之牽鉤襄漢風俗常以正月
望日爲之相傳楚將伐吳以爲教戰梁簡文臨雍部
禁之而不能絕古用篾纜今民則以大麻絙長四五
十丈兩頭分繫小索數百條掛于前分二朋兩鉤齊
挽當大絙之中立大旗爲界震鼓叫譟使相牽引以
却者爲輸名曰拔河
清異錄後唐宮人或網獲蜻蜓愛其翠薄遂以描金
筆塗翅作小折枝花子金線籠貯養之爾後上元賣
花者取象爲之售于遊女
陳星瀧司農少卿有女兒于姑蘇適上元夜觀燈車
馬喧騰目奪神醉歎曰涉冰霜泛煙水乍見此高明
世界遂覺神明頓還舊觀
厚德錄竇禹鈞嘗因元宵往延慶寺于後殿階側得
遺銀二百兩金三十兩持歸明日侵晨詣寺候失物
者須臾一人果涕泣而至禹鈞問之對曰父罪犯至
大辟徧懇親知貸得金銀將贖父罪昨暮以一親置
酒酒行忽失去今父罪不復贖矣公驗其實遂同歸
以舊物還之

宋史禮志三元觀燈本起於方外之說自唐以後常
於正月望夜開坊市門然燈宋因之上元前後各一
日城中張燈大內正門結綵爲山樓影燈起露臺教
坊陳百戲天子先幸寺觀行香遂御樓或御東華門
及東西角樓飲從臣四夷蕃客各依本國歌舞列於
樓下東華左右掖門東西角樓城門大道大宮觀寺
院悉起山棚張樂陳燈皇城雉堞亦徧設之其夕開
舊城門達旦縱士民觀後增至十七十八夜太祖建
隆二年上元節御明德門樓觀燈召宰相樞密宣徽
三司使端明翰林樞密直學士兩省五品以上官見
任前任節度觀察使飲宴江南吳越朝貢使預焉四
夷蕃客列坐樓下賜酒食勞之夜分而罷
建隆三年正月十三夜然燈罷內前排場戲樂以昭
憲皇太后喪制故也
燕翼貽謀錄國朝故事三元張燈太祖乾德五年正
月甲辰詔曰上元張燈舊止三夜今朝廷無事區宇
又安方當年穀之豐登宜縱士民之行樂其令開封
府更放十七十八兩夜燈後遂爲例太宗淳化元年
六月丙午詔罷中元下元張燈官雖廢之而民家猶
有私自張燈者余曩仕山陽中元下元酒務張燈賣
酒豈北方遺俗猶有存者耶
玉海雍熙二年正月己未上元御乾元門樓觀燈夜
漏初上密雪忽降上謂宰相曰可各賦觀燈夜瑞雪
滿皇州詩以爲娛樂上賦詩示羣臣宰相宋琪等咸
奉和
宋史禮志雍熙五年上元節不觀燈躬耕藉田故也
後凡遇用兵及災變諸臣之喪皆罷

夏侯嘉正傳嘉正爲右正言直史館兼直祕閣賜緋魚元夕上御乾元門觀燈嘉正獻五言十韻詩其末句云兩制誠堪羨青雲侍玉輿上依韻和以賜之有狹劣終難舉通才列上居之句議者以爲誠嘉正之好進也

苗訓傳訓子守信判司天監淳化二年守信上言正月一日爲一歲之首每月八日天帝下巡人世察善惡太歲日爲歲星之精人君之象三元日上元天官中元地官下元水官各主錄人之善惡又春戊寅夏甲午秋戊申冬甲子爲大赦日及上慶誕日皆不可以斷極刑事下有司議行

馬知節傳知節知延州兼鄜延駐泊部署邊寇將至方上元節遽命張燈啓關累夕宴樂寇不測卽引去

呂蒙正傳蒙正同平章事上嘗燈夕設宴蒙正侍上語之曰五代之際生靈凋喪周太祖自鄴南歸士庶皆罹剽掠下則火災上則彗孛觀者恐懼當時謂無復太平之日矣朕躬覽庶政萬事粗理每念上天之貺致此繁盛乃知理亂在人蒙正避席曰乘輿所在士庶走集故繁盛如此臣嘗見都城外不數里饑寒而死者甚衆不必盡然願陛下視近以及遠蒼生之幸也上變色不言蒙正侃然復位同列多其直諒

李昉傳昉年七十以特進司空致事朝會宴饗令綴宰相班歲時賜予益加厚焉至道元年正月望上觀燈乾元樓名昉賜坐於側酌御罇酒飲之自取果餌以賜上觀京師繁盛指前朝坊巷省署以諭近臣令拓爲通衢長廊因論晉漢君臣昏闇猜貳枉陷善良時人不聊生雖欲營繕其暇及乎昉謂晉漢之事臣所備經何可與聖朝同日而語若今日四海清晏民物康阜皆陛下恭勤所致也上曰勤政憂民帝王常事朕不以繁華爲樂蓋以安民爲樂爾因顧侍臣曰李昉事朕兩入中書未嘗有傷人害物之事宜其今日所享如此可謂善人君子矣

禮志眞宗景德元年正月十四日賜大食三佛齊蒲端諸國進奉使緡錢令觀燈宴飲

翰墨大全張乖崖帥蜀增十三夜燈謂之掛塔燈

三朝聖政錄眞宗皇帝因元夕御樓觀燈見都人熙熙舉酒顧宰執曰祖宗創業艱難朕今獲覩太平與卿等同慶宰執稱賀皆飲釂獨李文靖沉終觴不懌明日王文正旦問其所以且曰上昨日宣勸懽甚公不肯少有將順何也文靖曰太平二字嘗恐諛佞之臣以之藉口干進今人主自用此誇耀臣下則忠鯁何由以進既謂太平則求祥瑞而封禪之說進若必爲之則耗帑藏而輕民力萬而有一患生於意外則何以支吾沉老矣玆事必不親見叅政他日當之矣其後四方奏祥瑞無虛日東封西祀講求典禮紛然不可遏王公追思其言嘆曰李文靖眞聖人也求文靖畫像置於書室中而日拜之予屢見前輩說此詢於兩家子孫其言皆同

東齋錄宋仁宗正月十四日御樓遣中使傳宣從官曰朕非遊觀與民同樂耳

軒渠錄司馬溫公在洛陽閒居時上元節夫人欲出看燈公曰家中點燈何必出看夫人曰兼欲看遊人公曰某是鬼耶

歸田錄嘉祐八年上元夜賜中書樞密院御宴於相國寺羅漢院國朝之制歲時賜宴多矣自兩府以上皆與惟上元一夕祇賜中書樞密院雖前兩府現任使相皆不得與也是歲昭文韓相集賢曾公樞密張太尉皆在假不赴惟余與西廳趙侍郎槩副樞胡諫議宿吳諫議奎四人在席酒半相顧四人者皆同時翰林學士相繼登二府前此未有也因相與道玉堂舊事爲笑樂遂皆引滿劇飲亦一時之盛事也

碧雲騢文彥博知成都張貴妃以近上元令織異色錦彥博遂令工人織金線燈籠載蓮花中爲錦紋貴妃始衣之上驚曰何處有此錦妃曰昨令成都文彥博織來以嘗與妾父有舊然妾安能使之蓋彥博奉陛下耳上色怡自爾屬意彥博

聞見前錄張貴妃嘗侍上元宴于端門服所謂燈籠錦者仁宗怪問妃曰文彥博以陛下眷妾故有此獻上不樂後潞公入爲宰相臺官唐介言其過及燈籠錦事介雖以對上失禮遠謫潞公尋亦出判許州蓋上兩能之也

錢氏私志宋郊居政府上元夜在書院讀易弟祁時爲學士是夜張燈擁妓痛飲達旦明日郊令所親云相公寄語學士會記某年上元同在某州學喫虀煑飯否學士笑云寄語相公不知某年喫虀煑飯是爲甚的

夢溪筆談狄青爲樞密副使宣撫廣西時儂智高守崑崙關青至賓州値上元令節大張燈燭首夜燕將佐次夜燕從軍官三夜燕軍校首夜樂飲徹曉次夜二鼓時青忽稱疾暫起如內久之使人諭孫元規令暫主行酒少服藥乃出數使人勸勞座客至曉各未

敢退忽有馳報者云是夜三鼓青已奪崑崙矣

黽氏客話蔡君謨守福州上元日命民間一家點燈七盞陳烈作大燈長丈餘大書云富家一盞燈太倉一粒粟貧家一盞燈父子相對哭風流太守知不知猶恨笙歌無妙曲君謨見之還輿罷燈

宋史宣仁皇后傳上元燈宴后母當入觀止之曰夫人登樓上必加禮是由吾故而越典制於心殊不安但令賜之燈燭遂歲以爲常

高齋漫錄熙寧中上元宣仁太后御樓張燈名集外族神宗數請推恩宣仁云自有處分大者絹一疋小者各與乳糖獅子兩箇中外咸仰后德

宋史曾公亮傳公亮拜司空兼侍中河陽三城節度使集禧觀使明年起判永興軍先是慶卒叛既伏誅而餘黨越佚白陝以西皆警備閱義勇益邊兵移內地租賦人情騷然公亮一鎮以靜次第奏罷之專務裁抑冗費長安豪喜造飛語聲言營卒怨減削謀以上元夜結外兵爲亂邦人大恐或勸毋出遊公亮不爲動張燈縱觀與賓佐竟夕乃歸

蘇軾傳軾權開封府推官會上元敕府市浙燈且命損價軾疏言陛下豈以燈爲悅此不過以奉二宮之歡耳然百姓不可戶曉皆謂以耳目不急之玩奪其口體必用之資此事至小體則甚大願追還前命卽詔罷之

桯史宋神宗元夕張燈王韶幼子寀方能言珠帽錦衣憑家人肩以觀爲姦人乘間負去寀覺之亟納帽於懷遇內家車數乘將入東華門寀攀幰大呼姦人駭逸遂載以入宮帝詢知韶子令開封府捕賊送寀還家賜以壓驚金錢

却掃編元祐間蔡太師以待制守永興値上元陰雨連三日不得出遊十七日雨止欲再張燈兩夕而吏謂長安人府常歲張燈所用膏油至多皆預爲備今盡臨時營之決不能辦蔡固欲之或曰唯備城庫貯油甚多然法不可妄動亟命取用之已而爲轉運使所劾時呂汲公爲相見之曰帥臣妄用油數千斤何足加罪乎寢其奏不下

談苑元祐中元夕上御樓觀燈有御製詩時王禹玉蔡持正爲左右相持正叩禹玉云應制上元詩如何使故事禹玉曰鼇山鳳輦外不可使章子厚笑曰此誰不知後兩日登封上獨賞禹玉詩云妙於使事詩云雪消華月滿仙臺萬燭當樓寶扇開雙鳳雲中扶輦下六鼇海上駕山來鎬京春酒沾周宴汾水秋風陋漢才一曲昇平人盡樂君王又進紫霞杯是夕以高麗進樂又添一杯

京師上元放燈三夕錢氏納土進錢買兩夜今十七十八夜是也

聞見近錄紹聖二年上元幸集禧觀出宮花賜從駕臣僚各數十枝時人榮之

東坡志林己卯上元予在儋耳有老書生數人來過曰良月佳夜先生能一出乎予欣然從之步城西入僧舍歷小巷民蠻雜揉屠酤紛然歸舍已三鼓矣舍中掩關熟寢已再鼾矣放杖而笑

宋史何執中傳執中爲尚書左丞加特進政和二年大長公主喪罷上元端門觀燈執中言不宜以長公主故闕衆情願特爲徙日以昭與民同樂之意帝重逆其請爲中五日期

禮志政和五年十二月二十九日詔景龍門預爲元夕之具實欲觀民風察時態黼飾太平增光樂國非徒以遊豫爲事特賜公師宰執以下宴及御製詩四韻賜太師蔡京六年正月七日御筆今歲閏餘候晚猶未春和晷短氣寒於宴集無紓緩之樂上元節移於閏正月十四日爲始

艅艎日疏宣和五年令都城自臘月初一日放鼇山燈至次年正月十五日夜謂之預賞元宵徽宗至日出觀之時有譴詞末句云奈吾皇不待元宵景色來到恐後月陰晴未保

揮麈後錄徽宗宣和七年十二月二十一日就睿謨殿張燈預賞元宵曲燕近臣命左丞王安中中書侍郞馮熙載爲詩以進

桯史宣和中上元張燈有夫婦同遊相失婦至端門飲賜酒竊取金杯衞士察送御前婦口占鷓鴣天有竊取金杯作證明語上喜以杯賜之命黃門引歸

冷齋夜話予自并州還江南過都下上元逢符寶郎蔡子因約相國寺未至有道人求詩且曰覺範嘗有寒巖寺詩懷京師曰上元獨宿寒巖寺臥看青燈映薄紗夜久雪猿啼岳頂夢回山月上梅花十分春瘦緣何事一掬歸心未到家却憶少年行樂處軟風香霧噴東華今當爲作京師上元懷山中也予戲爲之曰北遊爛漫看并山重到皇州及上元燈火樓臺思往事管絃音律試新翻期人未至情如海穿市歸來月滿軒却憶寒巖曾獨宿雪窻殘夜一聲猿

龔德莊罷官河朔居京師新門劉野夫上元夕以書

約德莊曰今夜欲與君詣令閤必盡室出觀燈當清淨身心相俟德莊雅敬其爲人危坐三鼓矣家人輩未還野夫亦竟不至俄火自門而燒德莊奮持誥牒犯烈焰而出頃刻數百舍爲瓦礫之場明日野夫來弔且欣曰令閤已不出是吾憂幸出可賀也德莊心異野夫然不欲詰之也

東京夢華錄正月十五日元宵大內前自歲前冬至後開封府絞縛山棚立木正對宣德樓遊人已集御街兩廊下奇術異能歌舞百戲鱗鱗相切樂聲嘈雜十餘里擊丸蹴踘踏索上竿趙野人倒喫冷淘張九哥吞鐵劍李外寧藥法傀儡小健兒吐五色水旋燒泥丸子大時落灰藥榾柮兒雜劇溫大頭小曹嵇琴党千簫管孫四燒煉藥方王十二作劇術鄒遇田地廣雜扮蘇十孟宣築毬尹常賣五代史劉百禽蟲蟻楊文秀鼓笛更有猴呈百戲魚跳刀門使喚蜂蝶追呼螻蟻其餘賣藥賣卦沙書地謎奇巧百端日新耳目至正月七日人使朝辭出門燈山上綵金碧相射錦繡交輝面北悉以綵結山沓上皆畫神仙故事或坊市賣藥賣卦之人橫列三門各有綵結金書大牌中曰都門道左右曰左右禁衛之門上有大牌曰宣和與民同樂綵山左右以綵結文殊普賢跨獅子白象各於手指出水五道其手搖動用轆轤絞水上燈山尖高處用木櫃貯之逐時放下如瀑布狀又於左右門上各以草把縛成戲龍之狀用青幕遮籠草上密置燈燭數萬盞望之蜿蜒如雙龍飛走自燈山至宣德門樓橫大街約百餘丈用棘刺圍遶謂之棘盆內設兩長竿高數十丈以繒綵結束紙糊百戲人物懸於竿上風動宛若飛仙內設樂棚差衙前樂人作樂雜戲幷左右軍百戲在其中駕坐一時呈拽宣德樓上皆垂黃綠簾中一位乃御座用黃羅設一綵棚御龍直執黃蓋掌扇列於簾外兩朵樓各掛燈毬一枚約方圓丈餘內燃椽燭簾內亦作樂宮嬪嬉笑之聲下聞於外樓下用枋木壘成露臺一所綵結欄檻兩邊皆禁衛排立錦袍幞頭簪賜花執骨朶子面此樂棚教坊鈞容直露臺子弟更互雜劇近門亦有內等子班直排立萬姓皆在露臺下觀看樂人時引萬姓山呼

正月十四日車駕幸五嶽觀迎祥池有對御（賜羣臣宴）至晚還內圍子親從官皆頂毬頭大帽簪花紅錦團搭戲獅子衫金鍍天王腰帶數重骨朶天武官皆頂雙卷腳幞頭紫上大搭天鵝結帶寬衫殿前班頂兩腳屈曲向後花裝幞頭著緋青紫三色撚金線結帶望仙花袍跨弓劍乘馬一扎鞍轡纓紼前導御龍直一腳指天一腳圈曲幞頭著紅方勝錦襖子看帶束帶執御從物如金交椅唾盂水罐果壘掌扇纓紼之類御椅子皆黃羅珠蹙背座則親從官執之諸班直皆幞頭錦襖束帶每常駕出有紅紗貼金燈籠二百對元宵加以琉璃玉柱掌扇燈快行家各執紅紗珠絡燈籠駕將至則圍子數重外有一人捧月樣兀子錦覆於馬上天武官十餘人簇擁扶策喝曰看駕頭次有吏部小使臣百餘皆公裳執珠絡毬杖乘馬聽喚近侍餘官皆服紫緋綠公服三衙太尉知閤玉帶羅列前導兩邊皆內等子選諸軍膂力者著錦襖頂帽握拳顧望有高聲者捶之流血教坊鈞容直樂部前引駕後諸班直馬隊作樂駕後圍子外左則宰執侍從右則親王宗室南班官駕近則列橫門十餘人擊鞭駕後有曲柄小紅繡傘亦殿侍執之於馬上駕入燈山御輦院人員輦前喝隨竿媚來御輦團轉一遭倒行觀燈山謂之鵓鴿旋又謂之踏五花兒則輦官有喝賜矣駕登宣德樓遊人奔赴露臺下

十五日詣上清宮亦有對御至晚回內

十六日車駕不出自進早膳訖登門樂作卷簾御座臨軒宣萬姓先到門下者猶得瞻見天表小帽紅袍獨卓子左右近侍簾外傘扇執事之人須臾下簾則樂作縱萬姓遊賞兩朶樓相對左樓相對鄆王以次綵棚幕次右樓相對蔡太師以次執政戚里幕次時復自樓上有金鳳飛下諸幕次宣賜不輟諸幕次中家妓競奏新聲與山棚露臺上下樂聲鼎沸西朶樓下開封尹彈壓幕次羅列罪人滿前時復決遣以警愚民樓上時傳口敕特令放罪於是華燈寶炬月色花光霏霧融融動燭遠近至三鼓樓上以小紅紗燈毬緣索而至半空都人皆知車駕還內矣須臾聞樓外擊鞭之聲則山樓上下燈燭數十萬盞一時滅矣於是貴家車馬自內前鱗切悉南去遊相國寺寺之大殿前設樂棚諸軍作樂兩廊有詩牌燈云天碧銀河欲下來月華如水照樓臺幷火樹銀花合星橋鐵鎖開之詩其燈以木牌爲之雕鏤成字以紗絹羃之於內密燃其燈相次排定亦可愛賞資聖閣前安頓佛牙設以水燈皆係宰執戚里貴近占設看位最要鬧九子母殿及東西塔院惠林智海寶梵競陳燈燭光彩爭華直至達旦其餘宮觀寺院皆放萬姓燒香

如開寶景德大佛寺等處皆有樂棚作樂燃燈惟禁宮觀寺院不設燈燭矣次則葆眞宮有玉柱玉簾窗隔燈諸坊巷馬行諸香藥鋪席茶坊酒肆燈燭各出新奇就中蓮華王家香鋪燈火出羣而又命僧道場打花鈸弄椎鼓遊人無不駐足諸門皆有宮中樂棚萬街千巷盡皆繁盛浩鬧每一坊巷口無樂棚去處多設小影戲棚子以防本坊遊人小兒相失以引聚之殿前班在禁中右掖門裏則相對右掖門設一樂棚放本班家口登皇城觀看宮中有宣賜茶酒粧粉錢之類諸營班院於法不得夜遊各以竹竿出燈毬於半空遠近高低若飛星然阡陌縱橫城闉不禁別有深坊小巷繡額珠簾巧製新粧競誇華麗春情蕩颺酒興融怡雅會幽歡寸陰可惜景色浩鬧不覺更闌寶騎駸駸香輪轆轆五陵年少滿路行歌萬戶千門笙簧未徹市人賣玉梅夜蛾蜂兒雪柳菩提葉科頭圓子拍頭焦䭔唯焦䭔以竹架子出青傘上裝綴梅紅縷金小燈籠子架子前後亦設燈籠敲鼓應拍團團轉走謂之打旋羅街巷處處有之至十九日收燈五夜城闉不禁嘗有旨展日宣和年間自十二月於酸棗門一名景龍門上如宣德門元夜點照門下亦置露臺南至寶籙宮兩邊關撲買賣晨暉門外設看位一所前以荆棘圍繞周回約五七十步都下賣鵪鶉骨飿兒圓子䭔拍白腸水晶鱠科頭細粉旋炒栗子銀杏鹽豉湯雞段金橘橄欖龍眼荔枝諸般市合團團密排準備御前索喚以至尊有時在看位內門司御藥知省太尉悉在簾前用三五人弟子祗應粆盆照耀有同白日仕女觀者中貴邀住勸酒一金盃令退直至上元謂之預賞

乾淳歲時記禁中自去歲九月賞菊燈之後迤邐試燈謂之預賞一入新正燈火日盛皆修內司諸璫分主之競出新意年異而歲不同往往于復古膺福清燕明華等殿張掛及宣德門梅堂三閒臺等處臨時取旨起立鼇山燈之名品極多其中以蘇燈爲最圈片大者徑三四尺皆五色琉璃所成山水人物花竹翎毛種種奇妙儼然著色便面也其後福州所進則純用白玉晃耀奪目如淸冰玉壺爽徹心目近歲新安所進益奇雖圈骨悉皆琉璃所爲號無骨燈禁中嘗令作琉璃燈山其高五丈人物皆用機關活動結大綵樓貯之又于殿堂梁棟窗戶間爲涌壁作諸色故事龍鳳噀水蜿蜒如生遂爲諸燈之冠前後設玉柵簾寶光花影不可正視仙韶內人迭奏新曲聲聞人間殿上鋪連五色琉璃閣皆毬文戲龍百花小窗間垂小水晶簾流蘇寶帶交映璀璨中設御座恍然如在廣寒淸虛府中也至二鼓上乘小輦幸宣德門觀鼇山擎輦者皆倒行以便觀賞金爐腦麝如祥雲五色熒煌炫轉照耀天地山燈凡數千百種極其新巧怪怪奇奇無所不有中以五色玉柵簇成皇帝萬歲四大字其上伶官奏樂稱念口號致語其下爲大露臺百藝羣工競呈奇技內人及小黃門百餘皆巾裹翠蛾傚街坊淸樂傀儡繚繞燈月之下既而取旨宣喚市井無賴舞隊及市食盤架先是京尹預擇華潔及善歌叫者謹伺于外至是歌呼競入既經進御妃嬪內人而下亦爭買之皆數倍得直金珠磊落有一夕而至富者宮漏既深始宣放煙火百餘架于是樂聲四起燭影縱橫而駕始還矣大率倣宣和盛際愈加精妙特無登樓賜宴之事人間不能詳知耳

都城自舊歲冬孟駕回則已有乘肩小女鼓吹舞綰者數十隊以供貴邸豪家幕次之翫而天街茶肆漸已羅列燈毬等求售謂之燈市自此以後每夕皆然三橋等處客邸最盛舞者往來最多每夕樓燈初上則簫鼓已紛然自獻于下酒邊一笑所費殊不多往往至四鼓乃還自此日盛一日姜白石有詩云燈已闌珊月氣寒舞兒往往夜深還只因不盡婆娑意更向街心弄影看又云南陌東城盡舞兒畫金刺繡滿羅衣也知愛惜春遊夜舞落銀蟾不肯歸吳夢窗玉樓春云茸茸貍帽遮梅額金蟬羅剪紅衫窄乘肩爭看小腰身倦態強隨閒鼓笛問稱家在城東陌欲買千金應不惜歸來困頓殢春眠猶夢婆娑斜趁拍深得其意態也至節後漸有大隊如四國朝傀儡杵歌之類日趨于盛其多至數十百隊天府每夕差官點視各給錢酒油燭多寡有差且使之南至昇暘宮支酒燭北至春風樓支錢終夕天街鼓吹不絕都民士女羅綺如雲蓋無夕不然也至五夜則京尹乘小提轎諸舞隊次第簇擁前後連亘十餘里錦繡塡委簫鼓振作耳目不暇給吏魁以大囊貯楮券凡遇小經紀人必犒數十謂之買市至有黠者以小盤貯梨藕數片騰身迭出于稠人之中支請官錢數次者亦不禁也李篔房詩云斜陽盡處蕩輕烟輦路東風入管絃五夜好春隨步暖一年明月打頭圓香塵掠粉翻羅帶密炬籠綃鬭玉鈿人影漸稀花露冷踏歌吹度曉雲邊京尹幕次例占市西坊繁鬧之地賁燭粆盆

照耀如畫其前列荷校囚數人大書犯由云某人爲不合搶撲釵環挨搪婦女繼而行遣一二謂之裝燈其實皆三獄罪囚姑借此以警姦民分委府僚巡警風燭及命轄房使臣等分任地方以緝姦盜三獄亦張燈建淨獄道場多裝獄戶故事及陳列獄具邸第好事者如清河張府蔣御藥家間設戲煙火花邊水際燈燭燦然遊人士女縱觀則迎門酌酒而去又有幽坊靜巷好事之家多設五色琉璃泡燈更自雅潔靚妝笑語望之如神仙白石詩云沙河雲合無行處惆悵來遊路已迷却入靜坊燈火空門門相似列蛾眉又云遊人歸後天街靜坊陌人家未閉門簾裏垂燈照樽俎坐中嬉笑覺春溫或戲于小樓以人爲大影戲兒童讙呼終夕不絕此類不可遽數也西湖諸寺惟三竺張燈最盛往往有宮禁所賜貴璫所遺者都人好奇亦往觀焉白石詩云珠絡琉璃到地垂鳳頭御帶玉交枝君王不賞無人進天竺堂深夜雨時元夕節物婦人皆帶珠翠鬧蛾玉梅雪柳菩提葉燈毬銷金合蟬貉袖項帕而衣多尚白蓋月下所宜也遊手浮浪輩則以白紙爲大蟬謂之夜蛾又以棗肉炭屑爲丸繫以鐵絲然之名火楊梅節食所尚則乳糖丸子䭔餡科斗粉豉湯水晶膾韭餅及南北珍果幷皂兒糕宜利沙澄沙團子滴酥鮑螺酪麪玉消膏琥珀餳輕餳生熟灌藕諸色瓏纏蜜煎蜜裹糖瓜蔞煎七寶薑豉十般糖之類皆用鏤鍮裝花盤架車兒簇插飛蛾紅燈綵盝歌叫喧闐幕次往往使之吟叫倍酬其直白石亦有詩云貴客鉤簾看御街市中珍品一時來簾前花架無行路不得金錢不肯回競以金盤鈿合簇飣餽遺謂之市食合兒翠簾銷幕絳燭紗籠遍呈舞隊密擁歌姬脆管清吭新聲交奏戲具粉嬰鬻歌售藝者紛然而集至夜闌則有持小燈照路拾遺者謂之掃街遺鈿墮珥往往得之亦東都遺風也

舞隊有大小全棚傀儡　査査鬼（査大）　李大口（一字口）
　賀豐年　長瓠斂（長頭）　兎吉（兎毛大伯）　吃遂　大憨兒　麤妲　麻婆子　快活三郎　黃金杏　瞎判官　快活三娘　沈承務　一臉膜　猫兒相公　洞公觜　細妲　河東子　黑遂　玉缺兒　交椅
　夾捧　屏風　男女竹馬　男女杵歌　大小斫刀鮑老　交衮鮑老　子弟清音　女童清音　諸國獻寶　六國朝　四國朝　穿心國入貢　孫武子教女兵　遏雲社　緋綠社　幺女　鳳阮嵇琴
　撲蝴蝶　回陽丹　大藥　瓦鼓　焦䭔架兒
喬三教　喬迎酒　喬親事　喬樂神（馬明王）　喬捉蛇　喬學堂　喬宅眷　喬像生　喬師娘　獨自喬　地仙　旱划船　教象　裝態　村田樂　鼓板　踏蹺　撲旗　抱鑼裝鬼　獅豹蠻牌　十齋郎　耍和尚　劉衮　散錢行　貨郎　打嬌惜
其品甚夥不可悉數首飾衣裝相矜侈靡珠翠錦綺眩耀華麗如傀儡杵歌竹馬之類多至十餘隊十二十三兩日國忌禁樂則有裝宅眷籠燈前引珠翠盛飾少年尾其後訶殿而來卒然遇之不辨眞僞及爲喬經紀人如賣蜂糖餅小八塊風子賣字本虔婆賣旗兒之類以資一笑者尤多也

燈品至多蘇福爲冠新安晚出精妙絕倫所謂無骨燈者其法用絹囊貯粟爲胎因之繞綴及成去粟則混然琉璃毬也景物奇巧前無其比又爲大屏灌水轉機百物活動趙忠惠守吳日嘗命製春雨堂五大間左爲汴京御樓右爲武林燈市歌舞雜藝纖悉曲盡凡用千工外此有魫燈則雕鏤犀珀玳瑁以飾之珠子燈則以五色珠爲網下垂流蘇或爲龍船鳳輦樓臺故事羊皮燈則鏃鏤精巧五色粧染如影戲之法羅帛燈之類尤多或爲百花或細眼間以紅白號萬眼羅者此種最奇外此有五色蠟紙菩提葉若沙戲影燈馬騎人物旋轉如飛又有深閨巧娃剪紙而成尤爲精妙又有絹燈剪寫詩詞時寓譏笑及畫人物藏頭隱語及舊京諢語戲弄行人有貴邸嘗出新意以細竹絲爲之加以綵飾疎明可愛穆陵喜之令製百盞期限既迫勢難卒成而內苑諸璫恥于不自己出思所以勝之遂以黃草布剪縷加之點染與竹無異凡兩日百盞已進御矣

吹劒錄象山知荊門上元嘗設醮乃講洪範錫福章以代之

齊東野語穆陵初年嘗於上元日清燕殿排當恭請恭聖太后既而燒煙火於庭有所謂地老鼠者徑至大母聖座下大母爲之驚惶拂衣徑起意頗疑怒爲之罷宴穆陵恐甚不自安遂將排辦巨璫陳詢盡監繫聽命黎明穆陵至陳朝謝罪且言內臣排辦不謹取自行遣恭聖笑曰終不成他特地來驚我想是誤耳可以赦罪於是子母如初焉

壽和謝太后方選進時史衛王夜夢謝魯王深甫衣金紫求見致禱再三以孫女爲托及明則謝后至是

歲天台郡元夕有鵲巢燈山間衆頗驚異識者以爲鵲巢乃太后之祥是歲謝果正中宮之位

宋史楊文仲傳文仲通判台州故事守貳尚華侈正月望取燈民間吏以白文仲曰爲吾然一燈足矣

帝京景物略上元六夜燈之始南宋也淳祐三年請預放元宵自十三日起巷陌橋道皆編竹張燈

老學庵筆記田登作郡自諱其名觸者必怒吏卒多被榜笞於是舉州皆謂燈爲火上元放燈許人入州治遊觀吏人遂書榜揭于市曰本州依例放火三日

曲洧舊聞王建集有聽鏡詞近世人懷杓以聽亦猶是也又有無所懷而直以耳聽之者謂之響卜往往而驗曾叔夏尚書應舉時方待省榜元夕與友生皆出聽響卜至御街有士人緩步大言誦東坡謝表曰彈冠結綬共欣千載之逢曾聞之喜遂疾行其友生至則聞曰掩面向隅不忍一夫之泣是歲曾登科而友生果被黜

元史張養浩傳英宗即位命參議中書省事會元夕帝欲於內庭張燈爲鼇山即上疏于左丞相拜住拜住袖其疏入諫其略曰世祖臨御三十餘年每值元夕閭閻之間燈火亦禁况闕廷之嚴宮掖之邃尤當戒愼今燈山之構臣以爲所翫者小所繫者大所樂者淺所患者深伏願以崇儉慮遠爲法以喜奢樂近爲戒帝大怒既覽而喜曰非張希孟不敢言即罷之仍賜尚服金織幣一帛一以旌其直

趙師睪傳泰定中拜監察御史元夕令出禁中命有司張燈山爲樂師睪上言燕安怠惰肇荒淫之基奇巧玩發奢侈之端觀燈事雖微而縱耳目之欲則上累日月之明疏聞遽命罷之賜師睪酒一上尊且命御史大夫傳旨以嘉忠直

成都歲華紀麗譜上元節放燈舊記稱唐明皇上元京師放燈燈甚盛葉法善奏曰成都燈亦然遂引帝至成都市飲酒於富春坊此方外之言存而勿論咸通十年正月二日街坊點燈張樂晝夜喧闐蓋大中承平之餘風由此言之則唐時放燈不獨上元也蜀王孟昶時間亦放燈率無定日宋開寶二年命明年上元放燈三夜自是歲以爲常十四十五十六三日皆早宴大慈寺晚宴五門樓甲夜觀山棚變燈其斂散之遲速惟太守意也如繁雜綺羅街道燈火之盛以昭覺寺爲最又爲錢燈會會始於張公詠蓋燈夕二都監戎服分巡以察姦盜既罷故作宴以勞焉通判主之就宜詔亭或涵虛亭舊以十七日今無定日仍就府治專以宴監司也

墅起雜事元夕張燈城中燈毬巧麗他處莫及有玉柵燈琉璃燈萬眼羅百花欄流星紅萬點金街衢雜遝人物喧譁士誠登觀風樓開賞燈宴令從者賦詩

續文獻通考洪武五年正月十四日敕近臣于秦淮河然水燈萬枝十五日夜半竣事隨有佛光五道從東北貫月燭天良久乃已

明會典洪武十六年令在京官吏人等元宵節錢支與胡椒斤兩不等

翦勝野聞太祖嘗于上元夜微行京師時俗好爲隱語相猜以爲戲乃畫一婦人赤脚懷西瓜衆譁然帝就視因喻其旨甚銜之明日命軍士大僇居民空其室蓋馬后祖貫淮西故云

明會典永樂七年令元宵節自正月十一日爲始賜百官節假十日

皇明通紀永樂十年正月元宵賜百官宴聽臣民赴午門外觀鼇山三日自是歲以爲常上或御午門示御製使儒臣奉和時尚書夏原吉侍其母往觀鼇山上聞之曰賢母也命中官齎鈔二百錠即其家賜之

帝京景物略正月八日至十八日集東華門外曰燈市貴賤相雜遝貧富相貿易富者燈四夕貧者燈一夕止又貧甚者無燈小兒共以繩繫一兒腰牽焉相距尋丈迭於不意中拳之以去曰打鬼不得爲繫者兒所執執者鬨然共捉代繫曰替鬼更繫更擊更執更代終日擊不爲代則佻巧矣又繩以爲城二兒帕蒙以摸一兒執敲城中輒敲一聲而輒易其地以誤之爲摸者得則蒙執敲兒曰摸蝦兒望前後夜婦女束草人紙粉面首帕衫裙號稱姑娘兩童女掖之祀以馬糞打鼓歌馬糞薌歌三祝神則躍躍拜不已者休倒不起乃咎也男子衝而仆

熙朝樂事正月十五日爲上元節前後張燈五夜相傳宋時止三夜錢王納土獻錢買添兩夜先是臘後春前壽安坊而下至衆安橋謂之燈市出售各色華燈其像生人物則有老子美人鍾馗捉鬼月明度妓劉海戲蟾之屬花草則有梔子葡萄楊梅柿橘之屬禽蟲則有鹿鶴魚蝦走馬之屬其奇巧則琉璃毬雲母屏水晶簾萬眼羅玻瓈瓶之屬而豪家富室則有料絲魚魫綵珠明角鏤畫羊皮流蘇寶帶品目歲殊難以枚舉或祭賽於神廟則有社夥鼇山臺閣戲劇滾燈煙火無論通衢委巷星布珠懸皎如白日喧闐

徽日市食則糖粽粉團荷梗孛婁瓜子諸品果蓏燈交易識辨銀錢眞僞纖毫莫欺

西吳枝乘湖州正月望日則城中互商相率於慈感寺放火炮以爲勝負賭財物轟霹之聲河水爲沸多至費數百金

耆舊續聞陸太傅公嘗守會稽上元夕放燈特盛士女駢闐有一士人從貴官幕外過見其女樂甚都注目久之觀者抑至誤喧其幕貴官者執其士以聞于府公呼而責之曰爲士不克自檢何耶對曰觀者皆然竟皆脫去獨某居後所以被辱公觀其應對不凡必是佳士因謂之曰子能賦此斑竹簾詩當釋子罪蓋用斑竹簾爲幕也士人索筆落紙立就其詩曰春風撼撼動簾帷繡戶朱門鎭日垂爲愛好花成片段故教高節有參差又曰昔年珠淚裛虞妃今日侯門作妓衣世事乘除每如此榮華到底是危機公覽詩大奇之延爲上客

北京歲華記元夕官裏放燈假五日夜行不禁

續文獻通考張道陵唐冊封天師國朝仍令傳襲正一嗣教眞人歲以正月十五日爲祖師示現之辰遣官詣大德靈顯宮告祭

西湖志餘元宵前後好事者或爲藏頭詩句任人商猜謂之猜燈

閩部疏閩俗尤重元宵十三日始放燈數步一立表一表輒數燈家聯戶綴燦若貫珠如是者至下弦猶不肯撤有司禁之縉紳先生不平見顏色是月也一郡之民皆若狂

上元部雜錄

四時纂要正月望日殘餻糜熬焦和穀種之能辟蟲

食譜張手美家上元油畫明珠

墨莊漫錄元祐以後宗室以詞章知名者如士暕士字叔益令時皆有篇什聞於時然近屬環衛中能翰墨尤多如嗣濮王仲御喜作長短句常見十許篇於王之孫皆可儷作者不能盡載如上元扈蹕作瑤臺第一層云嶰管聲催人報道嫦娥步月來鳳燈鸞炬寒輕簾箔光泛樓臺萬里正春未老更旁鄉日月蓬萊從仙仗看星河銀界錦繡天街歡陪千官萬騎九霄人在五雲堆赭袍光裏星毬宛轉花影徘徊未央宮漏永散異香龍闕崔嵬翠輿回奏仙韶歌吹寶殿樽罍每使人歌此曲則太平熙熙之象恍然在夢寐間也

續明道雜志紹聖戊寅歲余在黃州見上元沽酒人頭已簪麥穗土人言當年不俑

膳夫錄汴中節食上元油䭔

桂海花志上元紅深紅色絕似紅木瓜花不結實以燈夕前後開故名

歲時雜記都人上元作宜男蟬如蛾而大

清波雜志東坡上元詩前年侍玉輦端門萬枝燈璧月掛罘罳珠星照觚稜去年中山府老病亦宵興牙旗穿夜市鐵馬響春冰今年江海上雲房寄山僧亦復舉宵火松間見層層散策桄榔林林疎月髣髴使君置酒罷簫鼓轉松陵狂生來索酒一舉輒數升浩歌出門去我亦歸瞢騰王初寮履道象州上元詩二年白玉堂揮翰供帖子風生起草臺墨點澄心紙三年文昌省拜賜近咫尺紅蓼盼御盤金幡裊宮蕊晚爲日南客環堵隱烏几朝來聞擊鼓土牛出城市幽懷不自閑欲送春事起安得五畝園種蔬引江水二篇之詩先後而作何語意切類如此

搜採異聞錄上元張燈太平御覽所載史記樂書云漢家祀太一以昏時祀到明今人正月望日夜遊觀燈是其遺事而今史記無此文唐韋述兩京新記曰正月十五日夜勑金吾弛禁前後各一日以看燈本朝京師增爲五夜俗言錢忠懿納土進錢買兩夜如前史所謂買宴之比初用十二十三夜至崇寧初以兩日皆國忌遂展至十七十八夜予按國史乾德五年正月詔以朝廷無事區宇乂安令開封府更增十七十八兩夕然則俗云因錢氏及崇寧之展日皆非也太平興國五年十月下元京城始張燈如上元之日至淳化元年六月始罷中元下元張燈

通考上元日晴主一春少雨又宜百果諺云上元無雨三春旱又云雨打上元燈雲罩中秋月

上元初日占百果中日晚稻末日早稻諺云雨打上元燈早稻一束草

正月上元霧主水

上元東風夏米平南風米貴主旱西風春夏米貴桑葉貴北風水澇東北風水旱調大熟東南風禾麥小熟西北風有水桑葉賤西南風春夏米貴蠶不利

委巷叢談古之所謂廋詞即今之隱語也而俗謂之謎人皆知其始于黃絹幼婦而不知自漢伍舉曼倩時已有之矣至鮑照集則有井字謎杭人元夕多以此爲猜燈任人商略永樂初錢塘楊景言以善謎名

上元部外編

三餘帖嫦娥奔月之後羿晝夜思維正月十四夜有童子詣宮曰夫人知君懷思無從得降明日乃月圓之候君宜用米粉作丸團團如月置室西北方呼夫人名三夕可降耳如期果降

法苑珠林漢永平十四年正月五岳諸山道士顧與西僧比校辨眞僞勑以十五日集白馬寺道士齋道經置于三壇縱火焚經經從火化佛舍利經像置于道西光明五色直上空中旋環如蓋于時天雨寶華大衆咸悅

續文獻通考王元甫學道於赤城霍山服靑精石飯呑日精月影之法內見五藏晉永和元年正月十五日乘龍昇天爲中岳眞人

集異記明皇觀燈於上陽宮名葉法善觀於樓下法善曰燈固盛矣西涼今夕之燈亦不亞此上曰可得一往乎法善令上閉目上依其言閉目距躍身在霄漢已而足及地法善曰可以觀矣既視燈燭連亙十數里車馬駢闐士女紛雜上稱其盛久之法善曰觀畢可回矣復閉目與法善騰虛而上俄頃還故處而樓下歌吹猶未終

珍珠船明皇用葉法善術上元夜自上陽宮往西涼州觀燈以鐵如意質酒而還遣使者取之不誣

幽怪錄開元十八年正月望日帝謂葉天師曰今夕何處最麗對曰廣陵帝曰何術以觀之師曰可俄而虹橋起殿前版閣架虛闌楯若畫帝步而上太眞高力士及樂官數人從行步步漸高頃到廣陵寺觀陳設之盛燈火之光照灼基殿士女鮮麗皆仰面曰仙人現于五色雲中帝大悅敕伶官奏霓裳羽衣一曲後數日廣陵果奏云

七修藁唐開元間謂天官好樂地官好人水官好燈正月十五日乃三官下降之日故從十四至十六夜放假

前定錄韋泛者不知其所來大曆初罷潤州金壇縣尉客遊吳興維舟於興國佛寺之水岸時正月望夜士女繁會泛方寓目忽然暴卒縣吏捕驗其事未已再宿而甦云見一吏持牒來云府司追遂與之同行約數十里忽至一城兵衛甚嚴入見多是親舊往還泛驚問吏曰此何許也吏曰此非人間也泛方悟死矣俄見數騎呵道而來中有一人衣服鮮華容貌甚偉泛前視之乃故人也驚曰君何爲來此曰爲吏所追其人曰某職主名魂未省追子因思之曰嘻誤矣所追者非追君也乃兗州金鄉縣尉韋泛也遽叱吏送之歸泛既喜得還且恃其故人因求其祿壽其人不得已密謂一吏引於別院立泛於門吏入持一丹筆來書其左手曰前楊復後楊年年強七月之節歸元鄉泛既出前所追吏亦送之既醒具述其事沙門法一好異書盡得其實因傳之

西域記摩竭陀國正月十五日僧俗雲集觀佛舍利放光雨花

傳燈錄徑山大慧宗杲禪師上堂曰正月十四十五雙徑搥鑼打鼓要識祖意西來看取村歌社舞

春渚紀聞政和二年襄邑民因上元請紫姑神爲戲既書紙間其字徑丈或問之曰汝更能書否即書曰請連黏襃表二百幅當爲作一福字或曰紙易耳安得許大筆也曰請用麻皮十觔縛作令徑二尺許盤槊以大器貯備濡染也諸好事因集紙筆就一富人麥場鋪展聚觀神至書云請一人繫筆于項其人不覺身之騰踔往來場間須臾字成端麗如顏書復取小筆書于紙角云持往宜德門賣錢五百貫既而縣以妖捕大府取就鞫治訖無他狀即具奏知有旨就後苑再書驗之上皇爲幸苑中臨視乃書一慶字與前書福字大小相稱字體亦同上皇大奇之因令于襄邑擇地建祠歲祀之

鐵圍山叢談宣和六年春正月甲子實上元節故事天子御樓觀燈則開封尹設次以彈壓於西觀下又于時從六宮于其上以觀天府之斷決者簾幕重密下無由知是日上偶獨在西觀上而宦者左右皆不從其下則萬衆忽有一人躍出緇布衣若僧寺童行狀以手指簾謂上曰汝是某邪有何神乃敢破壞吾教吾今語汝報將至矣吾猶不畏汝汝豈能壞諸佛菩薩邪時上下聞此皆失措震恐捕于觀下上命中使傳呼天府亟治之且親臨其上則又曰吾豈逃汝乎吾故示汝以此使汝知無奈吾教何爾聽汝苦吾吾今不語矣於是箠掠亂下又加諸炮烙詢其誰何略不一言亦無痛楚狀上益憤復召行天法羽士曰宋沖妙世號宋法師者亦神奇至視之則奏曰臣所治者邪鬼此人者臣所不能識也因又斷其足筋俄施刀臠血肉狼籍上大不怡爲罷一日之歡至暮終不得爲何人

聞見近錄張文懿爲射洪令一道士詣邑熟視文懿不語久之項間取瓢出藥十粒顧文懿曰可餌之文

懿卽餌之道士微笑復取之至九十粒卽吐道士浴之使再餌之復吐其四實餌八十六粒道士曰明日可到城外觀也明日詣之謂文懿曰欲爲神仙耶欲爲宰相耶文懿曰欲爲相耳道士咨歎久之留一書封緘甚密且候作相老勑時開竟不知其何人也文懿八十六歲未嘗有疾至上元偶思道士所留書啓之乃采選一冊因會子弟作選至宰相視上惟有眞人耳始悟道士意也明日道士忽至顧文懿曰打𢚁了未語畢而去使人訪之卽臥店中卒矣文懿忽覺腹痛須臾一囊下藥八十六粒炳然如新遂葬藥于三寶堂下是夕薨

修眞指要上元日天地水府三官朝天之辰上元十天靈官神仙兵馬與上聖高眞妙行眞人同下降人間考定罪福

上元日張靈源眞人張元精眞人飛昇之辰

談薈正月十五日佑聖司命眞君誕

欽定古今圖書集成曆象彙編歲功典

第二十九卷目錄

仲春部彙考

易經 雷天大壯卦

書經 堯典 舜典

詩經 唐風綢繆章 小雅小明章

禮記 月令

周禮 天官

爾雅 月陽

左傳 元鳥司分

易通卦驗 青氣出震 驚蟄桃始華 正陽雲

樂緯 春分樂

素問 診要經終論篇

汲冢周書 時訓解

師曠占 甲戌風占 乙卯日占

呂氏春秋 季夏紀音律篇

史記 律書

漢書 律歷志 天文志

淮南子 天文訓 時則訓 六合

春秋繁露 陰陽出入上下篇

大戴禮記 夏小正

後漢書 禮儀志

說文 卯月

晉書 樂志

梁元帝纂要 仲春

齊民要術 二月事宜

隋書 禮儀志

唐書 曆志

玉曆通政經 四陽盛

遼史 禮志

宋史 禮志

金史 禮志

農政全書 仲春事宜 農事占候

遵生八牋 二月雷 二月事宜 二月事忌 二月修養法

賞心樂事 二月

酌中志略 宮中二月

直隸志書 宛平縣 良鄉縣 昌平州 薊州 豐潤縣 永平府 灤州 撫寧縣 吳橋縣 冀州 晉州 饒陽縣 趙州 邢臺縣 曲周縣 延慶州

山東志書 兗州府 淄川縣 齊河縣 陽信縣 博平縣 福山縣

山西志書 臨汾縣 鄉寧縣 潞安府 黎城縣 和順縣 大同府 馬邑縣

河南志書 儀封縣 滎澤縣 懷慶府

陝西志書 富平縣 蒲城縣 鳳翔縣 西鄉縣 興安州 平涼府 眞寧縣

江南志書 句容縣 高淳縣 吳縣 長洲縣 崑山縣 嘉定縣 松江府 無錫縣 淮安府 睢寧縣 高郵州 蕭縣 太湖縣 徽州府 休寧縣 太平縣 銅陵縣 合肥縣 石埭縣 懷遠縣 含山縣

浙江志書 杭州府 嘉興縣 桐鄉縣 孝豐縣 紹興府 餘姚縣 仙居縣 蘭谿縣 浦江縣 瑞安縣 龍泉縣

江西志書 武寧縣 寧州 德興縣 都昌縣 新城縣 廣昌縣 瀘溪縣

湖廣志書 雲夢縣 石首縣 寶慶府 寧遠縣 新田縣

福建志書 惠安縣 仙遊縣 詔安縣

四川志書 涪州

廣東志書 新安縣 南雄府 始興縣 長樂縣 潮州府 石城縣 澄邁縣 文昌縣 西寧縣

廣西志書 全州 隆安縣

雲南志書 雲南府 建水州 河陽縣 新興州

歲功典第二十九卷

仲春部彙考

易經

雷天大壯卦

䷡

本義 大謂陽也四陽盛長故爲大壯二月之卦也

書經

堯典

分命羲仲宅嵎夷曰暘谷寅賓出日平秩東作日中星鳥以殷仲春厥民析鳥獸孳尾

孔傳 宅居也東表之地稱嵎夷暘明也日出于谷而天下明故稱暘谷 蔡傳 暘谷取日出之義羲仲所居官次之名蓋官在國都而測候之所則在于嵎夷東表之地寅敬也賓禮接之如賓客也出日方出之日蓋以春分之旦朝方出之日而識其初出之景也平均秩序作起也東作春月歲功方興所當作起之事也蓋以曆之節氣早晚均次其先後之宜以授有司也日中者春分之刻于夏永冬短爲

適中也晝夜皆五十刻舉晝以見夜故曰日星鳥南方朱鳥七宿唐一行推以鶉火爲春分昏之中星也殷中也春分陽之中也析分散也先時冬寒民聚於隩至是則以民之散處而驗其氣之溫也乳化曰孳交接曰尾以物之生育而驗其氣之和也

舜典

歲二月東巡守至于岱宗

詩經

唐風綢繆章

三星在天

箋 三星謂心星也有尊卑夫婦父子之象又爲二月之合宿故嫁娶者以爲候焉 疏 二月日體在戌而斗柄建卯初昏之時心星在于卯上二月之昏合于本位故稱合宿

小雅小明章

二月初吉載離寒暑

朱注 初吉朔日也

禮記

月令

仲春之月日在奎昏弧中旦建星中其日甲乙其帝太皞其神句芒其蟲鱗其音角律中夾鍾其數八其味酸其臭羶其祀戶祭先脾

陳注 奎宿在戌降婁之次夾鍾卯律長七寸二千一百八十七分寸之千七十五

始雨水桃始華倉庚鳴鷹化爲鳩

陳注 此記卯月之候

天子居青陽太廟乘鸞路駕倉龍載青旂衣青衣服倉玉食麥與羊其器疏以達是月也安萌芽養幼少存諸孤擇元日命民社

陳注 青陽太廟東堂當太室郊特牲社用甲日此言擇元日是又擇甲日之善者

命有司省囹圄去桎梏毋肆掠止獄訟

陳注 肆陳尸也掠搒治也

是月也元鳥至至之日以太牢祠於高禖天子親往后妃帥九嬪御乃禮天子所御帶以弓韣授以弓矢於高禖之前

陳注 元鳥燕也燕以施生時巢人堂宇而生乳故以其至爲祠禖祈嗣之候高禖先禖之神也高者尊之之稱變媒言禖神之也古有禖氏祓除之祀位在南郊禮祀上帝則亦配祭之故又謂之郊禖后妃帥九嬪御者從往而侍奉禮事也禮天子所御者祭畢而酌酒以飲其先所御幸而有娠者顯之以神賜也韣弓衣也弓矢者男子之事也故以爲祥

是月也日夜分雷乃發聲始電蟄蟲咸動啓戶始出先雷三日奮木鐸以令兆民曰雷將發聲有不戒其容止者生子不備必有凶災

陳注 啓戶謂穿其穴而出也不戒容止謂房室之事不備謂形體損缺凶災謂父母

日夜分則同度量鈞衡石角斗甬正權槩是月也耕者少舍乃脩闔扇寢廟畢備毋作大事以妨農之事

陳注 少舍暫息也門戶之蔽以木曰闔以竹葦曰扇大事謂軍旅之事

是月也毋竭川澤毋漉陂池毋焚山林天子乃鮮羔開冰先薦寢廟

陳注 獻羔以祭司寒之神開冰先薦寢廟者不敢以人之餘奉神也

上丁命樂正習舞釋菜天子乃帥三公九卿諸侯大夫親往視之仲丁又命樂正入學習樂

陳注 上丁上旬之丁以先庚三日後甲三日也

是月也祀不用犧牲用圭璧更皮幣

陳注 不用牲謂祈禱小祀耳如大牢祠高禖乃大典禮不在此限稍重者用圭璧稍輕者以皮幣易之

仲春行秋令則其國大水寒氣總至寇戎來征行冬令則陽氣不勝麥乃不熟民多相掠行夏令則國乃大旱煖氣早來蟲螟爲害

周禮

天官

掌次朝日祀五帝則張大次小次設重帟重案合諸侯亦如之

訂義 鄭康成曰朝日春分拜日於東門之外祀五帝於四郊　鄭司農曰五帝五色之帝　劉執中曰朝日於東郊迎四時之氣則祀其帝于郊王不宿於外故張大次以候止息小次以俟行禮　鄭康成曰次謂幄大幄初往所止居也小幄既接祭退俟之處祭義曰周人祭日以朝及闇雖有強力孰能支之是以退俟與諸臣代有事焉合諸侯於壇王亦以時休息

內宰中春詔后帥外內命婦始蠶于北郊以爲祭服

訂義 鄭鍔曰說者謂月令季春之月鳴鳩拂其羽戴

勝降于桑后妃齋戒親東鄉躬桑而先儒於終義
大昕之注亦以爲季春朔日今此仲春詺后何也
然以七月之詩攷之春日載陽有鳴倉庚女執懿
筐爰求柔桑謂仲春也倉庚以仲春鳴記禮者乃
言季春豈季春者蠶事之始歟謂之始蠶竟可知
矣

爾雅

　月陽

二月爲如

左傳

　元鳥司分

郯子曰少皞摯爲鳥師而鳥名元鳥氏司分者也
注元鳥燕也疏此鳥以春分來故以名官使之主
　春分

易通卦驗

　青氣出震

震東方也春分日青氣出直震此正氣也氣出右物
半死氣出左蛟龍出震氣不出則歲中少雷萬物不
熟人民疾熱

　驚蟄桃始華

驚蟄大壯初九桃始華不華倉庫多火

　正陽雲

春分正陽雲出張如白鶴

樂緯

　春分樂

震主春分樂用鼓

素問

　診要經終論篇

正月二月天氣始方地氣始發人氣在肝
注春者天氣始開地氣始泄而人氣在肝肝主東
方寅卯木也夫奇恆之勢乃六十首蓋以六十日
而氣在一藏爲首五藏相週而次序旋轉者也

汲冢周書

　時訓解

驚蟄之日桃始華又五日倉庚鳴又五日鷹化爲鳩
桃始不華是謂陽否倉庚不鳴臣不闕主鷹不化鳩
寇戎數起春分之日元鳥至又五日雷乃發聲又五
日始電元鳥不至婦人不闕雷不發聲諸侯闕民不
始電君無威震

師曠占

　甲戌風占

二月甲戌日風從南來者稻熟

　乙卯日占

二月乙卯日不雨晴明稻上場不熟

呂氏春秋

　季夏紀音律篇

夾鍾之月寬裕和平行德去刑無或作事以害羣生
注夾鍾二月也事兵戎事也

史記

　律書

明庶風居東方明庶者明衆物盡出也二月也律中
夾鍾夾鍾者言陰陽相夾厠也其於十二子爲卯卯
之爲言茂也言萬物茂也其於十母爲甲乙甲者言
萬物剖符甲而出也乙者言萬物生軋軋也

漢書

　律歷志

夾鍾言陰夾助太族宣四方之氣而出種物也位于
卯在二月

　天文志

日有光道春分日至婁角去極中而晷中立八尺之
表而晷景長七尺三寸六分

月有九行春分月東從青道

淮南子

　天文訓

雨水加十五日斗指甲則雷驚蟄音比林鍾加十五
日指卯中繩故曰春分則雷行音比蕤賓

仲春二月之夕乃收其藏而閉其寒女夷鼓歌以司
天和以長百穀禽鳥草木
注女夷主春夏長養之神

夾鍾之數六十八主二月下生無射

太陰在巳歲名曰大荒落歲星舍奎婁以二月與之
晨出東方角亢爲對

　時則訓

仲春之月招搖指卯昏弧中旦建星中其位東方其
日甲乙其蟲鱗其音角律中夾鍾其數八其味酸其
臭羶其祀戶祭先脾始雨水桃李始華倉庚鳴鷹化
爲鳩天子衣青衣乘蒼龍服蒼玉建青旗食麥與羊
服八風水爨萁燧火東宮御女青色衣青采鼓琴瑟
其兵矛其畜羊朝於青陽太廟命有司省囹圄去桎
梏毋笞掠止獄訟養幼小存孤獨以通句萌擇元日
令民社是月也日夜分雷始發聲蟄蟲咸動蘇先雷

三日振鐸以令於兆民曰雷且發聲有不戒其容止者生子不備必有凶災令官市同度量鈞衡石角斗稱端權槩毋竭川澤毋漉陂池毋焚山林毋作大事以妨農功祭不用犧牲用圭璧更皮幣仲春行秋令則其國大水寒氣總至寇戎來征行冬令則陽氣不勝麥乃不熟民多相殘行夏令則其國大旱煖氣早來蟲螟爲害二月官倉其樹杏

六合

仲春與仲秋爲合仲春始出仲秋始內故二月失政八月雷不藏

春秋繁露

陰陽出入上下篇

中春之月陽在正東陰在正西謂之春分春分者陰陽相半也故晝夜均而寒暑平

大戴禮記

夏小正

二月往耰黍禪禪單也初俊羔助厥母粥俊也者大也粥也者養也言大羔能食草木而不食其母也羊羔非其子而後養之善養而記之也或曰憂有煮祭祭也者用羔是時也不足喜樂喜羔之爲生也而記之與羊牛腹時也綏多女士綏安也冠子取婦之時也丁亥萬用入學丁亥者吉日也萬也者干戚舞也入學也者大學也謂今時大舍采也祭鮪祭不必記記鮪何也鮪之至有時美物也鮪者魚之先至者也而其至有時謹記其時榮菫菜芑菜蘩由胡蘩由胡者蘩母也蘩萬勃也皆豆實也故記之昆小蟲抵蚳昆者衆也由魂魂也者動也小蟲動也其先言動而後言蟲者何也萬物是動而後著抵猶推也蚳蟻卵也爲祭醢也取之則必推之推之必不取取必推而不言取來降燕乃睇燕乙也降者下也言來者何也莫能見其始出也故曰來降言乃睇何也睇者眄也眄者視可爲室者也百鳥皆曰巢穾穴取與之室何也摻泥而就家入人內也剝鱓以爲鼓也有鳴倉庚倉庚者商庚也商庚者長股也榮芸時有見稊始收有見稊而後始收是小正序也小正之序時也皆若是也稊者所爲豆實（穾字典不載）

後漢書

禮儀志

仲春之月立高禖祠于城南祀以特牲

說文

卯月

卯冒也二月萬物冒地而出象開門之形故二月爲天門

晉書

樂志

二月之辰名爲卯卯者茂也言陽氣生而孳茂也

二月之管名爲夾鍾者夾佐也謂時物尚未盡出陰德佐陽而出物也

梁元帝纂要

仲春

二月仲春亦曰仲陽

齊民要術

二月事宜

二月順陽習射以備不虞春分中雷乃發聲先後各五日寢別內外有不戒者生子不備

蠶事未起命縫人浣冬衣徹複爲袷其有羸帛遂供秋服

凡浣故帛用灰汁則色黃而且脆擣小豆爲末下絹簁投湯中以洗之潔白而柔韌勝皁莢矣

可糶粟黍大小豆麻麥子等收薪炭

炭聚之下碎末勿令棄之擣簁煮淅米泔溲之更擣令熟丸如雞子曝乾以供籠爐種火之用輒得達曙堅實耐久踰炭十倍

漱生衣絹法

以水浸絹令浸一日數度迴轉之六七日水微臭然後拍出柔韌潔白亦勝用灰

上犢車蓬𥫱及糊屏風書袠令不生蟲法

水浸石灰經一宿浥取汁以和豆黏紙寫書入潢則蠹矣

作假蠟燭法

蒲熟時多收蒲臺削肥松大如指以爲心爛布纏之融牛羊脂灌於蒲臺中宛轉於板上挼令圓平更灌之足得供事其省功十倍也

隋書

禮儀志

禮天子以春分朝日于東郊秋分夕月于西郊漢法不俟二分於東西郊常以郊泰畤旦出竹宮東向揖日其夕西向揖月魏文譏其煩褻似家人之事而以正月朝日于東門之外前史又以爲非時及明帝太和元年二月丁亥朝日于東郊八月己丑夕月于西

後齊仲春令辰陳養老禮先一日三老五更齋于國學皇帝進賢冠玄紗袍至璧雍入總章堂列宮懸王公已下及國老庶老各定位司徒以羽儀武賁安車迎三老五更于國學三老至門五更去門十步則降車以入升自右階就筵進珍羞酒食又設酒醴于國老庶老三老乃論五孝六順典訓大綱禮畢而還又都下及外州人年七十已上賜鳩杖黃帽有勅卽給不爲常也

禮仲春以玄鳥至之日用太牢祀於高禖後齊高禖爲壇於南郊傍廣輪二十六尺高九尺四陛三壝每歲春分玄鳥至之日皇帝親帥六宮祀青帝于壇以太昊配而祀高禖之神以祈子其儀青帝北方南向配帝東方西向禖神壇下東陛之南西向禮用青珪束帛牲共以一太牢

後齊立太社帝社太稷三壇於國方每仲春月之元辰各以一太牢祭焉皇帝親祭則司農卿省牲進熟司空亞獻司農終獻

後周春分朝日于國東門外爲壇如其郊用特牲青幣青珪有邸皇帝乘青輅及祀官俱青冕執事者青弁司徒亞獻宗伯終獻燔燎如圓丘

後周仲春教振旅大司馬建大麾於萊田之所鄉稍之官以旂物鼓鐸鉦鐃各帥其人而致誅其後至者建麾於後表之中以集衆庶質明偃麾誅其不及者乃陳徒騎如戰之陣大司馬北面誓之軍中皆聽鼓角以爲進止之節田之日於所萊之北建旗爲和門諸將帥徒騎序入其門有司居門以平其人旣入而分其地險野則徒前而騎後易野則騎前而徒後旣陣皆坐乃設驅逆騎有司表貉於陣前以太牢祭黃帝軒轅氏於狩地爲墠建二旗列五兵於坐側行三獻禮遂蒐田致禽以祭社

開皇初社稷並列於含光門內之右仲春吉戊以一太牢祭焉

開皇初於國東春明門外爲壇如其郊每以春分朝日牲幣與周同

隋因周制仲春開冰用黑牡秬黍於冰室祭司寒神加以桃弧棘矢

隋制常以仲春用少牢祭馬祖于大澤諸預祭官皆于祭所致齋一日積柴于燎壇禮畢就燎

唐書

曆志

坎以陰包陽故自北正微陽動於地下升而未達極于二月凝涸之氣消坎運終焉春分陽出于震始據萬物之元爲主于內則羣陰化而從之極于南正而豐大之變窮震功究焉

仲春昏東井十四度中月令弧中弧星入東井十八度晨南斗二度中月令建星中于太初星距西建也甄耀度及魯曆南方有狼弧無東井鬼北方有建星無南斗井斗度長弧建度短故以正昏明云

玉曆通政經

四陽盛

二月四陽盛而不伏于二陰陽與陰氣相薄雷遂發聲

遼史

禮志

歲時雜儀二月一日爲中和節國舅族蕭氏設宴以延國族耶律氏歲以爲常國語是日爲忡里尀忡里請也尀時也忡讀若狎尀讀若頗

宋史

禮志

司寒之神常以四月命官率太祝用牲幣及黑牡秬黍祭玄冥之神乃開冰以薦太廟建隆二年置藏冰署而脩其祀焉祕書監李至言按詩豳七月曰四之日獻羔祭韭蓋謂周以十一月爲正其四月卽今之二月也春秋傳曰日在北陸而藏冰謂夏十二月日在危也獻羔而啓之謂二月春分獻羔祭韭始開冰室也火出而畢賦火星昏見謂四月中也又按月令天子獻羔開冰先薦寢廟詳其開冰之祭當在春分乃有司之失也帝覽奏曰今四月韭可苫屋矣何謂薦新遂正其禮

金史

禮志

歲以春分日祀青帝伏羲氏女媧氏凡三位壇上南向西上姜嫄簡狄位于壇之第二等東向北上前一日未三刻布神位省牲器陳御弓矢弓韣于上下神位之右其齋戒奠玉幣進熟皆如大祀儀青帝幣玉皆用青餘皆無玉每位牲用羊一豕一有司攝三獻司徒行事禮畢進胙倍于他祀之肉進胙官佩弓矢弓韣以進上命后妃嬪御皆執弓矢東向而射酒命以矢飲福享胙

農政全書

仲春事宜

仲春初二日東作興俗謂上工日田家雇傭工之人俱此日執役之始故名上工

泥蠶室　春百果木根則子牢　此月雨水中埋諸花樹條則活　中伺種稻爲上時

下子　麻子　紅花　山藥　白扁豆　桑椹

扦插　蒲桃　石榴

栽種　槐　穀楮　栗　松　銀杏　棗　皂莢　菊　茶　薤　木瓜　桐樹　藕　竹　決明　百合　胡麻　黃精　木槿　茄　芋　芡菰　甘蔗　雜菜　枸杞　萱草　瓜　莧　蒼术　芭蕉　萵苣　紫蘇　烏豆　韭　大豍豆　㲀　蘿蔔　豌豆　茱萸　茗帚　大葫蘆　菘菜

壓條　桑條

接換　柑　橘　柿　棗　橙　柚　杏　胡桃　銀杏　楊梅　枇杷　沙柑　栗　桃　石榴　梅　梨　李　紫丁香

已上春分前後皆可

澆培　柑　橘　橙　柚　蒲萄

收藏　槐牙　皂角　新茶　百合曲

雜事　移諸般花果並忌南風火日理蠶事春耕宜遲恐陽氣未透　插諸色樹木解樹上裹縛

農事占候

二月十二夜宜晴可折十二夜夜雨二月最怕夜雨若此夜晴雖雨多亦無所妨十夜以上雨水鄉人盡叫苦　初四有水謂之春水　初八日前後必有風雨　諺云清明斷雪穀雨斷霜言天氣之常　東作既興早起夜眠春間最爲要緊古語云一年之計在春一日之計在寅

遵生八牋

二月雷

二月忌東北雷主病西北冬疫春分忌晴主病

二月事宜

孝經緯曰雨水後十五日斗指甲爲驚蟄蟄者蟄蟲震起而出也後十五日斗指卯爲春分分者半也當九十日之半也故爲之分夏冬不言分者天地間二炁而已矣陽生子極於午卽其中分也春爲陽中律夾鍾言萬物孚甲鍾類而出也要纂曰二月爲仲陽日令月此正女夷司和春韓馭節之時也

元樞經曰天道西南行作事出行宜向西南吉不宜用卯日犯月建不吉

又曰是月取道中土泥門戶辟官符上壬日取土泥屋四角宜蠶事

又曰是月上卯日洗髮愈疾

又曰是月初八日乃佛生日也周建子以子月爲歲首是以十一月爲正月也莊王九年四月初八日釋迦生以子至卯月是今二月也二月八日爲佛生辰無疑今不知者不考歲首建支猶以四月爲成規何其謬歟

呂公忌曰是月採升麻治頭疼熱風諸毒採獨活治賊風百節痛風無久新俱治

四時纂要曰是月初八日十四日二十八日拔白鬢髮良

千金方曰是月宜食韭大益人心

纂要曰是月丁亥日收桃花陰乾爲末戊子和井花水服方寸匕日三服療婦人無子兼美容顏

千金月令曰驚蟄日取石灰糝門限外可絕蟲蟻又二月二日取枸杞煎湯晚沐令人光澤不病不老

月令曰春分後宜服神曲散其方用蒼术桔梗各二兩附子一兩茯苓一兩炮細辛一兩搗篩爲散紅絹囊盛之一人背帶一家無病若染時疫者取囊中之藥一錢新汲水調服取汗卽愈

二月已後當多服袪痰之藥風勞之疾每起於痰人能先令痰疎導則病可庶幾

是月上丙日宜洗頭髮愈疾效上卯沐浴去百病

是月二十五天倉開日宜坐關入山脩道

雲笈七籤曰二月八日沐浴令人輕健初六日亦同

靈寶曰是月八日宜脩芳春齋

五日脩太上慶生齋

二月事忌

千金月令曰二月三日不可晝眠

白雲忌曰二月九日不可食魚鼈仙家大忌

雲笈七籤曰二月十四日忌水陸遠行

又曰是月勿食黃花菜交陳葅發痼疾動宿氣勿食大蒜令人氣壅關膈不通勿食鷄子滯氣勿食小蒜傷人志勿食兔肉狐貉肉令人神魂不安兔死眼合者勿食傷人兔子勿與生薑同食成霍亂

養生論曰是月行途勿飲陰地流泉令人發瘧瘴又令腳軟

是月勿食生冷可衣夾衣

是月雷發聲戒夫婦容止

是月初四十六日不宜交易裁衣

元樞經曰毋竭川澤毋焚山林勿任刑勿殺傷

楊公忌十一日不宜問疾

二月脩養法

仲春之月號厭於日當和其志平其心勿極寒勿太熱安靜神氣以法生成卦大壯言陽壯過中也生氣在卯臥養宜向東北

孫眞人攝養論曰二月腎氣微肝正旺宜戒酸增辛助腎補肝宜靜膈去痰水小泄皮膚微汗以散元冬蘊伏之氣

內丹祕要曰仲春之月陰佐陽炁聚物而出喻身中陽火方半氣候勻停

法天生意云二月初時宜灸腳三里絕骨對穴各七壯以泄毒氣夏來無腳炁冲心之病

春分宜採雲母石煉之用礬石或百草上露水或五月茅屋滴下簷水俱可煉久服延年

濟世仁術云二月庚子辛丑日採石鷰治風痰

賞心樂事

二月

現樂堂瑞香　社日社飯　玉照堂西緗梅　南湖挑菜　玉照堂東紅梅　餐霞軒櫻桃花　杏花莊杏花　南湖泛舟　羣仙繪幅樓前後毬　綺互亭千葉茶花　馬塍看花

酌中志略

宮中二月

二月初二日各宮撤出所安彩裝

直隸志書（各省風俗同者不載）

宛平縣

二月二日曰龍抬頭因薦韭之餘家各爲葷素餅餤以油烹而食之曰薰蟲兒謂引龍以出且使百蟲伏藏也

良鄉縣

二月二日紳士祀文昌帝君農家向井引龍

昌平州

仲春月一日人設香燭祭日二日灰撒地謂之引龍

霸州

二月二日以杖擊梁避鼠

豐潤縣

仲春二日引龍諺云龍抬頭引龍財春分日造醬醋

永平府

仲春月朔初吉爲中和令節官民久不舉矣二日以龍抬頭農家用糠自戶引至井用灰自井引至甕謂之引龍入宅主有財用香油煎糕薰蟲則物不蛀且以辟廚竈蒼蠅婦衆針逆女歸寧上丁祭文廟上戊祭武廟社稷風雲雷雨山川民間社不必戊而或祭馬神八蜡廟驚蟄春分志風雨以卜豐歉自雷起至百日河漲分日占東風收麥有雷在分前後日歲稔是日作酒及醃時冰泮草生婚姻之期家嫁娶農畢趾

灤州

二月三日祀文昌

肅寧縣

驚蟄風雨歲必荒歉春分東風麥收年豐南風五日先水後旱西風麥貴北風米貴

吳橋縣

二月十九日西關外白衣菩薩廟會商賈輻輳百貨俱陳數百里外多來進香

冀州

驚蟄後遇雷始發取土辟蝎

晉州

二月二日煮秫爲糜麯調之爲醋質曰醋醪

饒陽縣

驚蟄東風旱收麥南風蕎麻盛西風主口足災北風主盜賊雷鳴主本月多雨次月旱妨農八日得西南風爲稔歲春分東風主蠶麥收成南風主麻收西風主蝗蟲亂北風主瘟灾朔雨主稻貴晦雨人多疾

趙州

二月二日以竈灰圍房屋辟百蟲具鯉魚豬脯餽新歸之女曰開素

邢臺縣

二月二日咲煎餅禁蝎

曲周縣

二月各廟宇戲會漸繁兒童郊外放紙鳶

延慶州

二月二日以元宵日留糕食耕夫謂之不打鏵

山東志書

兗州府

泗水神廟在泗水縣東五十里有司歲以二月二日致祭

淄川縣

二月二日納五穀於中央覆以甕占豐年

齊河縣

二月二日家家庭內以豆萁灰作廩囷謂其宜五穀
陽信縣
仲春月二日爲青龍節蚤起引龍驚蟄農始耕菽牟
春分作酒醋治畦穿井栽樹種蔬
博平縣
二月十八日二十八日村疃婦女呼伴入城三五成
羣追逐於各廟燒香
福山縣
二月二日祀龍王廟于塗山薰蟲小兒用彩帛剪小
方作串佩之名小龍尾
山西志書
臨汾縣
二月二日祀土神
鄉寧縣
二月二日五鼓用灰圍房屋牆壁謂之圈龍爲驚蟄
也
潞安府
二月一日出穀
黎城縣
二月祭韭種稷瓜瓠葺蠶室收小蒜接果樹種小蘿
蔔
和順縣
二月二十五日結綵爲亭樓紙火迎合山大王于縣
致祭
大同府
二月二日各村疃社地醵錢獻牲謂之扶龍頭
馬邑縣
二月二日龍抬頭農家祭獻龍王會飲廟中曰開廟
門
河南志書
儀封縣
二月二日竈灰攔門辟尖
滎澤縣
二月二日敲瓦搖葫蘆以辟百毒
懷慶府
河陽出王鮪魚即今黃魚形如豕口與目俱在腹下
每歲二月出于石穴逆河而上人乃取之
陝西志書
富平縣
二月二日以灰畫于莊牆外曰衞莊人以是日謁高
禖廟曰祈嗣
蒲城縣
二月二日謁眞人洞
鳳翔縣
二月二日羮食元宵燈盞俗謂之咬蝎子
西鄉縣
二月二日蒿坪寺藥王大會官民俱往上香遠近畢
至婦女亦踏青採野菜供食
興安州
二月二日傾國皆赴藥王山拈香
平凉府
二月昧爽男女持箕布灰循牆屋基祝曰一月一龍
昂頭萬物齊昂頭唯有蚤虱不昂頭是月始露雷始
聲六畜交始字鳥羣訛鷄登伏魚泮遊柳始葉迎春
探春山桃杏吐花芍藥黃䴉各百花始萼農夫褻乃
耕播夏種脩築百役俱興大費用牛羊飼榖種樹百
蔬紅藍萵苣接嘉果卉下旬播穀植柳嘉蔬食波稜
眞寧縣
二月初二日朝藥王洞
江南志書
句容縣
二月驚蟄祭社祈年田家擊鑼鼓喧呶以禳鼠雀縣
令詣茅山祭龍
高淳縣
二月初旬祀張菩薩即祠山神也自一日至八日多
風雨名凍食節
吳縣
春仲西虹橋踏青十九日以觀音誕支硎山進香
長洲縣
二月始和即命樓船簫鼓遊山覽勝
崑山縣
二月初八俗稱張大帝誕日是日西南風則農有秋
嘉定縣
驚蟄喜聞雷諺云驚蟄聞雷米似泥又云驚蟄未聲
未是奇春分無雨病人稀月中但得逢三卯豆果棉
花處處肥二月八日爲張大帝生日必有風雨釀寒
云大帝喫凍狗肉逢辰日上天有請客風送客雨是
日候西南風而知有秋
松江府
二月十九日相傳爲觀音大士生日皆詣城西超果
寺進香是月童子放風鳶夜或以燈爇火作二紙𩨼

貫絃中凌風而上亦有烟爆飛如繁星

無錫縣

二月北塘舊有香燈之會蓋吳人進香武當者必尅期會于無錫至之夕聯索於檣縱橫上下懸燈滿之至不可數於是邑之士女亦連舫出觀櫛比數里影落湖中互相映發

淮安府

二月二日稚子薙髮貧者冠巾髻

睢寧縣

二月二日爆粟俗曰爆蟲

高郵州

二月上雷鳴記夜雨

蕭縣

二月二日取灰圍倉囤於大井以兆穀登如風不吹灰飛卽爲瑞應

太湖縣

春分後數日杜鵑鳴俗呼爲陽雀且謂先聞之行路時多勞先聞之寢時多災其下鄉濱湖間絕少苗將實則無聲

徽州府

二月十八日歙休之民輿汪越國之像而遊云以誕日爲上壽設俳優之戲飛纖垂髾徧諸華轄儀衛前導旂旄成行震於鄉井以爲奇雋是月下旬種燠土善栗於谷在山間者遲都市之候盈旬種穿平地只及入水水漲如其數

休寧縣

二月以雷鳴占雨雪驚蟄前鳴多雪是月多雨次月

旱春分日東方占雲有青雲宜麥無則事不成

太平縣

二月十二日九丞相公賽會會所有三一附城水東鄉一西鄉一三門鄉書紙爲旗或百面或數十面是日各擁出遊在城者遍遊城內外聽其所如扛轎者不得主或逍遙衢市或迴翔河畔與倦而歸在西鄉者爲一方主無上不驗入廟人不敢仰視會首先期擇戲子立戲棚臨時設祭及送俱設盛筵備諸品糜費多至數百金在三門者每家必備牲牢嘉碩肥腯以祭三處或遊以敬或戲以敬或祭以敬在神爲祈賽之常在民有踵事之異

銅陵縣

二月上丁祭文廟上戊祭社壇上巳祭南壇

合肥縣

春分日民並種戒火草有鳥如烏先鷄而鳴架架格格民候此鳥則入田以爲候

石埭縣

二月十九日爲大士誕期各家皆挈童男女至庵寺著僧服度關以禳災星

懷遠縣

仲春之月以驚蟄日陰晴占一春之晴雨

含山縣

二月三日爲文昌帝君誕辰城中紳士斂貲以祝或祝於學或祝於宮

浙江志書

杭州府

二月初一日自唐李泌奏停正月晦日以初一爲中和節俗有挑菜之會今民間於初二日或載蓬草和米粉煎爲餅以應節物十九日上天竺大士誕辰三吳士女買舟進香不可億計越州歲進巨燭其大如椽鼓吹導送旛蓋絡繹由北新關至松木場舟車銜接數十里不絕自此以往士女爭先出郊謂之探春畫舫輕舟櫛比鱗集笙歌簫鼓之聲振動遠近其遊之次第先南屏放生池湖心亭岳王墳處谷菴後入西陵橋放鶴亭日銜半規始漸散去絳紗籠燭車馬爭門而入日以爲常比來皐亭山劉墳村每當春日桃花盛放一望如雲錦遊人多問津焉

嘉興縣

二月二日下瓜茄菜種

桐鄉縣

二月二日人戴蓬草以辟頭風是月兒童競放紙鳶諺曰楊柳青放風箏

孝豐縣

二月十九日觀音誕婦女競會佛所誦經至扮臺閣迎會爭奇鬭巧致費不貲

紹興府

二月二日始開西園縱郡人遊觀謂之開龍日府帥領客觀競渡異時競渡有爭進攘奪之患自史浩爲帥雖設銀杯綵帛不問勝負均以予之自是爲例見童歌靑梅聲調宛轉大抵如巴峽竹枝之類

餘姚縣

二月放風鳶病者以爲禱

仙居縣

二月三日各迎城隍暨合殿神於境以祈年張燈作

樂如元宵神各有屬不相混

蘭谿縣

二月二日俗傳是日爲城隍神生日合市人先一日結綵亭香亭燃大絳蠟亭作諸奇巧而迎其廟神以遊于街市亦作鼇山設齋斛令僧道誦經廟中焚香羅拜倩優作戲食湯餅焉

浦江縣

二月十五日家長率子孫齊詣祠堂祭始祖及四代祭畢散胙而宴飲焉

瑞安縣

二月二日各廟延僧道設醮奉神沿門灑淨旌旗亭閣靡麗奇巧夜張花燈送神還廟光如繁星

龍泉縣

二月初一日有風雨主米貴月內虹見秋米貴若在西方愈貴其日值驚蟄主蝗其日值春分饑甲子發雷主大熟甲子日雨主旱月內有三卯豆熟春分日晴明無雲萬物好是月行秋令主大水

江西志書

武寧縣

春仲多陰翳謂之弄寒弄暖

寧州

仲春之間一雨輒衣綿袷三日晴則單葛可服

德興縣

春分之日漬種下秧

都昌縣

二月朔日邑人備花燭酒果殺饌享神集福禮畢劇飲極歡而罷俗名坊保

新城縣

春分先後數日分移各項花木

廣昌縣

二月雷鳴驚蟄先占春多雷諺云正月雷鳴二月雪三月不秧老生節

瀘溪縣

二月漸暖寒則雨始漬種

湖廣志書

雲夢縣

二月二日爲龍擡頭田夫疏引麥溝以待雨至

石首縣

二月螺螄出水地菜遍生窮鄉居民男執筐以拾螺女執筐以尋菜蓋土瘠産薄水多田少非此不足以佐食

寶慶府

二月朔日民間以青囊盛百穀瓜果種相遺謂之獻生子

寧遠縣

驚蟄日暖且畏雷否則其月多雨次月必旱

新田縣

二月一二三日止杵臼懼五穀有山耗驚蟄宜寒否則稼損

福建志書

惠安縣

驚蟄日雷主一月雨至次月又旱是日不宜寒故曰驚蟄不殺蟲寒到五月窮

仙遊縣

二月朔夜或十家或二十家立醮壇懸燈張樂無異元宵謂之作福

詔安縣

海上颶信二月初二日爲白鬚颶

四川志書

涪州

驚蟄後農人以水浸稻三日瀝水覆草又三日乃拆成芽撒之田中曰下秧

廣東志書

新安縣

二月俗以春分社占豐歉諺云分在社前斗米斗錢言先春分而後社則穀貴也春分社後斗米斗豆言穀賤也又曰雨打驚蟄節二月雨不歇三月乾耙田四月米生節言無水插秧也

南雄府

二月上日鄉有彭公會每家值一載是日舁神至某姓坐鎮祝禱極顯鄉恐叶熒　五戊日亡人淺葬及新葬地者家人載牲舁酒往壟丘拜祭親友亦備物從之歸則留飲謂之醮官社地　嘉會節弱溪有龍虎福主會士民迎神入祖祠祭奠幢幡旗蓋璀璨耀目

始興縣

二月入社田功畢作即惰窳者不敢康居俗呼懶人傍社

長樂縣

仲春之月螻蟈鳴蚯蚓出蕨可茹茶可採筆竹生笋以驚蟄農播其種

潮州府
仲春祀先祖坊鄉多演戲諺曰孟月燈仲月戲
石城縣
二月上丁日童子多用發蒙
澄邁縣
二月雷禁凡一切事于初一二三日皆不興作只親戚互相往來探問鄉落間以爲祈年尤重其事犯禁者有罰
文昌縣
二月迎南天火雷電母高京郡主夫人
西寧縣
二月二日俗謂土地神誕日糾會斂銀置神衣火炮等詣廟醮賽
廣西志書
全州
二月八日造烏飯各方具香燭往叅無量壽佛謂香花會
隆安縣
二月棉花鬬錦橘柚喧蜂鶬鶊鳴播早種栽薯芋撒棉花種麻民雜郊原胼耕作近溪人脩水埇造水車
雲南志書
雲南府
二月三日老幼相率遊龍泉憩石嘴臨江飲酒歌詠爲樂
建水州
二月十大祭八蜡祠祈年
河陽縣
二月初八日爲迎神社會先是正月內城外各村設會輪流迎請諸神畢首東門迎諸神于會所設醮三日四門輪遞迎請之期用錦綵裝演馬匹名曰神馬並臺閣故事備極美麗夕則比戶張燈笙歌綵舞以供遊人玩樂相沿已久俗傳祈年豐稔歷有明驗
新興州
二月十九日農者祀龍于九龍池禱水州官齋戒詣賽

欽定古今圖書集成曆象彙編歲功典

第三十卷目錄

永樂八年春二月被詔直內閣即事二首　明胡儼
春寒　楊守陳
春日即事　鄭琰
二月以上詩　曹大章
春光好　後唐和凝
探春令　宋徽宗
凉州令　晁補之
踏莎行　杜安世
玉樓春春半　趙長卿
蓦山溪春半　張震
水龍吟春遊　陸游
好事近仲春　汪莘
鹽角兒春半以上詞　明馮鼎位
仲春部選句
仲春部紀事

歲功典第三十卷
仲春部藝文一
中東門銘　後漢李尤
中東處仲月值當卯倉庚有聲隼鷹遁爪除去桎梏訟獄勿考
夾鍾二月啓　梁昭明太子
伏以節應佳辰時登令月和風拂迥淑氣浮空走野馬於桃源飛少女於李徑花明麗月光浮竇氏之機鳥哢芳園韻響王喬之管敬想足下優游泉石放曠煙霞尋五柳之先生琴尊雅興謁孤松之君子鸞鳳騰翩誠萬世之良規實百年之令範但某蓬戶幽人蓬門下客三冬勤學慕方朔之雄才萬卷常披習鄭元之逸氣既而風塵頓隔仁智並乖非無衰侶之憂誠有離羣之恨謹伸數字用寫寸誠

東郊朝日賦以國家行仲春之令爲韻　唐陸贄
日爲炎精君實陽德明至乃照臨下土德盛則光被四國大垂象聖作則候春分之節時則罔愆順周官之儀事乃不忒於是載青旂儼翠華蒸留殘月旗拂朝霞咸濟濟以皇皇備禮容於邦家天子躬整服以待曙心既誠而望晙倏而罷嚴更闢禁城五輅齊駕八鑾啓行風出郊而草偃澤先路而塵清卷餘靄於林薄動神光於旆旌初破鏡而牛掩忽成輪而上征杲耀榮光分輝於千品萬類烟熅瑞色均燭於四夷八紘一人端冕以仰拜百辟奉璋而竭誠故曰天爲父日爲兄和氣旁通帝德與日德俱遠清光相對帝心與日心齊明時也春事既川夾鍾律中登觀臺而瑞集覩芳甸而農衆東爲陽位故出拜於國東仲居時中乃展禮於春仲既而盛禮畢陳錫鑾回輪家有罄室巷無居人備禮服之燦燦殷遊車之轔轔人望如艸我澤如春惟天德與聖壽配朝日而長新伊茲禮之可持歷前代而脩之漢拜庭中成煩褻之細事魏朝歲首失禮經於舊時國家欽若天命率由時令矯前王之失德脩古典而施敬俾伯夷之掌禮作軒后以作聖恭承命於春卿遂覩光而興詠

中和節百辟獻農書賦以嘉節初吉修是農政爲韻　侯喜
我后令節中和孔嘉凍已全解桃仍欲華慶賞之多燕樂既均於九有播植之始教化爰貞於四遐於是心膂周名股肱稷禼洎彼庶尹當茲新節陽和溥暢言拜賜於生成稼穡艱難乃載陳於睿哲覩其克合天意咸造皇居僉曰國以人爲本人以食爲儲政令不差則華裔知勸水旱無備則倉廩其虛且自古在昔靡不有初敬授人時而堯典垂記大無禾麥則魯史頻書今陛下夔夔慄慄日慎一日惟人是憂惟農是恤是以域中無事海內殷實人獻其誠神降之吉臣等叨遇昌運思裨大猷惟茲南畝可致崇丘虞考令辰實當四仲之首敬泉彝典庶爲六府孔修豈止合彼九疇冠夫百氏高懸象魏必日就而月將未播蒸黎自風行而草靡帝曰善哉子之言是於變時雍恭慎是宗應天地中和之氣備朝廷中和之容君告成中和之功久而作樂臣獻守中和之術先告三農此所謂超羲越軒臣賢主聖樹光宅之深本爲經邦之善政美哉啓沃之義於斯爲盛

中和節百辟獻農書賦同前韻　賈餗
聖上覩萬國之無事偉三農之可嘉因月令之初爰詢播植俾年豐之慶無隔幽遐於是文武畢陳威儀斯列爰修耒耜之務用廣異同之說將斯期疑作國實京坻人懷禮節捧書而進知地利之可分足食是圖見天心之載悅既而啓文字儼簪裾煥夔龍之獻納掩河洛之圖書得富國以如此契生人於厥初稽重穀之言徒稱董仲驗深耕之法何愧朱虛所以候驚蟄之辰應夾鍾之律昭八政之所用著九年之罔失是蔗是蓘將致乎千斯倉爰始爰謀必因乎四之日

故當載陽之候以進爲邦之術俾農識不耕之凶歲獲終畝之吉且中也者表天地之交泰和也者象德化之優柔致中和之令節展稼穡之允修將明肥磽異等豐歉殊收人靡在阿之嘆野傳擊壤之謳已矣哉富庶之規旣如此豳諸之道必於是佐元化之風行動黎元而草靡故得祥生地表慶發天宗百穀允修臣罔慙於后稷兆人乃粒帝有邁於神農伊斯事之明盛掩前代之輝映因獻壽之嘉辰遂啓心于善政何必考李悝之地力覽崔寔之月令懿此羣公之書未作九州之慶

中和節百辟獻農書賦 同前韻　胡直鈞

農爲務本春則歲華和者取至和之靡忒中者象居中之莫邪吾君將以發斂源於仲序配節令於孔嘉知稼穡之道則無逸之書何遠覩播植之論審后稷之訓不遐至若四海無事萬方胥悅野思疇理之勤朝有田疇之說鑄兵器爲農器更舊節爲新節天子方坐承明之廬端穆清之居百執事孜孜而奉職羣有司濟濟以進書曰陛下德被淳古時登太初念耘耔之勤每思親勞佇豐年之應曾不自虛一作盧臣所以極聞見而獻可庶將獲小大之所如伏以羲徇平秩時在元吉旣錢鎛之徒營固準直而何失遲西成於遺秉之歲戒東作於寅賓之日庶居勤之輩咸執其常惰遊之人罔敢不率皇上諸衆議允嘉猷載耒耜而親耕天下皆勸率公卿而終事庶績咸修然後創典章頒遠邇斯載耕之自此佇多稔之于彼稽氾氏之法未足方之考周官之規諒當改是豈不以羣下執躬在上務農故將降元功於后土介景福於天宗況令節適時良圖合盛近可法于三務遠從規於八政豈將獨播美於茲辰實終古而輝映

中和節百辟獻農書賦 同前韻　鄭式方

聖人淸謐六合車書一家皇心協于天統節令徵爲國華思播植以富人故農書是進建中和而照物俾淳風不遐是以四夷卽敘九穀用嘉當其大廟祇臨韶光發洩二月初吉式協于農祥三務成功不虧乎歲節授其時用天之道進其書知人則哲一人垂拱以憂勤百辟獻章而誠竭於是元老進而言曰陛下道洽無外化康有截猶慮九扈未弘三時尚缺命陳書而王化可闡俾知方而農政斯列旣戒旣種粢盛之望有期弗震弗渝地利之宜奚設豈不以寒氣總入春陽始初陳乎五種之用本乎三農之書王者則千畝是藉庶人則中田有廬故年穀之順不差物力之功克實肯嘉節而東作方起符中星而西成乃畢其殖也習無不利其耕也動罔不吉然後邦國知息節之宜象魏識勸農之術于以見君臣克協于以見土穀惟修足食表豐年之慶多稌與大田之猷且夫節者育物于生成農者豐功于遐邇善宣兮時罔不若化洽兮物無非是乃疆乃理歌積庾于京坻有覬有慝致殊方之率俾非我后聖應太昊德包神農則不能盡地力祈天宗故得貞萬姓行八政幸沐化于和平庶采封而謠詠

中和節奉陪杜尚書宴集序　梁肅

沛乎聖人在穆清之中合四序茂萬物謂二月之吉殷天人之和肇以是日爲中和節原夫中以立天下之本和以通天下之志明君所以總萬邦也奉時以協氣播氣以授人元侯所以承王命也于時上元甲子之六歲地平天成河海淸晏君臣高會由內及外粤我主公總揚州領東諸侯旣承湛露之澤且脩式燕之禮乃邀中貴人及我上介部從事列將羣吏大官重客異星弁執象笏脫劍曳綬列于賓席者百有餘人火旗在門雷鼓在庭合樂旣成大庖旣盈左右無聲旨酒斯行酒陳獻酬之事乃酣無算之飲於是羣戲坌入絲竹雜遝毬蹈槃舞橦懸索走之疾飛丸拔距扛鼎踰刃之奇迭作于庭內急管參差長袖嫋娜之美陽春白雪流徵淸角之妙更奏於堂上風和景遲旣醉且儀自朝及暮惟節有度君子謂福祿之所浹在是命矣旣醉小子且輒起而言曰大君有命令節茲始我公宴喜于以受祉文以發德歌以頌美于胥樂兮胡可廢已公曰善迺俾座客借以六韻成章授簡爲序上以志王澤所及文以紀方鎭之歡末以示將來盛事云爾

仲春部藝文二 詩詞

仲春振旅　晉傅元

古聖人出行古今樂錄曰仲春振旅言大晉申文武之教畋獵以時也

仲春振旅大致民武教於時日新師執提工執鼓坐作從節有序盛矣允文允武蒐田表禡申法誓遂圍禁獻社祭允以時明國制文武竝用禮之經列車如戰大教明古今誰能去兵大晉繼天濟羣生

詠美人春遊　梁江淹

江南二月春東風轉綠蘋不知誰家子看花桃李津
白雪凝瓊貌明珠點絳唇行人咸息駕爭擬洛川神

春祈稷誠夏　隋牛弘

粃食與教播厥有先尊神致潔報本維虔𥈭榆束耒
望杏開田用憑戩穀式詠豐年

春中興慶宮酺宴并序　唐元宗

夫抱器懷才含仁蓄德可以坐而論道者我於是
乎闢重門以納之作扞四方折衝萬里可運籌帷
幄者我於是乎縣重祿以待之是故外無金革之
虞朝有搢紳之盛所以巖廊多暇垂拱無爲不言
而海外知歸不敎而寰中自肅元亨之道其在茲
乎況乎天地交而萬物通陰陽和而四時序所寶
者粟所貴者賢故以宵旰爲懷黎元在念盡力溝
洫不知宮室之已卑致敬鬼神不知飲食之斯薄
往以仲冬建子南至初陽爰詔司存式陳郊祀挹
齋夏之誠請答人神之厚貺煙歸太乙禮備上元
足以申昭報之情足以極嚴禋之道然心融萬類
歸當雨之先春慶洽百僚象雲天而高宴歲二月
地三秦水泛泛而龍池滿日遲遲而鳳樓曙青門
左右軒庭映梅柳之春紫陌東西帟幕動煙霞之
色撞鐘伐鼓雲起雪飛歌一聲而酒一杯舞一曲
而人一醉詩以言志思吟湛露之篇樂以忘憂慙
運臨汾之筆

九逵長安道三陽別館春還將聽朝暇回作豫遊辰
不戰要荒服無刑禮樂新合酺覃土宇歡宴接羣臣
玉斝飛千日瓊筵薦八珍舞衣雲曳影歌扇月開輪
伐鼓魚龍雜撞鐘角觝陳曲終酣興晚須有醉歸人

中和節賜百官燕集因示所懷　德宗

至化恆在宥保和茲息人推誠撫諸夏與物長爲春
仲月風景暖禁城花柳新芳時協金奏賜燕周羣臣
絲竹豈云樂忠賢唯所親庶洽朝野意曠然天地均

中春麟德殿會百僚觀新樂　同前

芳歲肇佳節物華當仲春乾坤既昭泰煙景含氤氳
德淺荷元貺樂成思治人前庭列鐘鼓廣殿延羣臣
八卦隨舞意五音轉曲新頑非咸池奏庶協南風薰
式宴禮所重浹歡情必均同和諒在茲萬國希可親

中和節日賜羣臣宴賦七韻　同前

東風變梅柳萬彙生春光中和紀月令方與天地長
耽樂豈予尚懿茲時景良庶遂亭育恩同致寰海康
君臣永終始交泰符陰陽曲洛水新碧華林桃梢芳
勝賞信多歡戒之在無荒

中和節日宴百僚賜詩　同前

韶年啓仲序初吉諧良辰肇茲中和節式慶天地春
歡酣朝野同生德區宇均雲開灑膏露草疏芳河津
歲華今載陽東作方肆勤慙非薰風唱曷用慰吾人

賦得春鶯送友人　劉孝孫

流鶯拂繡羽二月上林期待雪消金禁銜花向玉墀
翅掩飛燕舞啼惱婕妤悲料取金閨意因君問所思

仲春郊外　王勃

東園垂柳徑西堰落花津物色連三月風光絕四鄰
鳥飛村覺曙魚戲水知春初晴山院裏何處染囂塵

郊興　前人

空園歌獨酌春日賦閒居澤蘭侵小徑河柳覆長渠
雨去花光濕風歸葉影疎山人不惜醉唯畏綠樽虛

春中喜王九相尋一作孟浩然贈春　前人

二月湖水清家家春鳥鳴林花掃更落徑草踏還生
酒伴來相命開樽共解醒當杯已入手歌妓莫停聲

二月樂遊詩　郭震

二月芳遊始開軒望曉池綠蘭日吐葉紅蘂向盈枝
柳色行將改君心幸莫移陽春遽多意唯願兩人知

奉和聖製中和節曲江宴百寮　李泌

風俗時有變中和節惟新軒車雙闕下宴會曲江濱
金石何鏗鏘簪纓亦紛綸皇恩降自天品物咸知春
慈恩匝寰瀛歌詠同君臣闕一韻

二月閨情　袁暉

二月韶光好春風香氣多園中花巧笑林裏鳥能歌
有恨離琴瑟無情著綺羅更聽春燕語妾亦不如他

春水生　杜甫

二月六夜春水生門前小灘渾欲平鸕鷀鸂鶒莫漫
喜吾與汝曹俱眼明

贈闕下裴舍人　錢起

二月黃鸝飛上林春城紫禁曉陰陰長樂鐘聲花外
盡龍池柳色雨中深陽和不散窮途恨霄漢常懸捧
日心獻賦十年猶未遇羞將白髮對華簪

仲春晚尋覆釜山　前人

蝴蝶弄和風飛花不知晚王孫尋芳草步步忘路遠
況我愛青山涉趣皆遊踐縈迴必中路陰晦陽復顯
古岸生新泉霞峰映雪巘交枝花色異奇石雲根淺
碧洞志忘歸紫芝行可搴應嗤嵇叔夜林臥方沈湎

仲春　謝良輔

江南仲春天細雨色如煙絲爲武昌柳布作石門泉

二月　鮑防

憶長安二月時元鳥初至禖祠百囀宮鶯繡羽千條御柳黃絲更有曲江勝地此來寒食佳期

皇帝移晦日爲中和節　呂渭

皇心不向晦改節號中和淑氣同風景佳名別咏歌湔裾移舊俗賜尺下新科曆象千年正醻醲四海多花隨春令發鴻度歲陽過天地齊休慶歡聲欲盪波

試中和節詔賜公卿尺詩　李觀

淑節韶光媚皇明寵錫崇具寮頒玉尺成器幸良工豈止尋常用將傳度量同人何不取利物亦賴其功紫翰宣殊造丹誠厲匪躬奉之無失墜恩澤自天中

試中和節詔賜公卿尺詩　陸復禮

春仲令初吉歡娛樂大中皇恩貞百度寶尺賜羣公欲使方隅法還令規矩同捧觀珍質麗拜受聖恩崇如荷丘山重思酬方寸功從茲度天地與國慶無窮

奉和聖製中春麟德殿會百寮觀新樂　權德輿

仲春蕙芳景內庭宴羣臣森森列干戚濟濟趨鉤陳大樂本天地中和序人倫正聲邁咸濩易象合羲文玉俎映朝服金鈿明舞茵韶光雪初霽聖藻風自薰時泰恩澤溥功成行綴新賡歌仰昭回竊比華封人

奉和聖製中和節賜百官宴集因示所懷　前人

萬方慶嘉節宴喜皇澤均曉開蓂葉初景麗星鳥春藻思貞百度著明並三辰物情舒在陽時令弘至仁衢酒和樂被薰弦聲曲新賡歌武弁側未荷元化醇

二月二十七日社兼春分端居有懷簡所思者　前人

清晝開簾坐風光處處生看花詩思發對酒客愁輕社日雙飛燕春分百囀鶯所思終不見還是一含情

和大夫邊春呈長安親故　楊巨源

嚴城吹笛思寒梅二月冰河一半開紫陌詩情依舊在黑山弓力畏春來遊人曲岸看花發走馬平沙獵雪迴旌旆朝天不知晚將星高處近三台

中和節詔賜公卿尺　裴度

陽和行慶賜尺度及羣公荷寵承佳節傾心立大中短長思合製遠近貴攸同共仰財成德將酬分寸功作程施有政垂範播無窮願續南山壽千春奉聖躬

春雪　韓愈

新年都未有芳華二月初驚見草芽白雪卻嫌春色晚故穿庭樹作飛花

春村　白居易

二月村園暖桑間戴勝飛農夫舂舊穀蠶妾擣新衣牛馬因風遠雞豚過社稀黃昏柳下路鼓笛賽神歸

二月二日　前人

二月二日新雨晴草芽菜甲一時生輕衫細馬春年少十字津頭一字行

二月望日　徐凝

長短一年相似夜中秋未必勝中春不寒不暖看明月況是從來少睡人

二月二日　李商隱

二月二日江上行東風日暖聞吹笙花鬚柳眼各無賴紫蝶黃蜂俱有情萬里憶歸元亮井三年從事亞夫營新春莫悟遊人意更作風簷夜雨聲

二月晦日留別鄠中友人　賈島

立馬柳花裏別君當酒酣春風漸向北雲鴈不飛南明曉日初一今年月又三鞭羸去暮色遠嶽起煙嵐

以庭前海棠梨花一枝寄李十九員外　韓偓

二月春風澹蕩時旅人虛對海棠梨不如寄與星郎去想得朝迴正畫眉

長安春　韋莊

長安二月多香塵六街車馬聲轔轔家家樓上如花人千枝萬枝紅豔新簾間笑語自相問何人占得長安春長安春色本無主古來盡屬紅樓女如今無奈杏園人駿馬輕車擁將去

二月二日宴中貽同年封先輩渭　黃滔

帝堯城裏日銜杯每倚嵇康到玉頹桂苑五更聽榜後蓬山二月看花開垂名入甲成龍去列姓如丁作鶴來同戴大恩何處報未言交道契陳雷

春分　徐鉉

仲春初四日春色正中分綠野徘徊月晴天斷續雲燕飛猶個個花落已紛紛思婦高樓晚歌聲不可聞

中春宴遊　劉兼

二月風光似洞天紅英翠萼簇芳筵楚王雲雨迷巫峽江令文章媚蜀箋歌黛入顰春袖斂舞衣新繡曉霞鮮酒闌香袂初分散笑指漁翁釣暮煙

陪尹子漸中安禮宿香山寺　宋蔡襄

二月已強半尋春登石樓山光侵面變草色到雲休歸鳥沈巖際行人過樹頭剎若看石碣因火認漁舟漸夜灘聲惡憑虛屋勢浮乘閒聊自適觴詠屬君流

二月八日北城閒步　曾鞏
土膏初動麥苗青飽食城頭信意行兼起高亭臨北
渚欲乘長日勸春耕
二月吟　邵雍
林下故無知唯知二月期酒嘗新熟後花賞半開時
只有醺酣趣殊無爛漫悲誰能將此景長貯在心脾
樂春吟　前人
四時唯愛春春更愛春分有暖溫存物無寒著莫人
好花方蓓蕾美酒正輕醇安樂窩中客如何不半醺
南浦　王安石
南浦東岡二月時物華撩我有新詩含風鴨綠粼粼
起弄日鵝黃裊裊垂
和孟堅二月晦同出城　鄭俠
花柳接重闉三分破二春江雲初弄雪壟麥旋收新
纓紱嗟塵事農桑羨野民暫陪遊樂乘此日是何辰
二月六日送京醞上堯夫　程顥
紅櫻零落杏花開春物相催次第來莫作林間獨醒
客任從花笑玉山頹
癸丑春分後雪　蘇軾
雪入春分省見稀半開桃杏不勝威應慙落地梅花
識卻作漫天柳絮飛不分東君專節物故將新巧發
陰機從今造物尤難料更暖須留御臘衣
二月三日點燈會客　前人
江上東風浪接天苦寒無賴破春妍試開雲夢羔兒
酒快瀉錢塘藥玉船蠶市光陰非故國馬行燈火記
當年冷煙濕雪梅花在留得新春作上元
二月十九日攜白酒鱸魚過詹使君食槐葉冷

淘　前人
枇杷已熟粲金珠桑落初嘗豔玉蛆暫借垂蓮十分
盞一澆空腹五車書青浮卵椀槐芽餅紅點冰盤藿
葉魚醉飽高眠真樂事此生有味在三餘
絕句　黃庭堅
竹筍纔生黃犢角蕨芽初長小兒拳試尋野菜炊香
飯便是江南二月天
二月二日挑菜節　張耒
久將菘芥芼南羹佳節泥深人未行想見故園蔬甲
好一畦春水轆轤聲
春風　呂本中
春風隨長江一日行萬里蕭條起岷山欻忽度揚子
江南千酒樓春風樓上頭金樽開翠幄青帘吹客愁
長堤二月暖寒溪千古流紛紛桃李花處處作芳華
不見梁間燕空悲王謝家
二月二十四日郎事　張九成
春來尋勝事此與亦何窮夜雨亂江漲朝花退日紅
雷聲驚嶺北雲氣漲溪東蓑笠衝泥去誰知與我同
二月三日登樓　范成大
百尺西樓十二欄日遲花影對人閒春風已入片時
夢寒食從今數日間
中春過陽亭　張栻
亭古危臨岸林幽巧近城烟容隨雨住花片著溪清
春事已如許客懷誰與傾庭前幾株樹滿意欲敷榮
仲春有懷　前人
西湖景物元瀟灑楊柳新來兩岸垂亦有遊人往來
否不應閒過看花時

壬戌二月　徐璣
山城二月景如何行處時時聽踏歌淡色似黃楊葉
小濃香如蜜菜花多春容每到晴時改天氣偏從雨
後和好向溪頭尋釣侶小溪連夕漲清波
春日呈黃子邁大卿　戴復古
帝里風光二月新西湖幾隊踏青人杏花時節偏饒
雨楊柳門牆易得春或是或非塵裏事無窮無達醉
中身五陵年少誇豪舉寂寞詩家戴叔倫
春行　眞山民
短帽輕衫步履遲微暄天氣乍晴時池融嫩碧銷殘
凍春剪新紅綴舊枝風氣滴衣堪入畫禽聲到耳足
供詩東風苦欲招人醉頻掉橋西賣酒旗
二月十日　謝翶
山居少四鄰樵采半爲新野色生遙念空江滯此身
風濤春憶越親舊晚遊秦獨擬尋雞犬雲蘿挂葛巾
二月春將半　黃希旦
二月春將半農耕細雨中花前輕薄子醉倒笑春風
春半喜晴　金完顏璹
陰寒二月雪含雲雨日開晴淑景新借問海棠紅幾
許杏花楊柳不曾春
壬午西城湖中遊春　元耶律楚材
二月河中草木青芳菲次第有期程花藏徑畔春泉
碧雲散林梢晚照明含笑山桃還似識相親魚鳥自
忘情遐方且喜豐年兆萬頃青青麥浪平
春半採花　洪希文
芳非著雨便成苔問訊東君幾日回閏月不曾花下
去今朝偶到樹邊來幾何間闊爲偏老如此生疎蝶

也猜流水時光容易過舉頭枝上已青梅
永樂八年春二月被詔直內閣即事二首　明胡儼
清曉朝回祕閣中坐看宮樹露華濃綠窻朱戶圖書
滿人在蓬萊第一峰
浩蕩東風雨散絲暗移春色上花枝雲陰半捲龍樓
晚正是詞臣退直時
春寒　楊守陳
二月燕城暖漸回北風吹雪徧樓臺春寒畢竟無多
日桃李何須怨未開
春日即事　鄭琰
荇葉田田柳葉齊女郎何處唱銅鞮春衣除過頻嘶
馬社酒人歸盡鬭雞二月杏花三日雨千山杜宇一
聲啼年華漸逐東風去腸斷紅橋小苑西
二月 以上詩　曹大章
二月郊南柳色春淡雲晴靄動芳辰霏霏花氣偏隨
酒嫋嫋鶯歌解和人野舫醉乘明月渡芳洲情與白
鷗馴武陵溪水深幾許笑逐桃花欲問津
春光好　後唐和凝
紗窻暖畫屏閒嚲雲鬟睡起四肢無力半春閒　玉
指剪裁羅勝金盤點綴酥山窺宋深心無限事小眉
彎
探春令　宋徽宗
簾旌微動峭寒天氣龍池冰泮杏花笑吐香猶淺又
還是春將半　清歌妙舞從頭按等芳時開宴記去
年對著東風曾許不負鶯花願
涼州令　晁補之
二月春猶淺去年櫻桃開徧今年春色怪遲遲紅梅
尚早未露臙脂面　東君遣春來緩似會人深願蟠
桃新鏤雙盞相期似此春長遠
踏莎行　杜安世
雨霽風光春分天氣千花百草爭明媚畫梁新燕一
雙雙玉籠鸚鵡嫌孤睡　薜荔依牆莓苔滿地青樓
幾處歌聲麗驀然舊事上心頭無言斂皺眉山翠
玉樓春 春半　趙長卿
江郊百六春强半拍拍池塘春水滿風團柳絮舞如
狂雨壓橘花香不散　陰陰巷陌閒庭院小立危欄
羞燕燕不知何事未還鄉除却青春誰作伴
驀山溪 春半　張震
青梅如豆斷送春歸去小綠間長紅看幾處雲歌柳
舞偎花識面對月共論心攜素手採香游踏徧西池
路　水邊朱戶曾記銷魂處小立背秋千空悵望娉
婷韻度楊花撲面香糝一簾風情脈脈酒厭厭回首
斜陽暮
水龍吟 春遊　陸游
摩訶池上追遊路紅綠參差春晚韶光妍媚海棠如
醉桃花欲暖挑菜初閒禁煙將近一城絲管看金鞍
爭道香車飛蓋爭先占新亭館　惆悵年華暗換黯
銷魂雨收雲散鏡奩掩月釵梁折鳳秦箏斜鴈身在
天涯亂山孤壘危樓飛觀歎春來只有楊花和恨向
東風滿
好事近 仲春　汪莘
春早不知春春晚又還無味一點日中星鳥想堯民
如醉　不寒不暖杏花天花到半開處正是太平風
景爲人間留住
鹽角兒 春半　明馮鼎位
春分過也小樓昨夜棠梨花謝章臺折柳西園拾翠
暗香隨馬　午風輕鶯聲乍盈盈侶秋千初罷再相
約黃昏踏月窻下綠蛾重畫

仲春部選句

漢張衡歸田賦於是仲春令月時和氣清原隰鬱茂
百草滋榮王雎鼓翼倉庚哀鳴交頸頡頏關關嚶嚶
於焉逍遙聊以娛情
魏陳思王節遊賦仲春之月百卉叢生萋萋藹藹翠
葉朱莖竹林青蔥珍果含榮凱風發而時鳥讙微波
動而水蟲鳴
晉陶潛詩春仲通時雨始雷鳴東隅
梁簡文帝大法頌夾鍾應於仲春甲申在於吉日
北周庾信華林園馬射賦序是以仲春之月剡玉而
遊河
唐白居易詩何日同宴遊心期二月二
唐彥謙詩二月雲煙迷柳色九衢風土帶花香 又寒
郊二月初離別獨倚寒林嗅野梅
鄭谷詩和暖又逢挑菜日寂寥未是探花人
釋皎然詩二月湖南春草遍
宋劉筠大酺賦二月初吉春日載陽皇帝乃乘步輦
出披香排飛闥歷未央御南端之嶢闕臨迴望之廣

場

邵雍詩年年二月凭高處不見人家只見花

陳與義詩二月山城未見花

陸游詩數點霏微社公雨兩叢濃淡女郎花

元趙孟頫詩二月江南鶯亂飛百花滿樹柳依依

葉顒詩燕子不來春又半一簾花雨海棠時

明吳稼竳詩三春花事終難負二月風光半未過

仲春部紀事

呂氏春秋古樂篇黃帝命伶倫與榮將鑄十二鐘以和五音以施英韶以仲春之月乙卯之日日在奎始奏之命之曰咸池

宋書符瑞志高辛氏之世妃曰簡狄以春分元鳥至之日從帝祀郊禖與其妹浴於元丘之水有元鳥銜卵而墜之五色甚好二人競取覆以玉筐簡狄先得而吞之遂孕胸剖而生契

堯在帝位七十年潔齋修壇場于河雒二月辛丑昧明禮備至于日昃榮光出河休氣四塞乃有龍馬銜甲赤文綠色臨壇而止吐甲圖而去（又）後二年二月仲辛率羣臣沈璧于洛禮畢退俟至于下昃赤光起元龜負書而出背甲赤文成字止于壇

帝王世紀成湯十有八祀乙未二月丙寅王至東郊論諸侯功臣之後封墨台氏孤竹國

書經牧誓時甲子昧爽王朝至于商郊牧野乃誓王左杖黃鉞右秉白旄以麾曰逖矣西土之人（蔡傳）甲子二月四日也

詩經豳風七月章四之日舉趾（孔傳）四之日周四月也民無不舉足而耕矣（正義）周之四月即是夏之二月建卯之月也

四之日其蚤獻羔祭韭（朱注）蚤蚤朝也韭菜名獻羔祭韭而後啓冰月令仲春獻羔開冰先薦寢廟是也

周禮地官媒氏中春之月令會男女於是時也奔者不禁若無故而不用令者罰之司男女之無夫家者而會之（訂義）鄭康成曰中春陰陽交以成昏禮順天時也王氏詳說曰王子雍執孫卿之言以爲霜降逆女冰泮殺止遂別家語以爲說曰霜降而婦功成嫁娶者行焉又曰冬合男女曰疑仲春之月遂非婚姻之期會不謂詩之所言大率以春爲正如曰有女懷春如曰春日遲遲女心傷悲如曰倉庚于飛熠燿其羽皆以春爲正鄭鍔曰或謂是時令會男女之當嫁娶者使得以及時則奔者宜禁反不禁之鄭康成以謂重天時權許之是否余以爲康成一語之謬傷敗風教至今牢不可破可勝嘆哉周人立法之本意言奔者不禁若無故而不用令與今律文言若之若同若之爲言及也謂不禁男女之奔及無故不用令者俱有罰耳奈何以爲重天時權許之耶陳君舉曰奔者不禁不當行而行也無故不用令宜成禮而不成禮也故當皆有罰史氏曰納采問名納吉納徵請期婚禮之常也當中春之月而是禮有不備者皆謂之奔奔者不禁聽其殺禮而成婚也內則曰聘曰妻奔曰妾先王重聘禮故有是說其實皆由媒氏而合可謂之淫奔乎國有凶荒家遇喪禍必待備禮男女失時矣此謂之故無故而不備禮其罰也宜矣鄭景望曰罰者罰其父母兄弟尸婚嫁之責也鄭康成曰司猶察也無夫家謂男女之鰥寡者

春官籥章中春晝擊土鼓龡豳詩以逆暑（訂義）易氏曰中春爲歲陽之中晝爲日陽之中如是而逆暑與堯典所謂日中星鳥寅賓出日同意

夏官大司馬中春教振旅（訂義）鄭康成曰凡師出曰治兵入曰振旅皆習戰也四時各教民以其一焉春習振旅兵入收衆專於農王氏曰春陽用事非兵之時鄭鍔曰是時兵當藏也王昭禹曰振如振領之振振而整之也方其出則治之以行陳之事均服同食以一衆心無暇弊其儀飾及其入焉明尊卑辨貴賤此所以整之也黃氏曰四時之田先教振旅王者之兵出於萬全李嘉會曰一歲之功必因春之興作發生而後萬物成振旅必於春示一勞而永逸也

羅氏中春羅春鳥獻鳩以養國老行羽物（訂義）易氏曰中春蒐田非羅弊之時故以火弊而搜取其物之不字乳者此言羅春鳥何也以春至尊爲主而已其次則獻鳩以養國老又其次則頒其臣而謂之行羽物此外一毫不可以輕取

司弓矢中春獻弓弩（訂義）王昭禹曰中春陽氣方和之時薛氏曰弓人爲弓曰冬析幹則易春液角則合夏治筋則不煩秋合三材則合寒奠體則張不流冰析灂則審環春被弦則一年之事鄭氏謂朞歲乃可用是弓弩之制必以春而成李嘉會曰易氏以此言獻而不言成蓋獻稾人之所已成不知夏秋冬造之至春始被之弦乃可獻也

牧師中春通淫（訂義）鄭康成曰中春陰陽交萬物生之

時可以合馬之牝牡也月令季春乃合累牛騰馬遊牝于牧条時書也秦地寒涼萬物後動

秋官司烜氏中春以木鐸脩火禁于國中 訂義鄭鍔曰中春大火之星見於辰季春出火司烜先脩火禁督以木鐸使無不聞則除去故火以待新火也王昭禹曰爲季春將出火先事而戒也鄭康成曰火禁謂用火之處及備風燥

冬官韗人凡冒鼓必以啓蟄之日 訂義鄭康成曰冒蒙鼓以革也啓蟄孟春之中也蟄蟲始聞雷聲而動鼓所取象鄭鍔曰雷之發蟄聲震百里鼓欲其聲如雷故冒鼓必取啓蟄之日先王之制器其取法天道纖悉必致有如此者

孟譜孟子生時母夢神人乘雲自泰山來母凝視久之忽片雲墜而窺里巷皆見有五色雲覆孟氏居按孟子生於周定王三十七年四月二日即今之二月二日也

孔叢子古者天子歲二月東巡狩所過諸侯各待于境天子先問百年者所在而親問之然後覲方岳之諸侯

漢書高帝本紀二年二月癸未立漢社稷施恩德賜民爵蜀漢民給軍事勞苦復勿租稅二歲關中卒從軍者復家一歲舉民年五十以上有脩行能帥衆爲善置以爲三老鄉一人擇鄉三老一人爲縣三老與縣令丞尉以事相教復勿繇戍

郊祀志高祖十年春有司請令縣常以春二月及臘祠稷以羊彘民里社各自裁以祠制曰可

武帝本紀建元元年春二月赦天下賜民爵一級年八十復二算九十復甲卒 注二算復二口之算復甲卒不豫革車之賦

太始三年二月五日行幸東海獲赤鴈作朱鴈之歌幸琅邪禮日成山登之罘浮大海山稱萬歲 注孟康曰禮日拜日也 如淳曰祭日於成山也 師古曰成山在東萊不夜縣

宣帝本紀神爵四年春二月詔曰迺者鳳凰甘露降集京師嘉瑞並見脩興泰一五帝后土之祠祈爲百姓蒙祉福鸞鳳萬舉蜚覽翱翔集止于旁齋戒之夕神光顯著薦鬯之夕神光交錯或降於天或登于地或從四方來集於壇上帝嘉饗海內承福其赦天下賜民爵一級女子百戶牛酒鰥寡孤獨高年帛

漢官儀光武帝建武三十二年東巡狩二月十九日之山虞國家居亭百官布野此日上山吉氣成宮闕百姓皆見

後漢書祭祀志建武三十二年二月二十二日辛卯晨燎祭天于泰山下南方群神皆從用樂如南郊

明帝本紀永平四年春二月辛亥詔曰朕親耕藉田以祈農事京師冬無宿雪春不燠沐煩勞群司積精禱求而比再得時雨宿麥潤澤其賜公卿半俸有司勉遵時政務平刑罰

永平六年二月王雒山出寶鼎廬江太守獻之

章帝本紀元和二年二月甲寅詔曰山川鬼神應典禮者尚未咸秩其議增脩群祀以祈豐年丙辰東巡狩己未鳳皇集肥城乙丑帝耕于定陶詔曰三老尊年也孝弟淑行也力田勤勞也國家甚休之其賜帛人一匹勉率農功辛未幸泰山柴告岱宗有黃鵠三十從西南來經祠壇上東北過于宮屋翱翔升降壬申宗祀五帝于汶上明堂

律曆志元和二年二月甲寅制書曰古先聖王先天而天不違後天而奉天時史官用太初鄧平術冬至之日日在斗二十二度而曆以爲牽牛中星先立春一日則四分數之立春日而以折獄斷大刑于氣已迕用望平和蓋亦遠矣今改行四分以遵于堯以順孔聖奉天之文

章帝本紀元和三年二月壬寅告常山魏郡淸河鉅鹿平原東平郡太守相曰月令孟春善相丘陵土地所宜今肥田尚多未有墾闢其悉以賦貧民給與糧種務盡地力勿令游手所過縣邑聽半入今年田租以勸農夫之勞

安帝本紀元初六年春二月乙卯詔曰月令仲春養幼小存諸孤季春賜貧窮賑乏絕省婦使表貞女所以順陽氣崇生長也其賜民尤貧困孤弱單獨穀人三斛貞婦有節義十斛甄表門閭旌顯厥行

延光三年春二月東巡狩勞賜郡縣作樂

張奐傳奐拜武威太守其俗多妖忌凡二月五月產子及與父母同月生者悉殺之奐示以義方嚴加賞罰風俗遂改百姓生爲立祠

大戴禮記虞戴德篇天子以歲二月爲壇於東郊建五色設五兵具五味陳六律品奏五聲聽明教置離抗大侯規鵠堅物九卿佐三公三公佐天子天子踐位諸侯各以其屬就位乃升諸侯諸侯之教士教士執弓挾矢揖讓而升履物以射其地心端色容正時以數技時有慶以地不時有讓以地

魏文帝序建安二十四年二月壬午魏太子丕造百
辟寶劒長四尺二寸選兹良金令彼國工精而鍊之
至于百辟淬以清漳礪以礛諸光似流星名曰飛景
干寶晉紀泰始四年二月上幸芳林園與羣臣宴賦
詩觀志
晉書禮志故事祀皐陶以社日新禮改以孟秋之月
以應秋政摯虞以爲祭用仲春義取重生改用孟秋
以應刑殺理未足以相易宜定新禮如舊制可
索紞傳孝廉令狐策夢立冰上與冰下人語索紞曰
冰上爲陽冰下爲陰陰陽事也士如歸妻迨冰未泮
婚姻事也君在冰上與冰下人語爲陽語陰媒介事
也君當爲人作媒冰泮而婚成會太守田豹因策爲
子求鄉人張公徵女仲春而成婚焉
隋書禮儀志晉元帝建武元年創有太社帝社太稷
凡三壇門牆並隨其方色每以仲春并令郡國縣祠
社稷先農縣又兼祀靈星風伯雨師之屬
梁書武帝本紀天監十年二月戊申騶虞一見荆州
華容縣
天監十一年二月新昌濟陽二郡野蠶成繭
隋書禮儀志梁初藉田依宋齊以正月天監十二年
武帝以爲啓蟄而耕則在二月節內書云以殷仲春
藉田理在建卯于是改用二月
南史梁武帝本紀普通四年二月乙亥耕藉田孝弟
力田賜爵一級預耕之司尅日勞酒
隋書禮儀志陳制令大中署常以二月八日于署庭
中以太牢祠老人星兼祠天皇大帝太一日月五星
鉤陳北極北斗三台二十八宿大人星子孫星都四

十六座
魏書禮志高祖太和十六年二月丁酉詔曰夫崇聖
祀德遠代之通典秩（闕三字）中古之近規故三五至
仁唯德配享夏殷私己稍用其姓且法施于民祀有
明典立功垂惠祭有恆式斯乃異代同途奕世共軌
今遠遵明令憲章舊則比於祀令已爲決之其孟春
應祀者須以事殷遂及今日可令仍以仲月享祀
洛陽伽藍記平等寺永熙元年平陽王入纂大業造
五層塔二年二月五日土木畢功帝率百寮作萬僧
會
北史魏文帝本紀大統三年春二月槐里獲神璽
荆楚歲時記春分日民並種戒火草於屋上有鳥如
烏先雞而鳴架架格格民聞此鳥則入田以爲候
北史隋高帝本紀開皇元年二月京師慶雲見
隋書百官志司隷臺大夫一人掌諸巡察每年二月
乘軺巡郡縣
舊唐書禮儀志仲春之月祭唐堯于平陽祭虞舜于
河東祭夏禹于安邑祭殷湯于偃師祭周文王于酆
祭武王于鎬
唐書食貨志凡屯田收多者褒進之歲以仲春籍來
歲頃畝州府軍鎮之遠近上兵部度便宜遣之
唐六典中尚令二月二日進鏤牙尺紫檀尺
舊唐書太宗本紀貞觀六年二月戊子初置律學
玉海唐太宗貞觀十四年二月四日陜州黃河清景
雲見協律郎張文收采古天馬作歌之義作景雲河
清賦
唐會要貞觀十七年二月二十八日詔曰自古帝王

褒崇勳德既勒銘于鐘鼎又圖形于丹青是以甘露
良佐麟閣著其美建武功臣雲臺紀其績無忌等二
十四人宜酌故實并圖畫凌煙庶念功之懷無謝于
前載旌賢之義永貽於後昆
貞觀十八年二月十七日辛酉召三品以上賜宴于
元武門太宗操筆作飛白書羣臣乘酒就太宗手中
相競散騎常侍劉洎登牀引手然後得之其不得者
咸稱洎登牀罪當死太宗笑曰昔聞婕妤辭輦今見
常侍登牀
事物紀原唐永徽三年二月十日以天下無虞百司
務簡每至旬假許不視事以寬百寮休沐
載初元年二月十四日武后策問舉人于洛城殿殿
前試人自此始
唐會要開元十二年二月二十二日祠后土汾陰脽
上太史奏榮光出河休氣四塞祥風繞壇日揚其光
唐書許景先傳開元十三年二月帝自擇刺史凡十
一人詔宰相諸王御史以上祖道洛濱盛供具奏太
常樂帛舫水嬉賜詩十韻帝親書且給紙筆令自賦
齎絹三千遣之
唐會要開元十六年築龍池壇于興慶宮以仲春月
祭之
玉海開元二十四年二月十三日明皇移貢舉于禮
部以侍郎主之禮部選士自此始
舊唐書明皇本紀開元二十八年春正月以望日御
勤政樓讌羣臣樓下連夜燒燈會大雪而罷因命自
今常以二月望夜爲之
唐會要天寶元年二月二十日合祭天地于南郊

羯鼓錄唐明皇尤愛羯鼓玉笛常云八音之領袖不可無也嘗遇二月初詰旦巾櫛方畢時當宿雨初晴景物明麗小殿內庭柳杏將吐覩而歎曰對此景物豈得不與他判斷之乎左右相目將命備酒獨高力士遣取羯鼓上旋命之臨軒縱擊一曲曲名春光好神思自得及顧柳杏皆已發拆上指而笑謂嬪御曰此一事不喚我作天公可乎嬪御侍官皆呼萬歲

秦中歲時記二月二日曲江採菜士民遊觀極盛

舊唐書德宗本紀貞元五年春正月乙卯詔四序佳辰歷代增置漢崇上巳晉紀重陽或說禳除雖因舊俗與衆共樂咸合當時朕以春方發生候及仲月勾萌畢達天地和同俾其昭蘇宜助暢茂自今宜以二月一日爲中和節以代正月晦日備三令節數內外官司休假一日宰臣李泌請中和節日令百官進農書司農獻穜稑之種王公戚里上春服士庶以刀尺相問遺村社作中和酒祭勾芒以祈年穀從之

唐書李泌傳帝以前世上巳九日皆大宴集而寒食多與上巳同時欲以三月名節自我爲古若何而可泌請廢正月晦以二月朔爲中和節因賜大臣戚里尺謂之裁度民間以青囊盛百穀瓜果種相問遺號爲獻生子里閭釀宜春酒以祭勾芒神祈豐年百官進農書以示務本帝悅乃著令與上巳九日爲三令節中外皆賜緡錢燕會

鄴侯家傳鄴侯夜夢見賜中和節詩于金花牋上第二對首忘一字云茲中和節式慶天地春及中和日百寮會曲江亭賜御製詩肇茲中和云云其金花牋上花草皆夢所見者奉詔同用春字

衣冠盛事貞元初置中和節御製詩朝臣奉和詔寫本賜戴叔倫于容州天下榮之

舊唐書德宗本紀貞元六年二月戊辰朔百僚會宴于曲江亭上賦中和節羣臣賜宴七韻是日百僚進兆人本業三卷司農獻黍粟各一斗

貞元九年二月庚戌朔先是宰臣以三節次宴府縣有供帳之弊請以宴錢分給各令諸司選勝宴會從之是日中和節宰相宴于曲江亭諸司隨便自是分宴焉

貞元十四年二月壬子朔戊午上御麟德殿宴文武百寮初奏破陣樂遍奏九部樂及宮中歌舞妓十數人列于庭先是上製中和樂武曲是日奏之日晏方罷比詔二月一日中和節宴以雨雪改用此日上又賦中春麟德殿宴羣臣詩八韻羣臣頒賜有差

玉海貞元十四年二月戊午上製新樂詩序曰仲春之首紀爲令節象中和之容作中和之舞

劇談錄都人遊翫曲江池盛于中和節綵幄翠幬匝於堤岸鮮車健馬比肩擊轂上賜宴臣僚京兆府大陳筵席長安萬年兩縣以雄勝相較百辟會于山亭恩賜太常及教坊聲樂池中備綵舟數隻惟宰相王使北省官與翰林學士登焉

舊唐書柳公權傳公權從幸未央宮苑中駐輦謂公權曰我有一喜事邊上賜衣久不及時今年二月給春衣訖公權前奉賀上曰單賀未了可賀我以詩宮人迫其口進公權應聲曰去歲雖無戰今年未得歸皇恩何以報春日得春衣上悅激賞久之

文宗本紀太和二年二月庚戌勅李絳所進刪定兆人本業三卷宜令所在州縣寫本散配鄉村

李德裕兩朝獻替記太和七年二月二十八日蒙恩守本官平章事去冬今春久無雨雪是日甘澤沛然樞密使謂予曰禁中喜此宮人呼相公下一字訛音李德雨矣

舊唐書武宗本紀開成五年二月敕二月十五日元元皇帝降生宜爲降聖節休假一日

昭宗本紀以咸通八年二月二十二日生於東內又中書奏請以二月二十二日爲嘉會節從之

彤管遺編若耶溪女題三鄉詩序會昌壬戌仲春十九日二九子爲父後玉無瑕弁無首荊山石往往有題隱名不書後李舒解之曰當是姓李名弄玉也

雲仙雜記蜀人二月好以豉雜黃牛肉爲甲乙膏非尊親厚知不得而預其家小兒三年一享

寰宇記蜀萬州風俗二月二日攜酒饌鼓樂於郊外飲宴至暮而歸謂之迎富

長編唐明宗丁亥二月十六日宋太祖生於洛陽夾馬營是夕神光照室胞如菡萏異香馥郁八因號其地爲香孩兒營

玉海晉高祖二月二十八日誕爲天和節

五代會要後漢高祖劉知遠唐乾寧二年二月四日生以是日爲聖壽節

遼史禮志二月八日爲悉達太子生辰京府及諸州雕木爲像儀仗百戲導從循城爲樂悉達太子者西域淨梵王子姓瞿曇氏名釋迦牟尼以其覺性稱之曰佛

宋史禮志建隆元年羣臣請以二月十六日爲長春

節正月十七日於大相國寺建道場以祝壽至日上壽退百僚詣寺行香壽詔今後長春節及諸慶節常參官致仕官僧道百姓等毋得進奉

廬陵異物志開寶四年黔南上言江心有石魚見上有古記云廣德元年二月大江水退石魚見部民相傳豐稔之兆

樂史總仙記淳化元年昇州奏二月十五日夜忽有雷聲茅山燕口洞宮石開二尺裏面得銅鐵錢三十一文

燕翼詒謀錄月令開冰獻羔在仲春之月五季之亂訛舛至用四月淳化三年三月己未詔改正之

宋史太宗本紀淳化四年二月初四日壬戌名賜京城高年帛百歲者一人加賜塗金帶是日雨雪大寒再遣中使賜孤老貧窮人千錢米炭

宋會要太平興國三年二月十六日太宗幸西綾錦院命近臣縱觀織室機杼

事物紀原辛氏三秦記曰昆明池漢武帝立之習水戰宋建隆間卽都城之南鑿講武池始習水戰將有事於江南也及太平興國中得吳越錢氏龍舟七年疏國城西開金明池于是每歲二月教池遂爲故事

宋史禮志咸平二年二月晦日賞花宴于後苑帝作中春賞花釣魚詩儒臣皆賦遂射于水殿盡歡而罷自是遂爲定制

景德四年二月甲申上御五鳳樓觀酺宗室近臣侍坐樓前露臺奏教坊樂召父老五百人列坐賜飲於樓下後二日上復御樓賜宗室文武百官宴於都亭驛賜諸班諸軍將校羊酒

事物紀原宋眞宗大中祥符四年二月二十六日詔加中嶽中天王爲崇聖中天王

玉海大中祥符九年二月二十七日召近臣於後苑翔鸞閣觀太宗御書及御製聖文神筆頌玉宸殿記等遂宴於玉宸殿殿在苑中密邇宮禁帝優寵輔臣每大禮慶成從容一名至兩制皆預蓋特恩也

天聖新令春分開冰祭司寒于冰井務卜日薦冰于太廟季冬藏冰設祭亦如之

玉海明道二年二月十一日行耤田禮貢舉人自請陪位許父老縱觀勿令呵止

二月十六日賜百福酒

慶曆四年二月二十三日丙辰帝御崇政殿西閤閣中四壁各張畫圖載前代帝王美惡之跡可爲規戒者命兩府臣僚入閤觀之

涑水記聞二月二日上幸後苑命后宮挑生菜

東坡志林元豐七年二月一日東坡居士與徐得之參寥子步自雪堂並柯池入乾明寺觀竹林謁乳姥任氏墳勸治茶圖遂造趙氏園探梅堂至尚氏第觀老枳偃蹇如龍虵形憩定惠僧舍飲茶任公亭師中庵乃歸且約後日攜酒尋春於此

蘇轍詩序眉之二月望日鬻蠶器於市因作樂縱觀謂之蠶市

宋史禮志政和三年以二月十五日太上混元上德皇帝降聖日爲眞元節

宣和四年二月太常王黼編類明堂頒朔布政與詔書條例氣令應驗凡六十三冊上之

玉海紹興十七年二月十三日上親祠青帝于東郊以伏羲高辛配祠簡狄姜嫄于壇下

宋史禮志乾道二年二月四日車駕幸玉津園皇帝射訖次命皇太子次慶王次恭王次管軍臣僚等射如是者三每射四發帝前後四中的

乾淳歲時記二月一日謂之中和節唐人最重今惟作假及進單羅服御百官服單羅公常而已二日宮中排辦挑菜御宴先是預備朱綠花斛下以羅帛作小卷書品目于上繫以紅絲上植生菜薺花諸品俟宴酬樂作自中殿以次各以金篦挑之后妃皇子貴主婕妤及都知等皆有賞無罰以次每斛十號五紅字爲賞五黑字爲罰上賞則成號眞珠玉杯金器北珠篦環珠翠領抹次亦鋌銀酒器冠鋌翠花段帛龍涎御扇筆墨官窑定器之類罰則舞唱吟詩念佛飲冷水吃生薑之類用此以資戲笑王宮貴邸亦多傚之二月八日爲桐川張王生辰霍山行宮朝拜極盛百戲競集如緋綠社（雜劇）齊雲社（蹴毬）遏雲社（唱賺）同文社（耍詞）角觝社（相撲）清音社（清樂）錦標社（射弩）錦體社（花繡）英略社（使棒）雄辯社（小說）翠錦社（行院）繪華社（影戲）淨髮社（梳剃）律華社（吟叫）雲機社（撮弄）而七寶騰馬二會爲最玉山寶帶尺璧寸珠璀璨奪目而天驥龍媒絨韉寶轡競賞神駿好奇者至剪毛爲花草人物廚行果局窮極肴核之珍有所謂意思作者悉以通草羅帛雕飾爲樓臺故事之類飾以珠翠極其精緻一盤至直數萬然皆浮靡無用之物不過資一玩耳奇禽則紅鸚白雀水族則銀蟹金龜高麗華山之奇松交廣海嶠之異卉不可縷數莫非動心駭目之觀也若三月三日殿司眞武會三月二十八日東嶽生辰社會之盛大率類此不

暇賚陳

七修類稿宋朝科制以二月十二日會試鎖院

朱子詩序正月五日欲用斜川故事結客載酒過伯休新居風雨不果二月五日始克踐約坐間以陶公卒章二十字分韻熹得中字賦呈諸同遊者

宋史外國傳高麗國二月十五日僧俗燃燈如中國上元節

元史祭祀志世祖至元七年以帝師八思巴之言於大明殿御座上置白傘蓋一頂用素段泥金書梵字於其上謂鎮伏邪魔護安國剎自是每歲二月十五日於大殿啓建白傘蓋佛事用諸色儀仗社直迎引傘蓋周遊皇城內外云與衆生祓除不祥導迎福祉

續文獻通考元武宗至大□年命祀先農樂用登歌日用中春上丁或用上辛或甲日

成都歲華紀麗譜二月二日踏青節初郡人遊賞散在四郊張公詠以爲不若聚之爲樂乃以是日出萬里橋爲綵舫數十艘與賓僚分乘之歌吹前導號小遊江蓋指浣花爲大遊江也士女駢集觀者如堵晚宴於寶曆寺公爲詩曰春游千萬家美人顏如花三三兩兩映花立飄飄似欲乘煙霞公鐵心石腸乃賦此麗詞哉後以爲故事淸獻公爲記時綵舫至增數倍今不然矣八日觀街藥市早宴大慈寺之設廳晚宴金繩院

歲華紀麗注二月八日釋氏下生之日迦文成道之時信捨之家建八關齋戒車輪寶蓋七變八會之燈平旦執香花繞城一匝謂之行城

周伯琦紀事詩注至正十一年二月十二日禮闈揭榜傳宣張宴各賜衣幣榜魁李國鳳趙麟號鳳麟榜

帝京景物略二月二日小兒以木二寸製如棗核置地而棒之一擊令起隨一擊令遠以近爲負曰打拔拔古所稱擊壤者耶其謠云楊柳兒活抽陀螺楊柳兒青放空鐘楊柳兒死踢毽子楊柳發芽兒打拔兒空鐘者刳木中空旁口盪以瀝青卓地如仰鐘而柄其上之平別一繩繞其柄別一竹尺有孔度其繩而抵格空鐘繩勒右却竹勒左却一勒空鐘轟而疾轉大者聲鐘小亦蛣蟟發聲一鐘聲歇時乃已製徑寸至八九寸其放之一人至三人陀螺者木製如小空鐘中實而無柄繞以鞭之繩而無竹尺卓于地急掣其鞭一掣陀螺則轉無聲也視其緩而鞭之轉轉無復住轉之疾正如卓立地上頂光旋旋影不動也

熙朝樂事二月朔日唐宋時謂之中和節今雖不舉而民間猶以青囊盛五穀瓜果之種相遺謂之獻生子自是城中士女已有出郭探青掃墓設奠者湖中遊舫價日增矣二日士女皆戴蓬葉諺云蓬開先日草戴了春不老十九日上天竺建觀音會傾城士女皆往其時馬塍園丁競以名花荷擔叫鬻音中律呂黃子常賣花聲詞云人過天街曉色擔頭紅紫滿筠筐浮花浪蕊畫樓睡醒正眼橫秋水聽新腔一回催起吟紅叫白報得蜂兒知未隔東西餘音軟美迎門爭買早斜簪雲髻助春嬌粉香簾底喬夢符和詞云倦曉園丁叫道嫩紅嬌紫巧工夫攢枝飣蘂行歌佇立洒洗粧新水捲香風看街簾起深深巷陌有個重門開未忽驚他尋春夢美穿牕透閣便憑伊喚取惜花人在誰根底

明會典春分之日祭大明之神甲丙戊庚壬年帝親祀餘年遣大臣攝祭

續文獻通考景泰五年勅賜文昌宮額歲以二月初三日爲帝君誕生之辰遣官致祭

先蠶氏之祭嘉靖中始行以歲仲春擇日皇后祭公主內外命婦陪祭

冏政要覽太僕寺每年祭馬神在通州北四十里安德鄉鄭村壩春祭在二月二十二日前期題請遣少卿一員行禮

農政全書二月十二日浴蠶以菜花野菜花韭花桃花白豆花挼之水中而浴之

續文獻通考苗人仲春刻木爲馬祭以牛酒老人並馬箕踞未婚男女吹蘆笙以和歌詞謂之跳月

欽定古今圖書集成曆象彙編歲功典

第三十一卷目錄

歲功典第三十一卷

仲春部雜錄

詩經鄭風野有蔓草疏蔓草生而有露謂仲春時也民思此時而會者謂此時是婚日

豳風七月朱章注二月四陽作蟄蟲起陽始用事則亦始起冰而廟薦之

小雅小明章昔我往矣日月方除注朱除除舊生新謂二月初吉也

昔我往矣日月方奧注朱奧暖也大全孔氏日卽春溫亦謂二月也

國語大史告稷日自今至於初吉陽氣俱烝土膏其動弗震弗渝脉其滿眚穀乃不殖注初吉二月朔日也

易乾鑿度隨者二月卦陽德施行蕃決難解萬物隨陽而出

易緯驚蟄晷長八尺二寸當至不至則霧稚禾不成老人多病嚔未當至而至多病癰疽脛腫

春分晷長七尺四寸二分當至不至先旱後水歲惡米不成多病耳癢

孝經說天有七衡春分之日日在中衡

黃帝宅經二月土氣衝坤方坤爲人門龍腸宜置牛馬廐其位欲開拓壅厚亦名福囊重而兼實大吉乙庚日修

管子輕重己篇以冬日至始數九十二日謂之春至

陶朱公書驚蟄前後有雷謂之發蟄雷聲初起從乾方來主人民災坎方來主水艮方來主米賤震方來主歲稔巽坤方來主蝗蟲離方來主旱兌方來主五金長價

春分雨人有災諺云春分無雨病人稀

二月朔日值驚蟄主蝗蟲值春分主歲歉風雨主米貴

二月總占詩曰初二天晴東作興初七八日看年成花朝此夜晴明好何慮連綿夜雨傾

二月初八東南風謂之上山旗主水西北風謂之下山旗主旱

二月內虹見在東主秋米貴在西主蠶貴

二月十二爲百花生日無雨百花熟

二月十五爲勸農日晴和主年豐風雨則歲歉

二月十九觀音生日晴主好雨則諸物少收

二月間將貼梗海棠攀枝著地以肥土壅之自能生根來冬截斷春半移栽以棠梨接之則成西府以木瓜接之則成白色

山茶二月接以單葉接千葉則花盛而樹久

史記天官書單閼歲歲陰在卯星居子以二月與婺女虛危晨出曰降入大有光其失次有應見張名曰

降入其歲大水

辰星仲春春分夕出郊奎婁胃東五舍爲齊

漢書五行志於易雷以二月出其卦曰豫言萬物隨雷出地皆逸豫也

氾勝之書種麻子二月下旬傍雨種之麻生布葉鋤之以蠶矢糞之天旱以流水澆之無流水曝井水殺其寒氣以澆之如此美田則畝五十石及百石薄田尚三十石

種植書凡種竹於二月斸去西南根於東北角種其鞭自然行西南蓋竹性向西南行也諺云東家種竹西家種地

淮南子天文訓辰星正四時常以二月春分效奎婁

白虎通五行篇二月律謂之夾鍾何夾者孚甲也言萬物孚甲種類分也

論衡祭意篇龍星二月見則雩祈穀雨

說文膢楚俗以二月祭飲食也一曰祈穀食新曰離膢

春分而禾生

卯爲春門萬物已出

風俗通義鼓者郭也春分之音也萬物郭皮甲而出故謂之鼓

四民月令二月陰凍畢澤可菑美田緩土及河渚水處

農家諺二月昏參星夕杏花盛桑葉白

月令章句自壁八度至胃一度謂之降婁之次雨水春分居之魯之分野

晉書天文志老人星日南極以春分之夕見於丁

北史庾季才傳二月日出卯入酉居天之正位謂之二八之門

抱朴子仙藥篇龍御芝常以仲春對生三節十二枝下根如坐人

華陽國志雲南郡出孔雀常以二月來翔月餘而去

廣州記鷄侯菜生嶺南似艾二月生苗宜鷄羹食之

范汪祠祭仲春薦竹笋

名醫別錄百合生荊州山谷二月采根陰乾

麝生中臺山谷及益州雍州山中春分取香生者良

桑螵蛸生桑枝上螳蜋子也二月采蒸過火炙用

魏書律曆志次卦二月需隨晉解大壯

齊民要術二月昏參夕可種大豆謂之上時

北土高原本無陂澤隨逐隈曲而田者二月冰解地乾燒而耕之仍即下水十日塊既散液持木斫平之納種既生七八寸拔而栽之

家政法曰二月可種瓜瓠

種茄子法茄子熟時摘取擘破水淘之取沉者速曝乾裹置二月畦種著四五葉雨時合泥移栽之

種芋法宜擇肥緩土近水處和柔糞之二月注雨可種芋率二尺下一本芋生根欲深斸其旁以緩其土旱則澆之有草鋤之不厭數多治芋如此其收常倍

蘘荷宜在樹陰下二月種之一種永生亦不須鋤微加糞

二月榆莢成及青收乾以爲旨蓄色變白將落可作醔𨡕隨節早晏勿失其適（醔音牟𨡕音頭榆醬）

周易集解帝出乎震崔憬曰帝者天之王氣也至春分則震王而萬物出生

舊唐書林邑國俗以二月爲歲首稻歲再熟

唐韻鶗鴂鳥名關西曰巧婦關東曰鶗鴂春分鳴則衆芳生秋分鳴則衆芳歇

嶺表錄異嶺表朱槿花莖葉皆如桑樹葉光而厚（南人謂之佛桑）樹身高者止於四五尺而枝葉婆娑自二月開花至於中冬方歇其花深紅色五出如大蜀葵有蘂一條長於花葉上綴金屑日光所爍疑有焰生一叢之上日開數百朶雖繁而有豔且近而無香暮落朝開插枝即活故名之槿俚女亦採而鬻一錢售數十朶若微此花紅梅無以資其色

嶺南異物志南中花多紅赤亦彼之方色也唯躑躅爲勝嶺北時有不如南之繁多也山谷間悉生二月發時照耀如火月餘不歇

南州異物志橄欖閩廣諸郡及沿海浦嶼間皆有之樹高丈餘葉似櫸柳二月開花

異物志甘諸出交廣南方民家以二月種

食譜張手美家二月十五日涅槃兜

種樹書竹木命日二月二日也

酉陽雜俎馮者二月八日婆摩遮

波斯棗出波斯國長三四丈圍五六尺葉似土藤不凋二月生花狀如蕉花有兩甲漸漸開罅中有十餘房子長二寸黃白色有核熟則紫黑狀類乾棗味甘如餳可食

安息香樹出波斯國呼爲辟邪樹長二三丈二月開花黃色花心微碧不結實

茶譜蒙山有五頂上有茶園蒙之中頂茶當以春分之先後多聚人力俟雷發聲併手採擇三日而止

日華本草菖蒲石澗所生堅小一寸九節者上出宣
州二月采
晁氏客話望杏而耕以杏花時爲耕候也
益部方物略記桐花鳳二月桐花始開是鳥翔翔其
間丹碧成文纖嘴長尾仰露以飲至花落輒去蜀人
珍之故號爲鳳或爲人捕置樊間飲以蜜漿哺以炊
粟可以閱歲
成都古今記二月有花市
嘉祐本草斑鳩是處有之春分化爲黃褐侯黃褐侯
青鶴也
圖經本草白楡先生葉却著莢皮白色二月剝皮刮
去粗皵中極滑白荒歲農人取皮爲粉食之當糧不
損人
烏蘞二月生苗多在林中作蔓
圖經宕渠之地每歲二月二日郡人從太守出郊謂
之迎富梧州容縣有迎富亭亦以二月二日爲節
雲笈七籤二月六日宜沐浴齋戒天祐其福
埤雅芍藥榮于仲春華于孟夏傳曰驚蟄之節後二
十有五日芍藥榮是也
夢溪筆談二月物生根魁故曰天魁
孔氏雜說河豚盛於二月梅堯臣詩春洲生荻芽春
岸飛楊花河豚當是時貴不數魚蝦
爾雅翼倉庚黃鳥而黑章齊人謂之搏黍秦人謂之
黃流離幽冀謂之黃鳥一名黃鸝留或謂之黃栗流
一名黃鶯二月而鳴
演繁露仲春之月天子食麥而朝事之籩煮麥爲麷
齊東野語余嘗讀班史曆至周三月二日庚申驚蟄
而有疑焉蓋周建子爲歲首則三月爲寅今之正月
也雖今曆法亦有閏置閏而驚蟄在寅之時然多在
旣望之後不應在月初而言二日庚申也及考月令
章句孟春以立春爲節驚蟄爲中又自危十度至壁
八度謂之豕韋之次立春驚蟄居之衞之分野自壁
八度至胃一度謂之降婁之次雨水春分居之魯之
分野然後知漢以前皆以立春爲正月節驚蟄爲中
雨水爲二月節春分爲中也至後漢始以立春雨水
驚蟄春分爲序爾雅師古於驚蟄註云今日雨水於
夏爲正月周爲三月於雨水註云今日驚蟄夏爲二
月周爲四月蓋可見矣史記曆書亦爲孟春冰泮啓
蟄左傳桓公五年啓蟄而郊杜氏註以爲夏正建寅
之月疏引夏小正曰正月啓蟄故漢初啓蟄爲正月
中雨水爲二月節及太初以後更改氣名以雨水爲
正月中驚蟄爲二月節以至於今由是觀之自三代
以至漢初皆以驚蟄爲正月中矣漢以前穀雨爲
三月節清明爲三月中亦與今不同
暇日記二月白蘋水
山家清供仲春深采黃精根九蒸九暴擣如飴可作
果食又細切食水二石五升煮去苦味漉入絹袋壓
汁澄之再煎如膏以黃米作餅約二寸大客至可供
二枚又采苗可爲菜茹隋羊公服法芝艸之精也一
名仙人餘糧其補益可知也
試茶錄建溪茶比他郡最先北苑壑源尤早歲多暖
則先驚蟄十日即芽歲多寒則後驚蟄五日始發先
芽者氣味俱不佳惟過驚蟄者最爲第一民間常以
驚蟄爲候又以春陰爲采茶得時
北苑茶錄白茶與勝雪自驚蟄前興役浹日乃成飛
騎疾馳不出仲春已至京師號爲頭綱玉芽
北苑別錄驚蟄萬物始萌茶每歲常以前三日開焙
通考甲子日發雷大熱一云大熟
談薈二月十六日謂之黃姑浸種日西南風主大旱
二月二十日謂之小分龍日晴分嬾龍主旱雨分健
龍主水
經世民事錄二月內有三卯則宜豆無則早種禾
二月種皁莢有不結皁莢者鑿一孔入生鐵四五斤
用泥封之便開花結子或樹身南北離地一尺各鑽
一孔用木釘釘之泥封其竅便結實
便民圖纂二月宜通霜諺曰一夜春霜三日雨三夜
春霜九日晴
農桑通訣二月間取帶泥小藕栽池塘淺水中或糞
或豆餅壅之則愈盛
春分前栽蓮則花出葉上
漱石閒談二月初一日爲中和節以其揆三陽之中
配仁義之和唐德宗時李泌置
學圃雜疏王瓜出燕京者最佳其地人種之火室中
逼出花葉二月初即結小實中官取以上供
耕史月表二月花盟主西府海棠玉蘭緋桃花客卿
繡毬花杏花花使令寶相花種田紅木桃李花月季
花剪春羅
花曆二月桃夭玉蘭解紫荊繁杏花飾其靨梨花溶
李能白
月令演二月獻生子（朔日）踏青（二日）芳春節（八日）祭馬祖（朔日）
治聾酒（社日）撲蝶會（十五）

田家五行二月八日張大帝生日前後必有風雨極準俗謂請客送客雨正日謂之洗街雨初十日謂之洗廚雨

道書二月一日爲天正節

左編陰陽家以二月六日利行師

本草綱目梨樹高二三丈尖葉光膩有細齒二月開白花如雪六出

芹有水芹旱芹水芹生江湖陂澤之涯旱芹生平地有赤白二種二月生苗其葉對節而生似芎藭莖有節稜而中空其氣芬芳

楊梅樹葉如龍眼及紫瑞香二月開花結實

銀杏生江南以宣城者爲勝高二三丈葉薄縱理儼如鴨掌形有刻缺面綠背淡二月開花成簇青白色二更開花隨即卸落人罕見之

椿樹低小如荆叢生二月生葉如初生櫻桃葉多皺文而有細齒及尖

薤葉似韭二月開細花紫白色根如小蒜一本數顆相依而生

山慈姑冬月生葉二月中枯一莖如箭簳高尺許莖端開花白色亦有紅色黃色者上有黑點其花乃衆花簇成一朵如絲紐成可愛

山茱萸葉如梅有刺二月開花如杏

椰子乃果中之大者其樹初栽時用鹽置根下則易發木似桄榔檳榔之屬通身無枝其葉在木頂長四五尺直聳指天狀如棕櫚勢如鳳尾二月開花成穗出於葉間長二三尺大如五斗器仍連著實一穗數枚

白桐即泡桐也其木輕虛不生蟲蛀作器物屋柱甚良二月開花如牽牛花而白色結實大如巨棗長寸餘殼內有子片輕虛如榆莢葵實之狀

蠶豆二月開花如蛾狀紫白色又如豇豆花結角連綴如大豆頗似蠶形蜀人收其子以備荒歉

扁豆二月下種蔓生延纏葉大如盃團而有尖其花狀如小蛾有翅尾形如莢嫩時可充蔬食茶料老則收子煮食

珊瑚菜江淮所產多是石防風生于山石之間二月采嫩苗作菜辛甘而香呼爲珊瑚菜

馬蘭湖澤卑濕處甚多二月生苗赤莖白根長葉有刻齒南人多采汋曬乾爲蔬及饅餡

蔞蒿生陂澤中二月發白葉似嫩艾而岐細面青背白其莖或赤或白其根白脆采其根莖生熟菹曝皆可食

群芳譜淮揚人二月二日採野茵蔯苗和粉麪作餅食之以爲節物

海槎餘錄海鰍乃水族之極大者梧川山界有海灣上下五百里橫截海面當二月之交海鰍來此生育隱隱輕雲覆其上風日晴暖則有小海鰍浮水面隨波蕩漾而來

荆溪疏竹菇蕈也小如錢赤如丹砂生以二月山中所在皆有之

一統志沔縣度水有二源曰清檢濁檢清水出鰊魚濁水出鮒魚常以二月取之

萬寶全書春分日西風麥貴南風先水後旱北風米貴

選擇曆書二月申爲天德日申與巳合用巳爲天德合日

居家必用二月初二日或清明日五更不語採薺菜梗陰乾作剔燈杖諸蟲不入燈盞

閩部疏閩中大都氣暖春花皆先時放方二月下旬已見躑躅每肩輿行山徑中喬松灌木互相掩映綠波外揚丹崖內聳鷓鴣啼晝畫眉弄舌殊不知巾車爲苦

汀人多種李二月時田園碎白滿野時間桃紅繽紛可喜

自邵武之建陽六十里間是閩西最佳麗地原隰平衍竹樹田疇豐美饒裕邨落相望煙火不絕夾溪面衛人家時有數百於時二月將盡躑躅始放梨花未殘海棠金爵盡以樊圃山花野卉多不可名眞令人應接不暇

仲春部外編

法苑珠林東晉穆帝永和六年二月八日夜有像現于荆州城北長七尺五寸合光趺高一丈一尺皆莫測其所從初廣州商客下載中夜覺有人來奔船驚共尋視了無所載而船載自重雖駭其異而不測也及達渚宮纔泊木次夜復覺人自然登岸船載還輕及像現方知其兆

異苑晉丹陽縣有袁雙廟眞第四子也眞爲桓宣武誅便失所在靈怪太元中形見于丹陽求立廟未就

功大有虎患被害之家輒夢雙至催功甚急百姓立祠堂于是猛暴用息今道俗常以二月晦鼓舞祈祠爾日常風雨忽至

雲笈七籤紫微夫人降楊羲之家二月三十日吟一章曰褰裳涉淥河遂見扶桑公高會太林墟賞宴元華宮信道苟淳篤何不棲東峰此亦敘方諸東華之勝也

述異記義熙五年宋武帝北討鮮卑大勝進圍廣固軍中將佐乃遣使奉牲薦幣謁岱嶽廟有女巫秦氏奉高人同縣索氏之寡妻也能降靈宣教言無虛唱使使者設禱因訪克捷之期秦氏乃稱神教曰天授英輔神魔所擬行征無戰蕞爾小醜不足制也到來年二月五日當尅如期而三齊定焉

佛國記摩竭提國年年常以建卯月八日行像作四輪車縛竹作五層有承櫨揠戟高二丈餘以白㲲纏上然後彩畫作諸天形像以金銀琉璃莊校其上懸繒旛蓋四邊作龕皆有坐佛菩薩立侍此日境內道俗皆集華香供養

法苑珠林永明七年二月十九日司徒竟陵文宣王夢于佛前詠維摩一契因發聲而寤即起至佛堂前還如夢中法更詠古維摩一契便覺聲韻流好明旦即集沙門僧辯等次第作聲

梁安國寺在秣陵縣都鄉同下里寺有金銅像一軀以永明九年起造時失去天監六年二月八日房主藥王尼所住牀前時時有光照屋至二十三日于光處忽有泉湧見此像隨水而出遠近駭觀泉既不竭乃累磚爲井井猶存焉

道經二月八日爲芳春節五晨大道君登玉霄琳房四盼天下

隋書經籍志釋迦在世教化四十九年乃至天龍人鬼並來聽法弟子得道以百千萬億然後于拘尸那城娑羅雙樹間以二月十五日入般涅槃涅槃亦言泥洹譯曰滅度亦言常樂我淨

陽𡼖潛山記開元九年二月十五夜帝寢靈符殿夢來日九天使者降至午見雲端仙仗甚盛神曰吾爲九天使者受玉帝命隨運采訪九天司命眞君憩舒州潛山吾憩江州廬山九天丈人憩蜀郡青城山可各爲立祠乃遣舒州爲建祠卜地頂見二白鹿出岡頂遂于其地立九天司命祠此眞源宮之始也

紀聞唐開元二十四年春二月駕在東京以李適之爲河南尹其日大風有女冠乘風而至玉貞觀集于鐘樓人觀者如堵以聞于尹尹率略人也怒其聚衆袒而笞之至十而乘風者既不哀祈亦無傷損顏色不變於是適之大駭方禮請奏聞勑名入內殿訪其故乃蒲州紫雲觀女道士也辟穀久輕身因風遂飛至此元宗大加敬畏錫金帛送還蒲州數年後又因大風遂飛去不返

西域記伽藍北有仙人隱居巖谷仲春之月鼓濯淸流麋鹿隨飲感生女子姿貌過人惟脚似鹿仙人見之收而養焉後令求火至于仙廬足所踏地跡皆有蓮花

東西洋考天妃世居莆之湄洲嶼五代時閩都巡檢林愿第六女生于太平興國四年以景德三年二月二十九日昇化厥後常衣朱衣飛翻海上里人祠之

雲笈七籤三洞奉道科云春分爲延福齋春分後夜半子時東北望有元青黃雲是太微天帝君三素雲也

二月二十日宜修眞道

續夷堅志忻州九龍岡上天慶觀老君殿尊像極高云是神人所塑每歲二月十五日道家號貞元節是日有鶴來會多至數十少亦不絕一二翔舞壇殿之上良久乃去元好問二月十五日鶴詩九龍岡上元元祠人言尊像神所遺年年二月降雲鶴來無定數有定期

社日部彙考

詩經

小雅甫田章

以社以方我田既臧農夫之慶琴瑟擊鼓以御田祖

〈朱注〉社后土也以句龍氏配方秋祭四方報成萬物

禮記

月令

擇元日命民社

〈陳注〉令民祭社也郊特牲言祭社用甲日此言擇元

日是又擇甲日之善者名誥社用戊日

周禮

春官

肆師之職社之日涖卜來歲之稼

註鄭康成曰社祭土爲取財焉卜者向後歲稼所宜　鄭鍔曰社有二春祈秋報

風俗通義

社神

孝經說社者土地之主土地廣博不可徧敬故封土以爲社而祀之報功也周禮說二十五家置一社但爲田祖報求詩云乃立冢土又曰以御田祖以祈甘雨

謹按春秋左氏傳曰共工有子曰句龍佐顓頊能平九土爲后土故封爲上公祀以爲社非地祇

宋書

禮志

祠大社帝太稷常以歲二月八月二社日祠之

荆楚歲時記

社粽

社日四鄰並結綜會社牲醪爲屋於樹下先祭神然後饗其胙

按鄭氏云百家共一社今百家所社綜卽其立之社也

提要錄

社翁雨

社公社母不食舊水故社日必有雨謂之社翁雨

癸辛雜識

社日分菊

朱斗山云凡菊之佳品候其枯斫取帶花枝置籬下至明年收燈後以肥膏地至二月卽以枯花撒之蓋花中自有細子俟其苗至社日乃一一分種

田家五行

五戊爲社

立春後五戊爲社其日雖晴亦多有微雨數點謂社翁不吃乾糧果驗

遵生八牋

社日事宜

雲笈七籤曰社日飲酒一盃能治聾疾杜詩爲寄治聾酒一盃

田家五行曰秋社日使晨用磁器收百草頭上露磨濃墨頭痛者點太陽穴勞瘵者點膏肓之類謂之天灸

社日事忌

呂公忌曰社日令男女輟業一日否則令人不聰

秋社日人家儀孫兒女俱令早起恐社翁爲祟與春社同

事物原始

社日

月令云仲春之月擇元日命民社使民祀之以祈農也近春分前後戊日乃元吉日也秋社亦然

直隸志書各省風俗同者不載

遵化州

社日用牲醴祈年

新安縣

二月社日祭鄉社先農之神

肅寧縣

社日如春社摘梨

景州

社日賽土王社

吳橋縣

二月初二日鄉村咸祭賽土地神其古春社之遺意歟

定州

社日作樂以祀農神

武邑縣

社日會社報秋

雞澤縣

社日春祈秋報鄉民醵錢穀具牲醴盛張鼓樂演劇祭賽畢共飲社酒日破盤

清河縣

秋社日備牲醴酒具楮陳樂村社行賽禱略如古報賽禮

大名縣

秋報賽神多用倡優雜劇唱樂府酒後耳熱歌嗚嗚焉

山東志書

長山縣

社日祀先農謂社飯

曹州

春社日集鎭村塾凡有祠宇皆作戲賽禱

定陶縣

春社集場村疃會衆祈報

山西志書

陽曲縣

仲春社日昧爽婦女作綵線人佩之曰社線食社麪

蒲縣

社日各社祀神名曰煖社

垣曲縣

秋成村社賽報答神祇盛集優倡搬演雜劇絃管

潞安府

携蒲沉酣達曙如魯人獵較久而難變也

社日多造社酒社糕城中士女亦以此日走社秋社

長子縣

日禾稼將登士女走社視春又盛

立秋後第五戊日爲社西成將告士女出遊謂之走

壺關縣

社其社之前後諸日鄉農陳女樂賽神名曰結秀

春祈秋報選里中健兒塗以粉墨爲八仙爲社粧以

陵川縣

賽神賽之日男女樂畢集

社日田野祀社老稚擊鼓以牲酒相歡

榆社縣

秋社日各家上墳拜掃

寧武關

秋社日小兒佩社線

河南志書

胙城縣

春祈秋報賽田祖貧富不相攉社會以齒猶有古風

焉

陝西志書

咸寧縣

社日新葬者具祭品冥鏹酒餚請親族男女至墓所

以祭曰上新墳三年乃止

商州

秋社日祀先農于鄉社

平涼府

八月社飲祭新禾

江南志書

太倉州

秋分在社日前則田有收而穀賤後則無收而穀貴

諺云分後社白米徧天下社後分白米如錦墩

高郵州

社日鄉有社會祭畢設宴序齒列坐雖顯貴人不得

先杖者

如皋縣

社無定日春秋二社城市不甚矜尚村人咸賽土神

以祈年穀鄰侯家傳是日以猪肉雜調和鋪飯上名

曰社飯皐俗尤喜爲之不特社日也

通州

社日祀土神春祈而秋報也或以三月初三日或以

九月初九日祭畢受胙

懷寧縣

二月社日鄉里合立社至日系酒共祀社神以祈穀

祭畢飲神惠極歡而散有宰肉均頒之禮秋社報神

亦如之

灊山縣

二月社日十家爲社共祀土神祈穀祭畢享胙極歡

而散

太湖縣

二月社日種瓜蓏菜果謂得土氣先易蕃殖且無蟲

嚙

望江縣

社日鄉有社合衆姓祀之所以祈穀也祭畢則燕列

齒序坐極歡而罷

徽州府

二月社日多雨社神試新水

婺源縣

俗重社祭里團結爲會社之日擊鼓迎神祭而舞以

樂之祭必頒肉

太平縣

每歲秋成畢或設火醮或報土功或還神愿各處多

搬演戲文

建德縣

秋社日鄉市同會者祭神于輪社者之家以報年祭

畢餕而還有古人桑柘影斜之風景焉

太平府

春社寒食將近先期習社鼓祈賽土穀神猶存豳雅

籥章餘風每晚百十爲羣鉦鼓鐃鈸如數部鼓吹届

期禜先農聚而羣飯村釀豚蹄遍及鄉社俗最近古

焉

浙江志書

海寧縣

二月春社民間于春分前後醵金具牲醴競爲優戲樂神名平安戲

嘉興府

二月二十八日爲春社

烏程縣

春社日峴山有逸老會

孝豐縣

春社日各村率一二十人爲一社會屠牲釃酒焚香張樂以祀土穀之神謂之春福

會稽縣

春秋鄉有社祭祭畢則燕其物以祭社之餘序齒列坐雖貴顯人不先杖者耆老說古人嘉言懿行子弟歌伐木嘉魚菁莪賓筵諸詩

嵊縣

社日用牲醴延巫禱于社廟謂之燒春福巨族演戲先後不以期限

寧海縣

社日村落祭祖社飲

建德縣

社日各鄉設牲醴迎社神閱苗

遂昌縣

社後卜吉輿溫元帥城市拖船逐疫扮臺閣迎戲盛飾四鄉仕客雲集喧觀

江西志書

武寧縣

春社下稼秋社下麥

寧州

秋社前多雨重陰翳日或至浹旬秋寒多旱秋霖亢暘

安義縣

秋社日戊日社衆共買酒豕遊神聚飲酣歌謂之散社鄉士大夫成載酒聯吟自亭午至晡謂之飲社

德化縣

春社祭祀畢諭以鄉約聚飲而退

德安縣

社日農家浸種

新淦縣

社欲雨占曰秋社無雨莫耕田晚禾始穗疾風晝夜則不實

新喻縣

社日炰牲登社祓旱殄蟲

瑞州府

春社之日民間醵錢辦品物祀本社土穀之神乃濕種子

新昌縣

春社新葬者各添土于塚上

湖廣志書

崇陽縣

二月社日鄉四鄰合祭本境社神祭畢飲其饌分其胙農家是日浸旱稻謂之社種

通山縣

社日雨曰社翁雨里諺曰社公社母不飲舊水

鍾祥縣

農家于社日祈穀招巫覡歌鼓迎神聯臂踏地爲歌節祭畢飲社酒分社肉間有索餘酒者曰社酒治聾

雲夢縣

社日沿村楮香牲醴祈田祖祭畢各泥倒于荒煙野草間曰享神惠

黃州府

社者三代以來之古禮也斂錢共市牲醴品無兼味器用陶匏以祀本社土神祀畢少長共飲間有沉醉扶歸者亦與民休息之意猶存三代遺風焉

羅田縣

仲春初戊日爲社每坊合爲祭賽名曰坐社

江陵縣

社日四鄰共結綜會飯爲屋于樹下先祭神後共饗其胙風土記荊楚社日以豬羊調和其飯謂之社飯以葫蘆盛之相遺送

祁陽縣

社日民間多重社齋自朝至暮不食但啜水生果夙有所祈于社神也

寧遠縣

二月春社豫治蠶事務迎溫以生之生意稍遲以桑枝採水噴之種即萌動浸旱穀種布白豆黃瓜茄菜諸種晴則和暖雨雪極寒

江華縣

春社各鄉村醵錢宰屠各巢徭女擊大鼓樂神作社相飲而罷

新田縣

春社日各村備牲醴香楮以祭穀神俗稱牛羊會是日宜雨諺云春社無雨不種田社後戊日不宜動土

用牛

福建志書

建寧府

社日鄉坊有社祭春曰燕福家祀司土以粥

建安縣

秋祭社曰鴻福家祀司土以粥

建陽縣

社日村保斂分屠豬祭賽本社之神祭畢分胙會宴盡懽而退晨起輪值者作粥散給各家計口而授謂之社粥是日人家常令兒女早起則壽晏起則社公社婆遺毒宜忌

將樂縣

社日農家先期賽社春祈秋報俱同種早秧曰社秧

廣東志書

香山縣

二月上戊祭社鄉衆必會立石于衆路之衢題名里域至日斜錢祭之謂之社日

雷州府

二月上戊鄉民祭社祈穀懽飲是夕擊鼓逐疫

西寧縣

社日鄉有社以祀穀神城有社以祀土神均於是日合祀飲福

廣西志書

永寧州

社日不拘鄉市各就其處以祭而獞人社猶嚴與祭之日務修潔歡悅毋敢有忿爭喧譁者以其有所觸褻即遭譴不爽而彝民占書奇中故畏信獨至

社日部總論

兼明書

社日

或問曰月令云擇元日命民社注云元日近春分前後戊日郊特牲云日用甲日之始也與今注月令不同何也答曰名誥云越翌日戊午乃社于新邑則是今注月令取名誥爲義也不取郊特牲爲義者以社祭土土畏木甲屬木故不用甲也用戊者戊屬土也名誥周書則周人不用甲也郊特牲云甲者當是異代之禮也

欽定古今圖書集成曆象彙編歲功典

第一百三十二卷目錄

花朝　湯顯祖
花朝　王衡
花朝遇雨　范景文
花朝　吳稼竳
仲雪見示花朝二詩依韻奉和 以上詩　錢謙貞
浣溪沙 花朝　明楊基
滿庭芳 花朝 以上詞　商輅
花朝部紀事
花朝部雜錄

歲功典第三十二卷

社日部藝文一

祀社文　後漢蔡邕

元正令午時惟嘉良乾坤交泰太簇運陽乃祀社靈以祈福祥

社賦序　晉嵇含

社之在於世尚矣自天子至於庶人莫不咸用有漢卜日丙午魏氏擇用丁未至於大晉則社孟月之酉日各因其行運三代固有不同雖共奉社而莫議社之所由興也

祀社文　應碩

元首肇建吉酉辰良五政敷惠四教初揚萬類資新英穎擢章谷風滌穢日和時光命於嘉賓宴茲社廟敬享社君休祚是將嘉肴綺錯白茅薦恭有肉如坻有酒如江社君既歆祇肅威容

社日部藝文二 詩詞

春可樂　晉王廙

吉辰兮上戊明靈兮惟社伯仲兮畢集祈祭兮樹下濯卵兮菹韭醬菻兮擗鮓縹醪兮浮蟻交觴兮並坐氣和兮體適心怡兮志可

春祈社誡夏　隋牛弘

厚地開靈方壇崇祀達以風露樹之松梓句萌既申芟柞伊始恭祈粢盛載膺休祉

秋報社誡夏　前人

北墉申禮單出表誠豐犧入薦華樂在庭原隰既平泉流又清如雲已望高廩斯盈

秋社日崇讓園宴得新字　唐蘇頲

鳴鸞三農稔勾龍百代神運昌叨輔弼時泰喜黎民樹缺池光近雲開日影新生全應有地長願樂交親

社日　韋應物

山郡多暇日社時放吏歸坐閤獨成悶行塘閱清輝春風動高柳芳園掩夕扉遙思里中會心緒悵微微

社日二首　杜甫

九農成德業百祀發光輝報效神如在馨香舊不違南翁巴曲醉北鴈塞聲微尚想東方朔詼諧割肉歸

陳平亦分肉太史竟論功今日江南老他時渭北童歡娛看絕塞涕淚落秋風鴛鷺迴金闕誰憐病峽中

社前遭田父泥飲美嚴中丞　前人

步屧隨春風村村自花柳田翁逼社日邀我嘗春酒酒酣誇新尹畜眼未見有迴頭指大男渠是弓弩手名在飛騎籍長番歲時久前日放營農辛苦救衰朽差科死則已誓不舉家走今年大作社拾遺能住否叫婦開大瓶盆中爲吾取感此氣揚揚須知風化首語多雖雜亂說尹終在口朝來偶然出自卯將及酉久客惜人情如何拒鄰叟高聲索果栗欲起時被肘指揮過無禮未覺邨野醜月出遮我留仍嗔問升斗

二月二十七日社兼春分端居有懷簡所思者　權德輿

清晝開簾坐風光處處生看花詩思發對酒客愁輕社日雙飛燕春分百囀鶯所思終不見還是一含情

賽神　韓愈

白布長衫紫領巾差科未動是閒人麥苗含穗桑生葚共向田頭樂社神

吳楚歌詞　張籍

庭前春鳥啄林聲紅夾羅襦縫未成今朝社日停鍼線起向朱櫻樹下行

社日關路作　白居易

晚景函關路凉風社日天青歲新有燕紅樹欲無蟬愁立驛樓上厭行官堠前蕭條秋興苦漸近二毛年

嘉興社日　劉言史

消渴天涯寄病身臨邛知我是何人今年社日分餘肉不偏陳平又不均

郊行逢社日　殷堯藩

酒熟送迎便村村慶有年妻孥親稼穡老稚效漁畋紅樹青林外黃蘆白鳥邊稔看風景美寧不羨歸田

將發循州社日於所居館宴送　裴夷直

浪花如雪疊江風社過高秋萬恨中明日便隨江燕去依依俱是故巢空

社日村居　張演（一作張蠙）

鵝湖山下稻粱肥豚穽鷄棲對掩扉桑柘影斜春社散家家扶得醉人歸

春社從李昉乞酒　宋李濤

社公今日沒心情爲乞治聾酒一瓶惱亂玉堂將欲徧依稀巡到第三廳

春社　梅堯臣

年年迎社雨淡淡洗林花樹下賽田鼓壇邊伺肉鴉春醪酒共飲野老暮相譁燕子何時至長皋點翅斜

社日獨坐　范成大

海棠雨後沁臙脂楊柳風前撚綠絲香篆結雲深院靜去年今日燕來時

春日田園雜興　前人

社下燒錢鼓似雷日斜扶得醉翁迴青枝滿地花狼籍知是兒孫鬬草來

社日諸人集西岡　朱熹

郊原愛芳物細雨青春時前岡遐敞地登覽情無遺農畝懷歲功壺漿祝神釐我慚里居氓十載勞驅馳今朝幸休閒追逐聊嘻嘻笑語歡成舊盡醉靡歸期

乙酉社日偶題　楊萬里

愁邊節裏兩相關茶罷呼兒檢曆看社日雨多晴較少春風晚暖曉猶寒也知散策郊行去其奈緣溪路未乾綠暗紅明非我事且尋野蕨作蔬盤

春社　陸游

太平處處是優場社日兒童喜欲狂且看參軍喚蒼鶻京都新禁舞齋郎

社雨　前人

開歲纔幾時春社忽已及茫茫草色深蕭蕭雨聲急扶犂行白水不惜芒屨濕村童更可憐赤脚牛背立

社鼓　前人

酒旗三家市煙草十里陂林間鼓鼕鼕迨此春社時飲福父老醉嵬峩相扶持君勿輕此聲可配豐年詩

社酒　前人

農家耕作苦雨暘每關念種黍蹈麴糵終歲勤收斂社瓮雖草草酒味亦醇釅長歌南陌頭百年應不厭

社肉　前人

社日取社豬燔炙香滿村飢鴉集街樹老巫立廟門雖無牲牢盛古禮亦略存醉歸懷餘肉霑遺徧諸孫

社飲　前人

東作初占嗣歲宜蠶官又近乞靈時傾家釀酒無遺力到社迎神盡及期先醉後醒驚老憊路長足蹇歎歸遲西村漸過新塘近宿鳥歸飛已滿枝

社日僧舍風雨　劉宰

借蔬香積共晨炊客裏良辰總不知孺子從渠均胙肉南翁無處聽巴詞神鴉得志飽終日巢燕無心來及時風雨聒人聾轉甚半鍾濁酒可能治

今朝當社日　戴復古

今朝當社日明日是花朝佳節惟宜飲東池適見招綠深楊柳重紅透海棠嬌自笑鬢邊雪多年不肯消

社日　方岳

燕子今年揹社來翠瓶猶有去年梅丁寧莫管杏花俗付與春風一道開

社前　謝翺

無家借燕住離別又經年客館依山上春分到社前雨來換宿水雲起暗晴川颯颯吹衣帶因風問去船

社日　李公麟

千尋古櫟笑聲中此日春風屬社公開眼已憐花壓帽放懷聊喜酒治聾攜刀割肉餘風在上瓦傳神俚俗同聞說已栽桃李徑隔溪遙認淺深紅

社日二首　金施宜生

濁澗迴湍激青烟弄晚暉綠隨春酒熟分與故山違社鼓喧林莽孤城隱翠微山花羞未發燕子喜先歸

割少誒諸語分均宰制功靈祇依古樹醉叟泥村童萬里開耕稼三時順雨風行春從此樂著意酒盃中

社日城南　元戴表元

社日年年雨江花處處春漸成垂白老不見踏青人榆柳邊聲雜龍蛇歲事新端來近城郭猶自厭風塵

社日　郭鈺

甲子頻書入短篇細推五戊卜春田讀書未有平戎策止酒聊輸祭社錢紅樹花穠春向晚畫橋柳暝雨如煙舊來歌舞今誰是燕子茅簷只自憐

社日　明甘瑾

楓樹林邊雨脚斜兒童祈賽競喧譁鷄豚上戊家家

酒鶯燕東風處處花野徑歸時扶醉客叢祠祭罷集神鴉瀕湖生意愁多潦預祝汙邪載滿車

春社詞　瞿佑

十日一風五日雨社前拜祝神已許瓦盆激灩斟滿醪高俎縱橫爲肥羜嗚嗚笛聲坎坎鼓俚曲山歌互吞吐老巫夜獪神有靈傳得神言爲神舞祭餘分肉巫白與醉裏狂言相爾汝小兒覔餅大兒扶頭上神花付鄰女

社中四首　陳憲章

桑林伐鼓酒如川秋社錢多春社錢盡道昇平官長好五風十雨更年年

社屋新成燕子來山丹未落野棠開三三兩兩兒童戲弄水扳花日幾回

社酒開顏一百家春風先動長官衙東君也解遊人意紅白交開樹樹花

社日年年會飲同東原西埭鼓鼕鼕無人不是桃花面笑殺河陽樹上紅

社日　石瑤

春風簾幕駐晴雲社酒盃深我對君燕子未來花不語綠蕪寒雀共斜曛

社日出遊　方太古

邨邨社鼓隔溪聞賽祀歸來客半醺水緩山舒逢日暖花明柳暗値春分平田白漲流新雨絕壁青楓挂斷雲策杖提壺隨所適野夫何不可同羣

社日　媛項珮

過雨春泥白斜飛燕尾纖恰停鍼綫坐自起爲鉤簾

浣溪沙武康社日　宋毛滂

碧戶朱窗小洞房玉醅新壓嫩鵝黃半青橙子可憐香　風露滿簾清似水笙簧一片醉爲鄉芙蓉綉冷夜初長

滿江紅秋社桃花　趙師俠

露冷天高秋氣爽千林葉落驚初見小桃枝上盛開紅萼淺潛臙脂經雨洗剪裁瑪瑙如雲薄問素商何事鬬春工施丹臒　芙蓉苑顏如灼會暗與花王約耍乘秋名字並傳京洛回首瑤池高宴處桂花香裏驂高鶴但莫教容易逐西風輕飄却

青玉案社日客居　趙長卿

去年社日東風裏向三徑開桃李脆管危絃隨意起綠陰紅影暖香繁藥伴我醺醺醉　今年社日空垂淚客舍看花甚情意江上危樓愁獨倚欲將心事巧憑來燕說與人憔悴

點絳脣秋社前一日溪光亭雨　張元幹

山暗秋雲暝鴉接翅啼榕樹故人何處一夜溪亭雨　夢入新凉只道消殘暑還知否燕將雛去又是流年度

柳梢青秋社懷故山　楊无咎

送燕迎鴻未寒時節已凉天氣鍼綫慵拈簾幃低捲別般風味　敧眠夢到山中共老幼扶攜笑喜桑柘影深雞豚香美家家人醉

木蘭花慢社日有懷　嚴仁

東風吹霧雨更吹起袷衣寒正莽莽叢林潭潭伐鼓鬱鬱焚蘭闌干曲多少意看青烟如篆繞溪灣桑柘綠陰猶薄杏桃紅雨初翻　飛花片片走潺湲問何日西還歎擾擾人生紛紛離合渺渺悲歡想雲軿何處也對芳時應只在人間惆悵回文錦字斷腸斜日雲山

玉樓春社前一日　史達祖

遊人等得春晴也處處旗亭咸繫馬雨前穠杏尚娉婷風裏殘梅無顧藉　忌拈鍼指還逢社鬬草贏多裙欲卸明朝新燕定歸來叮囑重簾休放下

眼兒媚社日　韓淲

風迴香雪到梨花山影是誰家小窗未晚重簷初霽玉倚蒹葭　社寒不管人如此依舊是天涯碧雲暮合芳心撩亂醉眼橫斜

生查子秋社　吳文英

當樓月半匳曾買菱花處愁影背闌干素髮殘風露　神前雞酒盟歌斷秋香戶泥落畫梁空夢想青春語

青玉案　黃公紹

年年社日停鍼綫爭忍見雙飛燕今日江城春已半一身猶在亂山深處寂寞溪橋畔　征衫著破誰鍼綫點點行行淚痕滿落日解鞍芳草岸花無人戴酒無人勸醉也無人管

青玉案社日　明張大烈

千條弱柳拖青綫應期到呢喃燕綠徧川原紅減半酬神賽會花陰人集深處芳洲畔　金罍醽醁頻頻勸沈入醉鄉斟尚滿解衣欲臥芳草岸花鋪錦䄄松羅翠幕鳥奏無心管

社日部選句

宋顏延之詩闔縣極方望邑社總地靈
梁元帝詩叢林多古社
庾肩吾詩枯桑落古社寒鳥歸孤城
北周庾信枯樹賦東海有白木之廟西河有枯桑之社
唐高適詩鬬鷄下社塵方合走馬章臺日半斜
韓愈詩願爲同社人鷄豚宴春秋
劉禹錫詩楓林社日鼓茅屋午時鷄
元稹詩我亦辭社燕茫茫焉所如　又　燕辭前日社
李頻詩不任啼鳥思鄉社欲桑蠶
韓偓詩此身願作君家燕秋社歸時也不歸
周曇詩一朝如得宰天下必使還如宰社時
宋蘇軾詩鼓吹却入農桑社　又　願同荔枝社長作雞黍局
張舜民凝壽寺記負夕陽見里社
黃庭堅詩踏歌夜結桑神社
秦觀詩後春蓴苗滑於酥先社薑芽肥勝肉
陸游詩鷄豚雜遝祈蠶社　又　身入兒童鬬草社
陳造詩盃酒清濃肉更肥咸言趁社極懽嬉
方夔詩斜陽鴉噪燒錢社細雨牛眠放牧陂
金李俊民詩誰能宰似陳平社兒悲如宋玉秋
元好問詩父老漸來同保社兒童久已愛文章
元方回詩許追父老雞豚社爲說猶能醉頰紅
曹伯啓詩夢想枌榆社披襟坐藜牀
明高啓詩秋社未開緑醞夜炊初碓紅糠

社日部紀事

周禮地官州長以歲時祭祀州社訂義賈氏曰上云歲時皆謂歲之四時此云歲時惟春秋二時耳春祭社以祈膏雨望五穀豐熟秋祭社以百穀豐稔所以報功故云祭祀州社

史記封禪書高祖初起禱豐枌榆社天下已定詔御史令豐謹治枌榆社常以四時春以羊彘祠之

西京雜記高祖既作新豐併移舊社衢巷棟宇物色惟舊

史記陳丞相世家里中社平爲宰分肉食甚均父老曰善陳孺子之爲宰平曰嗟乎使平得宰天下亦如是肉矣

盩庢縣志漢董龍家貧與里人共祀社衆買牲牢龍撰文以祭祭畢分胙衆不平逐龍出龍造泥飯以祭於樹下將焚文有白鼠銜文入地穴掘之獲白金一斗龍不自私率衆首官縣令賢之奏聞表其閭曰義士

後漢書應劭傳中典初有應嫗者生四子而寡見神光照社試探之乃得黃金自是諸子宦學並有才名至瑒七代通顯

武陵先賢傳潘京爲州辟進謁値社會因得見炙及探得不孝刺史問曰辟士爲不孝耶京舉版答曰今爲忠臣不得復爲孝子其機辯如此

四民月令二月祀太社之日薦韭卵于祖禰

長沙傳魏長沙郡久雨太守呂虔令戶曹掾齋戒在社三日三夜祈晴夢見白頭翁曰汝來遲明日當霽果然

魏志王修傳修年七歲喪母母以社日亡來歲鄰里社修感念母哀甚鄰里聞之爲之罷社

世說阮修字宣子伐社樹有人止之宣子曰社而爲樹伐樹則社亡樹而爲社伐樹則社移矣

王肅魏臺訪議帝問何用未社丑臘對曰王者各以其行盛日爲社衰日爲臘漢火德衰于戌故以戌日爲臘魏土也土畏木丑之明日便寅寅木也故以丑臘土成于未故以歲始未社也

北史李士謙傳士謙髫齔以孝聞伯父瑒稱此兒吾家顏子也李氏宗黨豪盛每春秋二社必高會極宴無不沈醉喧亂嘗集士謙所盛饌盈前而先爲設黍謂羣從曰孔子稱黍爲五穀之長荀卿亦云食先黍稷古人所尚寧可違乎少長肅然無敢弛惰退而相謂曰既見君子方覺吾徒之不德也

舊唐書武后本紀載初三年九月改元爲長壽改用九月爲社大酺七日

中宗本紀神龍元年三月丙午改秋社依舊用仲秋

唐會要開元十九年正月三十日詔州縣社惟用酒脯

清異錄予偶以農幹至莊墅適秋社莊丁皆戲社零星蓋用猪羊雞鴨粉麪蔬米爲羹

和魯公嘗以春社遺節饌用奩惟一新樣大方盌覆以剪鏤蠟春羅椀內品物不知其幾種也物十而飯二焉禁庭社日爲之名辢驕羊

玉海咸平二年八月戊午社宴近臣於中書作社日五言詩賜之屬和

宋史閻守恭傳守恭在井州因春社會賓客曰守恭

太原一貧民爾徒步位刺史老復官鄉里踰分多矣今日與卿輩訣後十日卒

詩話大社二祭多差近臣王岐公禹玉在兩禁二十年熙寧間爲翰林學士復被差題詩於齋宮曰鄰鷄未唱曉驂催又向靈壇飲福盃自笑治聾知不足明年强健更重來

東京夢華錄八月秋社各以社糕社酒相賫送貴戚宮院以猪羊肉腰子奶房肚肺鴨餅瓜薑之屬切作棊子片樣滋味調和鋪於飯上謂之社飯請客供養人家婦女皆歸外家晚歸即外公姨舅皆以新葫蘆兒棗兒爲遺俗云宜良外甥市學先生預斂諸生錢作社會以致雇倩祗應白席歌唱之人歸時各攜花籃果實食物社糕而散春社重午重九亦是如此

遵生八牋二月令幼小兒女早起避社神免至面黃

社日部雜錄

詩經大雅生民章載謀載惟傳嘗之日涖卜來歲之芟獮之日涖卜來歲之戒社之日涖卜來歲之稼疏社文在嘗獮之下謂秋獮祭社也嘗在孟秋獮社俱在仲秋取禽而後祭社故先獮後社也嘗社是祭神之事耳因而問卜獮乃秋獵不接神明亦言卜來歲者卜者自問吉凶於龜不由嘗社所祭之神

雲漢章祈年孔夙方社不莫箋祈豐年甚早祭四方與社又不晚

國語土發而社助時也注土發春分也社者助時求福爲農始也

孝經援神契仲秋穫禾報社祭稷以三牲何重功故也

淮南子精神訓今夫窮鄙之社也叩盆拊瓴相和而歌自以爲樂矣嘗試爲之擊建鼓撞巨鐘乃始仍仍然知其盆瓴之足羞也

何承天社頌余以永初三年八月大社聊爲此文實惟陰祇稷爲穀先率育萬類協靈昊乾霸德方將世號共工厥有才子實曰句龍稱物平賦百姓熙雍唐堯救災決河流江棄亦播植作乂萬邦克配二祀以報勳庸歲云其秋晷漏均程牲牢既潔嘉薦惟馨乃家乃國是奉是尊

詩序載芟春籍田而祈社稷也疏序本其多獲所由言其作頌之意經則主說年豐故其言不及籍社所以經序有異也月令孟春天子躬耕帝籍仲春擇元日命民社然則天子祈社亦以仲春與耕籍異月而連言之者俱在春時故以春總之

良耜秋報社稷也

啓顏錄敬白社官三老等切聞政本於農當須務茲稼穡若不雲騰致雨何以稅熟貢新聖上臣伏戎羌愛育黎首用能閏餘成歲律呂調陽某人等並景行維賢德建名立遂乃肆筵設席祭祀蒸嘗鼓瑟吹笙絃歌酒讌上和下睦悅豫且康禮別尊卑樂殊貴賤酒則川流不息肉則似蘭斯馨非直菜重芥薑兼亦果珍李柰莫不矯首頓足俱共接盃舉觴豈徒咸謝歡招信乃福緣善慶但某乙索居閑處孤陋寡聞雖復屬耳垣牆未曾攝職從政不敢堅持雅操專欲逐物意移憶肉則執熱願涼思酒如骸垢想浴老人則飽飫烹宰某乙則飢厭糟糠欽風則空谷傳聲仰惠則虛堂習聽脫蒙仁慈隱惻庶有濟弱扶傾希垂顧答穧詳望咸渠荷滴瀝某乙卽稽顙再拜終冀勒碑刻銘但知悚懼恐惶實若臨深履薄

本草拾遺社壇餘胙酒治小兒語遲納口中佳又以噴屋四角辟蚊子

埤雅燕之往來避社而嗛土不以戊己日籥口布翅枝尾

石林詩話世言社日飲酒治聾不知其何據五代李濤有春社從李昉求酒詩云社公今日沒心情乞爲治聾酒一瓶惱亂玉堂將欲徧依稀巡到第三廳昉時爲翰林學士有日給內庫酒故濤從乞之則其傳亦已久矣社公濤小字也唐人在慶侍下雖官高年皆稱小字濤性疏達不羈善諧謔與朝士言亦多以社翁自名聞者無不以爲笑然諒直敢言後官亦至宰相

桂海蟲魚志天蝦狀如大飛蟻秋社後有風雨則羣墮水中有小翅人候其墮掠取之爲鮓

墨莊漫錄今人家閨房遇春秋社日不作組紃謂之忌作故周美成秋蘂香詞乳鴨池塘水暖風緊柳花迎面午粧粉指印窗眼曲理長眉翠淺聞知社日停鍼線採新燕寶釵落枕夢春遠簾影參差滿院于見張籍吳楚詞云前庭春鳥啄林聲紅夾羅襦縫未成今朝社日停鍼線起向朱櫻樹下行乃知唐時已有此忌循習至今也

鷄肋編江南人謂社日有霜必雨丙辰春社繁霜濃瓦次日果大雨

通考春社日雨年豐果少

農桑通訣八月社前卽可種麥麥經兩社卽倍收而堅好

帝京景物略釆育東南二十里有阜高一丈廣三四十尺曰聚燕臺歲秋社燕辭巢日必各將其雛數千百聚此臺呢喃一二日然後分翔而去

田家五行秋社日應候田園樂事並與春社同但景物異耳

羣芳譜種植山藥春社日取宿根多毛有白瘤者竹刀截作二寸長塊先將地開作二尺寬溝深三四尺長短任意先塡亂簣柴一半上實以土將截斷山藥監埋于中上仍以糞土覆與溝平時澆灌之苗生以竹或樹架作援高三四尺當年可食

社日部外編

佛經世尊見殺牛羊以爲社戒之云地獄滿塞正坐殺害汝等何以爲社奉齋守戒則獲福無量矣

馬氏日抄昌平縣北狄梁公祠元大德中重建學士宋渤記之穹碑尚存常有光怪每歲二月二日南山北山之人皆來作社前數日夜碑上卽有火光遠望碑字皆見近視之卽滅

花朝部彙考

提要錄

花朝

二月十五日爲花朝高麗以是日爲上元節今吳俗以二月十二爲花朝

事物原始

花朝

二月十五日爲花朝風土記云浙間風俗言春序正中百花競放乃遊賞之時花朝月夕乃世所常言月夕者乃八月十五夜也

直隸志書各省風俗同者不載

宛平縣

二月十五日曰花朝小青綴樹花信始傳騷人韻士唱和以詩

遵化州

花朝日農家取糠粃分縷爲黃道靑道倉庾曲折引之或盤井幹或繞門石曰引龍擡頭也煎元旦祭餘糕餅熏牀炕曰熏蟲兒蟲不出也分造酒酢以次舉趾

鷄澤縣

二月十五日花朝祭花神

宣府鎭

二月十五日爲花朝節村民以五穀瓜果種相遺謂之獻生城中婦女剪綵爲花插之鬢髻以爲應節云

山東志書

曹縣

春分爲花朝賞花釀酒

山西志書

黎城縣

二月十五日爲花朝亦曰花節士人咸宴遊

永寧州

二月二日花朝以炭灰圍壁根辟蛇蝎諸蟲

河南志書

羅山縣

二月二日花朝小兒蓄頂髮名小名農夫墾田地種春菜

陝西志書

淸水縣

二月十五日催花

江南志書

長洲縣

二月十二日爲花朝晴則百物成熟諺云有利無利只看二月十二

嘉定縣

二月十二日剪綵條繫花果樹云百花生日按唐以二月十五日爲花朝以八月十五日爲月夕今俗以二月十二日爲花朝不知何據

松江府

二月十二日花朝羣卉徧繫紅綵以祝繁盛

如皋縣

花朝二月十二日一曰十五日好事者多置酒園亭或嬉遊郊外常以是日陰晴卜果實繁稀

通州

花朝郊遊訪花閭中幼女以是日穿耳

廣德州
花朝士女踏青
浙江志書
杭州府
洛陽記以二月初二日爲花朝唐人以十五日爲花朝西溪一帶梅花甚盛沿亙十餘里清芬襲人中多別業往往高人逸士托足其間或肩輿小艇載酒殽攜襆被有旬日始歸者
烏程縣
二月二日花朝士女皆摘蓬葉插于頭諺云蓬開先日草戴了春不老
桐廬縣
二月十五日俗傳以此日之晴雨卜衆卉之豐否名曰花朝有備猪羊品物以合祭其祖先謂之春祭卽古雨露之思也
江西志書
浮梁縣
二月十五日官率老農迎花神于東郊以勸農
湖口縣
花朝士女郊遊踏青插柳爲飾男女蓄髮冠笄亦以是日行婚禮
瑞州府
花朝日友朋蒔花之家各邀客飲文者賦詩
新昌縣
二月十五日花朝采百花酣飲謂之賞花
萬載縣
花朝各塾學備茶果議束修午後設宴賓主盡歡而罷
湖廣志書
通山縣
二月十五日花朝曰撲蝶會
石首縣
二月花朝至十五日戶戶望天晴月皎俗云花朝月明綿花十分
瀏陽縣
二月十五日爲花朝穿幼女耳
按花朝無定期洛陽記以爲二月二日事文玉屑以爲二月十二日與今吳俗同提要錄云唐以二月十五日爲花朝月令廣義云宣德二年二月十五日御製花朝詩賜裴尚書本今京師亦主十五日與楚俗同以唐明之事觀之帝王所命楚俗爲正
攸縣
二月十五花朝民間男女小者歲餘蓄頂髮大者十三四蓄鬢髮名曰禁頭
巴陵縣
二月望日花朝節謂是日晴則土饒木棉
福建志書
漳浦縣
二月花朝鄉人有爲春祈會者如元夕例濱海地常舉之近郊則稀
廣東志書
香山縣
花朝二月望日俗曰大王齋村民各祭其祠神卽荆楚俗臘祭也
四會縣
二月花朝鄉人賽神祭社歲立一社首謂之福頭

花朝部藝文 詩詞

御製花朝賜兵部尚書裴本　明宣宗

五雲晴護蓬萊島瑤彩繽紛動瑤草憑高一覽六合間萬象呈明春意好融融佳氣靄山河大地無塵海不波松篁檜柏翠浩蕩紫杏丹桃繁綺羅燕語鶯啼滿清聽鳶飛魚躍總天性輕車駿馬趁年芳處處壺漿樂游詠三農耕稼皆舉趾東阡西陌鷄鳴起丁男把耒婦女饁齊力欲教田畯喜況值新年風雨時百穀豐穰眞可期邊隅寧靖民物遂嘉與臣庶同娛嬉翠殿彤臺白晝長花繞龍池清水香瑤箏齊唱錦瑟和鬱金酒泛紅玉觴花晨廣筵春似海君臣遭逢實千載豈但怡情共令辰一念華勳待元凱聖王致理循時令自古明良協恭敬陽春德澤生光輝延佇嘉謀輔仁政

花朝張太學西園小集　陸之裘

雨霽名園春事芳蘭臺小集暮行觴愆期肯使花神笑縱飲誰嗔草聖狂入座微風含楚佩照人明月墮匡牀行歌亦有穿雲調隔水遙傳陌上桑

花朝　湯顯祖

妒花風雨怕難銷偶逐晴光撲蝶遙一半春隨殘夜醉却言明日是花朝

花朝　王衡

晴煙高露若爲容躑躅香苞望曉紅莫怨五更風色惡開花原是落花風

花朝遇雨　范景文

春陰偏是趁今朝妒暖餘寒尚自饒花意如人初中酒柳容似凍未舒條踏青遊展方徵濕聽雨吟魂却暗銷煙裏空濛飛翠冷總無紅紫亦堪描

花朝　吳稼竳

日氣朝青池上波交交啼鳥倚池多三春花事終難負二月風光半未過土俗歲時存舊記閨人單裌製輕羅正憐一樹櫻桃放桃李相催奈若何

仲雪見示花朝二詩依韻奉和　錢謙貞

春色平分已自奢今朝風物更鮮華山因柳綠常含雨天爲桃紅不放霞芳草齊時看寶馬好風多處見香車賤天有事君知否要乞輕陰爲養花

花下揮盃對月邀千金何處買春宵桃開舊面還如笑柳長新眉不用描病後三分應重惜愁中一片忽輕飄陽春絕調人間少莫怪花朝變雪朝

浣溪沙 花朝　明楊基

鸞股先尋鬬草釵鳳頭新繡踏青鞋衣裳宮樣不須裁　雕玉鏤成鸚鵡架泥金鐫就牡丹牌明朝相約看花來

滿庭芳 花朝　商輅

鵓徑寒烟燕巢華露小窗夜雨新晴竹欄苔砌寂寂點芳春屈指春光已半徒翹首千里關城雲橫處蠻箋戍角隱隱雜啼鶯　放衙人乍散琴拋案牘酒載郊垌身世風前絮更欲何憑十載邯鄲古道枕中事暗裏魂驚車茵軟儘容酩酊杜宇任多情

花朝部紀事

舊唐書羅威傳威服膺儒術招納文人聚書至萬卷每花朝月夕與賓佐賦咏甚有清致

風土記宋制守土官於花朝日出郊勸農

誠齋詩話東京二月十二日曰花朝爲撲蝶會

翰墨大全二月二日洛陽風俗以爲花朝節

明宣德二年御製花朝詩賜尚書裴本

經籍會通燕中書肆多在大明門之右及禮部門外拱宸門西花朝後三日則移於燈市每朔望幷下浣五日則移於城隍廟中

花朝部雜錄

熙朝盛事二月十五日爲花朝節蓋花朝月夕世俗恆言二八兩月爲春秋之中故以二月半爲花朝八月半爲月夕也是日宋時有撲蝶之戲今雖不舉而寺院啓涅槃會談孔雀經拈香者麕至猶其遺俗也

欽定古今圖書集成曆象彙編歲功典

第三十三卷目錄

季春部彙考

歲功典第三十三卷

季春部彙考

易經

澤天夬卦

䷪

本義 夬決也陽決陰也三月之卦也

詩經

小雅出車章

春日遲遲

疏 季春之日遲遲然陽氣舒緩之時

禮記

月令

季春之月日在胃昏七星中旦牽牛中其日甲乙其帝太皞其神句芒其蟲鱗其音角律中姑洗其數八其味酸其臭羶其祀戶祭先脾

陳注 胃宿在酉大梁之次姑洗辰律長七寸九分寸之一

桐始華田鼠化爲鴽虹始見萍始生

陳注 此記辰月之候

天子居青陽右个乘鸞路駕倉龍載青旂衣青衣服倉玉食麥與羊其器疏以達是月也天子乃薦鞠衣于先帝

陳注 鞠衣衣色如鞠花之黃也先帝先代木德之君薦此衣於神坐以祈蠶事

命舟牧覆舟五覆五反乃告舟備具於天子焉天子始乘舟薦鮪于寢廟乃爲麥祈實

陳注 舟牧主乘舟之官五覆五反所以詳視其罅漏傾側之處也因薦鮪幷祈麥實

是月也生氣方盛陽氣發泄句者畢出萌者盡達不可以內天子布德行惠命有司發倉廩賜貧窮振乏絕開府庫出幣帛周天下勉諸侯聘名士禮賢者

陳注 不可以內言當施散恩惠以順生道之宣泄不宜吝嗇閉藏也在內則命有司奉行在外則勉諸侯奉行皆天子之德惠也

是月也命司空曰時雨將降下水上騰循行國邑周視原野修利隄防道達溝瀆開通道路毋有障塞田

獵罝罘羅網畢翳餧獸之藥毋出九門是月也命野虞毋伐桑柘鳴鳩拂其羽戴勝降于桑具曲植籧筐
陳注野虞主田及山林之官曲薄也植槌也所以架曲與籧筐者
后妃齊戒親東鄉躬桑禁婦女毋觀省婦使以勸蠶事
陳注毋觀禁止婦女使不得爲容觀之飾也省婦使減省其箴線縫製之事也
蠶事既登分繭稱絲效功以共郊廟之服毋有敢惰
陳注稱絲效功以多寡爲功之上下
是月也命工師令百工審五庫之量金鐵皮革筋角齒羽箭幹脂膠丹漆毋或不良百工咸理監工日號毋悖于時毋或作爲淫巧以蕩上心
陳注五庫者金鐵爲一庫皮革筋爲一庫角齒爲一庫羽箭幹爲一庫脂膠丹漆爲一庫視諸物之善惡皆有舊法謂之量一說多寡之數也此時百工各理治其造作之事工師監臨之每日號令以二事爲戒一是造作器物不得悖逆時序二是不爲淫巧
是月之末擇吉日大合樂天子乃帥三公九卿諸侯大夫親往視之是月也乃合累牛騰馬遊牝于牧犧牲駒犢舉書其數
陳注春陽既盛物皆產育合累繫之牛騰躍之馬使牡者就牝
命國難九門磔攘以畢春氣
陳注裂牲謂之磔除禍謂之攘
季春行冬令則寒氣時發草木皆肅國有大恐行夏令則民多疾疫時雨不降山陵不收行秋令則天多沈陰淫雨蚤降兵革並起
陳注肅者枝葉減縮而急栗也不收謂無所成遂也

爾雅

月陽

三月爲寎

易通卦驗

太陽雲

穀雨太陽雲出張如車蓋

素問

診要經終論篇

三月四月天氣正方地氣定發人氣在脾
注三月四月天地之氣正盛而人氣在脾辰巳二月足太陰陽明之所主也

汲冢周書

時訓解

清明之日桐始華又五日田鼠化爲鴽又五日虹始見桐不華歲有大寒田鼠不化鴽國多貪殘虹不見婦人苞亂穀雨之日萍始生又五日鳴鳩拂其羽又五日戴勝降于桑萍不生陰氣憤生鳴鳩不拂其羽國不治兵戴勝不降于桑政教不中

呂氏春秋

季夏紀音律篇

姑洗之月達道通路溝瀆修利申之此令嘉氣趣至
注姑洗三月也時雨將降故修利溝瀆順其陽德故嘉喜之氣至

史記

律書

南至于氐氐者言萬物皆至也南至于亢亢者言萬物亢見也南至于角角者言萬物皆有枝格如角也三月也律中姑洗姑洗者言萬物洗生其於十二子爲辰辰者言萬物之蜄也

封禪書壽星祠注

角亢在辰爲壽星三月之時萬物始生建于春氣布養各盡其性不罹災夭故壽

漢書

律歷志

姑洗洗絜也言陽氣洗物辜絜之也位於辰在三月
注孟康曰辜必也必使之絜也

淮南子

天文訓

清明加十五日斗指辰則穀雨音比姑洗
季春三月豐隆乃出以將其雨
注豐隆雷也
姑洗之數六十四主三月下生應鍾
太陰在午歲名曰敦牂歲星舍胃昴畢以三月與之晨出東方氐房心爲對

時則訓

季春之月招搖指辰昏七星中旦牽牛中其位東方其日甲乙其蟲鱗其音角律中姑洗其數八其味酸其臭羶其祀戶祭先脾桐始華田鼠化爲鴽虹始見萍始生天子衣青衣乘蒼龍服蒼玉建青旗食麥與羊服八風水爨萁燧火東宮御女青色衣青采鼓琴瑟其兵矛其畜羊朝於青陽右个舟牧覆舟五覆五

反乃言具於天子焉天子始乘舟薦鮪於寢廟乃為麥祈實是月也生氣方盛陽氣發泄句者畢出萌者盡達不可以內天子命有司發倉助貧窮振乏絕開府庫出幣帛使諸侯聘名士禮賢者命司空時雨將降下水上騰循行國邑周視原野修利隄防導通溝瀆達路除道從國始至境止田獵罝罘羅罔餧毒之藥毋出九門乃禁野虞毋伐桑柘鳴鳩奮其羽戴勝降於桑具撲曲筥筐后妃齋戒東鄉親桑省婦使勸蠶事命五庫令百工審金鐵皮革筋角箭幹脂膠丹漆無有不良擇下旬吉日大合樂致歡欣乃合纍牛騰馬游牝於牧命國儺九門磔攘以畢春氣行是月令廿雨至三旬季春行冬令則寒氣時發草木皆肅國有大恐行夏令則民多疾疫時雨不降山陵不登行秋令則天多沈陰淫雨早降兵革並起三月官卿其樹李

六合

季春與季秋為合季春大出季秋大內故三月失政九月不下霜

大戴禮記

夏小正

三月參則伏伏者非忘之辭也星無時而不見俄有不見之時故曰伏云攝桑桑攝而記之急桑也委楊楊則花而後記之羵羊羊有相還之時其類羵羵然記變爾或曰羵羝也螜則鳴螜天螻也頒冰頒冰者分冰以授大夫也采識識草也妾子始蠶先妾而後子何也曰事有漸也言自卑事者始執養宮事執操也養長也祈麥實麥實者五穀之先見者故急祈而記之也越有小旱越于也記是時恆有小旱田鼠化為鴽鴽鵪也變而之善故盡其辭也鴽為鼠變而之不善故不盡其辭也拂桐芭拂也者拂也桐芭之時也或曰言桐芭始生貌拂拂然也鳴鳩言始相命也先鳴而後鳩何也鳩者鳴而後知其鳩也

說文

辰月

辰震也三月陽氣動雷電振民農時也

晉書

樂志

三月之辰名為辰辰者震也謂時物盡震動而長也

三月之管名為姑洗姑洗者姑枯也洗濯也謂物生新潔洗除其枯改柯易葉也

梁元帝纂要

季春

三月季春亦曰暮春末春晚春

齊民要術

三月事宜

三月三日及上除採艾及柳絮是月也冬穀或盡椹麥未熟乃順陽布德振贍窮乏之務施九族自親者始無或蘊財忍人之窮無或利名罄家繼富度入為出處厥中焉蠶農尚閒可利溝瀆葺治牆屋修門戶警設守備以禦春饑草竊之寇是月盡夏至煖氣將盛日烈暵燥利用漆油作諸日煎藥可糶黍買布

注　絮止瘡痛

隋書

禮儀志

隋制季春晦儺磔牲于宮門及城四門以禳陰氣秋分前一日禳陽氣季冬傍磔大儺亦如之其牲每門各用羝羊及雄雞一選侲子如後齊冬八隊二時儺則四隊問事十二人赤幘褠衣執皮鞭工人二十二人其一人方相氏黃金四目蒙熊皮玄衣朱裳其一人為唱師著皮衣執棒鼓角各十有司預備雄雞羝羊及酒于宮門為坎未明鼓譟以入方相氏執戈揚楯周呼鼓譟而出合趣顯陽門分詣諸城門將出諸祝師執事預副牲匈磔之于門酌酒禳祝舉牲并酒埋之

唐書

禮樂志

皇后歲祀季春吉巳享先蠶遂以親桑散齋三日於後殿致齋一日於正寢一日於正殿前一日尚舍設御幄於正殿西序及室中俱東向致齋之日晝漏上水一刻尚儀版奏請中嚴尚服帥司仗布侍衛司賓引內命婦陪位六尚以下各服其服詣後殿奉迎尚儀版奏外辦上水二刻皇后服鈿釵禮衣結佩乘輿出自西房華蓋警蹕皇后即御坐六尚以下侍衛一刻頃尚儀前跪奏稱尚儀妾姓言請降就齋室皇后降坐乘輿入室散齋之日內侍帥內命婦之吉者使蠶於蠶室諸預享者皆齋前享三日尚舍直長設大次於外壝東門之內道北南向命婦及六尚以下次於其後俱南向守宮設外命婦次大長公主長公主公主以下於南壝之外道西三公夫人以下在其南重行異位東向北上陳饌幔於內壝東門之外道南北向前享二日太樂令設宮縣之樂於壇南內壝之

內諸女工各位於縣後右校爲采桑壇於壇南二十步所方三丈高五尺四出陛尚舍量施帷障於外壝之外四面開門其東門足容厭翟車前享一日內謁者設御位於壇之東南西向望瘞位於西南當瘞埳西向亞獻終獻位於內壝東門之內道南執事者位於其後重行異位西向北上典正位於壇下一位於東南西向一位於西南東向女史各陪其後司贊位於樂縣東北掌贊二人在南差退西面又設司贊掌贊位於埋埳西南東面南上典樂舉麾位於壇上南陛之西東向司樂位於北縣之間當壇北向內命婦位於終獻之南絕位重行異位西向北上外命婦位於中壝南門之外大長公主以下於道東東西當內命婦差退太夫人以下於道西去道遠近如公主重行異位相向北上又設御采桑位於壇上東向內命婦采桑位於壇下當御位東南北向西上執御鉤筐者位於內命婦之西少南西上內外命婦執鉤筐者位各於其采桑位之後設門外位享官於東壝之外道南從享內命婦於享官之東北面西上從享外命婦於南壝之外道西如設次設酒尊之位於壇上東南隅北向西上御洗於壇南陛東南亞獻之洗又於東南俱北向幣篚於壇上尊坫之所晡後內謁者帥其屬以尊坫罍洗篚冪入設於位升壇者自東陛享日未明十五刻太官令帥宰人以鸞刀割牲祝史以豆取毛血置於饌所遂烹牲五刻司設升設先蠶氏神座於壇上北方南向前享一日金吾奏請外命婦等應集壇所者聽夜行其應采桑者四人各有女侍者進筐鉤載之而行其日未明四刻搥一鼓爲一嚴二刻搥二鼓爲再嚴尚儀版奏請中嚴一刻搥三鼓爲三嚴司賓引內命婦入立於庭重行西面北上六尚以下詣室奉迎尚服負寶內僕進厭翟車於閤外尚儀版奏外辦馭者執轡皇后服鞠衣乘輿以出華蓋侍衞警蹕內命婦從出門皇后升車尚功進鉤司製進筐載之內命婦及六尚等乘車從諸翊駕之官皆乘馬駕動警蹕不鳴鼓角內命婦宮人以次從其日三刻尚儀及司醞帥其屬入實尊罍及幣太官令實諸籩豆簠簋俎等內謁者帥其屬詣廚奉饌入設於饌幔內駕將至女相者引享官內典引引外命婦俱就門外位駕至大次門外迴車南向尚儀進車前跪奏稱尚儀妾姓言請降車皇后降車乘輿之大次華蓋繖扇尚儀以祝版進御署出奠於坫尚功司製進受鉤筐以退典贊引亞獻及從享內命婦俱就門外位司贊帥掌贊先入就位女相者引尚儀典正及女史祝史與女執尊罍篚冪者入自東門當壇南北向西上司贊曰再拜掌贊承傳尚儀以下皆再拜就位司樂帥女工人入典贊引亞獻終獻女相者引執事者司賓引內命婦內典引引外命婦入就位皇后停大次半刻頃司言引尚宮立於大次門外當門北向尚儀版奏外辦皇后出次入自東門至版位西向立尚宮曰再拜皇后再拜司贊曰衆官再拜在位者皆再拜尚宮曰有司謹具請行事樂三成尚宮曰再拜皇后再拜司贊曰衆官再拜在位者皆再拜壇上尚儀跪取幣於篚興立於尊所皇后自壇南陛升北面立尚儀奉幣東向進皇后受幣進北向跪奠於神座少退再拜降自南陛復於位初內外命婦拜訖女祝史奉毛血之豆立於內壝東門之外皇后已奠幣乃奉毛血入升自南陛尚儀迎引於壇上進跪奠於神座前皇后既升奠幣司膳出帥女進饌者奉饌陳於內壝東門之外皇后既降復位司膳引饌入至階女祝史跪徹毛血之豆降自東陛以出饌升自南陛尚儀迎引於壇上設於神座前皇后詣罍洗尚儀跪取匜興沃水司言跪取盤興承水皇后盥司言跪取巾於篚進以帨受巾跪奠於篚乃取爵於篚興進受爵尚儀酌罍水司言奉盤皇后洗爵司言授巾皆如初皇后升自壇南陛詣酒尊尚儀贊酌醴齊進先蠶氏神座前北向跪奠爵興少退立尚儀持版進於神座之右東面跪讀祝文皇后再拜尚儀以爵酌上尊福酒西向進皇后再拜受爵跪祭酒啐酒奠爵興尚儀帥女進饌者持籩俎進神前三牲胙肉各置一俎又以籩取稷黍飯共置一籩尚儀以飯籩胙俎西向以次進皇后每受以授左右乃跪取爵遂飲卒爵興再拜降自南陛復於位初皇后獻將畢典贊引貴妃詣罍洗盥手洗爵自東陛升壇酌盎齊於象尊進神座前北向跪奠爵興少退再拜尚儀以爵酌福酒進貴妃再拜受爵跪祭遂飲卒爵再拜降自東陛復位昭儀終獻如亞獻尚儀進神座前跪徹豆司贊曰賜胙掌唱曰衆官再拜在位者皆再拜尚宮曰再拜皇后再拜司贊曰衆官再拜在位者皆再拜尚宮請就望瘞位司贊帥掌贊就瘞埳西南位皇后至望瘞位西向立尚儀執篚進神座前取幣自北陛降壇西行詣瘞埳以幣置於埳司贊曰可瘞埳東西各四人實土半埳尚宮曰禮畢請就采桑位尚宮引皇后詣采

桑壇升自西陛東向立初皇后將詣望瘞位司賓引內外命婦采桑者執鉤筐者皆就位內外命婦一品各二人二品三品各一人皇后既至尚功奉金鉤自北陛升進典製奉筐從升皇后受鉤采桑典製以筐受之皇后采三條止尚功前受鉤典製以筐俱退皇后初采桑典製等各以鉤授內外命婦皇后采桑訖內外命婦以次采女史執筐者受之內外命婦一品采五條二品采九條止典製等受鉤與執筐者退復位司賓各引內外命婦采桑者以從至蠶室尚功以桑授蠶母蠶母切之以授婕妤食蠶灑一簿止尚儀曰禮畢尚宮引皇后還大次內外命婦各還其次尚儀典正以下俱復執事位司贊曰再拜尚儀以下皆再拜出女工人以次出其視版燔於齋所車駕還宮之明日內外命婦設會於正殿如元會之儀命曰勞酒

農政全書

季春事宜

下子　茨菰宜穀雨日　麻子

栽種　綠豆　茶宜陰地　粟　穀　大豆宜上旬　早稻宜上旬　秫　稌　松　山藥　黃瓜　紫草　紅花　甘蔗　菱　早芝麻　雞頭　絲瓜兒宜社日　葵菜　蕒　香菜　百合　石榴　地黃　梔子　藍　紫蘇　茭白　芋　綿花　瓠子　杏　菠菜宜月末　葫蘆　桑葚　紵麻

收藏　芥菜　桐花　毛羽衣物　清明醋　書畫　入焙中　次茶　又可栽茶宜陰地　諸般瓜宜初三日或辰戌日　葫蘆宜清明日

移植　椒　茄秧　枸杞苗　蒲　百合　柚橘

橙柑

接換　楊梅　橙　柑　棗　栗　柿　枇杷

雜事　犂秧田　梅上接杏杏上接梅　埋楮樹

收菌　開溝　修牆　防雨　浸穀種　修蠶

農事占候

三月清明寒食前後有水而渾主高低田禾大熟四時雨水調　穀雨日雨主魚生諺云一點雨一個魚穀雨前一兩朝霜主大旱是日雨則魚生必主多雨二麥紅腐不可食用　月內有暴水謂之桃花水則多梅雨無滂亦無乾雪不消則九月霜不降雷多歲稔虹見九月米貴

遵生八牋

三月朔忌

三月朔忌風雨主多病

三月事宜

孝經緯曰清明後十五日斗指辰爲穀雨言雨生百穀物生清淨明潔也律姑洗姑者故也洗者鮮也言萬物去故而從新莫不鮮明之謂也纂要曰三月爲蠶月

元樞經曰是月天道北行作事出行宜向北方吉

四時纂要曰是月三日取桃花片收之至七月七日取烏雞血和塗面及身光白如玉

又曰是月二日收桃葉曬乾擣末井花水服一錢治心痛

瑣碎錄曰是月採桃花未開蘂陰乾與桑椹子和臘月豬油塗禿瘡神效

又曰是月羊糞燒灰存性和輕粉麻油可擦惡瘡

山居四要曰清明前二日收螺螄浸水至清明日以螺水灑牆壁等處可絕蜒蚰

濟世仁術曰三月辰日以絹袋盛麪掛當風處中暑者以水調服

法天生意曰清明前一日採大蓼曬乾能治炁痢用米飲調服一錢效

萬花谷曰是月二十日天倉開日宜入山修道二十七日沐浴令人神炁清爽

又云春盡採松花和白糖或蜜作餅不惟香味清甘自有所益於人

本草曰是月上寅採甘菊苗名玉英六月上寅日採梗名容成九月上寅採花名金精十二月上寅採根名長生收四味爲末用成日煉蜜丸如桐子大每服一錢一日三服百日身輕潤澤一年髮白再黑二年齒落更生三年返老還童

齊人月令曰採何首烏赤白各半米泔水浸一宿同黑豆飯鍋上蒸熟曬乾去豆爲末或加茯苓三分之一煉蜜爲丸酒下一二錢百日後百疾皆除長年益壽多子忌食豬肉魚鱠蘿蔔何首烏內有生如鳥獸井山石形象極大者乃珍品也服之成仙

三月四月中採山谷內新長柏葉松針或花葉長三四寸枝陰乾細搗爲末煉蜜爲丸如小豆大常用月之朔望清晨燒香東向持藥八十一丸呪曰神仙真藥體全自然服藥入腹益壽延年鹽湯或酒下服訖忌食五辛若要長肌肉加大麻巨勝要心力壯健加人參茯苓用七月七日露水和丸尤佳

又曰是月上辰日採枸杞四月上巳日服之松花酒

取糯米淘極淨每米一斗以神麯五兩和勻取松花一升細碎蒸之絹袋盛以酒一升浸五日卽堪服任意服之

千金方曰是月入大山背陰不見日月松脂採鍊而餌之百日耐寒暑補益五臟

雲笈七籤曰三月六日沐浴令人無厄

又曰商陸如人形者殺伏尸去面䵟黑益智不忘男女五勞七傷婦人產中諸病右用麯十二斤米三斗加天門冬末釀酒浸商陸六日齋戒服之顏色充滿尸蟲俱殺耳目聰明令人不老通神

眞誥曰是月十一日拔白十三日拔白永不生出初一初十日拔白生黑

是月取百合根曬乾搗爲麪服能益人取山藥去黑皮焙曬作麪食大補虛弱健脾開胃

靈寶經曰是月初六初七廿七日沐浴令人神爽無厄

酉陽雜俎曰三月心星見辰出火禁烟插柳謂厭此耳寒食有內傷之虞故令人作鞦韆蹴踘之戲以動盪之

養生仁術曰穀雨日採茶炒藏能治痰嗽及療百病

三月事忌

季春之月不宜用卯日卯時作事犯月建不吉

雲笈七籤曰是月勿久處濕地必招邪毒勿大汗勿裸露三光下以招不祥勿發汗以養臟炁勿食陳韲令人發瘡毒熱病勿食驢馬肉勿食獐鹿肉令人神魂不安勿食韭

是月五日忌見一切生血宜齋戒

三月八日勿食芹菜恐病蛟龍瘕面青黃肚脹大如妊服糖水吐出愈

月令忌曰勿食血并脾季月土旺在脾恐死炁投入

百一歌曰勿食魚鼈令人飲食不化神魂恍惚發宿疾

本草曰勿食生葵勿食羊脯三月以後有蟲如馬尾毒能殺人

風土記是月十六日廿七日忌遠行水陸不吉初一十六日忌裁衣交易

千金方曰三月辰寅日勿食魚凶

又曰勿食鳥獸五臟勿食小蒜勿飲深泉

孫眞人曰是月勿殺生以順天道勿食百草心黃花菜

楊公忌初九日不宜問疾

法天生意云勿食鷄子終身昏亂

又云勿食大蒜亦不可脊食奪炁力損心力

三月修養法

季春之月萬物發陳天地俱生陽熾陰伏宜臥早起早以養臟炁時肝臟炁伏心當向旺宜益肝補腎以順其時卦値夬夬者陽決陰也決而能和之意生炁在寅坐臥宜向東北方

孫眞人曰腎炁以息心炁漸臨木炁正旺宜減甘增辛補精益炁愼避西風宜懶散形骸便宜安泰以順天時

賞心樂事

三月

生朝家宴　曲水流觴　花院月丹　花院桃柳　寒食郊游　蒼寒堂西緋碧桃　滿霜亭北棣棠　碧宇觀筍　芳草亭觀草　鬬春堂牡丹芍藥　宜雨亭千葉海棠　豔香館林檎　花院紫牡丹　宜雨亭北黃薔薇　現樂堂大花　花院賞煮酒　瀛巒勝處山花　經寮鬬茶　羣仙繪幅樓芍藥

本草綱目

采浮萍草

浮萍草三月采淘三五次窨三五日焙爲末不得見日凡大風癘疾每服三錢食前溫酒下常持觀音聖號忌猪魚雞蒜

酌中志略

宮中三月

三月初四日宮眷內臣換穿羅衣

直隸志書各省風俗同者不載

宛平縣

三月二十八日東嶽誕辰太常寺致祭民間多結香會盛陳鼓樂旗幢前導亦有裝小兒爲故事名臺閣者以彰祭祀之儀觀者夾路

良鄉縣

三月二十八日祭賽城隍

香河縣

三月二十八日男婦往東嶽廟進香謂之賽廟演戲數日乃止

通州

三月二十八日俗尚拜廟凡有疾病者或於城隍或於東嶽發愿於是日拜廟具牲醴頂紙馬斂衣束身自家門拜起及廟而止

昌平州
季春月游人遍郊原命曰游春多於龍泉山大松園
兩處婦女爲鞦韆戲
懷柔縣
三月清明以前種者曰風生清明以後種者曰雨生
又俗云此時爲苦春頭每候榆柳芽發採以代穀
房山縣
三月二十八日晋臺尖三官廟會
薊州
三月用牲醴祈年於社廟
永平府
季春月朔占值清明草木榮茂值穀雨黍稷豐盛是
日及次日雨主旱三日屋地不平取土墊之吉種宜
葫蘆多且大也十四日俗稱城隍神生日競設賽焉
或有夜祭三皇享胙瞽者唱飮達旦下旬八日祀東
嶽廟俗爲大帝誕辰也男婦有爲父母兄弟賽願頂
紙馬斂衣束身出戶且行且拜親衆鼓吹隨及廟乃
止並曰拜廟山海則拜於天妃廟穀雨書朱符禁蝎
又占月初三四見新月語曰月兒張弓少雨多風月
兒仰瓦不求自下爲甚驗焉
清苑縣
三月十五日祀劉守眞君廟泛舟南浦
雄縣
季春俗占一二日雨主旱
深澤縣
三月時杏桃李花俱開挈榼具就樹下酌酒曰尋芳
肅寧縣
占雨三月初一初二雨典莊賣兒女初三初四雨牆
頭摸鯉魚初五初六吃酒饗肉初七初八飲酒插花
任丘縣
穀雨栽蓮
青縣
三月三日祀三皇廟
慶雲縣
穀雨書符曰辰逢穀雨商山伯莫教青奴枕上來婦
女理蠶占候三月初一初二雨主歲饑是月終作玫
瑰餅
饒陽縣
三月三日聽蛙聲午前鳴高田熟午後鳴低田熟唐
詩云田家無五行水旱卜蛙聲十一日麥生日朔日
風雨主民疾蟲生晦日雨主麥不熟穀雨東風主蠶
黑死南風主廣收田西風主田多收北風主角田災
內丘縣
三月朔至望官府祭神頭鵲王廟後后土神女相稱
西頂娘娘四方進香祀禱者數百里
宣府鎭
三月二十八日東嶽帝誕辰傾城士女踵詣行宮酬
願拈香奠觴獻果或焚誦祈祥或鎖枷謝罪竟日乃
罷
山東志書
蒲臺縣
三月十五日進香於烟火臺
兗州府
穀城山一名黃山山巓有石巋然數丈其色正黃故
曰黃石史記黃石公出一編書授張良曰讀是則爲
王者師後十三年見我濟北穀城山下黃石卽我也
他日良於山下果得黃石祀之後人立祠歲以三月
十八日致祭
城武縣
三月二十六日文亭山大會鄰封商賈數百里外皆
輻輳焉
濟寧州
穀雨試茶
丘縣
三月十八日祀成湯廟二十三日祀城隍廟演劇婦
人皆請香諸貨列如林熙熙攘攘一勝會也
山西志書
太谷縣
三月十七日鳳凰山空王佛會男女絡繹登陟其上
游覽會樂鄰境亦有至者
盂縣
三月初一日起鄉賽至月盡止祈穀食
夏縣
三月十八日祀后土聖母廟祈報嗣息二十二日祀
禹廟二十八日享賽太山神廟
隰州
三月二十八日南關東嶽廟會各村龍王俱迎至殿
上遠近畢集三日迎回婦女是日於嶽殿西廊子孫
娘娘廟進香
黎城縣
三月種粟豆藍茄麻子紅花收榆子育蠶

廣靈縣

三月十七日遠近男女負戴香楮登千福北嶽神祠拜禱祈嗣

河南志書

儀封縣

三月一日士女赴棘針園禱祀設醮

陳州

三月十五日洪山廟會遠近皆來祭以神司六畜之命也二十八日城隍廟會士民辦香楮奠獻各色貨玩雲集道傍交易一日

輝縣

風神廟在縣西北黃水口崖傍有穴風自內出人以瓦石投之踰時迅猛大作每歲季春有司祭禱

鞏縣

三月十三日合縣爲玉仙社相傳玉仙司中天風雨士民登山祈禱無不響應故每年著爲水社城市村舍皆合衆登山刻爲瓊臺寶座幡幢旗幟侍從儀衛若王者然考鼓鳴鏞雷轟地震禮玉仙求雨還則無不滂沱即設像祭賽焉十八日爲中嶽社其幡幢侍從儀衛與水社同

信陽州

三月十五日朝堅山磴道盤紆嶢峭幾于武當

固始縣

季春之月貧民取榆莢槐柳椿芽烹以供食占法二日雨主旱

陝西志書

白水縣

三月十八日士女出城祀后土廟祈嗣

岐山縣

三月十五日六坊民輪祭孤魂蓋在城厲祭之遺也相傳黃巢作亂多殺傷祭則年豐

平凉府

三月馬始官花序開麥始節六畜修孕大孕鳥大訛魚孕椿芽刺椿苦菜登農大播秋種糲麥植茄瓜瓠韭苜蓿及壓桑蒲萄榴枝羊剪毛土旺種秋豆桑芽蠶始生

江南志書

高淳縣

三月初旬邑中迎天將以人代爲像飾假面作鬼神狀用鼓樂旗蓋導引跳舞周舞衢巷傾動遠邇親戚聚觀宴飲之費復不可量官欲禁止則人皆洶洶謂必致大疫蓋亦鄉儺之遺意　昝村曹塘祠張菩薩三月中旬拜許香愿其費不貲至有以身禱插刀於臂繫鎖於頸祭畢出其刀不創亦不痛云

長洲縣

三月喜晴麥乃有秋諺云三月溝底白莎草變成麥

常熟縣

三月二十八日東嶽天齊帝誕日各廟神齊赴恍似人間頌祝華軒綵仗爭奇炫麗豪門必爭致而觀之比年亦稍衰息惟城隍神社會如故

嘉定縣

三月十一日爲麥生日喜晴二十八日爲東嶽天齊聖帝生辰其行宮在江灣鎮者最盛清明前後十餘日士女拈香闐塞塘路樓船野舫充滿溪河附近村坊各以船載楮帛鳴金張幟交納廟內堆積如山名曰解錢糧又有買賣趕趁貨物戲具及開場賭博鄉城畢集　三月天多雨黃沙是年食麥者多嘔黑沙不害沙即霾也土人謂之落沙

崇明縣

三月二十八日城隍神解黃錢至東嶽廟

松江府

三月十一日麥生日喜晴此月無雨麥乃有秋二十八日載歌咢游禮于山嶽祠東鄉諸巫者自元旦後舁偶神循門互唱索錢結縷爲勝以奉嶽神謂之錢幡會至是日鼓樂騎蓋送神上山而散

無錫縣

三月二十八日齋瓣香而走東嶽廟者數縣畢至村姬市媼扶攜交錯其夕遂止廟中謂之坐夜數日之間寺塘涇爲之壅塞

懷寧縣

穀雨日俗多以此日採茶名穀雨茶又有布穀鳥鳴其聲在夏前則曰百草發科遲數日則曰蠶老作窠立夏後則曰割麥插禾音語彷彿似之田家每因時以起農事

徽州府

三月風而雨土爲霾傷麥浴穀子採新茗

休寧縣

穀雨占禾麥溫煖生秧風寒蓋麥

巢縣

三月初一至初三作神會即儺禮也每方各裝扮大神一尊鬼使四騶導之皆面戴傀儡規神鬼制各異

擇長大者扮大神衣神衣袞冕導者曰採子彩服奇飾指揮顧盼左右盤辟且行且止大神則步履莊嚴座隨其後行不數武端坐儼然頃復起行各方之神會于一衢多至十二尊少或六七尊聚觀者塞道

浙江志書

嘉興府

三月十八日龍湫山與吳之陽山多雲霧雷雨俗傳爲白龍生日

孝豐縣

穀雨撒穀種浴蠶子祀竈采茶清明後數日爲蠶月禁往來省視使育蠶閱月繭成治絲

紹興府

三月五日俗傳禹生之日禹廟遊人最盛無貧富貴賤傾城俱出士民皆乘畫舫丹堊鮮明酒樽食具甚盛賓主列坐前設歌舞小民尤相矜尚雖非富饒亦終歲儲蓄以爲下湖之行春欲盡數日遊者益衆千秋觀前一曲亭亦競渡不減西園至立夏日止　三月二十八日東嶽神誕日蕭山之蒙山餘姚之黃山皆有廟焉自十六日起男女競往燒香羅拜有自家門出且行且拜直至廟者巨戶婦女或不能行且拜則雇人代拜大姓皆樓船載簫鼓至廟拜禱卽不拜禱亦鳴榔遊飲姚人謂之遊江至月終乃止

諸暨縣

三月十六日驗晴雨審稠桑之貴賤

餘姚縣

三月二十八日東嶽生日自十二日至二十日禮拜之會分爲數十社每社數十百人鳴金曳幟而唱佛號邑中叢祠無不遍至婦女亦於此時燒香入廟人衆聚觀通國若狂

蘭谿縣

三月十五日邑之上市有忠祐廟俗傳是日爲廟神生日衆作鼇山等項與二月二日同

常山縣

三月哉生明祠各出其神以朝於沖虛之宮以祈靈雨元帝爲主元帝者元冥雨師也夜則有鐵簡之會

龍泉縣

三月初一日風雨人民多病其日值清明竹木再榮其日值穀雨大豐大雷雨主旱月內有蝕米貴人餓月內無三卯麻麥熟月內虹主米貴魚鹽大貴月內辰日雨百蟲生未日雨百蟲死初五日陰雨主蠶收百倍是月行冬令國有大恐行夏令主瘟疫

江西志書

武寧縣

俗傳春盡有黃丹瘴則損麥

寧州

俗稱三月爲李花寒

都昌縣

三月朔日居民市酒豕祭神禳災祈福

湖口縣

三月二十四日市民奉迎境內東嶽廟諸神各肖神面戴之游於市中民間童男女及成人有疾祈保者隨拜其後至迎春門外行宮安置二十七日返廟謂之迎社戶

新城縣

穀雨採茶葉名爲穀雨先春

廣昌縣

三月七日宜雨諺云三月初七要雨不得雨四月初八要晴不得晴

瀘溪縣

三月寒退多風雨始插秧穀雨求嗣者多於是日集僧作佛供名曰穀雨供取生育之義

瑞州府

三月二十九日郡城諸神迎入東嶽廟宴享綵亭錦帳鬬巧爭奇繁費不貲

湖廣志書

崇陽縣

三春之月迎儺神演戲凡儺一夜醵錢糜費謂之還香火其神卽周禮方相氏之意而奉行非也是月市中建春醮祀張巡其費亦如儺

雲夢縣

穀雨日老漁祝雨雨則魚繁育

寶慶府

三月晦日飲酒謂之送春

新田縣

三月田家採木葉置田中肥田多種綿花種後二三日方雨則草死而綿盛

福建志書

建安縣

三月有青草瘴

仙遊縣

三月晦夜多釀金暢飲擊鼓狂歌至有負擔頭走大

道敂敂然作采菱音也謂之開鼓聲或曰畱春

詔安縣

海上颶信二月初三日爲元帝颶十五日爲眞人颶二十三日爲媽祖颶三月共三十六颶此其大者眞人颶多風媽祖颶多雨

海澄縣

三月十五日青礁慈濟宮吳英惠侯誕侯名本生于宋太平興國四年以神醫特廟澄人禋祀幾徧問剎採草日無休晷先數日各祀廟建醮醮畢迎神趣慈濟宮方言曰割香神有言乃附昇者忽披髮踝跣如空中行道官集棘刺爲毬使上拂雲根而承以背脊復引錐貫頰及臂又交劍衡木仰其鋩以受踏數人舁而挺立不傷無害則眞神矣其方言曰銅身社人乃敂鼓樂旌幟樓閣彩亭前導至祖宮傳香以歸歲以爲常歸入門衣有寸塵額有符籙翁嫗妻子女喜繞旋旋爲割得香來也是月也蕞爾青礁漳泉香車四方商旅外國珍異三代八朝之骨董南北梨園之歌謳貨隨隊分人無聲辨市不及塵枕不及夢今廟遷基爲江花竹樹之所棲四方無或至者而侯靈忽忽救藥未遑問舍也

廣東志書

始興縣

三月梅熟

歸善縣

三月二十七日郡中有所祈禱者皆會衆自元妙觀沿街拜至東嶽宮裝扮雜戲爲樂

長樂縣

季春之月苦菜秀榴花開楊梅枇杷熟蛙鳴農蒔早苗種薯芋更裘以葛

化州

三月十日爲朝拜會爲首者先一月預告於康車二神諸有願者擇能敬之人爲朝拜弟子戴五岳巾穿青袍束腰帶執香爐魚貫而行迎駐靜處次晨鷄鳴照前迎導一人仰天高喚拜號衆弟子同聲和之一步一唱沿途而拜謂之路拜經有願者及爲會首者門當道設供不入其家謂之路醮如是者三日乃散

廣西志書

隆安縣

三月桐始華粟日蕃早禾秀穀種盡播撒芝麻鹿角解蟬擁噪民急于犂修田功以待稼、

雲南志書

南安州

三月二十八日驅從馬以五綵花繒爲飾

鶴慶府

峰頂山在城東十七里翠峯處有佛祠郡人以歲三月之望乞子投弓矢山中

欽定古今圖書集成曆象彙編歲功典

第三十四卷目錄

歲功典第三十四卷

季春部藝文一

旄城門銘　後漢李尤

旄門值季位月在辰順陽布惠貧乏是振

晚春賦　梁簡文帝

待餘春於北閣藉高讌於南陂水篩空而照底風入樹而香枝嗟時序之迴斡歎物候之推移望初篁之傍嶺愛新荷之發池石憑波而倒植林隱日而橫垂見遊魚之戲藻聽鶯鳥之鳴雌樹臨流而影動巖薄

暮而雲披既浪擊而沙游亦苔生而徑危

姑洗三月啓　昭明太子

伏以景逼徂春時臨變節啼鶯出谷爭傳求友之音翔蘂飛林競散佳人之靨魚游碧沼疑呈遠道之書燕語雕梁狀對幽閨之語鶴帶雲而成蓋遙籠大夫之松虹跨澗以成橋遠現美人之影對茲節物寧不依然敬想足下聲馳海內名播雲間持郭璞之毫鸞詞場月白吞羅含之彩鳳辯囿日新某山北逸人牆東隱士龍門退水望冠冕以何年鶂路頹風想簪纓於幾載既違語默且阻江湖聊寄八行之書代申千里之契

季春下旬詔宴薛王山池序　唐張說

有生之微萬殊無方之感一節陽和而動植暢春滿而阜壤悅后皇所以發時令布新慶二南遒周召之風百辟形金石之詠者也碧樓日暖青山雪殘首獻歲之浹辰尾暮春之提日帝京形勝借山林而入游戚里池臺就修竹而開宴泉賜御府味給天廚仙倡侑樂中貴督酒太平佳事前史未書大矣哉一德日新九功惟敘運璿樞而均四氣握金鏡而靜萬方堯舜禹湯不違顏于咫尺夔龍伊呂共接武于朝廷不可見而見焉不可聞而聞者豈深思勝殘去殺累百年之至仁推曆按圖啓千齡之昌運河清難得人代幾何擊壤之歡良有以也地卽（集作此則）青淄上路朱邸平臺城烟屢起而汨山野風時來而過水春將悵別愛落花之灑途夏如欣會玩峰雲之映沼爾其列筵授几分曹設幕艇送江鳧船迎海鶴魚龍丸劍曼延揮霍鸞鳳鳴簫鼓作申錫逾於百甕慈惠出于三爵炮炙熏林塘醪醴厭丘壑抃急管于無算醉湛恩以取樂摯公賦詩俾僕題序長卿消渴覺含毫之轉遲子雲壯（集作老）夫見雕蟲之都廢敢憚鄙詞之訥澀恐貽盛集之蕪穢云爾

惜餘春賦　李白

天之何爲令北斗而知春兮廻指于東方水蕩漾兮碧色蘭葳蕤兮紅芳試登高而望遠極雲海之微茫魂一去兮欲斷淚流頰兮成行吟淸風兮詠滄浪懷洞庭兮悲瀟湘何予心之縹緲兮與春風而飄揚飄揚兮無限念佳期兮莫展平原萋兮綺色愛芳草兮如剪惜餘春之將闌每爲恨兮不淺漢之曲兮江之潭把瑤草兮思何堪想遊女于峴北愁帝子于湘南恨無極兮心氳氳目眇眇兮憂紛紛披衞情于淇水結楚夢于陽雲春每歸兮花開花已闌兮春改歎長河之流春送馳波于東海春不留兮時已失老衰颯兮情逾疾恨不得挂長繩于青天繫此西飛之白日若有人兮情相親去南越兮往西秦見遊絲之橫路網春輝以留人沈吟兮哀歌躑躅兮傷別送行子之將遠看征鴻之稍滅醉愁心于垂楊隨柔條以糾結望夫君兮咨嗟橫涕淚兮怨春華遙寄影于明月昔送君於天涯

春儺賦　孫頠

是月也見斗於辰日交長至有司方成大禮展時事達九門以森纛協四靈而滁器匪歲之卒乃春之季令陰氣以下降使陽和而上利順三時而不忒協萬福而必萃命方相氏出儺百神丹首纚裳辮髮文身擬金鼓以騰躍執戈矛以遂巡驅赤疫於四裔保皇家於萬人斯乃卒歲之儺也豈比夫抑而畢春於是休徵允備有典有則洗滌氛癘祚我邦國其弓乃桃其矢乃棘野仲無以施其計遊光曷足逞其特然而禮法肅設干旌騈羅祠青帝以邀福抑金方以與儺將以窒陰氣發陽和已矣哉斯欲陳儺之儀述儺之飾盛可以仰功可以抑騰金耀於四目被熊皮於五色乍煒煒以煌煌或昈昈而赩赩既秉戈而揚盾率百隸而是職及乎出未央經上林芳菲發越瑕穢漂沉時令既畢嘉貺是尋黃龍白鳳大輅南金聚高冠之岌岌會長劍之森森我皇堯舜比德夔龍是扶春儺高門載馳載驅玉以制容金以飾途流聲教以布濩乃洋溢於天衢既而陰陽交和庶物時育氛氳將掃祥光可掬綏我眉壽介余景福客有書劍三朝苦心簡牘荏苒青衿蹉跎白屋儻不棄於芻蕘將刷羽於喬木

季春部藝文二（詩）

時運四首　晉陶潛

時運游暮春也

邁邁時運穆穆良朝襲我春服薄言東郊山滌餘靄宇曖微霄有風自南翼彼新苗

洋洋平津乃漱乃濯邈邈遐景載欣載矚稱心而言人亦易足揮茲一觴陶然自樂

延目中流悠悠淸沂童冠齊業閒詠以歸我愛其靜寤寐交揮但恨殊世邈不可追

斯晨斯夕言息其盧花藥分列林竹翳如清琴橫牀
濁酒半壺黃唐莫逮慨獨在予

晚春　梁簡文帝

紫蘭葉初滿黃鶯弄不稀石蹲還似獸蘿長更如衣
水曲文魚聚林暝鵾鳥飛渚蒲變新節巖桐長舊圍
風花落未已山齋開夜扉

惜晚春應劉祕書　江淹

烟景抱空意蘅杜綴幽心心憂望碧葉涵影顧青林
風光多樹色露華翻蕙陰木苔方下蔓石蘿日上尋
霞衣已具帶仙冠不待簪徒爲多委鬱精魄還自臨
始獲瓊歌贈一點重如金山中有雜桂玉澀乃共斟

春暮喜晴酬袁戶曹苦雨　何遜

振衣喜初霽褰裳對晚晴落花猶未捲時鳥過餘聲
春芳空悅目游客反傷情鄉園不可見江水獨自清
願得同攜手歸望對都城

晚春宴　北齊韋道遜

日斜賓館晚風輕麥候初鶯喧巢幕燕池躍戲蓮魚
石聲隨流響桐影傍巖疏誰能千里外獨寄八行書

春晚　蕭愨

春庭聊縱望樓臺自相隱窗梅落晚花池竹開新筍
泉鳴知水急雲來覺山近不愁花不飛到畏花飛盡

春日　陽休之

遲遲暮春日靄靄春光上柔露洗金盤輕絲綴珠網
漸看階苞蔓稍覺池蓮長蝴蝶映花飛楚雀緣條響

晚春　隋煬帝

洛陽春稍晚四望滿春暉楊葉行將暗桃花落未稀
窺簷燕爭入穿林鳥亂飛唯當關塞者溽露方霑衣

春晚宴兩相及禮官麗正殿學士探得風字幷序

唐元宗

朕以薄德祇膺歷數正天柱之將傾紉地維之已
絕故得承奉宗廟垂拱巖廊居海內之尊處域中
之大然後祖述堯典憲章禹績敦睦九族會同四
海猶恐烝黎未乂徭戍未安禮樂之政虧師儒之
道喪乃命使者衣繡服行郡縣因人所利擇其可
勞所以便億兆也乃命將士撮介胄礪石矢審山
川之向背應歲月之孤虛所以靜邊陲也乃命禮
官考制度稽典則序文昭武穆享天地神祇所以
申嚴潔也乃命學者繕落簡緝遺編纂魯壁之文
章綴秦坑之煨燼所以修文教也故能使流萬返
枌榆之業荒徼稱藩屏之臣神祇歆其禋祀庠序
闡其經術既家六合時巡兩京函秦則委輸斯遠
鼎邑則朝宗所利封畿四塞從來測景之都城闕
千門自昔交風之地陰陽代謝日月相推豈可使
春色虛捐韶華竝歇乃置旨酒命英賢有文苑之
高才有掖垣之良佐舉杯稱慶何樂如之同吟湛
露之篇宜振凌雲之藻於時歲在乙丑開元十三
年三月二十七日

乾道運無窮恆將人代工陰陽調曆象禮樂報元穹
介胄清荒外衣冠佐域中言談延國輔詞賦引文雄
野霽伊川綠郊明鞏樹紅冕旒多暇景詩酒會春風

暮春喜雨詩開成元年三月觀內人賽雨賦　文宗

風雲喜際會雷雨遂流滋薦幣虔陳禮動天實精思
漸侵九夏節復在三春時霡霂垂朱闕飄颻入綠墀
郊坰既霑足黍稷有豐期百辟同康樂萬方佇雍熙

三月二十日詔宴樂遊園　張說

樂遊形勝地表裏望郊宮北闕連天頂南山對掌中
皇恩貸芳月旬宴美成功魚戲芙蓉水鶯啼楊柳風
春光看欲暮天澤戀無窮長袖招斜日留光待曲終

晚春歸思　王維

新妝可憐色落日卷羅幃鑪氣清珍簟牆陰上玉墀
春蟲飛網戶暮雀隱花枝向晚多愁思閑窗桃李時

奉和聖製暮春送朝集使歸郡應制　前人

萬國仰宗周衣冠拜冕旒玉乘迎大客金節送諸侯
祖席傾三省褰帷向九州楊花飛上路槐色蔭通溝
來預鈞天樂歸分漢主憂宸章類河漢垂象滿中州
統籤注云重韻誤

晚春嚴少尹與諸公見過　前人

松菊荒三逕圖書共五車烹葵邀上客看竹到貧家
鵲乳先春草鶯啼過落花自憐黃髮暮一倍惜年華

晚春送吉校書歸楚州　李嘉祐

詩人饒楚思淮上及春歸舊浦菱花待開門柳絮飛
高名鄉曲重少事道流稀定向漁家醉殘陽臥釣磯

暮春　杜甫

臥病擁塞在峽中瀟湘洞庭虛映空楚天不斷四時
雨巫峽常吹萬里風沙上草閣柳新闇城邊野池蓮
欲紅暮春鴛鴦立洲渚挾子翻飛還一叢

絕句漫興九首　前人

眼見客愁愁不醒無賴春色到江亭即遣花開深造
次便教鶯語太丁寧
手種桃李非無主野老牆低還是家恰似春風相欺

得夜來吹折數枝花
熟知茅齋絕低小江上燕子故來頻銜泥點汚琴書
內更接飛蟲打著人
二月已破三月來漸老逢春能幾迴莫思身外無窮
事且盡生前有限杯
腸斷春江欲盡頭杖藜徐步立芳洲顛狂柳絮隨風
舞輕薄桃花逐水流
嬾慢無堪不出村呼兒日在掩柴門蒼苔濁酒林中
靜碧水春風野外昏
糝徑楊花鋪白氈點溪荷葉疊青錢筍根稚子無人
見沙上鳧雛傍母眠
舍西柔桑葉可拈江畔細麥復纖纖人生幾何春已
夏不放香醪如蜜甜
隔戶楊柳弱嫋嫋恰似十五女兒腰誰謂朝來不作
意狂風挽斷最長條

闕題　前人

三月雪連夜未應傷物華只緣春欲盡留著伴梨花

即事　前人

暮春三月巫峽長皛皛行雲浮日光雷聲忽送千峯
雨花氣渾如百和香黃鶯過水翻迴去燕子銜泥濕
不妨飛閣捲簾圖畫裏虛無只好對瀟湘

晚春永寧墅小園獨坐寄上王相公　錢起

東閣一何靜鶯聲落日愁夔龍暫爲別昏旦思兼秋
蕙草出籬外花枝寄竹幽上方傳雅頌七夕讓風流

暮春歸故山草堂　前人

谷口殘春黃鳥稀辛夷花盡杏花飛始憐幽竹山窗
下不改清陰待我歸

季春　嚴維

江南季春天蓴葉細如弦池邊草作逕湖上葉如船

春晚賦得餘花落　李益

留春春竟去春去花如此蝶舞遶應稀鳥驚飛詎已
哀紅辭故萼繁綠扶彫藥自委不勝愁庭風那更起

春晚游鶴林寺寄使府諸公　李端

野寺尋春花已遲背巖惟有兩三枝明朝攜酒猶堪
醉爲報春風且莫吹

三月　杜奕

憶長安三月時上苑遍是花枝青門幾場送客曲水
竟日題詩駿馬金鞭無數良辰美景追隨

陌上暮春　武元衡

青青南陌柳如絲柳色鶯聲晚日遲何處最傷游客
思春風三月落花時

寓興呈崔員外諸公　前人

三月楊花飛滿空飄颻十里雪如風不知何處香醪
熟願醉佳園芳樹中

三月晦日會李員外座中頻以老大不醉見譏
因有此贈　令狐楚

三月唯殘一日春玉山傾倒白鷗馴不辭便學山公
醉花下無人作主人

晚春　韓愈

草樹知春不久歸百般紅紫鬬芳菲楊花榆莢無才
思惟解漫天作雪飛

送春詞　劉禹錫

昨來樓上迎春處今日登樓又送歸蘭蘂殘妝含露
泣柳條長袖向風揮佳人對鏡容顏改楚客臨江心
事違萬古至今同此恨無如一醉盡忘機

郡齋三月下旬作　崔護

春事日已歇池塘曠幽尋殘紅披獨墜嫩綠間淺深
偃仰捲芳褥顧步愛新陰謀春未及竟夏初遽見侵

遣春八首　元稹

曉月籠雲影鶯聲餘霧中暗芳飄露氣輕寒生柳風
冉冉一趨府未爲勞我身因茲得晨起但覺情興隆
久雨憐晴景偶來隄上行空濛天色嫩杳淼江面平
百草短長出衆禽高下鳴春陽各有分予亦澹無情
鏡皎碧潭水微波粗成文煙光垂碧草瓊脈散纖雲
岸柳好陰影風裾遺垢氛悠然送春目八荒誰與羣
低迷籠樹煙明淨當霞日陽筱波春空平湖漫疑溢
雪鷺遠近飛渚牙淺深出江流復浩蕩相爲坐紆鬱
暄寒深淺春紅白前後花顏色詎相讓生成良有涯
梅芳勿自早菊秀勿自賒各將一時意終年無再華
高屋童稚少春來歸燕多葺舊良易就新院亦已羅
俯憐雛化卵仰愧鵬無窠巢棟與巢幕秋風俱奈何
撩亂撲樹蜂摧殘戀房蕊風吹雨又頻安得繫於綺
酒盃沈易過世事紛何已莫倚顏似花君看歲如水
花陰莎草長藉莎閒自酌坐看鶯鬬枝輕花滿尊杓
葛巾竹梢挂書卷琴上閣沽酒過此生狂歌眼前樂

晚春　前人

晝靜簾疎燕語頻雙雙鬬雀動階塵柴扉日暮隨風
掩落盡閒花不見人

殘春曲　白居易

禁苑殘鶯三四聲景遲風慢暮春情日西無事牆陰

下閒蹋宮花獨自行

春末夏初閒遊江郭　前人

閒出乘輕屐徐行踏軟沙觀魚傍湓浦看竹入楊家林迸穿籬筍藤飄落水花雨埋釣舟小風颺酒旗斜嫩剝青菱角濃煎白茗茶淹留不知夕城樹欲棲鴉

春日閒居　前人

是時三月半花落庭蕪綠舍上晨雞鳴窗間春睡足

春夜宿直　前人

三月十四夜西垣東北廊碧梧葉重疊紅藥樹低昂月砌漏幽影風簾飄闇香禁中無宿客誰伴紫微郎

三月二十日醉中留別　前人

春初攜手春深散無日花間不醉狂別後何人堪共醉猶殘十日好風光

三月二十八日贈周判官　前人

一春惆悵殘三日醉問周郎憶得無柳絮送人鶯勸酒去年今日到東都

三月三十日題慈恩寺　前人

慈恩春色今朝盡盡日裴回倚寺門惆悵春歸留不得紫藤花下漸黃昏

三月五日泛長沙東湖　張又新

上巳餘風景芳辰集遠坰湖光迷翡翠草色醉蜻蜓鳥弄桐花日魚翻穀雨萍從今留勝會誰看畫蘭亭

江南暮春寄家　李紳

洛陽城見梅迎雪魚口橋邊雪送梅劍水寺前芳草合鏡湖亭上野花開江鴻斷續翻雲去海燕差池拂水回想得心知寒食近潛聽喜鵲望歸來

殘春獨來南亭因寄張祜　杜牧

暖雲如粉草如茵獨步長堤不見人一嶺桃花紅錦黦半谿山水碧羅新高枝百舌猶欺鳥帶葉棠梨獨送春仲蔚欲知何處在苦吟林下拂詩塵

春晚題韋家亭子　前人

擁鼻侵襟花草香高臺春去恨茫茫蔫紅半落平池晚曲渚飄成錦一張

三月十日流杯亭　李商隱

身屬中軍少得歸木蘭花盡失春期偷隨柳絮到城外行過水西聞子規

春深脫衣　前人

睥睨江鴉集堂皇海燕過減衣憐蕙若展帳動煙波日烈憂花甚風長奈柳何陳遵容易學身世醉時多

春暮對雨　劉得仁

春暮雨微微翻疑墜葉時氣蒙楊柳重寒勒牡丹遲未夕鳥先宿望晴人有期何當廓陰閉新暑竹風吹

晚春花　項斯

陰洞日光薄花開不及時當春無半樹經晚足空枝疎與香風會細將泉影移此中人到少開盡幾人知

惜春　薛能

花開亦花落時節暗中遷無計延春日可能留少年小叢初散蝶高柳即聞蟬繁豔歸何處滿山啼杜鵑

三月晦日送客　崔櫓

野酌亂無巡送君兼送春明年春色至莫作未歸人

暮春對花　前人

病香無力被風欺多在青苔少在枝馬上行人莫回首斷君腸是欲殘時

三月晦日贈劉評事　賈島

三月正當三十日風光別我苦吟身共君今夜不須睡未到曉鐘猶是春

惜春詞　溫庭筠

百舌問花花不語低迴似恨橫塘雨蜂爭粉蘂蝶分香不似垂楊惜金縷願君留得長妖韶莫逐東風還蕩搖秦女含嚬向煙月愁紅帶露空迢迢

三月十八日雪中作　前人

芍藥薔薇語早梅不知誰是豔陽才今朝領得東風意不復饒君雪裏開

對殘春　劉滄

楊花漠漠暗長隄春盡人愁鳥又啼鬢髮近來生處白家園幾向夢中迷霏微遠樹荒郊外牢落空城夕照西唯有年光堪自惜不勝煙草日萋萋

送春　高駢

水淺魚爭躍花深鳥競啼春光看欲盡判卻醉如泥

三月盡日　李昌符

江頭從此管絃稀散盡游人獨未歸落日已將春色去殘花應逐夜風飛

送春　李咸用

四時爲第一一歲一重來好景應難勝餘花虛自開相思九個月信得數枝梅不向東門送還成負酒杯

長安惜春　羅鄴

千門共惜放春迴半鎖樓臺半復開公子不能留落日南山遮莫倚高臺殘紅似怨皇州雨細綠猶藏畫蠟灰畢竟思量何足歎明年時節又還來

惜春　前人

燕歸巢後即離群吟倚東風恨日曛一別一年方見

我游來游去不禁君鶯花御苑看將盡絲竹侯家亦
少聞獨坐南樓正惆悵柳塘花絮更紛紛

春盡　韓偓

惜春連日醉昏昏醒後衣裳見酒痕細水浮花歸別
澗斷雲含雨入孤村人閒易得芳時恨地迥難招自
古魂慚愧流鶯相厚意淸晨猶爲到西園

春晝一作盡　前人

春融豔豔大醉陶陶漏添遲日箭減艮宵藤垂戟戸
柳拂河橋簾幕燕子池塘百勞膚淸臂瘦衫薄香銷
楚殿衣窄南朝髻高河陽縣遠淸波地遙絲纏露泣
各自無憀

和人春暮書事寄崔秀才　韋莊

半掩朱門白日長晚風輕墮落梅妝不知芳草情何
限只怪游人思易傷纔見早春鶯出谷已驚新夏燕
巢梁相逢只賴如澠酒一曲狂歌入醉鄉

暮春日宴溪亭　成彥雄

寒食尋芳遊不足溪亭還醉綠楊煙誰家花落臨流
樹數片殘紅到檻前

春殘　翁宏

又是春殘也如何出翠幃落花人獨立微雨燕雙飛
寓目魂將斷經年夢亦非那堪向愁夕蕭颯暮蟬輝

粉牋題詩　無名氏

三月江南花滿枝風輕簾幕燕爭飛游人休惜夜秉
燭楊柳陰濃春欲歸

宮詞　花蘂夫人徐氏

三月金明柳絮飛岸花堤草弄春時樓船百戲催宣
賜御輦今年不上池

又

三月櫻桃乍熟時內人相引看紅枝回頭索取黃金
彈遶樹藏身打雀兒

春晚綠野秀　宋王禹偁

雨過川原上凝眸送晚春部光銷欲盡野色望來新
天末逢藍嶂江湄亂麴塵垂楊難認影幽鳥莫藏身
遠接天開幕晴和草展茵明時四郊靜凌亂踏青人

提舉端明見示三月晦日雨中書懷詩次韻　文彥博

春光垂欲盡夏景漸增添鬱鬱松篁茂蕭蕭風雨兼
花心隨絮落屐齒被苔黏巧囀鶯遷木驚飛燕入簾
蝦鬚穿曲沼虎爪度前簷坐久香銷炷吟多筆費尖
雲容方靄靄日色未炎炎舞鶴傾丹頂游龜散綠髯
命賓常務率出令更須嚴詩詠當階藥書尋傍架籤
蘭芬衣可襲露潤草俱沾貴近辭金馬編修賜玉蟾
高歡惟自適獨樂未嘗厭亦白曾諳丙丹靑每誚閻
沖和緣養浩寂寞爲安恬身處貧無愧心貪道不廉
成文推大手濟用鄙輕縑覗履循淸節祈恩陋維占
聞部欣鳳舞在藻愛魚潛鱸鱠思漁艇貂冠望酒帘
聖時非吏隱賢業繫民瞻撫事惟公論摛辭乃自謙
保躬誠易退康世義難淹累句慚無取酬言幸不嫌

暮春　余靖

草帶全鋪翠花房半墜紅農家榆莢雨江國鯉魚風
堤柳綿爭撲山櫻火共烘長安少年客不信有衰翁

暮春有感　歐陽修

幽憂無以銷春日靜愈長薰風入花骨花枝午低昂
往來採花蜂淸蜜未滿房春事已爛熳落英漸飄揚
蛺蝶無所爲飛飛助其忙啼鳥亦屢變新音巧調簧
游絲最無事百尺拖晴光天工施造化萬物感春陽
我獨不知春久病臥空堂時節去莫挽浩歌自成傷

三月吟　邵雍

滿城盡日行春去言會行春還有數眞宰何嘗不發
生游人其那無憑據梨花著雨漫成啼柳絮因風爭
肯住一片淸明好意多奈何意好難分付

南園賞花二首　前人

三月初三花正開閒同親舊上春臺尋常不醉此時
醉更醉猶能舉大杯

花前把酒花前醉醉把花枝仍自歌花見白頭人莫
笑白頭人見好花多

花時阻雨不出　前人

三月洛陽春半時鞦韆未拆楊花飛小車不出閒春
泥亂紅翻處流鶯啼

問春　前人

三月春歸留不住春歸春意難分付凡言歸者必歸
家爲問春家在何處

暮春　前人

春來小圃弄羣芳誰爲貧居富貴鄉門外柳陰浮翠
潤階前花影溜紅光梁間新燕未調舌天末歸鴻已
著行自問心源無所有答云疎懶味偏長

春遊　前人

三月牡丹方盛開鼓聲多處是亭臺車中遊女自笑
語樓下看人閒往來積翠波光搖帳幄上陽花氣撲
樽罍西都風氣所宜者草木空妖誰復哀

春盡後園閒步　前人

綠樹成陰日黃鶯對語時小渠初瀲灩新竹正參差倚杖閒吟久攜童引步遲好風知我意故故向人吹

春去吟　前人

春去休驚晚夏來還喜初殘芳雖有在得似綠陰無

半山春晚即事　王安石

春風取花去酬我以清陰翳翳陂路靜交交園屋深牀敷每小息杖屨或幽尋惟有北山鳥經過遺好音

暮春　前人

春期行晚晚春意歷芳菲曲水應修禊披香未試衣雨花紅半墜煙樹碧相依悵望夢中地王孫底不歸

晚春　韓維

春暉東去月收弦却拂凝埃敞北軒幾曲雲屏空白晝一簾花雨自黃昏庭蕪碧合陰蟲息窻對紅稀鬪雀喧細憶舊歡都入夢習家池上子山園

送春示友人　蘇軾

夢裏青春可得追欲將詩句絆餘暉酒闌病客惟思睡蜜熟黃蜂亦懶飛芍藥櫻桃俱掃地鬢絲禪榻兩忘機憑君借取法界觀一洗人間萬事非

三月二十九日二首　前人

南嶺過雲開紫翠北江飛雨送淒涼酒醒夢回春盡日閉門隱几坐燒香

門外橘花猶的皪牆頭荔子已斕斑樹暗草深人靜處捲簾欹枕臥看山

春晚樓上　賀鑄

楊花吹復盡春色但茫茫獨立西樓上持情向夕陽

次韻宋楙宗三月十四日到西池都人盛觀翰林公出遊　黃庭堅

金紱繫馬曉鶯邊不比春江上水船人語車聲喧法曲花光樓影倒晴天人間化物三千歲海上看羊十九年還作遨頭驚俗眼風流文物屬蘇仙

三月晦日　秦觀

節物相催各自新痴心兒女挽留春芳菲歇去何須恨夏木陰陰正可人

晚春　張耒

睡足高齋春日斜碾聲初破小龍茶樓邊綠樹飛紅盡春色濃陰老薺花

暮春　前人

夜雨輕寒拂曉晴牡丹開盡過清明庭前落絮誰家柳葉裏新聲是處鶯白髮生來如有信青春歸去更無情便當種秫長成酒遠學陶潛過此生

次韻庭玉弟暮春作　李昭玘

小雨廉纖春欲歸桃花吹盡燕來遲閉門却有宜人處簾幕陰陰睡起時

暮春　謝邁

晚雨牆東暗綠槐清陰庭院鎖莓苔委階紅藥將春去貼水青荷與夏來

三月十日遊報國院小軒頗幽勝為名曰雙清仍書此詩　朱松

千峯收宿雨坐見空翠滴攜筇出城隅試此腰腳力竹陰穿窈窕僧戶扣岑寂小軒清樾底盤礴聊自適闃然見幽禽百囀深投隙即此與晤歌絕勝眼前客幽懷層冰結贔屭不可釋忽如散春風回首無處覓天遊失六鑿真觀了千息乾坤鼎鼎中指馬坐可一不知雙清老何者為心迹持問跏趺人首肯復面壁山烟明欲合歸舸兀深碧此心除溪月烱烱誰復識

三月晦到大庾　張九成

我登超然臺積雨久不止臺下柳成行掩映盈塘水環塘萃喬木倒影弄清泚恍如在故鄉西湖古寺裏氣象極幽深景物盡蒼翠十年勞夢想一夕居眼底獨坐不能去頹然起深思鐘鳴主人歸燭光何煒煒笑語復移時夜久余當起歸路夫何如江聲寒玉碎

暮春上塘道中　范成大

客舍無煙野水寒競船人醉鼓闌珊石門柳絮清明市洞口桃花上巳山飛絮著人春共老片雲將夢晚俱還明朝遮入長安道慚愧江湖釣手閒

三月四日驟暖　前人

日腳融晴晚氣暄睡餘初覺薄羅便如何柳絮沾泥處暖似槐陰轉午天

春晚二首　前人

客去鉤窻詠小詩遊絲撩亂柳花稀微風盡日吹芳草蝴蝶雙雙貼地飛

夕陽槐影上簾鉤一枕清風夢昔遊夢見錢塘春盡處碧桃花謝水西流

山家暮春　陸游

遶屋清陰合緣堤綠草纖起蠶初放食新麥已磨鐮苦筍先調醬青梅小蘸鹽佳時幸無事酒盡更須添

春晚　前人

雨足人家插稻秧蠶生鄰女採桑忙萬花掃迹春將暮百草吹香日正長閒覓啼鶯穿北崦戲隨飛蝶過東岡飄然且喜身強健不怪兒曹笑老彊

三月十日　楊萬里

纔看桃李錦成團忽便園林綠作堆遠草將人雙眼
去飛花引蝶過牆來簿書節裏無多著懷抱朝來得
好開已是七分春去了何須鳥語苦相催
三月廿七日送春　前人
只餘三日便清和儘放春歸莫恨他落盡千花飛盡
絮留春不住欲如何
晚春卽事　前人
尺許新條長杏栽丈餘斑筍出牆隈浪愁草草酴醿
過不道婷婷芍藥來
三月晦日與諸兄爲率眞之約徘徊石馬晚集
保福偶成短句奉呈聊發一笑　朱熹
春服明朝換晴川漲綠陰追隨皆勝侶邂逅卽初心
社蹟莓苔古禪扉竹樹深移尊眞惜日畢景共披襟
倫德遵賢範哇詞愧雅音淸和應更好逸想寄雲岑
春晚呈范石湖　劉翰
風日蕭蕭兩鬢華倦尋銀筆賦餘霞五更枕上無情
雨三月風前薄命花春困有時因病酒客懷何日不
思家年來事事心情懶惟有歸耕策最嘉
暮春　錢時
園林深處綠成堆更著松陰一徑苔烟欲過牆風約
轉水將爭港石銜回斷雲收雨鳩呼婦嫩麥盈堤雉
應媒獨有殘紅春不管等閒飛入酒卮來
晚春　宋伯仁
風甃殘花滿地紅別離樽俎謾怱怱春心未肯收心
去却在荼蘼細影中
春晚郊行　吳龍翰
芒鞋竹杖出柴關簡點園林脚不閒翠幄初張花作

局錦棚成列筍爲班煙波鷗鷺春風外桑柘牛羊夕
照間對興不須邀客共芳尊濁酒對黃山
三月晦日　眞桂芳
九十春光能有幾東風遽作遠行人樽前莫惜今朝
醉明日鶯聲不是春
深春二首　王鎡
夾泥花上舊巢邊翠箔桑空蠶又眠天氣乍晴風候
別坐看盆藕出雙錢
燕子來時春又休暖風吹綠上枝頭繡簾不隔荼蘼
月香影無人自入樓
柳塘送春　葛長庚
急雨將雷過柳塘春因底事亦歸忙經時不放荷花
葉昨夜盡收梔子香判斷千林成夢去安排一夏納
風涼開眉無覓愁來處數筆晴雲畫水鄉
春晚　釋道潛
曉風池沼木瀾翻春盡淮南麥秀寒院落無人日亭
午柳花如雪滿闌干
晚春會東園　媛朱淑眞
紅疊苔痕綠滿枝舉杯和淚送春歸鵂鶹有意留殘
景杜宇無情戀晚暉蝶趂落花盤地舞燕隨狂絮入
簾飛醉中曾記題詩處臨水人家半敞扉
三月　元劉秉忠
背陰花木錦成叢幽谷鶯啼上苑中李白桃紅楊柳
綠天涯無處不春風
春晚雜興四首　方回
豈有邪谿父老錢無朝無暮在樽前櫻桃豌豆分兒
女草草春風又一年

谿魚山筍佐新芻大勝長安上酒樓春老猶寒宿酲
困酴醿花下擁綿裘
城市塵埃不見詩西村東塢可尋誰夏前十日嘗新
麥正是江南最好時
芳草茸茸沒屐深淸和天氣潤園林霏微小雨初晴
處暗數青梅立樹陰
應教和味人　趙孟頫
春寒惻惻掩重門金鴨香殘火尚溫燕子不來花又
落一庭風雨自黃昏
暮春用唐壽卿韻　曹伯啓
一天晴碧日遲遲暑氣蒸人力自微幽徑雨餘芳草
合小園風急亂花飛臥思沂上歌詩去夢到山陰祓
褉歸還憶去年乘小駿西湖游罷北山圍
京城春暮　薩都刺
三月京城飛御花燕姬白馬小紅車旌旗日暖將軍
府絃管春深宰相家小海銀魚吹白浪層樓珠酒出
紅霞蹇驢破帽杜陵客獻賦歸來日未斜
晚春　周權
輕車繁吹尚紛紜衰衰香浮紫陌塵杜宇青山三月
暮桃花流水一溪雲東風旗旆亭中酒小雨闌干柳
外人何許數聲牛背笛天涯芳草正如茵
次晚春韻　李孝光
燕幕沉沉春晝永閒敲碁子小闌東拍天漲綠連朝
雨滿地殘紅昨夜風草際夢回詩有債柳邊寒薄絮
無功韶光暗換千年事莫遣閒愁著鬢中
春暮　明周憲王
九十春光似轉蓬半晴天氣霧溟濛一池新水今朝

雨滿地殘花昨夜風白髮自憐詩興在紅顏莫放酒樽空閒看靑簡思今古得失由來一夢中

春深卽事　錢宰

露梢黃鳥啄來禽蛀葉靑蟲絡樹陰又是綠階春雨歇滿庭芳草落花深

春暮吟　郭鈺

玉壺沽酒春絲絡啼鳥勸人滿杯酌落紅滿地暗香消濕翠如煙午陰薄畫樓玲瓏隔彩霞樓前雙鵲鳴呀呀想見吳帆北風起王孫明日當還家

暮春書事　瞿佑

睡起呼童掃落花石泉槐火試新茶樹林深處蜂王國簾幕陰中燕子家柳絮乘風投硯水竹枝搖影落窻紗幽居莫道無官況鼓吹猶存兩部蛙

春晚漫成　劉溥

重城楊柳晝沉沉坐久黃鸝囀夕陰幾處閒門芳草綠一簾微雨落花深年光暗覺隨流水春色長看滿上林故國松篁還似舊莫教奔走負歸心

春日應制　王鏊

奉天朝罷曉曈曨勅使傳宣籞苑東好雨晴時三月裏鑾輿遙過百花中東皇默運無言化南國新收不戰功歸坐明堂還布德豫遊分與萬方同

春暮二首　文徵明

南風十日捲塵沙吹落牆根幾樹花老怯麥秋猶擁褐病逢穀雨喜分茶庭陰寂歷梧桐轉簾影差池燕子斜不是地偏車馬絕市喧不到野人家

林花落盡意蕭然舊喜圖書病亦捐宛轉閒愁如蔓草蹉跎春事到啼鴂縈回淑氣游絲困亭午淸陰碧樹圓怪底叩門都不應北窻無事正高眠

暮春初過山莊　李先芳

山人本性愛山居蚤節春游過草廬短砌雨餘芳草合小亭風定落花初拂塵下榻驚梁燕開篋抽書走壁魚更闢巖扉頻灑掃能無長者命巾車

陽春曲　李奎

三月江南春草芳水邊柳絲百尺長流鶯乍囀千金堰紫燕雙棲文杏梁家家曲裏調鸚鵡處處簫聲引鳳凰鳳凰臺上花爭發翡翠樓前鳥並翔別有藍橋通蕙渚更憐斜峽接橫塘橫塘女兒多豔妝錦琴瑤瑟爲誰張能歌白雪留人醉不管陽春斷客腸

三月三十日　汪道貫

已識靑陽減其如白髮何風光愁裏失春事雨中過藥裹妨鮭菜交遊問雀羅千林煙火少租吏正催科

三月四日卽景　李禎

忽忽春將暮俄過三月三草誰憐益母花自媚宜男乍到尋巢燕初眠上箔蠶新茶與稱筍鄉味憶江南

欽定古今圖書集成曆象彙編歲功典

第三十五卷目錄

季春部藝文三 詞

季春部選句

歲功典第三十五卷

季春部藝文三 詞

巫山一段雲　唐昭宗

蝶舞梨園雪鶯啼柳帶烟小池殘日豔陽天苧蘿山又山　青鳥不來愁絕忍看鴛鴦雙結春風一等少年心閒情恨不禁

更漏子 春暮　溫庭筠

星斗稀鐘鼓歇簾外曉鶯殘月蘭露重柳風斜滿庭堆落花　虛閣上倚闌望還似去年惆悵春欲暮思無窮舊歡如夢中

玉樓春　前人

家臨長信往來道乳燕雙雙掠煙草油壁車輕金犢肥流蘇帳曉春鷄早　籠中嬌鳥暖猶睡簾外落花閒不掃衰桃一樹近前池似惜容顏鏡中老

蝶戀花　南唐馮延巳

幾日行雲何處去忘了歸來不道春將暮百草千花寒食路香車繫在誰家樹　淚眼倚樓頻獨語雙燕飛來陌上相逢否撩亂春愁如柳絮悠悠夢裏無尋處

江南春　宋寇準

波渺渺柳依依孤村芳草遠斜日杏花飛江南春盡離腸斷蘋滿汀洲人未歸

蝶戀花　晏殊

簾幕風輕雙語燕午睡醒來柳絮飛撩亂心事一春猶未見餘花落盡青苔院　百尺朱樓閒倚遍薄雨濃雲底事遮人面消息未知歸早晚斜陽只送平波遠

玉樓春　賈昌朝

都城水綠嬉遊處仙棹往來人笑語紅隨遠浪泛桃花雪散平堤飛柳絮　東君欲共春歸去一陣狂風和驟雨碧油紅旆錦障泥斜日畫橋芳草路

賀聖朝 春暮　葉清臣

滿斟綠醑留君住莫匆匆歸去三分春色二分愁更一分風雨　花開花謝都來幾許且高歌休訴不知來歲牡丹時再相逢何處

鳳凰閣 傷春　前人

遍園林綠暗渾如翠幄下無一片是花萼可恨狂風橫雨忒煞情薄盡底把韶華送却　楊花無奈是處穿簾透幕豈知人意正蕭索春去也這般愁沒處安著怎禁向黃昏院落

蝶戀花 春暮　歐陽修

庭院深深深幾許楊柳堆煙簾幕無重數玉勒雕鞍遊冶處樓高不見章臺路　雨橫風狂三月暮門掩黃昏無計留春住淚眼問花花不語亂紅飛過鞦韆去

清平樂　晏幾道

波紋碧皺曲水清明後折得疎梅香滿袖暗喜春紅依舊　歸來紫陌東頭金釵換酒消愁柳影深深細路花梢小小層樓

天仙子 送春　張先

水調數聲持酒聽午醉醒來愁未醒送春春去幾時回臨晚鏡傷流景往事後期空記省　沙上並禽池上暝雲破月來花弄影重重簾幕密遮燈風不定人初靜明日落紅應滿徑

蝶戀花 春暮　蘇軾

花褪殘紅青杏小燕子飛時綠水人家遶枝上柳綿吹又少天涯何處無芳草　牆裏鞦韆牆外道牆外行人牆裏佳人笑笑漸不聞聲漸悄多情却被無情惱

前調　前人

春事闌珊芳草歇客裏風光又過清明節小院黃昏人憶別落花處處聞啼鴂　咫尺江山分楚越目斷魂消應是音塵絕夢破五更心欲折角聲吹落梅花月

如夢令 晚春　秦觀

池上春歸何處滿目落花飛絮孤館悄無人夢斷月堤歸路無緒無緒簾外五更風雨

臨江仙　晁補之

綠暗汀洲三月暮落花風靜帆收垂楊低映木蘭舟半篙春水滑一段夕陽愁　灞水橋東回首處美人親上簾鉤青鸞無計入紅樓行雲歸楚峽飛夢到揚州

青玉案 暮春　賀鑄

淩波不過橫塘路但目送芳塵去錦瑟年華誰與度月橋花榭瑣窗朱戶唯有春知處　碧雲冉冉蘅皋暮綵筆新題腸斷句試問閒愁添幾許一川煙草滿城風絮梅子黃時雨

點絳脣 春暮　前人

紅杏飄香柳含烟翠拖金縷水邊朱戶門掩黃昏雨　燭影搖紅一枕傷情緒歸不去秦樓何處芳草迷歸路

謁金門　秦湛

鴛鴦浦春漲一江花雨隔岸數聲初過櫓晚風生碧樹　舟子相呼相語載取暮愁歸去寒食江村芳草路愁來無著處

蝶戀花 春暮　李冠

遙夜亭皋閒信步纔過清明漸覺傷春暮數點雨聲風約住朦朧淡月雲來去　桃杏依稀香暗度誰在鞦韆笑裏輕輕語一寸相思千萬緒人間沒箇安排處

千秋歲 留春　周紫芝

送春歸去說與愁無數春去後歸何處人應空懊惱春亦無言語寒日暮騰騰醉夢隨風絮　盡日閒庭雨紅濕秋千柱人恨切鶯聲苦擬傾澆悶酒留取殘紅樹春去也不成不為愁人住

如夢令　謝逸

花落鶯啼春暮陌上綠楊飛絮金鴨晚香寒人在洞庭深處無語無語葉上數聲疎雨

訴衷情 送春　万俟雅言

一鞭清曉喜還家宿醉困流霞夜來小雨新霽雙燕舞風斜　山不盡水無涯望中賒送春滋味念遠情懷分付楊花

謁金門 春晚　陳克

愁脈脈目斷江南江北烟樹重重芳信隔小樓山幾尺　細草孤雲斜日一晌弄晴天色簾外落花飛不得東風無氣力

選冠子 春情　魯逸仲

弄月餘花團風輕絮露濕池塘春草鶯鶯戀友燕燕將雛惆悵睡殘清曉還似初相見時攜手旗亭酒香梅小向登臨長是傷春滋味淚彈多少　因甚卻輕許風流終非長久又說分飛煩惱羅衣瘦損繡被香消那更亂紅如掃門外無窮路岐天若有情和天須老念高唐歸夢淒涼何處水流雲繞

柳梢青 春暮　蔡伸

數聲啼鴂可憐又是春歸時節滿院東風海棠鋪繡梨花飛雪　丁香露泣殘枝算未比愁腸寸結自是休文多情多感不干風月

一叢花 暮春送別　趙長卿

堦前春草亂抽芽塵暗綠窗紗釵盟鏡約知何限最斷腸溢浦琵琶南渚送船西城折柳遺恨在天涯　夜來魂夢到儂家一笑臉如霞鶯啼燕恨西窗下問何事潘鬢先華鐘動五更魂歸千里殘角怨梅花

鷓鴣天 送春　前人

只慣嬌癡不慣愁離情渾不挂眉頭可憐惱盡尊前客卻趁東風上小舟　真箇去不權留落花流水一春休自憐不及春江水隨到滕王閣下流

南歌子 暮春值雨　前人

黯靄陰雲覆滂沱急雨飛洗妝枝上亂紅稀恰是褪花天氣困人時　向曉春酲重偎人起較遲薄羅初見試輕衣笑拭新妝須要翦酴醾

燭影搖紅 深春　前人

梅雪飄香杏花開豔然春晝銅駝煙澹曉風輕搖曳青青柳海燕歸來未久向雕梁初成對偶日長人困綠水池塘清明時候　簾幕低垂麝煤煙噴黃金獸天涯人去杳無憑不念東陽瘦眉上新愁壓舊要消遣除非殢酒酒醒人靜月滿南樓相思還又

卜算子 春怨　徐俯

天生百種愁掛在斜陽樹綠葉陰陰占得春草滿鶯啼處　不見凌波步空憶如簧語門外重重疊疊山遮不斷愁來路

風入松 晚春　康與之

一宵風雨送春歸綠暗紅稀畫樓鎮日無人到與誰同撚花枝門外薔薇開也枝頭梅子酸時　玉人應是數歸期翠斂愁眉塞鴻不到雙魚遠歎樓前流水難西新恨欲題紅葉東風滿院花飛

祝英臺近 晚春　辛棄疾

寶釵分桃葉渡煙柳暗南浦怕上層樓十日九風雨斷腸點點飛紅都無人管更誰勸流鶯聲住　鬢邊覷試把花卜歸期纔簪又重數羅帳燈昏哽咽夢中語是他春帶愁來春歸何處卻不解帶將愁去

滿江紅　前人

家住江南又過了清明寒食花徑裏一番風雨一番狼籍紅粉暗隨流水去園林漸覺清陰密算年年落

盡刺桐花寒無力　庭院靜空相憶無處說閒愁極怕流鶯乳燕得知消息尺素如今何處也綠雲依舊無蹤跡漫教人羞去上層樓平蕪碧

摸魚兒春晚　前人

更能消幾番風雨匆匆春又歸去惜春長怕花開早何況落紅無數春且住見說道天涯芳草無歸路怨春不語算只有殷勤畫簷蛛網盡日惹飛絮　長門事準擬佳期又誤蛾眉曾有人妒千金縱買相如賦脈脈此情誰訴君莫舞君不見玉環飛燕皆塵土閒愁最苦休去倚危欄斜陽正在煙柳斷腸處

金人捧露盤惜春　程垓

愛春歸憂春去爲春忙旋點檢雨障雲妨遮紅護綠翠幃羅幕任高張海棠明月杏花天更惜濃芳　喚鶯吟招蝶拍迎柳舞倩桃妝盡呼起萬籟笙簧一觴一味儘教陶寫繡心腸笑他人世漫嬉遊擁翠偎香

憶秦娥　劉克莊

遊人絕綠陰滿野芳菲歇芳菲歇養蠶天氣採茶時節　枝頭杜宇啼成血陌頭楊柳吹成雪吹成雪淡煙疏雨江南三月

清平樂　黃機

風煙部賦春事三之二說與人生行樂耳富貴古來如此　西園已有心期姚黃魏紫開時纖指金荷瀲灩香脣銀竹參差

前調　前人

煙融雨膩春去三之二了却蘭亭修禊事拚與仙翁一醉　方壺日月偏長清容花草吹香辦取此身强健功名飽看諸郎

念奴嬌暮春　辛棄疾

野塘花落又匆匆過了清明時節剗地東風欺客夢一枕雲屏寒怯曲岸持觴垂楊繫馬此地曾經別樓空人去舊遊飛燕能說　聞道綺陌東頭行人長見簾底纖纖月舊恨春江流未斷新恨雲山千疊料得明朝尊前重見鏡裏花難折也應驚問近來多少華髮

好事近季春　汪莘

風雨打黃昏啼煞滿山杜宇到得人間春去問春歸何處　桃紅李白競春光誰共殘妝語最是梨花一樹照誰家庭戶

鷓鴣天暮春　黃昇

沈水香消夢半醒斜陽恰照竹間亭戲臨小草書團扇自揀殘花插淨瓶　鶯宛轉燕丁寧晴波不動晚山青玉人只怨春歸去不道槐雲綠滿庭

掃花遊送春古江村　吳文英

水園沁碧驟夜雨飄紅竟空林島豔春過了有塵香墜鈿尚遺芳草步遶新陰漸覺交枝逕小醉深窈愛綠葉翠圓勝看花好　芳架雪未掃怪翠被佳人困迷清曉柳絲繫棹問閶門自古送春多少倦蝶慵飛故撲簪花破帽酹殘照掩重城暮鐘不到

玉漏遲　前人

絮花寒食路晴絲罥日綠陰吹霧客帽欺風愁滿畫船煙浦綵挂鞦韆散後悵塵鎖燕簾鶯戶從閒阻夢雲無準鬢霜如許　夜久繡閣藏嬌記掩扇傳歌翦燈留語月約星期細把花鬚頻數彈指一襟怨恨漫空倩啼鵑聲訴深院宇黃昏杏花微雨

風入松春晚感懷　前人

聽風聽雨過清明愁草瘞花銘樓前綠暗分攜路一絲柳一寸柔情料峭春寒中酒交加曉夢啼鶯　西園日日埽林亭依舊賞新晴黃蜂頻撲鞦韆索有當時纖手香凝惆悵雙鴛不到幽階一夜苔生

喜遷鶯暮春　蔣捷

遊絲纖弱漫著意絆春春難憑托水暖成紋雲晴生影芳草漸侵裙幄露添牡丹新豔風擺鞦韆閒索對此景動高歌一曲何妨行樂　行樂君聽取鶯囀綠窻也似來相約粉壁題詩香街走馬爭奈鬢絲輸却夢回晝長無事聊倚闌干斜角翠深處看悠悠幾點楊花飛落

賀新郎約友三月旦飲　前人

鴈嶼晴嵐薄倚層屏千樹高低粉纖紅弱雲隘東風藏不盡吹豔生香萬壑又散入汀蘅洲葯擾擾怱塵土面看歌鶯舞燕逢春樂人共物知誰錯　寶釵樓上圍簾幕小嬋娟雙調彈箏半霄鸞鶴我輩中人無此分琴思詩情當却也勝似愁橫眉角芳景三分才過二便綠陰門巷楊花落沽斗酒且同酌

摸魚兒西湖送春　陳允平

倚東風畫闌十二芳陰簾幕低護玉屏翠冷梨花瘦寂寞小樓煙雨腸斷處悵折柳柔情舊別長亭路年華似羽任錦瑟聲寒瓊簫夢遠羞對綵鸞舞　文園賦重憶河橋眉嫵啼痕猶濺紈素丁香共結相思恨空托繡羅金縷春已暮縱燕約鶯盟無計留春住傷春倦旅趁暗綠稀紅扁舟短棹載酒送春去

大聖樂東園餞春　周密

嬌綠迷雲倦紅顰曉嫩晴芳樹漸午陰簾影移香燕
語夢回千點碧桃吹雨冷落錦衾歸後記前度蘭橈
停翠浦凭闌久漫凝竚鳳翹慵聽金縷　留春問誰
最苦奈花自無言鶯自語對畫樓殘照東風吹遠天
涯何許怕折露條愁輕別更煙暝長亭啼杜宇垂楊
晚但羅袖晴沾飛絮

一枝春 春曉和韻　前人

簾影移陰杏鄉寒乍濕西園絲雨芳期暗數又是去
年心緒金花漫剪倩誰畫舊時眉嫵空自傷楊柳風
流淚滴輭綃紅聚　羅窻那回歌處歎庭花倦舞香
消冰縷樓空燕冷碎錦懶尋底譜幺絃漫賦曾記是
倚嬌成妬深院悄門掩梨花倩鶯寄語

拜星月慢　前人

膩葉陰清孤花香冷迤邐方洲春換薄酒孤吟悵相
如遊倦想人在絮幕香簾凝望誤認幾許烟檣風幔
芳草天涯負華堂雙燕　記簫聲淡月梨花院研紅
箋漫寫東風怨一夜落紅啼鴂喚河橋吟徧蕩歸心
又過江南岸清宵夢遠逐飛花亂幾千萬絲縷垂楊
繫春愁不斷

西江月 春暮　前人

波影暖浮玉甃柳陰深鎖金鋪細桃花褪燕調雛又
是一番春暮　碧杜情深鳳怨雲屏夢淺鶯呼繡窻
人倦冷薰爐簾影搖搖亭午

杏花天　前人

金池瓊苑曾經醉是多少紅情綠意東風一枕遊仙
睡換却鶯花人世　漸暮色鵑聲四起正愁滿香溝
御水一色柳煙三十里爲問春歸那裏

瑣窻寒　王沂孫

趂酒梨花催詩柳絮一窻春怨疎疎過雨洗盡滿堦
芳片數東風二十四番幾番誤了西園宴認小簾珠
戶不如飛去舊巢雙燕　曾見雙蛾淺自別後多應
黛痕不展撲蝶花陰怕看題詩團扇試憑他流水寄
情遡紅不到春更遠但無聊病酒厭厭夜月荼蘼院

摸魚兒　前人

洗芳林夜來風雨忽忽還送春去方纔送得春歸了
那又送君南浦君聽取怕此際春歸也過吳中路君
行到處便快折河邊千條翠柳爲我繫春住　春還
住休索吟春伴侶殘花今已塵土姑蘇臺下烟波遠
西子近來何許能喚否又只恐殘春到了無憑據煩
君妙語更爲我將春連花帶柳寫入翠箋句

水龍吟 春晚留別故人　張炎

亂紅飛已無多豔遊終是如今少一番雨過一番春
減催人漸老倚檻調鶯捲簾收燕故園空杳奈關愁
不住悠悠萬里渾恰似天涯草　不擬相逢古道纔
疑夢又還驚覺清風在柳江搖白浪舟行趂曉遮莫
重來不如休去怎堪懷抱那知又五柳門荒曾聽得
鵑啼了

錦堂春　李肩吾

徑蘚痕沿碧甃檐花影壓紅闌今年春事渾無幾游
冶懶情慳　舊夢鶯鶯沁水新愁燕燕長干重門十
二簾休捲三月尚春寒

念奴嬌 惜春　何夢桂

三分春色更消得風雨幾番零落年少不來春老去
空負省薇階藥燕子飛忙杜鵑啼殺總爲誰悲樂臨
春結綺舊家何處樓閣　一任年去年來悵畫闌舞
斷塵生簾幕回首揚州渾一夢可是風流俱錯百歲
心期一春光景付與閒杯酌青虵猶在莫教雷雨飛
却

喜遷鶯　前人

留春不住又早是清明楊花飛絮杜宇聲聲黃昏庭
院那更半簾風雨勸春且休歸去芳草天涯無路悄
無語倚闌干立盡落紅無數　誰翦長門事記得當
年曾趂梨園舞霓羽香消梁州聲歇昨夢轉頭今古
金屋玉樓何在尚有花鈿塵土君不顧怕傷心休上
危樓高處

摸魚兒　莫崙

聽春教燕嬾鶯訴朝朝花困風雨六橋忘却清明後
碧盡柳絲千縷蜂蝶侶正閙覔閒花閒草閒歌舞最
憐西子尚薄薄雲情盈盈波淚點點舊眉嫵　流紅
記空泯秋宮怨句才人何處嬌妬落紅無限隨風絮
詩恨有誰曾遇堪恨處恨二十四番花信催花去東
君暗苦更多囑多情多愁杜宇多訴斷腸語

卜筭子 送春　釋揮

有意送春歸無計留春住畢竟年年用著來何似休
歸去　目斷楚天遙不見春歸路風急桃花也似愁
點點飛紅雨

念奴嬌 春日　葛長庚

桃花開盡正溪南溪北春風春雨寒食清明都過了
愁殺一聲杜宇醉跨蹇驢蹋翻芳草滿樹鷓鴣遊
仙夢覺不知身在何處　因甚青鳥不來一年春事
撚指都如許人在白雲流水外多少鶯啼燕語遺與

成詩烹茶解酒日落薔薇塢玉龍斷斷亂霞驚起無數

如夢令 媛李清照

昨夜雨疎風驟濃睡不消殘酒試問捲簾人却道海棠依舊知否知否應是綠肥紅瘦

怨王孫 前人

夢斷漏悄愁濃酒惱寶枕生寒翠屏向曉門外誰掃殘紅夜來風 玉簫聲斷人何處春又去忍把歸期負此情此恨此際擬託行雲問東君

武陵春 春晚 前人

風住塵香花已盡日晚倦梳頭物是人非事事休欲語淚先流 聞說雙溪春尚好也擬泛輕舟只恐雙溪舴艋舟載不動許多愁

蝶戀花 送春 朱淑眞

樓外垂楊千萬縷欲繫青春少住春還去猶自風前飄柳絮隨春且看歸何處 滿目山川聞杜宇便做無情莫也愁人意把酒送春春不語黃昏却下瀟瀟雨

漁家傲 送春四首 金段克己

詩句一春渾漫與紛紛紅紫俱塵土樓外垂楊千萬縷風落絮闌干倚遍空無語 畢竟春歸何處所樹頭樹底無尋處惟有閒愁將不去依舊住伴人直到黃昏雨

不是花開常殢酒只愁花盡春將暮把酒酬春無好句春且住尊前聽我歌金縷 醉眼看花如隔霧明朝酒醒那堪覷早是閒愁無著處雲不去黃昏更下廉纖雨

龍尾溝邊飛柳絮虎頭山下花無數花底醉眠畱杖屨花上露隨風散漫飄香霧 老去逢春能幾度不妨且作風光主明日不知風共雨回首處夕陽又下西山去

一片花飛春已暮那堪萬點飄紅雨白髮送春情最苦愁幾許滿川煙草和風絮 常記解鞍沽酒處而今綠暗旗亭路怪底春歸留不住鶯作馭朝來引過西園去

六幺令 元李琳

淡煙疎雨香逕渺啼鴂新晴畫簾閒卷燕外寒尤力依約天涯芳草染得春風碧人間陳迹斜陽今古幾縷遊絲趁飛蝶 誰向尊前起舞又覺春如客翠袖折取蔫紅笑與簪華髮回首青山一點簷外寒雲疊梨花著雨柳花飛絮夢繞闌干滿園雪

最高樓 暮春 司馬昂父

花信緊二十四番愁風雨五更頭侵堦苔蘚宜羅襪逗衣梅潤試香篝綠窗閒人夢覺鳥聲幽 按秦箏學弄相思調寫幽情恨殺知音少向何處說風流一絲楊柳千絲恨三分春色二分休落花中流水裏兩悠悠

蝶戀花 送春 汪斌

芳草天涯猶未歇暗綠稀紅柳絮纔飄雪有意送春還惜別杜鵑爭奈催歸切 繡閣無人簾半揭苦憶邊城十載音書絕惟有東風無異說年年來趁梅花月

長相思 春暮 明劉基

山悠悠水悠悠水遠山長處處愁那堪獨倚樓 憶歸休怎歸休細雨微風冷似秋綠陰啼栗畱

念奴嬌 岳陽春暮 楊基

楚江天暖滿山中桃李東風吹忒怨白愁紅千萬點都向溪邊流出前度劉郎去年崔護相見頭全白杜鵑啼處要歸誰便歸得 惆悵南浦南邊東湖東畔芳草茸茸碧寒食清明都過了回首無多春色茂苑鶯聲鷗波煙雨同是江南客五湖縹緲君山且聽吹笛

滿江紅 春暮 文徵明

漠漠輕陰正梅子弄黃時節最惱是欲晴還雨乍寒又熱燕子梨花都過也小樓無奈傷春別傍闌干欲語更沉吟終難說 一點點楊花雪一片片榆錢莢漸西垣日隱晚凉清絕池面盈盈清淺水柳梢淡淡黃昏月是何人吹徹玉參差情淒切

少年遊 春暮 楊愼

紅稠綠暗徧天涯春色在誰家花謝蜨稀柳濃鶯懶煙景屬蜂衙 日長睡起無情思簾外夕陽斜帶眼頻移琴心慵理多病負年華

踏莎行 三月十四夜作 吳子孝

天上浮雲山前驟雨月明只在雲深處試憑雕檻待須臾清光果向金尊住 玉蕊都飛朱弦解語月將圓也春將去風流人伴可憐宵千金一刻休虛度

搗練子 春別 葛一龍

纔欲去且逡巡耐雨禁風一日春橋上飛花橋下水斷腸人是過橋人

浪淘沙 王泰際

高閣掩春殘香冷衾單滿城桃李盡朱顏自分與花

同福命長是心關　作客信郎難書杳平安多因身
在翠微間歸看雙鸞妝鏡裏亦有青山
玉樓春晚春中檣看月　媛郭珸
花飛錦帶春波簇殘月流輝明水縠萬珠的皪照新
妝故向嫦娥纖手掬　柳綫牽煙輕重綠漁燈高下
鴛鴦宿無情花柳送春歸不管離人腸斷續

季春部選句

後漢梁鴻歌維季春兮華阜麥含金兮方秀
晉陸雲谷風篇習習谷風扇此暮春元澤墜潤靈爽
烟熅高山熾景喬木輿繁蘭波清躍芳滸增凉又元
黃交泰品物含章潛介淵躍候鳥雲翔
宋顏延之曲水詩序日躔胃維月軌青陸
唐杜審言侍宴應制詩風光新柳報宴賞落花催
王維暮春逍遙谷讌集序巖谷先曙羲和不能信其
時芳卉後春勾芒不能一其令桃徑窈窕蘅皐超忽
驂御延佇于叢薄珮玉升降于蒼翠又詩年光三月
裏宮殿百花中
李白詩江邊石上誰知處綠戰紅酣別是春
李嘉祐詩江花鋪淺水山木暗殘春
杜甫詩落花遊絲白日靜鳴鳩乳燕青春深
錢起詩叢篠輕新暑孤花占晚春
李端詩江上花開盡南行見杪春
韓愈詩大哉陽德盛榮茂恆留春
劉禹錫詩草色淺深團幄幕花枝上下逐鞦韆
白居易詩三月草萋萋黃鶯歇又啼
楊衡送春詩三月三十日春歸日復暮惆悵問春風
明朝應不住送春曲江上眷眷東西顧但見撲水花
紛紛不知數慼時良未已獨倚池南樹今日送春心
心如別親故
李廓詩戟門連日閉苦飲惜殘春
胡曾詩金絡馬銜原上草玉釵人折路傍花
張泌詩青草浪高三月渡綠楊花發一溪煙
宋迪龍池草詩幽姿偏占暮芳意欲留春
宋歐陽修詩九門寒食多遊騎三月春陰正養花又
趁春應須萬斛酒與子共醉三千杯
王安石詩蕭蕭三月閉柴荊綠葉陰陰忽滿城
蘇軾詩綠葉成陰雨洗春
謝逸詩點點花飛春事晚青青芳草暮愁生
朱熹詩雨師誰遣送餘春
元劉因詩十日得閒須小醉一年最好是深春
王瓚詩猗猗季月穆穆和春
丁鶴年詩深春耒耜孤村雨落日帆檣遠浦風
明謝縉詩新社未來先有燕一春將盡始聞鶯
錢遜詩滿地綠陰飛燕子一簾晴雪卷楊花
李勛詩綠波芳草汀邊路飛絮殘陽柳外村
吳寬詩岸花汀草駐殘春
趙寬詩案牘偷閒聊一日園林成趣已三春

欽定古今圖書集成曆象彙編歲功典

歲功典第三十六卷

季春部紀事

路史禹聞宛委黃帝書乃吉蠲封白馬三月庚子登覆鬴探穴獲五符知治水要

詩經周頌臣工章嗟嗟保介維莫之春亦又何求如何新畬 朱注 保介農官之副莫春斗柄建辰夏正之三月也 大全 曹氏曰二歲曰新田始爲田也三歲曰畬乃成熟也輔氏曰維莫之春亦又何求戒之使及時務農也

禮記郊特牲季春出火爲焚也然後簡其車賦而歷其卒伍而君親誓社以習軍旅 陳注 建辰之月大火心星昏見南方故出火以焚除草萊焚後卽蒐田也

祭義及大昕之朝君皮弁素積卜三宮之夫人世婦之吉者使入蠶于蠶室 陳注 大昕之朝季春朔旦也

周禮夏官司爟季春出火民咸從之季秋內火民亦如之 訂義 鄭鍔曰東方七宿心爲大火出於夏之三月其位在辰伏於夏之九月其位在戌戌爲火伏之位辰爲火出之方古之火正或食於味以出內火其或出或內皆覩天之大火伏見以爲節薛氏曰火之象在天旣有伏見之時火之用在人亦有出內之節傳曰火見於辰故自辰至巳其方爲火所王當是時雖烈山焚萊不禁也何則因其王而出之以宣其氣耳傳曰火伏於戌自戌至亥其方爲火所休當是時雖鑠金燒薙不爲也何則因其休而內之以息其氣耳或者徒泥於出內之文謂火者民事之大者也季春則出之始用季秋則內而不用不幾於廢民事乎且出火於季春非謂季春之時始用火也出其新火而導達乎陽之氣也內火於季秋非謂季秋之時而不用火也內其舊火而順適其陰之氣也司爟所謂四時變其出內之火宮正所謂春秋修火禁者修其出內之禁尚何季春始用而季秋不用乎昔子產鑄刑書士文伯曰火未出而作火以鑄刑器藏爭辟焉是不知先王納火之制也單襄假道於陳火朝覿矣道茀而不可行是不知先王出火之制也

管子小問篇桓公放春三月觀于野 注 春物放發故曰放春

左傳昭公十八年五月火始昏見丙子風梓愼曰是謂融風火之始也七日其火作乎戊寅風甚壬午大甚宋衞陳鄭皆火 注 火心星東北曰融風融風木也木火母故曰火之始從丙子至壬午七日壬午水火合之日故知當火作按周之五月夏正三月也

漢書文帝本紀元年三月詔曰方春和時草木羣生之物皆有以自樂而吾百姓鰥寡孤獨窮困之人或阽於死亡而莫之省憂爲民父母將何如其議所以振貸之又曰老者非帛不煖非肉不飽今歲首不時使人存問長老又無布帛酒肉之賜將何以佐天下子孫孝養其親今聞吏稟當受鬻者或以陳粟豈稱養老之意哉具爲令有司請令縣道年八十已上賜米人月一石肉二十斤酒五斗其九十已上又賜帛人一匹絮三斤

十二年三月詔曰道民之路在於務本朕親率天下農十年於今而野不加辟歲一不登民有饑色是從事焉尚寡而吏未加務也吾詔書數下歲勸民種樹而功未興是吏奉吾詔不勤而勸民不明也且吾農民甚苦而吏莫之省將何以勸焉其賜農民今年租稅之半

武帝本紀太初二年三月行幸河東祠后土令天下大酺五日膢五日祠門戶比臘

花史漢武帝嘗以吸花絲所織錦賜麗娟命作舞衣春暮宴於花下舞時故以袖拂落花滿身都著舞態愈媚謂之百花舞

漢書元帝本紀建昭五年春三月詔曰方春農桑興百姓戮力自盡之時故是月勞農勸民無使後時今不良之吏覆案小罪徵召證案興不急之事以妨百姓使失一時之作亡終歲之功公卿其明察申敕之

水經注漢大司馬張仲議曰河水濁清澄一石水六斗泥而民競引河溉田令河不通利三月桃花水至則河決以其噎不洩也禁民勿復引河

後漢書禮儀志明帝永平二年三月上始帥羣臣躬養三老五更於辟雍行大射之禮郡縣道行鄉飲酒於學校皆祀聖師周公孔子牲以犬

是月皇后帥公卿諸侯夫人蠶祠先蠶禮以少牢

安帝本紀元初六年三月庚辰始立六宗祠於洛城西北

謝承後漢書羊續爲南陽太守好啖生魚府丞焦儉以三月望餉鯉魚一頭續不爲意受而懸之于庭少有皮骨明年三月儉復致一魚續出昔枯魚以示儉遂終身不復食

典論文帝自敘歲之暮春句芒司節和風扇物弓燥手柔草淺獸肥與族兄子丹獵於鄴西終日手獲麞鹿九雉兔三十

魏志明帝本紀太和六年三月行東巡所過存問高年鰥寡孤獨賜穀帛

宋書符瑞志晉建武元年三月己酉丹陽江寧民虞由墾田得白麒麟璽一紐文曰長壽萬年

抱朴子仙藥篇欲求芝草入名山必以三月九月乃山開出神藥之月也到山須六陰日明堂之時帶靈寶符牽白犬抱白雞以白鹽一斗及開山符檄著大石上執吳唐草一把以入山山神喜必得芝也

十六國春秋後秦弘始三年春三月連理樹生於廟庭逍遙園

宋書符瑞志文帝元嘉十四年三月丙申大鳥二集秣陵王顗園中李樹上大如孔雀頭足小高毛羽鮮明文彩五色聲音諧從衆鳥如山鷄者隨之如行三十步頃東南飛去揚州刺史彭城王義康以聞改鳥所集永昌里曰鳳凰里

孝武帝本紀大明二年三月乙卯以田農要月大官停殺牛

唐書食貨志唐開軍府以扞要衝因隙地置營田隷司農者歲三月卿少卿循行治不法者凡新附之民春以三月免役

洽聞記唐武德五年三月景谷縣西水有龍馬身長八九尺龍形有鱗甲橫文五色龍身馬首頂有二角白色口銜一物長可三四尺凌波迴顧百餘步而沒

朝野僉載貞觀年中定州鼓城縣人魏全家富母忽然失明問卜者王子貞子貞爲卜之曰明年有人從東來青衣者三月一日來療必愈至時候見一人著青紬襦遂邀爲設飲其人曰僕不解醫但解作犂耳爲主人作之持斧繞舍求犂轅見桑曲臨井上遂斫下其母兩眼煥然見物此曲桑蓋井之所致也

唐會要龍朔元年三月一日上名李勣蘇定方等燕於城門觀屯營教舞按新教之舞名之曰一戎大定樂

唐詩紀事中宗景龍四年三月八日令學士尋勝同宴於禮部尚書竇希玠亭賦詩張說爲之序

大唐新語則天朝嘗三月降雪鳳閣侍郎蘇味道等以爲祥瑞草表將賀左拾遺王永禮止之味道曰國家事何爲誑妄以賀朝廷永禮曰宰相不能燮理陰陽令三月降雪此災也乃誣爲瑞若三月雪是瑞雪臘月雷當爲瑞雷耶舉朝善之遂不賀

松窗雜記元宗自臨淄郡王爲潞州別駕乞歸京師以覩時晦迹尤自卑損會春暮豪家數輩盛酒饌游於昆明池選勝方宴上戎服臂小鷹於野次因疾驅直突會前諸子輩頗露難色忽一少年持酒船唱令曰宜以門族官品備陳之酒及於上大聲曰曾祖天子父相王某臨淄郡王也諸少年聞之驚走不敢復視上因連飲三銀船盡一卣徐乘馬東去

舊唐書明皇本紀天寶七載三月乙酉大同殿柱生玉芝有神光照殿

通典唐天寶十載以東海爲廣德王南海爲廣利王西海爲廣潤王北海爲廣澤王分命卿監諸嶽瀆及山取三月十七日一時備禮册

唐國史補京城貴遊尚牡丹三十餘年矣每春暮車馬若狂以不耽玩爲恥執金吾鋪官園外寺觀種以求利一本有直數萬者

南部新書永貞二年三月彩虹入潤州大將張子良宅初入漿甕水盡入井飲之後子良拜金吾尋歷方鎭

唐詩紀事元稹序略元和四年三月奉使東川十六日至褒城東數里遙望驛亭前有大池樓樹甚盛逡巡有黃明府見迎瞻其形容彷彿似識問其前銜即曩日逃席黃丞也說向前事與之盡歡作贈黃明府詩曰昔年曾痛飲黃令困飛觥席上當時走馬前今日迎依稀迷姓氏積漸識平生故友身皆遠他鄉眼獨明

南部新書長安三月五日看牡丹奔走車馬半月裴潾題於佛堂盧壁云長安豪貴惜春殘爭賞先開紫牡丹別有玉杯盛露冷無人肯向月中看太和中文宗見之因令宮嬪諷念及暮此詩滿六宮矣

本事詩劉禹錫屯田員外左遷朗州司馬凡十年始徵還方春作贈看花諸君子詩曰紫陌紅塵拂面來無人不道看花回元都觀裏桃千樹盡是劉郎去後栽其詩當日傳於都下有嫉其名者白於執政又誣

其有怨憤他日見時宰與坐慰甚厚旣辭卽曰近者新詩未免其累奈何不數日出爲朗州刺史禹錫自敘云貞元二十一年春予爲屯田員外時此觀未有花是歲出牧連州至荆南又貶朗州司馬居十年詔至京師人人皆言有道士手植仙桃滿觀盛如紅霞遂有前篇以志一時之事耳屬又出牧於連州至十四年始爲主客郎中重遊元都蕩然無復一株唯兔葵燕麥動搖春風耳因再題二十八字以俟後遊時太和二年三月也詩曰百畝庭中半是苔桃花靜盡菜花開種桃道士今何在前度劉郎今復來

摭異記太和開成中有程修己者以善畫得進謁修己始以孝廉名入籍故上不甚以畫者流視之會春暮內殿賞牡丹花上頗好詩因問修己曰今京邑傳唱牡丹花詩誰爲首出修己對曰臣嘗聞公卿間多吟賞中書舍人李正封詩曰國色朝酣酒天香夜染衣上聞之嗟賞移時楊妃方恃恩寵上笑謂賢妃曰妝鏡臺前宜飲以一紫金盞酒則正封之詩見矣

白居易集會昌五年三月二十四日胡吉劉鄭盧張等六賢皆多年壽予亦次焉於東都敝居履道坊合尚齒之會七老相顧旣醉且歡靜而思之此會希有因各賦七言六韻詩一章以記之或傳諸好事者

摭言宣慈寺門子不記姓氏酌其人義俠徒也唐乾符二年韋昭範登宏詞科昭範乃度支使楊嚴懿親及宴席帟幕器皿之類假於計司嚴復遺以使庫供借其年三月宴於曲江亭子供帳之盛罕有倫擬時進士同日有宴都人觀者甚衆飲與方酣俄覩一少年跨驢而至驕悖之狀傍若無人於是俯逼筵席張目引頸及肩復以巨箠振築佐酒譃浪之詞所不能聽諸子駭愕之際忽有於衆中批其頰者隨手而墮於是連加毆擊又奪所執箠箠之百餘衆皆致怒瓦礫亂下殆將斃矣當此之際紫雲門樓軋然而開有紫衣從人數輩馳告曰莫打傳呼之聲相續又一中貴驅殿甚盛馳馬來救復操箠迎擊中者無不面仆於地敕使亦爲所箠旣而奔馬而反左右從而俱入門門亦隨閉而已坐內甚忻愧然不測其來又慮事連宮禁禍不旋踵乃以緡錢束素召行毆者訊之曰爾何人與諸郎君阿誰有素而能相爲如此對曰某是宣慈寺門子亦與諸郎君無素第不平其下人無禮耳衆皆嘉歎悉以錢帛遺之復相謂曰此人必須亡去不然當爲擒矣後旬朔座中賓客多有假途宣慈寺門者門子皆能識之靡不加敬竟不聞有追問之者

玉海唐昭宗三月二十二日誕爲嘉會節

後漢隱帝三月九日誕爲嘉慶節

清異錄劉鋹在國春深令宮人鬬花凌晨開後苑各任採擇少頃勅還宮鎖花門膀訖普集角勝負於殿中宦士抱關宮人出入皆搜懷袖置樓羅曆以驗姓名法制甚嚴時號花禁負者獻耍金耍銀買燕

閩昶春餘後苑花飛紅滿空昶曰彌陀經云雨天曼陀羅華此景近似今日覩化工之雨天三昧宜名六宮設三昧燕

野人閒話蜀後主昶每春三月有遊花院遊錦浦者歌樂掀天珠翠填咽貴門公子華軒彩舫遊百花潭窮奢極麗諸王功臣已下皆置林亭異果名花其樓臺皆此類也

遼史聖宗本紀統和五年三月癸亥朔幸長春宮賞花釣魚以牡丹徧賜近臣

玉海開寶六年三月乙亥日御講武殿覆試進士宋準等御試舉人自玆始

太平興國元年詔以卒三萬五千人鑿池引金河水注之有水心五殿南有飛梁引數百步屬瓊林苑每三月初命神衛虎翼水軍教舟楫習水嬉

宋史禮志打毬本軍中戲太宗令有司詳定其儀三月會鞠大明殿有司除地竪木東西爲毬門高丈餘首刻金龍下施石蓮花座加以采繢左右分朋主之以承旨二人守門衛士二人持小紅旗唱籌御龍官錦繡衣持哥舒棒周衛毬場殿階下東西建日月旗教坊設龜茲部鼓樂於兩廊鼓各五又於東西毬門旗下各設鼓五閤門豫定分朋狀取裁親王近臣節度觀察防禦團練使刺史駙馬都尉諸司使副使供奉官殿直悉預其兩朋官宗室節度以下服異色繡衣左朋黃襴右朋紫襴打毬供奉官左朋服紫繡朋服緋繡烏皮鞾冠以華插腳折上巾天廄院供馴習馬并鞍勒帝乘馬出教坊大合涼州曲諸司使以下前導從臣奉迎旣御殿羣臣謝宣名以次上馬馬皆結尾分朋自兩廂入序立於西廂帝乘馬當庭西南駐內侍發金合出朱漆毬擲殿前通事舍人奏云御朋打東門帝擊毬教坊作樂奏鼓毬旣度颭旗鳴鉦止鼓帝回馬從臣奉觴上壽貢物以賀賜酒卽列拜飲畢上馬帝再擊之始命諸王大臣馳馬爭擊旗下擂鼓將及門逐廂急鼓毬度殺鼓三通毬門兩旁

置繡旗二十四面設虛架於殿東西階下每朋得籌即插一旗架上以識之帝得籌樂少止從官呼萬歲羣臣得籌則唱好得籌者下馬稱謝凡三籌畢乃御殿召從臣飲又有步擊者乘驢騾擊者時令供奉者朋戲以爲樂云

玉海太平興國五年三月戊子會鞠於大明殿上獲多筹御製擊毬五七言詩各一首詔近臣屬和

宋史禮志太宗太平興國九年三月十五日詔宰相近臣賞花於後苑帝曰春氣暄和萬物暢茂四方無事朕以天下之樂爲樂宜令侍從司臣各賦詩帝習射於水心殿

玉海端拱元年廣州言清遠縣有合歡木高百餘尺今年三月十日有鳳高六尺棲集其上衆禽從之木下生芝草三莖畫圖來獻

宋史禮志淳化三年三月幸金明池命爲競渡之戲擲銀甌於波間令人泅波取之因御船奏教坊樂岸上都人縱觀者萬計帝顧視高年皓首者就賜白金器皿

玉海淳化三年三月二十二日宴新進士於瓊林苑御製詩三首賜之

淳化五年三月六日宋太宗召近臣賞花宴後苑上臨池釣魚命羣臣賦詩應制三十九人上亦賦詩以賜宰相呂蒙正等因習射上中的者六張樂飲酒羣臣盡醉

湘山野錄退傳張鄧公士遜晚春乘安轝出南薰繚繞都城游金明抵暮指宜秋而入閽兵捧門牌請官位退傳止書一闋於牌上云閒遊靈沼送春回關吏何須苦見猜八十衰翁無品秩昔曾三到鳳池來

玉海景德四年三月七日乙巳曲宴後苑初臨水閣垂釣

大中祥符四年三月八日車駕駐西京命從臣射於後苑淑景亭移宴長春殿帝作賞花開宴詩

大中祥符七年三月十日乙未召輔臣賜宴翔鸞閣又臨曲水浮觴小黃門奏樂帝作流杯詩

天聖四年季春丙午景靈宮牡丹雙跗共榦詔詞臣爲賦

皇祐三年三月二十二日甲戌召輔臣兩制館閣官觀後苑瑞竹其竹一本兩莖多爲賦頌以獻

聞見前錄洛中三月牡丹開於花盛處作園囿四方伎藝舉集都人士女載酒爭出擇園亭勝地上下池臺間引滿歌呼不復問其主人抵暮遊花市以筠籠賣花故王平甫詩曰風暄翠幕春沽酒露濕筠籠夜賣花

聞見後錄嘉祐六年三月仁宗皇帝幸後苑召宰執侍從臺諫館閣以下賞花釣魚中觴上賦詩宰相韓琦以下皆和帝獨稱賞韓琦輕陰閣雨迎天步寒色畱春送壽杯之句

誠齋雜記范蜀公居許下於長嘯堂前荼蘼架每春季花時宴客其下有花墮酒中者飲一大白微風過則舉坐無遺當時謂之飛英會

六一詩話梅聖俞嘗與范希文席上賦河豚詩春洲生荻芽春岸飛楊花河豚當是時貴不數魚蝦河豚常出於春暮羣游水上食絮而肥南人多以荻芽爲羹云最美

蘇軾牡丹記序熙寧五年三月二十三日余從太守沈公觀花於吉祥寺僧守璘之圃圃中花千本其品以百數酒酣樂作州人大集金盤綵籃以獻於坐者五十有三人飲酒樂甚素不飲者皆醉自輿臺皁隸皆插花以從觀者數萬人

蘇軾破琴詩引元祐六年三月十九日予自杭州還朝宿吳淞江夢長老仲殊挾琴過予彈之有異聲就視琴頗損而有十三絃予方歎息不已殊曰雖損尚可修曰奈十三絃何殊不答誦詩云度數形名本偶然破琴今有十三絃此生若遇邢和璞方信秦箏是響泉予夢中了然識其所謂既覺而忘之明日晝寢復夢殊來理前語再誦其詩方驚覺而殊適至意其非夢也問之殊蓋不知

東坡志林崇寧元年元日粥罷昏睡夢中忽作一詩既覺輒能記之曰無賴東風試怒號共乘一葉傲驚濤不知兩岸人皆愕但覺中流笑語高三月七日偶與瑩中濟湘江是日大風當斷渡而瑩中必欲宿道林小舟掀舞向浪中兩岸聚觀膽落而瑩中笑聲愈高余細繹夢中詩以告瑩中瑩中曰此殆公案三十年後大行叢林也

紫薇詩話張丈文潛大觀中歸陳州至南京答予書云到宋冒雨時見數花淒寒重裘附火端坐略不類季春氣候也

清波雜志張文潛雜書有云余自金陵月臺謁蔣帝祠初出北門始辨色行平野中時春暮人家桃李未謝西望城壁濠木或絕或流多鵁鶄白鷺遊還近山風物夭秀如行錦繡圖畫中舊讀荊公詩多稱蔣山

景物信不誣也

東京夢華錄三月一日州西順天門外開金明池瓊林苑每日教習車駕上池儀範雖禁從士庶許縱賞御史臺有榜不得彈劾池在順天門街北周圍約九里三十步池西直徑七里許入池門內南岸西去百餘步有西北臨水殿車駕臨幸觀爭標錫宴於此往日旋以綵幄政和間用土木工造成矣又西去數百步乃仙橋南北約數百步橋面三虹朱漆闌楯下排鴈柱中央隆起謂之駱駝虹若飛虹之狀橋盡處五殿正在池之中心四岸石甃向背大殿中坐各設御幄朱漆明金龍牀河間雲水戲龍屏風不禁遊人殿上下回廊皆關撲錢物飲食伎藝人作場勾肆羅列左右橋上兩邊用瓦盆內擲頭錢關撲錢物衣服動使遊人還往荷蓋相望橋之南立欞星門門裏對立綵樓每爭標作樂列妓女於其上門相對街南有磚石甃砌高臺上有樓觀廣百丈許曰寶津樓前至池門闊百餘丈下瞰仙橋水殿車駕臨幸觀騎射百戲於此池之東岸臨水近牆皆垂楊兩邊皆綵棚幕次臨水假賃觀看爭標街東皆酒食店舍博奕場戶藝人勾肆質庫不以幾日解下只至閉池便典沒出賣北去直至池後門乃汴河西水門也其池之西岸亦無屋宇但垂楊蘸水烟草鋪堤遊人稀少多垂釣之士必於池苑所買牌子方許捕魚遊人得魚倍其價買之臨水斫鱠以薦芳樽乃一時佳味也習水教罷繫小龍船於此池岸正北對五殿起大屋盛大龍船謂之奧屋車駕臨幸往往取二十日諸禁衛班直簪花披錦繡撚金線衫袍金帶勒帛之類結束競逞鮮新出內府金槍寶裝弓劍龍鳳繡旗紅纓錦轡萬騎爭馳鐸聲振地

駕先幸池之臨水殿錫宴羣臣殿前出水棚排立儀衛近殿水中橫列四綵舟上有諸軍百戲如大旗獅豹掉刀蠻牌神鬼雜劇之類又列兩船皆樂部又有一小船上結小綵樓下有三小門如傀儡棚正對水中樂船上參軍色進致語樂作綵棚中門開出小木偶人小船子上有一白衣人垂釣後有小童舉棹划船繚遶數回作語樂作釣出活小魚一枚又樂作小船入棚繼有木偶築毬舞旋之類亦各念致語唱和樂作而已謂之水傀儡又有兩畫船上立鞦韆船尾百戲人上竿左右軍院虞候監教鼓笛相和又一人上蹴鞦韆將平架筋斗擲身入水謂之水鞦韆水戲呈畢百戲樂船並各鳴鑼鼓動樂舞旗與水傀儡船分兩壁退去有小龍船二十隻上有緋衣軍士各五十餘人各設旗鼓銅鑼船頭有一軍人校舞旗招引乃虎翼指揮兵校也又有虎頭船十隻上有一錦衣人執小旗立船頭上餘皆著青短衣長頂頭巾齊舞棹乃百姓卸在行人也又有飛魚船二隻綵畫間金最為精巧上有雜綵戲衫五十餘人間列雜色小旗緋傘左右招舞鳴小鑼鼓鐃鐸之類又有鰍魚船二隻止容一人撐划乃獨木為之也皆進花石朱緬所進諸小船競詣奧屋牽拽大龍船出詣水殿其小龍船爭先團轉翔舞迎導於前其虎頭船以繩牽引龍舟大龍船約長三四十丈闊三四丈頭尾鱗鬣皆雕鏤金飾楻板皆退光兩邊列十閣子充閣分歇泊中設御座龍水屏風楻板到底深數尺底上密排鐵鑄大銀樣如卓面大者壓重庶不欹側也上有層樓臺觀檻曲安設御座龍頭上人舞旗左右水棚排列六槳宛若飛騰至水殿艤之一邊水殿前至仙橋預以紅旗插於水中標識地分遠近所謂小龍船列於水殿前東西相向虎頭飛魚等船布在其後如兩陣之勢須臾水殿前水棚上一軍校以紅旗招之龍船各鳴鑼鼓出陣划棹旋轉共為圓陣謂之旋羅水殿前又以旗招之其船分而為二各圓陣謂之海眼又以旗招之兩隊船相交互謂之交頭又以旗招之則諸船皆列五殿之東面對水殿排成行列則有小舟一軍校執一竿上掛以錦綵銀盌之類謂之標竿插在近殿水中又見旗招之則兩行舟鳴鼓並進捷者得標則山呼拜舞并虎頭船之類各三次爭標而止其小船復引大龍船入奧屋內矣

駕方幸瓊林苑在順天門大街面北與金明池相對大門牙道皆古松怪柏兩傍有石榴園櫻桃園之類各有亭榭多是酒家所占苑之東南隅政和間創築華觜岡高數丈上有橫觀層樓金碧相對下有錦石纏道寶砌池塘柳鎖虹橋花縈鳳舸其花皆素馨茉莉山丹瑞香含笑麝香等閩廣二浙所進南花有月池梅亭牡丹之類諸亭不可悉數

寶津樓之南有宴殿駕臨幸嬪御車馬在此尋常亦禁人出入有官監之殿之西有射殿殿之東南有橫街牙道柳徑乃都人擊毬之所西去苑西門水虎翼巷橫道之南有古桐牙道兩傍亦有小園圃臺榭南過畫橋水心有大撮焦亭子方池柳步圍繞謂之蝦蟆亭亦有酒家占尋常駕未幸於苑大門御馬立於

門上門之兩壁皆高設綵棚許士庶觀賞呈引百戲御馬上池則張黃蓋擊鞭如儀每遇大龍船出及御馬上池則遊人增倍矣

駕登寶津樓諸軍百戲呈於樓下先列鼓子十數輩一人搖雙鼓子近前進致語多唱青春三月驀山溪也唱訖吹笛舉一紅巾者弄大旗次獅豹入場坐作進退奮迅舉止畢次一紅巾者手執兩白旗子跳躍旋風而舞謂之撲旗子及上竿打筋斗之類訖樂部舉動琴家弄令有花妝輕健軍士百餘前列旗幟各執雉尾蠻牌木刀初成行列拜舞互變開門奪橋等陣然後列成偃月陣樂部復動蠻牌令數內兩人出陣對舞如擊刺之狀一人作奮擊之勢一人作僵仆出場凡五七對或以槍對牌劍對牌之類忽作一聲如霹靂謂之爆仗則蠻牌者引退烟火大起有假面披髮口吐狼牙烟火如鬼神狀者上場著青貼金花短後之衣貼金皂袴跣足攜大銅鑼隨身步舞而進退謂之抱鑼遶場數遭或就地放烟火之類又一聲爆仗樂部動拜新月慢曲有面塗青綠戴面具金睛飾以豹皮錦繡看帶之類謂之硬鬼或執刀斧或執杵棒之類作腳步蘸立為驅捉視聽之狀又爆仗一聲有假面長髯展裹綠袍鞾簡如鍾馗像者傍一人以小鑼相招和舞步謂之舞判繼有二三瘦瘠以粉塗身金睛白面如髑髏狀繫錦繡圍肚看帶手執軟杖各作詼諧趨蹌舉止若排戲謂之啞雜劇又爆仗響有烟火就湧出人面不相覩烟中有七人皆披髮文身著青紗短後之衣錦繡圍肚看帶內一人金花小帽執白旗餘皆頭巾執真刀互相格鬬擊刺作破面剖心之勢謂之七聖刀忽有爆仗響又後烟火出散處以青幕圍繞列數十輩皆假面異服如祠廟中神鬼塑像謂之歇帳又爆仗響卷退次有一擊小銅鑼引百餘人或巾裹或雙髻各著雜色半臂圍肚看帶以黃白粉塗其面謂之抹蹌各執木棹刀一口成行列擊鑼者指呼各拜舞起居畢喝喊變陣子數次成一字陣兩兩出陣格鬬作奪刀擊刺之態百端訖一人棄刀在地就地擲身背著地有聲謂之扳落如是數十對訖復有一裝田舍兒者入場念誦言語訖有一裝村婦者入場與村夫相值各持棒杖互相擊觸如相毆態其村夫者以杖背村婦出場畢後部樂作諸軍繳隊雜劇一段繼而露臺子弟雜劇一段是時子弟蕭住兒丁都賽薛子大薛子小楊總惜崔上壽之輩後來者不足數合曲舞旋訖諸班直常入祗候子弟所呈馬騎先一人空手出馬謂之引馬次一人磨旗出馬謂之開道旗次有馬上抱紅繡之毬繫以紅錦索擲下於地上數騎追逐射之左曰仰手射右曰合手射謂之拖繡毬又以柳枝插於地數騎以剗子箭或弓或弩射之謂之䩞柳枝又有以十餘小旗遍裝輪上而背之出馬謂之旋風旗又有執旗挺立鞍上謂之立馬或以身下馬以手攀鞍而復上謂之騗馬或用手握定鐙袴以身從後鞦來往謂之跳馬忽以身離鞍屈右腳掛馬鬃左腳在鐙左手把鬃謂之獻鞍又曰棄鬃背坐或以兩手握鐙袴以肩著鞍橋雙腳直上謂之倒立忽擲腳著地倒拖順馬而走復跳上馬謂之拖馬或留左腳著鐙右腳出鐙離鞍橫身在鞍一邊左手捉鞍右手把鬃存身直一腳順馬而走謂之飛仙膊馬又藏身拳曲在鞍一邊謂之鐙裏藏身或右臂挾鞍足著地順馬而走謂之趕馬或出一鐙墜身著鞦以手向下綽地謂之綽塵或放令馬先走以身追及握馬尾而上謂之豹子馬或橫身鞍上或輪弄利刃或重物大刀雙刀百端訖有黃衣老兵謂之黃院子數輩執小繡龍旗前導宮監馬騎百餘謂之妙法院女童皆妙齡翹楚結束如男子短頂頭巾各著雜色錦繡撚金絲番段窄袍紅綠弔敦束帶莫非玉羈金勒寶鐙花韉豔色耀日香風襲人馳驟至樓前團轉數遭輕簾鼓聲馬上亦有呈驍藝者中貴人許畋押隊招呼成列鼓聲一齊擲身下馬一手執弓箭攬韁子就地如男子儀拜舞山呼訖復聽鼓聲騗馬而上大抵禁庭如男子裝者便隨男子禮起居復馳驟團旋分合陣子訖分兩陣兩兩出陣左右使馬直背射弓使番槍或草棒交馬野戰呈驍騎訖引退又作樂先設綵結小毬門於殿前有花裝男子百餘人皆裹角子向後拳曲花幞頭半著紅半著青錦襖子義襴束帶絲鞋各跨雕鞍花鞔驢子分為兩隊各有朋頭一名各執綵畫毬杖謂之小打一朋頭用杖擊弄毬子如綴毬子方墜地兩朋爭占供與朋頭左朋擊毬子過門入孟為勝右朋向前爭占不令入孟互相追逐得籌謝恩而退續有黃院子引出宮監百餘亦如小打者但加之珠翠裝飾玉帶紅靴各跨小馬謂之大打人人乘騎精熟馳驟如神雅態輕盈妖姿綽約人間但見其圖畫矣呈訖

駕詣射殿射弓垜子前列招箭班二十餘人皆長腳幞頭紫繡抹額紫寬衫黃義襴鴈翅排立御箭去則

齊聲招舞合而復開箭中的矣又一人口銜一銀盌兩肩兩手共五隻箭來則能承之射畢駕歸宴殿池苑內除酒家藝人占外多以綵幕繳絡鋪設美玉奇玩疋帛動使茶酒器物關撲有以一笏撲三十笏者以至車馬第宅歌姬舞女皆約以價而撲之出九和合有名者任大頭快活三之類餘亦不數池苑所進奉魚藕果實宣賜有差後苑作進小龍船雕牙縷翠極盡精巧隨駕藝人池上作場者宣政間張藝多渾身眼宋壽香尹士安小樂器李外寧水傀儡其餘莫知其數池上飲食水飯凉水綠豆螺螄肉饒梅花酒查片杏片梅子香藥脆梅旋切魚膾青魚鹽鴨卵雜和辣菜之類池上水教罷貴家以雙纜黑漆平船紫帷帳設列家樂遊池宣政間亦有假賃大小船子許士庶遊賞其價有差

駕回則御裹小帽簪花乘馬前後從駕臣僚百司儀衛悉賜花大觀初乘驄馬至太和宮前忽宣小烏其馬至御前拒而不進左右曰此願封官勅賜龍驤將軍然後就轡蓋小烏平日御愛之馬也莫非錦繡盈都花光滿目御香拂路廣樂喧空寶騎交馳綵棚夾路綺羅珠翠戶戶神仙畫閣紅樓家家洞府游人士庶車馬萬數妓女舊日多乘驢宣政間多乘馬披凉衫將蓋頭背繫冠子上少年狎客往往隨後亦跨馬輕衫小帽有三五文身惡少年控馬謂之花褪馬用短轡促馬頭刺地而行謂之鞅轡呵喝馳驟競逞駿逸遊人往往以竹竿挑掛終日關撲所得之物而歸仍有貴家士女小轎插花不垂簾幕自三月一日至四月八日閉池雖有大風雨亦有遊人路無虛日矣

是月季春萬花爛熳牡丹芍藥棣棠木香種種上市賣花者以馬頭竹籃鋪排歌叫之聲清奇可聽晴簾靜院曉幕高樓宿酒未醒好夢初覺聞之莫不新愁易感幽恨懸生最一時之佳況諸軍出郊合敎陣隊

玉海隆興二年三月二十四日德壽宮康壽殿生金芝十有二莖宰臣皆賀御製七言詩有末將四海奉雙親之句

太平清話王龜齡龍行記題名云永嘉王龜齡少城周行可海陵查元章載酒來遊時凍雨初霽風日清美山谷明秀照人道旁雜花盛開籃輿徐行應接不暇寺有荼蘼花羅絡松上如積雪崇蘭數百本秀發巖石間微風透香所至芬郁東架牡丹大叢雨前已開道人植蓋護持留以供客飲罷縱步泉上瀹茗賦詩而歸乾道丙戌清明前四日

玉海乾道三年三月癸卯賜宰執御製春賦上曰人主不可不知民事七月之詩陳王業艱難近嘗作春賦倣蘇軾赤壁賦爲之大意言農事方興其時宰臣請覽聖作故賜之

如皐志宋淳熙三年春如皐縣孝里莊園牡丹一本無種自生明年花盛開乃紫牡丹也杭州推官某見花甚愛欲移分一株掘土尺許見一石題曰此花瓊島飛來種只許人間老眼看遂不敢移以是鄉老誕日值花開時必往宴爲壽惟李嵩三月八日生自八十看花至一百九歲

西湖志餘淳熙六年三月十五日車駕過宮請太上太后遊聚景園至錦壁賞牡丹知閤張掄進壺中天詞太上嘉賜金杯盤法錦數事

玉海淳熙十二年三月二十六日車駕宿戒幸玉津園命下大雨將曉有晴意已而天宇豁然洪邁進詩歌詠翌日賜聖製云比幸玉津園縱觀春事適霽色可喜卿有詩來上因俯同其韻春郊柔綠遍桑麻小駐芳園覽物華應信吾心非暇逸頓同晴意絕咨嗟每思富庶將同樂敢務遊畋漫自誇不似華清當日事五家車騎爛如花

清波雜志輝居建康春晚赴張德共會於西園呼數輩爲侑酒酣忽有傳府命呼其人既去坐客駱適正郎席賦詩云花隨春盡覓無痕尚續餘歡侑素尊一曲未終人已去西園燈火欲黃昏輝嘗賡和不記也

武林舊事三月三日佑聖觀三月廿八日東嶽行宮二聖生辰都人遊冶之盛百戲競集士女駢闐觀者如堵其社會名色如緋綠社（雜劇）齊雲社（蹴毬）遏雲社（唱賺）同文社（耍詞）角觝社（相撲）清音社（清樂）錦標社（射弩）錦體社（花繡）英略社（拳棒）雄辯社（小說）翠錦社（行院）繪革社（影戲）淨髮社（梳剃）律華社（吟叫）雲機社（撮弄）所陳金玉珍寶珠翠璀璨奪目天驥龍媒絨韉寶轡行廚果局窮極肴核之珍一盤珠翠花朵之飾至值數萬珍禽如紅鸚白雀水族則玉蟹金龜高麗華山之奇松交廣海嶠之異卉不可縷紀無非動心駭目之觀二會皆然

會稽志三月五日俗傳禹生之日禹廟遊人最盛無貧賤富貴傾城俱出士民皆乘畫舫丹堊鮮明酒樽食具甚盛賓主列坐前設歌舞春欲盡數日遊者益衆至立夏方止

金史世宗本紀大定七年三月己亥朔萬春節宋高麗夏遣使來賀

宣宗本紀典定元年三月庚寅長春節朱遣使來賀

續文獻通考元仁宗皇慶二年三月初四日中書省奏准以初七日御試舉人於翰林國史院定委監試官及諸執事

歲華紀麗譜三月九日觀街藥市早晚宴如二月八日二十一日出大東門宴海雲山鴻慶寺登衆春閣觀摸石蓋開元二十三年靈智禪師以是日歸寂邦人敬之入山遊禮因而成俗山有小池士女探石其中以占求子之祥既又晚宴於大慈寺之設廳二十七日大西門睿聖夫人廟前蠶市初在小市橋田公以禱雨而應移於廟前太守先詣諸廟奠拜宴於衆淨寺晚宴大智院

楊維楨花遊曲序至正戊子三月十日偕茅山貞居老仙玉山才子烟雨中遊石湖諸山老仙爲妓者瓊英賦點絳脣詞已而午霽登湖上山歇寶積寺行禪師西軒老仙題名軒之壁瓊英折碧桃下山予爲賦花遊曲而玉山和之

吳興掌故至正壬辰春三月二十三日湖州黑氣亙天雷電以雨有物若果核與雨雜下五色間錯光瑩堅固破而食之若松子仁人皆云娑婆樹子

元史五行志至正二十七年三月朔日萊州招遠縣大社里有大鳥自南飛至其色蒼白展翅如席狀類鶴俄頃飛去遺下粟黍稻麥黃黑豆蕎麥於張家屋上約數升許是歲大稔

續文獻通考國初凡士舉於禮部者以三月朔日御殿而親試之謂之殿試後率以三月十五日間以他事改日

靈山祠在瓊州府靈山所祀之神有六曰靈山香山瓊崖通濟定邊班師洪武中命有司歲以三月九日祭

雲蕉館紀談友諒在江州時嘗以春暮結綵爲花樹自府第夾道植至匡山又剪繡於道上與宮人乘肩輿而行黃信詩云錦繡鋪張春色滿小車花下麗人行是也

明會典天妃宮永樂五年建每歲以三月二十三日遣南京太常寺官致祭

帝京景物略三月小兒以錢泥夾穿而乾之剔錢泥片片錢狀字模備具曰泥錢畫爲方城兒置一泥錢城中曰卯兒拈一泥錢遠擲之曰撇出城則負中則勝不中而指扠相及亦勝指不及而猶城中則撇者爲卯其勝負也以泥錢別有挑用葦棚用指者與撇略同有撇用泥丸者與錢略同而其畫城廓遠

西吳枝乘湖州三月朔日則民間婦女簪蓬於首無貴賤皆然清明後千百成羣進香於道場山迨日初夕紅紫靚妝半醉笑語步堤上歸亦有進香於天竺者間爲桑中之約近來衣冠子女間相傚矣

名勝志諸葛營南有東嶽廟祠前有觀騎樓俗以三月二十七日迎神賽會俠少之徒聚此走馬賭勝觀者咸登此樓上下如市

火山在河曲縣西五里山高四五丈黃河過此如遇覆釜河流爲之曲折云山有禹廟在河東岸巨石上水不能侵有司以三月十八日致祭

季春部雜錄

禽經澤雉啼而麥齊注澤雉如商庚季春之月始鳴麥平隴也

陶朱公書芋一名蹲鴟杭州出者最佳種法先鋤過地一遍將新黃土拌勻再鋤過然後將芋芽向上密排用草覆蓋候生三四葉約高四五寸三月間移栽其種有紫白水旱之別水芋種肥田旱芋種區田

莧三月下旬種於茄畦之旁同時澆灌紅者味厚白者味清

朔日值清明主草木榮茂值穀雨主年豐風雨主人災百蟲生有雷主五穀熟

史記天官書執徐歲歲陰在辰星居亥以三月居與營室東壁晨出曰青章青章甚章其失次有應見軫曰青章歲早旱晚水

漢書溝洫志來春桃花水盛必羨溢有塡淤反壤之害

氾勝之書三月榆莢舒

白虎通五行篇三月律謂之姑洗何姑者故也洗者鮮也言萬物皆去故就其新莫不鮮明也

風俗通義月令九門磔禳以畢春氣蓋天子之城十有二門東方三門生氣之門也不欲使死物見於生門故獨於九門殺犬磔禳犬者金畜禳者却也抑金使不害春之時所生令萬物遂成其性火當受而長之故曰以畢春氣功成而退木行終也

四民月令三月杏花盛可菑白沙輕土之田

月令章句暮春天子始乘舟者陽氣和暖鮪魚時至將取以薦寢廟故因是乘舟禊於名川也

自胃一度至畢十六度謂之大梁之次穀雨居之趙之分野

南方草木狀凡採珠常於三月用五牲祈禱若祠祭有失則風攪海水或有大魚在蚌左右

廣志西王母棗大如李核三月熟在衆果之先

高士傳序詩人發白駒之歌春秋顯子臧之節故月令以季春聘名士禮賢者然則高尚之士王政所先

三秦記龍門山在河東界禹鑿山斷門一里餘黃河自中流下兩岸不通車馬每暮春之際有黃鯉魚逆流而上得者便化爲龍又林登云龍門之下每歲季春有黃鯉魚自海及諸川爭來赴之一歲中登龍門者不過七十二初登龍門卽有雲雨隨之天火自後燒其尾乃化爲龍矣

荆州記治安郡有鳥焉其形似鵲白尾名爲青鳥常以三月自蒼梧而度羣飛不可勝數

南越志海鷗在漲海中隨潮上下常以三月風至乃還洲嶼生卵頗知風雲若羣飛至岸必風漁人及渡海者皆以此爲候

魏書律曆志次卦三月豫訟蠱革夬

水經注江之右岸當鸚鵡洲南有江水右迤謂之驛渚三月以末水下通樊口水

廣雅羊以季春已後產者爲下羔

齊民要術三月令蠶妾具槌持箔籠

種穀三月上旬及清明節桃始花爲中時

崔寔曰三月可種粳稻美田欲稀薄田欲稠

黍穄新開荒爲上大豆底爲次穀底爲下地必欲熟一畝用子四升三月上旬種者爲上時

種稻選地欲近上流三月種者爲上時

種斑黑麻子耕須再遍一畝用子二升種法與麻同三月種者爲上時

胡麻宜白地種二三月爲上時

三月中候棗葉始生乃種蘭香

三月可種荏蓼荏性甚易生蓼尤宜水畦種也荏收子壓取油可以煑餅蓼可爲齏以食莧

紫草性不耐水必須高田三月種之

家法政曰三月可種甘蔗

種地黃法須黑良田五遍細耕三月以上旬爲上時中旬爲中時下旬爲下時一畝下種五石其種還用三月中掘取者逐犂後如禾麥法下之

蘘宜白沙地少與糞和熟耕如麻地不厭熟縱橫七徧尤善三月種之

藍地欲得良三徧細耕三月中浸子令芽生乃畦種之

栗初熟出殼卽裹埋著濕土中至春三月悉芽生出而種之

白羊三月得草力毛牀動則鉸之注鉸訖於河水之中淨洗羊則生白淨毛也

春暖草生葵亦俱升三月初葉大如錢逐概處拔大者賣生一升葵還得一升米日日常拔看稀稠得所乃止

食經曰種名果法三月上旬研好直枝如大母指長五尺內著芋魁種之無芋大蕪菁根亦可用勝種核核三四年乃如此大耳

栽石榴法三月初取枝大如手大指者斬令長一尺半八九枝共爲一窠燒下頭二寸掘圓坑深一尺七寸口徑尺豎枝於坑畔置枯骨礓石於枝間下土築之一寸土一重骨石平坎止水澆常令潤澤既生又以骨石布其根下則科圓滋茂可愛

春秋考異郵曰陽物大惡水故蠶食而不飲陽立於三春故蠶三變而後消死於三七二十一日故二十一日而繭

本草云王瓜一名土瓜衛詩曰采葑采菲無以下體毛云菲芴也義疏云菲似葍莖麤葉厚而長有毛三月中蒸爲茹滑美亦可作羹

臨海異物志鴟鳩一名田鵲春三月鳴晝夜不止音聲自呼俗言取梅子塗其口兩邊皆赤上天自言乞恩當梅子熟鳴乃止耳

酉陽雜俎紫鉚樹出眞臘國眞臘呼爲勒佉亦出波斯國樹長一丈枝條鬱茂葉似橘經冬不凋三月開花白色不結子天大霧露及雨霑其樹枝條卽出紫鉚波斯國使烏海及沙利深所說並同眞臘國使折衝都尉沙門陁沙尼拔陁言蟻運土於樹作窠蟻壤得雨露凝結而成紫鉚崑崙國者善波斯國者次之

阿魏出伽闍那國卽北天竺也伽闍那呼爲形虞亦出波斯國波斯呼爲阿虞截樹長八九丈皮青黃三月生葉形似鼠耳無花實斷其枝汁出如飴久乃堅凝佛林國僧彎所說同摩伽陁國僧提婆言取其汁和米豆屑合成阿魏

偏桃出波斯呼爲婆淡樹長五六丈圍四五尺葉似桃而闊大三月開花白色花落結實狀如桃子而形偏其肉苦澀不堪噉核中仁甘甜西域諸國並珍之

無石子出波斯國波斯呼爲摩賊樹長六七丈圍八九尺葉如桃葉而長三月開花白色花心微紅子圓如彈丸初青熟乃黃白蟲食成孔者正熟皮無孔者入藥用其樹一年生無石子一年生跋屢子大如指長三寸上有殼中仁如栗黃可啖

桂花三月開黃而不白大庾詩皆稱桂花耐日及張曲江詩桂華秋皎潔妄矣

金鑾密記翰林當直學士春晚則日賜成象殿茶

周易集解乾九五飛龍在天干寶曰陽在九五三月之時自夬來也五在天位故曰飛龍

乾終日乾乾與時偕行何妥曰此當三月陽氣浸長萬物將盛與天之運俱行不息也

李德裕畫桐花鳳扇賦序成都夾岷江磯岸多植紫桐每至春暮有靈禽五色來集桐花以飲朝露

陸疏廣要莪蒿一名蘿蒿生澤田漸洳之處三月中莖可生食又可蒸食香美味似蔞蒿

蘋今水上浮蓱也大者謂蘋小者曰蓱季春始生

外臺祕要云益母草三月採治產婦諸疾神妙

葭或謂之荻初生三月中其心挺出下本大如箸上銳而細揚州人謂之馬尾

蔚牡蒿也三月始生

茶譜團黃有一旗二槍之號言一葉二芽也凡早取爲茶晚取爲荈穀雨前後收者最佳粗細皆可用惟在採摘之時天色清明炒焙適中盛貯如法

宋史河渠志三月桃花始開冰泮雨積川流猥集波瀾盛長謂之桃華水春末蕪菁華開謂之菜華水

洛陽牡丹記一百五日者多葉白花洛花以穀雨爲開候而此花常至一百五日開最先

江鄰幾雜志岐府便齋前百葉桃穀雨後十日實大如拳

雲笈七籤季春萬物發陳天地俱生陽熾陰伏臥起俱早是月肝臟氣伏心當向王宜益肝補腎以順其時

埤雅戴勝一名戴鵀頭上有花毛成勝故曰戴勝三月飛在桑間蓋蠶生之候

夢溪筆談三月華葉從根而生故曰從魁從魁者斗魁第二星也斗魁第二星抵於酉故曰從魁

爾雅翼零陵記曰思歸樂如鳩而慘色三月則鳴其音云不如歸去

曲洧舊聞牡丹中姚黃花頭面廣一尺芬香特異禁中號一尺黃子尉范祖平惠花詩云平生所愛曾無倦天遣花王慰吾願姚黃三月開洛陽會觀一尺春風面蓋記此也

蔡寬夫詩話貢茶以穀雨日拜使道行貢到如前薦賜茶之佳者造在社前其次火前下則雨前謂穀雨前

周必大玉蘂辨證跋玉蘂花苞初甚微經月漸大暮春方八出鬚如冰絲上綴金粟花心復有碧筩狀類膽瓶其中別抽一英出衆鬚上散爲十餘蘂猶刻玉然花名玉蘂乃在於此

桂海花木志紅荳蔻花叢生葉瘦如碧蘆春末發初開花有大籜包之籜解花見一穗數十蘂紅鮮妍如桃杏花色蘂重則下垂如葡萄又如火齊纓絡及剪綵鸞枝之狀

龍荔出嶺南狀如小荔枝而肉味如龍眼其木之身葉亦似二果故名曰龍荔三月開小白花與荔枝同時熟不可生啖但可蒸食

泡花南人或名柚花春末開蘂圓而如大珠既拆則似茶花氣極清芳與茉莉素馨相逼番人採以蒸香風味超勝

演繁露三月花開時風名花信風初而泛觀則似謂此風來報花之消息耳按呂氏春秋曰春之德風風不信則其花不成乃知花信風者風應花期其來有信也

溪蠻叢笑紫草爾雅謂之藐廣雅謂之茈莨本草云生楚地三月采根陰乾猺人以社前者爲佳名雅銜草

欒郊私語大漠迤西俗能種羊凡屠羊用其皮肉惟留骨以初冬未日埋著地中至春陽季月上未日爲吹笳呪語有子羊從土中出凡埋骨一具可得子羊數隻此蓋四生胎外之化也

洛陽花木記穀雨分諸般菊裁五色莧種諸般鷄冠三月上旬種諸般花子裁百般花

祛疑說農家以霜降前一日見霜則清明前一日止霜霜降後一日見霜則清明後一日霜止五日十日而往前後同占欲出秧苗必待霜止每歲推驗若合符節

筍譜新婦竹出武林山陰筍則三月而生可食

慈母山竹可爲簫管筍則三月生可食

通攷十六日乃黃姑浸種日西南風主大旱高鄉人見此風卽懸百文錢於簷下風力能動則舉家失聲

相告風愈急愈旱又主桑葉貴
林下清錄釋仲殊花品序每歲禁烟前後置酒饌以
待賓賞花者不問親疎謂之看花局
便民圖纂石榴三月間將嫩枝條插肥土中用水頻
澆則自生根根邊以石壓之則多生果
農桑通訣江南三月草長則刈以踏稻田歲歲如此
地力常盈
太平清話三月茶筍初肥梅風未困勝客晴窻出古
人法書名畫焚香評賞無過此時
春則濃豔秋則肅殺蘭亭中暮春三月却又天朗氣
清所以爲佳士大夫宜有如此氣象也
野客叢談遯齋閒覽云季父虛中謂王右軍蘭亭序
以天朗氣淸自是秋景以此不入選余亦謂絲竹筦
絃亦重複僕謂不然絲竹筦絃本出前漢張禹傳而
三春之季天氣肅清見蔡邕終南山賦熙春寒往微
雨新晴六合淸朗見潘安仁閒居賦仲春令月時和
氣淸見張平子歸田賦安可謂春間無天朗氣淸之
時右軍此筆蓋直述一時眞率之會趣耳然則斯文
之不入選良由搜羅之不及非故遺之也吳曾漫錄
亦引張禹傳爲證正與此合
瓶史月表三月花盟主牡丹滇茶蘭花碧桃花客卿
川鵑梨花木香紫荊花使令木筆花薔薇謝豹丁香
七姊妹郁李長春
花曆三月薔薇蔓木筆書空棣萼韡韡楊入大水爲
萍海棠睡繡毬落
月令演三月祓禊上巳流觴三日摸石遊　禁烟寒食賜新
火清明送春下旬

田家五行三月無三卯田家米不飽
穀雨日辰値甲辰蠶麥相登大喜忻穀雨日辰値甲
午每箔絲綿得三斤
農政全書秋間芡熟時收取老子以蒲包包之浸水
中三月間撒淺水內待葉浮水面移栽深水
本草綱目鵓鳩載勝也三月卽鳴今俗謂之鴛犂農
人以爲候五更輒鳴曰架架格格至曙乃止
三月爲迎梅雨
香蘭乃香草能辟不祥陸璣詩疏言鄭俗三月男女
秉蘭於水際以自祓除蓋蘭以闢之蘭以閒之其義
一也
漢葱春末開花成叢靑白色其於味辛色黑有皺文
作三瓣狀收取陰乾可種可栽
小靑生福州三月生花彼土人當月採葉用之
本草集解菰根生水中葉如蒲葦刈以秣馬甚肥春
末生白芽如筍卽菰菜也又謂之茭白生熟皆可啖
香薷有野生有家蒔中州人三月種之呼爲香菜以
充蔬品
羣芳譜玉蘭花九瓣色白微碧香味似蘭故名叢生
一榦一花三月盛開花落從蔕中抽葉特異他花
黎豆一名貍豆野生山中人亦有種之者三月下種
生蔓葉如豇豆但文理偏斜
白芥高二三尺葉靑白色爲茹甚美三月開花結角
子如粱米黃白色
豫章漫抄今人家池塘所畜魚其種皆出九江謂之
魚苗蓋江湖交會之間氣候所鍾每歲於三月初旬
挹取於水其細如髮養之舟中漸次長成其利頗廣

九江設廠以課之
四時類要三月種菌子取爛木及葉於地埋之常以
泔澆令濕三兩日卽生
居山雜志松至三月花以杖扣其枝則紛紛墜落調
以蜜作餅遺人曰松花餅
田家曆三月治屋室以待霖雨
居家必用三月庚午日斬鼠尾取血塗屋梁可永辟
鼠
名勝志元城縣南有亭曰望春亭韓魏公始就築三
月十八日宴會有此日傾城樂御河之句
一統志西安府鄠縣南八里有淨土樹俗傳西域鳩
摩羅什憩此覆其履土中生茲樹三月開花如桃花

季春部外編

雲笈七籤蘇林濮陽曲水人少稟異操訪眞彌篤漢
宣帝神爵二年三月六日告季通曰我昨被元洲名
爲眞命上卿太極中候大夫與汝別比且冉冉西北
而去
神仙傳眞人姓尹名道全天水人也以晉懷帝永嘉
元年三月九日有白雲起於室中三日不散散時視
之已失眞人所在但聞香氣襲人
佛國記佛齒常以三月中出之未出十日王莊校大

象使一人著王衣服騎象上擊鼓唱言菩薩從三阿僧祇刼種種苦行唱已王便夾道兩邊作菩薩五百身已來種種變現或作須大拏或作睒變或作象王或作鹿馬如是形像皆彩畫莊校狀若生人然後佛齒乃出中道而行隨路供養到無畏精舍佛堂上道俗雲集燒香然燈種種法事晝夜不息滿九十日乃還城內精舍

水經注淨飯王太子以三月十五日夜出家四天王來迎各捧馬足爾時諸神天人側塞空中散天香花

宣室志宣城郡當塗民有劉成李暉嘗用巨舫載魚蟹鬻於吳越間唐天寶十三載春三月皆自新安江載往丹陽郡行至下查浦會天暮泊舟二人俱登陸時李暉往浦岸村舍中獨劉成在江上四顧雲島闃無人迹忽聞舫中有連呼阿彌陀佛者聲甚厲成驚而視之見一大魚自舫中振鬣搖首人聲而呼阿彌陀佛焉成且懼且悚毛髮盡勁卽匿身蘆中以伺之俄而舫中萬魚俱跳躍呼佛聲動地成大恐遽登舫盡投羣魚於江中有頃而李暉至成具以告暉暉怒曰豎子安得爲妖妄乎唾而罵言且久成無以自白卽用衣資酬其直旣而餘百錢易荻草十餘束致於岸明日還於舫中忽覺重不可舉解而視之得緡十五千簽題云歸汝魚直成益奇之是日於瓜洲會羣僧食併以緡施焉時有萬莊者自涇陽令退居瓜洲備得其事傳於紀述

酉陽雜俎天寶中處士崔元微洛東有宅時春季夜間風清月朗三更後有女伴十餘人靑衣引入自稱楊氏李氏陶氏一緋衣小女姓石名阿措曰欲到封十八姨坐未定報封家姨來色皆殊絕滿座芬芳襲人命酒各歌以送之封十八姨輕佻翻酒汚阿措衣阿措作色拂衣而起明夜阿措來言曰諸女伴皆住苑中每歲多被惡風所撓居止不安常求十八姨相庇昨阿措不能依回應難取力處士倘不阻見庇亦有微報耳元微曰某有何力得及諸女阿措曰但求處士每歲歲日與作一朱旛上圖日月五星之文於苑東立之則免難矣今歲已過但請至此月二十一日平旦微有東風卽立之庶可免也元微許之依其言至此日立旛是日東風振地自洛南折樹飛沙而苑中繁花不動乃悟諸女姓楊姓李及顏色衣服之異皆衆花之精也阿措卽安石榴封十八姨乃風神也後數夜楊氏輩復至媿謝各裹桃李花數斗勸崔生服之可延年却老至元和初元微猶在

名勝志玉峯山在建德縣南唐許瓊家近玉峯貞元三年癸未三月朔有神緋衣朱鬣降謂瓊曰余仕前代汝開宗也帝敕血食此山山甲幔亭婺木之秀居之則昌瓊遂依指立祠奉祀致禱輒應至宋大觀宣和淳祐三加封錫焉

蠡海集鬼神類東嶽生於三月二十八日者天三生木地八成之含兩儀之氣於其中也二十八日四七也四七乃少陽位也

續夷堅志濟源廟後大池邑人以海子目之獻酒及冥錢或他有所供悉投此海池每歲春暮紙灰從海底出謂之海醮

欽定古今圖書集成曆象彙編歲功典

第三十七卷目錄

歲功典第三十七卷

上巳部彙考

周禮

春官

女巫掌歲時祓除釁浴

訂義鄭康成曰歲時祓除如今三月上巳如水上之類釁浴謂以香薰草藥沐浴　賈氏曰一月有三巳據上旬之巳而爲祓除之事見今三月三日水上戒浴是也

後漢書

禮儀志

三月上巳官民皆絜於東流水上曰洗濯祓除去宿垢疢爲大絜絜者言陽氣布暢萬物訖出始絜之矣

注謂之禊也風俗通曰周禮女巫掌歲時以祓除疾病禊者絜也蔡邕曰論語莫春者春服既成冠者五六人童子六七人浴乎沂風乎舞雩詠而歸自上及下古有此禮今三月上巳祓禊於水濱蓋出於此杜篤祓禊賦曰巫咸之徒秉火祈福則巫祝也一說云後漢有郭虞者三月上巳產二女二日中並不育俗以爲大忌至此月日諱止家皆於東流水上爲祈禳自潔濯謂之禊祠引流行觴遂成曲水韓詩曰鄭國之俗三月上巳之溱洧兩水之上招魂續魄秉蘭草祓除不祥漢書八月祓灞水亦斯義也後之良史亦據爲正臣昭曰郭虞之說良爲虛誕假有庶民旬內夭其二女何足驚彼風俗稱爲世忌乎杜篤乃稱王侯公主暨於富商用事伊雒帷幔元黃本傳大將軍梁商亦歌泣於

維禊也自魏不復用三日水宴者焉

晉書

禮志

漢儀季春上巳官及百姓皆禊於東流水上洗濯祓除去宿垢而自魏以後但用三日不以上巳也晉中朝公卿以下至於庶人皆禊洛水之側趙王倫簒位三日會天泉池誅張林懷帝亦會天泉池賦詩陸機云天泉池南石溝引御溝水池西積石爲禊堂跨木流杯飲酒亦不言曲水元帝又詔罷三日弄具海西於鍾山立流杯曲水延百僚皆其事也

宋書

禮志

舊說後漢有郭虞者有三女以三月上辰產二女上巳產一女二日之中而三女並亡俗以爲大忌至此月此日不敢止家皆於東流水上爲祈禳自潔濯謂之禊祠分流行觴遂成曲水史臣案周禮女巫掌歲時祓除釁浴如今三月上巳如水上之類也釁浴謂以香薰草藥沐浴也韓詩曰鄭國之俗三月上巳之溱洧兩水之上招魂續魄秉蘭草拂不祥此則其來甚久非起郭虞之遺風今世之度水也月令暮春天子始乘舟蔡邕章句曰陽氣和暖鮪魚時至將取以薦寢廟故因是乘舟禊於名川也論語暮春浴乎沂自上及下古有此禮今三月上巳祓於水濱蓋出此也邕之言然張衡南都賦祓於陽濱又是也或用秋漢書八月祓於霸上劉楨魯都賦素秋二七天漢指隅人胥祓除國子水嬉又是用七月十四日也自魏以後但用三日不以巳也

南齊書

禮志

三月三日曲水會古禊祭也漢禮儀志云季春月上巳官民皆絜濯於東流水上自洗濯祓除去宿疾爲大絜不見東流爲何水也晉中朝云卿已下至於庶民皆禊洛水之側事見諸禊賦及夏仲御傳也趙王倫篡位三日會天淵池誅張林懷帝亦會天淵池賦詩陸機云天淵池南石溝引御溝水池西積石爲禊堂跨水流杯飲酒亦不言曲水元帝又詔罷三日弄具今相承爲百戲之具雕弄技巧增損無常　史臣曰案禊與曲水其義參差舊言陽氣布暢萬物訖出姑洗絜之也巳者祉也言祈介祉也一說三月三日清明之節將修事於水側禱祀以祈豐年應劭云禊者絜也言自絜濯也或云漢世有郭虞者以三月上辰生二女上巳又生一女二日中頻生皆死時俗以爲大忌民人每至其日皆適東流水祈祓自絜濯浮酌清流後遂爲曲水案高后祓霸上馬融梁冀西第賦云西北戌亥元石承輸蝦蟆吐寫庚辛之域即曲水之象也今據禊爲曲水事應在永壽之前已有祓除則不容在高后之後祈農之說於事爲當

荊楚歲時記

曲水事考

三月三日士民並出江渚池沼間爲流杯曲水之飲

按續齊諧記晉武帝問尚書摯虞曰三日曲水其義何指答曰漢帝時平原徐肇以三月初生三女而三日俱亡一村以爲怪乃相攜之水濱盥洗遂因流水以濫觴曲水起于此帝曰若此談便非嘉事尚書郎束晳曰摯虞小生不足以知此臣請說其始昔周公卜成洛邑因流水以泛酒故逸詩云羽觴隨波流又秦昭王三月上巳置酒河曲有金人自東而出奉水心劍曰令君制有西夏及秦霸諸侯乃因其處立爲曲水二漢相沿皆爲盛集帝曰善賜金五十斤左遷摯虞爲陽城令按韓詩云唯溱與洧方渙渙兮唯士與女方秉蘭兮注謂今三月桃花水下以招魂續魄祓除氛穢周禮女巫歲時祓除釁浴鄭注云今三月上巳水上之類司馬彪禮儀志三月三日官民並禊飲于東流水上彌驗此日南岳記云其山西曲水壇水從石上行士女臨河壇三月三日所逍遙處周處吳徽注吳地記則又引郭虞三女並以元巳日死故臨水以消災所未詳也張景陽洛禊賦則洛水之遊傅長虞神全文乃園池之宴孔子云莫春浴乎沂則水濱禊祓由來遠矣

是日取鼠麴汁蜜和粉謂之龍舌粄以厭時氣

隋書

禮儀志

後齊三月三日皇帝常服乘輿詣射所升堂即座皇太子及羣官坐定登歌進酒行爵皇帝入便殿更衣以出驊騮令進御馬有司進弓矢帝射訖還御座射懸侯又畢羣官乃射

隋制於宮北三里爲壇高四尺季春上巳皇后服鞠衣乘重翟率三夫人九嬪內外命婦以一太牢制幣祭先蠶於壇上用一獻禮

遼史

禮志

歲時雜儀三月三日爲上巳國俗刻木爲兎分朋走馬射之先中者勝負朋下馬列跪進酒勝朋馬上飮之國語謂是日爲陶里樺陶里兎也樺射也

緗素雜記

曲水總考

晉武帝嘗問摯虞三日曲水之義虞曰漢章帝時徐肇以三月初生三女至三日俱亡村人以爲怪乃招攜之水濱洗祓遂因水以泛觴其義起此帝曰必如所言便非好事東晳進曰臣請言之昔周公成洛邑因流水以泛酒故逸詩云羽觴隨波流又秦昭王以三日置酒河曲見金人奉水心之劍曰令君制有西夏乃霸諸侯因此立爲曲水二漢相沿皆爲盛集帝大悅又韓詩曰鄭國之俗三月上巳之日于溱洧二水之上招魂續魄執蘭草祓除不祥上巳即三日也曲水者引水環曲爲渠以流酒盃而行焉漢書八月祓霸水亦斯義也又荆楚歲時記云按詩曰溱與洧方渙渙兮唯士與女方秉蕑兮注云今三月桃花水下以招魂續魄祓除氣穢並其義也元魏孝文帝還洛引見王公侍臣于清徽堂因之流化渠帝曰此曲水者取乾道曲成萬物無滯風俗通曰周禮女巫掌歲時以祓除疾病後漢志云是月上巳官民皆潔于東流水上曰洗濯祓除去宿垢疢爲大潔一説云後漢有郭虞者三月上巳產二女三日中並不育俗以爲大忌至此月日人家皆于東流水爲祈禳自潔濯謂之禊祠引流行觴遂成曲水劉昭注云郭虞之説良爲虛誕假有庶民旬內失其兩女何足驚彼風俗稱爲世忌乎杜篤乃稱王侯公主暨于富商用事伊雒帷幔元黃本傳大將軍梁商亦歌泣于雒禊也自魏時不復用三日水宴之禮

遵生八牋

三日事宜

千金月令曰三日採艾爲人以掛戶上備一歲之灸

四時纂要曰三月三日取桃花片收之至七月七日取烏雞血和塗面及身光白如玉

歲時記曰上巳日取黍麵和菜作羹以壓時炁

月令圖經上巳日可採艾并蔓菁花以療黃病

瑣碎錄曰三月三日取薺菜花鋪竈上及坐臥處可辟蟲蟻

又曰是日取苦楝花無花即葉於臥席下可辟蚤虱

是月初三日或戊辰日收薺菜花桐花芥菜藏毛羽衣服內不蛀

濟世仁術曰三月三日雞鳴時以隔宿炊冷湯洗澆瓶口及鍋竈飯籮一應厨物則無百蟲遊走爲害

三月三日採夏枯草煎汁熬膏每日熱酒調吃三服治遠年損傷手足瘀血遇天陰作痛七日可瘥更治產婦諸血病證

三月三日取羊齒燒灰治小兒羊癇寒熱

雲笈七籤曰三月上巳宜往水邊飮酒燕樂以辟不祥修禊事也

萬花谷曰初三日取枸杞煎湯沐浴令人光澤不老

法天生意曰三月三日採桃花浸酒飮之除百病益顏色

靈寶經曰是月三日修盪邪齋

荆楚記曰三月三日四民踏百草時有鬬百草之戲亦祖此耳

本草綱目

采桃花

三月三日采桃花陰乾之以絹袋盛懸簷下作藥用勿用千葉者令人鼻衄目黃

直隸志書 各省風俗同者不載

宛平縣

三月三日風和景麗載酒出野臨流醉歌有古修禊遺風焉

東安縣

三月三日祀眞武上帝

房山縣

三月三日是日文昌聖誕士子咸具牲醴詣文昌祠祭之祭畢即享民間或有疾者於流木處滌洗即古人上巳祓除之遺意也

遵化州

修禊日架鞦韆於院落者女戲之邀鄰里諸女偕以洽鄰於衢路者男戲之不問主客過清明則徹

行唐縣

三月三日城隍廟會香火極盛四方貨物雲集麕至

任縣

每歲東關以上巳日爲大集商賈畢聚士女駢塡土人以爲盛觀

保安州

三月三日戴柳掃舍以除蚊蟲之害

山東志書

陽信縣
上巳日占風種瓜瓠
蒲臺縣
三月三日種葫蘆遊烟火臺
曹縣
三月三日爲浴佛日謁佛寺
福山縣
三月三日祀陽主于之罘山
招遠縣
三月三日瞽者赴三皇廟爲會樂飲竟日
山西志書
寧武關
三月三日夜拜月牙祈佑以免風蟲牙痛
猗氏縣
上巳士人踏青惟涑水橋西河堤最勝
隰州
三月三日眞武廟進香先至北門月城廟內再往海
架山月城舊有花火
永和縣
三月三日眞武廟設醮名曰楊柳會
介休縣
三月初三日祭源神灰柳泉各鄉皆祭水神
永寧州
上巳以青柳梢作圈插壁辟蝎
河南志書
陳州
三月三日戴薺菜花俗云可免目疾鋪之衽席下謂
可辟蚤虱
信陽州
上巳修禊遊震雷
羅山縣
三月三日登龍山朝雲山謁眞武
新蔡縣
三月三日戴薺花蓋以豐年甘草先生故戴之喜歲
豐也
商城縣
三月三日遊三教洞進香
陝西志書
鳳翔縣
三月三日里有賽會遊人叢雜云是祖師生日
岐山縣
三月三日取蒺藜枝插壁戶圖蝎書符以禁螫
西鄉縣
三月三日朝武子名山遠近男婦拈香畢各採松枝
蘭花簪鬢而歸咸以爲祓除不祥是日漢屬別縣亦
有遠來進香者
江南志書
常熟縣
三月三日眞武誕日拂水祠進香駢集衙輿接踵晝
舫尾銜此地三春皆然而是日尤盛
嘉定縣
三月三上巳日聽蛙聲占水旱諺云田雞叫得啞低
田好稻把田雞叫得響田內好牽欒
松江府
三月三日聽蛙聲午前鳴者高田熟午後鳴者低田
熟唐詩云田家無五行水旱卜蛙聲正謂此也
無錫縣
上巳戴薺花謂能已瞌
儀眞縣
上巳老年婦女至水邊澡目猶修禊祓除之意
如皐縣
上巳好事家倣古修禊事爲曲水流觴之宴亦多爲
詩歌以紀其事
通州
上巳士大夫修禊事童子少婦鬪一鬪百草打鞦韆
太湖縣
三月三日古稱上巳俗謂三月三是日婦女詣園圃
中採野菜花俗名地菜攜歸供神雜插鬢邊謂可祈
長生留其幹老者以挑燈謂能却燈蛾蚊蝱之屬
徽州府
三月三日郡民競舟於河西執蘭招魂
浙江志書
杭州府
續溪志云三月上巳官民皆禊飲於東流水上洗祓
宿垢謂之祓禊唐人上巳曲江傾都禊飲今初三日
爲祐聖觀眞武帝君誕辰是日有緣竿之戲竿高數
十尺徒手直上據竿頭左右盤旋以腹貼竿四體投
空忽自擲下捷若猱猿
海寧縣
三月三日有雙廟會每歲具鼓吹祀張許諸公於廟
平湖縣

三月三日戴野花入夏頭不眩
龍游縣
上巳以紗葛衣出曝謂之凉夏相率抵鳳翔洲赴佛會以當祓禊
嚴州府
三月三日爲周宣靈王壽日上周南周二廟常裝故事綵亭相賽
江西志書
寧州
三月三日風無果
湖口縣
上巳男女郊遊踏青士大夫遊賞賦詩流觴以爲樂
新城縣
三月三日上巳婦女簪菜花
湖廣志書
德安府
三月三日各祀社爲醮日爲賀祖師成道亦或爲白兆遊
雲夢縣
三月三日道家作眞武會居民醵金錢或詣近菴廟或遠至木蘭山慶神祈福
應山縣
上巳無遊觀之勝麗鄉市相傳踹百病蓋古祓除不祥之遺意也
宜都縣
三月三日城西有佑聖觀俗傳是日爲帝生辰街民結綵亭製大燭鼓吹迎至觀進表焚香上壽量施香錢偕道設湯餅焉
攸縣
三月三日傾城士女入靈龜峰禊飲峰去郭三里祀元帝像謂帝以是日生也
新田縣
三月三日各村祭土神以祈西成
福建志書
羅源縣
上巳日置青飯邑人于是日取柷木葉搗汁染飯成緅青色以爲食之可延年舊記任敦仙取柷葉染飯閩人效之
建寧府
三月三日烏飯取南燭木莖葉搗碎漬米爲飯成紺色以食且饋遺俗謂目連是日作此供母故效之
建陽縣
三月三日天陰無日無雨主蠶大善是時梨花盛開風則梨實必蝕故云上巳有風梨有蠹
將樂縣
三月三日鄉塾盛饌延師以議束禮名曰光齋
光澤縣
三月三日釀酒最佳以是日轉冬水酒可過伏不壞
長泰縣
上巳拾嫩蔞蒿合米爲粿以薦寒食
廣東志書
連山縣
三月三日祀北帝用大火炮以樂神人爭拾火炮頭以爲吉利
始興縣
三月三日各鄉寺僧迎太子菩薩出遊至人家俱送米線供養遊至四月八誕止
普寧縣
三月三日登山採青
石城縣
三月三日童子類用長髮
廣西志書
上林縣
三月三日元帝誕辰建齋設醮或倩優歌舞樂工鼓吹三日夜謂之三三勝會至期送聖輦放花炮酬神觀者競得炮頭爲吉且主來歲之緣首焉

上巳部藝文一

祓禊賦　後漢杜篤

王侯公主暨乎富商用事伊雒帷幔元黃於是旨酒嘉殽方丈盈前浮棗絳水酹酒醲川若乃窈窕淑女美勝豔姝戴翡翠珥明珠曳離袿立水涯微風掩壒纖縠低徊蘭蘇肸蠁感動情魂若乃隱逸未用鴻生俊儒冠高冕曳長裾坐沙渚談詩書詠伊呂歌唐虞

禊文　蔡邕

洋洋暮春厥日除巳尊卑煙鶩唯女與士自求百福

在洛之涘

洛禊賦　晉張協

夫何三春之令月嘉天氣之氤氳惠風穆以布暢百卉煜而敷芬川流清泠以汪濊原隰葱翠以龍鱗遊魚瀺灂於滌波元鳥鼓翼於高雲美節慶之動物悅羣生之樂欣故新服之既成將禊除於水濱於是搢紳先生嘯儔命友攜朋接黨冠童八九主希孔孟賓慕顏柳臨涯詠吟濯足揮手乃至都人士女奕奕祁祁車駕岬嵑充溢中逵紛葩翕習緣阿被湄振袞生風接衽成幃若夫權戚之家豪侈之族采騎齊鑣華輪方轂青蓋雲浮參差相屬集乎長洲之浦曜乎洛川之曲遂乃停輿蕙渚稅駕蘭田朱幔虹舒翠幕蜺連羅樽列爵周以長筵於是布椒醑薦柔嘉祈休吉蠲百痾漱清源以滌穢兮攬綠藻之纖柯浮素椎以蔽水灑元醪於中河

上巳會賦　阮瞻

臨清川而嘉讌聊暇日以遊娛蔭朝雲而為蓋托茂樹以為廬好修林之蓊鬱樂草莽之扶疏列肆筵而設席祈吉祥于斯塗酌羽觴而交酬獻遐壽之無疆同歡情而悅豫欣斯樂之慨慷發中懷而絃歌託情志于宮商

禊賦　夏侯湛

羨暮春之嘉辰美靈氣之和柔結方軌於泰路敷令節而宣遊爾乃（原闕四字）鈴鳴擢翠旂垂繁纓微雲乘軒清風卷旌飛輪焱起艮馬電驚車駕鱗萃男女霧會服煥羅縠翠翳連蓋縈香丸於素襟結九齡乎時外燦爛虺韡焜煜發越若乎朝春挺葩夕霞抱月爾乃臨清流背綠柯雲幕高接丹組四羅

蘭亭集後序　孫綽

古人以水喻性有旨哉非所以淳之則清淆之則濁耶故振轡於朝市則充屈之心生閒步於林野則寥落之意興仰瞻羲唐邈然遠矣近詠臺閣顧探增懷聊於曖昧之中期乎瑩拂之道暮春之始禊於南澗之濱高嶺千尋長湖萬頃乃藉芳草鑑清流覽卉物觀魚鳥具類同榮資生咸暢於是和以醇醪齊以達觀快然兀矣焉復覺鵬鷃之二物哉耀靈縱轡急景西邁樂與時去悲亦繫之往復推移新故相換今日之迹明復陳矣原詩人之致興諒歌詠之有由

三月三日曲水詩序　宋顏延之

夫方策既載皇王之迹已殊鐘石畢陳舞詠之情不一雖淵流遂往詳略異聞然其宅天衷立民極莫不崇尚其道神明其位拓世貽統固萬葉而為量者也有宋函夏帝圖弘遠高祖以聖武定鼎規同造物皇上以叡文承歷景屬宸居隆周之卜既永宗漢之兆在焉正體毓德于少陽王宰宣哲于元輔晷緯昭應山瀆效靈五方雜遝四隩來暨選賢建戚則擇之于茂典施命發號必酌之于故實大予協樂上庠肆敎章程明密品式周備國容眡令而動軍政象物而具箴闕記言校文講藝之官采遺于內輶車朱軒懷荒振遠之使論德于外頳莖素毳并柯共穗之瑞史不絕書棧山航海踰沙軼漠之貢府無虛月烈燧千城通驛萬里穹居之君內首稟朔卉服之酋迴面受吏是以異人慕嚮俊民間出警蹕清夷表裏悅穆將徙縣中宇張樂岱郊增類帝之壇飭禮神之館塗歌邑誦以望屬車之塵者久矣日躔胃維月軌青陸皇祇發生之始后土布和之辰思對上靈之心以惠庶氓之類加以二王于邁出餞戒告有詔掌故爰命司歷獻洛飲之禮具上巳之儀南除輦道北清禁林左關巖隥右梁潮源略亭皐跨芝廛苑太液懷曾山松石峻峗蔥翠陰煙游泳之所攢萃翔驟之所往還于是離宮設衛別殿周徼旌門洞立延帷接枒閱水環階引池分席春官聯事蒼靈奉塗然後升祕駕引緹騎搖玉鑾發流吹天動神移淵旋雲被以降于行所禮也既而帝暉臨幄百司定列鳳蓋俄軫虹旗委旆肴蔌芬藉觴醳泛浮妍歌妙舞之容銜組樹羽之器三奏四上之調六莖九成之曲競氣繁聲合變爭節龍文飾轡青翰侍御華裔殷至觀聽騖集揚袂風山舉袖陰澤靚裝藻野袨服縟川故以殷賑外區煥衍都會者矣上膺萬壽下禔百福市筵稟和闔堂依德情盤景遽歡洽日斜金駕總駟聖儀載佇悵鈞臺之未臨慨酆宮之不縣方且排鳳闕以高遊開爵園而廣宴並命在位展詩發志則夫誦美有章陳信無愧者歟

三月三日曲水詩序　齊王融

臣聞出豫為象鈞天之樂張焉時乘既位御氣之駕翔焉是以得一奉宸逍遙襄城之域體元則大悵望姑射之阿然窅眇寂寥其獨適者已至如夏后兩龍載驪瑤臺之上穆滿八駿如舞瑤水之陰亦有饗云固不與萬民共也我大齊之握機創歷誕命建家接禮貳宮考庸太室幽明獻期雷風通饗昭華之珍既徙延喜之玉攸歸革宋受天保生萬國度邑靜鹿丘

之嘆遷鼎息大坰之慙紹淸和于帝猷聯顯懿于王表駿發開其遠祥定爾固其洪業皇帝體膺上聖運鍾下武冠五行之秀氣邁三代之英風昭章雲漢暉麗日月牢籠天地彈壓山川設神理以景俗敷文化以柔遠澤普氾而無私法含弘而不殺猶且具明廢寢昃晷忘餐念負重于春冰懷御奔于秋駕可謂巍巍弗與蕩蕩誰名秉靈圖而非泰涉孟門其何險儲后睿哲在躬妙善居質內積和順外發英華斧藻至德琢磨令範言炳丹青道潤金璧出龍樓而問豎入虎闈而齒胄愛敬盡于一人光耀究于四海若夫族茂麟趾宗固磐石跨躡昌姬韜軼炎漢元宰比肩于尚父中鉉繼踵乎周南分陝流勿翦之歡來仕允克施之譽莫不如珪如璋令聞令望朱芾斯皇室家君王者也本枝之盛如此稽古之政如彼用能免羣生于湯火納百姓于休和草萊樂業守屏稱事引鏡皆明目臨池無洗耳沈冥之怨既缺薖軸之疾已消輿廉舉孝歲時于外府署行議年日夕于中甸協律總章之司序倫正俗崇文成均之職導德齊禮挈壺宣夜辨氣朔于靈臺書笏珥彤紀言事於仙室褰帷斷裳危冠空履之吏彯搖武猛扛鼎揭旗之士勤恤民隱糾逖王慝射集隼于高墉繳大風于長隧不仁者遠惟道斯行讒莠蔑聞攘爭掩息稀鳴桴于砥路鞠茂草于圜扉耆年闕市井之游稚齒豐車馬之好宮鄰昭泰荒憬淸夷侮食來王左言入侍離身反踵之君髽首貫胸之長屈膝厥角請受纓縻文鉞碧砮之琛奇幹善芳之賦紈牛露犬之玩乘黃茲白之駟盈衍儲邸充牣郊虞匭牘相尋鞮譯無曠一尉候于西東合車書于南北暢轂埋轔之轍綏旌卷悠悠之旆四方無拂五戎不距偃革辭軒銷金罷刃天瑞降地符升澤馬來器車出紫脫華朱英秀佞枝植曆草滋雲潤星輝風揚月至江海呈象龜龍載文方握河沉璧封山紀石邁三五而不追踐八九之遙迹功既成矣世既貞矣信可以優游暇豫作樂崇德者歟于時靑鳥司開條風發歲粵上斯巳惟暮之春同律克和樹草自樂禊飲之日在茲風舞之情咸蕩去肅表乎時訓行慶動于天矚載懷平圃乃睠芳林芳林園者福地奧區之湊丹陵若水之舊殷殷均乎姚澤膴膴尚于周原狹豐邑之未宏陋譙居之猶褊求中和而經處揆景緯以裁基飛觀神行虛檐雲構離房乍設層樓間起負朝陽而抗殿跨靈沼而浮榮鏡文虹于綺疏浸蘭泉于玉砌幽幽叢薄秩秩斯干曲拂邅迴潺湲徑復新萍泛沚華桐發岫雜天采于柔荑亂嚶聲于綿羽禁軒承幸淸宮俟宴緹帷宿置帟幕宵懸既而滅宿澄霞登光辨色戒道執殳展軨效駕徐鑾警節明鐘暢音七萃連鑣九斿齊軌建旗拂霓揚葭振木魚甲煙聚貝胄星羅重英曲瑹之飾絕景追風之騎昭灼甄部駔駭函列虎視龍超雷駭電逝轟轟隱隱紛紛軫軫羌難得而稱計爾乃迴輿駐罕岳鎭淵渟睟容有穆賓儀式序授几肆筵因流波而成次蕙肴芳醴任激水而推移葆佾陳階金匏在席咸奏翹舞籥動邠詩名鳴鳥于弇州追伶倫于嶰谷發參差于王子傳妙靡于帝江淸歌有闋羽觴無算上陳景福之賜下獻南山之壽信凱讌之在藻知和樂于食苹桑榆之陰不居草露之滋方渥有詔曰今日嘉會咸可賦詩凡四十有五人其辭云爾

三日曲水詩序　梁簡文帝

竊以周成洛邑自流水以禊除晉集華林同文軌而高宴莫不禮具義舉沓矩重規昭動神明雍熙鐘石者也皇太子生知上德英明在躬智湛靈珠辨均河注騰茂實於三善振嘉聲於八區是節也上巳屬辰餘萌達壤倉庚應律女夷司候爾乃分階樹羽疏泉汎爵蘭觴沿泝蕙肴來往賓儀式序盛德有容吹發孫枝聲流嶰谷舞豔七盤歌新六變逝雲駐綵仙鶴來儀都人野老雲集霧會結軫方衢飛軒照日

家園三日賦　蕭子範

春亦暮止田家上巳時將禊于九門節方郊于七里扇習習之和風照遲遲之華晷飛元鬭之士燕胥丹胄之山雉聊潔新而濯故式東流之前軌居免上源樹非椿栗既無擇于爽塏曾不訪于凶吉右瞻則淸谿千仞北覩則龍盤秀出與歲月而荒茫同林藪之蕪密權茲嘉月悅此時良庭散花蘂傍插筠篁灑元醪于洛沚浮絳棗于泱泱觀翠綸之出沒戲靑舸之低昂

三月三日華林園馬射賦有序　北周庾信

臣聞堯以仲春之月刻玉而遊河舜以甲子之朝披圖而巡洛夏后瑤臺之上或御二龍周王元圃之前猶驂八駿我大周之創業也南正司天北正司地平九黎之亂定三危之罪雲紀御官鳥司從職皇王有秉曆之符元珪有成功之瑞豈直天地合德日月光華而已哉皇帝以上聖之姿膺下武之運通乾象之靈啓神明之德夷典秩宗見之三

禮夔爲樂正闡之九成克己備於禮容威風總於戎政加以卑宮菲食阜帳綈衣百姓爲心四海爲念西郊不雨即動皇情東作未登彌迴天眷兵革無會非有待於丹烏宮觀不移故無勞於白燕銀甕金船山車澤馬豈止竹葦一作華兩草共垂甘露青赤二氣同爲景星雕題鑿齒識海水而來王烏弋黃支驗東風而受吏于時元鳥司曆蒼龍御行羔獻冰開桐葉一作華萍生一作合皇帝幸於華林之圜玉衡正而泰階平閶闔開而勾陳轉千乘雷動萬騎雲屯落花輿芝蓋同飛楊柳共春旗一色乃命羣臣陳大射之禮雖行祓禊之飲即用春蒐之儀止立行宮裁舒帳殿階無玉璧一作璧既異河間之碑戶不金鋪殊非許昌之賦洞庭既張承雲乃奏騶虞九節貍首七章正飾五彩之雲壺寧百福之酒唐弓九合冬幹春膠夏筒三成青莖赤羽十是選朱汗之馬校黃金之埒紅陽飛鵲紫燕晨風唐成公之驌驦海西侯之千里莫不飲羽銜竿吟猿落鴈鐘鼓震地埃塵漲天酒以罍行餚由鼎進彩則錦市俱移錢則銅山合徙太史聽鼓而論功司馬張旃而賞獲上則雲布雨施下則山藏海納實天下之至樂景福之歡欣者也既若木將低金波欲上天顏惟穆賓歌惟醉雖復暫離北闕聊宴西城即同酆水之朝更是岐山之會小臣不舉奉詔爲文以管窺天以蠡酌海盛德形容豈陳梗槩歲次昭陽月在大梁其日上巳其時少陽春史司職青祇效祥徵萬騎於平樂開千門於建章屬車醲酒復道焚香皇帝翊四圍於帝閑迴六龍於天苑對宣曲之平林望甘泉之長坂華蓋平飛風烏細轉路直城遙林長騎遠帷宮宿設帳殿開筵傍臨細柳斜界祈年開鶴列之陣靡魚鬚之旃行漏抱刻前旌載鳶河湄雜草渭戶澆泉珊雲五色的皪重圓陽管既調春絃實撫總章協律成均樹羽翔鳳爲林靈芝爲圃草銜長帶桐垂細乳鳥囀歌來花濃霞聚玉律調鐘金錞節鼓於是咀銜拉鐵逐日追風并試長楸之埒俱下蘭池之宮鳴鞭則汗赭入埒則塵紅既觀賢於大射乃頒政於司弓變三驅而畫鹿登百尺而懸熊繁弱振地鐵驪踏空禮正六耦詩歌九節七札俱穿五靶同穴弓如明月對堋馬似浮雲向埒鴈失羣而行斷猿求林而路絕控玉勒而搖星蹄金鞍而動月乃有六郡良家一作六郡雄才五陵豪一作高選新廻馬邑之兵始罷龍城之戰將軍戎服來參武藝尚帶一作帶尚流星猶乘一作乘猶奔電始聽鼓而唱籌即移竿而標箭馬噴沾衣塵驚灑面石堰水而澆園花乘風而繞殿能耳刻杯飛雲畫鼎水衡之錢山積織室之錦霞開司筵賞至酒正杯來至樂則賢乎秋水歡笑則勝上春臺既而日下澤宮筵闌相圃悵徙蹕之留歡眷廻鑾之餘舞一作武欲使石梁銜箭銅山飲羽橫弧於楚水之蛟飛鏃於吳亭之虎況復恭己無爲南風在斯非有心於蜓翼豈留情於戟枝唯覩揖讓之禮蓋取威雄之儀

三月三日奉使涼宮雨中禊飲序　唐宋之問

三月上巳有祓除禊飲者成俗久矣摯虞對而不經束皙言而有禮漢庭故事衣冠就元灞之橋晉國遺風輜軿耀翠嫣之浦興泰宮者我大周之所建也境連伊塞岸隔河都清暑必在于三伏洙寒不踰于十里占星已畢耀仙闕而威百神匪日將成宜聖皇而福四海吾儕恭興露寢初忝雲軺違北京之宴樂坐南山之霧雨相與會良友陶暮春席幽林觴曲水是日也雜英初發群物半榮春透迤而上山雪欲埜而藏谷高人一坐杞梓交陰作者肆筵芝蘭同氣遞奏歌詠不登絃管嵇叔夜之鳴琴偏依綠竹郭子期之春酒本出青山論史可聽談元愈默不覺齊萬品溢九圍愛流波惜遲景顧盼相謂雖非巢許之間左右同聲盍各巖泉之助請染翰操紙賦詩言志人探一言俱題四韻

上巳泛舟昆明池宴宗主簿席序　前人

僕不遊于茲十有五載矣心由物感遐矣不忘跡爲事牽近而難挹南陽宗邑文通學古器重名高令君有奉倩象賢丞相生元成邁德暮春修以文之會上巳遨祓禊之遊乃結搢紳撰清辰殷殷轔轔歊霧驚塵望于昆明之濱觀其大浸川陸博資巖甸鳧鷺發海來往沉浮日月麗天東西出入千年珍館無復豫章四面金堤仍同樹杞是日也駕肩錯轂備朝野之歡娛袪服靚粧匝都城之里開翠幕星布錦帆霞屬餘瀝下醉于紈人新聲遠聒于川后縱目遐覽識皇代之承平得意同歸有吾儕之行樂高朋一座桂樹叢生君子肆筵玉山交映束皙以言談得儁張華以史漢先鳴登旨酒而無荒絃清琴而自逸于是涉連榻命孤舟桃水漲而浦紅蘋風搖而浪白逼匡阜兮邏彭蠡邈矣載浮指衡岳而超洞庭眇焉疑到曲島

之光靈乍合神魂密遊中流之萍藻忽開龜魚潛動睎鏤鯨而鼓棹共看燒刼之灰歷牽牛而問津欲取支機之石睛光劃野有象而必形夕陽照山無奇而不見思溢今古心搖草木漢家城闕遺之以雜霸之風秦塞膏腴潤之以太平之邑景窮勝踐歸限嚴闉思染翰于上林願揮戈于濛汜主稱未醉唯見馬駐浮雲賓共少留自有魚銜明月宮商待叩群公之獲助已多序引先題下走之求蒙不逮請授素幅以頌佳遊使一時之典詠遙存千古之姓名常在

三月三日于灞水曲餞豫州杜長史別昆季序　前人

上巳佳游近郊春邑朱軒映野見東流之祓禊白雲在天愴南登之送別杜長史言辭灞滻將適荊河戀舊鄉之喬木藉故國之芳草鴿原四鳥是日分飛輿泉二龍此時云遠綠潭一望青山四極秦人去國乘右輔之修途洛客思歸憶東京之曲水請染翰操紙即事形言各賦蘭亭之詩咸申葛陂之贈

三月上巳祓禊序　王勃

觀夫天下四方以宇宙爲城池人生百年用林泉爲窟宅雖朝野殊致出處異途莫不擁冠蓋於煙霞披薜蘿於山水況乎山陰舊地王逸少之池亭永興新交許元度之風月琴臺寥落猶停隱遁之賓釀渚荒凉尚過途迎之客仙舟容裔若海上之槎來羽蓋參差似遼東之鶴舉或昂騏驥或泛飛鳧俱安名利之場各得逍遙之地而上屬無爲之道下棲元邈之風末淳二年暮春三月遲遲風景出沒媚於郊原片片仙雲遠近生於林薄雜花爭發非止桃蹊群鳥亂飛有踰鸚谷王孫春草處處爭鮮仲阮芳園家家並翠於是攜旨酒列芳筵先祓禊於長洲却申交於促席良談吐玉長江與斜漢爭流清歌遶梁白雲將紅塵並落他鄉易感增悽恨於茲辰羈客何情更歡娛於此日加以今之視昔已非昔日之歡後之視今亦是今時之會人之情也能不悲乎且題姓字以表襟懷使夫會稽竹箭則推我於東南崑阜琳瑯亦歸予於西北

上巳浮江宴序　前人

吾之生也有極時之過也多緒若夫遭主后之聖明屬天地之貞觀得畎畝之相保以農桑爲業而託形宇宙者幸矣況乃偃泊山水遨遊風月樽酒于其外文墨于其間則造化之于我得矣太平之縱我多矣無〔疑〕以上巳芳節雲開勝地大江浩曠羣山紛糾出重城而振策下長浦而方舟林壑清其顧盼風雲蕩其懷抱于時序躔青律運啓朱明輕荑秀而郊戎青落花盡而亭皐晚丹鸎紫蝶侯芳晷而騰姿早燕歸鴻俟迅風而弄影巖暄蕙密野淑蘭滋弱荷抽紫疎萍泛綠於是依松艇于石磯停桂檝于璇潭指林崖而長懷出河洲而極睇妍粧袨服香驚北渚之風翠幕元帷彩綴南津之霧若乃尋曲渚歷迴溪榜謳齊引漁歌互起飛沙濺石湍流百勢翠嶮丹崖岡巒萬色亦有銀鉤犯浪掛頳翼于文竿瓊轄〔疑〕乘波耀錦鱗於畫網鍾期在聽元雲白雪之琴阮籍同歸紫桂蒼梧之酎既而遊盤興遠景促時淹野日照晴山煙送晚方披襟朗詠餞斜光于碧岫之前散髮高吟對明月于青溪之下客懷既暢遊思遄征視泉石而如歸佇雲霞而有自昔周川故事初傳曲路之悲江甸名流始命山陰之筆盍遵清轍共抒幽襟俾後之視今亦猶今之視昔一言均賦六韻齊疏誰知後來者難輙以先成爲次

三月三日爲百官謝賜宴表　宋璟

伏以漢崇元巳齊曰上遊咸問執蘭以盛禊飲洛水之會蹈呼不足紀也禾和之遊僻陋不足追也臣等生逢多幸遇會聖明賜興榮渥逾溢涯分爰以令節錫宴公亭翠帟文茵俱來天上嘉殽清酤亦自大官欣歡之聲浹于億兆銜感之至形于頌歌而天心霈然宸章煥發曲蒙賜示捧讀兢懼涵泳五音光輝二雅流於箎磬永播無窮豈臣庸愚詎能思度今邊患衰息年穀屢登俗被湛恩人歸壽域讌遊高會適助時康況上宰冢卿修鋒長劍前後羅列小大相從所以序聖朝之多士爲百代之風流臣等叨榮無任懇迫報効何日進退知慚

蓬池禊飲序　蕭穎士

禊逸禮也鄭風有之蓋取諸勾萌發達陽景敷煦握芳蘭臨清川乘和蠲絜用徼介祉厥義存矣

上巳日燕太學聽彈琴詩序　韓愈

與衆樂之之謂樂樂而不失其正又樂之尤者也四方無鬬爭金革之聲京師之人既庶且豐天子念致理之艱難樂居安之閒暇肇置三令節詔公卿羣有司至于其日率厥官屬飲酒以樂所以同其休宣其和感其心成其文者也三月初吉實惟其時司業武公少儀於是總太學儒官三十有六人列燕于祭酒之堂樽酒既陳肴羞惟時醆斝叙行獻酬有容歌風

雅之古辭斥靡曼之新聲褒衣危冠愉愉如也有一儒生魁然其形抱琴而來歷階而升坐于樽俎之南鼓有虞氏之南風賡之以文王宣父之操優游夷愉廣厚高明追三代之遺音想舞雩之詠歎及暮而還皆充然若有所得也武公于是作歌詩以美之命屬官咸作之命四門博士昌黎韓愈敘之

三月三日茶宴序　呂溫

三月三日上巳禊飲之日也諸子議以茶酌而代焉迺撥花砌愛庭陰清風逐人日色留興臥措青靄坐攀香枝閒鶯近席而未飛紅蘂拂衣而不散迺命酌香沫浮素杯殷凝琥珀之色不令人醉微覺清思雖五雲仙漿無復加也座右才子南陽鄒子高陽許侯與二三子頃爲塵外之賞而曷不言詩矣

上巳日陪劉尚書宴集北池序　符載

才智宏傑者其人尊政教易簡者其民泰時節和暢者其游盛地形盤鬱者其宴雄我尚書劉公挺天姿之英特采人心之愉樂乘上巳之暄淑趣北池之汗漫操四駕騰百祥皇皇煜煜氣象飄動眞高會也況乎九天之澤滂沱下澍新握龍節保寧坤維苟或風流徧儉不耀是則欲顚頟寵榮也豈承荷錫命之意乎巖巖西蜀古稱天府之奧江山數千里羌蠻萬餘落歲時風俗豪侈凡所好尚奇偉譎怪遭値此際得攄胷襟故尤爲壯觀矣先期旬日也嚴徑術洗涯岸洞篁篠幟臺榭有事之辰也擁幢蓋揖賓客寅及于近郊卯及于北池其降車也鼙鼓發登舟也絲桐揭解纜也百戲作覽木府摧江蘺叱天吳拉馮夷躍黿魚騰蛟螭名琴高嘯宓妃逢壺以迴泊若雲蔚而霞帔一何壯也及乎耳煩目劇綿趣靜境稍自引去于空闊水波不動四羅羣山簪裾坐于天上思慮遊于象表又何曠也覩夫水嬉之倫儲精蓄銳天高日晏思奮餘勇實有赤縣兩爲朋曹獻奇較藝鈎索勝負於是劃萬人之浩擾豁一路之清泚南北穩徹中無飛鳥爰挂錦彩從風爲標爛然長虹橫拖空碧乃計才力量遠邇一號令雷鼓而飛千橈動萬夫呼閃電流于[illegible][illegible]羽翼生於肘下觀者山立陰助鬬志肺腸爲之洲[illegible]清草樹爲之偃悴揭竿取勝揚旌而旋覩其猛厲之氣騰陵之勢崇山可破也青天可登也若使移于摧堅陷陣之地寧有對宇宙乎夫文質殊塗古今異宜君子作事得時也是都也有軍旅焉有南詔焉有西戎焉尚或以清流激湍一觴一詠爲賓客之娛者是不知變也而識者哈之其觀一時之能事成千古之休烈在今辰也豈與夫永和少長咸集同日而語哉載自顧薄劣塵廁下介謬處陳璋之任被命首敘敢逡巡乎請賦八韻以耀蘭亭諸子也先是故太師韋公因是令節課賓寮賦詩迺取諸黃裳以爲韻今尚書繼之以青蓋欲使其五色相宣耳

欽定古今圖書集成曆象彙編歲功典

第三十八卷目錄

三月三日宴王明府山亭得花字　韓仲宣
上巳日祓禊渭濱應制　徐彥伯
三月三日宴王明府山亭　陳子昂
于長史山池三日曲水宴　前人
三日詔宴定昆池宮莊賦得筵字　張說
三月三日定昆池奉和蕭令得潭字韻　前人
奉和三日祓禊渭濱應制　前人
奉和上巳日祓禊渭濱　韋嗣立
奉和三日祓禊渭濱　李乂
和上巳連寒食有懷京洛　沈佺期
上巳日祓禊渭濱　前人
三日梨園侍宴　前人
三日獨坐驩州思憶舊遊　前人
三日綠潭篇　萬齊融
奉和聖製上巳祓禊應制　崔國輔
奉和聖製三月三日　陳希烈
奉和聖製上巳于望春亭觀禊飲應制　王維
三月三日勤政樓侍宴應制　前人
三月三日曲江侍宴應制　前人
奉和聖製與太子諸王三月三日龍池春禊應制　前人
上巳　崔顥
三日尋李九莊　常建
上巳日越中與鮑侍郎泛舟耶溪　劉長卿
上巳洛中寄王九迥　孟浩然
上巳日澗南園期王山人陳七諸公不至　前人
上巳日徐司錄林園宴集　杜甫
三月三日義興李明府後亭泛舟　皇甫冉
上巳日陪齊相公花樓宴　盧綸
上巳　楊凝
上巳日兩縣寮友會集時主郵不遂馳赴輒題以寄方寸　劉商
上巳寄孟中丞　鮑防
上巳日憶江南禊事　張志和
上巳泛舟得遲字　張登
上巳日貢院考雜文不遂赴九華觀祓禊之會以二絕句申贈　權德輿
和滑州李尚書上巳憶江南禊事　劉禹錫
上巳日恩賜曲江宴會即事　白居易
三月三日祓禊洛濱　前人
上巳陪襄陽李尚書宴光風亭　劉言史
曲江上巳　趙璜
上巳日　劉駕
上巳日曲江有感　司馬扎
上巳日花下閒看　吳融
上巳玉津園賜宴　宋楊億
上巳玉津園賜宴　劉筠
上巳玉津園賜宴　錢惟演
上巳　韓琦
上巳瓊林苑賜筵　前人
三日赴宴口占　歐陽修
上巳日杭州東園　蔡襄
上巳觀花思友人　邵雍
上巳日與二三子攜酒出遊隨所見輒作數句明日集之為詩故詞無倫次　蘇軾
海南人不作寒食而以上巳上冢余攜一瓢酒尋諸生皆出矣獨老符秀才在因與飲至醉符蓋儋人之安貧守靜者也　前人
上巳飲於湖上　孔平仲
三月三日　郭祥正
三月三日適值清明會客江樓共觀並蔕魏紫偶成小詩約坐客同賦二首　周必大
上巳日萬歲池呈程泳之　范成大
上巳　楊萬里
上巳日遊平湖　金張宇
上巳　明楊基
到西江省看花次韻　前人
三月三日作　許宗魯
上巳日獨行溪上有懷九逵　文徵明
三月三日泊虞山下步尋慈師不遇　程嘉燧
三月三日鴛鴦湖以上詩　王野
風流子上巳　宋秦觀
臨江仙上巳九曲池流杯　葛勝仲

前調上巳海昌王氏圃　前人
虞美人上巳　葉夢得
醉蓬萊上巳　前人
念奴嬌　張元幹
春雲怨上巳　馮艾子
鷓鴣天　張炎
浣溪沙上巳　明楊基
水調歌頭以上上巳詞　王世懋

歲功典第三十八卷

上巳部藝文二詩詞

太康六年三月三日後園會三首　晉張華

暮春元日陽氣清明祁祁甘雨膏澤流盈習習祥風
啓滯導生禽鳥翔逸卉木滋榮纖條被綠翠華含英
於皇我后欽若昊乾順時省物言觀中園讌及羣辟
乃命乃延合樂華池祓濯清川汎彼龍舟泝游洪源
朱幕雲覆列坐文茵羽觴波騰品物備珍管絃繁會
變用奏新穆穆我皇臨下渥仁訓以慈惠詢納廣神
好樂無荒化達無垠

上巳篇　前人

仁風導和氣句芒御昊春姑洗應時月元巳啓良辰
密雲蔭朝日零雨灑微塵飛軒遊九野置酒會衆賓
臨川懸廣幕夾水布長茵徘徊存往古慷慨慕先真
朋從自遠至童冠八九人追好舞雩庭擬跡洙泗濱
伶人理新樂膳夫烝時珍八音硼磕奏肴俎縱橫陳
妙舞起齊趙悲歌出三秦春醴踰九醞冬清過十旬
盛時不努力歲暮將何因勉哉衆君子茂德景日新
高飛舞鳳翼輕舉攀龍鱗

平吳後三月三日華林園詩　王濬

蠢爾長蛇荐食江汜我皇神武汎舟萬里迅雷電邁
弗及掩耳思樂華林薄采其蘭皇居偉則芳園巨觀
仁以山悅水爲智歡清池流爵祕樂通元修罾灑鱗
大庖妙饌物以時序情以化宣終溫且克有肅初筵
嘉賓在茲千祿末年

三月三日　陸機

遲遲暮春日天氣柔且佳元吉隆初巳濯穢遊黃河

三月三日洛水作　潘尼

晷運無窮已時逝焉可追斗酒足爲歡臨川胡獨悲
暮春春服成百草敷英蕤聊爲三日遊方駕結龍旂
廊廟多豪俊都邑有豔姿朱軒蔭蘭皐翠幕映洛湄
臨崖濯素手步水搴輕衣沉鉤出比目舉弋落雙飛
羽觴乘波進素俎隨流歸

三月三日　王讚

招搖啓運寒暑代新亹亹不舍如彼行雲猗猗季月
穆穆和春皇儲降止宴及嘉賓嘉賓伊何具惟姻族
如彼葛藟衍於樛木郁郁近侍巖巖台嶽庶僚鱗次
以崇天祿如彼崑山列此琚玉巍巍天階亦降列宿
右載元首左光儲副大祚無窮天地爲壽

上巳會詩　阮修

三春之季歲惟嘉時靈雨既零風以散之英華扇耀
祥鳥羣嬉澄澄綠水澹澹其波修岸逶迤長川相過
聊且逍遙其樂如何坐此修筵臨彼素流嘉肴既設
舉爵獻酬彈箏弄琴新聲上浮水有七德知者所娛
清瀨瀺灂菱葭芬敷沉此芳鉤引彼潛魚委餌芳美
君子戒諸

三月三日應詔詩二首　閭丘冲

暮春之月春服既成陽昇土潤冰渙川盈餘萌達壤
嘉木敷榮后皇宣遊既宴且寧光光華輦詵詵從臣
微風扇穢朝露翳塵上蔭丹幄下藉文茵臨川挹盥
濯故潔新俯鏡清流仰睎天津藹藹華林巖巖景陽
業業峻宇奕奕飛梁垂蔭倒景若沈若翔

三月三日臨曲水　庾闡

浩浩白水汎汎龍舟皇在靈沼百辟同遊擊櫂清歌
鼓枻行酬聞樂咸和具醉斯柔在昔帝虞德被遐荒
干戚在庭苗民來王今我哲后古聖齊芳惠此中國
以綏四方元首既明股肱惟良樂酒今日君子惟康
臨川疊曲流豐林映綠薄輕舟沉飛觴鼓枻觀魚躍

三月三日　前人

心結湘川渚目散冲霄外清泉吐翠流淥醽漂素瀨
悠想盼長川輕瀾渺如帶

蘭亭集詩二首井序　王羲之

永和九年歲在癸丑暮春之初會於會稽山陰之
蘭亭修禊事也羣賢畢至少長咸集此地有崇山
峻嶺茂林修竹又有清流激湍映帶左右引以爲
流觴曲水列坐其次雖無絲竹管絃之盛一觴一
詠亦足以暢叙幽情是日也天朗氣清惠風和暢
仰觀宇宙之大俯察品類之盛所以遊目騁懷足
以極視聽之娛信可樂也夫人之相與俯仰一世
或取諸懷抱晤言一室之內或因寄所託放浪形

骸之外雖趣舍萬殊靜躁不同當其欣於所遇暫得於己快然自足不知老之將至及其所之既倦情隨事遷感慨係之矣向之所欣俛仰之間以爲陳迹猶不能不以之興懷況修短隨化終期於盡古人云死生亦大矣豈不痛哉每覽昔人興感之由若合一契未嘗不臨文嗟悼不能喻之於懷固知一死生爲虛誕齊彭殤爲妄作後之視今亦由今之視昔悲夫故列敘時人錄其所述雖世殊事異所以興懷其致一也後之覽者亦將有感于斯文

代謝鱗次忽焉以周欣此暮春和氣載柔詠彼舞雩異世同流迺攜齊契散懷一丘

仰視碧天際俯瞰淥水濱寥闃無涯觀寓目理自陳大矣造化工萬殊莫不均羣籟雖參差適我無非親

前題二首　謝安

伊昔先子有懷春遊契茲言執寄傲林丘森森連嶺茫茫原疇迴霄垂霧凝泉散流

相與欣佳節率爾同褰裳薄雲羅景物微風翼輕航醇醪陶丹府兀若遊羲唐萬殊混一理安復覺彭殤

前題二首　謝萬

肆眺崇阿寓目高林青蘿翳岫修竹冠岑谷流清響條鼓鳴音元崿吐潤霏霧成陰

司冥卷陰旗句芒舒陽旌靈液被九區光風扇鮮榮碧林輝翠萼紅葩擢新莖翔禽撫翰游騰鱗躍清泠

前題二首　孫統

茫茫大造萬化齊軌罔悟元同競異摽旨平勃運謀黃綺隱几凡我仰希期山期水

地主觀山水仰尋幽人蹤回沼激中逵疎竹間修桐因流轉輕觴泠風飄落松時禽吟長澗萬籟吹連峯

前題二首　孫綽

春詠登臺亦有臨流懷彼伐木宿此良儔修竹蔭沼旋瀨縈丘穿池激湍連濫觴舟

流風拂枉渚停雲蔭九皐鶯語吟修竹游鱗戲瀾濤攜筆落雲藻微言剖纖毫時珍豈不甘忘味在聞韶

前題　孫嗣

望巖懷逸許臨流想奇莊誰云眞風絕千載挹餘芳

前題　郗曇

溫風起東谷和氣振柔條端坐興遠想薄言遊近郊

前題　庾友

馳心域表寥寥遠邁理感則一冥然斯會

前題　庾蘊

仰想虛舟說俯歎世上賓朝榮雖云樂夕斃理自因

前題　曹茂之

時來誰不懷寄散山林間尚想方外賓迢迢有餘閒

前題　華茂

林榮其鬱浪激其隈汎汎輕觴載欣載懷

前題　桓偉

主人雖無懷應物貴有尚宣尼遨沂津蕭然心神王數子各言志曾生發清唱今我欣斯遊慍情亦暫暢

前題二首　袁嶠之

人亦有言得志則歡佳賓卽臻相與遊盤微音迭詠馥焉若蘭苟齊一致遐想揭竿

四眺華林茂俯仰晴川渙激水流芳醪豁爾累心散遐想逸民軌遺音良可玩古人詠舞雩今也同斯歎

前題　王元之

松竹挺巖崖幽澗激清流消散肆情志酣暢豁滯憂

前題二首　王凝之

莊浪濠津巢步潁湄冥心眞寄千載同歸

烟熅柔風扇熙怡和氣淳駕言興時遊逍遙映通津

前題二首　王肅之

在昔暇日味存林嶺今我斯遊神怡心靜

嘉會欣時游豁爾暢心神吟詠曲水瀨淥波轉素鱗

前題二首　王徽之

散懷山水蕭然忘羈秀薄粲穎疎松籠崖遊羽扇霄鱗躍清池歸目寄歡心冥二奇

先師有冥藏安用羈世羅未若保冲眞齊契箕山阿

前題　王渙之

去來悠悠子披褐良足欽超跡修獨往眞契齊古今

前題二首　王彬之

丹崖竦立葩藻映林淥水揚波載浮載沉

鮮葩映林薄游鱗戲清渠臨川欣投釣得意豈在魚

前題　王蘊之

散豁情志暢塵纓忽已捐仰詠挹餘芳怡情味重淵

前題　王豐之

肆盼巖岫臨泉濯趾感興魚鳥安居幽跱

前題　魏滂

三春陶和氣萬物齊一歡明后欣時豐駕言映清瀾亹亹德音暢蕭蕭遺世難望巖愧脫屣臨川謝揭竿

前題　虞說

神散宇宙內形浪濠梁津寄暢須臾歡尚想味古人

前題　謝繹

縱暢任所適回波縈游鱗千載同一朝沐浴陶清塵

前題二首　徐豐之

俯揮素波仰掇芳蘭尚想嘉客希風永歎
清響擬絲竹班荊對綺疏零觴飛曲津歡然朱顏舒

三月三日　孫綽

姑洗斡運首陽穆闡嘉卉萋萋溫風暖暖言滌長瀨
聊以游衍縹萍映流綠柳蔭坂羽從風飄鱗隨浪轉

三日侍遊曲阿後湖　宋顏延之

虞風載帝狩夏諺頌王遊春方動宸駕望幸傾五州
山祇蹕嶠路水若警滄流神御出瑤軫天儀降藻舟
萬軸引行衛千翼汎飛浮雕雲麗璇蓋祥飈被綵斿
江南進荊豔河激獻趙謳金練照海浦笳鼓震溟洲
藐盼覯青崖衍漾觀綠疇民靈騖都野鱗翰聳淵丘
德禮既普洽川嶽徧懷柔

三月三日詔宴西池　前人

河嶽曜圖聖時利見於赫有皇升中納禪載貞其恆
載通其變大哉人文至矣天聰昭哉儲德靈慶攸繁
明兩紫宸景物乾元帝宗蕃翰惟城惟蕃袞衣善職
彤弓受言飾館春宮稅鑣青幹長筵逶迤浮觴沿泝

三月三日侍宴西池　謝靈運

詳觀記牒鴻荒莫傳降及雲鳥曰聖則天虞承唐命
周襲商艱江之永矣皇心惟眷矧乃暮春時物芳衍
濫觴逶迤周流蘭殿禮備朝容樂闋夕宴

三月三日曲水集　謝惠連

四時著平分三春稟融爍遲遲和景婉夭夭園桃灼
攜朋適郊野昧爽辭鄽郭蜚雲興翠嶺芳飈起華薄
解轡偃崇丘藉草繞迴壑際渚羅時簌託波汎輕爵

三日　鮑照

氣暄動思心柳青起春懷時豔憐花藥服淨俛登臺
提觴野中飲愛心煙未開露色染春草泉源潔冰苔
泥泥濡露條嫋嫋承風栽凫雛掇芳蘼黃鳥銜櫻梅
解衿欣景預臨流競覆杯美人竟何在浮心空自摧

三日遊南苑　前人

採蘋及華月追節逐芳雲騰蒨溢林疏麗日曣山文
清潭圓翠會花薄綠綺紋合樽遽景斜折榮忝組芬

三日侍宴曲水代人應詔九首　齊謝朓

神理內寂機象外融遺情汾水垂冕鴻宮樹以司牧
匪我求蒙徒勤日用誰契元功
往晦必明來碩賽於皇克聖時乘御辯寶曆載暉
瑤光重踐昭昭舊物熙熙還善
當宁日昃求衣未明抵璧焚翠銷劍鼎城九疇式序
三辟載清虞箴罔闕矇奏傳聲
麗景則春儀方在震重聖積厚金式瓊潤天爵必諧
王臣咸藎譽諸華霍惟邦之鎮
正朔葱瀚冠冕邛越爭長明堂相趨魏闕龜蒙南薦
環裘西發巢閣易窺馴庭難馘
上巳惟昔於彼禊流祓穢河滸張樂春疇既停龍駕
亦泛凫舟靈宮備矣無待茲遊
初鸎命曉朝霞開夜飾陛道源迴伊流瀰極望天淵
曲阻亭榭閒館巖敞長廊水架
金觴搖蕩玉俎推移筵浮水豹席擾雲螭寥亮琴瑟
噭咷塤篪歡茲廣宴穆穆天儀
周道如砥康衢載直徒愧元黃負恩無力華轓徒駕
長纓未飾相彼失晨寧忘鼓翼

為皇太子侍華光殿曲水宴九首　前人

旁求邃古遐聽鴻名大寶曰位得一為貞朱紱叶祉
綠字摛英升配同貫進讓殊聲
大橫將屬會昌已命國步中徂宸居膺慶璽劍先傳
龜玉增映宗堯有緒復禹無競
禮行郊社人神受職寶效山川鱗羽變色元塞北靡
丹徼南極浮毳駕風非泳非陟
能官民秀利建天附枵鶉列野營絳分區論思帝則
獻納宸樞麟趾方定鶼翼誰濡
西京藹藹東都濟濟秋祓濯流春禊浮醴初吉云獻
上陰方啟昔駕陽穎今帳雲陛
嘉樂舊矣芳宴在斯載留神矚有睟天儀龍精已映
威仰未移葉依黃鳥花落春池
高殿弘敞禁林稠密青磴崛起丹樓間出翠葆隨風
金戈動日惆悵清管徘徊輕佾
灞滻入筵河淇流阼海若來往觴肴沿泝歡飫有終
清光欲暮輕貂迴首華組徐步
登賢博望獻賦清漳漢貳稱敏魏兩垂芳監撫有則
匕鬯無方瞻言守器末愧元良

三日侍皇太子曲水宴　梁簡文帝

震德叶靈年芳節淑濯伊臨灞蕩心愉目驤騎晨野
縱金饒陸蕙氣卷旌神飈擎轂層岑偃蹇縱觀岩嶢
烟生翠幕日照綺寮銀華晨散金芝暮搖綠水動葉
丹距映條顧惟菲薄徒承恩裕藝學未優聲績不樹
豈辯河書寧摛淮賦徒偶羣龍終慚並馭

上巳侍宴林光殿曲水　同前

芳年留帝賞應物動天襟挾苑連金陣分衢度羽林

帷宮對廣掖層殿邇高岑風旗爭曳影亭皐共生陰
林花初墮蔕池荷欲吐心

三月三日率爾成章　同前

芳年多美色麗景復妍遙握蘭唯是旦採艾亦今朝
迴沙溜碧水曲岫散桃夭綺花非一種風絲亂百條
雲起相思觀日照飛虹橋繁華炫姝色燕趙豔妍妖
金鞍汗血馬寶髻珊瑚翹蘭馨起縠袖蓮錦束瓊腰
相看隱綠樹見人還自嬌玉柱鳴羅薦䂵椀泛迴潮
洛濱非拾羽滿握詎貽椒

三月三日率爾成章　沈約

麗日屬元巳年芳具在斯開花已匝樹流嚶復滿枝
洛陽繁華子長安輕薄兒東出千金堰西臨雁鶩陂
遊絲應空轉高楊拂地垂綠幘文照曜紫燕光陸離
清晨戲伊水薄暮宿蘭池象筵鳴寶瑟金瓶泛羽巵
寧憶春蠶起日暮桑欲萎長袂屢已拂彫胡方自炊
愛而不可見宿昔減容儀且當忘情去歎息獨何爲

上巳華光殿　前人

於維盛世卽軒嬀朝酆宴鎬復在斯朝光灼爍映蘭
池春風宛轉入細枝時鶯顧慕聲合離輕波微動漾
羽巵河宗海若生蛟螭浮梁徑度跨迴漪朱顏始洽
景將移安得壯士駐奔曦

三日侍林光殿曲水宴　前人

宴鎬鏘玉鑾遊汾舉仙軷榮光泛彩旄修風動芝蓋
淑氣婉登晨天行聳雲旆帳殿臨春籞帷宮繞芳薈
漸席周羽觴分池引迴瀨穆穆元化昇濟濟皇階泰
將御遺風軫遠侍瑤臺會

三日侍鳳光殿曲水宴應制　前人

光遲蕙畝氣婉椒臺皇心愛矣帝曰游哉玉鑾徐騖
翠鳳輕迴別殿廣臨離宮洞啓川祇奉壽河宗相禮
清洛漸筵長伊流陛洄澋嘉羞搖漾芳醴輕歌易繞
弱舞難持絷雲留管元鶴停絲引思爲歲歲亦陽止
叨服貢身身亦昌止徒勤丹漆終愧文梓

三日侍蘭臺曲水宴　庾肩吾

策星依夜動鑾駕總朝遊旌門臨苑樹相風出鳳樓
春生露泥泥天覆雲油油桃花舒玉澗柳葉暗金溝
禊川分曲洛帳殿掩芳州踊躍𩹄魚出參差絳棗浮
百戲俱臨水千鍾共逐流

曲水聯句

春色明上巳桃花落繞溝波迴巵不進綸下鉤時留
臣導絳水時迴岸花觴轉更周陳肴渡玉俎垂餌下銀
鉤王臺卿迴川入帳殿列俎間芳洲漢艾凌波出江楓
拂岸遊庾肩吾王生迴水碓蔡嫗蕩輕舟岸燭斜臨水
波光上映樓下殿

三日侍華光殿曲水宴　劉孝綽

薰祓三陽暮濯禊元巳初皇心睠樂飲帳殿臨春渠
豫遊高夏諺凱樂盛周居復以焚林日手茸花樹舒
羽觴環堦轉清瀾傍席疏妍歌已嘹亮妙舞復紆餘
九成變絲竹百戲起龍魚

三日侍安成王曲水宴　前人

匯澤良孔殷分區屏中縣躡跨兼流采襟喉邇封甸
吾王奄酆畢析珪承羽傳不資魯俗移何待齊風變
東山富遊士北土無遺彥一言白璧輕片善黃金賤
餘辰屬上巳清祓追前諺持此陽瀨遊復展城隅宴
芳洲亙千里遠近風光扇方歡厚德重誰言薄遊倦

三日侍皐太子曲水宴　劉孝威

二龍巡夏代八駿馭周朝豫遊光帝則樂飲盛民謠
皇儲遵洛禊濫觴追灞橋掌祓開神籞司馬動鑾鑣
周旗交采旄晉鼓雜淸簫旌宮臨廣隰藻衛爍嚴椒
蘭樽沿曲岸靈若泝迴潮

上巳宴麗暉殿各賦一字十韻　陳後主

芳景滿闕憁暄光生遠阜更以登臨趣還勝祓禊酒
日照源上桃風搖城外柳斷雲仍合霧輕霞時映牖
遠樹帶山高嬌鶯含響偶一峰遙落日數花飛映綬
度鳥或邐遷飄絲屢薄數言志遞爲樂置觴方薦壽
文學且迴筵羅綺令陳後干戈幸勿用寧須勞馬首

上巳元圃宣猷堂禊飲同共八韻　同前

綺殿三春晚玉燭四時平藤交近浦暗花照遠林明
百戲堦庭滿八音絃調清鶯喧雜管韻鐘響帶風生
山高雲氣積水急溜杯輕簪纓今盛此俊乂本多名
帶才盡壯思文采發雕英樂是西園日歡茲南館情

春色禊辰盡當曲宴各賦十韻　同前

餘春尚芳菲中園飛桃李是時乃季月茲日叶上巳
既有遊伊洛可以祓溱洧得性足爲娛高堂聊復擬
高堂亦有趣圖繪此芳軌樓遁稱式驂善政日馴雉
蘭桂觀往轍簪裾躡前趾啼禽靜或喧花落低還起
水霧遙混雜山雲遠相似坐客聽一言隨吾祛俗鄙

祓禊汎舟春日元圃各賦七韻　同前

園林多趣賞祓禊樂還尋春池已渺漫高枝自嵷森
日裏絲光動水中花色沈安流淺易榜峭壁迴難臨
野鶯添管響深岫接鐃音山遠風煙麗苔輕激浪侵
置酒來英雄嘉賢良所欽

上巳元圃宣猷禊酌各賦六韻　同前

園開釋帶合亭迴春芳過鶯度遊絲斷風駛落花多
峰幽來鳥囀洲橫擁浪波歌聲初出牖舞影乍侵柯
面玉同釵玉衣羅異草蘿旣悅弦筒暢復歡文酒和

三日侍宴宣猷堂曲水　江總

上巳娛春禊芳辰喜月離北宮命簫鼓南館列旌麾
繡柱擎飛閣雕軒傍曲池醉魚沈遠岫浮棗漾清漪
落花懸度影飛絲不礙枝樹動丹樓出山斜翠磴危
禮周羽爵遍樂闋光陰移

三日華林園公宴　北齊邢邵

迴鑾自樂野弭蓋屬瑤池五丞接光景七友樹風儀
芳春時欲遽覽物惜將移新萍已冒沼餘花尚滿枝
草滋徑蕪沒林長山蔽虧方筵羅玉俎激水漾金卮
歌聲斷且續舞袖合還離

三日曲水　蕭愨

落花無限數飛鳥排花度禁苑至饒風吹花春滿路
巖前片石迴如樓水裏連沙聚作洲二月鶯聲纔欲
斷三月春風已復流分流繞小渡塹水還相注山頭
望水雲水底看山樹舞餘香尚存歌盡聲猶住麥壟
一驚翬菱潭兩飛鷺飛鷺復驚翬傾曦帶掩扉芳飈
翼還觴藻露挹行衣

上巳禊飲　隋盧思道

山泉好風日城市厭囂塵聊持一尊酒共尋千里春
餘光下幽桂夕吹舞青蘋何言出關後重有入林人

三日書懷因示百寮　唐德宗

佳節上元巳芳時屬暮春流觴想蘭亭捧劍傳金人
風輕水初綠日晴花更新天文信昭回皇道頗敷陳
恭己每從儉清心常保眞戒茲遊衍樂書以示羣臣

三月三日申王園亭宴集　張九齡

稽亭追往事睢苑勝前聞飛閣凌芳樹華池落綵雲
藉草人留酌銜花鳥赴羣向來同賞處惟恨碧林曛

三月三日登龍山　前人

伊川與灞津今日祓除人豈似龍山上還同湘水濱
衰顏憂更老淑景望非春禊飲豈吾事聊將偶俗塵

上巳浮江宴韻得遙字　王勃

上巳年光促中川興緒遙綠齊山葉滿紅洩片花銷
泉聲喧後澗虹影照前橋遽悲春望遠江路積波潮

上巳浮江宴韻得阯字　前人

披觀玉京路駐賞金臺阯逸興懷九仙良辰傾四美
松吟白雲際桂馥青溪裏別有江海心日暮情何已

三日曲水侍宴應制　閻朝隱

三月重三日千秋續萬春聖澤如東海天文似北辰
荷葉珠盤淨蓮花寶蓋新陛下制萬國臣作水心人

上巳日祓禊渭濱應制　劉憲

桃花欲落柳條長沙頭水上足風光此時御蹕來遊
處願奉年年祓禊觴

三月三日宴王明府山亭得魚字（同賦六人孫愼行爲之序）　崔知賢

調露二年暮春三日同集於王令公之林亭申交
契也夫尚平遠跡尋五藥於西山仲連高蹈讓千
金於東海遺形却立終希獨善之資排患解紛未
洽隨時之義豈若天地交泰朝野歡娛元巳迨辰
季陽司月列芳林而薦賞控清洛以開筵追李郭
之嘉遊嗣裴王之故事遠近送春日表裏壯皇居
會幹霞鶩燭城陰於翠鴿浮梁霧絕寫川態於文
虹樹密如鮮花繁似霰魚縱相忘之樂鶯遷求友
之聲景物載華心神已至于是愷佳宴滌煩襟泝
杯曲水折巾幽徑流波度曲自諸中散之絃舞蝶
成行無忝季倫之伎而歲不我與人生若浮揮智
陽之戈奔曦可駐騁山公之騎餘興方遒度志陳
詩式紀良會仍探一字六韻成章

京洛皇居芳禊春餘影媚元巳和風上除雲開翠帟
水鶯鮮居林泉縈暎煙霞卷舒花飄粉蝶藻躍文魚
沿波式宴其樂只且

三月三日宴王明府山亭得煙字　高球

洛城春禊元巳芳年季倫園裏逸少亭前曲中舉白
談際生元陸離軒蓋淒清管絃萍疎波蕩柳弱風牽
未淹歡趣林溪夕煙

三月三日宴王明府山亭得哉字　高瑾

暮春元巳春服初裁童冠八九于洛之隈河堤草變
鞏樹花開逸人談發仙御舟來間關黃鳥瀺灂丹腮
樂飲命席優哉悠哉

三月三日宴王明府山亭得郊字　席元明

日惟上巳時亭有巢中尊引桂芳筵藉茅書僮橐筆
膳夫行炰煙霏萬雉花明四郊洛蘋白帶山花紫苞
同人聚飲千載神交

三月三日宴王明府山亭得花字　韓仲宣

河濱上巳洛汭春華碧池涵日翠巘澄霞溝垂細柳
岸擁平沙歌鶯響樹舞蝶驚花雲浮寶馬水韻香車

熟記行樂淹留景斜

上巳日祓禊渭濱應制　徐彥伯

晴風麗日滿芳洲柳色春筵祓錦流皆言侍蹕橫汾
宴暫似乘槎天漢遊

三月三日宴王明府山亭　陳子昂

暮春嘉月上巳芳辰羣公禊飲于洛之濱奕奕車騎
粲粲都人連帷競野袨服縟津青郊樹密翠渚萍新
今我不樂含意闕申

于長史山池三日曲水宴　前人

摘蘭藉芳月祓宴坐迴汀沈豔清流滿葳蕤白芷生
金絃揮趙瑟玉柱弄秦箏巖榭風光媚郊園春樹平
煙花飛御道羅綺照昆明日落紅塵合車馬亂縱橫

三日詔宴定昆池宮莊賦得筵字　張說

鳳皇樓下對天泉鸚鵡洲中匝管絃舊識平陽佳麗
地今逢上巳盛明年舟將水動千尋日幕共林橫兩
岸煙不降王人觀禊飲誰令醉舞拂賓筵

三月三日定昆池奉和蕭令得潭字韻　前人

暮春三月日重三春水桃花滿禊潭廣樂逶迤天上
下仙舟搖衍鏡中酣

奉和三日祓禊渭濱應制　前人

青郊上巳豔陽年紫禁皇遊祓渭川幸得歡娛承湛
露心同草樹樂春天

奉和上巳日祓禊渭濱　韋嗣立

乘春祓禊逐風光扈蹕陪鑾渭渚傍還笑當時水濱
老衰年八十待文王

奉和三日祓禊渭濱　李乂

上林花鳥暮春時上巳陪遊樂在茲此日欣逢臨渭
賞昔年空道濟汾詞

和上巳連寒食有懷京洛　沈佺期

天津御柳碧遙遙軒騎相從半下朝行樂光輝寒食
借太平歌舞晚春饒紅妝樓下東迴輦青草洲邊南
渡橋坐見司空拂西第看君侍從落花朝

上巳日祓禊渭濱　前人

寶馬香車清渭濱紅桃綠柳禊堂春皇情尚憶垂竿
佐天祚先呈捧劍人

三日梨園侍宴一作梨園亭侍宴　前人

九重馳道出三一作上巳禊堂開畫鷁中流動青龍上
苑來野花飄御座河柳拂天杯日晚迎祥處笙鏞下
帝臺

三日獨坐驩州思憶舊遊　前人

兩京多節物三日最遨遊麗日風徐卷香塵雨暫收
紅桃初下地綠柳半垂溝童子成春服宮人罷射鞲
禊堂逼漢苑解席繞秦樓束晳言談妙張華史漢遒
無亭不駐馬何浦不橫舟舞籥千門度帷屏百道流
金丸向鳥落芳餌接魚投濯穢憐清淺迎祥樂獻酬
靈芻陳欲棄神藥曝應休誰念招魂節翻爲禦魅囚
朋從天外盡心賞日南求銅柱威丹徼朱崖鎮火陬
炎蒸連曉夕瘴癘滿冬秋西水何時貸南方詎可畱
無人對爐酒寧緩去鄉憂

三日綠潭篇　萬齊融

春潭滉漾接隋宮宮闕連延潭水東蘋苔嫩色涵波
綠桃李新花照底紅垂菱布藻如妝鏡麗日晴天相
照映素影沈沈對蝶飛金沙礫礫窺魚泳佳人祓禊
賞韶年傾國傾城併可憐拾翠總來芳樹下踏青爭
遶綠潭邊公子王孫恣遊玩沙陽曲水情無厭鳧浮
似挹羽觴杯鱗躍疑投水心劍金鞍玉勒騁輕肥落
絮紅塵擁路飛綠水殘霞催席散畫樓初月待人歸

奉和聖製上巳祓禊應制　崔國輔

元巳秦中節吾君灞上遊鳴鑾通禁苑別館繞芳洲
鵷鷺千官列魚龍百戲浮桃花春欲盡穀雨夜來收
慶向堯尊祝歡從楚棹謳逸詩何足對竊作掩東周

奉和聖製三月三日　陳希烈

上巳迂龍駕中流泛羽觴酒因朝太子詩爲樂賢王
錦纜方舟渡瓊筵大樂張風搖垂柳色花發異林香
野老歌無事一作公事朝臣飲歲芳皇情被羣物中外
洽恩光

奉和聖製上巳于望春亭觀禊飲應制　王維

長樂青門外宜春小苑東樓開萬井上輦過百花中
畫鷁移仙妓金貂列上公清歌邀落日妙舞向春風
渭水明秦甸黃山入漢宮君王來祓禊灞滻亦朝宗

三月三日勤政樓侍宴應制　前人

綵仗連霄合瓊樓拂曙通年光三月裏宮殿百花中
不數秦王日誰將洛水同酒筵嫌落絮舞袖怯春風
天保無爲德人歡不戰功仍臨九衢宴更達四門聰

三月三日曲江侍宴應制　前人

萬乘親齋祭千官喜豫遊奉迎從上苑祓禊向中流
草樹連容衛山河對冕旒畫旗搖浦溆春服滿汀洲
仙籞龍媒下神皋鳳蹕畱從今億萬歲天寶紀春秋

奉和聖製與太子諸王三月三日龍池春禊應

制　前人

故事修春禊，新宮展豫遊。明君移鳳輦，太子出龍樓。賦掩陳王作，杯如洛水流。金人來捧劒，畫鷁去回舟。苑樹浮宮闕，天池照冕旒。宸章在雲表，垂象滿皇州。

上巳　崔顥

巳日帝城春，傾都祓禊辰。停車須傍水，奏樂要驚塵。弱柳障行騎，浮橋擁看人。猶言日尚早，更向九龍津。

三日尋李九莊　常建

雨歇楊林東渡頭，永和三日盪輕舟。故人家在桃花岸，直到門前溪水流。

上巳日越中與鮑侍郎泛舟耶溪　劉長卿

蘭橈縵轉傍汀沙，應接雲峰到若耶。舊浦滿來移渡口，垂楊深處有人家。永和春色千年在，曲水鄉心萬里賒。君見漁船時借問，前洲幾路入煙花。

上巳洛中寄王九迥　孟浩然

卜洛成周地，浮杯上巳筵。鬬雞寒食下，走馬射堂前。垂柳金堤合，平沙翠幕連。不知王逸少，何處會羣賢。

上巳日澗南園期王山人陳七諸公不至　前人

搖艇候明發，花源弄晚春。在山懷綺季，臨漢憶荀陳。上巳期三月，浮杯興十旬。坐歌空有待，行樂恨無鄰。日晚蘭亭北，煙開曲水濱。浴蠶逢姹女，采艾値幽人。石壁堪題序，沙場好解紳。羣公望不至，虛擲此芳辰。

上巳日徐司錄林園宴集　杜甫

鬢毛垂領白，花蘂亞枝紅。攲倒衰年廢，招尋令節同。薄衣臨積水，吹面受和風。有喜留攀桂，無勞問轉蓬。

三月三日義興李明府後亭泛舟　皇甫冉

江南煙景復如何，聞道新亭更可過。處處執蘭春浦綠，萋萋藉草遠山多。壺觴須就陶彭澤，風俗猶傳晉永和。更使輕橈徐轉去，微風落日水增波。

上巳日陪齊相公花樓宴　盧綸

鍾陵暮春月，飛觀延羣英。晨霞耀中軒，滿席羅金瓊。持杯凝遠睇，觸物結幽情。樹色參差綠，湖光瀲灧明。禮舉瞻絳帳，恩洽廁華纓。徒記山陰興，祓禊乃爲榮。

上巳　楊凝

帝京元巳足繁華，細管清絃七貴家。此日風光誰不共，紛紛皆是掖垣花。

上巳日兩縣寮友會集時主郵不遂馳赴輒題以寄方寸　劉商

踏青看竹共佳期，春水晴山祓禊詞。獨坐郵亭心欲醉，櫻桃落盡暮愁時。

上巳寄孟中丞　鮑防

世間禊事風流處，鏡裏雲山若畫屏。今日會稽王內史，好將賓客醉蘭亭。

上巳日憶江南禊事　張志和

黃河西繞郡城流，上巳應無祓禊遊。爲憶淥江春水色，更隨宵夢向吳洲。

上巳泛舟得遲字　張登

令節推元巳，天涯喜有期。初筵臨泛地，舊俗祓禳時。枉渚潮新上，殘春日正遲。竹枝遊女曲，桃葉渡江詞。風鷁今方退，沙鷗亦未疑。且同山簡醉，倒載莫褰帷。

上巳日貢院考雜文不遂赴九華觀祓禊之會以二絕句申贈　權德輿

三日韶光處處新，九華仙洞七香輪。老夫留滯何由往，珉玉相和正遶身。（時以沽美玉爲詩題）

禊飲尋春興有餘，深情婉婉見雙魚。同心齊體如身到，臨水煩君便祓除。

和滑州李尚書上巳憶江南禊事　劉禹錫

白馬津頭春日遲，沙洲歸鴈拂旌旗。柳營唯有軍中戲，不似江南三月時。

上巳日恩賜曲江宴會卽事　白居易

賜歡仍許醉，此會興如何。翰苑主恩重，曲江春意多。花低羞豔妓，鶯散讓清歌。共道升平樂，元和勝永和。

三月三日祓禊洛濱（并序）　前人

開成二年三月三日，河南尹李待價以人和歲稔，將禊於洛濱。前一日，啓留守裴令公，令公明日召太子少傅白居易、太子賓客蕭籍李仍叔劉禹錫、前中書舍人鄭居中、國子司業裴惲、河南少尹李道樞、倉部郎中崔晉、司封員外郎張可續、駕部員外郎盧言、虞部員外郎苗愔、和州刺史裴儔、淄州刺史裴洽、檢校禮部員外郎楊魯士、四門博士談弘謩等一十五人，合宴於舟中。由斗亭歷魏堤，抵津橋，登臨泝沿，自晨及暮，簪組交映，歌笑間發，前水嬉而後妓樂，左筆硯而右壺觴，望之若仙，觀者如堵。盡風光之賞，極遊泛之娛，美景良辰，賞心樂事，盡得於今日矣。若不記錄，謂洛無人。晉公首賦一章，鏗然玉振，顧謂四座繼而和之。居易舉酒抽毫，奉十二韻以獻。

三月草萋萋黃鶯歇又啼柳橋晴有絮沙路潤無泥
禊事修初半遊人到欲齊金鈿耀桃李絲管駭鳧鷖
轉岸迴船尾臨流簇馬蹄鬬翻揚子渡蹋破魏王堤
妓接謝公宴詩陪荀令題舟同李膺泛醴為穆生攜
水引春心蕩花牽醉眼迷塵街從鼓動煙樹任鴉棲
舞急紅腰軟歌遲翠黛低夜歸何用燭新月鳳樓西

上巳陪襄陽李尚書宴光風亭　劉言史
碧池萍嫩柳垂波綺席絲鏞舞翠娥為報會稽亭上
客永和應不勝元和

曲江上巳　趙璜
長堤十里轉香車兩岸煙花錦不如欲問神仙在何
處紫雲樓閣向空虛

上巳日　劉駕
上巳曲江濱喧於市朝路相尋不見者此地皆相遇
日光去此遠翠幕張如霧何事歡娛中易覺春城暮
物情重愛一作此節不是愛芳樹明日花更多何人肯
回顧

上巳日曲江有感　司馬扎
萬花明曲水車馬動秦川此日不得意青春徒少年
晴沙下鷗鷺幽沚生蘭荃向晚積歸念江湖心渺然

上巳日花下閒看　吳融
十里香塵撲馬飛碧蓮峰下踏青時雲鬟照水和花
重羅袖擡風惹絮遲可便無心邀婉娟還應有淚憶
襄熙如煙如夢爭尋得溪柳回頭萬萬絲

上巳玉津園賜宴　宋楊億
禊飲逢元巳春遊盛舞雩流杯傳楚俗飫賜出堯廚
玉樹天開苑銀漢水貫都肆筵環曲沼飛蓋寒交衢
洛邑聲詩逸蘭亭歲月徂顏王有遺韻待子一操觚

上巳玉津園賜宴　劉筠
需雲分渥澤禊飲恣歡遊紼幕侵晨設蘭泉對席流
蕙肴清薦玉醴湛金甌春服萋萋盛光風灩灩浮
桐華濃竟發鶯語巧相求妙曲新聲合斜陽醉未休

上巳玉津園賜宴　錢惟演
漢家傳洛飲楚俗泛蘭泉玉液初頒酒金盤屢擊鮮
弭彤尋竹籞傾蓋集芝廛錦羽翻晴旭霞英落暖煙
雅音和舜樂府澤洽堯天更聽承雲曲同歌在鎬年

上巳　韓琦
遠道今逢祓禊辰雨餘風物一番新等閒臨水還思
舊取次看花便當春絮雪暖迷西苑路車山晴起曲
江塵臺英正約尋芳會誰是山陰作序人

上巳瓊林苑賜筵　前人
春光濃簇寶津樓樓下新波漲鴨頭嘉節難逢眞上
巳賜筵榮入小瀛洲仙園雨過花遺靨御陌風長絮
作毬禊飲不須辭巨白清明來日尚歸休

三日赴宴口占　歐陽修
賜飲初逢禊節佳昆池新漲碧無涯九門寒食多遊
騎三月春陰正養花共喜流觴修故事自憐霜鬢惜
年華鳳城殘照歸鞍晚禁籞無風柳自斜

上巳日杭州東園　蔡襄
地上多於枝上花東樓凝望惜年華潮頭正對伍員
廟燕子爭歸百姓家粉籜漸高山徑筍綠旗初展石
巖茶流芳自與人兼老尊酒相逢莫重嗟

上巳觀花思友人　邵雍
上巳觀花花意濃今年正與昔年同當時同賞知何
處把酒猶能對遠風

上巳日與二三子攜酒出遊隨所見輒作數句
明日集之為詩故詞無倫次　蘇軾
薄雲霏霏不成雨杖藜曉入千花塢柯丘海棠吾有
詩獨笑林深誰敢侮三杯卯酒人徑醉一枕春睡日
亭午竹間老人不讀書留我閉門誰教汝出犇棐杌
十圍大寫眞素壁千蛟舞東坡作塘今幾尺攜酒一
勞農工苦卻尋流水出東門壞垣古塹花無主臥開
桃李為誰妍對立鵁鶄相媚嫵開畊藉草勸行路不
惜春衫汙泥土褰裳共過春草亭扣門卻入韓家園
轆轤繩斷井深碧鞦韆索挂人何所映簾空復小桃
枝乞漿不見鷹門女南上古臺臨斷岸雪陣翻空迷
仰俯故人饋我玉葉羹火冷煙消誰為煑崎嶇束縕
下荒徑婭奼隔花聞好語更誰落景盡餘尊卻傍孤
城得僧宇主人勸我洗足眠倒牀不復聞鐘鼓明朝
門外泥一尺始悟三更雨如許平生所向無一遂茲
遊何事天不阻固知我友不終窮豈弟君子神所予

海南人不作寒食而以上巳上冢余攜一瓢酒
尋諸生皆出矣獨老符秀才在因與飲至醉符
蓋儋人之安貧守靜者也　前人
老鴉銜肉紙飛灰萬里家山安在哉蒼耳林中太白
過鹿門山下德公回管寧投老終歸去王式當年本
不來記取城南上巳日木綿花落刺桐開

上巳飲於湖上　孔平仲
城南春已老湖上雨初晴草作忘憂綠風為解慍清
楊花輕欲下菱葉細方生酒影低雲木歌聲伴晝鶯
賞心殘藥在幽曲小舟橫卻笑蘭亭會吟詩半不成

三月三日　郭祥正

一琖扶頭又半酣久無歸夢到江南桃花欲發杏花謝細雨斜風三月三

三月三日適值清明會客江樓共觀並蔕魏紫偶成小詩約坐客同賦二首　周必大

上巳清明共一時魏花開處亦連枝前身應是唐宮女猶記昭容雙袖垂

修禊歸來却踏青臨流謀野兩關情不如省事游春女桃葉渚邊看水生

上巳日萬歲池呈程泳之　范成大

濃春酒暖絳煙霏漲水天平雪浪遲綠岸翻鷗如北渚紅塵躍馬似西池麥苗剪剪嘗新麵梅子雙雙帶折枝試比長安水邊景祗無饑客爲題詩

上巳　楊萬里

正是春光最盛時桃花枝映李花枝鞦韆日暮人歸盡只有春風弄彩旗

上巳日遊平湖　金張宇

微微漠漠水增波禊事重修繼永和脆管當筵清似語扁舟爭岸疾如梭一時人物成高會千里雲山入浩歌日暮芝蘭無處覓野花汀草占春多

上巳　明楊基

暖日風雩好晴江祓禊過徑穿花底窄春向水邊多穠艷羞桃李輕軀稱綺羅髻搖金婀娜鞍簇錦盤陀曲浪留紋羽峩峯進紫駝遊人傾巷陌啼鳥避笙歌坐障陰團柳行茵輭藉莎漱醑香泛渚滌器膩浮波富貴唐天寶風流晉永和暮歸車馬鬧珠翠落平坡

到西江省看花次韻　前人

東湖東畔柳絲長滿苑飛花亂夕陽何處祓除兒女散過來流水鬱金香

三月三日作　許宗魯

上巳今朝是風光異往時海雲成雪易塞柳得春遲目極關山道情懸曲水詩誰能修禊飲一流望鄉思

上巳日獨行溪上有懷九逵　文徵明

郭外青煙柳帶柔洞庭西去水悠悠故人不見沙棠檝燕子齊飛杜若洲日落晚風吹宿酒天寒江草喚新愁佳期寂寞春如許辜負山花插滿頭

三月三日泊虞山下步尋慈師不遇　程嘉燧

草堂寂歷似禪居山下春光正祓除燐火人歸織月夜木魚風落妙香初蕭疎遠岫雲林畫映帶清流內史書乘興尋師相賞處筆牀經案獨躊躇

三月三日鴛鴦湖　王野

鴛鴦湖水樹邊斜檇李城東坐白沙三日風流仍鄭俗千秋修禊說王家美人羅韈憐芳草公子銀罌惜落花向夕輕橈回畫舸前洲新月傍殘霞

風流子上巳　宋秦觀

東風吹碧草年華換行客老滄洲見梅吐舊英柳搖新綠惱人春色還上枝頭寸心亂北隨雲黯黯東逐水悠悠斜日半山暝煙兩岸數聲橫笛一葉扁舟青門同攜手前歡記渾似夢裏揚州誰念斷腸南陌回首西樓算天長地久有時有盡奈何綿綿此恨無休擬待倩人說與生怕伊愁

臨江仙上巳九曲池流杯　葛勝仲

小樣洪河分九曲飛泉環繞粼粼青蓮往事已成塵羽觴浮碧甃寶劍捧金人　綠綺且依流水調逢逢過鼓催巡玉堂詞客是嘉賓茂林修竹地大勝永和春

前調上巳燕昌王氏園　前人

倦客身同舟不繫輕帆來訪儒仙春風上巳豔陽天桃方散錦高柳欲飛緜　千古海昌佳絕地雙鳧暫此留連通宵娛客破芳筵蘭亭修禊事梓澤醉名園

虞美人上巳　葉夢得

一聲鶗鴂催春晚芳草連空遠年年餘恨怨殘紅可是無情容易愛隨風　茂林修竹山陰道千載誰重到半湖流水夕陽前猶有一觴一詠似當年

醉蓬萊上巳　前人

問春風何事斷送殘紅便拚歸去牢落征途笑行人羈旅一曲陽關斷雲殘靄做渭城朝雨欲寄離愁綠陰千囀黃鸝空語　遙想湖邊浪搖空翠絃管風高亂花飛絮曲水流觴有山翁行處翠袖朱欄故人應也弄畫船烟浦會寫相思尊前爲我重翻新句

念奴嬌　張元幹

蕊香深處逢上巳生怕花飛紅雨萬點臙脂遮翠袖誰識黃昏凝佇燒燭呈妝傳杯凭檻莫放春歸去垂絲無語見人却似羞妒　修禊當時今日羣賢絃管裏英姿如許寶髻羅衣應未有許多陽臺神女氣湧三山醉聽五鼓休更分今古壺中天地大家著意留住

春雲怨上巳　馮艾子

春風惡劣把數枝香錦和鶯吹折雨重柳腰嬌困燕

子欲扶扶不得軟日烘烟乾風收霧芍藥荼蘼弄顏色簾幙輕陰圖書清潤日永篆香絕　盈盈笑嬌宮黃額試紅鸞小扇丁香雙結團鳳眉心倩郎貼敎洗金爵共看西堂醉花新月曲水澄空麗人何處往事暮雲萬葉

鷓鴣天　張炎

樓上誰將玉笛吹山前水闊暝雲低勞勞燕子人千里落落梨花雨一枝　修禊節賣餳時故鄉惟有夢相隨夜來折得江頭柳不是蘇堤也皺眉

浣溪沙上巳　明楊基

軟翠冠兒簇海棠砑羅衫子繡丁香閒來水上踏青陽　風暖有人能作伴日長無事可思量水流花落任怱忙

水調歌頭上巳　王世懋

三月又三日上巳復清明問君幾許高興兒女隊中行數點洗塵芳雨一脈養花天氣信馬出郊坰年少五陵子金彈惹流鶯　過油壁低粉面按銀箏管絃絲竹何限禊事應蘭亭共酌幾杯春醑也插一枝楊柳歸袖任縱橫聞取九門鑰隱隱下西清

欽定古今圖書集成曆象彙編歲功典

第三十九卷目錄

歲功典第三十九卷

上巳部紀事

拾遺記昭王二十四年塗修國獻青鳳丹鵲各一雄一雌孟夏之時鳳鵲皆脫易毛羽聚鵲翅以爲扇緝鳳羽以飾車蓋也扇一名遊飄二名條翮三名虧光四名仄影時東甌獻二女一名延娟一名延娛使二人更搖此扇侍於王側輕風四散泠然自涼此二人辯口麗辭巧善歌笑步塵上無蹤行日中無影及昭王淪於漢水二女與王乘舟夾擁王身同溺於水故江漢之人到今思之立祠於江湄數十年間人於江漢之上猶見王與二女乘舟戲於水際至暮春上巳之日禊集祠間或以時鮮甘味採蘭杜包裹以沉水中或結五色紗囊盛食或用金鐵之器並沉水中以驚蛟龍水蟲使畏之不侵此食也其水傍號曰招祇之祠

吳地記流杯亭在女墳湖西二百步闔閭三月三日泛舟遊賞之處

西京雜記戚夫人侍兒賈佩蘭後出爲扶風人段儒妻說在宮內時三月上巳張樂於流水

名勝志禺山西一里有歌舞岡郡國志云趙佗三月三日登高於此

漢書外戚孝武衛皇后傳后字子夫生微也其家號曰衛氏出平陽侯邑子夫爲平陽主謳者武帝卽位數年無子平陽主求良家女十餘人飾置家帝祓霸上還過平陽主見所侍美人帝不悅既飲謳者進帝獨說子夫

後漢書周舉傳大將軍梁商表舉爲從事中郎甚敬重焉三月上巳日商大會賓客讌于洛水舉時稱疾不往商與親暱酣飲極歡及酒闌倡罷繼以薤露之歌坐中聞者皆爲掩涕太僕張种時亦在焉會還以事告舉舉歎曰此所謂哀樂失時非其所也殃將及乎商至秋果薨

三輔黃圖百子池三月上巳張樂於池上

後漢書袁紹傳紹三月上巳大會賓徒于薄落津聞魏郡兵反黑山賊于毒等共覆鄴城殺守座中客家在鄴者皆憂怖失色或起而泣紹容貌自若不改常度

晉書束皙傳皙還尚書郎武帝嘗問摯虞三日曲水之義虞對曰漢章帝時平原徐肇以三月初生三女至三日俱亡村人以爲怪乃招攜之水濱洗祓遂因水以汎觴其義起此帝曰必如所談便非好事皙進曰虞小生不足以知臣請言之昔周公成洛邑因流水以汎酒故逸詩云羽觴隨波又秦昭王以三日置酒河曲見金人捧水心之劍曰令君制有西夏乃霸諸侯因此立爲曲水二漢相緣皆爲盛集帝大悅賜

晳金五十斤

王戎傳戎爲人短小任率不修威儀善發談端賞其要會朝賢嘗上巳禊洛或問王濟曰昨遊有何言談濟曰張華善說史漢裴頠論前言往行袞袞可聽王戎談子房季札之間超然元著其爲識鑒者所賞如此

隱逸夏統傳統字仲御孤貧以孝聞其母病篤乃詣洛市藥會三月上巳洛中王公已下並至浮橋士女駢塡車服燭路統時在船中曝所市藥諸貴人車乘來者如雲統並不之顧太尉賈充怪而問之統初不應重問乃徐答曰會稽夏仲御也充使問其土地風俗統曰其人循循猶有大禹之遺風太伯之義讓嚴遵之抗志黃公之高節又問卿居海濵頗能隨水戲乎答曰可統乃操柁正櫓折旋中流初作鯔鯖躍後作鯆䱐引飛鷁首掇獸尾奮長梢而船直逝者三焉於是風波振駭雲霧杳冥俄而白魚跳入船者有八九觀者皆悚遽充心尤異之乃更就船與語其應如響欲使之仕即俛而不答充又謂曰昔堯亦歌舜亦歌子與人歌而善必反而後和之明先聖前哲無不盡歌卿頗能作卿土地間曲乎統曰先公惟寓稽山朝會萬國授化鄙邦崩殂而葬恩澤雲布聖化猶存百姓感詠遂作慕歌又孝女曹娥年甫十四貞順之德過越梁宋其父墮江不得尸娥仰天哀號中流悲歎便投水而死父子喪尸後乃俱出國人哀其孝義爲歌河女之章伍子胥諫吳王言不納用見戮投海國人痛其忠烈爲作小海唱今欲歌之衆人僉曰善統於是以足扣船引聲喉囀清激慷慨大風應至含水漱天雲雨響集叱咤讙呼雷電晝冥集氣長嘯沙塵煙起王公已下皆恐止之乃已諸人顧相謂曰若不游洛水安見是人聽慕歌之聲便髣髴見大禹之容聞河女之音不覺涕淚交流即謂伯姬高行在目前也聆小海之唱謂子胥屈平立吾左右矣充欲耀以文武鹵簿覬其來觀因而謝之遂命建朱旗舉幡校分羽騎爲隊軍伍肅然須臾鼓吹亂作笳葭長鳴車乘紛錯縱横馳道又使妓女之徒服袿襹炫金翠繞其船三匝統危坐如故若無所聞充等各散曰此吳兒是木人石心也

王導傳元帝爲瑯邪王與導素相親善導知天下已亂遂傾心推奉潛有興復之志帝亦雅相器重契同友執帝之在洛陽也導每勸令之國會帝出鎭下邳請導爲安東司馬軍謀密策知無不爲及徙鎭建康吳人不附居月餘士庶莫有至者導患之會敦來朝導謂之曰瑯邪王仁德雖厚而名論猶輕兄威風已振宜有以匡濟者會三月上巳帝親觀禊乘肩輿具威儀敦導及諸名勝皆騎從吳人紀瞻顧榮皆江南之望竊覘之見其如此咸驚懼乃相率拜於道左導因進計曰古之王者莫不賓禮故老存問風俗虛己傾心以招俊乂況大業草創急於得人者乎顧榮賀循此土之望未若引之以結人心二子既至則無不來矣帝乃使導躬造循榮二人皆應命而至

法書要錄穆帝永和九年三月三日王羲之與太常孫統等四十有一人會於會稽山陰之蘭亭修禊事酒酣賦詩製序用蠶繭紙鼠鬚筆書字有重者皆搆別體

世說新語郝隆爲桓公南蠻參軍三月三日會作詩不能者罰酒三升隆初以不能受罰既飲攬筆便作一句云娵隅躍淸池桓問娵隅是何物答曰蠻名魚爲娵隅公曰作詩何以作蠻語隆曰千里投公始得蠻府參軍那得不作蠻語也

晉書涼武昭王李暠傳暠自稱秦涼二州牧還於酒泉上巳日讌於曲水命羣寮賦詩而親爲之序於是寫諸葛亮訓誡以勖諸子

晉起居注海西泰和六年三月庚午朔詔曰三日臨流杯池依東堂小會

鄴中記華林園中千金堤作兩銅龍相向吐水以注天泉池通御溝中三月三日石季龍及皇后百官臨池會

水經注漳水對趙氏臨漳宮宮在桑梓苑多桑木故苑有其名三月三日及始蠶之月虎帥皇后及夫人採桑於此

十六國春秋每年三月三日石虎及皇后會公主妃主名家婦女無不畢出臨水施設帳幔車服燦爛走馬步射飲宴終日

征齊道里記城北十五里有柳泉村則常以爲解禊處

宋書禮志魏明帝天淵池南設流杯石溝宴羣臣晉海西鍾山後流杯曲水延百僚皆其事也官人循之至今

歲華紀麗宋武帝三月三日登八公山劉安故臺望城郭如疋帛之遶叢花也

宋略文帝元嘉十一年三月丙申禊飲于樂遊苑且

祖道江夏王義恭衡陽王義季有詔會者咸作詩詔顏延年作序

南齊書王融傳永明九年上幸芳林園禊宴朝臣使融爲曲水詩序文藻富麗當世稱之

梁書張率傳高祖天監四年三月禊飲華光殿其日河南國獻舞馬詔率賦之

魏書趙逸傳神䴥二年三月上巳帝幸白虎殿命百寮賦詩逸製詩序時稱爲善

楊播傳時車駕耀威河水上巳設宴高祖與中軍彭城王勰賭射左衛元遙在勰朋內而播居帝曹遙射侯正中籌限已滿高祖曰左衛籌足右衛不得不解播對曰仰恃聖恩庶幾必爭於是彎弓而發其箭正中高祖笑曰養由基之妙何復過是

夏侯夬傳夬與南人辛諶庾道江文遙等終日遊聚酣飲之際恆相謂曰人生局促何殊朝露坐上相看先後之間耳脫有先亡者當於良辰美景靈前飲宴儻或有知庶其歆饗及夬亡後三月上巳諸人相率至夬靈前酌飲時日晚天陰室中微闇咸見夬在坐衣服形容不異平昔時執杯酒似若獻酬但無語耳時夬家客雍僧明心有畏恐披簾欲出便即僵仆狀若被毆夬從兄欣宗云今是節日諸人憶弟疇昔之言故來共飲僧明何罪而被瞋責僧明便寤而欣宗鬼語如夬平生并怒家人皆得其罪又發摘陰私竊盜咸有次緒

北史高琳傳琳母嘗祓禊泗濱遇見一石光彩朗潤遂持以歸是夜夢人衣冠有若仙者謂曰夫人向所將來石是浮磬之精若能寶持必生令子母驚寤舉身流汗俄而有孕及生因名琳字季珉

大業雜記煬帝築西苑周二百里苑內造山爲海周十餘里水深數丈其中有方丈蓬萊瀛洲諸山海東有曲水池其間有曲水殿上巳禊飲之所

大業拾遺記隋煬帝勅學士杜寶修水飾圖經新成以三月上巳日會羣臣于曲水以觀水飾總七十二勢皆刻木爲之或乘舟或乘山或乘平洲或乘宮殿木人長二尺衣以綺羅裝以金碧及作禽獸魚鳥皆能運動如生隨水曲而行

千金月令三月三日上踏青鞋履

唐會要貞觀三年三月三日賜羣臣大射于立德門

景龍宮記唐制上巳祓禊賜侍臣細柳圈云帶之免蠆毒瘟疫中宗四年上巳祓禊于渭濱賦七言詩賜細柳圈李乂應制詩此日欣逢臨渭賞昔年空道濟汾祠沈佺期詩寶馬香車清渭濱紅桃碧柳禊堂春皇情尚憶垂竿佐天瑞先呈捧劍人

劇談錄曲江池本秦世隑洲開元中疏鑿遂爲勝境其南有紫雲樓芙蓉苑其西有杏園慈恩寺花卉環周煙水明媚都人遊玩盛於中和上巳之節綵幄翠幬匝於堤岸鮮車健馬比肩擊轂上巳即賜宴臣僚京兆府大陳筵席長安萬年兩縣以雄盛相較錦繡珍玩無所不施百辟會於山亭恩賜太常及教坊聲樂池中備綵舟數隻唯宰相三使北省官與翰林學士登焉每歲傾動皇州以爲盛觀入夏則菰蒲蔥翠柳陰四合碧波紅蕖湛然可愛好事者賞芳辰玩清景聯騎攜觴亹亹不絕

嘉話錄故事每三月三日賜王公以下射中鹿鳴賜馬第一賜綾其餘布帛有差至開元八年秋舍人許景先以爲徒耗國用而無益于是罷之

秦中歲時記上巳賜宴曲江都人于江頭禊飲踐踏青草曰踏青

粧樓記洛陽人有妓樂者三月三日結錢爲龍爲簾作錢龍宴四圍則撒真珠厚盈數寸以斑螺命妓女酌之仍各具數得雙者爲吉妓乃作雙珠宴以勞主人又各命作錫綬帶以一丸錫舒之可長三尺者賞金菱角不能者罰酒

池陽上巳日婦女以薺花點油祝而灑之水中若成龍鳳花卉之狀則吉謂之油花卜

西京新記曲江亦名樂遊原長安中于原上置亭遊賞三月三日京城士女咸即此祓禊

前定錄天寶十四載李泌三月三日自洛乘驢歸別墅從者未至路旁有車門而驢徑入不可制遇其家人各將乘驢馬羣出之次泌因相問遂並入宅邀泌入既坐又見妻子出羅拜泌莫測之疑是妖魅問姓賓潛令僕者問鄰人知實姓竇泌問其由答曰竇廷芬且請宿續言之勢不可免泌遂宿焉廷芬乃言曰中橋有筮者胡蘆生神之久矣昨因筮告某曰不出三年當有赤族之禍須覓黃中君方免問如何覓黃中君曰問鬼谷子又問安得鬼谷子言公姓名是也宜三月三日全家出城覓之不見必籍死無疑若見但舉家悉出哀祈則必免矣適全家方出訪覓而卒遇公乃天濟其舉族命也供待備至明日請去且言歸潁陽莊廷芬堅留之使人往潁陽爲致所切取季父報而還如此住十餘日方得歸自此獻遺不絕及

祿山亂肅宗收西京將還秦收陝府獲刺史竇廷芬肅宗令誅之而籍其家又以元宗外家而事賊因四誅夥泌因具其事且請使人問之令其手疏驗之肅宗乃遣使使囘具如泌說肅宗大驚遽命赦之因問黃中君鬼谷子何也廷芬亦云不知而胡蘆生已卒肅宗深感其事因曰天下之事皆前定矣

舊唐書德宗本紀貞元六年三月庚子百寮宴于曲江亭上賦上巳詩一篇賜之

容齋續筆文宗開成元年歸融爲京兆尹時兩公主出降府司供帳事繁又逼近上巳曲江賜宴奏請改日上曰去年重陽取九月十九日未失重陽之意今改取十三日可也

中朝故事唐每歲上巳許宮女於興慶宮大同殿前與骨肉相見縱其問訊家眷更相遺贈

遯史文學王鼎傳鼎幼好學居太寧山數年博通經史時馬唐俊有文名燕薊間適上巳與同志祓禊水濱酌酒賦詩鼎偶造席唐俊見鼎樸野置下坐欲以詩困之先出所作索賦鼎援筆立成唐俊驚其敏妙因與定交

寰宇記陽安治北二十里玉女靈山東北有泉西北兩岸各有懸崖腹有石乳房一十七眼狀如人乳流下土人呼爲玉華池每三月上巳日有乞子者漉得石即是男瓦即是女

南部新書九龍池上巳日爲士女汎舟遊嬉之所

茅亭客話學射山舊名石斛山昔張伯子三月三日得道上昇今山上有至眞觀卽其遺跡也每歲至是日傾城士庶四邑居民咸詣仙觀祈乞田蠶時當春煦花木甚盛州主與郡寮將妓樂出城至其地車馬人物闐噎有耆宿鮮于熙者與朋友數人於萬歲池縱飲因掬池水見岸傍草中有一小白蝦蟆遂取之卽席有姓劉失其名堅請看之鮮于固執不與遂嚼鮮于手取將吞之鮮于戲之曰閤下因吞此白蟾苟成得道也祇成强盜爾吞訖忙惶飲水云蝦蟆在某心胷間無所出處昏悶至家旬餘醫治方愈

文同丹淵集成都燕集一春爲常惟上巳學射山之集爲盛山有至眞觀祀張伯子其日兩蜀之人咸赴從道士受祕籙

談苑禁中近清明節神宗侍曹太后因語自來却無人做珠子鞍轡雖云太華然亦好也太后聞此語已密令人描樣矣不數日賫促就珠子鞍轡傳宣索玉鞍轡一副神宗莫測所欲用亦莫敢問依旨進入太后命送後苑折修遂施珠鞴焉其上作小紅羅銷金坐子劣可容體甫近上巳以鞍架載之送神宗神宗大感悅取小烏馬於福寧殿親試之駕幸金明池回遂乘此鞴士論皆謂雖神宗純孝亦光獻至慈上下相得以成其美焉

雲笈七籤金堂縣昌利化圓元觀南院有九井焉平陸之上纔深一二尺或方或圓大者五六尺小者三二尺相去各數步泉脈相通而水色皆異其味甘香蓋醴泉之屬也每歲三月三日蠶市之辰遠近之人祈乞嗣息于井中探得石者爲男瓦礫爲女

葛璝化周回嚴巒左右嵌穴有二十四峯八十一洞有丁東水出於崖腹久旱不竭每年三月三日蠶市之辰衆逾萬人宿止山內飲食之外水常有餘

談苑元祐中祕閣上巳日集西池王仲至有詩張文潛和最工云翠浪有聲黃繖動春風無力綵旍垂秦少游云簾幔千家錦繡垂王笑曰又待入小石調也

有宋佳話元符中上巳日錫燕從臣命御新龍舟蔡元長忽墜于金明池萬衆喧駭蔡得憑木浮出遂入大舍方一身淋漓蔣穎叔唁公曰元長幸免瀟湘之溺蔡大笑答曰幾同洛浦之遊

成都記三月三日遠近祈福于龍橋命曰蠶市

三山志政和宣和中自黃尚書裳至陸侍郎藻爲守登禊遊亭臨南湖令民競渡時徽宗御製上巳詩云韶光三月暢元芳禊飲池邊泛羽觴畫鷁翩翩戲龍虎一時佳景勝端陽

乾淳歲時記三月三日殿司眞武會

癸辛雜識太學上巳假一日武學則三日

宋史高麗國傳上巳日以青艾染餅爲盤羞之冠

歲華紀麗譜三月三日出北門宴學射山既罷後射弓蓋張伯子以是日卽此地上升巫覡賣符于道遊者佩之以宜蠶辟災輕裾小蓋照爛山阜晚宴于萬歲池亭泛舟池中

元氏掖庭記每遇上巳日令諸嬪妃祓于內園迎祥亭漾碧池池用紋石爲質以寶石鏤成奇花繁葉雜砌其間上設紫雲九龍華蓋四面施幃幃皆蜀錦爲之跨池三橋橋上結錦爲亭中匾集鸞左匾凝霞右匾承霄三匾鴈行相望又設一橫橋接乎三亭之上以通往來遊畢則宴飲于中謂之爽心宴池之旁一潭曰香泉潭至此日則積香木以注于池池中又置溫玉狻猊白晶鹿紅石馬等物妃嬪浴澡之餘則騎

以爲戲或執蘭蕙或擊球筑謂之水上迎祥之樂唯小娥體白而紅著水如桃花含露愈增妍美帝曰此夭桃女也因呼爲賽桃夫人愛寵有加焉

寓圃雜記正統十一年太師英國公暨侯伯二十餘人早朝畢奏曰臣等皆武夫不諳經典願賜一日假詣國子監聽講上命以三月三日往于是太師率諸侯伯至日到監始擱茶湯果餅之類甚豐祭酒李先生時勉命諸生立講五經各一章講罷賜酒饌奉款諸侯伯讓曰受教之地皆就列坐惟太師與先生抗禮飲甚歡太師屢辭先生曰秀才家飯不易措置願太師少寬後命諸生歌鹿鳴之詩賓主雍雍抵暮而散此亦太平盛事也

熙朝樂事三月三日俗傳爲北極佑聖眞君生辰佑聖觀中修崇醮事士女拈香亦有就家啓醮酌水獻花者是日觀中有雀竿之戲其法樹長竿于庭高可三丈一人攀緣而上舞蹈其顚盤旋上下有鷂子翻身金雞獨立鍾馗抹額玉兎搗藥之類變態多方觀者目瞪神驚汗流浹背而爲此技者如蝶拍鴉翻蓮蓬然自若也是日男女皆戴薺花諺云三春戴薺花桃李羞繁華

益都談資薛濤井久屬藩邸環以欄楯人不敢汲專備製牋之用每歲以三月三日汲此井水造牋二十四幅餘者留藩邸中

北京歲華記上巳日上土穀祠

名勝志襄陽縣龜山上有磜磜石襄人以三月三日來遊臥擦其上謂可免災患

上巳部雜錄

風俗通義周禮女巫掌歲時以祓除釁浴禊者潔也春者蠢也蠢蠢搖動也尚書以殷仲春厥民析言人解療生疾之時故于水上釁潔之也

四民月令三月三日以及上除采柳絮可以愈瘡

南嶽記南嶽山上有飛壇懸水激石飛湍百仞又有曲水壇水從石上行士女臨河壇三月三日所逍遙處

南方草木狀刺桐其木爲材三月三時布葉繁密後有花赤色間生葉間旁照他物皆朱殷然三五房凋則三五復發如是者竟歲九眞有之

齊民要術五行書曰欲知蠶善惡常以三月三日天陰如無日不見雨蠶大善

黍米酒法預剉麴曝之令極燥三月三日秤麴三斤三兩取水三斗三升浸麴經七日麴發細泡起然後取黍米三斗三升淨淘炊作再餾飯攤使冷著麴汁中搦黍令散兩重布蓋甕口候米消盡更炊四斗半米酘之第三酘炊米六斗自此以後每酘以漸和米甕無大小以滿爲限酒味醇美宜合醅飲食之

作當梁酒法當梁下置甕故曰當梁以三月三日日未出時取水三斗三升乾麴末三斗三升炊黍米三斗三升爲再餾黍攤使極冷水麴黍俱時下之三月六日炊米六斗酘之三月九日炊米九斗酘之自此以後任意酘之滿甕便止若欲取者但言偷酒勿云取酒假令出一石還炊一石米酘之甕還復滿亦爲神異

杭米酒法三月三日取井花水三斗三升絹簁麴末三斗三升杭米三斗三升再餾弱炊攤令小冷先下水麴然後酘之七日更酘用米六斗六升一七日更酘用米一石三斗二升二七日更酘用米二石六斗四升乃止量酒備足便止合醅飲者不復封泥令清者以盆密蓋泥封之經七日便極清澄取清者然後押之

三九酒法以三月三日收水九斗米九斗焦麴末九斗先曝乾之一時和之揉和令極熟九日一酘後五日一酘後三日一酘令以隻日酘不得以偶日也使三月中即令酘足常預作湯甕中停之酘畢輒使五升洗手蕩甕傾于酒甕中也

千金方腰脊作痛三月三日取桃花一斗一升井華水三斗麴六升米六斗炊熟如常釀酒每服一升日三服神良

食譜張手美家上巳手裏行廚

種樹書常以三月三日雨卜桑葉之貴賤諺云雨打石頭徧桑葉三錢片或曰四日尤甚杭人曰三日尚可四日殺我言四日雨尤貴

酉陽雜俎焉耆三日野祀

芥隱筆記樂天詩去歲暮春上巳共泛洛水中流今歲暮春上巳獨立香山下頭東坡用之爲海外上巳詩

野客叢談今言五月五日曰重五九月九日曰重九則三月三日亦宜曰重三觀張說文集三月三日詩暮春三月日重三此可據也曲水侍宴詩三月重三日此可據也

貴耳集楊冠卿館于九江戎司趙溫叔能相帥荊南

道由九江守帥合宴楊作致語云相公倦台鼎喜看袞繡之東歸潯陽無管絃且聽琵琶之舊曲溫叔再三稱道蜀中教官作上巳日致語云三月三日豸長安之麗人一咏一觴修山陰之舊事要作駢儷當如此用事

癸辛雜識或云上巳當作十干之己蓋古人用日例以十干如上辛上戊之類無用支者若首午尾卯則上旬無巳矣故王季夷上巳詞云曲水濺裙三月二此其證也

丹鉛總錄禊有春秋禊水上祓除也然有春禊秋禊論語浴乎沂注上巳祓除王右軍蘭亭暮春修禊此春禊也馬融西第頌云西北戌亥元石承輸蝦蟆吐寫庚辛之域劉禎魯都賦曰素秋二七天漢指隅人胥祓禳國子水嬉此用七月十四日指秋禊也

霏雪錄海扇海中甲物也其形如扇背文如瓦三月三日潮盡乃出

田家五行三月初三晴桑葉掛銀瓶雨打石頭斑桑葉錢上躉雨打石頭流桑葉好餧牛

農政全書陶弘景曰藉姑三月三日採根暴乾可療饑

本草綱目梨花如雪六出上巳無風則結實必佳古語云上巳有風梨有蠹

羣芳譜三月三日採蔓菁花陰乾爲末空心井花水下久服長生可夜讀書

名勝志琴高山隱雨巖是其控鯉上昇之所巖下有洞洞旁有釣臺臺下水卽琴溪也每歲上巳前後數日出小魚相傳爲處士藥楂魚

上巳部外編

續搜神記盧充獵見麞便射中之隨逐不覺遠忽見一里門如府舍問鈴下鈴下對曰崔少府也進見少府少府語充曰尊府君爲索小女婚故相迎耳三日畢送充至家母問其狀以對與崔別後四年充三月三日臨水戲遙見水傍有犢車充往開車戶見崔女與三歲男共載情意如初抱男兒還充贈金椀乃別

天上玉女記魏濟北郡從事掾弦超中夜獨宿夢有神女來從之自稱天上玉女姓成公字知瓊如此三四夕一旦顯然來遊姿顏容體狀若飛仙遂爲夫婦後漏泄其事玉女遂求去去若飛迅超憂感積日幾至委頓去後五年超奉郡使至洛到濟北魚山下遙望曲道頭有一車馬似知瓊驅馳前至果是也悲喜交切同乘至洛遂爲室家克復舊好至太康中猶在但不日日往來每于三月三日輒下往來經宿而去

續文獻通考寶誌金城人初朱氏婦于上巳日聞兒啼鷹巢中梯樹得之舉以爲子七歲出家長修禪業止江東道林寺

啓聖錄開皇元年三月三日眞武產母左脅當生之時瑞星覆國天花散漫異香紛然身寶光燄充滿王國土地皆變金玉

蠡海集元帝生于三月三日者一生二二生三三生萬物水之氣天一至三而始盛也

傳燈錄泗州僧伽大師者景龍二年中宗遣使迎至輦轂命住大薦福寺三年三月三日大師示滅敕令就薦福寺漆身起塔忽臭氣滿城帝祝返師歸臨淮言訖異香騰馥帝問萬回曰僧伽大師何人耶曰觀音化身耳

道巘禪師上堂僧問如何是佛法大意師曰古人豈不道今日三月三僧曰學人不會師曰止止不須說我法妙難思

清明部彙考

易通卦驗

白陽雲

清明白陽雲出奎

孝經緯

清明

春分後十五日斗指乙爲清明萬物至此皆潔齊而清明矣

汲冢周書

時訓解

清明之日桐始華

淮南子

天文訓

春分加十五日斗指乙則清明風至音比仲呂

荊楚歲時記

寒食事考

去冬節一百五日卽有疾風甚雨謂之寒食禁火三日造餳大麥粥

據曆合在清明前二日亦有去冬至一百六日者琴操曰晉文公與介子綏俱亡子綏割股以啖文公文公復國子綏獨無所得子綏作龍蛇之歌而隱文公求之不肯出乃燔左右木子綏抱木而死文公哀之令人五月五日不得舉火又周舉移書及魏武明罰令陸翽鄴中記並云寒食斷火起于子推琴操所云子綏即推也又云五月五日與今有異皆因流俗所傳據左傳及史記並無介子推被焚之事按周書司烜氏仲春以木鐸循火禁于國中注云爲季春將出火也今寒食準節氣是仲春之末清明是三月之初然則禁火蓋周之舊制陸翽鄴中記曰寒食三日醴酪又煑粳米及麥爲酪擣杏仁煑作粥玉燭寶典曰今人爲大麥粥研杏仁爲酪引餳沃之孫楚祭子推文云乾飯一盤醴酪二盂是其事也

鬭雞鏤雞子鬭雞子

按玉燭寶典曰此節城市尤多鬭雞卵之戲左傳有季郈鬭雞其來遠矣古之豪家食稱畫卵今代猶染藍茜雜色仍加雕鏤遞相餉遺或置盤俎管子曰彫卵熟斲之所以發積藏散萬物張衡南都賦曰春卵夏筍秋韭冬菁便是補益滋味其鬭卵則莫知所出董仲舒書云心如宿卵爲體內藏以據其剛髣髴鬬理也

打毬鞦韆施鉤之戲

按劉向別錄曰蹴鞠黃帝所造本兵勢也或云起于戰國按鞠與毬同古人蹋蹴以爲戲也古今藝術圖云鞦韆北方山戎之戲以習輕趫者施鉤之戲以絙作篋纜相胥綿亙數里鳴鼓牽之求諸外典未有前事公輸子遊楚爲舟戰其退則鉤之進則強之名曰鉤強時越遂以鉤爲戲意起于此涅槃經曰鬬輪骨輪索其鞦韆之戲乎鞦韆亦施鉤之類也

農政全書

清明雜占

諺云清明無雨少黃梅　清明曬得楊柳枯十隻糞缸九隻浮　清明午前晴早蠶熟午後晴晚蠶熟

清明日喜晴諺云簷頭插柳青農人休望晴簷頭插柳焦農人好作嬌

遵生八牋

清明事宜

雲笈七籤曰清明一日取榆柳作薪煑食名曰換新火以取一年之利

濟世仁術曰寒食日水浸糯米一二升逐日換水至小滿漉起曬乾炒黃水調塗治跌打損傷及惡瘡神效

清明日日未出時採薺菜花候乾作燈杖可辟蚊蛾

清明日三更以稻草縛花樹上不生刺毛蟲

本草綱目

清明

清明日貯井水謂之神水宜浸造諸風脾胃虛損諸丹丸散及藥酒久留不壞

清明日取戌上土同狗毛作泥塗房戶內穴蛇鼠諸蟲永不入

寒食日取三姓人家麪各一合五月五日午時采青蒿自然汁和丸綠豆大諸瘧久瘧臨發日早無根水下一丸一方加炒黃丹少許德生堂方

酌中志略

宮中清明

清明鞦韆節戴柳枝于髮坤寧宮及後各宮皆安鞦韆一座凡各宮之溝渠俱于此時濬之竹篾排棚大水桶天溝水管俱于此時油捻之幷銅缸俱刷換以新汲水也凡內宮院宇大者俱製蘆箔爲凉棚以繩收放取陰也

直隸志書各省風俗同者不載

宛平縣

清明日男女簪柳出掃墓擔樽榼掛紙錢拜者酹者哭者爲墓除草添土者以紙錢置墳巔既而趨芳樹擇園圃列坐餕餘而後歸

東安縣

清明插柳看花前五七日人家男婦各祭掃墳墓至日仍祭先于堂

懷柔縣

三月寒食拜墓大約農家每年常憂春旱四時皆忌甲子雨清明以前種者曰風生清明以後種者曰雨生又俗云此時爲苦春頭每候榆柳芽發採以代穀

永平府

冬至後百五日爲寒食清明節也俗多以前兩日爲寒食前一日爲蛆日造醯醬忌節日造生蛆當清明官祭厲塚展墓掛紙錢增新土作麪燕及蛇插柳枝標于戶以迎元鳥男女並出祭掃次日婦告歸寧而展墓連日傾城踏青看花挑菜簪柳鬬百草諺云清

明不戴柳紅顏成白首末家樹鞦韆爲戲閨人搨子兒賭勝負童子摑紙爲風鳶引繩而放之山原車馬𢑥疊相接道隅俊餘而多醉歌矣

任丘縣

清明日隆師放學士女戴柏葉楊柳

元氏縣

三月清明日又謂之花節市彩花置酒宴會

冀州

寒食清明日取柳插門及男女簪之曰令目清勿盲

山東志書

鄒平縣

寒食嫁出女皆歸寧母家祀祖以正月所積麪點磨爲粉合家食之不舉火猶古禁煙遺意焉

淄川縣

寒食作炊飯或曰推飯本于介子推云是禁火遺意也

新城縣

清明前一日墓祭至日捐謝一切徵侶出郊鞦韆蹴鞠

齊河縣

清明田家飯牛盆以乾糯

陽信縣

清明日作漿水飯牛

沂州

三月清明節作麪燕插柳于上陰乾預治小兒泄瀉

堂邑縣

清明士女戲鞦韆名擺秀

臨清州

寒食用魏武制不禁火

壽光縣

寒食清明二日禁火踏青作戲場或演梨園或扮巫鼓士女雲集闐咽于道人家植雙木于院落繫繩板爲鞦韆唐人所謂半仙戲也又或于市町廣場豎巨木高數丈縛車輪于木杪而垂層板于週遭有多至三十二索者横巨木于下而以人力推轉婦女靚粧盤旋空中飛紅颭紫翩若舞蝶千百爲羣觀者競赴大抵皆齊民中下之家也失其閫教矣

諸城縣

寒食日斷火取麪團如拳大餡之以棗蒸熟掛當風處陰乾暑月兒童患瀉者以爲細末蜜調啗之瘥

新河縣

清明日男女皆插柳枝各祭先塋是月家置鞦韆爲戲謂之釋閨悶

饒陽縣

清明東風主收穀黍南風主田禾涌安西風主通收烏麥北風主在農無功

曲周縣

三月清明馬醫夏畦之鬼無不受子孫祭享設奠荒郊空山哭聲行人墮淚

邯鄲縣

清明赴先塋拜掃設神食焚紙添墓土俱于本日無先期後期者是日多殯葬從陰陽家言諸凡無忌也

福山縣

寒食城外三里許斷火俗傳是日舉火則冰雹

棲霞縣

寒食掃墓野祭歸則合族長幼陳祭餘享焉謂之房食

山西志書

盂縣

寒食日士女標楮

臨晉縣

清明日婦女不做生活曰青盲日

河南志書

鞏縣

清明祭外親家祀青苗牛王洪山諸神

孟津縣

清明插青苗于麥地

陝西志書

富平縣

清明每戶請名山之泉源水共禮一神刑牲薦豊曰遊水亦有在六月六日十三日舉者

同州

清明前二日寒食爲冷麪棗餡上墳拜掃回則折柳枝插門以紙錢縛樹身且以圍其釜曰能避蟲蟻

平京府

清明祭祖妣插柳觀河津賞花羣飲涇上修禊

江南志書

高淳縣

清明後村落迎神賽社閭里各治具集優演戲若延大賓以必得爲勝又以降神談禍福鼓衆至有吞鐵吐火爲幻者官下令禁革輒曰于地方不利

常熟縣

兒童放紙鳶以清明日止曰放斷鷂

嘉定縣

清明前兩日謂之寒食人有新亡者其家必倍悲痛名新寒食至戚則往祭其几筵俗呼排座

太倉州

清明次日稱白蹴踘墓祭必設鱠殘魚合家至墓所掛墓

崇明縣

清明縣官祭厲壇例迎城隍神社火或塗粉墨扮故事徧遊城市

松江府

三月清明節拜掃先塋懸紙錢謂之標墓先節三日郡縣城隍神至期詣厲壇仗衛整肅郡民執香花擁導者甚衆至晚復以華燈迎歸七月十五日十月初一日皆如之又清明日雨百果損

武進縣

方茂山以清明日爲龍母化身之日競趨拜禱

儀眞縣

清明前後三五日邑人各挾雞豚以享墓士女靚容冶服遊集勝地儕輩壺榼絡繹于道文人載酒賦詩陟北山登眺較勝東西二郊

高郵州

清明節人家各攜男女具時饈于墓祭祀郊外羅綺炫目亦有盛聲樂移舟車集勝地而飲者陸曰踏青水曰遊湖在清明前後數日乃已

興化縣

清明佩柳祀先先後十日掃墓灑麥飯掛紙錢

徽州府

清明淘新泉潔湛醽釀酒漿是夜雨傷麥民伺雷發聲捕蝦于大石山中爲腊以治瘧

貴池縣

三月清明祭蠶姑婦女製米繭祀蠶姑以祈蠶

浙江志書

杭州府

清明前三日爲寒食節人家皆插脊柳雖曲坊小巷亦青青可愛往時多取之湖堤曾記昔人詩云莫把青青都折盡明朝更有出城人南北兩山墓祭者尤多提攜男女酒壺餚榼村店山家分俊游息至暮則花鼓土宜捆載而歸尼菴道院尋芳討勝各有買賣趕趁等人蓋無日不在春風歌舞中也

海寧縣

清明夜育蠶之家各裹蠶子于綿衣中臥身下謂蠶得人氣始生

嘉興縣

清明晚食青螺謂之挑青

海鹽縣

清明日沈蕩有龍舟之戲

石門縣

清明日奉蠶種浴于川

桐鄉縣

清明日農家婦女出避于外名曰避青晚食螺螄曰挑青蓋蠶病不碩名青娘故云

烏程縣

清明晚育蠶之家設祭以禳白虎門前用石灰畫彎弓之狀蓋祛蠶祟也

溫州府

清明掃墓而祭多有邀親朋挐舟擊鼓鏗金類遊湖者

瑞安縣

清明祭掃拾香草爲寒食設牲醴會族屬酹于墓所鼓吹盡日而返如此者殆月餘

江西志書

新建縣

清明拜掃俗尚春餅城麪以麥鄉麪以米薄者佳

寧州

清明前後夜雨無麥

德興縣

三月清明始種早秧

永豐縣

清明掃墓以前三後七爲期大家刲羊豕編戶亦治餚蔌爲祭具糯米粉作果謂之繭果或壓黏米爲糕粺沃以餳謂之飯果猶仍寒食之風盤堆藁鯉及筍蕹以爲時食插竹掛楮錢子孫皆縞素羅拜痛哭而歸婦女不上塚唯窀窆時送之

安義縣

清明各家子孫載酒果設祭先塋時俗祭掃男婦偕行惟安義子孫行祭婦女不與亦雅俗也

建昌府

清明作飣子食猶存禁煙寒食之意半月乃罷

萬安縣

清明各家採山上水牛花作鴛鴦巢掃墳

湖廣志書

德安府

清明日採柳枝供家神亦或插于鬢俱醮先塋曰迎來盈月方止

雲夢縣

寒食日蠶婦驗蠶事午前晴早蠶成午後晴晚蠶成歷試不爽

石首縣

清明官吏率僧道官鄉耆等致祭無祀鬼魂令僧道張法樂施食隨佈秧種有毛穀有冷穀名曰撒穀落田蓄苗有金包銀穀有廣東穀有紅穀有糯穀俱于是日落種蓄秧俟月滿分插至于時物則藜藿野生竹筍芽苗鄉村男婦採此常餐童謠曰蝦蚣叫春老到拔竹筍劁黎蒿 劁音快斷也

長沙府

清明俗人插柳謂之記年華

瀏陽縣

寒食荊楚歲時記云去冬至一百五日卽有疾風甚雨謂之寒食風土記同然則寒食當在清明前一日癸辛雜識云冬至後百六日爲寒食則卽以清明爲寒食矣幼學記注云據曆寒食合在清明前二日沈佺期詩云嶺外逢寒食春來不見餳洛陽新甲子何日是清明蘇子瞻詞云寒食清明都過了可知原是兩日竊意古人稱寒食爲百五之辰亦稱清明爲百六之辰知清明在寒食後一日而或有云清明前三日者益非矣因其相接故人止稱清明不言寒食也

衡州府

清明農人始漬種諺曰二月清明莫在前三月清明莫在後蓋以時播種早則春寒未除緩則秧遲也

耒州府

清明日侵晨汲水以新甕蓄之經數月而味色不變造酒尤佳

寧遠縣

三月清明節浸晚穀種芽方萌布滿腴田菸木就燠以生麥喜風畏雨九疑山中採茶掘筍以備饋遺

新田縣

清明日男女折柳枝插頭上各家備酒餚祖塋祭掃謂之掛青是日宜晴俗云清明晴萬物成

福建志書

福州府

寒食開花園州園在衙門之西所謂春臺館是也歲二月啓鑰縱民遊賞常閱一月與民同樂也 遊山州民踏青東郊九盛多拾野菜煮糜謂之煮菜糜亦唐人杏粥榆羹之意也太守以假日拉僚屬登臨 墓祭士庶不令廟祭宜許上墓自唐明皇始柳宗元文近世禮重拜掃五代史曰野祭而焚紙錢謂是也

建陽縣

清明日宜晴惡雨晴則麥熟棉花熟

廣東志書

乳源縣

清明前十日俗呼禁風各戴桃葉于首

始興縣

寒食大水魚上灘鯉鯇魴鰍青魚之類泝河逆流而上設鯉排逆之一入不得出大者重數十斤

埔陽縣

清明人家以艾葉和米爲粿具牲醴謁墓舉族頒胙東坡謂海南人不作寒食而以上巳日上塚是也列祖墓遠者以次舉行至四月八日乃止諺云是日閉墓

陽江縣

清明展墓自是日爲始至穀雨止謂之剗青醮山親朋相陪餕餘以爲樂

廣寧縣

清明拜掃墳塋自節日起謂之拜山

廣西志書

橫州

清明鄉人取柳葉與田螺浸水洗目取其能光明

雲南志書

建水州

清明日祭北廠義塚經管紳士備猪羊酒果祭品先訂期通衢合郡士民公祭頒胙訖仍以牲醴分祭四處義塚及表忠祠

欽定古今圖書集成曆象彙編歲功典

第四十卷目錄

清明日汎舟　吳鼎芳

清明醉步　王泰際

歲功典第四十卷

清明部藝文一

清明日恩賜百官新火賦 以題下八字爲韻　唐謝觀

國有禁火應當清明萬室而寒灰寂滅三辰而纖靄不生木鐸罷循乃灼燎於榆柳桐花始發賜新火於公卿由是太史奉期司烜不失平明而鑽燧獻入匍匐而當軒奏畢初燄猶短新煙未密我后乃降府旨茲錫有秩中人俯僂以聳聽蠟炬分行而對出炎炎就列布皇明於此時赫赫遙臨遇恩光於是日觀夫電落天闕虹排內垣乍歷闌璵初辭渥恩振香爐以朱噴和曉日而燄飄出禁署而螢分九陌入人寰而星落千門於時宰執具瞻高卑畢賜降五侯以恩渥歷庶僚以簡易煖逐來命風隨逸騎入權門見執熱之象閱有司識燭幽之義咸就地以照臨示廣德之遐被於是傳詔多士同歡令辰將以明而代暗乃去故而從新均於庭燎既彼元臣耀耀當門煙助松篁之茂熒熒滿月燄如桃李之春羣臣乃屈膝辟易鞠躬踧踖捧煦育之恩惠受覆載之光澤各罄謝懇競輸忠赤拜手稽首感榮耀之無窮舞之蹈之荷鴻私之累百然後各爨鼎鑊傳輝膳官爭焚爐灶競爇膏蘭銷冷酒之餘毒却羅衣之曉寒方知春秋故事未逾於我周禮救災徒稱變火曷若賜于百官萬方同荷

清明部藝文二 詩

初入秦川路逢寒食　唐元宗

洛陽芳樹映天津灞岸垂楊窣地新直爲經過行樂處不知虛度兩京春去年餘閏今春早曙色和風著花草可憐寒食與清明光輝并在長安道自從關路入秦川爭道何人不戲鞭公子途中方蹴踘佳人馬上戲鞦韆渭水長橋今欲渡葱葱漸見新豐樹遠看驪岫入雲霄預想湯池起煙霧煙霧氤氳水殿開暫拂香輪歸去來今歲清明行已晚明年寒食更相陪

寒食應制　韋承慶

鳳城春色晚龍禁早暉遍舊火收槐燧餘寒入桂宮鶯啼正隱葉雞鬬始開籠藹藹瑤山滿仙歌始樂風

寒食陸渾別業　宋之問

洛陽城裏花如雪陸渾山中今始發旦別河橋楊柳風夕臥伊川桃李月伊川桃李正芳新寒食山中酒復春野老不知堯舜力酣歌一曲太平人

途中寒食　前人

馬上逢寒食愁中屬暮春可憐江浦望不見洛陽人北極懷明主南溟作逐臣故園腸斷處日夜柳條新

寒食江州滿塘驛　前人

去年上巳洛橋邊今年寒食廬山曲遙憐鞏樹花應滿復見吳洲草新綠吳洲春草蘭杜芳感物思歸懷故鄉驛騎明朝宿何處猿聲今夜斷君腸

寒食清明早赴王門率成　李嶠

遊客趨梁邸朝光入楚臺槐煙乘曉散榆火應春開日帶晴虹上花隨早蝶來雄風乘令節餘吹拂輕灰

寒食宴于中舍別駕兄弟宅　蘇頲

子推山上歌龍罷定國門前結駟來始覩元昆鏘玉至旋聞季子佩刀廻晴花處處因風起御柳條條向日開自有長筵歡不極還將綵服詠南陔

奉和聖製初入秦川路寒食應制　張說

上陽柳色喚春歸臨渭桃花拂水飛總爲朝廷巡幸去頓教京洛少光輝昨從分陝山南口馳道依依漸花柳入關正投寒食前還京遂落清明後路上天心重豫遊御前恩賜特風流便幕那能鏤雞子行宮善巧貼毛裘渭橋南渡花如撲麥隴青青斷人目漢家行樹直新豐秦地驪山抱溫谷香池春溜水初平預歡浴日照京城今歲隨宜過寒食明年陪宴作清明

清明日詔宴寧王山池賦得飛字　前人

今日清明宴佳境惜芳菲搖揚花雜下嬌囀鶯亂飛綠渚傳歌榜紅橋度舞旂和風偏應律細雨不霑衣承恩如改火春去春來歸

奉和聖製寒食作應制　前人

寒食春過半花穠鳥復嬌從來禁火日會接清明朝鬬敵雞殊勝爭毬馬絕調晴空數雲點香樹百風搖

改木迎新燧封田表舊燒皇情愛嘉節傳曲與簫韶

嶺表逢寒食　沈佺期

嶺外無寒食春來不見餳洛陽新甲子何日是清明花柳爭朝發軒車滿路迎帝鄉遙可念腸斷報親情

寒食　李崇嗣

普天皆滅燄匝地盡藏煙不知何處火來就客心然

和上巳連寒食有懷京洛　孫逖

天津御柳碧遙遙軒騎相從半下朝行樂光輝寒食借太平歌舞晚春饒紅妝樓下東郊道青草洲邊南渡橋坐見司空掃西第看君侍從落花朝

和常州崔使君寒食夜　前人

聞道清明近春庭向夕闌行遊晝不厭風物夜宜看斗柄更初轉香梅暗裏殘無勞秉華燭清月在南端

寒食城東卽事　王維

清溪一道穿桃李演漾綠蒲涵白芷溪上人家凡幾家落花半落東流水蹴踘屢過飛鳥上鞦韆競出垂楊裏少年分日作遨遊不用清明兼上巳

寒食汜上作　前人

廣武城邊逢暮春汶陽歸客淚沾巾落花寂寂啼山鳥楊柳青青渡水人

清明宴司勳劉郎中別業　祖詠

田家復近臣行樂不違親霽日園林好清明煙火新以文長會友惟德自成鄰池照窗陰晚杯香藥味春簷前花覆地竹外鳥窺人何必桃源裏深居作隱淪

寒食　孟雲卿

三月江南花滿枝他鄉寒食遠堪悲貧居往往無煙火不獨明朝爲子推

寒食寄京師諸弟　韋應物

雨中禁火空齋冷江上流鶯獨坐聽把酒看花想諸弟杜陵寒食草青青

寒食　前人

清明寒食好春園百卉開綵繩拂花去輕毬度閣來長歌送落日緩吹逐殘杯非關無燭罷良爲羈思催

清明　孫昌裔

清明暮春裏悵望北山陲燧火開新燄桐花發故枝沈冥慙歲物歡宴阻朋知不及林間鳥遷喬並羽儀

清明　杜甫

著處繁花務是日長沙千人萬人出渡頭翠柳豔明眉爭道朱蹄驕齧勒此都好遊湘西寺諸將亦自軍中至馬援征行在眼前葛強親近同心事金鐙下山紅粉晚奇檣捩柁青樓遠古時喪亂皆可知人世悲歡暫相遣弟姪雖存不得書干戈未息苦離居逢迎少壯非吾道況乃今朝更祓除

寒食　前人

寒食江村路風花高下飛汀煙輕冉冉竹日靜暉暉田父要皆去鄰家鬧不違地偏相識盡雞犬亦忘歸

清明二首　前人

朝來新火起新煙湖色春光淨客船繡羽銜花他自得紅顏騎竹我無緣胡童結束還難有楚女腰肢亦可憐不見定王城舊處常懷賈傅井依然虛霑焦舉爲寒食實藉嚴君賣卜錢鐘鼎山林各天性濁醪粗飯任吾年

此身飄泊苦西東右臂偏枯半耳聾寂寂繫舟雙下淚悠悠伏枕左書空十年蹴踘將雛遠萬里鞦韆習俗同旅雁上雲歸紫塞家人鑽火用青楓秦城樓閣煙花裏漢主山河錦繡中風水春來洞庭闊白蘋愁殺白頭翁

寒食　韓翃

春城無處不飛花寒食東風御柳斜日暮漢宮傳蠟燭輕煙散入五侯家

清明日青龍寺上方賦得多字　皇甫冉

上方偏可適季月況堪過遠近水聲至東西山色多夕陽留徑草新葉變庭柯已度清明節春秋如客何

寒食戲贈　柳中庸

春暮越江邊春陰寒食天杏花香麥粥柳絮伴鞦韆酒是芳菲節人當桃李年不知何處恨已解入箏弦

襄陽寒食寄宇文籍　竇鞏（一作于鵠）

煙水初銷見萬家東風吹柳萬條斜大堤欲上誰相伴馬踏春泥半是花

東都寒食　陳潤

江南寒食早二月杜鵑鳴日暖山初綠春寒雨欲晴浴蠶當社日改火待清明更喜瓜田好令人憶邵平

舟中寒食　盧綸

寒食空江曲孤舟渺水前鬬雞沙鳥異禁火岸花然日霽開愁望波喧警醉眠因看數莖鬢倍欲惜芳年

寒食　前人

孤客飄飄歲載華況逢寒食倍思家鶯啼遠墅多從柳人哭荒墳亦有花濁水秦渠通渭急黃埃京洛上原斜驅車西近長安好宮館參差半隱霞

清明日賜百僚新火　史延

上苑連侯第清明及暮春九天初改火萬井屬良辰

頒賜恩逾洽承時慶自均翠煙和柳嫩紅焰出花新寵命尊三老祥光燭萬人太平當此日空復賀陶甄

清明日賜百僚新火　王濯

御火傳香殿華光及侍臣星流中使馬燭耀九衢人轉影連金屋分輝麗錦茵焰迎紅蕊發煙染綠條春助律和風早添爐暖氣新誰憐一寒士猶望照東鄰

清明日賜百僚新火　韓濬

朱騎傳紅燭天廚賜近臣火隨黃道見煙遶白榆新榮耀分他日恩光共此辰更調金鼎膳還暖玉堂人灼灼千門曉輝輝萬井春應憐螢聚夜瞻望及東鄰

清明日賜百僚新火　鄭轅

改火清明後優恩賜近臣漏殘丹禁晚燧發白榆新瑞彩來雙闕神光煥四鄰氣回侯第暖煙散帝城春利用調羹鼎餘輝燭縉紳皇明如照隱願及聚螢人

清明日登城春望寄大夫使君　王表

春城閒望愛晴天何處風光不眼前寒食花開千樹雪清明日出萬家煙興來促席唯同舍醉後狂歌盡少年聞說鶯啼却惆悵詩成不見謝臨川

寒食行　王建

寒食家家出古城老人看屋少年行丘壟年年無舊道車徒散行入衰草牧兒驅牛下塚頭畏有家人來灑掃遠人無墳水頭祭還引婦姑望鄉拜三日無火燒紙錢紙錢那得到黃泉但看壟上無新土此中白骨應無主

平陵寓居再逢寒食　朱灣

幾廻江上泣途窮每遇良辰歎轉蓬火燧知從新節變灰心還與故人同莫聽黃鳥愁啼處自有花開久客中貧病固應無撓事但將懷抱醉春風

寒食寄李補闕　郭郎

蘭陵士女滿晴川郊外紛紛拜古埏萬井閭閻皆禁火九原松柏自生煙人間後事悲前事鏡裏今年老去年介子終知祿不及王孫誰肯一相憐

清明節郭侍御偶與李侍御孔校書王秀才遊開化寺臥病不得同遊賦得十韻兼呈馬十八鄖丞公　崔元翰

山邑入層城鐘聲臨複岫乘閒息邊事探異憐春候曲閣下重階廻廊遙對霤石間花偏落草上雲時覆鑽火見樵人飲泉逢野獸道情親法侶時望登朝右執憲糾姦邪刊書正訛謬茂才當時選公子生人秀贈答繼篇章歡娛重朋舊垂簾獨衰疾擊缶酬金奏

清明日次弋陽　權德輿

自歎清明在遠鄉桐花覆水葛溪長家人定是持新火點作孤燈照洞房

寒食宴城北山池即故郡守榮陽鄭鋼（綱一作）目爲折柳亭　羊士諤

別館青山郭遊人折柳行落花經上巳細雨帶清明鶗鴂流芳暗鴛鴦曲水平歸心何處醉寶瑟有餘聲

雨中寒食　前人

令節逢煙雨園亭但掩關佳人宿妝薄芳樹綵繩閑歸思偏消酒春寒爲近山花枝不可見別恨灞陵間

清明日后土祠送田徹（一作澈）　楊巨源

清明千萬家處處是年華榆柳芳辰火梧桐今日花登祠結雲綺遊陌擁香車惆悵田郎去原回煙樹斜

寒食直歸遇雨　韓愈

寒食時看度春遊事已違風光連日直陰雨半朝歸不見紅毬上那論綵索飛惟將新賜火向曙著朝衣

洛陽清明日雨霽　李正封

曉日清明天夜來嵩少雨千門尚煙火九陌無塵土酒綠河橋春漏閒宮殿午遊人戀芳草半犯嚴城鼓

寒食後　張籍

田舍清明日家家出火遲白衫眠古巷紅索搭高枝紗帶生難結銅釵重易垂斬新衣著盡還似去年時

寒食書事二首　前人

今朝一百五出戶雨初晴舞愛雙飛蝶歌聞數里鶯江深青草岸花滿白雲城爲政多孱懦應無酷吏名

出城煙火少況復是今朝閒坐將誰語臨觴只自謠階前春蘚徧衣上落花飄妓樂州人戲使君心寂寥

寒食內宴二首　前人

朝光瑞氣滿宮樓綵纛魚龍四面稠廊下御廚分冷食殿前香騎逐飛毬千官盡醉猶教坐百戲皆呈未放休共喜拜恩侵夜出金吾不敢問行由

城闕沉沉向曉寒恩當冷節賜餘歡瑞煙深處開三殿香雨微時引百官寶樹樓前分繡幕綵花廊下映華闌宮筵戲樂年年別已得三迴對御看

清明日　元稹

常年寒食好風輕觸處相隨取次行今日清明漢江上一身騎馬縣官迎

寒食　白居易

烏啼鵲噪昏喬木清明寒食誰家哭風吹曠野紙錢飛古墓纍纍春草綠棠梨花映白楊樹盡是死生離別處冥寞重泉哭不聞蕭蕭暮雨人歸去

洛橋寒食日作十韻　前人
上苑風煙好中橋道路平蹴毬塵不起潑火雨新晴
宿醉頭仍重晨遊眼乍明老慵雖省事春誘尚多情
遇客踟躕立尋花取次行連錢嚼金勒鑿落寫銀罌
府醞傷教送官娃豈要迎舞腰那及柳歌舌不如鶯
鄉國眞堪戀光陰可合輕三年遇寒食盡在洛陽城
六年寒食洛下宴遊贈馮李二少尹　前人
豐年寒食節美景洛陽城二尹皆強健七日盡晴明
東郊踏青草南園攀紫荊風拆海榴豔露墜木蘭英
假開春未老宴合日屢傾珠翠混花影管絃藏水聲
佳會不易得良辰亦難幷聽吟歌暫輟看舞杯徐行
米價賤如土酒味濃于餳此時不盡醉但恐負平生
殷勤二曹長各捧一銀觥
途中寒食　前人
路旁寒食行人盡獨占春愁在路旁馬上垂鞭愁不
語風吹百草野田香
清明夜　前人
好風朧月清明夜碧砌紅軒刺史家獨遶迴廊行復
歇遙聽絃管暗看花
寒食日三殿侍宴奉進詩　李德裕
宛轉龍歌節參差燕羽高風光搖禁柳霽色暖宮桃
春露明仙掌晨霞照御袍雪凝陳組練林植聳干旄
廣樂初蹌鳳神仙欲抃鼇鳴笳朱鷺起疊鼓紫騂豪
象舞嚴金鎧豐歌耀寶刀不勞孫子法自得太公韜
分席羅元冕行觴舉綠醪彀中時落羽橦末乍升猱
瑞景開陰翳薰風散鬱陶天顏歡益醉臣節勁尤高

楛矢方來貢雕弓已載櫜英威揚絕漠神算盡臨洮
赤縣陽和布蒼生雨露膏野平惟有麥田闢久無蒿
祿秩榮三事功勳乏一毫寢謀慙汲黯秉羽貴孫敖
煥若遊元圃歡如享太牢輕生何以報祇自比鴻毛
寒食　熊孺登
東風潑火雨新休舁盡春泥掃雪溝走馬犢車當御
路漢陽公主謝雞毬
清明　杜牧
清明時節雨紛紛路上行人欲斷魂借問酒家何處
有牧童遙指杏花村
寒食行次冷泉驛　李商隱
歸途仍近節旅宿倍思家獨夜三更月空庭一樹花
介山當驛秀汾水遶關斜自怯春寒苦那堪禁火賒
東望　趙嘏
楚江橫在草堂前楊柳洲邊載酒船兩見梨花歸不
得每逢寒食一潸然斜陽映閣山當寺微綠含風樹
滿天同郡故人攀桂盡把詩吟向泬寥天
寒食有懷　薛能
流落傷寒食登臨望歲華村毬高過索墳樹綠如花
晉聚應搜火秦喧定走車誰知恨榆柳風景似吾家
寒食日曲江　前人
曲水池邊青草岸春風林下落花杯都門此日是寒
食人去看多身獨來
湖寺清明夜遣懷　李羣玉
柳暗花香愁不眠獨凭危檻思凄然野雲將雨渡微
月沙鳥帶聲飛遠天久向飢寒拋弟妹每因時節憶
團圓餳餐冷酒明年在未定萍蓬何處邊

清明日園林寄友人　賈島
今日清明節園林勝事偏晴風吹柳絮新火起廚煙
杜草開三逕文章憶二賢幾時能命駕對酒落花前
寒食節日寄楚望二首　溫庭筠
芳蘭無意綠弱柳何窮縷心斷入淮山夢長穿楚雨
繁花如二八好月當三五愁碧竟平臯韶紅換幽圃
流鶯隱員樹乳燕喧餘哺曠望戀曾臺離憂集環堵
當年不自遣晚得終何補鄭谷有樵蘇歸來要腰斧
家乏兩千萬時當一百五颸颸楊柳風穰穰櫻桃雨
年芳苦沈潦心事如摧櫓金犢近蘭汀銅龍接花塢
青蔥建楊宅隱轔端門鼓綵索拂庭柯輕毬落鄰圃
三春謝游衍一笑牽規矩獨有恩澤侯歸來看楚舞
寒食日作　前人
紅深綠暗逕相交抱暖含芳披紫袍綵索平時牆婉
娩輕毬落處晚寥梢窻中草色妬雞卵盤上芹泥憎
燕巢自有玉樓春意在不能騎馬度煙郊
清明日　前人
清娥畫扇中春樹鬱金紅出犯繁花露歸穿弱柳風
馬驕偏避幰雞駭乍開籠柘彈何人發黃鸝隔故宮
洛中寒食二首　皮日休
千門萬戶掩斜暉繡幰金銜晚未歸擊鞠王孫如錦
地鬬雞公子似花衣嵩雲靜對行臺起洛鳥閑穿上
苑飛唯有路傍無意者獻書未納問淮肥
遠近垂楊映鈿車天津橋影壓神霞弄春公子正迴
首趁節行人不到家洛水萬年雲母竹漢陵千載野
棠花欲知豪貴堪愁處請看邙山晚照斜
寒食山館書情　來鵠

獨把一杯山館中每經時節恨飄蓬侵堦草色連朝雨滿地梨花昨夜風蜀魄啼來春寂寞楚魂吟後月朦朧分明記得還家夢徐孺宅前湖水東

清明日與友人遊玉粒塘莊　前人

幾宿春山逐陸郎清明時節好煙光歸穿細荇船頭滑醉踏殘花屐齒香風急嶺雲飄迥野雨餘田水落方塘不堪吟罷東回首滿耳蛙聲正夕陽

寒食二首　李山甫

柳帶東風一向斜春陰澹澹蔽人家有時三點兩點雨到處十枝五枝花萬井樓臺疑繡畫九原珠翠似煙霞年年今日誰相問獨臥長安泣歲華

風煙放蕩花披猖鞦韆女兒飛短牆繡袍馳馬拾遺翠錦袖鬭雞喧廣場天地氣和融霽色池臺日暖燒春光自憐塵土無他事空脫荷衣泥醉鄉

寒食都門作　胡曾

二年寒食住京華寓目春風萬萬家金絡馬銜原上草玉顏人折路傍花軒車競出紅塵合冠蓋爭回白日斜誰念都門兩行淚故園寥落在長沙

清明日送鄧芮還鄉　方干

鐘鼓喧離室車徒促一作食夜裝曉檢新變火輕柳暗飛霜轉鏡看華髮傳杯話故鄉每嫌兒女淚今日自沾裳

次韻酬張補闕寒食見寄之什　鄭谷

柳近清明翠縷長多情右袞不相忘開緘雖覩新篇麗破鼻須聞冷酒香時態懶隨人上下花心日被蝶分張朝稀且莫輕春賞勝事由來在帝鄉

避地寒食　韓偓

避地淹留已自悲況逢寒食淚沾衣殘春孤館人愁坐斜日空園花亂飛路遠漸憂知己少時危又與賞心違一名所繫無窮事爭敢當年便息機

寒食夜　前人

清江碧草兩悠悠各自風流一種愁正是落花寒食夜夜深無伴倚南樓

長安清明　韋莊

早是傷春夢雨天可堪芳草更芊芊內官初賜清明火上相閒分白打錢紫陌亂嘶紅叱撥綠楊高映畫鞦韆遊人記得承平事暗喜風光似昔年

丙辰年鄜州遇寒食城外醉吟三首　前人

滿街楊柳綠絲煙畫出清明二月天好是隔簾花樹動女郎撩亂送鞦韆

雕陰寒食足遊人金鳳羅衣濕麝薰腸斷入城芳草路淡紅香白一羣羣

兩絲煙柳欲清明金屋人閒暖鳳笙永日迢迢無一事隔街聞築氣毬聲

鍾陵寒食日郊外閒游　曹松

可憐時節足風情杏子粥香如冷餳無奈春風輸舊火遍教人喚作山櫻

清明日　李建勳

他皆攜酒尋芳去我獨關門好靜眠唯有楊花似相覓因風時復到牀前

寒食日作　徐鉉

廚冷煙初禁門閒日更斜東風不好事吹落滿庭花過社紛紛燕新晴淡淡霞京都盛遊觀誰訪子雲家

寒食成判官垂訪因贈　前人

常年寒食在京華今歲清明在海涯遠巷蹋歌深夜月隔籬吹管數枝花鴛鸞得路音塵闊鴻鴈分飛道里賒不是多情成二十斷無人解訪貧家

清明日清遠峽作　前人

嶺外春過半途中火又新殷勤清遠峽留戀北歸人

寒食　釋雲表

寒食悲看郭外春野田無處不傷神平原壘壘添新冢半是去年來哭人

宮詞　花蘂夫人徐氏

寒食清明小殿旁綵樓雙夾鬭雞場內人對御分明看先賭紅羅被十牀

清明　宋王禹偁

無花無酒過清明興味蕭然似野僧昨日鄰家乞新火曉窗分與讀書燈

寒食　前人

今年寒食在商山山裏風光亦可憐稚子就花拈蛺蝶人家依樹繫鞦韆郊原曉綠初經雨巷陌春陰乍禁煙副使官閒莫惆悵酒錢猶有撰碑錢

山中寒食　林逋

方塘波綠杜蘅青布穀提壺已足聽有客新嘗寒具罷據梧慵復散幽經

清明日玉津園賜宴即席　文彥博

節應桐華始筵開禁苑新推恩綠舊物加惠及陳人眾樂聞天奏同寅會柄臣蘭肴享豊潔桂醑酌芳醇覆育靁雲廣涵濡湛露均桑榆垂晚景何路報堯仁

寒食開西園　田況

春風寒食節夜雨晝晴天日氣薰花邑韶光徧錦川臨流飛鞚落倚榭立鞦韆外遊人滿林間飲帳鮮衆音方雜遝餘景更留連座客無辭醉芳菲又一年

次韻何若谷寒食燕集　趙抃

雨過江城絕點塵清明佳節匝千門舞香撲坐花新戴歌響盤雲曲旋翻幾欲爲春留日馭直須同俗醉觴尊因思老氏登臺樂若此斯民未足論

清明賜新火　歐陽修

魚鑰侵晨放九門天街一騎走紅塵桐花應候催佳節榆火推恩忝侍臣多病正愁餳粥冷清香但愛蠟煙新自憐慣識金蓮燭翰院曾經七見春

清明後三日同鄰幾景仁次道中道與宗元明秉國如晦公疎飲趙道士東軒以日暮天無雲春風扇微和爲韻得和字　司馬光

寂寥清明後餘春已無多閒軒富佳致不惜載酒過水木晚尤秀風煙晴更和臨樽不盡醉奈此芳菲何

寒食出郊　韓維

都門氣象雨餘佳壓盡風塵見草芽日薄風和近郊路朱紅粉白遠林花堤間獨去嬰孀女柳下相逢轣轆車絲鬢未催樽酒在不須辛苦問年華

和子由寒食　蘇軾

寒食今年二月晦樹林深翠已生煙遶城駿馬誰能借到處名園意盡便但挂酒壺那計盞偶題詩句不須編忽聞啼鴂驚羈旅江上何人治廢田

寒食夜　前人

漏聲透入碧窗紗人靜鞦韆影半斜沈麝不燒金鴨冷淡雲籠月照梨花

寒食郊外　孔平仲

涔涔雨沉城浩浩泥沒轍四山氣如蒸萬里天欲雪我時出郊坰山徑屢曲折雖懷顛沛憂亦有觀覽悅幽花媚林薄粲粲生意發紅紫相後先各自有時節長松困冰雪顑頷終不屈及今翠天矯騰拔見筋骨陰陽有代謝物性安可奪請觀大塊中紛紛盡毫末興衰若鱗次今古猶市閱只此晦與晴變態亦俄忽歸路日已煬披襟滌初熱

清明臥病有感二首　張耒

支離病臥逢佳節漂泊西遊寄洛城重帽避風惟益睡青笻扶步不禁行紅飄殘蕚知風急綠滿新林寄鳥聲不見賈生遺宅處空傳金谷舊園名悲歌身世驚將老悵望古今空復情笑看家人競時節爭持新火照清明

飄萍著處即爲家伏枕悠悠對物華處處鞦韆競男女年年寒食亂風花藥囊親坐勞頻檢酒甕生塵亦可嗟未老會尋吳市卒苦貧須種邵平瓜雲煙南望羣山會水樹東浮去路斜行止此生應有命不須辛苦問生涯

清明日船中書事　前人

清明不到旅人家乞火鄰船自試茶弄柳好風低作舞夾船春浪細浮花

寒食前五日作　周紫芝

寒食風埃滿客巾西湖煙雨送愁頻日高未起烏呼夢春晚不歸花笑人

寒食病起　前人

桃花落後燕雙飛三度清明換客衣猶有江南故鄉夢起尋楊柳插朱扉

寒食輦下　曹組

海棠時節又清明塵斂煙收雨乍晴幾處青帘沽酒市一竿紅日賣花聲綵毬時向棱門過繡轂遙隨輦路行日暮人人醉歸去熙熙春物見昇平

寒食　陳與義

草草隨時事蕭蕭傍水門濃陰花照野寒食柳圍郵客袂空佳節鶯聲忽故園不知何處笛吹恨滿清尊

清明　前人

街頭女兒雙髻鴉隨蜂趁蝶學妖邪東風也作清明節開遍來禽一樹花

又

雨晴閒步澗邊沙行入荒林聞亂鴉寒食清明驚客意暖風遲日醉梨花書生投老王官谷壯士偷生漂母家不用鞦韆與蹴踘只將詩句答年華

清明舟次吳門　沈與求

篷窗恰受夕陽明楊柳梨花半月程老去不知寒食近一篙煙水載春行

寒食郊行書事二首　范成大

野店垂楊步荒祠苦竹叢鷺窺蘆箔水鳥啄紙錢風媼引紅妝女兒扶爛醉翁深邨好時節應爲去年豐

壟麥欣欣綠山桃寂寂紅帆邊漁艇浪木末酒旗風信步隨芳草迷途問小童賞心添腳力呼渡過谿東

清明日狸渡道中　前人

灑灑沾衣雨披披側帽風花然山色裏柳臥水聲中石馬立當道紙鳶鳴半空墦間人散後烏鳥正西東

寒食　陸游

峽雲烘日欲成霞瀼水生紋淺見沙又向蠻方作寒
食強持巵酒對梨花身如巢燕年年客心羨遊僧處
處家賴有春風能領略一生相伴遍天涯

寒食雨作　楊萬里

雙燕銜簾報禁煙喚驚晝夢聳詩肩晚寒正與花爲
地曉雨能令水作天桃李海棠聯病眼清明寒食又
經年老來不辦雕新句報答風光且一篇

孤山寒食　趙師秀

二月芳菲在水邊旅人消困亦隨緣晴舒蝶翅初勻
粉雨壓楊花未放綿有句自題閒處壁無錢難買貴
時船最憐隱者高眠地日日春風是管絃

寒食　韓淲

曉邑猶籠淡淡煙花間行過小溪邊人家寒食當晴
日野老春遊近午天吹盡海棠無步障開成山柳有
堆綿呼兒覓友從鄰伴閒看郵農又下田

清明插柳　朱伯仁

清明是處插垂楊院宇深深綠翠藏心地不爲塵俗
累不簪楊柳也何妨

寒食日花讌集唐　李龏

萬象鮮明禁火前紅英翠萼簇芳筵殘春未必多風
雨少別穠華又隔年

越中清明集唐　前人

柳色千家與萬家閒身行止屬年華殘花落日小齋
閉幾箇春舟在若耶

寒食　金馬定國

燕泥半落烏衣巷柳色全添綠綺窗且伴丁香過寒
食弄晴蝴蝶一雙雙

丁未寒食歸自三泉　元好問

春山晴暖紫生煙山下分流百道泉未放小桃裝野
景已看茅屋映鞦韆飢烏得食爭相喚醉叟行歌只
自顚寒食明年定何許故人尊酒且留連

辛未寒食　前人

寒食年年好今年迥不同鞦韆與花影并在月明中

庚辰西城清明　元耶律楚材

清明時節過邊城遠客臨風幾許情野鳥間關難解
語山花爛漫不知名葡萄酒熟愁腸斷瑪瑙杯寒醉
眼明遙想故園今好在梨花深院鷓鴣聲

寒食道中　劉因

簪花楚楚歸寧女荷鍤紛紛上冢人萬古人心生意
在又隨桃李一番新

清明日錦隄行樂　王惲

浪說蘭亭禊事修年年春好錦隄遊花翻舞袖鸞歌
板柳隔高城暗酒樓綠樹恐應春事老金鞭重爲使
君留竹西路晚歸時醉何處珠簾半上鉤

林邨寒食　戴表元

出門楊柳碧依依木筆花開客未歸市遠無餳供熟
食邨深有苧試生衣寒沙犬逐遊鞍吠落日鴉銜祭
肉飛聞說舊時春賽罷家家鼓笛醉成圍

寒食遊廉園　張養浩

湖天雨過潜春容輦路迢迢失軟紅花柳巧爲鶯燕
地管絃遙遞綺羅風羣仙出沒空明裏千古銷沉感
慨中免俗未能君莫笑賞心吾亦與人同

乙卯清明沅州郊行　曹伯啓

信馬沅江江上路歷覽芳菲忘故步因逢古廟說前
朝忽見孤舟橫野渡二難恨識十年遲四美豈期今
日具人生能得幾清明莫對殘陽怨遲暮

清明日留西山　范梈

離家六度見清明知是何時出帝京今日登臨倍惆
悵好山多似豫章城

寒食舟中　黃溍

東風谿水碧漣漣谿上青蘿獨繫船正是落花寒食
夜水煙沙月又鳴鵑

寒食山居　柳貫

歲月無情日變遷惜春留得酒家錢梨花小雨隣寒
食楊柳東風似去年志士屬當躬井臼善人誰爲表
原田老來撫節偏多感何必雲安有杜鵑

清明遊鶴林寺　薩都剌

青青楊柳啼乳鴉滿山爛開紅白花小橋流水過古
寺竹籬茅舍通人家潮聲捲浪落松頂騎鶴少年酒
初醒若將何物賞清明且伴山僧煑新茗

寒食　宋无

十日花時九風雨年年百五病愁中春寒不禁香篝
火紅蠟青煙憶漢宮

清明遊陳氏園亭　洪希文

邨邨花柳暗晴川百五時光過客然綠暗園林尚佳
節清明亭館自新煙喜逢熟食傳遺俗怕著新衣學
少年惆悵東闌花似雪人生底處勝樽前

清明日風雨悽然舟泊東林西澗步過伯璇徵
君高齋焚香瀹茗出示燕文貴秋山蕭寺圖展
玩良久因賦一絕　倪瓚

野棠花落過清明春事忽忽夢裏驚倚棹微吟沙際

路半江煙雨暮潮生

途中寒食　馬臻

行裝迢遞轉孤城一路閒吟緩客程潑火雨晴餳粥冷落花風暖筍輿輕感時已悟莊生夢遺俗空懷介子清只有啼鵑解人意平蕪漠漠兩三聲

清明獨坐　明袁凱

花柳千家郭外郵老夫官屋近荒園晴林渺渺浮雲氣細草油油疊浪痕川上畫船爭載酒煙中長笛自銷魂暮年況復追遊倦落日泥牆獨閉門

寒食逢杜賢良飲　高啓

楊柳無煙江水長鄰家風雨杏餳香逢君共把金陵酒忘却今朝在異鄉

清明呈館中諸公　前人

新煙著柳禁垣斜杏酪分香俗共誇白下有山皆繞郭清明無客不思家十侯祠畔迷芳草盧女門前映落花喜得故人同待詔擬沽春酒醉京華

客中寒食有感　楊基

減衣時節尚寒天暫倚東風泊畫船十里樓臺仍細雨五侯池館又新煙且簪楊柳踰佳節莫對桃花憶去年總是無情也腸斷鷓鴣聲裏又啼鵑

江邨寒食　前人

預折楊枝插繞簷豆糜香軟麥餳甜春衣未染新絲織午篆猶分舊火添小雨送花青見萼輕雷催筍碧抽尖不因人遠傷離別那得新愁上短髯

壬子清明看花有感　前人

吉祥寺裏千堆錦綠髮仙人對花飲腰鼓金盤五色籃醉歸猶帶花枝寢東風壬子幾清明三十年來寺已傾沙河塘上癡兒女猶想錢塘太守名看花我亦逢壬子況是清明非偶耳莫論南浦與西湖楚水吳山正相似青蓮居士識前因金粟如來是後身總不能知塵外劫也須會是會中人

清明日偶成　袁宗

窗下修書寄遠人燕泥時復涴衣巾東風催下清明雨鶯老花殘又一春

清明即事　瞿佑

風落梨花雪滿庭今年又是一清明遊絲到地終無意芳草連天若有情滿院曉煙聞燕語半窗晴日照蠶生鞦韆一架名園裏人隔垂楊聽笑聲

寒食旅懷　謝晉

簾外春陰似去年異鄉寒食倍淒然梨花香褪空飄雪楊柳條長不禁煙無處追隨乘款段誰家歡笑送鞦韆晚來走向東鄰媼乞與青燈照客眠

清明書感　童軒

兩年作縣越江湄回首鄉關未得歸華髮又驚佳節換青雲堪歎故交稀山村細雨梨花發茅屋東風燕子飛潦倒不須嗟薄宦且將樽酒送斜暉

寒食旅懷　謝榛

薊北鶯寒食淹留幾自嗟春風來燕子落日在桃花丘壟行邊淚江湖夢裏家不知疎懶客何物是生涯

春詞二首　李同芳

常年二月已清明今年清明三月中寄語尋春攜酒客桃花雖歇有東風

十千沽酒冶遊郎日指桃林是醉鄉花下停車鶯語亂蹊邊拾翠燕泥香

寒食行　朱陽仲

誰家墓頭作寒食野棠離離間古柏香轂轔轔拜掃歸日暮風吹紙錢白紙錢不到黃泉路歲歲化爲墳上土人生苦樂百年中笑殺荒山石羊虎西家女兒哭未休城東又作踏青遊滿地花枝鬭芳草還嫌落日催歸早待得明年寒食時又來掛紙一沾衣

清明日遊新觀音祠　王叔承

一百六日春正濃江村片水桃花通蘭橈雙飛柳底滅船頭細草搖輕紅女郎祠前美人集騎春粉黛花神泣小姑倚嫂姊將妹佛香惹袖朝雲濕競拾金釵鑄善財笑打流鶯映花立等閒傾盡吳兒國玉驄彷佛酒無色百年日日宜清明昨日無端送寒食眼前色界非非天煙花夢斷空遺鈿青原寡婦哭何事日暮東風吹紙錢

都下寒食　王穉登

騎馬尋春春尚遲東風空自向人吹燕王城裏千株柳寒食看來未有絲

清明舟中　程嘉燧

清明寒食山頭哭到處猶傳舊風俗無家自媿百年身有情共傷千里目漢陽渡口柳依依江風作花雪打衣經旬始過道士洑五日未離黃鶴磯吳王廟前烏銜肉又攪奔江作銀屋叉漁艇子不敢行晝傍官船愁水宿春光忽開三月三紅桃寫鏡江拖藍煙花纔下兩孤北松楸正在九華南蟂磯亭亭落日孤春原盡處是蕪湖青煙白道人歸去紙錢掛樹啼鳶烏

清明　葛一龍

今日還留昨日寒一年春又客中拚太湖石畔柴門

影氛壓飛花上釣灘

江郵寒食　　宋登春

白鳥忘機久青山吾道存興來從杖屨老去愛雞豚楊柳橋邊市桃花江上郵童兒沽酒至風雨閉柴門

清明日汎舟　　吳鼎芳

似晴欲雨養花天湖中冉冉生白煙波光夾岸綠無際買得扁舟春可憐可憐最是清明節靑靑踏處盈盈韈陌上漸歌桑渡頭仍弄檝燕燕正飛來鶯鶯啼未歇幾樹啼鶯歇更啼幾家芳草綠初齊橋廻野渡還官渡路接山谿又水谿山邊木邊春風起松花柳花飛不已春風搖蕩棹歌前花香撩亂蓬窻底棹擊空明濺酒衣中流容與澹忘歸西林落日東林暝隔水漁燈映遠扉

清明醉步　　王泰際

寒食能晴僅有天扶攜筐畚踏春田生人分醉黃泉酒宿火重溫靑墓煙無味強從歡笑侶自明非復冶遊年艮辰動是添愁思理髮支頤一榻前

欽定古今圖書集成曆象彙編歲功典

第四十一卷目錄

清明部藝文三 詞

歲功典第四十一卷

清明部藝文三 詞

蝶戀花 南唐馮延巳

六曲闌干偎碧樹楊柳風輕展盡黃金縷誰把鈿箏移玉柱穿簾海燕雙飛去　滿眼游絲兼落絮紅杏開時一霎清明雨濃睡覺來鶯亂語驚殘好夢無尋處

越溪春 宋歐陽修

三月十三寒食日春色遍天涯越溪閬苑繁華地傍禁垣珠翠煙霞紅粉牆頭鞦韆影裏臨水人家　歸來晚駐香車銀箭透窗紗有時三點兩點雨霽朱門柳細風斜沉麝不燒金鴨冷玲瓏月照梨花

清平樂 張先

青袍如草得意還年少馬躍綠螭金絡腦寒食乍臨新曉　曲橋斜度鴛橋西園一片笙簫自欲牘留春住風光無奈飄飄

玉樓春 乙卯吳興寒食 前人

龍頭舴艋吳兒競筍柱鞦韆游女並芳洲拾翠暮忘歸秀野踏青來不定　行雲去後遙山暝已放笙歌池院靜中庭月色上清明無數楊花過無影

小鎮西犯 柳永

水鄉初禁火青春未老芳菲滿柳汀煙島波際紅幃縹緲盡杯盤小歌祓禊聲聲諸楚調　路繚繞野橋新市裏花穠妓好引游人競來歡笑酩酊誰家年少信玉山傾倒家何處落日眠芳草

木蘭花慢 清明 前人

拆桐花爛熳乍疎雨洗清明正豔杏燒林緗桃繡野芳景如屏傾城盡尋勝賞驟雕鞍紺幰出郊坰風暖繁絃脆管萬家競奏新聲　盈盈鬭草踏青人豔冶遞逢迎向路傍往往遺簪墮珥珠翠縱橫歡情對佳麗地任金罍罄竭玉山傾拚却明朝永日畫堂一枕春酲

南歌子 蘇軾

日薄花房綻風和麥浪輕夜來微雨洗郊坰正是一年春好近清明　已改煎茶火猶調入粥餳使君高會有餘清此樂無聲無味最難名

浣溪沙 寒食初晴對酒 毛滂

小雨初收蝶做團和風輕拂燕泥乾鞦韆院落落花寒　莫對清樽追往事更催新火續餘歡一春心緒倚闌干

前調 寒食初晴見牡丹 前人

魏紫姚黃欲占春不教桃杏見清明殘紅吹盡恰纔晴　芳草池塘新漲綠官橋楊柳半拖青鞦韆院落管絃聲

蝶戀花 寒食 前人

紅杏梢頭寒食雨燕子泥新不住飛來去行傍柳陰聞好語鶯兒穿過黃金縷　桑落酒寒杯嬾舉總被多情做的無情緒春過二分能幾許銀臺新火重簾暮

鶴沖天 杜安世

清明天氣永日愁如醉臺榭綠陰濃薰風細燕子巢方就盆池小新荷蔽恰是逍遙際單夾衣裳半籠軟玉肌體　石榴吐豔一撮紅綃比窗外數修篁寒相倚有箇關心處難相見空凝睇行坐深閨裏嬾更妝梳自知新來憔悴

蝶戀花 寒食 趙令畤

欲減羅衣寒未去不捲珠簾人在深深處紅杏枝頭花幾許啼痕止恨清明雨　盡日水沉香一縷宿酒醒遲惱破春情緒飛燕又將歸信誤小屏風上西江路

清平樂 清明 前人

春風依舊著意隋堤柳差得鵝兒黃欲就天氣清明時候　去年紫陌青門今宵雨魄雲魂斷送一生憔悴只消幾个黃昏

感皇恩 寒食 晁沖之

寒食不多時牡丹初賣小院重簾燕飛礙昨宵風雨尚有一分春在今朝猶自得陰晴快　熟睡起來宿酲微帶不惜羅襟搵眉黛日長梳洗看著花陰移改笑拈雙杏子連枝戴

倦尋芳 王雱

露晞向曉簾幕風輕小院閒晝翠徑鶯來驚下亂紅鋪繡倚危樓登高榭海棠著雨胭脂透算韶華又因循過了清明時候　倦遊燕風光滿目好景良辰誰共攜手恨被榆錢買斷兩眉長鬭憶得高陽人散後落花流水仍依舊這情懷對東風盡成消瘦

玉樓春 寒食 謝逸

弄晴數點梨花雨門外畫橋寒食路杜鵑飛破草間煙蛺蝶惹殘花底霧　東君著意憐樊素一段韶華天付與妝成不管露桃嗔舞罷從教風柳妒

應天長 寒食 周邦彥

條風布暖霏霧弄晴池塘遍滿春色正是夜堂無月

沉沉暗寒食梁間燕社前客似笑我閉門愁寂亂花過隔院芸香滿地狼藉　長記那回時邂逅相逢郊外駐油壁又見漢宮傳燭飛煙五侯宅青青草迷路陌強載酒細尋前迹市橋遠柳下人家猶自相識

鎖窗寒 寒食　前人

暗柳啼鴉單衣佇立小簾朱戶桐花半畝靜鎖一庭愁雨灑空堦夜闌未休故人剪燭西窗語似楚江暝宿風燈零亂少年羈旅　遲暮嬉遊處正店舍無煙禁城百五旗亭喚酒付與高陽儔侶想東園桃李自春小脣秀靨今在否到歸時定有殘英待客攜樽俎

三臺　万俟雅言

見梨花初帶夜月海棠半含朝雨內苑春不禁過青門御溝漲潛通南浦東風靜細柳垂金縷望鳳闕非煙非霧好時代朝野多歡徧九陌太平簫鼓　乍鶯兒百囀斷續燕子飛來飛去近綠水臺榭映鞦韆鬪草聚雙雙遊女餳香更酒冷踏青路會暗識夭桃朱戶向晚驟寶馬雕鞍醉襟惹亂花飛絮　正輕寒輕暖漏永半陰半晴雲暮禁火天已是試新妝歲華到三分佳處清明看漢宮傳蠟炬散翠煙飛入槐府斂兵衛閶門開任傳宣又要休務

謁金門　陳克

柳絲碧柳下人家寒食鶯語匆匆花寂寂玉階春蘚濕　閒凭熏籠無力心事有誰知得檀炷繞窗燈背壁畫簷殘雨滴

滿江紅　趙師俠

煙浪連天寒尚峭空濛細雨春去也紅綃芳徑綠肥江樹山色雲籠迷遠近灘聲水急忘艱阻挂片帆掠岸晚風輕停煙渚　浮世事皆如許名利役驚時序歎清明寒食小舟為旅露宿風餐安所賦石泉槐火知何處動歸心猶賴翠煙中無杜宇

念奴嬌　前人

斜風疎雨正無聊情緒天涯寒食煙重雲嬌春爛漫却得輕寒邀勒柳褪鵝黃池添鴨綠桃杏渾狼籍亂山深處尚留些子春色　海燕未便歸來踏青鬪草誰與同尋覓杜宇多情芳樹裏只管聲聲歷歷似勸行人不如及早作箇歸消息休教腸斷夢魂空費思憶

漁家傲　張元幹

寒食西郊湖畔路天低野闊山無數路轉岡斜花滿樹絲吹雨南枝占得春光住　藉草攜壺花底去花飛酒面香浮處老子調羹當獨步須記取坐中都是芳菲侶

采桑子 清明　曾覿

清明池館晴還雨綠漲溶溶花裏遊蜂宿粉棲香錦繡中　玉簫聲斷人何處依舊春風萬點愁紅亂逐煙波總向東

端正好 清明　辛棄疾

軟波拖碧蒲芽短畫樓外花晴柳暖今年自是清明晚便覺芳情較嬾　春衫瘦東風翦翦過花塢香吹醉面歸來立馬斜陽岸隔岸歌聲一片

行香子　前人

好雨當春要趁歸耕況而今已是清明小窗坐地側聽簷聲恨夜來風夜來月夜來雲　花絮飄零鶯燕丁寧怕妨儂湖上閒行天心肯後費甚心情放霎時陰霎時雨霎時晴

滿江紅　前人

可恨東君把春去春來無迹便過眼等閒輸了三分之一晝永暖翻紅杏雨風清扶起垂楊力更天涯芳草最關情烘殘日　湘浦岸南塘驛恨不盡愁如織算年年孤負對他寒食便恁歸來能幾許風流早已非疇昔凭畫闌一線數飛鴻沈空碧

春光好　葛立方

禁煙卻釀春愁正繫馬清淮渡頭後日清明催疊鼓應在揚州　歸時元巳臨流要綺陌芳郊恣遊三月羈懷當一洗莫放觥籌

謁金門　呂勝己

嗟久客又見他鄉寒食流水斷橋春寂寂孤村煙火息　白去紅飛無迹千樹總成新碧醉裏傷春愁似織東風欺酒力

菩薩蠻　劉儗

吹簫人去行雲杳香箏繡被都閒了疊損縷金衣伊家渾不知　冷煙寒食夜淡月梨花下猶自軟心腸為他燒夜香

淡黃柳　姜夔

空城曉角吹入垂楊陌馬上單衣寒惻惻看盡鵝黃嫩綠都是江南舊相識　正岑寂明朝又寒食強攜酒小橋宅怕梨花落盡成秋色燕燕飛來問春何在唯有池塘自碧

極相思　陸游

江頭疎雨輕煙寒食落花天翻紅墜素淺霞暗錦一段淒然　惆悵東君堪恨處也不念冷落尊前那堪

更看漫空相趁柳絮榆錢

十二時 寒食　謝懋

池塘綠徧王孫芳草依依斜日游絲捲晴晝繫東風無力　蝶趁幽香蜂釀蜜鞦韆外臥紅堆碧心情費消遣更梨花寒食

渡江雲 清明　劉鎮

和風乍扇又還是去年清明重到喜見燕子巧說千般如人道牆頭陌上青梅小是處有閒花芳草偶然思想前歡醉賞牡丹時早　當此三春媚景好連宵恣樂情懷歌曲縱有珍珠難買紅顏長年少從他烏兔茫茫走更莫待花殘鶯老恁時歡笑休把黃金換了

水龍吟 清明　前人

弄晴臺館收煙候時有燕泥香墜宿醒未解單衣初試騰騰春思前度桃花去年人面重門深閉記彩鸞別後青驄歸去長亭路芳塵起　十二屏山遍倚任蒼苔點紅如綴黃昏人靜暖香吹月一簾花碎芳意婆娑綠陰風雨畫橋煙水笑多情司馬留春無計濕青衫淚

謁金門　盧祖皐

閒院宇獨自行來行去花片無聲簾外雨淺寒生碧樹　做弄清明時序料理春醒情緒憶得歸時停櫂處畫橋空落絮

端正好 清明　史達祖

細風微月垂楊院記年少春愁一點棲鸞未覺花梢顫踏損殘紅幾片　長安共日邊近遠況老去芳情漸減屏山幾夜春寒淺却怕因而夢見

釵頭鳳 寒食飲綠亭　前人

春愁遠春夢亂鳳釵一股輕塵滿江煙白江波碧柳戶清明燕簾寒食憶憶憶　鶯聲曉簫聲短落花不許春拘管新相識休相失翠陌吹衣畫樓橫笛得得得

陽春曲　前人

杏花煙梨花雨誰與暈開春色坊巷曉愔愔東風斷舊火銷處近寒食少年蹤跡愁暗隔水南山北還是寶絡雕鞍被鶯聲喚來香陌　記飛蓋西園寒猶凝結驚醉耳誰家夜笛燈前重簾不挂殢華裾粉痕曾拭如今故里信息賴海燕年時相識奈芳草正鎖江南夢春衫怨碧

祝英臺近 寒食　韓淲

館娃宮采香徑范蠡五湖側子夜吳歌聲緩不須拍祟桃積李花間芳洲綠徧更冉冉柳絲無力　試思憶老去一片身心辜負好春色古往今來時序惱行客去年今日山中如何知得却又在他鄉寒食

水調歌頭 清明嚴瀨　前人

今古釣臺下行客繫扁舟扁舟何似雲山千疊亦東游我欲停橈一醉與寫生平幽憤橫管更清謳小上客星閣短鬢獨搔頭　風乍斂雲未起雨初收一年花事數聲鶗鴂欲春休弔古懷賢情味只有浮名如故誰復識羊裘賴得元英隱相望此溪流

滿江紅　吳潛

柳帶榆錢又還過清明寒食天一笑滿園羅綺滿城簫笛花柳得晴紅欲染遠山過雨青如滴問江南池館有誰來江南客　烏衣巷今猶昔烏衣事今難覓但年年燕子晚煙斜日抖擻一春塵土債悲涼萬古繁華迹且芳尊隨分趁芳時休虛擲

蘭陵王　李昴英

燕穿幕春在深深院落單衣試龍沫旋熏又怕東風曉寒薄別來情緒惡瘦得腰圍柳弱清明近正似海棠怯雨芳蹤任飄泊　釵留去年約恨易老嬌鶯多誤靈鵲碧雲杳渺天涯各望不斷芳草又迷香絮冏文強寫字屢錯淚欲注還閣　孤酌任春腳更彩局誰伙賓轂傭學措除拾取飛花嚼是多少春恨等閒吞却猛拍闌干歎命薄悔舊諾

應天長　方千里

嫩黃上柳新綠漲池東風豔冶天色又見乍晴還雨年華傍寒食春依舊身是客對麗景易傷岑寂悵凝望一帶平蕪翦就茵藉　前度少年場醉記旗亭聯句徧總壁調笑映檣紅粉參差水邊宅蘆簾嫩過故陌恨未老漸成陳迹漫無語立盡斜陽懷抱誰識

虞美人　沈端節

去年寒食初相見花上雙飛燕今年寒食又花開垂下重簾不許燕歸來　隔簾聽燕呢喃語似說相思苦東君都不管閒愁一任落花飛絮兩悠悠

前調　前人

臥紅堆碧紛無數春事知何許斑斑小雨裛梨花又是清明時候不歸家　傷春滅盡東陽帶人道多情態青春留下許多愁分付與君今夜一停休

南歌子 清明　黃昇

天上傳新火人間試袷衣定巢新燕覓香泥不爲繡簾朱戶說相思　側帽吹飛絮憑闌送落暉粉痕銷

淡錦書稀怕見山南山北子規啼

玉漏遲　吳文英

絮花寒食路晴絲罥日綠陰吹霧客帽欺風愁滿畫船煙浦綠挂鞦韆散後悵塵鎖燕簾鶯戶從閒阻夢雲無準鬢霜如許　夜久繡閣藏嬌記掩扇傳歌翦燈留語月約星期細把花鬚頻數彈指一襟怨恨漫空倩啼鵑聲訴深院宇黃昏杏花微雨

瑞龍吟 清明 競渡　前人

大溪面遙望繡羽衝煙錦梭飛練桃花三十六陂鮫宮睡起嬌雷乍轉　去如箭催趁戲旗遊鼓素瀾雪濺東風冷濕蛟腥澹陰送晝輕霏弄晚　洲上青蘋生處鬭春不管懷沙人遠殘日半開一川花影零亂山屏醉纈連棹東西岸闌干倒千紅妝靨鉛香不斷傍暝疎簾捲翠漣皺淨笙歌未散簪柳嬌桃嫩猶自有玉龍黃昏吹怨重雲暗閣春霖一片

蘭陵王　陳允平

古堤直隔水輕盈颺碧東風路遍是舞煙眠露年年自春色紅塵徧京國留滯高陽醉客斜陽外千縷翠條髣髴流鶯度金尺　長亭半陳迹記曾繫征鞍頻護歌席怨忽江上又寒食回首處應念舊曾攀折依然離恨徧四驛倦遊尚南北　惻惻怨懷積漸楚榭寒收隋苑春寂顰眉不盡相思極想人在何處倚樓橫笛閒情似絮更那聽夜雨滴

鷓鴣天 清明　周密

燕子時時度翠簾柳眠猶未褪香綿落花門巷家家雨新火樓臺處處煙　情脈脈恨厭厭東風吹動畫鞦韆刺桐開盡鶯聲老無奈春風祗醉眠

前調　前人

相傍清明情更慳閉門空自惜花殘海棠半拆難禁雨燕子初歸不奈寒　金鴨冷錦鴛閒銀缸空照小屏山翠羅袖薄東風峭獨倚西樓第幾闌

柳梢青 清明 夜雪　張炎

一夜凝寒忽成瓊樹換却繁華因甚春深片紅不到綠水人家　眼驚白晝天涯空望斷塵香鈿車獨立東風曲闌惆悵莫是梨花

慶春宮 都下 寒食　前人

波蕩蘭觴鄰分杏酪晝輝冉冉烘晴罥索飛仙戲船移景薄遊也自忺人短橋虛市聽隔柳誰家賣餳月題爭繫油壁相連笑語逢迎　池亭小隊秦箏就地圍香臨水湔裙冶態飄雲醉妝扶玉未應閒了芳情旅懷無限忍不住低低問春梨花落盡一點新愁曾到西泠

喜遷鶯　何夢桂

留春不住又早是清明楊花飛絮杜宇聲聲黃昏庭院那更半簾風雨勸春且休歸去芳草天涯無路悄無語倚闌干立盡落紅無數　誰愬長門事記得當年曾趁梨園舞霓羽香消梁州聲歇昨夢轉頭今古金屋玉樓何在尚有花鈿塵土君不顧怕傷心休上危樓高處

大酺 寒食　劉辰翁

任鎖窻深重簾閑春寒知有人處當年笑花信問東風情性是嬌是妒冰柳成鬚吹桃欲削知更海棠堪否相將燕歸後看香泥半雪欲歸還誤漫低回芳草依稀寒食朱門封絮　少年慣羈旅亂山斷敧樹喚船渡正暗想鷄聲落月梅影孤屏更夢衾千里似霧相如倦遊去掩四壁凄其春暮休回首都門路幾番行曉箇箇阿嬌深貯而今斷煙細雨

曲游春 清明 湖上　施岳

畫舸西泠路占柳陰花影芳意如織小楫衝波度麴塵扇底粉香簾隙岸轉斜陽隔又過盡別船簫笛傍斷橋翠繞紅圍相對半篙晴色　頃刻千山暮碧向沽酒樓前猶繫金勒乘月歸來正梨花夜縞海棠煙羃院宇明寒食醉乍醒一庭春寂任滿身露濕東風欲眠未得

訴衷情 寒食　釋揮

湧金門外小瀛洲寒食更風流紅船滿湖歌吹花外有高樓　晴日暖淡煙浮恣嬉遊三千粉黛十二闌干一片雲頭

沁園春　葛長庚

吹面無寒沾衣不濕豈不快哉正杏花雨嫩紅飛香砌柳枝風軟綠映芳臺燕似談禪鶯如演史猶有海棠連夜開清明也尚陰晴莫準蜂蝶休猜　朝來應問蒼苔甚幾日都成錦繡堆念四方賓客不堪消樹一年春事已屬庭槐宿酒難醒多情易老爭奈傳杯不放杯如何好看鞦韆戲劇蹴踘詼諧

浣溪沙　媛李清照

淡蕩春光寒食天玉爐沉水裊殘煙夢回山枕隱花鈿　海燕未來人鬭草江梅已過柳生綿黃昏疎雨濕鞦韆

六幺令 京中 清明　元李琳

澹煙疎雨香徑渺啼鴂新晴畫簾閒捲燕外寒猶力

依約天涯芳草染得春風碧人間陳迹斜陽今古幾縷遊絲趁飛蝶　却向尊前起舞又覺春如客翠袖折取嬌紅笑與簪華髮回首青山一點檐外寒雲疊梨花澹白柳花飛絮夢繞闌干一株雪

清平樂　盧摯

年時寒食直到清明日草草杯盤聊自適不管家徒四壁　今年寒食無家東風恨滿天涯早是海棠睡去莫教醉了梨花

風入松 清明日海子上卽事　張翥

尋春春在鳳城東羅帕玉花驄美人半彈垂鞭袖遊塵遠目斷雲空淺碧湖波雪漲淡黃宮柳煙蒙　相如多病賦難工宿酒更頻中歸來自按新聲譜憑誰解唱與東風一夜小窗疏雨杏花明日應紅

多麗 清明上巳同日會飲衆香園　前人

鳳凰簫新聲遠度蘭橈漾東風湖光十里參差綠港紅橋暖雲蘸鬱金衫色晴煙抹翡翠裙腰罨畫名園鬧紅芳樹蒲葵亭畔綵繩搖滿鬱鬖落英堪藉猶作嫭人嬌漬羅袂莫採痕退生怕香銷　憶當年尊前扇底多情冶葉倡條浴蘭女隔花偷盼修禊客臨水相招舊約尋歡新聲換譜三生夢裏可憐宵縱留得楝花寒在啼鴂已無聊江南恨越王臺下幾度廻潮

滿庭芳 清明　明劉基

積雨沉春昏煙酣晝不知還又清明榆錢柳絮相逐鬪輕盈芳徑莓苔漸滿青蘋與白芷俱生疎籬畔海棠間竹有箇鵓鳩鳴　寬心應是酒酒衝愁陣強似奇兵愛星星白髮知我平生底用登樓看鏡誤身世只是虛名空凝佇落花如雪雲霧鎖高城

浣溪沙 寒食　楊基

暖雨香雲百五天玉纖銀甲十三絃笑移羅幕上紅船　照水再簪珠絡索背人重貼翠團圓安排花裏蹴鞦韆

驀山溪 寒食　陳子龍

碧雲芳草極目平川繡翡翠點寒塘雨霏微澹黃楊柳玉輪聲斷羅襪印花陰桃花透梨花瘦徧試纖纖手　去年此日小院重回首暈薄酒闌時擲春心暗垂紅袖韶光一樣好夢已天涯斜陽候黃昏又人落東風後

滿庭芳 寒食　周世臣

燕子銜泥子規啼血垂楊隔岸煙晴曉風狂舞吹徧杏花零乍暖乍寒時節芳堤上踏草尋青秦樓內珠簾半捲鳫柱兩三聲　閉門看驟雨金鞭玉勒未過旗亭正籬屏纖錦春水盈盈問道今朝寒食桐陰下無數飛英行人望天涯路杳何處是歸程

清明部選句

唐李嶠詩衍漾乘和風清明送芬月林寬二山動水見千龕越

孟浩然詩鬪雞寒食下走馬射臺前

韋應物詩禁火暖佳辰又杏粥猶堪食榆羹已稍煎

李嘉祐詩清明桑葉小度雨杏花飛

杜甫詩寒食少天氣東風多柳花

錢起詩梨花度寒食客子未春衣

竇叔向詩電影隨中使星煇拂路人幸因榆柳暖一照草茅貧

王建宮詞寒食內人常白打庫中先散與金錢

朱灣詩旅館尚愁寒食火羈心懶向不然灰

元稹連昌宮詞初過寒食一百六店舍無煙宮樹綠

白居易詩寒食非長非短夜春風不熱不寒天又忽見紫桐花悵望下邽明日是清明又寂寞清明日蕭條司馬家留餳和冷粥出火煑新茶又寒食棗糰店春低楊柳枝酒香留客住鶯語和人詩

張籍詩明日逢寒食春風見故人

牟融詩柳拖金縷拂朱欄花撲香塵滿繡鞍

杜牧詩楚鄉寒食橘花時

李商隱詩粥香餳白杏花天省對流鶯坐綺筵

趙嘏詩滿樓春色傍人醉半夜雨聲前計非線繞溝塍含綠晚荒涼樹石向川微

崔櫓詩杏酪漸香鄰舍粥榆煙將變舊爐灰

溫庭筠詩晚風楊葉社寒食杏花村又舞衫萱草綠春鬢杏花紅

司空圖詩人家寒食月花影午時天

來鵠詩落花風裏數聲笛芳草煙中無限人

韓偓詩寒食花枝月午天

張泌詩弱柳未勝寒食雨好花爭奈夕陽天

宋徽宗詩茸母初生認禁煙

王禹偁詩寒食江都郡青旗賣楚醪樓臺藏綠柳籬落露紅桃

歐陽修詩九門寒食多遊騎三月春陰正養花又杯盤餳粥春風冷池館榆錢夜雨新

梅堯臣詩蹴踘漸知寒食近鞦韆將至小鬟雙

王安石詩已著單衣猶禁火海棠花下怯黃昏

蘇軾詩北城寒食煙火微落花蝴蝶作團飛又火冷餳稀杏粥稠又長憶故山寒食夜野荼蘼發暗香來

范成大詩桃李滿村春似錦踏歌椎鼓過清明又石門柳綠清明市洞口桃紅上巳山又埂外新波綠岡頭宿燒紅裹魚蒸菜把餽鴨鎖筠籠

楊萬里詩荔子園園花寒食日日雨

元龔璛詩今年石湖好清明每樹梨花香雪晴

清明部紀事

後漢書周舉傳舉遷并州刺史太原一郡舊俗以介子推焚骸有龍忌之禁至其亡月咸言神靈不樂舉火由是士民每冬中輒一月寒食莫敢煙爨老小不堪歲多死者舉既到州乃作弔書以置子推之廟言盛冬去火殘損民命非賢者之意以宣示愚民使還溫仌於是衆惑稍解風俗頗革

四民月令清明節令蠶妾理蠶室

魏武帝集操禁絕火令云聞太原上黨西河鴈門冬至後百五日皆絕火寒食云為介子推且北方沍寒之地老少羸弱將有不堪之患令到人不得寒食若犯者家長半歲刑主吏百日刑令長奪一月俸

晉書石勒載記時雹起西河介山大如雞子平地三尺洿下丈餘行人禽獸死者萬數歷太原樂平武鄉趙郡廣平鉅鹿千餘里樹木摧折禾稼蕩然勒正服於東堂以問徐光曰歷代已來有斯災幾也光對曰周漢魏晉皆有之雖天地之常事然明主未始不為變所以敬天之怒也去年禁寒食介推帝鄉之神也歷代所尊或者以為未宜替也一人吁嗟王道尚為之虧況羣神怨憾而不怒動上帝乎縱不能令天下同爾介山左右晉文之所封也宜任百姓奉之勒下書曰寒食既并州之舊風朕生其俗不能異也前者外議以子推諸侯之臣王者不應為忌故從其議儻或由之而致斯災乎子推雖朕鄉之神非法食者亦不得亂也尚書其促檢舊典定議以聞有司奏以子推歷代攸尊請普復寒食更為植嘉樹立祠堂給戶奉祀勒黃門郎韋謏駁曰按春秋藏冰失道陰氣發泄為雹自子推以前雹者復何所致此自陰陽乖錯所為耳且子推賢者曷為暴害如此求之冥趣必不然矣今雖為冰室懼所藏之冰不在固陰沍寒之地多皆山川之側氣泄為雹也以子推忠賢令縣介之間奉之為允於天下則不通矣勒從之於是還冰室於重陰凝寒之所并州復寒食如初

鄴中記并州俗冬至後百五日為介子推斷火冷食三日作乾粥今之糗是也

魏書高祖本紀延興四年二月辛未禁斷寒食太和二十年二月癸丑詔介山之邑聽為寒食自餘禁斷

唐書百官志少府監中尚令寒食獻毬

酉陽雜俎中宗寒食日賜侍臣帖綵毬繡草宣臺

景龍文館記四年清明中宗幸梨園命侍臣為拔河之戲以大麻絙兩頭繫十餘小索每索數人執之以挽六弱為輸時七宰相二駙馬為東朋三相五將為西朋僕射韋巨源少師唐休璟以老年隨絙而踣久不能起帝以為笑樂韋承慶應制詩舊火收槐燧餘寒入桂宮䲷啼正隱葉雞鬭始開籠

通典開元二十年制曰寒食上墓禮經無文近代相傳寖以成俗士庶有不合廟享者何以用展孝思宜許上墓同拜掃禮

開元天寶遺事天寶宮中至寒食節競豎鞦韆令宮嬪輩戲笑以為宴樂帝呼為半仙之戲都中士民相與倣之

歲時記唐朝於清明取榆柳之火以賜近臣順陽氣也

雲仙雜記洛陽人家寒食裝萬花輿煮楊花粥

唐人輦下歲時記長安每歲諸陵富以寒食薦餳粥雞毬等又薦雷子車至清明尚食內園官小兒於殿前鑽火先得火者進上賜絹三疋金椀一口都人並在延興門看內人出城灑掃車馬喧鬧新進士則於月燈閣置打毬之宴或賜宰臣以下酴醾酒即重釀酒也

秦中歲時記寒食節內僕司車與諸軍使為繩橛之戲合車轍道兩頭打大橛張繩橛上高尺許須緊綁定駕輦盤轉碾輪於繩上過不失者勝落輪繩下者輸皆裝飾車牛賭物動以千計

本事詩博陵崔護姿質甚美清明日獨遊都城南得居人莊叩門求飲有女子以杯水至倚小桃佇立意屬殊厚崔亦睠盼而歸及來歲清明日往尋之門牆如故而已鎖扃之因題詩於左扉曰去年今日此門中人面桃花相映紅人面祇今何處在桃花依舊笑春風數日復往有老父出曰君殺吾女歸見左扉有字讀之入門而病絕食數日而死得非君之殺耶崔

感慟請入哭之尚儼然在牀哭而祝曰某在斯須臾開目半日復活矣父大喜遂以女歸之

舊唐書憲宗本紀元和元年三月戊辰詔常參官寒食拜墓在畿內聽假日往還他州府奏取進止

全唐詩話唐珪唐末進士寒食日獻郡守云入門堪笑復堪憐三徑苔荒一釣船慚愧四鄰教斷火不知廚裏久無煙

高昌行紀高昌國用開皇七年曆以三月九日爲寒食

春明退朝錄唐時惟清明取榆柳火以賜近臣戚里本朝因之惟賜輔臣戚里帥臣節察三司使知開封府樞密直學士中使皆得厚賂非賜例也

志林黃州俗清明淘井東坡在黃州夢參寥誦所作新詩覺而記兩句云寒食清明都過了石泉槐火一時新夢中曰火固新矣泉何故新答曰俗以清明日淘井後七年守錢塘而參寥已居智果院軾於寒食之明日泛湖謁參寥汲泉鑽火烹黃蘗茶忽悟所夢詩作應夢記

東京夢華錄清明節尋常京師以冬至後一百五日爲大寒食前一日謂之炊熟用麪造棗錮飛燕柳條串之插於門楣謂之子推燕子女及笄者多以是日上頭寒食第三日卽清明節矣凡新墳皆用此日拜掃都城人出郊禁中前半月發宮人車馬朝陵宗室南班近親亦分遣詣諸陵墳享祀從人皆紫衫白絹三角子青行纏皆係官給節日亦禁中出車馬詣奉先寺道者院祀諸宮人墳莫非金裝紺幰錦額珠簾繡扇雙遮紗籠前導士庶鬨塞諸門紙馬鋪皆於當街用紙袞疊成樓閣之狀四野如市往往就芳樹之下或園囿之間羅列盃盤互相勸酬都城之歌兒舞女遍滿園亭抵暮而歸各攜棗錮炊餅黃胖掉刀名花異果山亭戲具鴨卵雞雛謂之門外土儀轎子卽以楊柳雜花裝簇頂上四垂遮映自此三日皆出城上墳但一百五日最盛節日坊市賣稠餳麥餻乳酪乳餅之類緩入都門斜楊御柳醉歸院落明月梨花諸軍禁衛各成隊伍跨馬作樂四出謂之摔脚其旗旄鮮明軍容雄壯人馬精銳又別爲一景也

吳船錄清明日登學射山試新火作牡丹會

天彭牡丹譜天彭號小西京花時自太守而下往往卽花盛處張飲帟幕車馬歌吹相屬最盛於清明寒食時在寒食前者謂之火前花其開稍久火後花則易落最喜陰晴相半時謂之養花天

蔡寬夫詩話湖州紫筍入貢每歲以清明日貢到先薦宗廟賜近臣紫筍生顧渚在湖常二州之間以其萌茁紫而似筍採時兩郡守畢至

乾淳歲時記清明前三日爲寒食節都城人家皆插柳滿簷雖小坊幽曲亦青青可愛大家則加棗錮於柳上然多取之湖隄有詩云莫把青青都折盡明朝更有出城人朝廷遣臺臣中使宮人車馬朝饗諸陵原廟薦獻用麥餻稠餳而人家上冢者多用棗錮薑豉南北兩山之間車馬紛然而野祭者尤多如大昭慶九曲等處婦人淡裝素衣提攜兒女酒壺肴罍村店山家分餕遊息至暮則花柳土儀隨車而歸若玉津富景御園包家山之桃關東青門之菜市東西馬塍尼菴道院尋芳討勝極意縱遊隨處各有買賣趕趁等人野果山花別有幽趣蓋輦下驕民無日不在春風歌舞中而游手末技爲尤盛也

遵生八牋武林舊事清明前後十日城中士女豔妝濃飾金翠琛縭接踵聯肩翩翩遊賞畫船簫鼓終日不絕

寒食日煮粳米及麥爲酪擣杏仁煮作粥以麪裹棗蒸食謂之棗糕

用楊桐葉并細葉冬青葉遇寒食採其葉染飯色青而有光食之資陽氣道家謂之青精乾食飯今俗以夾麥青草擣汁和糯米作青粉團烏桕葉染烏飯作糕是此遺意

金史董師中傳師中參知政事進尚書左丞承安四年表乞致仕詔賜宅一區留居京師以寒食乞還家上冢許之且命賦寒食還家上冢詩

歲華記麗譜寒食出大東門早宴移忠院晚宴大慈寺設廳饗時寒食太守先設酒饌於近郊祭鬼物之無依者謂之遙享後置廣仁院以葬死而無主者乃遣官臨祭之而民間上冢者各蟻集於郊外天禧二年趙公稹奮開西樓亭榭俾士庶遊觀自是每歲寒食闢園張樂酒壚花市茶房食肆過於蠶市士女從觀太守會寮佐凡浹旬此是府廷遊宴之盛近歲自二月卽開園踰月而後罷酒人利於酒息或請於府展其日月府尹亦許之

識小編宋樂時禁中有剪柳之戲剪柳卽射柳也陳眉公云宮人以鵓鴿貯葫蘆中懸之柳上彎弓射之矢中葫蘆鴿輒飛出以飛之高下爲勝負往往會於清明端午日名曰射柳

熙朝樂事清明從冬至數至一百五日即其節也前兩日謂之寒食人家插柳滿簷青蒨可愛男女亦咸戴之諺云清明不戴柳紅顏成皓首是日傾城上冢南北兩山之間車馬闐集而酒樽食壘山家村店享餕遨遊或張幕藉草並舫隨波日暮忘返蘇堤一帶桃柳陰濃紅翠間錯走索驃騎飛錢拋鈸踢木撒沙吞刀吐火躍圈觔斗舞盤及諸色禽蟲之戲紛然叢集而外方優妓歌吹覓錢者水陸有之接踵承應又有買賣趕趁香茶細果酒中所需而綵粧傀儡蓮船戰馬餳笙鼗鼓瑣碎戲具以誘悅童曹者在在成市是夜人家貼清明嫁九娘一去不還鄉之句於楹壁間謂如此則夏月無青蟲撲燈之擾僧道採楊桐葉染飯謂之青精飯以饋施主

帝京景物略三月清明日男女掃墓擔提尊榼轎馬後掛楮錠粲粲然滿道也拜者酹者哭者為墓除草添土者焚楮錠次以紙錢置墳頭望中無紙錢則孤墳矣哭罷不歸也趨芳樹擇園圃列坐盡醉有歌者哭笑無端哀往而樂回也是日簪柳遊高梁橋曰踏青多四方客未歸者祭掃日感念出遊

虎薈陳氏家義興山中夜聞虎當門大唬開門視之乃一少艾雖衣襦濕損而姸姿不傷問知是商女隨母上冢作寒食為虎所搏至此陳婦見其端麗諷之曰能為吾子婦乎女謝唯命乃遂配其季子踰月其父母蹤跡得之喜甚遂為婚姻目曰虎媒

北京歲華記清明日始賣冰以兩銅盞合而擊之

清明部雜錄

陶朱公書早稻清明前晚稻穀雨後稻種須要揀去粒長而色紅者以河水浸瓦器內晝浸夜收芽長二三分許抖鬆撒於田中撒時須候晴明天氣蓋稻草灰於上隨用大糞澆之農書云以雪水浸種倍收且不生蟲

五加皮清明時取未放葉嫩芽鹽淖熏乾翠色可愛用以點茶皮可釀酒

四民月令齊人呼寒食為冷節

月令章句自胃一度至畢六度謂之大梁之次清明居之趙之分野

齊民要術作寒食漿法以三月中清明前夜炊飯雞向鳴下熟飯於甕中以滿為限數日後便酢中飯因家常炊三四日輒以新炊飯一椀酘之每取漿隨多少即新汲冷水添之訖夏飧漿並不敗而常滿所以為異

穀田三月上旬及清明節桃始華為中時

清明節前二日夜雞鳴時炊黍熟取釜湯遍洗井口甕邊地則無馬蚿百蟲不近井甕矣

食譜張手美家寒食冬凌粥

柳宗元書近世禮重拜掃今闕者四年每遇寒食北向長號以首頓地想田野道路士女徧滿皁隸傭丐皆得上父母丘壟馬醫夏畦之鬼無不受子孫追養者

劉夢得詩話為詩用僻字須有來處宋考功詩馬上逢寒食春來不見餳嘗疑此餳字因讀毛詩鄭箋說吹簫處云即今賣餳人家物

五色線龍安有騎火茶最上不在火前不在火後故也清明改火故曰騎火茶

墨客揮犀鎮陽於諸節中尤重寒食是日不問貧富皆製新衣煥然滿目云一歲終惟此日易衣雖甚敝不復易至來歲是日復圖一新也余素知北人重此節然不聞有易衣之俗自閩嶺已南視此節則若不聞矣故沈佺期謫嶺表日有詩云嶺外逢寒食春來不見餳鎮陽新甲子何日是清明則南北異俗可知矣

嬾眞子唐人欲作寒食詩欲押餳字以無出處遂不用殊不知出於六經及楚辭也周禮小師掌教簫注簫編小竹管如今賣飴餳者所吹有瞽詩簫管備舉箋云簫編小竹管如今賣飴餳者所吹也啓如篴併而吹之招魂曰粔籹蜜餌有餦餭些注云餦餭餳也但戰國時謂之餦餭至後漢時謂之餳耳

事物紀原世俗每至清明以菱成秫以杏酪煮為荳粥俟其凝冷裁作薄葉沃以餳若蜜而食之謂之菱餻

括異志嘉興縣西南六十步地志云晉歌妓蘇小小墓今有片石在道判廳曰蘇小小墓徐凝寒食詩云嘉興郭裏逢寒食落日家家拜掃歸只有縣前蘇小小無人送與紙錢灰

周益公日記清明斷雪

捜採異聞錄今之人謂寒食為一百五日以其自冬至之後至清明歷節氣五凡為一百七日而先兩日為寒食故云他節皆不然也杜老有鄜州一百五日夜對月一篇江西宗派 詩云一百五日足風雨三十

六峰葑蒡魂一百五日寒食雨二十四番花信風之類是也吾州城北芝山寺爲禁烟遊賞之地寺僧欲建華嚴閣請予作勸緣疏其末一聯云大善知識五十三未壯人天之仰寒食清明一百六非來道俗之觀或問一百六所出應之曰元微之連昌宮詞初過寒食一百六店舍無煙宮樹綠是以用之

癸辛雜識清明太學假三日武學一日

綿上火禁升平時禁七日喪亂以來猶三日相傳火禁不嚴則有風雹之變社長輩至日就人家以雞翎掠爐灰雞羽稍焦卷則罰香紙錢有疾及老者不能冷食就介公廟卜乞小火吉則燃木炭取不煙不吉則死不敢用火或以食暴日中或埋食器於羊馬糞窖中其嚴如此戊戌歲賈莊數少年以禁火日飲酒社樹下用柳木取火溫酒至四月風雹大作有如束箱柳根者在其中數日乃消又云火禁中雖冷食無致病者

遁考清明日所插簷柳可止醬醋潮溢

暖姝由筆大寒前後十日爲陽宅亂歲寒食前後十日爲陰宅亂歲今人不知但指臘底二十四夜爲亂歲

農政全書穞豆清明日下種以灰蓋之不宜土覆芽長分栽

本草綱目林洪清供云寒具捻頭也宜禁煙用卽今饊子也以糯粉和麪入少鹽牽索紐捻成環釧之形油煎食之

本草集解北方寒食采茸母草和粉食宋徽宗詩茸母初生識禁煙者是也

蒸餅是酵糟發成單麪所造丸藥所須及寒食日蒸之至皮裂去皮懸之風乾臨時以水浸脹擂爛濾過和脾胃及三焦藥甚易消化

居家必用清明日取戌方上土剪狗毛作泥塗房戶內孔穴則蛇鼠諸蟲不敢入也